DEUTSCHE DEMOKRATISCHE REPUBLIK
DEUTSCHE AKADEMIE DER LANDWIRTSCHAFTSWISSENSCHAFTEN ZU BERLIN
INSTITUT FÜR LANDWIRTSCHAFTLICHE INFORMATION UND DOKUMENTATION

Landwirtschaftliches Zentralblatt

ABTEILUNG II

PFLANZLICHE PRODUKTION

AUTORENREGISTER

1963

AKADEMIE-VERLAG · BERLIN

LZ. II PFLANZLICHE PRODUKTION · JG. 1963 · AUTORENREGISTER · BERLIN, NOVEMBER 1964

LANDWIRTSCHAFTLICHES ZENTRALBLATT

ABTEILUNG PFLANZLICHE PRODUKTION

AUTORENREGISTER

1963

LANDWIRTSCHAFTLICHES ZENTRALBLATT

ABTEILUNG: PFLANZLICHE PRODUKTION

AUTORENREGISTER 1963

Seitenzahl in [ ] bedeutet ein Buch, [ ]* eine Buchbesprechung

Aa Christensen (S.), Licht u. Pflanzweise beeinflussen d. Gurkenerträge im Gewächshaus 748.

Aach (H. G.), Interferenz zweier nahe verwandter Stämme d. Tabakmosaikvirus 1110.

Aalders (L. F.) s. Hall (I. V.).

— u. **Hall (I. V.),** Pollenunverträglichkeit u. Fruchtansatz bei Niederbuschblaubeeren 215. — Beweis über d. Zytotaxonomie v. Vacciniumarten durch Stomatamessungen an Herbarproben 1444.

Aamisepp (M.) s. Hellström (N.).

Aas (K.), Heutrocknung in d. Scheune 117.

Aastveit (K.), Mutationszüchtung 2773. — Vererbung d. Lagerresistenz bei Gerste 3365.

Abarbarčuk (I. L.), Kosticyna (K. P.) u. **Skobec (E. M.),** Polarograph. Bestimmung d. austauschbaren Aluminiums in d. Ackerkrumen 357.

Abbott (D. L.), Bemerkungen zum Gebrauch v. Wachstumsregulatoren für d. Apfelausdünnung 168. — Kontrolle d. Fruchtgröße v. Äpfeln 1038. — Wirkung v. vier kontrollierten Wintertemperaturen auf d. Blühen u. Fruchten d. Apfels 2458.

— u. **Lloyd-Jones (C. P.),** Bewegung v. Produkten d. Photosynthese in Apfelbäumen. *1.* Mitt. $^{14}CO_2$-Assimilations-Technik 320.

Abd-el-Malek (Y.), Monib (M.) u. **Zayed (M. N.),** Wirkung organ. Substanz auf d. Entwicklung antibiotica-bildender Mikroorganismen im Boden 2337.

Abd El Monem (H. Elrefai) s. Taha (E. E. M.).

Abdel-Wahab A. M. s. El-Nawawy (A. S.).

Abdonin (N. S.) u. **Jakovlev (A. P.),** Steigerung d. Bodenfruchtbarkeit in d. Nichtschwarzerdezone [67].

Abdul Khader (J. B. M.) s. Rao (V. N. M.).

Abdulla (I.) u. **Smith (M. S.),** Einfluß v. Komplexbildnern auf d. Konzentration einiger Nährstoffe für Pflanzen, d. auf Böden unter sauren u. alkal. Bedingungen wachsen 3246.

Abdullaev (S. G.) s. Katalaev (A. A.).

Abdullaeva (A.), Wirkung v. Zwiebel- u. Knoblauchphytoniciden auf einige Mikroorganismengruppen 1206.

Abdullaeva (L.) s. Imamaliev (A. I.).

Abdurachmanov (A. A.) s. Gadžichanov (B. I.).

Abe (M.) s. Ichikawa (R.).

Aberg (E.) s. Bellmann (K.).

Åberg (Ewert) s. Buremalm (N.).

Abgarowicz (F.), Polowicz (M.) u. **Ziolecka (A.),** Wie kann man gutes Silofutter erzielen? [119].

Aboul-Ela (M. M.) s. Ibrahim (I. A.).

Aboul-Ela (Mohamed M.), Wirkung v. Harnstoff u. Monokaliumphosphat als Blattdüngung auf den Ertrag v. Baumwolle u. Mais 965.

Abraham (A.), Mathew (P. M.) u. **Ninan (C. A.),** Cytologie v. Cocus nucifera u. Areca catechu L. 2497.

Ábrahám (L.), Versuche mit geringen Gaben v. Verbesserungsmitteln auf Alkaliböden jenseits d. Theiss 963.

Abrahão (I. O.), Züchtung v. Speisebohnen 1074.

Abramenko (V. G.), Einsatz v. Atrazin u. Simazin im bewässerten Maisanbau 1710.

Abramov (N. G.), Herbicidanwendung auf Faserleinflächen 1438.

— u. **Koptelova (R. G.),** Chem. Bekämpfung d. Gemeinen Quecke 1993.

Abramova (M. M.), Über die Wirksamkeit d. Sommerniederschläge in Trockengebieten 1746.
Abramova (Z. V.), Variabilität v. Weizen unter dem Einfluß einer zusätzlichen Fremdbestäubung 1895. — Einfluß d. Aussaattermines auf d. Entwicklung d. Weizenkorns 3000.
Abrams (R.) u. **Vélez-Fortuno (J.)**, Bestrahlungsversuche mit Taubenerbsen (Cajanus cajan). Ergebnisse v. X_3 u. X_4-Generationen 2781.
—, **Walker (D.)** u. **Ballester (M.)**, Wirkung v. Schädlingsbekämpfungsmitteln auf den Ertrag einiger Gemüsekulturen im Isabela-Gebiet v. Puerto Rico 574.
Abrosimova (L. N.), Biolog. Bodenaktivität bei d. Schaffung einer künstlichen Struktur 50. — Einfluß d. künstlichen Struktur auf hydrophysikalische Bedingungen im Boden u. den Ertrag d. Pflanzen 340.
Abruña (F.) s. Pearson (R. W.); Vicente-Chandler (J.).
Absaljamova (R. A.), Einfluß eines Komplexes v. Rhizosphären-Mikroorganismen, d. sich nach organ.-mineral. Düngung im Boden bilden, auf d. Wachstum d. Pflanzen 2977.
Abul-Ela (M.) s. Zaki (A. I.).
Abutalybov (M. G.) u. **Gazieva (N. I.)**, Einfluß v. Mikroelementen auf d. Entwicklung d. Azotobacter u. auf d. Tätigkeit stickstoffbindender Mikroorganismen im Boden 1759.
Acatay (A.), Auftreten v. einigen Forstschädlingen in d. Türkei 2819.
Acevedo-Ramos (G.), Analyse d. wahrscheinlichen Zusammenhänge zwischen Kaliumgehalt d. Blätter u. d. Zuckergehalt sowie d. Reife d. Zukkerrohrs 86.
Acheson (R. M.), **Jenkins (C. L.)**, **Harper (J. L.)** u. **McNaughton (I. H.)**, Blütenpigmente bei Papaver u. ihre Bedeutung für d. Systematik d. Gattung 1443.
Achmedov (K. S.) s. Sidorova (T. M.); Zajnutdinov (S.).
Achundov (A.), Wirkung v. Kalidünger auf Ertrag u. Qualität v. Tee 1259.
Ackermann (D.), Bericht über d. Hauptprüfung mit Wintergerste *1961* 709. — Bericht über d. Hauptprüfung mit Sommergerste *1961* 1279. — Hauptprüfung mit Hanf *1961* 3013. — Ergebnisse d. Braugerstenbonitierung an d. Ernteproben d. Haupt- u. Vorprüfung *1961* 2701.
Ackers (G. K.) s. Steere (R. L.).
Acost-Matienzo (A.) s. González-Molina (C. L.).
Acton (C. J.), **Paul (E. A.)** u. **Rennie (D. A.)**, Messung d. Polysaccharidgehaltes v. Böden 3214.
Adair (C.), **Miller (M. D.)** u. **Beachell (H. M.)**, Verbesserung u. Anbau v. Reis in d. Vereinigten Staaten 1572.
Adam (H.) s. Nolte (H.-W.).
—, **Bulin (R.)**, **Fabig (F.)**, **Lange (H.)**, **Jahr (W.)**, **Pech (W.)**, **Schmidt (M.)** [Quedlinburg], **Vogel (P.)**, **Happich (D.)**, **Marlow (H.)**, **Skiebe (K.)** u. **Goldowski (I.)**, Qualitätszüchtung bei Gemüse 211.
Adam (J.), Klimaverlauf u. Körnermaiserträge 2916.
Adamovský (F.) s. Andraščik (M.); Špaldon (E.).
Adams (F.) u. **Evans (C. E.)**, Schnellmethode zur Ermittlung d. Kalkbedürftigkeit v. Red-Yellow-Podzolic-Böden 1496.
Adams (H. R.) s. Jackson (P. C.).
Adams (J. E.), Wirkung d. Bodentemperatur auf Wachstum u. Ertrag v. Körnersorghum 434.
Adams (S. N.), Reaktion v. Zuckerrüben auf Düngemittel u. d. Einfluß v. Stalldung darauf 89.
Adamson (D.), Streckung u. Teilung in auxinbehandelten pflanzlichen Zellen 606.
Addison (H.), Land, water and food [1779].
Addy (S. K.) s. Goodman (R. N.).
Ader (F.), Bestimmung d. Tetrazolium-Triebkraft bei Getreide 1817.
Aderichin (P. G.), Vereinheitlichung d. Systematik u. d. Nomenklatur d. Böden in den Zentralen Schwarzerdegebieten 352.
Adiga (P. R.) s. Venkatasubramanyam (V.).
Adler (V. E.) s. Steinhauer (A. L.).
Adlung (K. G.), Bruchophagus-Arten als Samenschädlinge v. Luzerne u. Rotklee in Süd- u. Südwestdeutschland 3399.
Adrichem (M. C. J. v.) u. **Bosher (J.**

E.), Untersuchung über d. Verticillium-Resistenz v. Erdbeersorten 808.
Afanaśev (M. V.) s. Pronin (M. E.).
Afanaśev (O. K.) s. Rudenko (S. T.).
Afanasiev (M. M.), Bekämpfung v. Keimlingskrankheiten d. Zuckerrübe mit Dexon u. Dexon-PCNB-Gemisch 3163.
— u. **Sharp (E. L.)**, Prüfung v. Zuckerrübeninzuchtlinien auf Resistenz gegen Aphanomyces-, Rhizoctonia- u. Fusarium-Wurzelfäulen 1636.
Agaev (A. S.) s. Mamedov (Š.).
Agaev (M. G.), Veränderlichkeit d. photoperiod. Reaktion bei Pflanzen 1727.
Agafonov (N. P.), Stalldung-Erdkomposte zu Winterweizen 688.
Agakišiev (D.), Wirkung v. Heteroauxin auf physiolog. Prozesse d. Baumwolle 2015.
Aganović (Z.) s. Numić (R.).
Agarkov (V. A.), Rübenmotte im Rayon v. Kamenez-Podolski 230. — D. Falsche Mehltau d. Sonnenblume im Chmelnizki-Gebiet 1394.
Agarwal (G. P.), Pflanzenkrankheiten verursachende Pilze in Jabalpur (Madhya Pradesh). *3.* Mitt. 1665.
— u. **Beliram (R.)**, In Jabalpur (Madhya Pradesh) durch Pilze hervorgerufene Pflanzenkrankheiten. *2.* Mitt. 547.
Agarwal (R. R.) s. Srivastava (P. B. L.); Yadav (J. S. P.).
—, **Das (S. K.)** u. **Mehrotra (C. L.)**, Wechselbeziehung zwischen elektr. Leitfähigkeit v. *1:5*- u. gesättigten Extrakten sowie d. Gesamtgehalt an löslichen Salzen in d. Alkalisalzböden d. Ganges-Alluviums in Uttar Pradesh 40.
Agarwala (S. C.) u. **Kumar (A.)**, Wirkung eines Schwermetall- u. Bicarbonatüberschusses auf in Sandkultur gezogene Sonnenblumenpflanzen unter bes. Berücksichtigung d. Katalase u. Peroxydase 1787.
Ageev (V. V.), Blattdüngung d. Maises mit Spurenelementen 87.
Agena (M. U.), Kälteeinwirkungen auf lagernde Getreidefrüchte mit verschied. Wassergehalt [2111].
Agerberg (L. S.) u. **Svensson (B.)**, D. Qualität v. Speisekartoffeln. *3.* Mitt. Einfluß v. Ammoniumsulfat u. Stalldung auf Ertrag u. Qualität v. Speisekartoffeln in d. Jahren *1957–59* 717. — Stickstoffdüngung zu Kartoffeln. A. Steigende Mengen v. Stickstoffdüngern. *3.* Mitt. Versuche mit Kartoffeln in den Jahren *1935–59* 1253.
Agnihotri (B. N.), **Kapur (K. L.)** u. **Goel (K.)**, Ascorbinsäuregehalt d. Guajave-Früchte während d. Wachstums u. d. Reife 2030.
Agnihotri (J. P.) s. Mathur (R. L.).
Agnihotri (V. P.) s. Tandon (R. N.).
Agrawal (H.), **Bos (L.)** u. **Chessin (M.)**, Verbreitung v. Klee-Gelbmosaikvirus u. Weißkleemosaikvirus an Weißklee in d. USA 3129.
—, **Chessin (M.)** u. **Bos (L.)**, Reindarstellung d. Gelbmosaikvirus des Klees 543.
Agrawal (H. C.) s. Pant (R.).
Agrawal (R. K.) s. Rao (M. V.).
Aguiar Macedo (J. de) s. Rodrigues (A.).
Aguilar (J. d') u. **Missonnier** (J.), Vergleichende morpholog. u. biolog. Untersuchung d. beiden auf d. Rübe lebenden Pegomyia-Arten: P. betae Curt. u. P. hyoscyami Panz. (Dipt. Muscidae) 1105.
Ahire (S. G.) s. Rao (M. V.).
Ahloowalia (B. S.), Translokation bei diploidem Roggen 3077.
Ahluwalia (M.) u. **Sikka (S. M.)**, Vererbung d. „Grasbüschel"-Wuchsform bei Weizen 3360.
Ahmad (S.), Anbau v. Guavas in Westpakistan 1300.
Ahmed (E. O. S.) s. Selman (I. W.).
Ahmed (S.) u. **Ghafoor (M. A.)**, Anbau v. Falsa (Grewia asiatica) in Westpakistan 1299.
Ahrens (E.) s. Dhein (A.).
Ahrens (J.), Chem. Unkrautbekämpfung in Baumschulen 884.
Ahrens (L. H.) s. Edge (R. A.).
Ahuja (M. R.), Cytolog. Untersuchung über erbliche Tumoren bei Nicotiana-Artkreuzungen 2789.
Ajbazjan (P. K.) u. **Dokučaeva (E. N.)**, D. Züchtung d. Weinrebe [219].
Ajzenštat (Ja. S.), Einfluß altersbedingter Veränderungen generativer Elemente auf d. Aufspaltung v. Erbsenhybriden 1056.
Ajzikovič (L. E.), Technol. Eigenschaf-

ten d. Weizen-Quecken-Hybriden [2499].
Akeley (R. V.) s. Houghland (G. V. C.).
—, **Houghland (G. V. C.)** u. **Schark (A. E.)**, Genet. Unterschiede in d. Vergrünung d. Kartoffelknollen 2483.
—, **Schark (A. E.)**, **McCubbin (E. N.)** u. **Eddins (A. H.)**, Ona, eine neue Kartoffelsorte mit Resistenz gegen Krautfäule, Schorf, Verticilliumwelke u. leichtes Mosaik 2709.
Åkerberg (E.), Qualitätsforderungen u. Qualitätsbestimmungen im Pflanzenbau 611. — s. Grazi (F.).
Akhtar (S. A.), Metaphelenchus sacchari n. sp. (Nematoda: Aphelenchoidea Fuchs, *1937*) an Wurzeln v. Zuckerrohr 522.
Akimočkina (T. A.) s. Ratner (E. I.).
Akita (Shigeo) u. **Kobayashi (M.)**, Hemmwirkung d. Anbaues durch Knollenlegen bei d. Batate. Ein Faktor, der d. Anbau durch Knollenlegen beeinflußt 143.
Aksel (R.) u. **Johnson (L. P. V.)**, Zusammensetzung v. Spaltungsgenerationen bei selbstbestäubenden Pflanzen 190.
Aksenova (O. F.) s. Okuncov (M. M.).
Alabušev (V. A.), Einfluß v. *2.4*-D auf den Gehalt an Eiweißstickstoff im Gerste-, Mais- u. Hirsekorn 584. — s. Bajko (V. P.); Jurin (I. A.).
Alachverdov (A. S.), Qualität d. Gärfutters bei langer Lagerung 2402.
Aladova (M. P.), Frühreife Weizensorten verschied. ökolog. Gruppen 1621.
Albareda (J. M.), **Guerra (A.)** u. **Monturiol (F.)**, Bodenkundliche Untersuchung d. Böden d. großen Ebenen Guadianas 57.
—, **Mateos (J. P.)** u. **Aleixandre (T.)**, Mineralog. Untersuchung d. Sandfraktionen d. Böden vulkan. Ursprungs (Spanien) 332.
Alberda (T.), Wirkliche u. mögliche Produktion v. landwirtsch. Nutzpflanzen 2288.
— u. **Sibma (L.)**, Trockensubstanzproduktion u. Lichtgenuß v. Grasflächen. *2.* Mitt. Beziehung zwischen Wachstumsrate u. Graslänge 2896.
Albescu (I.) s. Obrejanu (G.).
Albrecht (D.), Bodenverdichtung im Obstbau als Folge einseitiger Bodenbearbeitung mit d. Scheibenegge 2153. — Seeschlamm, Niedermoortorf u. Sommermüll als Humusreserven für d. Obstbau 2748.
Albrecht (F.), Berechnung d. natürlichen Verdunstung (Evapotranspiration) d. Erdoberfläche aus klimatolog. Daten 914.
Albus (K.), Abwasserbeseitigung über d. landwirtsch. Nutzfläche mit Hilfe d. Schwemmistverfahrens begünstigt zeitgerechte Hygiene im landwirtsch. Betrieb 2066.
Alchin (J. D.), Bekämpfung d. Birnblatt-Gallmücke 569.
Al-Delaimy (K. A.) s. Ryan (G. F.).
Alechin (N. V.), Grundlagen d. maschinellen Sortierung d. Weizens zur Abtrennung d. wertvollsten Körner 1818.
Aleev (B. G.), Wirtschaftlicher u. ökonom. Nutzeffekt chem. Unkrautbekämpfungsmaßnahmen 2875.
Alegre s. Borget.
Aleicandre (T.) s. Aleixandre (V.).
Aleixandre (T.) s. Albareda (J. M.).
Aleixandre (V.), **Garcia Vicente (J.)** u. **Aleicandre (T.)**, Mineralog. Zusammensetzung d. Tone in vulkan. Böden Spaniens 2617.
Aleksandrov (A. D.), Einsatz v. Herbiciden in Weinpflanzungen 1163.
Aleksandrov (V. G.), **Gorochovskij (L. S.)** u. **Ternovskaja (M. I.)**, Silikatbacterien-Präparat steigert d. Erträge 690.
— u. **Ternovśka (M. I.)**, Einbringung eines flüssigen Präparats v. Silicatbakterien in Wintergerste 2393.
Aleksandrova (A. M.) s. Krupskij (N. K.).
Aleksandrova (I. V.), Lebenstätigkeit v. Actinomyceten bei d. Bildung v. Humusstoffen 2038.
Aleksandrova (J.) s. Christova (E.).
Alekseev (E. D.) u. **Poljakov (P. V.)**, Spurenelemente zu Ackerbohnen auf Torfböden 2103.
Alekseeva (A. M.), Komplex v. Agroverfahren erhöht d. Hartweizenerträge 1770.
Aleksiev (A.), Agrotechn. Maßnahmen zur Bekämpfung d. Tabakwürgers (Orobanche ramosa L., Or. muteli Sch.) 1697.
— u. **Stefanov (D.)**, Chem. Bekämp-

fungsmittel gegen d. Blauschimmel d. Tabaks 1701.
Aleksiev (D.) s. Džiljanov (L.).
Alena (F.), Regulierung d. Hangflächen für d. Obstbau 2746.
Alešin (S. N.) u. **Boldyrev (A. I.)**, Bestimmung des sorbierten Natriums mittels Natrium-Glaselektrode 355.
— u. Šajmuchametov (M. Š.), Aufnahme organ. Stoffe durch d. Boden 2055.
Alex (J. F.), Taxonomie, Geschichte u. Verbreitung v. Linaria dalmatica 295.
Alexander (B. H.), Beroza (M.), Oda (T. A.), Steiner (L. F.), Miyashita (D. H.) u. **Mitchell (W. C.)**, Entwicklung v. Lockstoffen für männliche Melonenfliegen 1972.
Alexander (C. W.) u. **McCloud (D. E.)**, Einfluß v. Zeitpunkt u. Höhe d. Stickstoffgabe auf Ertrag u. botan. Zusammensetzung v. Feldfutter 1840.
—, Sullivan (J. T.) u. **McCloud (D. E.)**, Methode zum Schätzen d. Futtererträge 3280.
Alexander (G. V.) s. Nishita (H.).
Alexander (J. D.), Beavers (A. H.) u. **Johnson (P. R.)**, Zirkoniumgehalt d. Grobschluffs im Löß u. im Geschiebematerial d. Wisconsin-Vereisung im nördlichen Illinois 627.
Alexander (L. J.), Anfälligkeit bei bestimmten Verticillium-resistenten Tomatensorten gegen ein Ohio-Isolat d. Erregers 2207. — s. Jones (J. P.).
Alexander (L. T.) s. Sivarajasingham (S.).
Alexander (M.), Introduction to soil mikrobiology [1762]*. — s. Burger (K.); Finstein (M. S.); Marshall (K. C.); Mitchell (R.); Valera (C. L.).
Alexander (M. P.) s. Jain (H. K.).
Alexander (M. W.) u. **Genter (C. F.)**, Produktion v. Mais u. Sojabohnen in alternierenden Reihenpaaren 411.
Alexandrescu (I.) u. **Popa (C.)**, D. Rolle v. Schutzstreifen bei d. Ertragssteigerung im Weinbau 474.
—, Protopopescu (V.) u. **Popa (C.)**, Verwertung d. auf steilen Hängen in d. mittleren Dobrudsha liegenden Gelände mit Skelettboden durch Terrassierung u. Weinbau 473.
Alexandrescu (N.), Stefănescu (G.), Vladu (C.) u. **Vladu (I.)**, Ertragsbeginn d. Rebunterlagen im zweiten Kulturjahr 471.
Alexandrescu (V.), Lokalisierung d. Amylase- u. Invertaseaktivität in d. löslichen Proteinfraktionen d. Maissamen 1739.
Alexandri (A. V.) u. **Baicu (T.)**, Phytotoxizität einiger Fungicide für d. Pfirsischbaum u. d. Merfazins für d. Birnbaum 1427.
—, Zinca (N.), Coman (T.), Popa (T.), Condei (G.), Tema (A.) u. **Savin (G.)**, Chem. Unkrautbekämpfung in Reb- u. Obstanlagen 1711.
Alford (D. M.) u. **Sinclair (J. B.)**, Kulturen v. Sclerotinia camelliae bleiben in flüssigem Medium lebensfähig 2538.
Alghisi (P.), Wurzelhalsfäule d. Zichorie in d. Gärtnereien v. Chioggia. Weitere Bekämpfungsversuche gegen d. Krankheit 864.
—, Ambrosi (M.) u. **Ghillini (C. A.)**, Neue Krankheit d. Weinrebe, ein Symptomkomplex 3155.
Ali (M. K.) s. Chaudhuri (S. D.).
— u. Chaudhuri (S. D.), Neue Technik zum Anbau v. Jutesprossen zur Samengewinnung 143.
Alichanjan (S. I.), Chem. Mutagenese 2773.
Aliev (A. M.), Wirkung d. *2.4*-D-Natriumsalze auf d. Unkrautbesatz u. d. Ertrag v. Mais 1994. — Wirkung v. Simazin auf d. Unkrautbesatz u. d. Ertrag v. Mais 1995.
Alinovskij (P. C.) s. Ševčenko (F. P.).
Alinovškij (P. G.), Čunarev (N. V.) u. **Veličko (I. M.)**, Erfahrungen d. thermochem. Saatgutbeizung 2259.
Alipieva (M.) s. Kolev (N.).
Ali-Zade (M. A.), Katalase-Aktivität in d. Blättern d. Teestrauches in Abhängigkeit v. wechselnden Wasser- u. Lichtverhältnissen 16. — Einfluß d. Gibberellins auf d. Wachstumsprozesse d. Zweige d. Teestrauches in einzelnen Perioden 2905.
— u. Babaeva (A. M.), Einfluß v. Gibberellin auf d. Prozesse d. Photosynthese u. d. Atmung in d. Blättern d. Teestrauchs 12.
Aljamovskij (N. I.) s. Vorob'eva (V. A.).

Aljamovskij (N. I.) u. **Vorob'eva (V. A.),** Bestimmung v. Ca u. Mg in Kalkdüngern mittels Trilonometrie 1544.
Alkemeyer (M.) u. **Sander (H.),** Inhaltstoffe v. Solanum dulcamara L. 1465.
Allan (P.), Wachstum u. Respiration v. Zitronenalbedo-Explantaten 1453.
Allan (R. E.), Vogel (O. A.) u. **Peterson jun. (C. J.),** Stärke d. Sämlingsaufganges v. herbstgesätem Weizen u. ihr Zusammenhang mit Pflanzenhöhe u. Koleoptilenlänge 413.
Allard (C.), Myceliophthora des Kulturchampignons (Psalliota hortensis Cooke) 1121.
Allard (R. W.) s. Crumpacker (D. W.; Fasoulas (A. C.); Jain (S. K.); McGuire (D. C.); Workman (P. L.).
— u. **Jain (S. K.),** Populationsuntersuchungen bei vorwiegend selbstbestäubenden Arten. 2. Mitt. Analyse quantitativer genet. Veränderungen in einer Ramschhybridpopulation v. Gerste 1625.
Allaway (W. H.) s. Hodgson (J. F.).
Allen (E. F.), Neuere Versuche an Rosen 1135.
Allen (J. D.), Hohlherzigkeit v. Erbsensamen. Ein Hinweis 815.
— u. **Smith (H. C.),** Trockenfäule (Leptosphaeria maculans) v. Brassica-Arten: Samenübertragung u. Samenbehandlung 1671.
Allen (J. S.) s. Tyler (L. E.).
Allen (M. G.), Flugzeugeinsatz selektiver Herbicide in d. Forstwirtschaft 2284.
Allen (N.) s. Creighton (C. S.).
Allen (O. N.) s. Roslycky (E. B.).
Allen (P. G.), Bedding (A. J.) u. **Owers (A. C.),** Sortenversuche mit Tomaten 1593.
Allen (P. J.) s. Bushnell (W. R.).
Allen (S. E.) s. Park (K. J. F.).
— u. **Grimshaw (H. M.),** Einfluß v. Lagerung bei tiefen Temperaturen auf d. extrahierbaren Nährstoffionen in Böden 2352.
Allen (W. S.) u. **Palmer (R. D.),** Wirkungsweise v. Simazin in Gerste 3451.
Allen (W. W.) s. Long (J. A.).
Allen (William W.) s. Schaefers (G. A.).
Alleweldt (G.), Unterschiedliche Wirksamkeit d. Gibberellinsäure auf Einzelvorgänge d. photoperiod. induzierten Wachstumsreaktionen v. Vitis vinifera L. 2024. — Einfluß v. Klimafaktoren auf d. Zahl d. Inflorescenzen bei Reben 2917.
Alley (H. P.) s. Becker (C. F.).
Allison (F. E.) s. Pinck (L. A.); Soulides (D. A.).
— u. **Klein (C. J.),** Grad d. Immobilisation u. Freisetzung v. Stickstoff als Folge v. Zusätzen kohlenstoffreicher Stoffe u. v. Stickstoff zu Böden 1210.
— u. **Murphy (R. M.),** Vergleiche über d. Zersetzungsraten v. Holz- u. Rindenpartikel verschied. Hartholzarten im Boden 2050.
Allmaras (R. R.) u. **Black (C. A.),** Relative Bewertung v. Calciummetaphosphat u. Superphosphat als Phosphorquellen für Pflanzen auf unterschiedlichen Böden 2099.
Almela Pons (G.) s. Tizio (R.).
Alonte-Orillo (C.), Einfluß d. Mosaikinfektion auf d. Kohlenhydrate u. stickstoffhaltigen Inhaltsstoffe v. Musa textilis Nee 837.
Alov (A. S.), Einfluß d. verschied. N- u. K-Dünger auf d. Ertrag v. Belladonna u. d. Speicherung d. Alkaloide 82.
Alpan (I.), Bestimmung d. Luftpermeabilität v. teilweise gesättigten Böden 2356.
Alpat'ev (A. V.) u. **Muchanova (Ju. I.),** Veränderlichkeit d. Gartenbohne in Abhängigkeit v. d. Anbaubedingungen 1083.
Alpatova (É. F.) u. **Moškov (B. S.),** Einfluß einseitiger Belichtung auf photoperiod. u. geotrop. Gesetzmäßigkeiten in der Stengelstellung d. Pflanzen 904.
Alquier-Bouffard (A.) u. **Carles (J.),** Zitronensäure im Wein u. seinen Variationen 2914.
Al'smik (P.), Einige Fragen d. Kartoffelzüchtung 1076.
Alspaugh (T. A.) s. Okun (D. A.).
Alston (R. E.) u. **Turner (B. L),** Neue Technik bei d. Bestimmung v. Komplexhybriden in d. Natur 194.
Altemüller (H.-J.), Beitrag zur mikromorpholog. Differenzierung v. durchschlämmter Parabraunerde, Podsol-Braunerde u. Humus-Podsol 1217. — Aufbau d. Bodens u. seine begriffliche Erfassung 2062.

Alten (F.) u. **Werner (W.)**, Festlegung d. Stickstoffes bei biochem. Umsetzungen im Boden 1794.
Al'tergot (V. F.), Physiolog. Grundlagen für d. Wirkung v. Herbiciden u. Düngemitteln auf Getreide in Westsibirien 2572. — Einfluß erhöhter Temperaturen auf Pflanzen 3181.
Altman (F. G.) s. Bhangoo (M. S.).
Altschul (A. M.), Samenproteine u. Welternährungsprobleme 1165.
Alvarez (T. F.), u. **Chesa (A. H.)**, Wirkung v. Salzsäure auf d. Tonminerale. *1.* Mitt. Änderung in d. chem. Zusammensetzung u. Ionenaustauschkapazität 2618.
Alway (F. J.) s. Sherman (G. D.).
Amaducci (M. T.) s. Lovato (A.).
Amann (M.), Komplex d. „Gummiknollenwelke" d. Kartoffel in Baden-Württemberg. *3.* Mitt. Bedeutung v. Colletotrichum atramentarium (B. et Br.) Taub. u. Macrophomia phaseoli (Maubl.) Ashby am Zustandekommen d. „Gummiknollenwelke" 1392.
Amato (F. D.'), Gegenwärtige Entwicklung in d. genet. Verbesserung v. Kulturpflanzen 1061. — s. Ronchi (V. N.); Scarascia (G. T.).
Ambarcumjan (M. A.) s. Čajlachjan (M. C.).
Amberger (A.) s. Hofmann (E.).
Ambrosi (M.) s. Alghisi (P.).
Ambrož (Z.), Humuszusammensetzung forstlicher Podsolböden 2925.
Ambühl (E.), Vergleiche d. Bewässerungsbedürftigkeit auf klimat. Grundlage zwischen Berner Mittelland u. Unterengadin 1228. — Besonderheiten d. Wasserströmung in physikal., chem. u. biolog. Hinsicht 3237.
Amir (Y.) s. Lachover (D.).
Amizet (L.), Pflanzweiten d. Bäume im Erwerbsobstbau 754.
Ammon (H. U.), Keimlingskrankheiten bei Mais 2528.
Ampova (G.), Untersuchung d. Einflusses d. unbearbeiteten Untergrundes auf d. Tabakentwicklung 424.
Ananjan (A. A.), Schaffung v. Tomatensorten für d. Konservenindustrie 2150.
Ananjan (V. L.), Einfluß d. Radioaktivität d. Bodenluft auf d. Pflanzen 1527.
Ananthararaman (R.) s. Murty (G. S.).
Anastasov (A.), Über den Reifegrad u. den Erntezeitpunkt d. Tabaks 728.
Andel (O. M. van), Fluorphenylalanin als system. Fungicid 1977. — Wachstumsregulierende Wirkungen v. Aminosäuren u. Dithiocarbaminsäure-Derivaten u. ihre mögliche Beziehung zur chemotherapeut. Aktivität 2007.
Anderer (F. A.), Reihenfolge d. Aminosäuren im Protein d. Tabakmosaikvirus. II. Spaltung d. Tabakmosaikvirus-Proteins mit Chymotrypsin 2830. — III. Spaltung d. Tabakmosaikvirus-Proteins mit Pepsin 2831.
— u. **Handschuh (D.)**, Reihenfolge d. Aminosäuren im Protein d. Tabakmosaikvirus. IV. Spaltung d. Tabakmosaikvirusproteins mit Trypsin 2831.
Anders (H.), Studien über d. Landwirtsch. in d. Eisenzeit [1443].
Anders (U.), Ausrüstung u. Organisation einer Wegeunterhaltungskolonne für d. Wirtschaftswege eines Kreises 2366.
Andersen (A. J.), Einfluß v. Kalkung u. Mineraldüngung auf d. Aufnahme d. Radio-Strontiums durch d. Pflanzen aus dän. Böden 2384.
— u. **Mogensen (T.)**, Vergleich verschied. Labormethoden zur Bestimmung d. Phosphatzustandes in Böden 2632.
Andersen (I.) s. Ulvesli (O.).
Andersen (R. N.), **Behrens (R.)** u. **Linck (A. J.)**, Wirkungen v. Dalapon auf einige chem. Bestandteile in Zuckerrüben u. Borstenhirse 1988.
—, **Linck (A. J.)** u. **Behrens (R.)**, Aufnahme, Transport u. weiteres Verbleiben v. Dalapon in Zuckerrüben u. Borstenhirse 1988.
Anderson (A. M.), Wirkung v. Gibberellinsäure, kinetinartigen Substanzen, Ceresan u. Phenacridanchlorid auf d. Keimung d. Samen v. Panicum ramosum 1552.
Anderson (C. A.) s. Peaslee (D. E.).
Anderson (D. M.) s. Stanberry (C. O.).
— u. **Jones (R. C.)**, Billiges Prüfgerät

für im Handel zu erwerbende Thermoregulatoren 1220.
Anderson (D. T.) s. Dubetz (S.); Krogman (K. K.).
Anderson (E. G.) s. Duvick (D. N.).
Anderson (G.) s. Hance (R. J.).
— u. **Arlidge (E. Z.),** Adsorption v. Inositphosphaten u. Glycerinphosphat durch Tonfraktionen d. Bodens, Tonminerale u. hydratisierte Sesquioxyde in sauren Medien 2330.
Anderson (I. C.) s. Richardson (L. B.).
Anderson (L. D.) s. Shorey (H. H.).
Anderson (M. A.), Schulz (J. T.) u. **Hibbs (E. T.),** Biolog. Aktivität u. Lokalisierung v. tox. Phorate-Rückständen in Chrysanthemen nach Bodenbehandlung 285.
Anderson (N. A.) s. Bugbee (W. M.).
Anderson (N. H.), Anthocoridae im Pazif. Nordwesten mit Bemerkungen über Verteilung, Biologie u. Fundorte 3120.
Anderson (O. E.) s. Welch (L. F.).
Anderson (R. F.), Forest and shade tree entomology [1389].
Anderson (S. R.) s. Bader (K. L.).
Andersson (H.) s. Arlitt (A.).
Andraščík (M.) u. **Adamovský (F.),** Geteilte Stickstoffdüngung u. Möglichkeiten ihrer Ausnützung 2981.
Andreenko (S. S.), Photosynthese u. einige andere physiolog. Prozesse bei Mais bei verschied. pH-Werten 1447. — Entwicklung v. Mais bei verschied. pH-Werten d. Nährmediums 2369.
Andreev (K. St.), Dynamik d. Glucose-, Fructose- u. Saccharosegehaltes d. Sonnenblumensorte „Sofija A" 15.
Andreev (N. G.), Wiesenbewirtschaftung [152]. — D. Anlage v. Kulturweiden u. ihre Nutzung [152].
— u. **Ten (A.),** Düngung als Mittel zur Steigerung d. Erträge u. d. Qualität d. Heus v. Wiesenpflanzen 150.
Andreev (S. V.), Samojlova (Z. I.), Martens (B. K.) u. **Ivanskij (N. L.),** Gammastrahlen u. Insektenbekämpfung 2262.
Andreeva (E.) s. Georgieva (R.).
Andreeva-Fetvadžieva (N.), Unkrautbekämpfung [3459]*.
— u. **Atanasov (P.),** Einfluß d. Bodenfeuchtigkeit auf d. Wirkung des Herbicids *2.4*-D bei dessen Einbringen in d. Boden v. d. Reisaussaat 1163.
Andrei (I.) s. Oprea (C. V.).
Andrejew (S.), Martens (B.) u. **Moltschanowa (W.),** Neue Qualitätsbestimmungsmethode bei d. Anwendung v. Pflanzenschutzmitteln 2852.
Andrejuk (E. I.) u. **Vladimirova (E. V.),** Einfluß einiger Actinomyceten auf Bakterien d. Rhizosphäre d. Weizens. *1.* Mitt. 343.
Andreucci (E.), Verticillium-Welke bei Aucuba japonica Thunb 1397.
Andrew (C. S.) u. **Pieters (W. H. J.),** Wasserkulturmethode mit kontinuierlicher Nährlösungszirkulation für vergleichende Untersuchungen in d. Pflanzenernährung 2666.
— u. **Thorne (P. M.),** Vergleichende Reaktionen einiger Grünlandleguminosen d. trop. u. d. gemäßigten Klimas auf Kupfer 2382.
Andrew (W. D.), Verhalten einer annuellen Art v. Medicago, d. in eine Medicago minima (L.) Bart.-dominante Disklimax-Gesellschaft eingeführt wurde 1742.
Andrews (G. Y.) s. McGinnis (R. C.).
Andrews (J. E.) s. Smith (A. D.).
Andries (A.) s. Slijcken (A. van).
Andriessen (F. G.) s. Turner (G. O.).
Andrus (C. F.) s. Wall (J. R.).
Anferova (V. N.), Šarova (A. S.), Čmelev (M. P.), Solovëva (E. P.) u. **Radceva (G. E.),** Einfluß v. Spurenelementen auf d. Luzerne- u. Kleeernte 103.
Angelov (A.) s. Daskalov (P.); Panov (V.).
—, **Bonev (M.)** u. **Marinov (P.),** Ermittlung d. Ausfälle u. Dauer d. Lagerung einiger Winterapfelsorten 3333.
Angelov (T.), Termine zur Unterlagenokulation im Zuchtgarten 1320. — Günstigste Okulationszeit für Unterlagen in d. Obstbaumschule im Plowdiwer Gebiet 1597.
Angelova (R.) s. Dirimanov (M.).
Anglade (P.), Einwirkungen v. Kulturmaßnahmen u. chem. Bekämpfung auf Larvenpopulationen v. Elateriden (Agriotes ssp.) 570. — Einfluß d. Stengelbefalles durch d. *2.* Generation v. Sesamia nonagrioi-

des Lef. (Lep., Noctuidae) auf d. Maisertrag. Methoden zum Vergleich v. Hybriden mit Hilfe künstlichen Befalles 829. — Methode zur Feststellung d. Anfälligkeitsgrades v. Maislinien in bezug auf d. Raupen d. Sommergeneration v. Sesamia nonagrioides Lef. 1404.
Anikeeva (I. D.) s. Sorokina (O. N.).
Anisimov (A. A.), Wanderung d. Assimilate bei Weizen in d. Phase d. Ährenschiebens im Zusammenhang mit d. N- u. P-Ernährung 1519.
—, **Fuzina (E. K.), Dobrjakova (L. A.)** u. **Lichovidova (E. V.),** Periodizität d. Dynamik d. Assimilate im Tagesverlauf 2896.
Anisimov (M. I.), Stachelbeerstecklinge überwintern im Frühbeet 2762.
Aniskin (V. I.) s. Ul'rich (N. N.).
— u. **Saprykina (E. G.),** Wasserdurchlässigkeit des Samens v. Futterbohnen u. Lupinen 977.
Anke (M.) s. Gruhn (K.).
— u. **Gruhn (K.),** Einfluß d. Molybdäns auf d. Zusammensetzung d. Pflanzen 1790.
Annenkova (G. N.) s. Vasil'ev (D. S.).
Anochin (A. S.), Einfluß d. Spurenelemente u. d. Mineralkopfdüngung auf d. Leistung u. d. Reife v. Mais 1798.
Anselme (C.), Ziele u. Methoden d. Behandlung v. Leinsaatgut 1695.
— u. **Champion (R.),** Gesundheitsprüfung bei Erbsensamen 2541.
Anslow (R. C.), Quantitative Analyse für Keimung u. Sämlingsstadium bei Deutschem Weidelgras 1726.
Ansorge (H.), Untersuchungen über d. Verteilung u. Nitrifikation v. Ammoniak im Boden bei Düngung mit wasserfreiem Ammoniak 1193. — Untersuchungen über den Zeitpunkt d. Düngung mit Phosphorsäure u. Kali 1247. — Einfluß d. Herstellungsbedingungen auf d. Umsetzung v. langsam wirkenden Stickstoffdüngemitteln (Ureaformen) 1538. — Wirkung v. Stallmist u. Mineraldüngung zu Zuckerrüben nach unterschiedlicher Vorfrucht 1564. — Einfluß einer langjährig unterschiedlichen Düngung auf Ertrag u. Zusammensetzung v. Luzernegras 1798. — Stickstoffnachlieferung u. Stickstoffausnutzung v. langsam wirkenden N-Düngemitteln (Ureaformen) 1810. — Zeitliche Nährstoffaufnahme v. Winterweizen u. Sommergerste bei langjährig unterschiedlicher Düngung 2387. — Vorratsdüngung mit Phosphorsäure u. Kali in d. Fruchtfolge 2671. — Einfluß d. NPK-Düngung auf Ertrag u. Qualität v. Silomais 2672.
Anstee (L. L.) s. Gunkel (W. W.).
Antal (J.), Fragen d. Gründüngung auf niederschlagsarmen Sandböden 1804.
Antcliff (A. J.), Webster (W. J.) u. **May (P.),** Untersuchungen an Sultana-Wein. 7. Mitt. Untersuchungen d. Ertragsregulierung durch Schneiden u. Enttrauben 1048.
Antenucci (F. M.) s. Mattick (L. R.).
Antila (S.) s. Pohjakallio (O.).
Antipovic (D.) u. **Beránek (F.),** Züchtung d. mittelfrühen Rothopfens durch Klonauslese 506.
Antipov-Karataev (I. N.) u. **Kellerman (V. V.),** Bodenaggregat u. seine kolloidchem. Analyse 358. — Bodenaggregate u. ihre kolloidchem. Analyse 1203.
— u. **Kizilova (A. A.),** Bodenversalzungsanlagen in d. bewässerten Gebieten d. Iran 643.
Antoniani (C.), Embryotransplantation als Methode zur Erzielung „vegetativer Hybriden" oder zur Erleichterung v. Art- u. Gattungskreuzungen bei Getreide 491. — Prüfung v. *40* Winterweizensorten auf ihre Eignung als Sommerweizen 1556. — Versuche mit im Süden nachgebautem Saatweizen 2699. — s. Pallotta (U.).
Antonietti (A.) u. **Vanzetti (C.),** Carta della utilizzazione del suolo d'Italia [2631].
Antonova (M. P.) s. Sachautdinov (B. M.).
Antonova (T. N.) s. Daševskij (L. I.).
Antropov (T. F.), Schutz d. Bodens v. Wassererosion in Hackfrucht-Fruchtfolgen 1777.
Anzin (B. N.), Biolog. Grundlagen für d. Schnitt bei Kirschen 173.
Aoba (T.), Klassifikation u. geograph. Verteilung v. Gemüse-Lokalsorten

in Japan. *2.* Mitt. Manifestierung d. Eigenschaften in den F_1-Hybriden aus Kreuzungen zwischen in Ostjapan heim. Lokalsorten v. Mairüben 1364.

Aomine (S.), Überblick über Forschungsarbeiten über Redoxpotentiale v. Reisböden in Japan 1201. — s. Higashi (T.); Yoshinaga (N.).

— u. **Miyauchi (N.),** Tonminerale aus Diallag in einem warmen u. feuchten Klima 2618.

Apetroaiei (Şt.) s. Berindei (M.).

Apojan (L. A.), Weidenblättrige Birne, eine aussichtsreiche Unterlage 1873.

Appadurai (R. R.), Blattflächenbestimmung bei Weidepflanzen 2139. — Wichtigkeit d. Blattfläche zur Ertragsbestimmung auf Weiden 2139.

Apple (J. L.), Physiolog. Spezialisierung innerhalb Phytophthora parasitica var. nictotianae 2805.

Applebaum (S. W.) s. Harpaz (I.); Sela (I.).

Apt (W. J.) u. **Koike (H.),** Pathogenität v. Meloidogyne incognita acrita u. seine Beziehung zu Pythium graminicola an Zuckerrohr auf Hawaii 3432.

Apte (S. S.), Dormancy and sprouting in gladiolus [1886]. — Ruhe u. Austreiben bei Gladiolen 2768.

Aquaron (R.) s. Busson (F.).

Aquilizan (F. A.) s. Javier (P. C.).

Aragaki (M.), Wechselwirkung v. Bestrahlung u. Temperatur auf d. Sporulation v. Alternaria tomato 256. — Qualität d. Strahlung, d. auf d. Sporulation v. Alternaria tomato hemmend wirkt 2811.

Arai (M.) u. **Chisaka (H.),** Ökolog. Untersuchungen an Alopecurus aequalis Sobol., einem schädlichen Unkraut in Winterung. *9.* Mitt. Sekundäre Keimruhe des Samens 1157.

—, **Chisaka (H.)** u. **Ueki (K.),** Vergleich d. ökolog. Charakteristika v. schädlichen Unkräutern in Winterung 290.

Araik = Arai.

Arakeljan (A. O.) u. **Kasumjan (S. A.),** Phosphororgan. Schädlingsbekämpfungsmittel gegen d. Pfirsichblattlaus an Pfirsich 572.

Araki (M.) s. Kemmler (G.).

Arangelov (A.), Pfirsich 'Slatna kurtowka' 1326.

Archer (T. E.), Zweig (G.), Winterlin (W. L.) u. **Francis (E. K.),** Rückstandsanalyse auf Phorate durch Cholinesterasehemmung nach d. Oxydation 2852.

Areliová (M.), Organisation d. landwirtsch. Forschungsarbeit in Holland 2886.

Arendt (N. K.), Neue Feigensorten 147.

Arens (R.), Auswirkungen d. Saatstärke auf d. Konkurrenzverhalten d. Arten u. d. erste Bestandsbildung bei Weideansaaten. Vorl. Mitt. 2140.

Arenz (B.) s. Vulic (M.).

Arešnikov (B. A.), Chlorophos zum Schutze d. landwirtsch. Kulturen 578.

Argikar (G. P.) u. **Cruz (R. d'),** Vererbung v. Blatt-, Kotyledonen- u. Testafarbe bei Cicer 3082.

Arima (H.) s. Takahashi (T.).

Aristovskaja (T. V.), Zersetzung organ.-mineral. Verbindungen in Podsolböden 2342.

— u. **Parinkina (O. M.),** Seliberia stellata nov. gen. n. sp., ein neuer Bodenmikroorganismus 2936.

Arkley (R. J.) u. **Ulrich (Rudolph),** Anwendung d. berechneten aktuellen u. potentiellen Evapotranspiration zur Schätzung d. potentiellen Pflanzenwachstums 2372.

Arlidge (E. Z.) s. Anderson (G.).

Arlitt (A.), Schwaddrusch bei Raps setzt sich durch 116.

— u. **Andersson (H.),** Mähdrusch bei Raps, ein neues Ernteverfahren 116.

Arlt (K.), Beeinflussung d. Vitamin-C-Gehaltes bei einigen Apfelsorten durch Unterlage u. Lagerungsdauer. Vorl. Mitt. 1324.

Armand (D. L'.), Physikal.-geograph. Grundlagen zur Projektierung eines Netzes v. Waldschutzstreifen [952].

Armstrong (J. M.) s. Downey (R. K.).

Armstrong (M. T.), Vergleich zwischen Malathion-Spritzung u. Lindan-Tünche-Mischung zur Bekämpfung v. Ephestia elutella (Hübn.) in Lagerräumen 286.

Army (T. J.) s. McCalla (T. M.).

Arnasaon (T. J.), Mohammed (L.),

Koehler (D.) u. **Renneberg (F. M.),** Mutationshäufigkeiten bei Gerste nach Behandlung mit γ-Strahlen, Äthylenimin, Äthylmethansulfonat u. Maleinhydrazid 1351.
Arnăutu (I.) s. Zahariade (C.).
Arnet (L.), Hemmung d. Peroxydase in d. Maisblättern durch Harnstoff u. d. schützende Wirkung d. Kupferionen 2960.
Arnold (C.-G.), Problem d. selektiven Befruchtung 481. – Plastiden als Erbträger extraplastidaler Merkmale 3352. – Röntgenmutanten d. Oenothera Berteriana. I. Über gehäufte, durch Trisomie induzierte Translokationen 3353.
Arnold (G. W.), Wirkungen d. Reifegrades v. Weidefutter auf d. Futterverwertung bei Schafen 1303. – s. Biddiscombe (E. F.).
Arnold (P. W.) s. Cunningham (R. K.).
Arnold (W. N.) s. Todd (G. W.).
Arnoldi (K. V.) u. **Ghilarov (M. S.),** Wirbellose im Boden u. in d. Streu als Indikatoren d. Besonderheiten d. Boden- u. Pflanzendecke d. Waldsteppenzone 3221.
Arnott (R. A.) u. **Clement (C. R.),** Winterweizenaussaat auf mit Herbicid zerstörtem Ley 1545.
Arnould (R.) s. Devuyst (A.).
Arora (R. K.) s. Puri (G. S.).
Arraudeau (M.), Reissaatbeete an d. Landwirtschaftl. Station d. Alaotra-Sees 141.
Arsdel (E. P. van), Symposium über Witterung u. Pflanzenkrankheiten. Einführung 2207.
Arsov (K.), Wassererosion in d. Tabakbeständen 2957.
Arthur (B. W.) s. Eden (W. G.).
Arthur (H. R.) u. **Chan (R. P. K.),** Untersuchung v. in Hong Kong vorkommenden Pflanzen: Untersuchung auf Alkaloide, äther. Öle u. Saponine 1740.
Artjuch (A. S.), Tagesdynamik d. Feuchtigkeitsgehaltes in d. Pflanzen d. Maishybride „WIR-25" 3203.
Arutjunjan (R. Š.) s. Panosjan (A. K.).
Arutunian = Arutjunjan.
Arutunian (R. S.) s. Panossian (A. K.).
Arx (E. v.) u. **Neher (R.),** Einrichtung eines Labors für Papier- u. Dünnschicht-Chromatographie 908.
Asami (T.) s. Takai (Y.).
Asana (R. D.), Probleme bei d. Messung d. Dürrewiderstandsfähigkeit 485. – s. Naik (M. S.).
Asarov (Ch. K.), Li En Sek u. **Garmaš (L. M.),** Gem. Anwendung v. Kalk u. Phosphorit beim Anbau d. mehrjährigen Lupine auf sauren Böden 101.
Asatrjan (E. V.) u. **Babajan (A. A.),** Bronzefleckenkrankheit d. Tabaks in d. Armen. SSR 2519.
Ashcroft (G.) s. Evans (D. D.).
—, Marsh (D. D.), Evans (D. D.) u. **Boersma (L.),** Mathemat. Methode zur Auflösung d. Diffusionsgleichung. *1.* Mitt. Horizontalströmung in semi-unendlichen Medien 2932.
Ashford (R.) u. **Read (D. W. L.),** Wirkung einer weißen Mulchschicht auf d. Wachstum v. Gelbem Steinklee (Melilotus officinalis L.) im Gewächshaus 2129.
Ashley (D. A.) s. Doss (B. D.).
Ashton (F. M.) u. **Uribe (E. G.),** Einfluß v. Atrazin auf d. Saccharose-^{14}C- u. Serin-^{14}C-Stoffwechsel 2874.
Ashton (W. M.) s. Davies (E. G.).
Ashwin (P. M.) s. Bollard (E. G.).
Ašimkanov (K.), Einfluß mineral. Düngemittel auf d. Wachstumsdynamik u. d. Erträge d. Heilpflanzenmohnes [1844].
Aslanjan (S. A.), Einfluß d. mineral. Düngemittel auf d. Gehalt an Vitamin C in d. Kartoffelknollen 1801.
Aso (S.) u. **Sakai (I.),** Physiolog. Einflüsse v. Huminsäure. *1.* Mitt. Aufnahme v. Huminsäure durch Kulturpflanzen u. ihr physiolog. Einfluß 2961.
Asquith (D.), Kreuzresistenz d. Obstbaumspinnnmilbe gegen Acaricide 2561.
Assadolahi (A.) s. Vetter (H.).
Assaul (B. D.), Falscher Mehltau an Erbsen 850.
Assaul (N. F.), Feldrandbestäubung zur Bekämpfung d. Erbsenkäfers 1422.
Assing (A. I.) s. Sokolov (S. I.).
Assing (I. S.) s. Sokolov (S. I.).
Astachov (A. I.), Frostresistenz d. Blütenknospen v. Kirschen u. Pflaumen 463.
Astadžov (N.) u. **Kazakova (K.),** Ein-

fluß d. Häufigkeit d. Hackens auf d. Maisertrag u. ihre Nachwirkung auf den Weizen 406.
Asthana (M. P.) s. Teaotia (S. S.).
Asuncion (M. J. A.), Bestimmung d. assimilierbaren Bodenphosphors mit d. mikrobiolog. Azotobacter-Methode im Vgl. mit d. chem. Methode nach Truog-Peech 2944.
Atabekova (A. I.), Somat. Mutationen bei Leguminosen 1633.
Atanasiu (H.), D. Wirkung d. Spurenelemente im Thomasphosphat 395.
Atanasov (A.), Dzingov (A.), Kitipov (A.), Levenson (E.), Milčev (M. P.) u. **Nikolov (S.),** Düngungsversuche auf erodiertem zimtfarbenen Waldboden 3263.
Atanasov (P.) s. Andreeva-Fetvadžieva (N.); Fetvadžieva (N.); Kovačev (D.).
Atanasov (S.), Einfluß d. teilweisen u. vollständigen Beseitigung d. Kartoffelblattmasse auf Menge u. Güte d. Knollenertrages 996.
— u. **Mitev (D.),** Ergebnisse d. Einführung ausländ. Kartoffelsorten 995.
Atanasov (Ž.), Einfluß d. Kalkdüngung auf Ertrag u. Qualität des Lavendelöls 970.
— u. **Topalov (V.),** Mineraldüngung d. Kazanliker Rose auf diluvialem Wiesenboden 3350.
Atheya (S. C.) u. **Singh (Babu),** Umfallkrankheit d. Pfeffers (Capsicum annuum L.) 3159.
Atkins (R. E.) s. Dicke (F. F.).
Atraschkowa (N. A.) s. Paschkowskaja (A. J.).
Aubert (G.), Boden mit eisenhaltigen u. ferrallit. Krusten d. trop. Gebiete 2940.
Aubertin (M.) s. Grun (P.).
Auclair (J. L.), Nahrungsaufnahme u. Ernährung d. Blattläuse 3401.
Audemard (H.) s. Guennelon (G.).
Audia (W. V.), Smith jun. (W. L.) u. **Craft (C. C.),** Einflüsse v. Isopropyl-n-(*3*-chlorphenyl) carbamat auf d. Suberin- u. Peridermbildung sowie d. Fäulnisentwicklung bei Kartoffelscheiben d. Sorte „Kathadin“ 298.
Auersch (O.), Zur Kenntnis d. Rübenderbrüßlers (Bothynoderes punctiventris Germ.). *2.* u. *3.* Mitt. 835.
Aufhammer (G.) u. **Fischbeck (G.),** Varianzursachen für Kornertrag, Korneigenschaften u. Mälzungsergebnisse aus internationalen Gerstenversuchen d. EBC (European Brewery Convention) *1957–1959* 1068.
Augustin (E.), Wertvolle Sommerblumenneuheiten 1610. — Sortenvergleichsprüfungen bei Petunia hybrida 1611.
Auld (B. A.) s. Joiner (J. N.).
Aurich (O.) s. Schreiber (K.).
Aussaul (B. D.) u. **Lobodina (Ė. A.),** Zineb gegen d. Cercosporose 3167.
Austen (C. A. F.), Neuheiten für d. Wasser- u. Abwasserbehandlung 3240.
Austenson (H. M.), Peabody jun. (D. V.), Turner (D. O.) u. **Crandall (P. C.),** Silomaisuntersuchungen in West-Washington 3299.
Austin (A.) u. **Jhamb (K. V.),** Einfluß d. Umwelt u. d. Sorte auf d. Proteingehalt einiger ind. Zuchtweizen 2910.
— u. **Miri (R. K.),** Wirkung v. Stickstoff u. Bewässerung auf den Protein- u. Glutengehalt einiger New Pusa-Weizen 1255.
—, **Singh (D.)** u. **Jhamb (K. V.),** Protein- u. Glutengehalt einiger verbesserter ind. Weizen unter d. Einfluß v. Sorte u. Anbaujahr 1737.
Austin (R. B.) s. Nelder (J. A.).
Avakjan (A. A.), Entwicklungsbiologie d. landwirtsch. Kulturpflanzen [2498].
— u. **Šumanskaja (M. G.),** Gemeinsamer Anbau v. spät- u. frühreifen Maissorten 136.
Avakjan (V. A.), Biochem. Charakteristik d. gesunden u. abbaukranken Kartoffel 1287.
Avanesjan (M. A.) s. Mamedov (Š.).
Avdonin (N. S.) u. **Kuzina (E. V.),** Einfluß d. Bodeneigenschaften, d. Düngung u. d. Überwinterungsbedingungen auf Standfestigkeit u. Ertrag v. Wi-Weizen 1557.
— u. **Vendilo (G. G.),** Einfluß d. Bodeneigenschaften u. d. Düngemittel auf d, Ertrag u. d. Qualität v. Kohl, Tomaten u. Radies 2443.
Avens (A. W.) s. Mattick (L. R.).
Avent (K. I.), Tatura Gartenbauforschungsstation 3034.

Averna (V.), Petronici (C.) u. **Bazan (E.),** Mineral. Ernährung v. Citrus-Früchten. *3.* Mitt. Mikroelemente Zink u. Kobalt in d. Citrus-Anbauzone v. Bagheria (Palermo) 1504.

Avers (C. J.), Feinstruktur v. Phleum-Wurzelmeristemzellen. *1.* Mitt. Mitochondrien 1445. — Feinstruktur d. Wurzelmeristemzellen v. Phleum. *2.* Mitt. Mitot. Asymmetrie u. Zelldifferenzierung 2584.

Avetisjan (N. A.) s. Panosjan (A. K.).

Avetisjan (O. R.) u. **Šagojan (R. S.),** Mikrodosierungen v. Fluoracetaten bei d. Bekämpfung v. Nagetieren u. Sperlingen 1423.

Avram (P.), Wirksamkeit d. Mineraldüngeranwendung auf nach Mais gesäten Winterweizen 2980.

Avramčuk (N. G.), Braugerstensorte „Ilinezki“ *43* 1350.

Avramescu (A.), Cîrstea (M.) u. **Zelinschi (N.),** Festlegung d. Mineraldüngergaben bei Gurke u. Frühkohl 156.

Avramov (E.) s. Stajkov (G.).

Avramova (C.) u. **Dučevska (C.),** Vergleichende Untersuchungen v. Wikken- u. Erbsenwinterformen 991.

Avratovščuková (N.), Bartoš (J.) u. **Šesták (Z.).** Abhängigkeit zwischen d. Intensität d. Photosynthese, d. Clorophyllmenge u. d. Blattzeichnung beim Rotklee (Trifolium pratense L.) 2589.

Avundžjan (È. S.), Einfluß d. Dunkelheit auf d. Nikotingehalt in Wurzeln u. Blättern d. Tabaks 615. — Einfluß d. Wasserhaushalts auf d. Alkaloidgehalt in Wurzeln u. Blättern d. Tabaks in d. einzelnen Entwicklungsphasen 1518. — Einfluß d. N- u. P-Quelle auf d. Alkaloidgehalt d. Tabaks 2608.

Awasthi (K. S.) s. Pathak (A. N.).

Ayala (A.), Analyse d. qualitativen u. quantitativen Zusammensetzung d. Nematodenpopulationen v. Ananasplantagen in Puerto Rico 226. — Parasitierung v. Bakterienknöllchen durch d. „reniform“-Nematoden 818.

Ayala (H.) s. Tincknell (R. C.).

Ayers (G. W.) s. Read (D. C.); Robinson (D. B.).

Aziev (K. G.) s. Prokudina (F. V.).

Azimov (C. U.), Engsaaten v. Mais u. Gerste mit Luzerne 2420.

Azin (L. A.), Termine für d. Schwaddrusch v. Weizen für Saatgutzwecke 2992.

Aziz (A. B.), Chorin (M.), Monselise (S. P.) u. **Reichert (I.),** Hemmfaktoren gegen Deuterophoma tracheiphila bei gegen „mal secco“ resistenten Citrus-Sorten 1956.

Aziz (M. A.), Verbesserte Anbaupraxis bei Weizen im früheren Pandschab 1278.

— u. **Bhatti (H. M.),** Bedeutung v. Gerste für Salz- u. Trockenländereien in Westpakistan 1279.

Baarschers (W. H.), Horn (D. H. S.) u. **Rehm (S.),** Anbau einiger äther. Öl enthaltender Pflanzen in Südafrika 438.

Baba (I.) u. **Tajima (K.),** Ernährung d. Reispflanze unter Berücksichtigung d. Auftretens d. sog. „Akagare“-Krankheit. 7. Mitt. Verlauf d. Auftretens einer Art v. „Akagare“, d. Blattchlorose als Anfangssymptom zeigt 1398.

Babaeva (A. M.) s. Ali-Zade (M. A.).

Babajan (A. A.) s. Asatrjan (È. V.).

Babak (N. M.) u. **Eršova (V. L.),** Wirkung d. elektr. Sterilisation auf d. biolog. Aktivität d. Bodens u. d. Ertrag v. Tomate u. Gurke unter Gewächshaus-Bedingungen 3036.

Babenko (A. A.), Bestrahlung v. Saatgut 2399.

Babenko (N. V.) s. Gračev (D. G.).

Babeş (S.) s. Oşlobeanu (M.).

Babos (P.) u. **Kassanis (B.),** Unstabile Varianten d. Tabaknekrosevirus 2519.

Babu (D. R. C.) s. Srimathi (R. A.).

Bac (S.), Wald - Wassermelioration [2958].

Bacalova (M.), Untersuchungen einiger anorgan. Bestandteile des Weizens 908.

Bacchi (O.), Versuche zur Konservierung v. Samen. *6.* Mitt. Zwiebelsamen 1031. — Einfluß d. Lagerbedingungen auf d. Lebensdauer v. Samen. *8.* Mitt. Tomate 3323. — s. Franco (C. M.).

Bach (E.) s. Lorenzo-Andreu (A.).

Bach (P. de) u. **Landi (J.),** Parasit

Aphytis lepidosaphes Compere d. Citrus-Kommalaus sowie eine Methode d. integrierenden chem. mit einer biolog. Bekämpfung 1131.
Bachčevanova (M. P.) s. Stonov (L. D.).
Bachelier (G.), Einfluß d. Klimas auf d. bodenbiolog. Prozesse d. Humifizierung u. d. Humusabbaues 2937.
Bachmann (L.), Standweiten- u. Spätdüngungsversuche mit d. anisoploiden Zuckerrübensorte „Multmedia" 1288. — Neue Technologie d. Zuckerrübenanbaues 2715.
—, **Curth (P.)** u. **Röstel (H.-J.),** Gibberellin-Verabreichung in verschied. Wachstumsphasen d. Beta-Rüben 3090.
Bachmanov (V. V.), Wasserschützende Rolle d. Wälder [2648].
Bachofen (R.), Transport u. Verteilung v. markierten Substanzen. VII. Teilnahme d. Früchte am Stoffkreislauf in d. Pflanze 2962.
— u. **Wanner (H.),** Transport u. Verteilung v. markierten Assimilaten. VI. Verteilung v. ^{14}C-Assimilaten bei Langzeitversuchen 2962.
Bachtadze (K. E.), Genetik u. Züchtung d. Teestrauches 3099.
Bachteev (F. C.) u. **Darevskaja (E. M.),** Fernkreuzung in d. Gattung Hordeum 2184.
Bachthaler (G.), Grasspezif. Herbiziden zur Bekämpfung d. Wildhafers (Avena fatua L.) in Rübenkulturen im Vorauflaufverfahren 585. — Entwicklungsfortschritte d. chem. Unkrautbekämpfung im Ackerbau 2872.
Bachy (A.) s. Prevot (P.).
—, **Briolle (Ch.)** u. **Villemain (G.),** Düngung v. Kokosnußanzuchtgärten an d. Elfenbeinküste u. in Dahomey 94.
Baculinschi (H.), Untersuchungen über d. Nektarproduktion d. wichtigsten spontanen u. kultivierten Bienenweidepflanzen in d. Steppenzone 320. — s. Sănduleac (E.).
Baczýnski (Z.) s. Królikowski (Z.).
Badaljan (V. S.), Einfluß d. Superphosphats auf Xeromorphismus u. d. Ertragsfähigkeit d. Pflanzen 101.
Badanin (P. A.), Chlorose v. Obstarten u. ihre Bekämpfung 1698.
Badanova (K. A.), Bedeutung kolloidchem. Eigenschaften d. Protoplasmas für d. Trockenresistenz d. Pflanzen 2783.
Baden (W.), Beurteilung u. Düngung v. Moor u. Anmoor 963.
Badenhuizen (N. P.), Ursprung u. Vermehrung d. Plastiden 1716.
Bader (K. L.) u. **Anderson (S. R.),** Samenerträge v. Hornklee unter d. Einfluß vorheriger Mahd in Kombination mit d. Bekämpfung v. Schadinsekten 429.
Badulin (A. V.), Fliege Tephritis hendeliana Her. vernichtet d. Distelsamen 1989.
Baenziger (H.), Überzählige Chromosomen bei diploiden u. tetraploiden Queckenformen 484. — s. Knowles (R. P.).
Baerecke (M.-L.), Resistenz v. Myzus persicae Sulz. gegen E *605* u. Metasystox 1980.
Bärner (J.), Bibliographie d. Pflanzenschutzliteratur [1663]*..
Baerug (R.), Einfluß verschied. Lichtgaben u. Lichtintensitäten auf d. Solaningehalt u. d. Speisequalität v. Kartoffelknollen 2607.
Baets (A. de), Auftreten u. Bekämpfung v. Peronospora tabacina Adam in Belgien in d. Jahren *1959–1961* 1951. — Bekämpfung d. Peronospora-Krankheit d. Tabaks 3162.
Bätz (G.), Aussagebereich v. Feldversuchen 2116.
— u. **Möbius (H. J.),** Vorschlag zur Einführung d. Betriebsgroßversuches in d. Prüfungssystem für agrotechn. Verfahren u. Neuzüchtungen 1821.
Baeumer (K.), Einfluß einer Roggendeckfrucht auf Wurzelfäulebefall u. Ertrag v. Rotklee 3022.
— u. **Lochow (J. v.),** Echte Kleemüdigkeit. *3.* Mitt. Fruchtfolge-Versuch 1685.
Baeva (R. J.), Heterosiswirkung bei d. freien Sortenkreuzung bei Roggen 1623.
Baeva (V. G.), Schadinsekten d. Kernobstkulturen im Gissartal [2524].
Bäz (H.), Sortenprüfung mit Grünkohl *1961* 743; dass.: *1962* 2147; dass.: mit Rotkohl *1961* (Später Anbau) 744; dass.: mit Weißkohl *1961* (Später Anbau) 744; dass.: *1962* (Frühfreilandanbau) 2444; dass.: mit mittel-

spätem u. spätem Weißkohl v. *1955* bis *1959* 2740; dass.: mit Rosenkohl *1961* 1309; dass.: *1962* (Herbsternte) 2148; dass.: mit Blumenkohl *1962* (Anbau unter Glas) 1309; dass.: (Frühfreilandanbau) 2146; dass.: mit Wirsingkohl *1962* (Herbstanbau) 2146. — Sorten, d. sich für d. Gemüselagerung eignen 2441.

Bagge (H.) u. **Rasmussen (E.),** Versuch mit Kalksalpetergaben an Tulpen zu verschied. Zeitpunkten *1954* bis *1960* 1540.

Baggiolini (M.), Drei Raupen, d. im Sommer Obstbäume entblättern: Taeniocampa (= Monima) incerta, T. stabilis (Lep., Noctuidae) u. Orgya gonostigma (Lep., Lymantriidae) 2507.

Bahn (E.), Ertragsleistung, Ertragssicherheit u. Vorfruchtwert d. Hafers 1280.

Bahrani (B.) u. **Taylor (S. A.),** Einfluß d. Bodenfeuchtepotentials u. d. evaporativen Bedarfs auf d. aktuelle Evapotranspiration eines Luzerneschlages 926.

Băia (G.), Mais, eine wertvolle Futterpflanze 3020.

Baicu (T.) s. Alexandri (A. V.).

— u. **Minoiu (N.),** Bekämpfung d. Falschen Mehltaus bei Reben mit verschied. Fungiciden 1415.

Baier (J.), ABC d. Pflanzenernährung [3263]. — s. Koppová (A.).

Baier (W.), Verbesserter Typ d. Popov-Evaporimeters zur Anwendung unter Bedingungen starker Verdunstung 331. — s. Sellschop (J. P. F.).

Bailey (D. L.) s. Subba-Rao (N. S.).

— u. **Lowther (R. L.),** Natur d. Resistenz v. Tomaten gegen Cladosporium fulvum Cooke 2245.

Bailey (J. S.) s. Converse (R. H.).

Bailey (S. W.), Wirkungen d. Erschütterung auf getreideschädigende Insekten 2567.

Bain (J. M.), Morpholog., anatom. u. physiolog. Veränderungen d. Birnenfrucht (Pyrus communis Sorte „Williams Christ") während d. Entwicklung u. Reife 1873.

Bains (S. S.) s. Sen (S.).

Bair (F. L.) s. Pratt (P. F.).

Bair (W. I.), Zweijährige Untersuchungen zur Erntevorschätzung bei Äpfeln 3333.

Baird (B. L.), Fitts (J. W.) u. **Mason (D. D.),** Beziehung zwischen d. Stickstoffgehalt in d. Blättern v. Mais u. d. Ertrag 1786.

Bajai (J.), Keimpflanzen - Untersuchungen an ungar. Winterweizen-Zuchtsorten 697. — Wachstumsrhythmus- u. Blattflächenuntersuchungen in Winterweizen-Saatmethodenversuchen 700. — Ährenanalyse u. Messungen d. Halm-Internodienlängen im Winterweizen-Saatmethodenversuch 700. — Bedeutung d. Futterhirsegräser, bes. d. Sudangrases, in d. Sommer-Grünfütterung 731.

— u. **Barabás (Z.),** Züchtung u. Anbau d. Futterhirse [434].

—, **Osváth (J.)** u. **Szabó (J. L.),** Untersuchung einiger Anbaufaktoren d. Sudangrases u. d. Grünmaises 732.

Bajaj (J. C.) s. Subbiah (B. V.).

Bajer (A.) u. **Molè-Bajer (J.),** UV-Strahlenbehandlung d. Chromosomen während d. Mitosis im Endosperm 1342.

— u. **Östergren (G.),** Zentromerähnliches Verhalten auf zentromerfremden Abschnitten. *1.* Mitt. Neozentr. Aktivität auf Chromosomenarmen in d. Mitose 1058.

Băjescu (I.) s. Obrejanu (G.).

Băjescu (N.), Poenaru (I.) u. **Podoleanu (N.),** Feststellung d. Eigenbehanges je nach d. Kraft d. Weinstockes in d. Weinberg Murfatlar 471.

Bajko (V. P.) u. **Alabušev (V. A.),** Vernichtung d. Wurzelunkräuter durch d. Bodenbearbeitung im Herbst 583. — Herbicid 2.4-D zur Bekämpfung v. Wurzelunkräutern 586.

Bajlov (D.), Neue Methode zur Gewinnung v. Hybridsamen bei Tabak 1639.

—, **Endemann (V.), Palakarčeva (M.)** u. **Stojanova (M.),** Resistenz einiger bulgar. u. and. Tabaksorten gegen Blauschimmel (Peronospora tabacina Adam) 2499.

—, **Istatkov (S.), Edreva (A.)** u. **Sečenska (M.),** Biochem. u. physiolog. Vorgänge in d. Blättern d. v. Perono-

spora tabacina Adam befallenen Tabakpflanzen 3149.
Bajlova-Jankulova (M.), Freie Aminosäuren in viruskranken Kartoffelknollen d. Sorte Bintje 239. – Anwendbarkeit d. Resorcintests zur Feststellung der v. d. Blattrollkrankheit befallenen Knollen bei einigen in Bulgarien verbreiteten Kartoffelsorten 1959.
Bajpai (P. N.), **Trivedi (R. K.)** u. **Prasag (A.)**, Lagerung v. Citrus-Saatgut 3278.
Bakalivanov (D.), Verbreitung d. antagonist. wirkenden Schimmelpilze in einigen Böden Bulgariens 3222. – s. Vojnova-Rajkova (Ž.).
Bakalova (V.) s. Georgiev (A.).
–, **Benevski (M.)** u. **Vangelov (A.)**, Böden d. Versuchsstation für Südkulturen in Sandanski 1214.
Baker (A. S.), Fehlerquelle bei d. Bestimmungen d. Kationenaustauschkapazität mit Hilfe v. Flammen-Emissionsmethoden 2635.
Baker (D.), Fettsäurezusammensetzung d. Öls aus geschädigtem Mais u. Weizen 2309.
Baker (D. E.) u. **Woodruff (O. M.)**, Einfluß des d. Pflanze zur Verfügung stehenden Bodenvolumens auf d. Wachstum v. Mais u. seine Phosphoraufnahme aus mit unterschiedlichen Phosphormengen behandelten Böden 2376.
Baker (E. A.), **Batt (R. F.)**, **Roberts (M. F.)** u. **Martin (J. T.)**, Untersuchungen d. Pflanzenkutikula: Fortschrittsbericht 2583.
Baker (J. V.), Entwicklung einer Schnittechnik zur Reduzierung d. Apfelmehltaus 1698.
Baker (K. F.), Hitzebehandlung v. Pflanzenmaterial 2858.
Baker (R.) s. Maurer (C. L.).
– u. **Wilcox (G. E.)**, Einfluß v. Blattschäden u. d. Verminderung d. Pflanzenbestandes auf d. Ertrag v. Zwiebeln 3327.
Baker (R. G.) s. Youngson (C. R.).
Baker (R. S.) u. **Warren (G. F.)**, Bes. Herbicidwirkung v. Amiben auf Gurke u. Kürbis 2573.
Bakermans (W. A. P.), Lagerung v. Futterrüben. Bedeutung d. Bodens, d. Düngung u. einiger anderer Kulturmethoden auf d. Lagerfähigkeit v. Futterrüben 2403.
Bakes (J. M.), **Gregory (G. R. E. C.)** u. **Jeffery (P. G.)**, Bestimmung v. Niob in „Pyrochlorit"-Böden 2635.
Bakk (F.) s. Dolinka (B.).
Bakker (M.) u. **Scholten (G.)**, Bakterienkrankheiten d. Nelken in d. Niederlanden 553.
Bakker-Arkema (F. W.), **Hall (C. W.)** u. **Benne (E. J.)**. Gleichgewichts-Feuchtigkeitsgehalt v. Luzerne 407.
Bakó (J.) u. **Nagy (Z.)**, Optimale Schnittzeit d. Luzerne 427.
Bakos (I.), Mechanisierung d. Obstproduktion [2174]. – s. Nagy (B.).
Bakos (Z.), Beschreibung ungar. Sonnenblumensorten 716. – Sonnenblume (Helianthus annuus L.) 1560.
Balabanov (V. G.) s. Kapustjanskij (A. N.).
Balabánová (A.), Herbicide in Kartoffelbeständen 3456.
Balaev (L. G.), Experimentelle Untersuchungen d. Verdunstung d. Wassers v. d. Oberfläche kapillarer Menisken 2933.
Balaj (D.) s. Petrescu (M.).
Balašova (N. N.), Widerstandsfähigkeit d. Gemüseerbse gegen d. Bohnenzünsler 528.
Balázs (F.), Einfluß d. Mineraldüngung auf d. Zusammensetzung d. Rotschwingelrasen 441. – Einfluß d. Witterung auf d. Wurzelentwicklung d. Weizens 1471. – Melioration d. Rasen im Gebiet Őrség durch Untergrundlockerung 1507. – Bedeutung hoher Düngergaben auf Wiesenflächen im Gebiet Őrség 2137.
Balcar (J.), Bestimmung d. Flächengewichts d. Tabakblattes mittels Betastrahlen 3191.
Bald (J. G.) s. Solberg (R. A.).
Baldacci (P. V.) s. Rotini (O. T.).
Baldev (B.), In-vitro-Untersuchungen d. Blühinduktion bei Sproßspitzen v. Cuscuta reflexa Roxb. Eine Kurztagpflanze 313.
Baldini (E.) u. **Pisani (P. L.)**, Blütenbiologie u. Fruchtungstendenz d. Schwarzen Johannisbeere 175.
Bałdowicz (M.) s. Grynberg (H.).
Balevski (A.), Atlant. Spinnmilbe (Tetranychus atlanticus McGregor) 2214. – s. Lazarov (A.).

Balevski (A.), Kulunev (D.) u. **Gospodinov (M.)**, Chem. Bekämpfung d. Rübenmotte (Phthorimaea ocellatella Boyd.) 1970.
—, **Načev (P.)** u. **Conkovski (K.)**, Obstbaummilben u. ihre Bekämpfung [3422]*.
— u. **Vasev (A.)**, Klärung d. Ursachen d. verminderten Wirksamkeit d. Blutlauszehrwespe Aphelinus mali Hald 2548.
Balicka (N.) u. **Kosinkiewicz (B.)**, Ausnutzung einiger Stickstoffverbindungen durch Mikroorganismen d. Rhizosphäre 1755; dass.: 2049.
Balieva (M. A.) s. Jusufov (A. G.).
Bálint (A.), Theoretische Fragen d. Heterosis 1887. — Frage d. adäquaten Veränderungen in d. Genetik 1887.
— u. **Kovács (A.)**, Anwendung d. Röntgenbestrahlung zur Erzeugung v. biochem. Mutanten bei Mais 2478.
—, **Kovács (A.)** u. **Böszörményi (Z.)**, Wege zur Steigerung d. Eiweißgehaltes beim Mais 1355; dass.: 1904.
Bálint (S.), Szegediner Paprika [753]. — Silomais-Standraum- u. Sortenprüfungsversuche in Mosonmagyaróvár, *1958—1960* 2723. — Silomais-Standraum- u. Sortenvergleichsversuche in Mosonmagyaróvár 3299.
Baljabo (N. K.), Agronom. Charakteristik d. Böden [645].
—, **Gutina (B. S.)** u. **Zvereva (E. A.)**, Erschließung u. Steigerung d. Fruchtbarkeit bei Solonetzböden [3232].
—, **Vasil'eva (S. G.)** u. **Lasukova (T. P.)**, Normen für N-Gaben, abhängig v. d. Dynamik d. Stickstoffs im Boden 689.
Baljura (V. I.), Wachstumstempo d. Maispflanze 3288.
Balks (R.), Untersuchungen über d. Kupfergehalt v. Böden u. Wiesenheu in Westfalen-Lippe 384.
Balla (A.), Vergleich d. Wirkung v. Stallmist- u. Handelsdüngung im Fruchtfolgedüngungsversuch. *2.* Mitt. Einfluß d. Stallmistes u. d. Handelsdünger auf d. Nährstoffzusammensetzung (NPK) in d. Pflanze 2090.
Balla (E.), Vergleichende Versuche mit Stallmist- u. Handelsdünger bei Fruchtfolgen. *1.* Mitt. Einfluß d. Stallmistes u. d. Handelsdünger auf d. Pflanzenerträge 960.
Ballantyne (A. K.), Neue Anreicherung v. Salzen in d. Böden d. südöstlichen Saskatchewan 3231.
Ballantyne (D. J.) u. **Link (C. B.)**, Wachstumsregulatoren u. d. Blühen d. Immergrünen Azaleen (Rhododendron cv.) 3345..
Ballard (L. A. T.) s. Grant Lipp (A. E.).
Ballenberger (R.) u. **Finály (I.)**, Geschichte d. ungar. Bodenkunde [2919].
Ballester (M. R.) s. Abrams (R.).
Balls (E. K.), Einheimische Pflanzen Kaliforniens 180.
Balogh (J.) u. **Náfrádi (I.)**, Heizung im Gartenbau [743].
Balschun (H.) u. **Jacob (F.)**, Beeinflussung d. Leinertrages durch Camelina-Arten 103.
Baltagi (B.), Calistru (G.) u. **Popa (S.)**, Anwendung d. Düngemittel im Rebunterlagenanbau 769.
— u. **Văleanu (L.)**, Einfluß d. Düngung u. d. Bewässerung auf d. Wurzelwachstum d. Reben in d. Rebschule 472.
Baltzer (K.), Wasserwirtschaft in Haus u. Hof [1779]*.
Balzer (I.) s. Georgiev (H. P.).
Bambu (J. V.), Dynamik v. Na_2O, K_2O u. CaO in d. Blättern v. Zwergobstbäumen, Halbzwergbäumen u. starkwüchsigen Obstbäumen 2081.
Bambukov (P.), Vegetativ vermehrte Unterlage D-XVIII 2203.
Bami (H. L.) s. Datta (D. D.).
Bampton (S. S.), Yamswurzeln u. Diosgenin 36.
Banage (W. B.), Nematoden aus d. Moor House Nationalschutzpark, Westmoorland 521. — Ökolog. Bedeutung freilebender Bodennematoden mit bes. Berücksichtigung solcher v. Moorboden 3106.
Bancroft (J. B.), Reinigung u. Eigenschaften d. „bean pod mottle“-Virus u. ihm beigeordneter durch Zentrifugation u. Elektrophorese sichtbar gemachter Komponenten 2542. — s. Kuhn (C. W.); Mink (G. I.).
Bandlow (G.), Beta-Wildarten d. Sektion Patellares u. Kreuzungsversuche mit Zuckerrüben 1077. — Über

einige bei Röntgenbestrahlung v. Zuckerrübenknäueln aufgetretene Erscheinungen u. Fragen 1360.

Bang (Y. H.) u. **Floyd (E. H.)**, Wirksamkeit d. Malathions zum Schutz v. poliertem Reis v. Schäden durch verschied. Insektenarten 2568.

Banga (O.), Verwendung d. männlichen Sterilität für d. Erzeugung v. Hybridsorten bei gärtner. Kulturpflanzen 211.

— u. **Bennekom (J. L. van)**, Radieszüchtung zur Winterkultur unter Glas. Phytotronuntersuchungen zur Entwicklung einer Selektionsmethode 3094.

Bangarayya s. Pal (N. L.).

Bange (G. G. J.) u. **Gemerden (H. van)**, Anfangsphase d. Ionenaufnahme durch d. Pflanzenwurzeln 2651.

— u. **Vliet (E. van)**, Translokation v. Kalium u. Natrium in intakten Maiskeimlingen 1233.

Bankole (R. O.) s. Schmidt (E. L.).

Banneick (A.), Leistungsvergleiche u. anbautechn. Versuche mit tetraploidem u. diploidem Roggen 709.

Banno (A.) s. Foschi (S.).

Bansal (H. C.), **Chopra (V. L.)** u. **Jagathesan (D.)**, Wirkung einer Vor- u. Nachbehandlung mit ultravioletten Strahlen auf d. Mutationsausbeute nach Röntgenbestrahlung beim Weizen 2182.

Banta (E. S.), Obstanbaugebiete Amerikas: Ohio. Land d. Veränderung u. Entwicklung 3050.

Banting (J. D.), Keimruhe-Verhalten v. Avena fatua L. im Ackerboden 1990. — s. Friesen (H. A.).

Banttari (E. E.) u. **Moore (M. B.)**, Virusursache d. Blauverzwergung d. Hafers u. ihre Übertragung auf Gerste u. Lein 2825.

Banwell (M.) s. Wallace (E. R.).

Barabás (Z.), Geschlechtsdifferenzierung bei Sorghum durch Verwenden induzierter männlich steriler Mutanten 1072. — s. Bajai (J.).

Baractaru (M.) s. Poenaru (I.).

Barák (K.), Ertrag v. Trockensubstanz u. Ausbeute v. N-Stoffen nach Applikation v. Ammoniakabwasser 3267.

— u. **Jurčik (F.)**, Vergleichsversuche mit einigen Mehrnährstoffdüngemitteln d. tschechoslowak. u. ausländ. Produktion 1812.

Baranov (P. A.), **Koreńkov (D. A.)** u. **Pavlovskij (I. V.)**, Flüssige Stickstoffdüngemittel [691].

Baranova (V. A.), Blattdüngung mit Harnstoff 3288.

Baranow (P.), Anwendung v. flüssigen Stickstoffdüngemitteln 2981.

Baranowska (I.) u. **Kozaczenko (H.)**, Einfluß d. Herbicide auf d. Keimung v. Gemüse 2275.

Baranowski (R. M.), Bericht über d. Einsatz system. Insekticide bei einigen Gemüsearten 1429. — s. Middlelem (C. H. van).

Barat (G. K.) u. **Das (N. B.)**, Boden- u. Blattapplikation v. Harnstoff u. Superphosphat 1248.

Barbacki (S.), Futterlupine im Vgl. mit d. Bitterlupine 1283.

—, **Mikołajczyk (J.)**, **Przybylska (J.)** u. **Sulinowski (S.)**, Vergleich bitterer u. süßer Lupinensorten 2191.

Bărbat (I.), Einfluß d. Lichtes u. d. Gibberellins auf d. Jarowisationsstadium beim Weizen, Triticum durum var. hordeiforme 2596. — s. Giosan (N.).

— u. **Ocheşanu (C.)**, Einfluß v. Gibberellin auf d. Vegetationspunkt d. Winterweizens 3187.

Barber (D. A.), **Ebert (M.)** u. **Evans (N. T. S.)**, Bewegung v. ^{15}O durch Gersten- u. Reispflanzen 1449.

Barber (S. A.), Eine auf Diffusion u. Nährstoff-Transport beruhende Vorstellung über d. Verfügbarkeit v. Nährstoffen d. Bodens 373. — s. Vasey (E. H.); Walker (J. M.).

Barber (T. E.) u. **Matthews (B. C.)**, Freisetzung v. nichtaustauschbarem Bodenkalium durch Gleichgewichtseinstellung mit Harzen u. dessen Bedeutung für d. Pflanzenwachstum 1479.

Barbier (E.) s. Blondel (L.).

Barbier (G.) u. **Brossard (M.)**, Wurzel- u. Blattabsorption v. Strontium u. Caesium bei Mais 3259.

Barbier (S.), Heutiger Stand d. Strohdüngung 2093.

Barbieri (R.), Erzeugung hochwertigen Gemüse- u. Blumensamens in Süditalien 1854.

Barcal (R.) s. Bobek (K.).
Barchatova (M. R.) s. Konstantinov (A. R.).
Barclay (A. S.) s. Gentry (H. S.).
—, Gentry (H. S.) u. **Jones (Q.),** Suche nach neuen Handelspflanzen. *2.* Mitt. Lesquerella (Cruciferae) als neue Ölpflanze 2192.
Barclay (P. C.) s. Butler (G. W.); Flux (D. S.).
Barde (N. K.) s. Roy (B. B.).
Bardinskaja (M. S.), Prusakova (L. D.) u. **Šubert (T. A.),** Wechselwirkung d. Ferulasäure mit Gibberellin u. Indolylessigsäure im Wachstumsprozeß d. Pflanzen 2904.
Bardner (H. M.) s. Strickland (A. H.).
Baren (F. A. van), Fruchtbarkeit u. agrochem. Probleme bei trop. Böden 3235.
Baren (H. van) s. Middelburg (H. A.).
Barger (G. L.) s. Wand (J. Y.).
Barger (W. R.) s. Stewart (J. K.).
Bargioni (G.), Wurzelsystem d. Pfirsichs auf alluvialem Boden im Gebiet v. Verona 1875.
Bargon (E.), Ziele d. Bodenkartierung im Obstbau 753. — Obstbauliche Folgerungen aus einem Vgl. zwischen Bodenkartierung u. Bodenschätzung 2453.
Baril (C. R.) s. Carangal jun. (A. R.).
Barker (K. R.) u. **Walker (J. C.),** Verhältnis d. Bildung pektolyt. u. cellulyt. Enzyme durch Stämme v. Pellicularia filamentosa zu deren Pathogenität 3105.
Barker (W. F.), Probleme d. Analyse v. Spurenelementen 2665.
Barker (W. G.) u. **Steward (F. G.),** Wachstum u. Entwicklung d. Bananenpflanze. *1.* Mitt. Wachstumszonen d. vegetativen Sprosses 1183; *2.* Mitt. Übergang v. vegetativen Trieb zum Blütensproß bei Musa acuminata cv. „Gros Michel“ 1184.
Barkoff (E.), Wirkung v. Hüttenkalk u. fein gemahlenem Rohphosphat auf Grund eines langwährenden Laboratoriumversuchs 1252.
Barley (K. P.), Regenwurmbesatz d. landwirtsch. Kulturflächen u. seine mögliche Bedeutung für d. Landwirtschaft 346.
Barlow (C. A.), Einfluß d. Temperatur auf d. Zuwachs v. Versuchspopulationen v. Myzus persicae (Sulzer) u. Macrosiphum euphorbiae (Thomas) (Aphididae) 535. — Entwicklung, Überleben u. Fruchtbarkeit d. Kartoffelblattlaus Macrosiphum euphorbiae (Thomas) bei konstanten Temperaturen 1936.
— u. Nicholls (C. F.), Feuchtigkeitsgradientengerät für Insekten 1678.
Barlow (J. S.) s. House (H. L.).
Barmington (R. D.), Sämaschinentests u. Saatgutbereitung bei Verwendung monogermen Zuckerrübensaatgutes 421.
Barna (B.), Verbesserung unserer Wassermelonensorten mittels Heterosiszüchtung 2201.
Barnes (B. V.), Bingham (R. T.) u. **Squillace (A. E.),** Selektive Befruchtung bei Pinus monticola Dougl. *2.* Mitt. Ergebnisse weiterer Versuche 1919.
Barnes (E. H.) u. **Williams (E. B.),** Rolle d. Phlorhizins in d. Wirt-Parasit-Physiologie beim Apfelschorf 852.
Baroccio (A.), Erscheinungen d. Synergismus zwischen Molybdän u. Kali bei d. Kalidüngung einiger Pflanzen 1784.
—, Pisano (G.) u. **Morani (V.),** Düngungsversuche mit Phosphat- u. Sulfatdüngemitteln zu Luzerne 1534.
— u. Saponaro (A.), Kupfergehalt verschied. Böden u. Wirkung d. Kupfers auf Kulturpflanzen. *1.* Mitt. Serienbestimmung d. aktiven Kupfers im Boden 1498; *2.* Mitt. Wirkung unterschiedlicher Kupfergaben auf d. Entwicklung v. S. lycopersicum, Beta vulgaris var. saccharifera, Vitis vinifera u. Spinacia oleacea 3273.
Barr (B. K.) s. Bean (R. C.).
Barraclough (R. M.) s. French (N.).
Barratt (B. C.), Des Bodens organ. Haushalt in Sanddünen d. Küste 2327.
Barrios (S.), Raggio (N.) u. **Raggio (M.),** Wirkung d. Temperatur auf d. Infektion isolierter Bohnenwurzeln durch Rhizobium 3225.
Barron (G. L.) u. **MacNeill (B. H.),** Einfaches Verfahren zur Darstellung d. parasexuellen Zyklus bei Aspergillus 2500.

Barrow (N. J.) s. Freney (J. R.).
— u. **Jenkinson (D. S.)**, Wirkung v. Staunässe auf d. Fixierung v. Stickstoff in mit Stroh bebrütetem Boden 1211.
Barrows (H. L.) u. **Simpson (E. C.)**, EDTA-Methode zur direkten, routinemäßigen Bestimmung v. Calcium u. Magnesium in Böden u. im Pflanzengewebe 2057.
Barrs (H. D.) u. **Weatherley (P. E.)**, Erneute Prüfung d. Technik zur Bestimmung d. „relativen Turgeszens" für d. Ermittlung d. Wasserdefizits in Blättern 1732.
Barry (D. L.) s. Mattick (L. R.).
Barsegjan (S. G.) s. Čajlachjan (M. C.).
Bar-Sella (P.), Ursachen d. schnellen Welkens geschnittener Dahlien u. Möglichkeiten zur Verbesserung ihrer Haltbarkeit 258.
Barskaja (E. I.), Zustand d. Chloroplasten in Winterblättern immergrüner Pflanzen 889.
Barskaja (T. A.) s. Korovin (A. I.).
— u. **Egorova (A. A.)**, Einfluß d. Bodentemperatur auf d. Aktivität d. Katalase- u. Peroxydasefermente bei frostresistenten u. wärmeliebenden Pflanzen 1717.
Bartels (A.) s. Lüddecke (F.); Schwarz (W.).
— u. **Lewke (K.)**, Unterkrumenlockerung erhöht d. Bodenfruchtbarkeit 1224.
Bartels (L. F.), Schätzung d. Beregnungs-Bedürftigkeit 1774.
Bártfy (E.), Untersuchungen über d. Aufnahme d. radioaktiven Phosphors durch d. Blatt beim Mais 956.
Barthakur (B. C.) u. **Poehlman (J. M.)**, Reaktion v. normalen u. „uzu"-Wintergerstesorten auf Zugabe v. Düngemitteln 1249.
Barthelmeß (A.) u. **Bauchinger (M.)**, B-Chromosomen in Crepis capillaris 3070.
Bartholomae (F.), Einfache kolorimetr. Bestimmung v. Zucker mit Hilfe v. Schwefelsäure 2603.
Bartholomew (W. V.) s. Brown (J. M.).
Bartl (K.), Züchtung v. *3*x-Zuckerfutterrüben 3088.
Bartlett (C. E. C.), Nachreifen v. Apfelsamen in d. Früchten während d. Kühllagerung 2750.
Barton (L. V.), Seed preservation and longevity [405]*.
Bartoš (Jaroslav), Verwendung v. Wechseltemperaturen bei d. Vorbereitung v. Zuckerrübensaatgut zur Saat 982.
Bartoš (Jiři) s. Avratovščuková (N.); Šesták (Z.).
Bartoš (P.) s. Zemánek (J.).
—, **Zemánik (J.)** u. **Cermáková (A.)**, Anwendung v. einigen physiolog. aktiven Stoffen zur Bekämpfung d. Flugbrandes d. Gerste (Ustilago nuda [Jens.] Rostr.) 2259.
Bartz (J.), Keimfähigkeit d. Samen einiger Arten d. landwirtschaftlichen u. Gartenpflanzen mit Hilfe v. Tetrazolium 695.
Basak (K. C.) s. Kundu (B. C.).
Basak (M. N.) u. **Bhattacharya (R.)**, Phosphatumwandlungen im Reisboden 2323.
—, **Sen (S. K.)** u. **Bhattacharjee (P. K.)**, Wirkungen v. hoher Stickstoffdüngung u. Lagern auf d. Reisertrag 2426.
Basamac (D.) s. Popescu (E.).
Bašenina (N. V.), Nagetiere als Schädlinge d. Gärten u. Gemüsefelder [846]; dass.: [2524].
Basnak'jan (G. A.), Ausfall u. Dreschbarkeit v. Getreide 1064.
Basner (M.), Welche Rückschlüsse lassen sich durch Methoden d. Blattanalyse auf d. Nährstoffbedarf, bes. d. Mineralstoffhaushalt, d. Obstgehölze ziehen? 2158.
Bass (S. T.) u. **Soulati (J.)**, Vakuumverschlußelektrode für d. funkenspektrograph. Analyse v. Pflanzengewebe 2086.
Basse (H.), Grundsätze u. Methoden d. Wertbeurteilung v. Gemüsesorten 1308.
Basso (M.), Keimfähigkeit d. Olivensamen 3276.
— u. **Natali (S.)**, Einfluß d. Unterlage auf d. Produktivität d. Rebe 3341.
Bassus (W.), Vertikalverteilung u. Massenwechsel d. Nematoden in Waldböden Mitteldeutschlands 1926.
Bastisse (E. M.), Vektorielle Rolle verschied. mineral. u. organ. Anionen bei geochem. u. physiolog. Erscheinungen. 5. Mitt. 2325.

Basu (M. C.), Röbbelen (G.) u. **Scheibe (A.),** Zytogenet. Instabilität einer durch Chemikalien induzierten Gerstenmutante 790.
Basye (R. E.) s. Lewis (W. H.).
Baszyński (T.), Gehalt an Tocopherol (Vitamin E) in d. Blüten v. Wiesenpflanzen 35.
Batalin (H.), Wert d. Gründüngung mit Stoppelzwischenfrüchten (aus d. Familie Papilonaceae) für Mais auf trockenen Sandböden 968.
Batalin (M.), Tiefe d. Pflugfurche für Stoppelzwischenfrüchte auf trockenen Sandböden 141. — Vergleich v. einjährigem Rotklee-Wiesenschwingelgemisch mit anderen Schmetterlingsblütlern als Vorfrüchte für Sommerweizen auf trokkenem Sandboden 104. — Winterwicke als Gründünger auf Sandböden 1801.
Batcha (M. B. G. R.) s. Srinivasan (K.).
Bateman (D. F.), Umwelt u. Wurzelfäulen v. Poinsettia 258. — Pektolyt. Aktivität d. Kulturfiltrate v. Rhizoctonia solani u. Rhizoctonia-infizierten Bohnengeweben 3387.
Bates (A. N.), Spencer (D. M.) u. **Wain (R. L.),** Untersuchungen über Fungicide. 5. Mitt. Fungicide Eigenschaften v. 2-Methyl-4.6-dinitrophenol (DNC) u. einiger seiner Ester 3166.
Bates (T. E.) s. Scott (A. D.).
Bates (W. W.) s. Wolf (F. A.).
Bath (I. H.), Analyse d. Gerüstkohlenhydrate in Pflanzen 321.
Batikjan (G. G.) u. **Čolachjan (D. P.),** Einfluß unterschiedlicher Mengen v. Blütenstaub auf d. Vererbung v. Merkmalen d. Elternformen u. d. Vitalität d. erhaltenen Hybridgeneration d. Maises 202.
Batt (R. F.) s. Baker (E. A.).
Batygina (T. B.) s. Brežnev (D. D.).
Bauchinger (M.) s. Barthelmeß (A.).
Bauer (L.) u. **Niemann (Eberhard),** Morpholog., hydrolog. u. vegetationskundliche Untersuchungen im Gebiet d. Unstrut 327.
Bauman (L. F.), Conway (T. F.) u. **Watson (S. A.),** Erblichkeit v. Variationen im Ölgehalt einzelner Maiskörner 3080.
Baumann (E.), Nutzungsmöglichkeiten v. Komposten aus Stadtabfällen für d. Gemüsejungpflanzenanzucht 155. — Ergebnisse d. ersten sechsjährigen Rotation eines Dauerdüngungsversuches mit zeitlich u. mengenmäßig differenzierter Kompost- u. Stallmistdüngung zu Gemüse auf Sandboden 2670. — Wirkung d. Direktunterbringung v. Ernterückständen d. Gemüsebaues auf d. Pflanzenertrag 746.
—, **Lück (E.)** u. **Simon (W.),** Gärtner. u. landwirtschaftl. Versuche über d. Verwendung nährstoffreicher, phenolhaltiger Industrieabwässer bei d. Rekultivierung kulturfeindlicher Tertiärkippen 369.
— u. **Vogel (G.),** Gemüseanbau in d. VR Bulgarien, Rumänien, Ungarn u. in d. ČSSR 3037.
Baumann (G.), Hydrolog. Verhältnisse im Kreise Lübbecke u. d. sich daraus für ihre Melioration ergebenden Folgen [2071]. — Virustest bei Steinobstgehölzen im Gewächshaus 2250. — Viröser Besenwuchs d. Apfels 3417.
Baumann (H.), Erträge v. Wintergerste, Hafer u. Zuckerrüben im Dikopshofer Dauerdüngungsversuch u. d. Kölner Bucht in Beziehung zur Witterung 621. — Physiolog. Reaktion d. Getreides auf einige durch d. Witterung gesteuerte Wachstumsfaktoren 2916.
Baumann (J.), Erfahrungen mit Schwarzen Johannisbeeren *1962* 1328.
Baumeister (G.), Resistenz verschied. Himbeersorten gegen d. Virusüberträger Amphorophora rubi (Kalt.) u. Aphis idaei (v. d. Goot) 1086.
Baumeister (W.) u. **Schmidt (Lothar),** Über d. Rolle d. Natriums im pflanzlichen Stoffwechsel 677.
Baurant (R.) s. Pierhard (G.).
Bautista (G. M.) u. **Linko (P.),** Glutaminsäuredecarboxylaseaktivität als Maß für d. Schädigung künstlich getrockneten u. gelagerten Maises 2115.
Bavel (C. H. M. van), Genauigkeit u. Quellenstärke bei Bodenfeuchteuntersuchungen mit Neutronen 1501. — Leichter Impulsdichtemesser zur

Bodenfeuchtebestimmung mittels Neutronen 2355.
Bavel (C. H. M. van) u. **Harris (D. G.)**, Evapotranspirationsraten v. Bermuda-Gras u. Mais in Raleigh, Nord-Carolina 1472.
Bawden (F. C.), Anfälligkeit v. Rhoeo discolor gegenüber d. Infektion durch d. Tabakmosaikvirus 1111.
Bawolska (M.), Einfluß v. hohen Temperaturen auf d. Verringerung d. Ansteckungseigenschaften d. gewöhnlichen Tabakmosaikvirus (tobacco mosaic virus) 840.
Bawolski (S.), Einfluß d. Sonnenwärme auf d. Keimen d. Esparsettesamens 403. — Einfluß d. Mähzeit d. ersten Schnittes auf d. Samenerträge d. Rotklees 428. — s. Jelinowska (A.).
Baxa (F.), Mais in d. Fruchtfolge 2106.
Baxter (G. D.), Versuche mit Kenaf in Brit.-Guayana 3023.
Baxter (P.) s. Buchloh (G.).
Bayly (I. L.) u. **Craig (I. L.)**, Morpholog. Untersuchung über X-Strahlen-induzierte Mutationen bei Medicago sativa: „Blumenkohlkopf"- u. „einfaches Blatt" 3372.
Bazan (E.) s. Averna (V.).
Baženova (N. M.), Vererbung d. Frühreife bei Hybriden (Winter- u. Sommerweizen) im Nordosten 3363.
Beachell (H. M.) s. Adair (C.).
Beadle (N. C. W.), Abgrenzung d. Pflanzengesellschaften durch Bodenphosphorsäure im östlichen Australien. *2.* Mitt. 913. — Alternative Hypothese für d. allgemein niedrigen Phosphatgehalt austral. Böden 1194.
Baekgaard (H. C.), Anteil fluorescierender Samen in dän. Stämmen d. Deutschen Weidelgrases (Lolium perenne) 1269.
Bean (R. C.), **Porter (G. G.)** u. **Barr (B. K.)**, Photosynthese u. Atmung sich entwickelnder Früchte. *3.* Mitt. Schwankungen in d. photosynthet. Leistung während d. Farbveränderung bei Citrus 3181.
Bear (F. E.) s. Bramao (L.).
Beard (J. B.) s. Newman (J. E.).
Beardsley (R. E.), Aminosäure-Kreuzresistenz in Agrobacterium tumefaciens 2805.
Beare (J. A.), Bodenbearbeitung zu Getreide. *2.* Mitt. Landtechn. Ausrüstung für Saatbettbereitung 2639.
Beaton (J. D.) s. Gough (N. A.); Hinman (W. C.).
—, **Charlton (T. L.)** u. **Speer (R.)**, Identifizierung v. Reaktionsprodukten aus Bodendüngern in einem kalkreichen Saskatchewan-Boden durch Infrarot-Absorptionsanalyse 3208.
— u. **Gough (N. A.)**, Einfluß d. Bodenfeuchte-Haushaltes u. d. Phosphorsäurequelle auf d. Reaktion v. Luzerne auf Phosphor 394.
—, **Gough (N. A.)** u. **Rowles (C. A.)**, Einfluß v. Basensättigung u. Düngung auf Ertrag u. Kationenzusammensetzung v. auf zwei Böden v. Brit. Columbien mit hohem Gehalt an organ. Substanz gewachsenen Kulturpflanzen. *2.* Mitt. Rotklee 381.
— u. **Read (D. W. L.)**, Phosphoraufnahme aus einem kalkhaltigen Boden in Saskatchewan, d. mit Monoammoniumphosphat u. dessen Reaktionsprodukten behandelt worden war 2376.
—, **Read (D. W. L.)** u. **Hinman (W. C.)**, Phosphoraufnahme durch Luzerne unter d. Einfluß v. Phosphatquelle u. Feuchtigkeit 1787.
Beaty (E. R.) s. Smith (Y. C.).
—, **Powell (J. D.) Brown (R. H.)** u. **Ethredge (W. J.)**, Wirkung d. Stickstoffmenge u. Schnitthäufigkeit auf d. Ertrag v. Pensacola-Bahiagras 3021.
Beavers (A. H.) s. Alexander (J. D.); Chesnin (L.).
— u. **Jones (R. L.)**, Fraktiometer für Schlämmerde 940.
Bećarević (A.), **Djordjević (B.)** u. **Šutić (D.)**, Wirkung v. UV-Licht auf 5-Fluoruracil-haltiges Tabakmosaikvirus 3415.
Beccari (F.) u. **Golato (C.)**, Bekämpfung d. an Bananen schädigenden Pilze. *6.* Mitt. Makro- u. mikroskop. untersuchte Wirkung v. Nystatin, TCNB u. PCNB in Latex-Medien auf Reinkulturen v. Gloeosporium musarum Cooke et Massee 1965.
Bechar (A.) s. Galeva (V.); Rajkov (L.).
Becker (C. F.), **Costel (G. L.)** u. **Alley (H. P.)**, Einfluß d. Anwendungsme-

thoden u. d. Trägermittels v. Endothal (TD-*66*) auf d. Bekämpfung v. Unkräutern in Zuckerrüben 2878.
Becker (G.), Unkraut- u. Bearbeitungseinfluß bei d. Kartoffelpflege 995. – Einsatz eines Mähdreschers in Feldversuchen 704.
– u. **Schulze (F. W.)**, Ergebnisse d. Dikopshofer Nachbauprüfung *1962* 2414.
Becker (Günther), Wirksamkeit v. Isomeren d. Hexachlorcyclohexans gegen holzzerstörende Käferlarven 1982.
Becker (H.) u. **Parniewski (D.)**, Selektionsmethode bei d. Züchtung reblausresistenter Unterlagsreben. *1.* Mitt. 1367.
– u. **Schrodt (W.)**, Perithezienbildung d. Echten Mehltaues d. Rebe (Uncinula necator [Schw.] Burr.) an verschied. Unterlagenzüchtungen 553.
Becker (M.), Einfluß einiger exogener Faktoren auf d. Oxalsäuregehalt bei Spinat (Spinacia oleracea L.) 2449.
Becker (W. R.), De maisteelt in Nederland. *1.* Veredeling en rassenonderzoek [1844].
Becking (J. H.), Artverschied. Molybdän- u. Vanadium-Ansprüche u. Verwertung gebundenen Stickstoffs durch Azobacteriaceae 1490. – Nitratreduktase in zellfreien Azotobacter-Extrakten 1489. – Molybdänforderung für d. symbiot. Stickstoffbindung durch d. Erle (Alnus glutinosa Gaertn.) 1211.
Beckman (C. H.), **Brun (W. A.)** u. **Buddenhagen (I. W.)**, Wasserverhältnisse in mit Pseudomonas solanacearum infizierten Bananenpflanzen 3432.
Beckwith (R. S.) u. **Little (I. P.)**, Schnellmethode zur Bestimmung d. Gesamt-Phosphors in Böden 2944.
Becton (A. J.), **George (B. W.)** u. **Brindley (T. A.)**, Fortlaufende Züchtung v. Maiszünslerlarven auf künstlichem Medium 2249.
Bečvářová (H.), **Léblová-Svobodová (S.)** u. **Jiraček (V.)**, Studium d. Stoffwechsels keimender Rapspflanzen (Brassica napus var. oleifera). *1.* Mitt. Stickstoffbilanz 14; *2.* Mitt. Zucker- u. Phosphorstoffwechsel 14.
Bedding (A. J.) s. Allen (P. G.).
– u. **Rothwell (J. B.)**, Bericht aus Fairfield 454.
Beddows (A. R.), **Breese (E. L.)** u. **Lewis (B.)**, Genet. Einschätzung v. heterozygot. Zuchtmaterial mit Hilfe dialleler Kreuzungen. *1.* Mitt. Beschreibung d. Eltern, Selbst- u. Kreuzungsfertilität u. Keimenergie 2789.
Bedi (K. S.), Faktoren, die d. Lebensfähigkeit d. Sklerotien v. Sclerotinia sclerotiorum (Lib.) De Bary beeinflussen 1373.
Bedrosova (P. I.), Mikrobenfeindliche Eigenschaften d. Anthocyane d. Rotkohls 874.
Beeman (J. F.) s. Splinter (W. E.).
Beemster (A. B. R.), Vergleich zwischen d. Transport v. X-Virus u. zwei verschied. Stämmen d. Y-Virus in Kartoffelpflanzen 239.
Beer (W.-D.) s. Krummsdorf (A.).
Beerens (H.) s. Montuelle (B.).
Beers (W. F. J. van), Bohrloch-Methode. Eine Feldmessung d. Wasserdurchlässigkeit d. Bodens unter d. Grundwasserspiegel 657. – Saure Sulfatböden 2348.
Beevens (H.) s. Harley (J. L.).
Befani (L. I.) s. Zinenberg (M. S.).
Begg (J. A.), Resistenz v. Hylemya spp. als Schädlinge an heißluftgetrocknetem Tabak in Südwest-Ontario 832. – Chem. Bekämpfung v. Cyclodien-resistenten Wurzelmaden, Hylemya spp. (Diptera: Anthomyiidae), d. Heißlufttabak in Ontario befallen 1972.
–, **Harris (C. R.)** u. **Manson (G. F.)**, Chem. Bekämpfung d. Raupen v. Agrotis ypsilon bei einem künstlichen Befall an Heißlufttabak 3444.
Begučev (P. P.) u. **Voznesenskaja (R. L.)**, Faktoren d. Entstehung v. lükkenhaftem Kornbesatz d. Kolben u. Maßnahmen seiner Bekämpfung 713.
Behrens (R.) s. Andersen (R. N.).
Behrens (W. U.), Anreicherung d. Bodens durch Phosphatdüngung u. ihr Nachweis mit verschied. Bodenuntersuchungsmethoden 386. – Dokumentation v. Bodenuntersuchungsergebnissen 2358.
Beichman (G. A.) s. Willis (W. O.).

Beinhart (G.), Wirkung v. Temperatur u. Lichtintensität auf CO_2-Aufnahme, Atmung u. Wachstum v. Weißklee 2013.
Beinhauer (H.), Diallate, ein neuer Wirkstoff zur Bekämpfung v. Flughafer u. Ackerfuchsschwanz 1709. — Unkrautbekämpfungsversuche an Straßen u. Eisenbahnen 2875.
Beiss (U.) s. Marx (R.).
Bejdeman (I. N.), **Bespalova (Z. G.)** u. **Rachmamia (A. T.)**, Ökolog.-geobotan. u. agromeliorative Untersuchungen in d. Niederung v. Kura-Araxa in Transkaukasien [3245].
Bekmuchamedova (N. B.) s. Stankov (N. Z.).
Belea (A.), Dreijähriger Stammprüfungsversuch mit Weizen u. d. Untersuchung d. Standfestigkeit d. einzelnen Stämme 1622.
Beleva (L.), Biochem. Charakteristik d. in ihrer Widerstandsfähigkeit gegen d. Amerikan. Stachelbeermehltau unterschiedlichen Stachelbeersorten 176.
Belicyna (G. D.) s. Zyrin (N. G.).
Belikov (I. F.), Verteilung d. Photosyntheseprodukte in d. Pflanzen während d. Vegetationsperiode 1514.
Beliram (R.) s. Agarwal (G. P.).
Beljaev (I. M.), Hauptmaßnahmen zur Bekämpfung v. Schädlingen d. Getreidekulturen 2263.
Beljaeva (A. S.) s. Cicin (N. V.).
Beljaeva (Z. S.) s. Karunin (B. A.).
Beljakov (I. I.), Untersuchung d. Weizensortiments auf Dürreresistenz 1622.
Beljančikova (J. V.) s. Suchov (K. S.).
Belksma (M.) s. Oorschot (J. L. P. van).
Bell (A. A.) s. Daly (J. M.).
Bell (E. A.), Isolierung v. I-Homoarginin aus Samen v. Lathyrus cicera 1737.
Bell (F. F.) s. Russ (P. L.).
Bell (H. K.) u. **Downes (J. D.)**, Beziehung d. Blütenentfernung zu d. Entwicklung v. Ausläuferpflanzen, Beerengröße u. Ertragshöhe bei d. Erdbeersorte „Robinson" 2462.
Bellmann (K.), Stoffproduktion bei diploidem u. tetraploidem Rotklee (Trifolium pratense L.) 429. — Ertragsbildung u. Wasserverbrauch bei diploidem u. tetraploidem Rotklee 1841. — s. Raeuber (A.).
Bellmann (K.), **Raeuber (A.)**, **Meinl (G.)**, **Aberg (E.)**, **Pfeffer (C.)**, **Winkel (A.)**, **Mrazek (O.)** u. **Scetneki (A.)**, Phänometr. Untersuchungen am Mais 1472.
Below (A.), Erschließung v. Neuland u. Altbrache in Kasachstan 950.
Belozor (N. I.), Kurzfristige Prognose d. Auftretens v. Phytophthora bei Kartoffeln 2273.
Bel'tjukova (K. G.), Bakterielle Krankheiten d. Gemüsebohne [854].
Belza (J.) s. Černý (V.).
Bemis (W. P.) u. **Kedar (N.)**, Vererbung v. morpholog. Abnormalitäten bei Sämlingen v. zwei Phaseolus-Arten 1356.
Bemmann (W.) s. Vorsatz (E.).
Benada (J.), Getreidemehltau (Erysiphe graminis DC.) auf Gerste. *1.* Mitt. Schädlichkeit d. Getreidemehltaus auf d. Sommergerste bei Spätaussaat 547.
Bénard (R.) s. Féron (M.).
Bénassy (C.), **Bianchi (H.)** u. **Milaire (H.)**, Gegenwärtiger Stand d. Forschungen über „Integrierende Bekämpfung" gegen Cocciden in Frankreich 1131.
Benayas (J.), **Mateos (J. P.)** u. **Riba (O.)**, Zusammensetzung d. Geröllminerale u. d. Sedimente d. Tajo-Flußgebietes 332.
Benbow (D.), Unkrautvernichtungsmittel. Iris-Jahrbuch *1961* 185.
Benc (S.) u. **Lapar (M.)**, Einfluß d. Welkens d. Zuckerrübenpflanzen auf d. Stärke d. Befalls durch d. Pilz Cercospora beticola Sacc 550.
Bencze (L.), **Hauer (L.)** u. **Szederjei (A.)**, Wegweiser zur Wildschädenbekämpfung [1434].
Bendixen (L. E.) u. **Peterson (M. L.)**, Physiologie d. genkontrollierten Wuchsform bei Trifolium fragiferum L. *2.* Mitt. Beziehung zwischen Auxin-Gibberellin u. Wuchsform 609.
Bendixen (T.) u. **Øverby (G.)**, Versuche mit in Norwegen angebauter Braugerste 3286.
Benedek (J.) u. **Márton (G.)**, Phosphoraufnahme d. Maises bei Behandlung mit Simazin 674.

Benedict (H. M.) s. Simons (J. N.).
Benedix (E. H.), Gattungsgrenzen bei höheren Discomyceten [2286]*.
Beneš (K.), Histochem. Nachweis d. Esterase in d. Wurzelspitze v. Vicia faba L. nach d. Azokopulationsmethode 2606.
Benetti (M. P.) s. Lovisolo (O.).
Benevski (M.) s. Bakalova (V.); Kovačev (D.).
Bengtsson (A.) u. **Lustig (H.)**, Versuche mit Grünfutterpflanzen in Süd- u. Mittelschweden. *1.* Mitt. Versuche mit Brassica-Arten. *2.* Mitt. Versuche mit Winterraps 432.
— u. **Persson (P.-J.)**, Sortenversuche mit Rotklee in Westvealand 428.
Benken (A. A.), Wechselbeziehungen zwischen Parasit u. Wirt in d. frühesten Entwicklungsphasen d. Krankheit 1954.
Benko (B.), Wasserhaushalt einiger Apfelsorten 3055.
Benko (V.), Phosphordiffusion im Boden 1475.
Benne (E. J.) s. Bakker-Arkema (F. W.).
Bennekom (J. L. van) s. Banga (O.).
Bennema (J.), Rote u. gelbe Böden d. trop. u. subtrop. Hochländereien 2941. — s. Hooghouldt (S. B.).
Bennett (C. W.), Aufnahme u. Übertragung d. Curly top-Virus durch künstlich gefütterte Blattzikaden 2828. — Beeinflussung d. Kräuselschopfvirusgehaltes d. Rübenzikade durch d. Viruskonzentration in erkrankten Pflanzen 3410.
Bennett (G. M.) s. During (C.).
Bennett (H.), Schädliche Insekten an Kiefern im Süden d. USA 1930.
Bennett (M.), Anfälligkeit d. „Viktoria"-Pflaumenbäume für verschied. Isolierungen v. Stereum purpureum 2245. — Chemotherapie d. Bleiglanzes (Stereum purpureum [Fr.] Fr.) d. Pflaumen 3164.
Bennett (O. L.) s. Doss (B. D.).
Bennett (S. E.) u. **Josephson (L. M.)**, Methoden für künstlichen Befall d. Maises mit Heliothis zea 3116.
Bennett (W. F.), **Pesek (J.)** u. **Hanway (J.)**, Einfluß d. Stickstoffs auf d. Phosphorabsorption d. Maises 3252.
Bennett (W. H.) s. McAllister (DeV. R.).
Bennewiz (H.), Herbst- u. Winterarbeiten auf d. Weide 1303.
Benoni (H.) s. Schildknecht (H.).
Benson (D. W.) u. **Toth (S. J.)**, Verfügbarkeit v. an Tonmineralen u. Böden sorbiertem Ca u. K 2926.
Bent (F.), Artkreuzung in d. Gattung Lotus 2196.
Benvenuti (A.), Methoden zur Verfrühung u. Erhöhung d. Spargelproduktion 162. — Wirkung d. γ-Bestrahlung v. Kartoffelknollen auf d. Pflanzen d. *1.* u. *2.* Generation 318.
— u. **Massantini (F.)**, Zunahme d. Korngewichtes sowie Veränderungen d. Korninhaltsstoffe 122.
Ben-Yehoshua (S.), **Robertson (R. N.)** u. **Biale (J. B.)**, Respiration u. interne Atmosphäre d. Avocadofrucht 2588.
Ben-Zeev (N.) u. **Zamenhof (S.)**, Wirkung hoher Temperaturen auf trokkene Samen 980.
Beran (F.), Pflanzenschutz, gestern u. heute. Betrachtungen zum Problem d. Pflanzenschutzberatung 287.
Beran (V.), Verfahren u. Termin d. Einsaat v. Luzernegrasgemisch in Winterweizen 129.
Beránek (F.) s. Antipovic (D.).
Beratlief (C.) s. Boguleanu (G.).
Berbeć (J.), Möglichkeit einer Wuchshemmung d. seitlichen Triebe d. Tabaks (Nicotiana tabacum L. u. N. rustica) mit Hilfe einiger Präparate 728.
Bercks (R.), Verhalten v. Kartoffelsorten gegenüber einer Infektion mit d. X-Virus aus d. Sorte Erstling 1938. — Serolog. Verwandtschaftsforschung bei pflanzenpathogenen Viren 2823. — Serolog. Überkreuzreaktionen zwischen Isolaten d. Tomatenschwarzringflecken - Virus 3131. — s. Brandes (J.).
Berdák (A.) s. Masaryk (Š.).
Berducou (J.). **Mache (R.)** u. **Kiredjian (M.)**, Einfluß v. Molybdän auf d. Keimung v. Mais u. d. Eindringen dieses Elementes in d. Keimling 2085.
Berend (I.), Prognose v. Venturia (Endostigme) inaequalis in Ungarn auf Grund neuerer Forschungen 877.
Beresina (N. M.), **Ščibrja (G. I.)** u. **Riza-Zade (R. R.)**, Ertragssteige-

rung bei Möhren durch Vorbehandlung d. Saatgutes mit Röntgen- u. Gammastrahlen 2741.
Beresneva (V. N.), Einfluß d. verschied. Bearbeitungsmethoden auf d. mikrobiolog. Prozesse v. Rasenpodsolboden 635.
Berezina (N. M.) s. Ščibrja (G. I.).
Berezovskij (M. J.), Aerosolverfahren für Herbicide 2276. — Agronom. Forderungen an d. Geräte zur Ausbringung v. Herbiciden 2575.
Berg (E. J.) s. Okun (D. A.).
Berg (F.), Welche Bedeutung hat d. Anbau v. Sommerroggen als Zwischenfrucht? 1843.
Berg (P. J. van den) s. Kaasenbrood (P. J. C.).
Berg (T. M.), Schnelle u. wirksame Inokulationsmethode zur Saftübertragung v. Gehölzviren auf krautige Wirte 2251.
Bergann (F.), Propfinduzierte Bildung v. Wurzelgewebe aus Achsengewebe bei Beta vulgaris L. 26. — Nachweis zwischen Genwirkungen (Partnerinduktionen) bei d. Pigmentbildung in d. Brakteen d. Periklinalchimäre Euphorbia pulcherrina Willd. „Eckes Rosa" 1339.
— u. **Bergann (L.),** Umschichtungen (Translokationen an d. Sproßscheiteln periklinaler Chimären 483.
Bergann (L.) s. Bergann (F.).
Berge (H.), Phytotox. Immissionen (Gas-, Rauch- u. Staubschäden [1778]*.
Bergen (P.), Verbesserte Methode zur Bewertung u. Selektion v. Zuckerrüben (Beta vulgaris L.). *1.* Mitt.: Selektion v. Einzelpflanzen 3087. — s. Harper (A. M.); Lilly (C. E.).
Bergendal (P.-O.) s. Nybom (N.).
Berger (B. B.) s. Okun (D. A.).
Berger (K. C.), Mikronährstoffmängel in d. Vereinigten Staaten 382. — s. Mortvedt (J. J.); Schultz (T. H.); Struckmeyer (B. E.).
— u. **Hole (F. D.),** Bodenproduktivitäts-Lochkarten 2946.
—, **Potterson (P. E.)** u. **Hobson (E. L.),** Einfluß d. Placierung u. Zusammensetzung v. Kalidüngemitteln auf Ertrag, Qualität u. Phosphoraufnahme v. Kartoffeln 101.
Berger (P.), Beeinflussung d. Keimung d. Tabaksamens durch physikal. u. chem. Vorbehandlung 983. — Auftreten d. Blauschimmelkrankheit in Europa 2532.
Bergersen (F. J.), Wirkungen d. Sauerstoffpartialdruckes auf Respiration u. Stickstoffbindung durch Sojabohnen-Wurzelknöllchen 1761.
Bergfeld-Gaertner (H.) s. Oehlkers (F.).
Bergh (J. P. van den) u. **Elberse (W. T.),** Konkurrenz zwischen Lolium perenne u. Anthoxanthum odoratum bei zwei Phosphat- u. Kalistufen 441.
Bergman (E. L.) u. **Boyle (J. S.),** Wirkung d. Tabakmosaikvirus auf d. Mineralstoffgehalt v. Tomatenblättern 2833.
Bergman (P. W.) s. Manglitz (G. R.).
Bergmann (W.), Kleegrasanbau in seiner Bedeutung für d. Erhaltung d. Bodenfruchtbarkeit 693. — Auswertung des II. Turnus d. systemat. Bodenuntersuchung d. DDR u. ihre Bedeutung für d. Erhaltung u. Mehrung d. Bodenfruchtbarkeit 943. — Gefäßversuche mit „Ionenaustauscher-Nährstoffen" 670. — s. Büchel (L.); Unger (H.); Witter (B.).
Bergseth (H.), Hagebø (F. A.), Lien (H.) u. **Steenberg (K.),** Bestimmung d. Kationenaustauschkapazität in kolloidem Bodenmaterial unter Verwendung v. Radiostrontium (^{89}Sr) 2634.
Berim (N. G.), Erhöhung d. Wirksamkeit v. Insekticiden bei d. Überwindung d. Insektenresistenz 577.
— u. **Osmolovskij (G. E.),** Handbuch über d. Verwendung von Pflanzenschutzmitteln im Pflanzenbau [879].
Berindei (M.), Pflanzkartoffelerzeugung in d. Tiefebene 3007.
—, **Apetroaiei (S.)** u. **Marinescu (R.),** Einfluß d. Bewässerungsmethode auf Produktion u. Qualität d. Kartoffelknollen 3009.
Beringer (H.), Aufnahme u. Wirkung d. Mikronährstoffes Kupfer in ionogener u. chelatisierter Form bei Gerste 3258.
Berka (A.) u. **Hofmann (P.),** Neue Methode d. Sauerstoffbestimmung in

Abwässern d. pharmazeut. Industrie 2363.
Berko (N. F.), Rolle d. verschied. Wurzeltypen v. Mais bei d. Ernährung d. Pflanze u. ihre physiolog. Besonderheiten bei Bewässerung 2652.
Berland (B.), Eisessig zum Abtöten parasit. Nematoden für Sammlungszwecke 1125.
Berliński (K.), Gradationsverlauf bei Kartoffelblattläusen in Abhängigkeit v. d. ökolog. Bedingungen v. Pomorze wschodnie (Ostpommern) 3122.
Bernard (J.), Insekticidresistenz d. Arthropoden 2562.
Bernard (R. L.) s. Johnson (H. W.).
Bernard (V. V.) u. **Geller (I. T.)**, Wirkung d. Gamma-Strahlen auf einige Gruppen d. Bodenmikroflora 2047.
— u. **Voronkova (E. A.)**, Ausnutzung d. vom Azotobacter gebundenen Stickstoffs durch d. Pflanzen 2938.
Bernardová (H.) u. **Komčmíd (V.)**, Bewertung d. bisherigen Erfahrungen, d. in d. ČSSR bei d. Bekämpfung d. Rübenblattwanze (Piesma quadrata Fieb.) u. d. virösen Kräuselkrankheit gewonnen wurden 1422.
Bernášek (V.) s. Řibal (M.).
Berner (R.) s. Turkova (N. S.).
Bernhard (R.), Hybriden Pflaume × Pfirsich u. Pflaume × Mandel. Wesentliche Merkmale u. Verhalten als mögliche Unterlage für Pfirsische 764.
Bernhardt (F.) s. Dubslaff (H.).
Bernier (C. C.) u. **Ferguson (A. C.)**, Abhängigkeit zwischen Frühzeitigkeit, Fruchtgröße u. Frühertrag bei bestimmten Tomaten 2448.
Bernier (G.), Sinapis alba L., eine neue Langtagpflanze, d. nur einen photoinduktiven Zyklus benötigt 2594.
Berninger (L. M.), Lilien 3064.
Beroš (D.) s. Drgoň (Š.).
Beroza (M.) s. Alexander (B. H.).
Berry (G.) s. Greenwood (D. J.).
Beršova (O. I.) u. **Kozlova (I. A.)**, Vitaminbildung durch einige Mikroorganismen d. Rhizosphäre u. ihre Beeinflussung. *1.* Mitt. 343.
Bertrand (A. R.) s. Sor (K.).
— u. **Sor (K.)**, Einflüsse d. Regenintensität auf d. Bodenstruktur u. d. Verlagerung kolloidaler Bestandteile in Böden 925.
Bertrand (D.), Mathemat. Formel d. Gesetzes v. Konzentrationsoptimum d. Nährstoffe 953.
Berzak (I. A.), Phosphoraufnahme v. Hanf durch d. Blatt 1524.
Bešanov (A. V.), **Voevodin (A. V.)** u. **Romanov (P. P.)**, Chem. Bekämpfung d. Unkrautes in Beständen v. Roten Rüben 3456.
Beskin (L. I.) u. **Zajcev (A. I.)**, Neutronenmethode zur Bestimmung d. Bodenfeuchtigkeit 1221.
Beśkina (S. R.) s. Ryžkov (V. L.).
Bespalova (Z. G.) s. Bejdeman (I. N.).
Bess (H. A.), Populationsökologie d. Schwammspinners, Porthetria dispar L. (Lepidoptera: Lymantridae) 830.
Bessarabow (V. I.) s. Koreńkov (V. A.).
Besser (J. F.) s. Tigner (J. R.).
Bessis (R.), Besonderheiten d. Wachstumskorrelationen zwischen einjährigen Knospen am Rebholz d. Weines 2300.
Best (R.), Produktionsfaktoren in d. Tropen 2609.
Bethlahmy (N.), Feuchtigkeitsunterschiede v. Bodenproben als Folge v. Vegetation u. Probenahmetiefe 2931.
Bethmann (W.) u. **Langer (S.)**, Keimprüfung v. Saatgut auf Aktivkohle-Filterpapier, Prüfung v. Beta-Rübensamen 1547.
Bettac (E.), Sortenwertprüfung mit Sommerwicken *1961*. Samen- u. Grünmassenutzung 714; dass.: mit Futtererbsen *1961* (Samen- u. Grünmassenutzung) 1010; dass.: mit Trockenspeisebohnen *1961* 1283; dass.: mit Lupinen *1961* 2706; dass.: mit Lupinen *1961* (Lupinus luteus). Samennutzung. Grünmassenutzung I. u. II. Aussaat 3005. — Hauptprüfung mit Trockenspeiseerbsen *1961* 992; dass.: mit Ackerbohnen *1961* 1282.
Bettenay (E.), Salzsee-Formationen u. ihre bes. äol. Merkmale in d. semiariden Gebieten Westaustraliens 58.
Betto (E.) u. **Bonola (P.)**, Wirksamkeit system. Fungicide d. Sulfonamidgruppe, v. Griseofulvin u. anderen Verbindungen 575.

Beuster (K.-H.), Einjähriger Futterbau mit Gräsern 1010. — s. Bürger (K.).
Beutelspacher (H.) s. Flaig (W.).
— u. **Marel (H. W. van der),** Verbreitung u. Bestimmung d. Tomminerale d. Kaolingruppe in Böden 3213.
Beutler (L. K.) u. **Foote (W. H.),** Einfluß d. Aussaattermins u. d. Stickstoffgaben auf Winterweizensorten in Ost-Oregon 2999.
Bevan (W. J.), Bekämpfung d. Erbsengallmücke an Grünerbsen in Yorkshire 275. — Schäden auf Grasland in Ost-Yorkshire durch Larven d. Gemeinen Blattkäfers, Phyllobius pyri L., u. Angaben über seine Biologie 2220.
Beyers (E.), Diagnost. Blattanalysen bei Baumobst 1791. — Bekämpfung d. Stippigkeit d. Äpfel 2257.
Bezborodova (T. P.), Einfluß d. Widerstandes keimender Samen gegenüber niedrigen Temperaturen auf d. Blühcharakter d. Weizens 2018.
Bezdenko (T. T.), Kombination d. biolog. u. chem. Methode bei d. Bekämpfung d. Gartenschädlinge 1420.
Bezinger (É. N.) s. Sisakjan (N. M.).
Bezuglov (V. G.) s. Gruzdev (G. S.).
Bezuidenhout (S. J. P. K.) u. **Roach (W. A.),** Stickstoff-induzierte Eisenmangelchlorose bei Lupinen 2663.
Bhan (K. C.) u. **Mazumider (P. K.),** Standraumversuche bei Bananen in Westbengalen 148.
—, **Wallace (A.)** u. **Krohn (J. E.),** Einfluß d. pH-Wertes u. d. Stickstoffform auf d. Fähigkeit v. Mais u. Sojabohnen zur Aufnahme v. mit Äthylendiamin - di(o-Hydroxyphenylacetat) chelatisiertem Eisen 88.
Bhangoo (M. S.), Altman (F. G.) u. **Karon (M. L.),** Untersuchungen mit d. „Giant-Cavendish"-Banane. *1.* Mitt. Einfluß v. Stickstoff, Phosphor u. Kalium auf d. Fruchtertrag in Beziehung zum Nährstoffgehalt d. Bodens u. d. Blattgewebes in Honduras 390.
— u. **Karon (M. L.),** Untersuchungen mit d. „Giant-Cavendish"-Banane. *2.* Mitt. Einfluß v. Spurenelementen u. dolomit. Kalk auf d. Fruchtertrag 390.
Bhapkar (D. G.) s. Chavan (V. M.).
— u. **Bhore (D. P.),** Nährwert d. Reises 2908.
Bhardwaj (R. B. L.) u. **Verma (R. D.),** Unkrautbekämpfung bei Weizen. *1.* Mitt. Wirkung d. Vor- u. Nachauflaufbehandlung v. 2.4-D, Handjäten u. Komplexbekämpfung auf d. Unkräuter u. d. Weizenertrag 290.
Bhardwaj (S. N.), Untersuchungen über d. Stoffwechsel in Weizensämlingen 1174. — Vorbehandlung v. Samen mit synthet. Phytohormonen auf Ertrag u. Wachstum v. Weizen 1549.
Bhargava (K. S.) u. **Bist (N. S.),** Untersuchungen d. Obstvirosen in Uttar Pradesh 1113.
— u. **Joshi (R. D.),** Gelbmosaik, eine Viruskrankheit d. Rose in Gorakhpur 1117.
Bharucha (F. R.) s. Shankar (J. V.).
Bhaskaran (S.) u. **Swaminathan (M. S.),** Polyploidie u. Strahlensensibilität bei Weizen u. Gerste. *2.* Mitt. Überleben, Pollen- u. Samenfertilität sowie Mutationshäufigkeit 1619.
Bhat (K. S.), Krishnamurthi (S.) u. **Rao (V. N.),** Artnamen d. Arecanuß 3175.
Bhatia (C. R.) u. **Swaminathan (M. S.),** Induzierte polygen. Variabilität bei Weichweizen u. ihre Beziehung zu Selektionsverfahren 3076.
Bhatnagar (M. P.) s. Chandola (R. P.); Gandhi (S. M.); Kumar (K.).
Bhatnagar (P. S.) s. Verma (G.).
Bhattacharjee (P. K.) s. Basak (M. N.).
Bhattacharya (R.) s. Basak (M. N.).
Bhattacharyya (S. K.), Laboruntersuchungen über d. Nahrungsaufnahme u. d. Lebenszyklus bodenbewohnender Milben 932.
Bhattacharyya (U. C.) s. Sharma (A. K.).
Bhatti (H. M.) s. Aziz (M. A.).
Bhore (D. P.) s. Bhapkar (D. G.); Chavan (V. M.); Gopalkrishna (N.).
Bhowal (J. G.) s. Sen (N. K.).
Biale (J. B.), Aspekte d. Alterns bei pflanzlichem Material 2297. — s. Ben-Yehoshua (S.).
— u. **Young (R. E.),** Biochemie d. Reifens d. Früchte 2027.
Bianchi (A.), Genet. Wirkungen d. Bestrahlungen v. Pflanzen, Kongreß

in Karlsruhe, vom *8./12.* August *1960* 2179.
Bianchi (A.) u. **Contin (M.)**, Transmission u. Crossing-over bei bestrahlten Maischromosomen 1353.
— u. **Morandi (A.)**, Fall v. balanzierten Letalfaktoren bei Mais 3366.
— u. **Salamini (F.)**, Ultrastruktur d. Blattoberfläche d. Maismutanten u. d. Hartweizens 2781.
Bianchi (H.) s. Bénassy (C.).
Bianchi (W. C.), Messung d. Bodenfeuchtigkeit über Spannungsänderungen 1221.
—, **Haskell jun. (E. E.)** u. **Johnston (W. R.)**, Bodenentwässerung im südwestlichen Fresno-Gebiet 2952.
Bidault (M.), Festuca glauca Schrad. in d. Bourgogne 616.
Biddiscombe (E. F.), **Arnold (G. W.)** u. **Scurfield (G.)**, Wirkungen d. Gibberellinsäure auf Weideertrag u. tier. Produktion im Winter 742.
Bidwell (R. G. S.) s. Subba-Rao (N. S.).
Bielka (R.), Hohe u. sichere Spätkohlerträge durch frühe Pflanzung 3040.
Bienko (A. I.) s. Filipev (I. D.).
Biesen (J. van) s. Brzesowksy (W. J.).
Biggar (J. W.) s. Nielsen (D. R.).
— u. **Nielsen (D. R.)**, Austauschverdrängung. *2.* Mitt. Verhalten v. Tracern 1198.
Biggs (R. H.) s. Chauhan (K. S.).
Bigi (F.), Bananenanbau in Somaliland 3310.
Bigot (C.), Beobachtungen über einige Parasiten an Zierpflanzen 853.
Bigsby (F. W.) u. **Driedger (R. L.)**, Zusatzgerät zum Abwiegen d. Körner für Erntekombines 2992.
Bilaj (V. I.), **Verner (D. A.)**, **Zakordonec (A. I.)** u. **Luščevskaja (G. M.)**, Wachstumsstimulator aus Fusarium moniliforme Sheld 614.
Bilanišvili (G. A.), Methode zur Bekämpfung d. Apfelglasflüglers 275.
Bilenko (P. J.) u. **Logvinenko (O. A.)**, Fruchtbarkeit d. unteren Schichten eines kastanienfarbigen Bodens u. d. Einfluß auf d. Pflanzen 652.
Billard (G.) s. Scheidecker (D.).
Billaz (R.) s. Prévot (P.).
Billaz (René) s. Ménoret (Y.).
Biłowacki (J.), Grünfuttertrocknung [409].
Biłowicka (E.), Trocknen v. teurem, kleinkörnigem Saatgut mittels ultraroter Strahlen 1552.
Bilquez (A. F.) s. Martin (J.-P.).
Bils (R. F.) u. **Hall (C. E.)**, Elektronenmikroskopie d. Wundtumor-Virus 1656.
Bindra (O. S.) u. **Sylvester (E. S.)**, Wirkung d. Anzahl d. Insekten auf d. Übertragung d. Blattrollvirus d. Kartoffel durch Aphiden 240.
Bingefors (S.), Stengelnematode an Luzerne in Schweden. *2.* Mitt. Resistenz gegen d. Stengelnematoden bei Luzerne 227.
— u. **Eskilsson (L.)**, Bestäubungsprobleme bei tetraploidem Rotklee in Mittelschweden 2788.
Bingham (F. T.), Chem. Bodentests auf verfügbaren Phosphor 1495. — s. Page (A. L.).
Bingham (R. T.) s. Barnes (B. V.).
Bini (G.), Forschungen über d. taxonom. Wert d. verschied. Merkmale d. Pfirsichblüte 174.
Binstadt (A.), Erfahrungen zur Steigerung d. Anwuchsprozente in d. Rebveredelung 2762.
Bioltscheff (A.), Forstliche u. hydrotechn. Maßnahmen zur Bekämpfung d. Bodenerosion 2068.
Birch (H. F.), Phosphorumwandlungen während d. Pflanzenzersetzung 348.
— u. **Dougall (H. W.)**, Auf- u. Abbau v. Ammoniak- u. Säure in Gras bei aufeinanderfolgenden Aussaaten u. Wiederaufwuchs 3183.
Birch (W. R.) s. Glover (J.).
Birch-Andersen (A.) s. Tchan (Y. T.).
Birchfield (W.), Wirt-Parasit-Beziehungen v. Rotylenchulus reniformis an Gossypium hirsutum 2501.
Birecka (H.), **Włodkowski (M.)** u. **Skupińska (J.)**, Veränderungen d. Phosphorverbindungen in d. v. Samen mit verschied. Phosphorgehalt stammenden Erbsenpflanzen 19.
Birecki (M.) u. **Fabijański (J.)**, Beurteilung einiger Aussaatmethoden d. Luzernegrasgemisches 1567. — Organ. Düngung u. Kalkung in d. Fruchtfolge auf leichten Böden 1797. — Einfluß d. tiefen Kompostmeliorationen auf d. Ertrag verschied. Pflanzenarten 1807.

Birecki (M.) u. **Gabriel (W.),** Einzelne, d. Ausbreitung d. Viruskrankheiten hemmende, agro-techn. Maßnahmen in Polen 573.
– u. **Gawrońska-Kulesza (A.),** Beurteilung einiger Fruchtfolgeglieder auf Grund d. Roggenerträge u. einiger physikal. u. chem. Bodeneigenschaften 976.
– u. **Roztropowicz (S.),** Vorkeimen v. Kartoffelknollen auf d. Entwicklung d. Wurzelsystems 1271.
Birjukova (V. S.), Herbicide auf Erbsen- u. Futterlupinenfeldern 585.
Birke (J.), Wasserhaushalt d. Börde-Schwarzerde 3219.
Birnbaum (D.), Stickstoffhaushalt v. Kartoffelblättern u. seine Beziehungen zum Phytophthora-Befall 1522.
Biró (K.), Telbisz (K.) u. **Váry (J.),** Wegweiser zum Weinbau, zur Herstellung d. Vermehrungsmaterials u. zum Weinpflanzen im Großbtrieb [1334].
Bírová (H.), Studium d. Bionomie v. Pyrausta nubilalis Hbn. im Gebiet d. intensivsten Maisanbaues in d. ČSSR 3115.
Bîrsan (M.) s. Săulescu (N.).
Birt (L. M.) s. Dalgarno (L.).
Bisal (F.) u. **Nielsen (K. F.),** Sprunghafte Verlagerung v. Bodenteilchen 1230.
Bisalputra (T.), Anatom. u. morpholog. Studien an d. Chenopodiaceen. *2.* Mitt. Gefäßbildung d. Sämlings 1715; *3.* Mitt. Primäres Gefäßsystem u. Knotenanatomie 1715.
Bischoff (K.), Regelung d. Wasserverhältnisse in einem landwirtsch. genutzten Niedermoorgebiet unter bes. Berücksichtigung d. Wirkung v. Schöpfwerken u. Stauanlagen 2066.
Bischoff (T.), Neue Arbeitsmethoden für d. betriebswirtschaftliche Forschung im Hopfenbau 3295.
Bishay (M. A. B.) s. Zeid (M.).
Bishop (J. C.) s. Shadbolt (C. A.); Timm (H.); Tyler (K. B.).
– u. **Schweers (V. H.),** Keimhemmung v. im Herbst gepflanzten Kartoffeln durch Anwendung v. Maleinhydrazid aus Flugzeugen 119.
Bishop (R. F.) s. Collins (W. B.).
– u. **Chisholm (D.),** Akkumulation v. Arsen in d. Böden d. Obstplantagen v. Annapolis Valley 1196.
–, **MacLeod (L. B.), Jackson (L. P.), MacEachern (C. R.)** u. **Goring (E. T.),** Dauer-Feldversuch mit Handelsdüngemittel u. Stalldung. *2.* Mitt. Düngemittelgaben u. Ernteerträge in einer Fruchtfolge mit Kartoffeln, Hafer u. Feldfutterheu 90.
Bisht (N. S.), Aphis gossypii Glov. als Vektor d. Nasturtium-Ringfleckenvirus 846.
– u. **Gupta (S. C.),** Viruskrankheiten v. Obstbäumen in Kumaon 1114.
Biskup (J.), Termine d. Stallmist- sowie Mineraldüngung auf Höhe u. Ertragsqualität d. Blätter d. Tabaksorte ‚Virginia Skroniowska' 1102.
Biskupskij (M. M.), Anwendung v. Isolationsstreifen auf d. Hybridfeldern 792.
Bisoveckij (T. J.), Wirksamkeit v. Stalldung u. Komposten verschied. Aufbereitungsverfahren im Waldsteppenteil d. Prawobereshje d. Ukrain. SSR 2095. — Düngeranwendung zu Zuckerrüben 2125.
Bisset (N. G.) u. **Chatterjee (A.),** Kopsin, ein Indol-Alkaloid aus Kopsia prunformis Reichb. f. et. Zoll. ex. Bakh. f. 2314.
Bisset (W. J.), Schwarze Quecke (Heteropogon contortus) auf d. Schafweideflächen im zentralen Westen v. Queensland 1850.
Bist (N. S.) s. Bhargava (K. S.).
Bisti (E. G.), Nutzung v. Karbonat-Tschernosemböden für Steinobstkulturen 464.
Bîstrova (A.) s. Constantinescu (N.).
Biswas (P. K.) u. **Lambeth (V. N.),** Austauschkapazität v. Gemüsewurzeln 3319.
Biswell (H. H.) s. Klemmedson (J. O.).
Bízik (J.) s. Hampl (J.).
Bjälfve (G.), Stickstoffbindung in Kulturen v. Algen u. anderen Mikroorganismen 933. — Wirksamkeit der Knöllchenbakterien 3225.
Bjalyj (A. M.), Verbrauch d. Bodenfeuchtigkeit u. Feuchtigkeitsverlauf in d. Fruchtfolge 1518.
Bjarsch (H.-J.) s. Siegel (O.).
Blaauw (O. H.), Wirkung v. blauem, rotem u. dunkelrotem Licht auf den

Geotropismus u. d. Wachstum d. Avena-Koleoptile 312.
Black (A. L.) s. Greb (B. W.).
– u. **Greb (B. W.),** Nitratakkumulation in mit Plastikfolie abgedeckten Böden 625.
Black (C. A.) s. Allmaras (R. R.); Peaslee (D. E.).
Black (J. N.), Gegenseitige Wechselbeziehungen v. Sonnenstrahlung u. Blattflächenindex bei d. Bestimmung d. Trockensubstanzproduktionsrate auf Bestände v. bodenfrüchtigem Klee (Trifolium subterraneum C.) 2917.
Black (L. M.) s. Nagaraj (A. N.); Selsky (M. I.); Sinha (R. C.); Whitcomb (R. F.).
Blackman (G. E.) s. Sargent (J. A.).
Blackwood (M.) s. Brink (R. A.).
Blagonravov (P. P.), Erziehung u. Schnitt d. Weinrebe [1881].
Blagoveščenskij (N. I.) u. **Voskresenskaja (I. R.),** Anwendung d. Heterosiseffektes bei d. Hybridisation v. Tomaten u. Gurken zum Zwecke d. Samenbaus in d. Tatar. ASSR 2794.
Bláha (J.), Sortenaspekte bei d. Fruchtbarkeit d. Reben 1333.
Blaim (K.), Untersuchungen über d. biochem. Prozesse u. d. physiolog. Bedeutung d. Trigonellins 17. – Methoden zur Bestimmung v. Nornicotin im pflanzlichen Material 910.
Blair G.) s. Hatcher (J. T.).
Blake (C. D.), Ätiologie d. „tulip-root disease" bei mit d. Stengelälchen Ditylenchus dipsaci (Kühn) Filipjev infizierten anfälligen u. resistenten Hafersorten. *1.* Mitt. Befall d. Wirtes u. d. Vermehrung d. Nematoden 3108; *2.* Mitt. Histopathologie d. „tulip-root" u. Entwicklung d. Nematoden 3108.
Blake (G. R.), French (G. W.) u. **Nylund (R. E.),** Saatbettvorbereitung u. Pflegearbeiten bei Kartoffeln 1834.
Blake (J.) u. **Spencer (R.),** Einfluß d. Temperatur während Licht- u. Dunkelperioden auf Wachstum u. Blüte d. Nelken 775.
Blake (J. R.) s. Stevenson (C. D.).
– u. **Littmann (M. D.),** Reifung v. Avocado-Früchten d. Sorte ‚Ryan' 2017.
Blake (O. D.) s. Braithwaite (B. M.).
Blănaru (V.) s. Savinova (N.); Stîngă (N.).
Blanc (D.), Kationengleichgewicht d. Pflanzen 2081.
Blanc (Denise), Düngungsversuch zu Nelken 183.
Blanchet (R.), Chaumont (C.) u. **Studer (R.),** Phosphaternährung d. Pflanzen u. Kontakterscheinungen Wurzeln-Bodenpartikel 1234. – Physikal.-chem. Eigenschaften d. Böden u. Kaliumernährung d. Planzen 2081. – Aspekte zu d. Wechselwirkungen zwischen Kalium- u. Wasseraufnahme d. Pflanzen 2082.
–, **Studer (R.), Chaumont (C.)** u. **Le Blevenec (L.),** Wichtigste Faktoren, die d. Ammoniumfestlegung in d. Böden unter natürlichen Bedingungen beeinflussen 2921.
Blank (G. B.) s. Letey (J.).
Blankfel'd (J. I.), Versuche einer „Aktivierung" d. Bodenluft mit $^{14}CO_2$ zur Untersuchung d. Gasaustausches unter Feldbedingungen 927.
Blanpied (G. D.) u. **Smock (R. M.),** Zweifaktorielle Versuche mit „Mc Intosh"-Äpfeln bei Lagerung unter kontrollierter Atmosphäre 2747.
Blaricom (L. O. van) u. **Brittain (J. A.),** Menge u. Art d. Verteilung d. Steinzellen bei Birnensorten 2756.
Blase (M. G.) s. Held (B.).
Blasse (W.), Differenzierte Bodenpflegemaßnahmen im Obstbau u. d. Einfluß auf d. Verlauf d. Bodenfeuchtigkeit (*1958-1960*) 1034. – Eignung verschied. Gründüngungspflanzen für d. Deckfruchtanbau im Obstbau 1321. – Anbau v. Gründüngungspflanzen im Obstbau 1321. – Durchfrostungstiefe u. Bodenpflege im Obstbau 2456.
Blaszyk (P.), Beeinflussung d. Samenertrages v. Zuckerrüben durch d. Rübenmosaik 2515.
Blattmann (W.), Futtererträge v. Hafer bei verschied. Schnittzeiten. 135. – s. Könekamp (A. H.).
Blattný (C.), Virocecidien u. Bemerkungen über d. Taxonomie bei Stellaria media (L.) Vill. 249. – Herkunft SB („Rasse *3*") u. NB d. Kartoffelkrebserregers 549. – Neue

Viruskrankheit d. Kirsche, Perniziöser Krebs 3132.
Blattny (C.) u. **Brcak (J.)**, Bedrohung d. Futterpflanzen durch Smog u. Poa annua als Indikator dieser Schadquelle 1092.
—, Dohnal (T.), Procházková (Z.) u. **Gabriel (F.)**, Blattrollkrankheit d. Weinrebe 1115.
Błażejewska (A.), Überwinterungsformen d. Rapsglanzkäfers (Meligethes aeneus F.) u. einiger anderer Arten v. Meligethes Steph 1653.
Bleackley (D.) u. **Khan (E. J. A.)**, Beobachtungen auf Flächen weißen Sandes d. Berbice-Formation, Brit.-Guiana 3231.
Bleasdale (J. K. A.), Untersuchungen an Speisezwiebeln 2450. — s. Nelder (J. A.).
Blechschmidt (W.), Schulz (S.) u. **Schulz (F.)**, Kombinierter Anbau v. Tomaten u. Gurken unter Glas 1310.
Blesa (A. C.) s. Recalde (L.).
Blesa (A. C.) u. **Recalde (L.)**, Wirkung v. Gibberellinsäure auf Wurzeln. *1.* Mitt. Wirkung einer Gibberellinsäure-Lanolin-Mischung auf d. Wurzelentwicklung v. Zuckerrohrabschnitten 2303.
Blickenstaff (C. C.) s. Steinhauer (A. L.).
Blixt (S.), Quantitative Untersuchungen induzierter Mutationen bei Erbsen. *5.* Mitt. Chlorophyllmutationen 1073; *6.* Mitt. Mutationen d. Samenfarbe, Blütenfarbe, Maculumfarbe, Hülsenfarbe u. Graufleckung d. Blätter 1906.
Bliznjuk (N. K.) s. Ivanova (Z. V.).
Bljacherova (R. M.) s. Pruckova (M. G.).
Bloch (D. P.), Herkunft d. Histonspezifität 192.
Block (R. J.) s. Staples (R. C.).
Blomquist (A. W.) u. **Lauer (F. I.)**, Vereinfachte Methode zur Behandlung u. Lagerung v. Kartoffelpollen 2194. — Leistung d. ersten Klongenerationnachkommenschaft d. Kartoffel an zwei Orten in Minnesota 3086.
Blondel (L.) u. **Barbier (E.)**, Problem d. Kerne bei Clementinen 737; dass.: 3028.
Blondel (L.) u. **Wuest (G.)**, Vegetative Vermehrung v. Citrusgewächsen bei Anwendung künstlichen Nebels 737.
Blood (P. T.) s. Prince (A. B.).
Blood (T. F.), Vorläufige Mitteilung über d. Wirkung v. Paraquat für d. Saatgutgewinnung bei Weißklee 979. — Bekämpfung d. Sumpfschachtelhalmes (Equisetum palustre) durch Schnitt mit einem Schlegelernter 2879.
Bloodworth (M. E.) s. Gerard (C. J.).
Bloomberg (W. J.), Cytospora, Krebs d. Pappeln: Feuchtigkeitsverhältnisse u. Anatomie d. Wirts 3156. — Cytospora, Krebs der Pappeln: Faktoren, die d. Entwicklung d. Krankheit beeinflussen 3156.
Bloomfield (C.) s. Siew Kee (N.).
Blouard (R.) u. **Deschuytener (G.)**, Probenahmen auf d. Grünland mittels d. „Trockengewicht"-Methode 3280.
Blümel (F.), Formen d. Eisenoxydhydrat-Ausscheidungen in Gleyen u. Pseudogleyen 1215.
Blumenfield (D.) s. LeCompte jun. (S. B.).
Blumenthal-Goldschmidt (S.) s. Hayashi (F.).
Blumer (S.), Rost- u. Brandpilze auf Kulturpflanzen [3434]*.
— u. Nüesch (J.), Polyporus versicolor (L.) Fr. als Schädling an Kirschbäumen 3154.
Boatman (D. J.), Vegetations- u. Torfmooreigenschaften v. Moordecken im County Kerry 38.
Boawn (L. C.), Gestell zum Halten u. Schütteln v. Schneidetrichtern 646.
— u. Leggett (G. E.), Zinkmangel bei d. Russet-Burbank-Kartoffel 2972.
Bobek (K.), Matoušek (J.) u. **Barcal (R.)**, Organisation d. Biometeorologie in d. Tschechoslowakei 914.
Bobeş (I.), Bekämpfung d. Weizen- u. Gerstenflugbrandes durch thermochem. Behandlung 863. — Wirksamkeit einiger Anbaumaßnahmen zur Bekämpfung d. Gerstenflugbrandes (Ustilago nuda) in d. Vermehrungsflächen 1129.

Bobeş (I.), Persecă (E.) u. Rîpeanu (G.), Versuchsergebnisse über d. Bekämpfung d. Streifenkrankheit d. Gerste (Helminthosporium gramineum) durch Anbau- u. chem. Methoden 1133.

Boboševska (D.) s. Levenson (E.).

Bobrickaja (M. A.), Stickstoffzufuhr in d. Boden durch Niederschläge in verschied. Zonen d. Europäischen Teils d. UdSSR 2322.

Bobryševa (A. M.) u. Oknina (E. Z.), Gehalt an Nucleinsäuren i. Blütenknospen d. Schwarzen Johannisbeere 323.

Bobyŕ (A. D.), Antibioticum „Imanin" bei d. Bekämpfung d. Tabakmosaikvirus 3168.

Bobyreva (T. V.), Wirksamkeit phosphororgan. Insekticide auf d. Atmungsintensität d. Baumwolle 3447.

Bočanzeva (Z. P.), Kreuzungen zwischen Wild- u. Kulturformen bei Tulpen 513.

Bočev (B.), Untersuchungen d. Bewässerungsregimes beim Weizen auf d. zimtfarbigen Waldböden im Sofioter Bewässerungsgebiet 413.

Bočev (B. V.), Einfluß d. Bewässerung auf d. Produktivität d. Hybridgenerationen v. Winterweizen 366.

Bochow (H.), Physiolog. Spezialisierung d. Plasmodiophora brassicae Wor. in d. DDR 1372. — Fragen d. Phytophthora-Warndienstes u. d. Phytophthora-Bekämpfung 2870.

— u. **Seidel (D.),** Wirkung organ. Düngung auf d. Befall durch Plasmodiophora brassicae Wor. u. Pythium debaryanum Hesse 1960.

Bociański (Z.) u. Tucholska (H.), Kornausfall bei d. poln. Weizensorten in Abhängigkeit v. d. Sorteneigenschaften u. d. Erntezeit 1557.

Bočkarev (B. I.) u. Železnikov (V. A.), Über die getrennte Ernte v. Mais zur Gewinnung v. trockenem Korn 984.

Bockmann (H.), Künstliche Freilandinfektionen mit d. Erregern d. Fuß- u. Ährenkrankheiten d. Weizens. I. Vorbereitung u. Durchführung d. Feldinfektionen 3143.

Bock-Werthmann (W.), Universelles Entwicklungsreagenz für d. Papierchromatographie v. Kationen 3260.

Bócsa (I.) u. Farkas (G. L.), Wirkung d. Reises auf d. Lebensdauer d. Unterlage beim Hanf in Pfropfversuchen 1726.

Bocz (E.), Analyse d. Faserhanfertrages in Mezöhegyes in 3 Jahrzehnten 999. — Analyse d. Luzerneheuertrages in Mezöhegyes im Zeitraum v. zwanzig Jahren 1473.

Bode (O.), Virusprobleme in d. Landwirtsch. 536. — Blattrollkrankheit d. Kartoffel 2227.

Bodi (I.) s. Bordeianu (T.).

Bodlaender (K. B. A.) u. Lugt (C.), Keimen v. Zwiewuchsknollen 2594.

Bodman (G. B.) s. Jordine (E. S. A.).

Bodo (G.) s. Linser (H.).

Bodrogközy (G.), Zönolog. Bewertung d. auf d. Alkali-(Szik-)Böden d. Steppe Hortobágy nach d. Rasenaufbruch angebauten Grünlandgesellschaften 2316.

Bodrov (M. S.), Fernkreuzung v. Weizen u. Elymus 2180.

Böckenförde (G.), Wurzelmasse u. d. Bodenstrukturverhältnisse unter Winterweizen in Abhängigkeit v. einer Differenzdüngung auf d. Dauerdüngungsversuch Dikopshof [1844]*.

Böer (W.), Meteorolog. Gewitterbeobachtungen u. klimatolog. Auswertung insbesondere für techn. Anwendungen 1469.

Böhler (E.), Luft-Wasser-Spülung v. Rohrnetzen 3239.

Böhm (H.), Der Weiße Bärenspinner, eine Gefahr für d. deutschen Obst-Bau? 232. — Spinnmilben an Obstgehölzen u. deren erfolgreiche Bekämpfung 2815.

Böhm (O.), Bakterienpräparate zur Schädlingsbekämpfung im Gemüsebau 266.

Böhme (H.) s. Rieger (R.).

Boekholt (K.), Unterschiede in d. Ertragsstruktur zwischen ertragreichen u. ertragärmeren Sorten u. Neuzüchtungen v. Winterweizen u. Hafer 1823.

Boekholt (K.), Kürten (P. W.) u. **Seibel (W.),** Einfluß einer zusätzlichen Stickstoffspätdüngung auf Ertrag u. Qualität v. Winterweizen 1538.
Boekstegen (P.), Bodenfeuchteuntersuchungen im Grundwasserabsenkungsgebiet d. Erftniederung [2071].
Bömeke (H.), Verbesserung d. Fruchtqualität durch Einsatz v. Hormonspritzmitteln 168. — Farbverbesserung u. Reifebeschleunigung an Apfelfrüchten durch d. Hormonspritzmittel H *15.* 1324.
Boer (J. J. H. de), Wichtigkeit d. Wurzeluntersuchung für d. Praxis. *1.* Mitt. Ursache schlechtwachsender Stellen beim Hafer 2118.
Boer (S. de), Einfluß d. Einbringens organ. Substanz in d. Boden auf d. Auftreten v. Rhizoctonia-Krankheit u. Schorf d. Kartoffeln 3440.
Boerema (G. H.), Blattfleckenkrankheit d. Ligusters, verursacht durch Cercospora ligustrina nov. sp. 555.
Boeriu (I.) u. **Bredt (H.),** Experimentelle Daten über Körner- u. Silosojakultur 2708.
Boersma (L.) s. Ashcroft (G.).
Bösenberg (K.) s. Mansfeld (K.).
Böszörményi (M.) s. Bálint (A.).
Böszörményi (Z.) s. Bálint (A.).
Böttcher (K.), Sporenbildende Bakterien d. Böden 1503.
Bogačeva (I. I.), Wechselbeziehung d. Bewegung d. Chloroplasten u. d. Photosynthese 10.
Bogaert (G. van), Einfluß d. Samenvermehrung d. Rotkleesorte „Violetta R.v.P." in Italien 3018.
Bogdanov (I.), Beitrag zur Untersuchung d. in Bulgarien in Kultur stehenden Öl- u. Lorbeerbaumes 438.
Bogdanov (N. M.), Prokof'eva (G. N.) u. **Sučilin (E. D.),** Anwendung v. Herbiciden zur Unkrautbekämpfung auf Gladiolenflächen 3458.
Bogdanov (V.), Wirkung v. Dieldrin, Hexachloran u. Tetramethylthiuramdisulfid beim Bestäuben d. Samen auf d. Jugendentwicklung v. Bohnen, Mais u. Weizen 696. — Bekämpfung d. Rübenderbrüßlers (Bothynoderes punctiventris Germ.) mit Hilfe d. parasit. Pilzes Beauveria bassiana (Bals.) Vuill. 1407. — s. Cvetkov (D.).
Bogdańska (H.) s. Bogdański (K.).
Bogdański (K.), Parameter d. Biosynthese d. Ascorbinsäure in Früchten 896.
—, Wierzbicki (M.), Bogdańska (H.) u. **Ostrawska (I.),** Gefriertauglichkeit v. *30* Erdbeer- u. Himbeersorten 467.
Bogdarina (A. A.), Physiolog. Grundlagen d. Wirkung v. Insekticiden auf d. Pflanze [1156].
Bogomaz (E. L.) s. Procenko (D. F.).
Bogomaz (K. I.) s. Procenko (D. P.).
Bogomjagkov (S. T.), Neue, aus Winter-Weizen gezüchtete Sommer-Weizensorten 2475.
Bogomolov (A. M.), Familienauslese in d. Pflanzenzüchtung als Methode zur Ertragssteigerung bei Winterroggen 1068.
Bogomolova (M. T.), Agrotechnik u. Auswahl v. Hafersorten 1280.
Bogorad (L. M.), Handbuch d. Gartenbaubrigadiers [1317].
Boguleanu (G.), Beratlief (C.), Romașcu (E.) u. **Mircescu (A.),** Bekämpfung d. Wurzelgallenälchens (Heterodera marioni Cornu) 567.
Boguslawki (E. v.), Limberg (P.) u. **Schneider (B.),** Grundfragen u. Gesetzmäßigkeiten d. Ertragsbildung 2371.
— u. **Schneider (B.),** Dritte Annäherung d. Ertragsgesetzes. *1.* Mitt. 668; *2.* Mitt. 2652.
Boguszewski (W.), Späte Roggendüngung mit zusätzlichen Stickstoffgaben 971.
Boháč (J.), Wirtschaftliche Frühreife d. Feldfrüchte u. ihre Ermittlung 705.
— u. **Miklová (I.),** Untersuchung d. Weizenblüte 1892.
Bohne (H.), Schädlichkeit v. Staub aus Zementwerken für Waldbestände 2500.
Bohnstedt (H.), Naturschutzgesetz d. RSFSR. 952.
Boischot (P.) s. Simon-Sylvestre (G.).
Bojadžiev (I.), Fragen d. Vorbereitung

d. Standortes u. d. Pflanzung neuer Obstanlagen in d. Höhengebieten 753.
Bojadžieva (D.) s. Popov (P.).
Bojarčuk (J.) s. Stefanovskij (I. A.).
Bojko (P. P.) u. **Levčenko (K. S.),** Blauschimmel d. Tabaks im Gebiet v. Ternopol 3149.
Bojkov (A.), Parasiten v. Cacoecia xylosteana 1379.
Bojkov (D.) u. **Christova (J.),** Fruchtknospenbildung bei Sauer- u. Süßkirschsorten 1874.
— u. **Pavlova (Z.),** Verbreitung d. Obstarten in Bulgarien in Abhängigkeit v. d. Niederschlagsverteilung 454.
Bojňanský (V.), Terminologie d. Pflanzenviren 238. — Biolog. Spezialisierung v. Synchytrium endobioticum (Schilb.) Perc. vom ökolog. prognost. u. züchter. Gesichtspunkt aus 3423. — s. Kosljarová (V.).
Bokx (J. A. de), Wirtspflanzen d. Y^n-Virus d. Kartoffel 241. — Testung v. Kartoffelknollen auf Anwesenheit d. Y^n-Virus 263. — Vergleich zwischen verschied. Testmethoden für d. Kartoffel-Y-Virus 263. — Einfluß d. Verwundens von Kartoffelknollen auf d. Aktivität d. Y^n-Virus 839.
Bolay (E.) s. Kinzel (H.).
Boldea (E.), Oproiu (E.), Cernescu (L.) u. **Mitroiu (V.),** Backfähigkeit bei einigen Weizensorten mit hohem Ertrag 2601.
Boldyrev (A. I.) s. Alešin (S. N.).
Bolhuis (G. G.), Proteingehalt v. trop. Nahrungspflanzen 1572. — Anbau v. Nahrungspflanzen in d. Tropen 3304.
Bolick (J. H.), Bakterielle Knospenfäule bei Chrysanthemum 2537.
Bollag (J. M.), Beitrag zur Klärung d. Wirkungsweise d. Gibberellinsäure beim vegetativen Wachstum [320].
Bollard (E. G.) s. Mark (G. E.).
—, Ashwin (P. M.) u. **McGrath (H. J. W.),** Blattanalyse bei d. Schätzung d. Ernährungszustandes v. Apfelbäumen. *1.* Mitt. Variation im Stickstoff-, Phosphor-, Kalium- u. Magnesiumgehalt d. Blattes durch Behandlung mit Düngern innerhalb u. zwischen d. Jahreszeiten 2974.
Bollard (E. G.), Hurst (F.) u. **McGrath (H. J. W.),** Blattanalyse bei d. Schätzung d. Ernährungszustandes v. Apfelbäumen. *2.* Mitt. Die Variation im Stickstoff-, Phosphor-, Kalium-, Magnesium- u. Calciumgehalt zwischen Erwerbsobstplantagen 2975.
Bollarts (D.) s. Bruel (W. E. van den)
Bolle-Jones (E. W.) u. **Ismunadji (M.),** Mineralstoff-Mangelsymptome d. Süßkartoffel 2373.
Bollen (W. B.) s. Chandra (P.).
Bollmann (H.), Verlauf d. Trockenperiode *1959/60* d. Deutschen Demokratischen Republik 39.
Bollmann (W.) u. **Ramson (A.),** Isopropyl-N-phenylcarbamat (IPC) u. Isopropyl-N-(*3*-chlorphenyl)-carbamat (CIPC) als Keimhemmungsmittel in gebläsebelüfteten Kartoffelgroßlagern 2566.
Bolobolova (V. M.), Sommerweizenertrag bei verschied. Bodenbearbeitung 1506. — s. Stepanov (V. N.).
Bol'šakov (A. F.), Wasserhaushalt d. mächtigen Schwarzerdeböden im mittelruss. Höhengelände [49].
Bolsunov, Exposé v. Professor Bolsunov. Betr. Kongreß: Erklärung über d. gegenwärtige Situation d. Versuche bezüglich blauschimmelresistenter Pflanzen 1091.
Bolt (G. H.), Transportvorgänge im Boden 2335. — s. Frissel (M. J.).
Bolte (L. C.) s. Shogren (M. D.).
Bolton (A. T.), Neue Species v. Marssonina an Erdbeeren 3153.
— u. **Turner (L. H.),** Erzielung virusfreier roter Himbeerpflanzen durch Verwendung v. Kopfstecklingen 1328.
Bolton (E. T.) s. Matthews (R. E. F.).
Bolton (J. L.) s. Fridriksson (S.).
Bolz (G.), Genet.-züchter. Untersuchungen bei Tagetes. III. Artkreuzungen in d. Gattung Tagetes L. 809.
Bombosch (S.), Auswertbarkeit v. Fallenfängen 857. — Einfluß d. Nahrungsmenge auf d. Entwicklung v. Syrphus corollae Fabr. (Dipt. Syrphidae) 2547.
Bonciarelli (F.), Gewinnung v. Luzernesaatgut durch Verpflanzung 1569.

Bond (E. J.), Wirkung v. Sauerstoff bei Cyan-Vergiftung v. Insekten 876.

Bond (G.) u. **Hewitt (E. J.)**, Cobalt u. d. Stickstoffbindung durch Wurzelknöllchen v. Alnus u. Casuarina 1492.

Bond (J. H.) s. Johnson (L. F.).

Bond (T. E. T.), Tulpenbuntstreifigkeit bei „Pride of Haarlem" 1116.

Bondarenko (N. V.), Zur Methode d. Befallsstatistik d. Roten Obstbaumspinnmilbe 855.

Bonde (E. K.) s. Moore (T. C.).

— u. **Urone (P.)**, Pflanzen-Toxicants im Grundwasser v. Adams County, Colorado 950.

Bonde (W. C.) s. Sen (S.).

Bondin (V. P.), Svečnikov (I. D.), Čigarev (G. A.), Panafidin (K. A.), Mezin (A. F.), Kudel' (K. A.) u. **Novoded (M. F.)**, Sprühen gegen Kartoffelkäfer 1421.

Bondoc (L. O.) u. **Creencia (R. P.)**, Keimung v. Kakaosamen 3190.

Bondoux (P.) s. Viennot-Bourgin (G.).

Boneta-García (E.) u. **Lugo-López (M. A.)**, Saccharoseverluste bei geschnittenem Zuckerrohr nach verschied. langer Lagerung im Schatten oder in d. Sonne 1821.

Boneta-Garcia (E. G.) s. González-Molina (C. L.); Samuels (G.).

Bonev (M.) s. Angelov (A.).

Bonfils (J.) s. Schvester (D.).

— u. **Schvester (D.)**, Beziehungen d. Zikaden (Homoptera Auchenorrhyncha) zum Weinbau in Südwestfrankreich 836.

Bongiovanni (G. C.), Vorversuche mit selektiv wirkenden Unkrautbekämpfungsmitteln zu Zuckerrüben 1159.

Bonhôte (J.) s. Pilet (P.-E.).

Bonne (K.), Die letzten *10* Jahre Zukkerrübenanbau in Schleswig-Holstein 1835.

Bonneau (M.), Schätzung d. Feldkapazität im Laboratorium in bezug auf d. Bodentextur 358.

Bonnemain (J.-L.), Einfluß d. Fruktifikation auf histogenet. Phänomene bei Aubergine u. Tomate 92.

Bonnemaison (L.), Faktoren, die d. Eiablage u. Fruchtbarkeit d. Kohleule (Mamestra brassicae L.) (Lep.) beeinflussen. *1.* Mitt. Einfluß d. Temperatur 528; *2.* Mitt. Einfluß d. Lichtes auf d. Imagines u. auf d. Begattung 529; *3.* Mitt. Einfluß d. Diapause; *4.* Mitt. Einfluß d. Weibchen-Alters auf d. Diapauseverhältnis in d. Nachkommenschaft 2507. — Aufhebung d. Diapause bei d. Kohleule (Mamestra brassicae L.) (Lep. Noctuidae) 529. — Einfluß v. Temperatur u. Photoperiode auf d. Wachstum u. d. Diapause v. Puppen, Raupen, Eiern u. Imagines v. Mamestra brassicae (L.) (Lep., Noctuidae) 829.

Bonner (J.), Obere Grenze d. Ernteertrages 1230.

—, **Heftmann (E.)** u. **Zeevaart (J. A. D.)**, Unterdrückung d. Blütenbildung durch Inhibitoren d. Steroid-Biosynthese 2600.

— u. **Huang (R.-C. C.)**, Chromosomale Steuerung d. Enzymsynthese 2892.

Bonnier (C.), Beziehung zwischen „Wirksamkeit" u. Spezifität v. Rhizobium-Stämmen 1488. — Vergleichende Anatomie d. Knöllchen v. Rhizobium u. d. bakteriolog. sterilen Tumoren knöllchenartigen Aussehens d. Wurzeln v. Medicago sativa 3224.

Bono (M.), Sortenversuche mit Hirse (Pennisetum). Schwierigkeiten. Ergebnisse neuer Züchtungsrichtungen 2482. — s. Busson (F.); Vidal (P.).

Bonola (P.) s. Betto (E.).

Bontoyan (W. R.) s. Holden (E. R.).

Boodley (J. W.), Überdosierung v. Captan verursacht Schäden 284. — Kultur registrierter Pelargonien 777.

Boon (J. van der), s. Schreven (A. C. van).

—, **Das (A.)** u. **Schreven (A. C. van)**, Bekämpfung d. Stippigkeit d. Apfels, bes. durch Regulierung d. Calciumhaushaltes 565.

—, **Delver (P.), Knoppien (P.)** u. **Visser (A.)**, Kalidüngung d. Frühkartoffeln in Nord-Holland 2124.

Boos (G. V.), Veränderlichkeit d. Samenleistung bei Tomatensorten 1030. – Intensivierung d. Gemüseanbaus unter Glas 3317.
Boosalis (M. G.), Vorzeitige Sporulation u. Lebensdauer v. Helminthosporium sativum-Konidien im Boden 2810.
Booth (A.), Moorby (H.), Davies (C. R.), Jones (H.) u. **Wareing (P. F.)**, Wirkungen v. Indolyl-*3*-Essigsäure auf d. Bewegung v. Nährstoffen innerhalb d. Pflanzen 77.
Boothby (D.) u. **Wright (S. T. C.)**, Wirkungen v. Kinetin u. anderen Pflanzenwachstumsregulatoren auf d. Stärkeabbau 1723.
Boothroyd (C. W.) s. Miller (R. E.).
Borchardt (G.), Beschaffenheitsprüfung (Virustest) v. Pflanzkartoffeln 1127. – Viruskrankheiten bei Obstgehölzen u. ihre Bekämpfung 3417. – s. Gehring (F.).
Borcherdt (C.), Fruchtfolgesysteme u. Marktorientierung als gestaltende Kräfte d. Agrarlandschaft in Bayern [1264].
Borchmann (W.) s. Nehring (K.).
Bordeianu (T.) u. **Bodi (I.)**, Ergebnisse d. Düngung in den Baumschulen d. Versuchsstation Bistrița 757.
Bordukova (M. V.), Präparate gegen d. Phytophthora d. Kartoffel 3162.
Borel (M.) s. Ricard (J.).
Borewicz (W.) u. **Dłuski (S.)**, Mechanisierung d. Maisanbaues [1844].
Borget u. **Alegre**, Fünftes Kolloquium über d. **Anwendung v. Plasten** in d. Landwirtsch., Paris (*6.–7.* März *1962*) 3174.
Borggardt (A. I.), Ausgewählte Werke über Phytopathologie [1922].
Borisova (K. I.) s. Jusubov (A. M.).
Borisova (O. F.) s. Tumerman (L. A.).
Borkowski (J.), Anwendung v. Gibberellin zur Erzeugung v. Tomate, Erbse u. Kohlrabi 1581.
Borlan (Z.) s. Costan (G.).
Bormotov (V. E.), Zagrekova (V. N.) u. **Ščerbakova (A. M.)**, Schaffung tetraploider Zuckerrüben. *1.* Mitt. Gewinnung u. Auswahl d. Polyploide C_0 im ersten Vegetationsjahr 1635.
Born (M.), Zur Prognose v. Pflanzenkrankheiten u. Pflanzenbeschädigungen durch tier. Schädlinge im Rahmen d. Objekte d. Pflanzenschutzwarndienstes (Hopfenblattlaus) 877.
Borna (Z.), Einfluß verschied. Arten d. Bodenlockerung auf d. Ertrag v. Gurken u. Zwiebeln 1582. – Einfluß hoher Dosen v. Fäkalschlamm auf Ertrag u. Verarbeitungswert v. Kohl u. Tomaten 1583. – Einfluß d. Beregnung auf eine frühe Ernte u. hohen Ertrag an Frühkohl 1585. – Einfluß d. Gründüngung auf d. Gemüseertrag 1580.
Bornscheuer (E.), Bericht über Feldversuche mit unterschiedl. Saatformen bei Zuckerrüben 722.
Borodina (T. R.), Verwendet Herbicidgemische 3169.
Borodulina (A. A.) u. **Ovčarov (K. E.)**, Einfluß d. Nicotinsäure auf d. P-Aufnahme durch d. Baumwollpflanze 675.
Boros (A.), Studie über d. Reis-Unkräuter 1712.
Borovikova (A. Z.) s. Brachfogel (P. F.).
Borozdina (K. I.), Schädliche Nematoden 2213.
Borrill (M.) s. Davies (E. G.); Jones (K.).
Borthwick (H. A.) s. Cathey (H. M.).
– u. **Cathey H. M.)**, Rolle d. Phytochroms bei d. Kontrolle d. Blühens bei Chrysanthemum 182.
Borzini (G.) s. Ceruti Scurti (J.).
Bos (L.), Symptome v. Viruskrankheiten an Pflanzen 2512. – s. Agrawal (H.).
– u. **Want (P. H. van der)**, Frühe Bräunung d. Erbse, eine boden- u. samenübertragbare Viruskrankheit 3130.
Bósca (E.) s. Király (Z.).
Bosch (R. van den) u. **Stern (V. M.)**, Integrierende chem. u. biolog. Bekämpfung schädlicher Arthropoden 2252.
Bose (A. N.) s. Lodh (S. B. De).
Bose (M. M.), Chromosomenanzahl v. Corchorus velutinus Wild. sp. nov., eine wildwachsende Jute in Afrika (Familie: Tiliaceae) 3176.
Bose (P. C.) u. **Hamner (C. L.)**, Einfluß unterschiedl. Gibberellinsäurekonzentrationen auf Wachstum, Blüten- u. Fruchtentwicklung,

Mineralstoffzusammensetzung u. -aufnahme bei Tomatenpflanzen 1030. — Wachstum, Entwicklung u. Mineralstoffaufnahme v. Tomatenpflanzen bei Einwirkung v. Maleinsäurehydrazid 2598.

Bose (R. G.), Modifiziertes Cellulosemedium zur Isolierung cellulolyt. Pilze aus infizierten Materialien u. Böden 3234.

Bose (S.) s. Lima-de-Faria (A.).

Bosher (J. E.) s. Adrichem (M. C. J. van).

Boškov (E. T.), Herauspräparierung v. Keimlingen amerikan. Maishybriden u. Untersuchung ihres Ausbildungsgrades bei Selbstbestäubung 201.

Bosley (J. B.) s. MacGillivray (J. H.).

Bosman (M. S. M.), Colorimetr. Methode zur Bestimmung v. Gesamt-Schwefel in Pflanzenmaterial 2975. — s. Deijs (W. B.).

Boss (M. L.), Anwendung d. Mitscherlich-Gleichung auf d. Berechnung endogener Nährstoffe 2962.

Bosse (G. H. C.), Einsatz v. beweglichen Gewächshäusern im Gartenbau 1021.

Bossi (R.), Einfluß v. Extrakten aus verfaulenden Äpfeln auf d. Braunwerden v. Lösungen phenol. Substanzen 2847.

Boswell (F. C.), **Richer (A. C.)** u. **Casida jun. (L. E.)**, Bestimmung d. verfügbaren Bodenstickstoffs mit mikrobiolog. Verfahren u. chem. Methoden 647.

Botar (A.) s. Dankanits (E.).

Botea (M.) s. Chirilei (H.).

Botin (M. A.), Einfache Verfahren 3161.

Bottomley (W.) s. Perrin (D. R.).

Boubals (D.), Untersuchungen über d. Ursache d. Resistenz d. Rebengewächse gegen den Echten Mehltau-Uncinula necator (Sch.) Burr., u. d. Art d. erblichen Übertragung 1087.

Boudreaux (H. B.), Biolog. Aspekte einiger phytophager Milben 3111.

Bouharmont (J.), Embryonenkultur v. Reis auf sterilem Medium 1062. — Sterilität einer induzierten Autotetraploiden bei Crotalaria goreensis Guill. et Perr 2770. — Pseudo quadrivalente bei autotetraploidem Reis 2799.

Bouhier de l'Élcuse (R.) s. Marcellin (P.).

Bould (C.), Bodenforschung u. Gartenbau 1192.

— u. **Jarrett (R. M.)**, Einfluß v. Deckpflanzen u. NPK-Düngemitteln auf Wachstum, Fruchtansatz u. Blatternährung junger Dessert-Apfelbäume 1039.

Bouldin (D. R.) s. Terman (G. L.).

Boulet (L.) s. Lombard (P.).

Bouallard (B.) u. **Moreau (R.)**, Sol, microflore et végétation [1211]*.

Bouloux-Hardy (M.) s. Scheidecker (D.).

Bouma (D.) u. **Dowling (E. J.)**, Physiolog. Beurteilung d. Ernährungszustandes v. Pflanzen. *1.* Mitt. Vorversuche mit Phosphor 2385.

Boureau (E.), World report on palaeobotany [1713].

Bourget (S. J.) s. Lessard (J. R.).

— u. **Carson (R. B.)**, Einfluß v. Bodenfeuchtigkeitsdruck auf Ertrag, Wasserverwertung u. d. mineral. Zusammensetzung v. Hafer u. Luzerne, d. bei zwei Düngungsstufen gewachsen waren 376.

Bouriquet (G.), *6.* Versammlung d. Interafrikan. Kommission für Pflanzenschutz 515.

Bourke (J. B.), **Butts (J. S.)** u. **Fang (S. C.)**, Einfluß verschied. Herbicide auf d. Glucoseumsatz im Wurzelgewebe d. Speiseerbse, Pisum sativum. *1.* Mitt. *2.4*-Dichlorphenoxyessigsäure u. Analoge 599.

Bournier (A.), Thysanopteren aus Frankreich 3113.

Bouron (N.), Unkrautbekämpfung in Getreide 3453.

Bouwer (H.), Feldmäßige Bestimmung d. hydraul. Leitfähigkeit über einem Grundwasserspiegel mit Hilfe d. Doppelrohrmethode 1503.

Bouyoucos (G. J.), Elektr. Bodenfeuchte-Registrierschreiber für Dauerbetrieb 2355.

Bové (J.), Rolle d. Chlor-Ionen bei d. Photosynthese 11.

Bové (J.-M.) s. Dauthy (D.); Goffeau (A.).

Bovey (P.) s. Wille (H.).

— u. **Meier (W.)**, Einfluß chem. Kar-

toffelkäferbekämpfung auf Blattlausfeinde u. Blattlauspopulationen 1969.
Bovey (R.), Richtlinien für d. Schädlingsbekämpfung im Obstbau, Weinbau u. in d. Landwirtsch. *1963/64* 2858.
Bovey (R. W.) s. Stokes (G. M.).
Bowden (J.), Reaktion v. Kakao auf Kupferspritzungen in Ghana 272.
Bowden (W. M.), Neunzehn künstliche Lobelia-Arthybriden 1368. — Cytotaxonomie d. einheim. u. eingeführten Arten v. Hordeum, Eremopyrum, Secale, Sitanion u. Triticum in Kanada 2582.
— u. **Senn (H. A.),** Chromosomenzahlen v. *28* Grasarten v. Südamerika 1713.
Bowe (R.), Welche Faktoren beeinflussen d. Blütenbildung bei Azaleen? 1609.
—, **Tschache (F.)** u. **Werner (C.),** Untersuchung verschied. Torfe als Kultursubstrat für Zierpflanzen unter Berücksichtigung d. Düngung u. wirtschaftlicher Gesichtspunkte. Feststellung d. für eine Weißtorfkultur bei Azaleen zweckmäßigen Düngung 181.
Bowen (G. D.), Toxizität v. Leguminosensamendiffusaten gegenüber Rhizobien u. a. Bakterien 931.
— u. **Rovira (A. D.),** Wirkungen d. Mikroorganismen auf d. Pflanzenwachstum. *1.* Mitt. Entwicklung v. Wurzeln u. Wurzelhaaren in Sand u. Agar 929.
Bowen (H. J. M.) u. **Cawse (P. A.),** Beeinflussung d. Molydänaufnahme v. Pflanzen durch Wolfram 383.
Bower (C. A.), Adsorption v. o-Phenanthrolin durch Tonminerale u. Böden 2945. — s. Hatcher (J. T.).
— u. **Hatcher (J. T.),** Charakterisierung salzbeeinflußter Böden bezüglich Natrium 939.
Bowers (C. G.) s. Bowers (F. T.).
Bowers (F. T.) u. **Bowers (C. G.),** Rhododendrons and azaleas [1886].
Bowers (S. A.) s. Hanks (R. J.).
— u. **Hanks (R. J.),** Mit einem Strahlungskalorimeter bestimmte spezif. Wärmekapazität v. Böden u. Mineralen 2354.
Bowling (C. C.), Versuche mit system. Insekticiden bei Reis 279.
Bown (G.) s. Hitier (H.).
Bowser (W. E.) s. Cairns (R. R.).
—, **Milne (R. A.)** u. **Cairns (R. R.),** Charakterist. Merkmale d. „Major Soil Groups“ in einem Gebiet vorherrschender Solonetzböden 1215.
Box (J. E.) u. **Taylor (S. A.),** Einfluß d. scheinbaren Bodendichte auf d. Aufnahmepotential 634.
Boyd (A. E. W.) s. McKee (R. K.).
— u. **Lenhard (J. H.),** Auswirkungen d. Kartoffeltüpfelfleckenkrankheit in Schottland 2241. — Jahreszeitlich bedingte Schwankung im Auftreten d. Tüpfelfleckenkrankheit d. Kartoffel 3146.
Boyd (D. A.), Church (B. M.) u. **Hills (M. G.),** Düngemittelverbrauch für d. Grasland in England u. Wales 3030.
Boyer (M. G.), Fusarium-Krebskrankheit an Populus deltoides Marsh 2539.
Boyle (J. S.) s. Bergman (E. L.).
Boynton (D.) s. Porlingis (I. C.).
Božidarevič (A.), Besonderheiten im Aufbau u. d. Ausbreitung d. Wurzelsystems beim Mais 896. — Maiswurzelsystem 4. — s. Koedžikov (C.).
Božinov (M.), Prüfung einiger aussichtsreicher Baumwollsorten in Bulgarien 3024.
Božinova (I.), Ringelung d. Sorte „Bolgar“ 3061.
— u. **Stoev (K. D.),** Geeigneter Rebschnitt bei d. Sorte „Mavrud“ 3061.
Bózner (M.), Papierchromatographie zum Unterscheiden verschied. Gewürzpaprikasorten 1552.
Bozova (L.) s. Enčev (J.); Moskov (I.).
Bozzini (A.) s. Scarascia (G. T.).
Braak (J. P.), Einfluß v. Wuchsverhältnissen auf d. Frucht- u. Embryoentwicklung bei Apfel u. Kirsche 2157.
Braal (L.) s. Bradfute (O. E.).
Brabec (F.) u. **Sinha (P. K.),** Klontypen mit intraindividueller Chromosomenzahlvariation bei Lycopersicon pimpinellifolium Mill 784.
Brachet (J.) u. **Mirsky (A. E.),** The Cell. Cells and their component

parts [916]. – The cell. Specialized sells [1446]; dass.: [1446].
Brachfogel (P. F.) u. **Borovikova (A. Z.)**, Hubschrauber im Dienste d. Gebirgsobstbaus 855.
Brack (A.) s. Kobel (H.).
Bracker (H. H.), Grünlandpraktikum für Kulturtechniker u. Landwirte 3312.
Brader (L.), Lebensweise v. Xyleborus morstatti an d. Elfenbeinküste 534.
Bradfield (R.) s. Hoyt (P.).
Bradfute (O. E.), Luse (R. A.), Braal (L.) u. **McLaren (A. D.)**, Wachstum steriler Pflanzenwurzeln in Sand oder Boden in einer billigen Wachstumskammer 2085.
Bradley (D. B.), Einfluß d. Zugabe v. K, Ca u. Mg auf Säuregehalt u. Zusammensetzung sowie Ertrag v. Tomaten 2448.
Bradley (E. F.) s. Rider (N. E.).
Bradley (G. A.) s. Robinson (A. G.).
–, Mayes (R. L.) u. **Fleming (J. W.)**, Einfluß v. Bodenart, organ. Stoffen, Säurebildung, Eisenverbindungen u. Stickstoffquellen auf Wachstum u. chem. Zusammensetzung v. Azaleen 3346.
Bradley (M. V.) u. **Crane (J. C.)**, Zellteilung u. -vergrößerung im Mesokarp-Parenchym v. gibberellin-induzierten, parthenokarpen Pfirsichen 318.
Bradley (R. H. E.), Verhalten d. Blattlaus Myzus persicae (Sulz.) auf einige an d. Mundwerkzeuge gebrachte Flüssigkeiten 2224. – Einfluß d. Haltens virustragender Blattläuse auf Pflanzen oder Glas auf ihre Übertragungsfähigkeit für d. Virus d. Vergilbungskrankheit d. Zuckerrübe 2515. – Verschied. Blattareale d. Tabaks als Quellen d. Y-Virus d. Kartoffel für Aphiden 2826. – Örtliche Empfindlichkeit v. Tabakblättern auf d. v. Blattläusen inokulierte Kartoffel-Y-Virus 3406. – Elektrostat. Ladungen wirken auf d. Blattlausvektor 3407. – s. Sylvester (E. S.).
– u. Sylvester (E. S.), Befördern Blattläuse d. übertragbare Virus d. Vergilbungskrankheit d. Zuckerrübe mit ihren Stechborsten. Beweis durch Ultraviolett-Bestrahlung 2230.
Bradley (R. H. E.), Sylvester (E. S.) u. **Wade (C. V.)**, Bewegungen d. mandibularen u. maxillaren Stechborsten bei d. Blattlaus Myzus persicae (Sulzer) 1935.
–, Wade (C. V.) u. **Wood (F. A.)**, Verhinderung d. Blattlausübertragung d. Y-Virus d. Kartoffel durch Öle 2826.
Bradshaw (A. D.) s. Snaydon (R. W.).
Bragdø (M.), Züchtung v. polyploidem Spinat 508.
Bragt (J. van), Chemogenetical investigations of flower colours in cyclamen [2800]*. – s. Doorenbos (J.); Wellensiek (S. J.).
Brahmachary (R. L.), Papierchromatograph. Weg zum Problem d. „Bodenbereicherung“ durch Regenwürmer 640.
Braithwaite (B. M.) u. **Blake (O. D.)**, Virus d. Spitzenvergilbung d. Tomate: Seine Verbreitung, Charakteristika u. Übertragung durch d. Laus Macrosiphon euphorbiae (Thom.) 243.
Brakel (J.) s. Manil (P.).
Brakensiek (A.) s. Welsh (R. S.).
Brakke (M. K.), Stabilität v. gereinigtem Streifenmosaikvirus d. Gerste 2226. – Stabilisierung d. Gelbmosaikvirus d. Trespe durch Magnesium u. Calcium 3409.
Bramao (D. L.), Internationale Bodenkorrelation 2939.
Bramao (L.), Kellogg (C. E) u. **Bear F. E.)**, Symposium über Fragen trop. Böden 2918.
Braner (K.), Was leistet Flotal im Weinbau? 473.
Brandenburg (E.), Kringerigkeit-Pfropfenbildung u. Eisenfleckigkeit bei Kartoffeln 241. – Symptome d. Molybdänmangels an verschied. Kulturpflanzen 519. – Blattrollvirus d. Kartoffel. *1.* Mitt. Mechan. Übertragung u. chem. Nachweis d. Blattrollvirus mit Diphenylamin im Blattsaft 1938.
–, Eibner (R.) u. **Schneider (A.)**, Molybdänmangel an Beta-Rüben auf Raseneisenstein- u. Hochmoorböden 2392.
Brandenburger (V.), Einfluß verschied. Düngungskombinationen auf Ertrag u. Qualität d. Braugerste

unter bes. Berücksichtigung v. Klima u. Jahreswitterung, Boden u. Vorfrucht [1844].

Brandes (J.) s. Wetter (C.); Schnepf (E.).

— u. **Bercks (R.),** Identifizierung u. Klassifizierung d. Kakteen-X-Virus (Cactus virus X) 3421.

Brandt (H.), Viröse u. virusähnliche Schadbilder an Obstgehölzen 844. — Standardisierung d. Untersuchungsmethoden pflanzlicher Virosen 1681.

Branton (D.) u. **Jacobson (L.),** Eisentransport in Erbsenpflanzen 1243. — Eisenlokalisation in Erbsenpflanzen 1244.

Branzanti (E. C.) u. **Olio (D. dall'),** Aprikosensorten in Imola 172.

Brasil Sobro (M. O. C.) s. Malavolta (E.).

Bratu (V.) s. Staicu (I.).

Brauer (A.) s. Schmitt (L.).

Brauer (O.), Qualitätseigenschaften in F_1-Hybriden v. Paprika, Capsicum annuum L. 2200.

— u. **Schön (W. J.),** Bestimmung d. geschmacksbildenden Inhaltsstoffe, insbesondere d. Capsaicins in Paprikafrüchten 911.

Braun (A. C.), Tumorauslösung u. -entwicklung bei d. Wurzelkropf-Krankheit 1170.

Braun (H.), Eisenfleckigkeit d. Kartoffel 519.

— u. **Nienhaus (F.),** Eisenfleckigkeit d. Kartoffelknolle 2209.

— u. **Schwinn (F. J.),** Auftreten u. Bekämpfung d. Kragenfäule (Phytophthora cactorum (Leb. et Cohn) Sebroet 552.

Braun (H. J.), Wasserhaushalt u. Wasserversorgung d. Pfropfreiser bei Baumpfropfungen 1721.

Brauns (M.), Erzielung kleinkroniger Formen bei d. Süßkirsche 1874. — Resistenz d. Sorte Antonowka u. ihrer resistenten Nachkommen gegen d. Erreger d. Apfelschorfes 2202.

Bray (J. R.), Leistung d. Wurzel u. d. Bestimmung d. Nettoproduktivität 2585.

Bray (R. H.), Nährstoffbeweglichkeit in ihrer Wechselwirkung zwischen Boden u. Pflanze 2962.

Brazzel (J. R.), Chambers (H.) u. **Hamann (P. J.),** Anzuchtmethode für Laboratoriumszwecke u. Angaben über letale Dosen für Heliothis zea 1126.

Brčák (J.), Ätiologie d. Tabakrippenbräune in d. Südslowakei 2234. — Bestimmung d. Kartoffelviren mit Hilfe d. Elektronenmikroskops u. durch Übertragung auf d. Differenzwirt 2851. — Interferenz d. Tabakmosaikvirus mit d. Gurkenmosaikvirus in d. Tabakpflanze 3127. — s. Blattny (C.); Polák (Z.).

— u. **Čech (M.),** Biolog. u. elektronenmikroskop. Charakteristik d. Flekkenkrankheit d. Zichorie (Marmor cichorii Kvíčala) 3429.

—, **Ulrichová (M.)** u. **Čech (M.),** Infektion v. Tabak u. einigen Chenopodium-Arten durch d. Gurkenvirus *4* (u. *3*) u. durch seine Nucleinsäure 2839.

Breburda (J. G.), Bestimmung d. Aggregalzusammensetzung d. Böden 940.

Bredon (R. M.) s. Marshall (B.).

Bredt (H.) s. Boeriu (I.).

Breese (E. L.) s. Beddows (A. R.).

Breese (M. H.), Eiablage v. Rhizopertha dominica F. an Bergreis u. Sumpfreis 3118.

Bregadze (N. N.), Kapanadze (P.) u. **Čakvetadze (D.),** Problem d. chem. Zusammensetzung d. Früchte einiger Pflaumensorten (Prunus domestica L.), d. in Grusinien angebaut werden 174.

Breider (H.), Spontane Blütenmutationen bei d. Rebe 1366.

Breitig (G.), Lochkartenverfahren in d. biolog. Gewässerbeurteilung 2360.

Breland (H. L.) u. **Sierra (F. A.),** Vergleich d. mit verschiedenartigen Extraktionsmitteln aus unterschiedlichen Böden extrahierten Phosphormengen 1495.

Bremer (A. H.) u. **Weiseth (G.),** Gemüseproduktion in Beziehung zur Tageslänge auf nördlichen Breitengraden v. *58-70*-° N. *1.* Mitt. Begrenzung d. Tageslänge bei d. Gemüsekultur. *2.* Mitt. Genetik v. Langtag- u. tagneutralen Erbsen 153.

Bremer (G.), Züchtung u. Zytologie v. Zuckerrohr. *4.* Mitt. Herkunft u.

Steigerung d. Chromosomenzahl bei Artbastarden v. Saccharum 810; *5.* Mitt. Chromosomenvermehrung bei Saccharum-Hybriden in Beziehung zu Art- u. Gattungsbastarden bei anderen Gattungen 1644.

Bremer (K.), Förderung d. Kartoffellagerung unter Dach 2402.

Bremer-Reinders (D. E.), Mutationsforschung bei Kanariengras 3373.

Bremner (P. M.) s. Radley (R. W.).

Brenes (L. R.) = Rivera Brenes (L.).

Brensing (O. H.) u. **Harper (H. J.),** Stickstoffdüngung zu Mais mit zusätzlicher Bewässerung 393.

Breskov (T.), Grozev (D.), Čanev (K.) u. **Radkov (C.),** Samenbau bei d. Feldkulturen [2394]*.

Bretschneider (W.), Termine u. Zeitspannen obstbaul. u. landwirtsch. Arbeiten, dargestellt nach Arbeitstagebuchaufzeichungen verschied. Betriebe, unter bes. Berücksichtigung d. Obsternte 2154.

Bretschneider-Hermann (B.), Phytotron in Rauischholzhausen 1731. — Wechselwirkung v. Temperatur u. Kohlensäuregehalt d. Luft auf Hafer 2657.

Brett (C. H.), McCombs (C. L.) u. **Daugherty (D. M.),** Resistenz v. Melonensorten gegen Diaphania nitidales u. d. Bedeutung d. Resistenz für d. Bekämpfung mit Insekticiden 518.

Breunig (W.), Wirksamkeit d. Nachmahd u. Fladenverteilung in d. Weidepflege 1303. — Jauche, ein guter, aber noch zu wenig beachteter Grünlanddünger 1536.

— u. **Koriath (H.),** Entwicklung u. Leistung einiger bulgar. Maissorten im Trockenjahr *1959* 2130.

Breyhan (T.), Chemie d. Kohlenhydrate d. Kartoffelknolle 2910. — s. Heilinger (F.).

—, **Heilinger (F.)** u. **Fischnich (O.),** Stoffwechsel- u. entwicklungsphysiolog. Untersuchungen an Kartoffelkeimen. *2.* Mitt. Quantitative, automat. Analyse d. Aminosäuren v. in Dunkelheit gebildeten Kartoffelkeimen 598.

Brežnev (D. D.), Stand u. Aufgaben d. Gemüsezüchtung in d. UdSSR 803.

—, **Ivanova (N. V.)** u. **Batygina (T. B.),** Entfernte Hybridisation in d. Gattung Lycopersicon Tourn 213.

Briand (L. J.) s. Welch (H. E.).

Bridger (G. L.), Salutsky (M. L.) u. **Starostka (R. W.),** Metallammoniumphosphate als Düngemittel 395.

Briggs (G. E.), Aufnahmegeschwindigkeit v. Salzen durch Pflanzenzellen in Beziehung zur „Anionenpumpe“ 3248.

Briggs (J. B.) s. Knight (R. L.).

Briggs (L. H.), Solanum-Alkaloide 1464.

Briggs (W. R.), Beziehungen v. Rotlicht u. Auxin zu d. phototrop. Reaktionen v. Mais- u. Haferkoleoptilen 2907. — s. Scott (T. K.); Zimmermann (B. K.).

Brindley (T. A.) s. Becton (A. J.); Jarvis (J. L.).

— u. **Dicke (F. F.),** Erforschung v. Ostrinia nubilalis 3114.

Bringezu (A.), Einfluß v. Klimafaktoren auf d. Schalenausbildung bei Waldnüssen 765.

Bringhurst (R. S.) s. Cannell (G. H.); Voth (V.).

—, **Wilhelm (S.)** u. **Voth (V.),** Unterschiedliche Pathogenität u. Züchtung Verticillium-Welke-resistenter Erdbeeren 257.

Bringmann (G.) u. **Kühn (R.),** Schnell-Denitrifikationsverfahren mit automat. Redox-Steuerung 2365. — Biomassentiter u. Saprobien — eine hydrobiolog. Vergleichsanalyse an Nieder-Rhein, Fulda u. Havel 368.

Brink (R. A.) s. Greenblatt (I. M.).

— u. **Blackwood (M.),** Ständige Hemmung d. Wirkung d. Faktors R^r bei Mais durch Strukturveränderungen auf d. Chromosom *10* 1353.

— u. **Notani (N. K.),** Effekt d. R^r - Wirkung bei Mais durch d. strukturelle, distale Veränderung gegenüber dem R-Locus in Chromosom *10* 1353.

Brinkman (R.) s. Edelman (C. H.).

Brinton (F. E.) s. Morgan (C. V. G.); Pielou (D. P.).

Briolle (C.) s. Bachy (A.).

Briones (A. A.), Davide (J. G.) u. **Galvez (N. L.)**, Reaktion v. Reis auf Düngung im Saatbett 389.

— u. **Raymundo (M. E.)**, Einfluß verschied. Krumentiefe auf d. Ertrag v. Sumpfreis 1297.

Brittain (J. A.) s. Blaricom (L. O. van).

Britton (G.) u. **Housley (S.)**, Chromatographie wasserlöslicher Auxine in unreifen Maiskörnern 2311.

Brix (H.), Wirkung d. Wasserdrucks auf Photosynthese- u. Atmungsraten bei Tomatenpflanzen u. Kiefernkeimlingen 12.

Broadbent (F. E.) u. **Tyler (K. B.)**, Stickstoffestlegung 2052.

Broadbent (L.), Epidemiologie d. Tomatenmosaiks. *2.* Mitt. Rauchtabak als Virusquelle 2837.

Broadwell (C. E.) s. Forsyth (F. R.).

Brockington (N. R.), Düngungsversuche mit einigen kultivierten Gräsern in Nordrhodesien 2135.

Brockman (J. S.) u. **Wolton (K. M.)**, Anwendung v. Stickstoff für Weißklee-Grasbestände 3016.

Brockwell (J.), Samenpillierung als Hilfe für d. Leguminosen- Saatgutimpfung. *1.* Mitt. Pillierstoffe, Bindemittel u. Methoden d. Impfung 1273. — s. Hely (F. W.).

Brodersen (C. F.) s. McCarty (P. L.).

Broecker (W. S.) s. Skok (J.).

Broek (J. M. M. van den) s. Marel (H. W. van der).

— u. **Marel (H. W. van der)**, Morphol. u. chem. Eigenschaften verschied. Bodentypen in d. Provinz Limburg [645]*.

Broeshart (H.) u. **Redlich (G. C.)**, Beitrag zur Anwendung d. Blattanalyse beim Anbau v. Tomaten 386.

Bromfield (K. R.), Wirkung v. Temperaturänderungen auf d. Reaktion temperaturempfindlicher Weizensorten gegenüber Weizenschwarzrost 249.

Broniewski (S.), Keimruhe d. Samen 600. — Unterschiede im Verlaufe d. Keimprozesses d. Samen auf Grund eines Beispieles mit Samen d. Cyklamen (Cyclamen persicum Mill.) 1548.

Bronner (H.), Boden u. Wasser als Grundlagen d. Zuckerrübenbaues 3251.

Bronner (H.) s. Frohner (W.).

Brooks (F. A.), Kepner (R. A.) u. **Schultz (H. B.)**, Schutz gegen Strahlungsfröste durch Verwendung v. Geländeheizung allein oder Geländeheizung u. Windmaschinen 1307.

Brooks (R. F.) u. **Thompson (W. L.)**, Bekämpfung v. Saissetia oleae in Florida 2863.

Brossard (M.) s. Barbier (G.).

Brossier (J. O.), Nichtremontierende Erdbeersorten 1604.

Brougham (R. W.), Faktoren zur Ausdauer d. ‚short-rotation'-Weidelgras 739. — Blattwachstum v. Trifolium repens unter d. Einfluß jahreszeitlich bedingter Lichteinwirkung 900.

Brouwer (M. T. J. de), Wollige Salatwurzellaus (Pemphigus bursarius L.) an Endivie 1107.

Brouwer (R.), Verteilung d. Trockensubstanz in d. Pflanze 2288. — Einfluß d. Temperatur d. Wurzelmediums auf d. Wachstum d. Sämlinge verschied. Nutzpflanzen 2299. — Einflüsse d. Ernährung auf d. Verteilung d. Trockensubstanz in d. Pflanze 2649.

— u. **Loen (E. A.)**, Wachstum u. Stoffaufnahme individueller Kronenwurzeln v. Zea mays L. 2305.

Brouwer (W.), Entwicklungslinien u. Aufgabenkreis d. Acker- u. Pflanzenbaues 2581.

— u. **Martin (K.-H.)**, Einfluß v. Beregnung u. Zusatzdüngung auf d. ertragsbestimmenden Faktoren d. wichtigsten Feldfrüchte auf anlehmigem Sandboden. *3.* Hackfrüchte 1832.

Brown (A. H. F.) s. Pearce (S. C.).

Brown (A. L.), Krantz (B. A.) u. **Martin (P. E.)**, Aufnahme durch d. Pflanze u. sonstiges Schicksal zum Boden verabreichten Zinks 680.

Brown (B. A.), Reaktion v. vier Kulturpflanzen auf sehr hohe Gaben v. Superphosphat 2391. — Düngung d. Luzerne 2424.

Brown (C. M.), Auswirkung d. Samenalters auf d. Leistung verschied. Hafersorten 2107. — s. Endo (R. M.).

Brown (D. S.), Campbell (R. C.) u. **Schreader (W. R.)**, Temperatur u. Ertrag bei Oliven 1574.
Brown (E. B.) s. Kingheam (H. G.).
Brown (H. M.) s. Kinra (K. L.).
Brown (J.) s. Tedrow (J. C. F.).
Brown (J. C.) s. Lingle (J. C.); Tiffin (L. O.).
– u. **Jones (W. E.)**, Aufnahme v. Fe-, Mn-, Zn-, Ca-, Rb- u. Phosphat-Ionen durch in ihrem Reduziervermögen sich unterscheidenden Sojabohnenwurzeln 2075.
– u. **Tiffin (L. O.)**, Eigenschaften d. Chelate u. ihre Anwendung i. d. Pflanzenproduktion 383. – Zinkmangel u. Eisenchlorose in Abhängigkeit v. Pflanzenart u. Nährstoffgleichgewicht in Tulare Lehm 1243.
Brown (J. F.) s. Shipton (W. A.).
Brown (J. M.) u. **Bartholomew (W. V.)**, Sorption v. wasserfreiem Ammoniak durch trockene Tonsysteme 630. – Sorption v. gasförmigem Ammoniak durch Tonminerale unter d. Einfluß v. sorbiertem Wasserdampf u. austauschbaren Kationen 3215.
Brown (K. J.) s. Peat (J. E.).
Brown (L. C.), Cathey (G. W.) u. **Lincoln (C.)**, Wachstum u. Entwicklung v. mit Toxaphen-DDT, Parathion-Methyl u. Calciumarsenat behandelter Baumwolle 1982.
Brown (M. E.), Burlingham (S. K.) u. **Jackson (R. M.)**, Azotobacter-Arten in Böden. *1.* Mitt. Vergleich v. Nährböden u. Methoden zur Bestimmung d. Azotobacter-Zahl im Boden 2638; *2.* Mitt. Azotobacter-Populationen in d. Rhizosphäre u. d. Wirkungen künstlicher Beimpfung 2626.
Brown (N. R.) s. Clark (R. C.).
Brown (P.), Mais-Wachstum in Nyasaland. *1.* Mitt. Verbreitung u. Kultivierung 3002.
Brown (R. H.) s. Beaty (E. R.).
Brown (W. G.), Jackson (T. L.) u. **Petersen (R. G.)**, Methode, Bodenuntersuchungsergebnisse in eine Düngerwirkungsgleichung einzubauen 66.
Brown (W. J.), Bemerkungen über nordamerikan. Chrysomelidae (Coleoptera) 833.
Brown (W. V.) u. **Johnson (S. C.)**, Feinstruktur d. Schließzelle d. Gräser 591.
Browne (D. A.), Entfernung eingeschlossener Luft bei Dichtebestimmungen v. Samen 2315. – Variation d. Stapeldichte d. Getreides je nach Feuchtigkeitsgehalt 2994.
Browning (J. A.) u. **Frey (K. J.)**, Genetik d. Haferstengelrostresistenz. *1.* Mitt. Vererbung d. Verhaltens gegenüber den Rassen *6, 8* u. *13*A v. C.I.*3039* 1069.
Broyer (T. C.) s. Vidal (R. D.).
Broyles (J. W.), Befall meristemat. Gewebe v. Mais durch Physoderma maydis 3144.
Bruce (R. B.), Robbins (A. J.) u. **Tuft (T. O.)**, Phosphin-Rückstände in mit Phostoxin behandeltem Getreide 374.
Bruce (R. R.) u. **Shipp (C. D.)**, Einfluß d. Bodenfeuchtigkeit auf d. Fruchten v. Baumwolle 435.
Bruchholz (H.), Magnesiumgehalt d. Böden d. Kreises Torgau 2358.
Bruchlej (M. A.), Einfluß d. Maßnahme zur Kronenbildung auf d. Winkel d. Leitäste 456.
Brucker (W.), Tumorforschung an Pflanzen 3141. – s. Rathsack (R.).
– u. **Cziharz (H.)**, Einfluß v. Kinetin auf d. Entstehung v. crowngall- Tumoren 1372.
Brudnaja (A. A.) u. **Solodovnik (P. S.)**, Alodan zur feuchten Desinfektion d. Getreidelagerräume 578.
Brückbauer (H.), Übertragbarkeit d. Abbaukrankheit d. Rebe 1388. – Welche Möglichkeiten bestehen zur Erkennung viruskranker Reben? 2522. – Fünfjährige Untersuchungen über d. Viruskrankheiten d. Rebe 3419.
– u. **Rüdel (M.)**, Viruskrankheiten d. Rebe. *1.* Mitt. Auftreten u. Symptome d. Reisigkrankheit an d. Sorte Silvaner 1662; *5.* Mitt. Übertragungsversuche mit reisigkranken Amerikaner-Reben 1943. – Spezielle Untersuchungen über Rebvirosen 3133.
Brückner (K.), Sortenwertprüfung mit Champignon *1959* bis *1961* 2452. – Sortenwertprüfung mit Echter Kamille *1959* bis *1960* 3295.
Bruehl (G. W.) u. **Damsteegt (V. D.)**,

Vektorspezifität beim Gelbverzwergungsvirus d. Gerste in Washington 2824.
Bruel (W. E. van den), Bollarts (D.), Pietermaat (F.) u. **Dijck (W. van),** Faktoren, die d. Möglichkeit d. Anwendung v. dielektr. Erwärmung mit Hilfe hoher Frequenzen zur Vernichtung v. Insekten u. Milben im Inneren v. verpackten Lebensmitteln bestimmen 2567.
Brüning (E.), Rekultivierbarkeit tertiärer Rohbodenkippen des Braunkohlentagebaues 660.
Brünner (F.), Wirkung verschied. Wechseldüngungen auf d. Ertrag v. Mähwiesen 1302.
Bruinsma (J.), Wirkung einer DNOC-Spritzung auf Wachstum, Entwicklung u. Ertrag d. Winterroggens (Secale cereale L.) 2573. — Neue japan. Forschungen über d. Keimruhe v. Kartoffeln 2594. — Kontrolle d. Wachstums u. d. Entwicklung v. Getreide durch Chemikalien 2597. — Wirkung einer *4.6.*-Dinitro-o-cresol-Spritzung (DNOC) auf d. Stickstoffernährung u. d. Ertrag v. Winterroggen (Secale cereale L.) 2678.
— u. **Swart (J.),** Entwicklung d. Roggenrispe bis zum Ährenschieben 2005.
Brulfert (J.), Struktur u. Funktion d. Vegetationspunktes v. Anagallis arvensis L. ssp. phoenicea Scop. bei Kurztag 5.
Brummer (V.), Beziehungen zwischen Zuckerrübenerträgen u. bestimmten klimat. Faktoren in Finnland 723.
Brummund (M.), Erfahrungen beim Einsatz d. Lupinendefoliation im Jahre *1961* u. Schlußfolgerungen für *1962* 702.
Brummund (V. P.) s. Clore (W. J.).
Brun (J.), Verwendung resistenter Bananensorten im Kampf gegen d. Cercosporiose 1370.
Brun (W. A.), Rhythm. Öffnungsreaktionen d. Stomata v. Bananenblättern 1460. — s. Beckman (C. H.).
Brunclík (O.), Geolog. Bedingungen d. Mannigfaltigkeit einiger Schuttböden in Böhmen 2919.
Brundza (K.) u. **Munkjavičusa (A.),** Schmarotzerpilze in d. Litauischen SSR angebauter Pflanzen u. einige Fragen d. phytoparasitären Mycologie [3434].
Brunk (R. E.) s. Scholl (J. M.).
Brunner (R.) s. Kobel (H.).
Bruns (V. F.) s. Dawson (J. H.).
—, **Clore (W. J.)** u. **Dawson (J. H.),** Unkrautbekämpfung in Spargel mit Monuron u. Diuron 1162.
Brunson (M. H.), Koblitsky (L.) u. **Chisholm (R. D.),** Wirksamkeit u. Beständigkeit v. Insekticiden, d. während d. Sommermonate zur Bekämpfung v. Grapholitha molesta ausgebracht werden 2863.
Brunt (A. A.) u. **Kenten (R. H.),** Mechan. Übertragung d. Virus d. Sproßschwellungskrankheit d. Kakaos auf u. v. Kakao u. andere Wirtspflanzen 3136. — Mechan. Übertragung d. Blattscheckungsvirus d. Kakaos u. v. drei sich unterscheidenden Isolaten d. Virus d. Sproßschwellenkrankheit d. Kakaos 3421.
— u. **Warton (A. L.),** Calonectria rigidiuscula (Berk. et Br.) Sacc. als Erreger d. Gallenkrankheit an Kakaopflanzen in Ghana 1399.
Bruyn (J. A. de) s. Stemmet (M. C.).
Bruyn (J. W. de) s. Kho (Y. O.).
Bryan (A. M.) s. Nasatir (M.).
Brydon (J. E.) s. Clark (J. S.); MacLean (A. J.); Turner (R. C.).
Bryner (W.), Fruchtholzverjüngung an Niederstammformen 2161. — s. Wirth (A.).
Bryson (L. J.) s. Faber (H. A.).
Brzesowsky (W. J.), Podsolige u. hydromorphe Böden aus einer Küstenniederung d. Republik Kamerun 352.
— u. **Biesen (J. van),** Blattanalyse u. ihre Beziehung zur Blätterproduktion sowie zum Gewicht d. Bananenbündel v. Lacatanbananen in Vegetationsversuchen 377.
Bubar (J. S.) u. **Charbonneau (A.),** Untersuchung v. Weidegemengen für Quebec 151.
Bubenščikova (N. K.) s. Mokronosov (A. T.).
Bubnova (Z. G.), Vermehrung u. Anwendung v. Trichogramma 1961.
Bubutis (P. P.), Fieldhouse (D. J.), Crossan (D. F.), Denburgh (R. S. van), u. **Ditman (L. P.),** Bekämpfung v. Ostrinia nubilalis, Trichoplusia

ni u. Myzus persicae auf Pfefferarten 1419.
Buch (Max W. v.), Vergl. chem. u. mikromorpholog. Untersuchungen bei d. Extrahierung v. Huminstoffen aus Waldböden 628.
Bucha (H. C.), Cupery (W. E.), Willis (E.), Harrod (J. E.), Loux (H. M.) u. **Ellis (L. M.),** Substituierte Uracilherbicide 2873.
Buchannon (K. W.) u. **Wallace (H. A. H.),** Wirkung v. Blattkrankheiten auf d. Ertrag, Litergewicht u. Tausendkorngewicht v. „Parkland"-Gerste 2239.
Bucher (G. E.), Bekämpfung v. Eastern tent caterpillar, Malacosoma americanum Fabricius, durch Zerstäuben d. Sporen v. zwei Clostridium-Arten 561.
Bucher (R.), Nährstoffversorgung u. Düngungsprobleme nordbayer. Ackerböden auf Grund v. Bodenuntersuchungsergebnissen d. Jahre *1954—1960* 3234. — Magnesiumdüngungsprobleme im Zuckerrübenbau 3293.
Buchholtz (K. P.), Unkrautbekämpfung, Bericht über d. bisher erreichten Stand 2273. — s. Johnson (B. G.).
Buchholz (F.), Verteilung u. Schwankung d. Kalk- u. Bikarbonatgehaltes im Grundwasser sandiger Waldböden Nordostdeutschlands 2324.
Buchholz (W.), Lampen u. Leuchten für d. Zusatzbelichtung 158.
Buchinger (A.), E. v. Tschermak-Seysenegg *90* Jahre alt 2468.
Buchloh (G.), Physiologie d. Unverträglichkeit v. Birnen/Quitten-Veredlungen 763. — Verwachsung u. Verwachsungsstörungen als Ausdruck d. Affinitätsgrades bei Pfropfungen v. Birnenvarietäten auf Cydonia oblonga 1040. — Untersuchungen über d. Physiologie d. Gummibildung bei unverträglichen Steinobst-Veredlungen 1178.
—, **Baxter (P.)** u. **Neubeller (J.),** Ätiologie d. Stippigkeit v. Apfelfrüchten. *2.* Mitt. 1672.
Buchner (A.) u. **Pehl (P.),** Wechselspiel zwischen Düngung u. Beregnung zu Zuckerrüben 392.
Buck (M.), Geeignete Methoden zur Bestimmung d. Gesamtschwefelgehaltes pflanzlicher Substanzen 2088.
Buck (S. F.), Einfluß v. Niederschlag, Temperatur u. Transpiration auf d. Ernteertrag 330.
Buckley (B. R.) u. **Burkhardt (C. C.),** Biologie u. Auftreten v. Heliothis zea (Boddie) an Körnerhirse 3397.
Bucoveanu (T.) s. Poenaru (I.).
Bučvarov (S.), Einfluß d. Erntetermins u. d. Trocknungsart auf Ertrag u. Qualität d. Zwiebel 1316. — s. Kolev (N.).
Bučvarova (I.), Flüssiges Ammoniak als Stickstoffdünger 2096.
Buczek (E.), Dreijährige Versuche mit Gründüngung beim Anbau v. Sellerie u. Spätblumenkohl 1583.
Budažapov (V. C.), Schädling d. Ackerbohne 3400.
Buddenhagen (I. W.) s. Beckman (C. H.).
Büchel (L.) u. **Bergmann (W.),** Vereinfachung d. serienmäßigen Rohfettbestimmung 322.
Bücheler (G.), Übersicht über einige Versuche auf d. Gebiete d. Kleesamenbaues 149.
Büchner (S.) s. Pusz (A.).
Bühring (J.), Gewinnung überdauerungsfähiger Winterroggenpflanzen aus dekapitierten Roggenhalmen 1350.
Bünemann (G.), Auswirkungen mineral. Ernährung v. Erdbeeren auf Mineralstoffgehalt, lösliche Trockensubstanz u. Säuregehalt d. Früchte 2028. — s. Haas (P. G. de).
— **u. Gruppe (W.),** Untersuchungen zur mineral. Ernährung v. Erdbeeren. *3.* Mitt. Qualitätsmerkmale u. Mineralstoffgehalte d. Früchte in Abhängigkeit v. d. Versorgung mit Makronährstoffen 1046.
Bünemann (O.), Beratungsdienst in d. Vereinigten Staaten v. Amerika 2436.
Bürger (K.), Beuster (K.-H.), Herforth (G.) u. **Terkamp (E.),** Unsere Gräser im Futter- u. Samenbau 1576.
Buffa (G.), Vergleichsversuch mit Reissorten 3304.
Buffam (P. E.), Wirksamkeit u. Biologie d. europäischen Prädatoren Laricobius erichsonii Rosen (Coleop-

tera: Derodontidae) in Oregon u. Washington 1690.
Buffard-Morel (J.), Driessche R. van den) u. **Vazart (B.),** Einfluß v. Bor auf Keimung d. Pollens d. Ölpalme in vitro 2025.
Buffel (K.) s. Vendrig (J. C.).
Buffet (M.) s. Meyer (V. G.).
Bugbee (W. M.) u. **Anderson (N. A.),** Übertragung v. Xanthomonas pelargonii durch d. Weiße Fliege u. histolog. Untersuchung d. Blattflecke an Pelargonium hortorum 3155.
Buhl (C.) s. Hornig (H.).
— u. **Hornig (H.),** Bekämpfung d. Kohlschotenmücke (Dasyneura brassicae Winn.) u. d. Kohlschotenrüßlers (Ceuthorrhynchus assimilis Payk.) in Rapsbeständen mit bienenunschädlichen Präparaten im Sprühverfahren vom Hubschrauber aus 276.
— u. **Stein (E.),** Auftreten einer bakteriellen Naßfäule an Kohlrüben im Jahre *1959* in Schleswig-Holstein 1951.
— u. **Waede (M.),** Thiodan-Kaltnebeleinsatz vom Hubschrauber aus zur Bekämpfung d. Kohlschotenmücke (Dasyneura brassicae Winn.) u. d. Kohlschotenrüßlers (Ceuthorrhynchus assimilis Payk.) in blühenden Rapsbeständen 1138.
Buhr (H.), Krankheiten u. Schädlinge an Solanum aviculare Forst. u. Solanum auriculatum Ait. in Deutschland 2525.
Buhtz (E.), Wirkung zeitlich versch. verabreichter Stalldunggaben auf d. Ertrag d. Wiesen 969. — Einfluß v. Standort, Düngung u. Witterung auf d. Wiesenheuerträge u. d. Pflanzenbestand im Harz u. Thüringer Wald 1016. — Einfluß v. Standort, Düngung u. Witterung auf d. Qualität v. Wiesenheu im Harz u. Thüringer Wald 1576. — Stallmist u. Grünland 1807.
Buican (D.), Wechselseitige Abhängigkeit zwischen Aufnahme markierter Makro- u. Mikroelemente u. d. Frostresistenz d. Maises 678.
Buis (R.), Modifikationen d. Keimlingswachstums d. Weißen Lupine (Lupinus albus L.) durch eine experimentelle Verminderung d. Reservestoffe 2898.
Bujanova (N. D.) s. Burychina (E. K.).
Bukasov (S. M.), Methoden d. entfernten Hybridisation in d. Kartoffelzüchtung 205.
Bukovac (M. J.) s. Donoho jun. (C. W.); Honma (S.); Larsen (R. P.); Riga (A. J.); Teubner (F. G.); Tukey (H. B.); Wittwer (S. H.).
Bula (R. J.) s. Matches (A. G.).
Bulat (H.), Keimversuche, Triebkraftversuche u. Tetrazoliumprüfungen mit Samen v. Gossypium spp. 1548. Probleme d. Triebkraftbestimmung 1817.
— u. **Shrivastava (K. N.),** Ursache d. Keimunfähigkeit d. dunkelgefärbten Samen v. spontan entstandenen Tomatenmutanten 3093.
Bulgakov (N. P.) s. Medvedev (A. G.).
Bulin (R.) s. Adam (H.).
Bulinaru (V.), Versuche mit Mineraldünger bei Mais u. Winterweizen in Tecuci in d. Jahren *1959—1961* 2997.
Bullis (S. S.) s. Ross (J. G.).
Bullock (J. A.), Nematocerus sp. (nr. brevicornis Hust), ein Getreideschädling in Keniva. *1.* Mitt. Bionomie u. Bekämpfung d. Imago u. Larve 835.
Bullock (J. S.) s. Greene (R. E.).
Bunina (N. N.), Schnitt d. Zitronenbaumes während d. Kronenbildung u. d. Fruchtens 1848.
Bunt (A. C.), Einige physikal. Eigenschaften v. Topfpflanzenkomposten u. ihre Wirkung auf d. Pflanzenwachstum. *2.* Mitt. Luftkapazität d. Substrate 1251; *3.* Mitt. Verdichtung 1536.
Buntrock (H.), Jugoslawien als Erzeuger u. Exporteur v. Obst u. Gemüse 2745.
Burbutis (P. P.), s. Denburgh (R. S. van).
Burckhardt, Frostschäden im Obst- u. Weinbau u. ihre Abwehr [3063].
Burdin (M. L.) s. Howard (D. A.).
Burdine (H. W.) s. Hall (C. B.).
—, **Guzman (V. L.)** u. **Hall (C. B.),** Wechsel im Wachstumstempo v. *3* Selleriesorten auf „Everglades“ 3321.
— u. **Thayer (P. L.),** Wirkungen d.

Boden- u. Blattapplikationen v. Stickstoff, Phospor u. Kalium auf bakterielle Welke u. Cercospora-Blattfleckenkrankheit bei d. Selleriesorte „Utah *52–70*“ 2534.

Burditt jun. (A. K.) s. Peters (D. C.).

Burema (H. J.), Schwadmähuntersuchungen bei d. Roggenernte 701.

Buremalm (N.) u. **Åberg (E.),** Ernten mittels Mähdrescher 115.

Burg (E. A.) s. Burg (S. P.).

Burg (P. F. J. van), Inneres Stickstoffgleichgewicht, Produktion v. Trokkenmasse u. d. Altern v. Futterpflanzen u. Gras 2432.

Burg (S. P.), Physiologie d. Äthylenbildung 1170.

— u. **Burg (E. A.),** Rolle d. Äthylens bei d. Fruchtreifung 610.

Burger (A. W.), Jackobs (J. A.) u. **Hittle (C. N.),** Wirkung v. Schnitthöhe u. -häufigkeit auf Ertrag u. botan. Zusammensetzung v. Mischungen mit Wehrloser Trespe u. Knaulgras 130.

Burger (K.), MacRae (I. C.) u. **Alexander (M.),** Abbau v. Phenoxyalkylcarbonsäuren 641.

Burgerjon (A.), Beziehung zwischen d. durch Bacillus thuringiensis Berliner hervorgerufenen Infektion u. d. Nahrungsverbrauch v. Pieris brassicae. L. 1687.

Burges (A.), Bodenmikrobiologie 3220.

Burgess (P. G.) s. Harrison (D. J.).

Burghardt (H.), Nährstoffversorgung u. Blütenbildung bei Fuchsien 1337. — Bedeutung d. Chlors für d. Pflanzenernährung unter bes. Berücksichtigung d. Chlorid/Sulfat-Problems 2655.

Burghausen (R.), Vorbehandlung d. Kartoffelpflanzgutes 108. — Kalidüngung d. Kartoffeln 1258. — Vorkeimen d. Pflanzkartoffeln unter Kunstlicht 1271. — Einfluß d. Vorkeimens v. Saatkartoffeln auf Keimwachstum, Entwicklungsrhythmus u. Krankheitsbefall 1272. — Zweckmäßige Kartoffellagerung 1275. — Lehren aus d. Kartoffelbau *1961* 3007. — Stickstoffdüngung zu Kartoffeln 2414. — Düngung zu vorgekeimten Kartoffeln 2712. — Durch ordnungsgemäße Agrotechnik zu hohen Kartoffelerträgen 3008. — Chem. Unkrautbekämpfung in Kartoffeln 3171.

Burgis (D. S.) u. **Waters (W. E.),** Herbicide für Gladiolen 3458.

Buringh (P.), Bewässerungssedimente d. Tiefebene Mesopotamiens [645]*.

—, **Steur (G. G. L.)** u. **Vink (A. P. A.),** Einige Regeln u. Methoden der bodenkundlichen Landesaufnahme in d. Niederlanden 353.

Burk (L. G.) u. **Gerstel (D. U.),** Haploide Nicotiana mit *2* fehlenden Chromosomen 1363.

Burkhardt (C. C.) s. Buckley (B. R.).

Burkhardt (H.), Zur Stickstoffdüngung d. Zuckerrüben 392.

Burleson (C. A.) s. Gerard (C. J.).

Burlingham (S. K.) s. Brown (M. E.).

Burnett (H. C.), Für d. Feigenmosaikvirus anfällige Feigenarten 1117.

Burns (G. R.) s. Peaslee (D. E.).

Burnside (O. C.) u. **Lipke (W. G.),** Wassergaben auf d. Vorauflaufanwendung v. „Amiben“ 2278.

Burov (V. S.) s. Konstantinov (A. R.).

Burroughs (L. F.), Saftzusammensetzung v. Mostobstsorten 2748.

Burrows (W. C.) u. **Larson (W. E.),** Mulchmenge auf Bodentemperatur u. frühes Wachstum d. Maises 1559.

Burton (C. L.) u. **Zeeuw (D. J. de),** Zusammensetzung d. freien Aminosäuren in gesunden u. krätzeinfizierten Gurkenblättern 256.

Burton (G. W.) s. Jackson (J.

— u. **Jackson (J. E.),** Wirkung d. Höhe u. d. Häufigkeit d. Anwendung v. sechs Stickstoffquellen zu Fingerhundszahngras 1539. — Kaliumgaben zu Fingerhundszahngras 1543.

Burton (W. G.), Gerät zur Messung d. Sauerstoffaufnahme u. Kohlendioxidausscheidung 1491.

Buruiana (M. L.), Einfluß v. *2.4*-Dichlorphenoxyessigsäure auf d. Aktivierungsenergie d. Katalyse beim Keimen v. Weizen u. Mais 896.

Burychina (E. K.) u. **Bujanova (N. D.),** Möhrenbakteriose 1670.

Busch (R.), Straßenobstbau d. DDR im Spiegel d. Statistik 2745.

Buščik (T. N.) s. Cicin (N. V.).

Bushnell (W. R.) u. **Allen (P. J.),** Ausbildung v. Krankheitssymptomen

an Gerste durch Echten Mehltau 548. — Änderungen d. Respiration v. Gerstenblättern, hervorgerufen durch einzelne Kolonien d. Echten Mehltaus 3141.

Buškova (L. N.), Antibiotica u. Gifte zur Bekämpfung d. Gurkenbakteriose 873. — Antibiotica u. TMTD zur Bekämpfung d. Gurkenbakteriose 1973. — Biologie d. Erregers d. Gurkenbakteriose u. d. Erarbeitung v. Bekämpfungsmaßnahmen 3150.

Bussche (G. v. dem) s. Reichenbach (H. v.); s. Schroeder (D.).

Bussler (W.), Nachweis v. Ca-Ionen in Pflanzenzellen 1246. — Vergleichende Untersuchungen an Kali-Mangelpflanzen [1530]* — Calcium-Mangelsymptome an höheren Pflanzen 2660. — Entwicklung v. Calcium-Mangelsymptomen 3256.

Busson (F.) s. Ucciani (E.).

—, Lunven (P.), Lanza (M.), Aquaron (R.), Gayte-Sorbier (A.) u. **Bono (M.),** Chem. Untersuchung v. Hirse u. Sorghum. Untersuchung d. Einflusses d. sortenbedingten u. ökolog. Faktoren auf d. Zusammensetzung d. Aminosäuren d. Hirsen Pennisetum u. Sorghum 2029.

Butănescu (G.) u. **Negreanu (V.),** Einfluß d. Anreicherung d. Bodens mit Bodenbakterien auf d. Erzeugung v. Pfropfreben 472.

Butany (W. T.) u. **Singh (M.),** Selbstbestäubende Baumwollsorte (Gossypium hirsutum L.) 2498.

Butcher (D. N.), Vorkommen v. Gibberellinen in isolierten Tomatenwurzeln 3197.

Butcher (J. W.) u. **Carlson (R. B.),** Biologie u. Bekämpfung v. Dioryctria zimmermanni Grote 3396.

Butler (G. W.), Genet. Unterschiede im Perlolin-Gehalt v. Weidelgras (Lolium) 3372. — s. Peterson (P. J.).

—, Barclay (P. C.) u. **Glenday (A. C.),** Genet. u. umweltbedingte Unterschiede in d. Mineralzusammensetzung d. Weidelgrases 1517.

— u. **Glenday (A. C.),** Jodgehalt d. Weidepflanzen. *2.* Mitt. Vererbung d. Jodgehaltes d. Blätter v. mehrjährigem Raygras (Lolium perenne L.) 2789.

Butler (R. D.), Wirkung d. Lichtintensität auf d. Stengel- u. Blattwachstum v. Sämlingen v. Vicia faba 2302.

Butnaru (V.) s. Popescu (C.).

Butt (B. A.) u. **Keller (J. C.),** Giftigkeit einiger Thio-Phosphorsäureester auf Tetranychus telarius 578.

Buttrose (M. S.), Bildung v. Reis-Stärkekörnern 908. — s. Paleg (L. G.).

Butts (J. S.) s. Bourke (J. B.).

Butusov (V. A.) u. **Lysenko (J. A.),** Lumineszenzmethode zur Bestimmung d. Lebensfähigkeit v. Körnerleguminosensaatgut 1267.

Buxbaum (F.), Entwicklungslinien d. Tribus Pachycereae, (Cactaceae-Cereoidae) [294]*.

Buys (M. E. L.) u. **Wand (W. F.),** Erfolgreiche Frostbekämpfung durch Beregnung 1854.

Buzanov (I. F.) s. Rakitin (J. B.).

Buzilă (L.) s. Gheţie (V.).

Byczkowski (A.), Biolog. Eigenschaften d. Wurzeln verschied. Leguminosen als Kriterium d. Wirksamkeit d. Gründüngung 1801.

— u. **Seidler (M.),** Düngewirkung untergepflügter Lupinen u. Winterwicken auf d. Tomatenertrag 451.

Bykov (O. D.), Molekularkinet. Modell d. Photosynthese als Prozeß, der v. d. CO_2-Konzentration abhängt 1785.

Bykov (V. V.) s. Pugačev (A. N.).

Bykova (E. P.), Einfluß v. Buchweizen u. Bohnen auf d. Anzahl d. Drahtwürmer 2819.

Bylov (V. E.) u. **Machalin (M. A.),** Weizen-Quecken-Hybriden für Korn- u. Futternutzung 2181.

Bylov (V. N.) s. Lapin (P. I.).

Byrde (R. J. W.), Clarke (M.), Clifford (D. R.), Mealing (M.) u. **Woodcock (D.),** Mögliche Fungicide gegen d. Apfelmehltau: Fortschrittsbericht *1961* 3166.

—, Clarke (G. M.) u. **Harper (C. W.),** Spritzversuche gegen Apfelschorf u. Apfelmehltau bei Long Ashton *1959—61* 2551.

—, Clifford (D. R.) u. **Woodcock (D.),**

Fungicide Wirksamkeit u. chem. Konstitution. 9. Mitt. Wirksamkeit v. 6-n-Alkyl-8-hydrochinolinen 870.
Bystrický (V.) s. Špánik (V.).
Bystrova (Z. A.) s. Korovin (A. I.); Syčeva (Z. F.).

Čača (Z.), Befall einiger Zuckerrübensorten durch d. Blattfleckenkrankheit (Cercospora beticola Sacc.) auf künstlich bewässerten Flächen in Südmähren u. in d. Slowakei 1406. — Bedeutung d. Gesundheitszustandes d. Zuckerrübe bei d. Bewässerung 1562. — Beitrag zum Studium d. Schädlichkeit einiger Mikroorganismen d. eingelagerten Zuckerrübe unter Laboratoriumsbedingungen 2529.
— u. **Chládek (M.)**, Züchtung d. Malvengewächse auf Resistenz gegen Puccinia Malvacearum Bert., Montagne 802.
Cacoveanu (A.) s. Mihail (N.).
Cadman (C. H.), Bodenübertragbare Viren bei Steinobst u. anderen Obstarten 244. — Beweis für d. Verbindung d. Tabak-Mauke-Virus-Nucleinsäure mit einer Zellkomponente 1110.
Cady (F. B.) s. Everson (L. E.).
Cady (J. G.) s. Coleman (N. T.); Johnson (W. M.); Sivarajasingham (S.).
Caesar (K.), Aussaat verschied. Saatgutformen v. Zuckerrüben mit verschied. Sägeräten 1553.
Cagampang (I. C.) s. Santos (I. S.).
Cain (J. C.) s. Powell (L. E.).
Cairns (R. R.), Einige Feuchtigkeitsverhältnisse in einer solonetzartigen Bodenabfolge 633. — Auswirkungen d. Tiefenbearbeitung bei einem Solonetz 1505. — s. Bowser (W. E.).
—, **Milne (R. A.)** u. **Bowser (W. E.)**, Ernährungsstörungen v. Gerstenkeimlingen auf einem Alkalisolonetzboden 2097.
Čajčuk (K. I.) s. Kuksin (N. V.).
Čajka (M. T.) s. Večer (A. S.).
Čajlachjan (M. C.), **Ambarcumjan (M. A.)** u. **Sarkisova (M. M.)**, Einfluß synthet. Wuchsstoffe u. Vitamine auf d. Wurzelbildung bei Absenkern u. geringelten Zweigen v. Obstkulturen 3048.
Čajlachjan (M. C.), **Barsegjan (S. G.)**, **Nubarjan (F. M.)** u. **Kočankov (V. G.)**, Einfluß v. Gibberellin auf Wachstum u. Ertagsfähigkeit d. Tabaks in Verbindung mit d. Behandlungstermin d. Pflanzen 726.
—, **Galač'jan (R. M.)** u. **Sarkisova (M. M.)**, Einfluß d. Ausscheidungen d. Geschwulsterreger auf d. Wurzelbildung d. Weinsenker 2762.
— u. **Kočankov (V. G.)**, Gibberellin als Stimulator d. Pflanzenwachstums 1730.
—, **Megrabjan (A. A.)**, **Karapetjan (N. A.)** u. **Kaladžjan (N. L.)**, Einfluß v. Gibberellin u. Heteroauxin auf d. Wachstum v. Leguminosen u. d. Bildung v. Wurzelknöllchen 609.
— u. **Nekrasova (T. V.)**, Ruheperiode beim Pfirsich u. d. Fähigkeit seiner Ableger zur Trieb- u. Wurzelbildung 1876.
—, **Tureckaja (R. C.)** u. **Kljuškina (N. S.)**, Wechselwirkung physiolog. aktiver Stoffe in Stecklingen während d. Bildung u. d. Wachstums v. Wurzel u. Sproß 25.
Čakvetadze (D.) s. Bregadze (N. N.).
Čakvetadze (E. A.), Einige Angaben über d. Beobachtungen v. Staubstürmen im Irtysch-Gebiet 662.
Calábek (J.), Einfluß d. Gibberellinsäure auf Wachstum u. Windung d. Pflanzen 1182.
Calbert (H. E.) s. Sharratt (W. J.).
Calcandi (V.), **Ciropol-Calcandi (I.)** u. **Lungeanu (I.)**, Phytochem. Untersuchungen über Digitalis lutea L. u. Digitalis ferruginea L. 1466.
Calder (D. M.), Kontrolle d. Blütenbildung bei Dactylis glomerata L. durch Umweltfaktoren 2898.
Caldicott (J. J. B.), Anwendung einer Endothal-Propham-Mischung zur Vorauflaufbehandlung in Zuckerrüben 2577.
Caldwell (A. C.) s. Weber (J. B.).
Caldwell (F. Y. K.) s. Mitchell (F. S.).
Caldwell (J.), Samenübertragung v. Virosen 1108.
Calé (M. T.) s. Tombesi (L.).
Calef (W.), Private grazing and public lands [1852].
Calev (M.), Ein neuer Schädling am Feigenbaum in Bulgarien 534.
— u. **Vŭlčeva (M.)**, Apfelschildlaus 2226.

Calistru (G.) s. Baltagi (B.).
Calitz (P. C.) u. **Milne (D. L.)**, Reaktion v. Nicotiana-Arten u. Artkreuzungen auf d. Wurzelnematoden Meloidogyne javanica 803.
Calkins (C. O.) s. Manglitz (G. R.).
Call (F.) u. **Hague (G. M.)**, Beziehung zwischen d. Konzentration v. Äthylendibromid u. nematiciden Wirkungen bei d. Bodenbegasung 872.
Calmejane s. Perrot.
Calmejane (F.), Neue Möglichkeiten d. Bodendesinfektion mit Natriummethyldithiocarbamat (Vapam) 1973.
Caltrider (P. G.), Wachstum u. Sporulation v. Guignardia bidwellii 1092.
—, **Ramachandran (S.)** u. **Gottlieb (D.)**, Stoffwechsel während d. Keimung u. Tätigkeit d. Glyoxalatenzyme in Uredosporen v. Rostpilzen 2810.
Calvarano (M.), Carotinoide u. d. β-Carotin im Saft italien. Orangen 3201.
Calvet (R.), Bibliograph. Übersicht: Organ. Tonkomplexe 3212.
Calvez (J.) s. Coppenet (M.).
Cambier (M.), Charakterisierung d. Kultursorten d. Hopfens 2719.
Cameron (D. R.) s. Moav (R.).
Cameron (H. R.), Anfälligkeit v. Birnenwurzeln gegen Phytophthora 3153. — Infektionsmodus d. Süßkirsche durch Pseudomonas syringae 3153.
Cameron (J. W.), **Cole jun. (D.)** u. **Nauer (E. M.)**, Fruchtgröße in Beziehung zur Samenzahl bei d. Valencia-Orange u. einigen anderen Citrus-Sorten 2497.
Cameron (S. H.) s. Shannon (L. M.).
Cammilli (A.), Tabak u. mechan. Pflanzen 3014.
Campagne (P. van L.) = Lookeren Campagne (P. van).
Campbell (A. G.), s. Crawley (W. E.).
—, **Phillips (D. S. M.)** u. **O'Reilly (E. D.)**, Ein elektron. Gerät zur Messung d. Weideertrages 443.
Campbell (A. I.), Apfelvirus-Inaktivierung durch Wärmetherapie u. Fortpflanzung v. Triebspitzen 1972. — Wirkung einiger Apfelviren auf d. Wachstum v. Malus-Arten u. Varietäten 2520. — Verwendete Verfahren bei d. Inaktivierung einiger Apfelviren 2836.
Campbell (A. I.) u. **Coles (J. S.)**, Zeitfaktor bei d. Übertragung v. Apfelvirus 3132.
— u. **Luckwill (L. C.)**, Übertragungsversuch d. Bitterfäule d. Apfels 3429.
— u. **Wilson (D.)**, Apomikt. Sämlingsunterlagen für Äpfel: Fortsetzungsbericht. *3.* Mitt. 2750.
Campbell (I. M.), Polygynität in d. Gattung Choristoneura Led. (Lepidoptera: Tortricidae) 825.
Campbell (J. E.) s. Read (D. C.).
Campbell (J. S.), **Chukwueke (V. O.)**, **Teriba (F. A.)** u. **Ho-A-Shu (H. V. S.)**, Einige physiolog. Forschungen an d. „White-Lisbon"-Yamswurzel (Discorea alata L.). *1.* Mitt. Brechung d. Keimruhe d. Knollen durch chem. Mittel 404; *2.* Mitt. Wachstumsperiode u. Produktion außerhalb d. Saison 435; *3.* Mitt.. Einfluß v. Chemikalien auf d. Lagerung 2405.
Campbell (R. C.) s. Brown (D. S.); Crane (J. C.).
Campbell (R. N.) u. **Grogan (R. G.)**, Nervenverdickungsvirus d. Salates u. seine Übertragung durch Olpidium brassicae 3420.
Campbell (T. G.) s. Snowball (G. J.).
Canarache (V.) s. Marchidan (D.).
Candura (G.), Ernte d. Hartweizens mit d. Mähdrescher 2992.
Čanev (K.), Einfluß einiger Mineraldünger auf d. Ertrag, d. Ausbeute u. Güte d. Leinfaser 1565. — Grundlagen d. Lein- u. Hanfröste [3303]. — s. Breskov (T.).
Cangiolo (G.) s. Rapoport (E. H.).
Canham (A. E.), Bodentemperatur u. Pflanzenwachstum 750.
Cankov (B.), Einfluß d. Gibberellins auf d. Blüten d. Traubensorten „Tsaousi" u. „Bolgar" 2173. — s. Kondarev (M.).
Cannell (G. H.) u. **Stolzy (L. H.)**, Mit d. Infiltration bei Feldversuchen verbundenen hydraul. Gradienten 651.
—, **Voth (V.)**, **Bringhurst (R. S.)** u. **Proebsting sen. (E. L.)**, Einfluß v. Beregnungsmengen u. -methoden, v. Polyäthylen-Bedeckung u. Stick-

stoff-Düngung auf d. Erdbeerproduktion in Südkalifornien 2759.
Cannon (F. M.) s. Sterling (J. D. E.).
Cannon (H. B.) s. Russell (R. C.).
Canny (M. J.), Mechanismus d. Translokation 1722.
Canode (C. L.) s. Witt (J. L. de).
—, Robocker (W. C.) u. **Muzik (T. J.),** Durch Bekämpfung v. Bromus tectorum beeinflußte Grassamenerzeugung 2281.
Canova (A.), Birnbaummosaik 246.
Cantillon (P.), Sorten, d. gegen d. Blauschimmel d. Tabaks (Peronospora tabacina) resistent sind 2489.
Caparrini (P.), Bodenbearbeitungsversuche mit Pflügen und Fräsen 1770.
Capecki (Z.) u. **Gabryel (B.),** Forstschutz gegen Nagetiere [879].
Capinpin (J. M.) u. **Pancho (J. V.),** Wild-Reis-Arten auf d. Philippinen 2207.
Čapurin (F. K.) s. Rjabova (N. I.).
Caputa (J.), Einige Aspekte d. Körnermaisanbaus 712. — Entwicklung im Bereich d. Ansaatmischungen v. Futterpflanzen 1568. — Moderne Nutzung v. Alpweiden 1578.
Carangal jun. (A. R.) u. **Baril (C. R.),** Biosynthese v. ^{14}C-markiertem Kokosnußfleisch. *1.* Mitt. Inkorporation v. $NaH^{14}CO_3$ 1723.
—, Gonzales (L. G.) u. **Daguman (I. L.),** Saure Inhaltsstoffe einiger philippin. Früchte 1739.
Carden (P. W.), Phytomyza rupifes Meig. befällt Spargelkohl (Calabrese) 3398. — s. Williams (J. J. W.).
— u. Gould (H. J.), Bekämpfung d. Pflaumensägewespe 2265.
Carder A. C.), Bekämpfung v. Gemeinem Leinkraut durch Gras-Konkurrenz plus *2.4*-D 3171. — s. Hoyt (P. B.).
Cardiff (E.) s. Dugger jun. (W. M.).
Careva (R. I.) s. Terent'ev (V. M.).
Carle (P.) s. Schvester (D.).
Carles (J.) s. Alquier-Bouffard (A.).
Carlile (M. J.) u. **Sellin (M. A.),** Endogene Hemmung d. Sporenkeimung bei Pilzen 3384.
Carlson (R. B.) s. Butcher (J. W.).
Carlson (R. F.), Wachstumsreaktionen junger Obstbäume, gewachsen in umgekehrter Stellung 2455.
Carmer (S. G.) u. **Jackobs (J. A.),** Wirkung v. Aussaat- u. Phosphatdüngungsverfahren, Aussaatmenge u. Reihenabstand auf Wachstum u. Ertrag v. Spätsommer-Luzerne-Aussaaten 3018.
Carmo e Freitas (A. P. do), Puccinia recondita Rob. *1.* Mitt. Auftreten physiolog. Rassen in d. Jahren *1956* u. *1957* 2528.
Carncross (J. W.), Amerikan. Tomatenjahrbuch *1961* 162. — Amerikan. Tomatenjahrbuch *1962* 162.
Carnegie (A. J. M.), Apfelblutlaus, Eriosoma lanigerum (Hsm.) u. ihre Bekämpfung in Südrhodesien 3123.
Carniel (K.), Entwicklungsgeschichte d. sporogenen Gewebes d. Gramineen u. Cyperaceen. *II.* Cyperaceae 4.
Caro (J. H.) s. Jackson (W. A.).
Carolus (R. L.) s. Downes (J. D.).
Carpena (A. L.) s. Gomez (A. A.).
Carpena (O.) s. Costa (F.).
Carpenter (A. J.) s. Roberts (E. H.).
Carpenter (E. D.) u. **Watson (D. P.),** Verhalten v. Zierpflanzen bei Verpackung 1885.
Carpenter (J. B.) u. **Furr (J. R.),** Bewertung d. Toleranz gegen d. durch Phytophthora parasitica hervorgerufene Wurzelfäule an Sämlingen v. Citrus u. verwandten Gattungen 3432.
Carpio (L. C.) u. **Madrazo (C. L.),** Vergleichende Ertragsversuche mit verschied. Kartoffelsorten an vier Orten 2710.
Carr (A. J. H.) u. **Stoddart (J. L.),** Hemmwirkung v. Zink auf d. Symptome d. Blütenvergrünungsvirus (Erdbeer-Blütenvergrünung) bei Weißklee 3410.
Carr (D. J.) s. Skene (K. G. M.).
Carré (J.), Arbeiten d. Landwirtschaftlichen Versuchsstation Ambanja in d. Jahren *1954—59* 691.
Carrillo (J.) s. Rojas-Garcidueñas (M.).
Carroll (C. P.) s. Jones (K.).
Carson (J. A.), Mathieu (A. L.) u. **Scheelar (M. D.),** Zumischlösungen bei d. Bestimmung v. austauschbaren Metallkationen unter Ver-

wendung eines Beckman-DU-Flammenspektrophotometers 1497.
Carson (J. H.) s. Pisano (M. A.).
Carson (R. B.) s. Bourget (S. J.); Hoffman (I.); Hoffman (J.); Mc Gregor (W. G.); Nielsen (K. F.); Plessers (A. G.).
Cartellieri (E.) s. Lange (J.).
Carter (A. R.), Entspitzen v. Rosenkohlpflanzen 1855. — s. Hogg (W. H.).
Carter (D. L.) u. **Peterson (H. B.),** Natrium-Verträglichkeit v. Agropyron elongatum 3302.
Cartter (J. L.) u. **Hartwig (E. E.),** Anbau v. Sojabohnen 1559.
Cartwright (P. M.) u. **Snow (D.),** Einfluß d. Harnstoff-Blattapplikation auf d. Knöllchenbildungsmodus verschied. Leguminosenarten 930.
Čarujskaja (L. P.) s. Dibrova (M. A.).
Carvalho (A. M. B.) s. Costa (A. S.).
Cary (J. W.) u. **Taylor (S. A.),** Wechselwirkung gleichzeitiger Diffusionen v. Wärme u. Wasserdampf 2044. — Therm. gesteuerte Übertragung d. Flüssigkeits- u. Dampfphase v. Wasser u. Energie im Boden 2044.
Casanova (J. A. de), Beregnung trop. Kulturen 2646.
Casellato (M. M.) s. Marro (M.).
Casida (J. E.) s. Krishna (J. G.).
Casida jun. (L. E.), Isolation u. d. Wachstum einzelner Mikroorganismen aus d. Boden 65. — s. Boswell (F. C.); Santoro (T.).
Cass Smith (W. P.) s. Watson (I. A.).
Castan (G.), Einfluß v. Gibberellinsäure auf d. Stickstoff-Stoffwechsel v. Lathyrus odoratus L. Sorte „Cupidon nain“: Enzyme d. Harnsäureabbaues 305.
Castelfranco (P.) u. **Deutsch (D. B.),** Wirkung v. Polysulfidionen auf Simazin im Boden 2572.
Castillo (P. S.), Vergleichende Untersuchungen direkt gesäter u. verpflanzter Reisbestände 1297.
Castle (M. E.) u. **Drysdale (A. D.),** Jauche als Düngemittel für Wiesen. *1.* Mitt. Reaktion gegenüber Jauche u. trockenem Düngemittel 96.
— u. **Reid (D.),** Stickstoff u. Futterproduktion 3015.
Catcheside (D. G.), Nicht-Trennung (v. Chromosomen) bei einer Oenothera-interchange-Heterozygoten 3070.
Catchpoole (V. R.) s. Lanigan (G. W.).
Cate (W. E.) s. Deming (M. E.).
Cathey (G. W.) s. Brown (L. C.).
Cathey (H. M.), Neue Erkenntnisse über d. Pflanzenwachstum 1608. — s. Borthwick (H. A.); Stuart (N. W.).
— u. **Borthwick (H. A.),** Period. Belichtung zur Kontrolle d. Blütenbildung bei Chrysanthemen 2766.
Cattani (R. A.) s. Young (J. L.).
Cauderon (Y.) u. **Saigne (B.),** Erzielung v. Amphidiploiden aus d. F_1 (Triticum aedstivum × Secale sereale) 1894.
Caudwell (A.), Schwarze Holzkrankheit d. Weinrebe: ihre Übereinstimmung mit d. Goldenen Vergilbung 248. — Erscheinungen d. Wiedergesundung bei d. Goldenen Vergilbung d. Weinrebe 248.
Cavalan (P.), Futterpflanzenversuche d. Landwirtsch. Versuchsstation Loudima (Republik Kongo) in d. Jahren *1957—1960* 438.
Cavalloro (R.), Untersuchungen über d. Ernährung v. Myzodes persicae Sulzer mit ^{32}P 535. — Verwendung ionisierender Strahlen u. radioaktiver Isotope in d. landwirtsch. Entomologie 1401.
Caviness (C. E.) u. **Miner (F. D.),** Auswirkungen v. Bestandsreduktion bei Sojabohnen im Vgl. zu Schäden durch Spissistilus festinus 1383.
Cawse (P. A.) s. Bowen (H. J. M.).
Cayrol (J.-C.) u. **Ritter (M.),** Älchenkrankheit d. Maiblume, verursacht durch Pratylenchus convallariae (Seinhorst *1959*) 2813.
Ceapoiu (N.), Methodik d. Versuche mit einer großen Variantenzahl 2694.
Cecconi (S.) s. Malquori (A.).
—, **Salazar (A.)** u. **Martelli (M.),** Struktur d. Böden u. Düngemittelchemie. *1.* Mitt. Einfluß verschied. Kationen u. Anionen auf d. Stabilität d. Bodenstruktur 2332.
Čech (M.), Verwendung d. Agargelfiltration bei d. Untersuchung v. Pflanzenviren 2250. — s. Brčák (J.); Jermoljev (E.); Pozděna (J.).
— u. **Pozděna (J.),** Infektiöse Sterilität d. Hopfens 2235.

Cechanovskaja (N. A.), Arbeitserfolge mit d. Gerstenkollektion 1827.
Cegłowski (M.), Auslichten d. Obstbäume 3050.
Cegłowski (S. M.) s. Pieniażek (S. A.).
Čekalin (N. M.), Beurteilung einiger Infektionsmethoden d. Maises mit Beulenbrand 1947.
Čekalov (K. I.) u. **Illjuvieva (V. P.),** Verwendung v. ^{14}C bei d. Untersuchung d. Zersetzungsprozesse organ. Substanz im Boden 923.
Celecia (J. F.) s. Morris (H. D.).
Celestino (A. F.), Wirkungen v. Bewässerung, Stickstoffdüngung u. Spritzung v. Maleinsäurehydrazid auf Ertrag, Beschaffenheit u. Lagerverhalten v. zwei Speisezwiebelsorten 2451.
Čenokal (V. G.) s. Vlasjuk (P. A.).
Čeredničenko (S.), Aus Erdöl gewonnene Wuchsstoffe 2030.
Čeredničenko (S. V.) s. Poruckij (G. V.).
Čeremisinov (G. A.) s. Pazynič (I. J.).
Čeremisinov (N. A.), Fusariose d. Saatgutes u. d. Kolben beim Mais 1391. — Pilze als Erreger v. Kolbenerkrankungen bei Mais 1666.
Čeremisinova (V. N.) s. Pazynič (I. J.).
Čeremisov (B. M.), Prinzipien u. Methoden d. Qualitätsbestimmung v. Weizen bei d. züchter. Arbeit 1618.
Čerkasskij (E. S.) s. Cicin (N. V.).
Cerling (V. V.) u. **Ščeglova (G. M.),** Ausnutzung d. Kopfdünger-Phosphors u. seine Verteilung über d. Pflanzenorgane bei verschied. Versorgung d. Pflanzen mit Phosphor 84.
Čermáková (A.) s. Bartoš (P.).
Černavskaja (N. M.), Photosynthese unter d. Bedingungen verschied. N-Ernährung u. verschied. Lichtintensität 2649.
Černenkov (A. D.), Ośmakov (I. G.) u. **Karavjanskij (I. S.),** Fräsen schwerer Böden beim Anbau v. Hackfrüchten 1770.
Cernescu (L.) s. Boldea (E.).
Cernescu (N.) u. **Florea (N.),** Systemat. Liste d. Böden Rumäniens 2630.
Černil (V.) s. Schmidt (L.).
Cernohorsky, Flechtensäuren als Indikatoren d. verwandtschaftlichen Beziehungen bei Flechten. Arbeitstagung zu Fragen d. Evolution zum Gedenken an Lamarck—Darwin—Haeckel *20.* bis *24.* Oktober *1959* in Jena [196]*.
Černous (I. P.) u. **Lysenko (F. E.),** Rechtecknestanbauverfahren bei Stecklingen 405.
Cerny (J.) s. Martin (D.).
Černý (L.), Beitrag zur Frage d. Winterruhe v. Obstgehölzen 1036.
Černý (V.), Kotouč (M.), u. **Belza (J.),** Einfluß d. Kleearten, Gräser u. ihrer Gemische auf d. Erträge d. Nachfrüchte, d. drei Jahre in d. Fruchtfolge untersucht wurden 693.
Černych (S. I.) s. Rubenčik (L. I.).
Černyj (I. V.) s. Škvarnikov (P. K.).
Černyšov (V.), Wirksamkeit d. Tiefpflügens 1770.
Cerro (M. I.), Wirkung v. Ribonuklease auf d. Zellen d. Wurzelspitzen. Eine elektronenmikroskop. Untersuchung 300.
Ceruti Scurti (J.), Borzini (G.) u. **Sapetti (C.),** In Piemonte beobachtete Nährstoffmangelsymptome an Weinreben 2803.
Cervantes (J.) u. **Larson (R. H.),** Luzernemosaikvirus in Beziehung zu Knollennekrosen bei d. Kartoffelsorte „Red La Soda“ 839.
Cervato (A.), Beschreibung u. Neuordnung einiger italien. Kopfsalatsorten (Lactuca sativa L.) 2744.
Červenka (J.), Überwinterung u. Herkunft d. primären Kraut- u. Knollenfäule d. Kartoffel (Phytophthora infestans [Mont.] de Bary) 2529.
— u. **Novák (F.),** Ursachen d. unterschied. Befalls v. Kartoffelkreuzungen durch d. Kartoffelkrebs (Synchytrium endobioticum [Schilb.] Perc.) bei d. in d. Jahren *1953—1957* durchgeführten Resistenzprüfungen 516.
Červenka (K.), Studium d. Winterruhe bei Obstgehölzen 3051.
Červenka (L.), Qualität d. Bewässerungswassers 2953.
Červený (A.), Ökonom. Auswirkungen d. Maisanbaues [1844]. — Ökonom. Effektivität d. Körnermaisanbaus bei Reihenaussaat 2412.
Červinková-Jermanová (H.), Chem. Vertilgung von Forstunkräutern [3460].

Česalin (G. A.) s. Duchanin (A. A.); Ladonin (V. F.).
– u. **Ladonin (V. F.)**, Verwendung v. Herbiciden zur Unkrautbekämpfung in Gemüse- u. Hackfruchtkulturen 2281.
–, **Ladonin (V. F.)** u. **Chabibrachmanov (C. C.)**, Chem. Unkrautbekämpfung bei Brachefrüchten 1159.
Česnokov (P. G.), Abbaukrankheiten d. Kartoffel in d. UdSSR [3139].
Česnova (L. V.), Abriß aus d. Geschichte d. angewandten Entomologie in Rußland [3139].
Cetas (R. C.) s. Sawyer (R. L.).
Cetl (I.), Abhängigkeit d. Wachstumsintensität d. Weizenblätter v. d. Dauer d. Jarowisation 1727.
Chabibrachmanov (C. C.), Chem. Bekämpfung d. Unkräuter auf d. Erbsenfeldern 1438. – s. Česalin (G. A.).
Chačatrjan (G. G.) s. Gulkanjan (V. O.).
Chačatrjan (S. S.), Vererbung d. Frühreife u. d. Charakter ihrer Stabilität bei Rebhybriden 215.
Chadwick (P. R.), Subletale Wirkungen v. Pyrethrin auf d. Reiskäfer, Calandra oryzae 1983.
Chaffin (W.), Unkrautbekämpfung in Oklahoma 1708.
Chakravarti (S. C.), Übertragung v. Blühstimulantien, erhalten durch Vernalisation ind. Nutzpflanzen 2907.
Chakravarti (S. N.) u. **Talibudeen (O.)**, Phosphatgleichgewichte in sauren Böden 2035.
Chakraverti (I. B.), **Nag (S.)** u. **Macmillan (W. G.)**, Isolierung, Reinigung u. Fraktionierung d. Polysaccharide aus Tamarindensamen 1463.
Chalam (G. V.), **Nanda (J. S.)**, **Mallick (S. N.)** u. **Tripathi (R. K.)**, Vielversprechende Mutante bei Reis durch radioaktiven Phosphor 2799.
Chalfant (R. B.) u. **Chapman (R. K.)**, Übertragung d. Kohlviren A u. B durch d. Kohlblattlaus u. d. Grüne Pfirsichblattlaus 2522.
Chalikov (A.), Mohrenhirse u. Mais als Zwischenfrüchte bei Bewässerung in d. Usbek. SSR 433.
Chalimova (L. A.) s. Škljar (M. S.).
Challik (O. G.), Ölschieferasche als Düngemittel 1262.
Chamberlain (D. W.), Herabsetzung d. Wassertransports in Sojabohnenstielen durch ein Stoffwechselprodukt v. Cephalosporium gregatum 254.
Chambers (H.) s. Brazzel (J. R.).
Chambers (S. C.), Pulverschorf d. Kartoffeln 3145.
Chaminade (R.), Zusammenhänge zwischen organ. Substanz u. Fruchtbarkeit d. Böden 2386. – Einfluß v. Stroh unterschiedlichen Zersetzungsgrades auf d. Bodenfruchtbarkeit 3266.
Chamjanova (N. V.), Das Asynchron. d. Abflusses d. großen Ströme Mittelasiens [3245].
Champion (J.), Bananenbaum auf d. Kanar. Inseln. *1.* Mitt. Allgemeines 738. – s. Robin (J.).
–, **Lossois (P.)** u. **Monnet (J.)**, Das in Bananenpflanzen verwendbare Pflanzgut. Einfluß auf Wachstum u. Erträge 1575.
– u. **Monnet (J.)**, Bananenbaum auf den Kanar. Inseln. *2.* Mitt. Agrotechnik u. Ökonomie d. Produktion 738.
Champion (R.) s. Anselme (C.).
Chan (R. P. K.) s. Arthur (H. R.).
Chandhoke (K. R.) s. Pillai (S. K.).
Chandola (R. P.), **Bhatnagar (M. P.)** u. **Totuka (I. B.)**, Zusammenbruch d. Papillionaceen-Struktur bei d. Blüten v. Pisum sativum var. NP *29* u. seine Vererbung 3368.
Chandra (P.), Einfluß v. wechselnden Temperaturen auf d. Nitrifikation in einem Lehmboden 1491.
–, **Shrikhande (J. G.)** u. **Bollen (W. B.)**, Einfluß d. Spurenelemente auf d. Kompostierung v. Weizenstroh 3268.
Chandra (S.) s. Tandon (R. N.).
Chandrasekaran (S.) s. Rangaswami (G.).
Chandrasekhar (B. K.) s. Cochran (G. W.).
Chang (Fu-chu), Bestimmung d. pflanzenverfügbaren Phosphors im Boden unter Verwendung radioaktiver Isotope 1767. – Verwendung v. Ionenaustauschern zur Bestimmung aufnehmbarer Phosphate in Böden 2353.
Chang (Ho-ts'ing), Anwendung v.

Fungiciden u. Antibiotica bei d. Bekämpfung d. Brennfleckenkrankheit d. Bohnen 1135.
Chang (J. P.) u. **Morris (J. G.)**, Verwendung v. Nitrat durch Micrococcus denitrificans 2340.
Chang (S. C.) u. **Juo (S. R.)**, Verfügbarer Phosphor in Beziehung zu d. Phosphatformen in d. Böden 2633.
Chang (Wen-Tsai) s. Oka (H.-I.).
Chansigaud (J.) s. Jourdheuil (P.).
Chant (D. A.) s. Turnbull (A. L.).
Chao (Tsun Tien) s. Fang (S. C.); Harward (M. E.).
— u. **Harward (M. E.)**, Beschaffenheit saurer Tone u. Beziehungen zu Ionenaktivitäten u. Ionenverhältnissen in Gleichgewichtslösungen 920.
—, **Harward (M. E.)** u. **Fang (S. C.)**, Adsorptions- u. Desorptionserscheinungen v. Sulfationen in Böden 631. — Bodenbestandteile u. -eigenschaften bei d. Adsorption v. Sulfationen 2330.
Chaplin (C. E.) s. Fahey (J. E.); Rodriguez (J. G.).
Chaplin (J. F.), **Graham (T. W.)** u. **Ford (Z. T.)**, Agronom. u. chem. Eigenschaften einiger alter Tabaksorten für d. Röhrentrocknung 1005.
Chapman (C. I.) u. **Finch (C. G.)**, Sortenversuche mit Sommersalat in den Jahren *1955—57* 1025.
Chapman (G. P.) u. **Glasgow (S. K.)**, Beginnende Zweihäusigkeit bei Piment 191.
Chapman (H. D.) u. **Pratt (P. F.)**, Methods of analysis soils, plants, and waters [1530]*.
Chapman (H. W.) s. Okazawa (Y.).
Chapman (P. J.) s. Glass (E. H.).
Chapman (R. K.) s. Chalfant (R. B.); Doane (J. F.).
Charanjan (N. N.), Physiolog. Besonderheiten d. Wurzelsystems v. Reis im Zusammenhang mit verschied. Bedingungen d. Mineralstoffernährung 1779.
Charbonneau (A.) s. Bubar (J. S.).
Charčenko (K. I.) s. Konstantinov (A. R.).
Charimonova (N. E.), Sauer-Süßkirschen-Hybriden 1085.
Charitonova (Z. M.) s. Rjabova (N. G.).
Charizanov (A.) s. Dirimanov (M.).
Chárkova (A. P.) u. **Rudenko (N. M.)**, Granosan zur Bekämpfung d. Oosporose d. Kartoffel 1412.
Charlampeva (N.), Nutzeffekt dichter Pflanzenbestände 3289.
Charles (A. H.), Anbauversuche. *3.* Mitt. Wirkung d. Ansaatmethode zu einjährigem Kleegras auf d. *1.* Nutzungsjahr 140; *4.* Mitt. Wirkung langjähriger Kleegras-Untersaaten auf d. Deckfrucht Hafer 140; *5.* Mitt. Wirkung d. Anbaumethode auf d. Verhalten eines mehrjährigen Kleegrasbestandes im Ansaatjahr 3296; *6.* Mitt. Wirkung d. Anbaumethode auf mehrjähriges Kleegras im ersten Nutzungsjahr 3297.
Charlton (T. L.) s. Beaton (J. D.).
Charpentier (J. M.) s. Martin-Prevel (P.).
Charpentier (M.) s. Guillemat (J.).
Charreau (C.) u. **Vidal (P.)**, Pedolog. Faktoren, die d. Wachstum u. d. Ernährung v. Dolichos beeinflussen 2132.
Charrière (J.), Umpfropfen, ein empfindlicher Eingriff 2749.
Chašes (C. M.), Kohlenhydratstoffwechsel d. im Herbst ausgesäten Sommergetreides 1449.
Chaterjee (S. S.), s. Mukherjee (S. K.).
Chatierji (S.) u. **Sarup (P.)**, Relative Resistenz einiger einheim. Pusa-Weizensorten gegen Sitotroga cerealella Oliv. (Gelechidae: Lepidoptera) 1647.
Chatterjee (A.) s. Bisset (N. G.).
Chatterjee (S. S.), Hummeln als Pollenüberträger bei d. Kohlsamengewinnung 3320.
— u. **Mukherjee (S. K.)**, Saatguterzeugung bei Blumenkohl in West-Bengalen 2739.
Chatterji (S.), **Golani (S. K.)** u. **Sarup (P.)**, Ökolog. Untersuchungen an Triphleps sinui, Narayanan et Chatterji (Rhynchota: Anthocoridae), Räuber v. einigen Schädlingen gelagerten Getreides 562.
Chattopadhyay (S. B.) s. Sarkar (A.).
Chaturvedi (C.) s. Tandon (R. N.).
Chaudhri (I. I.), Arzneipflanzen d. ariden Zone v. West-Pakistan 1848.
Chaudhun = Chaudhuri.
Chaudhuri (R. K.) s. Sharma (A. K.).

Chaudhuri (S. D.) s. Ali (K. M.).
— u. **Ali (M. K.),** Jutesaatgut, Erzeugung u. Verteilung 1013.
—, **Khan (D. H.)** u. **Chowdhury (S. I.),** Opt. Beurteilung d. Faserzellen v. Jutepflanzen unter d. Einfluß v. Düngerphosphat 3272.
Chaugale (D. S.) s. Swarup (V.).
Chaugule (B. A.) u. **Mahajan (V. K.),** Fruchtertrag v. Eierfrüchten (S. melongena, L.) 1028.
Chauhan (D. V. S.) s. Verma (G. P.).
Chauhan (K. S.), Biggs (R. H.) u. **Sites (J. W.),** Einfluß v. Gibberellinsäure, Naphthylessigsäure, *3*-Indolylessigsäure u. Maleinhydrazid auf ruhende Pfirsichknospen 173. — Temperatur u. Ruheperiode v. Pfirsichsamen 1042.
Chauhan (S. K.), Toxinbildung durch Fusarium orthoceras var. ciceri, Erreger d. Welke d. Kichererbse 1376.
Chaumont (C.) s. Blanchet (R.).
Chaussidon (J.), Anwendung d. Gouy-Theorie auf zweiwertige Kationen: Gesättigte Tonsuspensionen 2620.
— u. **Vilain (M.),** Kinet. Untersuchung d. sauren Auflösung eines Vermiculits 922.
Chauvel (A.), Gebrauch v. bodenkundlichen Randlochkarten 2631.
Chavan (V. M.), Bhore (D. P.) u. **Bhapkar (D. G.),** Gewinnung v. Samen aus d. Eierfrucht 1856.
Chaves Sanchez (M.), Kalium u. d. Böden Westandalusiens. *1.* Mitt. Gehalt u. Bindungsformen 3208.
Chawla (S. S.) s. Narayanan (E. S.).
Chazanov (V. S.) s. Šul'gin (I. N.).
Cheal (W. F.) u. **Hewitt (E. J.),** Einfluß d. Hauptnährstoffe auf zwei in Sandkultur gewachsenen Tulpensorten 1052.
Chelack (W. S.) s. Hagborg (W. A. F.).
Chen (C. H.) s. Ross (J. G.).
Chen (Tseh-an), Kilpatrick (R. A.) u. **Rich (A. E.),** Sterile Kulturmethoden als Werkzeuge d. pflanzlichen Nematodenforschung 1402.
Cheniae (G. M.) s. Zill (L. P.).
Chenulu (V. V.) u. **Thornberry (H. H.),** Chenopodium amaranticolor L., ein Lokalläsionswirt für d. Wasserrübenmosaikvirus, Marmor brassicae H., v. Meerrettich 2830.
Chéry (J.), Veredlung d. Gerste 1624.
Cherry (J. H.), Bestimmung v. Nucleinsäuren im Speichergewebe höherer Pflanzen 909. — Nucleinsäureumwandlungen im Speichergewebe v. Samen während d. Keimung 3182.
Chesa (A. H.) s. Alvarez (T. F.).
Chesnin (L.) u. **Beavers (A. H.),** Vorbereitung v. Pflanzenproben für d. Röntgenstrahlen-Emissionsspektrographie 2316.
Chessin (M.) s. Agrawal (H.).
Chevin (H.) s. LeBerre (J. R.).
Chi (C. C.) u. **Hanson (E. W.),** Wechselwirkungen zwischen Umwelt u. Alter v. Luzerne- u. Rotkleesämlingen bei d. Anfälligkeit gegen Pythium debaryanum 2844.
Chiang (H. C.) u. **Wilcoxson (R. D.),** Wechselwirkungen zwischen d. Maiszünsler u. d. Maisstengelfäule 826.
Chiapparini (L.), Versuche mit Gemüse- u. Zierpflanzen in Plastiktöpfen. Einfluß auf Pflanzenwachstum u. Gesundheit. *1.* Mitt. 1608.
Chibber (R. K.), Ghosh (P. C.) u. **Satyanarayana (K. V.),** Physikal. Eigenschaften d. auf unterschiedlichem Muttergestein gebildeten Böden d. Himachal Pradesh im Zusammenhang mit ihrer Erosionsgefährdung 661.
Chichilo (P.) u. **Whittaker (C.),** Durch Art d. Siebung beeinflußte mechan. u. chem. Zusammensetzung v. landwirtsch. Kalkstein 2686.
Chidester (J. L.) s. Cochran (G. W.).
Child (R. D.) s. Williams (R. R.).
Childs (E. C.), Behandlung d. Kapillarsaumes in d. Theorie d. Dränage. *2.* Mitt. Modifikationen durch eine undurchlässige Unterlage 925.
— u. **Poulovassilis (A.),** Feuchtigkeitsprofil über einem beweglichen Wasserspiegel 2334.
Childs (J. F. L.) s. Long (W. G.).
— u. **Long (W. G.),** Zwei neue Sämlinge persischer Zitronen 148.
Chilvers (G. A.) s. White (N. H.).
Chin (Wei-Tsung) u. **Kroontje (W.),** Leitfähigkeitsmethode zur Bestimmung d. Urease-Aktivität 1530. — Mechanismen d. Harnstoffadsorption durch Böden 2039.
Ching (Te May) s. Cropsey (M. G.).

Chinkov (T.), Nutzeffekt d. organ.-mineral. Düngung zu Pfirsich 2167.

Chinn (S. H. F.) u. **Ledingham (R. J.),** Laboratoriumsmethode zur Prüfung d. fungiciden Wirkung v. Chemikalien auf Pilzsporen im Boden 2543.

Chinoy (J. J.), Physiologie d. Dürreresistenz bei Weizen. *1.* Mitt. Einfluß d. Welke auf d. Rate d. Überlebenden in verschied. Wachstumsstadien bei *8* Weizensorten 7 verschied. Arten 1896; *2.* Mitt. Bewertung d. Dürreresistenz v. *8* Weizensorten auf d. Basis d. Wachstumsanalyse 1718; *3.* Mitt. Studie d. Koeffizienten d. Dürreresistenz für verschied. Wuchscharakteristika in Beziehung zur Dürreintensität 1719; *4.* Mitt. Einfluß d. Welkens in verschied. Wachstums- u. Entwicklungsstadien auf den d. Kornertrag bestimmenden Pflanzencharakter v. *8* Weizensorten 2584; *5.* Mitt. Trockenheitskoeffizienten in Beziehung zur Trockenheitsintensität 2585. — s. Nanda (K. K.).

Chipman (E. W.), Einfluß d. Aussaatzeit u. d. Stutzens auf frühe u. hohe Erträge reifer Tomaten 161. — s. MacKay (D. C.).

Chippindale (H. G.) u. **Davies (T. H.),** Anwendung d. Futterernters bei d. Verbesserung d. Intensivbeweidung 1852.

Chiriac (A.) s. Obrejanu (G.).

Chirilei (H.), Stefan (V.), Dorobanţu (N.), Curticăpeanu (G.) u. **Botea (M.),** Einfluß verschied. Düngemittel auf d. Phosphorabsorption u. physiolog. Prozesse in Zuckerrübenpflanzen, untersucht mit Hilfe radioaktiver Isotope 3253.

Chiriţă (C. D.), Orientierung d. Bodenkunde in Rumänien 2613.

Chisaka (H.) s. Arai (M.); Araik (M.).

Chisholm (D.) s. Bishop (R. F.).

Chisholm (R. D.) s. Brunson (M. H.); Roberts (J. E.).

Chiswell (J. R.), Freilandvergleiche v. Insekticiden zur Bekämpfung d. Apfelwicklers, Cydia pomonella L., mit Beobachtungen über d. Wirkungen auf Milbenpopulationen 2557.

Chitrinskij (V. F.), Gelenkte Veränderung nicht winterfester Hartweizen-, Erbsen- u. zweizeiliger Gerstensorten in winterfeste Formen 3363. — Lenkung v. Erbeigenschaften bei Erbsen durch Anbaumaßnahmen 3368.

Chitrinskij (V. F.) u. **Taran (L. D.),** Biolog. Besonderheiten d. ohne Kastration d. Blüten erhaltenen Hybryden 487.

Chitrova (A. P.), Schädlichkeit d. Maisbeulenbrandes 1390.

Chitzanidis (A.), Verhalten v. Kartoffel- u. Tomatenrassen v. Phytophthora infestans (Mont.) de Bary gegenüber organ. u. anorgan. Fungiziden [2872].

Chiu (Ren-jong) u. **Sill jun. (W. H.),** Chemotherapeut. Wirkungen einiger substituierter Purine u. Pyrimidine u. a. Verbindungen gegen drei Getreideviren u. d. Tabakmosaikvirus 2232.

Chiusoli (A.), Gesichtspunkte bei d. Vermehrung d. Schwarzen Johannisbeere 175.

— u. **Pisani (P. L.),** Einfluß d. Gibberellins auf d. Entwicklung d. Traube u. d. Fruchtbarkeit bei Schwarzen Johannisbeeren 3337.

Chiykowski (L. N.), Kleeverlaubungsvirus in Kanada u. seine Übertragung 842. — Durch dasselbe Virus verursachte Krankheiten d. Kleevergrünung u. Blütenvergrünung d. Erdbeere im östlichen Kanada 3133. — Scaphytopius acutus (Say), Überträger eines auf Sellerie übertragbaren Asternvergilbungsvirus 3137. — Übertragung d. Blütenvergrünungsvirus d. Weißklees durch Aphrodes bicinctus (Schrank) in Nordamerika 3138. — s. Lee (P. E.).

Chižnjak (P. A.) u. **Jakovleva (V. I.),** Aggressive Rassen d. Kartoffelkrebserregers 1667.

Chládek (M.), s. Čača (Z.).

Chlystova (A. F.) s. Glusčenko (I. E.).

Chmielecki (W.), Getreide in Bauernwirtschaften [434].

Chochrjakov (M. K.) u. **Čumakov (A. E.),** Schutz d. Körnerleguminosen vor wichtigsten Krankheiten 1393.

Chod (J.) s. Hesková (D.); Jermoljev (E.).

Chodakova (R. N.) s. Makarov (B. N.).
Chodasevič (É. V.), Winterfestigkeit verschied. Luzernesorten unter d. Bedingungen Belorußlands 729.
Choller (V. A.) s. Žolkevič (V. N.).
Chomenko (A. D.), Anwendung v. Polymeren zur Herstellung v. Komplexdüngemitteln u. deren Wirkung 1793.
Chomenko (O. D.), Örtliche Düngerreserven in d. westlichen Kreisen d. USSR u. ihre Nutzung [2986].
Chomjakova (V. O.), Maiszünsler [2524].
Chopra (D. P.) s. Singh (A.).
Chopra (N. M.) s. Hagborg (W. A. F.).
Chopra (V. L.) s. Bansal (H. C.).
Chorin (M.) s. Aziz (A. B.).
Chorney (W.) s. Skok (J.).
Chotyleva (L. V.), Wechselbeziehungen zwischen d. Herkunft v. Maisinzuchtlinien u. Kombinationsfähigkeit 1902.
Choudhry (M. S.), u. **Khalid (S. A.)**, Bestimmung d. günstigsten Aussaatmenge, -dichte u. -zeit für den neu entwickelten Weizenstamm ‚H-68‘ für d. Gebiet v. Hyderabad 989.
Choudhuri (D. K.), Einfluß d. Bodenstruktur auf Collembolen 347.
Choudhuri (J. M.) s. Das (T. M.).
Choudhury (A. K. R.), Biometr. Untersuchungen über d. Korngröße v. Reis 1088.
Choudhury (B.) u. **Phatak (S. C.)**, Untersuchungen über d. Blütenbiologie d. Gurke (Cucumis sativus L.) 1028.
— u. **Ramphal**, Samenproduktion mit Bezug auf Ertrag u. Qualität bei frühem Blumenkohl (Brassica oleracea var. botrytis) 1027.
Chouteau (J.), Einfluß d. Schwefel-Kalium-Gleichgewichtes im Nährmedium auf d. Verhalten d. Tabakpflanze, Sorte Paraguay 1520. — Düngung v. französ. Tabaken, durchgeführt vom Forschungsinstitut in Bergerac. Kaliumernährung d. Tabaks 1525; Phosphaternährung d. Tabaks 1542; *1.* Mitt. Stickstoffernährung d. Tabaks 1539. — Phosphatdüngung v. Paraguay-Tabak in Vegetationsgefäßen. *1.* Mitt. Einfluß v. zunehmenden Superphosphatgaben auf d. Entwicklung d. Pflanze u. d. Qualität d. Blätter 1541. — s. Viart (P.).
Chouteau (J.), **Mounat (A.)**, **Hitier (H.)** u. **Renier (A.)**, Düngungsversuch in d. Fruchtfolge 1534.
— u. **Viart (P.)**, Veränderung im Gehalt an Äpfel- u. Zitronensäure während d. Lufttrocknung v. ‚Paraguay‘-Tabakblättern 1189.
Chovanskaja (I. V.) s. Rakitin (J. B.); Povolockaja (I. V.).
Chovanskaja (K. N.), Rechtzeitige Mietenentnahme d. Rübenstecklinge 3012.
Chowdhury (S.) s. Chaudhuri (S. D.).
Chrispeels (M. J.) u. **Hanson (J. B.)**, Die durch *2.4*-Dichlorphenoxyessigsäure hervorgerufene Erhöhung d. Ribonucleinsäuregehaltes v. Zytoplasma v. Sojabohnen-Hypocotylen 1987.
Christensen (C. M.) u. **Linko (P.)**, Mittels Meßgeräte u. Ofentrocknung bestimmter Feuchtigkeitsgehalt von rotem Winterhartweizen u. d. Einfluß v. geringen Differenzen im Feuchtigkeitsgehalt auf d. nachfolgende Zerstörung d. Korns während d. Lagerung 3279.
Christensen (M.) s. Rønde Kristensen (H.).
Christensen (S. A.) = Aa Christensen (S.).
Christeva (L. A.) u. **Luk'janenko (N. V.)**, Rolle physiolog. aktiver Stoffe d. Bodens — Huminsäuren, Bitume u. Viamine B_2, C, P-P, A u. D — im Leben d. Pflanzen u. Wege zu ihrer Anreicherung 1781.
— u. **Lukjaněnkova (N. V.)**, Bedeutung physiolog. aktiver Bodenstoffe (Huminsäuren, Bitumina u. Vitamine) für d. Pflanzenleben u. Methoden ihrer Ergänzung 2075.
Christo (A.), Neue Apfelsorten für d. Gebiet Nowosibirsk 171.
Christou (T.), Eindringen v. Thielaviopsis basicola in d. Bohnenpflanze u. Wirt-Parasit-Verhältnisse 2530.
— u. **Snyder (W. C.)**, Eindringen v. Fusarium solani f. phaseoli in d.

Bohnenpflanze u. Wirt-Parasit-Verhältnisse 2530.
Christov (A.), Ermittlung d. Agrotechnik u. d. wirtschaflichen Nutzeffektes bei d. Aussaat v. Weizen in noch nicht abgeernteten Baumwollbeständen 1815. – Ätiologie d. Rebenschwärze in Bulgarien. Identifizierung d. Krankheitserregers 2537.
Christov (D.), Einbringungsmethode d. Mineraldünger bei d. Tabakdüngung 2419.
Christov (G.), Saatverfahren bei Baumwolle unter Bewässerungsverhältnissen auf zimtfarbigen Wiesenböden im Gebiet d. Hydromeliorationsstation Stara Sagora 436.
Christov (J.), Einfluß d. Mineraldünger auf d. physikal., chem. u. technolog. Eigenschaften d. Weizens 1533. – Technolog. Charakteristik d. bulgar. Weichweizensorten [2132]*.
Christov (M.) u. **Palaveeva-Kovačevska (M.)**, Verbreitung d. Welschen Weidelgrases in Bulgarien u. d. wechselseitige Beeinflussung mit d. Luzerne 741.
Christov (M. A.), Ährenverzweigung bei Lolium perenne L. im Zusammenhang mit d. Ernährung u. d. meteorolog. Verhältnissen 4.
Christova (A.), Farbstoffgehalt d. in Bulgarien verbreitesten, d. Gewinnung v. gemahlenem Rotpaprikagewürz dienenden Paprikasorten 911.
Christova (E.), Spitzmausrüßler d. Gattung Apion (Curculionidae, Col.) 278. – s. Palaveev (T.).
– u. **Aleksandrova (J.)**, Welken u. schwarze Stammfäule d. Cinerarie 1122. – Neue Krankheiten an d. Zierpflanzen 3430.
Christova (J.), Stoffwechsel d. Erdbeere als Anzeigewert für d. Düngerwirkung 467. – s. Bojkov (D.).
– u. **Kostova (R.)**, Einfluß einiger fungicider Mittel auf d. Aktivität d. Oxydatiosfermente Ascorbinoxydase u. Polyphenoloxydase 1424. – Physiolog.-biochem. Vorgänge während d. Entwicklung u. Lagerung v. Apfelfrüchten 2164.
Chroboczek (E.), Ergebnisse d. *40*jährigen Fruchtfolge-Versuches mit Gemüsepflanzen in Skierniewice 745.
Chroboczek (E.) u. **Maksimow (A.)**, Prüfungen über d. Ausnutzung des Torfbodens in d. Pflanzenproduktion. *1.* Mitt. 963.
Chrtek (J.) u. **Jirásek (V.)**, Systematik d. Spezies v. d. Poa L.-Gattung, Section Ochlopoa (A. et GR.) FV. Jirás 1017.
Chrzanowska (M.), Empfindlichkeit d. Kartoffelsorten u. Kartoffelstämme gegen das d. Strichelkrankheit hervorrufende Y-Virus u. seine Übertragung durch d. Knollen 541.
Chrzanowski (J.), Gefäßbrand d. Rübensämlinge, Pythium irregulare Buis 1393. – s. Szklarska (J.).
Chu (Chung-chun), Einfluß d. Jarowisationsbedingungen auf d. Entwicklung v. Winterweizen 23.
Chu (C. R.), **Moschler (W. W.)** u. **Thomas (G. W.)**, Rohphosphatumwandlungen in sauren Böden 2036.
Chučua (K. N.), Grunddüngung d. Samenträger 963.
Chudjakov (J. P.), Epiphyt. Mikroorganismen u. d. Möglichkeit ihrer Verwendung zum Schutze d. Pflanzen gegen Krankheiten 1648.
Chudley (A. H. J.) s. Rowe F. P.).
Chugh (D. V.) s. Singh (S.).
Chujo (H.), Kurztagsvernalisation v. Gerste. *1.* Mitt. Unterschiede d. Kurztagsvernalisationswirkungen im Hinblick auf d. Grad d. Pflanzenentwicklung 200; *2.* Mitt. Umkehrung d. Kurztags-Vernalisationseffektes 22.
Chukwueke (V. O.) s. Campbell (J. S.).
Church (B. M.) s. Boyd (D. A.).
–, **Dadd (C. V. T.)**, **Miller (T. E.)** u. **Page (J. B.)**, Herbicidpraktik in d. Ackerbaubezirken Ostenglands, 1959/60 2877.
Churchill (E. D.) s. Hanson (H. C.).
Churý (J.), Phytoöstrogengehalt in einigen unserer Pflanzen 2605.
Chvála (M.), Albanien-Expedition *1961* d. Deutschen Entomolog. Institutes. *6.* Mitt. Diptera: Conopidae 2818. – s. Moucha (J.).
Chvojka (L.), **Trávníček (M.)** u. **Zakouřilová (M.)**, Stimulierender Einfluß v. *6*-Benzylaminopurin auf

Knospen d. Apfelbaumes u. auf ihren Sauerstoffverbrauch 2599.
Chvostova (V. V.), Valeva (S. A.) u. **Možaeva (V. S.)**, Wirtschaftlich aussichtsreiche Mutanten, d. aus Winterweizen durch γ-Strahlen gewonnen wurden 2776.
Chydyrov (D. N.) s. Mamedov (Š.).
Ciaglic (I.) s. Oprea (C. V.).
Cibes (H. R.) u. **Gandía (H.)**, Einfluß v. BOH auf d. Blühen d. Ananas 439.
Ciccarone (A.), Piglionica (V.) u. **Elia (M.)**, Chem. Bekämpfung d. Orobanche 2553.
Čichačeva (G. M.) s. Tueva (O. F.).
Cichorius (H.-D.), Auftreten freilebender Wurzelnemathoden in rhein. Böden unter bes. Berücksichtigung d. Standortverhältnisse [1944].
Cichosz (E.) s. Zaleski (K.).
Cicin (N. V.), Čerkasskij (E. S.), Buščik (T. N.), Šmal'ko (V. F.), Ljadova (G. L.), Kilimnik (E. E.) u. **Beljaeva (A. S.)**, Neues in d. Bekämpfung d. Kohlfliegen (Chortophila brassicae Bouché u. C. floralis Fall.) 569. — Präparat zur Bekämpfung v. Kohlfliegen 1981.
Cidade Mourão (H. F.), Statist. Auswertung v. Düngungsversuchen an unbewässerten Kulturen 88.
Cieńska (K.), Maiskolben als Trocknungsgegenstand 1553.
Cieślewicz (I.) s. Świnarski (E.).
— u. **Roguski (K.)**, Einfluß hoher Temperatur im Gewächshaus zu verschied. Zeiträumen auf d. Entwicklung d. Kartoffeln 22.
Cieslewicz (J.) s. Roguski (K.).
Ciferri (R.), Synergismus v. Zineb u. TMTD (Thiram) 282. — Kleinfrüchtigkeit d. Weinrebe in Beziehung zum Bormangel 519. — Synonyme „Blauschimmel" oder „Peronospora" d. Tabaks 1950. — Beurteilungsskalen hinsichtlich d. Resistenz (oder Anfälligkeit) d. Tabaks gegen Peronospora im Freiland 2249. — s. Scardavi (A.).
—, **Scardavi (A.)** u. **Trivelli Ricci (P.)**, Veränderung d. fungiciden Wirksamkeit v. Zineb-Formulierungen nach 2- bis 6jähriger Lagerung 871.
Ciganov (M. S.), Bodenkunde [624].
Čigarev (G. A.) s. Bondin (V. P.).
—, **Panjuškina (A. M.), Kajudin (I. A.), Sazonik (C. V.)** u. **Jurevič (I. A.)**, Prüfung v. Dieldrin gegen d. Kartoffelkäfer in d. Praxis 572.
Cikov (D.), Problem d. Arthybridisation bei Weizen unter d. Teilnahme v. Triticum timopheevi Zhuk 198.
— u. **Dučevska-Topalova (C.)**, Dynamik d. Zuckers in einer Winter- u. einer Winter-Sommer-Weichweizensorte u. ihrer Hybride 2776.
Cikurina (N. N.) s. Orlov (D. S.).
Cillis (U. de), Internationale Interventionen u. nationale Reflexionen bei d. Verbesserung d. Saatgutes 2987.
Cîndea (E.) s. Drimus (R.).
Cinovskij (J. P.), Egina (K. J.) u. **Strazdinja (A. A.)**, Ausnutzung morpholog. Merkmale für d. Prognose v. Pflanzenschädlingen 2509.
Ciobanu (F.) s. Pop (L.).
Ciorlăuş (A.) s. Sebök (P.).
Cipruš (R. J.), Lagerung v. Obst in Kartons 1034.
Čirkov (J. I.), Berechnung d. Versorgtheit d. Maises mit d. zu seiner Entwicklung nötigen Wärme 592. — Bildung d. Mikroklimas in d. Maissaaten 621. — Agrarmeterolog. Kennziffern für d. Wachstum v. Mais, aufgestellt unter Berechnung d. Blattfläche 2317.
Čirkovskij (V. I.), Einfluß ökolog. Faktoren bei d. Samenbildung d. Tabaks auf d. Prozeß d. Alters d. Samen 299. — Überwindung d. Keimruhe v. Tabaksamen u. anderen Nicotiana-Arten durch Behandlung mit Gibberellin 1272. — Möglichkeit d. Vorhersage d. Heterosiseffekts bei Tabak 1364. — Einfluß ökolog. Faktoren bei d. Ausbildung d. Tabaksamen auf ihr Altern 2610.
— u. **Gončar (A. L.)**, Bedeutung d. Bodenfeuchtigkeit für d. physiolog. Reife d. Tabaksamens 977.
Ciropol-Calcandi (I.) s. Calcandi (V.).
Cîrstea (M.) s. Avramescu (A.).
Čižov (S. T.), Unterschiedliche Qualität d. Samen an d. Gemüsesamenträgern 446.
Clancy (D. W.) s. Muma (M. H.).
Clapp (C. E.), Davis (R. J.) u. **Waugaman (S. H.)**, Einfluß rhizobieller

Polysaccharide auf d. Aggregatstabilität 2043.
Claridge (G. G. C.), Extrahierbares Eisen u. Bodenklassifikation 2052.
Clark (B. E.) u. **Page (H. L.),** Qualität u. Kennzeichnung d. Saatgutes in New York, gezeigt an Hand d. Probenahme u. Untersuchung im Jahre *1961* 399.
Clark (E. W.) s. Tsao (C. H.).
– u. **Richmond (C. A.),** Einfluß v. Wasserüberschwemmung auf Larven u. Puppen d. Roten Kapselwurmes 1379.
Clark (F. E.) s. Olsen (S. R.).
Clark (Francis E.), Jackson (R. D.) u. **Gardner (H. R.),** Messung d. mikrobiellen Thermogenese im Boden 928.
Clark (H. F.) s. Okun (D. A.).
Clark (J. S.), Brydon (J. E.) u. **Farstad (L.),** Chem. u. tonmineralog. Eigenschaften d. konkretionären Braunerden Brit.-Kolumbiens, Kanada 2941.
– u. **Green (A. J.),** Hinweis auf eine Pipettapparatur-Anordnung für d. mechan. Analyse v. Böden 1501.
Clark (K. G.) s. Hoffman (W. M.).
Clark (M. C.) s. MacKinnon (J. P.).
Clark (P. J.), Einfluß d. Witterung auf Aramite-Rückstände auf Äpfeln 1977.
Clark (R. B.), Wallace (A.) u. **Mueller (R. T.),** CO_2-Dunkelfixierung in Wurzeln, Blättern u. Früchten v. Avocado 2589.
Clark (R. C.) u. **Brown (N. R.),** Studien über Räuber d. Balsam-Wollaus Adelges piceae (Ratz.) (Homoptera: Adelgidae). *9.* Mitt. Pullus impexus (Muls.) (Coleoptera:Coccinellidae), ein eingeführter Räuber in Ostkanada 269.
Clark (R. V.) u. **Zillinsky (F. J.),** Einfluß verschied. Fungicidbehandlungen auf d. Erträge v. Septoria-befallenem Hafer 2268.
Clark (W. C.), Systemat. Stellung d. Alaimidae u. d. Diphtherophoroidea (Enoplida, Nematoda) 1929.
Clarke (G.) s. Dye (M. H.).
Clarke (G. M.), Geschmacksprüfungen an gespritzten Schwarzen Johannisbeeren u. Erdbeeren aus Freilandversuchen 3448. – s. Byrde (R. J. W.); Crang (A.).
Clarke (G. R.), Anfertigung u. Konservierung v. Monolithen aus dünnen Bodenausschnitten 61.
Clarke (I. D.) s. Fernandes (S. J. G.).
Clarke (M.) s. Byrde (R. J. W.).
Clarke (P.), Winterblumenkohl in Thanet 2147.
Clarke (R. T.), Wirkung einiger „Ruhebehandlungen" auf einem trop. Boden 67. – s. Grimes (R. C.).
Clarke (R. T. J.) s. Lloyd (A. B.).
Claus (L.), Untersuchungen über d. Chitinasewirkung des insektentötenden Pilzes Beauveria bassiana (Bals.) Vuill 1129.
Claus (P.), Spinnmilben an Gewächshaus-Reben *1962* 3112.
Claypool (L. L.), Dempsey (W. H.), Esau (P.) u. **Miller (M. W.),** Physikal. u. chem. Veränderungen bei Pflaumen während d. Reife im Küstengebiet 3335.
–, Miller (M. W.), Dempsey (W. H.) u. **Esau (P.),** Einfluß d. Ernteart u. Lagerung auf d. Qualität v. Backpflaumen aus d. Küstengebiet 3335.
Clayton (L. C. W.) u. **MacKay (D. B.),** Automat. Keimkammer 1549.
Cleaver (T. J.) s. Haworth (F.).
Clebsch (E. E. C.) s. McCracken (R. J.).
Clement (C. R.) s. Arnott (R. A.).
– u. **Williams (T. E.),** Bebrütungsverfahren zur Einschätzung d. Stickstoffzustandes v. frisch umgebrochenen Böden nach Kleegrasbau 62.
Clements (L. B.) s. Terman (G. L.).
Clifford (D. R.) s. Byrde (R. J. W.).
Clifford (H. T.), Blütenentwicklung in d. Familie d. Gramineen 1. – Faktoren, die d. Häufigkeit v. Wildpflanzenhybriden beeinflussen 1062.
Clijsters (H.) s. Sironval (C.).
Cline (M. G.) s. McKeague (J. A.); Sivarajasingham (S.).
Clor (M. A.), Crafts (A. S.), u. **Yamaguchi (S.),** Einfluß hoher Feuchtigkeit auf d. Verteilung blattangewandter markierter Verbindungen in Pflanzen. *1.* Mitt. 1780.
Clore (W. J.) s. Bruns (V. F.).
– u. **Brummund (V. P.),** Wirkung d. Rebenwachstums auf d. Produktion

v. „Concord"-Weintrauben bei gleichem Schnitt 3339.
Close (R.) u. **Lamb (K. P.),** Fallenuntersuchung auf einige geflügelte Blattlausvektoren v. pflanzlichen Viruskrankheiten in Canterbury, Neuseeland 1433.
Clowes (F. A. L.), Mitoseraten in einem partiell synchronen Meristem 1342.
Čmelev (M. P.) s. Anferova (V. N.).
Cochran (G. W.), Welkie (G. W.), Chidester (J. L.), Chandrasekhar (B. K.) u. **Lee (M. H.),** Virusprotein beim Infektionsprozeß d. Tabakmosaikvirus 1941.
Cociu (V.) u. **Gozob (T.),** Feststellung d. Pollenspender für d. Apfelsorten ‚Wealthy', ‚Fey's Record' u. ‚McIntosh' 460.
Cocov (I.), Bodenbearbeitung in d. Obstanlagen mit d. Grubber KSV-*2,5* 362. — Mechanisierung d. Obstpflücke 2160.
Coculescu (G.), Düngungssystem für Winterweizen 3001.
Coe jun. (E. H.), Spontane Mutation des d. Aleuronfarbe hemmenden Faktors beim Mais 1901.
Coe (R. R.) s. Hitchcock (A. E.).
Coenradie (J.) u. **Wilten (W.),** Feldversuche *1960* 710. — Feldversuche *1961* 710.
Coffin (D. E.), Methode zur Bestimmung v. freiem Eisen in Böden u. Tonen 3233.
Coffman (F. A.), Futtererträge v. Winterhafer in Beltsville, Maryland 2131. — Gesteigerte Winterfestigkeit jetzt bei Gerste vorhanden 2478.
Coggeshall (R. G.), Hybridflieder v. krautigen Stecklingen 187.
Coggins jun. (C. W.) u. **Lewis (L. N.),** Wiederergrünen v. ‚Valencia'-Orangen unter d. Einfluß v. Kaliumgibberellat 1173.
Coghill (K. J.) u. **Ingram (J.),** Bekämpfung d. Roten Spinne an d. Schwarzen Johannisbeere u. d. Wirkung auf d. Ertrag 1417.
Cohen (O. P.) u. **Strickling (E.),** Beurteilung d. Luft/Wasser-Durchlässigkeitsverhältnisses beim Messen v. Unterschieden in d. Bodenstrukturstabilität unter zehn Nutzungssystemen 1501.
Cohen (P.) u. **Gailledreau (C.),** Gleichgewichtsparameter v. ^{90}Sr im Saclay-Boden 336.
Coic (Y.), Fauconneau (G.) u. **Pion (R.),** Veränderungen d. Aminosäurezusammensetzung d. Proteins v. Blättern u. Körnern d. Gerste unter d. Einfluß v. Schwefelmangel 1175.
— u. **Lesaint (C.),** Unterschiede in Gehalt u. Zusammensetzung an mineral. Kationen d. Laub- u. Blütenblätter v. Dahlien u. ihre Interpretation 2968.
—, **Lesaint (C.)** u. **LeRoux (F.),** Veränderung d. Gehaltes u. d. Verteilung v. Anionen u. Kationen in jungen u. alten Tomatenblättern unter d. Einfluß d. Veränderung d. Art d. Stickstoffernährung: Ammonium oder Nitrat 1522.
Coiciu (E.) u. **Rácz (G.),** Heil- u. aromat. Pflanzen [1844].
Coifan (M.) s. Pop (L.).
Coiteux (J. S. F.) s. Jasmin (J. J.).
Čolachjan (D. P.) s. Batikjan (G. G.).
— u. **Sogomonjan (S. A.),** Zytoembryolog. Untersuchung d. Befruchtungsprozesses v. Mais unter d. Bedingungen d. Rayons Stepanawan, Armen. SSR 1341.
Colbran (R. C.), Pflanzen- u. Bodennematoden. *3.* Mitt. Belonolaimus hastulatus, Psilenchus tumidus u. Hemicycliophora labiata, *3* neue Arten aus Queensland 1650. — Chem. Bekämpfung v. Nematoden in Ananaskulturen v. Süd-Queensland 2262.
Colbrant (P.), Kirschfruchtfliege in Frankreich im Jahre *1961* 3398.
Colby (S. R.) u. **Warren (G. F.),** Selektivität u. Wirkungsweise v. N-(*3*-Chlor-*4*-methylphenyl)-*2*-methylpentanamid 3457.
Cole (C. S.) u. **Howard (H. W.),** Feldversuch über d. Einfluß resistenter Kartoffeln auf eine Population d. Kartoffelnematoden (Heterodera rostochiensis) 821. — Einfluß resistenter Kartoffeln auf eine Population d. Kartoffelnematoden, ein Kleinstparzellenversuch 1098.
Cole jun. (D.) s. Cameron (J. W.).
Cole (J. S.), Isolierung d. vein-distorting-Virus aus mit d. blattlaus-

übertragbaren Buschelkopfvirus infizierten Tabakpflanzen 3129.
Cole (K.) u. **Hawson (M. G.)**, Papaya, eine Frucht für Tropen u. Subtropen 2730.
Cole (S. E.) s. Katznelson (H.).
Cole (S. G.) s. Howitt (A. J.).
Coleman (N. T.), **LeRoux (F. H.)** u. **Cady (J. G.)**, Biotit-Hydrobiotit-Vermiculit in Böden 2924.
Coles (J. S.) s. Campbell (A. I.); Hobbis (E. W.).
Coles (L. W.) s. Puttler (B.).
Colibas (I.) s. Oprea (C. V.).
Collier (D.), Diskussion zu d. Prozessen d. Verwitterung v. Graniten im gemäßigten Klima 332. — s. Gachon (L.).
Collins (W. B.) u. **Bishop (R. F.)**, Wirkung verschied. organ. Bodenverbesserer auf bestimmte chem. Eigenschaften d. Bodens, auf d. Pflanzennährstoffgehalt d. Erdbeerblätter u. Fruchtertrag 1533.
Collis-George (N.), Umwelt u. Boden 623.
—, **Davey (B. G.)**, **Scotter (D. R.)** u. **Williamson (D. R.)**, Wirkungen v. Bitumen-Mulch 2681.
— u. **Sands (J. E.)**, Vergleich d. Wirkungen d. physikal. u. chem. Energiekomponenten d. Bodenwassers auf d. Samenkeimung 1179.
Colmet-Daage (F.), Erste Untersuchungen v. Böden d. Bananengebiete d. Äquators 58.
Colotelo (N.) s. Shaw (M.).
Colov (C.), Wuchseigenschaften einiger Pflaumen-, Zwetschen-, Schlehen- u. Kirschsorten 3056. — Vegetative Veränderungen bei d. Süßkirschensorte ‚Königin Hortense‘ 3057.
Colter (J. S.) u. **Ellem (K. A. O.)**, Struktur d. Viren 1656.
Colville (W. L.), Einfluß v. Saatstärke u. -methode auf verschied. Ertragskomponenten bei bewässertem Mais 415. — s. Singh (S. S.).
— u. **McGill (D. P.)**, Dichte u. Methode d. Saat auf mehrere Pflanzeneigenschaften u. Ertrag v. bewässertem Mais 125.
— u. **Torrie (J. H.)**, Wirkungen d. Bewirtschaftung auf Reservestoffe, d. Auftreten v. Wurzelfäule u. Futtererträge v. Rotklee, Trifolium pratense L. 1293.
Coman (T.) s. Alexandri (A. V.).
Commoner (B.), Lineare Biosynthese d. Tabakmosaikvirus: Entwicklung u. Testmodell 3127. — s. Symington (J.).
—, **Shearer (G. B.)** u. **Yamada (M.)**, Lineare Biosynthese d. Tabakmosaikvirus: Veränderungen d. Stäbchenlänge im Verlauf d. Infektion 3415.
Compere (H.), Rote Schildlaus u. ihre Insekten-Feinde 1408.
Compton (R. R.), Manual of field geology [1475]*.
Conaway (A. W.) u. **Strickling (E.)**, Vergleich ausgesuchter Verfahren zur Kennzeichnung d. Stabilität v. Bodenaggregaten 2059.
Conde (F. L.) u. **Sanchez de la Puente (L.)**, Einfluß d. Düngung auf d. mineral. Zusammensetzung d. Pflanzen auf verschied. typ. Böden d. Provinz Salamanca. Wechselwirkungen zwischen Stickstoff, Phosphor u. Kalium 3252.
Condei (G.) s. Alexandri (A. V.); Poenaru (I.).
Condit (I. J.), Ficus u. Blastophaga 3028.
Condon (P.) u. **Kuć (J.)**, Identität einer v. Möhrenwurzelgewebe gebildeten fungitox. Substanz 3150.
Condrashoff (S. F.), Beschreibung u. Morphologie d. praeimaginalen Stadien v. *3* eng verwandten Arten der Gattung Contarinia Rond. (Diptera: Cecidomyidae) aus Gallen an Douglasiennadeln 233.
Condron (C. H.), **Neiswander (R. B.)** u. **Wessel (R. D.)**, Toxizität v. Dibrom-Dämpfen gegen Gewächshausinsekten 1419.
Conev (C.) s. Konišev (P.).
Conev (I.), Verteilung d. festen Abflusses bei Furchenberieselung 75. — s. Coneva (L.).
Coneva (L.) u. **Conev (I.)**, Bewässerung geeigneter Böden 73.
Coniglio (J. G.) u. **Wolf (F. T.)**, Isolierung v. Chloroplastenpigmenten durch Gegenstromverteilung 1467.
Coninck (B. de) s. Pécaut (P.).

Coninck (L. de), Probleme d. Systematik u. Taxonomie in d. Nematologie heute 1095.

Conkovski (K.), Gefährlicher Schädling d. jungen Pflaumenkulturen 2215. — s. Balevski (A.).

Connell (C. H.) s. Okun (D. A.).

Conrad (K.), Geschlechtsgebundene Unterschiede im Wuchsstoffgehalt männlicher u. weiblicher Hanfpflanzen 615.

Conroy (R. J.), Grünspankrankheit d. Kulturchampignons 257. — Champignonkrankheiten 3151.

Constantinesco (D. G.), Constantinesco (M.), Retezeanu (M.), Oteleanu (R.) u. **Stoenesco (V.),** Reine Alkaloide als Sensibilisatoren d. Wirkung einiger Zytostatika auf d. pflanzliche Karyokinese 783.

Constantinesco (M.) s. Constantinesco (D. G.).

Constantinescu (Gh.) u. **Negreanu (E.),** Aussichtsreiche, spätreifende Tafeltraubenhybriden 809.

Constantinescu (N.), Popa (P.), u. **Bîstrova (A.),** Verhalten einiger Süß- u. Sauerkirschsorten in d. Waldsteppenzone 764.

—, Pricā (D.), u. **Doneaud (A.),** Frage d. Ursachen des frühzeitigen Ertragsrückganges u. d. Alternanz bei Aprikosen 464.

Constantino (G.), Bekämpfung d. Olivenfliege (Dacus oleae Gmel.) mit Starrflüglern u. Hubschraubern in Italien 2559.

Contandriopoulos (J.) s. Favarger (C.).

Contin (M.) s. Bianchi (A.).

Converse (R. H.) u. **Bailey (J. S.),** Resistenz einiger Rubus-Sorten gegen d. Besiedelung durch Amphorophora rubi in Massachusetts 3382.

— u. **Scott (D. H.),** Physiolog. Spezialisierung bei Phytophthora fragariae 3429.

— u. **Shiroishi (K. K.),** Oosporenbildung durch Einzelzoosporen-Isolate v. Phytophthora fragariae in Kultur 3101.

Conway (T. F.) s. Bauman (L. F.).

Cook (I. M.), Futterpflanzenspezialisierung bei Panaxia dominula L. 230.

Cook (M. G.) u. **Rich (C. I.),** Verwitterung Natrium-Kalium-haltiger Glimmer in Böden d. Virginia-Piedmonts 2919.

Cook (R. C.), Weltbedarf an Nahrungsmitteln u. d. Anwachsen d. Bevölkerung 3173.

Cook (R. J.) u. **Timian (R. G.),** Läsionstyp als ein Mittel zur Aufdeckung d. Resistenz in Gerstenblättern gegen Helminthosporium 3143.

Cook (R. L.), Davis (J. F.) u. **Frakes (M. G.),** Die in d. Jahren *1958—60* v. d. Zuckerrübenanbauern in Michigan angewandten Anbauverfahren 420.

Cook (S. A.), Genet. System, Variation u. Anpassung bei Eschscholzia californica 2495.

Cooke (D.) u. **Flegg (P. B.),** Beziehung zwischen Ertrag d. Kulturchampignons u. d. Reifestadium bei d. Ernte 1594.

Cooke (G. W.), Böden u. Düngemittel 1531. — s. Warren (R. G.); s. Williams (R. J. B.).

Cooke (R. C.), Agar-Scheiben-Methode zur direkten Beobachtung v. nematoden-fangenden Pilzen im Boden 1678. — Ökologie nematodenfangender Pilze im Boden 2855.

Coomans (A.), Morpholog. Beobachtungen an Rotylenchus goodeyi Loof et Oostenbrink, *1958. 1.* Mitt. Wiederbeschreibung u. Veränderlichkeit 818; *2.* Mitt. Einzelheiten zur Morphologie 818. — Arten d. Dorylaimoidea in Belgien. *1.* Mitt. Angehörige d. Tylencholaiminae Filipjev, *1934* 1928.

Coombe (B. G.), Absorption u. Wanderung v. ^{32}P-markierten system. Insekticiden in Weinstöcken (Vitis vinifera L.) 674. — Wirkung d. Entfernung v. Blättern, Blüten u. Triebspitzen auf d. Fruchtansatz bei Vitis vinifera L. 1048. — s. Paleg (L. G.).

Coon (B. F.) u. **Rinick jun. (H. B.),** Fang v. Getreideblattläusen in gelben Folienfallen 1958.

Cooper (A. J.), Einfluß d. Aussaatdatums u. d. Wurzeleinschränkung auf d. Ertrag v. Tomaten unter Glas 750. — Beziehungen zwischen Ta-

geslänge u. Jahresablauf d. Pflanzenentwicklung 1456.
Cooper (C. S.), Klages (M. G.) u. **Schulz-Schaeffer (J.),** Leistungen v. *6* Grasarten unter verschied. Wasser- u. Stickstoffgaben 1294.
Cooper (D. C.) s. Zenkteler (M.).
Cooper (D. J.) s. Voisey (P. W.).
Cooper (E. E.) u. **Girton (R. E.),** Physiolog. Wirkungen v. Manganmangel in Abhängigkeit v. Alter bei Sojabohnen (Glycine max) 3259.
Cooper (J. P.), Selektion u. Populationsstruktur v. Lolium. *5.* Mitt. Reaktionsverlauf u. damit gekoppelte Veränderungen v. Fertilität u. Vitalität 2487.
—, Tilley (J. M. A.), Raymond (W. F.) u. **Terry (R. A.),** Auslese auf Verdaulichkeit bei Futtergräsern 2197.
Cooper (W. C.), Peynada (A.) u. **Furr (J. R.),** Planmäßige Untersuchungen über d. Reaktion v. „Valencia"-Orangen auf d. Mikroklima, bes. d. Temperatur 2318.
Coote (G. G.) s. Hall (E. G.).
Coppenet (M.), Böden d. Gebietes v. Lorient-Hennebont, Belle-Ile-en-Mer u. Groix 934. — s. Ponchet (J.).
— u. **Calvez (J.),** Veränderungen d. Mineralstoffzusammensetzung v. Futtergräsern im Laufe einer einjährigen Untersuchung bei Beweidung 1463.
Coppens (R.), Rübenanalyse durch Refraktometrie 1734.
Čorbadžijska (B.), Einfluß v. Natriumtrichloracetat auf Atmung, Transpiration u. Vitalität d. Protoplasmas bei Quecke u. Rebe 894.
Corbaz (R.), Interessante fungicide Eigenschaften v. Natriumdimethyldithiocarbamat 1427. — s. Huter (R.).
Corbett (M. K.) s. Edwardson (J. R.); Roberts (D. A.).
— u. **Roberts (D. A.),** Schnellmethode zur Reinigung d. Tabakringfleckenvirus u. seine mit d. Elektronenmikroskop u. durch Negativfärbung bestimmte Morphologie 2250.
Corbetta (G.) s. Spreafico (L.).
Corcoran (M. R.) u. **Phinney (B. O.),** Quantitätsänderungen gibberellinähnlicher Substanzen bei d. Samenkeimung v. Echinocystis, Lupinus u. Phaseolus 324.
Cordukes (W. E.) s. Shearer (D. A.).
Corfield (M. C.) u. **Robson (A.),** Automat. Analysen v. Aminosäuren durch polarograph. Bestimmung ihrer Kupferkomplexe 1464.
Corke (A. T. K.), Blattfleckenkrankheit d. Schwarzen Johannisbeere: Spritzversuch *1959—61* 2551. — Prüfung v. Spritzmitteln gegen Gloeosporium spp. in Apfelanlagen 3163.
Cormack (R. G. H.), Durch Extremschatten hervorgerufene Veränderung v. Blattgröße u. Blattstruktur bei Convallaria majalis 296.
— u. **Lemay (P.),** Zucker in d. Interzellularen d. Wurzeln v. weißem Senf 3196.
Cornell (N.) s. Welsh (R. S.).
Cornfield (A. H.) s. Sen Gupta (M. B.).
Cornman (J. F.), Wirksame Bekämpfung v. Digitaria sp. 1163.
Corns (W. G.) u. **Schraa (R. J.),** Jahreszeitlich bedingter Futteranfall u. chem. Zusammensetzung v. Kanad. Reitgras (Calamagrostis canadensis [Michx.] Beuav.) bei period. Ernte v. gedüngten u. ungedüngten Naturbeständen 2725.
Corsten (L. C. A.), Ausgewogene Blockversuche mit zwei verschied. Anzahlen v. Wiederholungen 2695.
Corstiaensen (W. P. M.), Mechanisierung d. Anbaues v. Stoppelrüben 1288.
Corte (A.), Laboratoriumsuntersuchungen mit spezif. dissoziierten Bekämpfungsmitteln u. Zineb 576. — Vergleichende Symptomatologie bei Bormangel, infektiöser Degeneration u. a. Viruskrankheiten 2837.
Cortés-Monllor (A.) s. Pérez (J. E.).
Cosmin (O.) s. Mureşan (T.).
Cossins (E. A.) u. **Turner (E. R.),** Schwinden d. Alkohols u. d. Alkoholdehydrogenase-Aktivität in keimenden Samen 2297. — Stoffwechsel v. Äthylalkohol bei d. Keimung v. Erbsensamen 3181.
Costa (A. S.) u. **Carvalho (A. M. B.),** Brasilian. Tabakstichelkrankheit 1661.
Costa (F.) u. **Carpena (O.),** Einfluß d. Sorte bei Citrus auf d. jährlichen Verlauf d. N-Gehaltes im Blatt 3269.

Costan (G.), Răuță (C.) u. **Borlan (Z.),** Nebenprozesse bei d. Bestimmung d. aufnehmbaren Phosphate in rötlich-braunen Waldböden 63.
Costel (G. L.) s. Becker (C. F.).
Cotten (J.), Einfluß d. Temperatur auf d. Schlüpfen d. Hafernematoden 2213. — Veränderlichkeit in d. Pathogenität beim Hafernematoden 2814.
Cotter (D. J.), Einfluß v. Stickstoff, Kalium, Bor u. d. Tabakmosaikvirus auf d. Auftreten d. inneren Bräunung u. anderer die Fruchtqualität d. Tomaten beeinflussende Faktoren 3131.
Cotterell (R.) s. Hood (A. E. M.).
Coudriet (D. L.), Wirksamkeit verschied. Insekten als Überträger d. Gurkenmosaik- u. d. Wassermelonenmosaikvirus in Melonen 3138.
Couey (M. H.) u. **Uota (M.),** Wirkung d. Konzentration, d. Behandlungsdauer, d. Temperatur u. d. rel. Luftfeuchtigkeit auf d. Toxizität v. Schwefeldioxyd gegen Sporen v. Botrytis cinerea 2860.
Coulombe (L. J.) s. Paquin (R.).
Coulter (J. K.) u. **Lockard (R. G.),** Studien über „penyakit merah" d. Reis-Pflanzen. *1.* Mitt. Wirkung v. N, P, K, Kalk u. Spurenelementen auf d. Wachstum v. Reis auf „penyakit merah"-kranken Böden u. d. Aufnahme dieser Nährstoffe in Topfversuchen 955.
Couperus (H.) s. Doeksen (J.).
Coupland (R. T.) s. Selleck (G. W.).
Courduroux (J. C.), Auslösung d. Knollenbildung bei Topinambur 1453.
Courtney (W. D.), Nematoden, d. im Pazif. Nordwesten Narzissen u. Tulpen befallen 524. — Stengelnematode an Rotklee im Pazif. Nordwesten 2501.
Courtot (Y.), Wirkung v. Gibberellinsäure auf d. anatom. Struktur v. Asparagus medeoloides 1459.
Couston (J. W.) s. Williams (M. S.).
Coutin (R.) u. **Lapeyronie (A.),** Dasyneura sampaina Tavares (*1902*), d. Cicidomyide d. Flachstriebe 2218.
Couturier (S.), Anatom. u. histolog. Darmuntersuchungen bei Melolonthinae (Coleoptera, Scarabeidae) 234.
Covey (R. P.), Wirkungsweise v. Septoria linicola 3147.
Covey (W.) u. **Lemon (E. R.),** Wechselbeziehungen zwischen Bodendurchlüftung u. Pflanzenwurzeln. *4.* Mitt. Prüfung d. zylindr. Schalenmodells im Durchgangsgefäß 2929.
Cowan jun. (C. B.) s. Davis (J. W.); Parencia jun. (C. R.).
Cowell (N. D.) u. **Scott (K. J.),** Veränderung d. Luftzusammensetzung bei Lagerung d. Früchte in Polyäthylenumhüllungen 1034.
Cowett (E. R.) u. **Sprague (M. A.),** Bestocken bei Luzerne beeinflussende Faktoren 427.
Cowley (G. T.) s. Lichtenstein (E. P.).
Cowley (W. R.) s. Gerard (C. J.).
Cowling (D. W.), Wirkung v. Weißklee u. Stickstoffdüngemitteln auf d. Ertrag eines Kleegrasbestandes. *2.* Mitt. Jahreszeitliche Produktion 1839. — Erzeugung v. Winterfutter v. einem gedrillten Knaulgras, Luzernebestand 1007.
Cox (R. J.), Triazin-Derivate als nichtselektive Herbicide 1156.
Cox (R. S.), Bekämpfung d. Südlichen Bakterienwelke bei Spaliertomaten in Südflorida 2550.
Cradouteaud (J.) s. Izard (C.).
Craft (C. C.), Polyphenol-Verbindungen in „Elberta"-Pfirsichen während d. Lagerung u. Reife 2758. — s. Audia (W. V.).
Crafts (A. S.), The chemistry and mode of action of herbicides [2883]. — s. Clor (M. A.); Sheets (T. J.); Slife (F. W.).
Craiciu (E.), Studium d. Wirkung organ. u. mineral. Düngemittel auf Anpflanzungen v. strauchartigen u. Zwergmaulbeerbäumen 90. — Wirkung organ. u. mineral. Düngemittel gekörnt u. in Pulverform in Maulbeerbaumschulen 187. — Beiträge zur Bestimmung d. besten Veredlungsmethode bei Maulbeerbäumen 187. — Einfluß verschied. Behandlungen auf d. Maulbeersamen vor d. Aussaat 403. — Maulbeerhybride „Orşova *6*" 432. — Wirksamkeit d. organ. u. mineral. Düngemittel bei hochstämmigen

Maulbeerpflanzungen, an welchen d. Krone zu Verjüngungszwecken geschnitten wurde 962.
Craiciu (M.), Versuche betreffs Maulbeerbaumvermehrung durch chinesisches Ablegen 187. — Beiträge zur Festsetzung v. Aussaattermin, -menge u. -tiefe bei Maulbeerbäumen 733.
Craig (B. M.) s. McGregor (W. G.).
Craig (C. H.), Adelphocoris lineolatus (Goeze) in Nordsaskatchewan 3120.
Craig (I. L.) s. Bayly (I. L.); Murray (B. E.).
Craigmiles (J. P.) s. Newton (J. P.).
Crandall (P. C.) s. Austenson (H. M.).
— u. **Williams (M. W.)**, Ursachen u. Verhinderung v. Druckflecken bei Konservenpfirsichen 174.
Crane (J. C.) s. Bradley (M. V.); Rebeiz (C. A.).
— u. **Campbell (R. C.)**, Brechung d. Knospenruhe u. Induzierung d. Parthenokarpie bei d. Smyrnafeige durch Gibberellin 904.
— u. **Grossi (N.)**, Reproduktive u. vegetative Reaktionen d. „Mission"-Feige auf Gibberellin 1848.
—, **Rebeiz (C. A.)** u. **Campbell (R. C.)**, Gibberellin-induzierte Parthenokarpie beim „J.H. Hale"-Pfirsich u. d. vermutlichen Ursachen d. „Button"-Produktion 2757.
Crang (A.) u. **Clarke (G. M.)**, Wirkungen einiger Fungicide auf d. Geschmack v. Früchten u. Obstsäften 1428.
Crasson (G.), Einteilung d. Versuchsfelder zur Bestimmung d. Resistenz gegen d. Blattroll- u. Y-Virus 2850.
Crawley (W. E.) s. Smith (J. D.).
—, **Campbell (A. G.)** u. **Smith (J. D.)**, Ausbreitung d. Sporen v. Pithomyces chartarum auf d. Blättern v. Weidelgras 255.
Creager (D. B.) u. **Matherly (E. P.)**, Poinsettien-Bakterienbrand: Histopatholog. Untersuchungen 2537.
Creencia (R. P.) s. Bondoc (L. O.).
Creighton (C. S.), **Kinard (W. S.)** u. **Allen (N.)**, Wirksamkeit v. Bacillus thuringiensis u. verschied. Insekticide bei d. Bekämpfung v. Schmetterlingsraupen an Tabak 560.
Cremilyn (R. J. W.), System. Fungicide 574.
Crescini (F.), Zur Langlebigkeit d. einheim. Weißklees 1009.
Cressman (H. K.) u. **Davis (J. F.)**, Schwefelquellen für Kulturpflanzen in Michigan u. Einfluß einer Schwefeldüngung auf Pflanzenwachstum u. -zusammensetzung 1261.
Crews (J. W.) u. **Guy (L. J.)**, Ausgleich d. Ertrages auf d. Grundlage d. Standraumes bei Versuchen mit HL-Tabak 2127.
Crick (F. H. C.), Genet. Code. Schlußfolgerungen über d. genet. Natur d. Code aus Ergebnissen biochem. Versuche 3351.
Cripps (J.), Verzögerte Belaubung bei Apfelbäumen 1660.
Crişan (A.) s. Rădulescu (E.).
Crişan (I.) s. Oprea (C. V.).
Cristea (M.) s. Grădinaru (N.).
Critopoulos (P.), Blauschimmel d. Tabaks 1950.
Crohain (A.) s. Lacroix (L.).
Cronkright (W. A.), Schnellbestimmung v. Silicium in Rohphosphaten 3274.
Crooke (W. M.) u. **Knight (A. H.)**, Einschätzung d. veröffentlichten Werte über d. Mineralzusammensetzung v. Pflanzen in bezug auf d. Kationaustauschkapazitäten ihrer Wurzeln 1232.
Cropley (R.), Viren, d. durch Saftverimpfung v. Kirschbäumen mit europäischen Rauhblättrigkeits- u. Blattrollkrankheiten übertragen wurden 246. — s. Posnette (A. F.).
Cropsey (M. G.), **Leach (C. M.)**, **Ching T. M.)**, **Sather (L. A.)** u. **Wiant (D. E.)**, Wirkung d. Kathodenbestrahlung v. Weizen auf oberflächlich anhaftende Schimmelpilze, Respiration, Geruch u. Geschmack d. Mehls sowie Keimung 2113.
Crosby (D. G.) s. Herrett (R. A.).
Crosier (W. F.) s. Hofer (A. W.).
Crossan (D. F.) s. Bubutis (P. P.).
Crossa-Raynaud (P.), Erste Beobachtungen an F_1-Hybriden v. zwei Aprikosenvarietäten (‚Caninos' × ‚Amor Leuch') 1366. — Hauptsächlichste Krankheiten d. Agrumen im mediterrianen Becken 2848.
Crossley (H. E.), Iris im Zeitalter d, Stuarts. Iris-Jahrbuch *1961* 185.
Crowe (G. B.) s. Lloyd (E. P.).

Crowley (N. C.) s. Velsen (R. J. van).
Croxall (H. E.), Davey (W. A.), Gwynne (D. C.) u. **Johnson (W.),** Krautfäule-Vorhersage in Cumberland während d. Jahre *1953–57* 1155.
Crüger (G.), Orobanche minor Sutton an Knollensellerie (Apium graveolens L.) 1925. – Botrytrisbekämpfung in Kopfsalatkulturen unter Glas 3164. – s. Hein (A.); Maier-Bode (H.).
Cruickshank (I. A. M.) s. Rider (N. E.).
Crumpacker (D. W.) u. **Allard (R. W.),** Diallele Kreuzungsanalyse d. Ährenschiebens beim Weizen 2776.
Cruz (R. d') s. Argikar (G. P.).
Csepregi (P.) u. **Zilai (J.),** Einfluß d. Unterlagensorten auf d. Ertragsfähigkeit u. Wachstumsernergie d. Edelsorten bei d. Weinrebe 1330.
Csider (L.), Einige Wasserhaushalt-Untersuchungsergebnisse v. Böden auf denen Obst angebaut wird 1042.
Csigás (M.). s. Nagy (G.).
Csökönyei (I.) s. Nyujtó (F.).
Csongrády (M.) s. Ubrizsy (G.).
Csorba (Z.), Biologie d. Apfelmehltaues (Podosphaera leucotricha [Ell. et Ev.] Salm) u. d. Erarbeitung wirksamer Bekämpfungsmaßnahmen in Ungarn [1400]*.
Csuti (I.), Welkekrankheit d. Lupine in Ungarn 1668.
Čuev (P. A.) s. Gorbov (N. F.).
Čulanovskaja (M. V.), Bedeutung d. spektralen Zusammensetzung d. Lichtes für d. photoperiod. Reaktion einiger Kurz- u. Langtagpflanzen 899. – s. Mamušina (N. S.).
Čulkov (N. I.), Neue Tomatensorten 752.
Cullen (N. A.) s. During (C.).
Culpin (C.), Entwicklungen d. Unterdachtrocknung v. Heu 740.
Čumaevskaja (M. A.), Schwarzfäule d. Sorghums u. d. Maises 1947.
Čumakov (A. E.) s. Chochrjakov (M. K.).
Cumming (B. G.) u. **Steppler (H. A.),** Kontrolle v. Wachstum u. Entwicklung bei Rotklee (Trifolium pratense L.). *4.* Mitt. Vegative Vermehrung u. d. Anwendung v. Wachstumsregulatoren 1183.
Cumming (M. E. P.), Biologie v. Pineus similis Gill. (Homoptera: Phylloxeridae) an Rottanne 1008.
Čunarev (N. V.) s. Alinovškij (P. G.).
Cunningham (A.) s. Mayfield (D. L.).
Cunningham (R. K.), Mineral. Stickstoff in trop. Waldböden 1748. – Kationenaustauschverhältnisse im Welschen Weidelgras (Lolium multiflorum) 2651.
– u. **Arnold (P. W.),** Schatten- u. Düngeranspruch d. Kakaos (Theobroma cacao) in Ghana 94.
Cunningham (R. L.) u. **Drew (J. V.),** Kennzeichnung u. Genese einer Moody-Nory-Crofton-Bodensequenz im nordöstlichen Nebraska 644.
Cupery (W. E.) s. Bucha (H. C.).
Čuprakova (V.), Gemeinsame Aussaat v. Mais mit Bohnen 2721.
Čuraev (I. A.), Probleme d. Kartoffelkäferbekämpfung 571.
Čurbanov (B. M.) u. **Mamedov (O. G.),** Einige Untersuchungsergebnisse über d. Geschwindigkeit d. Molybdänaufnahme u. d. Molybdäntransportes in d. Pflanzen bei Verwendung v. ^{99}Mo. 680.
Cureseanu (D.) s. Michai (G.).
Curic (R.) s. Saric (M.).
Curkan (I. P.), Bestäuber für Kirschen 1875.
Curl (E. A.) s. Johnson (L. F.).
Currie (W. E.) s. Nielson (M. W.).
Curry (A. N.), Kress (L. M.) u. **Paylor (R. A. L.),** Insekticidrückstände, Bestimmung v. Phoratrückständen u. seiner insekticiden Metabolite durch Cholinesterasehemmung 559.
Curth (P.), Spezielle Untersuchungen zu Vernalisation u. Photoperiodismus d. Zuckerrübe 502. – Hydroponikkulturverfahren in d. Beta-Rübenzüchtung 3089. – Beschreibung einer halbautomat. Hydrokulturanlage 3317. – s. Bachmann (L.).
– u. **Sommer (E.),** Nährlösungsdurchlüftung bei Zuckerrüben-Hydrokulturen 905. – Bormangelerscheinungen bei Wurzel- u. Blattzufuhr verschied. konzentrierter Boraxlösun-

gen zu Zuckerrüben-Hydrokulturen 2381. — Wirkung v. Bor- u. Sauerstoffzufuhr zu Nährlösungen v. Zuckerrüben-Hydrokulturen 2381.
Curticăpeanu (G.) s. Chirilei (H.).
Curtis (G. J.), Quantitative Extraktion d. Zysten v. Heterodera schachtii Schmidt durch unterschiedliche Sedimentation 1402.
Curtis jun., (O. F.), Spritzungen zur Bekämpfung v. Unkräutern u. Gräsern in Obstplantagen 1711.
Cuthbert jun., (F. P.), Zucht d. Südlichen Kartoffeldrahtwurmes 1681.
Cuthbertson (E. G.), Bekämpfung v. Cryptostemma calendula auf Weiden 1711.
Cutler (H. G.) s. Vlitos (A. J.).
Čuvašina (N. P.), Einfluß v. Gibberellin auf d. Kreuzbarkeit entfernter Pflanzenformen 2796. — s. Kuźmin (A. J.).
Cvančara (F.), Landwirtsch. Produktion in Zahlen [590].
Cvasnîi (D.) s. Petrescu (M.); Rădulescu (C.); Ştefan (N.).
Cvetaeva (I. A.), Schädigung d. Rüben durch d. Rübenfliege 3399.
Cvetaeva (Z. N.), Aussichtsreiche Hybriden u. Sämlinge v. Birnen 3334. — s. Jakovlev (S. P.).
Cvetanov (D.) s. Rajkov (E.).
Cvetkov (D.), Hopfenschädlinge u. ihre Bekämpfung in Bulgarien 2217. — Hopfenblattlaus (Phorodon humuli Schrk.) u. ihre Bekämpfung 2224.
— u. **Bogdanov (V.)**, Versuche zur chem. Bekämpfung d. Kornkäfers (Sitophilus granarius L.) durch Begasen u. Bestäuben d. Weizenkorns 875.
— u. **Toševa (C.)**, Aerosole zur Bekämpfung einiger blattfressender Raupen u. Käfer 2268. — Erfolgreiche Bekämpfung des Pflaumenwicklers mit Aerosolgeneratoren 1138.
—, **Toševa (C.)** u. **Ilkov (V.)**, Bekämpfung d. Pflaumenwicklers (Grapholita funebrana Tr.) durch thermomechan. Aerosole 1420.
Cvetkov (S.), Biolog. u. wirtschaftliche Eigenschaften einiger Doppellinienhybridmaise 1282.
Cwojdziński (W.) s. Misterski (W.).
Cygankov (S. K.), Viröser Atavismus d. Schwarzen Johannisbeere 3419.
Cymbal (M. M.), Saatgutbeizung u. Agrotechnik bei d. Bekämpfung d. Weizensteinbrandes 863. — Bedeutung d. Agrotechnik bei d. Bekämpfung d. Weizensteinbrandes in d. ukrain. Steppe 1957.
Cyplenkov (V. P.), Zur Methodik d. präparativen Isolierung v. Huminsäuren 936.
Cytovič (K. I.), Therm. Behandlung d. Saatgutes u. ihr Einfluß auf d. Ertrag u. d. Samenleistung bei Gurken u. Tomaten 1028.
Czaja (A. T.), Schadwirkung v. Kalk- u. Zementstaub auf Zierpflanzen 1924.
Čžan (Sju-chua) s. Tjan Bo.
Czarnecka-Hauska (T.), Vergleich d. Samen- u. Grünmasseerträge einiger Hirsearten 134.
Czeratzki (W.), Stoppelbearbeitung im Mähdruschbetrieb 944.
Czerney (P.) s. Fiedler (H.-J.).
Czerwoniec (Z.), Vermehrung d. Kartoffeln durch Verwendung kleiner vorgekeimter Knöllchen beim Pflanzen 1912.
Cziharz (H.) s. Brucker (W.).
Czyżewicz (Z.), Brauchbarkeit einiger Kartoffelsorten als Kreuzungsformen bei d. Resistenzzüchtung gegen d. Y-Virus 517.
Czyżewska (S.), u. **Zarzycka (H.)**, Bodeninfektionsversuche an Linum usitatissium, Crambe abyssinica, Cannabis sativa u. Cucurbita pepo var. oleifera mit einigen Fusarium-Arten 1664.

Dabin (B.), Beziehungen zwischen d. physikal. Eigenschaften u. d. Fruchtbarkeit bei trop. Böden 1481.
Dabrowski (W.), Wörterbuch d. Wiesen u. Weiden-Pflanzennamen in alphabet. Reihenfolge [444].
Daday (H.), Ausläuferbildung bei Luzerne (Medicago sativa L.). *1.* Mitt. Wirkung d. Selektion in d. ersten Generationen 3092.
Dadd (C. V. T.) s. Church (B. M.).
Dadd (R. H.) s. Mittler (T. E.).
Dadykin (V. P.) u. **Ivanova (R. P.)**, Säurelösliche Verbindungen in Raps- u. Zuckerrübenpflanzen, d.

bei verschied. Temperatur u. unterschiedlicher Mineralstoffernährung gezogen wurden 1780.

Dänhardt (W.) u. **Kühle (G.),** Bedeutung d. Unterlage für d. Rosenkultur. *1.* Bericht über Unterlagenversuche zu Freilandrosen 778; Bericht über Unterlagenversuche zu Hausrosen 1338.

Daguman (I. L.) s. Carangal jun. (A. R.).

Dahl (D.) s. Knight (C. A.).

Dainty (J.), Zusammenhang zwischen Ionentransport u. elektr. Potentialen in Pflanzenzellen 1170.

Dalbro (S.) s. Poulsen (E.).

Dalgarno (L.) u. **Birt (L. M.),** Aktivitäten einiger partikulierter u. nicht partikulierter oxydativer Enzyme in Möhrengewebe 2031.

Dalmasso (G.), Weinbau u. Weinbereitungslehre in Transkaukasien. *1.* Mitt. Georgien 2464.

Dalrymple (J. B.), Einige mikromorpholog. Folgerungen aus d. Einfluß d. Zeit als eines bodenbildenden Faktors, dargestellt an Standorten in Südostengland 1213.

Daly (J. M.), Inman (R. E.) u. **Livne (A.),** Kohlenhydratstoffwechsel in Geweben höherer Pflanzen, die mit obligaten Parasiten infiziert sind 3140.

— u. **Jensen (S. G.),** Beweis für eine funktionstüchtige Cytochromoxydase in Geweben, d. durch obligate Parasiten infiziert sind 249.

— u. **Krupka (L. R.),** Wirkung v. Puccinia graminis tritici auf d. Gehalt v. Weizenblättern an organ. Säure 1946.

—, **Krupka (L. R.)** u. **Bell (A. A.),** Einfluß v. Hormonen auf d. Atmungsstoffwechsel gesunder u. rostinfizierter Gewebe 1374.

Dame, Zum Auftreten v. Achateulenraupen 829.

Damigella (P.) u. **Souillaci (A.),** Blattdüngung bei d. Rebe 3265.

Dammann (H.), Abdeckplanen aus Kunstoff bei d. Obsternte 3052.

Damsteegt (V. D.) s. Bruehl (G. W.).

Dana (S. K.) u. **Datta (R. M.),** Zytolog. Untersuchungen d. Pollen u. Pollenschläuche bei diploiden u. tetraploiden Arten v. Sesbania 1369.

Danailov (B. I.), Dynamik d. aufnehmbaren Stickstofformen bei Düngung d. mit Weinreben bepflanzten Bleicherden 1606.

Dancer (J.), Bemerkung zur statist. Analyse v. Ertragsunterschieden bei zweijährig tragenden Getreiden 2696.

Dancík (J.), Ergebnisse d. versuchsweisen Bewässerung v. Sommerzwischenfrüchten in d. Südwest-Slowakei während d. Jahre *1956–1960* 74. — Einfluß d. Bewässerung auf reine Kleebestände u. Kleegrasgemische 2129.

Danell (N.), Sortenversuche mit Faserlein in d. Jahren *1952–58* 999.

Danert (S.), Gliederungsprobleme bei Kulturpflanzen [2286]; dass.: 2286. — Wissenschaftliche Arbeiten Rudolf Mansfelds 2581. — s. Kulpa (W.).

Dániel (L.), Untersuchung v. Korrelationen zwischen allgemeiner u. spezieller Kombinationseignung bei Zuckermais 1902.

Danieljan (A. C.), Embryolog. Untersuchungen über d. Befruchtungsprozeß v. Tabak im Rayon Kamo 1341.

Danielson (L.) s. Maurer (C. L.).

Danilova (N. S.) s. Tueva (O. F.).

Danilova (T. A.), Wirkung v. Cobalt auf Pflanzen 1813.

Dankanits (E.) u. **Botar (A.),** Verhalten einiger in d. Versuchsstation Cluj angebauten Erdbeersorten 175.

Danko (J.), Peronospora d. Sojabohne, Peronospora manshurica (Naumoff) Sydow in d. Slowakei 1949.

Dańko (V. I.), Zwei Ernten Pferdebohnen 3298.

Danneil (U.), Kulturmethoden zur Aufzucht chlorophylldefekter höherer Pflanzen 3192.

Dános (B.) u. **Sárkány (S.),** Einige neuere Ergebnisse d. Versuche mit Mohnhybriden zur Erhöhung d. Morphinertrages 1080.

Darab (K.), Wechselwirkungen v. Boden u. Wasser bei Bewässerung 74. — Salzbilanz u. Salzverlagerung in berieselten Böden Ungarns 74. — Kationenumtausch im Boden unter

d. Einfluß d. Berieselungswassers v. verschied. Qualität 2364.
— u. **Schönfeld (T.),** Adsorption d. Cs^+-Ions durch Tonminerale 1480.
Darby (J. F.), Bekämpfung d. bakteriellen Fleckenkrankheit an Paprika mit Streptomycin in Zentral-Florida 1704.
Darchanov (V. D.), Einfluß d. Zwischenfruchtbaues auf d. Ertrag d. nachfolgenden Kulturen 105.
Dardenne (G.), Rückstandsbestimmungen v. drei Fungiciden, d. zur Bekämpfung v. Peronospora tabacina verwendet werden 1701.
Darevskaja (E. M.) s. Bachteev (F. C.).
Darkanbaev (T. B.), Lukpanov (Ž. L.) u. **Kalekenov (Ž.),** Physiolog. u. biochem. Besonderheiten einer Heterosisform v. Tabak 507.
Darling (H. M.) s. Schultz (T. H.); Smart jun. (G. C.).
Darling (H. S.), Hopfenbau in England 1005.
Darling (M. M.) s. Mortvedt (J. J.).
Darret (G.), Wirkung d. Chlorogensäure auf d. N-Stoffwechsel v. Möhrengewebe 17.
Dart (P. J.) s. Pate (J. S.).
Dartigues (A.) s. Delmas (J.).
Darves-Bornoz (M.), Beherrschung d. Wassers als entscheidender Faktor für d. Entwicklung einer modernen Landwirtsch. 946.
Das (A.) s. Boon (J. van der); Schreven (A. C. van).
Das (N. B.) s. Barat (G. K.); Gupta (Y. P.); Sadaphal (M. N.).
Das (S. C.) s. Ghosh (S. K.).
Das (S. K.) s. Agarwal (R. R.).
Das (T. M.) u. **Choudhuri (J. M.),** Wirkung d. period. Verteilung einer geringen Bestrahlung auf d. Akkumulierung d. Trockensubstanz in verschied. Teilen d. Reisembryos u. Veränderungen im Trockengewicht d. Endosperms während d. Stadien nach d. Keimung 2293.
Daševskij (L. I.) u. **Antonova (T. N.),** Einfluß d. Bewässerung auf d. Zukkergehalt d. Rüben 722.
Das Gupta (P. C.), Hemicellulosen d. Jutefaser 1463.
Daskaloff = Daskalov.
Daskaloff (C.) u. **Ognjanowa (A.),** Äußerung d. Heterosiseffektes in F_1-Tomatensorten beim Gewächshaus- u. Freilandanbau 807. — Verhalten verschied. Tomatenarten u. -sorten gegenüber ununterbrochener Belichtung 1589.
Daskalov = Daskaloff.
Daskalov (C.), Wesen d. Heterosiserscheinungen 195. — Stand u. Ergebnisse d. Heterosiszüchtung bei einigen Gemüsekulturen in Bulgarien 2793.
— u. **Popova (D.),** Einfluß einer Wachstumsverzögerung bei d. Jungpflanzenzucht v. Tomate u. Paprika unter Glas 449. — Biologie d. Blühens u. d. Bestäubung d. Paprikas (Capsicum annuum) 2492.
—, **Tarnovska (K.)** u. **Ognjanova (A.),** Einfluß d. Tageslänge auf d. Ausprägung d. Heterosiseffekts bei Tomaten 1640.
Daskalov (P.), Angelov (A.) u. **Tanev (R.),** Chem.-technolog. Beurteilung einiger Erdbeersorten 468.
—, **Tenev (R.)** u. **Angelov (A.),** Chem.-technolog. Bewertung d. Früchte einiger Apfelsorten 3333.
Daškeeva (K. N.), Methode d. direkten Selektion — eine aussichtsreiche Methode zur Erzielung neuer, gegen d. Tabakmosaikvirus resistenter Tabakformen 1082. — Antibiot. Besonderheiten d. Tabakpflanzen in ihrer Immunität gegen d. Tabakmosaikvirus 2830.
Daškevič (A. V.), Winterfestigkeit v. Weinsorten u. Hybriden u. d. Möglichkeiten d. Ausdehnung d. Anbaues ohne Bodenabdeckungen 470.
Dass (H. C.) s. Randhawa (G. S.).
Dastidar (A. G.) s. Sircar (S. M.).
Dastur (R. H.), Wechselbeziehungen zwischen d. Aufnahme v. Stickstoff, Phosphat u. Kali aus d. Boden durch d. Baumwollpflanze 1785.
— u. **Dawson (M. J.),** Wachstum u. Erträge ägypt. Baumwolle bei Bewässerung in Mysore. *2.* Mitt. Stickstoff- u. Mineralstoffgehalt ägypt. Baumwolle in Mysore 2728.
— u. **Narasimhachar (S. G.),** Wachstum u. Erträge v. ägypt. Baumwolle bei Bewässerung in Mysore. *1.* Mitt. Wirkung d. Düngung auf morpholog. u. reproduktive Eigenschaften 1297.

Daszkiewicz (A.) s. Roguski (A.).
Datta (C.) s. Mukherjee (R. K.).
Datta (D. D.) u. **Bami (H. L.),** Öl aus Samen v. Lepidium sativum L. 908.
Datta (N. P.) u. **Goswami (N. N.),** Wirkung v. organ. Substanz u. unterschiedlicner Wasserversorgung auf d. Aufnahme u. Verwertung d. Boden- u. Düngemittelphosphors durch Weizen 2679.
—, Khera (M. S.) u. **Saini (T. R.),** Colorimetr. Schnellverfahren für d. Bestimmung v. organ. Kohlenstoff in Böden 1494.
—, Shinde (J. E.), Kamath (M. B.) u. **Datta (S. K. de),** Wirkung eines Zusatzes (EDTA) zum Boden auf d. Aufnahme v. Boden- u. Düngerphosphor durch Weizen, Reis u. Alexandrinerklee 1541. — Einfluß v. Natriumsilicat auf d. Aufnahme v. Boden- u. Düngerphosphor durch Weizen, Reis u. Alexandrinerklee (Trifolium alexandrinum) 2682.
Datta (R. M.), Untersuchungen an d. Autotetraploiden v. Kultur- u. Wildtypen v. Jute (Corchorus olitorius Linn. u. C. capsularis Linn.) 3099. — s. Dana (S. K.); Panda (B. S.).
Datta (S. K. de) s. Datta (N. P.).
Daubeny (H. A.), Frühzeitigkeit bei Tomatensorten mit d. speziellen Eignung d. Früchteansetzens bei niedrigen Temperaturen 3046.
Daugherty (D. M.) s. Brett (C. H.).
Dauthy (D.) u. **Bové (J. M.),** Wurzelkulturen v. Citrusgewächsen 3193.
—, Bové (J. M.), u. **Morel (G.),** In-vitro-Kulturen v. Citruswurzeln 2026.
Dautow (R. K.), Feuchtigkeitsverhältnisse eines grauen Waldbodens unter Mais u. Winterroggen in einem feuchten u. einem trockenen Jahr 48.
Davey (A. J.), Biolog. Flora d. Brit. Inseln. Epilobium nerteroides A. Cunn. 617.
Davey (B. G.) s. Collis-George (N.).
Davey (C. B.) s. Papavizas (G. C.).
— u. Papavizas (G. C.), Vergleich v. Methoden zur Isolierung v. Rhizoctonia solani aus d. Boden 3160. — Saprophyt. Aktivität v. Rhizoctonia unter d. Einfluß d. Kohlenstoff-Stickstoff-Bilanz gewisser organ. Bodenzusätze 3222.
Davey (W. A.) s. Croxall (H. E.).
Davich (T. B.) s. Vanderzant (E. S.).
David (H.), Techn. Wert d. Zuckerrübe 1562.
David (H. A.) s. Quesenberry (C. P.).
David (W. A. L.) u. **Gardiner (B. O. C.),** Verhalten v. Pieris brassicae L.-Faltern bei d. Nahrungsaufnahme in Laboratoriumszuchten 232. — Eiablage u. Schlüpfen d. Raupen aus d. Ei bei Pieris brassicae (L.) in einer Laboratoriumszucht 2218.
Davide (J. G.), Verfügbarkeit v. Phosphor für Reis bei Überstauungskultur nach Bestimmung durch Isotopenverdünnungstechnik 379. — Einfluß d. Düngung u. d. Bestandesdichte auf Wachstum u. Ertrag d. Maises auf d. Philippinen 1829. — Maisdüngung u. Saatgutqualität 2704. — s. Briones (A. A.).
Davide (P. S.) s. Felizardo (B. C.).
Davidescu (D.) u. **Reichbuch (L.),** Möglichkeiten d. Ertragssteigerung bei d. Zuckerrübe im Nordwesten d. Moldau 3010.
Davidov (D.) u. **Krafti (G.),** Bestimmung d. mittleren Parameter nach d. Gesetz d. Wassereindringens in d. Boden 2946.
Davidovskij (G. M.), Wechselbeziehungen zwischen Unkraut- u. Kulturpflanzenarten 1990.
Davidson (B.), Getreideerträge bei Versuchen u. auf Farmen 120.
Davidson (H.) s. Evans (George).
— u. Ries (S. K.), Unkrautbekämpfungsstudien mit Baumschulkulturen 2579.
Davidson (J. M.) s. Nielsen (D. R.).
Davidson (T. R.) s. Townshend (J. L.).
Davies (C. R.) s. Booth (A.).
Davies (D. R.), Genet. Kontrolle d. Strahlenempfindlichkeit. *1.* Mitt. Sämlingseigenschaften bei d. Tomate 196.
Davies (E. G.), Ashton (W. M.) u. **Borrill (M.),** Verteilung v. Cumarin u. verwandten Verbindungen während Blattwachstum u. Entwicklung in Anthoxanthum-Arten 3200.
Davies (G. E.) s. King (J.).
Davies (G. T.), Hafernematode in Nordwales 227.

Davies (H. T.) s. Young (I. C.).
Davies (J. C.), Lagerung v. Bohnen in Säcken nach Behandlung mit *0,4%*igem Gamma-HCH-Staub 2568.
Davies (J. N.) s. Gardner (R.); Winsor (G. W.).
Davies (T. G.), Bekämpfung v. Blattläusen an Erdbeeren 1969.
— u. **Griffiths (D. J.),** Resistenz v. Hafer gegen d. Hafernematoden (Heterodera avenae Woll.) 2814.
Davies (T. H.) s. Chippindale (H. G.).
Davies (W.), The grass crop, its development, use and maintenance [1852].
Davies (W. E.) u. **Tyler (B. F.),** Erträge v. Luzernesorten in West-Wales 1009. — Ertrag u. Anteil v. Luzerne, Gras u. Klee unter verschied. Bewirtschaftungssystemen. *4.* Mitt. Wirkung d. Schnitthäufigkeit auf Luzerne u. Luzernegras 2129.
Davis (A. G.), Luzerne 1293.
Davis (B. N. K.), Mikroarthropoden-Gemeinschaften v. Mineralböden in d. Nähe v. Corby, Northants 3226.
Davis (C. H.) s. Young (R. D.).
Davis (E. G.), In Folienbeuteln verpackte Backpflaumen 2157.
Davis (E. L.) u. **Holmes (P. J.),** Morphogenet. Wirkungen v. Gibberellinsäure auf d. Xylem v. Lycopersicon esculentum L. 2303.
Davis (E. W.), Wahrscheinlicher genet. Beweis somat. Spaltung bei Allium cepa L. 1616. — s. Kehr (A. E.).
Davis (F. S.), Peters (E. J.), Klingman (D. L.), Kerr (H. D.) u. **Fletchall (O. H.),** Chem. Bekämpfung v. Weinbergslauch 2882.
Davis (J. F.) s. Cook (R. L.); Cressmann (H. K.); Kinra (K. L.).
Davis (J. W.) s. Parencia jun. (C. R.).
—, Cowan jun. (C. B.) u. **Parencia (C. R.),** Feldversuche mit Insekticiden an Baumwolle zur Bekämpfung d. Baumwollkapselkäfers, d. Maiseule u. d. Baumwollblattraupe im Jahre *1961* 2555.
Davis (L. E.), Turner (R.) u. **Whittig (L. D.),** Selbstumsetzung v. H-Bentonit in Al-Bentonit 2037.
Davis (R. J.), Resistenz v. Rhizobien gegenüber antimikrobiellen Agenzien 1489. — s. Clapp (C. E.).
Davis jun. (R. M.), Lufträume im Gewebe d. Kartoffel; ihre Bestimmung sowie ihre Beziehung zur Trockensubstanz u. zum spez. Gewicht 3178.
Davis (T. A.), Verjüngung v. Kokospalmen 437. — Asymmetrie u. Ertrag bei Cocos nucifera L. 437. — Nichterblichkeit d. Asymmetrie bei Cocos nucifera 1369. — Vegetative Vermehrung bei d. Kokosnuß 2134.
Davis (W. E. P.), Auswirkungen d. Deckfrucht Hafer auf Weideansaaten v. Knaulgras, Dactylis glomerata L. u. Weißklee, Trifolium repens L. 2434.
Davison (R. M.), Wachstumshemmende Stoffe in d. Xylemflüssigkeit 2605.
Davitaja (F. F.), Ausnutzung d. natürlichen Bedingungen zur kontinuierlichen Erzeugung v. Gemüse u. Obst 1853. — dass: [3327].
Davtjan (G. S.), Erdelose Anzucht v. Gemüsepflanzen 153.
Davydova (N. S.), Litvak (B. E.) u. **Nikolaeva (A. V.),** Bestäubung d. Samenträgerrüben in d. Moldauischen SSR 1913.
Dawsey (L. H.), Woodham (D. W.) u. **Lofgren (C. S.),** Heptachlor- u. Heptachlorepoxyd-Rückstände in Gemüse 283.
Dawson (J. E.) s. Mackenzie (A. F.); Morrill (L. G.).
Dawson (J. H.) s. Bruns (V. F.).
—, Bruns (V. F.) u. **Roché (B.),** Chem. Unkrautbekämpfung in Feldbohnen 1159.
Dawson (M. J.) s. Dastur (R. H.).
Day (A. D.), Tucker (T. C.) u. **Vavich (M. G.),** Wirkung v. städt. Abwasser auf Kornertrag u. -qualität v. Gerste, Hafer u. Weizen 96.
Day (B. E.) s. Jordan (L. S.).
—, McCarty (C. D.) u. **Jordan (L. S.),** Dalapon, Amitrol u. Unkrautöl verglichen in ihrer Wirkung zur Bekämpfung v. Bermudagras in kaliforn. Citrus-Plantagen 1439.
Day (P. R.) u. Forsythe (W. M.), Wirkung eines isotrop begrenzten Druckes auf d. hydrostat. Druck d. Wassers in ungesättigtem Boden 1204.
Dayal (K.) s. Teaotia (S. S.).
Dayani (T. R.) s. Murty (G. S.).

De (S. K.), Adsorption d. Phosphations durch gleichartig mit Ionen belegte ind. Montmorillonite 338.
– u. **Rastogi (R. C.)**, Adsorptives Verhalten zwischen d-Glukose u. Tonmineralen 1749.
– u. **Tewari (R. C.)**, Einfluß v. Ammoniumsalzen auf d. Adsorption v. Phosphorsäure durch ind. Muskovit 46.
Deakins (R. M.) u. **Roach (F. A.)**, Graseinsaat in Obstplantagen in Kent u. Sussex 1033.
Dean (H. A.), Aphytis lepidosaphes (Hymenoptera: Chalcidoidea), ein eingeführter Parasit d. Citrus-Kommalaus 269.
Decau (J.), Elementarbegriffe d. Chromatographie. Prinzipien u. Anwendungstechniken 936.
–, **Fioramonti (S.)** u. **Malterre (H.)**, Gehalt d. Böden v. Haute-Garonne an organ. Substanz 1479.
Decker (A. M.) s. Gordon (C. H.).
Decker (H.), Biologie u. Ökologie v. Aphelenchus avenae Bastian, *1865* 2812. – Möglichkeiten u. Probleme d. Nematodenbekämpfung 2861.
– u. **Dowe (A.)**, Auftreten d. Erdbeerälchens Aphelenchoides fragariae (Ritzema Bos) im Jahre *1961* 3392.
– u. **Schmidt (J.)** [Rostock], Nematodenschäden an landwirtschaftlichen u. gärtnerischen Kulturen unter bes. Berücksichtigung d. freilebenden Nematoden 227.
Decker (J.), Wirkung v. Kinetin auf Echten Mehltau 3441.
Decker (R. W.) s. Dennis (N. M.); Kramer (H. A.).
Decker (W. L.), Evapotranspiration unter d. klimat. Bedingungen v. Missouri 2032. s. Ewalt (R. L.).
Décourtye (L.) s. Remy (P.).
Dedolph (R. R.), Wirkung v. Benzothiazol-*2*-oxyacetat auf d. Blüten- u. Fruchtbildung d. Melonenbaumes 2304. – s. Downes (J. D.); Tuli (V.); Wittwer (S. H.).
– u. **Larzelere (H. E.)**, Tomaten, Ausfärbungsgrad u. Verbraucherwünsche 3047.
Deese (D. C.) u. **Stahmann (M. A.)**, Welkeresistenz bei Tomaten. Bildung pektolyt. Enzyme durch Fusarium oxysporum f. lycopersici in anfälligen u. resistenten Tomatenstengeln 1952. – Bildung pektol. Enzyme durch Verticillium alboatrum auf anfälligen u. resistenten Tomaten-Stengelgeweben u. auf Weizenkleie 3103.
Defosse (L.), Chem. Bekämpfung d. Halmbruchkrankheit mit Methoxyäthylquecksilberchlorid 1976.
Degan (A.), Wahl d. Bewässerungsmethode 2643.
Degman (E. S.) s. Jensen (M. C.).
Dehaen (W.) s. Devuyst (A.).
Deijs (W.B.), Bestimmung d. Gesamtstickstoffs einschließlich d. Nitratstickstoffs in Pflanzenmaterial 34.
– u. **Bosman (M. S. M.)**, Porphyrine (Chlorophyll) als kupferbindende Reagenzien im Gras 30.
Deist (J.) s. Haasbroek (F. J.); Marais (P. G.).
–, **Marais (P. G.)** u. **Niekerk (P. E. Le R. van.)**, Zeitliche Aufnahme v. Phosphor bei Pfirsichen u. Aprikosen 464.
Dekanoidze (G. I.) s. Ėlerdašvili (N. L.).
Dekaprelevič (L. L.) u. **Dgebuadze (O. N.)**, Silomais-Sortenhybriden für d. Bergland in Grusien 1843.
Dekhuijzen (H. M.), Umwandlung v. Natriumdimethyldithiocarbamat in andere fungicide Komponenten in Pflanzen 282.
Dekker (P.), Wertvolle neue päonienblütige Ranunkeln 2767.
Dekock (P. C.) u. **Inkson (R. H. E.)**, Mangangehalt v. Senfblättern in Beziehung zur Eisen- u. Makronährstoffgabe 2383.
Delas (J.), Toxizität d. in Böden angereicherten Kupfers 3211.
Delbekk (A.) s. Ulvesli (O.).
Delčev (G.) s. Georgiev (C.).
Delčev (I.), Über d. Pfropfungsverfahren bei d. vegetativen Bohnenhybridisation (Ph. vulgaris) 498.
Delecour (F.) u. **Manil (G.)**, Mikromorpholog. Beitrag zur Kenntnis d. sauren Braunerden d. belg. Ardennen 1216.
Delgado (M.), Phasenkontrastmethode u. einige Anwendungen in d. Mineralogie 2058.
Delipavlov (D.), **Štereva (R.)**, **Fudulov (D.)** u. **Kostov (K.)**, Grasnarbenzu-

sammensetzung d. hauptsächlichen Weidentypen im ebenen Teil d. Dobrudsha 151.
Delmas (J.) u. **Dartigues (A.),** Nutzung d. podsoligen Sandböden im Gebiet Landes in d. Gascogne 1764.
— u. **Routchenko (W.),** Veränderungen in d. Mineralzusammensetzung d. Saftes v. Mais, d. zwei Arten v. Stickstoffernährung, einmal gänzlich Nitrat, einmal gänzlich Ammonium, unterworfen wurde 2657.
Delver (P.), Günstige Aussichten für d. Grasstreifenkultur 459. — s. Boon (J. van der).
Dembiński (F.), Stickstoffdüngung d. Winterrapses im Licht neuerer Untersuchungen. *1.* Mitt. 970. — Anbau v. Ölpflanzen [3303].
Demčenko (T. I.) s. Kosmodemjanskij (V. N.).
Deming (M. E.) u. **Cate (W. E.),** Herstellung v. Variscit 2923.
Demirlicakmak (A.) u. **Kaufmann (M. L.),** Beziehung zwischen Kornanordnung, Korngröße u. d. Flugbrandbefall bei Gerste 3422.
Demiröz (S.), Saatgutproduktion u. -anerkennung in d. Türkei 2107.
Demortier (G.) u. **Droeven (G.),** Bestimmung d. Düngerbedarfs d. wichtigsten Kulturen in Belgien, insbes. d. Grünlandes. (Vorläufige Versuchsergebnisse aus d. Gegend v. Antwerpen) 2137. — Veränderungen d. physikal. u. chem. Eigenschaften d. Bodens unter d. Einfluß verschied. Kultursysteme u. ihre Wirkung auf d. Erträge 2386.
Dempsey (W. H.) s. Claypool (L. L.).
Denburgh (R. S. van) s. Burbutis (P. P.).
— u. **Burbutis (P. P.),** Wirt-Parasitverhältnis zwischen d. Maiszünsler, Ostrinia nubilalis, u. d. Protozoen Perezia pyraustae in Delaware 1689.
—, **Burbutis (P. P.)** u. **York (G. T.),** Erneute Einführung u. Nachweis v. Lydella stabulans grisescens, einem Parasiten d. Maiszünslers in Delaware 2548.
Denby (L. G.) u. **Woolliams (G. E.),** Entwicklung Verticillium-resistenter Stämme im Anbau befindlicher Tomatensorten 2803.
Denev (N.) s. Fetvadžiev (V.).
Denisov (V.) s. Vanin (I.).
Denisov (V. F.), Vererbung v. Merkmalen bei Birnenhybriden (Pyrus communis L. × P. regelii) 1642. — Typ. Heterokarpie bei Hybridsämlingen v. Apfel u. Birne 2203.
Denmead (O. T.), Fritschen (L. J.) u. **Shaw (R. H.),** Verteilung d. Strahlungsbilanz in einem Maisfeld 2317.
Denna (D.) s. Honma (S.).
Dennis (E. J.) u. **Ellis jun. (R.),** Kaliumionenfixierung, Gleichgewichte u. Gitteränderungen bei Vermiculit 627.
Dennis (H. A.), Welche Blattqualitäten sind erforderlich für d. mechan. Ernten? 1004. — Vier neue Heißluftsorten 1567.
Dennis (N. M.) u. **Decker (R. W.),** Methode u. ein Gerät zur Feststellung v. im Inneren v. Weizenkörnern lebenden Insekten 1679.
Dennis (R. W. G.) u. **Hubbard (C. E.),** Neuer brit. Brandpilz 1394.
Dent (J. W.) u. **Hawkins (R. P.),** Wirkung v. Düngemitteln auf d. Erträge an Rotkleesamen 1569.
Derco (M.), Verwendbarkeit d. Methoden d. Angleichung d. Ernte auf eine Standardzahl v. Pflanzen bei Versuchen mit Hackfrüchten 411. — Beitrag zur Frage d. Bestandesdichte bei d. Sonnenblume (Helianthus annuus L.) 994. — s. Škopik (P.).
Dergačev (K. V.), Hartweizensorte „Raketa“ 198.
Derjabin (V. I.), Widerstandsfähigkeit d. Spinnmilben gegen system. Mittel 567.
Derksen (W. J.) s. Wijk (W. R. van).
Dermelj (V.) u. **Schwerdtfeger (G.),** Botrytis-Wipfelfäule an Digitalis lanata 258.
Dermine (E.), Anbau v. mittelstarkwachsenden Apfelunterlagen in Belgien 2162. — Chem. Unkrautbekämpfung in Obstkulturen. Verbleib v. einigen Herbiciden im Boden 2580.
— u. **Monin (A.),** Bodenpflege u. chem. Unkrautbekämpfung in Apfelstammkulturen u. ihre Beziehung zur Fruchtbarkeit 1161.
Dermott (W.) s. Rose (T. H.).
Dern (R.), Schäden durch Blattälchen (Aphelenchoides ritzemabosi) an

Ficus elastica u. Rodgersia aesculifolia 3111.

Derscheid (L. A.) s. Spittstoesser (W. E.).

Deržavin (A. I.), Kreuzung v. Weizen mit mehrjährigem Roggen u. Quekken 2180. – Theorie u. Praxis d. Schaffung mehrjähriger Roggensorten 2183.

Desai (M. V.), Patel (K. P.), Patel (M. K.) u. **Thirumalachar (M. J.)**, Bekämpfung d. Mango-Mißbildung in Gujerat 3165.

Deschuytener (G.) s. Blouard (R.).

Deseö (K. V.), Nahrungsketten in Luzernefeldern 2255.

Deshpande (R. B.) s. Jeswani (L. M.).

Desjardins (J. G.) s. Schnitzer (M.).

Desjardins (P. R.) u. **Wallace (J. M.)**, Serolog. Untersuchungen, die d. Stamm d. infektiösen Buntheit d. Citrus-Psorosis-Krankheit mit einbeziehen 3136.

Detroux (L.) u. **Lavalleye (M.)**, Chem. Unkrautbekämpfung in Erbsenkulturen (Pisum sativum). *3.* Mitt. Ergebnisse d. Jahre *1959* u. *1960* 291. – Chem. Unkrautbekämpfung beim Anbau v. grünen Bohnen (Phaseolus vulgaris). *4.* Mitt. Versuchsergebnisse d. Jahre *1959* u. *1960* 1162.

– u. **Martens (M.)**, Unkrautbekämpfungsversuche in Zuckerrüben mit Vorauflaufmitteln, zum Zeitpunkt d. Saat angewendet 1997.

Deuel (H.) s. Jakab (T.).

Deutsch (D. B.) s. Castelfranco (P.).

Dévay (M.), Veränderungen im Versorgungsgrad mit Stickstoff u. Phosphor während d. Entwicklung d. Weizens 956.

Deverall (B. J.) u. **Wood (R. K. S.)**, Schokoladenfleckenkrankheit d. Bohnen (Vicia faba L.), Zusammenwirken v. Phenolase d. Wirtes u. pektolytischen Enzymen d. Erregers 253.

Devinoy (N.), Gewächshaus für Tropenpflanzen 1306.

Devínsky (F.), Handelsdünger v. detergentem Charakter 2978.

Devjatov (A. S.), Altersvariabilität d. Salzresistenz v. Obstkulturen 2161.

Devuyst (A.), Vanbelle (M.), Dehaen (W.), Arnould (R.), Vervack (W.) u. **Moreels (A.)**, Einfluß d. Wachstumsstadiums auf d. organ. Zusammensetzung u. d. Mineralstoffgehalt v. Wiesengras 2307.

Dewey (D. H.) u. **MacLean (D. C.)**, Nachernte-Behandlung frisch vermarkteter Pfirsiche mit *2.6*-Dichlor-*4*-nitroanilin zur Bekämpfung v. Fruchtfäulen 2550.

Dewey (D. R.), Keimung v. Kammquecke in Salzböden 1295.

Deyl (Z.) s. Kutáček (M.).

Dgebuadze (O. N.) s. Dekaprelevič (L. L.).

Dhar (N. R.), Stickstoffixierung durch organ. Stoffe für d. Bodenverbesserung 1211.

Dhawan (N. L.), Singh (A.) u. **Vaidya (S. M.)**, Gemeinschaftsprüfungen mit US-Maishybriden in Indien 1631.

Dhein (A.), Einfluß d. Phosphat- u. Kalidüngung auf Ertrag, Bestandszusammensetzung u. Manganschädigung d. Grünlandes auf staunassem Boden (Pseudogley) 2435.

– u. **Ahrens (E.)**, Einfluß v. Kulturmaßnahmen auf d. Spurenelementgehalt d. Wiesenheues 381.

Dhingra (D. R.) s. Kanwar (J. S.).

Dhyani (K. C.) s. Murty (G. S.).

Diakonu (P.), Bestimmung d. Lebensfähigkeit v. Pollen landwirtschaftlicher Kulturpflanzen durch Anwendung v. Triphenyltetrazoliumchlorid 191. – Bestimmung d. Lebensfähigkeit d. Pollens d. Pflanze 3069.

Diakonu (P. I.), Lebensfähigkeit d. Maispollens u. physiolog. Veränderungen bei seiner Aufbewahrung 1069.

Diaz (J.) s. Peterson (L. C.).

Dibrova (M. A.), Simakin (A. I.), Čarujskaja (L. P.) u. **Nosov (P. V.)**, Grunddüngung in d. neuen Rübenanbaugebieten d. Kubans 686.

Dicke (F. F.) s. Brindley (T. A.); Jarvis (J. L.).

–, Atkins (R. E.) u. **Pesho (G. R.)**, Resistenz v. Hirsesorten u. -hybriden gegen d. Maiszünsler (Ostrinia nubilalis Hbn.) 2802.

Dicker (G. H. L.), Pammene rhediella 1102.

Dickey (R. D.), Wirkung v. drei Ver-

sandbehältern auf d. Frostschaden bei Philodendron oxycardium 1336.

Dickey (R. D.), Poole (R. T.) u. **Joiner (J. N.),** Wirkung v. Stickstoff- u. Kaliumgaben u. zwei Düngungsintervallen auf d. Wachstum u. d. chem. Zusammensetzung v. Rhododendron indicum u. Viburnum suspensum 1613.

Dickey (R. S.) s. Nelson (P. E.).

Dickins (J. C.), Harrap (F. E. G.) u. **Holmes (M. R. J.),** Vergleichende Feldversuche über d. Wirkungen d. Kaliumsulfats u. d. Kaliumchlorids auf Ertrag u. Qualität v. Kartoffeln 2680.

Dickson (J. G.) u. **Lords (J. L.),** Fraktionierung v. Stickstoffverbindungen aus Maisblättern 2310.

Dickson (R. C.) s. Flock (R. A.); Laird jun. (E. F.).

Didenko (M.) u. **Kraśko (T.),** Erntetermine für Pflanzkartoffeln 1561.

Die (J. van), Verteilung d. Kohlenhydrate in Wurzel- u. Stengelgewebe v. Tomatenpflanzen 1723.

Diehl (O.), Falscher Mehltau d. Tabaks (Peronospora tabacina Adam), sein Auftreten u. seine Bekämpfung in Schleswig-Holstein 2550.

Diener (T. O.), Isolierung einer infektiösen, Ribonuclease-empfindlichen Fraktion aus kürzlich mit d. Tabakmosaikvirus inokulierten Tabakblättern 2517.

Diercks (R.) u. **Klewitz (R.),** Samenübertragbarkeit einer an Ackerbohnen vorkommenden Herkunft d. Stengelälchens Ditylenchus dipsaci (Kühn) 819.

Diest (A. van), Einfluß d. Bodenbelüftung u. Bodenverdichtung auf Ertrag, Nährstoffaufnahme u. Variabilität in einem im Gewächshaus durchgeführten Fruchtbarkeitsversuch 2335.

Dietze (J.) s. Schmauder (G.).

Diez Altares (C.), Photochem. Abbau d. Chlorophylls bei Fe-Mangel 78.

Dijck (W. van) s. Bruel (W. E. van den).

Dijk (H. van) s. Hooghoudt (S. B.).

Dijkshoorn (W.), Metabol. Regulation d. Nitratverwertung in Pflanzen durch d. Alkali-Effekt 78. — Einfluß d. Boden-pH auf d. Manganabsorption v. Lolium perenne L. 2663.

Dijkshoorn (W.) u. **Lampe (J. E. M.),** Phosphorfraktionen in Deutschem Weidelgras 31. — Verteilungschromatographie d. organ. Säuren v. Lolium perenne L. an Silikagelsäulen 2606. — Trennung d. organ. Säuren v. Lolium perenne L. 2607.

Dijkstra (J.), Anfangsstadien d. Infektion durch d. Tabakmosaikvirus bei Nicotiana glutinosa L. 2515.

Dijkstra (N. D.), Verluste bei d. verschied. Heugewinnungsverfahren in d. Niederlanden 116.

Dikasova (E. T.), Anwendung d. Granulose 1962.

Dikij (S. P.), Kopfdüngung d. Tomaten mit Spurenelementen 1857.

Dilkov (D.), Wasserbedarf u. Wasserversorgung d. Maiskultur unter d. Tschernosemverhältnissen Nord-Bulgariens 3002. — Ausnutzung d. Feuchtigkeit d. tieferen Bodenschichten durch d. Pflanzen 3251.

Dillon (L. S.), Vergleichende Zytologie u. d. Evolution d. Lebens 1345.

Dilov (C.), Prakt. Methode für d. erdelosen Anbau v. Pflanzen für wissenschaftliche Untersuchungen 3260.

Dilworth (M. J.) s. Parker (C. A.).

Dilz (K.) u. **Mulder (E. G.),** Wirkung d. Boden-pH, d. Stallmist- u. Stickstoffdüngung auf d. Wachstum v. Rotklee u. Rotkleegemischen mit Deutschem Weidelgras 1007. — Einfluß d. gemeinsamen Wachstums auf Ertrag u. Stickstoffgehalt v. Leguminosen u. Graspflanzen 1517.

— u. **Steggerda (J. J.),** Stickstoffverfügbarkeit v. Oxamid u. Kalkammonsalpeter 1255.

Dimčev (V.), Einbindige Traubenwickler (Clysia ambiguella Hb.) im Bezirk v. Warna u. d. Bekämpfung 231.

Dimitrov (C. V.), Halbe Zwischenfruchtgründüngung d. Tabaks u. d. Futterfrage in d. typ. Tabakanbaugebieten in Bulgarien 969.

Dimitrov (D.) s. Mitkov (T.).

Dimitrov (G.) u. **Gjurov (S.),** Frühtomatenanbau unter Polyäthylenfolien 1313.

Dimitrov (I.), Laubbehandlungsarten d. Unterlage „Berlandieri × Riparia Kober 5 BB“ bei Pfahl- u. Drahtrahmenunterstützung 3342.

Dimitrov (J.) s. Popov (P.).

Dimitrov (S.), Bisherige Ergebnisse aus d. Anbau v. Sorghum vulgare var. saccharatum (L.) Pers. zum Einsäuern 431. — Gattung Knaulgras (Dactylis L.) in Bulgarien 1301. — s. Pavlov (K.).

Dimitrov (Stefan), Termin d. Luzerneherbstmahd 3019.

Dimitrov (Stojan), Einfluß d. Bodenbearbeitung auf d. Kartoffelertrag 3010.

Dimitrova (E.) s. Galeva (V.).

—, Ognjanov (I.) u. **Zolotovič (G.)**, Teilnahme des Wurzelsystems an d. Synthese des äther. Öls in d. Gattung Mentha 912.

Dimitrova (N. A.), Einfluß d. verschied. Bodenbearbeitungsverfahren auf d. mikrobiolog. Tätigkeit 1504.

Dimo (V. N.), Problem d. künstlichen Bodenstruktur 632.

Dimock (A. W.) s. Hanan (J. J.).

Dimond (A. E.), Ziele d. Pflanzenchemotherapie 2257.

Dimova (R.) s. Popov (A.).

Dinca (D.) u. **Ulinici (A.)**, Steigerung d. Bodenfruchtbarkeit d. Podsole in d. Niederungen d. rotbraunen Waldbodenzone durch agrotechn. Maßnahmen 2668.

Dinčev (D.), Stickstoffbindende Aktivität d. Knöllchenbakterien v. Bohnen 51. — Verbreitung u. Virulenz d. Luzerneknöllchenbakterien in d. Böden Bulgariens 344. — Bodenactinomyceten, Antagonisten d. Luzerne-Knöllchenbakterien 1210. — Temperatureinfluß auf d. Nitrifikation d. Ammoniakwassers im Boden 2938. — Verbreitung d. Bakteriophagen auf d. Knöllchenbakterien d. Luzerne in d. Böden Bulgariens 2935. — Charakter d. durch d. Bohnenknöllchenbakterien festgelegten Stickstoffs 2939. — s. Palaveev (T.).

Dincu (I.) u. **Hera (C.)**, Erhöhung d. Wirksamkeit d. auf Tschernosem, rotbraunen Wald- u. braunen podsolierten Böden angewandten natürlichen Phosphorite 2982.

Diófási (L.) s. Sárosi (M.).

Diomaiute-Bonnand (J.), Untersuchungen einiger anormaler einseitig gegliederter Blütenstände bei Nicotiana glutinosa L.: Möglichkeit d. Überganges zum vegativen Zustand 296.

Dionigi (A.), „Biolog. Rhythmus“ u. Landwirtsch. Genetik 2176. — Methoden für d. genet. Verbesserung d. Hartweizensorten 2773. — „Die Weißverfärbung“ d. Hartweizens u. Maßnahmen zur Vorbeugung 2773.

Dionne (J. L.) s. Gervais (P.).

—, Gervais (P.) u. **Richardson (W. S.)**, Wirkung d. Phosphors u. d. Kaliums auf d. Ertrag u. d. chem. Zusammensetzung d. Weißklees, der auf zwei verschied. Böden angebaut wurde 1534.

Dionne (L. A.) u. **Lawrence (C. H.)**, Frühe, schorfresistente Nachkommen aus Solanum chacoense × Solanum phureja 798.

Dios (G.), Dios (R.) u. **Sánchez (B.)**, Chem. Kontrolle v. Magnesium u. Mangan. *1.* Mitt. Einfluß v. Spritzungen mit ihren Salzen auf Ertrag u. typ. Beschaffenheit d. Blattanalyse 2985.

Dios (R.) s. Dios (G.).

Dirimanov (M.) u. **Angelova (R.)**, Anfälligkeit einiger Kohlsorten gegen Kohlerdflöhe d. Gattung Phyllotreta u. Mittel zu ihrer Bekämpfung 1382. — Kohlerdflöhe u. ihre Bekämpfung 1653. — Verwendung d. Pilzes Beauveria bassiana Bals zur Bekämpfung schädlicher Insekten 1688. — Wirkung verschied. Insekticide auf d. Entwicklung d. Pilzes Beauveria bassiana (Bals.) Vuill 2868.

— u. **Michajlov (G.)**, Bekämpfungsmöglichkeiten d. Apfelbaumglasflüglers, Aegeria (Sesia myopiformis Borkh.) u. d. Rindenwicklers, Laspeyresia (Grapholitha) woeberiana Schiff. an Obstgehölzen in Bulgarien 1420.

— u. **Senegalevič (G.)**, Synanthedon (Aegeria) vespiformis L. als Rebschädling 231.

—, Senegalevič (G.), Charizanov (A.) u. **Angelova (R.)**, Einige selten auftre-

tende Schmetterlingsschädlinge der Obstgehölze in Bulgarien 2217.
Dishington (I. W.) s. Havre (G. N.).
Ditman (L. P.) s. Bubutis (P. P.).
Dittmer (M.), Methodik d. Bestimmung d. organ. gebundenen Phosphors im Boden [1769].
Dittrich (V.), Spinnmilbenresistenz u. ihre Bekämpfung in d. Praxis 2208. — Toxikolog. Testmethoden an einer Population v. Tetranychus telarius 2850.
Dixon (D.) s. Nishita (H.).
Dixon (J. B.) u. **Jackson (M. L.),** Eigenschaften v. „zwischenständigen chloridexpansiblen“ Boden-Schichtsilicaten 1478.
D'jačenko (I. P.), Spritzung gegen d. Getreidelaufkäfer 2269.
Djadečko (N. P.), Chem. Methode zum Schutze d. Weizens vor Blasenfüßen 3167.
— u. **Sikura (A. I.),** Gleichzeitige Anwendung v. Biopräparaten u. DDT gegen den Kartoffelkäfer 571.
D'jakonova (K. V.), Eisen-Humus-Komplexverbindungen u. ihre Rolle in d. Pflanzenernährung 671.
D'jakova (E. V.), Erhöhung d. Standfestigkeit d. Rotklees u. d. Aktivität seiner Knöllchenbakterien auf Rasen-Podsol-Böden 1841.
Djatlova (A. I.) s. Fadeeva (T. S.).
Djordjević (B.) s. Bećarević (A.).
Djurtoft (R.), Salt-soluble proteins of barley (Hordeum distichum) [1741].
Dlabola (J.) u. **Syřínek (V.),** Häufigkeitsschwankungen beim Goldafter (Euproctis chrysorrhoea L.) 3116.
Dłuski (S.) s. Borewicz (W.).
Dluzewski (J.) s. Kryszan (C.).
Dmitrenko (P. A.) u. **Šestidesjatnaja (N. E.),** Einfluß d. Kalkung auf d. Bodenfruchtbarkeit im Transkarpatengebiet 1808.
—, **Tomaševskaja (E. G.)** u. **Šturmova (V. S.),** Besonderheiten d. P-Ernährung v. Gramineen u. Leguminosen zu Beginn ihrer Entwicklung 3255.
Dmitrienko (P. A.) s. Sokolov (A. V.).
Dmitriev (G. V.), Chem. Methoden d. Pflanzenschutzes in Baumschulen 3434.
Dmitrieva (V. I.), Einfluß d. Lichtverhältnisse auf biolog. Besonderheiten u. Ertrag v. Buchweizen 1282.
Dmytrenko (P. O.) u. **Golovaščuk (Ž. T.),** Einfluß verschied. Mineraldünger auf d. Stärke- u. Ascorbinsäuregehalt d. Kartoffelknollen 2909.
Doane (C. C.), Wirkungen bestimmter Insekticide auf Regenwürmer 1150.
Doane (J. F.) u. **Chapman (R. K.),** Bekämpfung v. Wurzelfliegen an Rettich, Steckrübe u. Rutabaga in Wisconsin 1421. — Bevorzugung bei d. Eiablage durch d. Kohlfliege, Hylemyia brassicae (Bouché) 1932.
Dobben (W. H. van), Einfluß d. Temperatur u. Lichtbedingungen auf d. Trockensubstanzverteilung, Entwicklungsgeschwindigkeit u. d. Ertrag v. Feldkulturen 2289. — Ährendifferenzierung als Maß für d. photoperiod. Einwirkung bei Winterroggen u. d. Einfluß d. Tageslänge auf d. Schossen 2900. — Verteilung d. Trockenmasse in Getreide u. Gräsern in Abhängigkeit v. der Stickstoffversorgung 2965.
Dobbins (W. E.) s. Okun (D. A.).
Dobereiner (J.), Stickstoffbindende Bakterien d. Gattung Beijerinckia derx in d. Rhizosphäre d. Zuckerrohrs 1209.
Dobiáš (E.), Neuzüchtungen v. Matthiola annua Mamuth Excelsior u. ihre beste Anbaumethode 2767.
Dobřemyslová (M.) s. Fialová (S.).
Dobrev (K.), Kartoffelkrautabtötung vor d. Roden durch Spritzung mit chem. Präparaten 2112. — Wirkung einiger chem. Stoffe auf d. Entwicklung d. Kartoffel 2598. — Verlängerung d. Keimruhe bei Speise-, Futter- u. Industriekartoffeln mittels Kartoffin 2691.
Dobreva-Vŭlčanova (I.) s. Vŭlčanov (D.).
Dobrickaja (J. I.), Schnellmethode zur Bestimmung d. Gesamtgehaltes an SiO_2, R_2O_3, MgO, CaO, TiO_2 u. MnO im Boden 1766.
Dobrjakova (L. A.) s. Anisimov (A. A.).
Dobrochleb (I. F.) u. **Tymčenko (L. F.),** Einfluß d. Beizmittel auf d. Knöllchenentwicklung u. d. Erträge d. Futterlupine 1975.
Dobroljubskij (O. K.), Beteiligung v. Scandiumverbindungen an Redoxprozessen in d. Pflanze 2297.

Dobroljubskij (O. K.), Ryža (V. K.), Fedorenko (I. V.) u. **Živickaja (L. I.),** Gehalt an Spurenelementen im südlichen Schwarzerdeboden u. in Weintrauben 2660.
Dobrovol'skij (B. V.), Phänologie d. Insektenschädlinge d. Landwirtsch. [3139].
— u. **Ponomarenko (A. V.),** Chem. Bekämpfung schädl. Insekten im Boden [879].
Dobrovszky (I.), Rübensamenbau ohne Stecklinge 3293.
Dobson jun. (J. W.) s. Newton (J. P.).
Docea (E.), Vulpe (O.) u. **Gheorghies (C.),** Kenntnis u. Bekämpfung einiger Zierpflanzenkrankheiten 2246.
Dodd (B. C.) s. Stevenson (C. D.).
Dodds (K. S.) u. **Paxman (G. J.),** Genet. System d. kultivierten diploiden Kartoffeln 2784.
Dodov (D.) u. **Mitov (N.),** Flugbrand Ustilago tritici (Pers.) Jens. an Roggen 2239.
Dodson (E. O.) u. **Yu (C. K.),** Abnahme d. Keimfähigkeit bei Getreide nach Behandlung mit starker Zentrifugalkraft 2592.
Doeksen (J.) u. **Couperus (H.),** Feststellung d. Regenwurmwachstums 2638.
Dölling (M.), Mähhäckseldrusch, ein Verfahren mit Zukunft 2111.
Doepel (R. F.) s. Goss (O. M.).
Döpke (W.), Neue Alkaloide aus Amaryllidaceen 3199. — Alkaloide aus Hippeastrum-Arten 3200.
Dörfel (H.) s. Hoffmann (E.).
Doerpinghaus (E. H.), Moderne Abdichtungsverfahren für Erdgruben, Kanäle u. Abdeichungen 1773.
Dörter (K.), Untersuchungen zur Lösung bestehender Probleme d. Unterflurbewässerung 658.
— u. **Gall (M.),** Grünlandbewirtschaftung während d. Herbst- u. Wintermonate 2434.
Doggett (H.), Tetraploides-Hybridsorghum 2188.
Dohnal (T.) s. Blattný (C.).
— u. **Kraus (V.),** Das Jahr im Weinberg [1881].
Doing (H.), Systemat. Ordnung u. florist. Zusammensetzung niederländ. Wald- u. Gebüschgesellschaften [2032].
Doing (H.) u. **Werf (S. van der),** Übersicht über d. Niederländ. Vegetationskarten 2316.
Dokova (P.), Wirkung einiger kupferhaltiger chem. Mittel gegen Cercospora beticola bei Zuckerrüben 2261.
Dokučaeva (E. N.) s. Ajbazjan (P. K.).
Dolgušin (D. A.), Verbindung zwischen Winterform u. Winterfestigkeit 2889. — Stadienentwicklung v. Winterkulturen 3188.
Doling (D. A.), Gelbrost d. Weizens u. d. Gerste in England u. Wales 3142.
Dolinka (B.), Szakaly (J.) u. **Bakk (F.),** Prüfung ausländ. selektiv wirkender Insekticide in Laboratoriums- u. Freilandversuchen 2270.
Dolja (V. S.), Nestdüngung bei Zukkerrübensamenträgern 686.
Doll (C. C.), Wurzelentwicklung v. Apfelbäumen in terrassierten Lößböden 2751.
Doll (E. C.), Wirkungen d. im Herbst angewandten Düngemittelstickstoffs u. d. Winterniederschläge auf d. Ertrag v. Weizen 2390. — Stickstoffdüngung zu Luzerne u. Luzerne-Knaulgras zur Heubereitung 3297. — s. Engelstad (O. P.).
— u. **Engelstad (O. P.),** Einfluß v. Niederschlag auf d. Reaktion d. Maiserträge auf angewandtes Kalium 102.
Doll (J. P.) s. Ewalt (R. L.).
Dolliver (J. S.), Hildebrandt (A. C.) u. **Riker (A. J.),** „Reproduktion" v. Aphelenchoides ritzemabosi (Schwartz) in Pflanzengeweben verschied. Kulturpflanzen 1928.
Dolník (P.), Bedeutung verschied. Aprikosenarten für d. Lösung d. Problems d. Aprikosensterbens 3334.
Dolzmann (H.), Fachgerechte Trocknung u. Nachbehandlung d. Hopfens erhalten d. Qualität d. Erntegutes 1275.
Domašnev (P. P.) s. Sokolov (B. P.).
Domes (R.), Anthocoptes rubi n. sp. (Acar., Eriophydiae) an Rubus bifrons Vest 2505.
Domingo (C. E.) s. Robins (J. S.).
Dominick jun. (B. A.) u. **Stanton (B. F.),** Behandlung d. Äpfel vom Baum bis zum Lager 462.
Dommergues (Y.), Mikrobielle Dyna-

mik d. Böden in d. semiariden u. in d. trockenen trop. Zone. *1.* Mitt. 2343; *2.* Mitt. 2343.
Domsch (K. H.), Prüfgang für Thielaviopsis- u. Fusarium-aktive Wirkstoffe 556. — Neuere fungicide Wirkstoffe im Boden 1423. — Bodenatmung. Sammelbericht über Methoden u. Ergebnisse 2637.
Domsch (M.), Bodenbearbeitung im Frühjahr im Hinblick auf d. Bodenfruchtbarkeit 2062. — Bodenfruchtbarkeit u. Bodenbearbeitung 3235.
Donà dalle Rose (A.), Monogermsaatgut zur Rübenaussaat 1078.
Donald (C. M.) s. Hawkins (H. S.); Stern (W. R.).
Donald (L. G.) s. Gloyne (R. W.).
Doncaster (J. J.) s. Ellis (N. J.).
Dončev (Iv.), Aussagevermögen einiger Laborverfahren zur Bestimmung d. Phosphorbedürftigkeit einiger Böden Südbulgariens 62.
—, Gjurov (M.) u. **Uzunov (M.),** Phosphorsäure-Molybdändüngung zu Wiesen u. Weiden 2433.
— u. **Mirčev (S.),** Molybdän in d. Böden Bulgariens 335.
Dončev (N.), Beziehung zwischen d. Aussaatzeit v. Weizen, Gerste u. Hafer u. den durch verschied. Getreidefliegen verursachten Schäden 1380. — s. Popov (V.).
Dončev (Ž. B.), Wasserhaushalt ariden Typs in Verbindung mit d. Bodentypen u. d. Pflanzenwelt 633.
Doneaud (A.) s. Constantinescu (N.).
— u. **Dragomir (E.),** Vorhersage d. Fröste am Erdboden u. d. Frühjahrsspät- u. Herbstfrühreife gemäß d. N. Topor-Nomigramm 618.
Donev (N.), Biolog., agrotechn. u. technolog.-chem. Untersuchung d. Entgipfelns d. Tabakpflanzen u. seines Einflusses auf Ernteertrag u. Erntequalität 425. — Seitentriebbildung, Morphologie u. technolog. Charakteristik d. Geiztriebtabakblätter 2127. — s. Fetvadžiev (G.).
Donia (A. R.), El-Deeb (A. L.), Hassan (A. A. G.) u. **Zaazou (H.),** Biologie v. Lasioderma serricorne 833.
Donker (M.) u. **Stevelink (A.),** Wiesenvegetationen (Gaudinieto-Arrhenatheretum; Molinietum mediterraneum; Caricetum divisae) im Vistre-Tal bei Le Cailar 2031.
Donnan (W. W.) s. Fouss (J. L.).
Donoho jun. (C. W.), Mitchell (A. E.) u. **Bukovac (M. J.),** Absorption u. Verteilung v. ^{14}C-ringsignierter Naphthylessigsäure bei Apfel u. Birne 3330.
Donovan (K. O.) s. Vincent (J. M.).
Doorenbos (J.) s. Wellensiek (S. J.).
—, Legro (R. A. H.) u. **Bragt (J. van),** Beschreibung d. Cyclamenkulturvarietäten u. ihre Wichtigkeit für d. Züchtung 1368.
Dormaar (J. F.) u. **Lynch (D. L.),** Verbesserungen zur Bestimmung v. „Uronsäuren" in Böden mit Carbazol 647.
— u. Webster (G. R.), Gehalt an organ. Phosphor in einigen Böden v. Alberta 3207. — Bestimmung d. gesamten organ. Phosphors in Böden durch Extraktionsmethoden 3232.
Dorobanţu (N.) s. Chirilei (H.).
Dorofaeff (F. D.) u. **McNaught (K. J.),** Magnesiummangel bei Weißklee (Trifolium repens L.) auf einem Bimssteinboden 2968.
Dorofeev (V. F.), Anatom. Aufbau d. Halmes bei einigen Weizensorten u. seine Beziehung zum Lagern 1169.
Dorosiev (L.), Neue Bestäubungstechnik bei Tomate, Eierfrucht u. a. Gemüsearten bei d. Hybridsamenerzeugung 3324.
Dorosinskij (L. M.), Bedeutung d. Knöllchenbakterien für d. Stickstoffernährung d. Leguminosen u. d. wichtigsten Probleme bei d. Erhöhung d. Wirksamkeit d. Impfung mit Nitragin 2966.
— u. **Krupina (L. I.),** Akklimatisierung v. Azotobacter in d. Rhizosphäre verschied. Pflanzen 53.
—, Lazareva (N. M.) u. **Emcev (V. T.),** Bedeutung d. Knöllchenbakterien für d. Stickstoffernährung d. Leguminosen 2938.
Dorough (H. W.) s. Krishna (J. G.).
Dorovskaja (I. F.), Bildung u. Photosyntheseaktivität d. Assimilationsfläche v. Inzucht- u. Hybridmais 2293.
Dorožkin (N. A.) u. **Remneva (Z. I.),** Methode zur Rassenbestimmung d.

Kraut- u. Knollenfäuleerregers d. Kartoffel 1948.
Dorožkin (N. A.) u. **Strel'skaja (O. J.)**, Wirtschaftlicher Nutzen d. Bekämpfung v. Kartoffelkrankheiten 2858.
Dorsey (C. K.) s. Kulman (H. M.).
— u. **Quinn (D. O.)**, Luzernekäferbekämpfung in Westvirginia 1422.
Dorsman (C.), Chem. Unkrautbekämpfung in Ziergehölz- u. Forstbaumschulen 1164.
Dospechov (B. A.) s. Egorov (V. E.).
Doss (B. D.), **Bennett (O. L.)** u. **Ashley (D. A.)**, Evapotranspiration bewässerten Maises 1721.
—, **Bennett (O. L.)**, **Ashley (D. A.)** u. **Weaver (H. A.)**, Bodenfeuchtigkeitswirkung auf Ertrag u. Evapotranspiration einiger ausdauernder, wärmeliebender Futterpflanzen 144.
Dosse (G.), Auf unseren Obstbäumen lebende Arthropoden u. ihr Verhältnis zu Raub- u. Spinnmilben 268. — Thersilochus melanogaster Thoms. als Larvenparasit d. Rapserdflohs Psylliodes chrysocephala 563. — Bekämpfung v. Spinnmilben in Gewächshäusern auf biolog. Wege 861. — Feinde d. Raubmilben als reduzierender Faktor d. Spinnmilben 1689.
Dostál (R.), Anwendung v. *2.3.5*-Trijodbenzoesäure zum Studium d. Unterschiede v. Wachstumskorrelationen zwischen epigäischen u. hypogäischen Keimlingen (Linum u. Pisum) 2903.
Doucette (C. F.), Granuliertes Phorate u. Di-Syston zur Bekämpfung v. Blattläusen an feldmäßig angebauten Narzissen 2554.
Dougall (H. W.), Chem. Zusammensetzung einiger Arten u. Varietäten v. Trifolium 1187. — Veränderungen in d. chem. Zusammensetzung v. Pflanzen während d. Entwicklung unter Feldbedingungen 2908. — s. Birch (H. F.).
Douglas (W. A.), **Henderson (C. A.)** u. **Langston (J. M.)**, Biologie v. Pyroderces rileyi u. seine Bekämpfung in Mais 2816.
Douglas (W. S.), Vorteile bei Vermarktung v. standardisierten Tafeltrauben in verlorener Verpackung 771.
Doutt (R. L.) s. Flock (R. A.).
Dowe (A.) s. Decker (H.).
Dowker (B. D.), Zuverlässigkeit d. Niederschläge u. Maiserträge im Machakos District 2916.
Dowling (E. J.) s. Bouma (D.).
Downes (J. D.) s. Bell (H. K.).
— u. **Carolus (R. L.)**, Mangan- u. Eisenansammlung in Zwiebeln in Beziehung zu Stickstoffgaben 3048.
—, **Watson (D. P.)** u. **Dedolph (R. R.)**, Stangenwachstum bei Spargel (Asparagus officinalis L.) 2151.
Downey (R. K.) u. **Armstrong (J. M.)**, Inter-Kompatibilität u. Verhalten v. diploidem u. abgeleitetem tetraploiden Rübsen (Brassica campestris L.) 2482.
Downing (R. S.), Polybutene zur Bekämpfung v. Obstschädlingen 2866.
Doxtator (C. W.) s. Finkner (R. E.).
Drachovská (M.), Auswertung d. Versuche zur Verhütung d. Cercospora-Befalls d. Rüben mit Fungiciden bei gleichzeitiger Blattdüngung 271. — Bericht über Sortenversuche mit Zuckerrübensamen im Jahre *1960* 420.
—, **Jaroš (J.)**, **Novotný (J.)** u. **Zelený (V.)**, Präventive Bekämpfung d. Blattläuse mit system. Mitteln u. Verminderung d. Virusbefalls 280.
— u. **Schmidt (L.)**, Bewertung d. Zuckerrübensorten nach Gefäßversuchsergebnissen 410.
—, **Schmidt (L.)** u. **Vorlíčková (B.)**, Unterschiede in d. Lagerungsfähigkeit verschied. Zuckerrübensorten 408.
Draczynski (M.), Blattspur d. Weinrebe 1716.
Drăgan (I.) s. Oprea (C. V.).
Dragoev (P.), Einsatz v. Dinitrobutylphenol- u. Dinitroorthokresol-Präparaten gegen Ackersenf in Wickenbeständen 2877.
Dragomir (E.) s. Doneaud (A.).
Dragon (J.), Nutzungswert d. in den Jahren *1949—1953* in Skroniowo untersuchten Sorten des Kentucky-Typus 1000.
Dragonov (D.) s. Todorow (T.).
Drăgut (G.) s. Popilian (I.).
Drake (M.), **Ishizuka (Y.)** u. **Gotoh**

(K.), Korn- u. Silageerträge d. Maises in Hokkaido, Japan 2410.
Drake (M. G.), Isoliertechnik im Champignonanbau 453.
Drašar (J.), Ertragreichste Getreidesorten d. Weltsortiments 3283.
Draudt (H. N.) s. Wallace (J.).
Drechsler (C.), Nematodenfangender Phycomycet mit distaler Verzweigung u. proximal verschmolzenen Konidien 2856.
Drees (E. M.) = Meijer Drees (E.).
Dreier (A. F.) s. Olson (R. A.).
Dreissig (M.), Instandsetzung d. Wirtschaftswege in d. LPG „Einheit", Elster 3242.
Drenth (A. van), Beleuchtung beim Obstsortieren 1597.
Drever (H. R.) s. Sheets (T. J.).
Drew (J. V.) s. Cunningham (R. L.).
Drews (M.), Optimale Kali- u. Phosphorversorgung gemüsebaulich genutzter Erden unter Glas 155. — s. Geißler (T.); Göhler (F.).
Drgoň (Š.), Huba (A.) u. **Beroš (D.)**, Ausnutzung v. Organophosphaten in Kombination mit Mineralölen bei d. Bekämpfung d. San José-Schildlaus 3443.
Driedger (R. I.) s. Bigsby (F. W.).
Driessche (R. van den) s. Buffard-Morel (J.).
Drift (J. van der) s. Witkamp (M.).
Drijfhout (E.), Ergebnisse d. dauernden Düngerprüffeldes v. Äpfeln d. Obstversuchsbetriebes in Numansdorp. *1.* Mitt. Einfluß d. Düngung auf d. Ertrag 2752. — Dauerdüngungsversuche zu Äpfeln in d. Obstbauversuchstation Numansdorp. *3.* Mitt. Einfluß d. Düngung auf d. Auftreten v. Mangelkrankheiten u. d. Nährstoffgehalt in Boden u. Blatt 3331. — Ergebnisse d. Dauerdüngungsversuche zu Äpfeln in d. Obstbauversuchsstation Numansdorp. *2.* Mitt. Einfluß d. Düngung auf d. Entwicklung d. Obstbäume 3331.
Drimus (R.) u. **Cîndea (E.)**, Wirksamkeit d. Insekticids Aspitox bei d. Bekämpfung d. San José-Schildlaus (Winterbehandlung) 573.
Driver (C. M.), Wirkung gewisser Chemikalien auf d. Keimung v. Kartoffelknollen. *2.* Mitt. Wirkung auf eine Ernte aus behandelten Pflanzkartoffeln 573.
Drobník (J.) s. Vacek (J.).
Droeven (G.) s. Demortier (G.).
Drouineau (G.), Düngung d. Nelke 1051.
— u. **Mazoyer (R.)**, Beitrag zum Studium d. Toxizität des Kupfers in den Böden 1242.
Drozd (A. M.) u. **Švecov (A. S.)**, Biochem. Bewertung d. Pflückerbsensorten im Zusammenhang mit d. mechanisierten Ernte 1029.
Drozd (J.) s. Šmálik (M.).
Drozdov (N. A.), Steigerung d. Erträge durch Bernsteinsäure 698. — Bernsteinsäure fördert d. Wachstum d. Pflanzen 1550.
— u. **Motorin (R. M.)**, Saatgutbehandlung mit Bernsteinsäure 2397.
— u. **Pavlov (V. S.)**, Einfluß v. Wachstumsstimulantien auf Ertrag und Futterwert v. Mais 698.
— u. **Sokolova (G. P.)**, Einfluß d. Behandlung d. Saatgutes mit Bor auf den Ertrag v. Faserlein u. seine physiolog. Besonderheiten in Abhängigkeit v. d. Bodenfeuchtigkeit 2683.
Drozdovskij (Ė. M.), Erdbeerälchen im mittleren Gürtel d. RSFSR 1096. — Methode zur Befallsfeststellung d. Erdbeerälchens 1403.
Drummond (R. O.) s. Medley (J. G.).
Drysdale (A. D.) s. Castle (M. E.).
Drzewiecka-Rożnowicz (E.) s. Nowacki (E.).
Dua (K. N.) s. Singh (K. K.).
Dubach (P.) s. Jakab (T.).
Dubetz (S.), Russel (G. C.) u. **Anderson (D. T.)**, Wirkung d. Bodentemperatur auf den Aufgang d. Keimpflanzen 899.
Dubinevič (B. N.) u. **Pogorelova (N. S.)**, Einfluß d. Saattiefe u. d. Aussaattermine auf d. Befall d. Maises mit Krankheiten 2704.
Dubinin (N. P.) u. **Ščerbakov (V. K.)**, Kontrolle d. natürlichen Mutationsprozesses mittels Zysteamin u. Streptomycin 3357.
Dúbravková (L.) s. Mokrý (J.).
Dubský (F.) s. Soukup (J.).
Dubslaff (H.), Standortgerechte Anbauverhältnisse u. Fruchtfolgen unter bes. Berücksichtigung eines

verstärkten Leguminosenanbaues zur Steigerung d. Bodenfruchtbarkeit 2395.
Dubslaff (H.) u. **Bernhardt (F.)**, Hinweise zum Winterzwischenfruchtbau auf leichten Böden 733.
Ducet (G.) u. **Rosenberg (A. J.)**, Atmung d. Blätter 1170.
Dučevska (C.) s. Avramova (C.).
Dučevska-Topalova (C.) s. Cikov (D.).
Duchanin (A. A.), Einfluß d. organ. Düngemittel auf d. Erhöhung d. Fruchtbarkeit v. Sandböden 1794. — Desikkation v. Lupinensamenträgern 2401.
— u. **Česalin (G. A.)**, Dinitroverbindungen für d. Kleeseidebekämpfung 1965.
— u. **Kolosova (A. A.)**, Einfluß v. *2.4*-D auf den Nitrat-Phosphat-Haushalt d. Sandböden u. Schwarzerden 2571.
Duchoň (F.) u. **Hampl (J.)**, Agrochemie. Einführung in d. Studium d. angewandten Chemie in d. pflanzlichen Produktion [1741].
— u. **Pásková (J.)**, Orientierungsversuche über d. Ausnutzung manganreicher Stoffe in d. Pflanzenproduktion 1813.
Ducker (H. C.), Erdnußanbau in Rhodesien u. Njassaland. *2.* Mitt. 1298.
Dudal (R.), Dunkle Tonböden d. trop. u. subtrop. Gebiete 2940.
Dübi (H.) u. **Kauffmann (G.)**, Verteilung d. Arten Potentilla verna L. em. Koch u. Potentilla puberbula Krasan (Potentilla Gandini Gremli) im Tessin u. in einigen benachbarten Gebieten bei Grigioni u. d. Lombardei 328.
Dümlein (H.) s. Kürten (P. W.).
Dufek (J.) u. **Janů (J.)**, Direkte Aussaat d. Blumenkohls ins Freiland 3039.
Duff (R. B.), **Webley (D. M.)** u. **Scott (R. O.)**, Lösung v. Mineralen u. a. Substanzen infolge d. Wirkung v. *2*-Ketogluconsäure produzierenden Bakterien 2629.
Duffield (P. C.) s. Hansing (E. D.).
Duffus (J. E.), Wirtschaftliche Bedeutung d. westlichen Rübenvergilbung (Radiesvergilbung) bei d. Zuckerrübe 242. — Natürliches Auftreten d. westlichen Rüben- u. Malvenvergilbungsvirus an Faserlein 2235.
Duffus (J. E.) u. **Fife (J. M.)**, Wirkung d. Viren v. Radieschen- u. Rübenvergilbung auf d. Aminosäuren v. Zuckerrüben 1360.
Dufournet (R.), Maniok in d. Provinz Tulear (Madagaskar). Lokalsorten u. Zusammenstellung d. Sortenversuche 3305.
Dugain (F.), Beobachtungen über bestimmte physikal. Eigenschaften, die d. Bodenfruchtbarkeit v. Bananenböden bestimmen 340. — Bananenbaum auf den Kanar. Inseln. *3.* Mitt. Untersuchung d. Böden 739. — s. Martin-Prével (P.).
Duggen (H.), Biolog. Wert d. Gemüses 2444.
Dugger (W. M.) s. Sisler (E. C.).
Dugger jun. (W. M.), **Taylor (O. C.)**, **Cardiff (E.)** u. **Thompson (C. R.)**, Stomataverhalten d. Pflanzen in Beziehung zur Schädigung durch photochem. Substanzen 593.
Duhan (K.), Leistungssteigerung bei Kernobst-Intensivkulturen in d. ersten Standjahren. Vorl. Mitt. 2156.
Dumitrache (I.), Komplexe agrotechn. Maßnahmen für d. Ertragsapfelanlagen des Obstanbaugebietes Bistriţa 463.
Dumitrescu (M.) s. Mănescu (B.).
Dumont (M. P.), Lupinendüngung in d. Westprovinz 459.
Duncan (C. G.), Relative Belüftungsansprüche d. Weichfäulepilze u. d. holzzerstörenden Basidiomyceten 259.
Dunglas (J.), Pedologie u. Mechanik d. Böden 2918.
Dunham (C. W.) s. Tatnall (D. V.).
— u. **Tatnall (D. V.)**, Mineralbestandteile d. Blätter v. *3* Ilex-Arten, d. in gedüngtem Sand kuliviert wurden 3065.
Dunin (M. S.), Bakterienringfäule d. Kartoffel (Pathogenese, Diagnostik, Bekämpfungsmaßnahmen 849.
Dunn (E.), Vorbehandlung d. Zysteninhalts d. Kartoffelnematoden, Heterodera rostochiensis Woll., durch Temperaturen u. ihr Einfluß auf d. folgenden Larvenschlupf in Wasser u. Wurzeldiffusaten 820.

Dunn (J. A.) s. Wheatley (G. A.).
Dunn (J. D.) s. Edge (R. A.).
Dunnill (P. M.) u. **Fowden (L.),** γ-L-Glutamyl-β-prazol-*1*-yl-L-alanin, ein Peptid aus Gurkensamen 2912.
Dunning (R. A.), System. Insekticide u. Zuckerrübenvergilbungskrankheit 2269.
Dupéron (R.), Ursprung d. Malein- u. Malonsäure, synthetisiert in den Samen v. Phaseolus vulgaris bei d. Keimung 2914.
Dupuis (M.), Anweisungen für d. Untersuchung v. Böden im Gelände u. im Laboratorium. *4.* Mitt. 354; *5.* Mitt. 2942. — Internationales Symposium in Delft zum Zwecke d. Bildauswertung 2631.
Durand (Y.), Bericht über d. allgemeine Kombinationseignung einiger reiner Linien d. Hirse Pennisetum typhoides (Burn.) 219.
Durbin (R. D.) s. Sydow (B. v.).
During (C.), Cullen (N. A.) u. **Bennett (G. M.),** Entwicklung v. Weiden auf gelbbraunen Lehmböden in d. Nähe v. Te Anau. *1.* Mitt. Die d. Entwicklung v. Kleegrasweiden auf kultiviertem Boden beeinflussenden Faktoren 2140.
— u. **McNaught (K. J.),** Die Wirkung v. Rindviehjauche auf d. Wachstum des Weidegrases u. d. Aufnahme d. Nährstoffe 443.
Durka (M.) u. **Horynová (A.),** Gärtner. Botanik [2288].
Durrant (A.), Durch d. Umwelt induzierte erbliche Veränderungen bei Linum 204.
Duşchin (V.) s. Ionescu (E.); Poenaru (I.).
— u. **Popescu (C.),** Unterstützungsvorrichtungen im Weinberg Odobeşti 770.
Dušev (E.), Versuche mit Baumwolle 3024.
Dušutina (K. K.), Neue Moldauische Erdbeersorten 767.
Dutt (A. K.), Schwefelmangel d. Jute 380. — Schwefelmangel bei Zuckerrohr 675. — Anbau v. „Französ." Bohnen in Delhi 2148.
Dutt (G. R.), Vorhersage d. Lösungskonzentrationen in Bodenlösungen für Gips u. austauschbares Ca u. Mg enthaltende Bodensysteme 1497.
Dutt (G. R.) u. **Low (P. F.),** Beziehungen zwischen den Aktivierungsenergien zur Deuteriumoxyd-Diffusion u. zum Leitvermögen austauschbarer Ionen in Tonsystemen 338. — Diffusion v. Alkalichloriden in Ton-Wassersystemen 920.
Dutt (N.) u. **Ghose (S. K.),** Messung d. natürlichen Kreuzung, d. bei Olitorius- u. Capsularis-Jute durch Insekten bewirkt wird 2206.
Dutta (N. P.) u. **Srivastava (S. C.),** Verfügbarkeit v. adsorbiertem Phosphat 1480.
Dutta (S. K.), Einfluß d. Methode u. verschied. Cyclen d. Schneidens auf Tee 146.
— u. **Garber (E. D.),** Genetik phytopathogener Pilze. 7. Mitt. Fungicidresistenz bei Colletotrichum lagenarium 2211.
Dutta Roy (D. K.) s. Jackson (J. E.).
Duval (L.), Bestimmung d. Phosphorsäure nach d. Molybdänblau-Methode in Böden, Pflanzen u. Düngern 2393.
Duvick (D. N.), Snyder (R. J.) u. **Anderson (E. G.),** Chromosomenlokalisierung d. Gens Rf_1, eines Restorers für zytoplasmat. Pollensterilität bei Mais 1626.
Dvořák (A.), Regulierung d. Wachstums u. d. Fruchtbarkeit d. Apfelbäume durch Verjüngung der Fruchttriebe u. durch Düngung 3330.
Dvořak (J.), Anwendung d. Herbicides Simazin im Obstbau 2879.
Dvořák (M.) s. Teltscherová (L.).
Dvorascek (M.) s. Gleria (J. di).
Dwivedi (R. S.) s. Roy (R. Y.).
Dyck (P. L.) u. **Zillinsky (F. J.),** Spaltung d. Kronen- u. Stengelrostresistenz bei diploidem u. autotetraploidem Avena strigosa 3080.
Dye (M. H.), Clarke (G.) u. **Wain (R. L.),** Auxingehalt in Tomaten-Gallgeweben 323.
Dykstra (T. P.), Erzeugung v. gesundem Saatgut 559.
Dylla (A. S.) u. **Tovey (R.),** Behälter aus Plastikfolien für Bestimmungen d. Evapotranspiration 2086.
Dyrda (Ja. F.), Beschreibung von Maissortenhybriden 1071.
Džalilov (T. N.) s. Mamedov (Š.).

Džalilova (V. M.) s. Kublanovskaja (G. M.).
Džanpeisov (R.) Solokov (A. A.) u. **Faizov (K. Š.),** Böden d. Kasach. SSR. Nr *3*. Böden d. Gebietes Pawlodar [3231]*.
Džavadova (R. K.), Besonderheiten d. Blütenstruktur d. Blauen Luzerne (Medicago coerulea Less.) 1714.
Džebrailov (M. G.), Effektivität d. Bodendüngung beim Möhrenanbau 2444.
Dželali (N. I.), Wichtige Fragen bei d. Durchführung von Bohnenkreuzungen 3369. — s. Vengrenovskij (S. I.).
Dziezyc (J.), Unkrautbekämpfung [2883].
Džiljanov (L.) u. **Aleksiev (D.),** Dynamik d. Jods in d. Pflanzen u. d. Erhöhung d. J-Gehaltes d. Gartenerdbeere mit Hilfe d. ^{131}J. 3060.
Dzingov (A.) s. Atanasov (A.).
Dživilekov (G.) s. Michajlova (P.).

Eagle (H. E.) s. Lagerwerff (J. V.).
Eagleman (J. R.) u. **Jamison (V. C.),** Einflüsse v. Bodenlagerung u. Bodenverdichtung auf d. ungesättigte Wasserbewegung 2931.
Earle (F. R.) u. **Jones (Q.),** Analysen d. Samenproben v. *113* Pflanzenfamilien 2307.
Eastwood (T.), Tauchbehandlung v. Gladiolenpflanzen mit Dowicid B. 184.
Eaton (G. W.), Keimung v. Pollen d. Süßkirsche (Prunus avium L.) in vitro nach Einwirkung v. Fungiciden 283.
Eaves (C. A.) s. Lockhart (C. L.).
— u. **Leefe (J. S.),** Einfluß d. Calcium-Blattdüngung auf d. Fruchtfestigkeit v. Erdbeeren 2462.
Ebben (M. H.), Verminderung v. Verunreinigungen im Nelkenstecklingstest 3435.
Ebeling (W.), Subtropical fruit pests [846].
Eberhard (H.) u. **Ermer (H.),** Verwendung u. Beseitigung v. Klärschlamm 951.
Ebert (D.), Düngerwirtschaft [396]*. — Sorten- u. Herkunftsprüfungen im Gefäßversuch 409. — Kali-Nachlieferung v. Ackerböden auf paläozoischen Gesteinen 626. — Grundsätze zur Aufstellung u. Durchführung d. Düngungsplanes in sozialist. Großbetrieben 960. — s. Selke (W.).
Ebert (K.), Kalkung im Frühjahr 1536. — Phosphorsäurewirkung in Komplexdüngern 2101. — s. Selke (W.).
Ebert (M.) s. Barber (D. A.); Evans (N. T. S.); Moorby (J.).
Ebert (W.) s. Kruel (W.).
Eckert (J. W.) u. **Kolbezen (M. J.),** Bekämpfung d. Penicillium-Befalls d. Citrus-Früchte mit *2*-Aminobutan 1699.
— u. **Tsao (P. H.),** Selektives, antibioticumhaltiges Medium zur Isolierung v. Phytophthora u. Phythium aus Pflanzenwurzeln 3448.
Ecochard (R.), Cytogenet. Grundlagen d. Introgression bei Weizen 1894. — s. Huet (J.).
— u. **Huet (J.),** Quantitative Vererbung bei einer autogamen Pflanze: dem Weizen. *1*. Mitt. 1892.
Eddins (A. H.) s. Akeley (R. V.).
Ede (A. N.), Neue Methoden d. Felddränage 3239.
Edelman (C. H.) u. **Brinkman (R.),** Aussehen v. Gilgai-Böden 2348.
— u. **Voorde (P. K. J. van der),** Wichtige Eigenschaften alluvialer Böden in d. Tropen 2940.
Edelman (J.) s. Jefford (T. G.).
Ėdel'štejn (V.), Verfahren zur Anzucht v. Jungpflanzen 745.
— u. **Muratova (E.),** Neue Agrotechnik bei der Steckzwiebelgewinnung 452.
Eden (W. G.), McCain (F. S.) u. **Arthur (B. W.),** Gehalt v. Maisinhaltsstoffen in Beziehung zur Schädigung durch Heliothis zea 2817.
Edge (R. A.) u. **Ahrens (L. H.),** Bestimmung v. Sc, Y, Nd, Ce u. La in Silicatgesteinen durch eine kombinierte Kationenaustausch-spektrochem. Methode 1499.
—, **Dunn (J. D.)** u. **Ahrens (L. H.),** Bestimmung v. Molybdän in granit. u. verwandten Gesteinen durch ein kombiniertes solventextraktions-spektrochem. Verfahren 2636.
Edgerton (L. J.) u. **Haeseler (C. W.),** Einfluß einiger Faktoren auf d. Absorption v. Naphthylessigsäure u. Naphthylacetamid durch Apfelblätter 1451.

Edgington (L. V.), Einfluß d. Temperatur in Connecticut auf d. relative Pathogenität v. Verticillium-Isolaten aus Maine u. Connecticut 3146. — s. Miller (P. M.).
Edmond (D. B.), Trittwirkungen auf Weiden im Sommer bei unterschiedlichen Feuchtigkeitsstufen 3034.
Edney (K. L.) s. Montgomery (H. B. S.).
Edreva (A.) s. Bajlov (D.).
Edwardo (A. A. di) s. McFadden jun. (S. E.); Miller (H. N.).
Edwards (C. A.), Springschwanz-Schaden an Bohnensämlingen 3113.
Edwards (G. H. A.), Bodentextur, ein symmetr. System zur Kennzeichnung dieser Eigenschaften u. zur Klassifizierung v. mechan. Analysen 65.
Edwards (G. P.) s. Okuń (D. A.).
—, Pfafflin (J. R.), Schwartz (L. H.) u. **Lauren (P. M.)**, N-Gehaltsbestimmungen in Abwasser u. Wasser 2644.
Edwards (J. D.) u. **Pianka (M.)**, Fungitoxizität. *4.* Mitt. Fungitoxizität v. bestimmten Äthylenverbindungen 2560.
Edwards (R. L.), Bedeutung d. zeitlichen Vorhersage v. Heuschreckenauftreten 1433.
Edwards (R. S.) s. Henderson (J. L.).
Edwards (W. G. H.), Wirkung einiger Acenaphthylderivate auf d. Mitose v. Erbsenwurzeln 1889.
Edwardson (J. R.) u. **Corbett (M. K.)**, Durch eine Mutation verursachtes virusähnliches Syndrom d. Tomate 2199.
Effmann (H.), Beurteilung anomaler Keime bei Lupinus luteus 2690.
Effmert (B.), Holzgehalt verschied. Markstammkohlformen 2488. — s. Meinl (G.).
Efimenko (T. M.), Einfluß d. Elternformen auf d. Kornqualität bei Hybriden 2998.
Efremov (A. E.), Wege zur Erhöhung d. Produktivität d. Samenträger u. d. Samenqualität monokarper Zukkerrüben 798. — Zur Verbesserung d. Züchtungsmethodik bei Zuckerrüben hinsichtlich ihrer Wurzelbrandresistenz 798.
Efremov (J. J.) s. Samuilov (F. D.).
Efremova (T. G.), Vernichtung d. Wurzelgallennematoden in Gewächshäusern 273.
Efremova (T. V.), Chem. Bekämpfung d. Windenknöterichs 1993.
Éfros (A. M.) u. **Fedoseeva (M. P.)**, Wirkung v. Benzimidazolderivaten auf Wachstum u. Entwicklung v. Getreidekulturen 1459.
Egan jun. (E. P.) s. Wakefield (Z. T.).
Eger (G.), Verhalten v. Champignonstämmen in Mischkultur 2452.
Egerer (A.), Vererbung d. Alkaloidgehaltes bei Nicotiana tabacum 210. — Übertragung v. Peronospora tabacina Adam durch Saatgut 2244. — s. Endemann (W.).
Egerszegi (S.), Künstliche Düngemittel mit kolloidaler Grundsubstanz für Sandböden 1796.
Eggebrecht (H.), Unkräuter im Feldbestand [3460].
Eggins (H. O. W.) u. **Pugh (G. J. F.)**, Isolierung cellulosezersetzender Pilze aus d. Boden 65.
Egina (K. J.) s. Cinovskij (J. P.).
Eglinton (G.), Hamilton (R. J.), Raphael (R. A.) u. **Gonzales (A. G.)**, Hydrocarbonbestandteile d. Wachsschicht v. Pflanzenblättern: Eine taxonom. Betrachtung 591.
Egolf (D. R.), Blühende Viburnumarten für Zierzwecke 1339. — Viburnum mit zierenden Früchten u. schöner Herbstfärbung 2467.
Egorov (I. S.), Düngemittelfabriken [2986].
Egorov (V. E.), Ergebnisse eines *50*-jährigen Düngungsversuches in d. Fruchtfolge u. bei Monokultur 2394.
— u. Dospechov (B. A.), Effektivität d. Kalkdüngung auf schon seit längerer Zeit u. regelmäßig gedüngten Böden 1808.
— u. Lykov (A. M.), Gehalt an Humus u. seine Zusammensetzung bei Anwendung v. Düngemitteln über eine längere Zeitdauer bei geregelter Fruchtfolge u. in Monokulturen 2038.
Egorov (V. V.), Popov (A. A.) u. **Konovalov (N. N.)**, Grobe boden-meliorative Rayonierung d. Wolga-Achtuba-Inundationsbettes 76.
Egorova (A. A.) s. Barskaja (T. A.).
Égouménidès (C.), Bestimmung v.

Schwefel in Pflanzenmaterial mit d. komplexometr. Methode 2976.
Eguchi (Y.), Oshika (Y.), Yamada (E.) u. **Watahara (T.)**, Samenproduktion v. Eierfrüchten bei unterschiedlichen Klimabedingungen 3041.
Eheart (J. F.) u. **Hurst (D. C.)**, Statist. Untersuchung einer vorgeschlagenen Analysenmethode für Oxalate in Pflanzen 325.
Ehlig (C. F.) s. Gardner (W. R.).
Ehrenberg (L.) s. Zacharias (M.).
Ehrendorfer (F.), Cytotaxonom. Beiträge zur Genese d. mitteleuropäischen Flora u. Vegetation 887.
Ehrendorfer (K.), Harnstoff u. Ammonsulfat als Blattdünger zu Winterweizen. Beitrag zur Frage d. Blattdüngung 972. — Nährstoffversorgung d. Bodens in Abhängigkeit v. d. Mineraldüngung 2091.
Ehrenhardt (H.), Weitere Untersuchungen zur Intensivierung d. Warndienstprognosen b. Cydia pomonella mit Hilfe v. Lichtfallen 878.
— u. **Grosser (H. U.)**, Schädlingsbekämpfung im Weinbau aus d. Sicht betriebswirtschaftlicher Überlegungen 2858.
Ehrenpfordt (V.), Wert u. rentable Ausnutzung einer Gründüngung zu Kartoffeln 1803. — Felderbse u. Lupine, Beitrag zur Beurteilung d. Leistung d. Felderbse auf leichtem Boden 1830.
Ehrhardt (J.) u. **Schorcht (A.)**, pH-Registrierregler. Gerät zum Messen, Registrieren u. automat. Regeln v. pH-Werten 2354.
Ehwald (E.), Aufgaben d. Instituts für Bodenkunde d. Deutschen Akademie d. Landwirtschaftswissenschaften zu Berlin 1. — Entwicklungslinien in d. Bodenkunde v. klass. Altertum bis zum *18.* Jahrhundert 331.
Eibner (R.) s. Brandenburg (E.).
Eich (D.) s. Simon (W.); Steinbrenner (K.).
Eichenberger (J.), Über neuere Ergebnisse u. Methoden d. Rückstandsanalyse 857.
Eichholz (W.) u. **Röstel (H.-J.)**, Züchtung d. Winterzuckerrübe 3088.
Eichhorn (J. L.) s. Feder (W. A.).
Eichler (W.), Auswahl v. Testinsekten für d. biolog. Insektizidprüfung unter bes. Berücksichtigung gesundheitsschädlicher Arten 1685.
Eide (J.) s. Line (R. F.).
Eidmann (H.), Bekämpfung d. Lärchentriebmotte 2506.
Eifert (A.) s. Eifert (J.).
Eifert (J.), Änderungen d. Reservekohlehydrate d. Rebholzes u. d. Bedeutung d. Kohlehydratstoffwechsels für d. Verwachsungsvorgänge bei d. Pfropfrebe 2589.
— u. **Eifert (A.)**, Wirkung einiger IES-Vorstufen auf d. Kallusbildung d. Weinrebe während d. Winterruhe 2023.
Eifrig (H.), Feststellung grünhülsiger u. gelbhülsiger Busch- u. Stangenbohnen im Laboratoriumsversuch 1273. — Methodik d. Keimprüfung einiger Gemüsesämereien 1548.
Eijnatten (C. L. M. van), Maissorten-Zuchtprogramm in Nigeria 1354. — Anfälligkeit gegen d. durch Cochliobolus heterostrophus verursachten Blattbrand bei nigerian. Maissorten 1370.
Eimern (J. van), Sehen wir d. Wirkung v. Windschutzstreifen immer im richtigen Maßstab? 2068. — Hebung d. Bodens durch Frost 2621.
Einset (J.) s. Klein (L. G.).
Eisbein (K.) s. Schmidt (H. B.).
Eisemann (A.), Vor- u. Nachteile d. Heckenobstbaues im Vgl. zur freierzogenen Spindel unter bes. Berücksichtigung d. Erfahrungen d. Auslandes 2156.
Eksteen (L. L.) s. Wassermann (V. D.).
Elashkar (M.) s. Elghamry (W.).
El-Baradi (T. A.) s. El-Damaty (A. H.); Hamdi (H.).
Elberse (W. T.) s. Bergh (J. P. van den).
Élcuse (R. Bouhier de l') = Bouhier de l'Élcuse (R.).
El-Damaty (A. H.) s. Hamdi (H.).
— u. **El-Baradi (T. A.)**, Einfluß d. Dauerdüngung auf d. Pflanzenerträge in Batheem 962.
El-Deeb (A. L.) s. Donia (A. R.).
— u. **Zeid (M. I.)**, Histopatholog. Untersuchungen über d. Wirkung einiger Bekämpfungsmittel auf ver-

schied. Gewebe d. Larven v. Pectinophora gossypiella 872.
Ėlerdašvili (N. L.) u. **Dekanoidze (G. I.)**, Zikaden als Maisschädlinge in Grusinien 534.
Elgabaly (M. M.), Vorkommen v. Attapulgit in einigen Böden d. westlichen Wüste v. Ägypten 1197. – Mechanismus d. Anionenaufnahme durch Pflanzenwurzeln. *2.* Mitt. Wirkung d. Wertigkeit d. assoziierten Kations auf d. Cl^--Aufnahme abgeschnittener Gerstenwurzeln 1781; Mitt. Wirkung d. Kationenaustauschkapazität v. Pflanzenwurzeln auf d. Cl^--Aufnahme **3249**; *3.* Mitt. Wirkung d. dominierenden Kations in d.Wurzel auf d. Chloridaufnahme abgeschnittener Gerstenwurzeln 1781.
– u. **Handley (R.)**, Mechanismus d. Anionenaufnahme durch Pflanzenwurzeln. *5.* Mitt. Chloridaufnahme durch Maiswurzelspitzen 1782.
– u. **Khadr (M.)**, Tonmineraluntersuchungen einiger ägypt. Wüstenböden u. alluvialer Nilböden 1478.
– u. **Wiklander (L.)**, Mechanismus d. Anionenaufnahme durch Pflanzenwurzeln. *1.* Mitt. Chloridaufnahme v. Cl^--Austauschersystemen u. ihre Beziehung zu den elektr. Eigenschaften d. Wurzeloberflächen 1234.
Elghamry (W.) u. **Elashkar (M.)**, Vereinfachte Dreiecksdarstellungen für d. Texturklassifikation 2928.
Elia (M.) s. Ciccarone (A.).
Eliassaf (J.), Kolloidale Kieselsäure in d. Terra rossa 59.
Elkan (G.), Vergleich v. Rhizosphärenmikroorganismen genet. verwandter knöllchenbildender u. nichtknöllchenbildender Sojabohnenlinien 51.
– u. **Moore (W. E. C.)**, Schnellmethode zur Messung d. CO_2-Bildung durch Bodenmikroorganismen 2638.
El-Kheshein (S. A.) s. El-Nawawy (A. S.).
El Kishen (S.) s. Zeid (M.).
Ellem (K. A. O.) s. Colter (J. S.).
Ellenberger (C. E.), Teste durch zweifache Infektion mit drei Viren, d. an Pflaumen Blattsymptome verursachen 2836. – s. Posnette (A. F.).
Elliot (J. M.) s. Mountain (W. B.).
Elliott (E. S.), Durch Krankheiten verursachter Schaden an Futtergräsern 2531.
Ellis (J. J.) u. **Hesseltine (O. W.)**, Rhopalomyces u. Spinellus in Reinkultur u. d. Parasitierung v. Nematodeneiern durch Rhopalomyces 1408.
Ellis (L. M.) s. Bucha (H. C.).
Ellis (N. J.), **Kalz (G. G.)** u. **Doncaster (J. J.)**, Transformation bei Rhizobium trifolii 2625.
Ellis (N. K.) s. Harris (C. I.).
Ellis jun. (R.) s. Dennis (E. J.).
Elmore (J. C.) u. **Magor (R. D.)**, Insekticidversuche zur Bekämpfung d. Grünen Pfirsichblattlaus u. d. Pfefferkäfers an Pfeffer 1143.
El-Nawawy (A. S.), **El-Kheshein (S. A.)** u. **Abdel-Wahab (A. M.)**, Beziehung zwischen chem. Struktur u. biolog. Aktivität 2865.
El-Rafie (S. M.) s. Heinisch (E.).
Elsukov (M. P.), Saatguterzeugung bei Ackerbohnen 714.
El-Tigani (M. El-A.), Einfluß d. Mineraldüngung d. Pflanzen auf Entwicklung u. Vermehrung v. Blattläusen 2822.
Elton (G. A. H.) u. **Ewart (J. A. D.)**, Stärkegel-Elektrophorese v. Getreideproteinen 1188. – Gerät zur automat. Elution v. Weizenprotein-Fraktionen während d. Stärkegel-Elektrophorese 2911.
Emcev (V. T.), Bindung d. molekularen Luftstickstoffs durch d. Buttersäurebakteriengattung Clostridium 53. – Quantitative Bestimmung anaerober stickstoffbindender Buttersäurebakterien d. Gattung Clostridium im Boden 652. – s. Dorosinskij (L. M.).
Emecz (T. I.), Wirkung meteorolog. Verhältnisse auf d. Öffnen d. Blüten kultivierter Gräser 1191. – Wachstumsanalyse u. Entwicklungseinschätzung in Beziehung zum Licht 1727.
Emel'janov (V. A.), Vervollkommnung d. Gammaskopie für d. Messung d. Bodendichte 1500. – Gammastrahlen u. Neutronen in Feld-Boden-Meliorationsuntersuchungen [2959].
Emerson (W. W.), Quellung v. Ca-Montmorillonit infolge Wasserabsorption. *1.* Mitt. Wasseraufnahme

aus d. Dampfphase 921; *2.* Mitt. Wasseraufnahme aus d. flüssigen Phase 921.
Emmert (E. H.), Einfluß v. Bor, Dextrose u. β-Naphthoxyessigsäure auf Düngebedürftigkeit, Ertrag u. Fruchtqualität bei Tomaten 159.
Emsweller (S. L.) u. **Uhring (J.),** Parthenogenese bei tetraploidem Lilium longiflorum 2798.
Enăchescu (G.), Ascorbinsäuregehalt d. wichtigsten Weintraubensorten d. R.V.R. 2764. – Aspekte d. Metabolismus d. Askorbinsäure bei d. Solanaceen 2892. – s. Radu (I. F.); Savinova (N.).
–, Iordăchescu (O.) u. **Marinescu (R.),** Veränderung einiger physikal. Eigenschaften u. d. wichtigsten chem. Bestandteile während d. Reife d. Grünerbse 159.
–, Voinea (M.) u. **Marinescu (R.),** Veränderung d. chem. Zusammensetzung d. in verschied. Silos gelagerten Möhren 157.
Enayat (R.) s. Limberg (P.).
Enčev (J.), Neue Braugerstensorten 414. – s. Georgieva (R.).
– u. **Bozova (L.),** Biochem. Veränderungen d. Pflanzen bei d. Umwandlung v. Sommer- in Winterformen 8.
Endemann (V.) s. Bajlov (D.).
Endemann (W.) s. Merker (J.).
– u. **Egerer (A.),** Züchtung v. tabakmosaikresistenten Sorten 2198.
–, Ramson (A.) u. **Egerer (A.),** Anfälligkeit verschied. Sorten u. Zuchtstämme v. Nicotiana tabacum L. gegenüber Peronospora tabacina Adam 2244.
Enderlein (G.), Internationale Tagung über Mathemat. Statistik u. ihre Anwendungen v. *4.* bis *8.* Sept. *1962* in Berlin 2886.
Endlich (J.) s. Murawski (H.).
– u. **Murawski (H.),** Züchtungsforschung an Pflaumen. *3.* Mitt. Artbastarde v. Prunus spinosa L. × Prunus cerasifera Ehrh. u. d. Frage d. Entstehung v. Prunus domestica L. 1642.
– u. **Neubauer (S.),** Bedeutung d. Bodenpflege für d. Erhaltung u. Hebung d. Bodenfruchtbarkeit in Obstanlagen 2749.
Endo (B. Y.), Überleben v. Heterodera glycines bei geregelter relativer Feuchtigkeit 2214. – Die tödlichen Zeit-Temperatur-Beziehungen für Heterodera glycines 2502.
Endo (R. M.) u. **Brown (C. M.),** Überwinterungsfähigkeit u. Ertrag v. Wintergetreide, d. v. Gelbverzwergungsvirus d. Gerste befallen ist 3408.
Endrizzi (J. E.), D. diploidähnliche cytolog. Verhalten v. tetraploider Baumwolle 2206.
Enev (A.), Züchtungsergebnisse beim Pfirsich 1326.
Engel (G.) s. Schick (W.).
Engel (K.-H.) u. **Raeuber (A.),** Allometr. Wachstum d. Kartoffel. Beitrag zur Festlegung v. Wachstumsabschnitten 500.
Engelbrecht (D. J.), Eine d. Schmalblättrigkeit d. Weintrauben ähnelnde durch Pfropfung übertragbare Krankheit 846.
Engelbrecht (R. S.) s. Okun (D. A.).
Engelken (J. H.) s. Watterston (K. G.).
Engelmann (C.), Prakt. Auswertung d. amtlichen Saatgutuntersuchung 107. – Über d. Keimfähigkeit feuchten Saatgutes 1264.
Engels (H.) s. Schulze (E.).
Engelstad (O. P.) s. Doll (E. C.).
– u. **Doll (E. C.),** Reaktion d. Kornertragsleistung auf Phosphordüngung unter d. Einfluß v. Niederschlag u. Temperatur 711.
England (C. B.) u. **Lesesne (E. H.),** Forschungsarbeit über Evapotranspiration im westlichen Nord-Carolina 1783.
Engle (H. B.), Abdeckungen für Maryland- u. Pennsylvania-Tabak 727.
Engler (R. A.), Ribonucleinsäure bei d. Biosynthese d. Tabakmosaikvirus 1658.
Englicht (W.), Spezieller Pflanzenbau [1844].
Enina (I. P.) s. Turkova (N. S.).
Enkina (O. V.), Gleichzeitiger Einsatz v. Granosan u. Phosphorobakterin 1261.
Enns (H.) s. Larter (E. N.).
Eno (C. F.) s. Popenoe (H.).
Enyi (B. A. C.), Wachstumsraten bei Berg- u. Sumpfreissorten 1296. – Beitrag verschied. Organe zum

Korngewicht bei Berg- u. Sumpfreis 1722. — Wasser- u. Stickstoffaufnahme v. Berg- u. Sumpfreis 2654.

Enzak (C. V.) s. Ševljagin (A. I.).

Enzmann (J.), Einfluß v. Bor, Mangan u. Kupfer auf Wasserabgabe u. Ertrag v. Pflanzen 1241.

Epps (E. A.) s. Sharp (J. H.).

Epstein (E.), Wechselwirkungen v. Ionen bei ihrer Absorption durch Pflanzen 2072.

—, Rains (D. W.) u. **Schmid (W. E.),** Verlauf d. Kationenabsorption durch Pflanzengewebe 1233.

Ercolani (G. L.), Eine für Italien neue Bakteriose an Bohnen 253.

Erdelska (O.), Histolog. Beobachtungen über d. Pathologie d. Welke d. Aprikosenbaumes 2245.

Erdély (S.) s. Sebök (P.).

Eremeev (G. N.), Physiolog. Merkmale d. Stabilität bei Obst- u. a. Baum- u. Strauchkulturen gegen Trockenbedingungen 299.

Eremin (G. V.), Neue Erdbeersorten 1328. — s. Rjadnova (I. M.).

Erickson (H. T.) s. Harris (C. I.).

Erickson (L. C.) s. Young (LeV. B.).

Erkaev (A. D.) s. Vasil'čenko (A. A.).

Ermakov (A. I.), D. Biochemie v. Gemüsekulturen [1317].

Ermakov (E. I.), Kotovič (I. N.) u. **Gorjačkina (N. A.),** Keramsit zur Bewurzelung v. Stecklingen 1866.

Ermakov (N. A.), Kiril'cev (B. I.) u. **Mitrofanov (V. A.),** Nutzen v. Komposten zu Getreide u. Hackfrucht 688.

Ermen (H. F.) s. Potter (J. M. S.).

Ermer (H.) s. Eberhard (H.).

Ermilov (G. B.), Abhängigkeit d. Leistung d. Maisblattes v. inneren Prozessen d. Pflanze 893.

Ermisch (D.), Zur Verbesserung d. Pflugarbeit auf schweren Böden 1223.

Ermolaev (I.), Fragen d. Bodenvorbereitung, Pflege u. Düngung d. Baumwolle im Gebiet d. Zentralen Landwirtsch. Forschungsinstituts Karnobat 1014.

Errera (M.), Strahleninduzierte Mutagenese, Gesichtspunkt eines Biochemikers über einige Aspekte d. Mutation 3073.

Eršova (V. L.) s. Babak (N. M.).

Esau (K.), Plants, viruses and insects [2524].

Esau (P.) s. Claypool (L. L.).

Esch (J. A. H.) = Hogen Esch (J. A.).

Eschena (T.) u. **Stradaioli (G.),** Wasseraufnahme in Gegenwart v. Kaliumsalzen 2373.

Escuro (P. B.), Obligado (A. L.), Everett (H. L.) u. **Oñate (B. T.),** Randeinflüsse auf Versuchsparzellen mit Trockenreis 2696.

Escuro (P. V.), Malabuyoc (J. A.), Mamicpic (N. G.), Umali (D. L.) u. **Villareal (R. L.),** Leistungsversuche mit früh u. mittelfrüh reifenden Niederungsreissorten unter Trockenzeitsbedingungen bei künstlicher Bewässerung 948.

Esipenko (P. A.), Der Gelbe Birnblattsauger 2222.

Eskilsson (L.) s. Bingefors (S.).

Esposito (R. G.), Greenwood (H.) u. **Fletcher (A. M.),** Wuchsstoffbedürfnisse v. sechs Fruchtfäulepilzen 1376.

Essen (H. van), Arbeitsmethoden beim Ernten v. Kartoffeln 2712.

Esser (J.), Wege zur „Acker-Kräuterweide“. Über den Wert d. Wegwarte (Cichorium intybus) als Futterpflanze 1304.

Essington (E.), Nishita (H.) u. **Wallace (A.),** Einfluß v. Chelaten auf d. Verfügbarkeit v. Spaltprodukten für Pflanzen auf verseuchtem Boden 1791. — Wirkung chelatbildender Agentien auf d. Aufnahme v. ^{91}Y, ^{106}Ru, ^{144}Ce u. ^{147}Pm durch Bohnen auf kalkhaltigem Boden 3260.

Esteban Velasco (E.) u. **Lachica Garrido (M.),** Ackerbohne. Einfluß d. Düngung mit Bor 2683.

Estermann (E. F.) u. **McLaren (A. D.),** Anteil d. „Rhizoplane“-Organismen an d. Gesamtkapazität d. Pflanzen zur Verwertung organ. Nährstoffe 1207.

Ethiraj (S.) s. Rangaswami (G).

Ethredge (W. J.) s. Beaty (E. R.).

Eto (Masako) s. Ichikawa (R.).

Eto (Morifusa), Eto (T.) u. **Oshima (Y.),** Wirkungen einiger zykl. Phosphorester auf Schädlinge 2268.

Eto (T.) s. Eto (Morifusa).

Ettinger (M. B.) s. Okun (D. A.).
Evans (A. M.), Artkreuzung bei Trifolium. *1.* Mitt. Methoden zur Überwindung d. Artunverträglichkeit 1363; *2.* Mitt. Untersuchung über d. vor d. Befruchtung liegenden Barrieren für d. Verträglichkeit 3090.
Evans (C. E.) s. Adams (F.).
Evans (D. D.) s. Ashcroft (G.); Harward (M. E.); Taylor (S. A.).
— u. **Ashcroft (G.)**, Ziegeldrän im mehrhorizontigen Boden 365.
Evans (E.) u. **Saggers (D. T.)**, Neues system. Therapeutikum gegen Rost 1426.
Evans (G.) s. White (N. H.).
Evans (George), Watson (D. P.) u. **Davidson (H.)**, Anwuchsberechnungen d. Veredlungen einiger Rosaceen-Arten 3064.
Evans (Gwilym), Saatmengen für Gräser zur Saatguterzeugung. *2.* Mitt. Zuchtsorten v. Rohrschwingel, Knaulgras (Heutyp) u. Phalaris-Hybride 431; *3.* Mitt. Frühes Deutsches Weidelgras S. *24* 2725.
Evans (H. J.) s. Jackson (W. A.).
Evans (Harold J.) s. Lowe (R. H.).
Evans (L.) s. Gallaher (P. J.).
Evans (N. T. S.) s. Barber (D. A.); Moorby (J.).
—, **Ebert (M.)** u. **Moorby (J.)**, Modellvorstellung für d. Transport d. Photosyntheseprodukte in d. Sojabohne 3180.
Evans (R. J.) u. **Kerr (M. H.)**, Extraktion u. Fällung v. stickstoffhaltigen Bestandteilen trockener Bohnen (Phaseolus vulgaris) 2664.
Evans (S. A.), Unkrautbekämpfung in Sommergetreide mit MCPA, MCPB u. *2.4*-DB 583. — Weed destruction [2883].
Evdokimov (A. P.), Pfropfung u. Umpfropfung d. Obstbäume [3343].
Evenhuis (H. H.), Populationsdynamik v. Aphiden u. Aphidenparasiten in Obstgärten 1655. — Einfluß d. Blutlauszehrwespe Aphelinus mali (Hald.) auf den Massenwechsel ihres Wirtes, d. Apfelblutlaus Eriosoma lanigerum (Hausm.), in d. Niederlanden 1692. — Dipterenfeinde v. Aphiden, d. d. Apfelwachstum in Neuschottland gefährden 1693.
Evéquoz (M.) s. Perraudin (G.).
Everett (H. L.) s. Escuro (P. B.).
Everett (P. H.), Einfluß d. Stickstoffquelle u. Düngermenge auf d. Ertrag v. Wassermelonen 2428. — Wirkung v. Superphosphaten auf d. Ertrag v. Wassermelonen 2445.
Everett (T. R.) s. Jarvis (J. L.).
Everson (L. E.), Shih (C. S.) u. **Cady (F. B.)**, Vergleich v. „Hand"- u. „Einheits"-Methoden zur Reinheitsbestimmung v. Saatgut d. Wiesenrispe (Poa pratensis) 1269.
Evert (R. F.), Kambium u. jahreszeitliche Entwicklung d. Phloems bei Pyrus malus 2595.
Evgrafova (N. P.), Assimilation v. N-Verbindungen durch Kartoffelpflanzen in Abhängigkeit v. d. Düngung 99.
Evlachova (A. A.), Ermittlung u. Anwendung v. Mikroorganismen zur Bekämpfung d. Kaliforn. Schildlaus 861.
Evreinov (M. G.), Luře (L. S.), Skarbilovič (T. S.), Smirnova (I. S.) u. **Ter-Simonjan (L. G.)**, Erfahrungen bei d. Bodensterilisierung mittels γ-Strahlen 2553.
—, **Smirnova (I. S.), Koževnikova (N. F.)** u. **Kotljarov (M. V.)**, Saatgutbehandlung mit UV-Strahlen u. elektr. Strom 1270.
—, **Tichomirov (V. G.), Smirnova (I. S.), Tjutjunnikova (V. A.)** u. **Koževnikova (N. F.)**, Saatgutbehandlung mit Hochspannungswechselstrom 2988.
Ewalt (R. L.), Doll (J. P.) u. **Decker (W. L.)**, Korrelationen zwischen Trockenheitsindices u. Maiserträgen 621.
Ewart (J. A. D.) s. Elton (G. A. H.).
Ewertson (G.) s. Heiken (A.).
Exer (B.), Hemmung d. Hillreaktion durch Herbizide 287.
Eynard (I.) u. **Paglietta (R.)**, Mit Hilfe d. Radioisotopentechnik geprüfte Wirksamkeit v. Benetzungsmitteln zur Wasserbehandlung d. Blätter 2089.
Eysinga (J. P. N. L. Roorda van) = Roorda van Eysinga (J. P. N. L.).
Ezdakova (L. A.), Einfluß d. Spritzens (Gießens) auf den Wasserhaushalt d. Tabaks 302.

Faber (H.), Unkrautbekämpfung in Forstkulturen 2883.
Faber (H. A.) u. **Bryson (L. J.),** Proceedings. Conference on Physiological aspects of Water Quality. Washington, September *8.–9. 1960* [662]*.
Faber (W.), Ergebnisse zehnjähriger Erhebungen über d. Flugjahre d. Maikäfers (Melolontha melolontha L. u. M. hippocastani F.) in Österreich 879. – Neue Karte d. Maikäferflugjahre in Österreich, Grundlage für zuverlässige Engerlingsprognose 1155. – Reismehlkäfer, eine artenreiche Sippschaft. *1.* Gattungen Gnathocerus, Palorus u. Latheticus 3119; *2.* Gattung Tribolium 3119.
Fabianowicz (M.), Bibliographie der polnischen Arbeiten über Wiesenbau für d. Jahre *1945–1956* [444].
Fabig (F.), D. Züchtung v. Gemüsesorten, d. eine Mechanisierung d. Ernte begünstigen 445. – s. Adam (H.).
Fabijanowski (J.) s. Birecki (M.).
Fabijański (J.) s. Birecki (M.).
Fachrutdinova (É. Š.) s. Voronkevič (I. V.).
Fadeev (B. I.) s. Taranov (M. T.).
Fadeeva (T. S.) u. **Djatlova (A. I.),** Dynamik d. Keimung d. Samen reziproker Erdbeerhybriden 1327.
Fadrhons (J.), Gerstenzüchtung auf Resistenz gegen Mehltau 2477.
Fahey (J. E.) s. Rodriguez (J. G.).
–, Rodriguez (J. G.), Rusk (H. W.) u. **Chaplin (C. E.),** Chem. Bestimmung v. Pflanzenschutzmittelrückständen auf Erdbeeren 1979.
Fairchild (M. L.) s. Peters (D. C.).
Faivre-Dupaigre (R.) s. Leroux (R.).
Faizov (K. Š.) s. Džanpeisov (R.).
Fajersson (F.), Wirkung v. Kalksalpeter auf „Banco"-Weizen 1279. – Vergleich zwischen Kalksalpeter u. Harnstoff zu „Svenno"-Sommerweizen 1279. – Organisation u. Arbeitsweise d. Saatzuchtanstalt Weibullsholm 2468. – Einige Erfahrungen bei Qualitätszüchtungen mit Sommerweizen 2468.
Fajnbron (B. D.), Veränderlichkeit d. Sortenmerkmale d. Weizens bei d. Aussaat embryonal junger Pflanzen 3363.
Fajncimer (R. Z.) s. Železnjak (E. A.).
Fakhry (S. I.) s. Kaddah (M. T.).
Falchi (P.), Voruntersuchungen über Feuchtigkeitsänderungen im Gelände 1772. – Forschungen auf d. Gebiet d. Bewässerungsbetriebes 1774.
Falconer (M. A.) s. Wilcox (H. J.).
Falkenburger, Bedeutung d. Lamarck-Gegners George Cuvier f. d. menschliche Paläontologie [196]*.
Faludi (B.) u. **Faludi-Dániel (Á.),** Vererbung d. Carotinoidgehaltes d. Korns v. Albinomais 495.
–, Faludie-Dániel (Á.) u. **Gyurján (I.),** Sortenunterschiede im Wachstum v. Gewebekulturen bei in herbicidhaltigen Nährböden aufgezogenen Kartoffeln 1435.
–, Faludi-Dániel (Á.). u. **Pacséry (M.),** Korrelation zwischen dem Wachstum d. Gewebekultur einer *2.4*-D-sensitiven Kartoffelsorte u. den Anfangsdimensionen 1453.
Faludi-Dániel (Á.) s. Faludi (B.).
Faludin, Ektogen. Theorie d. biogenet. Rekapitulation [196]*.
Fang (S. C.) s. Bourke (J. B.); Chao (T. T.); Harward (M. E.).
–, Nance (R. D.), Chao (T. T.) u. **Harward (M. E.),** Chromatograph. Näherung zur Bestimmung v. Sulfatadsorption u. -austausch in Böden mit geringem Rückhaltevermögen 1201.
Fankhänel (H.), Massenvermehrung u. Überwachung v. Frostspannerarten in d. Forstwirtschaft d. DDR in d. Jahren *1958–1960* 231. – Massenvermehrung d. Grünen Eichenwicklers (Tortrix viridana L.) in d. DDR in d. Jahren *1957–1959* u. über Maßnahmen zur Überwachung d. Schädlings 825. – Biolog. Methode d. Schädlingsbekämpfung in d. Sowjetunion 3440. – s. Kruel (W.).
Faragó (M.), Pflanzenbiolog. Beobachtungen an d. Pfefferminze [2132].
Farber (M. S.) s. Popov (P. V.).
Faris (D. G.) s. Forde (M. B.).
Faris (E.) u. **Reed (A. D.),** Wann ist d. Cling-Pfirsichbaumbestand zu erneuern 1595.
Farkas (G. L.), Stoffwechselphysiolog. Grundlagen d. hypersensitiven Abwehrreaktion im Pflanzenreich 220.

— Probleme d. parasitogen stimulierten Biosynthese aromat. Verbindungen 847. — s. Bócsa (I.); Solymosy (F.).
Farkas (G. L.), Lovrekovich (L.) u. **Klement (Z.),** Aktivitätszunahme d. Glucose-6-p-dehydrogenase in durch Pseudomonas tabaci infizierten Tabakblättern 3427.
Farkas (L.), Perennierende Zierpflanzen [3066].
Farnert (B.) s. Harranger (J.).
Farrar (K. R.), Die Zeanine: eine Gruppe wachstumsfördernder Komponenten in reifen Maiskörnern 324.
Farský (I.), Bewässerung d. Kulturen v. Sommergetreide 366.
Farský (Z. I.), Prakt. Fragen d. Vorbereitung d. Großflächenbewässerung [1779].
Farstad (L.) s. Clark (J. S.).
Fasoulas (A. C.) u. **Allard (R. W.),** Nichtallele Genwechselwirkungen bei d. Vererbung v. quantitativen Merkmalen d. Gerste 3079.
Fast (G.) s. Penningsfeld (F.).
Fauché (J.), Desinfektionsversuche mit Erdnußsaatgut. Bambey *1960* 2991. — Saatzeitenversuch zu Erdnüssen mit u. ohne Saatgutdesinfektion 3025. — s. Vidal (P.).
Fauconneau (G.) s. Coic (Y.).
Fauconnier (R.), Zuckerrohrproduktion im Senegal-Tal u. Vorschlag einer Versuchsmethode 1572.
Faulkner (G.) s. Williams (R. R.).
Faulkner (R. C.) s. Jackson (J. E.).
Faust, Ursache u. Verhütung v. Erosionsschäden in Verbindung mit Flurbereinigung [2071].
Faustov (V. V.) s. Gukova (M. M.).
Favarger (C.) u. **Contrandriopoulos (J.),** Abhandlung über d. Endemismus 590.
Favorov (A. M.) u. **Vloch (V. G.),** Möglichkeiten d. gelenkten Formbildung bei Sortenhybriden v. Kartoffeln 1358.
Favre (C.) s. Perraudin (G.).
Favret (E. A.), Induzierte Mutationen für Krankheitsresistenz 1063.
Fawcett (R. G.) u. **Quirk (J. P.),** Wirkung d. Bodenwasserdruckes auf d. Absorption d. Bodenphosphors durch Weizenpflanzen 1523.
Feder (W. A.) s. Ford (H. W.).
— u. **Feldmesser (J.),** Der „spreading decline“ Komplex: D. alleinige u. kombinierte Wirkung v. Fusarium spp. u. Radopholus similis auf d. Wachstum v. „Duncan“-Pampelmusensämlingen im Gewächshaus 555.
— u. **Ford (H. W.),** Einfluß v. Fusarium auf d. Wachstum v. Sämlingen verschied. Citrus-Wurzelstöcke, d. gegenüber Radopholus similis Cobb tolerant sind 1650.
—, **Hutchins (P. C.)** u. **Eichhorn (J. L.),** Verminderung v. Nematodenpopulationen im Boden durch ausgewählte Kohlenhydrate 523.
Federer (W. T.), Versuchsfehlerquoten 2996. — s. Plaisted (R. L.).
— u. **Plaisted (R. L.),** Methode zur Abschätzung d. Varianzkomponenten d. Kombinationseignung in Versuchen mit unvollständigen Blocks 2773.
Fedin (M. A.), Maishybriden im Zentralen Schwarzerdegürtel 1631. — Befall d. Maises durch Fritfliege u. Beulenbrand in Abhängigkeit v. den Aussaatzeiten 1665.
Fedorenko (I. V.) s. Dobroljubskij (O. K.).
Fedorin (Ju. V.), D. Böden d. Kasach. SSR. Nr. *1.* D. Böden d. Nordkasachstaner Gebietes [3231]*.
Fedorinčik = Fedorintschik.
Fedorinčik (N. S.), Entobakterin *3* 861. — Anreicherung d. Erdkompostes mit Trichoderma 1406. — Verwendung d. Pilzes Trichoderma lignorum Harz zur Bekämpfung phytopathogener Pilze im Boden 1688.
Fedorintschik = Fedorinčik.
Fedorintschik (N. S.), Anwendung v. Biopräparaten zum Schutz v. Gemüsekulturen gegen Schädlinge u. Krankheiten 2545.
Fedorov (A. K.), Entwicklung mehrjähriger Gräser 1843. — Wesen d. Wechselweizensorten 2592.
Fedorov (M. V.) u. **Kalininskaja (T. A.),** Verhalten d. stickstoffbindenden Mycobacteriums sp. *301* zu verschied. Kohlenstoffquellen u. zusätzlichen Wachstumsfaktoren 346.
Fedorov (P. S.), Unterschiedl. biochem. Qualität v. Hybridsamen u. d. Samen d. Elternformen 793. — Physio-

log.-biochem. Eigenschaften v. Heterosismaishybriden 1355.
Fedorova (L. L.), Šajdurov (V. S.) u. **Stanko (S. A.),** Herbicidgemisch in Futterkohlsaaten 2879.
Fedorova (N. A.) u. **Kostlan (N. V.),** Frostresistenz v. Winterkulturen in Abhängigkeit v. Alter d. Pflanzen u. d. Herbstvegetation in den Gebieten d. Polessje u. d. nördlichen Waldsteppe d. Ukrain. SSR 1717.
Fedoseenko (L. G.) s. Mel'nikov (N. N.).
Fedoseeva (L. I.), Zwei Formen v. Meromyza nigriventris Macq. 2219.
Fedoseeva (M. P.) s. Ėfros (A. M.).
Fedotova (N. I.) s. Gončarov (B. P.).
Fedotova (T. I.), Neues über Phytophthora d. Kartoffel 1392.
Fedotova (T. K.), Kaliummetabisulfit bei d. Möhreneinlagerung 3037.
Fedulova (N. M.), Stadienentwicklung v. Wintergerste bei Herbstaussaat 23. — Einfluß d. Lichtes auf d. Prozeß d. Jarowisierung v. Wintergerste 2020.
Feeley (J.) s. Marcus (A.).
Feichtinger (F.) u. **Schleifer (H.),** Maulwurfdränversuch *1951 — 1960* 948.
Feiffer (P.), Wie d. Saat, so d. Ernte 2693. — s. Hahn (P.); Lampeter (W.).
Feiginson, Kritik d. modernen Neodarwinismus [196]*.
Feistritzer (W. P.), Lagerfähigkeit v. feuchtem u. künstl. getrocknetem, schlämmgebeiztem Weizensaatgut 111.
Fejérné (K. O.), Veränderung d. Amylaseaktivität in d. Wurzeln v. Keimpflanzen 1449.
Fejes (S.), D. zeitgemäße Erwerbsobstbau [180]*.
Fekete (Š.), Erste Ergebnisse fünfjähriger Untersuchungen über d. Einfluß d. Windschutzstreifen auf d. Hektarerträge d. Ackerbaupflanzen in d. Jahren *1954—1958* 2958.
Fel'dberg (K. A.), Tafelweinsorten im Donbass [3343].
Feldhaus (K.), Kalkstickstoff zur Unkrautbekämpfung 1992.
Feldhay (H.) s. Lachover (D.).
Feldman (M.) s. Zohary (D.).
Feldmesser (J.) s. Feder (W. A.).
Felecan (V.) s. Rădulescu (E.).
Felius (P. M.) u. **Scharringa (M.),** Nachtfrost im Mai *1961* u. d. Schaden im Obstbau d. Nordostpolders 169.
Félix (S.) u. **Orieux (L.),** Pflanzenkrankheiten u. ihre Bekämpfung auf Mauritius 3140.
— u. **Pablot (J.),** Spritzniederschläge v. Zineb auf Kartoffelblättern 2257.
Felizardo (B. C.), Galvez (N. L.) u. **Davide (P. S.),** Reaktion v. Citrus auf Düngung 390.
Fenaroli (L.), Probleme d. Maiszücht. u. d. -anbaues i. d. Mittelmeerländern 2468.
Fencl (J.) s. Schmidt (L.).
Fense (H.) s. Köhnlein (J.).
Feodoroff (A.), Einige Versuche oder Beobachtungen über d. Bodenbearbeitung beim Rübenanbau 69. — Erforderliche Bodeneigenschaften für d. Anlage einer Maulwurfsdränage 73. — Schätzung d. Strukturfestigkeit d. Bodens (S-Index). Neue Anwendungsformen d. Absiebapparatur 358. — Dränage d. Bodens u. Wasserkapazität 2622.
Feofanova (N. D.), Einfluß v. Ultraschall u. radioaktivem Phosphor auf Wachstum u. Entwicklung v. Tomaten u. Kohl 1026. — Physiolog. Merkmale d. Körnerleguminosen 3179.
Ferando (M.) s. Săulescu (N.).
Ferda (J.), Hydropedolog. Charakteristik d. häufigsten Bodentypen d. Kammgebietes v. Erz- u. Riesengebirge 2333.
Ferencz (V.) s. Somos (A.).
Ferenczi (S.) u. **Tuzson (I.),** Veränderungen d. Zucker- u. Säuregehaltes während d. Weintraubenreife 30.
Ferenczy (L.), Selektive Unkrautbekämpfung. Untersuchungen mit *2.4*-Dichlorphenoxyäthylamin u. *2.4*-Dichlorphenoxyacetonitril 2576.
Ferguson (A. C.) s. Bernier (C. C.).
Ferguson (J. H. A.), Nomogramm für d. Trennschärfe d. F-Tests, modifiziert nach Keuls 1556. — Zufällige Variabilität bei gärtner. Versuchen 3356.
Ferguson (W. S.), Auswirkung d. Bebauungsintensität auf d. Wirksamkeit d. Wasserausnutzung 3251.
Fernandes (S. J. G.) u. **Clarke (I. D.),**

Einfluß ionisierender Strahlen auf d. Säurestoffwechsel bei Äpfeln (Cox Orange Pippin) 16.
Fernández (M. del C. C.), Wirkung v. Filterpreßkuchen auf Tomatenpflanzen, d. in sterilisierten u. nichtsterilisierten Erden wachsen 2149.
Fernando (G. W. E.) u. **Sivalingam (T.)**, Weideverhalten v. Rindvieh in Beziehung zur jahreszeitlichen Nutzung v. Weiden in Trockenzonen 2141.
Fernqvist (I.), Bewurzelung weichholziger Ribesstecklinge in Abhängigkeit vom Auxingehalt 2169.
Féron (M.), **Bénard (R.)** u. **Poitout (S.)**, Olivenfliege, Dacus oleae Gmel., u. ihre Parasiten auf Korsika in den Jahren *1959* u. *1960* 1133.
Ferrandis (V. A.) u. **Gonzalez Peña (J. M.)**, Studium d. Glaukonits 332.
Ferrando (R.), Ernährung u. landwirtschaftl. Produktion 2885.
Ferrari (C.), **Gelli (P.)** u. **Palotta (U.)**, Kolorimetr. Bestimmung d. Phosphorsäure in Düngemitteln 1263.
Ferrari (G.) u. **Passera (C.)**, Durchgang d. Ionen durch Pflanzengewebe. *2.* Mitt. Transport v. markierten Sulfationen in pektocellulosehaltigen Geweben u. krit. Bemerkungen zur Maß-Methode 2080.
Ferrary (R.) s. Heslot (H.).
Ferraz (E. C.) s. Mitidieri (J.).
Ferrel (R. E.) s. Hunter (I. R.).
Ferretti (R. J.) s. Hoffman (W. M.).
— u. **Hoffman (W. M.)**, Automat. photometr. Bestimmung v. Phosphor als Molybdovanadophosphorsäure 2685.
Ferwerda (F. P.), Zyklus rekurrenter Selektion bei Roggen 3364.
Festa (N. J.) s. Golik (M. G.).
Fetisov (G. G.) u. **Filimonova (G. A.)**, Charakter u. Grad d. Schädigung d. Blütenknospen durch niedrige Temperaturen bei Steinobst 2460.
— u. **Perechodkin (L. P.)**, Einfluß d. Bestäubersorten auf d. Ertrag u. d. Samenproduktion bei Äpfeln 460.
Fetner (R. H.), Chromosomenbrüche bei Vicia faba durch Monochloramin 3354.
Fetvadžiev (G.), **Donev (N.)** u. **Janakieva (E.)**, Über einige Fragen d. Wechselbeziehung zwischen oriental. Tabak u. dem Wasser 424.
Fetvadžiev (V.), **Galev (J.)**, **Denev (N.)** u. **Grůučarov (C.)**, Voraussetzungen für Blauschimmelbefall (Peronospora tabacina Adam.) d. Orient-Tabaks u. seine relative Widerstandsfähigkeit (Anfälligkeit) gegen diese Krankheit 2533.
Fetvadžieva (N.) s. Pavlov (K.).
— u. **Atanasov (P.)**, MCPA als Herbicid bei Hafer 1709.
— u. **Nikov (M.)**, Einsatzmöglichkeiten einiger Herbicide im Weinbau 1998.
Feucht (W.) s. Silbereisen (R.).
Feuerstack (W.) u. **Koepf (H.)**, Tonböden 2041.
Feyerabend (G.) s. Marlow (H.).
—, **Menzel (K.-Chr.)** u. **Wildner (A.)**, Wirkung v. Herbiciden auf Unkräuter, Ertrag, Strohgütemerkmale u. Faserwerte bei Faserlein 292.
Fialkovskaja (E. A.), Methoden zur Bestimmung d. Resistenz v. Weizensorten gegen Weizenflugbrand *1066.*
Fialová (S.) u. **Dobřemyslová (M.)**, Katalase- u. Phosphataseaktivität im Weizen bei beeinflußter Wachstumsschnelligkeit 2585.
Fich (C. G.) s. Wheeler (G. F. C.).
Fiddian (W. E. H.) s. Gair (R.).
Fiedler (E.) s. Fiedler (H.-J.).
Fiedler (G.), Anwendung flüssiger Düngemittel 1809.
Fiedler (H.-J.), Wirkung unterschiedlicher Stickstoffdüngung auf Ertrag u. Eiweißgehalt v. Sommerweizen 83.
— u. **Czerney (P.)**, Bodenstabilisierung u. -abdichtung durch Zusatz v. Chemikalien 2620.
—, **Czerney (P.)** u. **Fiedler (E.)**, Einfluß einer Bestandeskalkung auf d. Mikroflora u. chem. Zusammensetzung v. Fichtenrohhumus 3221.
— u. **Fiedler (E.)**, Wirkung d. Erdalkali-Ionen auf mikroskop. Bodenpilze 1490.
— u. **Schmidt (L.)**, Spurenelemente u. Mikroorganismen d. Bodens 2622.
Fiedler (J.), Verwendung v. Monogerm- u. Bigermsaatgut d. Zuckerrübe 2396. — s. Zemánek (J.).
Fiedler (W.), Transpirationsverhalten verschied. Unterlagen u. Unterla-

gen-Edelsorten-Kombinationen bei Aprikosen 1041; dass.: 1325. — Mineral. Düngung d. Obstgehölze 1865.
Fieldhouse (D. J.) s. Bubutis (P. P.).
Fields (R. W.) u. **King (T. H.)**, Einfluß v. Lagerpilzen auf d. Wertminderung gelagerten Erbsensaatgutes 2869.
Fife (C. V.), Einschätzung d. Ammoniumfluorids als selektives Extraktionsmittel für aluminiumgebundenes Bodenphosphat. *3.* Mitt. Eingehendere Studien an ausgewählten Böden 938.
Fife (D.) s. Thomason (I. J.).
Fife (D. C.) s. Fife (J. M.).
Fife (J. M.) s. Duffus (J. E.).
—, Price (C.) u. **Fife (D. C.)**, Eigenschaften v. Phloemsaft, d. v. Zukkerrübenwurzeln gesammelt wurde 1734.
Figarella (J.) s. Vicente-Chandler (J.).
Filev (K.) s. Georgieva (R.).
Filho (J. X.) = Xavier Filho (J.).
Filimonov (M. A.), Schnellmethode zur Bestimmung d. Keimfähigkeit v. Futterbohnensaatgut 108. — Neues Verfahren d. Saatguttrocknung 2397.
— u. **Kosobokov (G. I.)**, Chem. Nachreifen d. Maissaatgutes 3004.
— u. **Ragulin (M. S.)**, Chem. Trocknung v. Futterbohnensaatgut 981.
Filimonova (G. A.) s. Fetisov (G. G.).
Filimonova (L. N.), Besonderheiten d. Entwicklung u. Ausdehnung d. Wurzelsystems d. Lupine auf Podsol-Lehmböden 3298.
Filimonova (T. G.), Verwendung v. Gibberellin bei d. Bestimmung d. Lebensfähigkeit v. Samen 1266.
Filipev (I. D.) u. **Bienko (A. I.)**, Herbstkopfdüngung bei Wi-Weizen 1826.
Filippov (L. A.), Reaktion v. Apfelsorten auf Trockenperioden in d. Moldauischen SSR 762.
— u. **Fulga (I. G.)**, Einfluß d. Verjüngungsschnittes auf den Wasserhaushalt d. Apfelbaumes 761.
Filov (A. I.), Fasziation im Dienst d. Pflanzenzüchtung 486.
Finály (I.) s. Ballenberger (R.).
Finch (C. G.) s. Chapman (C. I.); Love (J.); Wheeler (G. F. C.); Williams (A. M.).
Finck (A.), Kaliumzustand einiger sudanes. Tonböden 2324.
Finckh (B.), Mineral. Stickstoffdüngung auf Dauerwiesen 1302.
Findeisen (D.), Einrichtung v. landwirtschaftlichen Abwasserverwertungsanlagen unter bes. Berücksichtigung betriebs- u. arbeitswirtschaftlicher Probleme 75.
Finfrock (D. C.), Plastikbegrenzungen auf Reisfeldern 2133. — s. Williams (W. A.).
Finger (H.) s. Olbertz (M. H.).
Finger (K.), Hydrolog. Meßmethodik im Dränversuchswesen 3239.
Fink (R. J.) u. **Fletchall (O. H.)**, Futterpflanzenanbau auf Boden, d. Atrazin- u. Simazinrückstände enthält 3451.
Finkner (R. E.), Doxtator (C. W.), Hanzas (P. C.) u. **Helmerick (R. H.)**, Auslese auf niedrigen u. hohen Asparaginsäure- u. Glutamingehalt bei Zuckerrüben 3088.
Finnerty (D. W.) u. **Klingman (D. L.)**, Entwicklungszyklen u. Untersuchungen zur Bekämpfung einiger Trespen-Ungräser 1993.
Finney (G. L.) s. Huffaker (C. B.).
Finney (H. R.), Holowaychuk (N.) u. **Heddleson (M. R.)**, Einfluß d. Mikroklimas auf d. Morphologie gewisser Böden d. Allegheny-Hochebene v. Ohio 643.
Finney (K. F.) s. Shogren (M. D.).
Finstein (M. S.) u. **Alexander (M.)**, Konkurrenz hinsichtlich Kohlenstoff u. Stickstoff zwischen Fusarium u. Bakterien 2047.
Fintel (R. G. H. v.) u. **Quicke (G. V.)**, Bodendüngung u. d. Gehalt d. Maiskornes an Protein, Zein, Niacin u. essentiellen Aminosäuren 1800.
Fioramonti (S.) s. Decau (J.).
Firbas (H.), Selektion v. im Rohzustand nichtdunkelnden Kartoffeln 1077. — Reaktion v. Wildkartoffelarten unterschiedlicher Frostresistenz auf Kälteeinflüsse verschied. Stärke u. Dauer 2193. — Zusammenhänge zwischen Trockenheit u. Frostresistenz 2193.
— u. **Ross (H.)**, Züchtung auf Frostresistenz bei d. Kartoffel *2.* Mitt. Über d. Frostresistenz d. Knolle u.

ihre Beziehung zur Frostresistenz d. Laubes 502.
Firman (I. D.), Symptome u. Vorkommen d. Stammrissigkeit am Kaffeebaum in Kenia 1924. – s. Wallis (J. A. N.).
Firsov (I. G.), Schädlichkeit d. Maiszünslers 231.
Fischang (W. J.) s. Shaw (F. R.).
Fischbeck (G.), Acker- u. pflanzenbauliche Voraussetzungen für hohe Erträge 1822. – Aufstellung eines phänolog. Testsortimentes 3360. – s. Aufhammer (G.).
Fischer (A.), *1*-Phenyl-*4*-amino-*5*-chlor-pyridazon-*6* (PCA) als ein neues Rübenherbicid 2878. – s. Scheuerer (G.).
– u. **Langbein (H.),** Neues Vorauflaufmittel auf Basis OMU + BiPC 1435.
Fischer (H.) u. **Zesewitz (E.),** Biologie u. Bekämpfung d. Weißen Bärenspinners (Hyphantria cunea Drury) 2217.
Fischer (H. E.), Gigaspollen infolge ausbleibender Zytokinese bei Beta vulgaris L. 2485. – Tetraploide Beta-Rüben durch Acenaphthen-Applikation 3371.
Fischer (H. P.), Drei Oenotheren aus dem neuen Subgenus Renneria 294.
Fischer (M.), Genet. Studien am Apfel 2203.
Fischer (P. L.), Impluviometer 2319.
Fischnich (O.), Pflanze – Grundlage unseres Lebens 974. – s. Breyhan (T.); Heilinger (F.); Krug (H.).
–, **Heilinger (F.), Krug (H.)** u. **Pätzold (C.),** Forschung am Pflanzgut d. Kartoffel 1270.
– u. **Krug (H.),** Einfluß d. Bodentemperatur auf d. Entwicklung verschied. gelagerten u. vorbehandelten Pflanzgutes bis zum Auflaufen 2991.
–, **Pätzold (C.)** u. **Heilinger (F.),** Verluste stärkereicher Kartoffeln im Verlaufe d. Lagerung 1820.
Fisher (E. G.) s. Kirkpatrick (J. D.).
– u. **Kwong (S. S.),** Wirkung d. Kalium-Düngung auf d. Fruchtqualität v. „McIntosh"-Äpfeln 2754.
Fisher (H. J.), Kontrolle u. Analysen v. Handelsdüngemitteln *1960* 1544.
Fisher (H. M.), Folgefrüchte in einer Kleegras-Fruchtfolge 694.
Fisher (J. E.) s. Friend (D. J. C.).
Fisjunov (A. V.), Atrazin u. Simazin in Hirse 3454. – s. Makodzeba (I. A.).
Fiskell (J. G.) s. Younts (S. E.).
Fiskell (J. G. A.), Einfluß dolomit. Füllstoffe auf d. Erträge v. „Sebago"-Kartoffeln, Zuckermais u. Wassermelonen 2406. – s. Yuan (T. L.).
Fitts (J. W.) s. Baird (B. L.).
Fjelddalen (J.) u. **Stenseth (C.),** Resistenz gegen Chemikalien bei d. Bohnenspinnmilbe (Tetranychus urticae Koch) in Norwegen 2208.
Flaig (W.) s. Haider (K.); Schmid (G.).
–, **Beutelspacher (H.)** u. **Söchtig (H.),** Beitrag aus dem Bereich d. molekularen Dimension zur Morphologie d. Bodens 1196.
Flament (G.), Einfluß v. Umwelt u. Stecklingsform auf d. Bewurzelung 181.
Flechsig (H.), Vorratsdüngung im Obstbau 2748.
Fleck (S. V.) s. Read (D. W. L.).
Flegel (R.), Bodenerosion durch Wasser im Gebiet d. DDR 3240.
Flegg (P. B.) s. Cooke (D.).
Fleischfresser (M. H.) s. Schultz (T. H.).
Fleischfresser (M. N.) s. Mortvedt (J. J.).
Fleischman (A. I.) s. Pisano (M. A.).
Fleming (A. L.) s. Hassbroek (F. J.).
Fleming (G. A.), Selen in irischen Böden u. Pflanzen 1245. – Verteilung v. Haupt- u. Spurenelementen in einigen üblichen Weidepflanzen 2970.
Fleming (J. W.) s. Bradley (G. A.).
Flentje (N. T.) s. Moller (W. J.).
Fletchall (O. H.) s. Davis (F. S.); Fink (R. J.).
Fletcher (A. M.) s. Esposito (R. G.).
Fletcher (H. C.), Iris aus Israel 185.
Fletcher (W. W.) u. **Martin (D. J.),** Einfluß v. Gibberellinsäure auf Keimung, Wachstum u. Entwicklung v. Trifolium repens L. 608.
Fliege (K. H.), Bewässerung u. Pflanzentransport mit einer Anlage 742.
Flint (H. L.) u. **McGuire (J. J.),** Wirkung verschied. Stickstoff- u. Kali-Gehalte d. Bodens auf d. Wachstum v. Forsythia intermedia Zabel u. Viburnum plicatum tomentosum Miq. in Kübeln 3065.

Flint (R. R.) s. Longwell (C. R.).
Flock (R. A.), Doutt (R. L.), Dickson (R. C.) u. **Laird jun. (E. F.)**, Übersicht über Eiparasiten d. Rübenzikade im Imperial Valley v. Kalifornien 2253.
Flocker (W. J.) s. Yamaguchi (W. J.).
— u. **Lingle (J. C.)**, Anwendung v. Tensiometern u. Bohnenfeuchtigkeitsblocks auf dem Felde als Kriterium für d. Bewässerung v. Tomaten für d. Konservierung 3043.
— u. **Nielsen (D. R.)**, Nährstoffaufnahme durch Tomaten bei gleichzeitiger Variation d. Volumengewichts 668.
Flor (H. H.), Rostresistenzzüchtung bei Lein 204.
Florczak (K.) s. Jankowski (F.).
Florea (N.) s. Cernescu (N.).
Flores (E.) u. **Silberschmidt (K.)**, Fähigkeit d. Weißen Fliegen, gleichzeitig einen Stamm d. infektiösen Chlorose d. Malvaceen u. d. Leonurusmosaikvirus zu übertragen 3135.
Florov (B. P.), Vermehrung v. Äpfeln durch Wurzelstecklinge 1869.
Floyd (E. H.), Wirksamkeit v. Malathion-Staub zum Schutze gelagerten Maissaatgutes in Louisiana 875. — s. Bang (Y. H.).
Flux (D. S.), Munford (R. E.) u. **Barclay (P. C.)**, Östrogene in Futterleguminosen 35.
Foard (D. E.) u. **Haber (A. H.)**, Benutzung v. Wuchsmerkmalen bei Untersuchungen morpholog. Beziehungen. *1.* Mitt. Ähnlichkeiten zwischen Epiblast u. Koleorrhiza 491.
Focke (I.), Resistenzverhalten einiger Maissorten u. -hybriden auf künstlich erzeugte Kolbenmykosen unter Berücksichtigung d. im Bernburger Raum häufig an Maiskolben auftretenden Pilzflora 1906. — Zwei Acremoniella-Arten als Samenbewohner v. Zea mays L. 2842.
Focke (R.), Beitrag zur Bedeutung morpholog. Merkmale für d. Ertrag 1630. — s. Winkel (A.).
— u. **Franzke (W.)**, Einige durch d. Allele su u. Su verursachte Unterschiede bei Zea mays L. 1899.
—, **Franzke (W.)** u. **Müller (E.)**, Beobachtungen über d. Stoffproduktion d. Maispflanze 1070.
Focke (R.) u. **Kuhfuß (K.-H.)**, Umbruchschäden bei Mais unter Einwirkung v. Erdraupenfraß 828.
Földesi (D.) s. Tyihak (E.).
—, **Máthé (I.)** u. **Tétényi (P.)**, Solanum aviculare Forst; Solanum laciniatum Ait 2718.
— u. **Sváb (J.)**, Wirkung superselektiver Herbicide auf verschied. Heil- u. Duftpflanzen 3459.
Fölster (H.) s. Meyer (B.).
—, **Meyer (B.)** u. **Kalk (E.)**, Parabraunerden aus primär carbonathaltigem Würm-Löß in Niedersachsen. II. Profilbilanz d. zweiten Folge bodengenet. Teilprozesse: Tonbildung, Tonverlagerung, Gefügeverdichtung, Tonumwandlung 2940.
Förgetek (S.), Problem d. Wechsels v. Weizen u. Mais in d. Fruchtfolge 2987.
— u. **Nagy (M.)**, Standraumversuche mit d. Hybride „Mv-*1*" u. d. Zahnmais „Szegedi sárga" (gelbe) 1828. — Wirkung d. Hackens 2948.
Förster (I.) s. Müller (G.) [Leipzig].
Foerster (K.), Idealfunkien in ihren vier Hauptfarbengruppen. Vorschlag zur Namens-Klärung u. Vereinfachung in der Gartenverwendung 476.
Fogle (H. W.), Vererbung einiger Frucht- u. Baummerkmale bei Süßkirschenkreuzungen 3378.
Foley (D. C.), System. Infektion d. Maises durch Fusarium moniliforme 3423.
Follner (W.), Weinbau im Staate New York 771.
Folquer (F.), Induktion d. Blühens u. Fruchtens bei d. Batate durch Pfropfen auf Ipomoea fistulosa in Tucumán 143.
Fomenko (J. E.), Einfluß d. Schnittes auf d. Apfelbäume bei beginnendem Ertrag 761.
Fomičev (A. M.) s. Zelenskij (M. A.).
Fomickij (N. I.) s. Trizno (S. I.).
Fonštejn (L. M.), Einfluß d. Endospermbestrahlung v. Weizensaatgut auf Wachstum u. Entwicklung d. Pflanzen 605.
Fontaine (L.), Organ. Düngung u. mineral. Ernährung v. Obstbäumen 3264.
Foote (M.) s. Racusen (D.).

Foote (W. H.) s. Beutler (L. K.).
Foott (W. H.), Konkurrenz zwischen zwei Milbenarten. *1.* Mitt. Experimentelle Ergebnisse 1099; *2.* Mitt. Faktoren, die d. Populationsdichte beeinflussen 3393.
Foral (A.), Niveau d. Braugerstenbaues in d. ČSSR. *1.* Mitt. 1558.
— u. **Voňka (Z.),** Gegenwärtiger Stand u. d. Niveau d. Braugerstenbaues in d. ČSSR 2409.
Forbes (A. R.), Blattlauspopulationen u. ihre Schadwirkung an Hafer in Britisch Kolumbien 2225.
Forbriger (E.), Tetraploider Wiesenschwingel (Festuca pratensis Huds.). *I.* Die Erzeugung tetraploider Formen u. deren Eigenschaften 2487.
Ford (H. W.) s. Feder (W. A.).
— u. **Feder (W. A.),** Citropsis gilletiana, ein Citrus, bedingt resistent gegen Wurzelnematoden im Laboratoriumsversuch 2429.
Ford (R. E.) u. **Ross (A. F.),** Wechselwirkung d. Kartoffelviren X u. Y in altersmäßig unterschiedlichem Tabakblattgewebe 1658. — Einfluß d. Temperatur auf d. Wechselwirkung d. Kartoffelviren X u. Y in inokulierten Tabakblättern 2227.
Ford (Z. T.) s. Chaplin (J. F.).
Forde (M. B.) u. **Faris (D. G.),** Wirkung d. Introgression auf d. Vorkommen v. Quercus durata auf Serpentinstandorten 2799.
Fordham (A. W.), Phosphatformen in Calciumchlorid-Extrakten v. Böden 1476.
Forsgate (J. A.) s. Glover (J.).
Forster (I. W.) s. Palmer-Jones (T.).
Forsyth (F. R.), Atmungs- u. Entwicklungshemmung manifest werdender Infektionen v. Puccinia recondita Rob. ex Desm. an „Thatcher"-Weizen durch Nickel 1133. — s. Hoffman (J.).
— u. **Broadwell (C. E.),** Bekämpfung d. Cercospora-Blattfleckenkrankheit an Zuckerrüben mit Fungiciden 2860.
— u. **Unwin (C. H.),** Beeinflussung d. fungiciden Aktivität durch Wechselwirkung v. Nickelchlorid, Nabam, Zineb u. Zinksulfat 1426.
Forsythe (W. M.) s. Day (P. R.).
Forte (V.), Probleme d. Walnußkultur 467. — Neapolitan. Obstbau 1860.
Fortini (S.) s. Morani (V.).
— u. **Tarantola (M.),** Methode d. Bestimmung d. Fähigkeit wäßriger Pflanzenextrakte zur Komplexbildung mit Kupfer u. Eisen 1529.
— u. **Tarantola (M. M.),** Adsorption v. Zink durch Bentonit u. Kaolinit bei Abwesenheit v. Komplexbildnern 924. — Aufnahmefähigkeit v. Phosphor aus d. Bodenreserve u. aus mit ^{32}P gekennzeichnetem Dünger bei gleichzeitiger Phosphat- u. organ. Düngung 3255.
Forward (D. F.) s. Hellebust (J. A.).
Foschi (S.), Sansavini (S.) u. **Bannò A.),** Hauptsächlichste Schädigungen an d. Schwarzen Johannisbeere in Emilia 1673.
Foss (J. E.) u. **Rust (R. H.),** Bodenentwicklung in Beziehung zur Lößablagerung im Südosten v. Minnesota 642.
Fosset (J.) s. Vago (C.).
Foster (R. J.) s. Higinbotham (N.).
Foster (W. H.), Voruntersuchungen zur Sortenbildung bei Andropogon gayanus 801.
Foth (H. D.), Wachstum v. Wurzel u. Sproß beim Mais 1453. — s. Kinra (K. L.).
Fothergill (P. G.) u. **Hide (D.),** Nährstoffanspruch v. Pythium spp. 1925.
Foti (S.), Verwendbarkeit französ. Kartoffelsorten für d. sizilian. Frühanbau. 1833.
Fouarge (G.) s. Rigot (N.).
Foulke (D. G.) s. Okun (D. A.).
Fouss (J. L.) u. **Donnan (W. W.),** Maulwurf-Plastrohrdränung 2362.
Fowden (L.) s. Dunnill (P. M.).
Fowle (L. G.) s. Regenmortel (M. H. V. van).
Foy (C. L.), Eindringen u. Beginn d. Verlagerung v. *2.2*-Dichlorpropionsäure (Dalapon) in einzelnen Blättern v. Zea mays L. 2275.
— u. **Miller (J. H.),** Einfluß v. Dalapon auf Reife, Ertrag, Samen u. Fasereigenschaften v. Baumwolle 3171.
Foytik (J.), Aprikosenindustrie Kaliforniens, Richtung u. Perspektive 3057. — Pflaumenanbau Kaliforniens, Richtung u. Perspektive 3336.

Fraenkel-Conrat (H.) s. Veldee (S.).
Fraisse (A.), Ölpalmenbaumschulen 144.
Frakes (M. G.) s. Cook (R. L.).
Frampton (F. R.), Verwendung v. Aluminium bei d. Konstruktion v. Roll- u. festen Gewächshäusern 1306.
France (H. L.), Treece (R. E.) u. **Ware (G. W.),** Chem. u. biolog. Prüfungen v. Lindanrückständen an Luzerne 264.
Francis (C. M.) u. **Gladstones (J. S.),** Anwendung mutagener Agenzien in d. Pflanzenzüchtung. *1.* Mitt. Einfluß d. Feuchtigkeitsgehaltes v. Samen auf d. Röntgenstrahlenempfindlichkeit bei Lupinus angustifolius 3356.
Francis (E. K.) s. Archer (T. E.).
Francis (F. J.), Jimenez (M. A.) u. **Sanna (E. M.),** Alkoholgehalt u. Gasaustausch bei gepacktem Gemüsekürbis 3042.
—, Sanna (E. M.) u. **Thomson (C. L.),** Einfluß d. Erntens u. d. Zubereitung auf d. Haltbarkeit v. küchenfertig vorbereitetem Gemüsekürbis 3042.
— u. **Thomson (C. L.),** Sorten d. Gemüsekürbis, d. sich zum Vorbereiten eignen 3041.
Francki (R. I. B.), Infektiosität d. Tabakmosaikvirus aus mit *2*-Thiouracil behandelten Tabakblättern 2231. — Hemmung d. Pflanzenvirus-Vermehrung in zwei Wirtsarten durch *2*-Thiouracil 2232.
— u. **Matthews (R. E. F.),** Einige Wirkungen von *2*-Thiouracil auf d. Vermehrung d. Gelbmosaikvirus d. Wasserrübe 2235. — Beziehung zwischen Einbau v. *2*-Thiouracil in d. Tabakmosaikvirus-Nucleinsäure u. Virushemmung 2517.
Franco (C. M.) u. **Bacchi (O.),** Untersuchungen über d. Konservierung v. Samen. 7. Mitt. Tabak 983.
Frandsen (K. J.) s. Lorenzo-Andreu (A.).
Frank (H.) s. Ulvesli (O.).
Franke (G.), Untersuchungen zur Frage d. Verträglichkeit bei Getreide mit Hilfe d. Anwelkmethode 397. — Frage d. Verträglichkeitsbeziehungen bei Getreide 975. — Verträglichkeit v. Hafer mit sich selbst u. mit anderen Getreidearten 1264. — Einfluß ständigen Getreideanbaues auf d. Befall mit Heterodera avenae Wollenweber *1924* u. Cercosporella herpotrichoides Fron 2527.
Franke (I.), Einfluß d. Frostes auf Blattparenchymzellen v. Polypodium vulgare 300; dass.: [1733].
Franke (W.), Ernährung v. Pflanzen über d. Blätter u. deren korrelative Wirkung auf d. Wurzelsystem 2073. — Stoffaufnahme durch Blätter u. deren Beziehung zu Ektodesmen 2292.
Frankel (R.), Pfropfinduzierte Übertragung auf Nachkommen cytoplasmat. männlicher Sterilität bei Petunia 1919.
Franklin (M. T.), Präparation der hinteren Kutikularmusterung bei Meloidogyne spp. zu Bestimmungszwecken 1677.
Franklin jun. (R. E.) u. **McLean (E. O.),** Wirkung d. Elektrolyt-Konzentration auf Donnan-Systeme u. d. resultierende Kationenaufnahme durch d. Pflanze 3247.
Frankton (C.) s. Selleck (G. W.).
Fransen (J. W.), Stecklingsanzucht bei Chrysanthemen 3347.
Franssen (C. J. H.) u. **Koert (J. L.),** Ceuthorrhynchus suturalis, ein für Zwiebeln schädlicher Rüsselkäfer 1933.
— u. **Mantel (W. P.),** Liothrips vaneeckei u. Xylaplothrips subterraneus, zwei für Lilien schädliche Blasenfüße 3113.
Franz (J. M.), Bibliographie über d. biolog. Bekämpfung. *6.* Mitt. 1129. — Situation d. biolog. Bekämpfung in Europa 1961. — s. Schütte (F.).
Franz (W.), Erfolgversprechende Möglichkeit zur Bekämpfung freilebender Nematoden im Maiblumenanbau 2861.
Franzke (C. J.) s. Sanders (M. E.).
Franzke (H.), Richtiger Einsatz d. Drahtarten an Elektrozaunanlagen 3314.
Franzke (W.) s. Focke (R.); Winkel (A.).
— u. **Winkel (A.),** Möglichkeiten zur Beurteilung d. Qualität v. Silomais in d. Züchtung 1070.
Fraselle (J. V.), Versuch mit Setzlingen, d. im Gewächshaus angezogen

wurden, hinsichtlich d. Wirkung v. Zinkäthylen- bis -dithiocarbamat (Zineb) auf Tabakblauschimmel, hervorgerufen durch Peronospora tabacina Adam 1701.

Fratkin (A. B.), Saugende Schädlinge d. Körnerleguminosen 3401.

Frauenstein (K.), Zur Frage d. Auftretens v. Ustilago nigra Tapke, d. Erreger d. Schwarzbrandes an d. Gerste in d. DDR 1119. — Bekämpfung d. Blattfleckenpilzes Pleospora bromi Died. 1695. — Erreger einer Welkekrankheit (Fusarium sp.) am Dill (Anethum graveolens L.) 1945. — Prognose d. Ascosporenfluges d. an d. Wehrlosen Trespe (Bromus inermis Leyss.) auftretenden Blattfleckenpilzes (Pleospora bromi Died.) 1986. — Biologie v. Pleospora bromi Died. 2242. — Frage d. Verhaltens einiger wichtiger Gramineen gegenüber Pleospora bromi Died., einem Blattfleckenerreger d. Wehrlosen Trespe, Bromus inermis Leyss 2531. — Fruchtkörperbildung v. Pleospora bromi Died. in künstlicher Kultur 3102. — Variabilität v. Pleospora bromi Died. in künstlicher Kultur. Beitrag zur Frage d. Rassenbildung pilzlicher Krankheitserreger 3102. — s. Mühle (E.).

Frazier (A. W.) s. Lindsay (W. L.).

Frazier (J. C.) s. Seidman (G.).

Frear (D. E. H.) u. **Friedman (S.),** Pesticide handbook *1962* [879]*.

Frederick (E. D.) s. Graham jun. (H. G.).

Fredriksson (L.), Anreicherung v. Strontium u. Cäsium in Weidepflanzen 2973. — Neue Rahmenversuchsmethodik für vergleichende Studien zur Aufnahme v. Nährsalzen u. Fissionsprodukten durch d. Pflanzen unter feldmäßigen Bedingungen 3261.

Free (G. R.), Auswirkungen d. Regenmenge auf Erosionserscheinungen 1509.

Free (J. B.), Einfluß d. Entfernung v. pollenspendenden Sorten auf den Fruchtansatz d. Bäume in Pflaumen- u. Apfelanlagen 2457.

Freedman (L.) u. **Merritt (A. J.),** Chem. Fraktionierung u. biolog. Aktivität 2608.

Freeman (J. A.) u. **Mellor (F. C.),** Einflüsse latenter Viren auf Wüchsigkeit, Ertrag u. Qualität v. „British Sovereign"-Erdbeeren 2837.

Freemann (G. H.) s. Longworth (J. F.).

Fregoni (M.), Nachbau v. Gehölzen: Probleme bezüglich d. Nachpflanzung im Obstbau u. in d. Baumschule 1320.

— u. **Zioni (E.),** Wurzelsystem d. Haselstrauches 3176.

Frehse (H.) s. Niessen (H.); Tietz (H.).

—, Niessen (H.) u. **Tietz (H.),** Bestimmung v. Rückständen d. Insektizids LEBAYCID(R) in pflanzlichem Material 2544. — Anwendung d. ppm-Begriffs im Bereich sehr kleiner Pflanzenschutzmittel-Rückstände 2560.

Freitag (H.), Einführung in d. Biogeographie v. Mitteleuropa [2034]*.

Freitag (J. H.), Übertragung d. westlichen Stammes d. Asternvergilbungsvirus durch Zikaden auf Leguminosen u. Solanaceen 3137.

Freitas (A. P. do C. e) = Carmo e Freitas (A. P. do).

French (E. W.) u. **Gay (W. B.),** Unkrautbekämpfung auf Reisfeldern 3171.

French (G. W.) s. Blake (G. R.).

French (N.) u. **Barraclough (R. M.),** Überleben v. Aphelenchoides ritzemabosi (Schwartz) im Boden u. trockenen Blättern 2212.

French (R. C.), Reaktion v. Aldehyden mit Uredosporen vom Weizenschwarzrost 2841.

French (S. A. W.) s. Watson (D. J.).

French (W. J.) s. Helton (A. W.).

Freney (J. R.), Barrow (N. J.) u. **Spencer (K.),** Gewisse Aspekte d. Schwefels als Bodenbestandteil u. Pflanzennährstoff 2616.

Frenkel (A. W.) s. Highkin (H. R.).

Frenzel (B.), Modellversuche zur Klärung einiger Probleme d. Abgabe v. Aminoverbindungen durch d. Wurzeln höherer Pflanzen im Boden 13.

Frese (H.), Zur Situation d. Forschung auf d. Gebiet d. Bodenbearbeitung 361, 653.

Freund (K.) s. Wartenberg (H.).

Frey (E.), Welche Probengröße soll bei d. Feststellung v. Unkrautsamen

maßgebend sein 107. – Einige alte Probleme d. Samenuntersuchung 980.
Frey (K. J.) s. Browning (J. A.).
Frey (W.), Kenntnis d. Quarantäneschädlinge auf d. Gebiete d. Vorratsschutzes. *1.* Mitt. Unterscheidung d. beiden Plattkäferarten Oryzaephilus surinamensis L. u. Oryzaephilus mercator Fauv. u. ihre Bedeutung als Quarantäneschädlinge 1154; *2.* Mitt. Unterscheidung v. Reiskäfer (Sitophilos oryzae L.) u. Maiskäfer (Sitophilus zea-mais Motsch.). 3449.
Freytag (H. E.), Zersetzung v. pflanzlichem Material im Boden u. einige Erfahrungen in d. Messung v. $^{14}CO_2$ mit einer Gas-Zählkammer 1760. – Stoffgruppenanalyt. Vgl. zwischen unzersetzter u. zersetzter Pflanzensubstanz 2328.
Fribourg (H. A.) s. Johnson (L. F.).
Frič (F.) s. Kolek (J.); Fričová (L.).
Frick (E. L.) s. Kirby (A. H. M.).
Fricker (D. J.) s. Jones (J. C.).
Fričová (L.) u. **Frič (F.),** Quantitative Bestimmung v. Sulfhydrylverbindungen in Blättern d. Gerste u. Beobachtung ihres Gehaltes nach Infektion mit Mehltau (Erysiphe graminis f. sp. hordei Marchal) 1676.
Fridriksson (S.) u. **Bolton (J. L.),** Embryo-Entwicklung v. Medicago sativa L. nach normaler Befruchtung u. nach Bestäubung durch andere Medicago-Arten 3091.
Friedman (B. A.), Physiolog. Unterschiede zwischen einem virulenten und einem strahleninduzierten schwach virulenten Stamm v. Erwinia carotovora 3101.
Friedman (S.) s. Frear (D. E. H.).
Friedrich (G.), Wuchs u. Ertrag v. Birnenviertelstämmen unter d. Einfluß verschied. Stammbildner 1601.
Friedrich (H.), Isoquercitrin u. Astragalin als Inhaltsstoffe d. Blüten v. Arnica montana L. 1740.
Friedrichs (K.), Ist d. Ganze d. Flora u. Fauna im Agrarbiotop eine Lebensgemeinschaft 912.
Friend (D. J. C.), Helson (V. A.) u. **Fisher (J. E.),** Rate d. Trockenmasse-Akkumulation bei „Marquis"-Weizen unter dem Einfluß v. Temperatur u. Lichtintensität 302. – Einfluß v. Temperatur, Lichtintensität u. Tageslänge auf d. Blattwachstum v. „Marquis"-Weizen 2019.
Friese (G.), Albanien-Expedition *1961* d. Deutschen Entomolog. Institutes. *4.* Mitt. Lepidoptera: Yponomeutidae 2817.
– u. **Königsmann (E.),** Albanien-Expedition *1961* d. Deutschen Entomolog. Institutes. *1.* Beitrag. Verlauf d. Reise 2499.
Friesen (G.) s. Henne (R. C.).
Friesen (H. A.), Banting (J. D.) u. **Walker (D. R.),** Wirkung v. Anwendungstiefe u. Konzentration v. *2.3*-DCDT auf d. selektive Bekämpfung v. Flughafer in Weizen 1157.
Friess (H.) s. Hillebrand (W.).
Frimmel (F.) s. Frimmel (G.).
Frimmel (G.), Stärkefraktionen v. Kartoffeln 31. – Physiol. d. N-Düngung 2468.
– u. **Frimmel (F.),** Blütenmorpholog. Studien an Rotklee 295.
– u. **Kaineder (K.),** Zuckerrüben-Vereinzelungsversuche 3012.
Frink (C. R.) s. Sawhney (B. L.).
– u. **Peech (M.),** Bestimmung v. Aluminium in Bodenextrakten 649. – Löslichkeit v. Gibbsit in wäßrigen Lösungen u Bodenextrakten 1478.
Frissel (M. Y.), Adsorption v. organ. Verbindungen, bes. Herbiciden, an Tonmineralien 582.
– u. **Bolt (G. H.),** Wechselbeziehung zwischen gewissen ionisierbaren organ. Verbindungen (Herbiciden) u. Tonmineralen 2040.
Frith (L. H.) s. North (C.).
Fritschen (L. J.) s. Denmead (O. T.).
Fritz (A.) s. Hecht (H.).
Fritz (G. J.), Assimilation d. Mineralstoffe durch höhere Pflanzen 2961.
Fritz (H.-G.) s. Röttger (B.).
Fritz (P. D.), Zum Licht: Temperatur-Verhältnis bei d. Tomate 1590.
Fritzsche (G.), Neuzeitliche Kulturmethoden bei Cyclamen 1884.
Fritzsche (K.), Branntkalkwirkung u. Kalkauswaschung auf Niederlausitzer Kippensanden 1776. – s. Scheumann (W.).
– u. **Hensel (A.),** Kurzmitteilung zur Magnesiumbestimmung mit Titangelb 2354.

Fritzsche (R.) [Aschersleben], Ursachen d. Akarizidresistenz 1429. — Spinnmilbenprobleme im Gemüsebau 2504. — Tetranychus urticae Koch u. Tetranychus cinnabarinus Boisd 2815.
— u. **Jüttner (P.)**, Acarose d. Kartoffeln 2504.
— u. **Wolffgang (H.)**, Aufnahme v. Lindan aus d. Gasphase durch Keimpflanzen v. Lein 1430. — Wechselwirkung zwischen Nematoden u. Milbenbefall u. ihre physiolog. Ursachen 1929. — Einwirkung d. Gasphase v. Lindan auf Keimpflanzen v. Lein (Linum usitatissimum L.) 1980.
Fritzsche (R.) [Wädenswil], Einfluß d. Kulturmaßnahmen auf d. Entwicklung v. Spinnmilbengradationen 229.
— u. **Wirth (A.)**, Düngung d. Obstbäume 3052.
Fritzsche (W.), Arbeitszeitaufwand u. Ertrag bei Edelnelken 475. — Kosten u. Ertrag einer Tulpentreiberei 477.
— u. **Halang (H.)**, Arbeitszeitaufwand bei Calceolarien, Cinerarien, Gloxinien u. Pelargonien 1612.
Fröhlich (G.), Verhalten d. Grünen Erbsenlaus Acyrthosiphon pisum (Harris) gegenüber verschied. Wirtspflanzen u. Temperaturveränderungen 2512.
Fröhlich (H.), Fruchtfolgen in Betrieben mit Bewässerungsmöglichkeiten unter Berücksichtigung des Wasserbedarfs 445. — Gemüseanbau nach Wickroggengemisch auf leichten Böden 746. — Pflanzgurken erhöhen d. Ertragssicherheit 1856. — Ertragsbildung u. Ackerrückstandsmenge einiger Gemüsearten 2439. — Mehrjährige Klarwasserberegnungsversuche in Großbeeren 2645. — Höhere Bodenfruchtbarkeit durch richtige Gestaltung d. Fruchtfolge 3038.
— u. **Henkel (A.)**, Verteilung d. Wasserbedarfs bei d. Zusatzberegnung in Gemüsebauspezialbetrieben 2438.
Fröhmcke (P.) s. Wolde (H. J.).
Froese-Gertzen (E.) s. Nilan (R. A.).
Fröst (S.), Zunahme d. Zahl akzessor. Chromosomen bei Crepis conyzaefolia 3097. — s. Östergren (G.).
Frogner (S.), Hafersortenversuche in Hedmark u. Oppland 3287.
Frohner (W.), Kulturzeitverkürzung bei Cyclamen 186.
—, **Weinmeister (B.)** u. **Bronner (Hans)**, Österreich. Erfahrungen bei d. Bandspritzung im Zuckerrübenbau 1997.
Frolich (E. F.) s. Shannon (L. M.).
Fronko (M.), Wirkung d. Frühjahrsfrostes auf d. Blüten d. Obstbäume 1597.
Fruhstorfer (A.), Stallmist in flüssiger Form 1805. — Flüssigdüngung u. gärtner. Erde 1854.
Fruktova (N. I.) s. Smirnov (P. M.).
Fry (P. R.), Kleemosaikvirus auf Weiden in Neuseeland 543.
Fryč (J.) s. Průša (V.).
Fryček (A.), Düngung v. Grünlandpflanzen im Gebirgs- u. Hügelland [3315].
Frydrych (Ja.), Einfluß d. Kurztages auf d. Blütenstengelbildung beim Knoblauch (Allium sativum L.) 2902.
Fryxell (P. A.), Morphologie d. Basis d. Samenhaare v. Gossypium. *1.* Mitt. Allgemeine Morphologie 2888.
Fuchs (H. P.), Schweizer. Vorkommen u. Nomenklatur v. Polygonum alpinum Allioni (Kleine Beiträge zur Flora d. Schweiz). 6. Mitt. 294.
Fuchs (W. H.), Betrachtungen zum Resistenzproblem 812. — Entomolog. Probleme im landwirtsch. Pflanzenschutz 1675. — s. Keskin (B.); Lunderstädt (J.).
Fudulov (D.) s. Delipavlov (D.).
— u. **Pasev (L.)**, Versuche mit Zuckerhirse zur Grünmassenutzung 431.
Fuelessy (E.), Aufgaben d. modernen Futterwirtschaft in d. Staatsgütern [434].
Fürste (K.), Einjähriger Steinklee (Hubamklee), Tetraploid. Polyploidisierung, züchter. Bearbeitung u. vgl. Untersuchungen mit dem Ausgangsmaterial 505. — Welches Weidelgras (Lolium multiflorum), Tetraploid. Polyploidisierung, züchter. Bearbeitung u. Untersuchungen mit Diploiden 1078.
Fujii (T.), Photoperiod. Reaktionen bei d. Keimung v. Eragrostis-Samen 604.

Fujii (T.) u. **Isikawa (S.)**, Wirkungen d. Nachreife auf d. photoperiod. Kontrolle d. Samenkeimung bei Eragrostis ferruginea Beauv. 2018.
— u. **Mitsuhashi (M.)**, Physiolog. Untersuchungen über d. Wurzelbildung bei Stecklingen v. Portulaca grandiflora Hook. *1.* Mitt. 3347.
Fujimori (N.), **Yoshioka (S.)** u. **Miyazaki (N.)**, Ernährungsphysiolog. Untersuchung d. Reispflanze auf Torfboden. *2.* Mitt. Eigenschaften v. Torfböden unter Berücksichtigung eines Versuches 378.
Fujimoto (Y.) s. Loring (H. S.).
Fujimura (K.) s. Kemmler (G.).
Fujisawa (T.) s. Kobo (K.).
Fujiwara (A.) s. Kurosawa (M.).
— u. **Tsutsumi (M.)**, Biochem. Untersuchungen v. Mikroelementen in grünen Pflanzen. *4.* Mitt. Status d. Chloroplasten u. Photosyntheseaktivität in an Mikronährstoffmangel leidenden Gerstenblättern 3257.
Fukai (T.), **Ike (M.)**, **Ito (M.)**, **Masujima (H.)** u. **Kon (T.)**, Wirkungen v. Sand- u. Torfzusatz zu schweren Tonböden 655.
Fukala (E.), Verwendung v. Plastwerkstoffen im Gemüsebau 1584.
Fukushi (T.), **Shikata (E.)** u. **Kimura (I.)**, Morpholog. Merkmale d. Reisverzwergungsvirus 3136.
Fukushima (Y.) u. **Masui (M.)**, Einfluß v. Umweltfaktoren auf d. Blütenbildung d. Tomate. *1.* Mitt. Nachttemperatur u. Bodenfeuchtigkeit 3323.
Fulga (I. G.) s. Filippov (L. A.).
Fulton (J. P.), Übertragung d. Tabakringfleckenvirus durch Xiphinema americanum 3137.
Fulton (R. W.), Einfluß d. Verdünnung auf Infektiosität d. nekrot. Ringfleckenvirus u. auf d. Erhöhung d. Infektiosität durch nichtinfektiöses Virus 3418.
Furman (T. de S.) s. Okun (D. A.).
Furon (V.), Blühversuche beim Avocatobaum 147. — Anzucht v. Avocatopflanzen an d. Elfenbeinküste 2731.
Furr (J. R.) s. Carpenter (J. B.); Cooper (W. C.).
Furtick (W. R.) s. Swan (D. G.).
Furukawa (T.) u. **Koshio (H.)**, Beziehungen zwischen Ernährung u. „Kareure-Phänomen“ bei Pflanzen v. Nacktgerste 222.
Fusell (G. E.), Aus den ersten Tagen d. chem. Düngemittel 960.
Futh (G.), Zweiter Bericht über d. Selektion v. Malus-Unterlagen u. deren vegetative Vermehrbarkeit 1086.
Futral (G.) s. Newton (J. P.).
Fuzina (E. K.) s. Anisimov (A. A.).

Gaafar (A. K.), Neue Methode zur Pfropfung d. Batate 2027.
Gaastra (P.), Photosynthese v. Blättern u. Feldbeständen 2588.
Gabriel (F.) s. Blattný (C.).
Gabriel (W.) s. Birecki (M.).
Gabryel (B.) s. Capecki (Z.).
Gabryl (J.), Einfluß d. Saatgutbeizung u. Spritzung auf d. Bekämpfung d. Brennfleckenkrankheit d. Gartenbohne 3164.
Gachon (L.) u. **Collier (D.)**, Düngung d. Apfelbaumes auf d. Kalktonböden d. Auvergne. Erfahrungen bei u. nach d. Pflanzung 92.
Gacoka (P.) s. Robinson (J. B. D.).
Gacńyska (J.) u. **Woyke (H.)**, Einfluß d. Aussaattermins auf Höhe u. Qualität d. Buschbohnenertrages 1588.
Gad (A.) u. **Shoeb (Z. E.)**, Öl d. Johannisbrot-Kerne 2603.
Gadet (R.) s. Soubies (L.).
Gadžichanov (B. I.) u. **Abdurachmanov (A. A.)**, Wirksames System zum Schutze d. Gartens 855.
Gadžiev (B. L.), Verstärkter Anbau v. Weinsorten für d. Frischverbrauch 3061.
Gäde (H.), Anbaueignung alkaloidhaltiger u. alkaloidarmer Gelblupinen auf leichten Böden 126, 715. — Untersuchungen über d. Bewurzelungsverhältnisse gelbblühender Lupinen auf leichten Böden 992. — s. Seiffert (M.).
Gael' (A. G.) u. **Lidov (V. P.)**, Erosionsprozesse d. Böden u. Maßnahmen zu ihrer Bekämpfung 2360.
Gärtel (W.), Ernährungsstörungen bei Reben 81. — Bedeutung d. Spurennährstoffe im Weinbau 958. — Bestimmung v. Magnesium, Bor, Mangan, Zink u. Molybdän in Weinbergsböden 1219. — Verhältnis Bo-

den-Amerikanerunterlage im Mosel-Weinbaugebiet 1331. — Einfluß d. im Weinbau gebräuchlichen Pflanzenschutzmittel auf Keimung u. Schlauchwachstum bei Rebpollen 1423.
Gaertner (A.) s. Keskin (B.).
Gärtner (K.), Brautechn. Wert v. Gerstensorten 906.
Gaffney (P. E.) s. Okun (D. A.).
Gagnebin (F.), Fenchelversuche im Jahre *1961* 1316.
Gailledreau (C.) s. Cohen (P.).
Gaillochet (J.) s. Mathon (C. C.).
—, **Mathon (C. C.)** u. **Stroun (M.),** Neuer Typ d. Photoperiod. Reaktion sowie Variationen d. üblichen Reaktionstypes bei Perilla ocimoides L. 2021.
Gainey (P. L.) s. Weber (D. F.).
Gair (R.) s. George (K. S.).
—, **Price (T. J. A.)** u. **Fiddian (W. E. H.),** Hafernematode (Heterodera avenae Woll.) u. Sommergerstensorten 1927.
Gajan (R. J.) s. Klein (A. K.).
Gajda (J.), Anbau v. Sommerraps mit Gräsern auf Torfmoorböden 1546.
Gál (I.), Wirkung v. Monokotyledonen-Extrakten auf Agrobacterium tumefaciens 3101.
Gál (J.) u. **Tompa (K.),** Einfluß d. Windschutzstreifen auf d. Geschwindigkeit d. Windes. Vorl. Mitt. 1470.
Galač'jan (R. M.) s. Čajlachjan (M. C.).
Galaj (E. G.) s. Repin (A. N.).
Galand (P.) s. Ledoux (L.).
Galeev (G. S.), Neue Erfolge in d. Maiszüchtung auf d. Versuchsstation des Unions-Inst. für Pflanzenbau im Kubangebiet [219].
Galensa (F.), Einfluß unterschiedlicher pH-Werte auf d. Mineralstoffgehalt v. Deutschem Weidelgras u. Wiesenschwingel 2129.
Galev (J.) s. Fetvadžiev (V.).
Galeva (V.), Gruppenzusammensetzung d. Bodenteilchen mit einem Durchmesser unter *0,01* mm bei einigen Böden in Bulgarien 2042.
—, **Bechar (A.)** u. **Dimitrova (E.),** Vergleichsprüfung verschied. Verfahren zur Untersuchung d. Wasserwiderstandsfähigkeit d. Strukturaggregate 2059.
Galil (J.), Entwicklungszyklus u. Ökologie v. Iris palaestina Bak. (Boiss) 1051.
Galilov (S. P.), Einfluß d. Spurenelemente auf d. Widerstandsfähigkeit d. Kartoffel gegen Krankheiten 1406.
Galjatina (T. P.) u. **Megorskaja (O. M.),** D. Kultur v. Gurken u. Tomaten in Nährlösung 447.
Galkin (V. I.), D. Aussaat mit d. Einzelkornsämaschine 405.
Gall (H.), Organisation d. Kartoffelernte 1274. — Sortenwahl u. Sortenplanung in d. Kartoffelproduktion 2708.
Gall (M.) s. Dörter (K.).
Gallaher (P. J.) u. **Evans (L.),** Vorläufige Untersuchungen über d. Eindringungsvermögen u. d. Vorkommen v. DDT unter Weidegras 872.
Gallarate (G.), Zuckerrübensaatgut 3011.
Galler (I.) s. Hofmann (E.).
Gallo (J. R.) s. Rodriguez (O.).
Gallwitz (K.), Dräntechnik heute 1509.
Galmiche (J.-M.), Methode d. Fixierung u. Analyse v. Blättern höherer Pflanzen zur Untersuchung d. ersten Stadien d. Kohlensäureassimilation 28.
Galstjan (A. Š.), Bestimmung d. Dehydraseaktivität im Boden 2357.
Galston (A. W.), The life of the green plant [1185]*.
Galun (E.), Gibberellinsäure als Mittel zur Bestimmung d. Zeitintervalls zwischen morpholog. u. physiolog. Bisexualität d. Blütenknospen v. Gurken 1730.
Galvez (G. E.), Wirtspflanzenkreis, Reinigung u. Elektronenmikroskopie d. Sojabohnenmosaik-Virus 3413.
Galvez (N. L.) s. Briones (A. A.); Felizardo (B. C.); Reyes (E. D.).
Gama (M. V. da) = Vasco da Gama (M.).
Gambke (W.), Möglichkeiten d. obstbaulichen Pflanzenschutzes im großflächigen Marktversorgungsobstbau d. DDR 2154.
Gamble (E. E.), Genwirkungen bei Mais (Zea mays L.) *1.* Mitt. Trennung u. relative Bedeutung v. Genwirkungen auf den Ertrag 1627; *2.*

Mitt. Relativer Einfluß v. Genwirkungen auf Pflanzenhöhe u. gewisse Ertragskomponenten 1627.
Gamburg (K. Z.), Einfluß v. Gibberellin u. Auxin auf d. Wachstum d. *1.* Blattes u. auf d. Wurzelbildung v. Maistrieben 1458.
Gandhi (S. M.) u. **Bhatnagar (M. P.),** Vererbung d. Wachsbelages bei Kreuzungen innerhalb d. Arten Triticum durum u. Triticum aestivum 2179.
—, Bhatnagar (M. P.) u. **Sanghi (A. K.),** Heterosis bei Weizen (Triticum aestivum L.) 3361.
Gandia (H.) s. Cibes (H.).
Gandrieau (A.) s. Mathon (C. C.).
Ganguli (N. C.) s. Roy (D. N.).
Gankina (E. S.) s. Rezničenko (M. S.).
Ganßmann (W.), Einfluß d. Kieselsäure auf d. Aufnahme v. Phosphorsäure u. a. Nährstoffen 2967.
Gaponenko (V. I.) s. Šlyk (A. A.).
Gaponova (A. F.) s. Žitkevič (E. N.).
Garay (A.) u. **Sági (F.),** Bedeutung d. Phenole bei d. „adaptiven“ Bildung u. Wirkung d. Auxin-Oxydase 1725.
Garber (E. D.) s. Dutta (S. K.).
Garber (K.), Pflanze u. Fluor 1245.
Garbosky (A. J.) u. **Giambiagi (N.),** Überleben nitrifizierender Bakterien im Boden 2340.
Garbuz (T.), Vorversuche über d. konventionelle Trocknen d. Sonnenblumenkörner mittels erwärmter Luft 1819.
García (F. G.) = González García (F.).
Garcia Ramos (G.) s. Gonzalez Garcia (F.).
Garcia-Sanz (M. P.) s. Lorenzo-Andreu (A.).
Garcia Vicente (J.) s. Aleixandre (V.).
Gardé (Nydia Malheiros) = Malheiros Gardé (Nydia).
Gardiner (B. O. C.) s. David (W. A. L.).
Gardner (E. H.) s. Maas (E. F.).
Gardner (F. E.) u. **Reece (P. C.),** Bewertung v. *28* „Navel“-Orangensorten in Florida 2430.
Gardner (F. P.) s. Kasperbauer (M. J.).
Gardner (H. R.) s. Clark (Francis E.).
Gardner (R.), Gegenwärtige Entwicklung in d. Bewässerung v. Kulturen unter Glas 154.
Gardner (R.) u. **Davies (J. N.),** Deckmaterial, Wachstumstemperatur u. Beethöhe 164.
Gardner (W. H.) s. Kunkel (R.); Miller (D. E.).
Gardner (W. R.), Angenäherte Lösung für ein Problem d. ungleichmäßigen Entwässerung 656. — Trennung u. Auflösung v. Diffusions-Mustergleichungen 1486. — s. Klute (A.).
— u. **Ehlig (C. F.),** Bewegungswiderstand d. Wassers in Boden u. Pflanze 2076. — Wasserbewegung in Pflanzenwurzeln 3177.
— u. **Miklich (F. J.),** Messungen d. ungesättigten Konduktivität u. d. Diffusionsvermögens durch eine Methode mit konstantem Fluß 941.
Garg (D. K.), Gemengeanbau, einfacher Weg zur Steigerung d. landwirtsch. Erzeugung 1571.
Garing (C. A. I.) s. Youngson (C. R.).
Garman (P.), Spritzungen auf Milben- u. Insektenarten am Boden in d. Apfelplantage 866.
Garmaš (L. M.) s. Asarov (C. K.).
Garnaga (G. K.), Beizmittel für Sorghum-Samen 565.
Garner (F. H.), Schmackhaftigkeit v. Futterpflanzen 3313.
Garner (H. V.), Versuche mit Stallmist, Klärschlamm u. Müll auf Kleinparzellen in Schulen, *1940—9* 2669.
Garrecht (M.) s. Haccius (B.).
Garretsen (F.) s. Nieuwhof (M.).
Garrido (M. L.) = Lachica Garrido (M.).
Garz (J.) s. Lehmann (K.).
Gaschen (K.) s. Pilet (P. E.).
Gaskill (J. O.) s. Harrison (M.); Pierson (V. G.); Schneider (C. L.).
Gáspár (L.), Physiolog. Deutung d. Heterosiseffektes bei Mais 496.
Gáspár (S.), Zytolog. Analyse v. Zukkerrübenknäueln d. Sorten Beta Poly *1* u. *3* 503.
Gasser (J. K. R.), Wirkungen d. Dauerdüngung auf d. Gehalt an mineral. Stickstoff u. mineralisierbarem Stickstoff im Boden v. ausgewählten Parzellen d. Broadbalk-Versuches mit ewigem Weizenbau, Rothamsted 2387. — Reisanbau in Brit.-Guiana. *2.* Mitt. Feldversuche zur Prüfung d. Einflusses v. Dünge-

mitteln, Kalk u. Anbaumaßnahmen auf Ertrag, Zusammensetzung u. Nährstoffaufnahme 2674.
Gasser (J. K. R.) u. **Williams (R. J. B.)**, Bodenstickstoff. 7. Mitt. Korrelationen zwischen Bestimmungen d. Stickstoffzustandes v. Böden u. Prozent-Stickstoff sowie Stickstoffgehalt v. Pflanzen 3206.
Gassner (E.), Gedächtnisrede auf Prof. Dr.-Ing., Dr.-Ing. E. h. Martin Schirmer 2885.
Gast (A.), Kenntnis d. Verhaltens v. Triazinen im Boden 3450.
Gauch (H. G.) s. Sisler (E. C.).
Gaudio s. Perrot.
Gaul (H.), Ungewöhnlich hohe Mutationsraten bei Gerste nach Anwendung v. Äthylmethansulfonat u. Röntgenstrahlen 3365.
Gaur (B. K.) s. Teubner (F. G.).
Gavin (F. P.) u. **Linnell (R. H.)**, Autoxydation v. Nikotin. 2. Mitt. Produkte u. vorgeschlagener Mechanismus 1466.
Gavrielith-Gelmond (H.), Prüfung v. Erdnußsamen (Arachis hypogaea) 1270.
Gavrilenko (J. I.) s. Medvedev (A. G.).
Gavrilova (A. N.), Veränderung d. Phosphatspiegels sandiger Rasenpodsolböden unter Pflanzeneinwirkung 2060.
Gavrilova (L. V.), Einfluß v. Bernstein- u. Fumarsäure auf Wachstum, Entwicklung u. Ertrag v. Radies u. Gurke 610.
Gavrilova (N.) s. Račinski (T.).
Gawrońska-Kulesza (A.) s. Birecki (M.).
Gay (W. B.) s. French (E. W.).
Gayner (F. C. H.), Weltverbrauch an Fungiciden 1147.
Gayte-Sorbier (A.) s. Busson (F.).
Gazieva (N. I.) s. Abutalybov (M. G.).
Gazzani (G. di), Erste Ergebnisse bei d. Kultur d. Tomate in Hydroponik 3325.
Gehre (M.), Produktionstechnik im Straßenobstbau 1861.
Gehring (F.), Auftreten v. pflanzenpathogenen Bakterien d. Gattung Pseudomonas an Holzgewächsen im Jahre *1960* in d. Bundesrepublik 546. — Vorkommen v. Pseudomonas solanacearum E. F. Smith in ägypt. Importkartoffeln u. über eine einfache serolog. Nachweismethode dieses Bakteriums in stark befallenem Knollenmaterial 849. — Infektionsverlauf einer durch Pectobacterium parthenii (Starr) Hellmers var. dianthicola Hellmers verursachten Nelkenbakteriose sowie über enzymat. Eigenschaften dieses Bakteriums im Vgl. mit Pseudomonas caryophylli (Burkholder) Starr et Burkholder u. einigen typ. Naßfäuleerregern 1955. — Bedeutung einiger Pathogenitätsfaktoren bei Pektobakterien, d. eine Steckrüben-Naßfäule verursachen, u. über d. Möglichkeiten d. Krankheitsverhütung 2242.
Gehring (F.) u. **Borchardt (G.)**, Auftreten einer Bakteriose an Prunus cerasus in Norddeutschland 1396.
Geidel (H.) s. Geyer (H.).
— u. **Schuster (W.)**, Variabilität d. Kartoffelstaude 705. — Untersuchungen über d. Teilstückgröße bei Sortenversuchen mit Kartoffeln 986; dass.: mit Sommergerste 1822.
Geiss (E.), Champignonkultur [1860]*.
Geiss (F.) u. **Schlitt (H.)**, Einfluß d. relativen Feuchte bei d. Vorbehandlung u. Entwicklung v. Dünnschicht-Chromatographieplatten 3193.
Geißler (K.), Auftreten u. Massenwechsel d. Erbsengallmücke (Contarinia pisi Winn.) 2508. — Lindanrückstände an Möhren nach Saatgutinkrustierung 2563.
Geissler (Th.), Erdballendüngung mit Superphosphat bei Pflanzgemüse 155. — Neue Ergebnisse zur Düngung im Feldgemüsebau 1026. — Frühgemüseproduktion unter Glas in d. DDR 2144.
— u. **Drews (M.)**, Nährstoffbedarf u. Düngung beim Anbau v. Tomate, Kohlrabi u. Salat im Frühbeet 2738.
— u. **Kurnoth (P.)**, Vergleichende Untersuchungen über die Bestimmung d. pflanzenverfügbaren Magnesiums im Boden auf mikrobiolog. Wege 681.
Gel'cer (F. J.), Bedeutung d. Bakterien u. Pilze für d. Humusbildung 1206.
Gel'fandbejn (P. S.), Kronenbildung

bei Apfelbäumen in enggepflanzten Anlagen 754.
Gelin (O.), Experimentelle Mutation bei Pisum 1632.
Geller (I. T.) s. Bernard (V. V.).
Gelli (P.) s. Ferrari (C.).
Gellman (I.) s. Okun (D. A.).
Gemerden (H. van) s. Bange (G. G. J.).
Genevès (L.), Verhalten einiger frostresistenter Organe bei Einwirkung tiefer Temperatur u. anschließendem Wiederauftauen 1446.
Genevois (L.), Qualitative Selektion bei pflanzlichen Nahrungsmitteln 3073. — Vitamine d. Gruppe B in Pflanzen 3199.
Genkov (G.), Bedeutung v. Lage u. Anordnung d. Zehen beim Knoblauch (Allium sativum ssp. vulgare Kusn.) 3325. — Einfluß einiger Faktoren auf d. Knospenbildung beim Knoblauch. Einfluß d. Lagerungstemperatur 3325.
Genov (I.) u. **Mateva (M.),** Vergleichende Untersuchungen einiger Rattenvertilgungsmittel in Bulgarien 285.
Genter (C. F.) s. Alexander (M. W.).
Genthe (M. K.) s. McCalla (R.).
Gentile (A. C.) s. Maynard (D. N.).
Gentile (A. G.), Kimble (K. A.) u. **Hanna (G. C.),** Reaktionen v. Süßkartoffelzuchtstämmen auf Meloidogyne spp. nach Beimpfung mittels einer verbesserten Methode 3110.
Gentry (H. S.) s. Barclay (A. S.).
— u. **Barclay (A. S.),** Suche nach neuen Handelspflanzen *3.* Mitt. Ankündigung v. Lesquerella fendleri 2123.
George (B. W.) s. Becton (A. J.).
George (J. A.), Methode zur Erkennung virusinfizierter „Montmorency"-Kirschensamen 1684.
— u. **Tremaine (J. H.),** Virusähnliche Symptome, d. an jungen Gurkenblättern durch Prunus-Saft hervorgerufen werden 1924.
George jun. (J. E.) u. **Jensen (M. C.),** Mortorgetriebene Maschine zur Bodenprobeentnahme 1493.
George (K. S.), Wurzelknöllchenbeschädigung durch d. Larven v. Sitona lineatus u. ihre Auswirkung auf d. Ertrag v. grünen Erbsen 2820, 2820.
George (K. S.), Light (W. I. S.) u. **Gair (R.),** Einfluß künstlicher Entblätterung v. Erbsenpflanzen auf d. Ertrag v. Schalerbsen 2820.
George (K. V.) s. Nag Raj (T. R.).
Georgescu (M.), Neue Paprikastämme 2741.
Georghiou (G. P.) u. **Metcalf (R. L.),** Carbamat-Insekticide: Vgl. d. Insektentoxizität v. Sevin, Zectran u. anderen neuen Verbindungen 1151.
Georgi (J.), Pyrheliometer für Feldgebrauch 1474.
Georgiev (A.) u. **Bakalova (V.),** Einige Untersuchungen d. Böden v. Strandsha-Derbenter Gebiet im Hinblick auf d. Erweiterung d. Bodenfonds d. landwirtsch. Nutzfläche 2067.
Georgiev (C.), Einfluß d. Anzuchtqualität auf Anwachsen u. Entwicklung beim Tabak 1000.
—, Delčev (G.), Šukarov (L.), Mojnova (K.), Petkov (V.), Sipočliev (T.) u. **Lilova (T.),** Alkaloide Zusammensetzung v. auf Weißen Stechapfel (D. stramonium) gepfropftem Tabak (N. tabacum) 3199.
— u. **Manolov (A.),** Agrobotan. Beschreibung d. Tabaksorte „Krumowgrad *988*" 2790. — Heterosiseffekt bei d. Kreuzung „Chaskowo *2002*" × „Charmanli *163*" 2790.
Georgiev (D.) s. Georgieva (R.).
Georgiev (G. N.), Ursachen, die d. Fortpflanzungsform bei Pflanzen bedingen 190.
Georgiev (H. P.) u. **Balzer (I.),** Analyt. Methoden zur Bestimmung d. Reifungsstadien d. Tomate 1030.
Georgiev (S.) s. Gjuzelev (L.).
Georgiev (V.), Chem. Zusammensetzung d. Früchte einiger Apfelsorten aus d. Küstendiler Gebiet 29. — Vererbung einiger Merkmale u. Eigenschaften in d. ersten Hybridgeneration (F_1) d. Apfelsorte „Tetowka" 2493.
Georgieva (M.), Abweichungen v. normalen Aufbau u. v. d. Entwicklung d. Kopfkohls, Sorte „Ranno Nr. *1*" 2147. — Einfluß d. Aussaatzeit u. Anzuchtsweise auf d. Wachstum d. Kopfkohlsorte „Ranno Nr. *1*" 3320.
Georgieva (R.), Enčev (Ja.) u. **Moskov (Iv.),** Veränderungen in d. Verer-

bung u. d. Produktivität bei Weizen unter Einfluß von artfremdem Pollen 197.
Georgieva (R.) u. **Georgiev (D.),** Fixierung d. Heterosis bei d. Sortenhybridisation v. Tomaten 214.
— u. **Molchova (E.),** Wirkung d. Röntgenstrahlen auf d. Reifeteilung bei Lycopersicum peruvianum (Mill.) 3374.
—, **Molchova (E.), Nikolov (C.)** u. **Andreeva (E.),** Möglichkeiten zur Ausnutzung v. triploiden Artbastarden in d. Tomatenzüchtung 2491.
—, **Nikolov (C.)** u. **Filev (K.),** Durch Ultraschallwellenwirkungen verursachte cytolog. u. genet. Veränderungen 2771.
Georgieva (T.), Formen d. voll ausgelasteten Bodenausnutzung mit Stoppelkulturen unter Bewässerungsverhältnissen 433.
Georgieva-Todorova (I.), Kreuzbarkeit v. Helianthus annuus L. u. Helianthus maximiliani L. 3369.
Georgieva-Todorova (J.), Hybridisation zwischen Helianthus annuus u. H. scaberimus 2192.
Georgopoulos (S. G.), Genet. Natur d. Toleranz v. Hypomyces solani f. cucurbitae gegen Penta- u. Tetra-Chlornitrobenzol 1925.
Gerabek (K.), Landwirtsch. Meliorationswesen in Österreich 2640.
Geraldson (C. M.), Einwirken d. Ernährungsfaktoren auf Auftreten u. Stärke v. Flecken bei reifenden Tomaten 2499.
Gerard (C. J.), Cowley (W. R.), Burleson (C. A.) u. **Bloodworth (M. E.),** Verdichtungshorizontbildung unter dem Einfluß v. Feuchteverlust, wechselnder Durchnässung u. Austrocknung sowie v. Oberflächenkräften 2928.
Gerasimov (B. A.), Volumen-titrimetr. Methode d. Bestimmung d. Bors in d. Pflanzenasche 88.
Gerasimov (I. P.), Neue amerikan. Bodenklassifikation 1213.
— u. **Glazovskaja (M. A.),** Grundlagen d. Bodenkunde u. Bodengeographie [1192]*.
Gerasimov (S. A.) u. **Pironkov (V. M.),** Breitbanddrillverfahren v. Gemüse 156.
Gerdemann (J. W.), Endogone-Art v. Mais, d. eine vesikular-arbuskulare Mykorrhiza verursacht 3385.
— u. **Nicolson (T. H.),** Endogone-Sporen in Kulturböden 2211.
Gericke (S.), Wirkung d. Thomasphosphatdüngung auf den Kobaltgehalt v. Wiesenheu 395. — Wirkung d. Magnesia im Thomasphosphat 2099. — Kieselsäure im Thomasphosphat 2982. — Düngung d. Wiesen [3034].
Gerlach (W.), Fusarium redolens Wr., seine Morphologie u. systemat. Stellung. Ein Beitrag zur Kenntnis d. Elegans-Fusarien 224.
— u. **Pag (H.),** Fusarium redolens Wr., seine phytopatholog. Bedeutung u. eine an Dianthus-Arten gefäßparasitäre Form (F. redolens Wr. f. dianthi Gerlach) 2538.
German (O.), Samenkontrolle, ein wichtiger Faktor d. landwirtsch. Ertragssteigerung 2691.
Gerritsen (J. D.), Obstbau auf Schlickboden 1865.
Gersdorf (E.), Rübenfliege u. a. Fliegen im Rübenschlag 2219.
Gerstel (D. U.) s. Burk (L. G.); Patel (K. A.); Sficas (A. G.).
Gerstenfeldt (H.), Zur absorptionsflammenphotometr. Bestimmung v. Zink in pflanzl. u. tier. Material, Düngemitteln u. Böden 385.
Gerstmann (W.), Bestimmung d. Komponenten d. Wärmehaushalts d. Erdoberfläche im Sommer *1959* nach einer indirekten Methode in Lindenberg 1744.
Gerth (A.), Jahreszykl. Untersuchungen über d. Wasserhaushalt in einer Braunerde u. in einer Schwarzerde 632. — Regenkapazität u. d. pflanzenaufnehmbare Wassermenge in einem Löß-Rohboden u. in einer Schwarzerde 1485.
Gervais (P.) s. Dionne (J. L.).
—, **Dionne (J. L.)** u. **Richardson (W. S.),** Einfluß variierter Phosphor- u. Kalidüngung auf Produktivität u. chem. Zusammensetzung v. Luzerne 1249. — Einfluß v. Phosphat u. Kalium auf d. Entwicklung, d. Ertrag u. d. chem.. Zusammensetzung v.

Hornklee, d. auf zwei Bodentypen kultiviert wurde 2963.
Gešele (É. É.), Widerstandsfähigkeit d. Pflanze gegen fakultative Parasiten 3099.
—, Kukin (V. F.) u. **Val'ter (O. Ju.),** Anwendung d. Vakuums bei d. künstlichen Infektion d. Spelzgersten 2849.
Gessner (F.), Elektrolytgehalt d. Amazonas 1509.
Gesundheit (Z.) u. **Poljakoff-Mayber (A.),** Einige qualitative Veränderungen in d. Verteilung v. Phosphorverbindungen während d. Keimung v. Salatsamen 1031.
Getsinger (J. G.), Siegel (M. R.) u. **Mann jun. (H. C.),** Ammoniumpolyphosphate aus Superphosphorsäure u. Ammoniak 1257.
Geurink (J. H.) s. Kemp (A.).
Geus (J. G. de), Düngung trop. Kulturen in Verbindung mit Selektion u. Kulturmaßnahmen 93.
Geyer (H.) u. **Geidel (H.),** Pflanzguterzeugung *1962* 1834.
Gfeller (F.) s. Siminovitch (D.).
— u. **Whiteside (A. G. O.),** Vererbung d. Qualität in Beziehung zu agronom. Merkmalen in fortgeschrittenen Linien einer Sommerweizenkreuzung 1621.
Ghafoor (M. A.) s. Ahmed (S.).
Ghai (S.) s. Narayanan (E. S.).
Ghenovici (Al. P.), Einsparungen bei d. Tomatenkultur durch Anwendung waagerechter Spaliere 161.
Gheorghies (C.) s. Docea (E.).
Gherghi (A.), Die Qualität d. Äpfel im Obstanbaugebiet Bistrița in den Jahren *1955—58* 456. — s. Radu (I. F.).
Gheție (V.) u. **Buzilă (L.),** Vegetabil. Kryoproteine 1736.
Ghilarov (M. S.) s. Arnoldi (K. V.).
Ghildyal (B. P.), Shrikhande (J. G.) u. **Prasad (R.),** Eine vergl. Untersuchung des Ganges-Alluviums, d. acker- u. waldbaulich genutzt wird. *1.* Mitt. Physikal. u. physiko-chem. Eigenschaften 333.
Ghillini (C. A.), „Sfaldatura"-Krankheit d. Rhytidoma u. d. Rinde d. Weinrebe 3155. — s. Alghisi (P.).
Ghislain (M.), Schätzung d. Reifegrades beim Apfel 2165.
Ghose (S. K.) s. Dutt (N.).
Ghosh (A. K.) s. Sen (N. K.).
Ghosh (B. N.), Agrarmeteorolog. Untersuchungen an Reis. *1.* Mitt. Einfluß d. klimat. Faktoren auf Keimruhe u. Lebensfähigkeit v. Reissaatgut 1746. — Wirkungen v. Kulturmaßnahmen u. Stickstoffdüngern auf d. Wachstum u. d. Ertrag v. Sommer-(boro)-Reis 1845.
Ghosh (K.) s. Sarma (M. S.).
Ghosh (P. C.) s. Chibber (R. K.).
Ghosh (S. K.) u. **Das (S. C.),** Natur d. Minerale in d. Tonen einiger Roterden v. Ranchi 3213.
Giacomoni (D.) u. **Spiegelman (S.),** Ursprung u. biolog. Individualität d. genet. „Wörterbuchs" 3352.
Giambiagi (N.) s. Garbosky (A. J.).
Giang (P. A.) u. **Schechter (M. S.),** Colorimetr. Bestimmungsmethode für Dimethoaterückstände 2852.
Gibbins (L. N.) u. **Norris (F. W.),** Vitamine bei d. Keimung 2016. — Phytase u. Säurephosphatase in d. Buschbohne, Phaseolus vulgaris 2030.
Gibbs (A. J.), Luzernemosaik in brit. Luzernebeständen 2829. — s. Heathcote (G. D.).
Gibbs (S. D.) s. Sferra (P. R.).
Gibson (A. H.), Genet. Variation in d. Wirksamkeit d.. Knöllchenbildung bei Luzernesorten 799.
Gibson (P. B.) s. Hovin (A. W.).
Giddens (J.), Federmehl als Quelle d. Düngemittelstickstoffs 98.
—, Perkins (H. F.) u. **Walker (I. C.),** Nährstoffbewegung im Küsten-Bermudagras 3253.
Gielink (A. J.) s. Kole (A. P.).
Gilis (M. B.), Düngung u. Vertiefung d. Pflugschicht 2125.
Giljarov (M. S.), Schutz d. Ernte vor Schädlingen u. biolog. Untersuchungen 515. — s. Kipenvarlic (A. F.).
Gill (D. L.), Versuche mit Wuchsstoffen bei Azaleen 1608.
Gill (I. A.) s. Khan (A. R.).
Gill (W. D.), Holmes (J. C.) u. **Rodger (J. B. A.),** Winterweizen-Sortenversuche in Ostschottland *1956—60* 988.
Gillard (A.), D. Biologie, d. Verbreitung u. d. Bekämpfung v. Wurzelgallenälchen (Meloidogyne spp.) 228.
Gillet (M.), Technik d. Gentnerschen

„Fluorescenztestes" für Weidelgräser 193.
Gillier (P.), Keimung u. Desinfektion v. Erdnußsamen 2991.
Gillot (J.) u. **Philouze (J.),** Wirkung v. Gibberellinsäure auf d. Samenbildung d. Salatsorte „Merveille d. Quatres Saisons" 1858.
Gilmer (R. M.), Patholog. Anatomie d. schnellen Verfalls d. Apfels „Spy *227*" 2521. — s. Way (R. D.).
— u. **Way (R. D.),** Pollenübertragung d. nekrot. Ringflecken- u. Prunus-Verzwergungs-Virus bei d. Kirsche 114.
Gils (H.), Wechselnde Abflußhemmung in verkrauteten Gewässern 1510.
Gils (J. J. van), Veränderungen d. pH-Wertes während d. Anbaues 2152.
Gimingham (C. H.), Nordeuropäische Heidegesellschaften: ein „Variationsnetz" 37.
Ginsburg (L.), Hautbräune u. ihre Bekämpfung an südafrikan. Äpfeln 1413.
Ginter (Z.), Chem. Pflanzenschutzmittel [1434].
Giosan (N.), Bărbat (I.) u. **Puia (J.),** Studium d. morphogenet. Etappen d. Maisfahne. Methode d. Diagnostizierung d. Frühreife bei Maissorten u. Maishybriden 20. — Photoperiod. Reaktion d. Wechselgerstensorte „Cenad *396*" 311.
Giovannozzi-Sermanni (G.), Wirkung einer Wurzeldüngung mit Kohlendioxyd auf einige Kulturpflanzen 974.
Giraldi (G.) s. Rui (D.).
Giraudel (A.) s. Izard (C.).
Girton (R. E.) s. Cooper (E. E.).
Gisborne (J. H.), Rechenschablonen für vermengte Versuchsanlagen 410.
Gisiger (L.), Humushaushalt d. Bodens 2924.
Giumarro (C.) s. Siegel (S. M.).
Giza (C. A.) u. **Siegel (S. M.),** Wachstumsfördernde Derivate v. 5-Hydroxybenzofuran. Wirkung ausgewählter Derivate auf d. Keimung u. d. Keimlingswachstum 2903.
Gjulanjan (A. E.) s. Karapetjan (V. K.).
Gjurov (G.) s. Stančev (L.).
—, **Stančev (L.), Stoilov (G.)** u. **Mašev (M.),** Spurenelement Kupfer in den Hauptgruppen u. Untergliederungen d. Bodentypen in Bulgarien 1195.
Gjurov (M.) s. Dončev (I.).
Gjurov (S.), Sorten u. Anbauverfahren v. Salat in kalten Frühbeeten 1314. — Vollere Auslastung d. zur Anzucht v. pikierten Jungpflanzen für den Frühtomatenanbau im Freiland u. d. Tomatenfrühbeeterzeugung bestimmten Frühbeete 2146. — s. Dimitrov (G.); Michov (A.).
Gjurova (M.), Agrarmeteorolog. Begründung d. Aussaatzeit bei Bohnen in Bulgarien 1746.
Gjuzelev (L.) u. **Georgiev (S.),** Feststellung eines objektiven Kennwertes für den Verschimmelungsgrad d. Tabaks 3014.
Gladstones (J. S.) s. Francis (C. M.).
Glaschke (B.), Radiessortiment 1856. — Rettichsortiment 1856.
Glasgow (S. K.) s. Chapman (G. P.).
Glass (E. H.), Ergebnisse d. Auswertung v. zehn jahreszeitlich bedingten Insecticidprogrammen gegen d. Rotbindigen Blattwickler u. a. Obstschädlinge 867. — s. Sferra (P. R.).
—, **Chapman (P. J.)** u. **Smock (R. M.),** Vernichtung d. Larven v. Rhagoletis pomonella Walsh u. Conotrachelus nenuphar Herbst in Äpfeln, d. in kontrollierter Atmosphäre gelagert werden 874.
Glastra-Ubbels (D.) s. Lugt (C.).
Glathe (H.), Knoll (K. H.) u. **Makawi (A. A. M.),** Lebensfähigkeit v. Escherichia coli in verschied. Bodenarten 2626. — Verhalten v. Salmonellen in verschied. Bodenarten 2626.
— u. **Makawi (A. A. M.),** Wirkung v. Klärschlamm auf Boden u. Mikroorganismen 3221.
Glavinitch (R.), Durch vegetative Hybridisation gezüchtete neue Tomatensorten 214.
Glazovskaja (M. A.) s. Gerasimov (I. P.).
Glazunov (E.), Entstehung männlich steriler Hybriden 2187.
Glenday (A. C.) s. Butler (G. W.).
Gleria (J. di), Klimes-Szmik (A.) u. **Dvorascek (M.),** Bodenphysik u. Bodenkolloidik [2046]*.

Glet (O.), Einfluß d. Schältiefe auf Veränderungen d. organ. Bodenmasse 1224. — Stand d. Erforschung d. hydrolog. Eigenschaften u. d. Wassergehaltes d. Böden 2930.
Gliemeroth (G.), Nachwirkungen organ. Substanzzufuhren auf Struktur- u. Gareeigenschaften in Dauerversuchen 2675.
Gliemeroth (K.), Physiolog. Methode zum Nachweis d. Wechselbeziehungen zwischen d. Unterlage u. d. Reis veredelter Obstgehölze 600.
Globus (A. M.), Thermogradiente Mechanismen d. Wanderung d. Grund- u. Bodenwassers u. d. Wasserbewegung im hartgefrorenen Boden 634.
Glofke (E.), Bestimmung v. DDT-Rückständen in Mehl 2544.
Glover (J.) s. Glover (P. E.).
— u. **Birch (W. R.),** Wirkung v. Niederschlag u. Lebensalter auf d. Ertrag einiger ungedüngter Futterkulturen in Kenya 145.
— u. **Forsgate (J. A.),** Messung d. Evapotranspiration mit großen Bodenbehältern 1503.
— u. **Gwynne (M. D.),** Leichter Regenfall u. d. Überleben d. Pflanzen in Ostafrika. *1.* Mitt. Mais 915.
Glover (P. E.), Glover (J.) u. **Gwynne (M. D.),** Leichter Regenfall u. d. Überleben d. Pflanzen in Ostafrika. *2.* Mitt. Vegetation d. Trockenrasen 916.
Gloyna (E. F.) s. Okun (D. A.).
Gloyne (R. W.) u. **Donald (L. G.),** Ackerbau, Gartenbau u. d. Wetter 1470.
Gluchov (S. A.), Spätsommeraussaat mehrjähriger Gräser 1568.
Gluchovcev (V. V.) s. Sazanov (V. I.).
Gluchovskij (A. B.), Verbindung mechan. u. chem. Unkrautbekämpfung im Mais 2576.
Gluščenko (A. F.), Schutz d. Leguminosen gegen Schädlinge [879].
Gluščenko (I. E.), Vererbung u. Variabilität d. Kulturpflanzen [197].
— u. **Chlystova (A. F.),** Vegetative Hybridisation bei Kohl 780. — Pfropfchimären bei Kohlpflanzen 780.
Głuszek (S.) s. Płotek (J.).
Gocov (K.) s. Popov (P.).
Gocova (V.) s. Popov (P.).
Goddrie (P. D.), Chem. Unkrautbekämpfung bei d. Vermehrung d. Erdbeere 2880.
Godnev (T. N.), Kaler (V. L.) u. **Rotfarb (R. M.),** Problem d. Phytolvorkommens in d. Protochlorophyllzusammensetzung etiolierter Blätter 2314.
— u. **Rotfarb (R. M.),** Dunkelsynthese d. Chlorophylls bei bedecktsamigen Pflanzen unter teilweiser Beschattung d. grünen Blätter 1724.
Godunova (K. V.) u. **Knopov (T. V.),** Wirksamkeit d. Erdmistkomposte 3268.
Goedegebure (L.) u. **Ruissen (J.),** Himbeersortenprüfung auf dem Beerenobstversuchsfeld in Kapelle 468.
Göhler (F.) u. **Drews (M.),** Anwendung v. Keimversuchen als Schnellmethode zur Beurteilung gärtner. Substrate auf pflanzenschädigende Stoffe 745.
Göhlich (H.) s. Mohsenin (N. N.).
Göhlich (Horst), Erntemechanisierung v. Obst u. Wein in d. USA 1867.
Goel (K. R.) s. Agnihotri (B. N.).
Görgényi (J.), Gewebeentwicklung sproßbürtiger Wurzeln d. obsttragenden Ribes-Arten 1327.
Göring (H.), Veränderung d. Atmungsintensität beim Keimen d. Maissamens 12.
Göring (H.) [Berlin], Genetik 1617.
Görlitz (H.), Ergebnisse d. Kartoffelsortenversuche *1957* bis *1960* 418. — Anbau v. Grünfuttermais-Ackerbohnen-Gemengen 2420. — Einfluß v. Pflanzzeit u. Vorbehandlung auf d. Knollenertrag, d. Stärkeleistung sowie d. Zusammensetzung d. Knollen u. Eigenschaften d. Stärke mittelspäter u. später Kartoffeln 2711. — Wirkung einer Saatgutbehandlung mit Bernsteinsäure-, Milchsäure- u. Magnesiumsulfatlösung sowie mit Calciumcitrat auf Entwicklung u. Ertragsleistung d. Silomaises 2724. — s. Selke (W.).
— u. **Schulze (J.),** Stickstoffsteigerungsversuche zu Zuckerrüben. Zentrale Auswertung d. Gemeinschaftsversuche *4/1961* 2678.
— u. **Wilberg (E.),** Amylosegehalt in d. Stärke verschied. Kartoffelsorten 32.
Götz (B.), Stand d. Rebendesinfektion 1415. — Morpholog. Rasseunter-

suchungen an Wurzelrebläusen aus Baden-Württemberg 2821.
Goffart (H.), Anbauwert nematodenresistenter Kartoffelsorten 560. — Verhalten einiger holländ. Kartoffelneuzüchtungen gegenüber d. Kartoffelnematoden 3382.
— u. **Heiling (A.),** Beobachtungen über d. enzymat. Wirkung v. Speicheldrüsensekreten pflanzenparasitärer Nematoden 1097.
Goffeau (A.) u. **Bové (J.-M.),** Verstärkung d. Photophosphorylierung in Chloroplasten aus Chinakohl (Brassica chinensis) nach Infektion mit Rübengelbnetzvirus 1721. — Wirkung d. γ-Strahlen auf d. photosynthet. Reaktionen d. aus Spinat isolierten Chloroplasten. Existenz zweier Typen d. cycl. Photophosphorylierung, katalysiert durch PMS 2895.
Goguadze (M. N.) s. Rusiašvili (I. L.).
Goguadze (V. D.), Mikroflora d. Roterdeböden in Grusinien 2934.
Gojko (V.), Kraut- u. Knollenfäule d. Kartoffel im Süden d. Ukraine 2529.
Golan (E.), Feine Pulverisierung als Maßnahme zur Beseitigung d. ungenügenden Wirkung d. Zinks bei Citrusbäumen 2972.
Golani (S. K.) s. Chatterji (S.).
Golato (C.) s. Beccari (F.).
Gol'cberg (I. A.), Agroklimat. Charakteristik d. Früh- u. Spätfröste in d. UdSSR u. d. Methoden zu ihrer Bekämpfung [916]. — Ausnutzung d. Mikroklimas in d. Landwirtsch. 2032.
Gold (A. H.) s. Jordine (E. S. A.); Teakle (D. S.).
Gol'dberg (G. A.), Rolle d. Temperaturfaktors beim Vorquellen d. Baumwollsaatgutes 110.
Golden (L. E.), Wirkung d. Extraktionstemperatur auf den P-, K-, Ca- u. Mg-Auszug aus verschied. Bodentypen 355.
Goldin (A.) s. Lachover (D.).
Gol'dina (S. M.) s. Trizno (S. I.).
Goldowski (I.) s. Adam (H.).
Goldschmid (H. R.) s. Reisener (H. J.).
Goldsmid (J. M.), Milben (Acarina) d. Föderation v. Rhodesien u. Njassaland 3112.
Goldsmith (M. H. M.) u. **Thimann (K. V.),** Bewegungsmerkmale d. Indolessigsäure in Avena-Koleoptilen. *1.* Mitt. Aufnahme, Zerstörung, Festlegung u. Verteilung d. IES während des basipetalen Transportes 1177.
Golenia (A.), Blauschimmel (Peronospora tabacina Adam) 2243.
—, **Pawelczyk (E.), Speichert (H.)** u. **Tyborska (B.),** Ergebnisse einer vgl. Züchtung verschied. Rassen d. Pilzes Claviceps purpurea 520.
Golenko (V. F.) s. Železnjak (E. A.).
Golev (I. F.), Verbesserung monokarper Zuckerrüben 2399.
Golik (M. G.), Wie Maissaatgut gelagert werden muß 2110.
— u. **Festa (N. Ja.),** Vergleichende Bewertung d. Methoden d. Bestimmung d. Keimfähigkeit d. Saatgutes 400.
Golodkovskij (V. L.) u. **Rašidov (T. R.),** Selektivität d. Bestäubung bei d. Subspecies Zuckermais (Zea mays spp. saccharata Sturt.) im Verhältnis zu anderen Subspecies 495.
Golomštok (M.) s. Šapiro (D.).
Golovanova (É. N.) u. **Stativkin (V. G.),** Bekämpfung d. Sperlinge in Tadshikistan 2265.
Golovaščuk (Ž. T.) s. Dmytrenko (P. O.).
Golovčenko (V. P.) s. Poruckij (G. V.).
Golovin (V. V.), Charakteristik d. Wärmehaushalts einiger Böden im Amur-Gebiet 48.
Golovko (D. G.) s. Turnas (P. A.).
Golubkova (B. M.) s. Šachov (A. A.).
Golumbic (C.) s. Hart (J. R.).
Golyšin (N. M.), Captan u. Phaltan zur Bekämpfung d. Erdbeergraufäule 1702. — Anpassungsfähigkeit d. Apfelschorferregers gegenüber Fungiciden 2267.
— u. **Zubov (M. F.),** Präparate d. Captan-Gruppe bei d. Bekämpfung d. Erdbeergraufäule u. d. Apfelschorfes 1150.
Gombault (R.), Mineraldüngung v. Birn- u. Apfelbäumen 3330.
Gomez (A. A.) u. **Carpena (A. L.),** Eignung d. Anlage mit vollständigen randomisierten Blöcken zur Prüfung v. Mais-Kornerträgen an sechs Standorten auf d. Philippinen 2695.

Gončar (A. L.) s. Čirkovskij (V. I.).
Gončarik (M. N.), Ruseckaja (L. P.) u. **Maršakova (M. I.),** Abwanderung d. Assimilate aus den Blättern d. Kartoffel 1231. — Intensität d. Photosynthese d. Kartoffelblätter in verschied. Blattetagen 2012.
Gončarov (B. P.), Seleckij (V. I.) u. **Fedotova (N. I.),** Feuchtigkeit kastanienfarbener Böden bei unterschiedl. Bearbeitungstiefe 653.
Gonet (Z.) s. Świętochowski (B.).
Gontarenko (M. A.), Sevin, wirksamer Ersatz für DDT 1982. — Pflaumenkernwespe in d. Moldauischen SSR 2219.
Gonzálas-Vélez (F.) s. Samuels (G.).
Gonzales (L. G.) s. Carangal jun. (A. R.).
Gonzáles Peña (J.), Mineralog. Zusammensetzung d. Tone gewisser Böden v. Pirineo de Huesca 3213.
Gonzalez (A. G.) s. Eglinton (G.).
Gonzalez (L. C.) u. **Owen (J. H.),** Bodenbürtige Fäule an Tomaten, verursacht durch Rhizoctonia solani 3428.
González-Alonso (M.), Sprühreagentien zum simultanen Nachweis v. Zuckern u. organ. Säuren bei d. Papierchromatographie 2602.
González Garcia (F.) u. **Garcia Ramos (G.),** Genet. Prozesse u. Umwandlung d. Vermiculits: Ablagerungen bei Santa Olalla (Huelva). *4.* Mitt. Umwandlung d. Vermiculits durch Verwitterung 2924.
— u. **Mazuelos Vela (C.),** Geochemie, Formen u. Zyklus d. Mangans in Kalkböden. *1.* Mitt. Gesamtmangangehalt u. allgemeine Eigenschaften d. Kalkböden d. Guadalquivir-Tales 336; *2.* Mitt. Beziehungen zwischen dem Gesamtmangangehalt u. d. Textur d. Böden d. Guadalquivir-Tales 336; *4.* Mitt. Austauschbares u. leicht reduzierbares Mangan in Böden d. Guadalquivir-Tales 2617.
—, **Paneque Guerrero (G.)** u. **Mazuelos Vela (C.),** Geochemie, Formen u. Zyklus d. Mangans in Kalkböden. *3.* Mitt. Beziehungen zwischen dem Gesamtmangangehalt u. d. mineralog. Zusammensetzung d. Böden d. Guadalquivir-Tales 2037.
González-Molina (C. L.), Acost-Matienzo (A.) u. **Boneta-García (E. G.),** Einschätzung v. *4* Handelssorten d. Tabaks 128.
González-Velez (F.) s. Samuels (G.).
Good (H. M.) u. **Nelson (J. I.),** Mit Fomes igniarius var. populinus in lebenden Pappeln assoziierte Pilze u. ihre wahrscheinliche Bedeutung als Holzzerstörer 3156.
Goodchild (D. J.), Photoreaktivierung d. Tabakmosaikvirus in vivo 2516.
Goode (J. E.) u. **Marchant (W. T. B.),** Verwendung v. mechan. Barrieren anstelle v. Schutzreihen in Feldversuchen 986.
Goodey (B.) s. Luc (M.).
Goodey (J. B.), Tylenchus (Cephalenchus) megacęphalus — n. sbg., n. sp. 1926.
Goodijk (G.) s. Lugt (C.).
Goodman (P. J.), Einflüsse verschied. Böden auf Zusammensetzung u. Wachstum v. Zuckerrüben 3293.
Goodman (R. N.) s. Lewis (S.); Shaffer jun. (W. H.).
— u. **Addy (S. K.),** Durchdringung v. Membranschnitten d. Apfelkutikula durch radioaktive Pflanzenschutzmittel u. a. Modellverbindungen 3165.
Goos (M.), Einfluß höherer Temperaturen auf d. insekticiden Eigenschaften v. HCH in Versuchen mit dem Kornkäfer, Calandra granaria L. 1151.
Goos (R. D.) u. **Timonin (M. I.),** Pilze aus d. Rhizosphäre d. Banane in Honduras 3433.
— u. **Tschirch (M.),** Erzeugung d. Sigatoka-Krankheit d. Bananen im Gewächshaus 2248. — Einfluß d. Umweltfaktoren auf d. Keimung u. Lebensdauer d. Sporen sowie auf d. Wachstum v. Gloeosporium musarum 3158.
Gopalachari (N. C.), Untersuchungen über d. Fleckenbildung bei Bidi-Tabak (Nicotiana tabacum L.). *2.* Mitt. Wirkung unterschiedl. Stickstoff-, Phosphor- u. Kalium-Konzentration auf d. Fleckenbildung 378.
Gopalkrishna (N.) u. **Bhore (D. P.),** Medizin. Verwendung v. Mango 1014.

Gopalkrishna (N.) u. **Kerawala (D. N.)**, Zapfenschnitt gegen Bogrebenschnitt bei Wein (Vitis vinifera L.) 1047.
— u. **Khanduja (S. D.)**, Verbesserung v. Guava durch Auslese 2498.
Goplen (B. P.), Rezessives Gen mit „major“ pleiotroper Wirkung bei Steinklee, Meliotus alba L. 1637.
Gora (A.) s. Schwarz (K.).
Gorbatenko (E. M.), Entwicklung d. Wurzelsystems v. Tomate bei verschied. Bewässerungsbedingungen 3324.
Gorbatjuk (P. V.), „Besostaja *1*“ unter d. Bedingungen d. Beresowka-Rayons, Gebiet Odessa 2999.
Gorbov (N. F.) u. **Čuev (P. A.)**, Anreicherung d. Silage mit Protein 986.
Gorbunov (N. I.) s. Sokolov (A. V.).
Gorbunov (V. P.), Besonderheiten d. Blühens v. Mais in Usbekistan 792.
Gordee (R. S.) u. **Porter (C. L.)**, Struktur, Keimung u. Physiologie d. Mikrosklerotien v. Verticillium alboatrum 3103.
Gordeev (D. I.), M. W. Lomonossows Verdienst an Bodenkunde, Biologie u. Landwirtschaft 1.
Gordon (C. C.), **Shaw (C. G.)** u. **Menzies (J. D.)**, Wirtsbereich, Sporenkeimung u. Pathogenität v. Diporotheca rhizophila 1376.
Gordon (C. H.), **Decker (A. M.)** u. **Wiseman (H. G.)**, Wirkungen d. Stickstoffdüngers, d. Reifestadiums u. d. Belichtung auf d. Zusammensetzung v. Knaulgras 3300.
Gordon (M.) u. **Springer (E.)**, Dauergedüngtes Torfkultursubstrat, eine Utopie? 2737.
Gordon (M. P.) u. **Smith (C.)**, Infektion v. Rhoeo discolor durch d. Ribonucleinsäure des Tabakmosaikvirus 1111.
Gordon (S. A.) s. Surrey (K.).
Gorev (L. N.), Einfluß d. Bodenversalzung auf d. Gehalt einiger Ionen u. organ. Verbindungen in d. Weinrebe 177.
Gorin (T. I.), Transpiration d. Obstbäume im Winter 1317.
Goring (C. A. I.), Steuerung d. Nitrifikation durch *2*-Chlor-*6*-(trichlormethyl)pyridin 348. — Regelung d. Nitrifikation v. Ammoniumdüngemitteln u. Harnstoff durch *2*-Chlor-*6*-(trichlormethyl)pyridin 1210.
Goring (C. A. L.) s. Youngson (C. R.).
Goring (E. T.) s. Bishop (R. F.).
Gorjačkina (N. A.) s. Ermakov (E. I.).
Gorlenko (M. V.), Perspektiven d. Antibioticaanwendung 1152.
Górniak (H.) s. Maciejewska-Potapczykowa (W.).
Gorochovskij (L. S.) s. Aleksandrov (V. G.).
Goršenin (K. P.), Grundprinzipien d. Klassifikation d. Böden Sibiriens 2347.
Gorska-Poczopko (J.), Möglichkeit d. Bekämpfung d. Flugbrandes bei Weizen u. Gerste mit neuen Methoden 1411. — Wirtschaftliche Bedeutung d. v. Ophiobolus graminis Sacc. verursachten Fußkrankheit, einer in Polen bes. verbreiteten Weizenkrankheit 2238.
Gorškov (L. A.) u. **Kočer (S. G.)**, Gehalt v. Ammoniakstickstoff im Torfmist 2389.
Gorter (G. J. M. A.), Temperaturbeziehungen d. Olivenanthraknosepilzes Gloeosporium fructigenum f. chromogenum 3433.
Gortlevskij (A. A.) s. Koptev (A. I.).
Gorz (H. J.) s. Manglitz (G. R.).
Gospodinov (G.), Morphologie u. Biologie d. schädlichen Arten d. Gattung Omophlus in Bulgarien 833. — Widerstandsfähigkeit einiger Kulturpflanzenarten und -sorten gegen Wurzelgallenälchen (Meloidogyne marioni Cornu) 2214. — Bekämpfung d. Wurzelgallenälchens (Meloidogyne spp.) durch Fruchtwechsel 2544. — Bekämpfung v. Omophlus proteus Kirsch u. Omophlus lepturoides F.) 2556.
Gospodinov (M.) s. Balevski (A.).
Goss (J. A.), Naßveraschung kleiner Pflanzenproben 1528.
Goss (O. M.), Abbau bei Citrus-Bäumen 2804.
— u. **Doepel (R. F.)**, Bakterienfäule oder Schwarzfleckigkeit d. Walnüsse 552.
Goswami (K. P.) u. **Sen (A.)**, Lösung v. Calciumphosphat durch drei Stämme eines Phosphorbacteriums 1492.
Goswami (N. N.) s. Datta (N. P.).

Goth (R. W.), Blattlausübertragung d. Weißkleemosaikvirus 2230. – s. Zaumeyer (W. J.).
Goto (T.) s. Oshima (N.).
Gotoh (K.) s. Drake (M.).
Gottlieb (D.) s. Caltrider (P. G.).
Gottschalk (W.), Selektionswert strahleninduzierter Mutanten 787. – s. Heber (U.); Weiling (F.).
Goudie (A. J.) u. **Rieman (W.)**, Chromatograph. Trennung u. Bestimmung v. Fruchtsäuren 2914.
Gough (N. A.) s. Beaton (J. D.).
– u. **Beaton (J. D.)**, Einfluß d. Phosphorquelle u. d. Bodenfeuchtigkeit auf d. Löslichkeit d. Phosphors 3270.
Goujon (C.) s. Pochard (E.).
Gould (H. J.), Schneckenschäden an Winterweizen in Ostengland in d. Jahren *1957–1959* 229. – s. Carden (P. W.).
– u. **Winfield (A. L.)**, Halotydeus destructor Tucker 3112.
Goulding (P. F.), Bekämpfung d. Wiederaustreibens v. Ampfer in neuer Weide mit *2.4*-DB 586.
Gourley (C. O.), Vergleich v. Wachstum, Entwicklungszyklus u. Bekämpfung bei Dibotryon morbosum (Sch.) Th. et. Syd. an Pfirsich u. Pflaume in Nova Scotia 2245.
Govorov (N.), Heterosishybriden v. Zuckermais 793.
Gowda (S. S.) = Sanne Gowda (S.).
Goździewicz (W.), Wirtschaftlicher Wert v. Bastarden aus Kreuzungen di- u. tetraploider Zuckerrüben 1913.
Gozob (T.) s. Cociu (V.).
Grabmayr (P.), D. österreichische Wasserrecht 2642.
Gračanin (M.), Krit. Bodenfeuchtigkeit für d. Guttation. Beitrag zur Frage d. ökolog. Wertes d. aktiven Bodenwassers 2609.
Gračanin (Z.), Zur Genese, Morphologie u. Mikromorphologie d. Hangtorfbildung auf Kalksteinen in Kroatien 1215.
Gračev (D. G.), **Grinšpan (L. B.)** u. **Babenko (N. V.)**, Produktion u. Verwendung v. Komplex-(Misch- u. Voll-)Dünger 3263.
Gračeva (L. P.), Zementstaub, ein Schädlingsbekämpfungsmittel 2266.
Grácio (J. T. M.) = Machado Grácio (J. T.).
Gracza (P.) s. Sárkány (S.).
Grădinaru (N.) u. **Cristea (M.)**, Ergebnisse d. Züchtungsarbeiten am Hîngănesc-Mais 203.
Graeser (H.), Folien aus Kunststoff für d. Landwirtschaft [2959].
Graf (A.), Futterrüben-Versuche *1961* 422.
Graf (H.), Jahresbericht *1962* d. österreich. Wasserwirtschaft u. d. Österreich. Wasserwirtschaftsverbandes 3237.
Graham (D. C.), Schwarzbeinigkeit d. Kartoffeln 2240.
Graham (E. R.) u. **Killion (D. D.)**, Bodenkolloide als Faktor bei d. Aufnahme v. Kobalt, Caesium u. Strontium durch d. Pflanzen 2664.
Graham jun. (H. G.), **McRight (T. C.)** u. **Frederick (E. D.)**, Bestimmung v. Calcium in phosphathaltigen Materialien durch Titration mit EDTA in Gegenwart d. Calcein-Indikators 2685.
Graham (J.), Dichte v. Ton-Wasser-Systemen 2335.
Graham (J. H.) s. Sullivan (J. T.).
Graham (J. R.) u. **Orwoll (E. F.)**, Colorimetr. Bestimmungsmethode für Ethionrückstände 2853.
Graham (J. S. D.), **Jennings (A. C.)**, **Morton (R. K.)**, **Palk (B. A.)** u. **Raison (J. K.)**, Proteinkörper u. Proteinsynthese in Weizenendosperm während d. Entwicklung 2029.
Graham (P. H.), Vitaminansprüche d. Knöllchenbakterien 3226.
Graham (S. O.), Keimverhalten d. Teliosporen v. Ustilago tritici in Beziehung zur Lyophilisation. *2.* Mitt. Einflüsse d. Keimmediums auf d. Lebensfähigkeit 549.
Graham (T. W.) s. Chaplin (J. F.).
Graham (W. M.) s. Kockum (S.).
Grahl (A.), Keimruhe bei Saatgut. II. Sekundäre Keimruhe 2107.
Grainger (J.), Kartoffelkrankheiten 1921. – Kartoffelphysiologie u. Sortenwirtschaftlichkeit im Verhalten gegen Krankheiten 2853.
Grainger (V. F.), Versuche mit Zuckermais *1954–57* 1316.
Gram (E.), Einige Atrophose-Erfahrungen in Dänemark 1924.
Gramms (G.), *70.* Geburtstag v. Prof. Dr. h. c. Florus Kertscher 2581.

Gramms (G.) u. **Kagelmann (K.)**, Kombinierte komplexometr. Titrationsmethode zur serienmäßigen Bestimmung des Eisens u. Calciums aus dem gleichen Bodenauszug.

Gramolin (V. K.), Zuckergehalt d. Gewebe bei Apfelbäumen u. Pflanztermine 3053.

Granström (B.), Unkräuter in Sommerkulturen 1708.

Grant (P. M.), Reaktion d. Maises auf verschied. Phosphatformen bei wechselndem Trockenheitsgrad 1258.

Grant (T. J.), **Moreira (S.)** u. **Salibe (A. A.)**, Allgemeine Lage v. Tristeza u. Stammrillung bei Citrus-Sorten in Sao Paulo, Brasilien 1663.

Grant (W. F.), Malaiische Phantasie, eine neue Garten-Celosie 2466.

Grant Lipp (A. E.) u. **Ballard (L. A. T.)**, Einfluß einer CO_2-Behandlung d. Samen auf d. Blütenbildung beim „Bodenfrüchtigen Klee" 1727.

Gras (R.), Beziehungen zwischen physikal. Bodeneigenschaften u. dem Wachstum d. Pfirsichbaumes im Rhônetal zwischen Vienne u. Valence 1482.

Graupe (B.) s. Gruhn (K.).

Graveland (D. N.) s. Lynch (D. L.).

— u. **Toogood (J. A.)**, Gips als Meliorationsmittel f. Solonez-Böden in Alberta 2985.

Gray (L. H.), Strahleninduzierte Mutagenese-Gesichtspunkte eines Biophysikers 3068.

Graze (S. P.) s. Laflin (T.).

Grazi (F.), Gleichgewicht zwischen Apomixis u. Sexualität bei Poa pratensis durch Strahlen u. a. mutagene Stoffe 2487. — Vielversprechender Erfolg d. modernen Genetik: Tetraploider Klee 2788.

—, **Umaerus (M.)** u. **Åkerberg (E.)**, Form d. Reproduktion u. d. Embryologie v. Poa pratensis 801.

Greasley (A. S.), Wirkung d. Ansaatzeit auf bewässerte Weiden in Südostqueensland 1851.

Greb (B. W.) s. Black (A. L.).

— u. **Black (A. L.)**, Abnahme d. Rückstände v. Mohrenhirse in einem Stoppelmulch-Brache-System 95.

Grebenščikov (I.), Bedeutung d. besseren u. schlechteren Elters für d. Leistung d. F_1-Bastarde u. über d. Gültigkeit d. Mitscherlichschen Gesetzes für den Heterosiseffekt 2186. — Quantitative Beobachtungen an F_1-Bastarden d. Gaterslebener Maissortiments [2286]*, 3081. — Vererbung d. Fruchtstreifung beim Gartenkürbis Cucurbita pepo L. 3375.

Grebinskij (S. O.), Wachstum d. Pflanze [3205].

—, **Strugovščikova (L. P.)** u. **Liteplo (E. I.)**, Einfluß hoher Dosen v. Röntgenstrahlen auf Wachstum u. Stoffwechsel physiolog. aktiver Stoffe in Erbsen-Keimpflanzen 2304.

Grecea (A.) s. Radu (V. G.).

Grečin (I. P.) s. Nepomiluev (V. F.).

Grečišnikova (O.), Wirkung d. Naßkopfdüngung 689. — Vorbehandlung d. Kartoffelpflanzgutes 1271.

Grecu (I.), Wirkung der im Weinberg Minis angewendeten organ. u. mineral. Düngemittel 768.

Grečušnikov (A. I.) u. **Kirjuchin (V. P.)**, Aufnahme u. Verteilung v. gekennzeichnetem Phosphor in den Kartoffelpflanzen bei Naßkopfdüngung 673; dass.: Aufnahme u. Verteilung v. markiertem P durch d. Kartoffelpflanze bei Blattdüngung 2967.

Green (A. J.) s. Clark (J. S.).

Green (G. J.) s. McKenzie (R. I. H.).

— u. **Knott (D. R.)**, Verhalten erwachsener Pflanzen v. Linien des „Marquis"-Weizens mit substituierten Resistenzgenen gegen Schwarzrost 1349.

Green (H. C.), Versuch mit beschädigten Pflanzkartoffeln 977. — Reihenabstand u. Zwischenreihenbearbeitung bei Kartoffeln 1286. — Widerstandsfähigkeit v. Äpfeln gegenüber Beschädigung 1600. — Experiment über d. Zwischenreihenbearbeitung v. Kartoffeln mit einer Fräse 2711.

Green (J.) s. Wallace (E. R.).

Green jun. (R. J.) s. Schreiber (L. R.).

Greenblatt (G.) s. Ryan (G. F.).

Greenblatt (I. M.) u. **Brink (R. A.)**, Zwillingsmutationen bei intermediär geflecktem Maisperikarp 1901. — Verlagerung d. Modulators bei

Mais in geteilte u. ungeteilte Chromosomensegmente 3080.

Greene (G. L.), Physiolog. Basis d. Gallbildung bei d. „Black-Knot"-Krankheit an Prunus 3154.

Greene (R. E.), Bullock (J. S.) u. **Maier (R. H.),** Plastikperlen als Stützmedium in Nährstoffkultursystemen 1528.

Greenham (C. G.), Transport v. Herbiciden bei Chondrilla juncea L. 2274.

Greenham (D. W. P.) s. Holland (D. A.).

Greenland (D. J.), Denitrifikation in einigen trop. Böden 55.

—, Lindstrom (G. R.) u. **Quirk (J. P.),** Organ. Substanzen, welche d. natürlichen Bodenaggregate stabilisieren 1484.

Greenspun (R. B.) s. Schwartz (J. H.).

Greenway (H.), Reaktion d. Pflanze auf salzhaltige Substrate. *1.* Mitt. Wachstum u. Ionenaufnahme verschied. Sorten v. Hordeum während u. nach Behandlung mit Natriumchlorid 2374; *2.* Mitt. Chlorid-, Natrium- u. Kaliaufnahme u. -verteilung in jungen Pflanzen v. Hordeum vulgare während u. nach einer kurzen Natriumchloridbehandlung 2374.

— u. **Rogers (A.),** Wachstum u. Ionenaufnahme v. Agropyrum elongatum auf salzhaltigen Substraten im Vgl. mit einer salztoleranten Sorte v. Hordeum vulgare 2650.

Greenwood (D. A.) s. McAllister (De V. R.).

Greenwood (D. J.), Nitrifikation u. Nitratdissimilation im Boden. *1.* Mitt. Methode zum Studium d. Nitratdissimilation 2344; *2.* Mitt. Einfluß d. Sauerstoffkonzentration 2344.

— u. **Berry (G.),** Aerobe Respiration in Bodenkrümeln 1484.

Greenwood (E. A. N.) s. Ozanne (P. G.).

Greenwood (H.) s. Esposito (R. G.).

Greenwood (R. M.), Weideanlage auf einem podsolierten Boden im Norden Neu-Seelands. *3.* Mitt. Untersuchungen über Rhizobialpopulationen u. d. Einflüsse d. Impfung 92.

Greenwood-Barton (L. H.) s. Ingram (J. S.).

Greet (D. N.) u. **Wallace (H. R.),** Nachweis v. Älchenbefall bei Chrysanthemen 2212.

Gregor (F.), Povolný (D.) u. **Řezáč (M.),** Systemat. Oligophagie d. mitteleuropäischen Arten d. Gattung Lithocolletis Hbn. u. Argyresthia Hbn. (Lep.) auf Prunoideae 3114.

Gregory (G. R. E. C.) s. Bakes (J. M.).

Gregory (P. H.) u. **Lacey (M. E.),** Isolierung thermophiler Actinomyceten 1503.

Greig (J. K.) u. **Smith (F. W.),** Versalzungseinflüsse auf d. Wachstum d. Batate 1238.

Greig-Smith (P.), Gruppierungsweise innerhalb v. Pflanzengemeinschaften. 1. Mitt. Die Analyse d. Gruppierungsweise 616.

Gremillet (B.), Bodenbearbeitungsversuche im Hinblick auf d. maschinelle Aussaat v. vorgekeimtem Reis in schlammigen Boden 3304.

Grešnych (K. P.) s. Mirčik (T. G.).

Greweling (T.), Extraktionsverfahren zur Bestimmung v. Gesamt-Calcium, -Magnesium u. -Kalium in Pflanzengewebe 385.

Gricenko (V. V.), Kultur d. Hartweizens 122.

Grierson (W.) s. Oberbacher (M. F.).

Griesel (A.), Geschichte u. gegenwärtiger Stand d. Hopfenbaues u. d. Hopfenforschung in d. DDR 2718.

Griffin (G. D.) s. Jorgenson (E. C.).

Griffin (J. A.) s. Lukefahr (M. J.).

Griffiths (D. A.), Mehlmilbe, Acarus siro L., *1758*, als ein Artenkomplex 3112.

Griffiths (D. J.) s. Davies (T. G.).

Griffiths (N. M.) s. Housley (S.).

Grigarick (A. A.) u. **Lange (W. H.),** Wirtsverhältnisse bei d. Zuckerrüben-Wurzellaus in Kalifornien 2226.

Grignac (P.), Kalidüngung zu Hartweizen 1542. — s. Ponchet (J.).

Grigo (E.), Betrachtung verschied. Standortsfaktoren im Vgl. v. Ackerland zu fakultativem Grünland [2141].

Grigoŕev (M. A.), Einfluß d. Herbstbewässerung auf Ertrag u. Qualität d. Zuckerrüben 2126.

— u. **Palov (A. I.),** Einfluß d. Gewichts d. Walze auf d. Dichte d. Auf-

laufens u. den Ertrag d. Zuckerrübe 2124.
Grigorjan (A. K.), Gefährlicher Kartoffelschädling 238. – Besonderheiten d. Verbreitung d. X-Virus u. sein Einfluß auf d. Kartoffelertrag 240. – Ertrag u. Qualität d. Kartoffelknollen bei verschied. Anbaubedingungen 1561.
Grigorov (S.), Artenzugehörigkeit d. in Bulgarien vorkommenden Gespinstmotten d. Gattung Hyponomeuta Latr. 526. – Beitrag zur Entomofauna Bulgariens 1381.
Grigorov (S. P.), Schwarze Bohnenlaus (Rübenblattlaus) Aphis fabae Scop., Biologie, Ökonomie u. Bekämpfungsmittel 1655.
Grimås (U.), Einfluß wachsender Wasserspiegelschwankungen auf d. Bodenfauna d. Blasjön-Sees, Nordschweden 2950.
Grimes (R. C.), Mischanbau u. reihenweiser Mischanbau v. Baumwolle u. Mais 3306.
– u. **Clarke (R. T.),** Kontinuierliche Ackernutzung durch Anwendung v. Stallmist u. mineral. Düngemitteln 2669.
Grimm (H.), Erzieherischer Weg zum Naturschutz über d. Gesundheitslehre 3245.
– u. **Malý (V.),** Anwendung d. Sequenzanalyse auf d. negative Binomialverteilung 2118.
Grimshaw (H. M.) s. Allen (S. E.).
Grinčenko (A. M.) s. Sokolov (A. V.).
Grindle (M.) s. Jeffrey (S. I. B.).
Grinenko (V. V.), Zustand d. Wassers in den Geweben als Merkmal d. Resistenz d. Pflanzen 302. – Veränderungen d. Wasserhaushalts als Anpassungsreaktion d. Pflanzen 2653.
Grineva (G. M.), Veränderungen im Gehalt an Phosphorverbindungen bei Pflanzen unter anaeroben Bedingungen 2369.
Grinfel'd (È. G.) s. Pavlov (A. N.).
Grinšpan (L. B.) s. Gračev (D. G.).
Gripenberg, de, Breite d. Treibhäuser u. d. Rentabilität d. Anzucht 1022.
Grisenko (G. V.), Diplodiose d. Maiskeimlinge 1947. – Rolle d. Ernterückstände für d. Verbreitung d. Diplodiose d. Maises 2528. – s. Nemlienko (F. E.).
Grišina (E. N.) s. Mamedov (Š.).
Grišina (G. S.) s. Voskresenskaja (N. P.).
Grison (P.), Entwicklung u. Perspektiven d. biolog. Bekämpfung 2544.
Gritzbach (D.), Entwicklung u. Stand d. Aprikosenanbaus am Süßen See 1324.
Grivanov (K. P.), Bekämpfung d. Getreidelaubkäfer (Coleoptera Scarabaeidae) 1700. – Südlicher Getreidelaubkäfer 3400.
Grobbelaar (N.) s. Saubert (S.).
Grobbelaar (W. P.), Wachstum v. Mais nach Vorbehandlung bei verschied. Bodentemperaturen 2299.
Grodzinškyj (A. M.), Lapčyk (V. F.) u. **Paršykov (V. F.),** Einfluß d. Photosynthese auf d. N-Ernährung d. Pflanzen 1519.
Gröber (K.), Chimärenbildung bei d. Tomatenmutante gilva v. Lycopersicon esculentum Mill. nach Behandlung v. heterozygotem Samenmaterial mit Colchicin u. Röntgenstrahlen [2286]*; dass.: 3093.
Groenewegen (J. H.), Die Tomate u. d. Gewächshausklima 450.
Gröschner (P.), Verhalten v. Kernobstsorten während d. Kühllagerung 1863.
Gröwe (M.) s. Lindner (G.).
Grof (B.), Induktion d. Fertilität durch Colchicinbehandlung bei Ronpha-Gras, einem sterilen Artbastard bei Phalaris 1638.
Grogan (R. G.) s. Campbell (R. N.); Taylor (R. H.).
–, **Zink (F. W.)** u. **Kimble (K. A.),** Patholog. Anatomie d. Mohrrübenwurzelschorfes u. einige sein Auftreten u. d. Schwere d. Befalles beeinflussende Faktoren 256.
Groh (W.), Sorten für d. Straßenobstbau 2454.
– u. **Reich (E.),** Von der Obstsortenbeschreibung zum Obstsortenbestimmungsschlüssel 1595. – Bestäubungsversuche bei Süßkirschen 3057. – Beitrag zur Sortenbereinigung bei Süßkirschen 3058.
Gromakovskij (K. F.), Diagnose d. Ernährung d. Weines durch d. chem. Zusammensetzung d. Blät-

ter 768. — Bestimmung d. Feldwasserkapazität nach einer Laboratoriumsmethode 2355.
Gromeyer (E.), Musterstatut für Meliorationsgenossenschaften, wichtiger Bestandteil d. sozialist. Agrarrechtes 2360.
Gronert (W.), Obst- u. Weinbau d. Gemeinde Höhnstedt, seine Struktur u. seine Perspektiven in d. LPG 2154.
Grosclaude (C.), Bleiglanz d. Obstbäume. *3.* Mitt. Die „späte Form" d. Bleiglanzes d. Pfirsichbaumes 3154.
Grosman (R.), Eliminierung d. Phosphorsäure für d. komplexometr. Bestimmung d. Calciums in d. Pflanzen 2087.
Gross (C. F.) s. Robinson (R. R.).
Gross (R.) s. Sembdner (G.).
Grossa-Raynaud (M. P.), Anbau v. Citrusfrüchten in Tunis 3309.
Grossbard (E.) u. **Hall (D. M.)**, Pflanzeneiweißagar, ein Medium zur Isolierung u. Bestimmung proteolyt. Organismen in Grünlandböden 2357.
Grosse (H.), Futtermaisanbau *1962* u. Schlußfolgerungen für *1963* 2723.
Große-Brauckmann (E.) s. Kick (H.).
Grosser (H. U.) s. Ehrenhardt (H.).
— u. **Zörcher (H.)**, D. „Riesling Klon 90" (Neustadt), Beitrag zur Klonenzüchtung d. Pfalz 1332.
Grossi (N.) s. Crane (J. C.).
Großmann (F.), Therapeut. Wirkung v. Pektinase-Hemmstoffen gegen d. Fusarium-Welke d. Tomate 1413. — Hemmung pektolyt. Enzyme v. Fusarium oxysporum f. lycopersici. *1.* Mitt. Hemmung durch definierte Substanzen in vitro 2211; *2.* Mitt. Hemmung durch Pflanzenextrakte in vitro 2811; III. Wirkung einiger Hemmstoffe in vivo 3105.
Grossmann (F.), Einfluß v. Cyanamid bzw. Kalkstickstoff auf verschied. Stadien v. Sclerotinia trifoliorum 1964.
Grossmann (H. G.) s. Herrmann (J.).
Grouet (D.), Studium d. Entyloma an Dahlie 1397.
Groven (I.), Sortenversuche mit Himbeeren 1605. — Kulturversuche mit Pflanzen in Baumschulen 1613.
Grover (B. L.) s. Pratt (P. F.).
Grover (P.), Neue Gallmückenart (Itonididae: Diptera) aus Indien 830; dass.: 1104.
Grover (R. K.) u. **Moore (J. D.)**, Toximetr. Studien v. Fungiciden gegen d. Erreger d. Braunfäule, Sclerotinia fructicola u. S. laxa 2551.
Grozev (D.), Untersuchung über die Herbstaussaat d. Sonnenblume 993. — s. Breskov (T.).
Grubinger (H.), Kulturtechnik u. Wasserwirtschaft. Bericht über d. Arbeitstagung d. Ersten Sektion d. Commission Internationale du Génie rural in Avignon, Oktober *1962* 2064.
Grümmer (G.), Verlauf d. Krautfäule-Epidemie in Kartoffelfeldern 1667. — Verhalten v. Rhizomen d. Quekke (Agropyron repens) gegen trokkene Luft 3452.
— u. **Köhler (H.)**, Infektion v. Tomatenblättern durch Phytophthora infestans 3150.
Gründler (I.-G.), Einfluß d. Bestäubungstechnik auf d. Samenertrag bei Cyclamen 2494.
Gründler (J.), Gerbera in Töpfen zur Schnittblumengewinnung als Zwischenkultur 3063.
Grünwald (Cl.) u. **Gutenmacher (I.)**, Untersuchungen über d. Leistung einiger aus d. Sorten „A *156*" „Bankut *1201*" u. „Marquis" erhaltenen Weizenlinien 788.
Grünzel (H.), Biologie d. Fruchtfäule erregenden Pilze 852.
Gruev (C.), Düngung d. Hanfes auf ausgelaugtem Tschernosem im Bewässerungsgebiet v. Brâschljan-Sandrowo bei Russe 3013.
Gruhn (K.) s. Anke (M.).
—, **Graupe (B.)** u. **Anke (M.)**, Wirkung einer Molybdändüngung auf Futterertrag u. Futterwert d. Luzerne in Mangelgebieten 1260.
Gruis (J. T.) s. Joiner (J. N.).
Grun (P.), Frühe Stadien bei d. Bildung innerer Barrieren d. Genaustausches zwischen diploiden Solanum-Arten 2784.
—, **Aubertin (M.)** u. **Radlow (A.)**, Multiple Differenzierung d. Plasmons v. diploiden Solanum-Arten 3084.
Grundbacher (F. J.) u. **Stanford (E. H.)**, Einfluß d. Temperatur auf d.

Resistenz d. Luzerne gegen d. Stengelälchen (Ditylenchus dipsaci) 2814.
Grundey (J. K.) s. Shepperson (G.).
Grundmann (A. W.) s. Havertz (D. S.).
Grunes (D. L.) s. Willis (W. O.).
Gruppe (W.), Möglichkeiten u. Grenzen d. Blattanalyse, als physiolog. Methode, zur Feststellung d. Mineralstoffversorgung v. Obstbäumen 755. — s. Bünemann (G.); Seitz (P.).
— u. **Nurbachsch (K.)**, Mineral. Ernährung v. Erdbeeren. 2. Mitt. Kalium, Kalzium- u. Magnesium-Steigerungen 1045.
— u. **Seitz (P.)**, Untersuchungen über d. Nährstoffversorgung v. Baumschulgehölzen. I. Mangelerscheinungen in Gefäßversuchen u. in Baumschulen 2158.
Gruševaja (P.), Einfluß d. Ergrünens v. Pflanzkartoffeln auf Lagerung u. Ertrag 1818.
Gruševoj (S. E.), **Psareva (E. N.)** u. **Matveenko (T. M.)**, Anfälligkeit gegenüber d. schwarzen Wurzelfäule verschied. Tabaksorten u. d. Selektion resistenter Formen 211.
Grušvickij (I. V.) u. **Limař (R. S.)**, Beschleunigte Keimung v. Ginseng unter d. Einfluß v. Ultraschall 26.
Gruszewska (M.) s. Klossowski (W.).
Grŭučarov (C.) s. Fetvadžiev (V.).
Gruzdev (G. S.) u. **Bezuglov (V. G.)**, Effektive Unkrautbekämpfungsmethode in Maiskulturen auf Rasenpodsolböden 2575.
— u. **Tulikov (A. M.)**, Agrotechn. u. chem. Bekämpfungsmaßnahmen gegen ausläufertreibende Unkräuter 882.
Grylls (N. E.), Streifenmosaikviruskrankheit an Gräsern u. Getreide in Australien. Übertragen durch d. Zwergzikade Nesoclutha obscura 3408.
Grynberg (H.), **Szczepańska (H.)** u. **Baldowicz (M.)**, Chem. u. physikal. Eigenschaften sowie d. gewerbliche Tauglichkeit d. Öls aus d. Samen v. Euphorbia lathyris L. 32.
Grzesiuk (S.) u. **Kulka (K.)**, Mono- u. Polysaccharide im Jarowisationsprozeß d. Winterroggenkörner (Secale cereale L.) 598.
Grzesiuk (S.), **Rejowski (A.)** u. **Sójka (E.)**, Physiolog. Eigenschaften d. reifenden Getreidekörner 1452.
Grzybczak (J.) s. Zawadzki (S.).
Gualaccini (F.), Bandmosaik d. Kirsche in Italien 247.
Gubanov (J. V.) u. **Potecha (N. G.)**, Wirksamkeit geringer Aussaatnormen 3292.
Gubanova (Z. P.) s. Mart'janova (K. L.).
Gubański (M.), Decarboxylierung d. Glutaminsäure in den mit dem Tabakmosaikvirus infizierten Tabakblättern 541.
Gubareva (D. N.) s. Krupskij (N. K.).
Gudzenko (A. A.), Verkürzte Anzucht v. Obstbäumen 760.
Güldner (R.), Sommer-Zwischenfruchtprüfung mit Cruciferen (Artenvgl.) 2726. — Hauptprüfung mit Kohlrüben *1961* 3294. — Vor- u. Hauptprüfung mit Futterkohl *1961* 3300. — s. Meinl (G.).
Guénin (H.) s. Scheidecker (D.).
Guennelon (G.) u. **Audemard (H.)**, Maiszünsler, Ostrinia (Pyrausta) nubilalis Hbn. (Lepidoptera Pyralidae) im unteren Rhônetal: ökolog. Beobachtungen; wirtschaftliche Bedeutung 527.
Guennelon (R.), Tonböden d. Mormoironbeckens (Vaucluse) u. d. früheren pedolog. Erscheinungen 1493.
Günther (E.), Durch Chimärenbildung verursachte Aufhebung d. Selbstinkompatibilität v. Lycopersicon peruvianum (L.) Mill 1342. — Nachkommenschaft v. Solanaceen-Chimären. 2. Mitt 2770.
Güntschl (E.), Wasserhaushalt Österreichs 2640.
Günzel (G.), Proteinfraktionen d. Weizenmehles in Abhängigkeit v. Herkunft, Sorte u. später N-Düngung 323.
Guenzi (W. D.) u. **McCalla (T. M.)**, Hemmung d. Keimung u. Samenentwicklung durch Pflanzenreste 2047.
Guerra (A.) s. Albareda (J. M.).
Guerrero (G. P.) = Paneque Guerrero (G.).

Guerriero (R.), Forschungen über d. taxonom. Wert verschied. Merkmale d. Pfirsichsteine 2454.
Guevara (V. F.), Vorkommen v. Doppelembryonen bei Cocos nucifera L. 2005.
Guglielminetti (R.) s. Loprieno (N.).
Guignard (E.) s. Mathys (G.).
Guillemat (J.), Charpentier (M.), Tardieux (P.) u. **Pochon (J.)**, Wechselwirkungen zwischen einem Chloramintriazin-Herbicid u. d. Pilz- u. Bakterienflora d. Bodens 2572.
Guillot (A.), Faktoren d. Rhizogenese bei Stücken v. etiolierten Tomatenkeimlingen (Lycopersicum esculentum Miller) 2898.
Guinn (G.) u. **Joham (H. E.)**, Ersatz d. Eisens aus Fe-EDTA u. Fe-HEEDTA durch Kupfer u. Zink 2616. — Wirkungen v. zwei Chelatbildnern auf Absorption u. Verteilung v. Fe, Cu, Mn u. Zn in Baumwollpflanzen 2661.
Guiran (G. de), Vier neue Arten d. Gattung Criconemoides (Taylor) (Nematoda-Criconematidae) 3107. — s. Luc (M.).
— u. **Vilardebo (A.)**, Bananenstaude auf den Kanar. Inseln. *4.* Mitt. Parasit. Nematoden d. Bananenstaude 1097.
Guitard (A. A.), Newman (J. A.) u. **Hoyt (P. B.)**, Einfluß d. Saatstärke auf den Ertrag u. d. Ertragskomponenten v. Weizen, Hafer u. Gerste 1277.
Gukova (M. M.), Abhängigkeit d. symbiot. Stickstoffassimilation durch Leguminosen v. d. Temperatur 2368.
— u. **Faustov (V. V.)**, Gibberellin u. d. Auxinstoffwechsel in Pflanzen 1725.
Gulevatyj (E. F.) s. Telenga (N. A.).
Gulidov (A. M.) s. Žarkov (V. I.).
Guljaev (E. I.) u. **Ronsal' (G. A.)**, Einfluß d. Wurzelausscheidungen einjähriger Leguminosen auf d. Lebenstätigkeit v. Mais beim gemeinsamen Aufwachsen 1234.
Guljarenko (F. N.), Wahlvermögen d. Drahtwürmer 1932.
Gulkanjan (V. O.) u. **Chačatrjan (G. G.)**, Veränderungen bei d. Bestokkung v. Weizen unter d. Einfluß v. Gibberellin 607.
Gull (D. D.), Künstliche Trocknung d. Florida-Zwiebeln 1031. — s. Thompson (B. D.).
Gŭlŭbov (S.), Tier. Eiweiß als Inaktivator d. Tabakmosaikvirus (Nicotiana virus) *1.*) Mayer Allard 3417. — s. Vartanjan (A.).
Gunar (I. I.) s. Krastina (E. E.).
— u. **Krastina (E. E.)**, Einfluß d. Hell-Dunkel-Wechsels auf den Bewegungsrhythmus d. Pflanzenblätter 27.
Gunary (D.) s. Larsen (S.).
Gundaev (A. I.), Morphobiolog. Gruppen in Sorten-Populationen d. Sonnenblume 1831.
Gundurao (H. R.) s. Majumder (S. K.).
Gundy (S. D. van), Stolzy (L. H.), Szuszkiewicz (T. E.) u. **Rackham (R. L.)**, Einfluß d. Sauerstoffversorgung auf d. Überleben pflanzenparasit. Nematoden im Boden 3389.
Gunkel (W. W.) u. **Anstee (L. L.)**, Direkte Ernte v. Trockenbohnen 2706.
Gunther (F. A.) s. Lindgren (D. L.).
Gunzelmann (F.), Modernisierung d. Bewässerungsanlagen in d. elsäss. Hardt durch Umstellung auf Beregnung 1511.
Guppy (J. C.), Lebensweise u. Verhalten v. Pseudaletia unipunctata (Haw.) (Lepidopterai: Noctuidae) im östlichen Ontario 828.
Gupta (B. M.) u. **Kleczkowska (J.)**, Einige Mutationen in einem Rhizobium-trifolii-Stamm 52.
Gupta (J. C. S.) = Sen Gupta (J. C.).
Gupta (K. G.) u. **Sen (A.)**, Durch Wachstum v. Rhizobium sp. einiger Leguminosen hervorgerufene Aggretation d. Bodens 2043; dass.: 2049. — Merkmalsvariationen d. Rhizobium-Arten v. Kichererbse (Cicer arietinum), Bockshornklee (Trigonella foenum-graecum) u. Erbse (Pisum sativum) 2625.
Gupta (N. K.) s. Singh (Badan).
Gupta (R. K.), Ungewöhnliche u. interessante Futterpflanzen d. Garhwal-Himalayas 3027.
Gupta (S. C.) s. Bisht (N. S.).
Gupta (Y. P.) u. **Das (N. B.)**, Nährwert v. Mais unter dem Einfluß v.

organ. u. mineral. Düngemitteln. *1.* Mitt. Chem. Zusammensetzung 1798.
Gur (A.), Rolle v. Wuchsstoffen beim Abwerfen d. Knospen bei Avocado 2599.
Guram (M. S.) = Singh (G. M.).
Gürbučev (I.), Gefäßversuche mit zeitlicher Aufeinanderfolge verschied. Feldkulturen 397. — Vorfrüchte u. Stellung d. Winterweizens in d. Fruchtfolge 2120.
Guréva (T. I.) s. Udol'skaja (N. L.).
Gurevic (S. M.), Wirkung mineral. Düngemittel auf tiefgründiger Schwarzerde [2986].
Gurileva (M. A.) s. Vlasjuk (P. A.).
Gurinovič (E. S.) s. Maštakov (S. M.).
Gurlev (A. S.) u. **Platonova (E. M.),** Karbothion — ein wirksames Mittel gegen Wurzelgallennematoden 873.
Gurney (E. L.) s. Taylor (W. A.); Taylor (A. W.).
Gurr (C. G.), Verwendung v. Gammastrahlen bei d. Bestimmung d. Wassergehalts u. d. Permeabilität v. ungesättigten Bodensäulen 2355.
Guržiev (G. A.), Gehalt an chem. Stoffen bei Doppelmaishybriden 1733.
Guržij (E. S.), Einfluß d. Aussaatnorm bei einhäusigem Hanf auf Ertrag u. Qualität 3013.
Guščin (I. V.), Kleber- und Hartweizen [1844].
Gusejnov (D. M.), Verwendung neuer Arten v. Düngemitteln [1814].
— u. **Isaeva (F. G.),** Einfluß radioaktiven Phosphors auf Wachstum u. Entwicklung d. Luzerne 2983.
Gusev (S. A.), Untersaat v. Lup. luteus in Sommergerste 3022.
Guseva (K. A.), Welkekrankheit d. Kartoffel u. d. Untersuchung d. Einflusses d. verschied. Eigenschaften d. Keime auf morpholog. u. biolog. Eigenarten d. Pflanzen 1939.
Guseva (T. M.), Anwendung v. Trichogramma gegen d. Maiszünsler 1692.
Guśkova (L. A.), Anwendung v. Karbothion gegen d. Wurzelgallennematoden in Gewächshäusern 2271.
Gussak (V. B.), Einfluß d. Humin- u. polymeren Präparate auf d. physikal. Eigenschaften d. Bodens 3218.
Gussewa (A. R.), Biosynthese d. Kartoffel-Alkaloidglykoside 1465.
Gustafsson (N.), Bekämpfung d. Kartoffelschorfes (Streptomyces scabies) durch Bodenbehandlung mit PCNB 1695.
Gutenmacher (I.) s. Grünwald (C.).
Gutenmann (W. H.) u. **Lisk (D. J.),** Pflanzenschutzmittelrückstände. Bestimmung v. Selen in Hafer nach Verbrennung in Sauerstoff 558. — Bodeneinflüsse auf Pflanzenschutzmittel. Bestimmung v. Kohlenstoff in organ. Böden durch Verbrennung in Sauerstoff 559.
Guthrie (F. E.) s. Self (L. S.).
Guthrie (J. W.), Verbindung v. Netznekrosen mit primärer oder sekundärer Infektion d. Blattrollvirus in „Russet Burbank“ 2227.
Guthrie (W. D.) u. **Stringfield (G. H.),** Anwendung v. Testkreuzungen bei d. Züchtung v. Mais auf Resistenz gegen d. Europäischen Kornbohrer 1072.
— u. **Walter (E. V.),** Süßmaisinzuchtlinien mit natürlicher Resistenz gegen Heliothis zea (Boddie) u. Ostrinia nubilalis (Hübner) 518.
Gutina (B. S.) s. Baljabo (N. K.).
Gutmann (A.) s. Könekamp (A. H.).
Guttridge (C. G.), Hemmung d. Fruchtknospenbildung beim Apfel mit Gibberellinsäure 2597. — Hemmung d. Blütenbildung b. Poinsettia durch Gibberellinsäure 2906.
Guy (L. J.) s. Crews (J. W.).
Guyer (G.) s. Welis A. L.).
Guyer (H.), Futterproduktion u. Konservierung 149. — Fragen d. Futterbaues in Berglagen 3311. — s. Zogg (H.).
Guyot (L.), Vergleichende Kultur einiger Pflanzen in Ton- u. Plastiktöpfen 1021.
Guzman (V. L.) s. Burdine (H. W.); Hall (C. B.).
Gwynne (D. C.) s. Croxall (H. E.).
Gwynne (M. D.), Wurzelsysteme v. Ananaspflanzen 738. — s. Glover (J.); Glover (P. E.).
Gyárfás (J.), Luzerne (Medicago sativa L., Medicago varia Martyn [M. media Pers.]) 1842.

Györffy (B.), Düngungs- u. Anbauversuche mit Mais 713.
Györfi (J.), Ernährungsbiologie d. Schwammspinners (Lymantria dispar L.) 530. — Einfluß d. Waldpflanzen auf d. Vermehrung d. Schlupfwespen 1410.
Gyrisco (G. G.) s. Poinar jun. (G. O.).
Gysin (H.), Triazin-Herbicide, ihre Chemie, biolog. Eigenschaften u. Wirkungsweise 2570.
Gyurján (I.) s. Faludi (B. F.).
Gyurkó (P.), Ausbildung einer Mikroflora auf Wurzelflächen v. Zuckerrübensämlingen 3223.

Haag (H. P.) s. Malavolta (E.).
Haan (H. de), Niederländ. Pflanzenzüchterdekret 1339.
Haarring (R.), Mutationsauslösung durch Chemikalien bei Weizen. III. Unterschiedliche Folgen einer mutagenen Behandlung v. verschied. Zellen 2474. — s. Zschege (C.).
Haas (D.), Treiben v. Schnittlauch 3047. — Produktion v. Lauchzwiebeln 3326.
Haas (H. J.) u. **Willis (W. O.),** Feuchtespeicherung u. ihre Ausnutzung durch Sommerweizen-Rotationen für Trockenanlagen 2046.
Haas (P.-G. de), Malus baccata/prunifolia-Klone im Vgl. zu MXI zur Zeit d. Ertragsanstieges in Sarstedt u. in Klein-Altendorf 1870. — Was wissen wir über neue Apfelunterlagen 3332.
— u. **Bünemann (G.),** Einfluß der mineral. Düngung auf d. Qualität v. Äpfeln 761. — Kühllagerung v. Baumschulgehölzen. IV. Mantelkühlung bei —2 °C im Vgl. zur Direktkühlung bei +1,5 °C u. zur herkömmlichen Einschlagsmethode 2158.
— u. **Hildebrandt (W.),** Ergebnisse aus Sortenversuchen mit Kulturheidelbeeren 1604.
— u. **Wennemuth (G.),** Kühllagerung v. Baumschulgehölzen. I. Klimatolog.-techn. Probleme bei d. Lagerung v. Gehölzen 1318; II. Pflanzenbaul. u. physiolog. Probleme 1819; III. Bortrytis- u. Fusariumbefall an Gehölzen im Kühllager 2157.
Haasbroek (F. J.), Marais (P. G.), Deist (J.) u. **Heyns (C. F. G.),** Radioaktive Isotope u. Röntgenfilme in d. landwirtsch. Forschung 2026.
Haase (A.), Gemüselagerung in Erdmieten in d. Produktionsgenossenschaften d. Kreise Nauen u. Seelow 2441.
Haase-Eichler, Auftreten u. Bekämpfungsmöglichkeiten v. tier. Schädlingen an Heilpflanzen 276.
Haasis (F. A.) s. Hodges (C.).
Habener (J.) s. Welsh (R. S.).
Haber (A. H.) s. Foard (D. E.).
Habran (R.), Brauchbarkeit v. schwarzem Polyäthylen bei d. Chrysanthemenschnittblumenkultur 183.
Hack (H.), Physiologie d. nichtvirösen Blattrollens bei Kartoffeln (Solanum tuberosum L.) 2209.
Hackbarth (J.), Genzentren d. Gattung Lupinus in d. Neuen Welt u. ihre Bedeutung für d. Züchtung 204. — Spontane Fremdbestäubung bei Selbstbefruchtern 1058.
Hackett (C.), Stimulierende Wirkungen d. Aluminiums auf d. Pflanzenwachstum 1527.
Hackländer (G.), „Tal der Iris" *1961*. Iris-Jahrbuch *1961* 185.
Hadas (A.) s. Hagin (J.).
Haddock (J. L.), Einfluß d. Bewässerungsmethode auf Knollenertrag u. -qualität v. Kartoffeln u. Nährstoffniveau d. Pflanzen 1227.
Hadło (A.), Versuch zur Erzeugung gesunder Pflanzkartoffeln durch frühes Krautziehen unter den Verhältnissen d. Zuchtstation Bieliny 996.
Hänninen (P.), Hummelarten auf Rotklee in Zentralfinnland 1345. — s. Kaila (A.).
— u. **Kaila (A.),** Calciumnitrat u. Kalkammonsalpeter als Stickstoffquellen für Hafer u. Gerste 1254.
Hänsel (H.), Theoret. Häufigkeiten „erwünschter" u. „brauchbarer" Genotypen bei *1—10* unabhängigen Spaltungseinheiten 487. — Entleerung d. Endosperms bei Samen v. Winterweizen (Triticum aestivum, L.) 1716. — Endosperm-Entleerung, Wachstumszustand u. Kälteresistenz bei Winterweizen 2007; dass.: 2468.

Härdtl (H.), Verbreitung u. Schaden d. Gelbstreifigkeitsvirose bei Zwiebeln in d. Pfalz 2839. — Ertragsminderung durch Gelbstreifigkeit bei Zwiebeln 3131.
Härtel (K.), Dinitroalkylphenylacetat als selektives Herbicid mit großer Anwendungsbreite 581.
Haeselbarth (E.), Biologie, Entwicklungsgeschichte u. Ökologie v. Brachistes atricornis Ratz. (Hym., Brac.) als eines Parasiten v. Pissodes piceae (Ill.) (Col., Curc.) 1691.
Haeseler (C. W.) s. Edgerton (L. J.).
Häußler (D.) s. Lampadius (F.).
Hagan (R. M.) s. Madison (J. H.).
Hagberg (A.), Saatguterzeugung v. tetraploidem Rotklee bei Gegenwart diploider Beimengungen 505. — Erzeugung v. Duplikationen in d. Gerstenzüchtung 1624.
Hagborg (W. A. F.) u. **Chelack (W. S.),** Biotest v. Antibioticum P-9 durch direkte Prüfung am Weizenschwarzrost 1704.
—, Chopra (N. M.) u. **Chelack (W. S.),** Isolierung v. Hemmstoffen d. Streifenmosaikvirus d. Gerste aus Molke 3408.
—, Spencer (J. F. T.) u. **Chelack (W. S.),** Antibioticum P-9 zur Bekämpfung v. Getreiderostpilzen 873.
Hagebø (F. A.) s. Bergseth (H.).
Hagedorn (D. J.) s. Marx (G. A.); Sherwood (R. T.); Worf (G. L.).
— u. **Hanson (E. W.),** Stamm d. Luzernemosaikvirus mit starken Symptomen an Trifolium pratense u. Melilotus alba 3130.
Hagelschuer (A.), Bedeutung pflanzensoziolog. u. -phaenolog. Gesichtspunkte als Hilfen für d. obstbauliche Standortwahl 2155.
Hageman (H. A.) s. Riddell (J. A.).
Hageman (R. H.), Zieserl (J. F.) u. **Leng (E. R.),** Höhe d. Nitratreduktaseaktivität bei Inzuchtlinien u. F_1-Hybriden v. Mais 3080.
Hagemann (R.), Mitteilungen über somat. Konversion. *1.* Mitt. Ausschluß d. Vorliegens v. somat. Austausch 187; *2.* Mitt. In welchem Ausmaß ist d. somat. Konversion gerichtet? 189; *3.* Mitt. D. Konversionshäufigkeit in Bastarden zwischen sulfurea Homozygoten u. verschied. Sippen d. Subgenus Eulycopersicon 189.
Hagemann (R.) u. **Scholz (F.),** Fall geninduzierter Mutationen d. Plasmotypus bei Gerste 1625.
Hagen (I.) s. Koblitz (H.).
Hagen (K. S.), Biologie u. Ökologie v. räuber. Coccinellidae 563.
Hagenloch (E.) s. Schnee (M.).
Haghiri (F.), Einfluß d. Bodentemperatur auf die ^{90}Sr-, ^{95}Zr- u. ^{137}Cs-Speicherung in Maispflanzen 382.
Hagin (J.) u. **Hadas (A.),** Löslichkeit v. Calciumphosphat in Kalkböden 41.
Hagiya (K.) u. **Ishizawa (S.),** Untersuchungen über d. Schnee-Camellie (Camellia rusticana). *1.* Mitt. Variation u. Verbreitung d. Wild- u. Kulturcamellien im Bezirk Niigata 774.
Hagley (E. A. C.), Palmenrüsselkäfer, Rhynchophorus palmarum L., ein wahrscheinlicher Vektor d. Rotringkrankheit d. Kokosnuß 236.
Haglund (W. A.) u. **King (T. H.),** Schwefelernährung v. Aphanomyces euteiches 2807.
Hague (G. M.) s. Call (F.).
Hahhaart (F. A.) s. Slogteren (D. H. M. van).
Hahn, Nerinen, Schnittblumen für d. Herbst 1882.
Hahn (P.), Mähdruschsortenprüfung d. Zentralstelle für Sortenwesen, eine Maßnahme zur Einführung d. wissenschaftlich-techn. Fortschrittes in d. Praxis 116.
— u. **Feiffer (P.),** Technolog. Sortenprüfung 704.
— u. **Mildner (E.),** Neue Gemüse- u. Arzneipflanzensorten *1962,* Sortenliste d. DDR 1581.
Haider (K.), Lim (S.-U.) u. **Flaig (W.),** Einwirkung v. Mikroorganismen auf ^{14}C-markierte phenol. Verbindungen 2629.
Hájek (L.), Beitrag zur Biologie d. Wiesenböden 739.
Hakkaart (F. A.), Slogteren (D. H. M. van) u. **Vos (N. P. de),** Chrysanthemum-Virus B, seine serolog. Diagnose in Chrysanthemum u. seine Verwandtschaft mit d. Kartoffelviren S u. M u. dem latenten Nelkenvirus 1388.
Halang (H.) s. Fritzsche (W.).

Halász (É.) s. Kéri (L.).
Halder (C.), Sortenversuche mit Kartoffeln u. Futterrüben *1961* 2413.
Hale (C. R.), Synthese organ. Säuren in Weinbeeren 1189.
Hale (M. G.), Roane (C. W.) u. **Huang (M. R. C.)**, Wirkungen v. Wuchsstoffpräparaten auf Größe u. Anzahl v. Blattflecken u. auf d. O_2-Aufnahme u. d. Streckungswachstum v. Koleoptilenabschnitten bei d. Maisinzuchtlinien K*41* und K*44* 2842.
Hale (V. Q.) s. Wallace (A.).
– u. **Wallace (A.)**, Translokation u. Retranslokation v. ^{14}C-markierten Komplexbildnern in Pflanzen 2960.
Hálek (V.), Methodik d. experimentellen Ermittlung d. Einflusses d. Verdunstung vom freien Grundwasserspiegel 2641.
Halevy (A. H.), Gegensätzliche Wirkung v. Gibberellin u. Amo-*1618* auf Wachstum sowie Katalase- u. Peroxydase-Aktivität bei Gurkensämlingen 317. – Bewässerungsversuche zu Gladiolen 778. – Wechselwirkungen v. Gibberellin u. quaternären Ammonium-Carbamaten bei wachsenden Gurkenkeimlingen (Cucumis sativus L.) 1184. – Zwiebelgewächse Israels für amerikan. Gärten 3349.
– u. **Kessler (B.)**, Erhöhte Widerstandsfähigkeit gegenüber Bodentrockenheit v. Bohnen durch wachstumsverzögernde Substanzen 2291.
Halkilahti (A.-M.), Im Boden lebende Kleekrebshyphen u. ihre Fähigkeit, Rotklee zu infizieren 1668. – Lebensdauer d. Sklerotien v. Sclerotinia trifolium Erikss. am Boden u. d. Auftreten d. Kleekrebses in verschied. Jahren 3148. – s. Pohjakallio (O.).
Hall (A.) s. Kock (P. C. de).
Hall (C. B.), Wirkung v. niedrigen Lagertemperaturen auf d. Farbe, d. Karotinoidpigmente, Haltbarkeit u. Festigkeit v. reifen Tomaten 3047. – s. Burdine (H. W.).
–, **Burdine (H. W.)** u. **Guzman (V. L.)**, Zusammensetzung v. drei Selleriesorten während verschied. Reifestadien 3321.
Hall (C. E.) s. Bils (R. F.).
Hall (C. W.) s. Bakker-Arkema (F. W.).
Hall (D. M.) s. Grossbard (E.).
Hall (E. G.), Das künstliche Reifen v. Bananen 2404.
–, **Scott (K. J.)** u. **Coote (G. G.)**, Bekämpfung d. Hautbräune bei Äpfeln d. Sorte „Granny Smith" mit Diphenylamin 1962.
Hall (I. M.) s. Shands (W. A.); Shorey (H. H.).
Hall (I. V.) s. Aalders (L. E.); Lockhart (C. L.).
– u. **Aalders (L. E.)**, Männliche Sterilität bei d. gemeinen niedrigen Blaubeere, Vaccinium angustifolium Ait. 512.
Hall (O.) u. **Johnson (B. L.)**, Elektrophorese-Untersuchungen d. Amphiploiden v. Stipa viridula × Oryzopsis hymenoides u. seiner Elternarten 3072.
Hallock (D. L.), Wirkung v. Anwendungszeitpunkt u. Höhe d. Düngung auf d. Ertrag u. d. Samengröße v. „Jumbo runner"-Erdnüssen 3306.
Halse (N. J.), Bekämpfung v. Kupfer-, Zink- u. Manganmangel bei Obstbäumen 3266.
Halseg (L. H.) s. Thompson (B. D.).
Halstead (R. L.), Lapensee (J. M.) u. **Ivarson (K. C.)**, Mineralisation v. organ. Bodenphosphor mit bes. Berücksichtigung d. Einflusses v. Kalk 3229.
Hamann (P. J.) s. Brazzel (J. R.).
Hamann (U.), Vereinfachung d. Blattrollvirusinfektionen mit Myzus persicae Sulzer durch Behandlung d. Infektionsquellen mit niedrigen Temperaturen 206. – Prüfung d. Möglichkeit d. Einführung d. Martintestes u. d. elektronenmikroskop. Virusnachweises in die Pflanzgutkontrolle 557. – Prüfung d. Blattrollvirusresistenz v. Kartoffelzuchtmaterial durch Laboratoriumsmethoden 1682. – Verwendung v. Physalis floridana als Wirtspflanze zur Herstellung v. Y-Antiserum 2234.
Hamatová (E.), Einfluß d. Mikrocides auf Rhizobien in Reinkulturen u. in Symbiose mit Pflanzen 1758. – Lagerfähigkeit d. Nitrazons 1813.

Hamblen (M. L.) s. Riggs (R. D.).
Hamdi (H.), El-Damaty (A. H.), El-Baradi (T. A.) u. **Omar (M.),** Wirkung d. Düngung auf d. Maisertrag 964.
Hamdorf (G.), Anfälligkeit verschied. Apfelsorten gegenüber dem Apfelmosaikvirus 517.
Hamilton (H. A.) s. Lessard (J. R.).
Hamilton (J. M.) s. Szkolnik (M.).
— u. **Szkolnik (M.),** Vergleich v. Captan u. Streptomycin bei d. Mehltaubekämpfung an getopften „Bartlett"-Birnen 1135.
Hamilton (R. H.) u. **Moreland (D. E.),** Simazin: Umwandlung durch Maiskeimlinge 880.
Hamilton (R. I.), Eigenschaften d. Bromus-Mosaikvirus u. seiner verwandten Antigene 1386.
Hamilton (R. J.) s. Eglinton (G.).
Hamlin (S. A.) s. Ross (R. G.).
Hammarlund (A.), Unkrautbekämpfung in Erbsen 1996.
Hammer (U.) s. Schreiber (K.) [Mühlhausen/Thür.].
Hammerton (J. L.), Einfluß d. Bodentextur auf d. Aufgang u. d. Wachstum v. Rüben (Beta vulgaris L.). *3.* Mitt. Keimpflanzenwachstum 2713. — Vorläufige Untersuchung d. Konkurrenz zwischen Grünkohl u. *3* Unkrautarten d. Gattung Polygonum 2876. — s. Henderson (J. L.).
— u. **Johnson (R. J.),** Anbau v. Raps in Kleegrasbeständen unter Verwendung v. Grünland-Driller u. Herbiciden 1012.
Hammett (H. L.) s. Hegwood (D. A.).
Hamner (C. L.) s. Bose (P. C.).
Hamner (K. C.) s. Sirohi (G. S.).
Hamon (J.) u. **Mouchet (J.),** Messung d. Empfindlichkeit d. Insekten gegen Insekticide: Ursachen und Faktoren der Variation 1684.
Hampel (R.), Ziele u. Leistungen d. Wildbachverbauung in Tirol 2958.
Hampl s. Livečka (U.).
Hampl (J.) s. Duchoň (F.).
—, **Bízik (J.)** u. **Moravčík (J.),** Feld- u. Gefäßversuche mit einem neuen Superphosphatpräparat 1811.
Hampton (R. E.), Veränderungen bei d. Phenolverbindungen im Wurzelgewebe d. Möhre nach Infektion mit Thielaviopsis basicola 2845.
Hamrán (M.) s. Matolcsy (G.).
Hams (A. F.) u. **Wilkin (G. D.),** Verwendung v. räuber. Pilzen zur Bekämpfung v. Heterodera spp. 1687.
Hanák (R.) s. Kišon (A.).
Hanan (J.) u. **Langhans (R. W.),** Bodenverdichtung u. freier Porenraum 2928.
Hanan (J. J.), Winterlüftung in Gewächshäusern 3035.
— u. **Langhans (R. W.),** Bodendurchlüftung, Fortschrittsbericht 183.
—, **Langhans (R. W.)** u. **Dimock (A. W.),** Bodendurchlüftung u. Pythium-Wurzelfäule d. Löwenmauls 853.
—, **Langhans (R. W.)** u. **Miller (R. D.),** Kontrolle d. Bodenfeuchtigkeit 153.
Hance (R. J.) u. **Anderson (G.),** Methoden zur Bestimmung v. organ. Bodenphosphat 2056.
Hand jun. (L. D.), Potts (J. M.) u. **Slack (A. V.),** Verwendung v. konzentrierter Schwefelsäure bei d. Herstellung v. granuliertem Superphosphat 2679.
Handley (R.) s. Elgabaly (R.).
— u. **Overstreet (R.),** Aufnahme v. Strontium durch Wurzeln v. Zea mays 2973.
Handley (W. R. C.), Weiteres Beweismaterial für d. Bedeutung v. Komplexen d. Blattproteinrückstände bei d. Streuzersetzung u. d. Lieferung v. Stickstoff für d. Pflanzenwachstum 348.
Handschack (W.), Säurestoffwechsel d. Erdbeerpflanze in d. vegetativen Phase während d. Fruchtens 306. — Beziehungen zwischen d. Fruchtfleischfestigkeit u. d. Alkoholunlöslichen sowie d. Zellulosegehalt bei Erdbeeren 1603. — s. Letzig (E.).
Handschuh (D.) s. Anderer (F. A.).
Hanelt (P.) u. **Mettin (D.),** Typisierung u. Vicia biennis L. sowie systemat. u. zytol. Beobachtungen an V. neglecta spec. nov. [2286]*; dass.: 2287.
— u. **Schultze-Motel (J.),** Beobachtungen an einer blaublühenden Sippe v. Lithospermum arvense L. 2277; dass.: [2286]*.
Hank (H.), Eignung verschied. Vorratsschädlinge als Testobjekte zur Prüfung insektizider Wirkstoffe u. Mittel 1432.
Hanke (P.) u. **Koss (U.),** Beziehungen

zwischen einigen Witterungsfaktoren u. d. phänolog. Entwicklung v. Mais in Bad Lauchstädt 620.
Hanks (R. J.) s. Bowers (S. A.); Scott (E. J.).
— u. **Bowers (S. A.),** Mathemat. Auflösung der Wasserströmungsgleichung für d. Infiltration geschichteter Böden 2932.
Hanna (G. C.), Veränderungen d. pH-Wertes u. d. löslichen Stoffe in d. Trockensubstanz während d. Verbleibens d. reifen Frucht an d. Pflanze 3044. — s. Gentile (A. G.).
Hannemann (W.), Bodenwiderstand in Abhängigkeit v. Bodenverband auf Lößböden d. Pfalz 632. — Abhängigkeit d. Sickerwasser- u. Nährstoffverluste v. d. Niederschlagshöhe u. d. Wasserdefizit d. Böden in Weinbergen 1047. — Abhängigkeit d. Bodenwiderstandes v. Einzelfaktoren d. Bodenverbandes bei Lößböden d. Pfalz 1481.
Hannibal (L. S.), Varietäten d. austral. Crinum flaccidum 3349.
Hanower (P.), Bildung u. Austrieb neuer Achselknollen auf d. Mutterknollen v. Topinambur sowie Erscheinungen, die d. Aufhebungsgrad d. Ruhe dieser Pflanzen begleiten 21. — Aufhebung d. Knospenruhe sekundärer Topinamburknollen durch Wärme 21.
Hansely (H.), Wasserwirtschaft u. Landesplanung 1509.
Hansen (E. H.) s. Lamm (C. G.).
Hansen (H.), Versuche u. Erfahrungen mit Luftwäschegeräten bei d. Kühl- u. Gaslagerung v. Äpfeln 754.
Hansen (Holger), Versuche mit Grünmais. Düngungs-, Reaktions-, Kultur- u. Unkrautversuche 136. — Kalksalpeter-Steigerungsversuch zu Winterraps *1956—61* 2123.
Hansen (J. C.), Pflanz- u. Erntestudien an d. Kartoffelsorte „Norland" in Nord Dakota 2414.
Hansen (R.), Ergebnisse d. Trollius-Sichtung 1612.
— u. **Sieber (J.),** Sichtung d. Erigeron-Sortiments 3064.
Hansen (R. S.) s. Nakayama (F. S.).
Hansing (E. D.), Sill jun. (W. H.), Johnston (C. O.), Duffield (P. C.), Kramer (C. L.) u. **Kling (C. L.),** Kansas phytopatholog. Notizen: *1959* 547.
Hansmann (G.), Hauptprüfung mit Runkelrüben *1961* 998; dass.: Zukkerrüben *1961* 1287; dass.: Tabak *1961* 1289.
Hanson (E. W.) s. Chi (C. C.); Hagedorn (D. J.); Latch (G. C.).
Hanson (H. C.) u. **Churchill (E. D.),** The plant community [1743]*.
Hanson (J. B.) s. Chrispeels (M. J.).
Hanson (W. D.) u. **Weber (C. R.),** Aufspaltung d. genet. Variabilität v. Selbstbestäubern unter spezieller Anwendung bei Sojabohnen 1910.
Hanstein (E.), Untersuchung über d. celluloseabbauenden Enzyme v. Irpex lactus Fr. u. Trichoderma viride Pers. ex. Fr. [2630].
Hanus (H.) s. Wassermann (L.).
Hanuš (S.) s. Řibal (M.).
Hanuss (K.), Erfolgreiche Tabakanzucht durch vorbeugenden Pflanzenschutz 2261.
Hanway (J.) s. Bennett (W. F.).
Hanway (J. J.), Wachstum u. Zusammensetzung des Maises im Verhältnis zur Düngung. *1.* Mitt. Wachstum verschied. Pflanzenteile u. Verhältnis zwischen Blattgewicht u. Kornertrag 991; *2.* Mitt. Aufnahme v. N, P u. K u. ihre Verteilung in den verschied. Pflanzenteilen während d. Wachstumsperiode 1785; *3.* Mitt. Anteil v. N, P u. K in verschied. Pflanzenteilen im Verhältnis zu den Wachstumsstadien 1785.
Hanzas (P. C.) s. Finkner (R. E.).
Happich (D.) s. Adam (H.).
Happold (F. C.) s. Woolley (D.).
Harada (T.), Neue Farbreaktion v. Zuckern mit Äthylmalonat 1735.
Harberd (D. J.), Fall einer mehr extensiven als intensiven Erhebung in d. Genökologie 38. — Anwendung einer Multivarianztechnik für d. ökolog. Forschung 1742.
Harberts (C. L.) u. **Sonneveld (H. A.),** Bestimmung v. Rohprotein in Wurzel- u. Knollenfrüchten. Vorl. Mitt. 2604.
Harcourt (D. G.), Räumliche Verteilung d. kleinen Kohlweißlings, Pieris rapae L. (Lepidoptera: Pieridae) an kultivierten Cruciferen 1679. —

Sammelplan für Studien über d. Populationsdynamik d. eingeschleppten Kohlschädlings Pieris rapae (L.) (Lepidoptera: Pieridae) 1931.

Hardas (M. W.) s. Patil (B. D.).

Hardesty (J. O.), Mikronährstoff-Symposium 663. – s. Olive (B. M.).

Hardie (H. G. M.) s. Muir (J. W.).

Harding (H. G.) s. Okun (D. A.).

Harding (J. A.), System. Insekticiden zur Bekämpfung v. Insekten u. bestimmten Krankheiten an Kartoffeln 1419. – s. McGuire (D. C.).

Hardison (J. R.), Anfälligkeit v. Gramineen gegen Gloeotinia temulenta 3425.

Hardman (J. A.) s. Wheatley (G. A.).

Hargitai (L.), Zusammenhänge zwischen d. opt. Eigenschaften u. dem Stickstoffgehalt v. Humusstoffen 1749.

Harker (K. W.), Grasland-Entwicklung im fruchtbaren Gebiet v. Crescent in Uganda 1020.

– u. **McKay (A. D.)**, Besatzstärkenversuch auf natürlichem Weideland in Buganda 1019.

Harley (J. L.) u. **Beevers (H.)**, Acetatverwertung durch Maiswurzeln 2650.

Harmsen (G. W.), Landwirtsch. u. bodenkundliche Fragen des Bodenstickstoffs 917.

– u. **Jager (G.)**, Bestimmung d. Kohlenstoff- u. Stickstoffmenge in d. Rhizosphäre junger Pflanzen 1765.

Harpaz (I.), Calligypona marginata, d. Überträger d. Zwergkrankheit d. Maises 538, 1937.

– u. **Applebaum (S. W.)**, Ansammlung v. Asparagin in zwergkranken Maispflanzen u. dessen Bedeutung für d. pflanzliche Virologie 837.

Harper (A. M.), Lebensweise d. Zukkerrübenwurzelfliege Tetanops myopaeformis (Röder) (Diptera: Otitidae) im südlichen Alberta 2508. – s. Lilly (C. E.).

–, **Lilly (C. E.)** u. **Bergen (P.)**, Insekticiden zur Bekämpfung d. Zuckerrübenwurzelmade in Südalberta 1700.

–, **Lilly (C. E.)** u. **Hawn (E. J.)**, Zukkerrübennematode, Heterodera schachtii Schmidt, in Süd-Alberta 2815.

Harper (A. M.) u. **Story (T. P.)**, Vergleichbarkeit v. Fangmethoden zur Bestimmung d. Schlüpfperiode u. d. Geschlechterverhältnisses d. Zuckerrübenwurzelfliege Tetanops myopaeformis (Röder) (Diptera: Otitidae) 234.

Harper (C. W.) s. Byrde (R. J. W.).

Harper (H. J.), Schwefelgehalt in Böden, Niederschlag u. Atmosphäre v. Oklahoma 335. – Wirkung v. Kalk u. verschied. Düngemitteln auf Wintergerste in einer Rotation mit Steinklee 388. – Versuche über Düngung v. Baumwolle, allein u. in Fruchtfolgen u. mit Gründüngungspflanzen, auf drei Böden v. Zentral-Oklahoma, *1927* bis *1958* 388. – s. Brensing (O. H.).

Harper (J. L.) s. Acheson (R. M.).

– u. **McNaughton (I. H.)**, Vergleichende Biologie engverwandter Arten, welche auf derselben Fläche leben. 7. Mitt. Konkurrenz zwischen d. Individuen in reinen u. gemischten Populationen v. Papaver-Arten 912.

Harranger (J.) u. **Farnert (B.)**, Schäden in d. Erdbeerkulturen d. Bretagne durch Otiorrhynchus-Arten nun auch in d. östlichen Gebieten 3444.

Harrap (F. E. G.) s. Dickins (J. C.).

Harries (F. H.) u. **Valcarce (A. C.)**, Insekticid-Teste am Baumwollkapselwurm, einem Salatschädling in Arizona 1421.

Harris (C. I.), **Erickson (H. T.)**, **Ellis (N. K.)** u. **Larson (J. E.)**, Wasserstandskontrolle in organ. Boden unter bes. Berücksichtigung v. Senkungsrate, Ernteertrag u. Stickstoffwirkung 2046.

– u. **Warren (G. F.)**, Phosphor-Fixationskapazität im organ. Boden 1496.

Harris (C. R.) s. Begg (J. A.).

–, **Manson (G. F.)** u. **Mazurek (J. H.)**, Entwicklung v. Insekticidresistenz bei Bodeninsekten in Kanada 2562.

–, **Mazurek (J. H.)** u. **White (G. V.)**, Lebensweise v. Agrotis ypsilon (Hufnagel) unter kontrollierten Bedingungen 2817.

Harris (D. G.) s. Bavel (C. H. M. van).
Harris jun. (E. D.), Toxaphen-, Heptachlor- u. Parathion-Dosierungen zur Bekämpfung v. Triebspitzenraupen an Zuckermais 2264.
– u. **Orsenigo (J. R.),** Chem. Unkrautbekämpfung u. Bekämpfung v. Hyperoides humilis Gyll. in Zuckermais 1422.
Harris (G. P.) u. **Harris (J. E.),** Einfluß d. Umwelt auf d. Blütenbildung bei Nelken 1882.
Harris (H. B.) s. Parker (M. B.).
Harris (J. E.) s. Harris (G. P.).
Harris (P.), Bekämpfung v. Linaria vulgaris Mill. durch Brachypterolus pulicarius (L.) (Coleoptera: Nitidulidae) u. Gymnaetron antirrhini (Payk.) (Coleoptera: Curculionidae) in Kanada 1409.
Harris (S. A.), Aluminium in Böden u. Pflanzen d. Küstengebiete v. Britisch-Guayana 3210.
Harrison (B. D.), Identität d. Virus d. Löffelblättrigkeit d. Roten Johannisbeere 1115.
Harrison (D. E.), Vergilbung u. Sproßknollenfäule durch Fusarium bei Gladiolen 2247.
Harrison (D. J.) u. **Burgess (P. G.),** Resistente Unterlagen zur Bekämpfung d. Fusarium-Welke d. Tomaten 2553.
Harrison (D. S.), Stewart (E. H.) u. **Spier (W. H.),** Dränage v. Flachlandböden bei Nutzung zur Gemüseproduktion 72.
Harrison (F. P.) s. Savage (L. B.).
Harrison (M.), Payne (M. G.) u. **Gaskill (J. O.),** Chem. Aspekte d. Resistenz v. Zuckerrüben gegen Cercospora-Blattflecken 1646.
Harrison (M. B.) s. Plaisted (R. L.).
Harrison (M. D.), Ursache d. „braunroten“ Schorfes d. Kartoffeln u. d. seine Entwicklung beeinflussenden Faktoren 2843.
Harrison (R. M.), Rhododendron-Arten 2464.
Harrod (J. E.) s. Bucha (H. C.).
Hart (J. R.) u. **Golumbic (C.),** Vergleich d. Grundmethoden zur Feuchtigkeitsbestimmung d. Saatgutes 2108.
Hart (M. G. R.), Quelle d. Säure in eingepolderten Mangrovenböden. *1.* Mitt. Bildung v. elementarem Schwefel 2331.
Hartig (H.) s. Teipel (R.).
Hartisch (J.), Wechselbeziehungen zwischen Pflanze u. Pflanzenschutzmitteln 281.
Hartl (D.), Die morpholog. Natur u. d. Verbreitung des Apicalseptums. Analyse einer bisher unbekannten Gestaltungsmöglichkeit des Gynoeceums 1169.
Hartmann (F.), Ergebnisse v. Faserlein-Sortenprüfungen *1951–1960* 423.
Hartmann (H.), Erprobung d. Anwendbarkeit d. bisher bekannten Verfahren zur Dothichiza-Bekämpfung 1415.
Hartmann (H. D.), Wasserverbrauch d. Tomaten während einer Vegetationsperiode im Gewächshaus u. im Freiland 3044.
Hartmann (H. R.) u. **Panetsos (C.),** Wirkung mangelnder Bodenfeuchte während Blüte u. Fruchtbildung beim Ölbaum 1573.
Hartmann (H. T.) u. **Panetsos (C.),** Einfluß mangelnder Bodenfeuchtigkeit während d. Blütenentwicklung auf d. Fruchtbesatz bei Oliven 3307.
Hartmann (W.) u. **Hoffmann (Gg.),** Einfluß parasitären Befalls auf Leitfähigkeit, H-Ionenkonzentration u. Redoxpotential in Zuckerrüben 850.
Hartsema (A. M.) u. **Luyten (I.),** Einfluß v. Belichtung u. Wasserversorgung bei d. Treiberei v. Iris „Wegdwood“. Mitt. *3* A 184; Mitt. *3* B 185.
Hartwig (E. E.) s. Cartter (J. L.).
Harvey (C.) s. McClure (J. W.).
Harvey (O. A.) s. Shadbolt (C. A.).
Harvey (P. N.), Bewässerung v. Zukkerrüben 1837.
Harvey (T. L.) u. **Wilson (J. A.),** Grünwanzenschäden an resistentem u. anfälligem Winterweizen im Freiland 1383.
Harvey (W. R.), Stoffwechselphysiolog. Aspekte bei d. Diapause v. Insekten 1100.
Harward (M. E.) s. Chao (T. T.); Fang (S. C.).
–, **Chao (T. T.)** u. **Fang (S. C.),** Schwefelgehalt u. d. Schwefelnachlieferungsvermögen v. Böden aus Oregon 42.

Harward (M. E.) u. **Theisen (A. A.),** Tonmineral-Identifizierung durch Röntgenstreuung 1499.
—, Theisen (A. A.) u. **Evans (D. D.),** Einfluß d. Eisenbeseitigung u. d. Dispersionsmethoden auf d. Tonmineralidentifizierung durch Röntgenstreuung 2618.
Hashimoto (H.), Iida (S.) u. **Koguchi (T.),** Morphologie d. podsolierten, unter gemäßigten Klimabedingungen entstandenen Bodens 2942.
Hashimoto (T.) s. Kemmler (G.).
Hashimoto (Tohru) s. Takahashi (N.).
Hashimoto (Tutao) s. Seo (Y.).
Haskell jun. (E. E.) s. Bianchi (W. C.).
Haskell (G.), Genet. Grundlagen d. Rubus-Züchtung 2205.
— u. **Paterson (E. B.),** Phasenkontrastmikroskop in d. Pflanzenzytologie 3070.
Haslbach (J.), Zusammensetzung u. Eigenschaften v. Humus einiger Arten d. gärtner. Erden 2619.
Hasler (A.), Kenntnis d. Natriumgehaltes v. Rauhfutter u. einigen Futterpflanzen 1525.
Haspelová (A.), Charakteristik einer panaschierten Pflanze v. Zea mays L. (*1.* Mitt. Beitrag zur Physiologie chlorophylldefekter letaler Maispflanzen 297. — Methoden d. künstlichen Ernährung albinot. letaler Pflanzen. Beitrag zur Physiologie chlorophylldefekter letaler Maispflanzen. *2.* Mitt.) 906.
Hassan (A. A. G.) s. Donia (A. R.).
Hassan (M. N.) s. Helmy (A. K.).
Hassbroek (F. J.), Noggle (J. C.) u. **Fleming (A. L.),** Hoch-auflösende Autoradiographie ohne Verlust wasserlöslicher Ionen 1529.
Hassebrauk (K.), *8.* Hauptversammlung d. Arbeitsgemeinschaft für Krankheitsbekämpfung u. Resistenzzüchtung bei Getreide u. Hülsenfrüchten 811. — Physiolog. Spezialisierung d. Weizenbraunrostes (Puccinia recondita Rob. = P. triticina Erikss.) in Deutschland u. einigen anderen europäischen Staaten im Jahre *1958* 849. — Gelbrostepidemie *1961* in Deutschland 1118.
Hasselo (H. N.), Messung des Umfanges des Scheinstammes als Wachstumsindex f. „Gros-Michel"-Bananen 440.
Hassler (F. J.) s. Humphries (E. G.); Johnson (W. H.); McClure (W. F.); Watkins (R. W.).
Hatcher (J. T.) s. Bower (C. A.).
—, Blair (G. y.) u. **Bower (C. A.),** Auf spezif. Borkonzentrationen eingestellte Bodenlösungen 1528.
Hatfield jun. (H. H.) s. Herett (R. A.).
Hátle (M.), Terrassenanlagen u. Regulierung d. Abhänge für Obst- u. Weinbau 2746.
Hatt (D. L.) s. Shaw (J. G.).
Hattori (Y.) s. Nakamura (E.).
Hauch (D.), Der dän. Erwerbsobstbau [3063].
Hauer (L.) s. Bencze (L.).
Haunold (A.), Johnson (V. A.) u. **Schmidt (J. W.),** Abweichungen im Proteingehalt d. Kornes v. vier Sorten v. Triticum aestivum L. 33.
Hauser (E. W.), Entwicklung v. Cyperus rotundus L. unter Feldbedingungen 3170.
Haustein (E.), Kontinuität d. Plastiden u. d. Beobachtungen v. Mühlethaler u. Bell 3067.
Hautke (P.), Wichtigste physiolog. Prozesse bei d. Hopfenpflanze v. Gesichtspunkt d. Maschinenpflükkens 1838.
Havens (A. V.) s. Merritt (R. H.).
Havertz (D. S.) u. **Grundmann (A. W.),** Riesenrassen freilebender Nematoden aus Stransbury Island 3389.
Havinga (A. J.), Palynolog. Untersuchung v. in Decksand entwickelten Bodenprofilen 2349, [3232].
Havis (J. R.), Wissenschaftliche Betrachtung d. Bodenbedeckung im Sommer 2070.
Havre (G. N.) u. **Dishington (I. W.),** Mineralstoffgehalt v. Weiden unter d. Einfluß verschied. Arten von hoher Stickstoffdüngung 2435.
Hawkes (J. G.), Ursprung v. Solanum juzepczukii Buk. u. S. curtilobum Juz. et Buk.) 501. — Introgression bei verschied. Wildkartoffelarten 2783.
Hawkins (H. S.) u. **Donald (C. M.),** Weideentwicklung in d. Fleischvieh-Gebieten Argentiniens. *1.* Mitt. 2433; *2.* Mitt. 3031.
Hawkins (R. P.) s. Dent (J. W.).

Hawn (E. J.) s. Harper (A. M.).
– u. **Lebeau (J. B.)**, Antibiose d. bakteriellen Luzernewelke 2531.
Haworth (F.), Wirkungen d. Anwendung unterschiedlicher Stickstoff-Düngermengen auf den Ertrag u. den Mineralstoffgehalt v. Frühkohl 747.
– u. **Cleaver (T. J.)**, Bodenkalium u. d. Wachstum v. Gemüsesämlingen 3257.
Hawson (M. G.) s. Cole (K.).
Hay (C. J.) u. **Myser (W. C.)**, Verwendung v. ^{32}P als Hilfsmittel für biolog. Studien d. Zikade Scaphoideus luteolus 1680.
Hay (J. R.), Mechanismus d. induzierten Keimruhe bei Wildhafer, Avena fatua L. 309.
Hayase (H.), Cucurbita-Kreuzungen. *14.* Mitt. Auftreten matrokliner Pflanzen in Artkreuzungen d. Gattung Cucurbita 1917.
Hayashi (F.), Blumenthal-Goldschmidt (S.) u. **Rappaport (L.)**, Saure u. neutrale gibberellinähnliche Substanzen in Kartoffelknollen 1739.
Hayashi (M.) s. Ishizuka (Y.).
Hayashi (Y.), Aminosäure-Aktivierung in Tabakblättern, d. mit dem Tabakmosaikvirus infiziert sind 2831.
Hayes (P.) s. Milligan (R.).
Hayslip (N. C.) s. Winchester (J. A.).
Hayward (A. C.), Überleben v. bakteriellen Pathogenen an Herbarexemplaren 1663.
Headford (D. W. R.), Keimentwicklung u. folgendes Pflanzenwachstum 1286.
Heale (J. B.) s. Isaac (I.).
Heard (A. J.) u. **Hopper (M. J.)**, Populationen stengelbewohnender Dipteren auf Weiden mit folgendem Winterweizen u. d. Wirkungen v. Aldrin u. Phorat 3397.
Heath (G. W.), Einfluß d. Kleegrasbewirtschaftung auf d. Besiedlung mit Regenwürmern 2050.
Heath (J. E.), Anzuchtmethoden für frühen Freiland-Salat 1858.
Heath (O. V. S.) u. **Mansfield (T. A.)**, Registrierendes Porometer mit abnehmbaren Glocken an vier Blättern gleichzeitig messend 682.
Heathcote (G. D.) u. **Gibbs (A. J.)**, Viruskrankheiten in brit. Buschbohnenbeständen 3131.
Heber (U.) s. Ullrich (H.).
– u. **Gottschalk (W.)**, Bestimmung d. genet. fixierten Stoffwechselblockes einer Photosynthese-Mutante v. Vicia faba 2895.
Hebert (J.), Möglichkeiten u. Schwierigkeiten bei d. Verwendung einer Bodenkarte mit großem Maßstab 352.
Hecht (H.), Beitrag zur Symptomatik „kranker" Rotkleepflanzen 255.
– u. **Fritz (A.)**, Über d. Ursache d. Erkrankung einiger Rotklee-Klone 841. – Über stoffliche Differenzen zwischen gesunden u. virösen Rotkleepflanzen 842.
Heckl (R.), Güllewirtschaft u. Schwemmentmistung in Österreich 2388.
Heddergott (H.), Auftreten d. Mondfleckspinners Phalera bucephala L. (Lep., Notodontidae) als Schädling an Straßenbäumen 827.
Heddleson (M. R.) s. Finney (H. R.).
Hedén (Å) u. **Ulfvarson (U.)**, Desinfektionswirkung bei d. Beizung v. Saatgetreide mit flüssigen Beizmitteln 1694.
Hedgcoth (C.) s. Skinner (C. G.).
Hedin (L.), Anpassung v. Arten u. Typen d. Kulturpflanzen 1345.
Hedlin (R. A.) u. **Schreiber (K.)** [Manitoba], Erträge v. Zuckerrüben auf zwei Bodentypen mit u. ohne Brache 3011.
Heeckt (O.) s. Honma (S.).
Heemst (H. D. J. van) s. Makkink (G. F.).
Heeney (H. B.) s. Jasmin (J. J.).
Heft (L.), Neue Anzuchtmethode für Baumschulpflanzen 1608.
Heftmann (E.) s. Bonner (J.).
Hegwood (D. A.) u. **Hammett (H. L.)**, Einfluß d. Photoperiode auf d. vegetative u. generative Phase v. Vigna sinensis savi 3048.
Heide (O. M.), Jugendphase u. Blütenanlage bei Levkojen (Matthiola incana R. Br. „Brilliant Stocks") 3347.
Heidenreich (E.), Massenwechsel d. Insekten 3113.

Heie (Ole), Blattläuse v. Fangschalen in Dänemark. *2.* Mitt. Ergebnisse aus den Jahren *1953, 1954* u. *1955,* insbesondere Pfirsichblattläuse (Myzus persicae Sulzer) 869.
Heiken (A.) u. **Ewertson (G.),** Chimärenstruktur einer somat. Solanum-Mutante, d. sich nach ionisierender Strahlung zeigte 3085.
Heikinheimo (O.) u. **Ikäheimo (K.),** Auftreten v. Steriler Verzwergung d. Hafers u. Streifigem Mosaik d. Weizens bei Hafer im Jahre *1961* 538.
— u. **Raatikainen (M.),** Vergleich zwischen Saug- u. Kescherverfahren bei Populationsuntersuchungen d. Fauna v. Grasländereien u. Getreidefeldern, bes. im Hinblick auf d. Vorkommen d. Zikade Calligypona pellucida (F.) 1958.
Heikkinen (T.) s. Struckmeyer (B. E.).
Heiliger (F.) s. Fischnich (O.).
Heiling (A.) s. Goffart (H.).
Heilinger (F.) s. Breyhan (T.); Fischnich (O.).
—, **Fischnich (O.)** u. **Breyhan (T.),** Stoffwechsel- u. entwicklungsphysiolog. Untersuchungen an Kartoffelkeimen. *1.* Mitt. Der Einfluß v. Prolin, Ascorbinsäure u. Gibberellin auf Beginn u. Verlauf d. Keimung v. Kartoffeln 598.
Heim (S.), Beregnung als meliorative Maßnahme im Ober-Oderbruch, ihr gegenwärtiger Stand u. zweckmäßiger Einsatz 2066.
Heimann (M.), Vorbeugung u. Bekämpfung d. „Erica-Sterbens" 1699.
Heimburger (M.), Vergleich d. Chromosomengröße bei Anemonen-Arten u. ihren Hybriden 2177.
Heimpel (A. M.) s. Smirnoff (W.).
Hein (A.), Magermilch zur Verhinderung d. Verbreitung des Tabakmosaik-Virus bei d. Tomaten-Anzucht 1112. — Verhinderung d. Kontaktübertragung d. Tabakmosaik-Virus durch Magermilch 2266. — Vorkommen d. Salatnekrosevirus in Westdeutschland 3419.
— u. **Crüger (G.),** Corynebacterium michiganense (E. F. Smith) Jensen als Erreger v. Fruchtflecken, Blatt- u. Fruchtstielnekrosen bei Tomaten 2244.
Heinisch (E.) u. **El-Rafie (S. M.),** Chem. Methoden zum Nachweis oder zur Bestimmung v. Pflanzenschutzmittelrückständen auf oder in pflanzlichem Erntegut. IV. Chlordan 2852.
Heinisch (O.), Zuckerrübe als Futterlieferant 1359.
Heinly (N. A.) s. Jackson (W. A.).
Heinonen (R.), Eigenschaften d. Krumenschichten auf schweren Tonen 47. — Vorbehandlung v. Proben schweren Tonbodens für Bestimmungen mit d. Membrandruckapparat 358. — Bodenproduktivität im Texturbereich v. tonigen Lehm bis zum sehr schweren Ton 1750. — s. Pohjanheimo (O.).
Heinrichs (D. H.) s. Kilcher (M. R.).
—, **Lawrence (T.)** u. **Morley (F. H. W.),** Verbesserung quantitativer Eigenschaften durch Züchtung bei Agropyron intermedium (Host.) Beauv. durch d. Polycrossmethode 503.
— u. **Morley (F. H. W.),** Quantitative Vererbung d. Ausläuferbildung an Luzernewurzeln 1637.
Heinrichs (G.), Tulpentreiberei. Einsatz v. Rollhäusern 3349.
Heinze (K.), Pflanzenschädliche Blattlausarten d. Familie Lachnidae, Adelgidae u. Phylloxeridae, eine systemat.-faunist. Studie 1934. — Bedeutung d. Insekten für d. Ausbreitung v. Viruskrankheiten im Blumen- u. Zierpflanzenbau 2236. — Einfluß v. Standort u. Klima auf d. Ausbreitung v. Viruskrankheiten in Feldbeständen. *2.* Teil. Viruskrankheiten d. Kartoffel 2512. — Ausbreitung v. Viruskrankheiten in unseren Blumen- u. Zierpflanzenbeständen 2839.
Heinze (W.), Anwendung des Maleinsäurehydrazides bei d. Erdbeere 1045.
Heissner (A.) s. Vogel (G.).
Heitefuß (R.), Phosphatstoffwechsel v. Weizenkeimpflanzen unterschiedl. Resistenz gegen Schwarzrost mit Hilfe v. P^{32} 848. — s. Lunderstädt (J.).
Heitor (F.) s. Vago (C.).
Heizmann (K.) s. Pisek (A.).
Hejl (R.) s. Klemes (V.).

Held (B.), Blase (M. G.) u. **Timmons (J. F.),** Bodenerosion u. einige Maßnahmen zu ihrer Bekämpfung 2956.
Heley (F. W.), Häufigkeitsvorkommen annueller Luzernearten auf Formationen v. Grau- u. Braunerdeböden verdichteter Struktur in d. Macquarie-Region v. Neu-Südwales 2723.
Helfrich (O.) s. Höhn (K.).
Helgason (S. B.) s. Metcalfe (D. R.).
Hellebust (J. A.) u. **Forward (D. F.),** Invertase d. Maiswurzel u. ihre Aktivität in verschied. Wachstumsstadien 34.
Hellei (A.) u. **Peregi (S.),** Auslese u. Sortierung v. Äpfeln [1880]*.
Hellman (K. P.), Sell (H. M.) u. **Wittwer (S. H.),** *3*-Indazolessigsäure u. a. Indazol-Derivate als Pflanzenwuchsstoffe 2302.
Hellmers (E.), Vier Welkekrankheiten bei d. Nelkenkultur in Dänemark 2246.
Hellström (N.), Untersuchungen über Rübsen u. Raps. *8*. Mitt. Über den Zucker- u. Proteingehalt in zwei Varietäten v. Ölraps 1186.
—, Torssell (B.) u. **Aaamisepp (M.),** Untersuchungen über Rübsen u. Raps. 7. Mitt. Abhärtung im Dunkeln 1186.
Hellwigowa (A.) u. **Kociańska (E.),** Zwiebel u. Möhre in Flach- u. Dammkultur 1584.
Helm (J.), D. laciniaten Sippen v. Brassica oleracea L. [2286]*; dass.: 2287. — Brokkoli u. Spargelkohl. Geschichte ihrer Kultur u. Klärung ihrer morpholog. u. taxonom. Beziehungen untereinander sowie zum Blumenkohl 3039.
Helmerick (R. H.) s. Finkner (R. E.).
Helms (K.), Maskierung d. Lokalläsionen u. d. Biologie d. Infektionen d. Tabakmosaikvirus an d. „Pinto"-Bohne 2834.
— u. **McIntyre (G. A.),** Größe d. Läsionen d. Tabakmosaikvirus an d. „Pinto"-Bohne 2833.
Helmy (A. K.), Kationenaustausch-Stöchiometrie 2926.
—, Hassan (M. N.) u. **Taher (S.),** Na-, K- u. Ca-Aufnahme durch Gerstenwurzeln bei konstanter Ionenstärke 2658.
Helson (V. A.) s. Friend (D. J. C.).
Helton (A. W.), Vorkommen d. Ringfleckenkrankheit u. d. Triebstauchung u. d. Beziehung dieser Krankheiten zum Verfall d. Pflaumen in Idaho 1942. — Verhinderung d. Eindringens v. Cytospora in verletzte Äste v. Pflaumenbäumen durch Wundbehandlung 2551. — Relative Werte v. „Shirofugen" u. Pfirsichbäumen als Indikatoren für Prunus-Ringfleckenviren in Pflaumenbäumen 2836.
— u. **French (W. J.),** Toxizität u. Translokation sechs fungicider Verbindungen in Prunus-Bäumen 2272.
Helwig (J. D.) s. Okun (D. A.).
Hely (F. W.) u. **Brockwell (J.),** Informator. Übersicht über d. Ökologie v. Rhizobium meliloti im Inneren v. Neusüdwales u. Queensland 2624.
Hemingway (R. G.), Kupfer-, Molybdän-, Mangan- u. Eisengehalt unter d. Einfluß verschied. Düngungsbehandlungen im Laufe v. *3* Jahren 2083. — K-Gehalt v. Boden u. Pflanzenmasse in Beziehung zum Ertrag 3256.
Hempler (K.), Ermittlung d. pflanzenaufnehmbaren ^{90}Sr in Böden 2384. — s. Ulrich (B.).
Hemwall (J. B.), Chem. Bekämpfung. Theoret. Betrachtung über d. Bodenbegasung 2257.
— u. **Scott (H. H.),** Verwendung v. *4*-tert. Butylpyrocatechol als Rißbildungs-Hilfsmittel bei verkrustenden Böden 2042.
Hendershott (C. H.), Einfluß d. Wassergehalts u. d. Oberflächenfeuchtigkeit auf d. Einfrieren v. Orangen 2995.
Henderson (C. A.) s. Douglas (W. A.).
Henderson (J. H. M.) u. **Nitsch (J. P.),** Wirkung gewisser phenol. Säuren auf d. Längenzunahme d. ersten Avena-Internodiums bei Anwesenheit v. Auxinen u. Tryptophan 2024.
Henderson (J. L.), Edwards (R. S.) u. **Hammerton (J. L.),** Leistung v. *5* Grasarten bei *6* verschied. hohen Düngergaben. *1*. Mitt. Trockensubstanzproduktion 1011; *2*. Mitt. Rohproteinerzeugung 2131.

Henderson (R. G.) s. Troutman (J. L.).
Hendrix jun. (F. F.) s. Kuhlman (E. G.); Schroth (M. N.).
Heneen (W. K.), Karyotyp bei Agropyron junceum, A. repens u. deren spontanen Hybriden 3075. — s. Östergren (G.).
Hengartner (H.), Die Fluorescenzpolarisation d. verholzten Zellwand [623].
Henke (O.), Bedeutung d. Stickstoffverbindungen für d. stoffwechselphysiolog. Beziehungen zwischen Parasit u. Wirt am Beispiel Reblaus-Rebe 238. — Pflanzenwuchsstoffe [2738]*. — Beitrag zum Stoffwechsel chlorot. Pflanzen. II. Die Beziehungen zwischen N-Stoffwechsel u. Chlorophyllgehalt 3184.
— u. **Mihatsch (H.),** Stoffwechsel chlorot. Pflanzen. I. Mineralstoffwechsel 2586.
Henkel (A.) s. Fröhlich (H.).
Henkel (G.) u. **Klier (K.),** Rahmen für d. komplexe Planung v. Meliorationen 1226.
Henkens (C. H.), Manganmangel u. dessen Beseitigung 1241. — Bedeutung d. Kupfers für Ackerbau u. Grünland 1260. — Vorsicht bei d. Düngung mit Spurenelementen 2102.
Henne (R. C.) u. **Friesen (G.),** Herbicide Wirkungen v. TCA u. Dalapon auf Lein 1160.
Henneberry (T. J.), Einfluß d. Stickstoffgehaltes d. Wirtspflanze u. d. Alters d. Blattgewebes auf d. Fruchtbarkeit v. Tetranychus telarius (L.) 2815. — s. Shriver (D.).
— u. **Taylor (E. A.),** Wirkung v. Unkrautfreiheit u. Acaricideinsatz im zeitigen Frühjahr auf überwinternde Spinnmilbenpopulationen an Freilandrosen 274. — Einfluß v. Acaricid-Insekticid-Kombinationen auf d. Gemeine Spinnmilbe u. auf Blattlauspopulationen an Freilandrosen 1137.
Henner (J.), Probleme u. Stand d. Botrytisbekämpfung im Weinbau 865. — Rebblattnekrosen durch Rauchgase 3101.
Henniger (H. H.), Untersuchungen über d. Ursachen d. unterschiedl. Resistenz v. Kartoffelsorten u. Stämmen gegenüber verschied. physiolog. Rassen v. Phytophthora infestans 1090. — Resistenzphysiologie bei Phytophthora infestans 3424.
Hennik (J.-J. van), Entwicklung d. modernen Obstbaues in d. Niederlanden unter bes. Berücksichtigung d. Agrarstruktur in d. Poldergebieten 2745.
Henrard (G.), Stecklingsvermehrungsversuch zu Ficus decora 1335. — Zusatzbelichtung v. Tomatenjungpflanzen im Winter 1589. — Auslese v. Cyclamen persicum auf Grund d. Form d. jungen Knolle 1644. — Sprühvermehrung v. Stecklingen. Vgl. v. Temperatur u. Substrat 1884.
Henriet (J.), Physiko-chem. Eigenschaften v. Pflanzenschutzmitteln. Granulierung v. DDT-Mitteln zum Stäuben 3446. — s. Mathieu (C.).
— u. **Mathieu (C.),** Physiko-chem. Eigenschaften v. Pflanzenschutzmitteln. Verwendung v. Kupferoxychloridsuspensionen 2560.
Henriksen (J. B.), Entwicklung v. Weizen u. dessen Kälteresistenz 7. — Zuckergehalt v. Weizenpflanzen u. deren Kälteresistenz 7. — Aussaatzeit bei Weizen 113. — Corticium solani als Erreger einer „Mietenfäule" 1121.
Hensel (A.) s. Fritzsche (K.).
Hensley (W. H.) s. Torgeson (D. C.).
Henson jun. (W. H.) s. Johnson (W. H.).
Hentig (W.-U. v.), Einfluß d. Ernährung v. Mutterpflanzen auf d. Stecklingsproduktion u. -bewurzelung 1049.
— u. **Pawlowski (H.-E.),** Wertvoller Mehrnährstoffdünger für Zierpflanzen. Bericht über vierjährige Düngungsversuche 1049. — Torfeinfütterung v. Cyclamen. Bericht über zweijährige Düngungsversuche 1883.
Hentrich (W.), Über einen Fall genotyp. Veränderungen nach Embryosubstitution 480. — Wirkung d. radioaktiven Phosphorisotopes P^{32} unter verschied. Keimbedingungen bei Gerste 786.
Hentschel (G.), Graph. Tafeln zur Be-

urteilung klimat. Meßwerte für d. Bioklimatologie 619.
Henze (J.), Physiolog. Untersuchungen zur Frostresistenz bei Obstgehölzen 756. — s. Schönbeck (H.).
Henze (R.) s. Scheffer (F.).
Hepp (F.), Schichtenweise Sandbodenmelioration mit Gründüngern 1802.
Hera (C.) s. Dincu (I.).
Heras (L.), Redox-Potential in Fällen v. eiseninduzierter Chlorose 681.
Herbert (H. J.), Überwinterung d. Weibchen sowie d. Anzahl d. Generationen v. Typhlodromus (T.) pyri Scheuten (Acarina: Phytoseiidae) in Neuschottland 562. — Biologie u. Lebensweise v. Bryobia arborea M. et A. (Acarina, Tetranychidae) am Apfel in Nova Scotia 2214. — Einfluß v. Typhlodromus (T.) pyri Scheuten auf die Entwicklung v. Bryobia arborea M. et A.-Populationen im Gewächshaus 2256.
Hercus (J. M.), Bodenfruchtbarkeit auf Bültgrasflächen 739.
Herdy (H.) u. **Thomas (J. B.),** Jahreszeitliche Entwicklung einer Conophthorus-Art in Trieben d. Bankskiefer, Pinus banksiana (Lamb.), in Ontario 2821.
Herford (G. V. B.), Schutz d. Nahrungsmittel vor schädlichen Insekten 2566.
Herforth (G.) s. Bürger (K.).
Herfs (W.), Wirksamkeit verschied. Varietäten v. Bacillus thuringiensis Berliner 2545. — Klimaresistenz d. Nelkenwicklers (Tortix pronubana Hb.) u. d. Möglichkeit seiner Einbürgerung in Deutschland. Teil I. Das Mikroklima 2817.
Hering (E. M.), Neue Blattminen-Studien. 2. Mitt. (Col., Dipt., Lep.) 3113.
Herklotz (A.), Organbildung u. -entwicklung bei Maiglöckchen 477. — s. Maatsch (R.).
Herkola (E.) s. Paloheimo (L.).
Hermann (G.) u. **Hombrecher (S.),** Ratten- u. Mäusebekämpfung mit RACUMIN® 57-Präparaten 1984.
Hermsen (J. G. T.), Bastardnekrose bei Weizen 493.
Herne (D. C.) s. Phillips (J. H. H.).
Hernes (O.), Versuche mit unterschiedlichen Anwendungszeiten v. Salpeter zu Getreide 1254.
Herold (F.) u. **Weibel (J.),** Elektronenmikroskop. Nachweis d. Ringfleckenvirus d. Papayabaumes 2523. — Elektronenmikroskop. Nachweis v. Zuckerrohrmosaikvirus-Partikeln in Zellen v. Saccharum officinarum u. Zea mays 3421.
Herold (M.), Vorkeimung v. Pflanzkartoffeln unter Folien 2398.
Herr (L. J.) s. Horst (R. K.).
Herrett (R. A.), Hatfield jun. (H. H.), Crosby (D. G.) u. **Vlitos (A. J.),** Durch Jodid-Ionen induzierter Blattfall 593.
Herridge (E. A.) u. **Schlegel (D. E.),** Autoradiograph. Untersuchungen an Tabakmosaikvirus-Inokulationen auf Wirtspflanzen- u. Nichtwirtspflanzenarten 3417.
Herriott (J. B. D.) u. **Wells (D. A.),** Gülle als Grünlanddünger 2094.
Herrmann (C.), Methoden u. Resultate ökolog. Forschungsarbeiten in Bayern 1861.
Herrmann (J.) u. **Grossmann (H. G.),** Frage d. Vitamin-C-Erhaltung im Apfelsaft 1319.
Herse (J.), Wege zur Steigerung d. Maiserträge in d. nächsten Jahren 3288.
Hershberger (T. V.), s. Sullivan (J. T.).
Hertogh (A. A. de), Hooks (J. W.) u. **Klingman (G. C.),** Herbicide für Heißlufttabak 2281.
Hertz (L. B.), Wirkung bestimmter Düngungs- u. Bewirtschaftungsmaßnahmen auf Wachstum u. Frühentwicklung d. Triebe bei 2 Sorten v. Wehrloser Trespe 134.
Hertzsch (W.), Züchtungsarbeiten mit tetraploiden Futterleguminosen. 4. Mitt. Rotklee (Trifolium pratense), Schwedenklee (Trifolium hybridum), Inkarnatklee (Trifolium incarnatum) u. Gelbklee (Medicago lupulina) 2486.
Hesková (D.), Jermoljev (E.) u. **Chod (J.),** Viröse Verzwergung d. Getreides u. d. Spinats 239.
Hesling (J. J.), Probleme bei d. routinemäßigen Heißwasserbehandlung v. Chrysanthemen-Mutterpflanzen 865.
Heslot (H.), Ferrary (R.), Lévy (R.) u. **Monard (C.),** Induktion u. Mutationen bei Gerste. Relative Wirksamkeit v. γ-Strahlen, Äthylsulfat,

Äthylmethylsulfonat u. einigen anderen Substanzen 494.

Hesse (H.), Kleinverpackungen für Weichobst 766.

Hesseltine (O. W.) s. Ellis (J. J.).

Heuveln (B. van), Org. B in Hochmoor [645]*.

Hewitt (C. W.) s. Osborne (R. E.).

– u. **Osborne (R. E.),** Weitere Freilandversuche zur Blattanalyse bei Lacatan-Bananen als Richtlinie für d. Ernährung d. Pflanze 1250.

Hewitt (E. J.) s. Bond (G.); Cheal (W. F.).

Hewitt (W. B.) s. Raski (D. J.).

Hey (A.), Perspektiven zur Minderung d. tox. Belastungen v. Nahrungs- u. Futtermitteln bei Bekämpfungsmaßnahmen d. Pflanzenschutzes 1400. – Internationale Zusammenarbeit auf d. Gebiet d. Pflanzenschutzmitteltoxologie 1434.

Heydecker (W.), Vom Saatgut zum Sämling: auf d. Gemüsebestand einwirkende Faktoren 2440.

Heydenreich (K.) u. **Pfeifer (S.),** Alkaloidstoffwechsel in Papaver somniferum L. 5. Mitt. Tageszeitlich bedingte Schwankungen d. Alkaloidgehalts 3199.

Heyer (E.), Klima d. Landes Brandenburg 618.

Heyle (B. J.) s. Timm (H.).

Heyligers (P. C.), Vegetation u. Boden einer Savanne aus weißem Sand in Suriname 3230.

Heymann (W.), Anbauwürdigkeit u. Anbauansprüche sowie Futterwert d. Phacelia 732. – Bietet d. Anbau v. Sommergetreide-Gemengen Vorteile? 2698. – Futterkornerzeugung im Sommergetreidebau über Reinsaat v. Hafer u. Gerste oder deren Gemenge 2698.

Heyn (C. C.), Zwiebeltragende Poa-Arten in Palästina. *1.* Mitt. D. agame Komplex v. Poa bulbosa 1443.

Heyningen (R. van) u. **Waley (S. G.),** Neutrale Protinasen in d. Linse. *2.* Mitt. Partielle Reinigung u. Eigenschaften 2606.

Heyns (C. F. G.) s. Haasbroek (F. J.).

Hiatt (A. J.) u. **Ragland (J. L.),** Manganvergiftung bei Burley-Tabak 2971.

Hibbs (E. T.) s. Anderson (M. A.).

Hickman (C. J.), Physiolog. Rassen v. Phytophthora fragariae 2246.

Hicks (G. C.) s. Young (R. D.).

Hidaka (Z.), Viruskrankheiten d. Apfels u. d. Japanischen Birne, d. in Japan bekannt sind 245.

Hidding (A. P.) s. Wind (G. P.).

Hide (D.) s. Fothergill (P. G.).

Hieke (K.), Vermehrung v. Klattauer Nelken durch Stecklinge 1335. – Pruhonicky sortiment Pelargonium zonale ait. *1958–1962* [2176]. – Neueste Erkenntnisse über Vermehrung u. Anbau v. Kamellien 2765. – Bewertung d. europäischen Primula malacoides-Sortimentes 3064.

Hieke (W.) s. Kleinhempel (D.).

Hiesey (W. M.) u. **Milner (H. W.),** Kleine Kammern für gelenkte Umwelt 1732.

Hietala (P. K.) s. Virtanen (A. I.).

Higashi (T.) u. **Aomine (S.),** Verwitterung v. Montmorillonit in Böden 44.

Higazy (M. K. M. T.), Shortening the juvenile phase for flowering [1854]; dass.: [2468]*. – Verkürzung d. Jugendphase für d. Blühen 2765.

Highkin (H. R.) s. Robertson (R. N.).

– u. **Frenkel (A. W.),** Wachstum u. Stoffwechsel einer Gerstenmutante ohne Chlorophyll b 2010.

Higinbotham (N.), Pratt (M. J.) u. **Foster (R. J.),** Einflüsse v. Calcium, Indolylessigsäure u. Entfernung d. Stengelspitzen auf d. Kalium- u. Rubidium-Absorption durch ausgeschnittene Segmente aus etioliertem Erbsenepikotyl 375.

Higuchi (H.) s. Torikata (H.).

Hilchey (J. D.), Landrückgewinnung durch Eindeichung u. Entwässerung 2365.

Hildebrand (E. M.), Bewertung v. Süßkartoffel-Zuchtstämmen nach ihrer Anfälligkeit gegen d. Virus d. inneren Verkorkung 3130.

– u. **Kehr (A. E.),** Tabakringfleckenvirus in der Batate u. sein Nicotiana-Wirtspflanzenkreis 1111.

Hildebrandt (A. C.) s. Dolliver (J. S.); Zenkteler (M.).

Hildebrandt (W.) s. Haas (P. G. de).

Hilkenbäumer (F.), Zwischenveredlungen bei Birnen auf Quitte A mit unterschiedlicher Kronenerzie-

hung 1601. — Cuticula-Beschaffenheit u. Schalenbräune bei Ontarioäpfeln 1954.
Hilkenbäumer (F.) u. **O'Daniel (W.)**, Wirkung v. Kalziumsalzen auf d. Befall v. Stippigkeit u. Fäulnis bei Äpfeln 2257.
— u. **Reinken (G.)**, Wirkung v. Müll-Klärschlamm-Kompost u. a. Humusdüngern auf Obstgehölze 1865; dass.: 2676. — Bodenbeurteilung u. -vorbereitung für eine Neupflanzung 3327.
— u. **Sturm**, Aufbewahrung v. Obstgehölzen in direkter Kühllagerung 2158.
Hill (A. V.), Lebensdauer d. Konidien v. Peronospora tabacina Adam 1373. — Der Boden als ein Übertragungsfaktor für Peronospora tabacina Adam auf Tabak 2533.
Hill (D. E.) s. Sawhney (B. L.).
Hill (W.), Massenwechsel v. Forstinsekten 530.
Hill-Cottingham (D. G.) u. **Wagner (S. A.)**, Bestimmung v. Stickstoff in Pflanzenmaterial durch Anwendung eines stabilen Neßler-Reagents 3197.
Hille (M.) u. **Lehmann (C. O.)**, Gibt es Tomatensorten, d. gegenüber Synchytrium endobioticum resistent sind? 2490.
Hillebrand (W.), Grenzen u. Möglichkeiten d. Weitraumanlagen, Zusammengefaßte Erfahrungen aus Weinbaubetrieben an d. Nahe 474.
— u. **Friess (H.)**, Versuchsergebnisse über d. Bekämpfung d. Botrytis aus d. Jahre *1961* 865.
Hiller (W.), Nettoassimilation d. Zierpflanzen bei unterschiedlichen Licht- u. Temperaturverhältnissen 773.
Hille Ris Lambers (D.), Bekannte u. vier neue Blattlausarten aus Kanada (Homoptera, Aphididae) 2223.
Hills (C. H.) s. Pollack (R. L.).
Hills (F. J.), Aufnahme, Transport u. chemotherapeut. Wirkung v. p-Dimethylaminobenzoldiazonatriumsulfonat (Dexon) in Zuckerrübensämlingen 3163.
Hills (M. G.) s. Boyd (D. A.).
Hilty (J. W.) s. Schmitthenner (A. F.).
Hinata (K.) s. Morishima (H.).
Hinde (R. W.) s. Neales (T. F.).
Hindi (L. H. A.), The effect of skips on the grain yield of the adjacent hills in trials with maize hybrids under different conditions [1844]. — Wirkung v. Fehlstellen auf d. Kornertrag benachbarter Nester in Versuchen mit Maishybriden unter verschied. Bedingungen 3082.
Hine (R. B.), Wirkung v. Streptomycin u. Pimaricin auf d. Wachstum u. d. Atmung v. Pythium-Arten 3448.
Hinfner (K.), Verfahren u. d. Bewertung bei Braunrost- u. Mehltau-Resistenzprüfung auf Grund d. Befallsgrades in d. Winterweizen-Sortenversuchen 2541.
— u. **Papp (Z.)**, Krankheiten u. Schädlinge d. Getreidepflanzen [854]*.
Hinman (W. C.) s. Beaton (J. D.); Warder (F. G.).
—, **Beaton (J. D.)** u. **Read (D. W. L.)**, Einflüsse v. Feuchtigkeit u. Temperatur auf d. Umwandlung v. Monocalciumphosphat im Boden 1476.
Hinzpeter (H.), Lupolengeschützte Strahlungsumsatzmesser 623.
Hiraizumi (Y.), Abweichende Spaltung u. genet. Bürde 3072.
Hirao (S.), Iris-Anzucht in Japan 185.
Hirata (H.) s. Mitsui (S.).
Hiroux (G.) s. Lefèvre (G.).
Hiroyasu (T.), Ernährungs- u. physiolog. Untersuchungen an d. Weinrebe. *2.* Mitt. Jahreszeitlicher Wechsel im Gehalt an anorgan. Nährstoffen 469; *3.* Mitt. Jahreszeitliche Veränderungen im Gehalt organ. Bestandteile 470; *4.* Mitt. Einfluß d. pH-Wertes d. Nährlösung auf das Wachstum d. Reben 768.
Hirsch (A.), Beseitigung v. Treibzeug (Rechengut) an d. Bundeswasserstraßen, ein Beitrag zur Reinhaltung d. Gewässer 1776.
Hirschmann (H.) s. Triantaphyllou (A. C.).
Hirst (J. M.) u. **Stedman (O. J.)**, Epidemiologie v. Phytophthora infestans. *3.* Mitt. Spritzversuche v. *1952* bis *1958* 2551. — Epidemiologie d. Apfelschorfes (Venturia ineaqualis [Cke.] Wint.). *2.* Mitt. Freisetzung d. Ascosporen 3429; *3.* Mitt. Das Ascosporenangebot 3430.

Hirte (W.), Untersuchungen zur Methodik d. mikrobiolog. Bodenprobenverarbeitung 942. — Vergleichende mikrobiolog. Untersuchungen an rieselmüden u. gesunden Böden d. Berliner Rieselfelder. *3.* Mitt. Wirkung d. veränderten Mikroflora auf d. höhere Pflanze 1487.
Hirth (L.), Horn (P.) u. **Strazielle (C.)**, Verhalten d. Ribonucleinsäuresuspensionen d. Gelbmosaiks d. Kohlrübe. Wirkung v. Versen 1940.
—, Ittel (É.), Richard (C.) u. **Mandel (P.)**, Fortentwicklung d. freien Nucleotide u. d. Ribonucleinsäuren in mit d. Gelbmosaikvirus d. Wasserrübe infizierten Blättern v. Brassica chinensis 3127.
— u. **Lebeurier (G.)**, Infektion v. Gewebekulturen des Tabaks mittels Ribonucleinsäurepräparaten des Tabakmosaikvirus 542.
Hislop (E. C.) u. **Park (P. O.)**, Chem. Bekämpfung v. Phytophthora palmivora (Butl.) Butl. an Theobroma cacao L. in Nigeria. *1.* Mitt. Biotest v. Fungiciden an abgetrennten Früchten im Laboratorium 1416; *2.* Mitt. Fungicidrückstände an d. Früchten 1416; *3.* Mitt. Feldversuche 1417.
Hitchcock (A. E.), Zimmerman (P. W.) u. **Coe (R. R.)**, Ergebnisse zehnjähriger Arbeit (1951—1960) über d. Wirkung v. Fluoriden auf Gladiolen 1052.
Hitier (H.) s. Chouteau (J.); Izard (C.); Mounat (A.).
—, Michel (E.), Mounat (A.) u. **Bown (G.)**, Fungiciden gegen den Blauschimmel d. Tabaks 1963.
Hittle (C. N.) s. Burger (A. W.).
Hiura (U.), Kreuzung zwischen Arten v. Erysiphe graminis 3385.
Hjarde (W.), Kleeproben zur Bestimmung d. Tocopherol- u. Carotingehaltes 2605.
Hlava (B.) s. Pospíšil (F.).
Hlaváčková (Z.), Korrelationen d. in d. Züchtung wichtigen Merkmale bei Mohnsorten 1397.
Hmoma (S.) s. Mitsui (S.).
Hoak (R. D.) s. Okun (D. A.).
Ho-A-Shu (H. V. S.) s. Campbell (J. S.).
Hoban (N.) s. Pollack (R. L.).
Hobbis (E. W.) u. **Coles (J. S.)**, Zerstörung v. Äpfelbaumstümpfen u. Wurzeln durch chem. Mittel 1322.
Hobbs (E. H.) u. **Russell (G. C.)**, Einfluß d. Bewässerungsmethode auf d. Verteilung v. Salzen in einem Chiner Lehmboden 3240.
Hobbs (E. L.), Die Keimfähigkeit d. Uredosporen v. Puccinia coronata beeinflussende Faktoren 3386.
Hobbs (G. A.) s. Lilly (C. E.).
Hobbs (J. A.) u. **Wittsell (L. E.)**, Mechanismen d. Wasserbewegung u. -speicherung in Böden 2932.
Hobson (E. L.) s. Berger (K. C.).
Hobson (G. E.), Pektinesterase in normalen u. abnormen Tomatenfrüchten 2606.
Hochart (M. B.), Holzverpackungen für Obst u. Gemüse 2143.
Hochmut (R.), Die aktuellen bedeutenden Theorien über d. Populationsdynamik d. Insekten u. ihre Bedeutung im Forstschutz 2505.
Hocquette (M.), Montuelle (B.) u. **Poix (R.)**, Ruhekern d. Zuckerrübe u. Proteinsynthese 2014.
Hodges (C. S.) u. **Haasis (F. A.)**, Ätiologie d. Cercospora-Blattfleckenkrankheit an Magnolia 3432.
Hodgson (J. F.), Leach jun. (R. M.) u. **Allaway (W. H.)**, Mikronährstoffe in Böden u. Pflanzen in Beziehung zur Tierernährung 381.
Hodgson (W. A.), Labortest v. Kartoffeln auf partielle Resistenz gegen Phytophthora infestans 798; dass.: 856. — s. Young (I. C.).
Hoed (F.), Hoed (J.), Speleers (A.) u. **Martens (P.)**, Verlust an Mineralstoffen beim Saftabfluß im Augenblick d. Abschneidens d. Hopfenstiele 3015.
Hoed (J.) s. Hoed (F.).
Höhn (K.) u. **Helfrich (O.)**, Beiträge zum Krebsproblem d. höheren Pflanzen. *1.* Untersuchungen über d. Korrelation zwischen Krebsdisposition u. Blühinduktion 3140.
Hoekendijk (J. A.) s. Lehr (J. J.).
Hölte (W.), Schadwirkung v. Fluorverbindungen u. Schwefeldioxyd 2210.
Hölzl (J.) s. Wagner (H.).
Höppner (E.), Merkmale bei Kartof-

felsorten während d. Vegetation 3291.
Hörhammer (L.) s. Wagner (H.).
Hörhammer (W.), Einfluß v. Dauerlicht u. verschied. Dunkel-Licht-Zyklen auf d. Entwicklung v. Phaseolus vulgaris 2901.
Hörler (A.) u. **Rhein (H. R.),** Intensitäten d. Starkregen in d. Schweiz 2950.
Hoeser (K.), Zuchtziel Weizenqualität im EWG-Raum 2468.
Hoestra (H.) u. **Oostenbrink (M.),** Nematoden in Beziehung zum Pflanzenwachstum. *4.* Mitt. Pratylenchus penetrans (Cobb) an Obstgehölzen 2813.
Hof (A. op't), Bodenpflege im Obstbau 165; dass.: *2.* Mitt. 166; dass.: *3.* Mitt. 166.
– u. **Wilson (G. B.),** Kontrolle d. Mitoseaktivität: Die Wirkung v. Atmungshemmstoffen auf d. Dauer d. Mitosezyklus im Wurzelmeristem v. Pisum sativum 483.
Hof (U.) s. Schreiber (K.) [Mühlhausen/Thür.
Hofer (A. W.) u. **Crosier (W. F.),** Vorgeimpftes Luzernesaatgut 110.
Hoffman (I.) s. Nielsen (K. F.); Parups (E. V.); Schnitzer (M.).
–, **Parups (E. V.)** u. **Carson (R. B.),** Analyt. Bestimmung v. Maleinsäurehydrazid. *1.* Mitt. Nachweis u. Bestimmung in getrockneten grünen Tabakblättern u. in Geiztrieben. *2.* Mitt. Bestimmung u. Beständigkeit in Böden 2313.
Hoffman (J.), Carson (R. B.) u. **Forsyth (F. R.),** Akkumulation u. Verteilung v. Nickel in mit Nickelsalzen behandeltem Weizen 2267.
Hoffman (W. M.), Bestimmung v. Gesamt-Phosphor mit Hilfe d. Chinolin-Molybdat-Methode. Ringversuch 2685. – s. Ferretti (R. J.).
–, **Ferretti (R. J.)** u. **Clark (K. G.),** Calcium-, Magnesium- u. Schwefelgehalt gemischter Düngemittel, d. *1949–50* u. *1955–56* gehandelt wurden 1263.
Hoffmann (E.), Einfluß v. Stallmist auf d. Wirkung d. Stickstoffdüngung 2094.
– u. **Dörfel (H.),** Funktionale Betrachtungsweise bei d. Auswertung v. Feldversuchen 3282.
Hoffmann (F.), Bestimmung d. Kationenumtauschkapazität d. Bodens 2057. – Bestimmung d. Nährstoffbedürftigkeit v. Kampböden 2943. – Betrachtungen zum Begriff d. Bodenfruchtbarkeit 3235.
Hoffmann (G.) s. Hartmann (W.); Hofmann (E.).
Hoffmann (K.), Untersuchungen über den Einfluß meteorolog. Faktoren auf den Blühverlauf einiger Apfelsorten 915.
Hoffmann (O. L.), Chem. Saatgutbehandlungen als herbicide Gegengifte 2877.
Hoffmann (P.), Photosynthese u. Atmung v. Laubblättern verschied. Alters 2014.
Hoffmann (W.) [Frankfurt/Main], Zeitpunkt u. Umfang d. Selektion in verschied. Generationen selbstbefruchtender Pflanzen 1062.
Hoffmann (W.) [Halle-Hohenthurm], Bes. Fall intermediärer Vererbung bei Gerste (Hordeum vulgare L.) 1068.
Hoffmann (Werner), Kakteen im Gewächshausklima 1882.
Hoffmann (W.) [Bremen], u. **Steinfatt (K.),** Feld- u. Gefäßversuche über Kalkbedarf u. Aufkalkungs-pH-Werte in Moormarschböden 688. – Pflanzenaufnehmbare Nährstoffe u. Grenzzahlen in Niedermoorböden 1765.
Hoffmann (W. E.), Einfluß einiger Bodeneigenschaften auf d. Magnesium-Versorgung d. Kartoffel 380. – s. Schroeder (D.).
– u. **Schroeder (D.),** Durchführung u. Auswertung v. Erhebungsuntersuchungen zur vergleichenden Prüfung u. Verbesserung d. Treffsicherheit v. Bodenuntersuchungsmethoden 65.
Hofman (G. H. B.), Einfache Staueinrichtungen u. Wirtschaftswegbrükken aus Betonfertigteilen 1777.
Hofman (N. C.), Zierpflanzenbau in Dänemark 1607.
– u. **Neefjes (P. J.),** Gegenwärtige Entwicklung des Zierpflanzenbaues in den Niederlanden 475.

Hofmann (E.), Amberger (A.) u. **Wolf (L.)**, Löslichkeit u. Wirkung d. Phosphorsäure verschied. Phosphate 2098. — u. **Hoffmann (G.)**, Über Herkunft u. Weg d. Kohlendioxyds im Boden 337. — u. **Kesseba (A.)**, Enzyme in ägypt. Böden 2048. —, **Wünsch (A.) u. Galler (I.)**, Aktivität d. Saccharase u. Wachstumsintensität bei Pflanzen 2897.

Hofmann (P.) s. Berka (A.).

Hogaboam (G. J.), Röntgenaufnahmen als Methode zur Beobachtung einiger Saatgutmerkmale bei monogermen Zuckerrüben 1359. — Plastikkammern mit Feuchtigkeits- u. Temperaturkontrolle für d. vegetative Vermehrung u. Anzucht v. Zuckerrüben 1732.

Hogen Esch (J. A.), Entwicklung neuer Kartoffelsorten mit bes. Berücksichtigung d. Niederlande 2194.

Hogg (D. E.), Untersuchungen über Bodenmagnesium. *1.* Mitt. Laboratoriumsversuch über d. Verdrängung u. den Ersatz v. Magnesium in Böden 919.

Hoog (W. H.) u. **Carter (A. R.)**, Windschutzeinrichtungen in Luddington 1855.

Hohmann (G.), Aufbewahrung v. Rosen in Lagerräumen mit direkter Kühlung 1054.

Holdaway (F. G.) s. Loan (C.).

Holden (E. R.) u. **Bontoyan (W. R.)**, Reaktionsfähigkeit v. Borgläsern in wäßrigen Lösungen 396. —, **Page (N. R.)** u. **Wear (J. I.)**, Eigenschaften u. Anwendung v. Mikronährstoffgläsern in d. Pflanzenproduktion 396.

Holdrige (L. R.), Bestimmung des Wassertransportes in d. Atmosphäre 1191.

Hole (F. D.) s. Berger (K. C.).

Holienka (J.) s. Kováčik (A.).

Holland (D. A.) u. **Greenham (D. W. P.)**, Herabsetzung d. Variabilität bei Äpfeln bei Pflanzung an Stelle einer alten Obstanlage. *2.* Mitt. Einfluß d. Kulturbehandlung verbunden mit einem siebenjährigen Ackerbau 1037.

Hollanda Lima (I.) s. Ventura (M. M.); Xavier Filho (J.).

Holliday (R.) u. **Wilman (D.)**, Einfluß v. Weißklee, Düngerstickstoff u. nachgeahmten tier. Rückständen auf den Grünlandfutterertrag 1576.

Hollings (M.), Virus d. Kräuselkrankheit d. Pelargonie. *1.* Mitt. Wirtspflanzenkreis, Übertragung u. Eigenschaften in vitro 1944. — Viren, d. mit plötzlichem Absterben d. Kulturchampignons vergesellschaftet sind 3151. — u. **Stone (O. M.)**, Verwendung v. formalinbehandeltem Antigen bei d. Herstellung v. Antiserum gegen ein Pflanzenvirus 537.

Hollis (J. P.), Das Wesen einer agilen Verhaltensweise bei Nematoden 226.

Holly (I.), Züchtung d. Zichorie 3377.

Holly (K.) u. **Roberts (H. A.)**, Nachwirkung v. phytotox. Rückständen v. Triazin-Herbiciden in Böden 3450.

Holmes (H. M.) u. **Pfeiffer (R. K.)**, Anwendung v. Barban bei d. Wildhaferbekämpfung im Winterweizen 2575.

Holmes (J. C.) s. Gill (W. D.).

Holmes (M. R. J.), Magnesiumbedarf v. Feldfrüchten 2682. — s. Dickins (J. C.).

Holmes (N. D.) u. **Peterson (L. K.)**, Resistenz v. Sommerweizen gegen d. Weizenhalmfliege, Cephus cinctus Nort. (Hymenoptera: Cephidae). *2.* Mitt. Resistenz gegen d. Larven 1923.

Holmes (P. J.) s. Davis (E. L.).

Holmes (R. M.), Wärmflaschen-Lysimeter 3262.

Holowaychuk (N.) s. Finney (H. R.).

Holowczak (J.), Kuć (J.) u. **Williams E. B.)**, Stoffwechsel in vitro v. Phloridzin u. a. Verbindungen durch Venturia inaequalis 2809.

Holt (E. C.), Wąchstumsverhalten u. Nutzungsmethoden bei Getreide zur Grünfuttergewinnung 134. — s. Long (J. A.).

Holtmann (H.), Biologie d. Getreide-Thysanopteren 3394.

Holz (W.), Möglichkeiten u. Grenzen d. chem. Unkrautbekämpfung im Gemüsebau 2880. — Unkrautbekämpfung auf d. Grünland 3172.

Hombrecher (S.) s. Hermann (G.).

Homès (M. V. L.), L'alimentation mi-

nérale équilibrée des végétaux [1792]*. – Die „hydropon." Kulturlösung 2438.
Hončariv (R.) s. Šmálik (M.).
Honda (C.) s. Kosaka (J.).
Honda (S.) s. Mitsui (S.).
Honma (S.), Bukovac (M. J.) u. **Heeckt (O.),** Ungeschlechtliche Vermehrung v. Blumenkohl 3376.
– u. **Denna (D.),** Feuchtigkeitsbewegung in undurchlässigen Buschbohnensamen 1818.
– u. **Heeckt (O.),** Untersuchungen an F_1- u. F_2-Hybriden zwischen Brassica oleracea var. acephala u. Raphanus sativus 508. – Ergebnisse d. Kreuzung v. Brassica pekinensis (Lour.) Rupr. mit B. oleracea L. var. acephala Dc. 1083.
–, **Wittwer (S. H.), Strong (M. C.), Heeckt (O.)** u. **Robb (W. R.),** Neue Gewächshaustomate „Spartan Pink *10*" 1857.
Hood (A. E. M.), Jameson (H. R.) u. **Cotterell (R.),** Vernichtung v. Weidenarben durch Paraquat als Ersatz für d. Pflügen 3032.
Hoof (H. A. van) u. **Seinhorst (J. W.),** Rhadinaphelenchus cocophilus, vergesellschaftet mit d. Kleinblättrigkeit d. Kokos- u. Ölpalme 3391.
Hoog (G. Th. op't), Erfahrungen mit einigen wenig bekannten Schwarzen Johannisbeersorten 469.
Hooghoudt (S. B.), Woerdt (D. van), Bennema (J.) u. **Dijk (H. van),** Ausgetrocknete Moorböden im Westen d. Niederlande 2067.
Hoogland (R. F.), Auslese bei Roggen mittels Blattzählung. *2.* Mitt. Weitere Ergebnisse 1350.
Hooks (J. W.) s. Hertogh (A. A. de).
Hooper (D. J.), Wirkungen eines Nematoden auf d. Wachstum v. Champignonmycel 522. – Drei neue Trichodorus-Arten (Nematoda: Dorylaimoidea) u. Bemerkungen zu T. minor Colbran, *1956* 1929.
Hoover (C. A.) s. Olson (R. A.).
Hopkins (T. R.) s. Riden (J. R.).
Hopper (M. J.) s. Heard (A. J.).
Horák (V.), Zuckerbestimmung im Pflanzenmaterial 2910.
Horálek (K.) u. **Kaminek (L.),** Wirtschaftliche Verwertung d. Obsternte [3343].
Horber (E.), Wie verhält sich d. Maiszünsler (Pyrausta nubilalis Hbn.) als einheim. Schädling zu d. importierten Maishybriden? 826.
Hord (H. H. V.) u. **Spell (D. P.),** Temperatur als Basis zur Vorhersage d. Bananenernte 440.
Hormchong (T.) u. **Wood jun. (E. A.),** Bewertung v. Gerstensorten auf Resistenz gegen d. Maisblattlaus 3100.
Horn (D. H. S.) s. Baarschers (W. H.).
Horn (G. C.) s. Joiner (J. N.).
Horn (H.-H.), Zerlegbare Vermehrungsbeete mit automat. geregelter Heizung u. Bewässerung 1579.
Horn (P.) s. Hirth (L.).
Hornback (E. N.), Farbverteilung bei Lilien 216.
Horne (F. R.), Nationalinstitut für landwirtsch. Botanik 1167.
Hornig (H.) s. Buhl (C.).
– u. **Buhl (C.),** Erfahrungen eines Großeinsatzes zur Bekämpfung d. Kohlschotenmücke (Dasyneura brassicae Winn.) u. d. Kohlschotenrüßlers (Ceuthorrhynchus assimilis Payk.) im Sprühverfahren vom Hubschrauber aus 1138.
Horning (T. R.) u. **Oveson (M. M.),** Klutiges u. konventionelles Saatbett für Weizen im Nordwesten 67.
Hornung (S.), Verwertung erodierter Böden durch Anpflanzung v. Obst 164.
Horovitz (C.), Nährlösungen für Zuckerrüben in Wasser- u. Sandkultur 2666.
Horricks (J. S.) s. Smith (A. D.).
Horsfall jun. (Frank) u. **Moore (R. C.),** Neue chem. Verbindungen u. d. Witterung als Hilfsmittel bei d. Apfelausdünnung mit d. Natriumsalz d. Naphthylessigsäure 168.
Horsfall (J. G.) s. Rich (S.).
Horst (R. K.) u. **Herr (L. J.),** Auswirkung v. Harnstoffbehandlungen d. Blätter auf d. Anzahl v. Actinomyceten mit antagonist. Wirkung gegen Fusarium roseum f. cerealis in d. Rhizosphäre v. Maiskeimpflanzen 2843.
Horstmann (C.), Quantitative Bestimmung v. Khellin u. Visnagin aus Ammi visnaga L. [2286]*. – Quantitative Bestimmung v. Khellin u. Visnagin aus Ammi visnaga L. 2315.

Hortobágyi (T.) u. **Précsényi (I.)**, Unregelmäßigkeiten v. Hagebutten 1445.
—, Koltay (Á.) u. **Précsényi (I.)**, Einwirkung d. Nährstofflage auf d. Morphologie d. Maispflanze auf d. Verzweigung d. Kolben 1714.
Horváth (I.) u. **Koltay (A.)**, Über method. Probleme d. Lichtmessungen in Pflanzenbeständen 915.
Horváth (S.), Szegedi (S.) u. **Pfening (G.)**, Reben- u. Obstpflanzung auf Sand [772].
Horvatovičová-Haspelová (A.), Physiologie chlorophylldefekter letaler Maispflanzen. *3.* Mitt. Makroskop. Veränderungen d. Pigmentierung im Verlauf ihrer ontogenet. Entwicklung 2586. — s. Kolek (J.).
Horynová (A.) s. Durka (M.).
Hosegood (P. H.) s. Pereira (H. C.).
Hoseney (R. C.) s. Shogren (M. D.).
Hosner (J. F.) u. **Leaf (A. L.)**, Einfluß d. Bodensättigung auf Trockengewicht, Aschegehalt u. Nährstoffaufnahme v. verschied. Auenboden-Baumkeimlingen 1485.
Houba (A.), Bedeutung d. Bodenanalyse für typolog. Forschung u. Forsteinrichtung 2947.
Hough (W. S.), Toxizität einiger Insekticide gegen in d. Äpfel eingedrungene Apfelwicklerlarven 1970.
Houghland (G. V. C.) s. Akeley (R. V.).
—, Akeley (R. V.) u. **Kehr (A. E.)**, Züchtung v. Industriekartoffelsorten 2785.
House (H. L.) u. **Barlow (J. S.)**, Wirkungen unterschiedlicher Nahrung d. Wirtes Agria offinis (Fall.) (Dipt.: Sarcophagidae) auf die Entwicklung d. Parasiten Aphaereta pallipes (Say) (Hymenoptera: Braconidae) 1692.
Housley (S.) s. Britton (G.).
— u. **Griffiths (N. M.)**, Vorkommen v. *3*-Indolylessigsäure in Samen u. Sprossen v. Erbsen 2913.
Houston (D. F.) s. Hunter (I. R.).
Houtman (G.) u. **Nooij (S. H.)**, Italien. Pappeln als Windschutz 2539.
Hovadík (A.) s. Vlček (F.).
Hovanitz (W.) s. McCalla (R.).
Hove (H. J. ten) u. **Kleinendorst (A.)**, Einfluß d. Samengröße auf d. Jugendentwicklung v. Deutschem Weidelgras 2688.
Hoveland (C. S.), Wirkung v. *3*-Indolylbuttersäure auf Sproßentwicklung u. Bewurzelung bei einigen Bermudagräsern 2598.
Hovin (A. W.) u. **Gibson (P. B.)**, Rote Blattzeichnung bei Weißklee 1636.
How (S. C.), Weizenstrichelmosaikvirus an Mais in Nebraska 3407.
Howard (D. A.), Burdin (M. L.) u. **Lampkin (G. H.)**, Schwankungen im Gehalt v. Mineralstoffen u. Rohprotein d. Weiden v. Muguga im Hochland v. Kenya 1850.
Howard (F. D.) s. Yamaguchi (W. J.).
Howard (H. W.), Eine bei Augenausschneidungsexperimenten entstandene oktoploide Kartoffel 205. — Kartoffelzytologie u. -genetik, *1952* bis *1959* 205. — Nutzpflanzen u. Pflanzenzüchtung 1614. — Meriklinalchimären bei d. Kartoffelsorte „Gladstone“ 1912. — Untersuchungen mit Kartoffeln über d. Wirkung d. pigment-verdrängenden Gens M. 2785. — s. Cole (C. S.).
Howard (R. A.), Gefäßstruktur d. Blattstiele als ein taxonom. Charakteristikum 1168.
Howe (R. W.), Wirkungen v. Temperatur u. Feuchtigkeit auf d. Größe d. Eiablage bei Tribolium castaneum (Hbst.) (Coleoptera, Tenebrionidae) 1381. — Einfluß v. Temperatur u. relativer Feuchtigkeit auf d. Entwicklungsgeschwindigkeit u. Sterblichkeit v. Tribolium madens (Charp.) (Coleoptera, Tenebrionidae) 3119.
Howe (W. L.) s. Manglitz (G. R.).
Howell (J. S.) s. Keyworth (W. G.).
Howell (P. J.) u. **Wood (R. K. S.)**, Rhododendronknospenfäule u. ihre Bekämpfung 3431.
Howitt (A. J.) u. **Cole (S. G.)**, Chem. Bekämpfung v. schädlichen Schnekken an Gemüse u. Erdbeeren in den nordwestlichen Pazifik-Gebieten 1417. — Chem. Bekämpfung v. Hylemyia brassicae im pazif. Nordwesten 1971.
Howland (A. F.) s. Wilcox (J.).
Hoyer (H.), Selbsthemmung d. Uredosporenkeimung bei Puccinia triticina Erikss. u. a. Rostarten. *1.* Mitt.

Hemmstoffbildung 1945; *2.* Mitt. Versuche zur Bestimmung d. chem. Natur u. d. Wirkungsweise d. Hemmstoffes 2809.
Hoyman (G.), Bedeutung d. Augenlage bei Knollen, d. Blattroll-Virus anzeigen 2825.
Hoyt (P.) u. **Bradfield (R.),** Auswirkung d. Veränderung d. Blattfläche durch partielle Defoliation u. Wechsel d. Bestandesdichte auf d. Trockensubstanzerzeugung v. Mais 2011.
Hoyt (P. B.) s. Guitard (A. A.).
– u. **Carder (A. C.),** Chem. Bekämpfung v. Ackerschachtelhalm 2575.
Hoyt (S. C.), Bewertung v. neuen Präparaten für d. Bekämpfung d. Apfelwicklers in Washington 275. – Neue Mittel zur Bekämpfung v. Vasates schlechtendali (Nalepa) 2554.
Hradský (M.) s. Moucha (J.).
Hrazdira (Z.), Erforschung einiger Einflüsse d. Blattwerkbeidüngung auf d. Absolutgewicht u. d. Keimfähigkeit d. Wiesenschwingelsamen 967.
Hrivňák (J.), Priehradný (S.), Jančina (O.) u. **Nádvorník (R.),** Herstellung v. Calciummetaphosphat ($Ca[PO_3]_2$) durch Thermodehydratation d. Doppelsuperphosphates 2983.
Hrnciar (G.) s. Smith (P. F.).
Hrnčiar (J.) s. Weismann (L.).
Hroneš (J.) u. **Kybal (J.),** Erfahrungen bei d. Erhaltungszüchtung v. Mutterkornstämmen in Feldanbau 2490.
Hršel (I.), Elektronenmikroskop. Untersuchung v. Veränderungen cytoplasmat. Strukturen in mit dem cucumber virus *4* inflzierten Gurkenblättern 3131.
Hrubcová (S.) s. Kropáčová (A.).
Hrubý (K.), Kompatibilitätsverhältnisse bei einigen Süßkirschensorten 807. – Chromosomenverhalten u. Phylogenie v. kultiviertem Cerasus 1344.
Hruška (L.), Kartoffelsortierung nach d. Größe 981. – Gelöste Forschungsaufgaben auf dem Gebiet des Kartoffelbaus 1560. – ABC d. Kartoffelbaus [1844]. – s. Štampach (S.); Stejskal (J.).
Hsing (Mei-ying) s. Turkova (N. S.).
Hsu (Pa Ho) u. **Rennie (D. A.),** Reaktionen v. Phosphat in Aluminium-Systemen. *1.* Mitt. Adsorption v. Phosphat durch röntgenamorphes „Aluminumhydroxyd" 1200; *2.* Mitt. Fällung v. Phosphat durch austauschbares Aluminium an einem Kationen-Austauscherharz 1200.
Hsu (S.-J.) s. Robinson (A. G.).
Hsu (S.-J.) u. **Robinson (A. G.),** Resistenz v. Gerstensorten gegen d. Blattlaus Rhopalosiphum padi (L.) 1923.
Huang (M. R. C.) s. Hale (M. G.).
Huang (P. C.) u. **Paddock (E. F.),** Zeit u. Art d. semidominanten, letalen Wirkung v. „Wo" bei Lycopersicon esculentum 509.
Huang (R.-C. C.) s. Bonner (J.).
Huart (R.) s. Ledoux (L.).
Huba (A.), Verbreitung u. Schädlichkeit d. San José-Schildlaus (Quadraspidiotus perniciosus COMST.) in Europa 2870. – s. Drgoň (Š.).
Hubac (C.), Untersuchung d. Hemmstoffe in den unreifen Karyopsen d. Weizensorte „Fylgia" 1189.
Hubbard (C. E.) s. Dennis (R. W. G.).
Hubbard (W. L.) s. Riddell (J. A.).
Huber (R. E.) u. **Zalik (S.),** Lipid u. Protein in keimenden u. sich entwickelnden Flachssamen Linum usitatissimum L. 3182.
Hubrard (W. A.) u. **Willis (T. G.),** Selbstfahrender Parzellen-Schlegelernter 2116.
Hudon (M.) u. **LeRoux (E. J.),** Variation zwischen Proben v. Jugendstadien u. v. Mortalitätsfaktoren d. Maiszünslers Ostrinia nubilalis Hübner (Lepidoptera: Pyralidae) an Süßmais in Quebec 827.
Hudson (J. P.), Eigenschaften d. Tröpfchenbewässerungssystems 1022.
Hudson (M. A.) u. **Idle (D. B.),** Eisbildung in pflanzlichem Gewebe 8.
Hübner (R.), Stickstoff- u. Phosphorsäure-Auswirkungen auf d. Ernteprodukt v. Silomais 389. – Kleekrebsbekämpfung mit Brassicol 1696.
Hüdig (H.-U.), Verwendung v. PE-hart für Schnellkupplungsrohre 2360.
Hügi (H.) s. Mathys (G.).

Huelin (F. E.), Frostschäden bei lagerndem Obst u. Gemüse 2404.
Hülsmann (G.), Voraussetzungen für erfolgreiche Abtötung d. Pflanzkartoffelbestände 720.
Hünerberg (K.), Sicherstellung d. Wasserversorgung in Deutschland, Probleme heute u. morgen 2064.
Huet (J.) s. Ecochard (R.).
— u. **Ecochard (R.),** Quantitative Vererbung bei einer autogamen Pflanze: dem Weizen. *2.* Mitt. 1892.
Huet (R.), Flavonoide d. Citrusfrüchte 1467.
Huffaker (C. B.), Einige Gedanken über d. ökolog. Basis d. biolog. Unkrautbekämpfung 881.
—, **Kennett (C. E.)** u. **Finney (G. L.),** Biolog. Bekämpfung d. Olivenschildlaus Parlatoria oleae (Colvée) in Kalifornien durch eingeführte Aphytis maculicornis (Masi) (Hymenoptera: Aphelinidae) 2547.
Huffaker (R. C.) s. Sarkissian (I. V.).
Huffman (E. O.) s. Taylor (A. W.).
Hugard (J.), Chem. Ausdünnen d. Blüten oder d. jungen Früchte bei Pfirsich u. Apfel 1864. — Physiolog. Krankheit d. Äpfel: Bitterfäule 3383.
— u. **Saunier (R.),** Wirkung d. *2.4.5*-Trichlorphenoxypropionsäure auf d. Frühreife, d. Färbungsintensität, d. Größe d. Pfirsiche u. d. Keimung d. Samen 2460.
Hugard (P.), Die Obstsorte 2156.
Huger (A.), Viröse Wassersucht d. Maikäfer-Engerlinge (Melolontha spp.) 2549.
Hughes (D. I.) s. Yamaguchi (W. J.).
Hughes (G. P.), Rolle d. Knaulgrases (Dactylis glomerata) in d. Grünlandwirtschaft v. Großbritannien 1011.
Hughes (H. M.), Vorversuche über d. Insektenbefruchtung bei Beerenobst 1043. — Mulchen v. Schwarzen Johannisbeeren mit wirtschaftseigenem Dünger 1047.
Hugon (É.), Vergleich d. Wirkung v. Gibberellinsäure u. Kinetin auf d. apikale Dominanz bei Cicer arietinum L. 903.
Huhnke (W.) u. **Sengbusch (R. v.),** Aktivmycelspickverfahren als Grundlage für d. Aktivmycelanbauverfahren 1594.
Hulewicz (D.), Widerstandsfähigkeit d. Leins gegen tiefe Temperaturen 1718.
Hull (J. W.), „Austin Thornless“ als ein Elter bei d. Brombeerzüchtung 3378.
Hull (R.), Gesundheitszustand d. Zuckerrüben in Großbritannien 1962.
Hulpoi (N.), Negomireanu (V.) u. **Picu (I.),** Versuche mit bewässertem Weizen 3285.
Human (J. J.), Einfluß d. Düngermenge auf Ertrag u. spezifisches Gewicht b. Kartoffeln 1561.
Hummel (K.) s. Uphof (J. C. T.).
Hummon (M. R.), Einfluß d. Inkorporation v. Tritium-markiertem Thymidin auf d. Bildung v. Sekundärwurzeln bei Pisum sativum 1454.
Humphrey (B.) s. Vincent (J. M.).
— u. **Vincent (J. M.),** Calcium in Rhizobium-trifolii-Zellwänden 2625.
Humphreys (J. R.) s. Kerr (W. E.).
Humphries (A. W.), Wachstum einiger mehrjähriger Gräser auf Überflutungsboden. *1.* Mitt. Wirkung d. Überflutung auf d. pflanzenverfügbare Menge von Stickstoff u. Phosphor 740.
Humphries (E. G.) u. **Hassler (F. J.),** Stapeltrocknung bei aromat. Tabak 703.
Humphries (E. S.) s. Wheeler (A. W.).
Humphrys (C. R.) s. Shearer (M. R.).
Hunger (W.), Beitrag zur Kenntnis d. Böden Westsachsens 2939.
Hunnius (W.), Rationalisierungsmöglichkeiten im Pflanzkartoffelbau 2415.
Hunt (I. V.), Produktivität, Ausdauer u. Stickstoffverwertung v. *6* Sorten des Welschen Weidelgrases 442.
Hunt (O. J.) u. **Wagner (R. E.),** Wirkung d. Bearbeitungsmaßnahmen auf Ertrag u. Zusammensetzung v. drei Gras-Leguminosen-Gemischen 3017. — Wirkung d. Phosphor- u. Kalidüngung auf d. Leguminosenanteil v. sieben Gras-Leguminosengemengen 3017.
Hunter (A. S.) s. McClure jun. (G. W.).
Hunter (I. R.), Ferrel (R. E.) u. **Houston (D. F.),** Freie Aminosäuren v. frischem u. gealtertem Kochreis 952.
Hurich (J.) s. Przybylska (J.).

Hůrka (K.), Albanien-Expedition *1961* d. Deutschen Entomolog. Institutes. *8.* Mitt. Diptera: Nycteribiidae u. Streblidae 2818.
Hurpin (B.) u. **Vago (C.)**, „Wassersucht" d. Larven v. Melolontha melolontha L. (Col. Scarabaeidae) 270.
Hurst (D. C.) s. Eheart (J. F.).
Hurst (F.) s. Bollard (E. G.).
Hurst (R. L.) s. McAllister (De V. R.).
Hurter (N.), Einige bes. Zyto-Chimären bei Apfelsämlingen 808.
—, **Marais (P. G.)**, **Potgieter (A. L.)** u. **Meynhardt (J. T.)**, Bestrahlung v. Pflanzenmaterial zur Erzeugung v. Mutationen 2178.
Hurusawa (I.) s. Shibaoka (H.).
Husemann (C.) u. **Wesche (J.)**, Reinigungseffekt bei verschied. Verfahren d. Abwasserlandbehandlung nach Untersuchungen auf Berliner Sandböden 1511.
—, **Wolkewitz (H.)** u. **Pahlke (K.)**, Auswirkung d. Untergrundlockerung u. -düngung auf ton- u. schluffreichen Marschböden 362.
Husmann (W.) u. **Malz (F.)**, Techn. u. prakt. Möglichkeiten d. kontinuierlichen Überwachung d. Abwassers u. d. Gewässer 1507.
Hutchcroft (C. D.), **Ingledue (R. D.)** u. **Robinson (J. L.)**, Maisertragsversuch *1961* in Iowa 3287.
Hutcheon (W. L.) s. Lueken (H.).
Hutchins (P. C.) s. Feder (W. A.).
Hutchins (R. O.) s. Mayfield (D. L.).
Hutchinson (A.) u. **Taper (C. D.)**, Äthanol-Leitfähigkeitsmessung als Methode zur Bestimmung d. Wuchsstärke v. Apfelunterlagen 1322.
Huter (R.) u. **Corbaz (R.)**, Blauschimmel im Jahre *1961* 2243.
Hutin (C.), Serienmäßige Prüfungen zur Bestimmung d. Ploidiestufe bei Saatgut v. Beta-Rüben 1267.
Hutner (S. H.), Pflanzentiere als experimentelle Objekte für Wachstumsstudien 28.
Huyskes (J. A.), Kälteansprüche v. Chicoréesorten (Cichorium intybus L.) als ertragbestimmender Faktor 509.

Iacob (N.), Biolog. Beziehung zwischen d. Spinnmilbe u. ihren Räubern unter d. Bedingungen d. Parasitenbekämpfung 823. — s. Lefter (G.).
Iancovici-Yaron (B.), Einfaches Verfahren zur Herstellung v. Salzwasser für Bewässerungsversuche 949.
Iba (Y.) s. Iwasaki (T.).
Ibbotson (A.), Wirtswahl d. Fritfliege in England 532.
Ibragimov (Š. I.), **Solovev (V. P.)** u. **Pajziev (P.)**, Veränderung d. Pflanzen unter dem Einfluß radioaktiver Strahlen 902.
— u. **Solovey (V. P.)**, Einfluß d. Aussaattermine auf physiolog. Veränderungen in d. Samen d. Baumwolle 2992.
Ibrahim (I. A.) u. **Aboul-Ela (M. M.)**, Wirkung d. Samenbehandlung mit einigen Fungiciden auf Entwicklung u. Ertrag bestimmter Baumwollsorten in Ägypten 1136.
Ibrahim (M. A.), Benutzung v. Austauschstämmen am Chromosom *6* bei Mais zum Studium v. Chromosombrüchen 1354.
Ichikawa (R.), **Eto (Masako)** u. **Abe (M.)**, ^{90}Strontium- u. ^{137}Cäsiumabsorption durch Reispflanzen in Japan, *1960* 1244.
Ichikawa (S.) s. Nishiyama (I.).
Ide (S.) u. **Okada (K.)**, Einfluß v. Nitrohumatsubstanzen auf d. Maulbeerbaum. *2.* Mitt. Beziehungen zwischen d. Anwendung v. Nitrohumat u. d. Eisenaufnahme 2972.
Idle (D. B.) s. Hudson (M. A.).
Idnani (M. A.) s. Rishi (A. K.); Sen (A.).
Igmándy (Z.), Fomes fraxineus (Fr.) Cooke, d. Stockfäulepilz d. Robinie (Robinia pseudacacia L.) 2247.
Ignat'ev (B. D.), Obstlagerhalle mit Kaltluftreservoir 2455.
Ignatova (V. P.) s. Makarov (B. N.).
Ignatovič (G. M.) s. Mokrievič (G. L.).
— u. **Mokrievič (G. L.)**, Zink erhöht d. Krankheitsresistenz u. d. Ertrag bei Mais 1411.
Ignoffo (C. M.), Empfindlichkeit v. Pectinophora gossypiella (Saunders) für Injektionen v. Bacillus thuringiensis Berliner in d. Leibeshöhle 2854. — Wirkung v. Temperatur u. Feuchtigkeit auf d. Sterblichkeit d. Larven v. Pectinophora gossypiella

(Saunders) nach d. Injetion v. Bacillus thuringiensis Berliner 2854.
Ihara (Y.) u. **Tamari (K.),** „Grünveredlung" gärtner. Pflanzen. *1.* Mitt. Möglichkeit u. geeignete Jahreszeit für d. „Grünveredlung" bei verschied. Obst- u. Ziergehölzen 187; *2.* Mitt. Verkürzung d. Baumschulstadiums durch d. Anwendung d. „Grünveredlung" 477.
Iida (S.) s. Hashimoto (H.).
Iizuka (M.) u. **Janick (J.),** Cytogenet. Untersuchungen d. Geschlechtsausprägung bei Spinacia oleracea 3094.
Ikäheimo (K.), Viruskrankheiten des Getreides in Finnland 537. — s. Heikinheimo (O.).
Ike (M.) s. Fukai (T.).
Ike (M.) u. **Sakai (H.),** Untersuchungen über d. Wirkungen d. Anwendung organ. Substanz auf Vulkanascheboden in Tokachi. *3.* Mitt. Über d. Wirkungen v. verschied. Zusätzen auf d. Wirksamkeit d. Düngemittelanwendung 391.
Ikeda (N.) s. Shimizu (S.).
Ilan (I.), Spezifisch-stimulator. Wirkung v. Indolyl-3-Essigsäure auf d. Kaliumaufnahme durch Pflanzenzellen bei gleichzeitiger Hemmung d. NH_4-Aufnahme 79.
Il'ičev (V. V.), Sonnenblumenzünsler, ein Maisschädling 1652. — Prüfung v. Phosphamid u. Chlorophos gegen d. Citrus-Schmierlaus 1982.
Iliescu (E.) s. Marchidan (D.); Radu (I. F.).
Iliev (I.), Vermehrung v. Haselnüssen 765. — s. Kajtazov (A.).
Iliev (L.) s. Karanov (E.).
—, Mŭdrov (C.), Vasilev (V.), Karanov (E.), Ralčeva (I.) u. **Karaleeva (S.),** Einschränkung d. „Vorerntefruchtfalles" beim Apfel u. d. Birne mittels synthet. chem. Mittel 2161.
Iliev (P.), Ermittlung d. Augenblickes d. Entstehung d. Stimulationszustandes bei Wachstumsbeeinflussungen ausgesetzten Pflanzen 904.
Ilieva (S.) s. Stajkov (V.).
Ilieva-Staneva (B.), Gemengesaat aus Wintergerste u. Weizen 2997.
Ilijčev (C.) s. Jandov (D.).
Il'in (G. S.), Nicotinbiosynthese in Tabakpflanzen 2608.
Il'in (M. I.) s. Kalinin (M. S.).
Il'ina (I. V.), Besonderheiten d. Wachstums u. d. Entwicklung d. oberird. Teile u. d. Wurzelsystems beim Apfel unter d. Bedingungen Süd- u. Südwest-Kareliens 2458.
Il'inskaja (N. B.), Wirkungsmechanismus des DDT auf d. Insekten [1156].
Il'inskaja-Centilovič (M. A.) u. **Teterjatčenko (K. G.),** Bildung v. Resistenzeigenschaften gegen d. Fußkrankheit d. Winterweizens 790.
Ilkov (D.), Einbringungszeit u. Einbringungsart d. Stalldungs zu Mais 1535. — Einbringungszeiten, -arten u. Einzelgaben bei d. Mineraldüngung v. Mais u. Weizen 2980.
Ilkov (V.), Chem. Zusammensetzung u. physikal. Eigenschaften d. in Bulgarien für Pflanzenschutzzwecke hergestellten Kupferoxychlorids 1424. — s. Cvetkov (D.).
Ille (C.) s. Ioan (E.).
Illjuvieva (V. P.) s. Čekalov (K. I.).
Illner (K.), Untersuchungen über d. Wasserdurchlässigkeit v. Niedermoorböden mit d. Bohrlochmethode 660.
Illyes (G.) s. Nyárady (A.).
Imaizumi (K.) s. Kemmler (G.).
Imamaliev (A. I.), Einfluß einiger Defoliationsmittel auf d. Photosynthese u. Atmungsintensität d. Baumwollblätter 1448.
—, Muchitdinov (U.) u. **Abdullaeva (L.),** Neue chem. Präparate für d. Defoliation d. Baumwolle 2428.
Impens (R.), Isolierung d. Rübenmosaikvirus aus d. Mischinfektion mit dem Gurkenmosaikvirus 1384.
Incze (F.), Zusammenhang zwischen d. Zahl d. Früchte u. dem Gewicht d. Samen beim Cyclamen persicum 1337.
Ingledue (R. D.) s. Hutchroft (C. D.).
Ingols (R. S.) s. Okun (D. A.).
Ingram (J.) s. Coghill (K. J.).
Ingram (J. S.) u. **Greenwood-Barton (L. H.),** Anbau v. Yamwurzeln als Nahrungsmittel 1012.
Ingram (W. M.) s. Okun (D. A.).
Inkson (R. H. E.) s. Dekock (P. C.).
Inman (R. E.), Krankheitsentwicklung, Krankheitsstärke u. Kohlenhydratspiegel bei rostkranken Bohnenpflanzen 3147. — s. Daly (J. M.).
Inoue (Y.) u. **Suzuki (Y.),** Einfluß d.

Reife u. Nachreife v. Samen auf d. Keimfähigkeit d. Buschbohne (Phaseolus vulgaris L.) 3323.
Inouye (T. S.) s. Jurinak (J. J.).
Ioan (E.) u. **Ille (C.),** Züchtung d. orient. Tabake in d. Rumän. Volksrepublik 803.
Ionescu (A.) s. Văluţă (G.).
Ionescu (E.) u. **Duşchin (V.),** Natürliche Ertragsfähigkeit d. Weinberge im Bezirk Galaţi 770.
Ionescu (M.) s. Săulescu (N.).
Ionescu (S.) s. Pop (L.).
Ionescu Şişeşti (V.), Jovmir (G.), Stancu (E.) u. **Voica (R.),** Zuckerrübensorten für Bewässerung in d. rotbraunen Waldbodenzone 3293.
Iordăchescu (O.) s. Enăchescu (G.); Löbl (D.).
Ipat'ev (A. N.), Klassifizierung v. Apfelsorten 455.
Ippolitov (D.) u. **Šašina (G.),** Erhöhung d. Wirksamkeit v. *2.4*-D bei d. chem. Unkrautbekämpfung im Getreide u. im Mais 1158.
Iriciuc (V.), Biologie u. Bekämpfung d. Apfelschalenwicklers (Capua reticulana Hbn.) 527. — s. Lefter (G.).
Irták (V. A.), Márton (G.) u. **Varga (J.),** Chem. Unkrautvertilgung bei d. Maisaussaat [2883].
Isaac (I.) u. **Heale (J. B.),** Luzernewelke, verursacht durch Verticillium-Arten. *3.* Mitt. Lebensfähigkeit v. Verticillium albo-atrum auf Luzernesaatgut, Wirkungen v. Samenbeizungen u. Begasungsmitteln 550.
Isaak (A.), Sorensen (E. L.) u. **Ortman (E. E.),** Einfluß v. Temperatur u. Feuchtigkeit auf d. Resistenz v. Luzerne gegen d. Gefleckte Luzernelaus u. d. Erbsenlaus 3402.
Isac (I.) s. Şuta (A.).
Isaeva (E. V.), Wurzelkrebs, eine gefährliche Krankheit in Baumschulen 851.
Isaeva (F. G.) s. Gusejnov (D. M.).
Iščenko (L. A.), Immunität d. Apfels gegen Schorf 2802.
Isherwood (F. A.) s. Mapson (L. W.).
— u. Mapson (L. W.), Stoffwechsel d. Ascorbinsäure in Pflanzen. *2.* Beitrag: Biosynthese 1170.
Ishizawa (S.) s. Hagiya (K.).
— u. **Matsuguchi (T.),** Nitrifikation im Boden mit bes. Berücksichtigung d. Population d. Nitrifikanten. *1.* Mitt. Einfluß v. Temperatur, pH u. Feuchtigkeit auf d. Nitrifikation v. Harnstoff im Boden 3228; *2.* Mitt. Stickstoffdüngemittel u. deren Wirksamkeit als Substrat für d. Nitrifikation 3229.
Ishizuka (K.) s. Mitsui (S.).
Ishizuka (Y.) s. Drake (M.).
—, Tanaka (A.) u. **Hayashi (M.),** Plazierung d. Düngers f. Hochland-Kulturpflanzen. *2.* Mitt. Beziehungen zwischen d. Entwicklung d. Pflanzenwurzeln u. d. Plazierung d. Düngers in Verbindung mit d. Düngerkonzentration in d. Bodenlösung 2979.
Isikawa (S.) s. Fujii (T.).
Iskanderova (D. D.) s. Sokolov (B. P.).
Ismunadji (M.) s. Bolle-Jones (E. W.).
I'só (I.), Standraum- u. Pflanzenpflegeversuche mit Mais 713.
I'so (S.), Wert d. Behackens v. Körnermais in Ungarn 1273.
Isotola (A.) s. Salokangas (K.).
Israeljan (M. M.), Einfluß organ. u. mineral. Düngung auf d. Ertrag u. d. Eigenschaften d. Kartoffel 3291.
Istatkov (S.), Chem. Zusammensetzung d. in Bulgarien verbreiteten Bohnensorten 3194. — s. Bajlov (D.).
Ithal (E.) s. Schreiber (K.) [Mühlhausen/Thür.].
Ito (H.) s. Kato (T.); Saito (T.).
— u. **Saito (T.),** Blütenbildung bei Erdbeeren. *1.* Mitt. Wirkungen v. Temperatur u. Photoperiode auf d. Blütenbildung 1729. — Zeit- u. Temperaturfaktoren bei d. Blütenbildung d. Kohls 2147.
Ito (M.) s. Fukai (T.); Ueno (Y.).
Ittel (É.) s. Hirth (L.).
Ivančeva-Gabrovska (T.) u. **Lulov (K.),** Ergebnisse d. im Jahre *1961* durchgeführten Versuche zur chem. Bekämpfung d. Blauschimmels (Peronospora tabacina Adam) an Tabak 1696; dass.: 1963.
Ivănescu (M.) s. Săulescu (N.).
Ivanič (J.), Transpiration als Kennziffer d. Ernährungsverhältnisse beim Gewürzpaprika 1783.
Ivanickaja (E. F.), Besonderheiten des anatom. Aufbaus d. Pflanzen bei qualitativ unterschiedlicher Bodenversalzung 1237.

Ivanka (Š.), Aufgabe d. Pflanzenwurzeln beim Stoffwechsel d. den oberird. Organen zugeführten Nährstoffe 2959.
Ivanov (J.), Besonderheiten d. Samen u. Sämlinge aus wurzelechten u. Pfropfreben 1332. – s. Stoev (K. D.).
Ivanov (J. K.), „Donau Misket", neue frühreifende Tafeltraubensorte 3062.
Ivanov (N.), Charakteristik d. Fruchtens bei Baumwolle unter d. Anbaubedingungen Bulgariens 3025.
Ivanov (N. R.), Ausgangsmaterial für d. Futterbohnenzüchtung 1632.
Ivanov (P.), Austauschlose Aufnahme d. Ammonium-Kations bei einigen Böden 3206.
Ivanov (S.), Prüfungsergebnisse v. neuen Präparaten gegen d. Apfelschorf 1702. – s. Lazarov (A.).
Ivanov (S. N.), Physikalisch-chem. Phosphathaushalt d. Torf- u. Rasenpodsolböden [3217].
Ivanov (V.) s. Panov (V.).
Ivanov (V. M.) u. **Kasymova (Z. K.)**, Wirksamkeit neuer Phosphordüngerformen 3271.
Ivanov (V. P.), Gegenseitige Beeinflussung v. Mais u. Futterleguminosen durch d. Wurzelsysteme bei ihrer gemeinsamen Aussaat 1516.
Ivanova (E. N.), Klassifikation u. Systematik d. Solonetzböden d. Steppen 2940.
Ivanova (I. D.), Anzucht v. Tabakpflanzen unter Polyamidfolie 1000.
Ivanova (N. V.) s. Breżnev (D. D.).
Ivanova (R. P.) s. Dadykin (V. P.).
Ivanova (T. N.) s. Kauričev (I. S.).
Ivanova (Z. V.), Mehr Aufmerksamkeit d. Schutze d. Körnerleguminosen vor Schädlingen 834.
–, **Bliznjuk (N. K.)**, **Kolomiec (A. F.)** u. **Poljakova (R. V.)**, Neues Mittel zur Bekämpfung d. Vorratsschädlinge in nichtgefüllten Speichern 1986.
Ivanovskij (N. P.), Einfluß d. Stickstoffdüngerformen auf Ertrag u. Qualität v. Tabak 1003.
Ivanskij (N. L.) s. Andreev (S. V.).
Iványi (I.) s. Kiss (T.).
Ivarson (K. C.) s. Halstead (R. L.); Sowden (F. J.).
– u. **Sowden (F. J.)**, Analyse v. Kohlenhydraten im Boden. *1.* Mitt. Colorimetr. Bestimmung v. Uronsäuren, Hexosen u. Pentosen 2351.
Ivčenko (N. P.), Aussaattermine u. Kornqualität d. Sommerweizens 122.
Iwahori (S.) s. Sugiyama (T.).
Iwaki (N.) s. Sawada (E.).
Iwasa (S.) s. Yokoh (M.).
Iwasaki (F.), Bildung d. Adventivknospe bei Bryophyllum tubiflorum Harv 3348.
Iwasaki (T.), Bekämpfung d. alternierenden Tragens bei Citrus. *4.* Mitt. Einfluß d. Fruchtausdünnens auf d. Bekämpfung d. alternierenden Tragens 148.
–, **Nishiura (M.)**, **Shichijo (T.)** u. **Iba (Y.)**, Regulierung d. alternierenden Tragens bei Citrusgewächsen. 7. Mitt. Einfluß v. Kreuzbestäubung u. Spritzung mit Chemikalien in d. Blütezeit oder d. Stadium d. Jungfrüchte auf d. Fruchtansatz bei d. „Washington Navel"-Orange 3309.
–, **Shichijo (T.)** u. **Iba (Y.)**, Regulierung d. alternierenden Tragens bei Citrusgewächsen. *6.* Mitt. Untersuchung mit Mitteln zur Blütenausdünnung bei d. Satsuma-Orange 3309.
Iwata (M.), Einfluß d. Stickstofform auf d. Wachstum v. Gemüsepflanzen. *3.* Mitt. Beeinflussung d. Wachstums durch verschied. Kationen u. d. pH-Wert in Nährlösungen 3318.
Iyengar (C. V. K.) = Krishna Iyengar (C. V.).
Iyengar (M. R. S.) s. Vasideva (R. S.).
Iyer (V.) s. Narayanan (S.).
Izard (C.), Inkubationszeit nach Impfung verschied. Nicotiana-Arten mit zwei Stämmen d. Gurkenmosaikvirus 1662.
– u. **Cradouteaud (J.)**, Kreuzungshemmende u. tox. Eigenschaften d. Konidienextrakte v. Peronospora tabacina Adam 2500.
– u. **Giraudel (A.)**, Vermehrung d. Tabakmosaikvirus u. Wachstumspotential d. Blattes 1659.
– u. **Schiltz (P.)**, Kulturmethode v. Peronospora tabacina Adam an Blattausschnitten u. erste Beobachtungen „in vivo" 1676.
–, **Schiltz (P.)** u. **Hitier (H.)**, Blatt-

scheibenmethode gegen d. Blauschimmel d. Tabaks 1675.
Izeki (A.) s. Kosaka (J.).
Izrails'ki (V. P.), Bakterielle Pflanzenkrankheiten [2539].
Izutsu (K.) s. Wada (B.).

Jaag (O.), Selbstreinigungskraft d. Gewässer 3238.
Jablonski (M.), Keimungsphysiologie u. Beurteilung d. Gebrauchswertes v. Früchten d. Crambe (Crambe abyssinica Hochst.) 1284.
Jachtenfel'd (P. A.), Sommerweizen in Sibirien [1844].
Jackman (R. H.), Weideanlage auf einem podsolierten Boden im Norden Neu-Seelands. *2.* Mitt. Parzellenversuche betreffs Nährstoffmangelerscheinungen 91.
Jacko (R.), Hydrochem. Prognostik d. Grundwässer in alluvialen Anschwemmungen 947.
Jackobs (J. A.) s. Burger (A. W.); Carmer (S. G.).
Jacks (H.), Bodenentseuchung. *15.* Mitt. Bodendesinfektionsmittel bei d. Bekämpfung d. Umfallkrankheit d. Erbse 564.
Jackson (C. R.), Penicillium-Herzfäule bei Gladiolus 3431. — s. Woltz (S. S.).
— u. **Woltz (S. S.)**, Wirkungen gewisser Hitzebehandlungen auf d. Auftreten d. gelben Bandblättrigkeitskrankheit d. Chrysantheme 1116.
Jackson (James E.) s. Burton (G. W.).
— u. **Burton (G. W.)**, Einfluß d. Grasnarbenbehandlung u. d. Stickstoffplazierung auf d. Verwertung v. Harnstoff-Stickstoff durch Fingerhundszahngras 1540.
Jackson (J. E.) u. **Faulkner (R. C.)**, Qualität v. Gezira-Baumwolle. *1.* Mitt. Beziehung zwischen Qualität u. frühzeitiger Ernte 734.
—, **Faulkner (R. C.)** u. **Dutta Roy (D. K.)**, Qualität v. Gezira-Baumwolle. *2.* Mitt. Einfluß von Anbauort, Stickstoff u. Pflanzenabstand auf d. Qualitätsklassen v. Samen-Baumwolle 734.
— u. **Weatherley (P. E.)**, Einfluß hydrostat. Druckgradienten auf d. Bewegung v. Natrium u. Calcium quer durch d. Wurzelrinde 2379.
Jackson (L. P.), Beziehung zwischen Bodenlüftung u. dem Wachstum v. Kartoffelpflanzen 2017. — Wirkung v. Bodenwasser u. Temperatur auf d. Wachstum v. Kartoffelsetzlingen 3009. — s. Bishop (R. F.).
Jackson (M. L.) s. Dixon J. B.).
Jackson (P. C.) u. **Adams (H. R.)**, Kationen-Anionen-Gleichgewicht im Verlauf d. Kalium- u. Natriumaufnahme durch Gerstenwurzeln 2967.
Jackson (R. D.) s. Clark (Francis E.); Olsen (S. R.).
Jackson (R. M.) s. Brown (M. E.).
Jackson (T. L.) s. Brown (W. G.).
Jackson (W. A.) u. **Evans (H. J.)**, Wirkung d. Ca-Versorgung auf d. Entwicklung u. Zusammensetzung v. Sojabohnensämlingen 2083.
—, **Heinly (N. A.)** u. **Caro (J. H.)**, Löslichkeitsverhalten v. zu NPK-Düngemitteln zugemischten Zink-Trägern 2092.
Jackson (W. T.), Einfluß v. Zuckern auf d. Elongationsrate d. Wurzelhaare v. Agrostis alba L. 1454.
Jacob (F.) s. Balschun (H.).
Jacob (H. P.), Meßsonde zur photoelektr. Bodenfeuchtigkeitsmessung 2950.
s'Jacob (J. J.), Dithylenchus radicicola (Greeff) 819.
Jacoboni (N.), Möglichkeiten bei d. Erdbeerkultur 3337.
Jacobs (A.), **Elektr.** Bodenheizung im Gartenbau 1022.
Jacobs (J. M.), Anbau unter Glas in Nordfrankreich 2145.
Jacobs (W. P.), Innere Faktoren, die d. Abgliederung v. Blättern, Blüten u. Früchten kontrollieren 1170. — s. McCready (C. C.); Raghavan (V.); Scott (T. K.).
Jacobson (L.) s. Branton (D.).
Jacobson (L. A.), Eidiapause bei Agrotis orthogonia Morr. (Lepidoptera: Noctuidae) 528. — Beziehung d. Bruttemperatur zur Auslösung d. Eidiapause bei Agrotis orthogonia Morrison (Lepidoptera: Noctuidae) 1931.
Jacoby (B.), Ca/Mg-Verhältnis im Wurzelbereich in Beziehung zur Mg-Aufnahme durch Citrus-Setzlinge 676.
— u. **Oppenheimer (H. R.)**, Vorbehandlung v. Hirsenkörnern auf d.

Trockenresistenz d. sich daraus entwickelnden Pflanzen 2989.
Jacoby (B.) u. **Sutcliffe (J. F.),** Einfluß v. Chloramphenicol auf d. Aufnahme u. den Einbau v. Aminosäuren durch Möhrenwurzelgewebe 1450.
Jacquemart (R.), Technik d. Stabilisierung v. Böden, „Bodenzementierung" genannt, angewandt auf d. ländliche Straßenwesen 2365.
Jaeger (B.) s. Stoll (Karl).
Jäger (E.) s. Meusel (H.).
Jäger (H.) s. Mortensen (H.).
Jähnl (G.), *10* Jahre Kartoffelsortenversuche 717. — *10* Jahre Rübensortenversuche 720. — Ergebnisse d. Rübenversuche d. Jahres *1960* 721.
Jagathesan (D.) s. Bansal (H. C.).
Jagendorf (A. T.) s. Keister (D. L.).
Jager (G.) s. Harmsen (G. W.).
Jagisita (N.), Vegetative Hybridisation v. Paprika 781.
Jagtenberg (W. D.), Messen d. Grasmenge u. d. Graswachstums mit einem Meßinstrument 2117.
Jahn (E.) u. **Sinreich (A.),** Verbreitung d. Kleinen Fichtenblattwespe Pristiphora abietina Christ. in Österreich im Zeitraum *1945—1962* u. zur Auswirkung verschied. Bekämpfungsmethoden 3399.
Jahn-Deesbach (W.), Einfluß unterschiedlicher Düngungsmaßnahmen auf Boden u. Pflanze im langjährigen Nährstoffmangelversuch in Thyrow bei Berlin 387. — Methodenvergleich an Böden langjähriger Düngungsversuche. *1.* Mitt. Vgl. an Böden mit unterschiedlicher Düngung auf gleichem Standort 1765.
— u. **Schneider (E.),** Ergebnisse eines Mistartenversuches auf leichtem Boden zu Kartoffeln, Hafer u. Winterroggen 2094.
Jahr (W.), Befruchtungsbiologie u. Allopolyploidie bei d. Artkreuzung Sommerraps × Chinakohl (Brassica napus f. typica Pospichal × B. pekinensis Rupr. var. cylindrica Tsen et Lee) 1641. — s. Adam (H.).
Jain (H. K.), Kopplungsstudie bei Lolium 1362.
— u. **Jain (S. K.),** Differenzielle nichtgenet. Variabilität bei d. Expression v. Majorgenen u. Polygenen 1056.
Jain (H. K.), Rana (R. S.), Jana (S.), Alexander (M. P.), u. **Sharma (J. N.),** Fertilität u. Phänotyp v. induzierten Tetraploiden bei Antirrhinum 2494.
Jain (K. B. L.), Genet. Untersuchungen bei Gerste. *3.* Mitt. Kopplungsverhältnisse bei einigen Pflanzeneigenschaften 1898.
—, **Joshi (A. B.)** u. **Rao (M. V.),** Vererbungsuntersuchungen bei Weizen. *13.* Mitt. Vererbung d. Feldresistenz bei „Rio Negro" u. „Yaqui *53*" *2473.*
Jain (N. L.) s. Randhawa (G. S.); Sinha (R. B.).
Jain (S. K.), Mögliche anpassungsfähige Signifikanz d. männlichen Sterilität bei überwiegend ingezüchteten Populationen 190. — Diskriminanzanalyse in d. biometr. Genetik 1056. — Schätzung natürlicher Kreuzungen durch d. Maximumlikelihoodmethode 1341. — Züchtung selbstbestäubender Getreide. Zusammengesetzte Kreuzungsramschmethode 1620. — s. Allard (R. W.); Jain (H. K.).
— u. **Allard (R. W.),** Populationsuntersuchungen bei vorwiegend selbstbestäubenden Arten. *1.* Mitt. Beweis d. Heterozygotenvorteils in einer geschlossenen Gerstepopulation 1624.
Jairajpuri (M. S.), Neuer Nematode, Boleodorus indicus n.sp. (Neotylenchidae: Tylenchida aus d. Boden um Zwiebelwurzeln, Allium cepa L.) 3111.
Jaisani (B. G.) u. **Patel (R. M.),** Vererbungsuntersuchungen bei Sorghum 3082.
Jaiswal (P. C.), Napier- oder Elefantengras, Pennisetum purpureum 1574.
Jakab (T.), Dubach (P.), Mehta (N. C.) u. **Deuel (H.),** Abbau v. Huminstoffen. *1.* Mitt. Hydrolyse mit Wasser u. Mineralsäuren 45.
Jakimov (L. M.), Kreuzung innerhalb d. Sorte bei Möhren bei unterschied. Anzucht d. Eltern 805.
Jakimova (J.) s. Kalajdžiev (I.); Pawlov (K.).
Jakimovič (E. D.), Erzielung krankheitsresistenter Weizensorten durch entfernte Hybridisation 790.

Jákó (N.), Entwicklungsgang d. Eiweiß-, Aminosäure- u. Stärkegehaltes in d. Maishybride Mv-5 nach Anbauregionen 1734.
Jakobsen (S. T.) s. Steenbjerg (F.).
Jakovlev (A. P.) s. Abdonin (N. S.).
Jakovlev (A. V.), Frühreife Sommerweizensorte für Neulandgebiete 1064. – Neue Winterweizensorte, d. Weizen-Queckenhybride *48* 1623. – „Weizenqueckenhybride *56*" in d. Neulandgebieten Sibiriens u. Kasachstans 3284.
Jakovlev (S. P.), Züchtung d. Birne 2204.
– u. **Cvetaeva (Z. N.),** Hybridisation d. Ussuri-Birne mit Kultursorten 1642.
Jakovleva (E. A.) s. Zaar (Ė. I.).
Jakovleva (N. P.), Feststellung d. Widerstandsfähigkeit d. Maises gegen d. Beulenbrand 1402.
Jakovleva (V. I.), Variabilität d. Kartoffelkrebserregers 1667. – s. Chižnjak (P. A.).
Jakovleva (Z. M.), Morphologie d. Knöllchenbakterien v. Trifolium resupinatum unter d. Bedingungen d. Symbiose 52.
Jakšov (B. A.), Mechanisierung d. Auspflanzens v. Stecklingen 3012.
Jakubcov (S. I.), Wirksamkeit neuer Herbicide auf d. Maisfeldern 3170.
Jambor (R.), Wertbestimmung d. scheinbar wohlerhaltenen Samen v. einigen Heil- u. Gewürzpflanzen 2718.
James (A. T.), Biosynthese langkettiger gesättigter u. ungesättigter Fettsäuren in isolierten Pflanzenblättern 2591. – s. Stumpf (P. K.).
James (D. B.), Wachstum v. Nardus stricta auf kalkhaltigem Boden 2574.
James (M. S.) s. Johnson (W. M.).
Jameson (H. R.) s. Hood (A. E. M.).
Jamison (V. C.) s. Eagleman (J. R.).
Jana (S.) s. Jain (H. K.).
Janakiev (K.), Zusammensetzung, Eigenschaften u. Entstehung d. degradierten kastanienbraunen Tschernosems (zimtfarbener Wiesenboden) bei Kurilo, Kreis Sofia 59.
Janakieva (E.), Abhängigkeit zwischen Vegetationsdauer u. einigen Merkmalen d. Tabakpflanze 2718. – s. Fetvadžiev (G.).
Jančenko (A. A.) s. Sokolov (B. P.).
Jancey (C. H.) s. Vincent (J. M.).
Jančina (O.) s. Hrivňák (J.).
Jandov (D.), Konturen d. Durchfeuchtung d. ausgelaugten Tschernosems 367. – Bodenfeuchtigkeitsbestimmung d. Carbonattschernosems nach dem Raumgewicht 2945.
– u. **Ilijčev (C.),** Untersuchung d. Kleegrasgemischzusammensetzung u. ihr Einfluß auf einige Bodeneigenschaften unter Bewässerungsverhältnissen 397.
Janert (H.), Produktionswasserverbrauch d. Pflanzen in Abhängigkeit v. dem Nährstoffdargebot 669.
Janes (B. S.), Blattaufhellungsmethode zur Unterstützung d. Zählung gekeimter Pilzsporen 1124.
Janick (J.), Größe d. Proben für d. Bestimmung d. Erdbeerfruchtgröße 2760. – s. Iizuka (M.).
Janicki (J.), Stawicki (S.) u. **Pazdro (H.),** Untersuchungen über gegenseitige Abhängigkeit zwischen d. Infektion d. Weizens u. seiner Qualitätseigenschaften 847.
Janisch (E.), Biomathemat. Gesetzmäßigkeiten für d. Temperaturabhängigkeit d. Oxydationsleistung nitrifizierender Bakterien 2050.
Janiševskij (F. V.) s. Litvinov (M. A.).
Janke (C.) s. Zschau (R. W.).
Jankiewicz (L. S.) u. **Kemula (F.),** Vergleich v. quirlständigen u. freirängigen Etagenkronen bei zweijährigen Apfelokulaten 2746. – Formierung einjähriger Okulate einiger Apfelsorten 2751.
Jankov (B.), Erträge u. Nährwert vollreifen Maises bei verschied. Standweiten 3004.
Jankowski (F.) u. **Florczak (K.),** Therm. Entseuchung d. Tabaksamen 1697. – Nekrose d. Blattnerven d. Tabaks, hervorgerufen durch neue Pfropfreiser d. Virus Y, sowie Untersuchungen über d. Empfindlichkeit verschied. Tabaksorten unter Feldbedingungen 1939.
– u. **Konczerewicz (A.),** Tabakkrankheit, d. sich durch Kräuselung d. Blätter u. streifige Stengel äußert,

sowie über d. Empfindlichkeit verschied. Tabaksorten 2208.

Jankulov (J.), Untersuchungen über d. Möglichkeiten zur Behebung d. langsamen u. unregelmäßigen Keimung d. Samen der Schwarzen Tollkirsche (Atropa belladonna L.) 423. – s. Michajlova (P.).

Jannaud (G.) u. **Rakotomanana,** Chem. Unkrautbekämpfung auf d. Reisfeldern durch Flugzeuge, Kampagne *1961/62* in Alaotra 2882.

Jansen (P. B.) s. Woudenberg (J. P. M.).

Jansson (S. L.), Bilanzbetrachtungen u. Nachwirkungen d. Düngerstickstoffs in einer *6*-jährigen Untersuchung unter Verwendung v. N-*15* 2322.

J'Anthony (C. M.) s. Riddell (J. A.).

Jantzen (J. J.), Anfertigung farbiger Karten [645]*.

Janů (J.) s. Dufek (J.).

Janýčka (A.), Schutz v. Knoblauch gegen d. Stockälchen in d. ČSSR 2861. – Schädigung einiger Pflanzenarten, -varietäten u. -sorten durch d. v. Knoblauch isolierte Stockälchen (Ditylenchus dipsaci (Kühn *1958*) 3390.

– u. **Polách (J.),** Vorkommen v. Molybdänmangel beim Blumenkohl in d. ČSSR 2971.

Janzen (W. K.), Austauschbare Kationen u. mechan. Zusammensetzung solodartiger Böden v. Saskatchewan 58.

Jaques (R. P.), Stress u. Kernpolyedrose in Populationen v. Trichoplusia ni (Hübner) mit überhöhter Dichte 2858.

– u. **Patterson (N. A.),** Bekämpfung d. Apfelblattsaugers Psylla mali Schmidb. durch d. Pilz Entomophthora sphaerosperma (Fresenius) 2546.

Jaranowski (J.), Haploid-diploid Zwillingsembryonen bei Melilotus 782. – Entwicklung d. Keime u. Samen einiger Arten u. interspezif. Kreuzungen bei Melilotus 2194. – Chlorophylldefekte u. Variegationen als Ergebnis einer interspezif. Kreuzung innerhalb d. Gattung Melilotus 2195.

Jarceva (A. K.) s. Tjurin (I. V.).

Jarczyk (A.) s. Markakis (P.).

Jarilova (E. A.) s. Parfenova (E. I.).

Jarkov (S. P.), D. Böden d. Wald-Wiesenzone d. UdSSR [61].

Jarman (C. G.) s. Laws (V.).

Jaroš (J.) s. Drachovská (M.).

Jarošenko (K. I.), Mais als Stoppelsaat 2411.

Jarošenko (P. D.), Wiesen u. Weiden in d. Region Primorje (Ferner Osten) [3315].

Jarošenko (T. V.), Rolle d. Spurenelemente bei d. Erhöhung d. Krankheitsresistenz d. Pflanzen 3100.

Jaroševič (I. V.) s. Kudzin (J. K.).

Jarovenko (G. I.) u. **Kuročkina (E. E.),** Verfahren d. Zugabe mineral. Dünger vor d. Aussaat 3024.

Jarret (H. E.), Comparisons in resource management [1514]*.

Jarrett (R. M.) s. Bould (C.).

Jarvis (J. L.), Everett (T. R.), Brindley (T. A.) u. **Dicke (F. F.),** Abschätzung d. Auswirkung v. Maiszünslerpopulationen auf d. Maisertrag 1404.

Jarvis (M. S.) s. Rufelt (H.).

Jarvis (P. G.) s. Rufelt (H.).

Jarvis (W. R.), Infektion v. Erdbeer- u. Himbeerfrüchten durch Botrytis cinerea Fr. 3154.

Jaša (B.), Auflaufen d. tschechoslowak. Sortimentes d. Küchenzwiebel (Allium cepa L.) bei d. Herbstaussaat in den Jahren *1957–58* u. *1958–59*. *1*. Mitt. 2450.

Jasič (J.), Einfluß ökolog. Faktoren auf d. Entstehung d. Diapause bei Puppen v. Hyphantria cunea Drury (Lep.: Arctiidae) 3396.

Jasmin (J. J.) s. Perron (J. P.).

– u. **Coiteux (J. S. F.),** Einige Wirkungen v. *4*-(MCPB), d. als Selektivherbicid bei auf organ. Boden wachsendem Sellerie angewendet wird 1162.

– u. **Heeney (H. B.),** Wirkung d. Kalkes auf d. Stickstoff-, Phosphor-, Kalium-, Calcium- u. Magnesiumgehalt einiger auf sauren Torfböden gewachsener Gemüse 1537.

– u. **Laliberte (J.),** Spargelkrautbeseitigung im frühen Herbst auf d. organ. Böden im südwestlichen Quebec 2449.

Jassem (M.), Biologie d. Bestäubung u. Befruchtung bei d. Kreuzung di- u. tetraploider Zuckerrüben. *1.* Mitt. Keimung d. Pollens v. Di- u. Tetraploiden 1913.
Jastrembovyč (M. I.) s. Kalinin (F. L.).
Jauhari (O. S.) u. **Prasad (A.)**, Wirkung v. *2.4.5*-trichlorphenoxyessigsäure auf Fruchtansatz, Größe, Reife u. Qualität v. „Phalsa" (Grewia asiatica, L.) 3027.
Javier (P. C.) u. **Aquilizan (F. A.)**, Einfluß d. Herkunft d. Saatgutes auf d. Leistung v. philippin. Maishybriden 2121.
— u. **Malabuyoc (J. A.)**, Leistung synthet. Puffmaissorten, d. aus U.S.-Standard-Inzuchtlinien entwickelt wurden 1905.
Jawanda (J. S.) s. Singh (K. K.).
Jazykova (V. A.) s. Ščibrja (G. I.).
Jeanneau (Y.), Mitteilung über Kartoffelsortenversuche 994.
Jeanson-Luusinang (C.) s. Monnier (G.).
Jechová (V.), Neue Arten d. Gattung Nigrospora u. d. durch sie hervorgerufenen Fäulniskrankheiten d. importierten Südfrüchte 3434.
Jefferey (G. L.) s. Palmer-Jones (T.).
Jeffery (P. G.) s. Bakes (J. M.).
Jefford (T. G.) u. **Edelman (J.)**, Metabolismus v. Fructose-Polymeren in Pflanzen. *2.* Mitt. Der Einfluß d. Temperatur auf d. Veränderungen d. Kohlenhydrate u. d. Morphologie lagernder Knollen von Helianthus tuberosus L. 2590.
Jeffrey (R. N.) s. Tso (T. C.).
Jeffrey (S. I. B.), **Jinks (J. L.)** u. **Grindle (M.)**, Abweichung innerhalb einer Phytophthora infestans-Rasse u. Feldresistenz gegen Kartoffelkrautfäule 1372.
Jeffreys (R. A.) s. Wallace (A.).
Jelinowska (A.) s. Świętochowski (B.).
— u. **Bawolski (S.)**, Ein Vgl. d. Erträge mehrjähriger Futterpflanzen in Feldversuchen 426.
Jemelík (J.) s. Šály (A.).
Jenkins (C. L.) s. Acheson (R. M.).
Jenkins (J. A.) s. Mathan (D. S.).
Jenkins (J. N.) s. Keller (J. C.).
Jenkins (L.) s. Oatman (R.).
Jenkins (W. L.), Ertrag u. Phosphoraufnahme v. Gräsern u. Kleearten. *1.* Mitt. Einfluß v. säurelöslichem, Rest- u. in bestimmter Weise plaziertem Phosphor 2079; *2.* Mitt. Einfluß v. Art, Sorte u. Wachstumsstadium 2080.
Jenkins (W. R.) s. Shaflee (M. F.).
Jenkinson (D. S.) s. Barrow (N. J.).
Jennings (A.) s. Paleg (L. G.).
Jennings (A. C.) s. Graham (J. S. D.).
Jenny (H.), Zweiphasenstudien über d. Aufnehmbarkeit v. Eisen in kalkhaltigen Böden. *5.* Mitt. Kinetik d. durch Ionenumtauschkapazität u. Struktur d. Wurzeln bedingten Eisenübertragung 667. — Vergleich des Bodenstickstoffs u. -kohlenstoffs trop. u. gemäßigter Regionen 1193. — Modell eines wachsenden Stickstoffprofils im Alluvium d. Niltales u. seine ackerbaulichen u. pedogenet. Schlußfolgerungen 2921. — s. Klemmedson (J. O.).
— u. **Raychaudhuri (S. P.)**, Effect of climate and cultivation on nitrogen and organic matter reserves in Indian soils [1750].
Jensen (D.) u. **Pesek (J.)**, Ineffektivität d. Düngemittelanwendung infolge ungleichmäßiger räumlicher Verteilung. *1.* Mitt. Theorie 683; *2.* Mitt. Ertragsrückgänge unter ausgewählten Verteilungsmustern 684; *3.* Mitt. Fraktionsaufspaltungen in Dünge-Materialien 684.
Jensen (E.) u. **Møller (Hansen H.)**, Schlämmapparat für d. Korngrößen-Fraktionierung im Bereich v. *1* bis *40* Mikrometer 940.
Jensen (G.), Aktive u. passive Komponenten bei Ionenaufnahmeprozessen. Untersuchungen mit intakten u. abgeschnittenen Tomatenwurzelsystemen 375. — Beziehung zwischen d. Wasser- u. Nitrataufnahme bei abgeschnittenen Tomatenwurzelsystemen 2657.
Jensen (H. L.), Lebensfähigkeit v. Knöllchenbakterien d. Luzerne in Bodenkultur 52. — s. Tchan (Y. T.).
Jensen (H. L.) = Land Jensen (H.).
Jensen (J.), Schwefelaufnahme d. Pflanzen 2377.
Jensen (Johannes), Sortenversuche *1958—61* mit Knollensellerie 1586. — Sortenversuche *1957—60* mit Rotkohl

im Hinblick auf lange Lagerung 1586. — Sortenversuche mit Porree für d. herbstliche u. nachwinterliche Ernte *1957—60* 1594.
Jensen (M. C.) s. George jun. (J. E.).
—, Degman (E. S.) u. **Middleton (J. E.),** Apfel-Plantagenbewässerung 3054.
Jensen (S. G.) s. Daly (J. M.).
Jensen (U.), Verwendung d. Boydenschen Präzipitationsmethode in d. Serobotanik 3192.
Jensen (V.), Mikroflora dän. Buchenwaldböden. *1.* Mitt. Verdünnungsplatten-Zähltechnik zur Zählung v. Bakterien u. Pilzen im Boden 2639; *2.* Mitt. Zahl d. Mikroorganismen, bestimmt durch Plattenzählung 3220.
Jenser (G.), Schädliche Spinnmilben d. Pflaume u. d. Ursachen ihrer Massenvermehrung 823.
Jepsen (H. M.), Poulsen (E.) u. **Sandvad (K.),** Stickstoffdüngung v. Obstbäumen bei verschied. Boden- u. Kulturverhältnissen 167.
Jepson (W. F.) s. Southwood (T. R. E.).
Jermoljev (E.) s. Hesková (D.); Pozděna (J.).
—, Čech (M.), Pozděna (J.) u. **Chod (J.),** Serodiagnostik d. virösen Gelbstreifigkeit d. Zwiebel 1684.
— u. **Chod (J.),** Bestimmung d. Virus d. Vergilbungskrankheit (Beta-Virus 4 [Roland u. Quajner] Smith) in Wurzeln d. Zuckerrübe 242. — Möglichkeit d. Feststellung d. Virus d. Vergilbungskrankheit (Beta virus *4* [Roland et Quanjer] Smith) in d. Wurzeln d. Zuckerrübe 1683. — Bestimmung d. Gesundheitszustandes d. Pflanzkartoffel durch Keimtest 3436.
— u. **Průša (V.),** Untersuchungen über den Einfluß ökolog. Faktoren u. d. Viruskrankheiten auf d. Produktionsvermögen d. Pflanzgutes u. auf d. Physiologie d. Kartoffelpflanzen 540.
Jermy (T.), Über d. an Mais durch d. Fritfliege (Oscinella frit L.) in Ungarn im Jahre *1959* verursachten Schäden 1380; dass.: 1652.
Jeske (A.), Anwendung d. modernen Pflanzenschutztechnik 1411.
Ješko (T.), Einfluß mitot. aktiver Stoffe auf Mitochondrien bei d. Mitose in Meristemen keimender Samen v. Allium cepa L.) 782.
Jeswani (L. M.) u. **Desphande (R. B.),** Vererbungsuntersuchungen bei einigen sterilen Mutanten d. Straucherbse 3082.
Jetne (M.), Kleegras-Ansaaten an d. Staatlichen Versuchsstation Voll, *1941—1961* 2128. — Versuche mit Grasarten, Mineraldüngung u. verschied. Schnittzeiten. Vorl. Mitt. 2424.
Jewell (R. E.), Trocknung u. Lagerung v. granulierten NPK-Düngemitteln auf Superphosphat-Basis, d. Harnstoff als Pflanzennährstoff enthalten 1800.
Jewett (F. B.), D. Akademie, ihr Statut, ihre Funktion u. Beziehungen zur Regierung 1167.
Jhamb (K. V.) s. Austin (A.).
Jilg (O.), Siedlungswasserwirtschaft in Kärnten 1508.
Jimenez (M. A.) s. Francis (F. J.).
Jinks (J. L.) s. Jeffrey (S. I. B.).
Jiráček (V.) s. Bečvářová (H.).
—, Kůtová (J.), u. **Léblová-Svobodová (S.),** Studium d. Metabolismus d. Erbsenkeimpflanzen. *1.* Mitt. Stickstoffmetabolismus keimender Samen 597; *2.* Mitt. Phosphor- u. Zukkerstoffwechsel in keimenden Erbsensamen 3181.
Jirásek (V.) s. Chrtek (J.).
Jiroušek (J.), Forschungsinstitut für Wasserwirtschaft im Jahre *1961* 1771.
Joachim (H. F.) u. **Wachter (H.),** Begründung u. Bewirtschaftung d. Pappel in Plantagen 1777.
Joblin (A. D. H.), Portionsweide gegen Koppelweide unter trop. Bedingungen 3033.
Jobst (E.), Beziehungen zwischen Land- u. Forstwirtschaft im oberbayer. Bergbauerngebiet [3174].
Jørgensen (J.), Neue Ergebnisse bei d. Bekämpfung d. Maikäfers Melolontha melolontha L. 571. — Insekten v. wirtschaftlicher Bedeutung in Fängen mit Moericke-Schalen in Dänemark in den Jahren *1953* bis *1958* 2509.
Jørgensen (J. A.) s. Lamm (C. G.).
Joffe (A.), Photoperiodismus in Bezie-

hung zur Herkunft v. afrikan. Trifolium-Arten 2915.
Joffe (A. Z.), Toxizität v. überwintertem Getreide 2908. — Stallmist u. Mineraldüngung auf d. Pilzflora v. schwerem Boden in einem Fruchtfolgeversuch in Israel 3265.
Joham (H. E.) s. Guinn (G.).
Johannes (H.), Beiträge zur Lagerungsbeizung feuchten Getreides. II. 863.
Johannsson (O.), Wirkung v. Mineralölen auf Böden 1761.
Johansson (A.), Chem. Bestimmung v. Bodenmangan 1767.
Johansson (E.) u. **Sahlström (H.)**, Sortenversuch mit Äpfeln in Nordland u. Värmland 2753.
Johansson (N.-O.), **Larsson (R.)** u. **Torssell (B.)**, Wirkung v. Frostschädigung auf Wachstum u. Ertrag v. Winterweizen 2290.
Johansson (O.), Über d. Schwefelversorgung d. landwirtschaftl. Kulturen in Schweden 380.
John (F.), Chem. Unkrautbekämpfung im Hopfen 1439. — Vergleich v. Pflanzenschutzmitteln zur Bekämpfung d. Hopfenblattlaus *1961* in Jena-Wöllnitz 1143.
John jun. (L. E. S.) u. **Lisk (D. J.)**, Pflanzenschutzmittelrückstände. Modifizierte u. verbesserte Methode zur Gesamtchlorbestimmung nach Schöniger 558.
Johnson (B.), Amphiploidie u. Introgression bei Stipa 505.
Johnson (B. L.) s. Hall (O.).
Johnson (C. G). u. **Taylor (L. R.)**, Große Höhenwanderung bei Oscinella frit L. (Diptera: Chloropidae) 1932.
Johnson (B. G.) u. **Buchholtz (K. P.)**, Natürliche Ruhe v. vegetativen Knospen an Queckenrhizomen 1991.
Johnson (H. W.) u. **Bernard (R. L.)**, Genetik u. Züchtung d. Sojabohne 1910.
Johnson (L.), Wirkung d. Zugabe organ. Bestandteile zum Boden auf d. Entwicklung v. Wurzelgallen an Tomaten. *2.* Mitt. Einfluß v. Bodentemperatur, Feuchtigkeit u. pH-Wert 2502.
Johnson (L. F.), **Curl (E. A.)**, **Bond (J. H.)** u. **Fribourg (H. A.)**, Methods for studying soil microflora-plant disease relationships [1155]*.
Johnson (L. P. V.) s. Aksel (R.).
Johnson (P. R.) s. Alexander (J. D.).
Johnson (R. B.), Wie wirksam ist Kepone gegen Phyllocoptrupa oleivorus Ashm.? 1418.
Johnson (R. I.), Maschine zur Probenahme v. Futterpflanzen 2405.
Johnson (R. J.) s. Hammerton (J. L.).
Johnson (R. T.) s. Wheatley (G. W.).
Johnson (S. C.) s. Brown (W. V.).
Johnson (V. A.) s. Haunold (A.).
Johnson (W.) s. Croxall (H. E.).
Johnson (W. C.), Kontrollierte Bodenfurchung als Möglichkeit zur Wassererhaltung auf Weizenböden d. südwestlichen Great Plains 944.
Johnson (W. E.), Wind- u. Wassererosion in Westkanada 2366.
Johnson (W. H.), **Henson jun. (W. H.)**, **Hassler (F. J.)** u. **Watkins (R. W.)**, Bündel-Trocknung v. Bright-Tabak 407.
Johnson (W. M)., **Cady (J. G.)** u. **James (M. S.)**, Merkmale einiger brauner Grumusole aus Arizona 1493.
Johnston (C. O.) s. Hansing (E. D.).
Johnston (G. R.) u. **Rowberry (R. G.)**, Bestimmung d. Knollenvergrößerung u. d. Anwachsens d. Gesamtinhaltsstoffe v. vier zu verschied. Zeiten geernteten Kartoffelsorten 29.
Johnston (M. E. H). u. **Miller (J. G.)**, Keimungsverfahren für Weidelgras, Lolium spp. 1268. — Optimale Keimungsbedingungen für einige Arten d. Gattung Brassica 2690.
Johnston (W. R.) s. Bianchi (W. C.); Perrier (E. R.).
— u. **Perrier (E. R.)**, Luftdurchtritt v. einer Apparatur mit poröser Platte u. dessen Wirkung auf d. Werte d. Wasserretention 941.
Johnstone (D. B.), Wachstum v. Azotobacter in Deuteriumoxyd 1490.
Johri (B. M.) u. **Sehgal (C. B.)**, Chem. Induktion d. Polyembryonie bei Anethum graveolens L. 3069.
Joiner (J. N.) s. Dickey (R. D.).
— u. **Gruis (J. T.)**, Wirkung v. Stickstoff- u. Kaligaben auf Wachstum, Blüte u. chem. Zusammensetzung v. Zinnien u. Tagetes 1335.

Joiner (J. N.), Horn (G. C.) u. **Auld (B. A.),** Wirkung v. vier Schnitthöhen u. drei Stickstoffgaben auf Bermuda-, Zoysia- u. St. Augustine-Gräser 3348.
— u. **Smith (T. C.),** Wirkungen v. Stickstoff- u. Kaliumgaben auf d. Blüheigenschaften v. Chrysanthemum morifolium, „Bluechip" 1334.
Joiner (S.) u. **Mackey (A.),** Gewichtsverlust, spezifisches Gewicht u. Mehligkeit während d. Lagerung v. „Russet Burbank"-Kartoffeln 1820.
Jolevski (M.) s. Ninov (N.).
Joley (L. E.), Aprikosensämlinge türk. Ursprungs u. ihr Ertrag unter ungünstigen Bedingungen 2756.
Jolivet (E.), Veränderungen bei d. Entstehung organ. Säuren in d. Kartoffelknolle bei Behandlung mit keimungshemmenden Chemikalien 2016.
Joly (P.), Bananenfäule während d. Transportes u. d. Reifeprozesses 1854.
Jonard (R.), Zurückdrängung latenter Schäden, d. durch Einwirkung v. X-Strahlen bei Topinambur-Rhizomen hervorgerufen wurden 2787.
Jonas (F.), Einfluß d. gelben Lupine auf d. Dynamik d. Wassers u. d. Nitrate in Sandböden 1804.
Jonáš (F.) u. **Voráček (V.),** Selektiver Abraum geeigneter Rekultivierungserden im Nordböhm. Braunkohlenrevier 950.
Jones (D. G.), Variation d. Charakteristiken bei d. Knöllchenbildung d. Weißklees (Trifolium repens L.) Nomark S. *100* 2339.
Jones (D. I. H.), Mitteilung über d. Vorbehandlung v. Grasproben zur Bestimmung d. löslichen Kohlenhydrate 321.
Jones (D. J. C.), Einflüsse d. Vereinzelns u. fortschreitender Jahreszeit auf d. Zusammensetzung v. Tausendkopfkohl 138.
Jones (D. W.) s. Puttler (B.).
Jones (G. L.) s. Sficas (A. G.); Wolley (D.).
Jones (H.) s. Booth (A.).
Jones (J. C.) u. **Fricker (D. J.),** Isobuttersäure in Silage 2315.
Jones (J. P.), Bekämpfung d. Gurkenfäule durch Plastikbedeckung u. bestimmte Fungicide 2260.
Jones (J. P.) u. **Alexander (L. J.),** Beziehung gewisser Umweltfaktoren u. d. Tabakmosaikvirus zur Reifefleckigkeit d. Tomaten 3420.
Jones (K.), Chromosomaler Status, Genaustausch u. Evolution bei Dactylis. *2.* Mitt. Chromosomale Analyse diploider, tetraploider u. hexaploider Arten u. Hybriden 1344.
— u. **Borrill (M.),** Chromosomaler Status, Genaustausch u. Evolution bei Dactylis. *3.* Mitt. Bedeutung d. Hybriden zwischen Ploidiestufen 1346.
—, **Carroll (C. P.)** u. **Borrill (M.),** Chromosomenatlas d. Genus Dactylis L. 2788.
Jones (L.), Herbicide als Hilfmittel bei d. Weide-Erneuerung 1850.
Jones (L. G.) s. Meyer (J. H.).
Jones (M. B.), Gesamt-Schwefel- u. Sulfatschwefelgehalt v. Bodenfrüchtigem Klee in Beziehung zum Schwefeleinfluß 2081. — s. McKell (C. M.).
Jones (Q.) s. Barclay (A. S.); Earle (F. R.).
Jones (R. C.) s. Anderson (D. M.).
Jones (R. I.), Einfacher Apparat zur Bestimmung d. Fläche v. abgeschnittenen Blättern 6.
Jones (R. J.), Einfluß v. Fungiciden zur Bekämpfung d. Weizenschwarzrostes auf d. Keimung d. geernteten Getreidekörner 1133. — s. Peers (A. W.).
Jones (R. L.) s. Beavers (A. H.).
Jones (T. L.) u. **Miller (F.),** Bewässerungs-Praktiken u. -kosten im südöstlichen Missouri *1960* 1774.
Jones (W. E.) s. Brown (J. C.).
Jonev (S.) s. Lilov (D.).
— u. **Nešev (K.),** Agrotechn. Maßnahmen auf d. Entwicklung d. Wurzelsystems u. d. Fruchtung d. Weinrebe 2172. — Einfluß d. Pflanztiefe auf Wuchs u. Fruchtung d. Weinrebe 2173.
Jonev (S. P.), Einfluß d. Verbandsform bei d. Rebpflanzung auf Wachstum u. Fruchtung 3340.
Jongerius (A.), Neue Fortschritte in d. Mikropedologie u. ihre Möglichkeiten 2345.

Jongerius (A.) u. **Pons (L. J.),** Mikromorpholog. Bemerkungen über d. Vererdungsvorgang im niederländischen Moor 644. – Bodengenese in org. Böden [645]*.
Jonghind (M.), Forsythia intermedia var. spectabilis 2176.
Jordan (D. C.), Bacteroiden d. Gattung Rhizobium 931.
Jordan (E.), Jauchedüngung in d. Baumschulen 166. – Schutz d. Obstblüte vor Frostgefahr 457.
Jordan (K.), Erfahrungen über d. Stäuben gegen Peronospora im Jahre *1961* 864.
Jordan (L. S.) s. Day (B. E.).
– u. **Day (B. E.),** Wirkungen v. Bodeneigenschaften auf d. Phytotoxizität v. EPTC 2571.
Jordana (R. de V.) = Vicente Jordana (R. de).
Jordanov (J.), Saatguteigenschaften u. Ertragsfähigkeit d. Maiskörner nach Kalibrierung 697. – s. Najdenov (G.).
Jordine (E. S. A.), Bodman (G. B.) u. **Gold (A. H.),** Wirkung d. Oberflächenionen auf d. wechselseitigen Beziehungen zwischen Montmorillonit-Teilchen 2327.
Jordović (M.), Erforschung d. Viruskrankheiten an Obst in Jugoslawien 2520.
Jorgenson (E. C.) u. **Griffin (G. D.),** Einschätzung v. Telone u. DD in Abhängigkeit v. d. Aussaatzeit u. Brache zur Bekämpfung d. Rübennematoden Heterodera schachtii Schmidt 1704.
Josephson (L. M.), Wirkung d. Kalis auf d. Stengelabsterben vor d. Reife u. auf d. Lagern v. Mais 126. – s. Bennett (S. E.).
Joshi (A. B.) s. Jain (K. B. L.).
–, Ramanujam (S.) u. Pillay (P. N. C.), Züchtung auf quantitative Eigenschaften bei Lein. *1.* Mitt. Nutzanwendung dialleler Kreuzungen bei d. Elternauswahl 1079.
–, Ramanujam (S.) u. Sisodia (N. S.), Züchtung auf quantitative Eigenschaften bei Lein. *2.* Mitt. Genet. Korrelationen u. korrelierte genet. Reaktionen auf Verzweigungsanteil u. Frühreife 1079.
Joshi (B. C.), Langblättrige Mutante v. Span. Pfeffer (Capsicum annuum L.) 2498.
Joshi (M. G.) s. Narula (P. N.); Patil (B. D.).
Joshi (R. D.) s. Bhargava (K. S.).
Joshik (N. C.), Untersuchungen an Ustilaginales. *4.* Mitt. Morphologie u. Cytologie v. Tilletia eleusines an Eleusine verticillata 1664.
Jotov (L.), Neue Hopfenkrankheiten in Bulgarien 1669. – Chem. Mittel zur Krautabtötung bei Kartoffeln 3010.
Jouis (E.), Anwendung eines Buchstaben-Indexes bei d. Bestimmung u. beim Vergleich d. Korngrößen v. Böden 47.
– u. **Lecacheux (M.-T.),** Nephelometr. Schnellmethode für d. Bestimmung d. Schwefels in Böden. Ergebnisse v. Schwefelbestimmungen in d. Böden d. Departements Seine-Maritime 2354.
Jourdheuil (P.), Generationszahl bei einigen Phyllotreta (Col., Chrysomeldidae) 834.
– u. **Chansigaud (J.),** Imago-Parasiten d. an Flachs lebenden Erdflöhe (Col., Chrysomelidae) 834.
Jovčev (I.), Mechanisierte Bekämpfung d. Blattfleckenkrankheit (Septoria lycopersici) d. Tomaten 2260.
Jovmir (G.) s. Ionescu Şişeşti (V.).
Jucci (C.), Möglichkeiten d. Ertragserhöhung bei Futterpflanzen, Leguminosen u. Gräsern, mit Hilfe v. strahleninduzierten u. chem.-induzierten Mutationen bei Bakterium radicicola u. ihren Wirtspflanzen 799. – Verbesserung d. Pflanzen durch zwischenartliche Kreuzung 2773.
Juchnevič (L. A.) s. Matesova (G. J.).
Judel (G. K.) s. Saalbach (E.).
– u. **Kürten (P. W.),** Beeinflußt Bor Ertrag u. Schorfbefall bei Kartoffeln? 549.
Judinceva (E. V.), Eintritt v. Kobalt aus d. Umwelt in d. Pflanzen mit Hilfe d. radioaktiven Isotops 2084.
Judycka (I.), Wortschatz im Bereiche d. Ackerbaues in d. Pommer.-Mazow. Mundart [886].
Jürgens-Gschwind (S.), Phosphatdüngung u. Qualität im Futterbau 2100. – Entwicklungsstand u. For-

schungsfragen auf dem Gebiet d. Mineraldüngung in USA 2978.
Jüttner (P.) s. Fritzsche (R.) [Aschersleben].
Juhrén (M.) u. **Knapp (R.)**, Wirkungen v. durch Benzin-Abgase verursachten Luftverunreinigungen (Smog) auf Pflanzen 3383.
Jula (F.) s. Nyárady (A.).
Julén (G.), Wirkung v. X-Bestrahlung auf d. Apomixis v. Poa pratensis 801.
Julien (J. B.) u. **Phillips (W. R.)**, Einfluß v. CO_2 u. O_2-Gemischen auf d. Wachstum v. Apfelschorfkulturen 3385.
Jund (E.) s. Libby (W. J.).
Jung (G. A.), Wirkung v. Uracil, Thiouracil u. Guanin auf d. Kälteresistenz u. d. N-Stoffwechsel v. Luzerne 2008.
Jung (J.), Eisenversorgung d. Pflanzen mit Chelaten 1243. — Wirkung v. Crotonylidendiharnstoff (CD-Harnstoff) als Stickstoffdünger 1254. — Wirkung v. Crotonylidendiharnstoff (CD-Harnstoff) in Abhängigkeit v. d. Korngröße 2677.
Jung (L.), Bodenerosion in Thrazien u. West-Anatolien 2065. — s. Kuron (H.).
Jungermann (K.), Beiträge zur Mikronährstoff-Frage. III. 1260.
Junges (W.), Einfluß klimat. Faktoren u. verschied. Kulturmaßnahmen auf Blütezeit u. Blühleistung v. Gerbera jamesonii. I. Der jahreszeitliche Blühverlauf im mehrjährigen prakt. Anbau 1050; II. Einfluß d. Lichtes u. verschied. Aussaatzeit 2464. — Klima u. Photoperiodismus in d. Mannigfaltigkeits- u. Entstehungszentren d. Kulturpflanzen 1890. — Einfluß v. Wasserversorgung, Düngung u. Licht während d. Samenbildung auf d. Samenruhe bei Impatiens balsamina L. 2899.
Jungk (A.), Aussagewert chem. Substratuntersuchungen bei Topfpflanzen. *1.* Mitt. Abhängigkeit d. Wuchsleistung v. P- u. K-Gehalt im Substrat 80. — Aussagewert v. Bodenuntersuchungen im Zierpflanzenbau 773. — Beziehungen zwischen d. Meßergebnissen v. Formiat- u. d. Lactat-Methode sowie Methoden zur Bestimmung v. löslichem N bei gärtner. Erden 2353.
Juo (S. R.) s. Chang (S. C.).
Juráň (C.), Einfluß d. Einpflügens d. Luzernerasens auf Strukturbildung u. Wassergehalt d. Bodens 654.
Jurasits (P.) s. Schulze-Schaeffer (J.).
Jurčík (F.), Einwirkung synthet. Polyamid-Abfallstoffe auf d. Ertrag u. d. Qualität d. Nutzpflanzen. *2.* Mitt. Einwirkung d. Alterns v. Ulamur auf den Stickstoffgehalt u. d. Ertrag d. Hafers 2702. — s. Barák (K.).
Jur̆ev (V. J.) u. **Pachomova (V. P.)**, Winterfestigkeit einiger Winterroggensorten 2701.
Jur̆eva (N. A.), Einfluß einer Elektrisierung d. Bodens auf d. Saatguteigenschaften v. Tomaten u. deren Nachkommenschaft 510.
Jurevič (I. A.) s. Čigarev (G. A.).
Juři (L.) s. Zapf (K.).
Jurík (M.), Gartenschläfer [Eliomys quercinus (L.).] in d. ČSSR 2822.
Jurin (I. A.), **Alabušev (V. A.)** u. **Sal'nikov (V. A.)**, Chem. Unkrautbekämpfung 3457.
Jurinak (J. J.) s. Waldron (L. J.).
— u. **Inouye (T. S.)**, Hinweise zur Zinkphosphat- u. Kupferphosphatbildung in wäßrigen Systemen 625.
—, **Waldron (L. J.)** u. **Vomocil (J. A.)**, Nachweis v. polymolekularer Filmbildung auf Glaskugeln während d. Adsorption v. Wasser u. Äthylendibromid 2045.
Jurkevič (I. V.), Einfluß d. mineral. Grunddüngung auf d. Wirkung v. Wuchsstoffmitteln 688. — Einfluß v. Mikroelementen auf d. Wirkung d. Stimulators Trichlorphenoxyessigsäure (TCPA) 2660.
Justesen (S. H.) u. **Tammes (P. M. L.)**, Zufällige Variation u. d. Interpretation biolog. Wirkungskurven 119.
Justice (J. K.) u. **Smith (R. L.)**, Nitrifikation v. Ammoniumsulfat in einem kalkreichen Boden unter dem Einfluß d. Kombinationen v. Feuchtigkeit, Temperatur u. Höhe des Stickstoffzusatzes 641.
Jusubov (A. M.) u. **Borisova (K. I.)**, Wachstumsstimulatoren 422.
Jusufov (A. G.), **Popova (G. S.)** u. **Ba-**

lieva (M. A.), Einfluß d. Saatgutbehandlung mit Spurenelementen auf d. Ertrag v. Mais 103.
Juva (K.), Melioration [371].

Kaars Sijpesteijn (A.), System. Bekämpfung v. Pilzkrankheiten an Pflanzen 1427.
Kaasenbrood (P. J. C.), Berg (P. J. van den) u. **Revallier (L. J.),** Biuretbildung bei d. Herstellung v. Harnstoff 2677.
Kabajlova (I. V.) s. Maštakov (S. M.); Zimenko (T. G.).
Kabiersch, Chem. Unkrautbekämpfung in Kartoffeln 2577.
Kabis (E.), Mineral. Stickstoff- u. Phosphorsäuredüngung d. Grünlandes in d. DDR 2432.
Kabler (P. W.) s. Okun (D. A.).
Kablučko (G. A.), Unterlagen u. Ertrag des „London Pepping" 1037.
Kabob (S.) s. Kemmler (G.).
Kac (K. M.) s. Prokof'ev (A. A.).
Kačalova (Z. P.), Möglichkeit d. Veränderung d. Resistenz v. Weizen gegen Steinbrand unter dem Einfluß hoher Gaben v. Chlamydosporen v. Tilletia tritici Wint. 1089.
Kačarava (P. M.), Tox. Wirkung mehrjähriger Kräuter auf Obstbäume 223.
Kacheladze (N. A.), Artkreuzungen bei Iris 514.
Kačinskij (N. A.), Natur d. mechan. u. d. Wasserstabilität d. Bodenstruktur im Zusammenhang mit ihrer Genesis 340. — Einsatz hochmolekularer Verbindungen für d. Strukturverbesserung d. Böden 1751.
Kacperska (A.), Interzellularsystem bei wichtigeren Wiesengrasarten. *1.* Mitt. 9.
Kádár (B.), Flächenordnung in d. sozialist. Landwirtschaftsbetrieben d. ungar. Tiefebene 3243.
Kaddah (Malek T.) u. **Fakhry (S. I.),** Salztoleranz v. ägypt. Reis. *2.* Mitt. Salzwirkungen in Abhängigkeit v. Kationenzusammensetzung, Applikationszeit, Bewässerungs- u. Entwässerungsfrequenz 1237.
Kadisch (E.), Phosphorsäure-Düngung im Weinbau 1607.
Kado (C. I.), Steigerung d. Pflanzenvirusinfektion durch Magnesium in Gegenwart v. Phosphat 3404. — s. Yarwood (C. E.).
Kadula (J.), Silieren v. Wiesen- u. Weidefutter 1554.
Kadyrov (C.), Schädlichkeit d. Macrosporiose d. Kartoffel 3146.
Kaeding (J.) u. **Pietschmann (I.),** Standardisierung auf d. Gebiet d. Abwasserwesens 2066.
Kämpf (R.), Verbesserte Dreifelderwirtschaft u. ständige Getreidefolge im Hinblick auf Gareentfaltung u. Ertrag 2986.
Kämpfe (L.), Wirkung v. Ultraschall auf zystenbildende u. freilebende Nematoden 822.
Kaesberg (P.) s. Kelley (J. J.).
Kafkafi (U.), Sonde zur exakten Einbringung einer radioaktiven Lösung in d. Boden 646.
Kagelmann (K.) s. Gramms (G.).
Kahler (F.), Forschungsaufgaben im Gebiet d. Geologie d. Grundwassers dargestellt an Kärntner Beispielen 1509.
Kahn (A. R.) u. **Mathur (B. P.),** Wirkung d. Bearbeitung mit wechselnden Bodenbearbeitungsgeräten sowie mit u. ohne Zwischenbearbeitung auf d. Ertrag v. Bajra (Pennisetum typhoides Stapf. u. Hubb.) unter niederschlagreichen Bedingungen 142.
Kahn (R. R.), Scott (H. A.) u. **Monroe (R. L.),** „Eucharis mottle"-Stamm d. Virus d. Tabakringflecken-Krankheit 3129.
Kahnt (G.) u. **Schön (W. J.),** Zur quantitativen Analyse d. Cumarins u. d. Glucosids d. Cumarinsäure in Blättern v. Melilotus albus 910.
Kåhre (L.), Kolk (H.) u. Wiberg (H.), Brechung d. Keimruhe bei Saatgut (Getreide u. Wiesenlieschgras) 1550.
Kaila (A.), Fixierung v. Ammonium in finn. Böden 333. — Organ. Phosphor in finn. Böden 2323. — Phosphor-Testwerte v. frischen u. lufttrockneten Bodenproben 2632. — Bestimmung d. gesamten organ. Phosphors in Proben v. Mineralböden 2633. — s. Hänninen (P.).
— u. Hänninen (P.), Düngemittel-Stickstoff im Boden 1252.

Kaila (R.), Wirkung v. Inkubation u. Kalkung auf d. Phosphorfraktionen im Boden 1257.
Kaineder (K.) s. Frimmel (G.).
Kaiser, Verwendung v. Pectacrete-Zement bei Bodenverfestigungen im landwirtsch. Wegebau 2366.
Kajtazov (A.), Begasungsversuche mit Methylbromid 1433. — Biologie u. Verbreitung d. Kartoffelkäfers in Bulgarien. Vorl. Mitt. 2220.
— u. **Iliev (I.)**, Versuche zur chem. Bekämpfung d. Kartoffelkäfers Leptinotarsa decemlineata Say) in Bulgarien im Jahre *1959* 277.
Kajudin (I. A.) s. Čigarev (G. A.).
Kakie (T.), Phosphorstoffwechsel in d. Tabakpflanze. *1.* Mitt. Phosphorverbindungen u. ihre Änderungen während d. Reifens d. Tabakblätter 2967.
Kąkolowa (J.) s. Lityński (M.).
Kaladžjan (N. L.) s. Čajlachjan (M. C.).
Kalajdžiev (I.), Vergleichende Prüfung einiger sowjet. u. amerikan. Körner-Sorghum-Sorten 434.
—, **Jakimova (J.), Maslinkov (M.), Lazarov (V.), Tončev (G.)** u. **Kalajdžieva (S.)**, Künstliche Wiesen u. Weiden [2736]*.
Kalajdžieva (S.), Vergleichende Prüfung v. Winter- u. Sommersorten v. Erbse u. Wicke 429. — s. Kalajdžiev (I.).
Kalašnik (D. I.), Sät „Odesskaja *10*" 2703.
Kalašnikov (K. J.), Kombinierte Beizmittel 402. — Halbtrockene Saatgutbeizung 2259.
Kal'bergenov (G. K.) u. **Ljach (A. I.)**, Düngung im Gemisch mit Insekticiden 2862.
Kalbfleisch (W.) s. Kemp (J. G.); Voisey (P. W.).
Kalekenov (Ž.) s. Darkanbaev (T. B.).
Kalela (O.), Schwankungen d. Anzahl arkt. u. borealer kleiner Nagetiere 2823.
Kaler (V. L.) s. Godnev (T. N.).
Kalfov (S.), Aufhebung d. Keimruhe bei Kartoffeln gewährleistet zweimalige Pflanzung 2398.
Kalia (H. R.), Cytogenet. Untersuchung d. Asynapsis bei d. Tomate (Lycopersicon esculentum Mill.) 2199.
Kalinin (F. L.), Semenij (F. S.) u. **Jastrembovyč (M. I.)**, Umwandlung einiger Stickstofformen in reifenden Weizenkörnern 83.
Kalinin (M. K.) s. Stonov (L. D.).
Kalinin (M. S.) u. **Il'in (M. I.)**, Maissorten u. Maishybriden [3303].
Kalinina (L. V.), Physiolog. Reife d. Getreidefrucht 1817. — Einfluß v. Molybdänzusatz zum Hexachloran auf d. Erbsenertrag 2990.
Kalinina (Z.), Aussaat- u. Erntetermine für Mais 2992.
Kalininskaja (T. A.) s. Fedorov (M. V.).
Kalinovskij (A. V.), Einfluß mehrjähriger Gräser auf d. Dynamik beweglicher Stickstofformen im Boden 1535.
Kalish (F. v.), Wenig bekannte russ. Art. Iris-Jahrbuch *1961* 185.
Kalk (E.) s. Fölster (H.); Meyer (B.).
Kalmykov (S. S.), Methode d. entfernten Hybridisation bei d. Züchtung d. Nuß 512.
Kalmykova (V. V.), Einfluß d. Tageslänge auf d. Veränderung d. Wärmebedarfs d. Sojabohne 2008.
Kalnyņš (A.), Wechselbeziehungen zwischen verschied. Rassen v. Knöllchenbakterien in d. Rizosphäre einiger Kleearten 929.
Kaltagova (O. G.) s. Rempe (E. C.).
Kal'tja (A. J.), Phosphorernährung d. Zwiebelpflanzen 2450.
Kaltofen (H.), Wirkung verschied. hoher Ureaform- u. Ammoniumnitratgaben in einem Vegetationsversuch mit Wiesenschwingel 972. — s. Kreil (W.).
Kalz (G. G.) s. Ellis (N. J.).
Kamath (M. B.) s. Datta (N. P.); Sen (A.).
Kamemoto (H.) s. Tanaka (R.).
Kamennobrodskaja (V. P.) s. Semichnenko (P. G.).
Kameraz (A. J.), Züchtung phytophthoraresistenter Kartoffeln 1077. — Verbesserung d. Pflanzkartoffeln 1818.
Kamerbeek (G. A.), Atmung d. Irisknollen in Beziehung zur Temperatur u. zum Wachstum d. Primordien 1719. — Einfluß d. Lichtes auf d. Blauwerden d. Tulpenzwiebeln, eine physiolog. Krankheit 2804.

Kaminek (L.) s. Horálek (K.).
Kamínek (M.), Physiologie d. Pflanzenabhärtung u. Bewurzelung v. Pflanzenstecklingen 1718.
Kaminski (E.), Weizenproteine, löslich in Wasser, Salzsäure, 70% Äthanol u. verdünnter Essigsäure mit Hilfe d. Stärkegel-Elektrophorese 2911.
Kamiya (H.), Revision d. Tribus Scymnini v. Japan u. d. Loochoos (Coleoptera: Coccinellidae). *1.* Mitt. Genera Clitostethus, Stethorus u. Scymnus (ausgenommen d. Subgenus Pullus) 862; *2.* Mitt. Genus Scymnus (Subgenus Pullus) 862.
Kammen (A. van), Infektiöse Ribonucleinsäure in d. Ribosomen v. Tabakblättern infiziert mit d. Tabakmosaikvirus 1385. — s. Kleczkowski (A.).
Kamprath (E. J.) u. **Welch (C. D.),** Erhaltung u. Kationenumtauscheigenschaften d. organ. Substanz in Böden d. Coastal-Ebene 629.
Kamps (L. F.), Schlickverteilung u. Landgewinnung in d. östlichen Gebieten d. Wattenmeeres 3241.
Kamra (O. P.), Strukturelle Anomalie d. Satelliten bei Haplopappus gracilis 2469.
Kamra (S. K.) s. Swaminathan (M. S.).
Kanarake (A.) u. **Taler (P.),** Versorgung d. Pflanzen mit Feuchtigkeit u. Luft bei unterschiedlicher Bodendichte 926.
Kandera (J.), Schutz d. landwirtsch. Flächen gegen radioaktive Verseuchung 677. — Einfluß d. erhöhten u. geteilten Gaben v. N bei erhöhten Gaben v. P_2O_5 u. K_2O auf Maiskornerträge 687.
Kanervo (V.) u. **Tiittanen (K.),** Bekämpfung d. Larven d. Zwiebelfliege (Hylemyia antiqua Meig.) u. d. Narzissenfliegen (Eumerus strigatus Fall. u. E. tuberculatus Rond.) 1971.
Kanev (S.) s. Vŭlčanov (D.).
Kangas (E.), Schädliches Auftreten d. Diprion-Arten (Hym., Diprionidae) in finn. Kiefernbeständen in diesem Jahrhundert 2818.
Kania (C.), Untersuchungen über Pyrausta nubilalis (Hbn.) auf Mais in d. Umgebung v. Wrocław in den Jahren *1956—1959* 1102.
Kanivec (I. I.) u. **Semina (V. I.),** Bestimmung d. Düngemittelbedarfes eines Apfelbaumes nach Angaben über d. chem. Zusammensetzung d. Pflanze u. d. Bodens 2458.
Kanizsay (F.) s. Kapás (S.).
Kano (K.), In vitro-Kultur v. Tomatenovarien 3190.
Kanta (K.), Swamy (N. S. R.) u. **Maheshwari (P.),** Befruchtung im Reagensglas bei einer Blütenpflanze 611.
Kanwar (B. S.) s. Kanwar (J. S.).
Kanwar (J. S.) u. **Dhingra (D. R.),** Wirkungen aufgesprühter Mikronährstoffe auf d. chem. Zusammensetzung v. Citrusblättern u. auf d. Auftreten v. Chlorose 2661.
— u. **Kanwar (B. S.),** Durch Teilchengröße u. Natur d. Bodens beeinflußte direkte u. Nachwirkung v. Knochenmehl 1258.
— u. **Prihar (S. S.),** Einfluß kontinuierlicher Anwendung v. Stallmist u. anorgan. Düngemitteln auf d. Pflanzenerträge u. d. Eigenschaften d. Bodens. *1.* Mitt. Chem. Eigenschaften 1531. — Wirkung kontinuierlicher Gaben v. Dung u. Handelsdüngemitteln auf einige physikal. Eigenschaften v. Böden im Punjab 2669.
— u. **Sehgal (J. L.),** Klassifikation d. Soda-Solontschaks u. d. normalen Bodenbildung d. Karnal-Distriktes 1763.
— u. **Singh (S. Shah),** Sorption u. Desorption v. Bor in Böden 1480.
Kapanadze (P.) s. Bregadze (N. N.).
Kapás (S.), Einzelne Fragen d. Maissortenprüfung 711. — Erfahrungen beim Anbau ausländ. Weizensorten 988. — Zur Frage d. Vereinheitlichung d. Kennzeichnung d. Maissorten u. -hybriden 1070. — Beziehungen zwischen Frühreife u. Ertragsfähigkeit bei Maishybriden 2780.
— u. **Kanizsay (F.),** Großflächen-Maisversuche im Jahre *1960* 2703.
Kaplja (A. V.), Wasserhaushalt u. d. Frosthärte d. Wurzelsystems bei Wildlingen v. Obstkulturen 18.

Kapoor (B. M.) s. Tandon (S. L.).
Kaptein (L. A.) u. **Zwan (L. M. van der)**, Absetzen v. Rost bei in Moor verlegten Dränrohren 2362.
Kapur (K. L.) s. Agnihotri (B. N.).
Kapur (S.) s. Pant (R.).
Kapustjanskij (A. N.), Balabanov (V. G.) u. **Panitkin (V. A.)**, Düngung d. Rüben mit Sylvinit 2716.
Kar (B. K.) u. **Sarkar (B. K. de)**, Physiologie d. Jute. 4. Mitt. Variationen einiger interner Wachstumskomponenten, d. den Faserertrag v. Corchorus capsularis u. Corchorus olitorius beeinflussen 1455.
Kar (J.), Siedlungs- u. Industriewasserwirtschaft in Österreich 2640.
Karabašev (N.), Madžarova (R.) u. **Popov (I. D.)**, Versuche zur Steigerung d. Kartoffelerträge durch Ultraschallbehandlung d. Pflanzgutes 699.
Karadžov (K.), Wirtschaftliche Bewertung d. Futterhülsenfrüchte zur Körnernutzung ohne Bewässerung 416.
Karadžov (S.), Apfelwickler im Bezirk Kolarowgrad u. seine Bekämpfung 2556.
Karaerov (P. G.), Anzucht v. Stecklingen unter Deckfrüchten 2416.
Karagjozova (M.), Einfluß v. Extractum secalis cornut. fl. auf d. Konidienstadium v. Mutterkorn (Claviceps purpurea) 2239.
Karagujšieva (D.), Einfluß d. Bodenfeuchtigkeit auf d. Entwicklung v. Azotobacter 53; dass.: 2339.
Karaivanov (A.), Agrotechnik d. Baumwolle unter den Verhältnissen Nordost-Bulgariens 735. — s. Michojlov (G.).
Karaleev (S.) s. Karanov (E.).
Karaleeva (S.) s. Iliev (L.).
Karamšuk (Z. P.), Einfluß d. Bodenbearbeitung auf mikrobiolog. Prozesse 1505.
Karamyševa (V. I.), Analyse d. Pollens verschied. Apfelarten u. -sorten 1040.
Karanov (E.) s. Iliev (L.).
drov (C.), Ralčeva (I.), Iliev (L.) u. **Karaleev (S.)**, Synthet. Auxine als Mittel zur Beschleunigung d. Frühreife u. Steigerung d. Erträge beim Gewächshaus- u. feldmäßigen Tomatenanbau 2150.
Karapetjan (K. A.) s. Kazarjan (V. O.).
Karapetjan (N. A.) s. Čajlachjan (M. C.).
Karapetjan (V. K.), Wirkung ionisierender Strahlen auf Vererbung u. Lebensfähigkeit einiger Roggen- u. Weizensorten 489.
— u. **Gjulanjan (A. E.)**, Biolog. Wirkung ionisierender Strahlen auf d. Veränderlichkeit eines Sommerweizens bei Umwandlung in Winterweizen 2989.
Karasek (I. O.), Düngung u. Photosynthese d. Unterlage d. Weinrebe 1880.
Karásek (R.) u. **Martinec (T.)**, Einfluß v. Leguminosenextrakten auf d. Knöllchenbakterien 344.
Karavjanskij (I. S.) s. Černenkov (A. D.).
Karavjanskij (N. S.) u. **Šnejder (J. I.)**, Ergebnisse v. Pflanzenschutzmaßnahmen bei Futterleguminosen 868.
Karch (K.), Anwendung neuer Herbizide 2576.
Kardos (L. T.) s. Swartz (W. E.).
Kardo-Sysoeva (E. K.) u. **Kopteva (E. G.)**, Bedeutung d. Licht- u. Temperaturfaktoren d. Hohen Nordens für d. Stärkeanreicherung in Kartoffelknollen 2588.
Kardux (D. J.), Erziehungsmethoden d. Pflaumen 1603.
Karg (W.), Beziehungen v. edaph. Raubmilben zur Arthopoden- u. Nematodenfauna d. Bodens 1689. — Veränderungen u. Wechselbeziehungen d. Mikroarthropoden in kartoffelnematodenverseuchten Flächen 3109.
Karim (A. Q. M. B.) u. **Vlamis (J.)**, Wirkungen v. Aluminium- u. Nitratstickstoff bei d. Ernährung v. Reis 2077. — Spurenelemente-Mangelsymptome d. in Nährlösungskultur gewachsenen Reises 2380.
Karkan (A.), Zweckmäßige Ausnützung d. Futterzuckerrübe zum Silieren 2402.
Karmanov (S. N.), Einfluß d. Düngung auf Pflanzguteigenschaften d. Kartoffelknollen 89.

Karmanov (V. G.) u. **Savin (N. V.),** Veränderung d. Transpirationsintensität d. Bohne nach Behandlung d. Saatgutes mit γ-Strahlen v. ^{60}Co 1784.
Karnatz (A.), Einfluß des Frostes auf d. Parthenokarpie 463. — Nachbaubeobachtungen bei einjähriger Erdbeerkultur 1603.
Karnatz (H.), Prakt. Erfahrungen mit d. Vermehrung d. Kirschunterlage F *12/1* 465. — Bekämpfung v. Dauerunkräutern in Obstbaumkulturen durch Herbizide 586. — Weitere Erfahrungen mit d. Apfelunterlage A *2* 762. — Wirkung d. Atrazins (Gesaprim) gegen Quecken u. Gräser in Obstanlagen 2880.
Karner (L.), Versuche mit Gartenerdbeeren in Höhenlagen (Ergebnisse mehrerer Jahre) 1044. — Ergebnisse d. Sonderkulturen-Versuche d. Jahres *1962* 2440.
Karolini (W.), Einfluß einer Verkürzung d. Tageslänge auf d. Blühen d. Topinamburs (Helianthus tuberosus) 312.
Karon (M. L.) s. Bhangoo (M. S.).
Karova (V.) s. Vančikov (K.).
Karpati, Pflanzliche Zwischensippen u. Evolution [196]*.
Kárpáti (V.) u. **Mándy (Gy.),** Angaben zu d. quantitativen Verhältnissen d. Wurzelsystems d. ungar. Weizen-Zuchtsorten 601.
Karpenčuk (G. K.), Über Düngungsmaßnahmen im Obstbau 459.
Karpenko (P. V.), Lagerung d. Futterzuckerrüben 2115.
Karpilov (J. S.), Veränderung d. Anforderungen v. Mais an d. N-Ernährung in d. Ontogenese im Zusammenhang mit Besonderheiten des Stoffwechsels 1232. — Einfluß mechan. Beschädigungen d. Blätter auf einige Merkmale d. Stoffwechsels u. d. Maisertrag bei verschied. Formen mineral. Düngung 1829.
Karpov (A. S.), Gefährlicher Schädling 3395.
Karpov (G. K.), Turovcev (N. I.) u. **Savel'eva (O. I.),** Morphogenese generativer Knospen beim Apfel 3054.
Kartalev (P.) s. Stajkow (G.).
Kartalov (P.) s. Popov (P.).
Karunin (B. A.) u. **Beljaeva (Z. S.),** Erfahrungen im Maisanbau im Ural u. in Sibirien [1296].
Karvonen (P.) s. Virtanen (A. I.).
Karwowski (T.), Mechanisierung d. Kartoffel- u. Rübenanbaues [1844].
Kasai (Z.) s. Konishi (S.).
Kasch (W.), Methodik einer komplexen landwirtsch. Standortkartierung 1508.
Kaširskaja (E. T.), Winterweizensorte „Barchatnaja" 1065.
Kaśjančuk (A. D.), Zuckerrübenanbau ohne Handarbeitsaufwand 420.
Kaśjanenko (A. I.), Unterlagen für Pflaumen 2460.
Kašmanova (O. I.) s. Laričeva (M. D.).
Kasmire (R. F.) s. MacGillivray (J. H.).
Kasperbauer (M. J.), Gardner (F. P.) u. **Loomis (W. E.),** Interaktion v. Photoperiode u. Vernalisation beim Blühen v. Steinklee (Melilotus) 604.
Kaspšik (M.) s. Krastina (E. E.).
Kassanis (B.), Eigenschaften u. Verhalten eines Virus, d. bei seiner Vermehrung v. einem anderen abhängt 1661. — s. Babos (P.).
— u. **Nixon (H. L.),** Aktivierung eines Tabaknekrosevirus durch ein anderes 1661.
Kaštanova (Z. N.), Über den Einfluß d. Pflanzenbestandesdichte auf d. Rübenqualität 421.
Kasting (R.) s. Lopatecki (L. E.); McGinnis (A. J.).
Kasumjan (S. A.) s. Arakeljan (A. O.).
Kasymova (Z. K.) s. Ivanov (V. M.).
Kataeva (O. E.), Einfluß d. Beizmittel auf d. Ertragsleistung d. Maises 1425.
Katalaev (A. A.), Abdullaev (S. G.) u. **Vinogradov (A. V.),** Wirksamkeit d. system. Präparate in d. Gärten 1977.
Katařjan (T. G.) u. **Potapov (N. S.),** Einfluß klimat. Faktoren auf den Ablauf d. Vegetationsphasen d. Weinrebe 472.
Katayama (T.) s. Okuda (A.).
Katerov (K.), Tragfähigkeit d. Sommertriebe aus Winterknospen, Ersatzknospen u. schlafenden Augen

bei d. in Bulgarien angebauten Keltertraubensorten 178. — Schema zur ampelograph. Beschreibung u. Studien d. Kulturrebsorten 1332. — Schema zur ampelograph. Beschreibung u. Untersuchung d. Kulturrebsorten 2156.
Kating (H.), Harnstoff-Synthese über d. Ornithin-Cyclus in jungen Gerstenwurzeln 2891.
Kato (J.), Purves (W. K.) u. **Phinney (B. O.),** Gibberellinähnliche Substanzen in Pflanzen 1188.
Kato (T.) u. **Ito (H.),** Physiolog. Faktoren, die d. Triebwachstum bei Apfelbäumen bedingen 1599. — Physiolog. Studien über d. fördernde Wirkung v. Gibberellin auf d. Wachstum v. Sellerie-Pflanzen 3186.
Katsumi (M.), Physiolog. Wirkung v. Kinetin auf d. Dickenwachstum etiolierter Erbsensproßstücke 25. — Physiolog. Wirkung v. Kinetin. Einfluß v. Kinetin auf d. Längenwachstum u. d. Wasser- u. Sauerstoffaufnahme etiolierter Erbsenstücke 2893.
Katz (J. M.) s. Kaufman (P. B.).
Katz (M.) s. Okun (D. A.).
Katzfuß (M.), Mineralstoffgehalt d. Rinde verschied. Apfel- u. Pfirsichunterlagen in Beziehung zu ihrer Wuchsleistung mit den Edelsorten 1035.
Katznelson (H.), Peterson (E. A.) u. **Rouatt (J. W.),** Phosphatzersetzende Mikroorganismen auf Samen u. in d. Wurzelzone v. Pflanzen 1488.
—, Sirois (J. C.) u. **Cole (S. E.),** Bildung einer gibberellinartigen Substanz durch Arthrobacter globiformis 2340.
Kauffmann (G.) s. Dübi (H.).
Kaufhold (W.), „Saatgutgewinnung v. Zottelwicken" *1958/60* 430. — Verschied. Anbaumethoden d. Winterwickensamenbaues 715.
Kaufman (J.) u. **Ringel (S. M.),** Wachstumsregulatoren, um d. Vergilben u. Abfallen d. Blätter bei Blumenkohl zu verzögern 3039.
Kaufman (P. B.), Katz (J. M.) u. **Yoder (M. E.),** Wachstumsreaktionen v. Avena-Stengelsegmenten auf verschied. Zucker 2023.
Kaufmann (H.-G.), Maßnahmen zur Erhöhung d. Erträge im Gemüsebau unter Glas 3035.
Kaufmann (H. J.) s. Ulrich (B.).
Kaufmann (M. L.), Ertrag u. Reife bei Hafer 1281. — s. Demirlicakmak A.).
— u. **McFadden (A. D.),** Einfluß d. Korngröße auf d. Ergebnisse v. Feldversuchen mit Gerste 2995.
Kaufmann (W.) s. Orth (A.).
Kaukovirta (E.), Bewurzelung u. Behandlung während d. Wachstums bei Chrysanthemen 2465.
Kaul (R.), Ursachen d. Wuchsförderung v. Stellaria media durch Rottesubstanz im Boden 881.
Kaul (T. N.), Auftreten v. Cercospora rubrotincta Ell. et Ev. an Kirschen in Indien 1396.
Kaunat (H.), Wuchsstoffbedürftige Bakterien aus d. engen Rhizosphäre v. Kulturpflanzen. III. Charakterisierung u. Klassifikation d. Bakterien v. Spinacia oleracea L. u. Apium graveolens L. 1487; IV. Rückblick u. ergänzende Betrachtungen zur Erfassung u. Dauerkultivierung 3223.
Kaupert (W.), Abfallbeseitigung in d. USA. Erfahrungen einer Studienreise 2068.
Kauričev (I. S.), Ivanova (T. N.) u. **Nozdrunova (E. M.),** Gehalt an niedermolekularen organ. Säuren in wasserlösl. organ. Stoffen d. Bodens 2926.
— u. **Nozdrunova (E. M.),** Podsolbildung unter d. gegenwärtigen Bedingungen d. Wald-Wiesenzone 60.
Kaushik (M. P.) s. Tayal (M. S.).
Kaven (E.), Jiffy-Töpfe im Blumen- u. Gemüsebau 1584. — Prakt. Einsatz v. Hilfsmitteln u. Maschinen im Gartenbau 2142. — Kommen wir ohne Naturdünger im Gemüsebau unter Hochglas aus? Bodenheizung mit Kunststoffrohren-CO_2-Begasung 3035.
Kavka (B.), Kreuzung v. neuen Varietäten Rhododendron hybridum u. v. großblättrigem Zwergrhododendron (Rhododendron × průhonicianum Kavka) 3098.
Kawaguchi (K.) s. Kita (D.).
—, Kita (D.) u. **Mori (H.),** Neue Bodenverbesserungsmittel „Polyvinyl-

alkohol-Betonit-Mischungen". 1. Mitt. Zementierungseffekt bei d. Aggregatbildung vulkanischer Ascheböden 2929.
Kawai (S.) s. Kemmler (G.).
Kawakami (K.), Alter d. Pflanzkartoffeln beeinflußt Wachstum u. Erträge 3289.
Kawamura (E.) s. Miyashita (K.).
Kawasaki (T.) s. Okuda (A.).
Kawase (M.), Wuchsstoffe in bezug auf d. Keimruhe bei Betula 2907.
Kayano (H.) s. Kimura (M.).
Kays (W. R.) u. **Mead (P. K.)**, Chem. Unkrautbekämpfungsversuche in Erdbeeren u. Brombeeren 1161.
Kazakov (I. G.), Zuckerrübenproduktion in d. Kolchosen d. Tschu-Tales [1844].
Kazakova (K.) s. Astadžov (N.).
Kazarjan (V. O.), D. physiolog. Grundlagen d. Ontogenese d. Pflanzen [1185].
— u. **Karapetjan (K. A.)**, Veränderungen d. Aminosäuregehalts in d. Mandelbaum-Blütenknospen während ihrer Überwinterung u. Entwicklung 2590.
Kazda (V.), Wirkung d. Wasserextrakte v. Blattläusen auf abgeschnittene Wirtspflanzensprosse 1936.
Kaziev (M. Z.), Tränkung v. Luzernesamen in Molybdänlösung 2990.
Kazimierski (T.), Anomalien im Bau d. Blüten u. Hülsen bei Lupinen luteus L. 591. — Artbastardierung d. Lupine 794. — Artbastard: Lupinus mutabilis Sweet × Lupinus douglasi Lindl 1075. — Morpholog. u. cytolog. Veränderungen bei d. Lupinenbastarden Russella × Lupinus Hartwegi Lind. 2190.
— u. **Nowacki (E.)**, Lupinen d. alten Welt 294. — Ein spontaner Artbastard d. Gattung Lupinus (L. arboreus Sims × L. hartwegi Lindl.) 795. — Perennierende Lupine 2191.
Kazimirskij (N. K.), Schuppenrüßler Polydrosus dohrni Fst., Schädling d. Erdbeere 534.
Kazubowska-Mackiewicz (T.), Morphologie d. polyploiden Formen v. Brassica oleracea var. capita L. f. alba 804.
Kazuto (O. N.) s. Tueva (O. F.).
Kec (V.) s. Schmidt (L.).
Ks̆ček (N. A.), Einige Faktoren, die d. Infektion d. Weizens mit Flugbrand beeinflussen 2239.
— u. **Stepanjan (T. G.)**, Biolog. Besonderheiten d. Erregers d. Brennfleckenkrankheit d. Esparsette 1668.
Kecskés (M.), Antibiotikum-Empfindlichkeit d. Bodenmikroorganismen. Wirkung einiger Antibiotika auf d. Wachstum u. auf d. chitinabbauende Tätigkeit d. chitinabbaufähigen Bodenmikroorganismen 2049.
— u. **Manninger (E.)**, Wirkung versch. Antibiotika auf d. Wachstum d. Rhizobien 1488.
Kedar (N.) s. Bemis (W. P.).
Kedrov-Zichman (O. K.), Wirksamkeit unterschiedlicher Kalkgaben in Fruchtfolgen mit mehrjährigen Gräsern 1537.
—, **Semenova (F. I.)** u. **Koževnikova (A. N.)**, Anwendung v. ^{45}Ca für d. Kalkung d. Böden u. d. Einfluß d. Strahlung dieses Radioisotops auf landwirtschaftl. Kulturen 1525.
Kee (N. S.) = Siew Kee (N.).
Keefer (C. E.), Temperatur u. Wirksamkeit bei d. Schlammaktivierung 1512.
Keefer (R. F.) u. **Mortensen (J. L.)**, Biosynthese v. Bodensacchariden. 1. Mitt. Glucose- u. Luzernegewebe-Substrate 3227.
Keep (E.), Zahl d. Satelliten u. Nucleoli bei Bastarden v. Ribes nigrum u. R. grossularia u. deren Rückkreuzungen 1918. — Artbastardierung bei Ribes 3378.
Keetman (E.) u. **Wollmann (H.)**, Messen u. Regeln in Neutralisations- u. Entgiftungsanlagen 1508.
Kégl (L.), Korrelation zwischen d. Ausmaß d. Reifeveränderung u. d. Notreife d. Weizenkorns 701.
Kegler (H.), Scharkakrankheit d. Pflaume 845. — Ein latentes Virus in deutschen Apfelsorten u. -unterlagen 1113. — Chenopodium-Arten als Test- u. Wirtspflanzen für Kirschenviren 2836. — s. Klinkowski (M.); Schmidt (H. B.).
— **u. Opel (H.)**, Nachweis v. Ringfleckenviren d. Kirsche mit krautigen Testpflanzen 3160.

Kehr (A. E.) s. Hildebrand (E. M.); Houghland (G. V. C.); Plaisted (R. L.).

—, O'Brien (M. J.) u. **Davis (E. W.)**, Pathogenität v. Fusarium f. sp. cepae u. sein Verhalten zu Pyrenochaeta terrestris an Zwiebel 1953.

Keister (D. L.), Jagendorf (A. T.) u. **San Pietro (A.)**, Bohnenblatt-Transhydrogenase in etiolierten Blättern 1464.

Keit (G. W.) s. Tsao (P. H.).

Kelbert (D. G. A.), Neue Richtung in d. Tomatenkultur im Gebiete d. Golfküste 1593.

Kéler (S. v.), Entomolog. Wörterbuch mit bes. Berücksichtigung d. morpholog. Terminologie [3139].

Kelkar (P. V.) s. Rao (V. G.).

Keller (E.), Bodenproben auf Ditylenchus dipsaci 1678.

Keller (E. R.), Bericht über d. Hauptversuche mit frühen u. mittelfrühen Speisekartoffelsorten *1959* bis *1961* 994.

— u. **Münster (J.)**, Y-Virusbefall der nach d. Schweiz gelieferten Saatkartoffeln aus europäischen Ländern u. d. ergriffenen Gegenmaßnahmen 1938.

Keller (J. C.) s. Butt (B. A.).

—, Maxwell (F. G.) u. **Jenkins (J. N.)**, Baumwollextrakte als Hemmstoffe u. Nahrungsstimulantien für Anthonomus grandis 2511.

Kellerman (V. V.) s. Antipov-Karataev (I. N.).

Kelley (J. J.) u. **Kaesberg (P.)**, Präparation v. Proteinuntereinheiten vom Luzernemosaikvirus unter milden Bedingungen 244.

— u. **Koenig (V. L.)**, Elektrophoret. Analyse v. Mehlproteinen verschied. Weizenvarietäten 2310.

Kelley (W. P.), Natriumcarbonat u. adsorbiertes Natrium in semiariden Böden 1199.

Kellogg (C. E.) s. Bramao (L.).

Kelman (A.) s. Sequeira (L.).

Kelso (T. M.) s. Siegel (M. R.).

Kemmer (E.), Stadienversuche bei Kernobstsämlingen 1868. — Formenspiel d. Einzelwurzeln bei Apfelgehölzen 1870. — Mutterbaumkörung u. Ertrag beim Apfel 2750.

Kemmer (E.) u. **Schulz F.)**, Ertragsbeurteilung beim Apfel 2459.

Kemmer (R.), Beobachtungen am Wurzelstrunk v. Apfelsämlingen 169.

Kemmler (G.), Hashimoto (T.), Fujimura (K.), Araki (M.), Imaizumi (K.), Kawai (S.), Kobayashi (A.), Tsutsumi (T.), Kitani (K.) u. Kabob (S.), Japanese Potassium Symposium [1530]*.

Kemp (A.) u. **Geurink (J. H.)**, Magnesiumdüngung v. Grasland auf Sandböden in Zusammenhang mit d. Verhinderung v. Hypomagnesiämie bei Milchkühen 3033.

Kemp (J. G.), Loiselle (R.) u. **Kalbfleisch (W.)**, Heißwasserbehandlungsgerät für kleine mit Flugbrand infizierte Saatgutproben 1125.

Kempanna (C.) u. **Riley (R.)**, Genet. Wirkungen bei Fehlen d. Chromosomen III u. V auf d. Meiosis-Paarung v. Triticum aetivum 3358.

Kemper (A.), Auftreten v. Salatmosaikvirus an Salat (Lactuca sativa L.) u. an Kreuzkraut (Senecio vulgaris L.) 2838.

Kemper (W. D.) s. Miller (D. E.); Olsen (S. R.); Qayyum (M. A.); Taylor (S. A.).

Kemula (F.) s. Jankiewicz (L. S.); Zagaja (S. W.).

Kendall (W. A.), Wirkung v. Aminosäuren auf d. Keimung d. Samen v. Rotklee 2599.

—, Stroube (W. H.) u. **Taylor (N. L.)**, Wachstum u. Ausdauer verschied, Rotkleesorten bei unterschiedlichen Temperatur- u. Feuchtigkeitsbedingungen 1292.

Kendrick (W.), Bodenpilze eines Kupfersumpfes 2627.

Kennedy (B. W.) u. **King (T. H.)**, Eckige Blattfleckenkrankheit an Erdbeeren, verursacht durch Xanthomonas fragariae n.sp. 3152.

Kennel (R.) s. Zöttl (H.).

Kennett (C. E.) s. Huffaker (C. B.).

Kent (N. L.) u. **Waterson (H. A.)**, Sommerhafer-Sortenversuche in Westschottland *1954—59* 990.

Kenten (R. H.) s. Brunt (A. A.).

Kepiński (A.), Wassereintrittsgeschwindigkeit zum Brunnenfilter in

bezug auf d. Berechnung d. Filterdurchmesser 2950.
Kepkowa (A.), Können Frühbeetsorten d. Gurke im Gewächshaus angebaut werden 3041.
— u. **Legut (L.)**, Wert verschied. Heterosissorten d. Tomate im Anbau unter Glas mit u. ohne Hormonstandardbehandlung 1589.
— u. **Majlert (W.)**, Einfluß v. ionisierenden Strahlen auf d. Zwiebellagerung 1581.
— u. **Rutkowska (Z.)**, Einfluß d. künstlichen Bestäubung u. Hormonbehandlung auf d. Ertrag v. Gewächshaustomaten 1588.
Kepner (R. A.) s. Brooks (F. A.).
Keppler (E.), Probleme bei d. Züchtung v. Fremdbestäubern 785. — Prüfung d. Kälteresistenz v. Winterweizen 3360.
— u. **Steuckardt (R.)**, Beziehungen zwischen d. individuellen Leistung v. Luzerneklonen (Medicago med. L.) u. ihren aus freier bzw. gelenkter Bestäubung hervorgegangenen Nachkommenschaften 209.
Keränen (T.), Grunddüngung in Gefäßversuchen in Abhängigkeit v. d. Düngungsmethode u. -zeit 1540.
Kerawala (D. N.) s. Gopalkrishna (N.).
Keremidčiev (M.) u. **Vŭtov (V.)**, Melanophila picta Pall, neuer Pappelschädling in Bulgarien 3400.
Kerfoot (O.), Wurzelsysteme beim Tee 5.
Kéri (L.) u. **Halász (É.)**, Chem. Unkrautbekämpfung bei Mais 584.
Kerling (L. C. P.) s. Lange (A. de).
Kern (H.), Biochem. Untersuchungen an verschied. Plasmotypen d. Gattung Epilobium (Beitrag zum Problem d. Plasmavererbung). *1.* Mitt. Untersuchungen an Blatteiweißstoffen 479; *2.* Mitt. Untersuchungen an Nucleinsäuren 479.
Kernweisz (P.) s. Renner (U.).
Kero (M. L.) s. Paloheimo (L.).
Kerpen (W.), Böden d. Versuchsgutes Rengen, Kartierung, Eigenschaften u. Standortswert 935; dass.: [1764].
Kerr (H. D.) s. Davis (F. S.).
Kerr (M. H.) s. Evans (R. J.).
Kerr (W. E.) u. **Humphreys (J. R.)**, Salatsamenproduktion, eine Bewässerungskultur für rhodes. Farmer 2743.
Kershar (K. A.), Assoziation u. Kovarianzanalyse v. Pflanzengemeinschaften 37.
Kervégant (D.), Introduction à la documentation agronomique [2002]*.
Keskin (B.), **Gaertner (A.)** u. **Fuchs (W. H.)**, Über eine d. Wurzeln v. Beta vulgaris Tournef. befallende Plasmodiophoracee. Vorl. Mitt. 3144.
Kesseba (A.) s. Hofmann (E.).
Kessen (E.) s. Saalbach (E.).
Kessler (B.) s. Halevy (A. H.).
— u. **Monselise (S. P.)**, Ribonucleinsäuregehalt u. Ribonucleaseaktivität während d. Entwicklung d. Blätter v. Apfel u. Orange in Abhängigkeit v. Blatt- u. Baumalter 2296.
Keszi-Hermath (E.) s. Palocsay (R.).
Ketellapper (H. J.) s. Tukey jun. (H. B.).
Kevan (D. K. McE.) s. Marshall (V. G.).
Key (J. L.) s. Slife (F. W.).
—, **Kurtz (L. T.)** u. **Tucker (B. B.)**, Einfluß d. Verhältnisses v. austauschbarem Calcium-Magnesium auf Ertrag u. Zusammensetzung v. Sojabohnen u. Mais 1240.
Keys (A. J.), **Smith (F. S.)** u. **Martin (R. V.)**, Herstellung v. Pulvern aus pflanzlichem Gewebe durch Gefriertrocknung 2309.
Keyworth (W. G.) u. **Howell (J.)**, Silberkrankheit d. Roten Bete 1671.
Khadr (M.) s. Elgabaly (M. M.).
Khalid (S. A.) s. Choudhry (M. S.).
Khalifa (A.), Relative Anfälligkeit einiger Sorghum-Sorten gegen Trogoderma-Befall 1153.
Khalil (W.) s. Romisondo (P.).
Khan (A. A.), Chem. Düngung zu Weizen im Peshawar-Gebiet 1248.
Khan (A. R.), Pflügen, traditionelle Lehre u. zweckmäßige Durchführung 3236.
— u. **Mathur (B. P.)**, Bodenbearbeitung. *13.* Mitt. Einfluß d. Änderung d. Bearbeitungstiefe bei verschied. Methoden d. Phosphatanwendung auf d. Ertrag d. Taubenbohne (Cajanus cajan) 1507.

Khan (A. R.) u. **Shafi (M.),** Kartoffelanbau in Westpakistan 1285.
—, Shafi (M.) u. **Gill (I. A.),** Anbau v. Muskmelonen in Westpakistan 1299.
Khan (D. H.) s. Chaudhuri (S. D.).
Khan (E. J. A.) s. Bleackley (D.).
Khanduja (S. D.) s. Gopalkrishna (N.).
Khanna (S. S.) u. **Stevenson (F. J.),** Metallorgan. Komplexe im Boden. *1.* Mitt. Potentiometr. Titration einiger isolierter organ. Bodensubstanzen in Gegenwart v. Übergangsmetallen 628.
Khatri (P. B.) s. Mehta (B. V.).
Kheiralla (A. I.) u. **Whittington (W. J.),** Genet. Analyse d. Tomatenwachstums: d. F_1-Generation 2491.
Khera (M. S.) s. Datta (N. P.).
Khishen (S. A.) s. Zaki (A. I.); Zaky (A. I.).
Kho (Y. O.) u. **Bruyn (J. W. de),** Gametocid. Wirkung v. Dichloressigsäure 3097.
Khush (G. S.), Zytogenet. u. evolutionist. Untersuchungen über d. Evolution bei Secale. *2.* Mitt. Verwandtschaftliche Beziehungen d. Wildarten untereinander 3363. — s. Rick (C. M.).
Kičigin (A. A.), Biolog. Besonderheiten neuer Winterweizen-Formen, die aus Sommerweizen erhalten wurden 3076.
Kick (H.), Gedanken zur Spurenelementversorgung d. Kulturpflanzen 1240. — Nährstoffgehalt ägypt. Böden unter bes. Berücksichtigung d. Spurennährstoffe Cu, Zn u. B 2617. — Anwendung d. festen Siedlungsabfälle (Müll- u. Müllklärschlammkompost, Klärschlamm) im Landbau u. ihre Beurteilung 2675.
— u. **Große-Brauckmann (E.),** Vegetationsversuche über d. Einfluß v. Braun- u. Steinkohlenflugasche auf d. Wachstum v. Pflanzen 814.
Kickuth (R.) s. Scheffer (F.).
Kidder (E. H.) u. **Stegman (E. C.),** Anlage u. Ausrüstung zur Messung d. Wasserbedürfnisse v. Pflanzen 2643.
Kidwell (J. F.) u. **Nash (D. J.),** Spezieller Fall bei d. Ermittlung u. Schätzung v. Koppelung 2471.
Kiermayer (O.), Fasciation im generativen Bereich v. Lycopersicon esculentum u. ihre Beeinflussung durch *2,3,5*-Trijodbenzoesäure (Tiba) 606.
Kiesow (L.), „Restatmung" d. chemoautotrophen Nitrobacter winogradskyi 2936.
Kietreiber (M.), Septoria-Befall v. Weizenkörnern; zur Methodik d. Erkennung 3159.
Kiffmann (R.), Echte Gräser (Gramíneae) [1852]*. — Scheinbinsenarten d. bayer. Flachland-Dauergrünlandes 3170.
Kihlman (B. A.), Biochem. Aspekte d. Chromosomenbruchs 1343. — Unterschiedliche Wirkungen v. *5*-fluoroxyuridin u. *5*-bromoxyuridin auf d. Häufigkeit v. Chromatid-Aberrationen, d. nach Bestrahlung mit X-Strahlen bei Vicia faba erzielt wurden 2177. — Wirkung v. Cupferron, Kohlenmonoxyd u. *2.4*-Dinitrophenol auf d. Auslösung v. Chromosomenaberrationen durch Röntgenstrahlen bei Vicia faba 3354.
Kijatkin (K. K.), Vorobejčikova (L. A.) u. **Kravec (D. D.),** Einsatz neuer Herbicide in Baumwollsaaten 2283.
Kikudome (G. Y.), D. zytogenet. Verhalten eines geschnürten Chromosom *10* bei Mais 1343.
Kikumoto (T.) s. Matsui (C.).
— u. **Matsui (C.),** Elektronenmikroskopie v. Pflanzenviren aus d. Mitteldarm v. Blattläusen 3139. — Elektronenmikroskopie v. Pflanzenviren aus d. Blattlausdarm 3414.
Kilcher (M. R.) s. Lawrence (T.).
— u. **Heinrichs (D. H.),** Gras-Luzernegemisch im Vgl. zu Grüngetreide zur Futtererzeugung unter semiariden Bedingungen 1291.
Kil'djaeva (V. P.) s. Manturova (I. M.).
Kilimnik (E. E.) s. Cicin (N. V.).
Kiljańska (I.), Zierpflanzen in d. Wohnung u. auf d. Balkon [3350].
Killion (D. D.) s. Graham (E. R.).
Kilner (R. B.), Fachvorträge u. Gespräche d. Jahrestagung d. International Shade Tree Group 1305.
Kilpatrick (R. A.) s. Chen (Tseh-an).
Kimble (K. A.) s. Gentile (A. G.); Grogan (R. G.); Taylor (R. H.).
Kimura (I.) s. Fukushi (T.).
Kimura (K.), Wirkungen v. Temperatur u. Nährstoffen auf d. Blüten-

bildung v. Raphanus sativus L. in völliger Dunkelheit 22.

Kimura (M.), Fixierungswahrscheinlichkeit v. mutierten Genen in einer Population 1618.

— u. **Kayano (H.)**, Beständigkeit v. überzähligen Chromosomen in Wildpopulationen v. Lilium callosum infolge bevorzugter Spaltung 485.

Kinard (W. S.) s. Creigthon (C. S.).

Kindt (V.), Beitrag zur Problematik exakter Anbauversuche bei d. Champignonkultur 2452.

King (D. L.) u. **Riddolls (A. W.)**, Beschädigungen v. Weizen- u. Erbsensaatgut beim Dreschen bei veränderlichem Feuchtigkeitsgehalt 984.

King (J.), Festuca-Agrostis-Grasland-Komplex in Südost-Schottland 2611.

— u. **Davies (G. E.)**, Wirkung v. Dalapon auf Arten d. Berggrünlandes 3031.

King (J. C.), Inzucht, Heterosis u. Informationstheorie 1055.

King (K. M.) s. Patil (A. S.).

King (T. H.) s. Fields (R. W.); Haglund (W. A.); Kennedy (B. W.).

Kinghearn (H. G.) u. **Brown (E. B.)**, Einfluß verschied. Nematicide auf Wurzelgallennematoden (Meloidogyne javanica), Kartoffelnematoden (Heterodera rostochiensis) u. d. Erträge v. Gewächshaustomaten 3168.

Kinra (K. L.), **Foth (H. D.)** u. **Davis (J. F.)**, Wirkung gewöhnlichen Superphosphats auf d. Auflaufen v. Hafer u. Weizen 394.

—, **Foth (H. D.)**, **Robertson (L. S.)** u. **Brown (H. M.)**, Wirkung v. Aussaatmenge, Reihenentfernung, Düngermenge u. Düngerplazierung auf d. Winterweizenleistung in Michigan 2999.

Kinsey (M. G.) s. McLean (D. L.).

Kinzel (H.), Methodik d. Analyse v. pflanzlichen Zellsaft-Stoffen, mit bes. Berücksichtigung d. organ. Säuren 1185.

— u. **Bolay (E.)**, Diagnost. Bedeutung d. Entmischungs- u. Fällungsformen bei Vitalfärbung v. Pflanzenzellen 483.

Kipenvarlic (A. F.) u. **Giljarov (M. S.)**, Veränderung d. Bodenfauna d. Niederungsmoore unter d. Einfluß d. Melioration u. d. landwirtsch. Erschließung [1779].

Király (Z.), Pilze, Bakterien u. tier. Schädlinge d. Tomaten [855].

—, **Bócsa (E.)** u. **Vörös (J.)**, Wirkung einer Samenbehandlung mit Gibberellinsäure auf d. Weizensteinbrandinfektion 2552.

Kirby (A. H. M.) u. **Frick (E. L.)**, Bewertung v. Chemikalien für d. Bekämpfung v. Echten Mehltaupilzen im Gewächshaus. *1.* Mitt. Geeignete Methode für Apfel u. Gerste 3441; *2.* Mitt. Faktoren, die d. künstliche Infektion v. Apfellaub beeinflussen 3441.

Kirchmann (R.) s. Myttenaere (C.).

Kirchner (H.-A.), Bedeutung d. Warndienstes für d. Pflanzenschutz im Apfelanbau 287. — Heutiger Stand d. Pflanzenschutztechnik unter Berücksichtigung d. Flugzeugeinsatzes 2848.

Kiredjian (M.) s. Berducou (J.).

Kiričenko (F. G.), Schaffung neuer Winterhartweizensorten u. die Besonderheiten ihrer Saatguterzeugung 412.

— u. **Šalin (J. P.)**, Herausbildung d. Frostresistenz bei einigen Winterweizensorten, abhängig v. Anzuchtbedingungen u. Stadienzustand 1067.

Kiril'cev (B. I.) s. Ermakov (N. A.).

Kirjakov (K.), Stand d. züchter. Arbeit über d. Heterosis bei Mais in Bulgarien 2780.

— u. **Najdenov (G.)**, Studium d. Mais-Landsorten in Nordwestbulgarien 2781.

Kirjuchin (V. P.) s. Grečušnikov (A. I.).

Kirkham (D.) s. Kunze (R.J.); Phillips (R. E.); Rogowski (A. S.).

— u. **Kunze (R. I.)**, Isotopenmethoden u. ihre Anwendung in bodenphysikal. Untersuchungen 2058.

Kirkpatrick (J. D.), **Parker (K. G.)** u. **Fisher (E. G.)**, Einfluß v. Ringflekkenkrankheit, Vergilbung u. Unterlage auf d. Zusammensetzung d. Makronährstoffe d. Blätter u. auf d. Wachstum d. Sauerkirsche 1942.

Kiroška (I. V.), Einfluß v. Boden u.

Wasser auf d. Entwicklung v. Obstanlagen 2155.
Kiskin (P. C.), Ein Schlüssel zur Bestimmung v. Weinunterlagen [1881]. — Schlüssel für d. Bestimmung v. Sorten in d. Rebschule [1881]. — Schlüssel für d. Bestimmung d. wichtigsten Rebsorten in d. UdSSR [1881].
Kisljakova (T. E.) s. Šachov (A. A.).
Kisljuk (M. M.), Erzielung v. Wi-Getreideformen aus So-Sorten 1347. — Variabilität v. Nackthafer nach Einwirkung v. Minustemperaturen 1352.
Kišon (A.) u. **Hanák (R.)**, Verteilung d. Rebsorten d. ČSSR [1881].
Kiss (Á.), Erzeugung v. Polyploidreihen bei Triticale 2179. — Züchtung samenloser Wassermelonen 2201.
Kiss (E.), Anwendung einer Testmethode zur Untersuchung d. Anfälligkeit v. Leinsorten für Colletotrichum lini (West.) Toch 3159.
Kiss (T.) u. **Iványi (I.)**, Großflächenversuche mit Zuckerrübensorten *1960* 418.
Kistler (H. R.), Ausscheidung v. Landwirtschaftszonen bei Orts- u. Regionalplanungen [3245].
Kita (D.), Dispersion u. Ausfällungen v. Böden 1483. — s. Kawaguchi (K.).
—, Mori (H.) u. **Kawaguchi (K.)**, Neue Bodenverbesserungsmittel „Polyvinylalkohol-Bentonit-Mischungen". *2.* Mitt. Vortreffliche Wirkung d. Mittels bei d. Einschränkung d. übermäßigen Permeabilität v. Böden 3219.
Kitagishi (K.) s. Yoshida (Shoichi).
Kitani (K.) s. Kemmler (G.).
Kiticyn (E. N.) s. Vasil'ev (V. P.).
Kitipov (A.) s. Atanasov (A.).
Kittock (D. L.) u. **Patterson (J. K.)**, Wirkungen d. Saatkorngröße auf d. Ausdauer v. Steppengräsern 132.
Kitton (M. E.), Subsektion Sibirica. Iris-Jahrbuch *1961* 185.
Kittrell (F. W.) s. Okun (D. A.).
Kizilova (A. A.) s. Antipov-Karataev (I. N.).
Kizilova (E. G.), Keimungsprozesse bei Maissaatgut 20.
Kizjurin (A. D.), Geographie d. Kulturapfels in Sibirien 3332.
Klaehn (F. U.) u. **Wheeler (W. P.)**, Röntgenuntersuchungen bei künstlichen Kreuzungen v. Picea abies (L.) Karst. u. Picea glauca (Moench) Voss 217.
Klämbt (H. D.), Wuchsstoffhaushalt heranwachsender Samen d. Roten Johannisbeere u. seine Beeinflussung durch α-Naphthylessigsäure 767.
Klages (M. G.) s. Cooper (C. S.).
Klapp (E.), Ertragsfähigkeit u. Düngungsreaktion v. Wiesenpflanzen-Gesellschaften 1576. — Verhalten d. Wiesenpflanzen bei verschied. Düngung unter bes. Berücksichtigung d. Stickstoffwirkungen v. Düngung u. Standort 1849.
— u. Kmoch (H. G.), Anbauwert verschied. ausländ. Luzerneherkünfte 2422.
Klarner (S.), Einfluß eines vieljährigen unterbrochenen Tabakanbaues d. Typus Virginia Bright bei verschied. Düngung auf den Blätterertrag 1001.
Klatt (F.) s. Teipel (R.).
Klausnitzer (B.), Spargelkäferpopulation (Crioceris asparagi L. u. C. duodecimpunctata L.) 1381.
Klauß (D.), Leuchtgasschäden an Gewächshauspflanzen 1924.
Kleczkowska (J.) s. Gupta (B. M.).
Kleczkowski (A.), u. **Kammen (A. van)**, Schutz gegenüber Proteolyse durch Aggregation d. vom Tabakmosaikvirus isolierten Proteins 1385.
Klee (J.) s. Netzsch-Lehner (A.); Springer (U.).
Klein (A. K.) u. **Gajan (R. J.)**, Bestimmung v. Pentachlornitrobenzol in Gemüse 558.
Klein (C. J.) s. Allison (F. E.).
Klein (D.), Untersuchungen über d. Maissilierung in LPG des MTS-Bereiches Taubenheim 985.
Klein (E.), Züchtung ertragsreicher u. qualitativ besserer Weizensorten während der letzten *40* Jahre in Argentinien 493.
Klein (K.), Erzeugung stickstoffhaltiger Düngemittel [691].
Klein (L. G.), Way (R. D.) u. **Einset (J.)**, Neueinführung d. Apfelsorten „Wayne", „Niagara" u. „Spigold" 3333.

Klein (S.) s. Koller (D.).
Kleinendorst (A.) s. Hove (H. J. ten).
Kleinert (H.), Bestimmung d. Invertase-Aktivität d. Bodens u. deren Abnahme unter konstanten Lagerungsbedingungen 1504.
Kleinhempel (D.) u. **Hieke (W.)**, Sorption u. Umsetzung v. Hydrierwasserphenolen in verschied. Böden 2040.
Kleinschmidt (R. P.), Neue Agromyzidae-Arten aus Queensland 1104.
Klement (Z.) s. Farkas (G. L.).
Klement (Z.) u. **Lovrekovich (L.)**, Neue Methoden zur Bestimmung v. Bakterien, d. Pflanzenkrankheiten hervorrufen 2249. — Wirt-Parasit-Beziehungen an mit Bakterien infizierten Bohnenhülsen 3427.
Klemes (V.) u. **Hejl (R.)**, Optimale Größe d. Bewässerungsgebietes als Funktion des maximalen Nutzeffektes des Bewässerungssystems u. d. Wasserquelle 1227.
Klemm (K. H.), Böden d. Bezirke Halle u. Magdeburg auf ihren Magnesiumgehalt 2358.
Klemmedson (J. O.), Schultz (A. M.), Jenny (H.) u. **Biswell (H. H.)**, Wirkung eines vorsätzlichen Abbrennens d. Waldstreu auf den Gesamtstickstoffgehalt des Bodens 918.
Klesnil (A.), Einfluß d. Saatzeit auf d. Luzernesamenertrag 114.
Klešnin (A. F.) s. Šul'gin (I. N.).
Klewitz (R.) s. Diercks (R.).
Klicza (L.) s. Miksiewicz (M.).
Klier (K.) s. Henkel (G.).
Klimaševskij (Ė. L.), Einfluß d. Bodenreaktion auf Entwicklung u. Wachstum d. Maises 97.
Klimaszewski (S. M.) u. **Wiąckowski (S. K.)**, Wichtige in d. poln. Obstbaumgärten vorkommende Blattflöhe (Homoptera, Psyllidae) 3401.
Klimenko (V. G.) s. Vajntraub (I. A.).
Klimes-Szmik (A.), Unterteilung d. Bodenhohlräume auf Grund d. Wasserbewegung 1753. — s. Gleria (J. di); Kullmann (A.).
— u. **Kullmann (A.)**, Kapillare Wasserkapazität, an niedrigen Bodensäulen gemessen 1753. — Direktbestimmung d. Bodenporosität 1768.
Klimov (G. B.), Mechanisierung d. Rodearbeiten in Baumschulen [3343].
Klimov (S. E.), Neues in d. Kolbentrocknung 2113.
Klimova (A. I.), Wesen des Blumenkohlkopfes u. einige Besonderheiten seines anatom. Aufbaus 1027.
Klimovickaja (Z. M.) s. Vlasjuk (P. A.).
Klinclre (A.), Einfluß d. Streptomycins auf d. Wurzelflora d. Gerste 2907.
Kling (C. L.) s. Hansing (E. D.).
Klinge (H.), Beiträge zur Kenntnis tropischer Böden. IV. Über Gesamthumus u. Stickstoff in Böden El Salvadors/Zentralamerika 350; V. Über Gesamtkohlenstoff u. Stickstoff in Böden des brasilian. Amazonasgebietes 350. — Epiphytenhumus aus El Salvador (Zentralamerika). I. Standorte u. ihre gesamtökolog. Stituation 2618; II. Kennzeichnung d. Humus durch analyt. Merkmale 3213.
—, **Puffe (D.), Scheffer (F.)** u. **Welte (E.)**, Rendzinen d. mitteldeutschen Berg- u. Hügellandschaften (Leine-Weser-Bergland). 3. Mitt. Humus u. Stickstoff in den Rendzinen unter verschied. Standortsbedingungen 935.
Klinger (G.) s. Stein (W.).
Klingman (D. L.) s. Davis (F. S.); Finnerty (D. W.).
Klingman (G. C.), Beständigkeit v. *2,3,6*-Trichlorbenzoldiisopropyldithiocarbamat oder seinen Rückständen in Boden Nordkarolinas 2874. — s. Hertogh (A. A. de).
Klingmüller (W.), Molekulargenetik 1615.
Klingst (A.) s. Linser (H.).
Klink (G.), Endogene u. exogene Abhängigkeit d. Parasitierungs- u. Flugaktivität einiger Trichogramma-Arten 1131.
Klinkowski (M.), Synthese d. Forschungsarbeit d. Pflanzenzüchters u. d. -pathologen 779. — Europäische Pandemie v. Peronospora tabacina Adam, dem Erreger d. Blauschimmels d. Tabaks 1950. — Virusnomenklatur u. d. Möglichkeiten einer internationalen Vereinbarung 2512.

Klinkowski (M.) u. **Kegler (H.)**, Analyse d. Virosen d. Kern- u. Steinobstes 2835.
Kliphuis (E.), Chromosomenzahlen v. einigen einjährigen Trifolium-Arten, die in den Niederlanden vorkommen 484. — Cytotaxonom. Untersuchungen bei d. Gattung Galium. Vorläufiger Bericht 887.
Ključko (P. F.) s. Musijko (A. S.).
Kljukvina (J. V.) s. Sumanov (E. J.).
Kljuškina (N. S.) s. Čajlachjan (M. C.).
Kločkov (B.) s. Todorow (T.).
Kloosterman (E. G.), Maschinelles Krautzupfen bei Pflanzkartoffeln 702.
Kłosińska-Rycerska (B.) u. **Somorowska (K.)**, Chem. Zusammensetzung einiger in Polen angebauter Kartoffelsorten 1185.
Klossowski (W.) u. **Gruszewska (M.)**, Einfluß verschied. Bodenbearbeitungs- u. Pflegesysteme auf d. Wuchs u. Ertrag d. Pflaumensorte „Reneklode Ulena" 2758.
—, Gruszewska (M.) u. **Mróz (H.)**, Verschied. Bodenbearbeitungs- u. Pflegesysteme auf d. Wuchs u. d. Ertrag v. kleinkronigen Apfelbäumen 2752.
— u. **Soczek (Z.)**, Verschied. Arten v. Bodenspreu auf d. Wuchs junger Birnbäume 2755.
—, Soczek (Z.), Słowik (K.) u. **Łaźniewska (I.)**, Einfluß d. durch d. Fabrik für Superphosphatmehl „Bonarka" in Krakow verursachten Staubgehaltes d. Luft auf Obstbäume 2957.
Klosterman (H. J.) s. Timian (R. G.).
Klostermeyer (E. C.), Verhältnis zwischen Erbsenblattläusen, Lygus-Wanzen u. Luzernesamenerträgen 1933. — s. Robertson jun. (R. S.).
Klotz (L.) s. Moser (G.).
Kloz (J.) u. **Turková (V.)**, Legumin, Vicilin u. ihnen ähnliche Eiweißstoffe in Samen einiger Pflanzen d. Familie Viciaceae (Serolog. Vergleichsstudie 2912.
Klučnikov (L. J.), Dreijährige Untersuchungen zur chem. Unkrautbekämpfung in Waldstreifen 1999,
Kluge (K.), Verhalten d. diploiden Form v. Fragaria vesca var. semperflorens im Vgl. mit d. tetraploiden Form hinsichtlich Blüte u. Scheinfrucht 2797.
Klupczyński (Z.) s. Misterski (W.).
Klusmann (W.), Betriebswirtschaftliche Ergebnisse bei intensiv genutztem Grünland über d. Verwertung durch d. künstliche Trocknung 2734.
Klute (A.) s. Wilkinson (G. E.).
— u. **Gardner (W. R.)**, Tensiometer-Reaktionszeit 360.
— u. **Richards (L. A.)**, Einfluß d. Temperatur auf den relativen Dampfdruck des Wassers im Boden. Apparatur u. vorbereitende Messungen 1203.
Klykov (A. P.), Frühreifer Mais im Gemenge mit Leguminosen 2128.
Kmoch (H. G.) s. Klapp (E.).
Knaack (H.), Kartoffelverluste während d. Winters 1820.
Knapen (H.), Wolwerts (M. R.) u. **Sironval (C.)**, Einfluß d. Rückschnitttermins auf Neuwuchs b. Äpfeln 462.
Knapp (R.), Wirkungen v. Behandlungen mit Gibberellinen auf d. Entwicklung v. Pflanzen 315. — Eigenschaften u. Wirkungen d. Gibberelline [320]*. — s. Juhrén (M.); Stoffers (A. L.).
Knauer (N.), Einfluß d. Düngung mit Phosphat, Kalium u. Calcium auf Pflanzenbestand u. Mineralstoffgehalt v. Wiesen- u. Weidefutter 2733. — Zusammenhänge zwischen Roheiweiß-, Rohfaser- u. Mineralstoffgehalt v. Grünlandpflanzen u. deren Bedeutung bei d. Auswertung v. Pflanzenanalysen zur Vorhersage d. Düngerwirkung 3031.
Kneese (A. V.), Water pollution [1514]*.
Knickmann (E.), Silicium u. Pflanze 2085. — Sägemehl als Kompostrohstoff u. Mulchmaterial 2144. — Kieselsäure als Düngemittel 2973. — Verhütung v. Erosion 3063.
—, Tepe (W.) u. **Schwarz (K.)**, Nährstoffversorgung v. Apfelbäumen 170.
Knight (A. H.) s. Crooke (W. M.).
Knight (B. C.), Nichols (A. A.) u. **Leaver (C. W.)**, Bakterienblattfleckenkrankheit an Pelargonium 3431.
Knight (C. A.), Silva (D. M.), Dahl (D.) u. **Tsugita (A.)**, Zwei bes. Stämme d. Tabakmosaikvirus 2830.

Knight (R. L.), Briggs (J. B.), Massee (A. M.) u. **Tydeman (H. M.),** Vererbung d. Resistenz gegen Blutläuse, Eriosoma lanigerum (Hsmnn.) beim Apfel 1917.

Knipling (E. F.), Möglichkeiten u. Weiterentwicklung d. chem. Sterilisierung für d. Schädlingsbekämpfung 2854.

Knobloch (G.), Müll- u. Klärschlammverwertung unter Berücksichtigung d. Kompostierung 3242.

Knoch (G.), Weidedüngungsversuche mit Stickstoff bei gleich hohen Gesamtgaben mit zeitlich unterschiedlicher Verteilung 393. — Vergleichender Anbau v. Winter- u. Sommergerste in höheren Lagen d. Bezirkes Gera 1280. — Saatzeiten- u. Sortenfragen d. Wintergerste in Vorgebirgslagen 1827.

Knoch (K.), Landesklimaaufnahme. Wesen u. Methodik 2319.

Knösel (D.), Bakterienbrand d. Walnußbäume, Isolierung u. Untersuchung d. Erregers 552. — Untersuchungen an sternbildenden Bakterien 2050; dass.: 2626; dass.: 3383.

Knoll (J.), Arbeit d. FAO mit bes. Berücksichtigung d. Maßnahmen zur Förderung d. pflanzlichen Erzeugung 1713.

Knoll (K. H.) s. Glathe (H.).

Knopfli (W.), Natur- u. Landschaftsschutz im schweizer. Mittelland u. seine Zielsetzung [371].

Knopov (T. V.) s. Godunova (K. N.).

Knoppien (P.) s. Boon (J. van der).

Knorr (L. C.), Webster (B. N.) u. **Malagutti (G.),** Fleckenbildung u. Gallen an Citrus-Pflanzen, d. durch Milben d. Gattung Brevipalpus hervorgerufen werden u. in neuerer Zeit auf d. Sämlingen d. Zuchtgärten festzustellen sind 2215.

Knott (D. R.), Vererbung u. Rostresistenz. *9.* Mitt. Vererbung d. Resistenz gegen d. Rassen *15* B u. *56* d. Schwarzrostes bei d. Sorte Khapstein 3359. — s. Green (G. J.).

Knowles (F. I. L.), Zur Kultur großer Bartiris 185.

Knowles (R. P.) u. **Baenziger (H.),** Fertilitätsindices bei Gräserkreuzungen 1362.

Knox (E. G.) s. Pomerening (J. A.).

Knülle (W.), Ausbreitung d. Mehlmilben in Lagergetreide 230.

Knüpfer (H.), Bericht über d. Hauptprüfung mit Winterzwischenfrüchten *1961* (Winterraps u. Winterrübsen) 138; dass.: Winterraps u. Winterrübsen *1961* 716; dass.: Winterraps *1962* 2123; dass.: Winterzwischenfrüchte *1962* 2425.

Knüppel (D.) s. Lüddecke (F.).

Knuth (M.), Mutationen durch Röntgenbestrahlung auch bei Grünpflanzen möglich 489.

Knutson (K. W.), Untersuchungen über d. Natur d. Feldresistenz d. Kartoffel gegen Krautfäule 1922.

Kobayashi (A.) s. Kemmler (G.).

Kobayashi (Massahi) s. Akita (S.).

Kobayashi (Michiharu) s. Okuda (A.).

Kobel (H.), Brunner (R.) u. **Brack (A.),** Vergleich d. Alkaloidbildung v. Claviceps purpurea in parasit. u. saprophyt. Kultur 1467.

Kobelev (J. K.), D. Typische bei den I-Linien verstärken 1630.

Koberg (H.), CO_2-Entwicklung u. mineral. Düngung v. Waldhumus 2925.

Koblet (R.) u. **Nüesch (B.),** Physiolog. u. genet. Untersuchungen an Schweizer Mattenklee, einer ausdauernden Form d. frühblühenden Rotklees 209.

Koblet (W.), Einfluß d. Pflanzabstandes d. Reben auf Ertrag u. Qualität d. Trauben u. d. Weines 2173.

Koblitsky (L.) s. Brunson (M. H.); Roberts (J. E.).

Koblitz (H.) u. **Hagen (I.),** D. Wachstum isolierter Karottengewebe auf halbsynthet. Substraten u. auf einem neuen vollsynthet. Medium 1454.

Kobo (K.) u. **Fujisawa (T.),** Ton-Humus-Komplex. *3.* Mitt. Adsorption v. Huminsäuren durch Ton 3216.

Kobozeva (L. N.) s. Krasočkin (V. T.).

Kobyljanskij (V. D.), Auftreten v. männlicher Sterilität bei Roggen 199.

Kobzař (V. I.), Einfluß quantitativer Beziehungen einer Reihe v. Elternformen u. d. Anzahl d. Pflanzen in d. Nestern d. Hybridisationsparzellen auf d. Ertrag u. d. Saatgut-

eigenschaften v. Hybridmaissaatgut 2187.
Kočankov (V. G.) s. Čajlachjan (M. C.).
Kočer (S. G.) s. Gorškov (L. A.).
Koch (E.), Züchtung einer kalkverträglichen Lupine 499.
Koch (G.) s. Orth (A.).
Koch (H.-J.), Heckenobstbau oder heckenförmige Kronengestaltung? 1862.
Koch (J. E.) s. Miller (J. D.).
Koch (V. V.), Baumschulenproduktion in d. ČSSR, Voraussetzung eines intensiven Obstanbaues 459.
Koch (W.), Kohlensäure als Standortfaktor 3254.
Kochmann (J.), Echter Mehltau, Erysiphe communis (Wallr.) Link an d. Zuckerrübe in Polen 550.
Kociańska (E.) s. Hellwigowa (A.).
Kock (P. C. de) u. **Hall (A.)**, Wirkung d. Nährstoffkonzentration auf d. Wachstum u. d. mineral. Zusammensetzung d. Senfpflanzen 2087.
Kočkin (E. A.) s. Koptev (A. I.).
Kockum (S.) u. **Graham (W. M.)**, Verhinderung erneuten Insektenbefalls bei gesacktem Mais 1152.
Kočmíd (V.), Luzernemarienkäfer (Subcoccinella vigintiquatuorpunctata L.), ein wenig bekannter Rübenschädling 2510.
Kočneva (V.), Heterosis u. d. Ertragsfähigkeit bei Gurken 2794.
Kodaira (Y.), Neue, für Insekten tox. Substanzen Destruxin A u. B, die v. Oospora destructor gebildet werden. *1.* Mitt. Isolierung u. Reinigung v. Destruxin A u. B 1407.
Koedžikov (C.), Wurzelsystem d. Hafers 3075.
— u. **Božidarevič (A.)**, Wurzelsystem u. Agrotechnik beim Mais 416.
Koehler (D.) s. Arnasaon (T. J.).
Köhler (E.), Unterschiedliche Temperaturempfindlichkeit v. Typen u. Stämmen d. Kartoffel-X-Virus 1657. — Beeinflussung d. Infektionserfolges an Blättern durch Virushemmstoffe. *1.* Mitt. 3404; *2.* Mitt. 3404. — Verhalten einiger Mosaikviren im geimpften Blatt im Anschluß an d. Impfung. *4.* Mitt. Kartoffel-X-Virus auf d. Samsuntabak; Tabakmosaikvirus auf Nicotiana glutinosa u. Nicotiana glauca 2513. — Quantitative Infektionsversuche mit Gemischen d. Tabakmosaik- u. d. Kartoffel-X-Virus 3415.
Köhler (H.), Anwendung d. Antibiotika im Pflanzenschutz, unter bes. Berücksichtigung ihrer Aufnahme, Weiterleitung u. ihres Verbleibs in d. höheren Pflanze 873. — Einfluß verschied. Düngemittel auf d. Antibiotikabildung im Boden 1985. — Eignung verschied. synthet. u. komplexer Nährböden zur Bildung fungistat. Antibiotika v. Actinomyceten 2060. — Bekämpfungsmöglichkeiten v. Blattfleckenkrankheiten d. Rose mit Antibiotika 2564. — s. Grümmer (G.).
Köhler (P. D.), Homozygote Männchen im Hanf 1080.
Koehler (W.), Populationsdichte v. zwei Arten aus d. Familie d. Coccinellidae im Lichte einer Gradation d. Waldschädlinge 1690.
Köhnlein (J.), Feldfutterbau auf Heidesandboden NW-Deutschlands. Futterhackfrüchte mit u. ohne vorangegangene Winterzwischenfrucht. *1.* Mitt. 1291. — Düngung v. Intensivweiden 3314.
— u. **Fense (H.)**, Wirkung d. Stallmist-Stickstoffs auf d. Ertragsbildung 391.
Koelle (G.), Vererbung d. Nikotingehaltes beim Tabak 507. — Phänotyp. Variabilität d. Genotypen: Resistenz u. Anfälligkeit am Beispiel d. Rippenbräune d. Tabaks 2489.
— u. **Wahl (R.)**, Aktivität d. Polyphenoloxydase bei einer Y-Virus anfälligen Tabksorte u. ihrer resistenten Mutante 3128.
Koelstra (J.) s. Molen (H. van der).
Könekamp (A. H.), Wirkung organ. Dungstoffe auf Dauerweiden 1251.
—, **Blattmann (W.)**, **Weise (F.)** u. **Gutmann (A.)**, Erträge deutscher Dauerweiden 2139.
König (F.), Führt Waagerechtbinden bei hohen Niederschlägen zur Kammbildung 1601.
Koenig (V. L.) s. Kelley (J. J.).
Königsmann (E.), Albanien-Expedition *1961* d. Deutschen Entomolog. Institutes. *2.* Beitrag. Bibliographie

zur entomolog. Erforschung Albaniens 2499. — s. Friese (G.).
Könnecke (G.), Fruchtwechsel im modernen Ackerbau 692. — Über einige futterbauliche Maßnahmen zur Versorgung v. großen Viehbeständen 1167.
Koepf (H.), Kennzeichnung d. Bodengefüges im Felde 3217. — s. Feuerstack (W.); Wegner (H.).
Koepke (V.), Ausnutzung d. Stickstoffs organ. u. mineral. Dünger 1796. — Ausnutzung d. Stickstoffs unterschiedlich gelagerter Stallmistarten auf leichtem Boden 1805. — s. Lehne (I.); Rauhe (K.).
Körste (F.), In welcher Ausführung ist d. neue Schutensaugkopf am leistungsfähigsten 2361.
Koert (J. L.) s. Franssen (C. J. H.).
Kötz (J.) u. **Schilling (D.)**, Verwendung v. Folie bei d. Vermehrung v. Chrysanthemum indicum 1334.
Köyliärvi (J.), Unkrautbekämpfungsversuche in Südwestfinnland 1437.
Kogan (L. M.), Neue chem. Bekämpfungsmittel gegen Phylloxera 868.
Koguchi (T.) s. Hashimoto (H.).
Kohel (R. J.) u. **Richmond (T. R.)**, Bestimmung d. Samenertragspotentials bei vollständig männlich steriler Baumwolle in Gebieten mit hoher u. niedriger Kreuzbestäubung 2133.
Kohl (E.), Bericht über d. Hauptprüfung mit Sonnenblumen *1961* (Samen- u. Grünmasseertragsprüfung) 993; dass.: Hafer *1961* 2702; dass.: Hafer in Höhenlagen *1961* 3286.
Kohn (S.), Verwendung v. Methylbromid bei Champignonkulturen 2744.
Kohout (R.) s. Materna (J.).
Koike (H.) s. Apt (W. J.).
Kojnoff (W.), Böden Bulgariens 1763.
Kojnov (G.), Voraussaatliche Frühjahrsbodenbearbeitung für Baumwolle 946.
Kojnov (G. M.), Roggenzüchtung in Bulgarien 1350.
Kolarova (E.) u. **Stojanov (D.)**, In Gefäßen durchgeführter Vegetationsversuch mit Mikronährstoffen auf Karbonat-Schwarzerden 2969.
Kolaty (A.) s. Horváth (I.).
Kolb (F.), Gegenseitige Beeinflussung v. Kulturpflanzen u. Unkräutern 2876.
Kolbe (G.) s. Schmalfuß (K.).
Kol'berg (V. N.) s. Vorob'ev (F. K.).
Kolbezen (M. J.) s. Eckert (J. W.).
Kolbinger (J.) u. **Vája (M.)**, Automatisierung d. Verteilung v. Bewässerungswasser im Bewässerungsprojekt 2952.
Kole (A. P.) u. **Gielink (A. J.)**, Elektronenmikroskop. Beobachtungen über d. Keimung d. Dauersporen v. Plasmodiophora brassicae 1372.
Kolek (I.) u. **Ovčarov (K.)**, Wechselwirkung zwischen Vitaminen u. Wachstumsstimulatoren 2596.
Kolek (J.) u. **Nižňanský (A.)**, Gibberellinenanwendung bei einigen Tomatensorten 160.
—, **Zvara (J.)**, **Frič (F.)** u. **Horvatovičová-Haspelová (A.)**, Chlorose d. Schwarzen Johannisbeere 2761.
Kolesnikov (N. A.), Wurzelsystem v. Obstbäumen u. Beerensträuchern u. Methoden zu seiner Untersuchung [1881].
Kolesnikov (V. A.), „Proben"-Methode u. ihre Anwendung bei d. Untersuchung d. Wurzelsystems v. Obst- u. Beerenobstkulturen 458. — Ergebnisse u. Perspektiven d. Verwendung v. Isotopen im Gartenbau 1021.
Kolesnikov (W. A.), Gesetzmäßigkeiten am Wurzelsystem bei Obstgehölzen mittels einer bes. Methode d. Probenentnahme 1035. — Wurzelsystem u. Ernährung d. Obstgehölze 1322.
Kolev (D.) s. Popov (P.); Vartanjan (A.); Vojnova (Ž.).
Kolev (I.), Stoppelsturz als Unkrautbekämpfungsmaßnahme 1708.
Kolev (N.), Kulturpflanzen in Bulgarien als Vitaminquellen 910. — Photoperiodismus beim Knoblauch (Allium sativum L.) in Abhängigkeit v. d. Lagerungstemperatur d. Pflanzgutes 1729.
— u. **Alipieva (M.)**, Vegetative u. generative Entwicklung d. Salats Lactuca sativa L.). *1.* Mitt. Besonderheiten im Wachstum u. d. Entwicklung d. Kopfsalats (L. sativa var. capitata) bei seinem Frühbeetanbau 1314.

Kolev (N.), Michov (A.), Žečeva (Ž.) u. **Bŭčrvarov (S.)**, Gemüsesamenbau [1595]*.
— u. **Šarenkova (C.)**, Vegetative u. generative Erscheinungen determinanter Tomaten 1640.
—, **Veselinov (E.)** u. **Bŭčvarov (S.)**, Über d. nestweisen Frühlingszwiebelanbau 3326.
Koljaseva (V. A.) s. Paščenko (T. E.).
Kolk (H.), Lebensfähigkeit u. Keimruhe bei trocken gelagerten Unkrautsamen 289. — s. Kåhre (L.).
Kolke (A.) u. **Schmidt (J.)** [Braunschweig], Bormangel bei Sellerie 2803.
Koller (D.), Keimungsverhalten v. Salatsamen zur Zeit d. Fruchtreife 2018.
—, **Mayer (A. M.)**, **Poljakoff-Mayber (A.)** u. **Klein (S.)**, Physiol. Aspekte d. Samenkeimung 1170.
Kollmer (G.), Wirtskreis u. Eigenschaften einiger Herkünfte d. Kartoffelvirusgruppe F unter Berücksichtigung d. Verhaltens gegenüber amerikan. Kartoffelsorten 1939.
Kolmakov (P. P.) u. **Šin (P. V.)**, Herbicide im Neulandgebiet 3451.
Kolobkova (E. V.), Dynamik stickstoffhaltiger Stoffe im Prozeß d. Samenreife bei Leguminosen 666.
Kolomiec (A. F.) s. Ivanova (Z. V.).
Kolontaev (V. M.), Klonzüchtung v. „Antonowka" 2795.
Kološa (O. I.), Einfluß v. Calciumcarbonat auf d. Entwicklung v. Mais u. d. Aktivität seiner Fermente 2379.
Koloskov (P. I.), Probleme d. Agroklimatologie [1747].
Koloskova (A. V.), Ca-Humat- u. Fe-Humatgehalt in wasserstabilen Aggregaten verschied. Größen 1751.
— u. **Ščukina (G. N.)**, Physikal.-chem. Eigenschaften wasserbeständiger Aggregate verschied. Abmessung 339.
Kolosov (I. I.), Absorptionstätigkeit d. Wurzelsysteme d. Pflanzen [2976].
Kolosova (A. A.), Einfluß d. Herbicide auf den Unkrautbesatz u. d. Ertrag v. Lupinen u. Serradella 2280. — s. Duchanin (A. A.).
Koltay (A.), Fragen d. Weizen-Agrotechnik 989. — Grundsätzliche Frage d. Düngung 1797. — s. Hortobágyi (T.).
Koltunov (V. F.), Wege zur Vergrößerung d. Ausbeute an Pflaumenokulaten in Obstbaumschulen 164.
Komčmíd (V.) s. Bernardová (H.).
Komissarov (D. A.), Auswahl günstiger Bedingungen für d. Bewurzelung v. Reisern 3034.
Komjáti (I.) u. **Tuza (S.)**, D. Tomate (Solanum lycopersicum L., Lycopersicum esculentum Mill.) *1959–1960* 3046.
Komlóssy (G.), Infektionsversuche mit Mutterkorn (Claviceps purpurea) Fr. (Tul.) bei Roggensorten 423.
Komorowski (R.), Ökotypen v. Wiesenfuchsschwanz (Alopecurus pratensis L.) in d. Woiwodschaft Olsztyn 1915.
Kon (T.) s. Fukai (T.).
Končalová (N. M.), Wirkung v. Kohlendioxyd auf d. Chondriom einiger höherer Pflanzenarten 595. — Wirkung v. Kohlendioxyd auf d. Zellstruktur bei Weizen, Gerste u. Zwiebeln 2964.
Konczerewicz (A.) s. Jankowski (F.).
Kondarev (M.), Kleinbeerige Rebsorte „Schiroka melnischka losa" 1880. — s. Nedelčev (N.).
— u. **Cankov (B.)**, Untersuchung griech. Rebsorten 475.
Kondo (M.) s. Kosugi (K.).
Kondo (S.) s. Seo (Y.).
Kondrachina (E. G.), Amperometr. Bestimmung d. organ. Stoffe in Böden 62.
Kondratenko (F. T.), Neue Roggensorte „Hybride 2" für d. zentralen Gebiete 1067.
Kondrat'ev (R. B.), Feststellung d. Keimfähigkeit v. Mais bei niedrigen Temperaturen 108.
Kondrat'eva (A. V.) s. Makaro (I. L.).
Konduruškin (I. A.), Jarowisation v. Winterraps 109.
Konišev (P.), **Conev (C.)** u. **Zlatev (G.)**, Ermittlung geeigneter Baumwollsorten für den Bewässerungsackerbau im Bereich d. Versuchsstation Sadowo 435.
Konishi (S.) u. **Kasai (Z.)**, Calciumstoffwechsel während d. Alterns v. Tabakblättern. *1.* Mitt. Stoffwechsel v. ^{45}Ca nach Absorbierung im

Früh- u. im Blühstadium d. Wachstums 3257; 2. Mitt. Stoffwechsel v. ^{45}Ca nach Absorption in jedem Wachstumsstadium 3257.
Kononova (M. M.) s. Sokolov (A. V.); Tjurin (I. V.).
Konov (J.), Neuer Zwiebelschädling in Bulgarien 2222.
Konova (L.), Aussaatzeit v. Wintererbsen u. Winterwicken im Gemenge mit Roggen 701. — Mehr- u. einjährige Gräser in d. Fruchtfolgen d. Feldkulturen 1816.
Konovalenko (L. A.) s. Vasil'čenko (A. A.).
Konovalov (N. N.) s. Egorov (V. V.).
Konstantinov (A. R.), Charčenko (K. I.), Barchatova (M. R.) u. **Burov (V. S.),** Transpiration landwirtsch. genutzter Flächen 2076.
Kontaxis (D. G.), Bewegung d. Tabakmosaikvirus d. Epidermis v. Nicotiana glutinosa-Blättern 242. — Blatthaare als Eingangspforten für d. Infektion durch Corynebacterium michiganense 3150.
— u. **Schlegel (D. E.),** Grundquerwände abgebrochener Trichome bei Nicotiana als mögliche Infektionssorte für d. Tabakmosaikvirus 2832.
Konupčik (J.), Wirkung d. Eggenzinken auf d. Boden bei erhöhten Arbeitsgeschwindigkeiten 2640.
Konvička (O.), Induzierte Mutationen in d. Pflanzenzüchtung 3073.
Konzak (C. F.) s. Nilan (R. A.).
Kooistra (E.), Differenzen zwischen glatten u. drei Typen v. runzeligen Erbsen 3368.
Kool (R.), Tropical agriculture and economic development [2136].
Kopecký (M.) s. Škopík (P.).
Koperžinskij (V. V.), Erarbeitung v. Maßnahmen zur Steigerung d. Samenertrages d. Lupinen 2122.
Kopetz (L. M.), Frage d. Zeitpunktes d. Rezessivenauslese bei d. Kombinationszüchtung v. Selbsbestäubern 487. — Treiberei v. Chicorée mit Sägespänen als Treibschicht 752. — Sicherung d. Erträge bei verstärktem Körnerfruchtbau 2697. — Hofrat Prof. Dr. Dr. h.c. Erich Tschermak-Seysenegg 2885. — Frage d. Maisbandkultur 3208.
Kopetz (L. M.) u. **Steineck (O.),** Untersuchung v. Nährstoffwirkungen 1791.
Koppányi (T.), Gestaltung d. Rhynchoten-Populationen in ein-, zwei- u. dreijährigen Gras-Luzernebeständen 1654. — Verteilung ährensaugender Wanzen an einigen Weizensorten 1655.
Koppová (A.) u. **Baier (J.),** Stickstoffbestimmung im Boden nach d. Inkubationsmethode 2943.
Kopřiva (J.) s. Schmied (M.).
Kopřiva (V.), Waldwege u. deren Instandhaltung [3245].
Koptelova (R. G.) s. Abramov (N. G.).
Koptev (A. I.), Gortlevskij (A. A.) u. **Kočkin (E. A.),** Über neue Pflegemaßnahmen d. Zuckerrübenbestände 406.
Kopteva (E. G.) s. Kardo-Sysoeva (E. K.).
Koptil'nikov (M.), Silierung mit dem Biopräparat „SKR" 2114.
Kopysskaja (F. G.) s. Mirčik (T. G.).
Korčagin (A. A.) s. Lavrenko (E. M.).
Kordjum (V. A.) s. Rubenčik (L. I.).
Koreckaja (L. A.), D. natürlichen Bedingungen u. d. natürlichen Futterreserven im Einzugsgebiet d. Amur [3315].
Korenev (G. V.), Einfluß d. Zweiphasenernte auf d. Saatgutqualität 978.
Koreńkov (D. A.), Anwendung d. Ammoniakwassers 1810. — s. Baranov (P. A.).
Koreńkov (V. A.) u. **Bessarabov (V. I.),** Lagerung u. Verarbeitung d. im Fließverfahren geernteten Rüben 2416.
Kořenská (E.), Methoden zur Bestimmung d. Bewässerungstermins 2953.
Koriath (H.) s. Breunig (W.).
— u. **Schwarz (K.),** Ertragsverlauf u. Entwicklung v. Gräseransaaten bei ganzjähriger Abwasserverregnung auf Sandböden 2954.
Korickaja (T .D.) u. **Remen (R. E.),** Magnesium-Ammoniumphosphat als Komplex-Dünger 3273.
Korikova (G. L.), Untersuchungsergebnisse über entfernte Hybriden u. Linienhybriden v. Mais 202.
Korjanov (N.) u. **Marčenko (P.),** Fur-

chen- u. Terrassenbau v. Gemüsekulturen 1307.
Korneev (P. K.), Einfluß d. Saatgutstimulation auf einige physiolog. Prozesse u. auf d. Ertrag v. Mais 3276.
Kornejčuk (V. D.), **Plakida (E. K.)** u. **Lagutinskaja (N. A.)**, Gehalt d. Grundnährstoffe in d. Organen d. Weinstockes während d. Vegetationsperiode 2171.
Kornějev (P. K.), Einfluß der vor d. Aussaat vorgenommenen Stimulierung auf einige physiolog. Prozesse u. d. Ertrag bei Mais 109.
Kornemann (W.), Bestäubungsversuche bei Birnensaatgutspendern 3056.
Korohoda (J.) u. **Milczak (M.)**, Mulchen d. Kartoffeln mit Torfmull u. mit Ammoniakgas bereichertem Torf 968.
Korolev (L. I.), Dichlorharnstoff 1435. — s. Stonov (L. D.).
Korosteleva (Z. G.), Widerstandsfähigkeit d. Kartoffelsorten gegen d. Kartoffelkrätzeälchen 1371.
Korovin (A. I.) u. **Barskaja (T. A.)**, Einfluß d. Bodentemperatur auf d. Atmung u. d. Aktivität d. Oxydationsfermente d. Wurzel bei kälteresistenten u. wärmeliebenden Pflanzen 894.
— u. **Novickaja (J. E.)**, Wirkung u. Nachwirkung v. niedrigen Bodentemperaturen auf d. Pflanzentranspiration 669.
—, **Syčeva (Z. F.)** u. **Bystrova (Z. A.)**, Einfluß d. Bodentemperatur auf d. Gehalt d. Pflanzen an verschied. P-Fraktionen 3195.
Korovkina (L. V.) s. Šilova (E. I.).
Koršuk (T. P.) s. Procenko (D. P.).
Koršunova (A. F.), Wurzelform d. Maisbeulenbrandes 1665.
Kort (J.), Einfluß d. Populationsdichte auf d. Neubildung v. Zysten bei Heterodera rostochiensis Woll. 1927.
Kortüm (F.), Einfluß d. Bestockung auf d. Wasserhaushalt grundwasserferner, diluvialer Sand- u. Lehmstandorte 49. — Zusammenhang zwischen d. Energie- u. Niederschlagsdargebot und d. Gesamtverdunstung 618.
Kos (Z.), Einfluß d. Bodenart auf d. Bewässerungsmenge 2954.
Kosaka (J.), **Honda (C.)** u. **Izeki (A.)**, Umbildung v. Humus in Hochlandböden v. Japan 2619. — Entstehung d. Humusprofils in Hochlandböden 3214.
Koshio (H.) s. Furukawa (T.).
Kosicyn (A. V.) s. Škol'nik (M. J.).
Kosiek (Z.), Bibliographie d. poln. Bibliographien d. Landwirtschaft [2002].
Kosinkiewicz (B.) s. Balicka (N.).
Kosljarová (V.) u. **Bojňanský (V.)**, Wirkung höherer Temperaturen auf d. Bildung fadenförmiger Kartoffelkeime 2499.
Kosmoděmjanskij (V. N.), Neue Tabaksorte „Hybride *11*" u. d. Ausnutzung d. Heterosis in d. F_2 1081. — Methode zur Massenselektion v. Tabakformen, d. gegen d. Wurzelschwarzfäule resistent sind 1082.
— u. **Demčenko (T. I.)**, D. „Brand" d. Tabaks u. seine Bewertungsmethoden 1394.
— u. **Solověva (V. M.)**, Gewinnung v. Tabak- u. Machorkahybriden als Ergebnis mehrmaliger Befruchtung 1082.
Kosobokov (G. I.), Einfluß d. Lichtbedingungen auf d. Entwicklung d. generativen Organe d. Maises 2901. — s. Filimonov (M. A.).
Koss (U.) s. Hanke (P.).
Kosswig (W.) u. **Pawlik (A.)**, Ausbreitung d. Blauschimmel-Krankheit (Peronospora tabacina Adam) im Feldbestand 2533.
Kostecki (J.), Einfluß d. Selbstbestäubung auf einige biolog. Merkmale d. Zuckerrübe in d. folgenden Generation 502.
Kostelný (Z.), Durch Mikrorayonierung zur Verbesserung d. Sortenzusamensetzung 2997.
Kosticyna (K. P.) s. Abarbarčuk (I. L.).
Koštíř (J.) s. Leblová (S.); Leblová-Svobodová (S.).
Kostjakov (A. N.), Grundlagen d. Melioration [952].
Kostjanev (S.), Unterschiedliche Pflanzweiten beim Tabakanbau ohne Bewässerung 2418. — s. Vartanjan (A.).

Kostlan (N. V.) s. Fedorova (N. A.).
Kostov (K.) s. Delipavlov (D.).
Kostova (R.), Chem. Zusammensetzung d. Sauerkirschfrüchte 321. — Chem. Zusammensetzung v. Sauerkirsche in Abhängigkeit v. Sorte, Niederschlag u. Temperatur 1875. — s. Christova (J.).
Kostyniuk (M.) u. **Marczek (E.)**, Unsere geschützten Pflanzen [2032].
Kosugi (K.) u. **Kondo (M.)**, Untersuchungen über d. Blütenlosigkeit bei Gladiolen. *10.* Mitt. Einflüsse d. Bodenfeuchtigkeit auf Wachstum, Blühen u. Taubheit bei Gladiolen 1053.
— u. **Sano (Y.)**, Blütenlosigkeit bei Gladiolen. *9.* Mitt. Wirkung d. N-Düngung auf den Auxingehalt v. Gladiolen-Blütenknospen 476.
Kothari (K. L.) s. Prasad (N.).
Kotik-Królicka (Z.) u. **Szulc (P.)**, Einleitende Untersuchungen über verschied. Bekämpfungsmethoden d. Rübenblattwanze (Piesma quadrata Fieb.) u. d. Kräuselkrankheit (Beta virus *3*) 1142.
Kotko (I. K.), Verhinderung d. Vererbungseigenschaften v. Wi-Gerste bei Sommeraussaat 1351.
Kotljarov (M. V.) s. Evreinov (M. G.).
Kotouč (M.) s. Černý (V.).
Kotov (A. F.) s. Sokolenko (N. F.).
Kotova (L. V.) s. Michnovskij (V. K.).
Kotova (T. G.), Kreuzung innerhalb d. Sorte steigert d. Eiweißgehalt bei Sommerweizen 1066.
Kotovič (G. M.) u. **Sacharov (I. M.)**, Frostresistenz d. Spiräen 2468.
Kotovič (I. N.), D. Temperaturverhältnisse d. Obstbäume u. ihre Regulierung 457. — s. Ermakov (E. I.).
Kott (S. A.), Biolog. Typen v. Unkräutern 2574. — Unkräuter u. deren Bekämpfung [2883].
Kott (V.), Verfolgung d. Birnenreife mit Hilfe d. tenderometr. Methode 2167.
Kottenhoff (R.), Praxis d. Obstverpackung 1867.
Kotvics (G.), Fertilitätsverhältnisse bei Hybriden v. Secale cereale L. 1897.
Koul (A. K.), Desynapsis u. spontane Chromosomenbrüche bei Allium cepa 3071.
Koutler-Andersson (E.) s. Wiklander (L.).
Kovačev (D.), Atrazin- u. Simazinwirkung in Abhängigkeit v. d. Zeit ihrer Einbringung bei Mais 1710. — Herbicidwirkung in Maisbeständen 1710. — Über d. Rolle d. Herbicide anstelle d. Hackpflege d. Maises 2279. — s. Pavlov (K.).
— u. **Atanasov (P.)**, Bodenbearbeitung für Hafer nach Vorfrucht Mais 68.
—, **Kozarev (G.)** u. **Benevski (M.)**, Wirkung d. Mineraldünger bei ihrer Einbringung in d. verschied. Bodenschichten v. ausgelaugtem Tschernosem-Smolnitza- u. ausgelaugtem zimtfarbenem Waldboden 2979.
Kovačev (V.), Ergebnisse v. Futterrübenversuchen in der Versuchsstation „Obraszow tschiflik" bei Russe 422.
Kovačevič (J.), Unkräuter als Standortsindikatoren auf den Ackerbauflächen in Nord-Kroatien [2000]. — Kroatiens Grünlandflächen u. ihre Perspektive 3029. — s. Slavnič (Ž.).
Kovačevski (I.), Gurkenmosaik (Marmor cucumeris Holmes) an Zuckerrüben 1110. — Welken d. Gurken u. Zuckermelonen in Bulgarien 1670.
— u. **Markov (M.)**, Nekrotische Bronzefleckenkrankheit d. Tomaten 841.
Kovachevsky (I. C.), Forschungsarbeit über Viruskrankheiten d. Pflanzen in Bulgarien 1108.
Kováčik (A.) u. **Holienka (J.)**, Wie kann gute Befruchtung d. Weizens erreicht werden? 1893. — Einfluß d. Altersunterschiede bei Pollen auf d. Weizenbefruchtung 2475. — Einfluß d. Narbenalters auf d. künstliche Weizenbefruchtung 3362.
Kovács (A.), Erhöhung d. Eiweißgehaltes d. Maispflanze 1905.
Kovács (András) s. Pratella (G.).
Kovács (Antal) s. Bálint (A.).
Kovács (E.) s. Vámos (R.).
Kovács (E. I.), Genet. Untersuchungen über d. Wachstum d. Koleoptile u. d. Mesokotyls bei Mais 495. — Einfluß d. Umweltbedingungen auf d. korrelative Wachstum v. Koleoptile u. Mesokotyl 1728.
Kovács (I.) u. **Szilvássy (L.)**, Chem. Unkrautbekämpfung im Großbe-

triebsmaßstab auf d. Reisfeldern Ungarns 3171.
Kovács (S.) u. **Mándy (G.)**, Analyse v. Lolium perenne-Beständen hinsichtlich Rostresistenz [1920]*.
Kovács-Schneider (M.), Phosphataufnahme v. Di- u. Tetraploiden mit ^{32}P 2078.
Koval' (A. F.), Paraffinierung u. Kälteresistenz 3276.
Koval' (T. A.), Getreidewirtschaft d. UdSSR [3303].
Koval'čuk (S. I.), Einfluß v. Kalkdünger auf Ertrag u. Qualität v. Zuckerrübensamen 724.
Kovalev (N. D.), Winterzuckerrübe 723.
Kovalev (N. V.), Züchtung v. Obstgehölzen durch entfernte Hybridisation unter den Bedingungen Mittelasiens 1365.
Kovalev (V. N.), Wertvolles Ausgangsmaterial für d. Züchtung v. Phaseolus vulgaris (L.) Savi 1916. — Neue Bohnensorten u. ihre Züchtung 1917.
Kovalevskaja (N. I.), Einfluß d. Nährstoffbedingungen auf d. Ausbildung d. Ertragsmerkmale bei Winterweizenhybriden 3000.
Kovalevskij (A. L.), Biogene Akkumulation chem. Elemente in Böden 2920.
Kovátsits (L.), Neues Verfahren zur zuverlässigen Bestimmung d. physikal. Bodenart 1767.
Kovoor (A.), Isolierung einer wachstumsregulierenden Substanz aus d. Kokosmilch 2311.
Kovtun (A. P.), Einfache Methode zur Bestimmung d. Volumengewichtes d. Böden 650.
Kovtun (J. I.) s. Kuznecov (P. V.).
Kowalska (T.), Methode zur Züchtung v. Agrotis C-nigrum L. u. A. exclamationis L. (Lepidoptera, Noctuidae) unter Laboratoriumsbedingungen 1403.
Kozaczenko (H.) s. Baranowska (I.).
Kozák (M.), Einwaschung v. Nährstoffen auf Sandboden 1747.
Kozarev (G.) s. Kovačev (D.).
Koževnikov (S. G.), Ausbringen d. Herbicide mittels Aerosolgeneratoren 3453.
Koževnikova (A. N.) s. Kedrov-Zichman (O. K.).
Koževnikova (N. F.) s. Evreinov (M. G.).
Kozinka (V.) u. **Nižnánsky (A.)**, Biometr. Analyse d. Beziehungen zwischen dem osmot. Druck u. dem Brechungsindex d. Zellsaftes 2914.
Kozlov (A. A.), Anwendung d. Herbicide 2.4-D zur Bekämpfung d. Unkräuter auf d. bewässerten Ländereien d. Gebietes Alma-Ata [2883].
Kozlov (I. V.), Bedeutung d. Radiobacters für d. Phosphorernährung d. Pflanzen 53.
Kozlov (K. A.), Biolog. Aktivität d. Böden Ostsibiriens 637.
Kozlova (I. A.) s. Beršova (O. I.).
Kozlovskaja (L. S.) u. **Ždannikova (E. N.)**, Wechselbeziehungen zwischen Bodenfauna u. Bodenflora. 2. Mitt 1207.
Kozlovskij (A. I.), Zuckerrübensamenbau nach dem Stecklingsverfahren 3012.
Kozma (P.), Geschlechtliche Variabilität u. Degeneration d. Weintraube 511.
Kožuško (N. N.), Einfluß einer ständigen γ-Bestrahlung auf Weizen- u. Gerstenpflanzen im Jahr d. Bestrahlung 2182. — Einfluß d. γ-Strahlen in d. verschied. Entwicklungsperioden d. Pflanzen 2184.
Kraai (A.), Wie lange tragen Honigbienen keimfähigen Pollen bei sich? 1347.
Krämer (F.) s. Schulze (E.).
Krämer (K.), Psilopa leucostoma Meigen (Dipt.) als Blattminierer an Zucker- u. Futterrüben 234. — Psilopa leucostoma Mg. (Dipt.), ein Rübenschädling? 1652.
Kränzle (T.), Zusammenpflanzung v. Sorten/Unterlagenkombinationen ähnlicher Wuchsstärken 3052.
Krätzig (P.), Richtige Pflanzweite, höhere Ausbeute 3008.
Krafti (G.) s. Davidov (D.).
Kragh (G.), Landschaftsplanung in Afrika 946.
Kragtwijk (C.), Beregnungsanlage 1775.
Kragtwijk (C. J.), Freesienpflanzmaterial für frühes Blühen 185.

Krajčovič (V.), Düngung v. Wechselweidebeständen 3315.
Králiková (K.), Vorkommen v. Ringfleckenkrankheit u. Bandmosaik d. Süßkirsche in d. Slowakei 3132.
Kráľovič (J.), Einfluß d. Temperatur auf d. embryonale Entwicklung d. Luzerneblüten-Gallmücke (Contarinia medicaginis Kieffer) 531. — Generationszyklus v. Contarinia medicaginis Kieffer 3117.
Kramer (C. L.) s. Hansing (E. D.).
Kramer (D.), Verfahren d. Chem. Entkrautung. Entwicklung, Stand u. Perspektive 2951.
— u. **Manzke (E.)**, Chem. Unkrautbekämpfung auf Deichen u. Erddämmen 1229.
— u. **Taeger (H.)**, Arbeitsrichtlinien zur Unterhaltung v. Dränanlagen 365.
Kramer (H. A.) u. **Decker (R. W.)**, Elektronischer Samenzähler 401.
Kramer (S.), Grundlagen zur Frühdiagnose obstbaulicher Leistungseigenschaften. *1.* Mitt. Wachstum u. Verzweigung einjähriger Okulate bei verschied. Obstarten 1596. — Neue Anbausysteme im Straßenobstbau d. DDR 1860. — Obstbauliche Beurteilung einiger Sauerkirschen 1874. — Gründüngung als Bestandteil d. Bodenpflege im Obstbau 2159. — Wirkung chloridhaltiger Kalidünger auf Ertrag, Ascorbinsäuregehalt u. vegetative Entwicklung d. Erdbeere 3059.
Krantz (B. A.) s. Brown (A. L.).
Krapf (B.), Entwicklung u. Bau d. Lentizellen d. Apfels u. ihre Bedeutung für d. Lagerung [331].
Krapfenbauer (A.), Auen an d. March 2940.
Krapivenko (L. G.), Einfluß d. Düngemittel auf Reis u. ihre rationelle Anwendung [691].
Krasil'nikov (N. A.), Soil microorganisms and higher plants [349]*.
Kraśko (T.) s. Didenko (M.).
Krasočkin (V. T.) u. **Kobozeva (L. N.)**, Zum Problem d. Morphogenese d. Rübe 887.
Krass (J.) u. **Vardar (Y.)**, Vergleich d. Wirkung v. Gibberellinsäure auf photo- u. geotrop. Reaktionen d. Hypokotyls v. Helianthus annuus 1731.
Krassyl'nykova (L. A.) s. Semenenko (G. I.).
Krastina (E. E.) s. Gunar (I. I.).
—, **Gunar (I. I.)** u. **Kaspšik (M.)**, Rolle d. äußeren u. inneren Faktoren in d. Tagesdynamik d. Wurzelernährung bei Tomaten 79.
Krasucki (S.) u. Siwicki (S.), Bodenlockerung zwischen den Reihen bei Zuckerrübenanbau 1225.
Kraus (T.), Entwicklungsperspektiven d. Saatgutvermehrung in Polen 3275.
Kraus (V.) s. Dohnal (T.).
Kraus (W.), Sortenprüfung mit Saatzwiebeln *1961* 2451.
Krausch (H.-D.), Mikroklimat. Untersuchungen an Steppenpflanzen-Gesellschaften d. Randhänge d. Oderbruches 1745.
Krause (J.), Herstellung v. Hortensien-Stecklingen 3064.
Krause (R.) s. Scharpenseel (H. W.).
Krausko (A.) s. Špaldon (E.).
Krauße (R.) s. Scharpenseel (H. W.).
Kravcov (P. V.), Einfluß d. Elektrizität auf d. Entwicklung nitrifizierender Bakterien, d. Intensität d. Nitrifikation u. d. Speicherung d. Nitrate im Boden 348. — Einfluß v. Mikroorganismen auf d. Erhöhung d. Bodenfruchtbarkeit unter Einwirkung elektr. Stromes 1757.
— u. **Kravcova (L. V.)**, Einfluß schwacher elektr. Ströme auf d. Entwicklung freilebender N-bindender Organismen im Boden 1757.
—, **Nikitin (B. L.)** u. **Kravcova (L. V.)**, Biolog. Aktivität d. Bodens unter dem Einfluß d. elektr. Stromes 1757.
Kravcova (L. V.) s. Kravcov (P. V.).
Kravec (D. D.) s. Kijatkin (K. K.).
Krczal (H.), Massenwechsel u. d. Bekämpfung d. Erdbeerblattlaus Pentatrichopus fragaefolii Cock 2224. — Gallmilbenbefall bei Roten Johannisbeeren 3112. — Bekämpfungsversuch gegen d. Haßelnußgallmilbe Phytoptus avellanae Nal. mit Thiodan 3442. — s. Lister (R. M.).
Kreil (W.) u. **Kaltofen (H.)**, Düngung v. Weiden mit verschied. N-Dünge-

mitteln im Herbst u. im Frühjahr 2735.
Krejčíř (J.), Auswertung d. chem. Stoffe in d. Unkrautbekämpfung beim Maisanbau 3454.
Krejda (N. A.), Einige Besonderheiten bei d. Bodenbildung im Norden d. Russ. Tiefebene 934.
Krekule (J.), Hemmende Wirkung d. Gibberellinsäure-Behandlung bei d. Jarowisation d. Winterweizen im Kurztag 316. — s. Teltscherovă (L.).
Krenke (A. N.), Veränderungen d. Atmungsintensität u. d. Gehalts an Phosphor-Verbindungen während d. Samenreife bei Pflanzen 666.
Kresge (C. B.) u. **Younts (S. E.),** Wirkung d. Stickstoffquelle auf Ertrag u. Stickstoffgehalt v. Rispengrasfutter 99. — Kaligaben verschied. Menge u. Häufigkeit in ihrer Wirkung auf Ertrag u. chem. Zusammensetzung v. Luzerne u. Luzerne-Knaulgras 1259.
Kress (H.), Nutzung u. Anbau v. Weißklee 730. — Futterpflanzen d. leichten Böden 1361. — Silomais u. eiweißreiche Futterpflanzen 3016.
— u. **Szigat (G.),** Leistungsvergleich unserer großkörnigen Futterleguminosen 2423.
— u. **Wustrack (H. J.),** Futterkohl u. seine Bedeutung im sozialist. landwirtschaftlichen Großbetrieb 137.
Kress (L. M.) s. Curry (A. N.).
Kresser (W.), Lehre u. Forschung auf d. Gebiet d. Wasserwirtschaft in Österreich 2642.
Kretinin (T. N.), D. neue Anbautechnologie bei polygermem Saatgut 405.
Kretovič (V. L.), Biochemie d. autotrophen Stickstoffassimilation bei Pflanzen 2965.
Kreutz (E.), Einfluß v. Witterung u. Boden auf Ertrag u. Qualität d. Braugerste 414.
Kreutz (W.), Wirkung d. Windschutzes auf Boden u. Pflanzen 1777.
Kreuz (E.), Wirkung einer Klärschlammdüngung auf Sandboden unter bes. Berücksichtigung d. terricolen Mesofauna 3266.
Krexner (R.) s. Wenzel (H.).
Krezdorn (A. H.), Einfluß d. Ringelns auf d. Fruchten v. „Orlando"-Tangelos u. „Navel"-Orangen 2429.
Kribben (F. J.), Entstehung v. Blüten aus Kallusgewebe bei d. Gurke (Cucumis sativus L.) 2595.
Kric, Neue Methoden d. Pflanzenschutzes im Hopfenbau 1413.
Krickl (M.), Auslesen nach Wurzeltypen v. Petersilie 2200.
Krieg (A.), Insektenpathogene Rikkettsien 2549. — Neues über insektenpathogene, kristallbildende Bazillen 2855.
Krijgsman (H. K.), Arbeitsmethoden u. Arbeitsorganisation im Gartenbau 1021.
— u. **Lookeren Campagne (P. van),** Noch keine Großkisten im niederländ. Obstbau 1598.
Krijthe (N.), Beobachtungen über d. Keimen v. Pflanzkartoffeln 2687.
Kring (J. B.), Pflanzenfäulnis u. Drahtwurmsterblichkeit 2854.
Krishna (J. G.), Dorough (H. W.) u. **Casida (J. E.),** Synthese v. N-Methylcarbamaten mit Hilfe v. Methylisocyanat-^{14}C u. chromatograph. Reinigung 2268.
Krishna (S. P.) s. Markakis (P.).
Krishna Iyengar (C. V.), Aspekte d. jahreszeitlich bedingten Wachstumsvariationen d. Pflanzen. 2. Mitt. Angiospermen: · vegetative Strukturen 309.
Krishnamurthi (S.) s. Bhat (K. S.).
Krishnamurty (K. V.) s. Murty (G. S.).
Krishnaswami (D.) s. Raman (V. S.).
Křístek (J.) u. **Mrkva (R.),** Bionomie, Bekämpfung u. Prognose d. Roten Kiefernbuschhornblattwespe 3399.
Kristensen, Rønde (H.) = Rønde Kristensen (H.).
Kristev (K.), Rolle d. Pyrophosphatstoffwechsels bei d. Atmungserhöhung rostinfizierter Weizenblätter 250.
Kristoffersen (T.), Wechselwirkungen v. Photoperiode u. Temperatur auf Wachstum u. Entwicklung junger Tomatenpflanzen (Lycopersicon esculentum Mill.) 3184.
Krivčenko (V. I.), Ausnutzung d. Silikatbakterien zum Zwecke d. Senkung d. Flugbrand- u. Wurzelfäule-Befalls beim Weizen 860. — Laborschnellmethode zur Bestimmung d.

Widerstandsfähigkeit d. Weizens gegenüber Flugbrand 1402.
Krivolapov (I. E.), Neues in d. Unkrautbekämpfung in Reisfeldern 588.
Krivoluckij (D. A.), Hornmilben (Oribatiden) in Böden d. Alechin Naturschutzgebietes in d. zentralen Tschernosem-Zone (Streletzkij-Abteilung, Gebiet Kursk) 2628.
Kříž (J.) s. Pozděna (J.).
— u. **Taimr (L.),** Applikation system. Insekticide nach d. Gießmethode zur Bekämpfung d. Hopfenblattlaus u. d. Spinnmilbe 2270. — Überprüfung d. Sortiments v. Organophosphaten, Akariciden u. Oviciden im Kampf gegen d. Hopfenblattlaus u. Spinnmilbe 2861.
Kříženecký (J.), „Genet. Abteilung Gregor Mendel" beim Brünner Museum mit musealer u. Forschungsaufgabe 3067.
Krjučkov (A. V.), Zur Methodik d. Radieschenzüchtung 212.
Krochalev (F. S.), Systeme d. Ackerbaues [106].
Kröber (H.) u. **Maßfeller (D.),** Eignung v. Maneb- u. Zinebpräparaten zur Bekämpfung v. Peronospora tabacina an Tabak 1964. — Resistenzverhalten bei Tabak gegen Peronospora tabacina Adam 2207. — Eignung v. Maneb- u. Zinebpräparaten zur Bekämpfung v. Peronospora tabacina an Tabak 2859.
Kröller (E.), Restmengenbestimmung nikotinhaltiger Pflanzenschutzmittel 3437.
Krogman (K. K.) u. **Anderson (D. T.),** Mitteilung über eine Einrichtung zur Entnahme v. Boden-Bohrkernen für Gewächshaus u. Laboratorium 1217.
Kroh (M.), Vergleichende Untersuchungen an Phaseolus coccineus-Selbstungen u. Kreuzungen zwischen Ph. vulgaris u. Ph. coccineus 499.
Krohn (J. E.) s. Bhan (K. C.).
Królikowski (Z.), Zytoplasmat. männliche Sterilität d. Maises 1071.
—, **Baczyński (Z.)** u. **Krupa (F.),** Synthese d. Versuchsergebnisse mit Sortenhybriden u. poln. Maissorten 1631.
Kroll (U.), Einfluß d. Düngung, Bewässerung u. Dammkultur auf d. Erträge v. Pyrethrum 3308.
Krolow (K.-D.), Aneuploide u. Fertilität bei amphidiploiden Weizen-Roggen-Bastarden (Triticale). I. Aneuploide u. Selektion auf Fertilität bei oktoploiden Triticale-Formen 3358.
Kroontje (W.) s. Chin (W.-T.).
Kropáčová (A.) u. **Hrubcová (S.),** Typologie d. Glatthaferwiesen 2915.
—, **Slepička (J.)** u. **Vrkočova (M.),** Erträge verschied. Futterpflanzen u. ihrer Kombinationen 129.
Krotkov (G.) s. Tregunna (E. B.).
Krpata (F.), Projektierung u. Durchführung v. Maulwurfdränung 2951.
Krüger (W.), Bodenbehandlung d. Abwässer d. kohleveredelnden Industrie 368. — Sphacelotheca reiliana an Mais. *1.* Mitt. Untersuchungen über Infektion u. Bekämpfung 1946. — Antibiotica in Tomatenpflanzen. II. Aufnahme, Transport u. Stabilität v. Antibiotica in Pflanzen 2869. — Mehrjährige Beregnungsversuche d. Versuchsstation Lauchhammer d. Institutes für Wasserwirtschaft 2955.
Kruel, Rezente Artbildung bei Schmetterlingen, Lymantriiden [196]*.
Kruel (W.) u. **Ebert (W.),** Bestandesschädlinge 1103.
— u. **Frankhänel (H.),** Bestandesschädlinge 233.
— u. **Otto (D.),** Biologie d. Roten Waldameisen u. Nutzbarmachung in d. Forstwirtschaft 1692.
Kruft (F.), Pflanze einen Flechtzaun aus Weiden! 1049. — Gesteuerte Befeuchtung durch Beregnung im Obstbau 2364.
Krug (H.), Wachstumsbeeinflussung v. Kartoffel-Augenstecklingen durch quaternäre Ammoniumverbindungen u. Gibberellin 316. — s. Fischnich (O.).
— u. **Fischnich (O.),** Photoperiod. Reaktion v. Kartoffelsorten verschied. Reifezeit 2301.
Kruglov (J. V.), Einfluß d. N-Formen auf d. Wechselbeziehungen zwischen Bakterien u. Pflanzen 49.
Krumbach jun. (A. W.), Probenehmer

mit Kraftantrieb für d. gefrorenen Boden 646.
Krummsdorf (A.) u. **Beer (W.-D.)**, Möglichkeiten d. morpholog.-pflanzensoziolog. Erosionsansprache 661.
Krupa (F.) s. Królikowski (Z.).
Krupina (L. I.), Bildung v. Heteroauxin durch verschied. Stämme v. Azotobacter 52. — s. Dorosinskij (L. M.).
Krupka (L. R.) s. Daly (J. M.).
Krupp (G.), Standraumzumessung bei Zuckerrüben 1836.
Krupskij (N. K.), **Aleksandrova (A. M.)** u. **Gubareva (D. N.)**, pH-Bestimmung d. Böden d. Ukrain. SSR 649.
—, Aleksandrova (A. M.) u. **Stecenko (M. V.)**, Bestimmung d. Chlorions in trüben u. gefärbten Bodenauszügen 357.
Krŭstanov (S.), Formen der organ. Substanz im Boden d. Botewgrader Kessels 2925.
Kružilin (A. S.) u. **Švedskaja (Z. M.)**, Besonderheiten d. Stadienentwicklung u. Morphogenese d. Küchenzwiebel 2298.
Krylova (N. B.), Bedeutung d. Spurenelemente f. d. Stickstoffbindung 2970.
Kryszan (C.) u. **Dluzewski (J.)**, Wassermeliorationsinvestitionen. Abriß d. Ökonomik [2648].
Kryžanovskij (F. D.), Selektion d. Dickkopfformen d. Weizen-Quecke-Hybriden 788. — Auslese v. Dickkopfformen bei Weizen-Quecken-Hybriden 2181.
Krzywda (Z.) s. Roguski (A.).
Ksiăżek (D.), Viruskrankheiten d. Lupinen 3130.
Kuba (F.) s. Vetter (H.).
Kubániová (O.), Osmot. Druck u. Metabolismus d. Zucker d. Sommerweizens (Triticium vulgare Vill.) 2589.
Kubicz (A.), Vergleich d. elektrophoret. Eiweißfraktionen v. Zwiebelsamen (Allium cepa L.) u. Porreesamen (Allium porrum L.) 322.
Kubiena (W.), Wesen, Ziele u. Anwendungsgebiete d. mikromorpholog. Bodenforschung 1212. — D. taxonom. Bedeutung d. Art u. Ausbildung v. Eisenoxydhydratmineralien in Tropenböden 1214.
Kubíková (A.) s. Šmálik (M.).
Kublanovskaja (G. M.) u. **Džalilova (V. M.)**, Biolog. Bekämpfungsmethode d. Fusarium-Welke bei Zuckermelonen 860.
Kuć (J.) s. Condon (P.); Holowczak (J.); Romanowski (R. D.); Wallace (J.).
Kuchár (J.), Komplexmechanisierung u. Chemisierung d. Maisanbaus [1844].
Kucharkova (A. M.), Entwicklung u. Akklimatisation d. Azotobacters in d. Rhizosphäre einiger landwirtsch. Kulturen 1759. — Einfluß d. Azotobacters auf Ertrag sowie Stickstoff- u. Phosphorgehalt v. Sommerweizens 2684.
— u. **Machińko (N. V.)**, Wechselbeziehungen zwischen Silicat- u. einigen anderen Bodenbakterien 1756.
Kuchtenko (T. V.) s. Šlyk (A. A.).
Kučumov (P. V.), Anwendung d. zwischenartlichen Hybridisation für d. Schaffung v. Sommer-Weizensorten 2475.
Kudašev (I. S.), Lagerung v. feuchtem Maiskorn 2115.
Kude (R. M.), Winterweizensorte „Kurseme" 2407.
Kudel' (K. A.) s. Bondin (V. P.).
Kudler (J.), Revision d. krit. Zahl d. Kiefernspanners Bupalus piniarius L. 3396.
Kudrev (T.) u. **Tuankova (L.)**, Einfluß v. Indol-3-Essigsäure u. 2.4-Dichlorphenoxyessigsäure auf d. Wiederherstellung d. Erträge d. Trockenperioden ausgesetzten Pflanzen 2291.
Kudrin (S. A.), Überlegungen über d. Art d. Düngungsversuche 1793.
Kudzin (J. K.), Phosphorbakterien bei d. Maisaussaat 1814.
— u. **Jaroševič (I. V.)**, Einsatz v. Phosphorbakterin in d. Schwarzerdezone 2986.
Küchler (M.), Einfluß klimat. Faktoren auf d. Entwicklungsverlauf v. Krambe (Crambe abyssinica Hochst. 3204.
Kühle (G.), Einfluß verschied. Kulturmethoden auf d. Arbeitsaufwand u. den Ertrag v. Gloxinien 1336. — s. Dänhardt (W.).
Kühn (H.), Mikronährstoffanreiche-

rung in Gemüsepflanzen durch Düngung 1259. — Magnesiumwirkung dolomit. Kalke 2096. — s. Linser (H.); Miyamoto (T.).
Kühn (R.) s. Bringmann (G.).
Kühnel (W.), Verschied. Methoden zur Infektion d. Rispen- u. Kolbenhirse (Panicum miliaceum L. u. Setaria italica L.) mit d. Brandpilzen Sphacelotheca panici miliacei (Pers.) Bubák u. Ustilago crameri Körn. sowie Untersuchung d. Dauer d. infektiösen Stadiums d. Wirtspflanze 1677.
Kükedi (E.), Anbau d. Futterhirsegräser 694. — Reihenabstände u. mineral. Düngung bei d. zur Körnergewinnung angebauten Sudangras 732. — Vorfruchtwirkung v. zur Samengewinnung angebautem Sudangras 976. — Einfluß v. klimat. Faktoren auf Rispenentwicklung u. Blühen bei Süßem Sudangras 2318.
Kuenen (R.), Modell zur Analyse d. Crossover-Interferenz 1056.
Künkel (K.) s. Lange (J.).
Künzli (W.), Wirkung einer mehrjährigen nur mineral. Düngung im Vgl. zu kombinierten Hof- u. Handelsdüngergaben 2089.
Kürten (P. W.) s. Boekholt (K.); Judel (G. K.).
—, **Paris (E.)** u. **Dümlein (H.),** Hohe Stickstoff- u. Phosphatgaben im Stärkekartoffelbau 3290.
Kuhfuß (K.-H.) s. Focke (R.).
Kuhlman (E. G.) u. **Hendrix jun. (F. F.),** Selektives Medium zur Isolierung v. Fomes annosus 2540.
Kuhn (C. W.) u. **Bancroft (J. B.),** Änderungen d. Konzentration u. d. spezif. Infektiosität d. Luzernemosaikvirus während einer system. Infektion 842.
Kuhn (R.) u. **Löw (I.),** Inhaltsstoffe d. Blätter v. Solanum chacoense 1465.
Kuhn (V.) u. **Skládal (V.),** Spezieller Pflanzenbau [3303].
Kuhr (I.), Zersetzung v. Gibberellinsäure in wäßrigen Lösungen 1464.
Kuiper (P. J. C.), Wirkung d. Lichtintensität, Temperatur u. Wasserversorgung auf Wachstum u. Transpiration junger Runkelrüben unter regulierten Bedingungen 2318.
Kuipers (H.) u. **Ouwerkerk (C. van),** Einfluß v. dreijährigem frühem bzw. spätem Pflügen auf d. Boden 2359.
Kuipers (S. F.), Verwendung v. Mischdüngern im Betrieb 1800.
Kujan (V .G.), Düngung d. Schwarzen Johannisbeere bei d. Pflanzung 2760.
Kukin (V. F.) s. Gešele (E. Ė.).
Kuksin (N. V.) u. **Čajčuk (K. I.),** Düngung v. Mais u. Zuckerrübe auf d. Wiesenböden d. ukrain. Polessje-Gebietes 3283.
Kulakovskaja (T. N.) s. Lupinovič (I. S.).
Kŭlbova (V.) s. Stajkov (G.).
Kulešov (G. F.), Anwendung d. Populationsmethode bei d. Selektion v. Winterweizen 198.
Kulešov (N. N.) u. **Marčenko (L. A.),** Methodik d. Untersuchung d. Wurzelsystems v. Mais 2306.
Kuliba (N. I.), Verfahren d. Saatgutlagerung 2400.
Kulibaba (J. F.), Lochfleckigkeit d. Pflaume 2536.
Kulik (M. S.), D. Bedingungen d. Wasserversorgung bei Getreidepflanzen in d. Steppen d. nördlichen Hälfte Kasachstans u. in d. Kulunda-Steppe [434].
Kulik (T. A.) s. Nemlienko (F. E.).
Kulikov (A. I.) u. **Poljakova (S. I.),** Chem. Methode zur Qualitätskontrolle d. Saatgutbeizung 2251.
Kulikov (N. V.), Einfluß v. Natriumäthylendiamintetraacetat (EDTA) auf d. Kobalt-Aufnahme durch d. Pflanzen 2085.
Kulikov (V. M.), Silieren v. Mais mit Carbamid 2114.
Kulikova (L. I.), Stoffwechsel bei Weizen im Zusammenhang mit d. Einsatz v. granuliertem Superphosphat u. Azotobacterin 2650.
Kulka (K.) s. Grzesiuk (S.).
Kulkarni (U. K.), Einfache Methode, um Sklerotien v. Claviceps microcephala (Waller) Tull. zum Keimen zu bringen 2249.
Kulkarni (Y. S.) s. Urkuday (K. N.).
Kullmann (A.), Einfluß einiger Düngungsvarianten d. Feldversuches „Ewiger Roggenbau“ (Halle/S.) auf d. Bodenstruktur 1751. — s. Klimes-Szmik (A.).

Kullmann (A.) u. **Klimes-Szmik (A.)**, Beitrag zu den Veränderungen d. Bodenporosität in Abhängigkeit v. d. Zeit 1752. — Bodenporositätsbestimmungen mit dem Luftpyknometer 2356.

Kulman (H. M.) u. **Dorsey (C. K.)**, Anwendung granulierter system. Insekticide zur Bekämpfung d. Kiefernknospentriebwicklers 2264.

Kulpa (W.), Teratolog. Einfluß v. *2.4*-Dichlorphenoxyessigsäure auf d. Früchte v. Polygonum nodosum Pers., Anthemis arvensis L. u. Tripleurospermum inodorum (L.) Schultz-Bip. 1707.

— u. **Danert (S.)**, Systematik v. Linum usitatissimum L. 2582.

Kul'pinova (M. P.), Krankheiten d. Maises bei dessen Nachbau 2528.

Kulunev (D.), Chem. Mittel gegen d. Blattfleckenkrankheit d. Zuckerrübe 2552. — s. Balevski (A.).

Kumada (K.) u. **Sato (O.)**, Chromatograph. Abtrennung v. grünen Huminsäuren aus Podsolhumus 1749.

Kumagai (T.) u. **Tabata (S.)**, Konkurrenzerscheinungen u. einige Merkmale bei Hafersorten 2702.

Kumar (A.) s. Agarwala (S. C.).

Kumar (K.) u. **Bhatnagar (M. P.)**, Sortenresistenz gegen d. Sorghum-Bohrer (Chilo zonellus S.) 3115.

Kumazawa (K.) s. Mitsui (S.).

Kumelowska (J.), Züchtungs-, Anbau- u. Produktionsprobleme d. Mutterkorns 726.

Kuminov (E. P.), D. wilde Stachelbeere des Altai u. ihre Hybriden 469. — Gelenkte Erzielung d. Hybriden Schwarzer Johannisbeeren 1328. — Züchtung d. Schwarzen Johannisbeere 3096.

Kummer (M.), Sortenprüfungen mit Einlege-Gurken *1961* 1311; dass.: Stutztomaten *1961* 1313; dass.: Gurken *1962* (Anbau im Gewächshaus) 2148; dass.: Porree *1962* 2152; dass.: Saatzwiebeln *1962* 2152. — Sortenwertprüfungen mit Stabtomaten *1956* bis *1960* 2742.

Kumstýř (K.), Grundlagen d. Gartenbaus. Lehrbuch für mittlere landtechn. Schule, Fachgebiet: Anbau u. Züchtung [1854].

Kunath (L.), Bodendichtebestimmung mit Bodensonden 2636.

Kundert (J.), Auftreten u. Bekämpfung d. falschen u. echten Rebenmehltaus im Jahre *1961* 553.

Kundler (P.), Systematik d. Übergangsbildungen zwischen Braunerden u. Podsolen 351. — Berücksichtigung d. Übergänge zwischen d. Braunerden u. Podsolen in d. Bodensystematik 645.

Kundu (B. C.), **Basak (K. C.)** u. **Sarcar (P. B.)**, Jute in India [440].

Kunkel (R.) u. **Gardner (W. H.)**, Schwarzfleckigkeit d. „Russet Burbank"-Kartoffeln 814.

Kuntze (H.), Dränung für d. Verbesserung schwieriger Böden 72. — Bodenstruktur u. Beetwölbung. Beitrag zu d. ackerbaulichen Schwierigkeiten in d. Marsch 1483. — Trittfestigkeit v. Weideböden 2434.

— u. **Neuhaus (H.)**, Bodenphysikal. Untersuchungen zur Frage d. leistungsbehindernden Eigenschaften v. Marschböden 2041.

Kunz (G.), Bekämpfung d. Kommaschildlaus durch Winterspritzung 2862.

Kunze (A.), Qualitätsgerechte Herbstbearbeitung fördert d. Bodenfruchtbarkeit 1223. — s. Rauhe (K.); Unger (H.).

Kunze (P.), Gummigleit-Verbindung für Asbestbeton-Druckrohre 2361.

Kunze (R. I.) s. Kirkham (D.).

— u. **Kirkham (D.)**, Vereinfachte Darstellung d. scheinbaren Membranwiderstandes bei Messungen d. kapillaren Leitfähigkeit 2059.

Kuperman (F. M.) s. Šul'gin (I. A.).

Kuphal (W.), Neue Organisation im Meliorationswesen 1225.

Kuraishi (S.) u. **Muir (R. M.)**, Wirkungsweise wachstumshemmender Chemikalien 2600.

Kurbatov (I. M.) s. Latypova (R. M.).

Kurihara (K.) s. Mitsui (S.).

Kurmangaliev (A. B.) s. Sokolov (S. I.).

Kurmies (B.), Über d. quantitative Formulierung d. Ertragszuwachses 1235. — Komplexometr. Bestimmung v. Calcium u. Magnesium bei d. agrikulturchem. Analyse 2975.

Kurnik (E.) u. **Mészáros (L.)**, Ergebnisse v. Spritzversuchen gegen Sonnenblumenrost (Puccinia helianthi Schw.) 1413.
Kurnoth (P.) s. Geissler (T.).
Kuročkin (A. M.), Vergleichende Wirkung einiger Herbicide auf Lupinen 291.
Kuročkin (K. I.), Bekämpfung wurzelausläufertreibender Unkräuter 882. — Bekämpfung d. Ackerkratzdistel 2574.
Kuročkina (E. E.) s. Jarovenko (G. I.).
Kuron (H.) u. **Jung (L.)**, Unterbodenkalkung auf Tonschieferverwitterungsboden 1808.
— u. **Preuße (H.-U.)**, Künstliche Eisenhydroxydgele u. deren Alterung 2922.
Kurosawa (M.) u. **Fujiwara (A.)**, Einfluß v. Nucleinsäurestoffen auf d. Tabakpflanze. *5.* Mitt. Absorptionsform v. RNS u. Einfluß d. RNS auf d. Proteinsynthese 2892.
Kurth (H.) u. **Pallutz (H.)**, Selektive Wirkungen v. Herbiziden in biolog. u. chem. Sicht 2569. — Selektive Wirkungen v. Herbiziden in biolog. u. chem. Sicht 3169.
Kurtz (L. T.) s. Key (J. L.).
Kurup = Ramakrishna Kurup.
Kurup (C. K. R.), **Sastry (A. S.)** u. **Rao (D. S.)**, Einfluß d. Bodens u. d. zur Bewässerung benutzten Wassers auf d. chem. Zusammensetzung u. d. Qualität d. Zigarrentabaks 2419.
Kus (M.) s. Panjan (M.).
Kushizaki (M.) s. Shimagami (H.).
Kusiorek (K.), Einfluß verschied. Pfropfarten auf d. generative Entwicklung v. Winter- u. Sommerraps 2191.
Kušnirenko (M. D.), Physiolog. Prozesse an Pfropfungen bei Apfel u. Birne in Abhängigkeit v. d. Pfropfstelle in d. Krone d. Mentors 2457.
Kušnirenko (S. V.) s. Žolkevič (V. N.).
Kust (C. A.) s. Robinson (E. L.).
Kustarev (A. I.), Einfluß d. Fründernte auf d. biochem. Zusammensetzung u. d. Pflanzguteigenschaften v. Kartoffeln 978.
Kutáček (M.) s. Valente (M.).
—, **Novákova (J.)** u. **Valenta (M.)**, Papierchromatograph. u. Extraktions-Methoden für Indol-Derivate 3197.
—, **Rosmus (J.)** u. **Deyl (Z.)**, Neue Methoden d. chromatograph. Trennung d. Gibberelline A_1 u. A_3 2604.
Kůthy (S.), Probleme u. bisherige Ergebnisse d. Naßkopfdüngung bei Winterweizen u. Wintergerste 965.
Kutílek (M.), Hygroskop. Bodenfeuchtigkeit. *1.* Mitt. 1204; *2.*Mitt. Einfluß v. Montmorilloniten auf d. hygroskop. Bodenfeuchtigkeit 2930. — Einfluß v. Humus auf d. hygroskop. Bodenfeuchtigkeit 2930. — Neue Methode zur Bestimmung d. spezif. Bodenoberfläche 2945.
Kůtová (J.) s. Jiráček (V.).
Kutuzov (G. P.), *2*-Methyl-*4*-chlorphenoxybuttersäure für d. Unkrautbekämpfung in Klee 1710. — Verwendung d. Herbicide in Erbsensaaten 1995.
— u. **Žurkin (V. K.)**, Desikkation v. Kleesamenträgern 2401.
Kuzin (A. M.), Theoret. Grundlagen für d. Saatgutbestrahlung 2005.
Kuzin (I. S.), Anatom.-morpholog. Besonderheiten v. Apfeljungbäumen, die aus verschied. Teilen d. Baumkrone stammen 762. — Wachstum u. Winterfestigkeit v. Apfelsetzlingen, d. aus verschied. Teilen d. Krone stammen 2457.
Kuzina (E. V.) s. Avdonin (N. S.).
Kuźmin (A. J.) u. **Čuvašina (N. P.)**, Entfernte Hybridisierung in d. Familie Grossularia 511.
Kuźmina (A. P.), Einfluß d. Ernährungsbedingungen auf d. Ertrag u. d. Qualität d. Sonnenblumen 3253.
Kuznecov (A.) s. Pisarev (B.).
Kuznecov (P. V.), Einfluß d. Elternformen auf d. Merkmalsausbildung d. Nachkommen bei Obst 807.
— u. **Kotun (J. I.)**, Zuckerrübenaussaat mit mechan. zertrümmerten Samenknäueln 3279.
Kuznecov (T. A.) u. **Pavlenko (J. E.)**, Vervollkommnung d. Zuckerrübenstecklingsernte 406.
Kuznecov (V. D.), Verbreitung d. Aktinomyceten in d. genet. Horizonten einiger Böden Baschkiriens 639.
Kuznecova (M. A.) s. Rybina (N. J.).

Kvaracchelija (M. T.), Saatgutimpfung mit Phosphorbakterin bei gleichzeitiger Granosan-Beizung 980; dass.: 1261. – Zweckmäßiger Einsatz v. Bakteriendünger 2986.
Kvasnička (S.) s. Moravec (J.).
Kvasnikov (B. V.) u. **Laričeva (M. D.)**, Vorwinteraussaat als Mittel zur Schaffung einer schoßresistenten Zuckerrübensorte für Futterzwecke für d. Nichtschwarzerdezone 113.
Kvasov (S. M.), Gleichzeitige Anwendung v. chem. u. mechan. Verfahren zur Bekämpfung d. Unkräuter bei d. Maispflege 1994.
Kvěch (O.), Veränderungen d. organ. Ernterückstände d. mehrjährigen Gemengekulturen nach ihrem Einpflügen 2980.
Kwong (S. S.) s. Fisher (E. G.).
Kybal (J.) s. Hroneš (J.); Starý (F.).
Kyncl (F.) s. Peiker (J.).

Laan (P. A. van der), Bekämpfung v. Schädlingen mit Bacillus thuringiensis 1961.
– u. **Wassink (H. J. M.)**, Bekämpfung v. Ringelspinnerraupen (Malacosoma neustria) mit Bacillus thuringiensis im Stadtgebiet v. Amsterdam 1687.
Labeyrie (V.), Einfluß v. Eiparasiten auf d. Regulierung d. Populationsdichte v. Cassida deflorata Suff. 1691.
Labib (A. I.), Potato proteins [1741].
Labounek (V.) u. **Labounková (N.)**, Einfluß d. Herkunft auf d. Keimruhe einiger tschechoslowak. Sommergerstensorten 106.
Labounková (N.) s. Labounek (V.).
Labrousse (G.) u. **Uzureau (C.)**, Geeignete Methoden u. Geräte für d. Verbesserung d. Reisanbaues unter bes. Berücksichtigung d. frankophonen Länder in d. afrikan. Tropen u. Madagaskar 654.
Labus (S.), Ergebnisse d. Anbauversuche mit Schwarzen u. Roten Johannisbeeren in Ottensen 767.
Lace (M. S.), Entwicklung v. filterpassierenden Organismen in Corynebacterium fascians-Kulturen 816.
Lacey (M. E.) s. Gregory (P. H.).
Lachica Garrido (M.), Bestimmung v. Magnesium in Pflanzenmaterial mit Komplexon III 2386. – s. Esteban Velasco (E.).
Lachover (D.), **Amir (Y.)** u. **Goldin (A.)**, Einfluß v. Gründüngung u. Stickstoffdünger auf Ertrag u. Qualität d. Erdnüsse 3306.
– u. **Feldhay (H.)**, Vorläufige Untersuchung d. Aufnahme v. Makroelementen u. d. Bodenfruchtbarkeit bei Erdnuß, d. in Israel unter Bewässerung angebaut wurde 1238.
Łachowska (H.), Nachkommenschaft d. Zichorie in Abhängigkeit von d. Schnittart d. Stecklinge 212.
Lachowski (J.), Mineraldüngung zweier Zichoriensorten 1564.
Łacicowa (B.) s. Swirska (S.).
Lacina (L.), Neue internationale Regelung d. Sortenschutzes im Pflanzenbau 3282.
Lacroix (E.), Pelargoniumfäule 3156.
Lacroix (L.), **Rixhon (L.)** u. **Crohain (A.)**, Anbausysteme in ihrer Beziehung zur Produktion u. zur Düngung mit organ. Material 1545.
La Croix (L. J.), **Naylor (J.)** u. **Larter (E. N.)**, Faktoren, die d. Wachstum u. d. Entwicklung v. Embryonen d. Gerste (Hordeum vulgare L.) kontrollieren 2593.
Łączyńska-Hulewicz (Z.), Morpholog. Merkmale bei di- u. tetraploiden Formen v. Hornschotenklee (Lotus corniculatus L.) u. d. unter ihnen auftretenden Wechselbeziehungen 2196.
– u. **Mackiewicz (T.)**, Pollenfertilität u. Pollenschlauchwachstum bei di- u. tetraploidem Rotklee 3371.
Ladonin (V. F.), Einfluß d. Derivate v. 2.4-D auf Wachstum u. Entwicklung v. Sommerweizen 1994. – s. Česalin (G. A.).
– u. **Česalin (G. A.)**, Wirksamkeit chem. u. agrotechn. Bekämpfungsmaßnahmen gegen mehrjährige ausläufertreibende Unkräuter 1992.
Laere (O. van) u. **Martens (N.)**, Bedeutung d. Biene bei d. Samenvermehrung d. Rotklees 3018.
Läuchli (A.), Aufnahme v. Strontium durch höhere Pflanzen 2972.
Laffèrs (A.), Frühes Fruchten u. zweite Triebe d. Walnuß (Juglans regia L.) 2461.

Laflin (T.), Platz d. Herbicide in d. gärtner. Produktion 1439.
– u. **Graze (S. P.)**, Bewässerung gärtner. Kulturen 154.
Lafrance (J.), Neue Apparaturen u. Zuchtmethoden für d. Untersuchung v. Drahtwürmern (Coleopt.: Elateridae) in organ. Böden in Südwestquebec 3436.
– u. **Tremblay (R.)**, Kartoffelroder für kleine Versuchsflächen 2405.
Låg (J.), Produktivität d. norweg. Böden, wichtigste geolog. Merkmale 2346.
Lagerquist (R.), Blattanwendung v. Mangan 2103.
Lagerwerff (J. V.) u. **Eagle (H. E.)**, Transpiration v. Bohnen in Beziehung zur Ionenaufnahme aus salzhaltigen Substraten 1237.
Lagutinskaja (N. A.) s. Kornejčuk (V. D.).
Lahav (N.), Adsorption v. Natriumbentonit-Partikeln durch Bacillus subtilis 2336.
Laird jun. (E. F.) s. Flock (R. A.).
– u. **Dickson (R. C.)**, Tabakätzvirus u. Kartoffel-Y-Virus an Paprika, ihre Wirtspflanzen u. Insektenvektoren in Südkalifornien 3128.
Lajtos (J.), Einige Fragen d. Reisanbaues 1012.
Lakatos (A.), Wegweiser zum Obstpflanzen in den LPG [722].
Lake (J. V.) s. Morris (L. G.).
Laktionov (B. I.), Reisanbau auf Salzböden 661. – Salzgehalt d. Böden u. d. Salzresistenz d. Pflanzen 954. – D. Natur d. erhöhten Dispersion d. Solonetzböden u. Maßnahmen d. chem. Melioration d. Solonetzböden 1226.
Lal (R.) s. Mehta (S. C.).
Laliberte (J.) s. Jasmin (J. J.).
Lall (A. B.) s. Sinha (S. D.).
Laloraya (M. M.) u. **Rai (V. K.)**, Förderung d. Hypokotylwachstums mit Gibberellinsäure bei epigäisch wachsenden Sämlingen 1457. – Wirkung v. Auxin auf d. Austritt d. Seitenwurzeln bei d. Keimung v. Phaseolus mungo 2903.
Lalova (M.), Unkrautbekämpfung in Mais mit den Herbiciden Simazin u. Atrazin auf sandigen Diluvial-Alluvialböden 1709. – Biolog. Besonderheiten v. Andropogon halepensis Pers. u. Bekämpfungsmöglichkeiten 2276.
Lam (S. L.) s. Leopold (A. C.).
Lamar (J. E.), Anwendungsmöglichkeiten v. Kalkstein u. Dolomit 1536.
Lamb (K. P.) s. Close (R.).
– u. **Lowe (A. D.)**, Studien über d. Ökologie d. Mehligen Kohlblattlaus (Brevicoryne brassicae) in Brassica-Feldbeständen in Neuseeland. *1.* Mitt. Einleitung u. Populationsstudie in d. Jahren *1958–59* 837.
Lamb (R. C.) s. Powell (L. E.).
Lambers (D. H. R.) = Hille Ris Lambers (D.).
Lambert (D. A.), Wachstumsstudie an Lieschgras- u. Wiesenschwingel. *3.* Mitt. Wirkung zweier Stickstoffgaben bei zwei Schnittbehandlungen 1011.
Lambert (J. P.), Weideanlage auf einem podsolierten Boden im Norden Neu-Seelands. *1.* Mitt. Feldversuch betreffs Kalk- u. Mineraldüngemittelbedarf 91.
Lambeth (V. N.) s. Biswas (P. K.).
Lambrech (J. A.) s. Torgeson (D. C.).
Lamey (H. A.) s. McMillian (W. W.).
Lamm (C. G.), **Hansen (E. H.)** u. **Jørgensen (J. A.)**, Isotopenaustausch in Bodenfruchtbarkeitsuntersuchungen 2330.
– u. **Maury (M.)**, Einfluß d. Pflanzenwachstumsrate auf d. Manganaufnahme aus Boden u. Düngemitteln 382.
Lamm (P. D. R.), Zusatzbelichtung v. Tomatenjungpflanzen in Alnarp, Schweden 1590.
Lammerink (J.), Wechselwirkungen v. Phosphat u. Sulfat auf Beregnungsweide 3032. – Wirkung v. Stickstoffgaben im Frühjahr auf eine beregnete Weide 3032.
Lampadius (F.) u. **Häußler (D.)**, Therapie gegen Rauchschäden durch Düngung. Untersuchung d. Düngerwirkung auf rauchbeeinflußte Fichten 2668.
Lampe (J. E. M.) s. Dijkshoorn (W.).
Lampeter (W.), Unkräuter in d. Saatguterzeugung [588]*. – Intensive Grünlandwirtschaft im sozialist. Großbetrieb 1015.

Lampeter (W.) u. **Feiffer (P.)**, Höhere Grassamenernten durch bessere Erntetechnologie u. konstruktive Verbesserungen am Mähdrescher (*1.* Ergebnisse d. MD-Großversuche im Grassamenbau. Vorl. Mitt.) 2112.
—, **Schieblich (J.)** u. **Rabes (F.)**, Wie können Verluste bei d. Futterpflanzensamenernte verhindert werden? 407.
Lampkin (G. H.) s. Howard (D. A.).
Lamprecht (H.), Vererbung d. rezessiv roten Testafarbe v. Phaseolus, sowie Bemerkungen zur Manifestation u. Symbolik v. Testafarbgenen 498. — Vererbung eines Phaseolus-Typus mit drei Kotyledonen 498. — Genenkarte v. Pisum. Bei normaler Struktur d. Chromosomen 1073. — Weitere Koppelungsstudien an Phaseolus vulgaris. Mit einer Übersicht über d. Koppelungsgruppen 1074. — Studien zur Koppelung d. Gens Kp v. Pisum 1907. — Gene für Farbenverteilung auf den Blumenblättern v. Pisum 1907. — Vererbung d. Blättchenzähnung bei Pisum 1907. — Vererbung d. Panaschierung v. Stipeln u. Blättchen v. Pisum 1907. — Vererbung d. Höhenwachstums bei Pisum 1908. — Symmetrie u. Asymmetrie v. Stipeln u. Blättchen bei Pisum sowie ihre Vererbung 3367. — Gleichzeitiges Mutieren in mehreren Genen bei Pisum nach Behandlung mit Äthylenimin 3367. — Neues, d. Form d. Pisum-Samen beeinflussendes Gen sowie ein neues Gen für Teilfarbigkeit 3367. — Weitere neue Blütenfarben v. Pisum sowie zur Kenntnis d. Koppelungsgruppe v. Chromoson II 3367. — Entstehung d. Arten u. höheren systemat. Einheiten, bedingt durch eine Veränderung d. Plasmas. Genetik u. Paläontologie 3366.
Lancaster (R. J.) u. **NcMaughton (M.)**, Wirkung d. Anfangsverdichtung auf d. Silage 408.
Lanckow (J.) s. Vogel (G.).
Landa (V.), Versuche mit künstlichem Spermatophor beim Maikäfer (Melolontha melolontha L.) 1105.
Landel (J. P.), Dinitrophenylcrotonat, Karathan, u. d. Bekämpfung des Echten Mehltaues d. Cucurbitaceen 1135.
Landey (R. J.) s. Roy (B. B.).
Landfald (R.), Einfluß v. Anbaubedingungen, Fruchtgröße u. Temperatur auf d. Lagerung v. „James Grieve" 2754.
Landi (J.) s. Bach (P. de).
Land Jensen (H.), Biolog. Abbau v. Unkrautbekämpfungsmitteln im Boden. *2.* Mitt. Allylalkohol 1434.
—, **Mølle (K. G.)**, **Møller (E.)** u. **Pedersen (E. J.)**, Silierungsversuche unter bes. Berücksichtigung d. Erprobung v. Sicherungszusätzen 1274.
Lang (I.), Antagonismus v. Kali u. Kalzium in einigen Pflanzen auf kalkhaltigen Sandböden in Ungarn 1524.
Lang (K.), Gravimetr. Phosphatbestimmung als Chinolinphosphormolybdat u. ihre Anwendung bei deutschen Einfach- u. Mehrnährstoffdüngern 2684.
Langbein (H.) s. Fischer (A.).
Lange (A. de) u. **Kerling (L. C. P.)**, Aplanobacterium populi, d. Erreger d. Bakterienkrebses d. Pappel 3156.
Lange (H.) s. Adam (H.).
Lange (J.), **Cartellieri (E.)**, **Schlicht (H.)** u. **Künkel (K.)**, Ökonom. Nutzeffekt des meliorativen Tiefpflügens leichter Sandböden 945.
— u. **Künkel (K.)**, Chem. Unkrautbekämpfung im Lupinensamenbau 3454.
Lange (R. T.), Empfänglichkeit v. einheim. südwestaustral. Leguminosen für d. Infektion durch Rhizobium 2049.
— u. **Parker (C. A.)**, Effektive Knöllchenbildung bei Lupinus digitatus durch native Rhizobien in Südwestaustralien 930.
Lange (S.) u. **Zittwitz (J.)**, I. Internationales Symposium über Fragen d. Rekultivierung v. Kippen u. Halden in Leipzig v. *4.* bis *9.* Juni *1962* 2064.
Lange (W. H.) s. Grigarick (A. A.).
— u. **McCalley (N. F.)**, Brachyrrhinus cribricollis Gyll., ein neuer Schädling an d. Kugel-Artischocke in Kalifornien 1654.
Langebrekke (A.) s. Ulvesli (O.).

Lange-de la Camp (M.), Streifenkrankheit d. Weizens. Vorl. Mitt. 1666. — Wann bezeichnen wir einen Krankheitserreger als bodenbürtig? 2210.
Langenmayr (H.), Zementvermörtelte Schotterdecke im Wirtschaftswegebau 2366.
Langer (S.) s. Bethmann (W.).
Langhans (R. W.) s. Hanan (J. J.); Samman (Y.); Smith (D. R.).
Langille (J. E.) s. Warren (F. S.).
— u. **Warren (F. S.),** Einfluß d. Schnittbehandlung auf Ertrag, Mineralstoffgehalt u. Wurzelentwicklung v. drei Luzernegrasgemischen 2128.
Langille (W. M.) s. MacKay (D. C.); Smeltzer (G. G.).
Langin (E. J.), Ward (R. C.), Olson (R. A.) u. **Rhoades (H. F.),** Über d. für eine schlechte Reaktion d. Maises u. d. Körnerhirse auf Phosphordüngung verantwortlichen Faktoren. *2.* Mitt. Kalk- u. P-Unterbringungswirkungen auf d. P-Zn-Beziehungen 2680.
Langston (J. M.) s. Douglas (W. A.).
Lanigan (G. W.), Gärfutteruntersuchungen. *1.* Mitt. Vergleichende Laboratoriumsversuche mit Melasse u. Natriummetabisulfit als Zusätze bei d. Konservierung v. Luzerne 2993.
— u. **Catchpoole (V. R.),** Gärfutteruntersuchungen. *2.* Mitt. Einfluß d. Reife d. Pflanzen beim Silieren v. Raygras u. Klee unter Laboratoriumsbedingungen 2993.
Lantican (R. M.) s. Mercado jun. (A. C.).
— u. **Soriano (P. M.),** Reaktion v. Bataten auf verschied. Düngungsmaßnahmen 1248.
Lanza (F.), Genet. Verbesserung d. Maises u. ihre Perspektiven 2780.
Lanza (M.) s. Busson (F.).
Lapar (M.) s. Benc (S.).
Lapčyk (V. F.) s. Grodzinškyi (A. M.).
Lapensee (J. M.) s. Halstead (R. L.).
Lapeyronie (A.) s. Coutin (R.).
Lapin (P. I.), Bylov (V. N.) u. **Zaitseva (E. N.),** Einfluß d. Bodens u. d. klimat. Bedingungen auf d. Anpassung d. Charakters u. d. Vermehrung d. Tulpen 2768.
Lapine (P. I.), Einführung v. Bäumen u. Sträuchern in Moskau 1053.
Lapins (K.), Künstliche Frostung einjähriger Triebe v. Apfelsorten 169. — Frosthärte junger Apfelbäume, d. aus Jugend- u. Alterszonen v. Sämlingen stammen 1599.
Laporte (G.) s. Ouellet (C. E.).
Lappa (N. V.), Methode zur Prognose d. Goldaftervermehrung 878.
LaPrade (J. L.) s. Troutman (J. L.).
Laptev (J. P.), Artzusammensetzung d. Weizens in Nord- u. Ostafrika 2887. — s. Sumanov (E. J.).
Lăpuşan (A.) s. Velican (V.).
Lapwood (D. H.), D. Resistenz d. Kartoffelkrautes gegen Phytophthora infestans. *3.* Mitt. Läsionsverteilung u. Blattzerstörung 812; *4.* Mitt. Vergleichende Laboratoriums- u. Feldprüfungen sowie weitere Feldanalysen 3381.
Lardieri (N. J.) s. Okun (D. A.).
Large (E. C.), Umfang prophylakt. Spritzungen u. d. Krautabtötung in d. Kartoffelbeständen Großbritanniens während d. Jahre *1952* bis *1960* 1134.
Laričeva (M. D.) s. Kvasnikov (B. V.).
—, **Šnejder (J. I.)** u. **Kašmanova (O. I.),** Winteraussaat als Verfahren zur Schaffung einer krankheitsresistenten Zuckerrübensorte 1288.
Larin (P. A.), Luftdurchlässigkeit gefrorener Böden in Abhängigkeit v. Herbstbearbeitung u. Feuchtigkeit 2929.
Larrance (J.) s. Perron (J. P.).
Larsen (A.), Düngungsversuche mit Natrium zu Spinnlein 1240. — Einfluß v. Bewässerung u. Trockenperioden auf Wachstumsrhythmus u. Netto-Assimilation bei Öl- u. Faserlein 3187.
Larsen (F. E.), Äußere u. innere (Schwarzfleckigkeit) mechan. Schädigung an „Russet Burbank"-Kartoffeln v. d. Ernte bis zum Absatz in Washington 2209.
Larsen (R. P.) u. **Bukovac (M. J.),** Wirkung verschied. auf Blätter aufgebrachter Nährstoffe u. Pflanzenwuchsstoffe auf d. „shelling"-Krankheit d. Concord-Rebe 2463.
Larsen (S.) u. **Gunary (D.),** Ammoniakverluste ammoniakhaltiger

Düngemittel, d. kalkhaltigen Böden verabfolgt wurden 2323.
Larsen (S.), Parton (D. J.) u. **Svensson (I.-L.),** Reaktion zwischen Monocalciumphosphat u. Calciumcarbonat 2391.
— u. **Sutton (C. D.),** Einfluß d. Bodenvolumens auf d. Aufnahme d. Boden-Phosphors durch d. Pflanzen u. auf d. Bestimmung d. labilen Bodenphosphors 2658.
Larson (J. E.) s. Harris (C. I.).
Larson (K. H.) s. Nishita (H.).
Larson (R. H.) s. Cervantes (J.).
Larson (R. I.) u. **MacDonald (M. D.),** Cytogenetik leistungsfähiger Weizenstämme. *4.* Mitt. Aneuploide Linien d. Varietät „Rescue“ 1620.
Larson (W. E.) s. Burrows (W. C.); Parker (D. T.).
Larsson (R.) s. Johansson (N. O.).
Larter (E. N.), Vererbung d. Flugbrandresistenz. *2.* Mitt. Vererbung d. Resistenz bei drei Gerstensorten, d. gegenüber d. Rasse *2* immun sind 3100. — s. LaCroix (L. J.); Sosulski (F. W.).
— u. **Enns (H.),** Vererbung d. Flugbrandresistenz. *1.* Mitt. Die Vererbung d. Resistenz bei vier Gerstenvarietäten, d. gegenüber d. Flugbrandrasse *2* immun sind 201.
Larzelere (H. E.) s. Dedolph (R. R.).
Lashin (M.) u. **Schrimpf (K.),** Analyse d. Ertragsstruktur v. Winterweizensorten mit bes. Berücksichtigung d. ertragsbestimmenden Faktoren 706.
Laškevič (G. I.), Fruchtbarkeit d. Moorböden u. d. Anbau v. Hanf [2426].
Láskoš (J.) s. Špaldon (E.).
Lašnev (V. I.) u. **Maevskaja (L. M.),** Lagerung mineral.-ammoniakal. Torfdünger 2389.
Lasukova (T. P.) s. Baljabo (N. K.).
Latch (G. C.) u. **Hanson (E. W.),** Vergleich v. drei Stengelkrankheiten bei Melilotus u. ihre Erreger 3426.
Latenko (B.), Anlage für d. automat. Zuführung d. Nährlösung zu d. Pflanzen 2143.
Lathwell (D. J.) u. **Vittum (M. T.),** Wirkung v. Beregnung u. Düngung auf Luzerne 132.
Laties (G. G.) s. MacDonald (I. R.).
Latkovics (G.) s. Szabolcs (I.).
Latterell (R. L.) u. **Steffensen (D. M.),** Veränderungen in d. Empfindlichkeit v. Mais-Chromosomen gegenüber Röntgenbestrahlung während d. Samenkeimung 1069.
Latypov (A. Z.), Umwandlung v. Sommerweizen in Winterweizen 492.
Latypova (R. M.) u. **Kurbatov (I. M.),** Fermentaktivität v. Torfböden 1207.
Lau (D.), Beziehungen zwischen Qualität u. Keimreifung d. Braugerste 2477. — Züchtung mehltauresistenter Gersten 2477.
Lau (E.), Kern- u. Zellteilung in d. Wurzelspitze d. Küchenzwiebel (Allium cepa) 482.
Laube (W.) s. Weissbach (F.).
Laude (H. H.), Geschichte d. Amerikanischen Landwirtschaftlichen Gesellschaft. Die ersten fünfzig Jahre, *1907–1957* 1166.
Lauer (F. I.) s. Blomquist (A. W.).
Laughlin (W. M.), Einfluß v. Boden- u. Blattdüngungen mit Nährstoffen auf Kartoffelerträge, Trockensubstanz u. Blattnekrosis 686. — Einfluß d. Boden-P-Düngung u. v. Spritzungen mit Phosphatlösung auf Ertrag, Trockensubstanzgehalt u. chem. Zusammensetzung v. Kartoffeln 2100. — Konzentrationen d. Sprühlösung v. Kaliumchlorid u. Kaliumsulfat beeinflussen d. Wachstum, d. Erträge u. d. chem. Zusammensetzung v. Kartoffeln 2101. — Reaktion d. wehrlosen Trespe auf Menge u. Art d. im Herbst u. Frühjahr gegebenen Stickstoffs in Alaska 3020.
·**Laughnan (J. R.),** Schätzung zu multiplen Crossing-over- u. Seitenketten-Hypothesen an Hand einer Analyse v. Alpha-Derivaten d. A-P-Komplexes bei Mais 1354.
Lauren (P. M.) s. Edwards (G. P.).
Laurent (R.), Problem wurde endlich gelöst, Ernte d. Tabakblätter 984.
Laux (W.), Individuelle Unterschiede in Verhalten u. Leistung d. Ringelspinners, Malacosoma neustria (L.) 3115.
Lavabre (E.), Wirtschaftliches Verfahren zur Bekämpfung v. Miriden am Kakaobaum 2555.

Lavalleye (M.) s. Detroux (L.).
Laville (E.), Künstliche Infektion junger Dattelpalmenpflanzen 1399.
Lavrenko (E. M.) u. **Korčagin (A. A.)**, Ackergeobotanik. Bd. *2* [2287]*.
Lawrence (C. H.) s. Dionne (L. A.); Young (L. C.).
Lawrence (T.), Verbindung einiger Pflanzeneigenschaften bei Agropyron intermedium 210. – s. Heinrichs (D. H.).
– u. **Kilcher (M. R.)**, Einfluß v. *14* Wurzelextrakten auf Keimung u. Sämlingslänge v. *15* Pflanzenarten 314.
Lawrie (I. D.) u. **Vlitos (A. J.)**, Chem. Unkrautbekämpfung im Zuckerrohr Trinidads 1999.
Laws (V.) u. **Jarman (C. G.)**, Fasern aus Blättern d. Doum-Palme 1846.
Laws (W. D.), D. auf Ertrag an Erntegut u. Pflanzenzusammensetzung bezogene Kaliumzustand v. acht Texasböden 2324.
Lawton (K.) s. Tobin (L. W.).
Laycock (D. H.) u. **Wood (R. A.)**, Ausnutzung d. Bodenfeuchtigkeit unter Tee in Nyasaland. *1.* Mitt. Einfluß d. Pflückens bei reifem Tee. *2.* Mitt. Wirkung v. Schattenbäumen 3027.
Lazány (A.) s. Márki (A.).
Lazányi (A.), Neue Wintergerstenlinien 124. – Erzielung v. Zwerg- u. produktiven Maisformen durch Selektion aus Hybridpopulation 2480.
Lazăr (B.) s. Radu (I. F.).
Lazareva (N. M.) s. Dorosinskij (L. M.).
Lazarevic (B.), Resistenz einiger Maishybriden gegen d. Maiszünsler 814.
Lazarov (A.), **Balevski (A.)**, **Toševa (C.)**, **Vasev (A.)** u. **Ivanov (S.)**, Obstmade u. ihre Bekämpfung [2524]*.
Lazarov (V.) s. Kaladžiev (I.).
Lazarova (R.), Einige Besonderheiten bei d. Hybridisation v. Lycopersicon esculentum mit Lycopersicon hirsutum 213.
Lazęcka (H.) s. Lenartowicz (W.).
Lazenby (A.), Untersuchungen bei Allium vineale L. *1.* Mitt. Anwachsen u. Wachstum v. Pflanzen aus oberird. Brutzwiebeln 1160; *2.* Mitt. Anwachsen u. Wachstum bei verschied. Stärke d. Konkurrenz 1160; *3.* Mitt. Wirkung d. Pflanztiefe 2881; *4.* Mitt. Wirkung v. Kulturmaßnahmen 2881; *5.* Mitt. Wirkungen d. Pflanzenstörung 2881.
Lazenby (A.) u. **Rogers (H. H.)**, Kriterien d. Selektion in d. Gräserzüchtung. *1.* Mitt. 1362.
Łaźniewska (I.) s. Kłossowski (W.).
Łaźniewska (J.) s. Pieniażek (S. A.).
Leach (C. M.), D. quantitative u. qualitative Verhältnis u. ultravioletter u. sichtbarer Bestrahlung auf d. Induktion d. Reproduktion v. Ascochyta pisi 3388. – Kabatiella caulivora, bodenbürtiger Krankheitserreger für Trifolium incarnatum in Oregon 3427. – s. Cropsey (M. G.).
Leach (D. G.), Rhododendrons of the world and how to grow them [1886]*.
Leach jun. (R. M.) s. Hodgson (J. F.).
Leaf (A. L.) s. Hosner (J. F.); Watterston (K. G.).
Leafe (E. L.), Umwandlung u. Selektivität v. pflanzenwachstumsregulierenden Herbiciden 582.
Leal (J. A.) u. **Villanueva (J. R.)**, Fungilyt. Aktivität einer Verticillium-Art 3104.
Lear (B.) s. Lingle (J. C.).
– u. **Raski (D. J.)**, Überleben v. Wurzelgallennematoden in Rebenwurzelteilstücken in feuchtem, Äthylendibromid-behandeltem Boden 3392.
Leaver (C. W.) s. Knight (B. C.).
LeBaron (H. M.) s. McAllister (DeV. R.).
Lebeau (J. B.) s. Hawn (E. J.).
Lebedev (I. A.), Soja, eine wertvolle Futterpflanze [141].
Lebedeva (L. A.), Einfluß d. Eigenschaften v. Boden u. Dünger auf Widerstandsfähigkeit u. Ernteergebnis mehrjähriger Gräser 967.
Lebedeva (N. P.), Quantitative Bestimmung v. TMTD 2544.
Lebedeva (Z. V.), Einfluß fremdartigen Blütenstaubs auf d. Depression nach Selbstbestäubung u. Eigenschaften d. Hybridmaises 3081.
Lebedik (A. I.), Zuckerrübenanbau im Kuban 997. – Anwendung v. Herbiciden bei Zuckerrüben 1438.

Lebedinskij (A. V.) u. **Moskalev (J. I.)**, Biolog. Wirkung d. Strahlung u. Fragen d. Verwendung radioaktiver Isotope [3205].
Leben (C.) s. Tsao (P. H.).
LeBerre (J. R.) u. **Chevin (H.)**, Verhalten verschied. Gramineen gegenüber d. Fritfliege u. morpholog. Variationen in Abhängigkeit v. Nährsubstrat 532.
— u. **Moreau (J. P.)**, Erbliche Unterschiede im natürlichen Verhalten einiger Maishybriden gegenüber der Fritfliege, Oscinella frit L. 831.
— u. **Vijverberg (A.)**, Methode zur Untersuchung d. Verhaltens v. Mais gegen Fritfliegen 1404.
Lebeurier (G.) s. Hirth (L.).
LeBlevenec (L.) s. Blanchet (R.).
Leblová (S.) u. **Koštíř (J.)**, Einfluß organ. Isothiocyanate auf d. Pflanzenmetabolismus. *4.* Mitt. Einfluß d. Allylisothiocyanats (AITK) auf d. Phosphor-, Zucker- u. Ketonsäuremetabolismus bei Erbsenkeimpflanzen (Pisum sativum) 2587.
Léblová-Svobodová (S.) s. Bečvářová (H.); Jiráček (V.).
— u. **Koštiř (J.)**, Wirkung v. Isothiocyanaten auf keimende Pflanzen 2023.
LeBourdellès (J.) s. Moreau (B.).
Lecacheux (M.-T.) s. Jouis (E.).
Lechevallier (D.), Entstehung d. α-Galaktosidaseaktivität im Verlaufe d. Keimung u. Reifung verschied. Samen 2296.
LeCompte jun. (S. B.) u. **Blumenfield (D.)**, Zeitvoraussage d. ersten Spargelernte 1315.
— u. **Spakkes (C. H.)**, Einfacher Index d. Bodentrockenheit in Verbindung zur Sonneneinstrahlung u. zur Verdunstung auf dem Feld 1307.
Lecrenier (A.), Zur Industrialisierung geeignete Kulturen 2143; *2.* Mitt. 2169.
— u. **Linden (R.)**, Kühllagerung v. Gewächshaustrauben 755.
Ledingham (G. A.) s. Reisener (H. J.).
Ledingham (R. J.) s. Chinn (S. H. F.).
Ledoux (L.), **Galand (P.)** u. **Huart (R.)**, Nucleinsäuren u. Proteinstoffwechsel in Gerstenkeimlingen. *2.* Mitt. Wechselbeziehungen zwischen d. verschied. Organen 2014.
Ledovskij (S. J.) s. Maštakov (S. M.).
Lee (M. H.) s. Cochran (G. W.).
Lee (P. E.), Aufnahme- u. Infektionssaugzeit bei d. Übertragung d. Virus d. infektiösen Vergilbung d. Aster durch einzelne Zikaden 2523.
— u. **Chiykowski (L. N.)**, Mechan. Übertragung d. Kleeverlaubungsvirus auf seine Zikadenvektoren 3129.
Leefe (J. S.) s. Eaves (C. A.).
Leenheer (L. de), Mechanisierung u. Bodenstruktur 1483.
Lees (F. T.) s. Smith (J. D.).
Lees (P. D.), Wirkungen v. Herbiciden auf Narzissen 587.
Lefèvre (G.) u. **Hiroux (G.)**, Wechselwirkung v. Phosphatkalium- u. Stickstoffdüngung auf Ertrag u. Entzug v. Wiesenschwingel (Sorte „Naide“) 2673.
Lefkovitch (L. P.), Biologie v. Cryptolestes capensis (Waltl) (Coleoptera, Cucujidae) 2220.
LeFloc'h (J.), Darstellung einer Karte für Wasser- u. Bodenerhaltung 2631.
Lefort (D.) s. Paquot (C.).
Lefter (G.), D. Rote Knospenwickler (Tmetocera ocellana L.) u. seine Bekämpfung 527.
— u. **Iacob (N.)**, Vermehrung u. Bekämpfung d. Spinnmilben in Obstanlagen 866.
— u. **Iriciuc (V.)**, Pflanzenschutz [1155]*.
Legg (W. T.), Verbesserte Form einer Auswaschapparatur 2943.
Leggeit (G. E.) u. **Moodie (C. D.)**, Aeration-Recovery-Methode zur Bestimmung d. Ammoniumbindung durch Böden unter Feuchtigkeitsbedingungen 937.
Leggett (G. E.) s. Boawn (L. C.).
Legner (E. F.) u. **Oatman (E. R.)**, Blattfressende Lepidoptera an jungen, nichttragenden Apfelbäumen in Wisconsin 1931. — Probenehmen u. Verteilung v. Larven u. Nestern v. Spilonota ocellana (D. et S.) auf Apfelbäumen 2506.
Legro (R. A. H.), Züchtung v. rotem, orangefarbenem u. gelbem Delphi-

nium 2494. — s. Doorenbos (J.); Wellensiek (S. J.).
Legut (L.) s. Kępkowa (A.).
Leh (H.-O.), Anwendungsmöglichkeiten d. Gibberellinsäure-Präparate „Gibboe“ u. „Gibboe konz.“ bei landwirtschaftlichen Nutzpflanzen 77.
Lehane (J. J.) s. Staple (W. J.); Warder (F. G.).
— u. **Staple (W. J.),** Wirkungen d. Bodenfeuchtigkeitsspannungen auf d. Wachstum v. Weizen 79.
Leheis (F.), Scheideschlamm fördert d. Bodenfruchtbarkeit 2096.
Lehle (H.), Morpholog. u. physiolog. Eigenschaften d. Alexandrinerklees 1570.
Lehman (D. S.), Grundgedanken d. Chelat-Chemie 3245.
Lehmann (C. O.), Systematik d. Sojabohnen (Glycine max [L.] Merr) 1909. — s. Hille (M.); Scholz (F.); Zacharias (M.).
Lehmann (G.), Futtererbsenanbau im VEG Tierzucht Syrau 2422.
Lehmann (K.) u. **Garz (J.),** Umsatz d. phosphathaltigen Substanzen u. d. Eiweißes in d. Kotyledonen keimender Erbsensamen 2295.
Lehmann-Beckow (W.), Erzeugung wirtschaftseigenen Kartoffelpflanzgutes in Abbaulagen 2710.
Lehne (I.), Wirkung organ. Düngemittel bei verschied. hohen Mineraldüngergaben 1795.
— u. **Koepke (V.),** Wirkung einer Magnesiumdüngung magnesiumarmer Sandböden in Abhängigkeit v. Kalk- u. Kaligaben 388. — Wirkung verschied. Stickstofformen auf magnesiumarmem Sandboden 393.
Lehoczky (J.), Rostkrankheit d. Hyazinthenpflanzen 1122.
Lehr (J. J.), Bor-Versorgungsgrad holländ. Böden 1195.
—, **Wybenga (J. M.)** u. **Hoekendijk (J. A.),** Einfluß d. Stickstoffs auf d. Bildung v. Chlorophyll unter bes. Berücksichtigung eines Unterschiedes in d. Wirkung zwischen Natriumnitrat u. Calciumnitrat 2375.
Leidenfrost (E.) s. Tepe (W.).
Leijerstam (B.), Physiolog. Rassen d. Getreideroste in Schweden in d. Jahren *1956* bis *1959* 1665.
Lein (A.), Gesichtspunkte u. Methoden d. Erhaltungszüchtung bei Selbstbefruchtern unter Berücksichtigung des Begriffes Sorte 486. — Entwicklungslinien d. Getreidezüchtung 1619.
Leius (K.), Einfluß verschied. Nahrung auf d. Fruchtbarkeit u. Lebensdauer v. Scambus buolianae (Htg.) (Hymenoptera: Ichneumonidae) 268.
Lekczinska (J.), Gelenkte Züchtung d. Kartoffel 1075.
Lekeš (J.), Stickstoffgehalt u. Variabilität bei Sommergersten d. Weltsortiments in Beziehung zum Stärkegehalt u. absoluten Korngewicht 612.
— u. **Zeniščeva (L. S.),** Neue Methode zur Züchtung v. Getreide auf Lagerresistenz u. zur Feststellung v. Standfestigkeitsunterschieden einzelner Sorten unter feldmäßigen Bedingungen 2472.
LeLacheur (A. G.), Anwendung v. Testversuchen als Methode zur Einschätzung d. Saatgutklassen v. „Climax“-Lieschgras 700.
Lelley (J.), Versuchsangaben über d. Keimungshemmung u. keimungsbedingte Veränderungen bei einigen ungar. Weizensorten 891.
Lemarie (J.), Kenntnis d. Bionomie u. d. Parasiten d. Zünslers Dioryctria mutatella Fuchs 3396.
Lemay (P.) s. Cormack (R. G. H.).
Lemke (W.) s. Schick (W.).
Lemon (E. R.), Beziehungen zwischen Bodenluft u. Pflanzenwurzel. *1.* Mitt. Theorie 49. — s. Covey (W.); Tanner (C. B.).
— u. **Wiegand (C. L.),** Beziehungen zwischen Bodenluft u. Pflanzenwurzel. *2.* Mitt. Wurzelatmung 49.
Lempke (B. J.) s. Woudenberg (J. P. M.).
Lenartowicz (W.) u. **Łazęcka (H.),** Vergleich v. vier chem. Methoden d. quantitativen Bestimmung v. Zukker in d. Früchten 2602.
Lendeckel (R.) u. **Schulz (K.),** Untersuchungen über d. Vereinfachung d. Reinheitsanalyse bei Möhren- u. Petersiliensaatgutproben 1586.
Lenec (L. K.) s. Lysogorov (S. D.).
Leng (E. R.), Langjährige Selektion auf chem. Zusammensetzung d.

Maises u. ihre Bedeutung bei d. Bewertung v. Zuchtmethoden 1903. – s. Hageman (R. H.).
Leng (E. R.), Tavčar (A.) u. **Trifunović (V.)**, Mais aus Südosteuropa u. sein möglicher Wert für Züchtungsvorhaben an anderen Orten 3081.
Leng (R.), Verhalten während langdauernder Selektion auf chem. Zusammensetzung bei Mais 1629.
Lenhard (J. H.) s. Boyd (A. E. W.).
Lenkov (L.) s. Popov (A.).
Lennard (J. H.) s. Boyd (A. E.).
Leo (M. W. M.), Neue Saugplattenapparatur zwecks Extraktion v. Bodenlösungen zur Leitfähigkeitsbestimmung 2632.
Leon (J. de), Anbau v. Rizinus in Israel 3027.
Leonard (C. D.) s. Stewart (I.).
– u. **Stewart (I.)**, Citrus-Adernvergilbung 1648.
Leonard (E. R.), Wechselwirkungen zwischen vegetativem u. reproduktivem Wachstum unter bes. Berücksichtigung indeterminierter Pflanzen 2016.
Leonard (O. A.) s. Weaver (R. J.).
Leonard (R. A.) u. **Low (P. F.)**, Automat. Nullpunkttensiometer 652.
Leont'ev (A. M.) s. Poljakov (J. A.).
Leontovyč (R.), Braunfleckengrind (Brauner Schleimfluß) d. Pappeln in d. Slowakei 3432.
Leopold (A. C.), Rolle d. Wuchsstoffe in Blüten u. Früchten 605. – s. Rubinstein (B.).
– u. **Lam (S. L.)**, Auxin-Transportgradient 1450.
Lepadatu (V.), Befruchtungsvorgang bei Reben in Abhängigkeit v. verschied. Pollenspendern 1086.
Leppik (E. E.), Phylogenie d. Rostpilze. *4.* Mitt. Genealogie d. Schwarzrostes 1666.
Lerche (C.), Maßstab zur vergleichenden Beurteilung obstbaulicher Ertragsleistungen analog dem GE-Schlüssel 2153.
LeRoux (E. J.) s. Hudon (M.).
LeRoux (F.) s. Coic (Y.).
LeRoux (F. H.) s. Coleman (N. T.).
Leroux (R.), Faivre-Dupaigre (R.) u. **Longchamp (R.)**, Einfluß einiger Herbicide auf d. Formbildung d. Welschen Weidelgrases 288.
Leroy (A.) u. **Meyer (F. de)**, Bestimmung v. freiem Wasser in Dicalciumphosphat 2685.
LeRoy (H. L.), Quantitative Vererbung u. Züchtung 486.
Leroy (J. F.), Durchsicht d. Wildkaffearten: wissenschaftliche Forschungsreise in Madagaskar u. auf d. Maskarenen (*27.* April bis *15.* Juli *1962*) 2004. – Coffeae novae Madagascarienses et Mauritianae 2888. – Neue Kaffeeart auf Mauritius: Coffea bernardiniana J. F. Ler. (ser. Mauritianae A. Chev.) 2888.
Lesaint (C.) s. Coïc (Y.).
Lesesne (E. H.) s. England (C. B.).
Lesik (B. V.), Einfluß d. Stickstoffdüngerformen auf den Kohlenhydrat-Eiweißstoffwechsel v. Hanf 1787.
Lesins (K.), Artkreuzungen bei Luzerne. *2.* Mitt. Medicago cancellata M.B. × M. sativa L. 208; *3.* Mitt. Medicago sativa L. × M. prostrata Jacq. 1636.
Łęska (W.) s. Łęski (R.).
Łęski (R.), Toxizität d. Rückstände v. Pflanzenschutzmitteln auf Früchten u. Blättern 1974.
– u. **Łęska (W.)**, Bekämpfung d. Pflaumenwickler (Hoplocampa minuta Christ. u. H. flava L.) 2264.
Lešková (O.), Histolog. Veränderungen bei mit Parastolburvirus infiziertem Weißklee 3129.
Lessard (J. R.), Bourget (S. J.), Hamilton (H. A.) u. **Levesque (M.)**, Einfluß unterschiedlicher Pflugtiefen auf d. physikal. Eigenschaften eines Tonbodens in Guyenne, Quebec 3236.
Lessells (W. J.) s. Wilson (A. R.).
Lessois (P.) s. Py (C.).
Leszczenko (P.), Erhöhung d. Krebswiderstandsfähigkeit v. Kartoffelsorten durch vegetative Pfropfung 1635.
Letey (J.) s. Pelishek (R. E.).
–, **Osborn (J.)** u. **Pelishek (R. E.)**, Messung d. Kontaktwinkels zwischen flüssiger u. fester Phase in Boden u. Sand 359.
–, **Stolzy (L. H.)** u. **Blank (G. B.)**, Einfluß d. Dauer u. d. Zeitpunktes

v. niedrigem Sauerstoffgehalt d. Bodens auf d. Wachstum v. Schößlingen u. Wurzeln 1204.
Letey (J.), Stolzy (L. H.), Valoras (N.) u. **Szuszkiewicz (T. E.)**, Einfluß d. Sauerstoffdiffusionsrate auf d. Wachstum v. Sonnenblumen bei verschied. Boden- u. Lufttemperaturen 635. — Einfluß d. Bodensauerstoffs auf Wachstum u. Mineralstoffkonzentration d. Gerste 2335.
Letunovskij (V. I.) s. Stepanov (V. N.).
Letzig (E.) u. **Handschack (W.)**, Veränderungen v. Fruchtfleischfestigkeit u. Inhaltsstoffen v. sechs Erdbeersorten während d. Reife 1044.
Leuchs (F.), Kohldrehherzmücke (Contarinia nasturtii Kieff.) u. andere Schädlinge an Rosenkohlröschen 1104. — Ökologie u. Bekämpfungsmöglichkeiten d. Huflattichs (Tussilago farfara L.). *2.* Teil. Bekämpfung d. Huflattichs mit Herbiciden 2876. — Ökologie u. Bekämpfungsmöglichkeiten d. Huflattichs [2883].
Leuthier (H.), Jauche- u. Abwasserproblem im landwirtsch. Großbetrieb 2644.
Leuthold (R.), Vergl. Untersuchungen d. Tierwelt verschied. Wiesenböden im oberbayer. Raum, unter bes. Berücksichtigung d. Collembolen 824. — s. Poschenrieder (H.).
Levadoux (L.), Züchtung d. Weinrebe auf den I.N.R.A.-Stationen 1643.
Levčenko (K. S.) s. Bojko (P. P.).
Levenson (E.) s. Atanasov (A.).
— u. **Boboševska (D.)**, Gefäßversuche über d. Kalidüngebedürfnis einiger Bodentypen in Bulgarien. Vorl. Mitt. 2922.
Levesque (M.) s. Lessard (J. R.).
Levin (A. M.), Einfluß v. Stalldung-Erdkompost u. bakterisierter organ. Phosphatgemische auf d. Maisertrag 2670.
Levitt (J.), Frostbeschädigung v. Pflanzengewebe 221. — D. sehr tiefen Temperaturen bei d. Pflanzen 1447.
Lévy (R.) s. Heslot (H.).
Lewis (B.) s. Beddows (A. R.).
Lewis (H.), Auslese nach Katastrophen als Faktor d. Artbildung 2469.
Lewis (L. N.) s. Coggins jun. (C. W.).
Lewis (R. W.), Guttationsflüssigkeit: Wirkungen auf d. Wachstum v. Claviceps purpurea in vitro 2305. — Wirkungen einiger Stoffwechselprodukte auf d. Anfälligkeit v. Roggen f. Claviceps purpurea 3142. — s. Marlatt (R. B.).
Lewis (S.) u. **Goodman (R. N.)**, Morpholog. Auswirkungen v. Colletotin an Blättern v. Tomate u. Fingerhut 2840.
Lewis (T.), Wirkungen v. Temperatur u. relativer Luftfeuchtigkeit auf d. Mortalität v. Limothrips cerealium Haliday (Thysanoptera) bei Überwinterung unter d. Rinde 1651.
— **u. Navas (D. E.)**, In Heckenböden, Grasstreu u. unter d. Borke überwinternde Thysanopterenpopulationen 1378.
Lewis (T. L.) s. Martin (D.).
Lewis (W. H.) u. **Basye (R. E.)**, Analyse v. neuen Kreuzungen zwischen diploiden Rosa-Arten 3379.
Lewke (K.) s. Bartels (A.).
Ley (J. de) u. **Manil (P.)**, Dehydrogenasen v. Rhizobium. Untersuchungen an einem „wirksamen" u. an einem „unwirksamen" Rhizobium-trifolii-Stamm 3225.
Leyvraz (H.) u. **Simon (J.-L.)**, Erwärmung d. Bodens in einer Rebschule 1878.
Lhoste (J.) u. **Roche (A.)**, Duftorgane bei den Männchen v. Ceratitis capitata (Dipt. Trypetidae) 531.
Lhotský (J.), Bodenmelioration vor d. Aufforstung [1779].
Libbert (E.), Änderungen im keimungsphysiolog. Verhalten, speziell d. Hemmungsempfindlichkeit, im Verlaufe v. Samen-Nachreifung u. -Alterung 6.
Libby (W. J.), Berechnung v. Varianzkomponenten d. Internodienlänge bei einer geklonten Population v. Mimulus guttatus 1888.
— u. **Jund (E.)**, Mit d. Klonung verknüpfte Varianz 2772.
Ličev (B.), Untersuchung einiger Zukkerrübensorten im Gebiet des Bewässerungssystems des Rossiza-Flusses 419.
Ličev (S.), Bestandesdichte u. Standraumform bei Baumwolle 736.

Lichey (H.), Beitrag zur Geschichte des gärtner. Ausstellungswesens 444.
Licholat (V. D.), Einfluß v. Stalldung u. organ.-mineral. Gemischen auf d. Ertrag u. d. Zuckergehalt v. Zuckerrüben auf ausgelaugter Schwarzerde 685. — Nitrifikationsfähigkeit d. Ackerkrume d. mächtigen Rasen-Wiesenböden d. Amurgebietes 2052.
Lichovidova (E. V.) s. Anisimov (A. A.).
Lichte (H.-F.), Unkrautbekämpfung in Gladiolen 3458.
Lichtenstein (E. P.), Millington (W. F.) u. **Cowley (G. T.),** Wirkung verschied. Insekticide auf d. Wachstum u. d. Atmung v. Pflanzen 1430.
—, Mueller (C. H.), Myrdal (G. R.) u. **Schulz (K. R.),** Vertikale Verteilung u. Persistenz v. Insekticidrückständen in Böden in Abhängigkeit v. d. Verabreichungsart u. einer Deckfrucht 1979.
Lichtenthaler (H. K.) u. **Park (R. B.),** Chem. Zusammensetzung d. Chloroplastenlamellen bei Spinat 3194.
Ličikaki (V. M.), Quantitative Bestimmung d. krit. Temperatur für d. Erfrieren d. Winterweizens 3179.
Ličmanova (A. I.), Einige Eigenschaften d. mechan. Fraktionen des hellgrauen Waldbodens 924.
Lidov (V. P.) s. Gael' (A. G.).
Liebau (F.), Systematik d. Silikate 1474.
Lieberoth (I.), Einfluß d. Ackerkultur auf d. Bodenentwicklung im sächs. Lößgebiet 349.
Liebmann (H.), Handbuch d. Frischwasser- u. Abwasser-Biologie [1514]*.
Lien (H.) s. Bergseth (H.).
Lienk (S. E.) s. Smith (E. H.).
Li En Sek s. Asarov (C. K.).
Lieth (H.), Stoffproduktion d. Pflanzendecke [2306]*.
Light (W. I. S. G.) s. George (K. S.).
Lighty (R. W.) s. Stoppelar (G. de).
Ligon (L. L.), Charakteristika v. Kuhbohnensorten (Vigna sinensis) 434.
Ligum (S. T.), Nachwirkung d. Grunddüngung in d. Fruchtfolge auf Bodenfruchtbarkeit, chem. Zusammensetzung u. Ertrag v. Zuckerrüben 685.
Lijsten (R.), Was *1959—60* gepflanzt wird 2454.
Likeš (J.), Schätzungen d. Varianz einer Grundgesamtheit mit einem alternativen Merkmale 2406.
Lilleland (O.) s. Uriu (K.).
Lilly (C. E.) s. Harper (A. M.).
—, Harper (A. M.) u. **Bergen (P.),** Vergleich d. Ausbringungsmethoden v. Heptachlor zur Bekämpfung d. Zukkerrübenwurzelfliege in Südalberta 1700.
— u. **Hobbs (G. A.),** Wirkungen des Frühjahrsabbrennens u. v. Insekticiden auf d. Wanze Adelphocoris superbus Uhl. u. die Fauna in Luzerne-Samenbeständen 1142.
Lilov (D.), Veränderungen d. Bios in Verbindung mit d. Kallus- u. Wurzelbildung bei mit einigen Wuchsstoffen behandelten Weinreben 177. — Einfluß einiger Wuchsstoffe u. Chemikalien auf einige physiolog. Vorgänge im Zusammenhang mit d. Kallus- u. Wurzelbildung bei Pfropfreben zur Zeit d. Stratifikation 892. — Photosynthese, Transpiration, Zellsaftkonzentration, Saugkraft u. Viskosität d. Zellplasmas in d. Blättern stimulierter Edelreben 2895. — s. Popov (J.).
— u. **Jonev (S.),** Schnitt bei wurzelechten Reben d. Sorte „Gâmsa" 2171.
— u. **Mamarov (P.),** Einfluß d. unterschiedlichen Unterlagsrebenarten auf d. Anwachsergebnisse bei d. Herstellung v. verschulten Pfropfreben d. Sorte „Mavrud" 1329.
— u. **Vŭlčev (V.),** Neuanlage v. Weinbergen mit vor d. Auspflanzung paraffinierten Pflanzreben 1330.
Lilov (D. C.), Wuchsstoffmittel u. Chemikalien auf Pfropfreben 1605. — Anatom. u. biochem. Veränderungen bei mit Hydrochinon, Kaliumbromid u. Heteroauxin behandelten Pfropfreben 1605.
— u. **Mamarov (P. T.),** Einfluß unterschiedlicher Unterlagenarten auf d. Ausbeute an bewurzelten Pfropfreben bei d. Sorte „Mavrud" 1330.
Lilova (T.) s. Georgiev (C.).
Lim (G.), Physiologie d. Knöllchenbildung. *8.* Mitt. Einfluß d. Größe d. Knöllchenbakterien-Rhizosphären-

population auf d. Wurzelhaarinfektion bei Klee 3224.
Lim (S.-U.) s. Haider (K.).
Lima (I. H.) = Hollanda Lima (I.).
Lima (N. O.) s. Machado Grácio (J. T.).
Lima-de-Faria (A.), Genet. Interaktion bei Roggen, ausgedrückt am Chromosomenphänotyp 3077.
— u. **Bose (S.),** Bedeutung d. Telomeren während d. Anaphase 3070.
— u. **Sarvella (P.),** Variation d. Chromosomen-Phänotyps bei Zea, Solanum u. Salvia 2771.
Lima Orsi (E. W. de) = Wilson de Lima Orsi (E.).
Limař (R. S.) s. Grušvickij (I. V.).
Limasset (P.), Einige Eigenschaften d. kürzlich in d. portugies. Auster (Crassostrea angulata) u. d. Miesmuschel (Mytilus edulis var. galloprovinicialis) festgestellten Virushemmstoffe 243.
Limberg (P.), Entwicklung, Wachstum u. Ertragsbildung 19. — s. Boguslawski (E. von).
— u. **Enayat (R.),** Einfluß klimat. Wachstumsfaktoren auf Entwicklung u. Ertragsleistung verschied. Herkünfte v. Trifolium alexandrinum L. 149.
Lin (C. I.) s. Tseng (S. T.).
Linck (A. J.) s. Andersen (R. N.).
Lincoln (C.) s. Brown (L. C.).
Lincoln (R. G.) s. Mayfield (D. L.).
Lindegren (C. C.), Chromon-Theorie d. Mitose 3352.
Lindemann (A.), Tomatenfrühkultur in d. Hamburg. Gartenbauversuchsanstalt Fünfhausen (*1960—1962*) 2447.
— u. **Toboll,** Stutztermin u. Kulturergebnis bei Azaleen. I. 2214.
— u. **Toboll (M.),** Kalkansprüche d. Azaleen „Leuchtfeuer" u. „Reinhold Ambrosius" bei Torfkultur 2214.
Linden (M. I.), Toxizität d. Saftes mosaikkranker Tabakpflanzen 838.
Linden (R.), Bodenbedeckung bei Erdbeeren mit schwarzen Polyäthylenfolien 2169. — s. Lecrenier (A.).
Lindenbein (W.), Jules de Seynes, *1863*, u. d. Definition d. Keimung 2285.
— u. **Tabatabai-Yazdi (H.),** Rückgang v. Keimigkeit u. Keimfähigkeit beim Saatgut d. Zuckerrübe 695.
Linder (A.), Nachruf für Sir Ronald Fisher 2285.
Linderová (Z.) s. Weismann (L'.).
Lindgren (D. L.), Gunther (F. A.) u. **Vincent (L. E.),** Bromrückstände in Weizen u. Weizenmehlprodukten nach Räucherung mit Methylbromid 2869.
Lindner (G.) u. **Gröwe (M.),** Ausdehnung d. Luzerneanbaues auf leichten Böden 131.
Lindner (H.), Zehnjährige Düngungsversuche mit Stallmist u. Stroh 1805. — Leistungsvergleiche beim Pflügen helfen d. Qualität d. Bodenbearbeitung verbessern 2063. — Abhängigkeit d. Scherfestigkeit v. Böden verschied. mechan. Zusammensetzung v. d. Dichte, d. Porengrößenverteilung sowie dem Wassergehalt 2331.
— u. **Lindner (Hildegard),** Ursachen u. Ausmaß v. Differenzen zwischen Keimfähigkeit u. Feldaufgang v. Pisum sativum L. Beitrag zum „Triebkraft"-Problem 400.
Lindner (Hildegard) s. Lindner (H.).
Lindner (K. E.), Verwendung d. beim Fleischkochen im Schlachthof anfallenden Fleischwassers als Nährbodengrundlage 3234.
Lindsay (W. L.) s. Taylor (A. W.).
—, **Frazier (A. W.)** u. **Stephenson (H. F.),** Identifizierung d. Reaktionsprodukte v. Phosphatdüngern in Böden 2036.
Lindsey (K. A.) s. Sumner (D. C.).
Lindstrom (G. R.) s. Greenland (D. J.).
Lindstrom (R. S.) s. McCall (W. W.).
Line (R. F.) u. **Eide (J.),** Chem. Bekämpfung d. Zerstörung v. Pflanzkartoffelstücken 271.
Linehan (P. A.) u. **Mathews (D.),** Messung d. Einheitlichkeit v. Saatgutpartien. 2. Mitt. 1265.
Lingappa (Y.) u. **Lockwood (J. L.),** Chitinmedien für eine selektive Isolierung u. für d. Kultur v. Actinomycetes 2807.
Lingle (J. C.) s. Flocker (W. J.).
—, **Sciaroni (R. H.), Lear (B.)** u. **Wight (J. R.),** Einfluß v. Bodenkalkung u.

chem. Behandlung auf d. Mangangehalt v. Rosenkohlblättern 3040.
Lingle (J. C.), Tiffin (L. O.) u. **Brown (J. C.),** Eisenaufnahme u. -transport bei Sojabohnen, beeinflußt durch andere Kationen 2662.
Link (C. B.) s. Ballantyne (D. J.); Shanks (J. B.).
Linko (P.) s. Bautista (G.); Christensen (C. M.).
Linnell (R. H.) s. Gavin (F. P.).
Linnert (G.), Hemiploide Nachkommen Autotetraploider. I. Verteilungsmodus einer reziproken Translokation u. d. daraus folgende Erhöhung d. Heterozygotenfrequenz in d. Nachkommenschaft v. Duplex-Heterozygoten 3353.
Linscott (D. L.) u. **McCarty (M. K.),** Aufnahme, Transport u. Abbau v. *2.4*-D in Vernonia baldwinii 1987. — Einfluß d. Mähens u. v. *2.4*-D auf d. Kohlenhydratgehalt u. d. Menge d. Wurzeln v. Vernonia spp. 3172.
Linser (H.) u. **Kühn (H.),** Lagerungshemmende bzw. standfestigkeitsstärkende Düngemittel auf Basis v. gibberellinsäureantagonist. Stoffen d. Gruppe CCC (Chlorcholinchlorid) 690.
—, Kühn (H.) u. **Klingst (A.),** Beziehung zwischen Nährstoffentzug u. Ertrag bei steigenden Nährstoffgaben 1783.
—, Mayr (H. H.) u. **Bodo (G.),** Wirkung v. Chlorcholinchlorid auf Sommerweizen 77.
Linskens (H. F.), Biochemie d. Inkompatibilität bei d. Befruchtung d. Blütenpflanze 781.
Lint (P. J. A. L. de), Abhängigkeit d. Elongation v. d. Wellenlänge d. Zusatzbelichtung 1728.
Lintzel (B.), Bakteriose an den Samenträgern d. Levkoje 1122.
Lipa (J. J.), Ermittlungen über den neuen Obstbaumschädling in Polen, Stephanitis piri (Fabr.) (Heteroptera, Tingidae) 1106. — Bekämpfung einiger Kohlschädlinge mit d. im Handel befindlichen Bakterienpräparaten (Biotrol *25* W u. Thuricide WP), welche Bacillus thuringiensis enthalten 1686.
Lipaeva (L. I.), Über d. Natur d. Heterosis bei Pflanzen 488.
Lipetz (J.), Calcium u. d. Kontrolle d. Verholzung d. Gewebes 676.
Lipke (W. G.) s. Burnside (O. C.).
Lipp (A. E. G.) = Grant Lipp (A. E.).
Lips (E.), Ethnologie u. Kulturpflanzenforschung 2885.
Lipsic (D. V.), Einbau v. Methionin-^{35}S in Eiweißstoffe krebsresistenter u. krebsanfälliger Kartoffelsorten 3424.
Lipton (W. J.) u. **Stewart (J. K.),** Einfluß d. Wasserkühlung auf d. Marktqualität v. Kantalupen 3042.
Lisanti (L. E.), Nährstoffpotentiale u. Enthalpien in Salzböden mit bes. Berücksichtigung d. Kaliumversorgung 335.
Liscombe (E. A. R.) s. Sinha (R. N.).
— u. Watters (F. L.), Insekten- u. Milbenbefall auf leeren Getreidespeichern in den Prärieprovinzen 1153.
Lisk (D. J.) s. Gutenmann (W. H.); John jun. (L. E. S.).
Lisova (A. V.) s. Stepanov (V. N.).
Lisoval (P. Z.) s. Vlasjuk (P. A.).
List (P. H.) u. **Wagner (K.),** Ustilagin u. a. Inhaltsstoffe d. Maisbrandes, Ustilago maydis Corda 1741.
Lister (R. M.) u. **Krczal (H.),** Auftreten d. Arabis-Mosaiks bei d. Erdbeere in Deutschland 3133.
Li-Sun-Zun, Ökolog. Forschungen über Echinochloa crus-galli (L.) var. longisetum Doll. 583. — s. Święto-chowski (B.).
Litchfield (W. H.) u. **Mabbutt (J. A.),** Ortstein in Böden d. semiariden westlichen Australien 2347.
Liteplo (E. I.) s. Grebinskij (S. O.).
Little (I. P.) s. Beckwith (R. S.).
Little (T. M.) s. Shadbolt (C. A.).
Littlefield (L. J.) u. **Wilcoxson (R. D.),** Nekrot. Läsionen an Maisstengeln 2842.
Littmann (M. D.) s. Blake (J. R.).
Litvak (B. E.) s. Davydova (N. S.).
Litvinov (B. M.) u. **Sapalev (G. B.),** Bekämpfung d. Apfelwicklers im Sowchos „Ukrainka" 3165.
Litvinov (M. A.) u. **Janiševskij (F. V.),** Ermittlung d. Verluste an wasserfreiem Ammoniak bei seiner Einbringung in d. Boden 98.
Litvinov (P. I.), Verwendung v. ^{32}P bei d. Untersuchung d. Wurzelregeneration d. Weinstocks u. d. Wech-

selbeziehungen zwischen d. einzelnen Teilen des Weinstocks 177.

Lityński (A.) u. **Urbaniak (Z.)**, Einfluß d. Erwärmung zwei Jahre alter Samen d. Hornschotenklees (Lotus corniculatus) auf ihre Lebensfähigkeit 699.

Lityński (M.), Wissenschaftliche Arbeiten zur Problematik d. Samenbiologie u. Samenaufbewahrung in d. Volksrepublik Polen 2403.

— u. **Kąkolowa (J.)**, Einfluß d. Saatzeit auf d. Erträge einiger Sommerweizensorten in den ökolog. Verhältnissen des Pomorza Zachodniego 989.

Liu (Tsung-shang), Sortenresistenz d. Hirse gegen Brand u. zur Virulenz ökolog. Populationen d. Erregers 2841.

Livečka (U.) u. **Hampl**, Gewinnung u. Nutzung v. Teichschlamm [371].

Livens (J.) s. Manil (P.).

Liverovskij (J. A.), D. Böden d. Ebenen auf d. Kamtschatka-Halbinsel [645].

Livingston (C. H.), Wirkung v. verschied. Behandlungen auf d. Schnittfläche v. Pflanzkartoffeln 2110. — s. Oshima (N.).

Livne (A.) s. Daly (J. M.).

Ljach (A. I.) s. Kal'bergenov (G. K.).

Ljadova (G. L.) s. Cicin (N. V.).

Ljašenko (E.), Perspektivsorten u. Zuckerrübenhybriden 419.

Ljašenko (E. G.), Änderungen in der Sortenrayonnierung *1962* 418.

Ljatifov (D. C.) s. Mechtizade (R. M.).

Ljubenov (J.), Biologie d. Weizenblasenfußes (Haplothrips tritici Kurd.) in Bulgarien u. Möglichkeiten zur Einschränkung d. durch ihn verursachten Schäden 824. — Versuch zur kombinierten Anwendung v. Herbiciden u. Insekticiden gegen einige Unkräuter u. Getreideschädlinge 868.

Ljubimova (L. L.), Zapfenlose Anzucht 3329.

Ljutova (M. I.), Einfluß d. Abhärtung gegen Hitze auf d. Photosynthese u. Atmung v. Blättern 2896.

Lloyd (A. B.) u. **Clarke (R. T. J.)**, Sporenbildung v. Sporidesmium bakeri an Roggen (Secale cereale) 1649.

Lloyd (A. B.) u. **Lockwood (J. L.)**, Vorsichtsmaßregeln f. d. Isolierung v. Thielaviopsis basicola mit Hilfe v. Mohrrübenscheiben 2850.

Lloyd (E. P.), **Merkl (M. E.)** u. **Crowe (G. B.)**, Einfluß v. Kapselkäferbefall auf Ertrag u. Qualität v. Baumwolle 1382.

Lloyd-Jones (C. P.) s. Abbott (D. L.); Luckwill (L. C.).

Loan (C.) u. **Holdaway (F. G.)**, Microctonus aethiops (Nees) Auctt. u. Perilitus rutilus (Nees) (Hymenoptera: Braconidae), europäische Parasiten d. Sitona-Arten (Coleoptera: Curculionidae) 270.

Lobodina (É. A.) s. Aussaul (B. D.).

Locascio (S. J.), **Nettles (V. F.)** u. **Neller (J. R.)**, Einfluß d. Sägemehleinbringung in einen Boden auf d. Wachstum v. Kartoffeln u. Zuckermais 1262.

Lochow (J. v.) s. Baeumer (K.).

— u. **Schuster (W.)**, Anlage u. Auswertung v. Feldversuchen [411]*.

Lockard (R. G.) s. Coulter (J. K.).

Lockhart (C. L.), Monilinia-Zweig- u. Blütendürre an Niederbuschblaubeeren u. ihre Bekämpfung 1124.

— u. **Eaves (C. A.)**, Bewertung v. Captan-Nebelgeneratoren zur Bekämpfung v. Fäulen gelagerter Tomaten 1697.

— u. **Hall (I. V.)**, Merkmal d. Virus d. Schmalblättrigkeit an d. Niederbuschblaubeere Vaccinium angustifolium Ait 3419.

Lockwood (J. L.) s. Lingappa (Y.); Lloyd (A. B.).

Lodge (R. W.), Autökologie v. Cynosurus cristatus L. *1.* Mitt. Standortuntersuchungen 327; *2.* Mitt. Ökotyp. Variation 327.

Lodh (S. B.), **De (S.)** u. **Bose (A. N.)**, Verhalten v. nach d. Ernte mit Wachstumsregulatoren behandelten Mandarin-Orangen bei d. Lagerung 2995.

Loebenstein (G.), Induzierung eines teilweisen Schutzes in d. Wirtspflanze mit natürlichem Virusprotein 2518.

Löbl (D.) u. **Iordăchescu (O.)**, Schutz für Feldgemüsekulturen 158.

Loen (E. A.) s. Brouwer (R.).

Lööf (B.), Platzfestigkeit als Zucht-

problem bei Ölpflanzen d. Familie Cruciferae 796.
Lörincz (J.) u. **Raátz (E.)**, Einfluß v. Handelsdüngern auf Ertrag u. Qualität d. Kartoffel 1834.
Lőrincz (K.), Korianderzüchtung 3374.
Loeschcke (V.) s. Stegemann (H.).
Loeser (H.), Gibboe-Versuche bei d. Hortensiensorte „Bodensee" 476.
Lötter (J. de V.), Neue Fortschritte in d. Bestäubungstechnik bei laubabwerfenden Obstbäumen. *3.* Mitt. 3329.
Löw (I.) s. Kuhn (R.).
Lofgren (C. S.) s. Dawsey (L. H.).
Logvinenko (O. A.) s. Bilenko (P. J.).
Loiselle (R.) s. Kemp (J. G.).
Lojko (A. N.), Physiolog. Beurteilung d. Gerstensorten auf Moorboden 3179. — s. Terent'ev (V. M.).
Lomax (J. A.), Erzeugung v. Futterpflanzensaatgut in Victoria 2988.
Lombard (P.) u. **Boulet (L.)**, *5*jährige Ergebnisse v. Bewässerungsversuchen mit Baumwolle in Marokko 2427.
Long (J. A.), **Allen (W. W.)** u. **Holt (E. C.)**, Bekämpfung v. Cyperus spp. in Bermudagrasbeständen 3172.
Long (M. I. E.) s. Winsor (G. W.).
Long (W. A. de) s. Lowe (L. E.).
— u. **Lowe (L. E.)**, Mitteilung über kohlenstoffgebundenen Schwefel im Boden 1220.
Long (W. G.) s. Childs (J. F. L.).
— u. **Childs (J. F. L.)**, Unterschiede in Farbe u. Qualität v. „Temple"-Orangen unter Einbeziehung v. Früchten mit Ergrünung am Stylarende 2292.
Longair (E. L.) s. Lopatecki (L. E.).
Longchamp (R.) s. Leroux (R.).
Longoria (L. C. G. de) s. Schmid (G.).
Longwell (C. R.) u. **Flint (R. R.)**, Introduction to physical geology [1475]*.
Longworth (J. F.) u. **Freemann (G. H.)**, Benutzung d. Stammumfanges als kalibrierende Variable für Feldversuche mit Kakaobäumen 2996.
Loof (P. A. A.), Metacrobeles togoensis n.gen., n.sp., ein bemerkenswerter Nematode d. Acrobelinae aus d. Wurzeln einer kranken Kokosnußpalme 817.
— u. **Oostenbrink (M.)**, Rotylenchulus borealis n.sp. mit einem Schlüssel für d. Rotylenchulus-Arten 522.
Lookeren Campagne (P. van) s. Krijgsman (H. K.).
Loomis (W. E.) s. Kasperbauer (M. J.).
Loosalu (J. J.), Ernährungsfläche (Standweite) d. Zuckerrübensamenträger 2416.
Loose (R. de) s. Reyntens (H.).
— u. **Roo (R. de)**, Erzeugung einer tetraploiden Mutante d. Engl. Raygrases, Weidetyp R.v.P., durch Behandlung mit radioaktivem Phosphor (^{32}P) 800.
Lopatecki (L. E.), **Longair (E. L.)** u. **Kasting (R.)**, Quantitative Änderung d. löslichen Kohlenhydrate in markhaltigen u. hohlen Halmen v. Weizen während d. Vegetation 1175.
Loprieno (N.) u. **Guglielminetti (R.)**, Tomatenbrennfleckenkrankheit. *3.* Mitt. Einfluß d. Aminosäuren auf d. Wachstum v. Colletotrichum coccodes (Wall.) Hughes 3428.
Lorch (A.), Einschätzung d. Kartoffelsorten nach ihrer ökolog. Plastizität 1833.
Lord (F. T.), Einfluß d. Spritzprogramme auf d. Fauna v. Apfelplantagen in Nova Scotia. *11.* Mitt. Einfluß niedriger DDT-Dosen auf Predatoren-Populationen 568. — s. Sanford (K. H.).
Lords (J. L.) s. Dickson (J. G.).
Lorenz (D.), Messungen d. Bodenoberflächentemperatur v. Hubschrauber aus 40.
Lorenz (O. A.) s. Tyler (K. B.).
Lorenz (P.) s. Schönberg (W.).
Lorenzo-Andreu (A.), **Bach (E.)** u. **Frandsen (K. J.)**, Änderung im Gehalt u. d. Bildung v. Stickstoff u. einiger essentieller Aminosäuren in Futterpflanzen. *2.* Mitt. Methode zur Bestimmung v. Methionin in für Pflanzenzüchtung verwendetem Pflanzenmaterial u. vorläufige Ergebnisse über d. Methioningehalt v. Weidepflanzen 614.
— u. **Garcia-Sanz (M. P.)**, Vgl. Untersuchungen bei diploider u. tetraploider Phalaris canariensis L. *1.* Mitt. 784.
Loring (H. S.), **Fujimoto (Y.)** u. **Tu (A. T.)**, Tabakmosaikvirus. Ein Cal-

cium-Magnesium-Koordinationskomplex 2515.
Lorkiewicz (Z.) s. Szybalski (W.).
Lorz (A. P.), Züchtung d. „southern peas“ für Konservierungszwecke 1909.
Loseva (V. G.) s. Rozanova (A. A.).
Lossois (P.) s. Champion (J.).
Lott (R. V.), Haltbarkeit hagelgeschädigter Äpfel bei beginnender Reife 3332.
Lotti (G.) s. Rotini (O. T.).
Loux (H. M.) s. Bucha (H. C.).
Lovato (A.), Bewertung normaler u. anormaler Keimlinge bei Keimversuchen mit Saatgut von Cichorium intybus L. u. C. endivia L. 400.
— u. **Amaducci (M. T.),** Färbung d. importierten Luzerne- u. Kleesamen mit Eosin 1551.
Lovčikov (I. S.), Neurayonierte Sommerweizensorten 2998.
Love (J.) u. **Finch (C. G.),** Versuche mit Feuerbohnen u. Stangenbohnen in den Jahren *1957—60* 1027.
Lovely (W. G.) s. Staniforth (D. W.).
Lovisolo (O.) u. **Benetti (M. P.),** Gurkenmosaikvirus-Stamm d. „Alloiophylly-Typs“, d. v. Tomaten isoliert wurde 1112.
Lovrekovich (L.) s. Farkas (G. L.); Klement (Z.).
Low (P. F.), Einfluß v. quasi-kristallinem Wasser auf d. Geschwindigkeit v. Prozessen, d. bei d. Pflanzenernährung auftreten 670. — s. Dutt (G. R.); Leonard (R. A.).
Lowe (A. D.), Überwinterung d. Mehligen Kohlblattlaus (Brevicoryne brassicae) in Feldbeständen auf d. Südinsel von Neuseeland 837. — Überwinterung v. Myzus persicae Sulz. in Canterbury 2821. — s. Lamb (K. P.).
Lowe (J.), Phylogenie d. Monokotyledonen 293.
Lowe (L. E.) s. Long (W. A. de).
— u. **Long (W. A. de),** Kohlenstoff gebundener Schwefel in ausgewählten Böden in Quebec 3210.
Lowe (R. H.) u. **Evans (H. J.),** Cobaltbedarf für d. Wachstum d. Rhizobien 931. — Kohlendioxydbedarf für d. Wachstum v. Leguminosen-Knöllchenbakterien 2339.
Lower (R. L.) s. Thompson (A. E.).
Lowig (E.), Erkenntnisse u. Probleme, Maßnahmen u. Mittel zum Vorratsschutz für Saatgut. *2.* Mitt. 111; *3.* u. *4.* Mitt. 700; *5.* Mitt. 1985; dass.: 2110.
Lowry (W. P.), Abschätzungen verdunstungsbedingter normierter Intensitätsänderungen d. Bodenfeuchteverlustes im Gelände 2612.
Lowther (R. L.) s. Bailey (D. L.).
Loxton (R. F.), Abgeändertes Diagramm zur Bestimmung d. elementaren Texturklassen nach d. Terminologie d. internationalen Klassifikation für Bodenbestandteile 940.
Lubatti (O. F.) s. Page (A. B. P.).
Luc (M.) u. **Goodey (B.),** Hirschmannia n.g. unterscheidet sich v. Radopholus Thorne, *1949* (Nematoda: Tylenchoidea) 819.
— u. **Guiran (G. de),** Zwei neue Paratylenchus-Arten (Nematoda-Criconematidae) v. d. Elfenbeinküste 1649.
Luca (A.), Forschungen über Bodenerosionsbekämpfung in Ackerböden 2956.
Luca (Y. de), Bruchidius algiricus All. u. Bruchidius incarnatus Boh. (Col. Bruchidae) 2510.
Lucanus (R.) s. Mitchell (K. J.).
Lucas (G. B.) s. Ramm (C. v.).
Lucas (H. L.) s. Patterson (H. D.).
Lucas (R. E.) s. Shickluna (J. C.).
Lucas (R. L.) s. Robinson (R. K.).
Lucke (R.), Notwendigkeit d. Fruchtholzverjüngung beim Apfel 1323.
Luckwill (L. C.), Latente Viren in Apfelunterlagen u. -reisersorten 245. — Neue Fortschritte bei d. Untersuchung d. Veredlungsunverträglichkeit bei Obstbäumen 757. — Wirkung v. Gibberellinsäure auf d. Birnenernte nach erfolgten Frostschäden 2755. — s. Campbell (A. I.).
— u. **Lloyd-Jones (C. P.),** Aufnahme, Verteilung u. Stoffwechsel d. *1*-Naphthylessigsäure nach Aufbringen auf Apfelblätter 1451.
Ludin (A.) u. **Samish (Z.),** Zusammensetzung israel. Agrumen 2028.
Ludwig (H.), Verwendung v. Gibberellin zur schnelleren Unterscheidung v. Sommer- u. Wintergetreide 2692. — s. Junges (W.); Wauer (E.).
Lück (E.) s. Baumann (E.).

Lüddecke (F.), Einfluß d. Schnittzeit u. d. Zerkleinerung d. Futterroggens auf d. Qualität u. d. Nährstoffgehalt d. Futterroggensilage 2694.
— u. **Bartels (A.)**, Bodenbearbeitungsmethoden 654. — Durch tieferes Pflügen zu höheren Erträgen 1223.
—, **Bartels (A.)** u. **Steinfeld (K.)**, Anwendung d. kombinierten Krumenpackers bei d. Saatbettbereitung d. Stoppelfrüchte 69.
— u. **Knüppel (D.)**, Wirkung d. tieferen Pflügens auf d. Bodenfruchtbarkeit innerhalb d. Fruchtfolge 2064.
Lüdecke (H.), Rationalisierung d. Pflegemaßnahmen, praxisnahe Forschung im Zuckerrübenbau 722. — Sortenprüfung v. Zuckerrüben 1835.
— u. **Müller (A. v.)**, Leistungsbeständigkeit d. Zuckerrübensorten im Rahmen d. Sortenprüfungsnetzes unter bes. Berücksichtigung d. Geldrohertrages 3291.
— u. **Neeb (O.)**, Beziehungen zwischen Saattiefe u. Feldaufgang bei Zuckerrübensaatgut 1287.
— u. **Schafmayer (H.)**, Einfluß hoher Einkeimigkeit d. Saatgutes auf Feldaufgang u. Arbeitsaufwand 998.
Lüdemann (D.) u. **Neumann (H.)**, Verwendung v. Artemia salina L. als Testtier zum Nachweis v. Kontaktinsektiziden 2251.
Lüders (W.), Spritzgerät für d. Prüfung v. Pflanzenschutzmitteln im Freiland 2543.
Lueken (H.), **Hutcheon (W. L.)** u. **Paul (E. A.)**, Einfluß v. Stickstoff auf d. Zersetzung v. Pflanzenrückständen im Boden 1491.
Lüttge (U.) s. Weigl (J.).
Luetzelschwab (J.) s. Telfair (D.).
Lugo-López (M. A.) s. Boneta-García (E.).
Lugt (C.) s. Bodlaender (K. B. A.).
—, **Goodijk (G.)** u. **Glastra-Ubbels (D.)**, Beurteilung d. Konsumqualität v. Kartoffelsorten 1461; dass.: 2484.
Lugt (W.) s. Versteegh (P. M. R.).
Lukefahr (M. J.) u. **Griffin (J. A.)**, Entwicklung d. Roten Kapselwurmes in Abhängigkeit v. Alter d. Knospen u. Kapseln mit Bemerkungen zur Biologie 1378.
Lukins (R. G.) s. Snowball (G. J.).
Luk'janenko (N. V.) s. Christeva (L. A.).
Luk'janenko (P. P.), Züchtung v. Winterweizensorten für d. Intensivanbau 2183.
Lukjaněnková (N. V.) s. Christěva (L. A.).
Lukomskaja (K. A.) s. Skazkin (F. D.).
Lukovnikova (G. A.), Individuelle Veränderlichkeit d. chem. Zusammensetzung v. Kohl u. Kohlrüben 907.
Lukpanov (Ž. L.) s. Darkanbaev (T. B.).
Luley (H. G.) s. Okun (D. A.).
Lulov (K.), Bekämpfung d. Zwiebelblasenfußes (Thrips tabaci Lind.) u. d. Tomatenbronzefleckenkrankheit (Lycopersicum virus *3*, Smith) an Tabak 1418. — s. Ivančeva-Gabrovska (T.).
Lumpe (E.), Gegenwärtiger Stand u. d. Perspektive in d. Melioration d. Mittleren u. Niederen Oderbruches unter bes. Berücksichtigung d. Verbesserung d. Futtergrundlage in diesem Gebiet 2065.
Lunati (U.), Techn. u. ökonom. Gesichtspunkte bei d. Anlage v. Obstpflanzungen 3051.
Lundegårdh (H.), Atmungssystem d. Weizenwurzeln 303.
Lunderstädt (J.), **Heitefuss (R.)** u. **Fuchs (W. H.)**, Aktivität einiger Enzyme d. Kohlenhydratstoffwechsels aus Weizenkeimpflanzen nach Infektion mit Puccinia graminis tritici 2527.
Lundqvist (A.), Selbstinkompatibilität bei Festuca pratensis Huds. 800. — Selbstunverträglichkeit bei diploidem Hordeum bulbosum L. 1916. — Unverträglichkeitssystem bei Gräsern. *1.* Mitt. Hypothese eines duplikativen Ursprungs 1638; *2.* Mitt. Anzahl d. Allele auf d. Unverträglichkeitsloci bei Festuca pratensis Huds. 1638.
Lundqvist (U.) u. **Wettstein (D. v.)**, Induktion v. eceriferum-Mutanten bei Gerste durch ionisierende Strahlen u. chem. Mutagene 1899.
Lungeanu (I.) s. Calcandi (V.).
Lunt (H. A.), Verbesserung v. Garten-

böden durch Zufuhr organ. Materials 444.
Lunt (O. R.) s. Oertli (J. J.).
— u. **Oertli (J. J.)**, Kontrollierte Freigabe v. Dünger-Mineralen durch Verwendung einkapselnder Membranen. *2.* Mitt. Ausnutzungsgrad, Einfluß d. Bodenfeuchtigkeit, Art d. Applikation u. a. bei ihrer Verwendung in Betracht zu ziehende Gegebenheiten 2668.
Lunven (P.) s. Busson (F.).
Lupinovič (I. S.) u. **Kulakovskaja (T. N.)**, Wirksamkeit d. Phosphordüngemittel in Abhängigkeit v. d. agrochem. Eigenschaften lehmiger Rasenpodsolböden 1811.
Luppi (G.), Versuche mit oder ohne turnusmäßige Bewässerung v. Weißklee (T. repens L.) 1842. — Versuche über d. Bewässerung v. Luzerne (Medicago sativa L.) 2423. — Dreijährige Ergebnisse eines Versuches über Bewässerung einer Dauerwiese durch Beregnung 2733.
Lupton (F. G. H.), Untersuchungen bei d. Züchtung selbstbestäubender Getreidearten. *3.* Mitt. Vorhersage d. Kreuzungen 1891.
Luŕe (L. S.) s. Evreinov (M. G.).
Luščevskaja (G. M.) s. Bilaj (V. I.).
Luscombe (E. G. B.), Irisarten als Gartenpflanzen 185.
Luse (R. A.) s. Bradfute (O. E.); McLaren (A. D.).
Lustig (H.) s. Bengtsson (A.); Winkler (H.).
Luštinec (J.), **Pokorná (V.)** u. **Růžička (J.)**, Erhöhte Sensibilität des Atmungssystems v. Pflanzen, die in Gibberellinsäurelösung kultiviert wurden, gegen Fluorid 893. — Aktivierung d. Glykolyse u. Hemmung d. Glucosetransportes in d. Blätter durch Fluorid 894.
Lutfullin (U. A.), Winteraussaat als Verfahren zur Erhöhung d. Samenproduktivität v. Sommerweizen in d. Tatar. SSR 708.
Luti (R.) s. Whitechead (F. H.).
Lutkova (I. N.), Erhöhung d. Ertrages u. d. Zuckergehaltes d. Zuckerrübe auf Böden, d. d. Elektrisierung unterzogen wurden 723. — Veränderungen in d. Pflanzenentwicklung unter dem Einfluß d. Elektrisierung d. Bodens 1779. — Erfahrungen mit d. Elektrokultur 2118.
Lutz jun. (J. A.) s. Terman (G. L.).
Luyten (I.) s. Hartsema (A. M.).
Lužný (J.), Sortiment d. lagerfähigen Weißkohls 3040.
— u. **Nováková (Z.)**, Problematik d. Heterosis bei Kohl u. Freilandgurken 3376.
L'vov (N. P.), Neue freilebende stickstoffbindende Mikroorganismen 2936.
L'vova (P. F.), Züchtung v. Körnerleguminosen 1073.
Lykov (A. M.) s. Egorov (V. E.).
Lynch (D.), Grasland-Zusammensetzung in Austin 3201.
Lynch (D. L.) s. Dormaar (J. F.).
— u. **Graveland (D. N.)**, Einige Wechselbeziehungen zwischen organ. Substanz u. Tonmineralen in vier Bodenprofilen Albertas 1197.
Lynd (J. Q.), **Reed (R. M.)**, **Tucker (B. B.)** u. **Micka (J. J.)**, Düngungsempfehlungen auf Grund v. Boden- u. Ertragsfaktoren 387.
Lynn (W. R.) s. Okun (D. A.).
Lysenko (F. E.) s. Černois (I. P.).
Lysenko (J. A.) s. Butusov (V. A.).
Lysenko (O. T.), Theoret. u. prakt. Bedeutung d. Versuche zur Veränderung d. Sommergetreideformen in Winterformen u. umgekehrt 3363.
Lysogorov (S. D.) u. **Lenec (L. K.)**, Einfluß d. Pflugtiefe auf d. Nährstoffversorgung d. Maises 3288.
Lysý (M.), Wasserausnutzungsmöglichkeit im Bewässerungsnetz 2953.
Lyzlov (E. V.) u. **Sil'janova (A. N.)**, Bekämpfung d. Weizenflugbrandes 3163.

Maanen (G. H. van) s. Strysom (J. C.).
Maas (E. F.), **Webster (G. R.)**, **Gardner (E. H.)** u. **Turley (R. H.)**, Wirkung unterschiedlicher Stickstoffmenge u. -anwendung auf Ertrag, Stickstoffrückstand u. Kleeanteil einer beregneten Kleegrasweide 151.
Maaß (G.), Untersuchungen über den Einfluß v. Ammoniak- u. Nitratdünger auf den Gehalt an mineral. Stickstoff im Boden. *2.* Mitt. Gefäßversuche 972. — Steigende Stick-

stoffgaben zu Grünroggen u. ihre Nachwirkung auf d. Ertrag v. Kartoffeln 2726.
Maat (D. Z.), Meer (F. A. van der) u. **Pfaeltzer (H. J.)**, Serolog. Identifizierung einiger bodenübertragbarer Obstviren in den Niederlanden 544.
Maatsch (R.), Technik d. Prüfung u. Beschreibung v. Zierpflanzen als Unterlage für d. internationale Registrierung 722. – Registrierung d. Sortimentes d. Beetbegonien (Begonia × semperflorens-Cultorum) v. *1900–1961* 2767.
– u. **Herklotz (A.)**, Beitrag zur Lagerung v. Maiglöckchen 1883.
– u. **Rünger (W.)**, Zykl. Belichtung bei Chrysanthemen 1609.
Mabbutt (J. A.) s. Litchfield (W. H.).
McAlear (J. H.) s. Moore (R. T.).
McAllister, DeVere (R.), Hurst (R. L.), Woolley (D. G.), Nielsen (H. M.), Olson (L. E.), Greenwood (D. A.), LeBaron (H. M.) u. **Bennett (W. H.)**, Variabilität d. Zuckerrübeninhaltsstoffe in ihrer Beeinflussung durch Jahrgang, Lage, Sorte u. Stickstoffdüngung 1462.
Macan (T. T.), Biot. Faktoren in Fließgewässern 3237.
McCain (F. S.) s. Eden (W. G.).
McCaleb (S. B.), Angewandte Bodenkunde u. ihr Verhältnis zu d. Berufsaussichten 2919.
McCall (W. W.), Stinson (R. F.) u. **Lindstrom (R. S.)**, Wirkung d. Salzgehaltes auf d. Wachstum v. in Behältern kultivierten Gewächshausrosen 186.
McCalla (R.), Genthe (M. K.) u. **Hovanitz (W.)**, Die chem. Natur eines Insektengallen-Wachstumsfaktors 532.
McCalla (T. M.) s. Guenzi (W. D.).
– u. **Army (T. J.)**, Stoppelmulchwirtschaft 371.
McCallan (S. E. A.) u. **Zingerman (R. C.)**, Bohnenrost-Methode zur Prüfung v. Fungiciden in Gewächshaustesten 3437.
McCalley (N. F.) s. Lange (W. H.).
McCallum (J.) s. Proudfoot (K. G.).
McCants (C. B.), Jahreszeitliche Verteilung d. Nährstoffe in mit Tabak bebauten Böden 1193. – s. Small (H. G.).
McCarty (C. D.) s. Day (B. E.).
McCarty (M. K.) s. Linscott (D. L.).
McCarty (P. L.) u. **Brodersen (C. F.)**, Belüftung v. Belebtschlamm 1512.
McClanahan (R. J.) s. Manson (G. F.).
McCloud (D. E.) s. Alexander (C. W.).
McClung (N. M.), Wachstumsuntersuchungen an Nocardia-Arten. *1.* Mitt. Veratmung v. Kohlenhydraten durch Nocardia rubra 521.
McClure jun. (G. W.) u. **Hunter (A. S.)**, Eignung d. Ammoniumchlorids als Stickstoffdünger für Futterpflanzen u. Mais 3297.
McClure (J. W.) u. **Harvey (C.)**, Verwendung v. radioaktivem Phosphor zur Messung d. Wurzelwachstums an Sorghum-Arten 3191.
McClure (W. F.) u. **Hassler (F. J.)**, Einige Fluoreszenz-Charakteristiken bei unversehrtem „Bright-Leaf"-Tabak 616.
McColl (J. C.), Oberflächen-Einsaatversuch auf beregnete Bestände v. Bodenfrüchtigem Klee 1847.
McComb (E. A.) u. **Rendig (V. V.)**, Ononitol (4-o-Methyl-myo-inositol) als Bestandteil v. Medicago sativa 1740.
McCombs (C. L.) s. Brett (C. H.).
McConaghy (S.), Bodenphosphate unter bes. Berücksichtigung organ. Formen u. ihrer Verfügbarkeit für Pflanzen 334.
McConnell (W. B.) s. Reisener (H.).
McCoy (E.) s. Roslycky (E. B.).
McCoy (O. D.) s. Shadbolt (C. A.).
McCracken (R. J.), Shanks (R. E.) u. **Clebsch (E. E. C.)**, Morphologie u. Entwicklung v. Böden auf d. höher gelegenen Erhebungen d. Great Smoky Mountains 1493.
McCready (C. C.), Transport v. Wachstumsregulatoren in Pflanzen. *1.* Mitt. Polarer Transport v. *2,4*-Dichlorphenoxyessigsäure in Blattstielsegmenten v. Phaseolus vulgaris 2892.
– u. **Jacobs (W. P.)**, Transport v. Wachstumsregulatoren in Pflanzen. *2.* Mitt. Polarer Transport d. Radioaktivität in Indolylessigsäure-^{14}C u. *2,4*-Dichlorphenoxyessigsäure-^{14}C in Blattstielen v. Phaseolus vulgaris 2893.

McCubbin (E. N.), Zusatzdüngung beim Kohl 747. — s. Akeley (R. V.).
McCune (S. B.) s. Weaver (R. J.).
McCune (W. E.), Erzeugung v. Unterlagen in d. Baumschule mit elektr. Wärme 3036.
McDonald (D. C.), Wirkungen v. Bimssteinbeigaben u. v. Zusätzen aus geweitetem Perlit auf d. physikal. Eigenschaften eines Taita-Tonlehmbodens 2043.
MacDonald (I. R.) u. **Laties (G. G.),** Messungen d. Respiration v. Kartoffelscheiben bei 0 °C mittels Sauerstoffelektrode 1448. — Kinet. Untersuchungen d. Anionenabsorption durch Kartoffelscheiben bei 0 °C 2652.
MacDonald (M. D.) s. Larson (R. I.).
McDonald (W. C.) u. **Martens (J. W.),** Durch Alternaria zinniae hervorgerufene Blatt- u. Stengelflecke an Sonnenblumen 3425.
Macdowall (F. D. H.), Bemerkung über d. Wirkung eines Antiauxins auf d. Blütenbildung eines Mammut-Stammes d. Delcrest-Tabaks 2025.
McDowell (L. L.) u. **Marshall (C. E.),** Ionenwirksamkeit v. Glimmeroberflächen 2620.
MacEachern (C. R.) s. Bishop (R. F.).
Macedo (J. de A.) = Aguiar Macedo (J. de).
Mačeva (K.), Sekundäre Minerale im ausgelaugten Tschernosem-Smolnitza-Boden aus d. Versuchsfeld d. Forschungsinstitutes für Bodenkunde u. Agrotechnik „Nikola Puschkarow" in Boshuristschte 2924.
McEwen (F. L.) s. Splittstoesser (C. M.).
McEwen (J.), Ertragssteigerung bei Getreide in Nordghana 2132.
Macewiczowa (L.), Rentabilität d. Anbaus v. Frühgemüse unter Folie 3038.
McFadden (A. D.) s. Kaufmann (M. L.).
McFadden (L. A.) s. Miller (H. N.).
McFadden jun. (S. E.) u. **Edwardo (A. A. di),** Bekämpfung d. Wurzelnematoden Pratylenchus penetrans an Wurzelunterlagen v. Rosa fortuneana 1967.
McGarity (J. W.), Wirkung d. Bodenfrostes auf d. Denitrifikation 2629.
McGauhey (P. H.) s. Okun (D. A.).
McGill (D. P.) s. Colville (W. L.).
MacGillivray (J. H.) u. **Bosley (J. B.),** Aminosäureproduktion pro acre durch Pflanzen u. Tiere 885.
—, **Sims (W. L.)** u. **Kasmire (R. F.),** Zuckermaiserzeugung in Kalifornien 1558.
MacGillivray (M. E.), Neue Blattlaus an Birke aus Central New Brunswick (Homoptera: Aphididae) 3123.
McGinnis (A. J.) u. **Kasting (R.),** Zucht d. Larven d. Weizenhalmwespe Cephus cinctus Nort. (Hymenoptera: Cephidae) unter künstlichen Bedingungen 1959.
MacGinnis (R. C.) s. Wilton (A. C.).
— u. **Andrews (G. Y.),** Identifizierung eines zweiten an d. Chlorophyllproduktion beteiligten Chromosoms bei Avena sativa 1352.
— u. **Taylor (D. K.),** Verbindung eines Gens für Chlorophyllproduktion mit einem spezif. Chromosom bei Avena sativa 1068.
McGrath (H. J. W.) s. Bollard (E. G.).
McGregor (A. J.) s. Page (E. R.).
Macgregor (A. N.), Abbau v. Dichlorpropionat durch Bodenmikroorganismen 3451.
McGregor (W. G.) s. Plessers (A. G.).
— u. **Carson (R. B.),** Fettsäurezusammensetzung des Öls v. Leinsorten 1187.
—, **Plessers (A. G.)** u. **Craig (B. M.),** Versuche mit Ölpflanzenarten. *1.* Mitt. Crambe 1284.
McGuire (D. C.), Allard (R. W.) u. **Harding (J. A.),** Vererbung d. Wurzelgallen-Nematodenresistenz bei Limabohnen 3368.
McGuire (J. J.) s. Flint (H. L.).
McGuire (J. U.) s. McMillian (W. W.).
Machado Grácio (J. T.), Phosphorfestlegung in sauren Böden. *1.* Mitt. Identifizierung v. phosphorfixierenden Böden 2632.
— u. **Lima (N. O.),** Einfluß d. Phosphorgehaltes v. Samen auf L-Werte 2665.
Machala (F.), Produktion v. Baumschulerzeugnissen in d. CSSR 1595.
Machalin (M. A.) s. Bylov (V. E.).
Mache (R.) s. Berducou (J.).

McHenry (J. R.), Theorie u. Anwendung d. Neutronenstreuung bei d. Messung d. Bodenfeuchtigkeit 3233.
Machiňko (N. V.) s. Kucharkova (A. M.).
Machlis (L.) s. Mascarenhas (J. P.).
Machold (O.), Pflanzenaufnehmbarkeit u. Bindungszustand d. labilen Phosphats 84. – Pflanzenaufnehmbarkeit d. „labilen" Phosphats 1522. – Bau u. Einrichtung eines Isotopenlaboratoriums für chem. u. biolog. Untersuchungen 2001. – Wirkung kleiner Strahlendosen auf d. Ertrag landwirtsch. Kulturpflanzen [2286]*. – Wirkung kleiner Strahlendosen auf d. Ertrag landwirtsch. Kulturpflanzen 2288.
Maciejewska (Z.) s. Swirska (S.).
Maciejewska-Potapczykowa (W.) u. **Górniak (H.),** Isolierung eines Ribonukleasepräparats aus jungen Puffbohnenpflanzen 615.
– u. **Niedzielski (A.),** Gehalt an Stickstoffverbindungen in gesunden Zellgeweben u. Geschwülsten bei einigen Pflanzen 537.
McIntosh (A. H.), Varianten u. mögliche Fehler beim Verdünnungstest u. den Plattenkeimungsmethoden zur Laborprüfung v. Fungiciden 1128. – Wirkungen v. Zeit u. Temperatur auf d. fungistat. Eigenschaften v. quecksilberhaltigen u. a. Verbindungen auf Konidien v. Botrytis fabae Sardiña 1425.
McIntyre (G. A.) s. Helms (K.).
McIntyre (G. I.), Untersuchungen über d. Translokation v. ^{14}C-markierten Herbiciden im Adlerfarn (Pteridium aquilinum) 880. – Verlagerung v. ^{14}C-markierter *2.2*-Dichlorpropionsäure in Agropyron repens 2874.
Mackauer (M.), Spezif. Parasiten d. Acyrthosiphon-Macrosiphum-Gruppe u. Grundfragen d. Wirtsbindung d. Blattlaus-Schlupfwespen (Homoptera: Aphididae-Hymenoptera: Aphidiidae) 2857.
Mackauer (Manfred), Drei neue Blattlaus-Parasiten aus Hongkong 1408.
Mackauer (M. J. P.), Monoctonus crepidis (Haliday) (Hymenoptera: Aphidiidae), für Nordamerika neuer Blattlausparasit 2255. – Neue Gattung d. Aphidiidae (Hymenoptera) aus d. nördlichen Kanada 2546.
McKay (A. D.) s. Harker (K. W.).
MacKay (D. B.), Wirkung vorherigen Waschens auf d. Keimung v. Zukkerrüben 699. – s. Clayton (L. C. W.).
MacKay (D. C.) s. Townsend (L. R.).
– u. **Chipman (E. W.),** Molybdänmangel in Sphagnum-Torfboden 1195.
–, **Langille (W. M.)** u. **Chipman (E. W.),** Bormangel u. -toxizität in Pflanzen auf Sphagnumtorf-Boden 1526.
McKeague (J. A.) u. **Cline (M. G.),** Kieselsäure in Bodenlösungen. *1.* Mitt. Form u. Konzentration d. gelösten Kieselsäure in wäßrigen Extrakten einiger Böden 3210; *2.* Mitt. Adsorption v. Monokieselsäure durch Boden u. durch andere Substanzen 3211.
McKee (R. K.), Identifizierung v. R-Genen bei Solanum stoloniferum 2784.
– u. **Boyd (A. E. W.),** Trockenfäule d. Kartoffel. *9.* Mitt. Wirkung v. Diphenyldämpfen auf d. Trockenfäuleinfektion v. Kartoffelknollen 2262.
Mckeen (C. D.) s. Mountain (W. B.); Wensley (R. N.).
– u. **Wensley (R. N.),** Kulturelle u. pathogene Variation v. Fusarium oxysporum f. melonis 2846.
McKeever (I.), Terrassierung, alte Praxis auf den neuesten Stand gebracht 1222.
McKell (C. M.), Jones (M. B.) u. **Perrier (E. R.),** Wurzelproduktion u. Anreicherung v. Wurzelmaterial auf gedüngter, vorwiegend mit einjährigen Gräsern bestandener Hutung 3314.
–, **Wilson (A. W.)** u. **Williams (W. A.),** Wirkung d. Temperatur auf d. Phosphorausnutzung durch einheim. u. eingeführte Leguminosen 379.
McKelvie (A. D.), Unterschiedliches Verhalten v. Arabidopsis thaliana gegenüber Mutagenen 1346. – Anwendung v. Strahlen in d. Pflanzenzüchtung u. Untersuchungen über d. Auslösung v. Mutationen 2774.

MacKenzie (A. F.), Fraktionen des anorgan. Bodenphosphors in einigen Böden Ontarios nach Untersuchungen mittels Isotopenaustausch u. Löslichkeitskriterien 1194.
— u. **Dawson (J. E.),** Untersuchung v. organ. Bodenhorizonten mit Hilfe elektrophoret. Verfahren 2351.
McKenzie (H. L.), Zweite taxonom. Studie über kaliforn. Wolläuse, mit einer Beschreibung neuer Arten (Homoptera: Coccoidea: Pseudococcidae) 237. — Dritte taxonom. Studie über kaliforn. Schmierläuse einschließlich weiterer Arten aus Nord- u. Südamerika (Homoptera: Coccoidea: Pseudococcidae) 3123.
McKenzie (R. I. H.) u. **Green (G. J.),** Resistenzgene d. Hafers gegen Schwarzrost 3365.
Mackey (A.) s. Joiner (S.).
Mackiewicz (S.), Einfluß d. Flachssämlinge in Kartoffeln u. Rüben auf d. Befallsstärke v. Kartoffelkäfern u. Blattläusen 1105.
Mackiewicz (T.) s. Łaczyńska-Hulewicz (T.).
Mackiewicz (Z.), Anbau v. Winterzwischenfrüchten mit Zottelwicke auf Grund v. Versuchsergebnissen d. Untersuchungsgruppe für Hülsenfrüchte 139.
Mackiewiczowa (L.), Rolle d. Blumentopfes bei d. Jungpflanzenanzucht 3037.
Mackinney (G.), Carotinoide d. Früchte 1189.
MacKinnon (J. P.), Vergleichende Untersuchungen bei d. Aphidenübertragung d. Virus d. Blattrollkrankheit d. Kartoffel u. d. latenten Steckrübenvirus 539. — Verteilung d. X-Virus in chron. infizierten Kartoffelknollen 1657. — Beziehung zwischen Neigung zur Infektion bei Solanum-Arten mit d. Virus d. Blattrollkrankheit u. ihre Eignung als Wirtspflanze für Blattläuse 2825.
— u. **Clark (M. C.),** Erforderliche Zeit bis zum Erscheinen d. Symptome d. Blattrollvirus d. Kartoffel u. d. latenten Kohlrübenvirus auf mittels Aphiden infizierten Physalis floridana 3126.
McKittrick (R. T.) s. Marlatt (R. B.).
Mackov (F. F.), Theoret. Probleme d. Ernährung d. Pflanzen außerhalb d. Wurzelbereiches 663.
— u. **Manzjuk (S. G.),** Rolle v. Phytohormon- u. Vitaminsubstanzen bei d. Heterosiserscheinungen in d. Maispflanze. Konferenz d. Biolog. Gruppe d. Ungar. Akademie d. Wissenschaften u. d. Klasse für Agrarwissenschaften 5. bis 7. September *1960* 1901.
Maćkowiak (W.), Stickstoff-Spätdüngung bei Roggen u. Weizen 971.
McLachlan (K. D.) u. **Norman (B. W.),** Wirkungen vorausgegangener Superphosphatgaben auf d. Beschaffenheit v. Weiden u. d. Reaktion d. Weiden auf eine laufende Düngung 1851.
MacLagan (D. S.), Sekundär- u. Rückstandswirkungen moderner Insekticide 2562.
McLaren (A. D.) s. Bradfute (O. E.); Estermann (E. F.).
—, **Luse (R. A.)** u. **Skujins (J. J.),** Sterilisation d. Bodens durch Bestrahlung u. einige ergänzende Beobachtungen über d. enzymat. Aktivität d. Bodens 1494.
MacLaren (R. B.) s. Sterling (J. D. E.).
MacLean (A. J.), Kaliumfixierung in einigen kanad. Böden 1199.
— u. **Brydon (J. E.),** Freisetzung u. Fixierung v. Kalium in verschied. Größenfraktionen einiger kanad. Böden in Abhängigkeit v. ihrer Mineralogie 3208.
MacLean (D. C.) s. Dewey (D. H.).
McLean (D. L.), Salatmosaik-Virus durch einen neuen Vektor, Pemphigus bursarius 2838. — Einfluß d. Flügelbewegung d. Grünen Pfirsichblattlaus auf d. Übertragung d. Salatmosaikvirus 3138.
— u. **Kinsey (M. G.),** Methode zur Zuchthaltung d. Salatwurzellaus Pemphigus bursarius 262.
McLean (E. O.) s. Franklin jun. (R. E.); Richards (G. E.).
MacLean (K. S.) s. Smeltzer (G. G.).
McLeish (J.) u. **Sunderland (N.),** Messungen d. Desoxyribosenucleinsäure (DNS) in höheren Pflanzen durch Feulgen-Photometrie u. chemische Methoden 34.

MacLellan (C. R.), Sterblichkeit v. Eiern u. Junglarven d. Apfelwicklers bei einer integrierenden Bekämpfung im Obstgarten 2544.
McLeod (C. C.), Weideerneuerung u. Anbau v. Feldkulturen mit Hilfe v. Chemikalien 1019.
MacLeod (D. J.), Mosaic and streak viruses of the potato [2524].
MacLeod (L. B.) s. Bishop (R. F.).
Macleod (R.) u. **Markham (R.),** Verwandtschaft zwischen d. Gelbmosaikvirus d. Wasserrübe u. d. Wild-Gurkenmosaikvirus 3414.
MacMasters (M. M.) u. **Waggle (D. H.),** Bedeutung d. Stärke bei d. mikroskop. Identifizierung v. Getreidekörnern in Nahrungsmitteln 2910.
Macmillan (W. G.) s. Chakraverti (I. B.).
McMillian (W. W.), McGuire (J. U.) u. **Lamey (H. A.),** Übertragung d. Hoja-blanca-Krankheit auf Reis 3136.
McMurtrey jun. (J. E.) s. Tso (T. C.).
McMurtry (J. A.), Resistenz v. Luzerne gegen d. Gefleckte Luzernelaus in Beziehung zu Umweltfaktoren 2821.
McNaught (K. J.) s. Dorofaeff (F. D.); During (C.).
McNaughton (I. H.) s. Acheson (R. M.); Harper (J. L.).
McNaughton (M.) s. Lancaster (R. J.).
McNeal (B. L.) u. **Young (J. L.),** Papier-Elektrochromatographie v. Tonmineralen 2943.
MacNeill (B. H.), Spezialisierte Tomatenform d. Tabakmosaikvirus in Kanada 1386. — s. Barron (G. L.).
MacNeill (M. M.), Versuchsgewächshaus mit Steuerung d. Umweltverhältnisse 2144.
MacPhee (A. W.), Wirkung niederer Temperaturen auf einige räuber. Phytoseiidae u. auf d. Stachelbeermilbe Bryobia arborea M. et. A. 3112.
MacRae (I. C.) s. Burger (K.).
McRight (T. C.) s. Graham jun. (H. G.).
McVey (D. V.) s. Ortiz-Torres (E.).
McWhorter (C. G.), Wirkungen v. *3*-Amino-*1,2,4*-Triazol auf einige chem. Bestandteile v. Zea mays 2894. — s. Wooten (O. B.).
McWilliam (J. R.), Artkreuzung bei Phalaris: Hybriden zwischen Phalaris tuberosa und d. hexaploiden Rasse v. Phalaris arundinacea 1639.
— u. **Neal-Smith (C. A.),** Tetraploide u. hexaploide Formen bei Phalaris arundinacea L. 503.
Madej (M.) s. Markowski (A.).
Mader (D. L.), Effect of humus of different origin in moderating the toxicity of biocides [1481]*.
Madhosingh (C.), Metabol. Detoxikation v. *2.4*-Dinitrophenol 225.
Madison (J. H.), Ökologie d. Grasnarbe. Wirkungen d. Mahd, Bewässerung u. Stickstoffdüngung auf Agrostis palustris Huds., „Seaside", u. Agrostis tenuis Sibth., „Highland", hinsichtlich Population, Ertrag, Wurzelmasse u. Bodenbedekkung 3301.
— u. **Hagan (R. M.),** Wirkung v. Beregnungshäufigkeit, Schnitthöhe u. anderer Kulturmaßnahmen auf d. Bodenwasserentzug durch Wiesenrispe (Poa pratensis L.) „Merion" 133.
Madrazo (C. L.) s. Carpio (L. C.).
Madry (A. C.), Lebensfähigkeit d. Rose. Qualitätskontrolle durch ein Gerät 2175.
Madsen (S. B.), Keimung eingegrabener u. trocken aufbewahrter Samen. *3*. Mitt. *1934—60* 2400.
— u. **Olesen (M.),** Untersuchungsproben mit Hilfe eines Löffels u. d. Pascall-Probenteilers 1301.
Madžarova (D.), Einwirkung niedriger Temperaturen auf angequollene Tomatensamen sowie Jungpflanzen u. deren Einfluß auf Blütenbildung u. Fruchtzuwachs 449. — Schlüsse aus d. Züchtung v. Radieschen Typ Saxa 1640.
Madžarova (R.) s. Karabašev (N.).
Madžirova (L.), Durchlaufen d. *IX*. Entwicklungsstadiums (d. Blühstadiums) d. Organogenese beim Reis unter Feldbedingungen u. in Versuchen mit unterschied. Photoperioden u. Beleuchtungsverhältnissen 900.
Mäde (A.), Bedeutung Theodor Roemers für d. Landwirtsch. in d. DDR 885.

Mäkitie (O.), Über d. Kobalt/Nickel-Verhältnis in Ackerböden 336.

Maelzer (D. A.), Einfluß anderer Organismen auf d. Überlebensrate v. Aphodius tasmaniae Hope (Scarabaeidae) im niederen Südosten Südaustraliens 2820.

Maertens (C.) u. **Studer (R.),** Einfluß d. physikal. Bodeneigenschaften auf d. Entwicklung d. Wurzelsysteme verschied. Kulturen; ihre Auswirkungen auf d. Ertrag 2927.

Märtin (B.), Pflege v. Klee u. Luzerne 115. – Prof. Dr. Clemens Klitsch 70 Jahre 2001. – Hinweise zur Luzerneaussaat 2721.

– u. **Sasum (K.),** Borgehalt verschied. Böden in Thüringen 336.

– u. **Seifert (W.),** Futterkohlanbau im mittleren und westlichen Erzgebirge 137.

Mätzold (G.), Technolog. u. ökonom. Probleme bei neuen Verfahren d. Mineraldüngung 1799.

– u. **Zimmermann (E.),** Arbeitsökonom. Untersuchungen in d. Zuckerrübenernte *1962* 2992.

Maevskaja (A. N.) s. Škol'nik (M. J.).

Maevskaja (L. M.) s. Lašnev (V. I.).

Magalhães Silva (G.) u. **Oliveira (A. J. de),** Schädlingsbekämpfung an Gelber Lupine (Lupinus luteus L.). *1.* Mitt. Insekticide 2561.

Magassy (L.), Pollenphysiologie d. diploiden u. tetraploiden Zuckerrüben 2787. – Bedeutung d. Pollensterilität u. d. damit zusammenhängenden Erfolge in d. Heterosiszüchtung d. Rübe 3371.

Maggs (D. H.), Modellversuch für d. Wuchsbeurteilung junger Apfelbäume 763.

Magie (R. O.), Gladiolenzüchtung für Florida 513. – Bekämpfung d. Botrytis-Gladiolenblütenfäule mit Ozon 866.

Magoon (M. L.) s. Swaminathan (M. S.).

– u. **Shambulingappa (K. G.),** Zytolog. u. morpholog. Untersuchungen an einigen Bastarden zwischen Eu-Sorghum-Arten 497. – Cytomorpholog. Untersuchungen bei einigen Arten u. Arthybriden d. Gattung Sorghum 2188.

Magor (R. D.) s. Elmore (J. C.).

Magriso (J.), Vergleichende Untersuchungen in Weinbergen bei südlicher Hangneigung u. in ebenen Lagen 473. – Elemente, d. d. Bestandsklima in auf geneigtem u. ebenem Gelände angelegten Weinbergen kennzeichnen 1329. – Einfluß d. Vorratsbewässerung auf Wachstumszuwachs u. Ertragsleistungselemente bei d. Rebe 1331. – Vergleichende Untersuchungen d. auf Hängen u. ebenem Gelände stehenden Weinberge bei Südlage d. Hanges 2170. – s. Stoev (K. D.).

Maguire (M. P.), Paarungsmißbildungen im Pachytän bei Mais 1061. – Abweichungen bei Tripsacum u. Zea-Chromosomen 1626.

Mahajan (O. P.) s. Puri (B. R.).

Mahajan (V. K.) s. Chaugule (B. A.).

Maheshwari (P.) s. Kanta (K.).

Mai (W. F.) s. Miller (R. E.).

Maïa (É.) u. **Martin (C.),** Hemmstoff d. Ausbreitung v. Pflanzenviren 1385.

Măianu (A.) s. Obrejanu (G.).

Maier (L.) s. Mănescu (B.).

Maier (R. H.) s. Greene (R. E.).

Maier-Bode (H.), Insektizid-Rückstände bei d. Kirschfruchtfliegenbekämpfung mit d. organ. Phosphorinsektizid Lebaycid 872.

– u. **Crüger (G.),** Aldrinrückstände in Möhren nach Anwendung v. Aldrinpräparaten im Ganzflächenstreuverfahren 1429.

Maierhofer (E.), Ertragsbildung d. Kartoffel unter bes. Berücksichtigung d. Standraumes 1911. – Ertragsanalyt. Untersuchungen an Kartoffelsämlingen. I. Teil: Einzelpflanzenertrag 3085.

Maignien (R.), Übergang v. eisenhaltigen Tropenböden in laterit. Formen im Südwesten v. Senegal 2053.

Mailloux (M.) u. **Morrison (F. O.),** Wirkungen v. Acariciden auf d. Entwicklungsstadien d. Spinnmilbe Tetranychus telarius 1704.

Mainland (G. B.), Algebraische Methode, angewandt auf epistat. Probleme 3072.

Mainstone (B. J.), Düngung v. Hevea: Wirkung v. Tripelsuperphosphat auf

verpflanzte Jungpflanzen in Nigeria 2732.

Maison (P.) s. Messiaen (C. M.).

Maissurjan (N. A.), Quellen zur Steigerung d. Produktion v. pflanzlichem Eiweiß 991.

Majboroda (N.) s. Popov (M.).

Majerník (O.) u. **Nižňanský (A.),** Transpirationsintensität d. infizierten u. verwundeten Aprikose in bezug auf ihren Wasserhaushalt 1602.

Majkowski (K.), Morpholog. Merkmale u. physiolog. Eigenschaften sowie d. Nutzwert an Populationen d. Zottelwicke (Vicia villosa Roth) 2189.

Majlert (W.) s. Kępkowa (A.).

Majstrenko (O. I.), Saatguteigenschaften v. Sommergetreide in Abhängigk. v. Aussaat- u. Reifeterminen 695.

Majsurjan (N. A.), Wege zur Verbesserung d. Züchtungsarbeit an Futterlupinen 1074. — Einfluß v. Kulturbedingungen auf d. Verzweigung d. Pflanzen 1169. — Produktion pflanzlichen Eiweißes 1839.

— u. **Tjutjunnikov (A. I.),** Anthocyanfärbung als Merkmal bei d. Selektion auf schnelles Wachstum u. Frühreife 2178.

Majumder (P. K.) s. Mukherjee (S. K.).

Majumder (S. K.) s. Murty (K. S.).

— u. **Gundurao (H. R.),** Nahrungswahl eines schädlichen Insekts als Faktor für seine Abwehr v. einer gelagerten Ware 2567.

— u. **Rao (C. N.),** Wirksame organ. Phosphorquelle für d. Nährkultur d. Reises 1811.

Makaro (I. L.) u. **Kondrat'eva (A. V.),** Einfluß d. Abhärtung v. Tomatensamen durch wechselnde Temperaturen auf d. Kälteresistenz d. Pflanzen u. den Ertrag 750.

Makarov (B. N.), Ignatova (V. P.) u. **Chodakova (R. N.),** Zersetzung einiger organ. Stoffe in Rasenpodsolböden 2050.

Makarov (V. T.), Wege d. Umgestaltung v. Rasen-Podsolböden 2063.

— u. **Miloslavskaja (G. M.),** Dynamik organ. Stoffe im Rasen-Podsolboden nach verschied. Bodenbearbeitungsverfahren 1505.

Makarova (G. A.) u. **Moškov (B. S.),** Vegetativ-generative Hybriden zwischen Raphanus sativus L. u. Brassica oleraceae L. 3095.

Makaterskij (L. G.), Einfluß d. Aussaattermine bei d. Gelben Futterlupine auf d. Dauer d. Vegetationsperiode u. d. Ertrag an Samen 127.

Makawi (A. A. M.) s. Glathe (H.).

Makkink (A. E.) s. Sellschop (J. P. E.).

Makkink (G. F.) u. **Heemst (H. D. J. van),** Wurzelwachstum u. Wasserverbrauch bei Getreide 2592.

Maklakova (G. F.), Lebensfähigkeit d. Kohlherniesporen 816.

Makodzeba (I. A.) u. **Fisjunov (A. V.),** Chem. u. mechan. Verfahren d. Unkrautbekämpfung 3453.

Mákos (J.) u. **Vodnyánszky (J.),** Scheibenegge ET [364].

Makoveckij (K. A.) s. Rakitin (J. B.).

Maksimenko (I. K.), Baumwolle mit naturfarbenen Fasern nach der Methode d. entfernten Hybridisation 218.

Maksimovič (M. M.), Saatgutvermehrung bei Feldfrüchten [2498].

Maksimow (A.) s. Chroboczek (E.).

Malabuyoc (J. A.) s. Escuro (P. V.); Javier (P. C.).

Malagutti (G.) s. Knorr (L. C.).

Malaviya (B.) s. Ranjan (S.).

Malavolta (E.) s. Mello (F. A. F. de).

—, **Haag (H. P.), Mello (F. A. F.)** u. **Brasil Sobro (M. O. C.),** On the mineral nutrition of some tropical crops [2667]*.

Malca (I.), Murray (H. C.) u. **Zscheile (F. P.),** Organ. Bestandteile in d. Konidien v. Erysiphe graminis hordei 2808.

Maldague (M. E.) s. Seeger (J. R..).

Malec (K.), Laboratoriumsmethoden zur Krebsuntersuchung an Kartoffelzuchtstämmen u. -sorten 557. — s. Roguski (A.).

Maleček (J.) s. Rubeš (L.).

Malencon (M. G.), Epidemiologie d. Schwarzrostes bei Getreide in Marokko 548.

Malenev (F. E.), Spurenelemente in d. Phytopathologie [1118].

Maléř (J.), Technologie d. Getreideernte in d. Großproduktion [407].

Malheiros Gardé (N.), Mechanismus d. Trennung v. Arten bei knollentragendem Solanum 2783.

Maliani (C.), Ergebnisse, d. durch Artkreuzungen erzielt wurden 2776.

Malík (T.), Grundsätze für d. Obstbau in höheren Lagen 1862.

Malingerová (N.), Colorimetr. Bestimmung d. Nitrate mittels d. Phenoldisulfonsäure im Boden u. in Nährlösungen 1766.

Maljuta (D. I.), Züchtung v. Winterhartweizen 3362.

Maljutin (N. I.), Abhängigkeit d. Samenertrages v. d. Farbe d. Blüten 1334. – Mehrjährige Delphinium [1886].

Mallick (S. N.) s. Chalam (G. V.).

Maloy (O. C.), Physiologie v. Fusarium solani f. phaseoli in bezug auf d. saprophyt. Überleben im Boden 1925.

Malquori (A.) u. **Cecconi (S.)**, Serienbestimmung d. Strukturindex d. Böden 650. – Kationenumtausch d. Wurzeln u. Blätter v. Kulturpflanzen 2073.

Maltabar (L.) s. Prokopév (G.).

Malterre (H.) s. Decau (J.).

Maltry (W.), Verbesserte Heuwerbung durch Belüftungstrocknung 117. – Trocknungsversuche an Weizen 2113.

Malý (V.), Erfahrungen bei d. Hebung d. Fruchtbarkeit v. Sandböden in Mittelböhmen 1794. – s. Grimm (H.).

Malyčenko (V. V.), Einfluß verschied. Düngerarten u. -formen auf d. Nachwachsen beschädigter Wurzeln d. Sauerkirsche in Abhängigkeit v. den Einbringungsverfahren 1325.

Malyšev (E. I.), Sortenkreuzung v. Tomaten zur Gewinnung Heterosishybridsaatgut 214.

Malz (F.) s. Husmann (W.).

Mamadaliev (T.) s. Rudenko (S. T.).

Mamaladze (L. T.) s. Rusiašvili (I. L.).

Mamarov (P.), Physiolog. Veränderungen im Edelreis d. Rebe unter d. Einfluß d. Unterlage 2171. – Wesen d. Knollenbildung u. d. Verdickungen an d. Veredlungsstelle bei d. Traubensorte „Mawrud" 3339. – s. Lilov (D.).

Mamarov (P. T.) s. Lilov (D. C.).

Mamedov (O. G.) s. Čurbanov (B. M.).

Mamedov (Š.), **Osipov (O. B.)**, **Chydyrov (D. N.)**, **Avanesjan (M. A.)**, **Agaev (A. S.)** u. **Grišina (E. N.)**, Neue Kontaktinsekticide „Ätheran 79" u. „Ätheran *103*" gegen Pflanzenschädlinge 577.

—, **Osipov (O. B.)**, **Džalilov (T. N.)** u. **Grišina (E. N.)**, Neue Kontaktgifte Ätheran *168* u. Ätheran *169* 3447.

Mamedov (S. G.), Der südliche Graurüßler Tanymecus dilaticollis Gyll. 2220.

Mamicpic (N. G.) s. Escuro (P. V.).

Mamontova (A. N.), Ursachen für d. Veränderung in d. Sortenspezialisierung d. Parasiten u. ihre Bedeutung für d. Resistenzzüchtung 1089.

Mamušina (N. S.), **Moškov (B. S.)** u. **Čulanovskaja (M. V.)**, Bedeutung d. Gibberellins für Wachstums- u. Entwicklungsprozesse d. Pflanzen 902.

Mamytov (A. M.), Erfahrungen d. stationären Erforschung d. Hochgebirgsböden [3232].

Mańczak (H.), Möglichkeiten d. Verbesserung d. Sauerstoffverhältnisse d. Gebirgsstromes mit Hilfe d. Grundwellenkorrektur 655.

Manczel (J.), Lage u. regionale Abweichungen in d. ungar. Rindviehzucht u. im Futterbau [434].

Mandal (L. N.), Gehalt an Eisen u. Mangan in d. Bodenlösung u. d. Wachstum v. Reis auf überfluteten Böden in Beziehung zum Sauerstoffgehalt d. Bodenlösung 2663.

Mandel (P.) s. Hirth (L.).

Mandryk (M.), Beziehungen zwischen erlangter Resistenz v. Nicotiana tabacum gegenüber Peronospora tabacina u. Stickstoffgehalten im Boden 671.

Mándy (G.), Keimbiolog. Untersuchungen an Sommerweizensorten 601. – Kardinalpunkte d. Keimtemperatur bei ungar. Winterweizensorten 602. – Einfluß verschied. Bodenbearbeitungsmethoden v. Sandböden auf d. Gestaltung u. auf d. Entwicklungsrhythmus d. wichtigsten ungar. Weizensorten. *1.* Mitt. 707. – Neuere method. Gesichtspunkte zur Bestimmung d. Stand-

festigkeit d. Weizensorten 1061. – Ökologie d. ungar. Weizensorten. *1.* Mitt. 1468. – Klimat. ökolog. Ansprüche d. Sommerweizensorten. *1.* Mitt. 1471. – Morpholog. u. physiolog. Untersuchungen an ungar. Roggenzuchtsorten 2184. – Ökologie d. ungar. Maissorten. *1.* Mitt. 2187. – s. Kárpáti (V.); Kovács (S.).
Mándy (G.) u. **Pál (G.),** Einfluß v. Salzlösungen auf d. Keimung d. Roggen-, Hafer- u. Sonnenblumensorten 954.
Mănescu (B.), Dumitrescu (M.) u. **Maier (L.),** Besonderheiten d. Agrotechnik beim Anbau v. Gemüse in mit Folien bedeckten Frühbeeten u. Gewächshäusern 156.
Mangazeev (A. S.), Der Gemüsebau im Siebenjahrplan [451].
Mange (M.) s. Millet (B.).
Manglitz (G. R.), Bergman (P. W.), Howe (W. L.) u. **Calkins (C. O.),** Überwinterung d. Gefleckten Luzernelaus im Eistadium in Nebraska 1934.
– u. **Gorz (H. J.),** Resistenz v. Steinklee gegen d. Steinklee-Blattlaus 220.
Manil (G.), Diskussion über den Ausdruck „Lessivé" auf Grund mikromorpholog. Beobachtungen 1216. – s. Delecour (F.).
Manil (P.) s. Ley (J. de).
–, Livens (J.), Vanstallen (R.) u. **Brakel (J.),** Böden unter Luzerneanbau 3227.
– u. **Nys (L.),** Wirkung mineral. Stickstoffes auf Luzerne in Blanksaat 1256.
Mankau (R.), Verwendung nematodenfangender Pilze zur Bekämpfung v. Wurzelgallenälchen 561. – Wirkung einiger organ. Dünger auf eine Population im Boden lebender Nematoden u. auf vergesellschaftete natürliche Feinde 1098.
Mann (G. C.) s. Proctor (J. M.).
Mann jun. (H. C.) s. Getsinger (J. G.).
Mann (T. J.) s. Matzinger (D. F.); Seltmann (H.).
Mannan (M. A.), Organ. Substanz, Stickstoff u. Kohlenstoff: Stickstoffverhältnis v. Böden unter d. Einfluß v. Pflanzen u. Anbausystemen 43.
Manning (P. B.) u. **Smith (J. B.),** Verfahren zur Magnesiumbestimmung in Düngemitteln durch EDTA-Titrationen 2105.
Manning (W. E.), Verzweigte weibliche Blütenstände bei Juglans u. Carya 1445.
Manninger (E.) s. Kecskés (M.).
Manninger (I.), Kopfbrand Sorosporium reilianum (Kühn) McAlpine d. Maises 1666.
–, Pletser (J.) u. **Pusztai (A.),** Anbaumethoden auf Frostresistenz u. Winterfestigkeit d. Winterflachses 725.
Manolov (A.) s. Georgiev (C.); Vartanjan (A.).
Manolov (I.), Düngung des Hartweizens 965. – Dynamik d. Zellsaftkonzentration in d. Baumwollblättern während d. Vegetationsperiode 2890. – Massenabfall v. Fruchtelementen während d. Blühens u. Fruchtens u. Maßnahmen zu seiner Einschränkung 3025.
Mansfeld (K.) u. **Bösenberg (K.),** Biolog. Schädlingsbekämpfung in Buchen- u. Eichenrevieren durch Feststellung d. erreichbaren Siedlungsdichte d. insektenfressenden Vogelarten u. d. Zusammensetzung ihrer Nahrung 1410.
Mansfield (T. A.) s. Heath (O. V. S.).
Manson (G. F.) s. Begg (J. A.); Harris (C. R.).
–, Miles (J. R. W.), McClanahan (R. J.) u. **Sans (W. W.),** Insekticidablagerungen auf Heißlufttabak nach Flugzeugverstäubung bzw. -spritzung 1978.
Mantel (W. P.) s. Franssen (C. J. H.).
Mantle (P. G.), Reaktion v. Weizensorten gegen physiolog. Rassen d. Flugbrandes 548. – Wirkung v. Gibberellinsäure auf d. Vorkommen d. Weizenflugbrandes 549. – Einfluß d. Vernalisation auf d. Embryonen feldresistenter Weizensorten, d. durch Flugbrand (Ustilago tritici) infiziert waren 1119.
Manturova (I. M.) u. **Kil'djaeva (V. P.),** Kartoffelvirosen im Hohen Norden 1109.
Manzjuk (S. G.), Auftreten d. Heterosis beim Mais 1071. – s. Mackov (F. F.).

Manzjuk (V. T.), Ablauf d. Jarowisationsstadiums bei Winterweizen 1456.
Manzke (E.) s. Kramer (D.).
Mao (Y. T.), World list of plant breeders [2498].
Mapson (L. W.) s. Isherwood (F. A.).
– u. **Isherwood (F. A.)**, Glutathion-Reductase aus gekeimten Erbsen 2030.
Marais (P. G.) s. Deist (J.); Haasbroek (F. J.); Hurter (N.).
– u. **Deist (J.)**, Verwendung v. radioaktiven Isotopen zur Bestimmung d. Absorption v. Düngerphosphat durch Pflanzen 84.
– u. **Smit (W. B. de V.)**, Einfluß d. Volumengewichtes u. d. Wasserstoffs (in anderer Form als im freien Wasser) auf d. Meßkurve d. Neutronen-Bodenfeuchtemessers 1502.
Maramorosch (K.), Übertragung v. Pflanzenviren durch Arthropoden 3137.
Marcelli (E.), Peronospora d. Tabaks (Peronospora tabacina Adam) 1669.
– u. **Zanardi (D.)**, Bekämpfung d. Peronospora in Tabakkulturen im Gewächshaus 1696.
Marcellin (P.), Schaffung bes. für d. Konservierung v. Früchten günstiger Luftverhältnisse durch Verpakkungsmaterial aus Kunststoffen 164. – Lagerung d. Früchte bei annähernd normalen Temperaturen mit Hilfe v. Plastikumhüllungen 2157.
– u. **Bouhier de l'Êlcuse (R.)**, Anwendung v. Plasten im Obstbau: Lagerung v. Äpfeln u. Birnen bei Temperaturen zwischen 7 ° u. *15* °C 2455.
Marčenko (A. Z.) s. Tkačenko (F. A.).
Marčenko (I. I.), Hybriden zwischen Topinambur u. Sonnenblume 208.
Marčenko (L. A.) s. Kulešov (N. N.).
Marčenko (P.) s. Korjanov (N.).
Marchant (W. T. B.) s. Goode (J. E.).
Marchesi (G.), Befruchtung bei natürlicher Kreuzung bei zwei Tomatensorten 2200. – Erzielung männlicher Sterilität bei Tomaten durch Benutzung selektiver Gametocide 2200. – Vererbung einiger Fruchtmerkmale bei Tomatenkreuzungen 2200.
Marchidan (D.), **Canarache (V.)** u. **Iliescu (E.)**, Verbesserung d. Agrotechnik bei Nelken unter Glas 183.
–, **Mateescu (N.)** u. **Petrescu (G.)**, Einfluß d. mineral. Düngemittel auf d. Champignonkultur 164.
Marcich (Ž. G.), s. Popušoj (I. S.).
Marckwordt (U.), Kationenbeziehungen bei d. Anreicherung durch Gerstenwurzeln 2377. – s. Trolldenier (G.); Welte (E.).
Marčukajtis (A. S.) s. Sisakjan (N. M.).
Marcus (A.) u. **Feeley (J.)**, Veränderung d. Nucleinsäuren in d. keimenden Erdnuß 2296.
Marczek (E.) s. Kostyniuk (M.).
Marel (H. W. van der) s. Beutelspacher (H.); Broek (J. M. M. van den).
– u. **Broek (J. M. M. van den)**, Ca/Mg- u. K/Mg-Beziehungen in Lößböden v. Limburg [645]*.
Marendiak (D.), Bedingungen f. d. wirksame Bakterisation v. Mais mit Azotobacter 2103. – Studium d. quantitativen Veränderlichkeit u. d. gegenseitigen Beziehungen zwischen Azotobacter u. cellulolyt. Bakterien in d. Rhizosphäre d. Kartoffeln, d. durch Azotobacter inokuliert wurden 2934.
Mařenko (V. M.) s. Naumova (A. N.).
Margolis (D.) s. Steward (F. C.).
Marie (R.), Formenmannigfaltigkeit beim Reis 810. – Induzierte Mutation u. Selektion bei Reis (Oryza sativa L.) in Frankreich 3099.
Marin (A.) s. Rafaila (C.).
Marinescu (N.) s. Savin (G.).
Marinescu (R.) s. Berindei (M.); Enăchescu (G.).
Marinkov (E.) u. **Pŭrvanov (R.)**, Hybriden zwischen Zuckermais u. Typen v. Hart-, Weich- u. Zahnmais in bezug auf Entwicklung u. Zusammensetzung ihrer Grünmasse 1072.
Marinos (N. G.), Die Natur d. durch Auxin induzierten Keimruhe bei Kartoffeln 1457. – Mineralstoffmangelerscheinungen mit Hilfe d. Elektronenmikroskops. *1.* Mitt. Calcium-Mangel in d. Spitze d. Gerstenschößlinge 2082.
Marinov (I.), Anbau v. polyploiden Zuckerrübensorten in Bulgarien 3011.

Marinov (M.), Abstände zwischen u. in den Reihen beim Zuckerrübenanbau unter Trockenverhältnissen 2125.
Marinov (P.) s. Angelov (A.).
Maris (B.), Von d. Pilz Synchytrium endobioticum (Schilb.) herrührende Kartoffelkrebsrassen u. einige Angaben über d. Vererbung d. Resistenz gegen d. Rasse *6* 206. — Analyse d. Kartoffelpopulationen für Zwecke d. Züchtung 2484.
Marjorie (P.), Homologie zwischen einem terminalen Abschnitt d. Maischromosoms *2* u. einem aus Tripsacum hervorgegangenen Segment 784.
Márk (G.), Die Rose [2176]*.
Mark (G. E.) u. **Bollard (E. G.)**, Die v. verschied. Pflanzengeweben für d. Wachstum in steriler Kultur erforderlichen Stimulantien 2306.
Markakis (P.), **Jarczyk (A.)** u. **Krishna (S. P.)**, Nichtflüchtige Säuren v. Heidelbeeren 2315.
Markelova (E. M.), Zikaden d. Gattung Edwardsiana (Homoptera, Eupterygidae) als Schädlinge d. Apfelbaumes in d. UdSSR 3121.
— u. **Motrošilov (F. M.)**, Bekämpfung d. Apfelblattsaugers 1968.
Markert (S.), Methodik d. Bestimmung d. organ. Kohlenstoffes im Boden 1494. — s. Simon (W.).
Markham (R.), Durch Elektrostatik beeinflußter Blattlausvektor 3407. — s. Macleod (R.).
Márki (A.) s. Sebök (C.).
—, **Sebök (C.)** u. **Lazány (A.)**, Effekt verschied. X-Strahlendosen auf d. Sonnenblumen 500.
Markin (A. K.), Entseuchung d. Reiser 2263.
Marklund (G.) u. **Rous (A.)**, Ausführungen zur Evolution in d. pseudogamen Ranunculus-auricomus-Gruppe in Finnland 3.
Markov (F. I.), Begiftung d. Zuckerrübensamen zur Bekämpfung d. Rübenerdflöhe 2264.
Markov (G.) s. Velev (D.).
Markov (M.), Neue Kulturpflanzenkrankheiten in Bulgarien 1945. — s. Kovačevski (I.).
Markov (M. P.) s. Stafijčuk (A. A.).
Markovitz (A.) u. **Sylvan (S.)**, Wirkung v. Natriumsulfat u. Magnesiumsulfat auf d. Heteropolysaccharidsynthese in gramnegativen Bodenbakterien 54.
Markowski (A.) u. **Madej (M.)**, Veränderungen d. Phosphorverbindungen in d. Keimen d. Winter- u. Sommerweizens während d. Keimung bei 20 °C sowie bei d. Jarowisationstemperatur (1,5 ° C) 308.
Marlatt (R. B.), **Lewis (R. W.)** u. **McKittrick (R. T.)**, System. Infektion d. Kopfsalates durch Bremia lactucae 2534.
Marle (G. S. van), Bodenmüdigkeit im Obstbau 458.
Marlow (H.) s. Adam (H.).
— u. **Feyerabend (G.)**, Chem. Unkrautbekämpfung in Zwiebeln u. Möhren 3457.
Maróti (M.), Stoffwechseluntersuchungen an d. Wurzeln v. Zuckerrübenkeimlingen 14. — Nukleinphosphorsäure- u. Proteingehalt haploider u. diploider Zellen d. Maispflanze 1628.
Marr (A. G.) s. Robrish (S. A.).
Marro (M.), Verwendung v. Plaststoffen im Obstbau 2750.
— u. **Casellato (M. M.)**, Blüten- u. Früchtefall d. Schwarzen Johannisbeere. Verwendung v. Wuchsstoffen während d. Früchtefalls 1328.
— u. **Ricci (A.)**, Differenzierung d. Blütenknospen bei Malus communis 2299.
Marrou (J.), Wirksamkeit einfacher prophylakt. Maßnahmen auf d. Verbreitung d. Salatmosaikvirus in Samenkulturen u. auf d. Übertragung dieses Virus mit dem Samen 870.
Maršakova (M. I.) s. Gončarik (M. N.).
Maršálek (L.), Beziehungen d. Komponenten verschied. Gemenge v. Mais u. Hülsenfrüchten in bezug auf d. Grünfutter- u. Nährstoffertrag 2720.
Marschall (F.), Naturfutterbau, Kunstfutterbau 2719.
Marschner (H.), Aufnahme v. Cäsium u. dessen Verteilung in d. Pflanze 374. — Aufnahme v. Cäsium durch isolierte Wurzeln u. intakte Pflanzen 2083. — s. Mengel (K.).

Marschner (H.) u. **Mengel (K.),** Apparent free space (AFS) 1232.
Marsh (D. D.) s. Ashcroft (G.).
Marshall (B.) u. **Bredon (R. M.),** Chem. Zusammensetzung u. Nährwert v. Elefantengras (Pennisetum purpureum) 2308.
Marshall (C. E.) s. McDowell (L. L.).
Marshall (D. C.) u. **Padfield (C. A. S.),** Gefrierpunkt von Birnen 1041.
Marshall jun. (H. V.) s. Ramm (C. v.).
Marshall (K. C.) u. **Alexander (M.),** Nitrifikation durch Aspergillus flavus 54.
– u. **Roberts (F. J.),** Einfluß feiner Partikelchen auf d. Überleben v. Rhizobium trifolii in Sandboden 3225.
Marshall (V. G.) u. **Kevan (D. K. McE.),** Biologie v. Folsomia candida Willem, *1902* (Collembola: Isotomidae) 2215.
Marshavina (Z. V.) s. Panossian (A. K.).
Mársico (D. F.), Der Olivenbaum in Amerika 3026.
Martelli (M.) s. Cecconi (S.).
Martens (B.) s. Andrejew (S.).
Martens (B. K.) s. Andreev (S. V.).
Martens (J. W.) s. McDonald (W. C.).
Martens (M.) s. Detroux (L.).
Martens (N.) s. Laere (O. van).
Martens (N. G. G.) s. Roorda van Eysinga (J. P. N. L.).
Martens (P.) s. Hoed (F.).
Martin (C.) s. Maïa (É.).
Martin (D.), Lewis (T. L.) u. **Cerny (J.),** Jonathan-Flecke, drei Faktoren in Beziehung zu ihrem Auftreten: Fruchtgröße, Fleischbräune u. Samenanzahl 222.
Martin (D. J.) s. Fletcher (W. W.).
Martin (D. K.), Staustufe Geesthacht verändert eine Landschaft 2367.
Martin (D. W.) s. Scott (B. I. H.).
Martin (F. W.), Erbgang d. Selbststerilität bei Hybriden v. Lycopersicon esculentum Mill. × L. chilense Dun. 212. – Komplexe unilaterale Hybridisation bei Lycopersicon hirsutum 213. – Einfluß einiger Faktoren auf den Samenansatz bei Kreuzbestäubungen v. grünem Spargelkohl (Brassica oleracea var. italica) 508.
Martin (G. C.), Populationshöhe v. Nematoden in d. Wurzeln u. im Boden aus d. Wurzelzone v. Tee, Zuckerrohr, Tabak u. Weizen in d. Föderation Rhodesien u. Njassaland 817.
Martin (J.-P.) u. **Bilquez (A. F.),** Neuer Beitrag zur Kenntnis v. Blühen u. Fruchten bei d. Erdnuß 144.
Martin (J. T.), Pflanzenkutikulae 1461. – s. Baker (E. A.); Pickard (J. A.).
Martin (K.-H.), Wirkung d. Windschutzes auf Dauergrünland 3204. – s. Brouwer (W.).
Martin (M. W.), Solanum pennellii, eine mögliche Quelle für Resistenz gegen Kräuselschopf d. Tomate 2522.
Martin (P. E.) s. Brown (A. L.).
Martin (R. V.) s. Keys (A. J.).
Martin-Prével (P.), Mineralstoffe in d. Bananenstaude u. in d. Traube 94. – Kalium, Calcium u. Magnesium bei d. Ernährung d. Ananas in Guinea. 7. Mitt. Schlußfolgerungen 1239.
– u. **Charpentier (J. M.),** Unterschiede zwischen d. Symptomen bei Mangel an Makroelementen als Folge d. Art d. Aufnahme (Fall d. Banane) 2961.
– u. **Dugain (F.),** Kalium, Calcium u. Magnesium bei d. Ernährung d. Ananas in Guinea. *6.* Mitt. Boden u. Ernährung d. Pflanze 1239.
Martinec (T.) s. Karásek (R.).
Martini (C.), Beschaffenheitsprüfung bei Pflanzkartoffeln 2396.
Martini (F. E. de) s. Okun (D. A.).
Martini (G.) s. Ronchi (V. N.).
Martinović (M.), Trockenfäule d. Kartoffel 3424.
Martins (O. A.) s. Stapel (C.).
Mart'janova (K. L.), Gubanova (Z. P.) u. **Žurichin (V. K.),** Verbesserung d. Trockenresistenz u. d. Ertragsleistung d. Tomate 1312.
Márton (B.), Obstbau im Nyirség 2453.
Márton (G.), Über den Einfluß d. Bodenfeuchte auf den Phosphorstoffwechsel v. Maispflanzen 1175. – s. Benedek (J.); Irták (V. Á.); Virág (A.).
Marton (M.) s. Sabo (I.).
Martouret (D.) s. Vago (C.).

Martynenko (A. G.) s. Rybakov (A. A.).

Martynova (M. F.), Bedarf d. Maises an Bor in den verschied. Stadien d. Ontogenese 679. – Lichtqualität u. Entwicklung v. Mais 899.

Marutjan (S. A.), Umwandlung v. Kohlenhydraten in d. Wurzel d. Weinrebe unter Kälteeinwirkung 664.

Marx (G. A.) u. **Hagedorn (D. J.),** Fasciation bei Erbsen 1908.

Marx (R.) u. **Beiss (U.),** Nachweis v. Stämmen beim Mosaikvirus d. Beta-Rüben 1658.

Marzusch-Trappmann (M.) s. Sauerlandt (W.).

Masaryk (Š.) u. **Berdák (A.),** Nährstoffaufnahme bei d. Zichorie (Cichorium intybus L.) im ersten Vegetationsjahr 955.

Mascarenhas (J. P.) u. **Machlis (L.),** Chemotrop. Pollenschlauchfaktor v. Antirrhinum majus: Keimprüfung, Extraktion u. teilweise Reinigung 481.

Mašev (M.) s. Gjurov (G.).

Mašev (N.) s. Stančev (L.).

Mašev (N. P.), Untersuchung d. löslichen Kohlenhydrate in d. Kartoffelknollen mit Hilfe d. Papierchromatographie 321.

Maskell (F. E.), Insekticidspritzungen zur Bekämpfung d. Brachfliegenlarven 2864.

Maškovcev (M. F.), Einfluß d. Bodenfeuchtigkeit auf d. Anreicherung v. Nikotin in d. Tabakpflanze 325. – Einfluß d. Bodenfeuchtigkeit auf d. Ansammlung v. Nicotin in d. Tabakpflanze 308.

– u. **Sirotenko (A. A.),** Wirkung steigender Stickstoffdüngergaben auf den Nicotingehalt d. Tabaks 1003.

Maslinkov (M.), Einfluß des Entspitzens des Hauptstengels u. des Nachwuchses (zur Befruchtung am Stengelfuß belassen) d. Luzerne auf die Menge d. Fruchtelemente 428. – s. Kalajdžiev (I.).

Masljanaja (M. K.) s. Poluchina (I. N.).

Maslova (T. A.), Blattdüngung v. Kohl 3321. – Saatgutbehandlung, Hauptmittel zur Ertragserhöhung bei Tomate 3324.

Mason (D. D.) s. Baird (B. L.); Upchurch (R. P.).

Mason (D. T.) u. **Vince (D.),** Wachstumscharakter d. Chrysanthemum als Reaktion auf d. jahreszeitlich bedingten Umweltveränderungen 775.

Mason (J. L.) s. Miltimore (J. E.).

–, **Ryswyk (A. L. van)** u. **Miltimore (J. E.),** Änderungen d. Schwefel-, Phosphor- u. Kaliumgehaltes d. Luzerne in Abhängigkeit v. d. Bodenqualität 2961.

Massantini (F.), Stickstoffernährungsversuche mit Maiskörnern. Aufnahme bestimmter Stickstofformen v. den Wurzeln in den ersten Stadien d. Pflanzenentwicklung 1787. – Neue Kartoffelsorte in Prüfung 1833. – Stickstoffdüngung bei Kartoffeln über d. Blatt 3269. – Charakterist. Fruchtqualität d. Tomate bei normalen Kulturbedingungen in Erdkultur u. Hydroponik 3325. – s. Benvenuti (A.).

– u. **Pardini (G.),** Düngung d. Kartoffel unter Zuhilfenahme d. Blattdiagnose 3264.

Massee (A. M.) s. Knight (R. L.).

Massey (D. M.) s. Winsor (G. W.).

Maßfeller (D.) s. Kröber (H.).

Massini (P.), Aminotriazolylalanin, ein Stoffwechselprodukt v. Aminotriazol aus Pflanzen 2912.

Massoud (Y. A.), Einfluß d. Saattermins, d. Größe d. Schnittes u. d. Maleinsäurehydrazidbehandlung auf d. Ertrag an Steckzwiebeln 1859.

Maštakov (S. M.), Gurinovič (E. S.), Zimenko (T. G.) u. **Kabajlova (I. V.),** Wirkung v. Herbiciden auf d. Mikroflora d. Bodens 2276.

–, **Ledovskij (S. J.)** u. **Volkova (L. I.),** Einfluß neuer Wachstumsstimulatoren auf d. Wurzelbildung v. Baumreisern 1338.

Maštakova (A. C.) s. Nikiforova (N. A.).

Master (I.), Bodenverdichtungen auf angeschütteten Lößböden nach verschied. Rekultivierung im Rhein. Braunkohlengebiet [2071].

Masuda (Y.), Einfluß v. Licht auf

einen Wachstumsinhibitor in Weizenwurzeln 1454.
Masui (Jun-ichi) s. Uchiyama (N.).
Masui (M.) s. Fukushima (Y.).
Masujima (H.) s. Fukai (T.).
— u. **Mori (T.)**, Bodenwassersystem u. Pflanzenwachstum. *1.* Mitt. Bodenfeuchtigkeit als ein d. Bodenproduktivität bedingender Faktor in vulkan. Ascheboden v. Tokachi 2621.
Masuo (Y.), Sato (H.), Murakami (Jun-ichi) u. **Watanabe (Y.)**, Unkrautbekämpfung in Faserlein mit Herbiciden. *2.* Mitt. Wirkung eines Gemisches v. MCPA u. DNOC 1996.
Matatov (P. J.), Grundbearbeitung d. Bodens nach Mais 654. — Beste Bodenbearbeitungsverfahren nach Mais 1506.
Matches (A. G.), Mott (G. O.) u. **Bula (R. J.)**, Vegetative Entwicklung v. Luzernesämlingen bei unterschiedlicher Beschattung u. Kalidüngung 1842.
Mateescu (N.) s. Marchidan (D.).
Matějka (F.), Atrazin ermöglicht Maisanbau ohne Kultivierung 3454.
Matel (I.) s. Pop (L.).
Mateos (J. P.) s. Albareda (J. M.); Benayas (J.).
Materazzi (M.), Lage auf d. europäischen Markt, bes. in bezug auf gemeinsame Normung für Obst u. Gemüse 167.
Materikina (E. I.), Die besten Lupinensorten 2122.
Materna (J.) u. **Kohout (R.)**, Absorption d. Schwefeldioxids durch d. Fichte 3256.
Matesova (G. J.), Mitjaev (I. D.) u. **Juchnevič (L. A.)**, Insekten u. Milben sind Schädlinge d. Obst- u. Beerenkulturen v. Kasachstan [3139].
Matev (C.) u. **Vasilev (V.)**, Ökonom. Nutzeffekt d. Bewässerung bei d. Berieselung mittels langer Furchen auf Tschernosem-Smolnitza-Böden 2363.
Mateva (M.) s. Genov (I.).
Mathan (D. S.) u. **Jenkins (J. A.)**, Morphogenet. Studie über „lanceolate“, eine Blattformmutante d. Tomate 2199.
Máthé (I.), Standortsgebiete für Kamille (Matricaria chamomilla L.) in Ungarn 725. — s. Földesi (D.).
Matherly (E. P.) s. Creager (D. B.).
Matheson (N. K.) u. **Wheatley (J. M.)**, Einfluß einiger Extraktionsmittel auf d. chem. Struktur d. Stärke aus d. Tabakblatt u. aus Kartoffelknollen 1463.
Mathew (P. M.) s. Abraham (A.).
Mathews (D.) s. Linehan (P. A.).
Mathieu (A.) s. Paquot (C.).
Mathieu (A. L.) s. Carson (J. A.).
Mathieu (C.) s. Henriet (J.).
— u. **Henriet (J.)**, Physikochem. Eigenschaften v. Pflanzenschutzmitteln. Saatgutbeizmittel auf Thirambasis 2267.
Mathon (C.-C.) s. Gaillochet (J.).
—, **Stroun (M.), Gaillochet (J.)** u. **Gandrieau (A.)**, Variation d. photoperiod. Reaktionstypen als Funktion d. Energieniveaus u. d. Lichtqualität 2900.
Mathur (B. P.) s. Kahn (A. R.); Sen (S.).
Mathur (R. L.) s. Prasad (N.).
—, **Agnihotri (J. P.)** u. **Tyagi (R. N. S.)**, Zwei bisher nicht beschriebene Alternaria-Arten 2811.
Mathur (S. N.) s. Sorokin (H. P.).
Mathys (G.) u. **Guignard (E.)**, Wirksamkeit d. Parasiten d. San-José-Schildlaus (Quadraspidiotus perniciosus Comst.) Prospaltella perniciosi Tow. 269.
— u. **Hügi (H.)**, Pockenmilbe d. Weinrebe 568.
Matolcsy (G.) s. Südi (J.).
—, **Hamrán (M.)** u. **Végh (A.)**, Gewinnung v. neuartigen s-Triazin-Derivaten u. ihre herbiciden u. fungiciden Wirkungen 581.
— u. **Podhradszky (J.)**, Möglichkeiten d. Anwendung einer neuen Beizungsmethode (TMTD) in Ungarn 1134.
Matouš (J.), Möglichkeiten d. Ausnützung d. Pollensterilität bei Cyclamen persicum Mill. 3097. — s. Soukup (J.).
Matoušek (J.) s. Bobek (K.).
Matsua (T.) s. Yokoh (M.).
Matsuda (K.), Einfluß v. EDTA auf Kulturpflanzen. *3.* Mitt. Einfluß v. EDTA auf Mangel an Mangan u.

Eisen bei verschied. Kulturarten 2971.
Matsuguchi (T.) s. Ishizawa (S.).
Matsui (C.) s. Kikumoto (T.).
—, Sasaki (T.) u. **Kikumoto (T.)**, Elektronenmikroskopie d. Tabakmosaikvirus-Partikeln aus Aphidenstiletten 3414.
Matsukawa (J.) s. Ueno (Y.).
Matsumi (S.) s. Shoji (S.).
Matsumura (S.) s. Ohta (T.).
Matsuo (K.) s. Yamanaka (K.).
Matsuo (T.) u. **Yamaguchi (H.)**, Anwendung strahleninduzierter Mutationen in d. Pflanzenzüchtung in Japan 3357.
Mattei (F.), P- u. N-Düngung zu Mais in Abhängigkeit v. Bewässerung 1774.
Mattern (C. F. T.), Elektronenmikroskop. Beobachtungen d. Tabakmosaikvirus-Struktur 2230.
Matthews (B. C.) s. Barber (T. E.); Sherrell (C. G.).
Matthews (D.), Bestimmung d. Samen einiger Distel-Arten, Cirsium arvense, Cirsium vulgare, Carduus nutans, im Laboratorium 2692.
Matthews (J.), Meßgenauigkeit bei d. Feststellung v. Veränderungen d. Feuchtigkeitsgehaltes v. Getreide durch typ. Ofenmethoden 2309.
Matthews (R. E. F.) s. Francki (R. I. B.).
—, Bolton (E. T.) u. **Thompson (H. R.)**, Kinetik d. Markierung d. Gelbmosaikvirus d. Wasserrübe mit ^{32}P u. ^{35}S 3414.
Mattick (L. R.), Barry (D. L.), Antenucci (F. M.) u. **Avens (A. W.)**, Verschwinden v. Endrinrückständen an Kohl 2867.
Mattingly (G. E. G.) u. **Williams (R. J. B.)**, Chem. Analyse eines seit d. Römerzeit verschütteten Bodens 2034.
Matuchin (G. R.) s. Sevast'janov (V. I.).
Matusiewicz (E.), Einfluß d. Blattdüngung mit Kalium auf d. Glimmfähigkeit des Tabaks 957. — Einfluß steigender P_2O_5-Gaben auf d. Entwicklung d. Blatt- u. Samenerträge sowie auf d. Qualität d. Tabaksamen 1003. — Einfluß v. Cu, B u. Mn auf Entwicklung u. Erträge d. Tabaks 1004.
Matveenko (T. M.) s. Gruševoj (S. E.).
Matzinger (D. F.) u. **Mann (T. J.)**, F_1- u. F_2-Hybriden v. Nicotiana tabacum-Varietäten, d. für d. Röhrentrocknung bestimmt sind 2791.
Matzke (W.), Überwinterung v. Gehölzen in Gefäßkultur 1339. — Gefäßkultur v. Ziergehölzen. Überblick über d. Grundlagen einer neuen Kulturmethode auf d. Baumschulsektor 3065.
Matzner (F.), Über den Gehalt u. die Verteilung des Vitamins C in Äpfeln 461. — Mikrobielle Hemmstoffe im Beerenobst 1596. — Frühjahrsbehandlung einjähriger Erdbeerpflanzen mit Gibberellin u. ihre Wirkung auf Entwicklung u. Ertrag 1603.
Maude (R. B.), Samenübertragung d. Didymella-Stengelfäule d. Tomaten 1952.
Maurer (C. L.), Baker (R.), Phillips (D. J.) u. **Danielson (L.)**, Prüfung angewendeter Bodenentseuchungsmittel mit bodenmikrobiolog. Probenröhrchen 3436.
Maurer (E.), Arbeiten mit Malus baccata/prunifolia-Klonen als Unterlage für Baumschulen u. Obstbau 756.
Mauri (N.), „Fruchtwechsel" oder „Wechselwirtschaft" in d. Baumschule 3049.
Maury (M.) s. Lamm (C. G.).
Maxim (N.) s. Oprea (C. V.).
Maxwell (F. G.) s. Keller (J. C.).
— u. Painter (R. H.), Auxine in dem Honigtau v. Toxoptera graminum, Therioaphis maculata u. Macrosiphum pisi u. ihre Beziehung zum Grad d. Toleranz bei den Wirtspflanzen 535. — Auxingehalt d. Extrakte gewisser toleranter u. anfälliger Wirtspflanzen für Toxoptera graminum, Macrosiphum pisi u. Theorioaphis maculata u. Beziehung zur Wirtspflanzenresistenz 1107. — Auxingehalt v. Extrakten d. Wirtspflanzen u. d. Honigtaus v. verschied. Biotypen d. Maisblattlaus Rhopalosiphum maidis (Fitch) 2223.
May, Winterfurche im Weinbau 1607.

May (B. M.), Der Argentin. Stengelkäfer, Hyperodes bonariensis Kuschel, auf Weideland in Auckland 533.
May (L. H.) u. **Milthorpe (F. L.),** Trockenresistenz d. Nutzpflanzen 1171.
May (P.) s. Antcliff (A. J.).
Maybee (G. E.) u. **Wylie (H. G.),** Wirkungen v. Temperatur u. Feuchtigkeit auf d. Überleben d. Parasiten in gelagerten Frostspannerkokons (Operophthera brumata L.) (Lepidopterai: Geometridae) 827.
Mayer (A. M.) s. Koller (D.); Stavy (L.).
Mayer (I.), Ist eine einmalige Aufdüngung mit Phosphorsäure u. Kali wirtschaftlich tragbar 2670.
Mayer (K.), Wahlverhalten d. Fritfliege (Oscinella frit L.) beim Anflug v. Kulturpflanzen im Feldversuch mit d. Fangschalenmethode 830.
Mayes (R. L.) s. Bradley (G. A.).
Mayfield (D. L.), Konzentrierung eines blüteninduzierenden Prinzips aus Pflanzenextrakten 2604.
Maynard (D. N.) u. **Gentile (A. C.),** Verteilung v. Calcium in d. Wurzelzellen v. Möhren (Daucus carota L.) 3257.
Mayr (E.), Agrarmeteorolog. Beobachtungsstelle an d. Landesanstalt für Pflanzenzucht u. Samenprüfung in Rinn (Tirol) 3205.
Mayr (H. H.), Probleme d. Weizenqualität in biochem. Sicht 2468. — s. Linser (H.); Paxton (R. G.).
—, Primost (E.) u. **Rittmeyer (G.),** Erhöhung d. Standfestigkeit v. Getreide. *1.* Mitt. Feldversuche mit Chlorcholinchlorid zu Winterweizen 123.
Maywald (H.), Vergleichende Bestimmungen d. Kationen-Austauschkapazität an verschied. Bodenproben 2354. — Schnellmethode zur Bestimmung d. Kationen-Umtauschkapazität v. Mineralböden 2635.
Mayweg (F.), Arbeits- u. betriebswirtschaftl. Voraussetzungen im Erwerbsobstbau 3051.
Mazaeva (M. M.) u. **Neugodova (O. V.),** Bedeutung d. Magnesiumdüngung auf leichten Rasenpodsolböden 2102.
Maždrakov (P.) s. Popov (K.).
Maždrakov (P. D.), Stimulierung v. Getreidekulturen durch Fungicide u. Insekticide 1701.
Mazliak (P.), Wachsbelag d. Äpfel 33.
Mazoyer (R.), Verwendung v. Anionenaustauschern in d. analyt. Agrikulturchemie. Anwendung bei d. Bestimmung des Zinks 1245. — s. Drouineau (G.).
Mazuelos Vela (C.) s. González Garcia (F.).
Mazumider (P. K.) s. Bhan (K. C.).
Mazurak (A. P.) u. **Ramig (R. E.),** Aggregatbildung u. Luft-Wasser-Durchlässigkeitsmerkmale in einem mit perennierenden Gräsern u. Brache-Getreide bestellten Tschernosem 2042.
Mazurek (J. H.) s. Harris (C. R.).
Mazzi (S.) s. Strigoli (P.).
Mead (H. W.), Untersuchungen über Ascochyta imperfecta Peck. Faktoren, welche d. Sporulation v. kanad. Isolierungen auf natürlichen u. künstlichen Medien beeinflussen 1950. — Ascochyta imperfecta Peck. Veränderungen in d. physikal. Eigenschaften kanad. Isolate auf Agar mit verschied. Aminosäuren 2810. — Methode zum Vgl. v. Isolierungen v. Ascochyta imperfecta u. a. Pilzen 3435.
Mead (P. K.) s. Kays (W. R.).
Mealing (M.) s. Byrde (R. J. W.).
Mecea (E.) s. Vasiloschi (O.).
Mechanik (F. J.), Redoxeigenschaften d. Pflanzen während d. Jarowisations- u. Lichtstadien 1515.
Mechtieva (N. A.) u. **Melkumova (T. A.),** Einfluß v. Spurenelementen auf d. Entwicklung v. Azotobakter in einigen Böden Aserbaidshans 2935.
Mechtizade (R. M.) u. **Ljatifov (D. C.),** Einfluß d. Spurenelemente auf d. Stickstoffwechsel bei Weinreben 2970.
Mecklenburg (R.) u. **Pridham (A. M.),** Test zur Prüfung d. Lebensfähigkeit ruhender Rosen 1053.
Mederski (H. J.), Bestimmung d. Turgeszenz d. Pflanzen mittels Betastrahlen 682.

Medinec (V. D.), Mais steigert d. Kornertrag v. Weizen 2106.
Medley (J. G.) u. **Drummond (R. O.)**, Verlängerte Wirkung oral verabreichter system. Insekticide durch Polymerisation 1431.
Medvedev (A. G.), **Bulgakov (N. P.)** u. **Gavrilenko (J. I.)**, Handbuch für d. Bodenuntersuchungen v. Ländereien d. Kollektivwirtschaften u. Sowjetgüter in d. Beloruss. SSR [67].
Medvedev (P. F.), Aussaat v. nicht ausgereiftem Maissaatgut 2410.
Medvedev (V. K.) s. Sazanov (V. I.).
Meer (F. A. van der) s. Maat (D. Z.).
Meer (K. van der), Bodenkunde in d. Kulturtechnik 1747.
Meer (Q. P. van der), Einfluß d. Pflücktermins v. „Konferenz" auf d. Verhalten bei unterschiedlicher Lagerung 1863.
Megay (K.), Grundwasser-Hygiene 2949.
Megeren (P. van), Kunststoffe im Gartenbau 2737.
Megorskaja (O. M.) s. Galjatina (T. P.).
Megrabjan (A. A.) s. Čajlachjan (M. C.).
Megyeri (J.), Bekämpfung tierischer Reisschädlinge 2265.
Mehra (K. L.), **Subramanyam (K. N.)** u. **Swaminathan (M. S.)**, Cytogenet. Untersuchungen bei einigen Vertretern d. Andropogoneae 2799.
Mehrle (W.), Betriebswirtschaftliches zum Maisanbau in d. Bundesrepublik 125. – Körnermais. Unters. üb. d. betriebswirtschaftl. Grundlagen d. Anbaus u. d. Verwertung v. Körnermais [3303].
Mehrotra (B. S.) u. **Mehrotra (M. D.)**, Morpholog. u. physiolog. Untersuchungen an Helicostylum piriforme Bainier 2812.
Mehrotra (C. L.) s. Agarwal (R. R.); Srivastava (P. B. L.).
Mehrotra (M. D.) s. Mehrotra (B. S.).
Mehta (B. V.) s. Neelkantan (V.); Reddy (K. G.).
–, Khatri (P. B.) u. **Neelakantan (V.)**, „Fatio"-Krankheit d. Guavabaumes 1648.
Mehta (K. M.) s. Sharma (D. L.).
Mehta (N. C.) s. Jakab (T.).
Mehta (S. C.) u. **Lal (R.)**, Mitteilung über d. Längenvariation d. Cucumis virus 1115.
Meidell (G. E.) s. Pazur (J. H.).
Meidner (H.), Minimalkonzentration v. CO_2 (Γ) in d. Interzellularräumen d. Maisblätter u. ihr Einfluß auf d. Spaltöffnungsbewegungen 2586.
Meier (W.), Bekämpfung d. Blattrollkrankheit d. Erbsen 2560. – Erbsenwickler (Laspeyresia nigricana Steph.), Schädling im bernischen Drescherbsen-Anbaugebiet 3114. – s. Bovey (P.).
Meijer Drees (E.), Mindestgröße d. Untersuchungsprobe zur Provenienzfeststellung v. Kleesaatgut 1269.
Meijerman (G. C.), Flächengröße v. Ackerbaubetrieben in den Veenkolonien bei hoher Mechanisierung 1815.
Meiklejohn (J.), Mikrobiologie des Stickstoffkreislaufes in einigen Böden v. Ghana 933.
Meinl (G.) s. Bellmann (K.); Raeuber (A.); Rothacker (D.); Schreiter (J.); Stelter (H.).
– u. **Effmert (B.)**, Stoffproduktion bei Futterkohl 1295.
– u. **Güldner (R.)**, Einfluß v. Bonität u. Entstehungsart d. Bodens auf Atmung u. Keimung v. Kartoffelknollen 596.
– u. **Rothacker (D.)**, Chloroplastenzahl u. Valenzstufe bei verschied. Kartoffelspecies 191.
– u. **Vogel (J.)**, Wurzelwachstum verschied. Kartoffelsorten bei unterschiedlichen Temperaturen 899.
Meinx (R.), Durchführung d. Getreidesortenprüfungen 3281.
Mela (P. M.), Fixation v. Ammonium durch Tonminerale in Zusammenhang mit einigen eventuellen Rückwirkungen auf d. vegetative Entwicklung d. Pflanzen 631.
Meleško (I. I.) s. Stonov (L. D.).
Meletti (P.) u. **Onnis (A.)**, Physiolog. Wirkungen auf normales u. „verfärbtes" Triticum durum, erzeugt durch X-Strahlen 2773.
Melichova (J. K.), Therm. Behandlung d. Saatgutes u. Jarowisation d. Gelben Futterlupine 3278.

Melik-Sarkisjan (S. S.) s. Sisakjan (N. M.).
Meline (R. S.) s. Siegel (M. R.).
Melkumova (T. A.), Einfluß v. Antibiotica auf d. Aktivität u. Virulenz d. Knöllchenbakterien d. Luzerne 1758. — s. Mechtieva (N. A.).
Mello (F. A. F.) s. Malavolta (E.).
Mello (F. A. F. de) u. **Malavolta (E.),** Bestimmung v. Calcium in Pflanzen durch Flammenphotometrie 2665.
Mellor (F. C.) s. Freeman (J. A.).
Mel'ničuk (A. N.), Bodenbearbeitung zu Zuckerrüben in verschied. Zonen d. Rübenbaus u. chem. Mittel zur Unkrautbekämpfung 2416.
Mel'ničuk (P. P.) u. **Utėuš (J. A.),** Stalldung-Erdkomposte 1807.
Mel'ničuk (V. P.), N-Düngung auf Kulturweiden 2141.
Mel'nikov (L. K.) s. Poljakov (J. A.).
Mel'nikov (N. N.), Chem. Pflanzenschutzmittel [2872].
—, Zubov (M. F.), Trunov (P. N.), Sanin (M. A.), Fedoseenko (L. G.), Ukrainec (N. S.) u. **Pivovarova (T. M.),** Fungicid zur Bekämpfung v. Mehltaupilzen 3166.
Mel'nikova (L. M.), Pferdebohnenkäfer 2220.
Melsted (S. W.) s. Simpson (D. M. H.).
Ménagé (A.), Bildung v. Aminosäuren in d. in vitro kultivierten Geweben v. Topinambur in Gegenwart v. Penicillin 17.
— u. **Morel (G.),** Argininstoffwechsel pflanzlicher Tumorgewebe in vitro 2295.
Mendes (F.) s. Vianna e Silva (M.).
Mengel (K.), Einfluß des Stoffwechsels auf d. Aufnahme u. Verteilung v. markiertem Kalium bei Sonnenblumen 1233. — K- u. Ca-Aufnahme d. Pflanze in Abhängigkeit vom Kohlenhydratgehalt ihrer Wurzel 1233. — Bedeutung v. Kationenkonkurrenzen im free space d. Pflanzenwurzeln für d. aktive Kationenaufnahme 3248. — s. Marschner (H.).
— u. **Marschner (H.),** Aktive Ionenaufnahme durch d. Pflanzenzelle 2961.
Menko (W.), Struktur u. Chemie d. Plastiden 1170.
Menkina (R. A.), Bac. megaterium var. phosphaticum als Aktivator biolog. Prozesse in d. Rhizosphäre d. Pflanzen 53.
Menna (M. E. di), Antibiot. Verhältnisse einiger Hefen aus Böden u. Blättern 54.
Menninger (E. A.), Tabebuia, unsere besten Gartenbäume 478.
Menon (K. P. V.) u. **Shanta (P.),** Bodenübertragung d. Kokosnußwelkevirus 545.
Ménoret (Y.), Billaz (René) u. **Morel (G.),** Neue Klasse herbicider Substanzen: Die Oxazolidindione 581.
Menser (H. A.) u. **Street (O. E.),** Wirkungen v. Luftverseuchung, Stickstoffgaben, zusätzlicher Bewässerung u. Pflanzendichte auf Wetterflecke u. Blattverluste bei Maryland-Tabak 1838.
Ment (J. D. de) s. Terman (G. L.).
Menzel (K.-C.), Prüfmethodik v. Flachsneuzüchtungen 194. — s. Feyerabend (G.).
Menzel (M. Y.), Pachytän-Chromosomen d. Gattungshybriden Lycopersicon esculentum × Solanum lycopersicoides 2198.
— u. **Wilson (F. D.),** Chromosomen u. Kreuzungsverhalten v. Hibiscus cannabinus, H. acetosella u. H. radiatus 2495.
Menzer (D.), Hauptprüfung mit Winterwicken *1962* 3288.
Menzies (J. D.) s. Gordon (C. C.).
Mercado jun. (A. C.) u. **Lantican (R. M.),** Anfälligkeit cytoplasmat.-steriler Linien gegenüber Helminthosporium maydis Nish u. Miy. 1905.
Mercado (B. T.) u. **Velasco (J. R.),** Fortschrittsbericht: Wirkung v. Aluminium auf d. Wachstum v. Kokosnußpalmen u. a. Pflanzen 681.
Mercier (J.) s. Paquot (C.).
Mercik (T.) u. **Skąpski (H.),** Einfluß v. Sorte, Alter u. Auspflanztermin d. Jungpflanzen sowie d. Startdüngung auf d. Höhe d. Ertrages einiger Buschtomatensorten 1591.
Meredith (D. S.), Durch Deightoniella torulosa (Syd.) Ellis hervorgerufene Fruchtflecke („speckle") d. Jamaika-Bananen. 4. Mitt. Weitere Beobachtungen über d. Sporenverbreitung 260. — Gloeosporium musarum Cke. et Massee, Erreger v. Lagerfäulen

an Jamaica-Bananen. 4. Mitt. Großversuche mit Natriumsalicylanilid („Shirlan WS") 2260.
Merfert (W.), Meinungsstreit in d. modernen Genetik, eine Schule d. Dialektik 478.
— u. **Schilowa (I.),** Neue Selektionsmethode in d. Maiszüchtung 2480.
Merkel (N.) s. Torrey (J. G.).
Merker (J.) u. **Endemann (W.),** Prüfungsergebnisse d. Zigarrengut-Neuzüchtung „Topas" 1838.
Merkl (M. E.) s. Lloyd (E. P.).
Merkle (F. G.) s. Timm (H.).
Merrett (M. J.), Wirkung v. entkoppelnden Agentien auf d. Vermehrung d. Tomaten-Aucuba- Mosaikvirus in Tabakblättern 542. — Oxydaseaktivität v. Geweben, d. system. mit Tabakmosaikvirus infiziert sind 2232. — Phosphorspiegel v. normalem u. conditioniertem Tabak-Kallusgewebe 2892.
Merritt (A. J.) s. Freedman (L.).
Merritt (R. H.), Stiles (W. C.), Havens (A. V.) u. **Mitterling (L. A.),** Wirkung d. Lufttemperatur in d. Vorerntezeit auf den Lagerschorf v. „Stayman"-Äpfeln 2747.
Mertins (S.) u. **Schenk (D.),** Aussaat d. Zuckerrüben nach modernen Verfahren gut vorbereiten 2715.
Merwe (J. J. van der), Einfluß v. Bodenbearbeitungsmaßnahmen im Sommer auf den Ertrag v. Winterweizen in Pretoria 3001.
Mesdag, Gefrierschrankverfahren an d. Stiftung für Pflanzenzüchtung in Wageningen 2601.
Meškov (N. V.), Nachwirkung d. Akkerkrumenvertiefung bei Rasenpodsolböden auf d. Entwicklung d. Mikroflora d. Bodens 636.
Messiaen (C. M.), Nachweis v. Fusarium oxysporum f. sp. melonis in Böden 1677.
— u. **Maison (P.),** Tabakmosaik auf Tomate 841.
—, **Risser (G.)** u. **Pecaut (P.),** Resistenz d. Pflanzen gegen Fusarium oxysporum f. sp. melonis bei d. Melonensorte „Cantaloup Charentais" 1370.
Messing (J. H. L.) s. Winsor (G. W.).
Mészáros (L.) s. Kurnik (E.).
Mészöly (G.) u. **Vidéki (L.),** Tomatenresistenzzüchtung 2523.
Metcalf (R. L.) s. Georghiou (G. P.); Reynolds (H. T.).
Metcalfe (D. R.), Vererbung d. Resistenz gegen Flugbrand, Hartbrand u. Schwarzbrand bei d. Gerstensorte „Jet" 1351.
— u. **Helgason (S. B.),** Vererbung d. Flugbrandresistenz. 1. Mitt. Vererbung d. Resistenz gegen eine „Trebi" befallende Rasse v. Ustilago nuda (Jens.) Rostr. bei fünf Gerstenvarietäten abessin. Herkunft 1899.
Metelew (W.), Ackerbohnen, d. beste Ergänzung für Mais 1008.
Metivier (S.) u. **Pulby (J. F.),** Schwefel in d. Landwirtschaft 1531.
Metlickij (L. V.) u. **Muchin (E. N.),** Einfluß v. γ-Strahlen auf d. Resistenz v. Kartoffeln, Gemüse u. Obst gegen Mikroorganismen 3380.
—, **Sal'kova (E. G.)** u. **Micheeva (A. V.),** Besonderheiten d. Kohlenhydratstoffwechsels d. Kartoffel 599.
Metson (A. J.) u. **Saunders (W. M. H.),** Vergleich v. Kaliumchlorid, -bicarbonat, -metaphosphat u. calciniertem Orthoklas als Kaliumquelle für Weißklee 2983.
Mettin (D.), Mutationsversuche an Kulturpflanzen. XII. Über d. genet. Verhalten v. frühreifen Gerstenmutanten 791. — Bastardierungsversuche in d. Gattung Vicia. I. Zytogenet. Verhalten d. Bastarde v. V. sativa L. ssp. amphicarpa × ssp. obovata 1074. — s. Hanelt (P.).
Metzner (P.), Verwendung d. Röntgenlupe für d. Saatgutprüfung u. ähnliche biolog. Aufgaben 2988.
—, **Rieth (A.), Sagromsky (H.)** u. **Stubbe (H.),** Die Kulturpflanze [2800]*.
Meusel (H.) u. **Jäger (E.),** Verbreitung einiger Papilionaceen-Gattungen 2915.
Meyer (B.) s. Fölster (H.); Scheffer (F.).
—, **Kalk (E.)** u. **Fölster (H.),** Parabraunerden aus primär carbonathaltigem Würm-Löß in Niedersachsen. I. Profllbilanz d. ersten Folge bodengenet. Teilprozesse: Entkal-

kung, Verbraunung, Mineralverwitterung 2053.
Meyer (E.), Fichtenspinnmilbe (Oligonychus ununguis Jac.) als Schädling an Zierkoniferen 230.
Meyer (F. de) s. Leroy (A.).
Meyer (F. H.), Vgl. Mikrobiologie u. Mikromorphologie d. Humusbildung eines Buchen- u. Fichtenbestandes auf Basaltbraunerde 640.
Meyer (H.) s. Scheibe (A.).
Meyer (J.), Analyse d. Vermehrbarkeit v. Rhododendron-Arten u. -Sorten 182.
Meyer (J. H.) u. **Jones (L. G.)**, Kontrolle d. Luzernequalität 729.
Meyer (V. G.) u. **Buffet (M.)**, Zytoplasmat. Wirkungen auf d. externe Eizellenentwicklung bei Baumwolle 3380.
Meyer (W.), Bestimmung funktioneller Gruppen an Huminsubstanzen aus Böden [1750].
Meyerhoff (G.), Bienenschonende Wirkung d. Nebelverfahrens im Pflanzenschutz 1978.
Meyling (H. D.), Blattoberfläche u. Trockensubstanzproduktion v. Sommerweizen u. Hafer 2289.
Meynadier (G.) s. Vago (C.).
Meynhardt (J. T.) s. Hurter (N.).
Mezin (A. F.) s. Bondin (V. P.).
Mezzetti (A.) u. **Pratella (G. C.)**, Epidemiologie einer augenförmigen Trockenfäule bei Apfel u. d. Birne 1395.
Miča (B.), Einfluß d. Gehalts an gewissen Stoffen in Kartoffelknollen auf ihren Geschmack 1461. — Aufnahme v. Schwefel durch d. Kartoffelpflanze 2658. — s. Štampach (S.).
— u. **Zelenka (S.)**, Nichtstärke-Gehalt d. Kartoffelknollen beeinflussenden Faktoren 2909.
Miceli (G.), Saatguterzeugung auf Sizilien 1546.
Michael (B.), Einfluß gestaffelter P-Düngung auf d. Eiweißzusammensetzung des Weizenkornes bei unterschiedlicher N-Versorgung d. Pflanzen 394.
Michael (H.-U.), Wirkung d. Grundwasserabsenkung in d. Niederlausitz auf d. Wasserhaushalt u. d. Ertragsbildung landwirtsch. genutzter Flächen sowie Maßnahmen zur Behebung bzw. Abschwächung vorhandener Grundwasserentzugsschäden 2644.
Michael (P.), Aufgaben d. Wasserwirtschaft in Afrika, südlich d. Sahara 2071.
Michaelis (A.) s. Rieger (R.).
— u. **Rieger (R.)**, Auslösung v. Chromosomenaberrationen durch freie Radikale d. Wassers bei Vicia faba L. 3355.
Michaelis (P.), Gehäufte Plastidenabänderungen. *1.* Mitt. 189. — Genet., entwicklungsgeschichtliche u. zytolog. Untersuchungen zur Plasmavererbung. *1.* Mitt. Zufallsgemäße u. einseitige Verteilung plasmat. Erbträger während d. Zellteilungen, zugleich Beitrag zur Analyse intraindividueller Scheckungsmuster 480.
Michai (G.) u. **Cureseanu (D.)**, Erosionsschutz d. Böden 2068.
Michajlov [Warschau], Bedeutung d. Parasitologie für d. Evolutionsforschung [196]*.
Michajlov (G.) s. Dirimanov (M.).
— u. **Karaivanov (A.)**, Wechselbeziehung zwischen Aussaatzeit u. -menge u. ihr Einfluß auf den Ertrag bei den Weizensorten „Nr. *301*" u. „Nr. *3147*" 412.
Michajlov (K. G.), Wirtschaftliche Bedeutung d. Peronospora-Bekämpfung 865.
Michajlova (P.), Ausbreitung d. Blauschimmels d. Tabaks in Bulgarien im Jahre *1961* 1670. — Durch Bakterien hervorgerufene Flecke u. Schrotschußkrankheit an Steinobst in Bulgarien 1953. — Oosporen d. Blauschimmels (Peronospora tabacina Adam) an Tabak 2243; dass.: 2243.
— u. **Dživilekov (G.)**, Gewinnung hochwertiger Aprikosenfrüchte 565.
— u. **Jankulov (J.)**, Blaue Himmelsleiter (Polemonium coeruleum L.), eine neue Wirtspflanze v. Botrytis cinerea Pers. 3156.
Michajlova (T. L.) s. Mokronosov (A. T.).
Michalski (K.), Pflanzenschutz bei Zuckerrüben 2858.
Micheeva (A. V.) s. Metlickij (L. V.).

Micheeva (R. I.), Braunfleckigkeit d. Ackerbohne 1949.
Michel (E.), Spritzen v. Setzlingen mit Aldrin u. Heptachlor zum Schutz d. Tabakpflanzen vor Drahtwürmern 1421. — Synthet. Mittel gegen Blattläuse (Myzus persicae), d. Tabak unter Schattenzelten befallen 1432. — s. Hitier (H.).
Michel (H. G.), Bekämpfung d. Rundknospenkrankheit d. Schwarzen Johannisbeeren 1418.
Michnovskij (V. K.) s. Tjurin (I. V.); Vysockaja (P. N.).
—, Vysockaja (P. N.) u. **Kotova (L. V.),** Einfluß d. organ. Düngung auf Humusbildung u. Stickstoffbilanz in lehmigen Rasenpodsolböden 2090.
Michov (A.) s. Kolev (N.).
—, Spasov (S.) u. **Gjurov (S.),** Leistungen d. wissenschaftlichen Forschungsarbeit bei d. Frühbeetgemüseerzeugung in der VR Bulgarien 158.
Micka (J. J.) s. Lynd (J. Q.).
Micke (A.), Genet. Untersuchungen beim Weißen Steinklee (Melilotus albus). I. Über d. Vererbung d. Fähigkeit zur Bildung v. Cumarinsäureglykosid 2195. — Bitterstofffreie Mutante bei Melilotus albus nach Bestrahlung v. Samen mit therm. Neutronen 2486. — Genet.-züchter. Arbeiten bei Weißem Steinklee 3372.
Mičulka (B.), Einschnittiefe über den Apfelknospen 1599.
Middelburg (H. A.) u. **Baren (H. van),** Spurenelementdüngung in Form v. Fritten 690. — Düngung mit Bor in Form v. Fritte 2392.
Middlelem (C. H. van) u. **Baranowski (R. M.),** Phorate-Rückstände in Tomatenfrüchten u. -blättern 2867.
Middleton (J. E.) s. Jensen (M. C.).
Mierzwa (Z.) s. Swinarski (E.).
— u. Swinarski (E.), Bestimmung d. Kartoffelstärkekörnigkeit mit Hilfe d. Elektrophotokolorimeters 31.
Miething (E.) s. Stoll (Karl).
Mihai (C.), Festlegung d. differenzierten Ertrages nach d. Augenzahl pro Weinstock u. dem angewandten komplexen Bodenbearbeitungssystem 770.
Mihail (I.) s. Pop (L.).
Mihail (N.) u. **Cacoveanu (A.),** Biolog. Bekämpfungsmittel d. Nagetiere 1984.
Mihalache (L.), Bekämpfung d. Bodenerosion durch Anwendung v. kleinen Becken in Rebanlagen 70. — Ergebnisse d. Weinbaus auf Terrassen 2763.
— u. Tudor (S.), Einfluß d. Bodenerosion auf d. Ertrag in d. Rebanlagen d. Weinberge Drăgăşanî u. Valea Călugărescă 71.
Mihalca (G.), Erkennen wir d. Unterlagen an d. Wurzel? 769.
Mihályfalvy (I.), Ackerkulturen d. Reis-Fruchtfolgen 398. — Wasserbedarf d. als Zwischenfrucht für d. Gründüngung angebauten Sonnenblumen 2093.
Mihatsch (H.) s. Henke (O.).
Mihelčič (F.), Können Tardigraden im Boden leben? 2628.
Mihoc (E.) s. Oprea (C. V.).
Miki (S.), Neue Pfropfmethode u. ihre Anwendung bei d. den Rosaceen angehörenden Obstgehölzen 1866.
Miklavžič (J.), Melioration u. Waldumwandlung [371].
Miklich (F. J.) s. Gardner (W. R.).
Miklová (I.) s. Boháč (J.).
Mikołajczyk (J.), Vererbung einiger morpholog. u. physiolog. Merkmale bei Lupinus albus 793. — Vererbung d. hellgrünen Farbe d. Blätter d. Weißen Lupine (L. albus L.) 2191. — s. Barbacki (S.).
— u. Nowacki (E.), Vererbung d. Alkaloidgehaltes d. weißen Lupine (Lupinus albus) 2190.
Miksiewicz (M.), Vergleichende Versuche über d. Beurteilung d. biolog. Aktivität d. Mischung v. Chlorterpentin u. DDT mit Lindan 277. — Einfluß d. Wassers als beschleunigender Faktor für d. Eindringen organ. Phosphorstäubemittel in d. Pflanzengewebe 279.
— u. Klicza (L.), Tiefenwirkung d. Spritzmittel Ekatin, Metasystox (I) sowie Metasystox R, welche bei Laboratoriumsversuchen gegen d. Rübenblattlaus, Doralis fabae Scop., u. d. Pfirsichblattlaus, Myzus persicae Sulz., angewandt wurden 279.
Milaire (H.) s. Bénassy (C.).
Milanov (B.), Untersuchungen über

Veredlungszeiten u. Veredlungsverfahren bei d. Aprikose 465.
Milaščenko (N. Z.), Karbin zur Flughaferbekämpfung in Körnerleguminosen u. Zuckerrüben 3454.
Milčev (M. P.), Berechnung d. Auspflugkonturfurchen 1223. — s. Atanasov (A.).
Milčeva (M.), Prüfung v. Labormethoden zur Bestimmung d. Bedarfs d. Hauptbodentypen Bulgariens an Kalidünger 3233.
Milczak (M.) s. Korohoda (J.).
Mildenberger (G.), Studien zur Taxonomie d. Gattung Malus. I. Morpholog.-genet. Untersuchungen 3052.
Mildner (E.), Puffbohne, eine wertvolle Gemüseart 449. — Bericht über d. Sortenprüfung mit Kohlrabi *1962* (Anbau unter Glas) 1309; dass.: Kopfsalat *1962* (Anbau im Gewächshaus) 1314; dass.: Anbau im Frühbeetkasten 1315. — Sortenfragen bei d. Gemüselagerung 1581. — Sortenwertprüfungen mit Puffbohnen *1955* bis *1960* 2741. — s. Hahn (P.).
Milella (A.), Entwicklung u. gegenwärtiger Stand d. Schnittes d. Orangenbäume in Sardinien 2731.
Miles (J. R. W.) s. Manson (G. F.).
Miles (S. R.), Heterogenität v. Saatgutpartien 1265.
Milev (V.), Erntezeit d. Reises u. ihr Einfluß auf einige Korneigenschaften 1845.
Miličić (D.), Virus-Einschlußkörper in Lokalläsionen 1660.
Milinkó (I.), Phytopatholog. Ergebnisse unserer Arbeiten auf d. Gebiet d. Resistenzzüchtung bei Tomaten 3374.
Milis (H. H.) s. Proebsting jun. (E. L.).
Miljančev (J.) s. Vartanjan (A.).
Miljauskas (V.), Einfluß d. Dränage auf d. physikal. u. agrochem. Eigenschaften zu nasser Böden d. Litauischen SSR 2361.
Millener (L. H.), Tageslänge in Beziehung zur vegetativen Entwicklung v. Ulex europaeus I. *1.* Mitt. Experimentelle Untersuchung 5.
Miller (D. E.) u. **Gardner (W. H.)**, Wasserinfiltration in geschichtetem Boden 634.
— u. **Kemper (W. D.)**, Wasserstabilität v. Aggregaten zweier Böden unter d. Einfluß untergepflügter Luzerne 2333.
Miller (F.) s. Jones (T. L.).
Miller (G.), Anbau v. Tafeltrauben unter Glas 2763.
Miller (G. W.) s. Ross (C. W.).
— u. **Russel (S. A.)**, Phosphorabsorption in Beziehung zur Bicarbonatkonzentration 2078.
Miller (H. N.) u. **Edwardo (A. A. di)**, Blattgallen an Siderasis fuscata, verursacht durch d. Wurzelgallennematoden, Meloidogyne incognita incognita 2502.
— u. **McFadden (L. A.)**, Bakterienkrankheit an Philodendron 554.
— u. **Perry (V. G.)**, Neues chem. Mittel für d. Tauchbehandlung v. Zierpflanzen zur Bekämpfung von Nematoden 567.
Miller (J. D.) u. **Koch (James E.)**, Studie zur Parzelliertechnik mit Hornklee 119.
Miller (J. G.), Doppelte Reinheitsbestimmungen 2691. — s. Johnston (M. E. H.).
Miller (J. H.) s. Foy (C. L.).
Miller (M. D.) s. Adair (C.).
Miller (M. H.), Hemmender Einfluß v. Wasserextrakten aus *3* organ. Materialien auf Keimung u. Wachstum v. Sojabohnen in Boden- u. Sandkulturen 314. — s. Patil (A. S.); Weir (C. C.).
Miller (M. S.), Einfluß d. Mineraldünger auf d. Wasserhaushalt d. Pflanzen in Verbindung mit unterschiedlicher Bodenfeuchtigkeit 80.
Miller (M. W.) s. Claypool (L. L.).
Miller (P. M.) s. Stoddard (E. M.); Thomson (B. F.).
— u. **Edgington (L. V.)**, Bekämpfung parasit. Nematoden u. bodenbürtiger Krankheitserreger bei Kartoffeln durch Bodenbegasung 1966.
— u. **Taylor (G. S.)**, Wirkungen v. unbeständigen u. beständigen Nematiciden auf d. Nematodenpopulationen u. d. Tabakernte in Connecticut 1983.
— u. **Waggoner (P. E.)**, Wechselwirkung v. Plastik-Mulch, Schädlingsbekämpfungsmitteln u. Pilzen bei d. Bekämpfung v. bodenbürtigen Nematoden 3442.

Miller (R. D.) s. Hanan (J. J.).
Miller (R. E.) s. Tarrant (R. F.).
—, Boothroyd (C. W.) u. **Mai (W. F.)**, Beziehung v. Pratylenchus penetrans zu Maiswurzeln in New York 3107.
Miller (T. E.) s. Church (B. M.).
Miller (W. E.), Unterschiedliche Populationsdichte d. Kiefertriebwicklers, Rhyacionia buoliana, zwischen Europa u. Nordamerika 3396.
Miller (W. H.) s. Ross (J. G.).
Millerd (A.), Morton (R. K.) u. **Wells (J. R. E.)**, Rolle d. Isocitrat-Lyase bei d. Synthese v. Oxalsäure in Pflanzen 1725. — Oxalsäuresynthese in Sprossen v. Oxalis pes-caprae L. 2031.
— u. **Scott (K. J.)**, Atmung kranker Pflanzen 1170.
Millet (B.), Tavant (H.), Perney (J.-P.) u. **Mange (M.)**, Chlorophyllhaltige Farbstoffpigmente bei Vicia faba: Wirkung v. Gibberellinsäure 2294.
Milligan (R.) u. **Hayes (P.)**, Lebensdauer v. Lolium-Saatgut unter handelsüblichen Lagerungsbedingungen. 2. Teil. Lebensdauer d. in Säkken aus Sacktuch u. in polythengefütterten Säcken gelagerten Lolium-Saatgutes 2111.
Millikan (D. F.), Schädigungen d. Stammrillung u. d. Sternfleckigkeit d. Schale beim Apfel 245.
Millington (A. J.) s. Quinlivan (B. J.).
Millington (W. F.) s. Lichtenstein (E. P.).
Mills (H. H.) s. Proebsting jun. (E. L.).
Mills (P. F. L.), Versuch mit bewässertem Mais auf einem 7 Jahre alten Luzernebestand. Der ungedüngte Bestand bringt hohen Ertrag 2410.
Milne (D. L.), Gallmücken (Cecidomyidae) verursachen Samenverluste bei Rot- u. Weißklee 1103. — s. Calitz (P. C.).
Milne (R. A.) s. Bowser (W. E.); Cairns (R. R.); Schaik (J. C. van).
Milne (S.), Phänologie einer natürlichen Population v. Boden-Collembolen 2628.
Milner (H. W.) s. Hiesey (W. M.).
Miloslavskaja (G. M.) s. Makarov (V. T.).
Milovidov (P.), Unterscheidungsmerkmale zwischen einander ähnlichen Zellstrukturen in fixierten Präparaten 481.
Milthorpe (F. L.), Relative Bedeutung d. verschied. unterschiedlichen physiolog. Vorgänge d. Ertragsbestimmung 1910. — s. May (L. H.).
Miltimore (J. E.) s. Mason (J. L.).
—, Mason (J. L.) u. **Rogers (C. B. W.)**, Ansteigen d. Samenleistung v. Grannenloser Quecke als Folge d. Stickstoffdüngung 146.
Mina (V. N.), Atmungsintensität d. Böden 1768.
Minaeva (T. I.) s. Rodigin (M. N.).
Minami (Y.) s. Mitsui (S.).
Minamikawa (K.), Nishizawa (T.) u. **Saito (H.)**, Untersuchungen an eßbarer Ostind. Lotus, Nelumbo nucifers Gaertn. 2. Mitt. Bekämpfung d. Lotus-Rhizomfäule 1136.
Minaškin (V.), Untergrundbewässerung v. Tomaten 3044.
Miner (F. D.) s. Caviness (C. E.).
Miner (J. T.) s. Young (T. W.).
Mink (G. I.) u. **Bancroft (J. B.)**, Reindarstellung u. Serologie d. Tulare-Apfelmosaikvirus 544.
Minkov (B. P.) s. Šalimov (V. N.).
Minoiu (N.) s. Baicu (T.).
Minton (N. A.), Wirkungen v. zwei Populationen v. Meloidogyne arenaria auf Erdnußwurzeln 2815.
Miranda (H. de), Keimfähigkeits- u. Reinheitstoleranzen. Besprechung allgemeiner Prinzipien 1265.
Mircescu (A.) s. Boguleanu (G.).
Mirčev (S.), Chem. Bodenuntersuchungen im „Hämaturie"-Bezirk Smoljan 2920. — s. Dončev (I.).
Mirčik (T. G.), Kopysskaja (F. G.) u. **Grešnych (K. P.)**, Einfluß d. Toxine d. Bodenpilze auf den Gehalt an Stickstoff u. Aminosäuren in Pflanzen 1782.
Miri (R. K.) s. Austin (A.).
Mirocha (C. J.), Vay (J. E. de) u. **Wilson (E. E.)**, Rolle d. Fumarsäure bei d. Mandelschalenfäule 260.
— u. **Wilson (E. E.)**, Schalenfäule d. Mandeln 1674.
Mirsky (A. E.) s. Brachet (J.).
Miščenko (Z. A.), Tagesverlauf d. Lufttemperatur u. seine agroklimat. Bedeutung [2319].

Mischke (W.), Mechan. Ernte v. Sauerkirschen, ein Versuch in d. USA 173.
— u. **Schuch (K.)**, Viröse Triebstauchung d. Pfirsichs 1387.
Mishra (D.) s. Mohanty (P. K.).
Mishra (G. M.), Bastardwüchsigkeit bei Eierfrucht (Solanum melongena L.) 3380.
Misono (S.), Beziehung zwischen Wasserhaltekapazität u. Struktur d. drei Phasen d. Bodens 2931.
Misra (D. K.), Induzierte Dürreresistenz bei Getreide 1171.
Misra (G.) s. Panigrahi (B. M.).
Misra (S. G.) u. **Tiwari (R. C.)**, Adsorption u. Freisetzung v. Kupfer durch Böden. Einfluß v. Kationen. *1.* Mitt. 1750.
Misro (B.) s. Richharia (R. H.).
Missonnier (J.) s. Aguilar (J. d').
Misterski (W.) u. **Cwojdziński (W.)**, Stickstoffdüngung v. Winterleindotter 688.
— u. **Klupczyński (Z.)**, Anbau v. Phacelia 138.
Mistra (R.) s. Singh (Badan).
Mistry (V. V.) s. Patel (B. M.).
Mišurenko (A. G.), Temperaturhaushalt bei d. Stratifizierung, Abhärtung u. Aufzucht v. Reben 2462. — Aufzucht v. Pfropfreisern im Weinbau [3343].
Mišustin (E. N.), Aufgaben d. Bodenmikrobiologie auf dem Gebiet d. Erhöhung d. Produktivität in d. Landwirtschaft 927. — Symbiot. Stickstoffbindung 2966. — s. Naumova (A. N.); Sokolov (A. V.).
Mital (S. P.) u. **Thomas (T. A.)**, Funktionell sterile Mutante in d. Tomatensorte „Meeruti" 1640.
Mitchell (A. E.) s. Donoho jun. (C.W.).
Mitchell (F. S.) u. **Caldwell (F. Y. K.)**, Einfluß v. Variationen d. Ernte u. d. anfänglichen Lagerung auf Weizen bei Aufbewahrung für mehrere Jahre 112.
Mitchell (J. E.) s. Reyes (A. A.).
Mitchell (J. W.) s. Schneider (I. R.).
Mitchell (K. J.) u. **Lucanus (R.)**, Wachstum v. Weidepflanzen unter kontrollierten Umweltbedingungen. *3.* Mitt. Wachstum bei verschied. Temperaturstufen bei *8* u. *16* Std. einheitlicher Belichtung pro Tag 3031.
Mitchell (L. C.), Papierchromatograph. Trennung u. Bestimmung v. chlorierten organ. Pflanzenschutzmitteln. *12.* Mitt. Die beiden Herbicide *2.4*-D u. *2.4.*5-T 265. — Papierchromatograph. Untersuchungen zur Wirkung v. UV-Bestrahlung (2537 Å) auf *141* Pflanzenschutzmittel 858.
Mitchell (R.), Lysis v. Fusarium in mit Laminarin verbessertem Boden 3389.
— u. **Alexander (M.)**, Mikrobiolog. Veränderungen in überfluteten Böden 1206. — Mikrobiolog. Prozesse im Zusammenhang mit d. Verwendung v. Chitin für biolog. Bekämpfung 2337.
Mitchell (W. C.) s. Alexander (B. H.).
Mitchell (W. D.) u. **Wittwer (S. H.)**, Chem. Beeinflussung d. Blütengeschlechtsmerkmale u. d. vegetativen Wachstums bei Cucumis sativus L. 1311. — Reaktion v. Pflanzen auf durch Wurzeln absorbierte chem. Wuchsstoffe, d. in Kulturlösungen angewandt wurden 2026.
Mitev (D.), Versuch zum Kultivieren v. Sechium edule Sw. in Bulgarien. Vorl. Mitt. 1015. — s. Atanasov (S.).
Mitev (M.), Bearbeitungsarten zur mechanisierten Säuberung u. gründlichen Verbesserung d. natürlichen Grünlandes 3313.
Mitidieri (J.) u. **Ferraz (E. C.)**, Lebensfähigkeit d. Samen v. Hibiscus esculentus vor d. Fruchtreife 2396.
Mitjaev (I. D.) s. Matesova (G. J.).
Mitkov (T.) u. **Dimitrov (D.)**, Prüfungen v. Mais-Doppelhybriden 3002.
— u. **Staneva (B.)**, Wirtschaftliche u. biolog. Besonderheiten d. Hafersorte „Nr. 914" in d. einzelnen Landesgebieten 3287.
Mitov (L.), Neue Hartweizensorten 3284.
Mitov (N.) s. Dodov (D.).
Mitov (P.), Herunterbinden d. Sommertriebe beim Apfel 2163.
Mitra (N.), Durch Unkraut verursachte Verluste: ein Rückblick 879.
Mitra (S. N.) u. **Vince (D.)**, Untersuchung d. Internodienausdehnung bei Chrysanthemum im Rosettenstadium 1050.

Mitrofanov (V. A.) s. Ermakov (N. A.).
Mitroiu (V.) s. Boldea (E.).
Mitsuchi (M.) u. **Oyama (M.)**, Fraktionierte Bestimmung d. Gesamt-, Ferro- u. Ferri-Eisens in Böden 2944.
Mitsuhashi (M.) s. Fujii (T.).
Mitsui (S.), Kumazawa (K.), Yazaki (J.), Hirata (H.) u. **Ishizuka (K.)**, Dynam. Betrachtungen d. N-, P-, K-Aufnahme u. O_2-Abgabe in Beziehung zu den Stoffwechselzyklen innerhalb d. Pflanzenwurzeln 2074.
— u. **Kurihara (K.)**, Aufbereitung v. Pflanzenmaterial, d. mit Kohlenstoff-*14* markiert ist 2910. — Verwertung v. Kohlenstoff in Düngemitteln durch Reiswurzeln unter Gefäßversuchsbedingungen 3254. — Aufnahme u. Verwertung v. Kohlenstoff durch Pflanzenwurzeln aus ^{14}C-markiertem Harnstoff. *4.* Mitt. Absorption d. intakten Harnstoffmoleküls u. dessen Stoffwechsel in d. Pflanze 3254.
—, **Kurihara (K.)** u. **Hmoma** (S.), Aufnahme, Translokation u. Transformation d. Cyanamids in Kalkstickstoff, bes. in Verbindung mit seiner Herbicidwirkung. *2.* Mitt. Beobachtung d. durch Cyanamid bewirkten phytotox. Symptome u. Einflüsse d. Lichtes sowie d. ph-Wertes auf d. Aufnahme d. Cyanamids 2966; *3.* Mitt. Wege d. Cyanamidabbaus in d. Sojabohnenpflanze u. ihren Gewebehomogenaten 2966.
—, **Kurihara (K.), Watanabe (K.)** u. **Minami (Y.)**, Aufnahme, Translokation u. Transformation d. Cyanamids im Kalkstickstoff, bes. in Verbindung mit seiner Herbicidwirkung. *1.* Mitt. Vorläufige Versuche über d. Aufnahme v. ^{14}C-Cyanamid durch Wurzel u. Blatt u. sein Abbau in d. Pflanzen 2965.
— u. **Takato (H.)**, Bodenadsorption d. Harnstoffes. *2.* Mitt. Analyse d. Mechanismus d. Bodenadsorption v. Harnstoff mit Hilfe d. infrarotspektrophotometr. Methode 2927.
—, **Watanabe (I.)** u. **Honda (S.)**, Wirkung d. Schädlingsbekämpfungsmittel auf d. Denitrifikation in Reisboden. *1.* Mitt. 2939.
Mittelstädt (H.) s. Murawski (H.).
Mitterling (L. A.) s. Merritt (R. H.).
Mittler (T. E.) u. **Dadd (R. H.)**, Künstliche Ernährung u. Aufzucht d. Blattlaus Myzus persicae (Sulzer) auf einem vollkommen gekennzeichneten synthet. Nährsubstrat 1935.
Mitu (M.), Studium d. Wachstums einiger Pflaumensorten im zweiten u. dritten Kulturjahr in d, Baumschule 466.
Miura (H.) u. **Mizuta (T.)**, Einfluß d. γ-Bestrahlung auf d. Pektinsubstanzen v. Citrus unshin. 2914.
Miyamoto (T.), Einfluß einer Saatgutbehandlung mit wäßrigem Extrakt v. Kiefernnadeln auf d. Widerstandsfähigkeit junger Weizenpflanzen gegenüber hohen Salzkonzentrationen 980. — Behandlung v. Samen mit *2*-Chloräthanol auf d. Resistenz gegenüber d. Toxizität v. Bor bei Weizensämlingen 2662.
— u. **Kühn (H.)**, Einfluß v. Samen- u. Wurzelbehandlung auf d. Mikronährstoffgehalt junger Pflanzen 2969.
Miyashita (D. H.) s. Alexander (B. H.).
Miyashita (K.), Soma (E.) u. **Kawamura (E.)**, Beziehungen zwischen Fruchteigenschaften u. ökolog. Faktoren beim Apfel. *1.* Mitt. Einfluß v. ökolog. Faktoren auf d. Fruchtgewicht v. „McIntosh“-Äpfeln 2754.
Miyauchi (N.) s. Aomine (S.).
Miyazaki (N.) s. Fujimori (N.).
Mizuta (T.) s. Miura (H.).
Mjuge (S. G.) u. **Talieva (M. N.)**, Einfluß d. kurzwelligen Teils d. Spektrums auf d. Befall durch Wurzelgallennematoden 3110.
Mlčoch (B.), Bessere Ausnutzung d. Glasfläche beim Anbau v. Edelnelken 1882.
Mleşniţă (L.) s. Persecă (E.).
Mleşniţă (V.) s. Persecă (E.).
Moav (R.) u. **Cameron (D. R.)**, Chromosomen-Komplementär-Bestimmung in Beziehung zur Samenentwicklung v. Artbastarden bei Nicotiana 2489.
Mocanu (V. G.) s. Popescu (I.).
Mock (F. J.), Günstigstes Gefälle v. Zuleitungskanälen für Bewässe-

rungsanlagen bei Wasserentnahme aus Flüssen 3240.
Modina (S. A.), Anwendung künstlicher Strukturbildner d. Bodens 632.
Modlibowska (I.), Mechanismus d. Gefrierens u. d. Wiederaufnahme normalen Lebens nach Rückkehr zur gewöhnlichen Temperatur 1446. — Faktoren, die d. Unterkühlung v. Obstblüten beeinflussen 2452. — s. Rogers (W. S.).
Modoran (I.), Studium des Schnittes bei Äpfeln 457. — Einfluß d. Düngemittel auf Bildung u. Wachstum d. Wurzeln bei Apfel-, Birnen- u. Pflaumenbäumen 458.
Möbius (F.) u. **Schulz (H.)**, Industriemäßiges Anbauverfahren für Zukkerrüben in d. LPG Teutschenthal 2714.
Möbius (H. J.) s. Bätz (G.).
Mølle (K. G.) s. Land Jensen (H.).
Møller (E.) s. Land Jensen (H.).
Møller (H. H.) s. Jensen (E.).
Moericke (V.), Über d. opt. Orientierung v. Blattläusen 1934.
Mogensen (T.) s. Andersen (A. J.).
Mohammed (L.) s. Arnasaon (T. J.).
Mohammed (M. H.), Seasonal fluctuations of population density of the cabbage aphid, Brevicoryne brassicae (L.), in the Netherlands and the role of its, parasite, Aphidius (Diaretiella) rapae (Curtis) [847].
Mohanty (P. K.) u. **Mishra (D.)**, Saatgutbehandlung mit Vitaminen nach d. Vernalisation bei Vigna catjang 2399.
Mohr (H.), Primärwirkungen d. Lichtes auf d. Wachstum 1170. — Photomorphogenese d. Dikotylenkeimlinge 2900.
Mohsenin (N. N.) u. **Göhlich (H.)**, Technik zur Bestimmung d. mechan. Verhaltens v. Früchten u. Gemüse in bezug auf Entwurf u. Entwicklung v. Ernte- u. Verarbeitungsmaschinen 3328.
Moiseev (N. N.), Atmung u. Frostresistenz v. Steinobstarten 2009.
Moisejčik (V. A.) u. **Ulanova (E. S.)**, Bedeutung agrarmeteorolog. Bedingungen für d. Überwinterung d. Saaten v. Winterkulturen 329.
Mojnova (K.) s. Georgiev (C.).
Mokady (R.), Bodenkrümelung u. Kalkgehalt als Faktoren bei d. durch Kalk induzierten Chlorose 1515. — Einfluß d. Partialdruckes v. Sauerstoff in Freilandböden auf d. durch Kalk induzierte Chlorose 1516. — s. Yaron (B.).
Mokrá (V.), Elektronenmikroskop. Studie über d. Erreger d. virusartigen Nekrose bei Primeln 3135.
Mokrievič (G. L.) s. Ignatovič (G. M.).
— u. **Ignatovič (G.)**, Behandlung d. Maissaatgutes mit Zinkpräparaten 401.
Mokronosov (A. T.), Kohlenstoffernährung als Faktor v. Ontogenese u. Leistung d. Kartoffel 2964. — Besonderheiten d. Photosynthese d. Kartoffel während d. Morgen-, Tages- u. Abendstunden bei verschied. Photoperioden 3185.
— u. **Bubenščikova (N. K.)**, Transport d. Assimilate bei Kartoffeln 15.
— u. **Michajlova (T. L.)**, CO_2-Aufnahme in d. Dunkelheit durch d. Blätter d. Kartoffel 2656.
Mokrý (J.), **Dúbravková (L.)** u. **Šefčovič (P.)**, Alkaloide aus Vinca minor L. Vincadin, Minovin u. Vincorin 3200.
Mokšin (P. N.) s. Sil'čenko (N. F.).
— u. **Sil'čenko (N. F.)**, Trocknung v. Futterbohnen 2993.
Molčanov (A. A.), Die hydrolog. Rolle d. Feldschutzstreifen u. d. Methodik ihrer Untersuchung [2959].
Molchova (E.) s. Georgieva (R.).
Moldenhauer (W.) s. Pyriki (C.).
Moldenhaver (K.) u. **Wilczkowska (J.)**, Ergebnisse d. Untersuchungen über den Einfluß des Gibberellins auf 5 Arten v. Ölpflanzen u. auf Solanum aviculare L. 903.
Molè-Bajer (J.) s. Bajer (A.).
Molen (H. van der), **Koelstra (J.)** u. **Winter (A. de)**, Moderne Grünlandwirtschaft in d. Niederlanden 2136.
Molga (M.), Agricultural meteorology. Part II. Outline of agrometeorological problems [2612]*.
Moll (F.), Dünnschichtchromatographie v. Schierlingsalkaloiden u. a. Piperidinbasen 2914.
Mollenaar (G.), Paschia, eine neue Gesneriaceae 2175.
Moller (W. J.) u. **Flentje (N. T.)**,

Spritzmittel gegen d. Blattfleckenkrankheit d. Selleries 576.
Molls Rasmussen (P.), Methoden zur Bestimmung d. Fruchtreifegrades während d. Pflückzeit u. d. Lagerung 1318.
Molnár (B.) s. Szirmai (J.).
Molnár (L.), Bildung u. Winterwachstum d. Fruchtknospen d. ungar. Aprikose 1873.
Molot (P.), Neue Helminthosporium sp. an Mais im Pariser Becken. Hinweise für d. Praxis zu dieser Frage 1392.
Molot (P. M.) u. **Simone (J.)**, Einfluß verschied. Faktoren auf d. Resistenz d. Maises gegen pilzliche Parasiten. *1.* Mitt. 1947.
Moltschanowa (W.) s. Andrejew (S.).
Monachov (N. V.), Entwicklung d. Wurzelsystems d. verschied. Birnenarten u. -formen unter d. Bedingungen d. Mitschurin-Gartens d. Timirjasew-Akad. d. Landwirtsch.-Wiss. 3334.
Monard (C.) s. Heslot (H.).
Monib (M.) s. Abd-el-Malek (Y.).
Monin (A.), Der Apfel auf schwach- oder mittelstarkwachsenden Unterlagen. Qualität d. Früchte 2162. — Fruchtfärbung im Jahre *1958* 3055. — s. Dermine (E.).
Monnet (J.) s. Champion (J.).
Monnier (G.), Struktur u. Strukturstabilität d. Böden 2332.
—, Turc (L.) u. **Jeanson-Luusinang (C.)**, Densimetr. Methode d. Fraktionierung durch Zentrifugieren d. organ. Substanz des Bodens 936.
Monov (A. I.), Einfluß d. Herbicidgemische auf d. Unkrautbesatz u. d. Ertrag v. Faserlein 1997.
Monroe (R. L.) s. Kahn (R. R.).
Monselise (S. P.), Über d. zumutbare Salztoleranz bei siames. Pummelos 2430. — s. Aziz (A. B.); Kessler (B.).
Montagut (G.), Veränderung d. Stickstoffgehaltes im Boden 2921.
Monteith (J. L.), Messung u. Interpretation d. Kohlendioxydflusses im Freiland 2655.
Montgomery (H. B. S.), **Wilkinson (B. G.)** u. **Edney (K. L.)**, Lagerungsversuche mit „Cox Orange"-Äpfeln v. einem Düngungsversuch 1872.
Montie (T. C.) u. **Sisler (H. D.)**, Wirkung v. Captan auf Glucosestoffwechsel u. Wachstum v. Saccharomyces pastorianus 3166.
Montuelle (B.) s. Hocquette (M.).
— u. **Beerens (H.)**, Wirkung v. Kanamycin auf d. Keimung v. Kartoffelknollen 804.
Monturiol (F.) s. Albareda (J. M.).
Moodie (C. D.) s. Leggeit (G. E.); Okazaki (R.).
Moody (J. E.) s. Thomas (G. W.).
Moolani (M. K.), Wachstumsreaktion d. Sojabohne unter verschied. Lichtverhältnissen 883. — Pflanzenkonkurrenz zwischen Sojabohne u. Unkräutern bei unterschiedlichen Niederschlagsverhältnissen 3452.
Moorby (H.) s. Booth (A.).
Moorby (J.) s. Evans (N. T. S.).
—, Ebert (M.) u. **Evans (N. T. S.)**, Transport v. ^{11}C-markierten Photosyntheseprodukten in d. Sojabohnenpflanze 3180.
Moore (A. W.), Einfluß einer Leguminose auf d. Bodenfruchtbarkeit unter einem beweideten, trop. Kleegrasbestand 933.
Moore (C. S.) s. Pearce (S. C.).
Moore (J. D.) s. Grover (R. K.).
Moore (M. B.) s. Banttari (E. E.).
Moore (M. H.), Spritzen v. Apfelbäumen mit konzentrierten Mitteln. *2.* Mitt. Beziehungen zwischen Mittel u. Wasseraufwand bei Schwefelkalk zur Verhütung v. Krankheiten u. Spritzschäden 1414.
Moore (R. C.) s. Horsfall jun. (F.).
Moore (R. P.), Tetrazolium als allgemein geeigneter Qualitätstest für lebensfähige Samen 1546.
Moore (R. T.) u. **McAlear (J. H.)**, Feinstruktur v. Pilzen *8.* Mitt. Über d. Aecidienstadium v. Uromyces caladii 521.
Moore (T. C.) u. **Bonde (E. K.)**, Physiologie d. Blühens bei Erbsen 604.
Moore (W. E. C.) s. Elkan (G. H.).
Moormann (F. R.), Saure Sulfatböden (Cat-Clays) d. Tropen 2940.
— u. **Panabokke (C. R.)**, Böden v. Ceylon. Neue Stellungnahme zur Erkennung u. Klassifikation d. wichtigsten Bodengruppen Ceylons 2347.
Moraczewski (R.), Entwicklung d.

Pflanzendecke auf Wiesen mit sekundärer Versalzung 2732.
Morand (J.-C.), Internationales Kolloquium über Probleme d. Erdbeerzüchtung 2142.
Morandi (A. A.) s. Bianchi (A.).
Morani (V.) s. Baroccio (A.).
— u. **Fortini (S.),** Natrium in d. Mineralstoffernährung v. Avena sativa 2659. — Wirkung d. Natriums in d. mineral. Ernährung d. Hafers 3272.
Moraru (K.), Beurteilung d. Winterfestigkeit v. Winterkulturen auf Sandböden 3192.
Moravčík (J.) s. Hampl (J.).
Moravec (J.) u. **Kvasnička (S.),** Veränderlichkeit d. Sortentypen v. Möhre u. Karotte (Daucus carota L.) 3040.
Moreau (B.) u. **LeBourdellès (J.),** Wurzelsystem d. Bananensorte „Gros Michel" im Äquatorgebiet 3175.
Moreau (J. P.) s. LeBerre (J. R.).
Moreau (R.) s. Boullard (B.).
Moreels (A.) s. Devuyst (A.).
Moreira (S.) s. Grant (T. J.).
Morel (G.) s. Dauthy (D.); Ménagé (A.); Ménoret (Y.).
Moreland (D. E.) s. Hamilton (R. H.).
Morettini (A.), Ölbaum unter den Gehölzkulturen in Israel 1573. — Prinzipielle Aspekte d. modernen Olivenkultur 1847. — Gute Perspektiven für Zwetschen u. Pflaumen 1876. — Gesichtspunkte d. modernen Olivenanbaus 3026.
Morgackij (E. E.) s. Piskunova (A. S.).
Morgan (C. V. G.), Yee (P. T.) u. **Brinton (F. E.),** Sevin als system. Acaricid zur Bekämpfung d. Birnpokkenmilbe Eriophyes pyri Pgst. (Acarina: Eriophyidae) 1418.
Morge (G.), Bedeutung d. Dipteren im Kampf gegen d. Borkenkäfer 1132.
Morhaus (G. H.), Beregnung oder Berieselung? 367.
Mori (H.) s. Kawaguchi (K.); Kita (D.).
Mori (P.) s. Rui (D.).
Mori (T.) s. Masujima (H.).
Moriarty (F.), Einfluß d. Wasserstandes auf d. Rübennematoden, Heterodera schachtii Schm., in einem Sandboden 3109.
Morishima (H.), Hinata (K.) u. **Oka (H.-I.),** Berieselungseignung u. Dürreresistenz bei Wild- u. Kulturreisarten 3380.
Morita (K.) s. Seo (Y.).
Moritz (D.), Bericht über d. Hauptprüfung mit Winterroggen *1961* 709; dass.: Sommerweizen *1961* 987; dass.: Winterweizen *1961* (I. u. II. Aussaat) 2698; dass.: Grünschnittroggen *1962* 3019; dass.: Winterroggen *1962* 3286.
Morley (F. H. W.) s. Heinrichs (D. H.).
Morley (H. V.) s. Parups (E. V.).
Moroo (T.) s. Takahashi (N.).
Morozov (P. F.), Anbau u. Nutzung d. Zuckerrübe als Viehfutter [1296].
Morrill (L. G.) u. **Dawson (J. E.),** Wachstumsraten v. nitrifizierenden Chemoautrophen im Boden 932.
Morris (H. D.) u. **Celecia (J. F.),** Die zeitliche Anwendung v. Düngemitteln in ihrer Wirkung auf Ertrag u. Nährstoffaufnahme bei Cynodon dactylon auf Cecil sandigem Lehm 1249.
— u. **Reese (E. L.),** Wirkung verschied. hoher-N-Mengen auf d. Futtererträge verschied. Roggensorten u. Roggenmischungen 134.
Morris (J. G.) s. Chang (J. P.).
Morris (L. G.) u. **Lake (J. V.),** Wasserverlust v. Pflanzen u. Böden unter Glas 1023.
Morris (R. F.), Stämme d. Kohlfliege, Hylemyia brassicae (Bouché), (Dipt.: Anthomyiidae), d. im westlichen Neufundland gegen chlorierte Kohlenwasserstoffe resistent sind 3117.
Morrison (F. O.) s. Mailloux (M.).
Morrison (J. W.), Zytolog. Wirkungen d. Herbicids „Avadex" 783. — s. Rajhathy (T.).
Morrison (L.), Thrips-Befall in Knaulgrassamenbeständen 526.
Morrison (R. M.), Vereinbarkeit verschied. Klonlinien v. Erysiphe cichoracearum 1374.
Morrison (T. M.), Aufnahme v. Schwefel durch mykorrhizahaltige Pflanzen 85. — Absorption d. Phosphors aus Böden durch mykorrhizahaltige Pflanzen 85. — Aufnahme v.

Schwefel durch isolierte Buchenmykorrhizen 2370.
Mortensen (H.) u. **Jäger (H.)**, Kolloquium über Fragen d. Flurgenese am *24.–26.* Oktober *1961* in Göttingen 3237.
Mortensen (J. L.), Gamma-Szintillationsspektrometrie v. Boden u. Baumblättern 624. – s. Keefer (R. F.); Waldron (A. C.).
Mortimer (D. C.) u. **Wylam (C. B.)**, Einlagerung v. ^{14}C in Cellulose u. weitere Polysaccharide d. Zuckerrübenblattes bei kurzfristiger Photosynthese in $^{14}CO_2$ 12.
Mortimore (C. G.) s. Whitney (N. J.).
Morton (J. F.), Drogenaspekte d. Weißen Sapote 2428.
Morton (J. R.) u. **O'Donald (P.)**, Genwirkung bei Kreuzungen v. Inzuchtlinien bei nicht selbstbefruchtenden Organismen 2176, 2773.
Morton (R. K.) s. Graham (J. S. D.); Millerd (A.).
Mortvedt (J. J.), **Fleischfresser (M. N.)**, **Berger (K. C.)** u. **Darling (M. M.)**, Beziehung zwischen löslichem Mangan u. d. Schorfbefall d. Kartoffeln 252.
Moruju (G.) u. **Cvasnîi (D.)**, Geeignete Apfel- u. Birnensorten für die südliche subkarpat. Zone 455.
–, Rădulescu (C.) u. **Nica (S.)**, Wertvolle in der Versuchsstation Voineşti erzielte Apfel-, Birnen- u. Pflaumenhybriden 455.
Morvan (G.), Beschreibung v. Symptomen verschied. in Frankreich an Obstbäumen auftretender Viruskrankheiten 244.
Moschkow (B. S.), Bedeutung d. künstlichen Lichtes für den Pflanzenbau unter Glas 1582.
Moschler (W. W.) s. Chu (C. R.).
Mosebach (E.), Rückstände v. Pflanzenschutzmitteln auf oder in Erntegut. X. Über d. Beständigkeit v. Aldrin-Rückständen in lagernden Spätmöhren 2560.
Moser (G.) u. **Klotz (L.)**, Phosphorsäure-Wirkung auf Dauergrünland 1577.
Moser (M.), Bildung v. Indol-Wuchsstoffen durch Mykorrhizapilze 3224.
Mosin (V. K.), Bildung d. Wurzelsystems d. Kartoffel in Abhängigkeit v. d. Düngung 719.
Moskalenko (L.), Verwendung v. Herbiciden zur Unkrautbekämpfung in Tomaten 2579.
Moskalev (J. I.) s. Lebedinskij (A. V.).
Moškov (B. S.), Maximale Produktivität u. Frühreife d. Pflanzen unter künstlichen Verhältnissen 1854. – s. Alpatova (Ė. F.); Makarova (G. A.); Mamušina (N. S.).
Moskov (I.) s. Georgieva (R.).
– u. Bozova (L.), Biochem. Eigenheiten d. Winter- u. Sommergerste 2889.
Mosland (A.), Einfluß v. Mineraldüngern auf den Trockensubstanzgehalt v. Weidegras 1019.
Mosolov (I. V.) u. **Vollejdt (L. P.)**, Einfluß d. Stickstoff- u. Phosphor-Verhältnisses auf Stoffwechsel, Ertrag u. Kornqualität d. Sommerweizens 666.
Mosolow (I.) u. **Mosolowa (P.)**, Einfluß v. Gibberellin auf d. Stoffwechsel u. d. Ertrag landwirtschaft. Kulturpflanzen 3283.
Mosolowa (P.) s. Mosolow (I.).
Moss (P.), Betrachtungen über d. Kationenzustand d. Bodenwassers. *1.* Mitt. Verhältnisgesetz u. d. Bodenfeuchtigkeitsgehalt 3208; *2.* Mitt. Wirkung d. Verdünnung u. d. Calcium-Ionen auf d. Kaliumfreisetzung 3209; *3.* Mitt. Einflußnahme v. Kalium auf ein Bodensystem 3209.
Mosse (B.), Auftreten d. vesikulär-arbuskulären Mycorrhiza unter asept. Bedingungen 51.
Mothes (K.) s. Reinbothe (H.).
Motomura (S.), Wirkung v. organ. Substanzen auf d. Bildung v. Ferro-Eisen in Böden 43. – Eisen-(II)-Bildung u. Stickstoffstoffwechsel im Boden 2616.
Motorin (R. M.) s. Drozdov (N. A.).
Motrošilov (F. M.) s. Markelova (E. M.).
Mott (G. O.) s. Matches (A. G.).
Mott (N.), Beziehungen zwischen Sommerniederschlägen u. Heuertrag auf Wiesen 1016. – Einfluß d. Schnitthäufigkeit auf Ertrag u. Pflanzenbestand d. Fuchsschwanzwiese 1018. – Einfluß d. Schnitthäufigkeit auf Ertrag u. Pflanzenbe-

stand d. Fuchsschwanzwiese bei unterschiedlicher N- u. PK-Düngung 1302. — Stickstoffdüngung d. Wiesen 2733. — Kaliphosphatdüngung auf d. Weide 3033.
Mouat (M. C. H.), Genet. Änderung d. Kationenaustauschkapazität d. Weidelgraswurzel 1517.
Moucha (J.) u. **Chvála (M.),** Albanien-Expedition *1961* d. Deutschen Entomolog. Institutes. *5.* Mitt. Diptera: Tabanidae 2818.
— u. **Hradský (M.),** Albanien-Expedition *1961* d. Deutschen Entomolog. Institutes. 7. Mitt. Diptera; Asilidae 2818.
Mouchet (J.) s. Hamon (J.).
Mounat (A.) s. Chouteau (J.); Hitier (H.); Renier (A.).
—, **Hitier (H.)** u. **Renier (A.),** Vergleich v. pflanzlichen u. tier. Ölen bei d. Bekämpfung v. Tabakgeizen 1290.
Mounsey-Wood (B.), Aussaat v. Frühblumenkohl im Frühling oder Herbst 1855.
Mountain (W. B.) s. Sayre (R. M.).
— u. **Elliot (J. M.),** Wirkung d. Sommerbrache auf Pratylenchus penetrans (Cobb) u. d. Ertrag bei Heißlufttabak in Ontario 2812.
— u. **Mckeen (C. D.),** Wirkung v. Verticillium dahliae auf d. Population v. Pratylechus penetrans 1926.
— u. **Patrick (Z. A.),** Problem d. Nachpflanzung von Pfirsichen in Ontario. 7. Mitt. Pathogenität v. Pratylenchus penetrans (Cobb, *1917*) Filip. et Steck. *1941* 226.
Moursi (A. A.), Der Reiz v. CO_2 u. N_2 auf Bodenarthropoden 932. — Lethaldosis v. CO_2, N_2, NH_3 u. H_2S für Boden-Arthropoden 2627.
Moustafa (E.) s. Proctor (M. H.).
Moutous (G.) s. Schvester (D.).
Movsisjanc (A. P.), Reserven d. Futterproduktion [1296].
Mowat (A. B.), Mischpopulationen v. Primula veris u. P. vulgaris 328.
Mowry (J. B.), Anpassungsfähigkeit v. Pfirsich- u. Apfelsorten an d. Klima v. Illinois 3050.
Možaeva (V. S.) s. Chvostova (V. V.).
Mózes (P.) u. **Páll (O.),** Untersuchungen über d. Phytoncideffekt einiger höherer Pflanzen 874.
Mozsár (K.), Vorläufige Mitteilung über d. Hybriden Cucumis melo L. × Lagenaria vulgaris Ser. 806.
Mrazek (O.) s. Bellmann (K.); Raeuber (A.).
Mrkva (R.) s. Křístek (J.).
Mrkvica (M.), Grassorten in der Slowakei 430.
Mróz (H.) s. Kłossowski (W.).
Muchanova (J. I.) s. Alpat'ev (A. V.).
Muchanova (V. L.), Einfluß v. Humindüngemitteln aus Braunkohle auf d. Wachstum, d. Entwicklung u. d. Erträge d. Baumwolle 2102.
Muchin (E. N.) s. Metlickij (L. V.).
Muchin (N. D.), Mischsaaten v. Weich- u. Hartweizen 2408.
— u. **Rosenkova (V. E.),** Wirksamkeit d. Auslesemethoden bei Sommergetreide bei d. Elitesaatgutproduktion 2775.
Muchitdinov (U.) s. Imamaliev (A. I.).
Můdrov (C.) s. Iliev (L.); Karanov (E.).
Mücke, Neueste Versuchsergebnisse über d. CO_2-Düngung bei d. Salattreiberei 1858.
Mückenhausen (E.), Entstehung, Eigenschaften u. Systematik d. Böden d. Bundesrepublik Deutschland [353]*. — Form, Entstehung u. Funktion d. Bodengefüges 3217.
Mühle (E.), „Phytomedizin" als Aufgabe 811. — Phytopathologie in Lehre u. Forschung an d. Universität Leipzig 1369. — Grundlegung d. Phytomedizin 2539.
— u. **Frauenstein (K.),** Physiolog. Spezialisierung v. Erysiphe graminis DC. *1.* Auftreten einiger Mehltaupopulationen auf verschied. Futtergräsern 2488; II. Wirtspflanzenbereich d. Poa-Mehltaus 2840.
Mühleisen (R.) s. Pfeffer (C.).
Mühling (H.-G.), Stoffbildung u. Stoffspeicherung bei Mais 2293.
Mühlmann (H.), Einsatz d. phonoakust. Methode zur Starenabwehr in d. Weinbergen 2559.
Müller [Rostock], Wirtspflanzenwahl phytophager Insekten in Beziehung zur Artenbildung [196]*.
Müller (A. von), Zuckerertragsbildung d. Zuckerrübe in Göttingen in Abhängigkeit v. Witterungsverlauf *1953* bis *1962* 2917. — s. Lüdecke (H.).
Mueller (C. H.) s. Lichtenstein (E. P.).

Müller (E.) s. Focke (R.).
Müller (F.), Einfluß v. Gibberellin auf d. Frosthärte v. Gerste u. Weizen 2584. — Einfluß einer Devernalisation auf d. Frostresistenz vernalisierter Gerste 890.
Müller (F. P.), Biotypen u. Unterarten d. „Erbsenlaus" Acyrthosiphon pisum (Harris) 1107.
Müller (G.) [Berlin] s. Nordheim (W.).
Müller (G.) [Leipzig], Bodenbiolog. Dynamik eines *80*jährigen Dauerdüngungsversuches 1754. — Bodenbiolog. Veränderungen durch organ. Düngemittel 1755.
— u. **Förster (I.)**, Einfluß mikroskop. Bodenpilze auf d. Nährstofffreisetzung aus primären Mineralien, als Beitrag zur biolog. Verwitterung. *1.* Mitt. 3229.
Müller (G.) [San Salvador], Pflanzenschutzprobleme im Maisanbau v. El Salvador 1389.
Müller (Heinz), Einfluß v. Windschutzanlagen auf d. Wasserhaushalt u. d. Erosion d. Bodens 2648.
Müller (Herbert), Züchtung u. Züchtungsforschung bei Mais 792.
Müller (Hermann), Wechselseitige Beziehungen zwischen keimenden Samen u. Mikroorganismen in Samennähe 2048.
Müller (H. W.), Bedeutung d. Pollensterilität in d. Maiszüchtung 202.
Müller (H. J.) [Halle/S.], Kenntnis v. Gloeosporium fructigenum Berk. u. Gloeosporium musarum Cke. et Mass. 2535.
Müller (H. J.) [Quedlinburg], Moderne Vorstellungen über Biologie u. Ökologie d. Blattlausfluges u. seine Bedeutung für d. Virusausbreitung 1934.
— u. **Skiebe (K.)**, Beziehungen zwischen Bakterienfäule u. Blattlausbefall am Chinakohl, Brassica pekinensis Rupr., u. ihre züchter. Bedeutung 1083.
Müller (H. W. K.), Wicklerraupen an Erdbeeren 2817.
Müller (K.), Kohlenhydrathaushalt d. Kartoffel 305. — Quantitative Zukker- u. Stärkebestimmung in Pflanzen 2602.
Müller (K.-H.), Zur varianzanalyt. Auswertung mit absoluten od. relativen Beobachtungs- bzw. Meßwerten 410.
Müller (Karl-Heinz), Gemüsemarkt in Westdeutschland, d. Lieferzeiten d. westdeutschen Erzeugung [2153]*.
Müller (Karl-Heinz) [Uetersen], Überlagerungen u. ihre Bewältigung 2065.
Müller (P.), Verträglichkeit ackerbaulich genutzter Leguminosen. *3.* Mitt. Ausnutzung des Boden- u. Düngerstickstoffs im Gefäßversuch mit Hafer nach sechsjähriger Brache u. sechsjährigen Monokulturen 975. — Diskussion über Verträglichkeitsbeziehungen landwirtsch. Kulturpflanzen 2986.
Müller (R.) s. Pyriki (C.).
Mueller (R. T.) s. Clark (R. B.); Wallace (A.).
Mueller (W. C.) u. **Ross (A. F.)**, Bei d. Anwendung einer Blattlaus-Injektionsmethode zur Übertragung d. Blattrollvirus d. Kartoffel auftretende Schwierigkeiten 263.
Müller-Kögler (E.), Tagesfragen bei Insektenkrankheiten 2853.
Müller-Neuhaus (G.), Abwassersorgen bes. in Wohnsiedlungs- u. Industrieballungsräumen 2065.
Münster (J.) s. Keller (E. R.).
Muir (A.) s. Storrier (R. R.).
Muir (J. W.), Allgemeine Klassifikationsgrundsätze im Hinblick auf d. Böden 56.
— u. **Hardie (H. G. M.)**, Lochkartensystem für Bodenprofile 2350.
Muir (R. M.) s. Kuraishi (S.).
Mujdaba (F.) s. Oşlobeanu (M.).
— u. **Simion (I.)**, Sommerbehandlung d. Unterlage in d. Dobrudsha 470.
Mukerjee (D.) s. Riley (H. P.).
Mukerjee (H. N.), Bestimmung d. Nährstoffbedürfnisse trop. Böden 2942.
Mukerji (B.), Erweiterung d. Grenzen d. Wissenschaften v. Leben 2.
Mukhath (A.) u. **Wood (R. K. S.)**, Infektion d. Sellerie-Sämlinge durch Septoria spp. 2534.
Mukherjee (D.), Standweiten bei Cajanus cajan (L.) Millsp. 1845.
Mukherjee (K. L.) u. **Shaw (M.)**, Physiologie v. Wirt-Parasit-Beziehungen. *11.* Mitt. Wirkung v. Schwarz-

rost auf d. Phosphatfraktionen in Weizenblättern 2238.
Mukherjee (R. K.) u. **Datta (C.)**, Wirkungen v. Gibberellinsäure auf Wachstum u. Fruchtansatz d. Eierfrucht u. Tomate 2304.
Mukherjee (R. N.), Chromosomenentspiralisierung auf d. Häufigkeit durch Maleinsäurehydrazid induzierter Brüche 783.
Mukherjee (S. K.) s. Chatterjee (S. S.).
—, Majumder (P. K.) u. **Chatterjee (S. S.)**, Verbesserte Technik bei d. Kreuzung v. Mango 3380.
Mukherji (S.), Untersuchungen zur Änderung d. Pathogenität v. Alternaria porri (Ell.) Saw. f. sp. solani E. et M. 1094.
Mukol'janc (V. M.) s. Pankov (M. A.).
Mulder (D.) u. **Redlich (W.)**, Überseemitteilungen: Ceylon. Rote Wurzelkrankheit an Tee 1956.
Mulder (E. G.), Stickstoffbindung u. stickstoffbindende Organismen 932. — s. Dilz (K.).
Mulla (M. S.), Resistenz d. Augenfliege Hippelates collusor gegen Bodeninsekticide 1139.
Multamäki (K.), Versuchsergebnisse u. Beobachtungen an tetraploidem Roggen 199.
Mulvey (R. H.), Mononchiden: Eine Familie räuber. Nematoden. *2.* Mitt. Gattung Anatonchus (Enoplida: Mononchidae) 226; *3.* Mitt. Gattung Miconchus (Enoplida: Mononchidae) 3393; *4.* Mitt. Gattung Iotonchus (Enoplida: Mononchidae) 3393.
Muma (M. H.) u. **Clancy (D. W.)**, Parasitismus d. Purpurschildlaus u. d. Roten Florida-Schildlaus in Citrus-Plantagen Floridas 1655.
Muminov (A.), Heuzünsler 3115.
Mundford (R. E.) s. Flux (D. S.).
Munier (R.), Anbau v. Lulo in Kolumbien 147.
Munk (H.), Dead-Stop-Methode zur Bestimmung d. Kaliums mit Natriumtetraphenylborat 2087. — Gefäßversuche über d. Verfügbarkeit verschied. Phosphate 2982. — Kalium-poly-metaphosphat als Düngemittel 2984.
Munkjavičusa (A.) s. Brundza (K.).
Munnecke (D. E.) s. Spanis (W. C.).
Munro (J.), Bedeutung d. Kartoffel-X-Virus 1656.
Munroe (E.), Systematik d. Papilionidae (Lepidoptera) 830.
Murakami (Jun-ichi) s. Masuo (Y.).
Murakami (Y.), Einfluß v. Gibberellin auf d. Elongation d. Reisradicula 316. — Vorkommen eines wasserlöslichen Gibberellins in höheren Pflanzen 2912.
Murakishi (H. H.), Virusübertragung durch eine direkte Blatt-zu-Blatt-Methode 3405.
Murata (S.), Stomatäre Transpiration d. Blattoberfläche. *1.* Mitt. 3177.
Muratova (E.) s. Ėdel'štejn (V.).
Murawski (H.), Züchtungsforschung beim Apfel. VII. Beziehungen zwischen Blattmerkmalen u. einigen Fruchteigenschaften an Apfelsämlingen 2202. — s. Endlich (J.).
— u. **Endlich (J.)**, Züchtungsforschung an Kirschen. II. Befruchtungsbiolog. u. embryolog. Untersuchungen an d. Sauerkirschensorte Köröser Weichsel 1918.
— u. **Mittelstädt (H.)**, Beobachtungen über d. Frosthärte d. Apfelsorte „Hibernal" 462.
Murdoch (M. G.) s. Rayner (A. A.).
Murdock (J. T.) s. Walsh (L. M.).
Mureşan (T.) u. **Cosmin (O.)**, Vergleichskulturen mit Sojabohnensorten an d. Versuchsstation Fundulea (*1960/61*) 2412.
Muromcev (G. S.), Gibberelline d. Blütenpflanzen 2312.
— u. **Rusanova (N. V.)**, Quantitative Bestimmung d. Gibberelline nach d. Wachstumsreaktion d. Erbsensorte „Pioneer G-*1*" 2312.
— u. **Trofimova (M. G.)**, Gibberellin u. Mais 3277.
Muromcev (I. A.), Temperatur u. Wachstum d. Wurzel 898.
Murphy (A. M.) s. Stout (M.).
Murphy (R. M.) s. Allison (F. E.).
Murray (B. E.) u. **Craig (I. L.)**, Zytogenet. Untersuchung d. X-Strahleninduzierten Mutationen „Blumenkohlkopf" u. „Einzelblatt" bei Medicago sativa L. 3372.
Murray (H. C.) s. Malca (I.).
Murtagh (G. J.) s. Wilson (G. P.).
Murty (B. P.), Momins Methode d. Bestimmung d. Bodenstruktur 2945.

Murty (B. R.) s. Murty (G. S.).
—, Murty (G. S.) u. **Pavate (M. V.)**, Quantitative Vererbung bei Nicotiana tabacum L. *2.* Mitt. Genet. Variationskomponenten für Blühbeginn, Blattzahl, Qualitätsgrad u. Glimmfähigkeit 2790.
Murty (G. S.) s. Murty (B. R.).
—, Dayani (T. R.) u. **Vaidya (S. M.)**, Homozygotieerfordernisse bei Mais-Inzuchtlinien 2479.
— u. **Krishnamurty (K. V.)**, Keimung v. Tabaksamen, d. mit Neutronen u. γ-Strahlen bestrahlt wurden 2109.
— u. **Murty (B. R.)**, Teilweiser Chlorophyllmangel bei Nicotiana tabacum L. 2490.
—, Murty (R. B.) u. **Anantharaman (R.)**, Einheimische Tabake. *1.* Mitt. Züchtung d. Lanka-Tabaks 3092.
—, Sajnani (B. T.) u. **Dhyani (K. C.)**, Verbesserung v. „Hookah" u. Kautabak in Nord-Bihar 1916.
—, Satyanarayana (K. V.) u. **Krishnamurty (K. V.)**, Neue Methode zur Erhaltung monosomer Formen v. Nicotiana tabacum L. 3373.
Murty (K. S.) u. **Majumder (S. K.)**, Abänderungen d. Methode zur Bestimmug d. Chlorophyll-Stabilitäts-Index in Beziehung zu Untersuchungen d. Hitzeresistenz beim Reis 2292.
Murty (R. B.) s. Murty (G. S.).
Musabekov (J. S.), Justus Liebig [2285].
Musierowicz (A.), Der Humus d. Böden [339]. — Böden u. natürliche Regionen Serbiens, Kroatiens, Sloweniens sowie v. Bosnien-Herzogowina [354].
Musijko (A. S.) u. **Ključko (P. F.)**, Schaffung u. Anbau neuer Hybriden u. Maissorten 2186.
Musil (M.), Übertragung d. Parastolburvirus durch d. Zikade Euscelis plebejus (Fallen) 2229. — Verlauf einer durch Gelbsuchtviren bei Trifolium repens L.-Pflanzen verursachten Infektion 3412.
Mustafin (A. S.), Veränderungen d. Leitgefäße bei Gurken unter dem Einfluß d. Pfropfung auf Kürbis 1364.
Muszyńska (K.) s. Roman (T.).
Muzik (T. J.) s. Canode (C. L.).
— u. **Whitworth (J. W.)**, Technik für d. period. Beobachtung v. Wurzelsystemen in situ 611.
Myburgh (A. C.), Lebaycid (R) als Schutzspritzung zur Bekämpfung v. Fruchtfliegen 1150. — Bekämpfung v. Apfelschädlingen 2556.
Mygind (H.), Infektionsversuche mit Isolierungen d. Kartoffelschorferregers Streptomyces scabies (Thaxter) Waksman et Henrici 849.
Myhr (E.) s. Rognerud (B.).
Mynbaev (T. T.), Besonderheiten d. Entwicklung d. Wurzelsystems v. Mais auf lehmigen Böden Zentralkasachstans 3003.
Mynett (K.), Ursache für d. Platzen d. Blütenkelche bei Nelken 3346.
Myrdal (G. R.) s. Lichtenstein (E. P.).
Myser (W. C.) s. Hay (C. J.).
Myttenaere (C.) u. **Kirchmann (R.)**, Einfluß d. Einbringung v. stabilem Strontium in d. Boden auf d. Strontiumgehalt d. Kulturpflanzen. Anwendung d. Aktivierungstechnik u. d. Spektrometrie 2663.

Naar (J.) u. **Wygal (R. J.)**, Wasser-Saugkurven v. grobkörnigen Massen 2059.
Načev (P.), Phylloxera vitifolii Fitch. Reblaus an Wurzeln 1933. — s. Balevski (A.).
Nádvorník (R.) s. Hrivňák (J.).
Naef (J.), Bestimmung d. v. einem kambialen Gewebestück d. Karotte erzeugten Chlorophylle 2314.
Näf (U.), Übersicht über d. Entwicklungsphysiologie niederer Archegoniaten 1170.
Näser (K.), Chem. Unkrautbekämpfung in Staudenkulturen 1712.
Náfrádi (I.) s. Balogh (J.).
Nag (S.) s. Chakraverti (I. B.).
Nagai (T.) u. **Tanaka (M.)**, Wurzeleigenschaften angebauter Reisvarietäten. *5.* Mitt. Phosphorverbindungen in Wurzeln u. Sortenresistenz gegen Bodenreduktion 672.
—, Yoshida (Shigemasa) u. **Tasumichi (Y.)**, Wurzeleigenschaften angebauter Reisvarietäten. 7. Mitt. Einige Betrachtungen über quantitative Elemente d. Wurzelsystems 891.

Nagaich (B. B.) s. Thornberry (H. H.).
– u. **Vashith (K. S.)**, Mosaik der Ficus spp. in Indien 545.
Nagar (B. R.), Freie Monosaccharide in d. organ. Bodensubstanz 629.
Nagaraj (A. N.), Antikörper-Fluorescenzfärbung d. Virus-Antigens in aus dem Zellverband gelösten Pflanzenzellen 2832.
– u. **Black (L. M.)**, Erbliche Veränderung d. Fähigkeit einer Zikade zur Übertragung v. zwei nichtverwandten pflanzlichen Viren 3405.
–, **Sinha (R. C.)** u. **Black (L. M.)**, Ausstrichmethode zum Nachweis v. Virusantigen in einzelnen Vektoren durch Anwendung v. Fluorescenz-Antikörpern 1128.
Nagiev (T. K.), Einfluß v. Zwischenfrüchten auf d. Bodenfruchtbarkeit u. d. Ertrag v. Baumwolle 105.
Naglitsch (F.), Collembolenfauna unter Luzernebeständen auf verschied. Böden 1491. – s. Rübensam (E.).
Nag Raj (T. R.) u. **George (K. V.)**, Auftreten durch Cephalosporium zonatum verursachter Blattflecke an Kaffee in Indien 2248.
Nagy (B.), Biolog. u. bekämpfungstechn. Fragen bezüglich d. Maiszünslers 568. – Flugzeit d. Maiszünslers (Ostrinia nubilalis Hb. [Lepidopt.]) in Ungarn 1652.
– u. **Bakos (I.)**, Mechanisierung d. modernen Pflanzenschutzes in modernen Großbetrieben [1987].
Nagy (G.) u. **Csigás (M.)**, Methodik zur Untersuchung d. CO_2-Ausscheidungsintensität an Baumschulgehölzen 3262.
Nagy (L.), Anbau v. Fruchtfolgen in Monokultur [694].
Nagy (M.) s. Förgeteg (S.).
Nagy (Z.), Nutzung erschöpfter Reisfelder 694. – s. Bakó (J.).
Naik (M. S.) u. **Asana (R. D.)**, Wirkung des Zinkmangels auf Proteinsynthese, Mineralstoffaufnahme u. Ribonukleaseaktivität in d. Baumwollpflanze 1242.
Nair (M. K.) s. Raman (V. S.).
Nair (N. R.) u. **Sahadevan (R. C.)**, Beispiel für d. Einfluß d. Kornschale auf d. Keimruhe d. Reises 21.
Najdenov (G.) s. Kirjakov (K.).
– u. **Jordanov (J.)**, Termine d. ersten Hacke u. d. Vereinzelns v. Mais 2121.
Nakagawa (Y.) u. **Tsuboi (Y.)**, Bodentemperatur bei verschied. Methoden d. Bodenpflege im Obstbau 3329.
Nakajima (G.), Cytogenet. Untersuchungen an Gattungshybriden zwischen Haynaldia u. Secale. *5.* Mitt. Äußere Merkmale u. Meiosis in PMZ einer SfHvSa F_1-Pflanze 1897. – Kerngenet. Untersuchungen an Dreigattungs-Tripel-Bastarden bei Triticinen. *7.* Mitt. Äußere Merkmale, Fertilität u. Zahl d. somat. Chromosomen v. TdurHRF$_2$-Pflanzen 2775.
Nakamura (E.) u. **Hattori (Y.)**, Samenjarowisation bei Kohl (Brassica oleracea ssp.). *2.* Mitt. Verlängerte Jarowisationsbehandlung u. d. Einfluß v. Gibberellin während d. Jarowisation 446.
Nakamura (S.), Keimung d. Leguminosensamen 1551; dass.: Grassamen 1552.
Nakayama (F. S.) u. **Scott (A. D.)**, Gassorption durch Böden u. Tonminerale. *1.* Mitt. Löslichkeit v. Sauerstoff in feuchten Materialien 1481.
–, **Scott (A. D.)** u. **Hansen (R. S.)**, Gassorption durch Böden u. Tonminerale. *2.* Mitt. Kapillareffekte 2336.
Nakayama (M.) s. Takahashi (T.).
Nakayama (S.), **Tobita (H.)** u. **Okumura (F. S.)**, Antagonismus zwischen Kinetin u. Infrarotlicht oder β-Indolylessigsäure beim Blühen v. Pharbitis-Sämlingen 1730.
Nakoneshny (W.) s. Plessers (A. G.).
Namba (R.), Übertragung pflanzlicher Viren v. d. Epidermis u. dem subepidermalen Gewebe durch Blattläuse: Myzus persicae (Sulzer)-Gurkenmosaikvirus 3406.
Nance (R. D.) s. Fang (S. C.).
Nanda (J. S.) s. Chalam (G. V.).
Nanda (K. K.), Aufgang, Wachstum u. Blühen v. Papaver rhoeas L. 1182. – s. Tayal (M. S.).
–, **Chinoy (J. J.)** u. **Sawhney (K. L.)**, Wachstum u. Phasenentwicklung

beim Weizen. 5. Mitt. Verteilung d. Trockenmasse u. einiger Nährstoffelemente zwischen Stengel u. Blatt 897.

Napp-Zinn (K.), Genet. Grundlagen d. Vernalisationsbedürfnisses bei Arabidopsis thaliana. *1.* Mitt. Zahl d. beteiligten Faktoren 1340. — Genetik d. Wuchsformen 3067.

— u. **Schmidt (Helmut),** Blattmuante v. Hyoscyamus niger L. 3374.

Narasimhachar (S. G.) s. Dastur (R. H.).

Narasimham (P.) s. Pal (N. L.).

Narayanan (E. S.) u. **Chawla (S. S.),** Parasiten v. schädlichen Fruchtfliegen d. Welt mit kurzen Bemerkungen über ihre Bionomie, Lebensweise u. Verbreitung 2549.

— u. **Ghai (S.),** Neue Art d. Gattung Melichares (Blattisocius) Keegan (Aceosejinae) 268.

—, **Rao (B. R. S.)** u. **Thakere (K. R.),** Biologie u. Betrachtungen über d. Morphologie d. Larvenstadien v. Chelonus narayani Subba Rao (Braconidae: Hymenoptera) 562.

Narayanan (S.) u. **Iyer (V.),** Erdnußkuchen u. Reiskleie als mögliche Zusätze bei d. Produktion v. Streptomycin 1705.

Nariani (T. K.) s. Sastry (K. S. M.).

Narkiewicz (J.) s. Węgorek (W.).

Narkiewicz-Jodko (J.) s. Węgorek (W.). — Feldversuche zur Bekämpfung d. Rübenblattwanze (Piesma sp.) durch Stäuben v. Ekatin M. 278; dass.: Rübenblattlaus (Aphis fabae Scop.) mit Ekatin M-Staub 280; Möglichkeiten zur Bekämpfung d. Rübenblattlaus (Aphis fabae Scop.) mit Hilfe v. Ekatox *20* u. Ekadrin 280. — Ökologie u. Bekämpfung d. auf Rübenfeldern auftretenden Rübenblattwanze (Piesma sp.) 1112. — Chem. Bekämpfung d. Rübenblattlaus u. des Virus d. Vergilbungskrankheit d. Rübe 1144.

Narula (P. N.) u. **Joshi (M. G.),** Differenziertes Verhalten v. Korianderstämmen gegenüber d. Stengelälchen-Krankheit 3390.

— u. **Upadhyaya (Y. M.),** Nodale u. verzweigte Ähren bei Gerste 2478.

Nasatir (M.), Bryan (A. M.) u. **Rake (A.),** Gleichzeitiges Auftreten v. freiem Arginin u. Desoxyribosid-Verbindungen während d. Mitose 192.

Nash (D. J.) s. Kidwell (J. F.).

Natali (S.) s. Basso (M.).

Natarajan (A. T.), Ohba (K.) u. **Simak (M.),** Karyotypenanalyse bei Pinus silvestris 217.

Nath (J.) s. Nielsen (E.); Nielsen (E. L.).

Nath (R.) s. Suryanarayana (D.).

Nauer (E. M.), s. Cameron (J. W.).

Naumann (K.), Durch Kleegrasanbau hervorgerufene Veränderungen in d. Zusammensetzung d. Bodenmikroflora 2525.

Naumann (W. D.), Frage d. Rauhschaligkeit bei „Golden Delicious" 762.

Naumenko (A. I.), Wie trocknet man Hartmais 2402.

Naumov (V. A.), Generative Aufspaltung beim Apfel in d. ersten Hybridgeneration 2795.

Naumova (A. N.), Mišustin (E. N.) u. **Mařenko (V. M.),** Art d. Wirkung d. Bakteriendünger (Azotobakterin, Phosphorbakterin) auf landwirtsch. Kulturen 2985.

Naumova (N. A.), Phytophthora d. Kartoffel [1957].

Nauwerck, Körnermaisanbau unter bes. Berücksichtigung d. Hybridmaises 125.

Navara (A.) u. **Pospíšilová (D.),** Zukker- u. Aminosäuregehalt im Pollen v. Vitis vinifera, bestimmt durch Papierchromatographie 2909.

Navary (J.), Einfluß v. Fluor im Substrat auf d. Intensität d. stomatärkutikulären Transpiration u. auf d. Photosynthese 2974.

Navas (D. E.) s. Lewis (T.).

Navrátil (J.), Einfluß d. Bodenbearbeitung auf d. Ertrag an Braugerste 1827.

Nawrocki (Z.), Schema d. „Polycross"-Methode sowie d. Bestimmung d. Kombinationseignung bei Fremdbefruchtern 488.

Naylor (B.) s. Rees (H.).

Naylor (J.) s. LaCroix (L. J.).

Naylor (J. M.) s. Simpson (G. M.).

Nazareno (N. B.) s. Reyes (E. D.).

Neagu (M. I.) u. **Popescu (S.),** Klon-

auslesearbeit bei d. Sorte „Cadarca“ von *1957–59* 770.
Neal (M. E. B.), Durch Wasser verursachte Bodenerosion 3240.
Neales (T. F.) u. **Hinde (R. W.)**, Test zur Hypothese d. Calcium-Bor-Wechselwirkung am Wachstum v. Bohnenkeimwurzeln 380.
Neal-Smith (C. A.) s. McWilliam (J. R.).
Nečaev (L. N.), Faktoren, die d. Ertrag u. d. Qualität d. Weins beeinflussen 2464.
Nečas (J.), Einfluß v. Suppressoren auf d. resultierenden Spaltungsverhältnisse bei einigen Merkmalen d. Sommergerste in höheren Hybridengenerationen 200. — Erblichkeit d. Korngröße bei d. Gerste. *1.* Mitt. Erbanlage d. Merkmals 791.; *2.* Mitt. Beziehung zu bestimmten anderen Merkmalen u. biometr.-genet. Analyse 791. — Einfluß sinkender Bodenfeuchte auf d. osmot. Werte d. oberird. Teile d. Kartoffel 1172. — Wasserhaushalt d. Kartoffel. *1.* Mitt. Reaktion d. Kartoffel auf herabgesetzte Bodenfeuchtigkeit vom Wachstums- u. Ertragsgesichtspunkt 1236. — Vererbung d. Ährenlänge bei d. Gerste. *1.* Mitt. Erbanlagen eines Merkmals 2185; *2.* Mitt. Versuch einer biometr. genet. Analyse 2185. — Beziehungen v. Blattfläche u. Trockensubstanz-Produktion bei Kartoffeln 2194.
Nečetnaja (E.), Einfluß d. Düngung auf d. Qualität d. Kartoffeln 686.
Neczýpor (W.), Einfluß d. Düngung u. d. Erntezeit auf den Gesamtglykosidgehalt u. d. Verhältnis d. Glykosidzusammensetzung bei Wolligem Fingerhut (Digitalis lanata Ehrh.) 1289. — Phytomyza (Napomyza) lateralis Fallén, ein neuer Schädling an Digitalis lanata Ehrh. u. Digitalis purpurea L. 3117.
Nedelčev (N.) u. **Nikov (M. M.)**, Kupferfreies Präparat Aspor gegen d. Blattfallkrankheit d. Rebe 1964.
—, Stoev (K.), Kondarev (M.) u. **Zankov (Z. D.)**, Hybride „Italia × Sultanina VI-4“ 1332.
Nedev (N.) u. **Tračev (D.)**, Wertvolle Walnußformen in Südbulgarien 1327.
Nedjalkov (N. S.), Hagelschäden in Bulgarien [1163]. — s. Popov (A.). — Neue meteorolog. Niederschlagsgradmesser u. Anwendungsmöglichkeiten 1474.
Neeb (O.), Methodik d. Genomstufenanalyse bei polyploidem Beta-Saatgut 1547. — s. Lüdecke (H.).
Neefjes (P. J.) s. Hofman (N. C.).
Neelakantan (V.) s. Mehta (B. V.).
— u. **Mehta (B. V.)**, Verteilung v. Kupfer in typ. Bodenprofilen v. Guajarat 1196.
Neergaard (C.), Düngungsversuche mit Thomasphosphat in Dänemark 2099.
Neergaard (P.), Toleranzen bei d. Gesundheitsprüfung d. Saatgutes. Diskussion über Grundprinzipien 1266. — Prozentsatz d. Infektion als relativer Wert für d. Bestimmung d. Krankheitstoleranzen 1266.
Negomireanu (V.), Maisdoppelhybriden zur Körnernutzung bei Bewässerung 3002. — s. Hulpoi (N.).
Negreanu (E.) s. Constantinescu (G.).
Negreanu (V.) s. Butănescu (G.).
Negru (A.), Krit. Bemerkungen über einige Pilze d. Gattungen Gloeosporium, Colletotrichum u. Vermicularia 1093. — Bekämpfung einiger kürzlich in d. RVR aufgetretener Pilzkrankheiten d. Rose 1397.
Negrul' (A. M.), Methode d. entfernten Hybridisation in d. Weinzüchtung 1087.
Neher (R.) s. Arx (E. v.).
Nehring (K.), Problematik d. Bewertung d. Futterstoffe 1167. — Maiseinsäuerung u. Maisverfütterung 1274.
— u. **Borchmann (W.)**, Mineralstoffgehalt in Futterstoffen 376.
—, Wallis (E.) u. **Schmidt (E.)**, Beschaffenheit d. Heuernte im Gebiet d. DDR. Ergebnis d. Heuwertprüfung *1961. 8.* Mitt. 2138.
Nei (M.), Wirksamkeit d. Haploidenmethode für d. Pflanzenzüchtung 3357.
Neidhardt (H.) s. Richter (G.).
Neilson (W. T. A.), Wirkungen v. Temperatur auf d. Entwicklung d. überwinternden Puppen d. Apfelfruchtfliege, Rhagoletis pomonella (Walsh) 1930.

Neiswander (R. B.), Verwendung v. Systeminsekticiden an eingetopften Chrysanthemen im Gewächshaus 2270. — s. Condron (C. H.).
Neitzel (K.), Auftreten v. virusübertragenden Blattläusen u. Viruskrankheiten bei Kartoffeln in d. DDR 1657.
Nejkova (E.) u. **Pakov (I.),** Düngung der Runkelrüben unter Bewässerungsverhältnissen 1564.
Nekrasova (T. V.) s. Čajlachjan (M. C.).
Nel (J. J. C.), Jahreszeitliche Entwicklung v. Heliothis armigera (Hüb.) auf Lupinen in d. südwestlichen Kap-Provinz 1379.
Nel (P. C.), Impfung v. Lupinen in Elsenburg mit bes. Berücksichtigung d. Wirkung verschied. flüssiger Medien 2990.
Nelder (J. A.), Austin (R. B.), Bleasdale (J. K. A.) u. **Salter (P. J.),** Untersuchung d. jährlichen u. a. Variationen v. Pflanzenerträgen 3037.
Nelderk (J. A.), Systemat. Pläne für Verteilungsexperimente 1555.
Neller (J. R.), Einfluß d. Korngröße u. d. Löslichkeitsgrades v. aus *12-12-12*-Dünger verabreichtem, markiertem Phosphor auf d. Pflanzenwachstum 2391. — s. Locascio (S. J.).
Nelson (C. D.), Umlagerung organ. Substanzen in Pflanzen 595. — s. Tregunna (E. B.).
Nelson (C. E.) u. **Roberts (S.),** Einfluß v. Saatdichte u. -termin auf *6* Sojabohnensorten 993. — Anbaupraktiken, d. den Stand u. ihre Beziehungen zum Schossen, Lagern u. Ertrag v. furchenbewässertem Weizen beeinflussen 1278. — Wirkung v. Standraum u. Saatzeit auf sechs Sojabohnensorten 3006.
—, Roberts (S.) u. **Nelson (G. D.),** Erträge u. Reaktion v. *6* Sojabohnen-Sorten auf Stickstoff- u. Zinkdüngung 2706.
Nelson (G. D.) s. Nelson (C. E.).
Nelson (J. I.) s. Good (H. M.).
Nelson (L. A.) s. Weed (S. B.).
Nelson (O. E.), Wachs-Locus bei Mais. *1.* Mitt. Intra-Locus-Rekombinationshäufigkeitsermittlungen durch Pollen- u. konventionelle Untersuchungen 1900.
Nelson (P. E.) u. **Dickey (R. S.),** Reaktion v. *21* Nelken-Handelssorten gegen Pseudomonas caryophylli 3431.
Nelson (R. R.), Beweis v. Genbeständen für Pathogenität bei Helminthosporium-Arten 224. — Cochliobolus intermedium, d. Hauptfruchtform v. Curvularia intermedia 520. — Fertilität zwischen d. Arten u. d. Morphologie d. Konidien bei Helminthosporium-Arten, d. eine bipolare Keimung aufweisen 1374.
Nelson (S. H.) s. Saidak (W. J.).
Nelubova (G. L.) s. Peterburgskij (A. V.).
Nemazi (J.), Beziehung d. Rübennematoden Heterodera schachtii zu drei roten Tomatensorten 1650.
Němec (B.), Teilungsfähigkeit polyploider Zellen u. d. Restitution d. mixoploiden Wurzelspitzen 3071. — Selbstspaltung d. mixoploiden Wurzelspitzen 3353.
Němeček (J.), Genet. u. agrochem. Bodencharakteristik d. ČSSR 3230.
Németh (L.), Relativer Ertrag unserer Keltertraubensorten auf Grund v. Beobachtungen im Großbetrieb 3061.
Németh (V. M.), Viruskrankheiten d. Apfels u. d. Birne in Ungarn 844.
Nemlienko (F. E.), Krankheiten d. Maiskolben u. -körner bei d. Lagerung 1120.
— u. **Grisenko (G. V.),** Bedeutung d. Samen bei d. Verbreitung v. Diplodia zeae an Mais 1391.
— u. **Kulik (T. A.),** Organotrope Resistenz d. Maises gegen Beulenbrand 1922.
— u. **Sidenko (I. E.),** Qualität d. Saatgutbeizung muß verbessert werden 2848.
Nemoto (M.) s. Oshima (N.).
Nenajdenko (V. P.), Zeitpunkt d. Erdbeerpflanzens 3337.
Nenov (S.), Rebschnitt d. Sorte „Pinot noir“ 2171. — s. Stoev (K.).
Neofitova (V. K.), Wirksamkeit d. Unkrautbekämpfung in Lein mit dem Präparat „Dikotex-*30*“ im Bezirk Mogilew 3455.
Neoral (J.) s. Šály (A.).

Nepomiluev (V. F.) u. **Grečin (I. P.)**, Charakter d. mikrobiolog. Prozesse im Rasenpodsolboden in Abhängigkeit v. d. Bearbeitungsmethode 636.
— u. **Šišov (L. L.)**, Verbreitung u. stickstoffbindende Aktivität v. Azotobacter in einigen Bodentypen 638. — Mikroflora d. Rasen-Gleiböden u. ihre Veränderung bei landwirtsch. Bodennutzung 1486.
Nešev (K.), Rebschnitt bei wurzelechter „Sartschin"-Sorte 2171. — s. Jonev (S.); Rajkov (E.).
Nesterov (J. S.), Bedeutung tiefer Temperaturen für d. Bildung d. sporogenen Gewebes beim Apfel 311. — Verträglichkeit v. Unterlage u. Pfropfreis beim Apfel 760. — Ruheperiode d. Obstkulturen [1881]. — Ruheperiode d. Wurzelsystems beim Apfel 2299.
Nesterov (V. E.), Einsatz v. Betastrahlen in meliorativen Bodenuntersuchungen 1500.
Nesterova (E. I.), Einfluß d. Einbringungsverfahren v. Mineraldüngern auf d. Nährstoffbedarf u. d. Ertrag an Roten Rüben 157.
Nesterova (E. M.), Staatliche Sortenprüfung bei Zierpflanzen 3344.
Nettles (V. F.), Ergebnisse v. Düngungsversuchen mit Süßkartoffeln 2427. — s. Locascio (S. J.).
Netzsch-Lehner (A.) u. **Klee (J.)**, Anwendung d. Differential-Thermoanalyse zu Untersuchungen v. Huminsäuren u. Vergleichssubstanzen 62.
Neubauer (Š.), Phytopathologie v. Solanum aviculare Forst 2839.
Neubauer (S.) s. Endlich (J.).
Neubeller (J.) s. Buchloh (G.).
Neuberg (J.), Weltproduktion u. Verbrauch an Handelsdüngemitteln 2088; dass.: Bedeutung 2978.
Neudecker (J.), Entwässerungen u. Bewässerungen in Kärnten 1773.
Neugodova (O. V.) s. Mazaeva (M. M.).
Neuhaus (H.) s. Kuntze (H.).
Neumann (D.), Verlauf d. Wachstums, d. Blütenknospendifferenzierung sowie des Kohlehydrat- u. Mineralstoffgehaltes d. Holz- u. Fruchttriebe v. Apfelbäumen 1039.
Neumann (G.), Sortensichtung bei Antirrhinum 1610.
Neumann (H.) s. Lüdemann (D.).
Neumann (U.), Entwicklung d. Blütenknospen bei Apfelsorten an verschied. Standorten 167. — Zum Verlauf d. Blütenknospendifferenzierung beim Apfel in Abhängigkeit v. Standort, Sorte u. Unterlage 460. — Wachstumsregulatoren in Holz- u. Fruchttrieben v. Apfelbäumen während d. Vegetationsperiode 1038.
Neururer (H.), Chem. Unkrautbekämpfung in Leguminosen unter bes. Berücksichtigung d. Pflanzenverträglichkeit u. d. Konservierbarkeit v. Erbsen 2283. — Neues auf d. Gebiet d. Getreidekrankheiten u. d. Unkrautbekämpfung 2468.
Neve (M.) s. Rowe (F. P.).
Nevinnych (V. A.), Hybridisation v. südlichem zweihäusigem Hanf mit einhäusigem Hanf 506.
Nevstrueva (R. I.), Neue Sorten äther. Öl liefernder Pflanzen aus d. Selektion d. Botan. Gartens v. Nikita 128.
Newman (J. A.) s. Guitard (A. A.).
Newman (J. E.), Einige Aspekte d. angewandten Meteorologie in d. Bodenkunde u. Pflanzenbaulehre 916.
— u. **Beard (J. B.)**, Phänolog. Beobachtungen: abhängige Variablen bei bioklimat. u. agrarmeteorolog. Untersuchungen 3205.
Newrzella (B.), Bewässerung d. Sandböden 365. — Anlage u. Beregnung v. Ackerviehweiden 2066.
Newton (J. P.), **Futral (G.)**, **Craigmiles (J. P.)** u. **Dobson jun. (J. W.)**, Trockenschrank für Futterpflanzenversuche 30.
Newton (J. R.) s. Proverbs (M. D.); Proverbs (T. D.).
Newton (K.), Botanik, Züchtung u. Anbau v. Ölpalmen u. Herstellung v. Palmöl 1014.
Ney (P. H.), Bodenanalyse u. Beurteilung d. Fruchtbarkeit trop. Böden 2947.
Nica (A.) s. Torge (D.).
Nica (Ş.) s. Moruju (G.); Rădulescu (C.); Şuta (A.).
Nichol (W. E.) s. Turner (R. C.).

Nicholas (R. C.) u. **Pflug (I. J.)**, Sortenreaktion auf einige Veränderungen in d. Salzgurkenproduktion 3318.
Nicholls (C. F.) s. Barlow (C. A.).
Nichols (A. A.) s. Knight (B. C.).
Nichols (R.), Xylemeinschlüsse in Kakaofrüchten (Theobroma cacao) u. ihre Beziehung zur Cherelle wilt. 3158.
Nicholson (A. J.), Kontur-Furchenpflügen 945.
Nicolay (R. L.), **Weber (H. W.)** u. **Walt (C. F. J.)**, Apparatur für d. Differentialthermoanalyse d. Tonminerale 939.
Nicolson (T. H.) s. Gerdemann (J. W.).
Nicov (M.), Tageszuwachs d. Sommertriebe d. Rebe 1606.
Nieć (H.), Neue Gewächshausgurkensorten 1588.
Niederlová (B.), Parasit. Gattung Podosphaera Kunze aus d. Familie Erysiphaceae Lév. 816.
Niedzielski (A.) s. Maciejewska-Potapczykowa (W.).
Niekerk (P. E. Le R. van) = Le Roux van Niekerk (P. E.).
Niekerk (P. E. Le R. van) s. Deist (J.).
Niel (C. B. van), Übersicht über den gegenwärtigen Stand vgl. Untersuchungen zur Photosynthese 1170.
Nielsen (D. R.) s. Biggar (J. W.); Flokker (W. J.).
— u. **Biggar (J. W.)**, Austauschverdrängung. *3*. Mitt. Theoretische Betrachtungen 1199.
—, **Biggar (J. W.)** u. **Davidson (J. M.)**, Experimentelle Bedeutung d. Diffusionsanalyse für d. Probleme d. Wasserbewegung im ungesättigten Boden 651.
Nielsen (E.) u. **Nath (J.)**, Zytogenetik einer tetraploiden Form v. Phleum pratense L. 209. — Zytologie v. tetraploidem × hexaploidem Timothe (Phleum pratense L.) 1344.
Nielsen (E. T.), Lebensgewohnheiten d. Wanderschmetterlings Ascia monuste L. 530.
Nielsen (H. M.) s. McAllister (DeV. R.).
Nielsen (J.), Parasitär bedingte Veränderungen d. Ketosäuren v. Brassica-Arten 3386.
Nielsen (K. F.) s. Bisal (F.).
—, **Carson (R. B.)** u. **Hoffman (I.)**, Beitrag zur Ionenwechselwirkung bei d. Aufnahme v. Stickstoff, Phosphor, Calcium, Chlor u. Schwefel durch Mais 3249.
Nielson (M. W.) u. **Currie (W. E.)**, Zikadenbefall an Luzerne im Salt River Valley in Arizona 3401.
Niemann (Eberhard) s. Bauer (L.).
Niemann (Emil), Prüfung v. Rot- u. Weißklee auf Kleekrebsresistenz 813. — Therm. u. anaerobe Verfahren zur Flugbrandbekämpfung bei Gerste u. Weizen 1694.
Niemann (R.), Chrysanthemenkultur, „ganz normal“ 2174.
Niemann (R. H.), Einflüsse v. Natriumchlorid auf Wachstum, Photosynthese u. Respiration v. zwölf Kulturpflanzen 372.
Niemeyer (L.), Viruskrankheiten im Weinbau 846.
Niemitz, II. Internationaler Kongreß d. internationalen Arbeitsgemeinschaft für Müllforschung (IAM) über „Beseitigung u. Verwendung fester Siedlungs- u. Industrie-Abfälle“ in Essen v. *22.* bis *25.* Mai *1962* 2064.
Niemitz (W.) u. **Pestlin (W.)**, Einfluß d. biolog. Abwasserreinigung auf d. Fischschädlichkeit v. Detergentien 2065.
Nienhaus (F.), Beobachtungen über d. Kartoffel-Y-Virus in d. Kartoffelpflanze unter bes. Berücksichtigung d. Knolle. I. D. Ansiedlung, Aktivität u. Ausbreitung d. Y-Virus 838; II. Virushemmstoffe in d. Kartoffelpflanze 839. — Ergänzungen zum Nachweisverfahren d. Y-Virus d. Kartoffelknolle 3125. — s. Braun (H.).
Nieschlag (F.), Der fruchtbare Boden-[361]*. — Verwendung v. Am-Sup-Ka (*9* × *9* × *9*) auf Marsch- u. Moorweiden 2734.
Niessen (H.) s. Frehse (H.); Tietz (H.).
—, **Frehse (H.)** u. **Tietz (H.)**, Methode zur Bestimmung v. Spritzrückständen d. Fungizids FUNGILON® auf Äpfeln 2543.
—, **Tietz (H.)** u. **Frehse (H.)**, Vorkommen biolog. aktiver Umwandlungsprodukte d. Wirkstoffs S *1752* bei

d. Anwendung v. LEBAYCID® 2563.
Nietsch (H.), Morpholog. Merkmale v. Getreidesorten 2692.
Nieuwhof (M.), Beziehung zwischen Sortenwahl u. Erntemethode bei Rosenkohl 748. — Pollensterilität verschied. Kohlarten 1641.
— u. **Garretsen (F.)**, Blumenfestigkeit d. Blumenkohls 804.
— u. **Wiering (D.)**, „Kaffeesatz", eine erbliche Veränderung bei Rotkohl während d. Lagerung 2147. — Kohlhernieresistenz bei Brassica oleracea L. 3376. — Erbliche Nekrose bei Lagerrotkohl 3377.
Niewiadomska (K.), Wirtschaftswert einiger Tomatensorten 3046.
Niewiadomski (W.), Technologie d. Bodenbearbeitung u. Bewirtschaftung v. Hängen 1222.
Nijveldt (W.) s. Skuhravá (M.).
Nikiforov (A. M.), Ergänzung d. Sortiments an Pflanzenschutzmitteln 870.
Nikiforov (O. A.), Vernalisation v. Winterweizen bei verschied. Temperatur- u. Belichtungsverhältnissen 898.
Nikiforova (N. A.) u. **Maštakova (A. C.)**, Echter Gurkenmehltau unter Glas 1135.
Nikitin (B. L.) s. Kravcov (P. V.); Žukov (O. S.).
Nikitin (G. P.), Einfluß d. Wärmegradienten auf den Wasserhaushalt d. Bodens 1752.
Nikitina (A. I.), Vorbehandlung v. Sojasaatgut mit Spurenelementen 2103.
Nikitina (K. V.), Phytoncid-Eigenschaften v. Apfel u. Birne 874.
Nikogosjan (V. G.) s. Panosjan (A. K.).
Nikolaev (M.), Neues bei d. Nutzung v. Abwässern 1228.
Nikolaeva (A. V.) s. Davydova (N. S.).
Nikolaeva (I. N.), Luftdurchlässigkeit eines Rasenpodsolbodens unter verschied. Beständen bei unterschiedlicher Bodenfeuchtigkeit 1205.
Nikolaeva (L. I.), Konservierung mit Natriumnitrit 985.
Nikolaeva (M. I.), Versuch d. Anwendung v. Phytonciden zur Bekämpfung v. Maismykosen 1145.
Nikolaevskij (V. G.), Wachstum d. Blütenstände bei Mais 309.
Nikolic-Vig (V.), Prüfung v. Sorten u. Hybriden d. Rizinus in Vojvodina 3307.
Nikolov (C.) s. Georgieva (R.).
Nikolov (J.), Untersuchungsergebnisse über d. Pflugtiefe d. Herbstfurche in Bulgarien 69.
Nikolov (N.), Umrayonierung d. Reiskultur u. ihre Unterbringung in oberhalb d. Talsperren anliegenden Anbauflächen 2427.
Nikolov (S.) s. Atanasov (A.).
Nikolova (M.) s. Zolotovitch (G.).
Nikolova (N.), Vegetative Vermehrungsfähigkeit v. Gladiolen-Sorten 1884.
Nikolova (V.), Angaben über d. Biologie v. Agrotis ypsilon Rott. (Feltia, Rhyacia ypsilon Rott.) u. Bekämpfungsversuche 829. — Morphologie d. Präimaginalstadien v. Suillia (Helomyza) lurida Meig. 1932. — Schädliche Bodeninsekten an d. Gemüsepflanzen 2510.
Nikonov (M. N.) u. a., Torf in d. Landwirtschaft [2738].
— u. **Perlin (S. I.)**, Charakter d. Veränderungen in d. Zusammensetzung d. organ. Substanz d. Torfe in Abhängigkeit vom Zersetzungsgrad u. Typ 2926.
Nikov (M. M.), Fruchtbarkeit d. Rebknospen 3341. — s. Fetvadžieva (N.); Nedelčev (N.).
Nilan (R. A.), **Konzak (C. F.)**, **Froese-Gertzen (E.)** u. **Rao (N. S.)**, Analyse d. strahleninduzierten Schädigung in Samen 3068.
Ninan (C. A.) s. Abraham (A.).
Ninov (N.) u. **Jolevski (M.)**, Bezeichnung d. genet. Bodenhorizonte Bulgariens 3230.
Nioh (I.) s. Okuda (A.).
Nishiguchi (C.), Pappelschädlinge in Japan 3397.
Nishita (H.) s. Essington (E.).
—, **Dixon (D.)** u. **Larson (K. H.)**, Anreicherung v. Cs u. K u. Wachstum v. Bohnenpflanzen in Nährlösung u. Böden 2378.
—, **Taylor (P.)**, **Alexander (G. V.)** u. **Larson (K. H.)**, Einfluß d. stabilen

Cs u. K auf d. Reaktionen v. ^{137}Cs u. ^{42}K in Böden u. Tonmineralen 2039.
Nishiura (M.) s. Iwasaki (T.).
Nishiyama (I.), Zytogenet. Untersuchungen an Hafer. *9.* Mitt. Neue synthet. Nachkommenschaften v. Artkreuzungen induzierter dekaploider Formen 3079.
— u. **Ichikawa (S.),** Strahlenbiolog. Untersuchungen an Pflanzen. *4.* Mitt. γ-strahleninduzierte Chlorophyllmutationen u. Mutationshäufigkeiten bei Weizen u. Hafer 1895.
— u. **Teramura (T.),** Mexikan. Wildformen d. Süßkartoffel 2583.
Nishizawa (T.) s. Minamikawa (K.).
Niţescu (A.), Bestmögliche Aussaatzeit für d. Verkürzung d. Erzeugungsperiode v. Maulbeersetzlingen in d. Region Bukarest 432. — Einfluß mineral. Düngemittel auf Anpflanzungen v. Zwergmaulbeerbäumen 967.
Nitsch (J. P.), Photoperiod. Regulierung d. Wachstums bei Gehölzen 1338. — s. Henderson (J. H. M.); Vardjan (M.).
— u. **Paris (R.),** Wirkung v. Flavonoiden auf d. Wachstum v. in vitro kultivierten Topinambur-Geweben. *2.* Mitt. 2024.
Nitzany (F. E.) u. **Sela (I.),** Interferenz zwischen Gurkenmosaikvirus u. Tabakmosaikvirus bei verschied. Wirten 2518.
Nixon (H. L.) s. Kassanis (B.).
Nižňanský (A.) s. Kolek (J.); Kozinka (V.); Majerník (O.).
Noda (S.), Chiasma-Untersuchungen an Strukturhybriden. 7. Mitt. Reziproke Translokationen bei Scilla scilloides 1890.
Nøddegaard (E.), Prüfung v. Pflanzenschutzmitteln bei Raps- u. Kleeschädlingen 2561.
Nölle (H.-H.), Untersuchungen über d. Lagerung inkrustierter Kohlrübensamen 1141.
Noggle (J. C.) s. Hassbroek (F. J.).
Noguchi (M.) u. **Tamaki (E.),** N-Stoffwechsel in Tabakpflanzen. *2.* Mitt. Tagesschwankungen in d. Aminosäure-Zusammensetzung d. Tabakblätter 2015; *3.* Mitt. Gehalt an freien Aminosäuren in Tabakblättern in Abhängigkeit v. d. Insertionshöhe 2891.
Noguchi (M.), Yamamoto (K.) u. **Tamaki (E.),** N-Stoffwechsel in Tabakpflanzen. *1.* Mitt. Stickstoffverbindungen im Tabaksaft 2891.
Nohara (K.), Aktivität v. Coccinelliden-Käfern in Citrus-Hainen bei Hagi, Honshu 3400.
Nohe (E.), Horstsaatverfahren 490.
Nohejl (J.), Diagnostik d. Kartoffelvirosen u. neue Virusstämme 1109. — Diagnostik d. Kartoffelvirosen u. ihre Anwendung in d. ČSSR 1126. — Auffinden d. in d. ČSSR bisher unbekannten Kartoffel-M-Virus u. seine Diagnose 2228.
Noll (A.), Methoden zur Beobachtung wachsender Kartoffelknollen 905.
Noll (J.), Ursachen d. Massenvermehrung d. Erdraupen d. Wintersaateule (Agrotis segetum Schiff. [segetis Hb.]) 232. — Begrenzungsfaktoren für d. Massenvermehrung v. Mamestra brassicae L. (Kohleule) 2256.
Nolte (H.-W.), Untersuchungen zur Prognose v. Wurzelfliegen im Gemüsebau 878. — Versuche zur Bekämpfung d. Hopfenblattlaus in Aschersleben im Sommer *1961* 1143. — Stand d. Nematodenforschung im Weltmaßstab mit Schlußfolgerungen für d. in d. DDR durchzuführenden Arbeiten u. Maßnahmen 1649. — Internationale Probleme d. Pflanzenschutzes im Gemüsebau 2249.
— u. **Adam (H.),** Verhalten d. Erbsenwicklers gegenüber Erbsensorten u. Erbsen-Neuzuchtstämmen 1651.
Nõmmik (H.), Immobilisation v. mineral. Stickstoff u. Kohlendioxydbildung während d. Abbaues v. Weizenstroh im Boden unter d. Einfluß d. Temperatur 55. — Düngewirkung d. Kalkstickstoffs in Abhängigkeit v. seiner Korngröße u. v. d. Wassergehalt d. Bodens 2389.
Nomokonov (L. I.), Auewiesen am Oberlauf d. Lena-Stromes [3315].
Nooij (S. H.) s. Houtman (G.).
Noonan (J. C.), Zyperngrasbekämpfung in Irland-Kartoffeln 1437.
Nordby (A.), Verteilung v. Pflanzen-

schutzmitteln beim Besprühen *4* m hoher Apfelbäume 274.
Nordenskiöld (H.), Auftreten chlorophylldefekter Sämlinge v. kultiviertem Wiesenlieschgras (hexaploides Phleum pratense) nach Isolierung in zwei aufeinanderfolgenden Generationen 1363. – Meiosis bei Luzula purpurea 3072.
Nordestgård (A.), Versuche mit Winterrapszuchtstämmen *1958–61* 1283.
Nordheim (W.) u. **Müller (G.)** [Berlin], Aerobe u. anaerobe Äthylalkoholbildung v. Getreidesamen u. d. Einfluß v. *2.4*-Dinitrophenol 2591.
Nordin (P.), Fraktionierung v. Stärkedextrinen an Sephadex 1735.
Norman (A. G.) s. Parr (J. F.).
Norman (B. W.) s. McLachlan (K. D.).
Norris jun. (D. M.) s. Saunders (J. L.).
Norris (F. W.) s. Gibbins (L. N.).
North (C.) s. Priestley (W. G.).
– u. **Frith (L. H.)**, Sortenversuche mit Gemüse in Schottland. 7. Mitt. Sellerie, *1957–1959* 3322.
–, **Frith (L. H.)** u. **Taylor (H.)**, Gemüsesortenversuche in Schottland. 5. Mitt. Im Frühjahr ausgesäte Puffbohnen 1024.
– u. **Taylor (H.)**, Gemüsesortenversuche in Schottland. *6.* Mitt. Hamburger Petersilie, *1957–1958* 1024.
North (J. J.), Bewässerung 1510.
North (R. J.) s. Vincent (J. M.).
Norton (D. C.), Populationsschwankungen v. Xiphinema americanum in Iowa 3111.
Nosek (J.), Kenntnis d. Apterygoten d. kleinkarpath. Wald- u. Dauergrünlandböden 2937.
Nosov (A. K.), Salzverträglichkeit d. Baumwolle u. d. Vitamine 110.
– u. **Zurnadži (A. V.)**, Einfluß niedriger Temperaturen vor d. Aussaat auf d. Entwicklung d. feinfaserigen Baumwolle 404.
Nosov (P. V.) s. Dibrova (M. A.).
Notani (N. K.) s. Brink (R. A.).
Novák (B.), Methodik d. Studiums mikrobieller Umwandlung organ. Stoffe im Boden 2637.
Novák (F.), Krebsresistenz v. Wildkartoffelarten (Synchytrium endobiotikum (Schilb.) Perc.) 1913. – s. Červenka (J.).
Novák (K.) s. Skuhravý (V.).
–, **Skuhravý (V.)** u. **Zelený (J.)**, Einfluß v. Systox auf einige Insektenarten d. Zuckerrübenfeldes 570.
Nováková (E.) u. **Stolina (M.)**, Schälen d. Rotwildes in mittelslowak. Bergwäldern 3404.
Nováková (J.) s. Kutáček (M.).
Nováková (Z.) s. Lužný (J.).
Nover (I.), Biolog. Spezialisierung d. Getreidemehltaus 3422.
Novickaja (J. E.), Wasserhaushalt d. Pflanzen in Abhängigkeit v. d. Temperatur des Bodens 301. – s. Korovin (A. I.).
Noviello (C.) u. **Snyder (W. C.)**, Fusarium-Welke d. Hanfes 3148.
Novikov (V. A.), Pflanzenphysiologie [1733].
Novikova (A. T.), Beizung u. Behandlung d. Samen mit Phosphorbakterin 1814.
Novikova (A. V.), Besonderheiten d. Melioration v. Wiesen-Solonetz 945.
Novoded (M. F.) s. Bondin (V. P.).
Novotel'nova (N. S.), Weißrost auf d. Sonnenblume 1668.
Novotná-Veselá (I.), Biologie d. Blühens u. Samenansatzes bei Allium cepa L. 806.
Novotný (J.), Erkennung d. an d. Zuckerrübe in d. ČSSR parasit. Pythium spp. 1393. – s. Drachovská (M.).
Nowacki (E.), Artbastard: Lupinus mutabilis Sweet × L. ornatus Dougl. × L. douglasi Lindl. 794. – – Aphyllus, eine chem. Mutante bei Lupinus mutabilis Sweet 794. – s. Kazimierski (T.); Mikołajczyk (J.); Przybylsky (J.).
– u. **Drzewiecka-Rożnowicz (E.)**, Lupanin, Hauptalkaloid in Lupinus hartwegii Linde 1740.
Nowakowski (T. Z.), Einfluß v. Stickstoffdüngung auf den Gehalt an Gesamtstickstoff, löslichem Stickstoff u. löslichen Kohlenhydraten v. Gras 2678.
Nowicki (A.), Einfluß einiger Mikroelemente auf Ertrag, Gesundheit u. technolog. Merkmale d. Zuckerrübe unter Feldverhältnissen 1836.
Nozdrunova (E. M.) s. Kauričev (I. S.).
Nubarjan (F. M.) s. Čajlachjan (M. C.).

Nuber (K.), Untersuchungen über d. „Kräuselkrankheit" an Hopfen (Humulus lupulus L.) im Tettnanger Anbaugebiet 1092. – Mosaikkrankheit d. Hopfens. Vorl. Mitt. 2835.
Nüesch (B.), Probleme d. Bestäubung beim Rotklee 1008. – Polyploide Zuchtsorten v. Gräsern u. Kleearten 2720. – s. Koblet (R.).
Nüesch (J.) s. Blumer (S.).
Nuernbergk (E. L.), Thermoperiodismus u. Kunstbeleuchtung 1590. – s. Raadts (E.).
Numić (R.) u. **Aganović (Z.)**, Beitrag zur Kenntnis d. Verbreitung verschied. Rassen v. Erysiphe graminis f. sp. hordei Marchal in d. VR Bosnien u. Herzegovina 3141.
Nuorteva (P.) s. Virtanen (A. I.).
Nurbachsch (K.) s. Gruppe (W.).
Nutman (P. S.), Beziehung zwischen Wurzelhaarinfektion durch Rhizobium u. Knöllchenbildung bei Trifolium u. Vicia 637.
Nyárády (A.), **Jula (F.)** u. **Pázmány (D.)**, Morpholog.-vgl. Untersuchungen d. Unkrautpflänzchen auf Äckern 289.
–, Jula (F.), Pázmány (D.) u. **Illyes (G.)**, Nektarertrag u. Blütenbiologie bei einigen Sonnenblumensorten 500.
– u. **Popescu (V.)**, Verbreitung v. Claviceps-Arten Tul. auf Gramineenarten in d. R. V. R. 848.
Nybom (N.), Physiolog. Frühselektionsmethoden als Hilfsmittel in d. Obstzüchtung 510. – Ziele u. Ergebnisse d. schwed. Obstzüchtung 2796.
– u. **Bergendal (P.-O.)**, Laufende Arbeitsaufgaben 1084.
–, Bergendal (P. O.), Oldén (E. L.) u. **Tamas (P.)**, Kälteresistenz v. Äpfeln 1869.
Nyhlén (A.), Transportversuch mit Äpfeln 2166.
Nyland (G.), Virus d. „rugase mosaic" d. Süßkirsche in Kalifornien 247. – Mögliche Virus-induzierte genet. Abnormitäten an Obstbäumen 3132.
Nylund (R. E.) s. Blake (G. R.).
Nyquist (W. E.), Unterschiedliche Befruchtungswahrscheinlichkeit in d. Vererbung d. Schwarzrostresistenz bei Hybriden einer gemeinen Weizenlinie, von Triticum timopheevi abstammend 3359.
Nys (L.) s. Manil (P.).
Nyujtó (F.), Frostplatten bei Aprikosenbäumen 3056.
– u. **Csökönyei (I.)**, Apfelsorten auf verschied. Unterlagen bis zum Beginn d. Tragens 1871.

Oakes (A. J.) u. **Skov (O.)**, Reaktion v. 4 Weidegräsern auf Stickstoff in d. trockenen Tropen 145. – Buschleguminosen als Futterpflanzen für d. trockenen Tropen 1299.
Oatman (E. R.) s. Legner (E. F.).
Oatman (R.) u. **Jenkins (L.)**, Biologie v. Argyrotaenia velutinana (Wlkr.) in Missouri mit Bemerkungen über seine natürliche Bekämpfung 1101.
Obarski (J.), Einfluß d. Entomofauna auf d. Symptome d. Bakteriose u. d. Koriandererträge 1654.
Oberbacher (M. F.) u. **Grierson (W.)**, Behandlungsmethoden bei frischen Florida-Zitronen. Einlagerung d. sizilian. Sorte bei niedrigen Temperaturen 2404.
Oberdorf (F.), Maiszüchtung in Bernburg 1629.
Oberembt (E.), Vergleichende Untersuchungen über verschied. Silierungsverfahren bei Mais 703. – Ökolog. u. agrotechn. Probleme d. Maisanbaues im mitteldeutschen Trockengebiet 712.
Oberländer (H. E.) u. **Zeller (A.)**, Düngewirkung v. Hyperphos auf österreich. Böden. *1.* Mitt. Ermittlung d. kurzfristigen Wirkung mittels radioaktivem Phosphor 2099.
Obligado (A. L.) s. Escuro (P. B.).
Oborin (A. I.), Nutzbarmachung u. Kultivierung v. Solonetzböden 89.
Oborski (J.), Wenig bekannte Gemüseschädlinge aus d. Umgebung v. Warschau 3114.
Obrazcov (A. S.), Mineralernährung u. d. Entwicklung d. Pflanzen 3003.
Obrejanu (G.), **Băjescu (I.)**, **Chiriac (A.)**, **Salzman (S.)** u. **Vintilă (I.)**, Hebung d. Fruchtbarkeit v. Podsolböden in Rumänien 2639.
–, Măianu (A.) u. **Albescu (I.)**, Melioration u. Bebauung sekundärer Salzböden unter Reiskulturen in d. Donauaue 2640.

Obrejanu (G.) u. **Sandu (G.)**, Pedomeliorative Kartierung zwecks Projektierung v. Bewässerungsarbeiten 2642.
O'Brien (M. J.) s. Kehr (A. E.); Raymer (W. B.).
Obrist (W.), Mikrobiologie im Dienst d. Abfallbeseitigung 3242.
Obrtel (J.), Apion sp., Schädlinge d. Rotkleesamenkulturen. *2.* Mitt. Schutzmöglichkeiten 3444.
Obrtel (R.), Feldversuche mit einigen Kontaktinsekticiden, d. gegen Blattrandkäfer (Sitona spp.) verwendet wurden 2268.
Obuchov (A. I.) s. Zyrin (N. G.).
O'Callaghan (T.), Beerenobstforschung in Clonroche 152.
Ocheşanu (C.) s. Bărbat (I.).
Ochova (E. P.), Samtfleckenkrankheit d. Tomate 1394.
Ochs (R.), Pedolog. u. physiolog. Untersuchungen zum Studium d. Wasserproblems bei d. Kultur d. Ölpalme 2963.
O'Connor (K. F.) s. Patil (B. D.).
Oda (T. A.) s. Alexander (B. H.).
O'Daniel (W.), Versuch zur Rationalisierung d. Obstbaubetriebe im Raume Kempen-Krefeld durch d. Einrichtung betriebseigener Lagerung [2173]. — s. Hilkenbäumer (F.).
O'Donald (P.) s. Morton (J. R.).
Ødelien (M.), Langzeit-Feldversuche unter Verabreichung kl. Bor-Mengen 2392.
Oehlkers (F.) u. **Bergfeld-Gaertner (H.)**, Mutationsauslösung durch Radioisotope 785.
Oelofsen (O. N.), Fruchtberostung bei drei Apfelsorten, hervorgerufen durch fungicide Spritzungen 2267.
Oertli (J. J.), Lithiumernährung v. Nelken 2175. — Borverluste v. Pflanzen durch Guttation 2661. — s. Lunt (O. R.).
— u. **Lunt (O. R.)**, Regulierung d. Nährstoffabgabe aus Düngesalzen durch organ. Membranen 683. — Kontrollierte Freigabe v. Dünger-Mineralen durch Verwendung einkapselnder Membranen. *1.* Mitt. Faktoren, die d. Freisetzungsrate beeinflussen 2667.
Östergren (G.) s. Bajer (A.).
— u. **Fröst (S.)**, Verschwinden akzessor. Chromosomen v. d. Wurzeln bei Haplopappus gracilis 1617.
Östergren (G.) u. **Heneen (W. K.)**, Quetschmethode f. chromosomenmorpholog. Untersuchungen 2176.
Østgård (O.), Unterschiedliche Schnittzeiten bei Wiesenlieschgras 133.
Oestrich (A.), Wasserhaushalt eines rekultivierten Lößlehmbodens bei verschied. Schütthöhe unter Weizen u. Zuckerrüben [2367].
Øverby (G.) s. Bendixen (T.).
Oganesjan (A. A.), Verbreitung d. Gurkenbakteriose in Armenien 3149.
Oganesjan (S. G.), Störung d. Vererbung dominanter Merkmale bei Weizen durch Kreuzung v. Ähren verschied. Alters 1348.
Oganov (G.) u. **Talybov (N.)**, Kopfdüngung d. Teestrauches 95.
Ogawa (T.), Samenproduktion der Zwiebeln. *1.* Mitt. Einfluß v. Regenmenge u. Feuchtigkeit auf d. Fruchtansatz 163; *2.* Mitt. Beziehung zwischen d. Samenentwicklung u. d. Keimfähigkeit d. Samen 452.
Ogawa (Y.), Quantitative Unterschiede v. gibberellinähnlichen Substanzen in Normal- u. Zwergformen v. Pharbitis nil Chois 2913.
Ogleznev (A. K.) s. Zajdel'man (F. R.).
Ognjanov (I.) s. Dimitrova (E.).
Ognjanova = Ognjanowa.
Ognjanova (A.) s. Daskalov (C.).
Ognjanowa (A.) s. Daskaloff (C.).
Ogorodnikov (B. I.), Blüh- u. Reifebeginn v. Erdbeeren in d. zentralen Gebieten d. Nichtschwarzerdezone d. europäischen Teils d. UdSSR 175.
Ohba (K.), Empfindlichkeit v. Kiefernsamen mit unterschiedlichem Wassergehalt gegenüber Bestrahlung 217. — s. Natarajan (A. T.).
Ohlrogge (A. J.), Beziehungen zwischen Boden, Wurzel u. Pflanze 1231. — s. Wilkinson (S. R.).
Ohmann-Kreutzberg (G.), Analyse d. Gramineenvirosen in Mitteldeutschland. *1.* Mitt. Streifenmosaikvirus d. Gerste 2824.
Ohnishi (Y.) s. Yoshida (Shoichi).
Ohta (T.) u. **Matsumura (S.)**, Mecha-

nismus d. Auftretens v. Gigaspflanzen v. nullisom. Zwergweizen 1348.
Ojaveski (K. L.), Herbicide in Estland 3452.
Ojea (F.), Puffervermögen des Bodens 924.
Oka (H.-I.) s. Morishima (H.).
— u. **Chang (W.-T.)**, Hybridschwärme zwischen Wild- u. Kulturreisarten, Oryza perennis u. O. sativa 514.
Okada (K.) s. Ide (S.).
Okamoto (M.), Identifizierung d. zum A- u. B-Genom gehörenden Chromosomen 1621.
— u. **Sears (E. R.)**, Chromosomen mit Translokationen bei haploiden Weizen 1895.
Okanenko (A. S.), **Počinok (C.)**, **Verbovyj (K. A.)** u. **Solov'eva (M. A.)**, Einfluß d. Verjüngungsschnittes 1868.
Okazaki (R.), **Smith (H. W.)** u. **Moodie (C. D.)**, Entwicklung eines Verfahrens zur Bestimmung d. Kationenaustauschkapazität mit geringen Fehlerquellen 650.
Okazawa (Y.) u. **Chapman (H. W.)**, Regulation d. Knollenbildung bei d. Kartoffel 1726.
Oke (J. G.), Gajraj (Königs-Elefantengras). Neue Grashybride für bewässerte Flächen im Maharashtra-Staat 3307.
O'Keefe (R. B.) s. Weihing (J. L.).
Oknina (E. Z.) s. Bobryševa (A. M.).
Okruszko (H.), **Warren (G. F.)** u. **Wilcox (G. E.)**, Einfluß d. Calciums auf d. Verfügbarkeit d. Phosphors in Moorboden 98.
Oksenenko (I. A.), Wirksamkeit d. Mineral- u. Scheidekalkdüngung bei Zuführung in d. Drillreihen zu Gerste 966.
Okuchi (S.) s. Sakamoto (T.).
Okuda (A.) s. Yamada (Y.).
— u. **Kawasaki (T.)**, Fixierung u. Freiwerdung v. Phosphat durch u. aus Böden 3207.
— u. **Kobayashi (Michiharu)**, Stickstoffbindende Mikroorganismen in Reisböden. *9.* Mitt. Substanzen in den Mischkulturen v. Rhodopseudomonas capsulatus mit Azotobacter vinelandii 346.
— u. **Yamada (Y.)**, Aufnahme v. Nährstoffen durch d. Blatt. *3.* Mitt. Vgl. d. Blattabsorption mit d. Wurzelabsorption an mit ^{42}K u. ^{32}P doppelt markiertem Kaliumphosphat 2370.
Okuda (A.), **Yamaguchi (Masuro)**, **Kobayashi (Michiharu)** u. **Katayama (T.)**, Stickstoffbindende Mikroorganismen in Reisböden. *8.* Mitt. Stickstoffixierung in Mischkultur photosynthet. Bakterien mit anderen heterotrophen Bakterien 345.
—, **Yamaguchi (Masuro)** u. **Kobayashi (M.)**, Stickstoffbindende Mikroorganismen in Reisböden. 7. Mitt. Produkte in Mischkultur v. Rhodopseudomonas capsulatus mit Azotobacter vinelandii 345.
—, **Yamaguchi (Masuro)** u. **Nioh (I.)**, Stickstoffbindende Mikroorganismen in Reisböden. *10.* Mitt. Wirkung v. Molybdän auf d. Wachstum u. d. Stickstoffassimilation v. Tolypothrix tenuis 1760.
Okumura (F. S.) s. Nakayama (S.).
Okun (D. A.), **Weiss (C. M.)**, **Alspaugh (T. A.)**, **Berg (E. J.)**, **Berger (B. B.)**, **Clark (H. F.)**, **Connell (C. H.)**, **Martini (F. E. de)**, **Dobbins (W. E.)**, **Edwards (G. P.)**, **Engelbrecht (R. S.)**, **Ettinger (M. B.)**, **Foulke (D. G.)**, **Furman (T. deS.)**, **Gaffney (P. E.)**, **Gellman (I.)**, **Gloyna (E. F.)**, **Harding (H. G.)**, **Helwig (J. D.)**, **Hoak (R. D.)**, **Ingols (R. S.)**, **Ingram (W. M.)**, **Kabler (P. W.)**, **Katz (M.)**, **Kittrell (F. W.)**, **Lardieri (N. J.)**, **Luley (H. G.)**, **Lynn (W. R.)**, **McGauhey (P. H.)**, **Olds (J.)**, **Prges (R.)**, **Shuval (H.)**, **Steffen (A. J.)**, **Straub (C.)**, **Surber (E.)**, **Tarzwell (C. M.)**, **Teletzke (G. H.)**, **Towne (W. W.)**, **Trebler (H. A.)**, **Tsivoglou (E. C.)**, **Weisberg (E.)** u. **Woodward (R. L.)**, Übersicht über d. Literatur *1961* betreffend Abwasser u. Wasserverschmutzung 2949.
Okuncov (M. M.) u. **Aksenova (O. F.)**, Bestimmung d. Abhärtungsgrades v. Wintergetreide u. einige seiner Besonderheiten 6.
Olangiu (M.) s. Rafaila (C.).
Olbertz (M. H.), Stand u. Weiterentwicklung d. Meliorationswesens in d. DDR 2949.
—, **Wertz (G.)** u. **Finger (H.)**, Untersuchungen über d. Funktionsfähigkeit

d. Filtersammlerprinzips bei d. Anlage v. Dränungen 947.
Oldemeyer (R. K.), Verwenden annueller Testpflanzen für d. Einführen v. Einzelfrüchtigkeit in Inzuchtlinien v. Zuckerrüben 1359.
Oldén (E. L.) s. Nybom (N.).
Olds (J.) s. Okun (D. A.).
Olejnikova (T. V.), Einige Besonderheiten d. Stadien-Entwicklung zweijähriger Hackfrüchte 897. – Hitzebeständigkeit v. Sommerweizensorten je nach Veränderung d. Durchdringbarkeit d. Zellenprotoplasmas 3178. – s. Razumov (V. I.).
Olesen (M.) s. Madsen (S. B.).
Olesiński (L.), Vorversuche über den Fundort d. Sumpfschotenklees, Lotus uliginosus Schk. 1469.
Oleško (V. M.), Birnensorte „Bere simnjaja" 2459.
Olimpieva (M. F.), Beizen erhöht d. Keimfähigkeit d. Saatgutes 2988. – Bestimmung d. Qualität d. Paraffinierung 3277.
Olio (D. dall') s. Branzanti (E. C.).
Olive (B. M.) u. **Hardesty (J. O.),** Einfluß v. Teilchengröße auf d. Granulierung v. Tripelsuperphosphat 1256.
Oliveira (A. J. de) s. Magalhães Silva (G.).
Oliveira (Carlos M. M. de), Silierung. *1.* Mitt. Wirkung v. Bedeckung d. Silage 2402.
Olivier (H.), Irrigation and climate [1778]*.
Olofsson (S.), Wachstum u. chem. Zusammensetzung einiger Grasarten im Frühjahr u. Vorsommer 3298.
O'Loughlin (G. T.), Aphiden-Fang in Victoria. *1.* Mitt. Jahreszeitliches Auftreten v. Blattläusen an *3* Standorten u. d. Vergleich zweier Fangmethoden 3122.
Olschewski (H.), Problematik d. Bodenfruchtbarkeit auf d. Dauergrünland 2431.
Olsen (S. R.) s. Watanabe (F. S.).
–, Kemper (W. D.) u. **Jackson (R. D.),** Phosphatdiffusion zu Pflanzenwurzeln 374.
–, Watanabe (F. S.), Kemper (W. D.) u. **Clark (F. E.),** Wirkung v. Hexadecanol u. Octadecanol auf d. Wasserausnutzung u. d. Wachstum v. Mais 2010.
Olson (L. E.) s. McAllister (DeV. R.).
Olson (R. A.) s. Langin (E. J.).
–, Dreier (A. F.), Hoover (C. A.) u. **Rhoades (H. F.),** Verantwortl. Faktoren für schlechte Reaktion d. Maises u. d. Körnerhirse auf Phosphordüngung. *1.* Mitt. Boden-Phosphorspiegel u. klimat. Faktoren 2679.
Olson jun. (T. A.), ^{90}Strontium in d. Weizenernte d. Vereinigten Staaten, *1959* 1245.
Olsson (K.), Voraussetzungen für einen Apfelschorfwarndienst in Schweden 1706.
Olszewska (I.), Abbauversuche mit Kartoffelstämmen 539.
Omar (M.) s. Hamdi (H.).
Omel'čenko (L.), Direktaussaat v. Tomaten 751.
Omel'janjuk (L. L.), Chem. Trocknung d. Samenträger 3294.
Omidvar (A. M.), Die nematiciden Wirkungen v. Tagetes spp. auf eine Population v. Heterodera rostochiensis Woll. 1098. – s. Hague (N. G. M.).
Oñate (B. T.) s. Escuro (P. B.).
Ončev (N.), Bodenbedeckung auf Tabakfeldern 727. – Erosionsbekämpfende Auswirkung d. Mulchierung 1229. – Besonderheiten im Temperaturhaushalt d. Luftschicht an d. Erde unter Strohmulch 3202.
Ongun (A.) s. Stocking (C. R.).
Onikura (Y.) s. Uchiyama (N.).
Onnis (A.) s. Meletti (P.).
Oommen (P. K.), Korrelation zwischen Bodenuntersuchungswerten für Kalium u. d. Pflanzenreaktion auf Kaliumdüngemittel zu Reis u. Weizen in ind. Böden 1767. – s. Iswaran (V.).
– u. **Iswaran (V.),** Vergleichende Untersuchung des in ind. Böden durch verschied. Extraktionsmittel bestimmten verfügbaren Kaliums 938.
Oorschot (J. L. P. van) u. **Belksma (M.),** Apparatur zur kontinuierlichen Registrierung d. CO_2-Gaswechsels u. d. Transpiration ganzer Pflanzen 857.
Oortgijs (J.), Das neue Hilfsmittel OASIS 1607.
Oosten (A. van), Nachtfrost, Schutz u. „Golden Delicious" im Nordostpolder 169. – Weniger Nachtfrostscha-

den durch richtige Nährstoffversorgung d. Bodens 3317.
Oostenbrink (M.) s. Hoestra (H.); Loof (P. A. A.).
Oparin (A. I.), Das Leben, seine Natur, Herkunft u. Entwicklung [3205].
Opel (H.) s. Kegler (H.); Schmidt (H. B.); Wolffgang (H.).
Opik (H.) u. **Simon (E. W.),** Wassergehalt u. Respirationsrate v. Bohnenkotyledonen 3177.
Oppenheimer (H. R.) s. Jacoby (B.).
Oprea (C. V.), Umwandlung d. Salzböden in gute Kulturböden [952]. – Salz- u. Alkaliböden Rumäniens u. ihre Verbesserung 2630.
–, Ciaglic (I.), Vlas (I.), Colibas (I.), Drăgan (I.), Andrei (I.), Mihoc (E.) u. **Opriş (L.),** Melioration d. alkal. u. Salzböden im Westen d. Landes 2641.
–, Stănescu (P.), Crişan (I.), Teaci (D.) u. **Maxim (N.),** Böden Westrumäniens, ihre Nomenklatur u. Klassifikation 2630.
Opriş (L.) s. Oprea (C. V.).
Oprişan (N.) s. Staicu (I.).
Oproiu (E.) s. Boldea (E.).
Opsahl (B.), Wehrlose Trespe in Norwegen 133. – Herbstrübensorten *1958* bis *1961* (Brassica campestris var. esculenta) 3294.
Opyrchałowa (J.), Einsatz v. Fangtafeln für Beobachtungen über den Flug v. Rübenblattwanzen (Piesma quadrata Fieb.) 1142.
Oram (P. A.), Versuche zur Unkrautbekämpfung in Erdnußpflanzungen in Tripolis 1164.
Orbeck (K.), Technik d. Ganzpflanzenernte in verschied. Ländern 1567. – Bekämpfung d. Blauschimmels in Deutschland im Jahre *1961* 2258.
Ord (M. G.), Stoffwechselfaktoren, d. bei X-Strahlen-induzierten Veränderungen in bestimmter Art zum Ausdruck kommen 3356.
Ordish (G.), Landwirtschaftlich wichtige Krankheiten u. Schädlinge in Geschichte u. Literatur 812.
O'Reilly (E. D.) s. Campbell (A. G.).
Orel (L. I.), Bildung steriler Pollen bei Tomaten 3374.
Orellana (R. G.) s. Thomas (C. A.).
Orians (G. H.), Natürliche Selektion u. ökolog. Theorie 2177.
Orieux (L.) s. Félix (S.).
Orlob (G. B.), Übertragung von Pflanzenviren durch verschied. Morphen v. Aphiden 2827.
Orlov (D. S.) u. **Cikurina (N. N.),** Quantitative Natriumbestimmung in Böden u. Bodenlösungen mittels Glaselektroden 938.
Orlov (V. M.) s. Zavališin (V. A.).
Orlova (L. P.), Anwendung d. Elektrodialyse für d. Extraktion v. absorbierten Basen (Ca u. Mg) aus d. Boden 63.
Orlovskaja (E. V.), Perspektiven d. Anwendung v. Viren zur Bekämpfung schädlicher Insekten 2257.
Orlovskij (N. I.), Wege zur Steigerung d. Zuckergehaltes d. Rüben 207.
Ormandy (A.), Benutzungsmöglichkeiten schneller analyt. Methoden bei d. Tabakanalyse 3191.
O'Rourke (F. L. S.) s. Wildon (C. E.).
Orsenigo (J. R.), Anwendung v. N-(*3.4*-Dichlorphenyl)-*2*-methylpentanamid zur Bekämpfung aufkommender Unkräuter beim Sellerie 2579. – s. Harris jun. (E. D.).
Orth (A.), Kaufmann (W.) u. **Koch (G.),** Untersuchungen an Anwelksilagen 118. – Versuche zur Silierung v. Getreide 985.
Orth (F.), Maleinsäurehydrazid (MH), ein Mittel zur Verhinderung d. Austreibens v. Zwiebeln im Lager 1308.
Orth (H.), Bericht über d. Internationale Herbicidtagung in Paris v. *13.* bis *15.* Dezember *1961* 580. – Chem. Unkrautbekämpfung im Gartenbau [1440]*. – Gegenwärtiger Stand unserer Kenntnisse über d. chem. Unkrautbekämpfung in einigen Gemüsekulturen 2880.
Ortiz-Torres (E.), Schaden durch d. Schnecke Marisa cornuarietis an jungen Reissämlingen in Puerto Rico 3111.
–, Theis (T.) u. **McVey (D. V.),** Nicht beobachtete Hoja-blanca-Symptome an anfälligen Reissorten in Puerto Rico 3136.
Ortman (E. E.) s. Isaak (A.).
Ortmann (C.), Reorganisation d. Pflanzguterzeugung bei Flechtweiden 2419.
Orwoll (E. F.) s. Graham (J. R.).

Osaki (M.) u. **Yokohata (I.)**, Untersuchungen über d. Pflanzkartoffelbau im wärmeren Teil Japans. *1.* Mitt. Jahreszeitliche Variation in d. Schädlingsaktivität u. im Flug d. an Kartoffeln vorkommenden Blattläuse in Beziehung zur Virusübertragung auf d. Kartoffelfeldern bei zweimaligem jährlichem Anbau im Frühjahr u. Herbst 540.

Osara (K.), Anbauversuche mit Kopfsalat 752. — s. Salokangas (K.).

Osawa (T.), Salzverträglichkeit v. Gemüsearten in Sandkultur. *1.* Mitt. Fruchtgemüse 158; *2.* Mitt. Blattgemüse 162; *3.* Mitt. Wurzelgemüse 446; *4.* Mitt. Über d. relative Salzverträglichkeit u. den Salzschaden v. Gemüsearten unter bes. Berücksichtigung d. mineral. Ernährung 445. — Natriumchlorid-Schaden an Gemüse in Beziehung zur Stickstofform u. d. Kalziumernährung in Sandkultur 3318. — Natriumchlorid-Schaden an Gemüse in Beziehung zur Stickstofform bei Sandkultur. *1.* Mitt. Über einige Fruchtgemüse 3322; *2.* Mitt. Blatt- u. Wurzelgemüse 3318.

Osborn (J.) s. Letey (J.); Pelishek (R. E.).

Osborne (D. J.), Hormonale Kontrolle d. pflanzlichen Wachstums 3185.

Osborne (R. E.) s. Hewitt (C. W.).

— u. **Hewitt (C. W.)**, Einfluß d. Häufigkeit d. Stickstoff-, Phosphat- u. Kalidüngung zu „Lacatan"-Bananen in Jamaica 3310.

Oshika (Y.) s. Eguchi (Y.).

Oshima (Nagayoshi) u. **Livingston (C. H.)**, Wirkungen virocider Chemikalien auf d. Kartoffelvirus X-I 3125.

Oshima (Nobuyuki), **Goto (T.)** u. **Sato (R.)**, Für Cruciferenpflanzen pathogener Stamm (TMV-C) d. Tabakmosaikvirus 2233.

— u. **Nemoto (M.)**, Neue Viruskrankheit d. Kartoffel v. Vergilbungstyp 3126.

Oshima (Yasuyoshi) s. Eto (Morifusa).

Oshima (Yasuyuki), Ökolog. Untersuchungen v. Bambusgras-Gemeinschaften. *4.* Mitt. Trockenmasseproduktion u. Verteilung d. Produkte auf verschied. Organe in einer Gemeinschaft v. Sasa kurilensis 1190; *5.* Mitt. Einfluß v. Lichtintensität, Schneetiefe u. Temperatur auf d. Entwicklung einer Gemeinschaft v. Sasa kurilensis 1190.

Osińska (J.), Stimulierende Präparate bei d. Keimung v. Knollen 1551.

Osipov (O. B.) s. Mamedov (Š.).

Osipova (N. I.), Widerstandsfähigkeit d. aperiod. Form d. Kartoffel u. ihrer Hybriden gegen Viruserkrankungen 1634.

Oske (G.) s. Sembdner (G.).

Oškinis (V.), Vermehrung v. Remontant-Nelken 3063.

Oslobeanu (M.), Verbreitung d. wertvollsten Rebsorten für Tafeltrauben im Bezirk Dobrodja 771.

— u. **Babeş (S.)**, Beitrag zum Studium d. im Weinberg Murfatlar verwendeten Unterlagen 769.

— u. **Mujdaba (F.)**, Verhalten d. tragenden Rebsorten im Weinberg Murfatlar unter den Bedingungen d. nach Norden gerichteten Terrassenanlagen 473.

Ošmakov (I. G.) s. Černenkov (A. D.).

Osman (M. F.) s. Tietz (H.).

Osmolovskij (G. E.) s. Berim (N. G.).

Osske (G.) s. Schreiber (K.).

Ostapenko (V. I.), Vererbung d. Eigenschaften bei Sortenhybridisation d. Kirsche im Zusammenhang mit d. Oxydationsmetabolismus d. Ausgangsformen 1086. — Züchtung v. Aprikose u. Pfirsich 2204. — Bestimmung d. Lebens- u. Befruchtungsfähigkeit d. Pollens v. Obstkulturen 3377.

Ostaščenko (V.), Getreide, Mais, Bohnen in d. Sortenprüfstelle Kytmanowo 2988.

Ostaszewski (W.), Versuche auf den Moorflächen im Łeba-Tal 660.

Ostrom (T. R.), **West (C. R.)** u. **Shafer (J. J.)**, Abwasserteich auf d. Eisdecke Grönlands 369.

Ostrovskaja (L. K.), Physiolog. Rolle d. Kupfers u. d. Grundlagen für d. Anwendung v. Kupferdüngermethoden [1793].

Ostrowska (I.) s. Bogdański (K.).

Ostrowski (J.), Herbiciden u. synthet. Wuchssubstanzen u. d. Folgen ihrer Anwendung 2274.

Osváth (J.) s. Bajai (J.).

Ota (T.), Bedeutung d. Cytoplasmas in d. Cytokinese pflanzlicher Zellen 2771.

Oteleanu (R.) s. Constantinesco (D. G.).

Otsuka (K.), Schwefelmangel d. Serpentin-Böden 2922.

Otto (A.), Terminkultur mit Chrysanthemen in Erde u. Kiessubstraten 1609. — Gärtner. Kultursubstrate, industriell gefertigt 3036. — Normal- oder gesteuerte Kultur d. Chrysanthemen 3064.

Otto (D.) s. Kruel (W.).

Otto (G.), Auftreten u. Entwicklung d. endotrophen Mykorrhiza an ein- bis dreijährigen Apfelsämlingen auf verschied. Standorten. *1.* Mitt. Häufigkeit, Intensität u. morpholog. Merkmale d. endotrophen Mykorrhiza 929; *2.* Teil. Beziehungen zwischen d. endotrophen Mykorrhiza u. den Faktoren Pflanze u. Standort 1488. — Quotient zur Bestimmung d. Verzweigungsdichte v. Gehölzfaserwurzeln im Zusammenhang mit Problemen d. Rhizosphäre 1035.

Ouchi (K.) s. Samoto (S.).

Ouellet (C.-E.), Anfertigung u. Gebrauch v. Tafeln d. Frostwahrscheinlichkeit 2033.

— u. **Laporte (G.),** Formel zur Berechnung d. Evapotranspiration u. d. Regens durch ein Instrument 1746.

Ouellette (G. B.), Infektionsvorgang v. Ceratocystis ulmi (Buism.) C. Moreau bei Amerikan. Ulmen 2847.

Ouellette (G. J.), Mineral. Stickstoffdüngung v. Wiesen 2734. — Beziehung Kalium-Bor beim Luzerneanbau 2964. — Einfluß v. Kalk, Stickstoff u. Phosphor auf d. Molybdän-Wirkung zu Ladino-Klee 2971. — Löslichkeit u. Vermahlungsgrad verschied. Boratdünger 2984.

Ouwerkerk (C. van) s. Kuipers (H.).

Ouyang (Shou-ju), Physiolog. Charakteristik über d. Trockenresistenz einiger Rebensorten 2463.

Ovčarov (K.) s. Kolek (I.).

Ovčarov (K. E.) s. Borodulina (A. A.).

Ovčarova (T.), Wasserphysikal. Eigenschaften d. lehmigen Tschernoseme (Karasuluci) im Gebiet d. Stadt Kawarna 2043.

Overaa (P.), Neuer Keimapparat mit Wechseltemperatur u. Belichtung 1549.

Overbeek (J. van), Physiolog. Reaktionen d. Pflanzen auf Herbicide 2572.

Overman (A. J.), Nematoden vergesellschaftet mit Pangolagras-Weiden 1649. — Nematicidbehandlung v. Lilienzwiebeln vor d. Lagerung 1966. — Wirksame Anwendung v. Bodennematiciden zu Gladiolen 1983.

Overstreet (R.) s. Handley (R.).

Oveson (M. M.) s. Horning (T. R.).

Owen (F. V.) s. Stout (M.).

Owen (J. H.) s. Gonzalez (L. C.).

Owers (A. C.) s. Allen (P. G.).

Oyama (M.) s. Mitsuchi (M.).

Oyenuga (V. A.), Einfluß d. Schnitthäufigkeit auf d. Ertrag u. d. chem. Zusammensetzung einiger Futtergräser Nigerias (Tripsacum laxum Nash.) 146.

Ozaki (H. Y.) s. Thayer (P. L.).

Ozanne (P. G.), Greenwood (E. A. N.) u. **Shaw (T. C.),** Kobaltbedarf v. Weißklee unter Feldbedingungen 3259.

Ozereckovskaja (O. L.) s. Rubin (B. A.).

Paatela (J.), Merkmale einiger diploider u. tetraploider Sorten d. Spätklees, Trifolium pratense var. subnudum subv. serotinum 1010. — s. Suomela (H.).

Paauw (F. van der), Period. Veränderungen v. Bodenfruchtbarkeit, Ernteerträgen u. Düngungswirkungen infolge wechselnder Perioden v. niedrigem u. hohem Niederschlag 2322. — Einfluß d. Winterniederschläge auf d. für d. Pflanzen verfügbare Stickstoffmenge 2390. — Einfluß d. Niederschläge im Winter auf d. Stickstoffbedürftigkeit verschied. Bodenarten 3203.

— u. **Ris (J.),** Brauchbarkeit d. K-Zahl für Ackerland auf stark hu-

mushaltigen Böden 66. – Nachwirkung d. Stickstoffdüngung 3269.
Pablot (J.) s. Félix (S.).
Pacewiczowa (T.), Impfung d. Pflanzen mit Silicatbakterien 973.
Pachomova (V. P.), Winterfestigkeitszüchtung bei Wi-Roggen 1350. – s. Juŕev (V. J.).
Pačikina (L. I.) u. **Rubinštejn (M. I.),** Die Böden d. Kasach. SSR. Nr.2. Böden d. Koktschetawer Gebietes [3231]*.
Pacséry (M.) s. Faludi (B.).
Paddock (E. F.) s. Huang (P. C.).
Paden (W. R.), Weißklee-Rohrschwingelgemisch unter d. Einfluß verschied. Bodenbehandlung u. Graspflanzweite 130.
Padfield (C. A. S.), Verwendung v. Diphenylamin u. a. chem. Mitteln zur Bekämpfung d. Hautbräune d. Äpfel 1698. – Lagerung v. neuseeländ. Früchten unter regulierbaren atmosphär. Bedingungen: Wirkungen v. niedrigen Sauerstoff- u. verschied. Kohlendioxydgehalten 2747. – s. Marshall (D. C.).
Pääsuke (M.), Bekämpfung v. Pratylenchus penetrans durch Raubpilze 2856.
Pätzold (C.) s. Fischnich (O.).
Pätzold (H.), Agrargeograph. Gesichtspunkte bei d. Gestaltung d. Futterbaues 1016.
Pag (H.), Bisher nicht bekannte Welkekrankheit an Aphelandra squarrosa Nees 554. – Großflächige Bodendesinfektion zur Bekämpfung d. Verticillium-Welke an Erdbeeren in Kalifornien 2553. – Schnittblumen in Kalifornien 3343. – Besuch bei Ecke im Encinitas/Kalifornien 3348. – s. Gerlach (W.).
Paganjas (K. P.), Anwendung v. Polymer- u. Huminpräparaten beim Baumwollanbau 3274.
Page (A. B. P.) u. **Lubatti (O. F.),** Begasung v. Insekten 3447.
Page (A. L.) u. **Bingham (F. T.),** Bestimmung v. Al^{3+} in Pflanzensubstanzen u. Bodenextrakten 1529.
Page (E. R.), Studien über Boden- u. Pflanzenmangan. *2.* Mitt. Beziehungen d. Boden-pH-Wertes zur Manganverfügbarkeit 959; *3.* Mitt. Verfügbarkeit v. höheren Oxyden d. Mangans für Hafer 2382.
Page (E. R.), Schofield-Palmer (E. K.) u. **McGregor (A. J.),** Studien über Boden- u. Pflanzenmangan. *1.* Mitt. Mangan im Boden u. seine Aufnahme durch Hafer 958.
Page (H. L.) s. Clark (B. E.).
Page (J. B.) s. Church (B. M.).
Page (N. R.) s. Holden (E. R.).
Paglietta (R.) s. Eynard (I.).
Pahlke (K.) s. Husemann (C.).
Painter (H.), Insektenresistenz bei Pflanzen 518.
Painter (R. H.) s. Maxwell (F. G.).
Pajkin (D. M.), Asiat. Getreidewanze [1118].
Pajziev (P.) s. Ibragimov (Š. I.).
Pakaln (G.) s. Peive (J.).
Pakov (I.) s. Nejkova (E.).
Pal (B. P.), Beiträge d. Botanik zur menschlichen Wohlfahrt 1713.
Pál (G.) s. Mándy (G.); Szalay (D.).
Pal (N. L.), Bangarayya u. **Narasimham (P.),** Einfluß verschied. Chlorgaben auf d. Wachstum d. Tabakpflanze u. d. Brennbarkeit ihrer Blätter 2973.
Palamarčuk (A. S.), Bildung d. Rübenkörper bei Beta-Rübe u. Radieschen bei Anzucht auf Mineral- u. Torfböden in Abhängigkeit v. d. Lage d. Samen an d. Samenträgern 1832.
Palarkarčeva (M.) s. Bajlov (D.).
Palašev (I.) s. Todorov (T.).
Palaveev (T.), Christova (E.) u. **Dinčev (D.),** Einführung d. Bordüngung in Bulgarien 2984.
Palaveeva-Kovačevska (M.) s. Christov (M.).
Paleg (L. G.), Physiolog. Wirkungen d. Gibberellinsäure. *3.* Mitt. Wirkungsmechanismus am Gersten-Endosperm 2006.
–, Coombe (B. G.) u. **Buttrose (M. S.),** Physiolog. Wirkungen d. Gibberellinsäure. *5.* Mitt. Endosperm-Reaktionen d. Gerste, d. Weizens u. Hafers 2006.
–, Sparrow (D. H. B.) u. **Jennings (A.),** Physiolog. Wirkungen d. Gibberellinsäure. *4.* Mitt. Über d. Gerstenkorn mit normalen, röntgenbestrahlten u. abgeschnittenen Embryonen 2006.

Palenzona (D. L.), Wirkungen d. intrasomat. Auslese im Hinblick auf d. mutagenen Wirkungen d. ionisierenden Strahlen auf d. polygenet. Eigenschaften 2774.

Pálfi (G.), Keimung d. Kulturpflanzen in sodahaltigen (Szik) Medien 953.

Palij (V. F.), Verbreitung, Ökologie, Biologie d. Erdflöhe d. Fauna d. UdSSR [3139].

Paliwal (K. V.), Statist. Prüfung d. Eignung v. einigen d. Ionenaustauschgleichungen unter Berücksichtigung v. einigen Tonmineralen u. Oxyden in Calcium, Magnesium u. Kalium enthaltenden Systemen 339.

Palk (B. A.) s. Graham (J. S. D.).

Páll (O.), Verwendung v. organ. Quecksilberpräparaten zur Bekämpfung d. Bohnenanthraknose, Colletotrichum lindemuthianum (Sacc. et Magn.) Bri. et Cav. 1149. — s. Mózes (P.).

Pallas (J. E.) u. **Williams (G. G.)**, Absorption durch d. Blatt u. Translokation v. ^{32}P u. *2.4*-Dichlorphenoxyessigsäure in Abhängigkeit v. d. Tension d. Bodenwassers 379.

Pallotta (U.) u. **Antoniani (C.)**, Phosphorfestlegung im Boden. *1.* Mitt. Eindringen d. Phosphate in Abhängigkeit v. d. chem. Eigenschaften d. Düngemittel 100.

Pallutz (H.) s. Kurth (H.).

Pally (C.), Zur Kenntnis d. Larven u. Puppen forstlich wichtiger Bockkäferarten aus Kiefernholz 234.

Palmer (J.) u. **Wilton (B.)**, Auspflanzen v. Zuckerrüben, in Erdballen herangezogen 1563.

Palmer (R. D.) s. Allen (W. S.).

Palmer (T. P.), Winterwachstum v. Luzerne (Medicago sativa). *2.* Mitt. Genet. Variabilität in einer Population d. „Hunter River"-Luzerne 1637; *3.* Mitt. Leistungen d. Luzernesorten in Lincoln, Neuseeland 1293. — Populationsstruktur, Befruchtungsverhältnisse, interspezif. Hybridisation u. Allopolyploidie 2787.

Palmer-Jones (T.), **Forster (I. W.)** u. **Jeffery (G. L.)**, Rolle d. Honigbiene u. d. Hummel als Bestäuber v. Weißklee (Trifolium repens L.) im Distrikt Timaru u. im Mackenzie-Gebiet 1843.

Palo (A. V.), Übertragung u. Entwicklung d. Stengelälchens, Ditylenchus dipsaci (Kühn), in Luzerne, Medicago sativa L. 1927.

Palocsay (R.), Meine Untersuchungen in d. Blumenzucht [1886]. — u. **Keszi-Hermath (E.)**, Charakterisierung v. drei Gladiolenelitesorten vom Standpunkt d. Agrobiologie u. d. Produktion 184.

Paloheimo (L.), **Herkola (E.)** u. **Kero (M. L.)**, Methode zur Cellulosebestimmung 613.

Palotta (U.) s. Ferrari (C.).

Palov (A. I.) s. Grigórev (M. A.).

Pamfil (C.), Einfluß d. Fehlstellen auf d. Körnermaisertrag 126. — Versuche mit Silomaissorten u. -doppelhybriden 135. — Doppellinienhybriden bei Mais 496. — s. Popescu (V.).

Pammer (F.), Pflanzenzüchtung u. Sortenanerkennung 3350.

Panabokke (C. R.) s. Moormann (F. R.); Quirk (J. P.).

Panafidin (K. A.), Einfluß d. chem. Behandlung auf d. Kartoffelkäfer 2269. — s. Bondin (V. P.).

Panait (V.) s. Roşça (D.).

Pančenko (V. F.), Lagerungsverfahren bei Stecklingen 3280.

Pancho (J. V.) s. Capinpin (J. M.).

Panda (B. S.) u. **Datta (R. M.)**, Kallosepfropfenbildung in d. Pollenschläuchen v. Corchorus siliquosus Linn, einer Wildjute Amerikas 1058.

Pandele (J.), Studium d. chem. Zusammensetzung d. Mandel in d. Hauptkulturzentren d. RVR 612.

Pandey (K. K.), Wechselwirkungen zwischen S-Allelen in diploiden Pollen 1889. — Interspezies-Unverträglichkeit bei Solanum-Arten 2192. — Genetik d. Inkompatibilitätsverhaltens bei d. mexikan. Solanum-Art S. pinnatisectum 3084.

Pandya (H. G.) s. Patil (N. D.).

Panella (A.), Genet. Verbesserung d. Futterpflanzen im Hinblick auf d. Qualität d. Produktes 2789.

Paneque Guerrero (G.) s. González García (F.).

Panetsos (C.) s. Hartmann (H. R.); Hartmann (H. T.).

Panfilov (V. P.), Nutzbarkeit d. Bo-

denfeuchtigkeit durch d. Pflanzen 340.
Panić (J.), Verhalten v. Ameisen gegenüber bodenbewohnenden Kleinarthropoden 3227.
Panigrahi (B. M.) u. **Misra (G.)**, Anwendung v. *2.4*-Dichlorphenoxyessigsäure zur Bekämpfung v. Argemone mexicana L. u. Heliotropium indicum L. 2875.
Panitkin (V. A.) s. Kapustjanskij (A. N.).
Panjan (M.) u. **Kus (M.)**, Kartoffel-M-Virus 3125.
Panjuškina (A. M.) s. Čigarev (G. A.).
Pankov (M. A.), Ver- u. Entsalzungsprozesse d. Böden in d. Hunger-Steppe [2942].
— u. **Mukol'janc (V. M.)**, Einfluß d. Humate u. polymeren Präparate, d. Strukturbildner, auf Wachstum, Entwicklung u. Ertrag d. Baumwolle 3217.
Pannier (D.), Untersuchung d. Grundschlammes Berliner Seen. *1.* Bericht: Lietzensee 2360.
Panos (D. A.), Beitrag Griechenlands zum „Weltsamenjahr" *1961* 2687.
Panosjan (A. K.), **Arutjunjan (R. Š.)**, **Avetisjan (N. A.)** u. **Zacharjan (S. V.)**, Zur Frage d. gegenseitigen Beziehungen zwischen Azotobacter u. a. Mikroorganismen des Bodens 345.
—, **Arutjunjan (R. Š.)**, **Avetisjan (N. A.)**, **Zakarján (S. V.)** u. **Nikogosjan (V. G.)**, Einfluß v. Azotobakter u. Bakterienaktivatoren auf d. Zukkerrübenertrag 2104.
Panossian = Panosjan.
Panossian (A. K.), **Arutunian (R. S.)** u. **Marshavina (Z. V.)**, Wirkung d. Stoffwechselprodukte d. Mikroorganismen auf d. Wachstum u. d. Entwicklung d. Pflanzen 2338.
Panov (V.), **Ivanov (V.)** u. **Angelov (A.)**, Ausnutzung d. Streifen zwischen den Reihen in Obstplantagen [1881].
Pant (R.), **Agrawal (H. C.)** u. **Kapur (S.)**, Wasserlösliche Zucker u. Gesamtkohlenhydratgehalt v. Zwiebel (Allium cepa), Knoblauch (Allium sativum) u. Rübsen (Brassica rapa) 1735.
Pantastico (E. B.), Einfluß d. N- u. P-Ernährung auf d. Blühverhalten d. Reises 3305.
Panteleev (I. N.), Einbringung v. organ.-mineral. Gemischen u. Wurzelernährung d. Pflanzen 89.
Pantielev (J.), Rationelle Nutzung v. Torf als Düngemittel 97.
Pántos (G.), Fähigkeit zur Synthese v. Vitaminen bei einigen in d. Wurzelzone v. Weizen u. Mais vorherrschenden Bakterienarten 1487.
Papadakis (J.), Climatic tables for the world [1474]*. — Bodenklassifikation. 7. Verbesserung 1492. — Böden v. Argentinien 2940.
Papavizas (G. C.) s. Davey (C. B.).
— u. **Davey (C. B.)**, Saprophyt. Verhalten v. Rhizoctonia im Boden 1375. — Beeinflussung d. Aktivität v. Rhizoctonia im Boden durch Kohlendioxyd 3387. — Isolation u. Pathogenität d. saprophyt. Phase v. Rhizoctonia im Boden 3388. — Wirkung schwefelfreier Aminoverbindungen u. verwandter Substanzen auf d. Aphanomyces-Wurzelfäule d. Erbsen 3442. — Wirkung schwefelhaltiger Aminoverbindungen u. verwandter Substanzen auf d. Aphanomyces-Wurzelfäule d. Erbsen 3442.
—, **Davey (C. B.)** u. **Woodard (R. S.)**, Wirksamkeit einiger organ. Substanzen u. Fungicide auf d. Verminderung d. Aktivität u. d. Lebensdauer v. Rhizoctonia solani im Boden 3161.
Pape (H.), Lilienblasenfuß 1930.
Papp (L.), Mikroklima unter Schutzgittern 619.
Papp (Z.) s. Hinfner (K.).
— u. **Sváb (J.)**, Entwicklungsanalyse ungar. Weizensorten 988; dass.: v. Roggensorten 1827.
Paprocki (S.), Einfluß einer Zumischung v. Getreide auf d. Entwicklung, den Ertrag u. die chem. Zusammensetzung d. gelben Futterlupine. *3.* Mitt. Einfluß einer Zumischung v. Getreide auf d. Dynamik d. Ansammlung d. Trockensubstanz, d. Stickstoffes, Phosphors u. Kaliums bei d. Lupine 715.
Papušev (E.), Vorrichtungen zur Herbicidspritzung d. Maises in einem

Arbeitsgang bei d. Aussaat oder zur Hacke 2279.

Paquet (J.), Visuelle Feststellungen über d. „Erscheinung der Verschrumpfung" beim Weizenkorn bei d. Reife 197.

Paquin (R.), Wirkung v. Gibberellinsäure auf d. Fusarium-Welkekrankheit d. Tomaten u. d. Form d. Früchte 1952.

— u. **Coulombe (L. J.),** Synthese d. Pektin-Enzyme u. ihr Zusammenhang mit d. Virulenz v. Fusarium oxysporum f. lycopersici (Sacc.) Snyder et Hansen 1375.

Paquot (C.), Mercier (J.), Mathieu (A.), Lefort (D.) u. **Perron (R.),** Analyt. Methoden d. natürlichen Fette 1736.

Pardini (G.) s. Massantini (F.); Verona (P. L.).

Parencia (C. R.) s. Davis (J. W.).

Parencia jun. (C. R.), Cowan jun. (C. B.) u. **Davis (J. W.),** Beziehung zwischen Lepidopteren-Lichtfallenfängen u. d. Befall v. Baumwollfeldern 2508.

Parfenova (E. I.) u. **Jarilova (E. A.),** Mikromorphologie des Bodens als Methode zur Untersuchung d. geochem. Landschaften 1212. — Mineralog. Untersuchungen in d. Bodenkunde [2322].

Paribok (T. A.), Wachstum d. Zwiebel bei Lichtkultur 1315. — Einfluß d. Lichtes auf d. Bildung d. Ascorbinsäure in Pflanzen 1452.

Parinkina (O. M.) s. Aristovskaja (T. V.).

Paris (E.) s. Kürten (P. W.).

Paris (R.) s. Nitsch (J. P.).

Park (K. J. F.), Rawes (M.) u. **Allen (S. E.),** Graslanduntersuchungen im Nationalen Naturreservat v. Moor House 328.

Park (P. O.) s. Hislop (E. C.).

Park (R. B.) s. Lichtenthaler (H. K.).

Parker (C. A.) s. Lange (R. T.).

— u. **Dilworth (M. J.),** Hemmung d. Stickstoffbindung durch Wasserstoff bei Azotobacter. Eine Neueinschätzung 2340.

Parker (D. T.), Einfluß des Mulchens auf den Mangangehalt v. Maispflanzengewebe 1242. — Zersetzung v. vergrabenen u. oberflächlich angewandten Maisstengelrückständen auf dem Felde 2341.

Parker (D. T.) u. **Larson (W. E.),** Einbringen v. Ernterückständen in d. Boden u. sein Einfluß auf d. Wachstum v. Mais. 68. — Nitrifikation unter dem Einfluß v. Temperatur u. Feuchtigkeitsgehalt v. gemulchten Böden 641.

Parker (J.), Beziehungen zwischen Kälteresistenz, wasserlöslichem Protein, Anthocyanen u. freien Zuckern bei Hedera helix L. 2009.

Parker (K. G.) s. Kirkpatrick (J. D.).

Parker (M. B.) u. **Harris (H. B.),** Reaktion d. Sojabohnen auf Molybdän u. Kalk u. d. Beziehung zwischen Ertrag u. chem. Zusammensetzung 2673.

Parkinson (D.), Entwicklung v. Fusarien in d. Wurzelregion v. Getreide u. a. Nutzpflanzen 1665. — s. Taylor (G. S.).

Parle (J. N.), Mikrobiolog. Untersuchung d. Regenwurmexkremente 3222. — Mikroorganismen im Darmtrakt v. Regenwürmern 3226.

Parmelee (J. A.), Uromyces striatus Schroet. in Ontario 1121.

Parmentier (G.), Notiz über Oidien-Dimension verschied. Biotypen v. Erysiphe graminis 2211.

Parnia (P.), Verhalten einiger Lokalbirnensorten in d. Baumschule 463.

Parniewski (D.) s. Becker (H.).

Parr (J. F.) u. **Norman (A. G.),** Pufferwirkungen d. Benzimidazols bei d. Kaliumabsorption durch abgeschnittene Gerstenwurzeln 2378.

— u. **Reuszer (H. W.),** Abbau organ. Substanz unter d. Einfluß d. Sauerstoffgehaltes u. d. Strömungsgeschwindigkeit v. Gasen bei d. Methode d. konstanten Belüftung 2342.

Paršykov (V. F.) s. Grodzinśkyi (A. M.).

Partenie (S.) s. Savinova (N.).

Parton (D. J.) s. Larsen (S.).

Partridge (A. D.) u. **Rich (A. E.),** Induzierte Toleranz gegen Fungicide bei drei Pilzarten 2266.

Parups (E. V.) s. Hoffman (I.).

—, **Hoffman (I.)** u. **Morley (H. V.),** Beziehungen zwischen Struktur u. Aktiviät v. Maleinsäurehydrazid-Ana-

logen u. verwandten Verbindungen 1739.
Pasák (V.), Physikal. Ursachen d. Winderosion d. Bodens 2957.
Paščenko (T. E.) u. **Koljaseva (V. A.),** Verwendung v. Folie für den Anbau v. Gurken u. Tomaten auf beheizten Freilandflächen 748.
Paschkowskaja (A. J.) u. **Atraschkowa (N. A.),** Düngewirkung d. Lupine auf Böden mit unterschiedlichem Kulturzustand 1803.
Pasev (L.) s. Fudulov (D.).
Paškař (S. I.), Wirkung verschied. Spektrenabschnitte auf d. Biosynthese einiger Stoffe in d. Knollen gegen Kartoffelkrebs anfälliger u. resistenter Sorten 3381.
Pásková (J.) s. Duchoň (F.).
Passarge (H.), Waldgesellschaften d. Eichenwaldgebietes v. SW-Mecklenburg u. d. Altmark 39. — s. Scamoni (A.).
Passecker (F.), Ergebnisse keimungsphysiolog. Untersuchungen an Kern- u. Steinobst 1036.
Passera (C.) s. Ferrari (G.).
Passlow (T.) u. **Trudgian (K. G.),** Auswirkung d. Entfernung v. Fruchtformen auf d. Ertragsbildung v. Baumwolle in Zentral-Queensland 1298.
Pastena (B.), Zwei neue Traubensorten: „Delight" und „Perlette" 179.
Pastušenko (L. T.), Bakterielle Stengelfäule v. Sorghum, Mais u. Sudangras in d. Ukraine 1399.
Pasynskij (A. G.) s. Virovec (O. A.).
Pat (J.) u. **Zafrir (Y.),** Einfluß d. Stickstoffdüngung auf d. Kultur d. Orangensorte „Shamouty" auf schwerem Boden 3310.
Pate (J. S.), Wurzelexsudation über d. Austausch v. ^{14}C-markierten organ. Substanzen zwischen Wurzel u. Schößling d. mit Wurzelköllchen behafteten Leguminose 2650.
— u. **Dart (P. J.),** Untersuchungen über d. Knöllchenbildung d. Leguminosen. 4. Mitt. Einfluß des Impfstammes u. d. Applikationszeit des Ammoniumnitrates auf d. symbiot. Reaktion 343.
Patel (B. M.), Shah (B. G.) u. **Mistry (V. V.),** Einfluß d. Schnittbehandlung auf Ertrag u. chem. Zusammensetzung v. Grünland in Kutsch 150.
Patel (B. M.), Shah (B. G.) u. **Patel (P. S.),** Einfluß d. Schnittermine auf Ertrag u. Zusammensetzung d. Futters auf Grünlandflächen in Saurashtra 1017.
Patel (K. A.) u. **Gerstel (D. U.),** Mechanismus d. Chromosomensubstitution bei Nicotiana 507.
— u. **Swaminathan (M. S.),** Mutationszüchtung bei Tabak 1080.
Patel (K. P.) s. Desai (M. V.).
Patel (M. K.) s. Desai (M. V.).
Patel (P. S.) s. Patel (B. M.).
Patel (R. M.) s. Jaisani (B. G.).
Paternotte (E.) s. Vanwetswinkel (G.).
Paterson (E. B.) s. Haskell (G.).
Path (B.), Meliorations- u. Bewirtschaftungsmaßnahmen auf grundwasserbeeinflußten Wiesen u. Weiden 2643.
Pathak (A. N.), Shankar (H.) u. **Awasthi (K. S.),** Wirkung v. einigen Schädlingsbekämpfungsmitteln auf d. verfügbaren Nährstoffe u. d. Bodenmikroflora 342.
Patil (A. S.), King (K. M.) u. **Miller (M. H.),** Selbstdiffusion v. Rubidium unter d. Einfluß d. Bindungsintensität d. Bodenfeuchte 3211.
Patil (A. V.), Beschneiden junger Phalsa-Büsche unter d. Bedingungen v. Nagpur 3308.
Patil (B. D.), Hardas (M. W.), O'Connor (K. F.) u. **Vohra (S. K.),** Polyploidie bei Pennisetum orientale Rich. 504.
— u. **Joshi (M. G.),** Sterilität bei Rohrkolbenhirse (Pennisetum typhoides Stapf u. Hubb) 3098.
Patil (N. D.) u. **Pandya (H. G.),** Verfügbarkeit d. Phosphates während d. Zersetzung v. Unkräutern in Böden d. Staates Bombay 2922.
Patočka (J.), Beeinflussung d. Tannentriebwicklergradation durch d. Wetterbedingungen in d. krit. Zeitspanne 3396.
Patrick (Z. A.) s. Mountain (W. B.).
Patterson (D. E.), Erfassung breitwürfig verteilter Düngemittel im Feldversuch 3280.
Patterson (F. L.) s. Scott (W. O.).
Patterson (H. D.) u. **Lucas (H. L.),** „Change-over"-Pläne 2695.

Patterson (J. K.) s. Kittock (D. L.); Witt (J. L. de).
Patterson (N. A.) s. Jaques (R. P.).
Patterson (R. M.) s. Wear (J. I.).
Paul (E. A.) s. Acton (C. J.); Lueken (H.).
Paul (N. B.) u. **Sen (A.)**, Stickstoffbindung durch Azotobacter-Arten in großen Höhen 52.
Paulin (A.), Einfluß verschied. Wärme- u. Lichtbehandlungen auf d. Kormus v. Gladiolen zur Beschleunigung d. Blütenbildung 777.
—, **Quidet (P.)** u. **Richard (H.)**, Einfluß d. Düngung auf d. Qualität u. Lagerfähigkeit d. Apfelsorte „Starking Delicious" 2753.
Păunel (I.) s. Perşunaru (R.).
Pauwels (G. W. F. H. B.), Wirkungen v. Jodid u. Jodat auf d. Pflanzenwachstum 2382.
Pavate (M. V.) s. Murty (B. R.).
Pavel (I. G.), Neue Linsenlinien 499.
Pavlenko (F. A.), Artbastarde d. Haselnuß 513.
Pavlenko (J. E.) s. Kuznecov (T. A.).
Pavlenko (L. N.) s. Stafijčuk (A. A.).
Pavliček (K. I.), Trichogramma gegen d. Kohlweißling 2254.
Pavlov (A. N.), Umwandlung d. Eiweißfraktionen bei d. Keimung d. Maissamen 1176. — Zeinanreicherung in Maiskörnern 3196. — s. Petinov (N. S.).
— u. **Grinfel'd (É. G.)**, Einfluß v. Bewässerung u. Naßkopfdüngung mit Harnstoff auf den Eiweißgehalt im Mais 1253. — Einfluß d. Zahl d. Körner am Kolben auf d. Bildung v. Zein im Maiskorn 2911.
Pavlov (K.) u. **Dimitrov (S.)**, Düngungsversuche zu Kartoffeln auf leichten Alluvial-Wiesenböden 3264.
— u. **Jakimova (J.)**, Der Anbau v. Futterpflanzen [141].
—, **Kovačev (D.)**, **Todorov (F.)**, **Fetvadžieva (N.)** u. **Pavlov (P.)**, Stoppelsturz u. Termin d. Tiefpflügens auf ausgelaugten Tschernosem-Smolnitza-Böden u. Karbonat-Tschernosem 2947.
— u. **Vŭlčev (P.)**, Neue mittelfrühe Kartoffelsorte 719.
Pavlov (M. I.), Streichblechlose Bodenbearbeitung auf Rasenpodsolböden 653.
Pavlov (N. S.), Reifebeschleunigung bei Tafeltraubensorten in Polyäthylen-Gewächshäusern 1607.
Pavlov (P.), Rechtzeitige Herbstaussaat beim Weizen 708. — Verbesserte Zelle zur Bestimmung d. Photoperiodismus d. Pflanzen 906. — Einfluß d. Lichtes auf Wachstum, Entwicklung u. Ertrag d. Hirse 900. — Stimulation, Jarowisierung u. Düngung d. Weizens 2397. — Einfluß d. Gibberellins auf Winterweizen 2904. — s. Pavlov (K.).
Pavlov (V. S.), Vorbehandlung v. Maissaatgut mit neuen Wachstumsstimulatoren 109. — s. Drozdov (N. A.).
Pavlova (Z.) s. Bojkov (D.).
Pavlovskij (I. V.) s. Baranov (P. A.).
Pawełczyk (E.) s. Golenia (A.).
Pawlik (A.) s. Kosswig (W.).
Pawlow (M.), Entwicklung d. sowjetischen Weinbaus 179.
Pawłowska (B.), Ertragsfähigkeit einiger Johannisbeersorten in d. Wojewodschaft Olsztyn 3060.
Pawlowski (H.-E.) s. Hentig (W.-U. v.).
Paxman (G. J.) s. Dodds (K. S.).
Paxton (R. G.) u. **Mayr (H. H.)**, Natürliches Vorkommen quaternärer Ammoniumbasen in Lycopersicon esculentum 2311.
Paylor (R. A. L.) s. Curry (A. N.).
Payne (M. G.) s. Harrison (M.).
—, **Powers (LeRoy)** u. **Remmenga (E. E.)**, Chem.-genet. Studien über d. Qualität d. Zuckerrübe (Beta vulgaris L.) 1636.
Pazdro (H.) s. Janicki (J.).
Pázmány (D.) s. Nyárády (A.).
Pazur (J. H.), **Shadaksharaswamy (M.)** u. **Meidell (G. E.)**, Metabolismus d. Oligosaccharide in keimenden Sojabohnen, Glycine max. 2014.
Pazynič (I. J.), **Čeremisinov (G. A.)** u. **Čeremisinova (V. N.)**, Verbesserung u. rationelle Nutzung erodierter Böden 3237.
Pčelarov (V.) u. **Pčelarova (P.)**, Wirtschaftliche, technolog. u. Geschmackseigenschaften einiger einheim. u. fremdländ. Erbsensorten für Verwertungsindustrie 448.

Pčelarova (P.) s. Pčelarov (V.).
Peabody jun. (D. V.) s. Austenson (H. M.).
Peachey (J. E.), Enchytraeiden (Oligochaeta) d. Moorböden 2937.
Pearce (S. C.) u. **Brown (A. H. F.),** Verbesserung d. Obstbaumversuche durch vorherige Untersuchung d. Bäume 3052.
— u. **Moore (C. S.),** Ursachen d. Streuung in Apfelfeldversuchen 1601.
Pearn (A. T.), Standweiten bei Tomaten in geheizten Gewächshäusern 1592.
Pearse (H. L.), Wachstumsbedingungen u. Eigenschaften v. getrockneten Tabakblättern. *4.* Mitt. Wachstum u. Zusammensetzung d. Blätter v. Pflanzen, die in einem Medium v. unterschiedlichem Feinheitsgrad angezogen wurden 726; *5.* Mitt. Einfluß v. Stickstoffquelle u. Wasserhaushalt auf Wachstum u. Zusammensetzung d. Blätter 3014.
Pearson (R. W.) s. Vincente-Chandler (J.).
—, **Abruna (F.)** u. **Vincente-Chandler (J.),** Wirkung v. Kalk- u. Stickstoffgaben auf d. Abwärtsbewegung v. Calcium u. Magnesium in zwei feucht-trop. Böden v. Puerto Rico 42.
Peaslee (D. E.), Anderson (C. A.), Burns (G. R.) u. **Black (C. A.),** Relative Bewertung v. Rohphosphat u. Superphosphat für d. Pflanzen auf verschied. Böden 2633.
Peat (J. E.) u. **Brown (K. J.),** Erträge im Regen aufgewachsener Baumwolle in Ukiriguru, Seeprovinz Tanganyika. *1.* Mitt. Anwendung organ. u. anorgan. Düngemittel sowie Baumwollsaatasche 735; *2.* Mitt. Versuche mit Brache u. Fruchtfolge in Gegenüberstellung zur Anwendung organ. u. anorgan. Düngemittel 2729.
Pecaut (P.) s. Messiaen (C.-M.).
— u. **Coninck (B. de),** Fortpflanzungssystem d. Endivie (Cichorium intybus L.) 2491.
Pečenicin (V. P.), Ein Jahr überlagerter Pollen v. Tulpen u. Bestäubungsergebnisse 2769.
Pech (W.) s. Adam (H.).
Pechy (S.), Versuch mit Kunststoff-Dränrohren 1509.
Pecket (R. C.) u. **Selim (A. R. A. A.),** Blaufärbung d. Blüten bei Lathyrus-Hybriden 1610.
Pecout (W.), Bewässerung v. Zuckerrohr durch d. Mahavavy-Gesellschaft (Sosumav) in Madagaskar 1774.
Pedersen (E. J.) s. Land Jensen (H.).
Peech (M.) s. Frink (C. R.).
Peel (A. C.), Wirkung d. Lagerung auf d. Lebensfähigkeit d. Kulturpflanzensaatgutes 2110.
Peers (A. W.) u. **Jones (R. J.),** Einrichtung v. Feldgrasschlägen durch Untersaat in Getreide 430.
Peev (B.) s. Todorov (R.).
Peev (C.), Wachstum d. Wurzelsystems bei Mais u. d. Phosphorzufuhr d. Pflanzen bei geringer Bodenfeuchtigkeit 3255.
Peevy (F. A.), Ermittlung d. Plazierung d. *2.4.5*-T zur Bekämpfung v. Blackjack-Eichen 2883.
Peew (P.), Zusammenarbeit bei d. Bekämpfung d. Blauschimmels d. Tabaks 2859.
Pegg (G. F.), Einfluß ausgewählter, wachstumsfördernder u. -hemmender Substanzen auf d. Streckung v. Segmenten etiolierter Tomaten-Sämlingshypokotyle 313. — Eine neue Methode für Wachstumsuntersuchungen: Längenwachstum d. Segmente v. etiolierten Tomaten-Sämlingshypokotylen 319.
Pehl (P.) s. Buchner (A.).
— u. **Sturm (H.),** Stickstoff-Versorgung u. Phytophthora-Befall d. Kartoffeln 550.
Peiker (J.) u. **Kyncl (F.),** Obstbau. Lehrbuch für mittlere u. höhere Landwirtsch. Fachschulen [3343].
Peive (J.) u. **Pakaln (G.),** Colorimetr. Methode zur Bestimmung des beweglichen Bodenmagnesiums 1218.
— u. **Riņķis (G.),** Einfluß v. Calcium, Eisen u. Aluminium auf d. Aufnahme d. Spurenelemente durch d. Pflanzen 2969.
Peive (J. V.), Verbesserung d. Anbauverhältnisses 398. — Bedeutung d. Spurenelemente für den Stoffwechsel u. d. Steigerung d. Produktivität landwirtsch. Kulturen 678.

Pejml (K.), Versuch einer Charakteristik unserer „Phytophthora"-Witterung 876.
— u. **Petrlík (Z.)**, Beziehung zwischen d. Witterung u. d. Hopfen-Peronospora 3383.
Pejve (J. V.), Biochemie d. Böden [46].
Pekatoros (L. G.), Sekundäre Versalzung d. am linken Ufer liegenden Auenböden u. des Donau-Deltas auf ukrain. Gebiet 349.
Pel'cich (I. L.), Generative u. vegetative Hybriden aus d. Gattung Triticum 1622.
Pelikánová (I.), Bewegung d. N-Spiegels in Blättern v. einigen Aprikosensorten im Laufe d. Vegetationsperiode 3247.
Pelishek (R. E.) s. Letey (J.).
—, **Osborn (J.)** u. **Letey (J.)**, Einfluß v. Benetzungsmitteln auf d. Infiltration 2931.
Pelshenke (P. F.), Weiterentwicklung d. Ideen Theodor Roemers 886.
Pelton (W. L.) s. Read (D. W. L.).
Peña (J. G.) = Gonzáles Peña (J.).
Penčić (V.) u. **Smiljaković (H.)**, Nigrospora oryzae (B. et Br.) Petch, neuer Krankheitserreger an Mais in Jugoslawien 3423.
Penkov (M. D.), Rebsorte „Bolgar" [1881].
Penman (H. L.), Beregnungsversuche in Woburn, *1951—59*. *1*. Mitt. Zweck, Anlage u. Witterung. *2*. Mitt. Ergebnisse bei Gräsern. *3*. Mitt. Ergebnisse für Fruchtfolgekulturen 659. — Vegetation and Hydrology [2034].
Penner (E. P.), Vernichtet d. Rübenblattwanze 1141.
Penningsfeld (F.), Spezif. Nährstoffbedarf d. wichtigsten Zierpflanzen 773.
— u. **Fast (G.)**, Düngungsversuche zu Orchideen in Torf 1051.
Penny (A.) s. Widdowson (F. V.).
Pentz (W.), Untersuchungen über d. deutschen Speisekartoffelmarkt mit Internationalen Vergleichen [3304].
Peper (H.), Unkrautbekämpfung in Staudenkulturen 1998.
Pequin (L.), Vergeilung u. Katalaseaktivität bei einigen Solanaceae. Katalase u. Peroxydase 307.
Perechodkin (L. P.), Rolle d. Bestäubersorte bei d. Apfelunterlagenanzucht durch Samen 760. — Fragen zur Saatgutgewinnung bei Äpfeln für d. Sämlingsvermehrung 1872. — s. Fetisov (G. G.).
Perechrest (S. M.), Bewässerung d. Bodens in d. Südukraine [2959].
Peregi (S.) s. Hellei (A.).
Pereira (H. C.) u. **Hosegood (P. H.)**, Wasserverbrauchsvgl. in Weichholzplantagen u. Bambuswäldern 1774.
Perepeljak (G. T.) s. Rakitin (J. B.).
Peretokin (I. V.) s. Ščibrja (G. I.).
Peretti (F.). s. Ricard (J.).
Pérez (J. E.) u. **Cortés-Monllor (A.)**, Xanthomonas vesicatoria auf Puerto Rico 255.
Perfanov (G.), Erosionsvorbeugende Vorfrüchte d. Tabaks 726. — s. Vartanjan (A.).
Perfil'ev (V. E.), Beziehungen zwischen Ca-Gehalt d. Apfeltriebe u. d. Fähigkeit d. Bäume zur Anlage v. Fruchtknospen 760. — Frühreife v. Apfel-Zwergbäumen 2162.
Peries (O. S.), Erdbeermehltau, verursacht durch Sphaerotheca macularis (Wallr. ex Fries) Jaczewski. *1*. Mitt. Biologie d. Pilzes 2536. — Erdbeermehltau 3429; *2*. Mitt. Wirt-Parasit-Beziehungen am Laub v. Erdbeersorten 2536.
Perju (T.), Studium d. Bekämpfungsmaßnahmen gegen d. Rotkleesamenwespe 276. — Biologie d. Kleesamen-Wespe (Bruchophagus gibbus Boh.) in d. RVR 533; dass.: Ökologie 533.
Perkal (J.), Wahrscheinlichkeitstest für Epistasie u. Überdominanz 481.
Perkins (H. F.) s. Giddens (J.).
Perlin (A. S.) s. Reisener (H. J.).
Perlin (S. I.) s. Nikonov (M. N.).
Perney (J.-P.) s. Millet (B.).
Perra (M. P.), Kreuzung bei Chrysanthemen 2766.
Perraudin (G.), **Evéquoz (M.)** u. **Favre (C.)**, Umgestaltung unseres Obstgartens: Der Busch mit drei schrägen Leitästen ohne Mitteltrieb 2454.
Perrier (E. R.) s. Johnston (W. R.); McKell (C. M.).
— u. **Johnston (W. R.)**, Verteilung v.

therm. Neutronen in einem Boden-Wasser-System 359.
Perrin (D. R.) u. **Bottomley (W.)**, Pisatin: eine gegen Pilze wirkende Substanz v. Pisum sativum L. 1147.
Perron (J. P.) u. **Jasmin (J. J.)**, Entwicklung u. Überleben d. Zwiebelfliege unter Feld- u. künstlichen Bedingungen bei anlockenden u. nichtanlockenden Zwiebelsorten 3398.
— u. **Larrance (J.)**, Organ. Phosphorverbindungen zur Bekämpfung d. gegen zykl. Kohlenwasserstoffe resistenten Zwiebelfliege Hylemyia antiqua (Meigen) (Dipt.: Anthomyiidae) im südwestlichen Quebeck 2558.
Perron (R.) s. Paquot (C.).
Perrot (Gaudio) u. **Calmejane**, Bekämpfung d. Apfelschorfes u. neue Möglichkeiten durch d. Anwendung v. Crotonsäuredinitrophenylester 1702.
Perry (V. G.) s. Miller (H. N.).
Persecă (E.) s. Bobes (I.); Rădulescu (E.).
—, **Mleşniţă (L.)** u. **Mleşniţă (V.)**, Verhalten eines Mohnsortiments gegen den Befall durch Pleospora papaveracea (de Not.) Sacc. 1091.
Persin (S. A.), Gleichzeitige Einbringung d. Herbicide, Insekticide u. Mineraldüngemittel 1400. — Methoden d. chem. Pflanzenschutzes sind zu vervollkommnen 3170. — Anwendung kombinierter Präparate 3445.
Person jun. (N. K.) u. **Sorenson jun. (J. W.)**, Trocknung v. Heu mit Infrarotstrahlung 1578.
Persson (P.-J.) s. Bengtsson (A.).
Perşunaru (R.), **Păunel (I.)** u. **Rotescu (I.)**, Einfluß d. meteorolog. Bedingungen u. agrotechn. Methoden auf d. Ertrag an Frühtomaten 161.
Pervuchin (F. S.) u. **Smirnjagina (M. M.)**, Einfluß v. Gibberellin auf Wachstum u. Entwicklung v. Gräsern u. Leguminosen 2904.
Pešakov (G.), Einfluß d. Düngung auf d. Aktivität mikrobiolog. Prozesse im Boden d. Weinpflanzungen 2977. — Einfluß d. Mulchens d. Rebe auf d. Aktivität d. mikrobiolog. Prozesse im Boden 3339. — s. Rajkov (E.).
Pešek (F.), Kurze Bemerkungen zur neuen Methode d. Ertragsschätzung beim Getreide 987.
Pesek (J.) s. Bennett (W. F.); Jensen (D.); Voss (R.).
Pesek (J. T.) s. Smith (C. M.).
Pesho (G. R.) s. Dicke (F. F.).
Pestalozzi (M.), Sommergetreidearten im Verwaltungsbezirk Nordland *1930* bis *1961* 2119.
Pestlin (W.) s. Niemitz (W.).
Peter (H.), Bodenuntersuchungen im Bezirk Dresden 1768.
Petěrburgskij (A. V.), Einfluß kleiner Humusstoffmengen auf Erträge u. chem. Zusammensetzung v. Pflanzen 2091.
— u. **Nelubova (G. L.)**, Anionenaustausch in Wurzeln 2960.
— u. **Yanishevsky (F. V.)**, Umwandlung d. Kaliumformen im Boden bei Kalium-Dauerdüngungsversuchen 1476.
Peters (D. B.) u. **Roberts (W. J.)**, Verwendung v. Okto-Hexadecanol als Mittel zur Transpirationshemmung 2588.
Peters (D. C.), **Burditt jun. (A. K.)** u. **Fairchild (M. L.)**, Biologie u. Bekämpfung d. Maiszünslers in Missouri 826.
Peters (E. J.) s. Davis (F. S.).
Peters (G.), Prakt. Hinweise zur Grassilierung 703.
Petersdorf (H.) s. Schmidt (H.-H.).
Petersen (A.), Der intensive Weidebetrieb in rindviehstarken sozialist. Großbetrieben 1167.
Petersen (D. H.), Pathogenitätsverhältnis v. Clitocybe tabescens zu Pfirsichbäumen 1672.
Petersen (G.), Hämocytäre Abwehrreaktionen d. Wirtes gegen endoparasit. Insekten u. ihre Bedeutung für d. biolog. Bekämpfung 2252. — Albanien-Expedition *1961* d. Deutschen Entomolog. Instituts. *3.* Mitt. Lepidoptera: Tineidae 2817.
Petersen (H.), Photoelektr. Zeitregulierung für d. Nebelvermehrung 1023.
Petersen (R. G.) s. Brown (W. G.); Rampton (H. H.).
Peterson (A. E.) s. Sharratt (W. J.).
Peterson jun. (C. J.) s. Allan (R. E.).
Peterson (E. A.) s. Katznelson (H.).
Peterson (G. H.), Atmung eines durch

ionisierende Strahlen sterilisierten Bodens 1486.
Peterson (H. B.) s. Carter (D. L.).
Peterson (J. B.), Organisation d. Forschung auf d. Gebiete d. Bodenkunde in einer heutigen Universität 623.
Peterson (L. C.) s. Plaisted (R. L.).
—, **Plaisted (R. L.)** u. **Diaz (J.)**, Virusabtötende Desinfektionsmittel für d. beim Kartoffelschneiden verwendete Messer 280.
Peterson (L. K.) s. Holmes (N. D.).
Peterson (M. L.) s. Bendixen (L. E.).
Peterson (P. J.) u. **Butler (G. W.)**, Aufnahme u. Assimilation v. Selenit durch höhere Pflanzen 2384.
Pethö (M.), Untersuchung über den Stoffwechsel des Maisbeulenbranderregers, Ustilago maydis DC 1093. — Stoffwechseluntersuchungen beim Maisbeulenbranderreger (Ustilago maydis [DC] Cd.) 2500.
Petiet (J.), Einfluß d. Pflanzabstandes bei Anemonen 186. — Sortenversuche mit Silberzwiebeln 453.
Petinov (N. S.) u. **Pavlov (A. N.)**, Aktive Wasseraufnahme u. Transpiration bei Mais im Zusammenhang mit d. Mineralstoffaufnahme 669.
— u. **Razmaev (I. I.)**, Nachwirkung hoher Temperaturen auf Höhe u. Qualität d. Ertrages 8. — Nachwirkung hoher Temperatur auf d. Dynamik v. Nichteiweiß-Stickstoff in d. Pflanzen 597; dass.: auf d. Phosphorstoffwechsel 1515.
— u. **Shan (L.)**, Einfluß d. Wasserhaushalts u. d. Mineralstoffernährung auf d. Photosynthese d. Pflanzen im Zusammenhang mit ihrer Leistung 595.
Petkov (K.), Einsatzmöglichkeiten d. Sudangrases innerhalb d. Feldfruchtfolge 2425. — Feldversuch mit Zweitkulturen innerhalb d. Fruchtfolge 2727.
Petkov (V.) s. Georgiev (C.).
Petr (J.), Ermittlung d. krit. Tageslänge bei einigen Weizensorten 2900.
Petrescu (G.) s. Marchidan (D.).
Petrescu (M.), **Zambrowicz (E.)**, **Cvasnii (D.)** u. **Balaj (D.)**, Viruskrankheiten, gefährlichste Krankheiten d. Erdbeeren 845.
Petříček (D.), Veränderungen braueitechn. wirksamer Komponenten während d. Reifens u. Lagerns sowie Einfluß d. Hopfenerntezeitpunktes auf d. Bierqualität 2601.
Petrlík (Z.) s. Pejml (K.).
— u. **Štys (Z.)**, Methode d. Laboratoriumskultivierung d. Hopfen-Peronospora (Peronoplasmopara humuli Miy. et Tak.) auf Hopfenschnitten 856. — Wirksamkeit v. Bekämpfungsmitteln gegen Hopfen-Peronospora 2251. — Wirtschaftliche Spritzmaßnahmen im Hopfen gegen Peronospora 2866.
Petróczi (I.), Stolburkrankheit u. stolburähnliche Erkrankungen in d. Kartoffelanbaugebieten Westungarns 3126.
Petronici (C.) s. Averna (V.).
Petrov (A.), Nichtwachsende Fruchttriebe bei Pflaume u. Aprikose 3056.
— u. **Tjankova (L.)**, Kann d. Gibberellinbehandlung d. Obstsamen d. Stratifikation ersetzen? 3052.
Petrov (A. A.), Einfluß v. Stärke u. Zeit des Rückschnittes d. Zweige auf Ertrag u. Triebbildung beim Pfirsich 466.
Petrov (D. F.) u. **Železnova (N. B.)**, Experimentelle Erzielung d. Androgenese bei Mais 3069.
Petrov (G.) s. Popov (P.).
Petrov (P.), Ammonsalpeter- u. Superphosphatdüngung zu Wintergerste 966. — Einfluß d. Aussaatmenge u. Aussaatzeit auf den Kornertrag bei Gerste 1280.
Petrov (R.), Agrotechn. u. ökonom. Nutzeffekt d. Verwendung v. Polyäthylenfolien bei d. Tabakanzucht 2418.
Petrova (M.), Wirkung v. granuliertem Superphosphat zu Weizen bei kombiniertem Saatgut- u. Düngerdrill auf leicht ausgelaugtem Tschernosemboden 973.
Petrova (Z. I.), Bekämpfung d. Zwiebelnematoden 1960.
Petrovič (Ž. I.) s. Terent'ev (V. M.).
Petrusewicz [Warschau], Evolutionäre Bedeutung d. intra- u. transspezif. Beziehungen [196]*.
Petschke (K.), Anwendung v. Herbiciden für Kultur-, Jungwuchspflege u. Grünastung 2284.
Petzoldt (K.), Ist wiederholte Anwen-

dung v. Simazin unbedenklich? 580, 2278.
Peusens (J. B.), Erfahrungen mit Alexandrinerklee 1843.
Pevná (V.) s. Špaldon (E.).
Peyer (E.), Düngung d. Reben 3062.
Peyer (K.), Einfluß organ. Substanz auf d. Beständigkeit v. Bodenkrümeln 2929.
Peynada (A.) s. Cooper (W. C.).
Pfaeltzer (H. J.), Bodenübertragbare Viruskrankheit d. Kirschen in d. Niederlanden 246. — s. Maat (D. Z.).
Pfafflin (J. R.) s. Edwards (G. P.).
Pfander (W. H.), Boden u. Produktion an Rindvieh 663.
Pfanner (K.) s. Schade (H.).
Pfeffer (C.) s. Bellmann (K.); Raeuber (A.).
— u. **Mühleisen (R.)**, Optimale Aussaatstärke v. di- u. tetraploider Serradella 1293.
Pfeifer (S.), Mohn, Arzneipflanze seit mehr als zweitausend Jahren 1565. — s. Heydenreich (K.).
Pfeiffer (R. K.) s. Holmes (H. M.).
Pfening (G.) s. Horváth (S.).
Pfingsten (E.), Ernteerträge niedersächs. Ackerböden u. ihre Bewertung nach d. Bodenschätzungsgesetz 1764.
Pfitzenmeyer (C. D. C.), Arrhenatherum elatius (L.) J. u. C. Presl. 913.
Pflug (I. J.) s. Nicholas (R. C.).
Pflug (W.), Landschaftspflege in Rheinland-Pfalz 2068.
Pfulb (K.), Erfahrungen mit d. DLG-Schlüssel zur Gärfutterbewertung nach d. Sinnenprüfung 118. — Feldversuche in Baden-Württemberg zur Überprüfung d. Grenzzahlen d. Bodenuntersuchung 2357.
Phan-Chon-Ton (M.), Äthylenausscheidung durch Früchte 754.
Phatak (S. C.) s. Choudhury (B.).
Philipp (W.), Gallmilben als Obstschädlinge 1100.
Philipson (W. R.) u. **Sheat (D. E. G.)**, Induktion v. Kallus an dekapitierten Hypokotylen v. Helianthus durch Escherichia coli u. a. Bakterien 1459.
Phillips (D. J.), Histochem. u. morpholog. Untersuchungen d. Nelkenstengelfäule 3432. — s. Maurer (C. L.).
Phillips (D. S. M.) s. Campbell (A. G.).
Phillips (I. D. J.), Induktion einer Lichtbedürftigkeit bei d. Keimung v. Salatsamen durch Naringenin u. ihre Aufhebung durch Gibberellinsäure 24.
Phillips (J. H. H.), Beschreibung d. präimaginalen Stadien v. Pulvinaria vitis (L.) u. P. innumerabilis (Rath von) (Homoptera: Coccoidea), mit Bemerkungen über d. Gewohnheiten dieser Arten in Ontario, Kanada 536. — s. Smith (E. H.).
—, **Putman (W. L.)** u. **Herne (D. C.)**, Wirkungen v. DDT auf Pulvinaria vitis (L.) (Homoptera: Coccidae) bei Befall d. Pfirsichs in Ontario 572.
Phillips (J. R.) u. **Whitcomb (W. H.)**, Verhalten d. Adulten v. Heliothis zea (Boddie) im Freiland 1380.
Phillips (R. E.) u. **Kirkham (D.)**, Mechan. Scheinwiderstand u. Wurzelentwicklung v. Getreidesämlingen 1482. — Bodenverdichtungen u. d. Wachstum v. Mais 1559.
Phillips (W. R.) s. Julien (J. B.).
Philouze (J.) s. Gillot (J.).
Phinney (B. O.) s. Corcoran (M. R.); Kato (J.).
Pianka (M.), Fungitoxizität. 3. Mitt. Fungitoxizität v. bestimmten β-Nitrostylen u. verwandten Verbindungen 2560. — s. Edwards (J. D.).
Piątkowski (M.) s. Zagaja (S. W.).
Pickard (J. A.) u. **Martin (J. T.)**, Spritzverfahrenprobleme. 67. Mitt. Verbreitung v. Quecksilber in Pflanzengeweben nach Blattbehandlung mit Phenylquecksilberacetat 3162.
Pickford (R.), Entwicklung, Überleben u. Fortpflanzung v. Melanoplus bilituratus (Wlk.) (Orthoptera: Acrididae) bei Züchtung auf verschied. Futterpflanzen 2216.
Picu (I.) s. Hulpoi (N.).
Pieber (E.), Versuchsbericht über d. Prüfung einiger Protektantmittel bei Mais 2468.
Piecha-Woźniakowa (S.), Vergleich d. Mischung v. Torf, Sand u. Komposterde bei d. Anzucht v. Tomaten- u. Gurkenjungpflanzen 1587.
Pielou (D. P.), Unwirksamkeit v. Sevin auf eine Zunahme d. Eiablage d. Spinnmilbe Tetranychus telarius (L.) 823. — Bekämpfung d. Grünen

Apfellaus durch neue system. Insekticide, welche v. d. Rinde zu den Blättern transportiert wurden 1143.
Pielou (D. P.), Williams (K.) u. **Brinton (F. E.)**, Differenzen in d. Ablagerung u. Beständigkeit v. Schädlingsbekämpfungsmitteln auf d. Blattober- u. -unterseite 1978.
Pielou (E. C.), Verwendung v. Pflanze-zu-Nachbar-Abständen zur Aufdekkung v. Konkurrenzverhalten 2610.
Pieniążek (J.) u. **Wiśniewska (J.)**, Einfluß v. Tageslänge u. Temperatur auf d. Verlauf d. Winterruhe v. „Antonowka"-Sämlingen. Vorl. Mitt. 758.
Pieniażek (S. A.), Soczek (Z.), Cegłowski (S. M.) u. **Łaźniewska (J.)**, Bekämpfung des biennalen Tragens d. Apfelbäume durch Ausdünnen mit *2*-Naphthylessigsäure 1038.
— u. **Sypień (M.)**, Auftreten d. Erdbeermilbe (Tarsonemus pallidus Banks) u. ihre Bekämpfung mit chem. Präparaten 2815.
Pierch (E. A.), Chem. Erdentseuchung in d. Cyclamenkultur (Cyclamen persicum Mill.) 272.
Pierhard (G.) u. **Baurant (R.)**, Hinweis auf d. Parasitismus v. Rhyacionia buoliana Schiff. Microl., Eucosmidae 1409.
Pieroh (E. A.), Anwendung v. Trapex (Methylisothiocyanat) im Gemüsebau 566. — s. Raschke (K.).
Pierson (V. G.) u. **Gaskill (J. O.)**, Künstliche Infektion v. Zuckerrüben mit Rhizoctonia solani 1949.
Pietermaat (F.) s. Bruel (W. E. van den).
Pieters (W. H. J.) s. Andrew (C. S.).
Pietschmann (I.) s. Kaeding (J.).
Piglionica (V.) s. Ciccarone (A.).
Pigott (C. D.), Bodenbildung u. -entwicklung auf dem karbon. Kalkstein v. Derbyshire. *1.* Mitt. Ausgangsmaterial 917.
Pilaski (W.), Fruchtbarkeit v. Geestböden 2061.
Pilet (P.-E.) u. **Bonhôte (J.)**, Kultur v. Maiswurzeln in vitro 2306.
— u. **Gaschen (M.)**, Vergleichsweise Wirkung d. *2.4*-Dichlorphenoxyessigsäure u. d. *β*-Indolylessigsäure auf d. Wachstum v. Wurzelstücken 2598.
Pillai (P. K.), Abnormität bei Blüten d. Baumwolle 2888.
Pillai (S. K.) u. **Chandhoke (K. R.)**, Wirkungen v. Wuchsstoffen auf Wachstum, Reife u. Ertrag v. Kulturpflanzen unter d. Bedingungen Rajasthans. *6.* Mitt. Wirkung v. Gibberellin auf Sorghum vulgare Pers. 2597.
Pillay (P. N. C.) s. Joshi (A. B.).
Pimentel (D.), Natürliche Bekämpfung v. Blattlauspopulationen in Kohlbeständen 268, 1129.
Pinck (L. A.) s. Soulides (D. A.).
—, Soulides (D. A.) u. **Allison (F. E.)**, Antibiotica in Böden. *4.* Mitt. Polypeptide u. Macrolide 1477.
Pine (T. S.), Schocksymptome durch einen Komplex d. Ringfleckenvirus d. Steinobstes bei d. Aprikose 3418.
Pinta (M.), Recherche et dosage des éléments traces [1531]*.
Pion (R.) s. Coic (Y.).
Pionnat (J. C.) s. Ponchet (J.).
Pipkova (L.), Bewässerung d. Kartoffel 2124.
Pirone (T. P.) u. **Pound (G. S.)**, Molybdän-Ernährung v. Nicotiana tabacum in Beziehung zur Vermehrung d. Tabakmosaikvirus 3127.
Pironkov (V. M.) s. Gerasimov (S. A.).
Piroženko (G. S.) s. Zacharčenko (I. G.).
Pisani (P. L.), Anbau v. Hagebutten zur Erzeugung v. vitaminreicher Nahrung 3063. — s. Baldini (E.); Baldini (M.); Chiusoli (A.).
— u. **Baldini (M.)**, Studium verschied. Sorten d. Schwarzen Johannisbeere 176.
— u. **Sansavini (S.)**, Verschied. Wirkungen d. sommerlichen Insolation auf d. Obstgehölze in Beziehung zum Schnitt 2456.
Pisano (G.) s. Baroccio (A.).
Pisano (M. A.), Carson (J. H.) u. **Fleischman (A. I.)**, Weizenkeimagar zur Kultivierung v. Pilzen 652.
Pisarev (B.) u. **Kuznecov (A.)**, Verwendung v. Herbiciden 1159.
Pisarev (V. E.), Selektion eiweiß- u. kleberreicher Weizen 1896.
Pisek (A.), Frostresistenz v. Bäumen 2160.
— u. **Heizmann (K.)**, Messungen v. Bodenwassergehalt u. Welkungspro-

zentsatz mit d. Gipsblockmethode 340.
Piskunova (A. S.) u. **Morgackij (E. E.)**, Krasnodarsker Serpentinit 2391.
Piskunova (L. G.) s. Tkačenko (F. A.).
Pîslaru (C.) s. Ştefan (N.).
Pitcher (R. S.), Rolle pflanzenparasitärer Nematoden bei d. Bakterienkrankheiten 3106.
Piterskaja (A. M.), Präparate zur Behandlung v. Sonnenblumensamen 1140.
Pittman (U. J.) s. Sexsmith (J. J.).
Pittoni (H.), Verwendung d. Lochkarte in d. Hybridmaiszücht. 2468.
Piva (V.), Gesichtspunkte bei d. Anbautechnik d. Schwarzen Johannisbeere 176.
Pivovarova (N. S.), Resistenz d. Sorten u. Zwischensorten-Hybriden d. Stoppelrübe u. d. Speiserübe gegen d. Kohlhernie 1922.
Pivovarova (T. M.) s. Mel'nikov (N. N.).
Pizer (N. H.), Bodenstruktur im Akkerbau 339.
Plachy (E.), Entwicklung u. Ergebnisse d. Dtsch. Akad. d. Landwirtsch.-Wiss. zu Berlin in den Jahren *1951–61* 1167.
Plaisted (P. H.) u. **Reggio (R. B.)**, Schnelle Trennung v. säurelöslichen Nucleotiden durch Säulenchromatographie 2912.
Plaisted (R. L.) s. Federer (W. T.); Peterson (L. C.).
—, Harrison (M. B.) u. **Peterson (L. C.)**, Genet. Modell zur Beschreibung d. Vererbung d. Resistenz gegen d. Kartoffelnematoden Heterodera rostochiensis (Wollenweber), d. bei Solanum vernei gefunden wurde 2483.
—, Sanford (L.), Federer (W. T.), Kehr (A. E.) u. **Peterson (L. C.)**, Spezif. u. allgemeine Kombinationseignung für d. Kartoffelertrag 2786.
Plakida (E. K.) s. Kornejčuk (V. D.).
Plakidas (A. G.), Stämme d. Farbbrechungsvirus d. Kamellie 2237. — s. Sobers (E. K.).
Plancher (B.), Schnelle Anzucht v. Coxsämlingen für biolog. Versuche 1733.
Planck (J. E. van der), Schätzung d. logarithm. Infektionsrate bei Pflanzenkrankheiten 1646.
Plarre (W.) u. **Vettel (F. K.)**, Testmethoden u. Heterosiseffekte bei diploidem Winterroggen (Secale cereale L.) 199.
Plas (L. van der), Stabilität v. Mineralen im Boden 2321.
Plassche (A. W. van de), Entwicklung d. Kompostaufbereitung in d. Niederlanden 152.
Platonenko (M. A.), Besonderheiten d. Luftaufnahmen d. Bodendecke im westlichen Sibirien 353.
Platonova (E. M.) s. Gurlev (A. S.).
Platonow, Philosoph. Bedeutung d. Lehre v. Charles Darwin [196]*.
Platzer (H.), Phänotyp. u. karyotyp. Variabilität d. europäischen Unkrauthirsen aus den Gattungen Setaria, Digitaria u. Echinochloa 1989.
Plessers (A. G.), Reaktion v. Pflanzen d. Leinsorten „Raja“ u. „Redwing“ auf d. Temperatur u. auf zusätzliches weißes Licht in Vegetationskammern 1182. — s. McGregor (W. G.).
—, McGregor (W. G.), Carson (R. B.) u. **Nakoneshny (W.)**, Versuche mit Ölpflanzenarten. *2.* Mitt. Camelina 1284.
Pletscher (C.), Umpfropfen d. Nußbäume nach neuer Methode u. nach neuer Technik 766.
Pletser (J.) s. Manninger (I.); Szalai (M.).
Plock (H.), Verträglichkeit und Unverträglichkeit einiger Aprikosensorten in d. Baumschule u. im Ertrag 1041.
Ploegman (C.), Beregnung bei d. Kultur v. Kopfsalat 752.
Plonka (F.), Katalog d. Leinsorten 3295.
Płotek (J.) u. **Głuszek (S.)**, Untersuchungen über poln. Tabak. *2.* Mitt. Sand u. Gerüst-Kieselsubstanzen in den Varietäten „Virginia“ u. „Kentucky“ 907.
Plotnikov (N. A.), Einige Vertreter d. Wildflora, d. für d. Zierpflanzenbau Bedeutung haben 722.
Plumier (W.), Düngung v. Chicorée „Witloof“ während d. Treibens 2743.
Plummer (G. L.), Wachstumsreaktio-

nen v. Helianthus annuus auf internes ^{45}Ca 319.
Plužničenko (T. F.), Hexachloran zur Bekämpfung d. Leinerdflohes 1981.
Pochard (E.), Goujon (C.) u. **Vergara (S.)**, Einfluß d. Temperatur, d. Belichtung u. d. Wachstumsstadiums d. Pflanze auf d. erkennbare Empfindlichkeit gegenüber einem Biotyp d. Gelbrostes einiger französ. Weizensorten 494.
Pochitonowa (Z.), Wild- u. Kulturkartoffeln hinsichtlich ihrer Widerstandsfähigkeit gegen d. Y-Virus u. d. Blattrollen 1912.
Pochon (J.) s. Guillemat (J.); Quevedo-Ganoza (F.).
Počinok (C.) s. Okanenko (A. S.).
Poczobut (A.), Ökotypen d. Wiesenschwingels (Festuca pratensis) in d. Woiwodschaft Olsztyn 1915.
Poddubnaja-Arnol'di (V. A.) u. **Selezneva (V. A.)**, Orchideen aus Samen 2466.
Podhradszky (J.), Stärke u. Ursachen d. Schartigkeit in Reisrispen auf Grund v. Analysen auf ungar. Reisfeldern im Jahre *1959* 1956. – Weizensteinbrand u. Zwergsteinbrand [3434]. – s. Matolcsy (G.).
Podoleanu (N.) s. Băjescu (N.).
Podoski (E.), Kartoffelzüchtung u. Pflanzguterzeugung in Polen 1076.
Podtykan (J. P.), Anreicherung d. Rübensaatguts mit organ. Nährstoffen 2692.
– u. **Sergienko (I. T.)**, Zuckerrübenanbau mit minimalem Handarbeitsaufwand 2417.
Poehlman (J. M.) s. Barthakur (B. C.).
Poenaru (I.) s. Băjescu (N.).
–, **Baractaru (M.), Condei (G.)** u. **Bucoveanu (T.)**, Lebenskraft des Weinstockes als richtiges Kriterium zur Feststellung des Eigenbehangs 471.
– u. **Duşchin (V.)**, Früher Ertragsbeginn in jungen Weingärten 471.
Pönninger (R.), Kläranlagen in Blockbauweise 2955.
Pogorelov (P.), Besonderheiten d. Fruchtens großfrüchtiger Zwergapfelbäume 2458.
Pogorelova (N. S.) s. Dubinevič (B. N.).
Pogosjan (K. S.), Verhalten d. Weinrebe bei Überwinterung unter verschied. Bedingungen 2463.
Pogosjan (S. A.), Heterosis u. ihre Ausnutzung in d. Züchtung d. Weinrebe 3096.
Poh (T. W.), Psorosisvirus A auf d. Mandarinorange (Citrus nobilis Lour.) in Malaya 1117.
Pohjakallio (O.), Über d. akuten Hungertod d. Pflanzengewebe 221.
–, **Salonen (A.), Antila (S.)** u. **Halkilahti (A.-M.)**, Faktoren, die d. Überwinterung d. Wintergetreides beeinflussen 2526.
Pohjanheimo (O.), Änderungen u. Schwankungen in d. Ertragshöhe v. Sommergetreide, beobachtet bei d. Sortenversuchen d. Pflanzenzuchtabteilung d. landwirtsch. Forschungszentrums in Jokioinen in d. Jahren *1931–60* 121. – Methode d. Bestimmung d. Resistenz gegenüber Schneeschimmel (Fusarium nivale) bei Wintergetreide, bes. an Pflanzenzuchtstationen 491. – Kartoffelsorte „Jaakko" als Indikator für Kartoffelviruskrankheiten 540. – Strohlänge u. Überwinterung v. Roggenstämmen in d. Anbauverhältnissen Finnlands 1898.
– u. **Heinonen (R.)**, Ertrag v. Gerste als Indikator d. Feuchtigkeitsverhältnisse in Lehmböden 953.
Pohl (E.), Meliorationsgenossenschaft „Pretzscher Bach" entwässert im Bereich d. oberen Elbe u. Mulde 2643.
Pohoska (I.), Prüfung d. Ursachen eines schwachen Keimens d. Möhrensamen 2740.
Poinar jun. (G. O.) u. **Gyrisco (G. G.)**, Fluggewohnheiten d. Luzernekäfers in New York 1382. – Bionomie v. Hexamermis arvalis Poinar et Gyrisco, einem in Hypera postica (Gyllenhal) parasitierenden Mermithiden 2857.
Pointing (P. J.), Biologie u. Verhalten d. Kiefernknospentriebwicklers, Rhyacionia buoliana Schiff., in Südontario. *1.* Mitt. Imago 231.
Poitout (S.) s. Féron (M.).
Poix (R.) s. Hocquette (M.).
Pojasov (N. P.), Diffusion v. CO_2 im Boden 341.

Pokorná (V.) s. Luštinec (J.).
Pokrovskaja (E. I.), Einfluß d. Trockenwindes auf d. Phosphorgehalt in d. Pflanze 84.
Polách (J.) s. Janýška (A.); Vlček (F.).
Polák (Z.) u. **Brčák (J.)**, Spezif. Unterschied zwischen d. nekrot. Lokalreaktion v. Nicotiana virus *1* u. Brassica virus *1* auf Tabak 1941.
Polerecký (O.), Frühe Prüfung v. Maislinien auf allgemeine Kombinationsfähigkeit 2479.
Polevščikova (V. N.), Anwendung granulierter Insekticide 572.
Poljakoff-Mayber (A.) s. Gesundheit (Z.); Koller (D.).
Poljakov (I. J.), Schädliche Nagetiere u. ihre Bekämpfung [847].
Poljakov (I. M.), Zur Perspektive d. Anwendung v. Karbothion 870.
Poljakov (J. A.), **Leont'ev (A. M.)** u. **Mel'nikov (L. K.)**, Zufuhr v. ^{90}Sr in den mittleren Breiten d. UdSSR 1791.
Poljakov (M. A.), Erfahrungen d. Drahtwurmbekämpfung beim Mais 2264.
Poljakov (P. V.), Bewässerung u. Düngung d. Kartoffel in d. Donniederung 2413. — s. Alekseev (E. D.).
Poljakova (R. V.) s. Ivanova (Z. V.).
Poljakova (S. I.) s. Kulikow (A. I.).
Pollack (R. L.), **Hoban (N.)** u. **Hills (C. H.)**, Respirationsaktivität v. Sauerkirschen (Prunus cerasus) während d. Wachstums 2756.
Pollard (A. G.) s. Rodrigo (D. M.).
Pollhamer (E.), Mehltau-Resistenzzüchtung d. Gerste 2184. — Mutationsversuche mit Sommergerste. 4. Mitt. 2186.
Pollhammer (M.), Wirkung v. Vorfrucht u. Düngung auf d. Qualität d. Weizens 3285.
Pollock (B. M.), Kontrolle d. physiolog. Verzwergung bei Pfirsichsämlingen durch d. Temperatur 603.
Polowicz (M.) s. Abgarowicz (F.).
Položencev (P. A.), Würmer; Parasiten d. Insekten 1130.
Pol'skogo (M. N.) s. Rode (A. A.).
Poluchina (I. N.) u. **Masljanaja (M. K.)**, Einfluß v. Kupfer auf d. Entwicklung d. Frucht- u. Kornanlagen bei Kulturgräsern 1812.
Pomerening (J. A.) u. **Knox (E. G.)**, Beurteilungsmaßstab für d. natürlichen Bodengruppen innerhalb d. Willamette-Catena-Population 642.
Pompejus u. **Schopf**, Verfrühung d. Blüte bei Aechmea fasciata 1336.
Ponchet (J.), Faktoren, die d. Entwicklung d. Schwarzbeinigkeit d. Weizens, Linocarpon cariceti B. et Br., beeinflussen 3438. — s. Rapilly (F.).
— u. **Coppenet (M.)**, Einfluß d. mineral. Düngung auf d. Entwicklung d. Schwarzbeinigkeit d. Weizens, Linocarpon cariceti B. et Br. 3439. — Einfluß verschied. Kultur-Faktoren auf d. Entwicklung d. Schwarzbeinigkeit d. Weizens 3439.
— u. **Grignac (P.)**, Zweites Europäisches Kolloquium über d. Schwarzrost d. Getreidearten 1921.
— u. **Pionnat (J. C.)**, Einflüsse v. Schimmel auf d. Lagerfähigkeit v. feuchtem Weizen u. feuchter Gerste 1945.
Pond (D. D.), Insekticid-Feldversuche zur Bekämpfung v. Kartoffelblattläusen in Neu-Braunschweig in d. Jahren *1948—1960* 1968.
Ponert (J.), Bestimmung d. Zeitpunktes d. Meiosis in d. Antheren d. getriebenen Convallaria majalis Linné cv. Konvalinka z Jaroměře Černý nach quantitativ-morpholog. Merkmalen 1919.
Ponirovskij (V. N.), Gerstenflugbrand im Gebiet v. Charkow 1390.
Ponniah (S.) s. Singh (T. C. N.).
Ponomarenko (A. V.) s. Dobrovol'skij (B. V.).
Ponomarev (L.), Erbsen 2705.
Ponomareva (A. T.), Rationelle Anwendung v. Phosphorsäuredünger 2391.
Ponomareva (N. S.), Rolle d. biolog. Faktors bei d. Bildung v. Soda in Solonetzböden 1762.
Ponomareva (S. I.), Bedeutung d. biolog. Faktoren für d. Steigerung d. Fruchtbarkeit rasenpodsoliger Böden 1205.
Ponomareva (V. V.), Rolle d. Humusstoffe bei d. Bildung brauner Waldböden 2329.
Pons (G. A.) = Almela Pons (G.).
Pons (L. J.) s. Jongerius (A.).

Pont (W.), Epidemiologie u. Bekämpfung d. Blattfleckenkrankheit d. Banane (Mycosphaerella musicola Leach) in Nordqueensland 3433; dass.: 3433.

Poole (R. T.) s. Dickey (R. D.).

Poole (T. B.), Einfluß einiger Umweltbedingungen auf d. Verteilungsschema v. Bodencollembolen in einem Nadelwaldboden 3226.

Pop (E.) s. Rădulescu (E.); Velican (V.).

Pop (I.), Strichelvirose d. Weizens in d. Rumän. Volksrepublik 1937. — Roststreifigkeit d. Sorghum u. d. Maismosaik in Rumänien 3124. — s. Săvulescu (A.).

Pop (L.), Ciobanu (F.), Matei (I.), Toma (A.), Mihail (I.) u. **Ionescu (S.)**, Ertragssteigerung bei auf Sandböden angebauten einjährigen Pflanzen durch Anwendung v. Düngemitteln 2979.

— u. **Coifan (M.)**, Ermittlung d. Düngungssystems für Weizen 3285.

Popa (C.) s. Alexandrescu (I.).

Popa (P.) s. Constantinescu (N.).

Popa (S.) s. Baltagi (B.).

Popa (T.) s. Alexandri (A. V.).

Popcov (A. V.), Bedeutung d. Temperaturfaktors für d. Samenkeimung 310.

Popenoe (H.) u. **Eno (C. F.)**, Wirkung v. Gammastrahlen auf d. mikrobielle Population des Bodens 928.

Popescu (C.) s. Duşchin (V.).

—, **Popescu (I.)** u. **Butnaru (V.)**, Feststellung d. besten Standraumes bei d. Sonnenblume in d. Region Iaşi 2707.

Popescu (C. T.), Gesetz d. botan. Paranthese u. sein Einfluß auf d. Gelingen v. Pfropfungen bei Pflanzen 2472.

Popescu (C. V.), Technik d. Verjüngungsschnittes bei Pflaumen 765.

Popescu (D. A.) u. **Tănase (V.)**, Einfluß d. Spurenelemente Kupfer, Mangan u. Zink auf d. physiolog. Vorgänge bei d. Kartoffelsorte „Galben Timpuriu" 2970.

Popescu (E.) u. **Basamac (D.)**, Für den Weinberg Drăgăşani empfehlenswerte Tafeltraubensorten 770.

Popescu (G.), Wachstum u. Ertragsfähigkeit d. Pfropfreben u. wurzelechten Reben unter den Verhältnissen d. Weinberges Odobeşti 769.

Popescu (G. A.), Flurordnung auf Böden im Be- u. Entwässerungssystem 2952.

Popescu (I.) s. Popescu (C.).

—, **Zeletin, Mocanu (V. G.)** u. **Puiu (S.)**, Entwicklung d. v. Lymantria monacha L. entblätterten Bäume 1103.

Popescu (K.), Organisation d. Saatgutvermehrungswesens in Rumänien 3275.

Popescu (S.) s. Neagu (M. I.).

Popescu (V.), Neue Ergebnisse über d. Pathogenität v. Gibberella zeae (Schw.) Petch. 1119. — s. Nyárady (A.).

— u. **Pamfil (C.)**, Verhalten d. Pilzes Gibberella zeae (Schw.) Petch. gegen Maishybriden u. -sorten bei unterschiedlicher Düngung d. Bodens 859.

Popgeorgiev (G.), Einfluß d. Bodenbearbeitung vor d. Pflanzung auf den Hopfenertrag 1006.

Popilian (I.), Drăguţ (G.) u. **Tăruş (G.)**, Einfluß d. auf Tomatenpflanzen bestehenden Schutzstreifen auf Gemüsepaprika u. Eierfruchtkulturen 159.

Popivanov (I.), Agrobotan. Beschreibung d. neuen Tabaksorte „Sandanski Nr. *144*" 2791.

Popov (A.) u. **Dimova (R.)**, Anbaumöglichkeiten für Hartweizen in Südwest- u. Nordwestbulgarien 1825.

— u. **Lenkov (L.)**, Wechselbeziehungen v. Weizensorten bei Gemengeanbau 976.

— u. **Nedjalkov (N. S.)**, Bisher unbekannter Winterschaden an Weizen 890.

Popov (A. A.) s. Egorov (V. V.).

Popov (A. F.), Wurzelsystem v. Zwergapfelbäumen in d. Baumschule 3053.

Popov (A. V.), Auftreten monokarper Formen bei polygermen Zuckerrüben 2486.

Popov (I. D.), Versuche zur Klärung d. biochem. Wirkung d. Ultraschalles 912. — s. Karabašev (N.).

Popov (J.) u. **Lilov (D.)**, Einfluß d.

Gibberellsäure auf Ertrag u. Qualität v. Weintrauben 3062.
Popov (K.) u. **Maždrakov (P.)**, Leistung d. Photosynthese in Maisbeständen unterschiedlicher Aussaatstärke 1830.
Popov (K. I.) s. Šamsutdinova (K. G.).
Popov (M.) u. **Majboroda (N.)**, Stalldung-Erdkomposte 3268.
Popov (Michail), Unterbrechung d. physiolog. Keimruhe d. Tabaksamen 982.
Popov (M. D.), Prüfung d. Gibberellinwirkung auf gedüngt u. ungedüngt gezogenen Tabak 1004. — Einfluß d. Gibberellins, anderer Wuchsstoffe u. Wuchsstoffkombinationen auf Wachstum u. Entwicklung d. Bohne 1588.
Popov (P.), Auftreten, Verbreitung u. Entwicklungsmöglichkeiten d. Kartoffelkäfers in Bulgarien 2219. — Maikäfer (Melolontha) in Bulgarien. 2. Mitt. Bekämpfungsmittel 2269.
— u. **Bojadžieva (D.)**, Neuer Beitrag zum Studium d. Anbaumöglichkeiten v. sowjet. Winterweizensorten in Bulgarien 988.
— u. **Dimitrov (J.)**, Sesam in Bulgarien [2136]*.
— u. **Kolev (D.)**, Ergebnisse aus Versuchen mit Sortengemischen bei Winterweizen 976.
—, **Kolev (D.)**, **Bojadžieva (D.)** u. **Gocova (V.)**, Ergebnisse aus einer zehnjährigen Prüfung d. neuen rayonierten Winterweizensorten d. Versuchsstation Sadowo 1824.
—, **Petrov (G.)** u. **Gocov (K.)**, Sortengemische beim Weizen in d. Dobrudsha 2408.
—, **Stajkov (G.)** u. **Kartalov (P.)**, Ergebnisse aus d. Untersuchungen neuer holländ. Kartoffelsorten 718.
Popov (P. V.), **Roslavceva (S. A.)** u. **Farber (M. S.)**, Haltbarkeit d. Chlorophos 3446.
Popov (T.), Einfluß d. stufenförmigen Terrassen u. d. Düngung vor d. Auspflanzung auf den Wuchs d. auf Hängen gepflanzten jungen Reben 2170. — Naßkopfdüngung d. Sorte „Gâmsa" unter d. Wachstumsbedingungen d. typ. Tschernosems 2172. — Verbrauch an Stickstoff, Phosphor u. Kalium d. Weinsorte „Mavrud" 3062. — Düngungseinfluß auf d. Lebenstätigkeit d. Rebwurzeln 3340.
Popov (V.) u. **Dončev (N.)**, Biologie, Schaden u. Bekämpfungsmittel gegen d. Maiszünsler (Pyrausta nubilalis Hb.) unter den Verhältnissen d. Dobrudsha 2506.
Popov (V. A.), Beschleunigte Vermehrung neuer Klonunterlagen 3051.
Popova (D.), Blühvorgang der Eierfrucht (S. melongena) 1311. — s. Daskalov (C.).
—, **Vladimirov (B.)** u. **Zacharieva (L.)**, Fremdländ. Gartenbohnensorten für d. Verwertungsindustrie 1311.
Popova (G. S.) s. Jusufov (A. G.).
Popova (I.), Der Kastanienrüßler, Curculio (Balaninus) elephas Gyll. Biologie u. Mittel zu seiner Bekämpfung 2511.
Popova (I. V.), Züchtung v. Zuckerrüben auf Resistenz gegen Mietenfäule 1078. — Peronospora 1412.
Popova (N. E.), Düngerkonzentration bei d. Blattdüngung in Obstbaumschulen 459.
Popova (P. J.) s. Sadykov (S. S.).
Popova (V.), Oxythyrea funesta Poda, Biologie u. Bekämpfungsversuche 833. — Tychius flavus im Gebiet v. Stara Sagora u. seine Bekämpfung 2221. — Der zottige Blütenkäfer (Epicometis hirta Poda, Tropanota hirta Poda) u. dessen Bekämpfung 2510. — Bekämpfung d. Kartoffelkäfers. Vorl. Mitt. 2555.
Popovici (D.), Verhalten einiger an d. Station Suceava I.C.A.R. gezüchteten Sommerwickenlinien (Vicia sativa) 203.
Popow (G.), Anbau v. Grünmais 136.
Populer (C.), Verbreitung d. Tabak-Peronospora, Peronospora tabacina Adam 1951.
Popušoj (I. S.) u. **Marcich (Ž. G.)**, Punktkrankheit d. Birnensetzlinge 3430.
Porembskaja (N. B.) s. Vlasov (J. I.).
Porlingis (I. C.) u. **Boynton (D.)**, Gibberellinähnliche Substanzen in Erdbeeren 2760. — Wachstumsbeeinflussung d. Erdbeere (Fragaria chiloensis var. ananassa) durch Gib-

berellinsäure u. äußere Faktoren 2759.
Porpáczy (A.), Theoret. Fragen d. zeitgemäßen Obstbaus [3342]*.
Porsche (W.), Mutationsversuche mit weißen Lupinen (Lupinus albus L.). *1.* Mitt. Röntgenbestrahlung d. Sorte „Neutra" 3369.
Poršneva (N. S.), Chem. Mittel zur Unkrautbekämpfung 1711.
Porter (C. A.) s. Weinstein (L. H.).
— u. **Weinstein (L. H.),** Einbau v. *2*-Thiouracil-^{35}S in d. RNS u. säurelöslichen Nucleotide v. „Vamorr *48*"-Tabak 243.
Porter (C. L.) s. Gordee (R. S.).
Porter (G. G.) s. Bean (R. C.).
Porter (H. K.), Synthese v. Polysacchariden in höheren Pflanzen 1170.
Porter (L. A.), Polyäthylenfolie als Mulch für Erdbeeren 2461.
Porter (W. L.) s. Schwartz (J. H.).
Portères (R.), Einige neue agrobotan. Formen v. Reis (O. sativa L.) 1714. — Einige Wildkaffeearten auf Madagaskar 2004.
Poruckij (G. V.), Golovčenko (V. P.) u. **Čeredničenko (S. V.),** Gehalt an Spurenelementen in verschied. Pflanzenorganen 2380.
Poschenrieder (H.) u. **Leuthold (R.),** Vergleichende faunist. u. mikrobiolog. Untersuchungen in den Böden v. Reisach 341.
Posgay (E.), Möglichkeit d. Erhöhung d. Winterweizenertrages durch Abänderung d. üblichen Aussaatmenge u. Drillweite 708. — Bestimmung d. geeignetsten Luzerne-Gras-Gemengesaaten auf Grund d. Heuertrages u. d. Ernte d. beiden ersten Jahre nach dem Umbruch auf Steppenböden d. südlichen Alföld 728.
Posnette (A. F.) u. **Cropley (R.),** Einfluß latenter Virusinfektion auf Wachstum u. Ertrag v. Süßkirschenbäumen 1114. — Weitere Untersuchungen über mit Quitte A verträgliche „Williams Bon Chrétien-Birnen" 2166.
— u. **Ellenberger (C. E.),** Blütenvergrünungs- u. a. zikadenübertragbare Viren, d. Erdbeere u. Klee befallen 3411.
Pospíšil (F.), Elektrophorese d. Humusstoffe u. ihrer Komplexe mit Kupfer 2038.
Pospíšil (F.) u. **Hlava (B.),** Anbau v. subtrop. u. trop. Pflanzen in Südmähren 2431; *2.* Mitt. 2727.
Pospíšil (J.), Orientierung v. Myzodes persicae (Sulz.) auf Licht 3122.
Pospíšilová (D.) s. Navara (A.).
Pospíšilová (J.) u. **Toul (V.),** Korrelation zwischen d. L-Ascorbinsäure u. d. Pflanzenfarbstoffen bei Gemüse 2913.
Possegger (S.), Flußbau schützt Siedlung u. Industrie 1513.
Possingham (J. V.) u. **Spencer (D.),** Mangan als ein funktioneller Bestandteil d. Chloroplasten 2383.
Post (A.), Einfluß v. Kulturmaßnahmen auf d. Populationsdichte d. Obstbaumspinnmilbe Metatetranychus ulmi Koch (Acari, Tetranychidae) 525; dass.: Schädliche u. nützliche Organismen in Obstplantagen 2504.
Postma (C.), Die Tomate v. d. Saat bis zur Frucht 2448.
Postner (M.), Lebensweise u. Bekämpfung d. Lärchenknospengallmücke Dasyneura laricis F.Lw. (Cecid. Dipt.) 2818.
Potácel (J.), Einfluß d. γ-Strahlung auf eingelagerte Zwiebeln 163.
Potaczek (H.), Chem. Bekämpfung d. Unkrautes in Spargel 2282.
Potapov (N. G.), Gesetzmäßigkeiten d. Stoffwanderung im Wurzelsystem 667.
Potapov (N. S.) s. Katařjan (T. G.).
Potecha (N. G.) s. Gubanov (J. V.).
Potgieter (A. L.) s. Hurter (N.).
Potlajčuk (V. I.), Bakteriose d. Hirse 2240.
Pottenger jun. (F. M.), Wechselseitiger Zusammenhang zwischen Boden, Pflanze u. Tier 662.
Potter (J. G.), Soil temperature records at eight localities in Canada *1959—1960* [341].
Potter (J. M. S.), Erdbeersortenversuche in Gartenbauversuchsstationen 1044. — Zwischenbericht über Sortenversuche mit Schwarzen Johannisbeeren in Gartenbauversuchsstationen 1046.
— u. **Ermen (H. F.),** Variabilität im Wachstum zwischen einfach u.

doppelt veredelten Birnbäumen 1040.
Potterton (P. E.) s. Berger (K. C.).
Potts (J. M.) s. Hand jun. (L. D.).
Pouget (R.), Veränderungen d. Atmungsstoffwechsels durch Rindite, ein Mittel zur Brechung d. Knospenruhe bei d. Weinrebe (Vitis vinifera L.) 596.
Poulovassilis (A.), Hysteresis des Porenwassers, eine Anwendung des Begriffes in unabhängigen Bereichen 1204. — s. Childs (E. C.).
Poulsen (E.), Nitratdüngung mit Hilfe v. Ionenaustausch. *2.* Mitt. 83. — s. Jepsen (H. M.).
— u. **Dalbro (S.)**, Verlagerung v. Kalium u. Magnesium in einigen dän. Böden 626.
Pound (G. S.) s. Pirone (T. P.); Shepherd (R. J.).
Povilaitis (B.), Histolog. Untersuchung über d. Wirkung v. „Wetterflecken" auf d. Gewebe v. heißluftgetrocknetem Tabak 815.
Povolný (D.) s. Gregor (F.).
Povolný (M.), Bestimmung d. Kohlendioxyds mit einem konduktometr. Gerät 1792.
Povolockaja (K. L.) s. Rakitin (J. B.).
—, **Rakitin (J. V.)** u. **Chowanskaja (I. V.)**, Beteiligung v. Heteroauxin am Transport d. Zucker in den Pflanzen 667.
Powell (D.) s. Tweedy (B. G.).
Powell (H. R.), Schnitt v. Obstbäumen (Japan. Pflaumen) 2460.
Powell (J. D.) s. Beaty (E. R.).
Powell (L. E.), **Cain (J. C.)** u. **Lamb (R. C.)**, Wirkung v. Gibberellin auf Apfel- u. Birnensämlinge 2161.
Powell (N. T.), Rolle pflanzenparasitärer Nematoden bei d. Pilzkrankheiten 3106.
Power (J. F.) s. Willis (W. O.).
Powers (LeR.) s. Payne (M. G.).
Pozděna (J.) s. Čech (M.); Jermoljev (E.).
—, **Čech (M.)** u. **Kříž (J.)**, Einfluß d. Erhitzung auf d. Infektiosität d. Virus d. infektiösen Hopfensterilität (Humulus lupulus L.) 3413.
— u. **Jermoljev (E.)**, Bestimmung d. Gerbstoffgehaltes in Hopfenpflanzen während d. Vegetation 326.
Pozsár (B.), Veränderlichkeit d. biolog. Stabilität v. Phospholipoidfraktionen im Weizenblatt u. deren pathobiolog. Bedeutung 1452.
Pozsár (I.), N-Stoffwechsel d. Pollenschlauches u. seine Rolle bei d. Befruchtung 1057.
Prabhu (K. A.) s. Srivastava (R. D.).
Prakken (R.) s. Sybenga (J.).
Pramer (D.) s. Winkler (E. J.).
— u. **Starkey (R. L.)**, Bestimmung v. Streptomycin im Boden u. d. Einfluß d. Bodenkolloide auf dessen Aktivität 937.
Prantl, Paläontologie u. Entwicklungslehre [196]*.
Prasad (A.), Über d. vegetative Vermehrung v. Medizinalpflanzen 439. — s. Bajpai (P. N.); Jauhari (O. S.).
Prasad (N.), **Mathur (R. L.)** u. **Kothari (K. L.)**, Physoderma-Krankheit d. Maises in Rajasthan 2240.
Prasad (R.) s. Ghildyal (B. P.).
Prasad (S. K.), Bodenbehandlung zur Bekämpfung v. „root-lesion"-Nematoden (Pratylenchus pratensis Filipjev) in Tomate 566.
Pratella (G.) u. **Kovács (András)**, System. Wirksamkeit v. *8*-Oxychinolinsulfat in jungen Pfirsichpflanzen 576.
Pratella (G. C.) s. Mezzetti (A.).
Pratt (M. J.) s. Higinbotham (N.).
Pratt (P. F.) s. Chapman (H. D.).
— u. **Bair (F. L.)**, Puffermethoden zur Abschätzung v. Kalk- u. Schwefelgaben zur pH-Einstellung v. Böden 648. — Kationenaustauscheigenschaften einiger saurer Böden in Kalifornien 3215.
—, **Whittig (L. D.)** u. **Grover (B. L.)**, Einfluß d. pH auf d. Natrium-Calcium-Umtauschgleichgewichte in Böden 630.
Précsényi (I.) s. Hortobágyi (T.).
Preczner (G.), Einfluß d. Häufigkeit des Pflückens auf Remontierungsfähigkeit u. Ertragsmenge d. Gurke 448.
Predkel' (K. I.) s. Večer (A. S.).
Preece (T. F.), Entfernung d. Kutikula des Apfelblattes durch Pektinase, um d. Mycel v. Venturia inaequalis (Cooke) Wint. freizulegen 1125.
Preez (D. du) s. Thiele (I.).
Preobraženskaja (E. I.), Lebensfähigkeit v. Keimpflanzen, deren Samen

mit starken Dosen v. γ-Strahlen v. ^{60}Co behandelt wurden 901.
Preobraženskaja (M. V.), Verwendung d. Gammaskopie zur Bestimmung d. Bodenfeuchtigkeit bei meliorativen Untersuchungen 1502.
Preston (A. P.), Ergebnisse d. Schnittes bei Äpfeln in East Malling 2163.
Preston (F. W.), Kanon. Verteilung v. häufigem u. seltenem Vorkommen. *2.* Mitt. 1469.
Prettenhoffer (I.), Meliorationsverfahren für karbonatlose Salzböden 2065.
Preuße (H.-U.) s. Kuron (H.).
Prévot (P.), Physiologie d. Ölpalme 2011.
— u. **Bachy (A.)**, Blattdiagnose bei d. Kokospalme. Einfluß d. Blattrangs u. d. vegetativen Entwicklung auf d. Gehalt an Elementen 82.
— u. **Billaz (R.)**, Agrarphysiolog. Untersuchungen zum Problem d. Trokkenheitsresistenz d. Erdnuß 2729.
Prges (R.) s. Okun (D. A.).
Prică (D.) s. Constantinescu (N.).
Price (C.) s. Fife (J. M.).
Price (D. W.) u. **Summers (F. M.)**, Zykl. Unterschiede in d. Anzahl d. Adulten u. Larven bei Anarsia lineatella Zeller in Kalifornien 824.
Price (R. D.) u. **Stubbs (L. L.)**, Gelbverzwergungsvirus d. Gerste, Primärursache oder mitbeteiligt an d. vorzeitigen Reife oder d. Weißährigkeit d. Weizens 3407.
Price (T. J. A.) s. Gair (R.).
Price (W. C.), Proceedings of the second Conference of the International Organization of Citrus Virologists [1389]*.
Pridanceva (E. A.) s. Suchov (K. S.).
Pridham (A. M.) s. Mecklenburg (R.).
Priehradný (S.) s. Hrivňák (J.).
Priest (D.) u. **Weed (R. K. S.)**, Gegenüber chlorierten Nitrobenzolen resistente Stämme v. Bortrytis allii 282.
Priestley (W. G.) u. **North (C.)**, Vererbung d. Anfälligkeit gegenüber innerer Verbräunung d. Rosenkohls 805.
Priežev (G. V.), Ausnutzung d. Heterosis bei Buchweizen 2197.
Prihar (S. S.) s. Kanwar (J. S.).
Primost (E.), Ertragsleistung u. Futterqualität d. Markstammkohls in Abhängigkeit v. d. Stickstoffdüngung u. Anbaumethode 732. — Abhängigkeit d. Kornertrages, Klebergehaltes u. d. Quellzahl d. Weizens v. Stickstoffdüngung u. Bodenart 2097. — Leistung einiger Ackerfutterpflanzen in Abhängigkeit v. d. Stickstoffdüngung 3298. — s. Mayr (H. H.).
— u. **Rittmeyer (G.)**, Wirkung gesteigerter, geteilter Stickstoffgaben auf den Kornertrag, Protein- u. Klebergehalt d. Winterweizens 971.
Prince (A. B.) u. **Blood (P. T.)**, Auswirkungen d. Bewässerung u. Düngung auf d. Ertrag u. d. Qualität v. „Kennebec"-Kartoffeln 1834.
Princis (K.), Albanien-Expedition *1961* d. Deutschen Entomolog. Institutes. *9.* Mitt. Blattariae 2818.
Priszter (S.), Verbreitung adventiver Unkräuter in Ungarn 2277.
Pritchard (A. J.), Chromosomenzahlen u. Chromosomenmorphologie afrikan. Trifolium-Arten 3091.
Prjanišnikov (D. N.), Düngung d. Felder u. Fruchtfolgen [1814].
Procenko (D. F.) u. **Bogomaz (E. L.)**, Charakteristik d. Pigmentsystems d. Rinde bei durch Frosthärte unterschiedl. Obstkulturen 18.
Procenko (D. P.), **Bogomaz (K. I.)** u. **Koršuk (T. P.)**, Verteilung d. Anthocyane in d. Rinde d. Obstbäume u. ihre Dynamik im Laufe d. Jahres 325.
Procházka (F.), Leinzüchtung u. -samenbau in d. ČSSR 2197.
Procházková (Z.) s. Blattný (C.).
Prochorov (M. K.) s. Taranov (M. T.).
Prochownik (M.), Einfluß d. Stickstoffdüngung auf den Ertrag u. d. Qualität des Tabaks d. Sorten „Burley Włoski" u. „Flandria" 1003.
Procter (G. C.) s. Robson (J. W.).
Proctor (J. M.) u. **Mann (G. C.)**, N.A.A.S./N.I.A.B. Winterweizen-Sortenversuche *1955—57* 987.
Proctor (M. H.), Neue, d. Knöllchen v. Galega officinalis bewohnende Rhizobium-Art 2339.
— u. **Moustafa (E.)**, Einbau v. Aminosäuren durch Wurzelknöllchen v. Galega officinalis 2339.

Proebsting jun. (E. L.) u. **Milis (H. H.),** Reaktion v. Richards Early Italien-Pflaumen auf 2,4,5-TP bei verschied. Zeiten d. Applikation 2461. — Verlust d. Härte v. Pfirsichblütenknospen im Verhältnis zu ihrer morpholog. Entwicklung während d. Vorblüte u. Blühperiode 2757.
Proebsting sen. (E. L.) s. Cannell (G. H.); Voth (V.).
Proeseler (G.), Beziehungen zwischen Kartoffelabbau u. Düngung 2414.
Prokof'ev (A. A.), Neue Methode zur Transpirationsbestimmung v. Pflanzen 28.
— u. **Kac (K. M.),** Transpiration d. Früchte v. Ölkulturen 1518. — Transpiration v. Früchten u. Fruchtständen in Abhängigkeit v. d. meteorolog. Faktoren u. d. Alter d. Pflanzen 3203.
Prokof'eva (G. N.) s. Bogdanov (N. M.).
Prokopev (G.) u. **Maltabar (L.),** Weinbau in d. Moldau. SSR im Siebenjahrplan [475].
Prokudina (F. V.) u. **Aziev (K. G.),** Bekämpfung d. Drahtwürmer auf Maisfeldern 867.
Proll (E.), Methoden zur Reindarstellung v. Pflanzenviren 262.
Pronin (M. E.) u. **Afanašev (M. V.),** Düngung v. Mais in niederschlagsarmen Gebieten 961.
— u. **Svetljakova (R. I.),** Spritzen mit Chemikalien beschleunigt d. Reifen 713.
Protopopescu (V.) s. Alexandrescu (I.).
Proudfoot (K. G.) u. **McCallum (J.),** Pflanzkartoffelerzeugung in Nordirland 1285.
Proverbs (M. D.) u. **Newton (J. R.),** Wirkungen d. γ-Bestrahlung auf d. Vermehrungspotential d. Apfelwicklers, Carpocapsa pomonella L. (Lipidoptera Olethreutidae) 3114.
Proverbs (T. D.) u. **Newton (J. R.),** Einfluß v. Hitze auf d. Fertilität des Apfelwicklers, Carpocapsa pomonella L. (Lepidoptera: Olethreutidae) 1101.
Prozorov (J. S.), Moore d. Marj-Landschaft, spezielle Landschaft alluvialer Ebenen d. Fernen Ostens, d. Mittel-Amur-Niederungen [3232].
Pruckova (M. G.), u. **Bljacherova (R. M.),** Getreidesamenbau [2426].
Prugar (J.), Weizenkornqualität in d. ČSSR u. in d. Welt 1826.
Prummel (J.), Herbst- u. Frühjahrsdüngung mit Phosphorsäure u. Kali auf Ackerland 687. — Kaliüberschußdüngung auf Flußtonböden 2100.
Průša (V.), Einige in d. ČSSR selten vorkommende Hopfenvirosen 2834. — s. Jermoljev (E.); Vacke (J.).
— u. **Fryč (J.),** Verwandtschaft d. mitteleuropäischen Kräuselkrankheit d. Hopfens mit d. engl. Viruskrankheit „nettlehead" 2235.
Prusakova (L. D.), Tryptophansynthese in Weizenblättern in Abhängigkeit v. d. Entwicklungsphase d. Blattzellen u. vom Wasserhaushalt 895. — s. Bardinskaja (M. S.).
Průšová (H.), Zur Frage d. Kultivierung v. Phytophthora infestans De Bary auf künstl. Nährböden 856.
Przemeck (E.) s. Scheffer (F.).
Przybylska (J.) s. Barbacki (S.).
— u. **Hurich (J.),** Organ. Stickstoffformen in Samen einiger Hülsenfrüchte 1737. — Freie Aminosäuren d. bitteren u. süßen Varietät d. blauen Lupine während d. Vegetationsperiode 2190.
— u. **Nowacki (E.),** Anwendung d. chromatograph. Analyse d. freien Aminosäuren in d. Taxonomie d. Gattung Lathyrus 1443.
Psareva (E. N.) s. Gruševoj (S. E.); Matveenko (T. M.).
— u. **Matvennko (T. M.),** Künstliche Infektion v. Tabak mit d. Gurkenmosaikvirus für Züchtungszwecke 1405.
Pschorn-Walcher (H.), Biolog. Bekämpfung v. Forstinsekten 265.
Pučev (P.) s. Stoev (K.).
Pučkov (G. V.) s. Pučkova (L. V.).
Pučkova (L. V.) u. **Pučkov (G. V.),** Wirbellose Schädlinge d. Kornvorräte u. d. Vorräte v. Getreideerzeugnissen [2524].
Pudelski (T.), Einfluß verschied. Substrate auf Entwicklung u. Ertrag v. Gurke in Hydrokultur unter Glas 2741. — Einfluß verschied. Substrate auf Entwicklung u. Ertrag v. Tomate in Hydrokultur 2742.

Puente (L. S. de la) = Sanchez de la Puente (L.).
Pufahl (K.) s. Schreiber (K.).
Puffe (D.) s. Klinge (H.).
Pugač (M. F.) s. Volodarskij (N. I.).
Pugačev (A. N.) u. **Bykov (V. V.)**, Gleichzeitiges Ausbringen v. Insekticiden u. Herbiciden bei d. Maisaussaat 3005.
Pugh (G. J. F.) s. Eggins (H. O. W.).
Pugnat (C.) s. Stroun (M.).
Puia (J.) s. Giosan (N.).
Puiu (S.) s. Popescu (I.).
Pukalov (B. P.), Rolle d. Familien- u. Linienauslese beim Mais bei d. Erhöhung d. Eiweißgehaltes 792.
Pulby (J. F.) s. Metivier (S.).
Puri (B. R.) u. **Mahajan (O. P.)**, Einfluß zugesetzter Holzkohle auf d. Feuchtebindekapazität d. Bodens 2045.
Puri (G. S.) u. **Arora (R. K.)**, Farbstoff u. Gerbsäure liefernde Pflanzen aus dem Westen Indiens 1575.
Půrvanov (R.) s. Marinkov (E.).
Purves (D.) u. **Ragg (J. M.)**, Böden mit Kupfermangel in Südostschottland 2037.
Purves (W. K.) s. Kato (J.).
Pušev (K.) s. Stoev (K. D.).
Pushkarnath (S.), Kartoffelzüchtung u. -genetik in Indien 1357.
Puškarev (V. F.), Gesamtverdunstung u. Transpiration d. Maises 2654.
Pustovojt (V. S.), Rostwiderstandsfähige Artbastarde d. Sonnenblume 500.
Pusz (A.) u. **Büchner (S.)**, Papierchromatograph. Untersuchung d. Blüten v. Adonis vernalis L. 1467.
Pusztai (A.), Einwirkung d. Bodenbearbeitung auf Bodenfruchtbarkeit u. Bodentemperatur 363. — Aussaatzeit d. Winterweizens 701. — Bodenvorbereitung zu Winterweizen nach frühen Vorfrüchten u. nach Halmfrüchten 706, 707. — s. Manninger (I).
— u. **Pusztai (T.)**, Bodenvorbereitung für Winterweizen nach Mais, d. mit verschied. Agrotechnik produziert wurde 707.
Pusztai (T.) s. Pusztai (A.).
Putij (V. K.), Anbau v. Reben auf Böden mit hohem Grundwasserstand 178.
Putman (W. L.), Lebensweise u. Verhalten d. Raubmilbe Typhlodromus (T.) caudiglans Schuster (Acarina: Phytoseiidae) in Ontario mit Bemerkungen über d. Beute verwandter Arten 561. — s. Phillips (J. H. H.).
Putnam (L. G.), Versuche mit einigen einheim. u. eingeführten Nahrungspflanzen für Camnula pellucida (Scudd.) (Orthoptera: Acrididae) im westlichen Kanada 3113. — Möglicher Schaden einiger Heuschrekken (Orthoptera: Acrididae) auf natürlichem Grünland in Brit.-Kolumbien 3394.
Putt (E. D.), Wert v. Hybriden u. synthet. Sorten in d. Erzeugung v. Sonnenblumensaatgut 1633. — Sonnenblumen 2707.
Puttler (B.), **Jones (D. W.)** u. **Coles (L. W.)**, Einführung, Ansiedlung u. Eingewöhnung v. Bathyplectes curculionis, eines Parasiten v. Hypera postica im Osten d. Vereinigten Staaten 1132.
Py (C.), Vergleich verschied. Selektionen aus d. „Cayenne lisse“-Ananas u. einigen anderen Sorten 2431.
Pyjklik (K. M.), Anreicherung u. Verbrauch v. Zucker im Zusammenhang mit d. Überwinterung v. Wintergetreide 3196.
Pyl'neva (P. N.), Harnstoff macht d. Mais eiweißreicher 2410.
Pyriki (C.) u. **Moldenhauer (W.)**, Analytik d. Tabakpektine 1740.
— u. **Müller (R.)**, Eiweiß- u. eiweißähnliche Verbindungen im Tabak. *1.* Mitt. Bestimmung d. freien u. d. gebundenen Aminosäuren sowie deren papierchromatograph. Identifizierung 1738. — Vergleichende Untersuchungen zwischen gesunden u. durch Virusbefall erkrankten Tabakblättern 2832.

Qayyum (M. A.) u. **Kemper (W. D.)**, Salzkonzentrationsgefälle in Böden u. ihre Einflüsse auf d. Bewegung d. Feuchtigkeit u. d. Verdunstung 635.
Quackenbush (F. W.) s. Romanowski (R. D.).
Quadt (F.), Gesichtspunkte u. Methoden d. Erhaltungszüchtung v. Fremdbefruchtern 1062.

Quagliotti (L.), Heterostylie bei „Solanum melongena L." 2201. — Aspekte bei d. Züchtung d. Dahlie (gen. Dahlia) 2798.
Quantz (L.), Gewöhnliche Bohnenmosaikvirus u. d. Sojamosaikvirus 843. — Nachweis d. Gewöhnlichen Bohnenmosaikvirus im Bohnensamen mit Hilfe d. Schalentests 1683. — s. Wetter (C.).
Quesenberry (C. P.) u. **David (H. A.),** Einige Prüfverfahren für Ausreißer 120.
Quevedo-Ganoza (F.), Tardieux (P.) u. **Pochon (J.),** Pedobiolog. Untersuchungen bestimmter Böden Kastiliens 2336.
Quicke (G. V.) s. Fintel (R. G. H. v.).
Quidet (P.) s. Paulin (A.).
Quillon (P. J.), Untersuchung über d. Anwendung borhaltiger totaler Unkrautvernichtungsmittel 1157.
Quinlan (J. D.) u. **Sagar (G. R.),** Autoradiograph. Untersuchung über d. Transport v. ^{14}C-markierten Assimilaten in d. wachsenden Weizenpflanze 2587.
Quinlivan (B. J.), Hartschalige Samen bei Lupinen 1578.
— u. **Millington (A. J.),** Wirkung mediterranen Sommerklimas auf d. Hartschaligkeit Bodenfrüchtigen Klees 730.
Quinn (D. O.) s. Dorsey (C. K.).
Quirk (J. P.) s. Fawcett (R. G.); Greenland (D. J.).
— u. **Panabokke (C. R.),** Anfangszerstörung v. Bodenaggregaten 47. — Verteilung d. Porenvolumengrößen u. d. Schwellen v. natürlichen Bodenaggregaten 48.

Raads (E.), Söding (H.) u. **Nuernbergk (E. L.),** Einfluß d. Lichtes auf d. Wuchsstoff- u. Hemmstoffhaushalt v. Bryophyllum daigremontianum u. Helianthus annuus 3181.
Raalte (D. van), Moderne Kulturmethoden bei Freesien 2465.
Raatikainen (M.), Anteil v. Mesopolobus graminum (Hårdh) (Hym., Pteromalidae) beim Auftreten d. Taubährigkeit d. Sommerweizens 1109. — s. Heikinheimo (O.).
Raátz (E.) s. Lörincz (J.).
Rabéchault (H.), Kulturen v. Embryonen d. Ölpalme (Elaeis guineensis Jacq.) in vitro. *1.* Mitt. Wirkungen d. β-Indolylessigsäure 2023. — s. Vallade (J.).
Rabes (F.) s. Lampeter (W.).
Rachmamia (A. T.) s. Bejdeman (I. N.).
Račinski (T.) u. **Gavrilova (N.),** Anbaumöglichkeiten für Hartweizen im Gebiet d. Landwirtsch. Forschungsinstituts zu Knesha 1825.
Rackham (R. L.) s. Gundy (S. D. van).
Racovitza (A.), Blauschimmel d. Tabaks, eine gefährliche Krankheit im Tabakanbau 850.
Racusen (D.) u. **Foote (M.),** Proteinumsatz in Scheiben v. Bohnenblättern 895.
Rácz (G.) s. Coiciu (E.).
Radčenko (T. G.) s. Telenga (N. A.).
Radceva (G. E.) s. Anferova (V. N.).
Rademacher (B.), Folgeschäden d. Frostes im Winter *1961/62* an Wintergetreide 2803.
Radenkova-Karaivanova u. **Todorov (V.),** Nutzeffekt d. Apfeldüngung vor d. Auspflanzung 2164.
Radersma (S. C.), Vergleich zwischen westeuropäischen Routinemethoden zur Feststellung d. Polyploidiegrades v. Rübensaatgut 1268.
Radet (E.), Natürliche Phosphate in Kreideböden 334. — Chem. Studien an d. Sonnenblume 2027.
Radet (S.), Verhalten v. Phosphordüngemitteln in Kreideböden 1496.
Radev (R.), Wirtschaftliche Bedeutung d. Blattläuse an d. Baumwolle u. Mittel zu ihrer Bekämpfung 3403.
Radkov (C.) s. Breskov (T.).
Radley (R. W.), Taha (M. A.) u. **Bremner (P. M.),** Knollenertragsbildung im Kartoffelbau 127.
Radlow (A.) s. Grun (P.).
Radu (I. F.), Dynamik d. Gesamtstickstoffes während d. Vegetationsperiode u. d. Vegetationsruhe bei Apfel, Birne, Aprikose u. Pfirsich 83.
—, **Enăchescu (G.), Iliescu (E.)** u. **Gherghi (A.),** Dynamik d. Wachstums u. d. Reife d. Pflaumen 765.
— u. **Lazăr (B.),** Verwertung d. Aprikosen durch Trocknen 456.
Radu (V. G.), Rogojanu (V.), Frecea (A.) u. **Tenț-Dan (F.),** Rhythmus d.

Koleopterenlarven in Beziehung zu d. Bodeneigenschaften u. zur Vegetation 2627.
Radu (V. G.), Rogojanu (V.), Grecea (A.) u. **Tenț-Dan (R.),** Rhythmus d. Mikrofauna einiger Bodenarten in d. Umgebung v. Cluj, unter verschied. Pflanzenkulturen 2627.
Rădulescu (C.) s. Moruju (G.).
—, Cvasnîi (D.) u. **Nica (S.),** Geeignete Pflaumensorten für d. südliche subkarpat. Zone 467.
Rădulescu (E.), Infektion d. Maises mit Sorosporium holci sorghi (Riv.) Moesz f. zeae (Pass.) Savul 1390.
— u. **Crișan (A.),** Untersuchungen über d. Apothecienbildung v. Sclerotinia sclerotiorum (Lib.) de Bary 1093.
—, Felecan (V.), Rîpeanu (G.), Perescă (E.) u. **Pop (E.),** Verhalten eines Bohnensortiments gegenüber Befall durch d. wichtigsten Krankheiten 1090.
Raether (W.), Neuere Erfahrungen bei d. Ausnutzung v. Rollhäusern durch Gemüsekulturen 2143. — Kann d. Bodenentseuchung mit Trapex im Tomatenanbau empfohlen werden? 2437.
Raeuber (A.) s. Bellmann (K.); Engel (K.-H.); Stelter (H.).
—, Bellmann (K.), Meinl (G.), Mrazek (O.), Pfeffer (C.) u. **Winkel (A.),** Anwendung nichtlinearer Korrelationen bei phänometr. Arbeiten bei Mais 1630.
Rafaila (C.), Olangiu (M.) u. **Marin (A.),** Zwei für d. RVR neue Krankheiten d. Mandelbaumes (Amygdalus communis L.) 1399.
Rafalla (C.), Spritzmischungen zur Bekämpfung d. Falschen Mehltaus u. Düngung d. Weinrebe 1415.
Raffauf (R. F.), Einfacher Feldtest für alkaloidhaltige Pflanzen 2178.
Ragetli (H. W. J.) u. **Weintraub (M.),** Virushemmstoff aus Dianthus caryophyllus L. *1.* Mitt. Reinigung u. Aktivität 2523; *2.* Mitt. Charakterisierung u. Wirkungsweise 2523.
Ragg (J. M.) s. Purves (D.).
Raggio (M.) s. Barrios (S.).
— u. **Raggio (N.),** Literatur über Wurzelknöllchen an Leguminosen u. Nichtleguminosen 1170.
Raggio (N.) s. Barrios (S.); Raggio (M.).
Raghavan (V.), Histogenese u. Physiologie d. Blütenbildung bei Perilla. *3.* Mitt. Wirkung v. Indolessigsäure auf d. Blütenbildung v. Apikalknospen u. Explantaten in vitro 318.
— u. **Jacobs (W. P.),** Histogenese u. Physiologie d. Blütenbildung bei Perilla. *2.* Mitt. Blühinduktion bei in vitro kultivierten Apikalknospen v. P. frutescens 21.
Ragimov (I. R.), Echter Mehltau an Kartoffeln in Aserbaidshan 1948.
Ragimov (U. A.), Fusarium-Welke d. Gurkengewächse 1121. — Bekämpfung d. Mehltaus d. Kürbiskulturen 2859.
Ragland (J. L.), Anwendung thermometr. Titrationen bei bodenchem. Untersuchungen 647. — s. Hiatt (A. J.).
Ragulin (M. S.) s. Filimonov (M. A.).
Rai (U. K.), Zytogenet. Studien bei Solanum melongena L. *4.* Mitt. Pollenschlauchwachstum 501.
Rai (V. K.) s. Laloraya (M. M.).
Raicu [Bukarest], Gerichtete Variablität u. Anpassungsfähigkeit d. Organismen [196]*.
Raidt (W.), Vorkeimen in Folienschläuchen, einfach, erfolgreich u. wirtschaftlich 698. — Gesunde Pflanzkartoffeln durch Vorkeimen, Krautabtöten u. Frühroden 2415. — Sorteneigentümlichen Knollenansatz bei Standweiten berücksichtigen 3007.
Raine (J.), Lebensweise u. Auftreten v. Bembecia marginata (Harr.) (Lepidoptera: Aegeriidae) 2816.
Rainiss (L.), Durch Ditylenchus destructor Thorne an Kartoffeln verursachte Schäden 523. — Quantitative Untersuchungen über d. im Boden freilebenden Nematoden 817. — s. Ubrizsy (G.).
Rains (D. W.) s. Epstein (E.).
Raison (J. K.) s. Graham (J. S. D.).
Raj (T. R. N.) = Nag Raj (T. R.).
Rajagopalan (K.), Guar, ein neuer Lokalläsionswirt für d. Dolichos-Enationen-Mosaikvirus 1944.
Rajčeva (L.), Mikroflora d. Rhizosphäre, d. wurzelnahen Zone u. d. Wurzeloberfläche v. Wicke u. Hafer

1208. – Verbreitung u. Virulenz d. Wicke-Knöllchenbakterien in Bulgarien 2935.
Rajhaty (T.), Chromosomale Differenzierung u. Spezifizierung bei diploidem Hafer 1352.
– u. **Morrison (J. W.)**, Cytogenet. Untersuchungen in d. Gattung Hordeum. *6.* Mitt. Der murinum-Komplex 2476.
Rajki (E.), Befruchtung d. Weizensorte „Bánkuti *1201*" in verschied. Entwicklungsphasen d. Narbe 492. – Wirkung d. Menge d. auf d. Narbe gelangenden Pollens bei d. Befruchtung 1893.
Rajki (S.), Vegetationszeit d. gewöhnlichen Weizensorten u. einzelne Methoden ihrer Veränderung 412. – Vegetationszeit d. Saatweizensorten u. einige Methoden ihrer Abänderung 1903. – Genetik d. Umwandlung v. Sommerweizen in Winterweizen u. d. Bedeutung d. Verfahrens für d. Züchtung 2182.
Rajkov (E.), Einsatz v. kupferfreien Präparaten bei d. Blattfallkrankheit d. Rebe 1703.
–, **Cvetanov (D.)**, **Pešakov (G.)** u. **Nešev (K.)**, Ergebnisse d. biolog. Untersuchung d. Simazins als Unkrautbekämpfungsmittel im Weinbau 587.
Rajkov (L.) u. **Bechar (A.)**, Salzböden vom Dorf Belosem bei Plowdiw 2360.
Rake (A.) s. Nasatir (M.).
Rakitin (J. V.), Einsatz v. Substanzen zur Beeinflussung höherer Pflanzen 592. – s. Povolockaja (K. L.).
–, **Chovanskaja (I. V.)**, **Povolockaja (K. L.)**, **Buzanov (I. F.)**, **Makoveckij (K. A.)**, **Ustimenko-Bakumovskij (A. V.)** u. **Perepeljak (G. T.)**, Maleinsäurehydrazid verbessert d. Zuckerrübeneinlagerung 2116.
Rakotomanana s. Jannaud (G.).
Rakova (E. I.), Das Getreide Rußlands [3304].
Ralčev (A.), Hydrophysikal. Eigenschaften einiger Böden in Nordwestbulgarien 2621.
Ralčeva (I.) s. Iliev (L.); Karanov (E.).
Rall' (J. S.), Einfluß negativer Temperaturen u. d. Bedingungen d. Winterlagerung auf Keimfähigkeit u. biochem. Eigenschaften d. Maiskörner 112. – Verschimmeln d. Maiskornes u. seine Folgen 2565.
Ram (H. Y. M.), **Ram (M.)** u. **Steward (F. C.)**, Wachstum u. Entwicklung d. Bananenpflanze. *3.* Mitt. A. Ursprung d. Blütenstandes u. d. Entwicklung d. Blüten. B. Struktur u. Entwicklung d. Frucht 2595.
Ram (M.) s. Ram (H. Y. M.).
Ramachandran (S.) s. Caltrider (P. G.).
Ramaiah (K.) s. Shastry (S. V. S.).
Ramakrishna Kurup (C. K.) u. **Sastry (A. S.)**, Einfluß d. Bodens u. d. Beregnungswassers auf d. chem. Zusammensetzung u. d. Qualität v. Zigarrentabak 1520.
Ramalingam (M.) s. Rangaswami (G.).
Raman (V. S.), **Krishnaswami (D.)** u. **Nair (M. K.)**, Nachkommen v. autotetraploidem Pennisetum typhoides Stapf. u. Hubb. 2197.
–, **Nair (M. K.)** u. **Krishnaswami (D.)**, Cytologie v. Pennisetum ruppellii Steud. Rückschau 2197.
Ramanujam (S.) s. Joshi (A. B.).
Ramaswamy (M. S.), Abschätzung d. verfügbaren Fraktion d. organ. Stickstoffs in Böden nach einer neuen Methode d. Abwechselns v. feuchten u. trockenen Bedingungen 1495.
Ramig (R. E.) s. Mazurak (A. P.).
Ramírez (O. D.) u. **Vélez-Santiago (J.)**, Pflückbohnen in Ost-Zentral Puerto Rico 2149.
Ramm (C. v.), **Lucas (G. B.)** u. **Marshall jun. (H. V.)**, Wirkung v. Maleinsäurehydrazid auf d. Auftreten d. Braunfleckigkeit bei Heißluft-Tabak 2261. – Histolog. Untersuchungen über d. Infektion durch Alternaria longipes bei Tabak 2845.
Ramos (G. G.) = Garcia Ramos (G.).
Ramphal s. Choudhury (B.).
Rampton (H. H.) u. **Petersen (R. G.)**, Relativer Wirkungsgrad v. Parzellengrößen u. Wiederholungsanzahlen, anhand v. Erträgen v. Knaulgrassamen in einem Gleichmäßigkeitstest 409.
Ramsey (J. C.) u. **Wang (C. H.)**, Abbauvorgänge in reifenden Tomatenfrüchten 16.
Ramson (A.), Chem. Bekämpfung d. Blauschimmelkrankheit d. Tabaks

(Peronospora tabacina Adam) 864; dass.: 1697. — s. Bollmann (W.); Endemann (W.).
Rana (R. S.) s. Jain (H. K.).
Randall (P. J.) s. Vose (P. B.).
Randhawa (G. S.) s. Sinha (R. B.).
— u. **Dass (H. C.),** Blütenbildung v. Phalsa (Grewia asiatica L.) 2731.
—, **Sharma (B. B.)** u. **Jain (N. L.),** Wirkung pflanzlicher Wachstumsregulatoren auf Fruchtfall, Größe u. Qualität v. Orangen (Citrus sinensis Osbeck) der Sorten „Jaffa", „Pineapple" u. „Mosaubi" 737.
Randhawa (M. S.), Präsidential-Ansprache. Letzte Fortschritte in d. Untersuchung d. Chromosomenstrukturen u. des Mechanismus d. Photosynthese 1055.
Rangaswami (G.) u. **Chandrasekaran (S.),** Cercospora-Arten auf Cucurbitaceae-Wirten in Südindien. *1.* Mitt. Bestimmung d. Arten 2848.
— u. **Ethiraj (S.),** Antibioticabildung durch Streptomyces sp. in unbehandeltem Boden 3449.
— u. **Ramalingam (M.),** Einfluß v. Mikroorganismen auf d. Aggregation d. Bodens 342. — Überleben v. Helminthosporium oryzae im Boden u. seine Hemmung durch Bacillus mycoides 3433.
— u. **Sambandam (C. N.),** Vergleichende Untersuchungen an einigen an Solanaceen auftretenden Alternaria-Arten 1094.
— u. **Sanne Gowda (S.),** Stammvariationen bei Pseudomonas solanacearum, einem Bakterium, d. eine Kartoffelbraunfäule in Südindien verursacht 3144.
Rangelov (B.), Rebschnitt- u. Erziehungsversuche bei d. Sorte „Tscherwen misket" 179; dass.: 474. — Tragholzlänge bei d. Rebsorte „Tscherwen misket" 3341.
Ranjan (S.) u. **Malaviya (B.),** Einfluß d. Phosphormangels auf d. freien u. proteingebundenen Aminosäuren d. Leinpflanze bei gleichzeitiger Änderung d. Stickstoffspiegels 1523. — Einfluß v. Phosphormangel auf d. freien u. gebundenen Aminosäuren in d. Leinpflanze 1724.
Rankov (V.), Mikrobiolog. Charakteristik d. Salzböden d. entwässerten Nessebar-Sumpfes u. d. Karaboazer-Niederung 2934.
Ranney (C. D.) s. Wooten (O. B.).
Rao (A. S.), Pilzpopulationen in d. Rhizosphäre d. Erdnuß (Arachis hypogaea L.) 2338.
Rao (C. N.) s. Majumder (S. K.).
Rao (C. S.) s. Rao (S. N.).
Rao (D. S.) s. Kurup (C. K. R.).
Rao (M. V.) s. Jain (K. B. L.).
— u. **Agrawal (R. K.),** Vererbungsuntersuchungen an Weizen. 7. Mitt. Vererbung d. Sämlingsreaktion auf d. physiolog. Rassen *24* u. *117* v. Puccinia graminis tritici bei einigen Sortenkreuzungen d. gewöhnlichen Brotweizens 2473.
—, **Somayajulu (P. L. N.)** u. **Ahire (S. G.),** Vererbungsuntersuchungen bei Weizen. *15.* Mitt. Verschied. Quellen d. Feldresistenz gegenüber ind. Rassen v. Schwarzrost d. Weizens 3360.
Rao (N. G. P.), Auftreten v. zytoplasmat.-genet. männlicher Sterilität bei einigen ind. Hirsen 3082.
Rao (N. S.) s. Nilan (R. A.).
Rao (P. B.) s. Rao (S. N.).
Rao (R. K.) s. Richharia (R. H.).
Rao (S. N.), Untersuchungen an Gallmücken (Itonididae: Diptera) 1103.
—, **Rao (C. S.)** u. **Rao (P. B.),** Einflüsse v. Gibberellinsäure auf Loquat (Eriobotrya japonica Lindl.) 2731.
Rao (S. W. V. B.) s. Sankaram (A.).
Rao (V. G.) u. **Kelkar (P. V.),** Helminthosporiose auf Euphorbia geniculata Orteg. in Indien 1957.
Rao (V. N. M.) s. Bhat (K. S.).
— u. **Abdul Khader (J. B. M.),** Ascorbinsäuregehalt d. Westindischen Kirsche, Malphigia punicifolia L. 35.
Raphael (R. A.) s. Eglinton (G.).
Rapilly (F.) u. **Ponchet (J.),** Taxonom. Kriterien d. Gattung Helminthosporium Link. 3103.
Rapoport (E. H.) u. **Cangiolo (G.),** Herbizide u. d. Bodenfauna 3221.
Rappaport (I.) s. Wu (Jia-Hsi).
— u. **Wildman (S. G.),** Inaktivierung natürlich auftretender Tabakmosaikvirusvarianten mit Salpetersäure 2517.
— u. **Wu (Jia-Hsi),** Freisetzung gehemmter Virusinfektion nach UV-Bestrahlung 2231.

Rappaport (L.) s. Hayashi (F.); Timm (H.).
— u. **Singh (I. J.)**, Gibberelline u. Gemüsepflanzen 1026.
Raschig (K.), Ausführung v. Wirtschafts- u. Forstwegen mit bituminösen Allwetterbindemitteln 2366.
Raschke (K.) u. **Pieroh (E. A.)**, Freilandversuche zur Bekämpfung d. Kartoffelnematoden (Heterodera rostochiensis) mit Methylisothiocyanat 2861.
Rašidov (T. R.) s. Golodkovskij (V.L.).
Raski (D. J.) s. Lear (B.).
— u. **Hewitt (W. B.)**, Pflanzenparasit. Nematoden als Überträger v. Pflanzenviren 3136.
Rasmussen (E.) s. Bagge (H.).
Rasmussen (G. K.) s. Smith (P. F.).
— u. **Smith (P. F.)**, Ermittlung v. Düngeverfahren für junge Orangenbäume 93.
Rasmussen (P. M.) = Molls Rasmussen (P.).
Raspopova (G. I.), Zeitpunkt d. Aufschulens v. Unterlagen 1866.
Rastegaeva (E. M.), Kurzfristige Prognose d. Braunrostes 877.
Rastogi (R. C.) s. De (S. K.).
Rastorguev (L. I.), Chem. Unkrautbekämpfung in Waldschutzstreifen 2580.
Rathsack, Vorratsdüngung gärtner. Erden 3345.
Rathsack (R.) u. **Brucker (W.)**, Der Pflanzenkrebs [261]*.
Ratner (E. I.) u. **Akimočkina (T. A.)**, Bedeutung d. Molybdäns u. d. Vitamine für d. Nutzung d. Nitratstickstoffs durch d. Pflanzen 2383.
— u. **Uchina (S. F.)**, Metabolismus d. Wurzel im Zusammenhang mit d. Absorption u. Assimilation v. Aminosäuren durch d. Pflanzen 668.
Rauchenberger (P.), Melioration d. Rauener Luches 2647.
Rauhe (K.), Wirkung verschied. im Frühjahr u. Herbst durchgeführter Bodenbearbeitungsmethoden auf lehmigem Sand 67. — Komplexe Wirkung organ. Düngemittel auf Boden u. Pflanze 1795.
— u. **Koepke (V.)**, Bedeutung d. organ. Düngung im Stickstoffkreislauf d. Ackerbodens 387.
Rauhe (K.) u. **Kunze (A.)**, Einfluß verschied. Bodenbearbeitungsmethoden auf d. Wasserhaushalt u. d. Nährstoffverhältnisse in Böden u. Pflanze 361.
Raun (E. S.), Ausschaltung d. Microsporidiose v. Maiszünslern, d. im Laboratorium gezüchtet wurden, durch Hitzeeinwirkung 267.
Rauscher (M.), Harvesting and storage of the more common cereals [407]; dass.: of grain maize [407].
Rauser (W. E.) u. **Switzer (C. M.)**, Faktoren, d. zur Abnahme d. Phytotoxizität v. Amiben im Boden beitragen 2571.
Raußendorff-Bargen (G. v.), Ursache d. Junifruchtfalles beim Apfel 759.
Rausz (E.), Bibliographie u. Inhalt d. Zweimonatsschrift „Fortschritte d. Landwirtschaftswissenschaften“ *1956—1960* [2002].
Răuţă (C.), Blattanalyse, wirksame Methode zur Ernährungsprüfung bei Weinreben 82. — s. Costan (G.).
Rautenberg (B.), Entwicklung d. Kirschenanbaues in Westdeutschland 3050.
Ravasz (T.), Angaben über Bodenvorbereitungsarbeiten zu Winterweizen 944. — Bodenphys. Beziehungen zwischen d. Tieffurche u. d. Wasserhaushalt d. Bodens im Winter 1506.
Raw (F.), Regenwurmpopulationen in Obstanlagen. *1.* Mitt. Blattvererdung in Apfelanlagen 2628.
Rawald (W.), Künstliche Kultur höherer Pilze 2357.
Rawes (M.) s. Park (K. J. F.).
Rawlins (S. L.), Marktfähiger, hochempfindlicher Regler für d. porösen Plattenapparat 651.
Rawlins (W. A.) s. Thomson (L. S.).
Ray (P. M.), Zellwandsynthese u. Längenwachstum d. Zelle im Hafer-Koleoptilengewebe 2593.
Ray (S. N.) s. Roy (D. N.).
Raychaudhuri (S. P.), Begriffserklärungen für d. Klassifikation u. Nomenklatur d. ind. Böden 1762. — s. Jenny (H.).
Raymer (W. B.) u. **O'Brien (M. J.)**, Übertragung d. Virus d. Spindelknollenkrankheit auf Tomate 2828.
Raymond (W. F.) s. Cooper (J. P.).
Raymundo (M. E.) s. Briones (A. A.).

Rayner (A. A.) u. **Murdoch (M. G.),** Schätzung d. orthogonalen Komponenten bei einem Freiheitsgrad für Wechselwirkung v. zweiter Ordnung bei einem *3*×*3*×*3* faktoriellen Plan mit zwei Wiederholungen u. teilweisem Vermengen 1276.
Rayner (R. W.), Tabak-Anthraknose 1670. — Keimungs- u. Eindringungsuntersuchungen am Kaffeerost (Hemileia vastatrix B. et Br.) 1675.
Razmaev (I. I.) s. Petinov (N. S.).
Razowski (J.) u. **Śliwiński (Z.),** Schmetterlinge (Lepidoptera), Materialschädlinge in Wohnhäusern u. Vorratslagern 1101.
Razumov (V. I.), Die Umwelt u. d. Entwicklung d. Pflanzen [1743].
— u. **Olejnikova (T. V.),** Bedeutung d. Tageslänge für d. Jarowisation d. Pflanzen 3189.
Razvjazkina (G. M.) s. Suchov (K. S.).
Rea (H. E.) s. Wiese (A. F.).
Read (D. C.), Lebensweise v. Aleochara bilineata (Gyll.) (Coleoptera: Staphylinidae) u. seine potentielle Eignung für d. Bekämpfung d. Kohlfliege, Hylemyia brassicae (Bouché) (Diptera: Anthomyiidae) 1409.
—, **Ayers (G. W.), Campbell (J. E.)** u. **Robinson (D. B.),** Apparatur zum Konstanthalten d. Bodentemperatur u. -feuchtigkeit für Untersuchungen an bodenbewohnenden Insekten u. bodenbürtigen Krankheiten 1403.
— u. **Welch (H. E.),** Zucht v. Hylemyia brassicae (Bouché) Diptera: Anthomyiidae im Gewächshaus oder Laboratorium 1680.
Read (D. W. L.) s. Ashford (R.); Beaton (J. D.); Hinman (W. C.).
—, **Fleck (S. V.)** u. **Pelton (W. L.),** Selbstbewässernde Gewächshausgefäße 2908.
Read (W. H.) s. Smith (R. J.).
Rebeiz (C. A.) s. Crane (J. C.).
— u. **Crane (J. C.),** Wachstumsregulatoren, d. Parthenokarpie bei „Bing"-Kirschen hervorrufen 3057.
Rebischung (J.), Wachstum u. Entwicklung v. Knaulgras, Dactylis glomerata L. 1570.
Rebour (H.), Gegenwärtige Gefahren d. Erosion in Obstkulturen bei Hanglagen u. Maßnahmen zu ihrer Bekämpfung 1032. — Bewässerung durch Besprengung. *4.* Kongreß über Bewässerung u. Drainage *1960* in Madrid 1579.
Rebour (M.), Nutzwert v. süßem u. salzigem Wasser 2144.
Recalde (L.) s. Blesa (A. C.).
— u. **Blesa (A. C.),** Untersuchung des Wachstums isolierter Haferkoleoptil-Segmente. *6.* Mitt. Wirkung v. Arsenat u. *2.4*-Dinitrophenol auf d. Wachstum 1180; 7. Mitt. Wirkung einiger Inhibitoren d. Ascorbinsäureoxydase-Systems auf d. Wachstum 1180.
Reckendorfer (P.), Beitrag zur Biochemie d. Fluor-, Kalk- u. Viruschlorose. Versuch einer ätiolog. einheitlichen Betrachtung 519.
Reddy (K. G.) u. **Mehta (B. V.),** Bestimmung d. verfügbaren Kobalts in Böden d. Kaira-Distriktes in Gujarat 356.
Rédei (G. P.), Mutanten gesteigerter Vitalität bei Arabidopsis 1888.
Redlich (G. C.), Düngung mit Blattuntersuchung 1597. — s. Broeshart (H.).
Redlich (W.) s. Mulder (D.).
Reece (P. C.) s. Gardner (F. E.).
Reed (A. D.) s. Faris (E.).
Reed (M. G.) u. **Scott (A. D.),** Kinetik d. Kaliumfreisetzung aus Biotit u. Muskovit in Natriumtetraphenylborat-Lösungen 2036.
Reed (R. M.) s. Lynd (J. Q.).
Rees (A. R.), Trockensubstanzbildung immergrüner perennierender Pflanzen 1172. — Beziehungen zwischen d. Ertragszuwachsrate u. dem Blattflächenindex bei d. Ölpalme 2017. — Vorbehandlung mit hoher Temperatur u. Keimung d. Samen d. Ölpalme, Elaeis guineensis (Jacq.) 2399.
Rees (H.), Entwicklungsbedingte Variation in d. Expressivität v. Genen, d. Chromosomenbrüche bei Roggen verursachen 3364. — s. Roseweir (J.); Sun (S.).
— u. **Naylor (B.),** Entwicklungsunterschiede im Verhalten d. Chromosomen 1058.
Reese (E. L.) s. Morris (H. D.).
Reestman (A. J.), Ertragsbeeinflus-

sung v. Kartoffelstauden durch Nachbarpflanzen; Einfluß v. Viruskrankheiten, Pflanzweite, Knollengröße u. Erntezeit 705.

Reeves (J. T.), Getreide-Sortenversuche *1961—62* 2120.

Refatti (E.), Beobachtungen über Eisen- u. Bormangel d. Weinrebe 2804.

Regenmortel (M. H. V. van), Reinigung eines Pflanzenvirus durch Filtration durch granulierten Agar 2851.

— u. **Fowle (L. G.),** Trennung zweier Pflanzenviren durch Zonenelektrophorese 3124.

Reger (K.), Abwasserbehandlung in kleinen u. mittleren Gemeinden 2364.

Reggio (R. B.) s. Plaisted (P. H.).

Řeháček (Z.), Taxonomiefragen d. Aktinomyzeten 1490.

Rehm (H.-J.), Ökologie d. Streptomyceten. *3.* Mitt. Streptomycetenarten u. ihre antibiot. Aktivität in d. Rhizosphäre d. Gerste 639.; *4.* Mitt. Streptomycetenarten u. ihre antibiot. Aktivität in Sandböden Mitteldeutschlands (im Vgl. zu anderen Böden) 639.

— u. **Sommer (G.),** Mikrobiolog. u. chem. Untersuchung eines nordwestdeutschen Hochmoores 1754.

Rehm (S.) s. Baarschers (W. H.).

Rehrl (K.), Rossrucker (H.) u. **Sterba (J.),** Corn-Picker, Picker-Sheller u. Mähdrescher. Erfahrungen bei d. Maisernte *1960* 115.

Reich (B. M.), Regenintensität v. kurzen Perioden in Südafrika 619.

Reich (E.), Merkmale u. Eigenschaften d. zugelassenen vegetativ vermehrten Unterlagen v. Kern- u. Steinobst 3050. — s. Groh (W.).

Reich (R.), Natürliche Feinde d. Rübsenblattwespe (Athalia rosae L.) 1410; dass.: Epidemiologie 1653; dass.: Möglichkeiten einer Bekämpfung v. Standpunkt d. Wirtschaftlichkeit 1970. — Herbizidbehandlung bei Freesien 2283.

— u. **Schulz (G.),** Sachgemäße Anwendung v. Herbiziden bringt Ertragssteigerung. Herbizid „*3*Ef" nicht bei Steinobst verwenden! 1998.

Reichbuch (L.) s. Davidescu (D.).

Reichel (M.), Zehn Jahre obstbauliche Versuchs- u. Forschungsarbeit in d. VR Polen 1032.

Reichel (S.), Bericht über d. Hauptprüfung mit Körnermais *1961* 711; dass.: mit Silomais *1961* (I. u. II. Aussaat) 2130; dass.: mit Grünmais *1961* 3299.

Reichenbach (H. v.) s. Schroeder (D.).

— u. **Bussche (G. v. dem),** Strontiumsorption in schleswig-holstein. Böden 3211.

Reichert (I.) s. Aziz (A. B.).

Reichmann (M. E.) s. Shaw (J. G.).

Reid (D.) s. Castle (M. E.).

Reid (R. D.), Abteilung West Scotland (Auchincruive) 1367.

Reiher (W.) u. **Röstel (H.-J.),** Anwendung d. Faktoranalyse in d. Pflanzenzüchtung 2471.

Reimann-Philipp, Erhöhung d. Glokkenzahl. Züchtungsversuche bei Maiblumen 810.

Reimann-Philipp (R.), Genet. Untersuchungen an den Tetraden einer höheren Pflanze (Salpiglossis variabilis). *2.* Mitt. Ermittlung d. Abstände dreier freispaltender Loci vom Centromer u. d. Analyse v. Tetraden mit abweichenden Aufspaltungen d. Merkmale 2177. — Vererbung d. grandiflora-Merkmals bei Petunia × hybrida Vilm. 2205.

Reinbothe (H.) u. **Mothes (K.),** Vorkommen, Bedeutung u. Stoffwechsel v. Harnstoff, den Ureiden u. Guanidinen in Pflanzen 1170.

Reinds (G. H.), Economische facetten van de watervoorziening [3245].

Reinert (J.), Morphogenese in pflanzlichen Gewebekulturen 1178. — s. Torrey (J. G.).

Reinhold (J.), Achtjährige Belichtungsversuche mit Gemüsejungpflanzen 1582.

— **u. a.,** Ratgeber für d. Feingemüsebau im Freiland [2153]*.

— u. **Vogel (G.),** Ergebnisse zur betrieblichen Gemüselagerung mit d. techn. Miete 1308.

Reinken (G.), Transpiration v. Apfelbäumen 758. — Ausdünnen verschied. Apfelsorten v. Hand u. mit Wuchsstoffpräparaten 759. — Transpiration v. Obstgehölzen in Abhän-

gigkeit v. Entwicklungszustand, Ernährung u. Witterung 1321. — Einfluß hoher Gaben v. Müll-Klärschlamm-Kompost auf Apfel u. Rote Johannisbeere in Großgefäßen 2676. — s. Hilkenbäumer (F.).
Reisener (H.), McConnell (W. B.) u. **Ledingham (G. A.),** Untersuchungen über d. Stoffwechsel v. Valerat-*1*-^{14}C durch Uredosporen d. Weizenschwarzrostes 224.
Reisener (H. J.), Goldschmid (H. R.), Ledingham (G. A.) u. **Perlin (A. S.),** Bildung v. Trehalose u. Polyolen durch Uredosporen d. Weizenschwarzrostes (Puccinia graminis tritici) 2211.
Reith (J. W. S.), Langzeit-Wirkungen v. verschied. Kalkungs-Materialien 97.
Rejntam (L. J.) s. Rooma (I. P.).
Rejowski (A.), Physiologie u. Biochemie d. reifenden Weizenkornes. *1.* Mitt. Morphologie d. Entwicklung u. physiolog. Eigenschaften d. reifenden Weizenkornes 297; *2.* Mitt. Saccharide d. sich entwickelnden Weizensamens 305; *4.* Mitt. Jarowisation d. Winter- u. Sommerweizenkörner je nach Reife 1549. — s. Grzesiuk (S.).
Remen (R. E.) s. Korickaja (T. D.).
Remeslo (V. N.), Neue Winterweizensorten, gewonnen durch gerichtete Veränderung d. Natur d. Pflanzen 2181, 3362.
Remmenga (E. E.) s. Payne (M. G.).
Remneva (Z. I.) s. Dorožkin (N. A.).
Rempe (E. C.) u. **Kaltagova (O. G.),** Einfluß d. Wurzelmikroflora auf d. Aktivität d. physiolog. Prozesse in d. Pflanzen 1756.
Remy (P.), Einfluß d. Gibberellinsäure auf d. Wachstum v. physiolog. Zwergsämlingen v. Steinobst 764. — Selektion v. Apfelunterlagen in East Malling, *1912—1955* 2161. — Grundlagen u. Verfahren d. Züchtung v. Obstbäumen in Plantagen 2493.
— u. **Décourtye (L.),** Apfelzüchtung auf Schorfresistenz 2203.
Rémy-Berzencovich (E.), Hydrographie. Wasserwirtschaftliche Grundlagenforschung 1772.
Rendig (V. V.) s. McComb (E. A.).
Renier (A.) s. Chouteau (J.); Mounat (A.).
— u. **Mounat (A.),** Unterschiedliche Herkünfte d. Tabaksorte Paraguay 1290.
Renneberg (F. M.) s. Arnasaon (T. J.).
Renner (U.) u. **Kernweisz (P.),** Alkaloide aus Schizozygia caffaeoides (Boj.) Baill. 3199.
Rennie (D. A.) s. Acton (C. J.); Hsu (P. H.).
Rentsch (J.), Perspektiven für d. Schwarzwurzelanbau durch d. Zulassung leistungsfähiger Hochzuchtsorten 157. — Hauptprüfung mit Futtermöhren *1961* 1289. — Sortenprüfung Rote Rübe *1961* (Anbau unter Glas) 744; dass.: Speisemöhren *1962* 1310; dass.: Markerbsen *1961.* Kontrollprüfung 2446; dass.: Schalerbsen *1961.* Kontrollprüfung 2446.
Renwick (G.) s. Siegel (S. M.).
Renz (G.), Folienschneidwerk u. -profiliergerät zur Vorbereitung d. PVC-Bahnen für d. Rostocker Plastrohrdränung 3239.
Repin (A. N.) u. **Galaj (E. G.),** Einfluß d. Reifephase d. Samen auf ihre Saatgutqualitäten 978. — Therm. Trocknung v. Maissaatgut mit Durchblasen v. Kaltluft 2397.
Repka (J.), Nährstoffdynamik im Boden unter Sommergerstenkulturen 955.
Resconich (E. C.) s. Yarwood (C. E.).
Rešetina (A. N.), Mikroorganismen, d. pathogen für d. Kaliforn. Schildlaus sind 861.
Resmeriţă (I.), Verbesserung ertragsschwacher Weiden u. Wiesen [444].
Respondek (V.), Vergleichende Untersuchungen an Mutanten nach Röntgenbestrahlung u. Behandlung mit mutagenen Chemikalien 1063.
Retezeanu (M.) s. Constantinesco (D. G.).
Reumschüssel (G.), Trocknung v. Getreide mit Hilfe v. Silikagel 2113.
Reusch (J. D. H.), Beziehungen zwischen Fortpflanzungsfaktoren und Pflanzenanzahl bei Paspalum dilatatum 1574.
Reuszer (H. W.), Axen. Verfahren bei

d. Bestimmung d. Wurzelfunktionen u. d. Wechselbeziehungen zwischen Mikroorganismen u. Pflanzenwurzeln 386. — s. Parr (J. F.).
Reuter (G.), Tendenzen d. Bodenentwicklung im Küstenbezirk Mecklenburgs 1213. — Lessivé-Braunerde-Interferenzen auf Geschiebemergel 1217. — Gelände- u. Laborpraktikum d. Bodenkunde [2061]*.
Reuther (G.), Genet.-biochem. Untersuchungen an Rebenartbastarden 1643.
Revallier (L. J.) s. Kaasenbrood (P. J. C.).
Reyes (A. A.) u. **Mitchell (J. E.)**, Wachstum verschied. Fusarium-Isolierungen in d. Rhizosphäre v. Wirts- u. Nichtwirtspflanzen 2811.
Reyes (E. D.), Einschätzung einiger Methoden zur Charakterisierung d. Kaliumzustandes einiger Böden d. Philippinen 354.
—, Galvez (N. L.) u. **Nazareno (N. B.)**, Lysimeter - Untersuchungen an einem mit Paddy-Reis bebauten Lipa-Ton-Lehm. *1.* Mitt. Auslaugungsverluste v. einigen Bodenbestandteilen 917.
Reynard (G. B.), Neue Quelle d. Gens j_2, das d. Gelenklosigkeit d. Fruchtstiels bei Tomaten steuert 1083.
Reynders (J. J. A.), Bericht über d. Vorkommen v. Torf in Neu-Guinea [645]*.
Reynolds (H. T.) s. Shorey (H. H.).
— u. **Metcalf (R. L.)**, Wirkung d. Wasserlöslichkeit u. Bodenfeuchtigkeit auf d. pflanzliche Aufnahme granulierter System-Insekticide 1431.
Reyntens (H.) u. **Loose (R. de)**, Ionisierende Strahlen u. Mutationen im Dienste d. Pflanzenzüchtung 1891. — Mutagene Wirkung v. radioaktivem ^{32}P bei Dactylis glomerata, Lemba R.v.P. 1916.
Řezáč (M.), Bionomie d. Argyresthia-Arten auf mitteleuropäischen Obstbaumarten 3394. — s. Gregor (F.).
Rezničenko (M. S.), **Rydalevskij (E. E.)** u. **Gankina (E. S.)**, Über d. durch γ-Bestrahlung v. Weizenkörnern hervorgerufenen Strukturveränderungen v. Gliadin 3194.
Reznik (V. N.), Neue Präparate zur Bekämpfung d. Blattlaus 578.
Rhein (H. R.) s. Hörler (A.).
Rhoades (E. D.), Überleben v. Gräsern bei Überflutung 3241.
Rhoades (H. F.) s. Langin (E. J.); Olson (R. A.).
Rhodes (A. M.) s. Singh (S. P.) [Illinois].
Rhykerd (C. L.) s. Robinson (R. R.).
Rhyne (C. L.) [Brownsville], Anzeichen für d. Diploidisierung durch d. Vererbung drüsenloser Stengel u. Kapseln 2206.
Rhyne (C. L.) [Raleigh], Vererbung d. drüsenlosen Blatt - Phänotyps bei Hochland-Baumwolle 2206.
Riba (O.) s. Benayas (J.).
Říbal (M.), **Hanuš (S.)** u. **Bernášek (V.)**, Problematik d. Verhinderung v. Wildschäden mit chem. Mitteln. Phytotox. Einflüsse v. Abwehrmitteln 1984.
Ribbands (C. R.), Verbreitung d. Vergilbungsvirus durch Myzus persicae in Zuckerrübenbeständen 2828.
Riber (R. C.), Die Luft im Champignonkulturraum 453. — Ertragsprüfungen bei verschied. Impfmethoden. *11.* Mitt. 453.
Ricard (J.), **Borel (M.)** u. **Peretti (F.)**, Molekulare Mechanismen bei d. Einwirkung v. Indolyl-*3*-essigsäure u. Giberellinsäure auf d. Zellwachstum 1730.
Ricci (A.) s. Marro (M.).
Ricci (P. T.) = Trivelli Ricci (P.).
Rich (A. E.) s. Chen (Tseh-an); Partridge (A. D.).
Rich (C. I.), Entfernung v. überschüssigem Salz bei Bestimmungen d. Kationenumtauschkapazität 63. — s. Cook (M. G.).
Rich (S.) u. **Horsfall (J. G.)**, Fungitoxizität v. Estern d. Carbamin- u. Thiocarbaminsäure 1428.
Richard (C.) s. Hirth (L.).
Richard (H.) s. Paulin (A.).
Richards (A. M.), Schaden an Äpfeln nach Befall durch d. San José-Schildlaus, Quadraspidiotus perniciosus (Comst.) 2511.
Richards (G. E.) u. **McLean (E. O.)**, Kaliumfixierung u. -freisetzung durch Tonminerale u. Tone v. Böden nach Befeuchten u. Trocknen 3215.

Richards (L. A.) s. Klute (A.).
— u. **Richards (P. L.),** Radialströmungszelle für Boden-Wasser-Messungen 2946.
Richards (P. L.) s. Richards (L. A.).
Richards (W. R.), Neue Art v. Rhopalosiphum Koch 1935. — Neue Art v. Nasonovia Mordvilko (Homoptera: Aphididae) 1936. — Zwei neue Blattlausarten d. Dactynotinae (Homoptera) 3402.
Richardson (A. G.), Phosdrin, neues Insekticid für Gemüse 1432.
Richardson (L. B.), Robertson (D. S.) u. **Anderson (I. C.),** Genet. u. umweltbedingte Variation: Wirkung auf d. Pigment selektierter Maismutanten 3366.
Richardson (L. T.) u. **Thorn (G. D.),** Wechselwirkung v. Thiram u. Sporen v. Glomerella cingulata Spauld. et Schrenk. 1148.
Richardson (W. S.) s. Dionne (J. L.); Gervais (P.).
Richer (A. C.) s. Boswell (F. C.).
Richharia (R. H.), Misro (B.) u. **Rao (R. K.),** Sterilität bei Reishybriden u. ihre Bedeutung 1369.
Richmond (C. A.) s. Clark (E. W.).
Richmond (D. V.) s. Somers (E.).
— u. **Somers (E.),** Fungitoxizität v. Captan. *1.* Mitt. Strukturelle Spezifizität v. Captan u. *6* n-Trichlomethylthio-Analogen 1702; *2.* Mitt. Aufnahme v. Captan durch d. Konidien v. Neurospora crassa 1703.
Richmond (T. R.) s. Kohel (R. J.).
Richter (A.), Neue Einbettungsmethode für Präparate 557. — Vom Sinn d. Akademie in unserer Zeit 1441.
Richter (G.), Schwärmflüge d. Maikäfers 1933.
— u. **Neidhardt (H.),** Erfahrungen bei d. Engerlings- u. Drahtwurmbekämpfung im Hopfenbau d. Jahre *1955–1961* 571.
Richter (H.), Fliederblattrüßler wandert nach Westen 235.
Richter (J.), Himbeermosaik in Europa 1942.
Richter (W.), Vorkommen u. Bekämpfung d. Mittleren Wegerichs (Plantago media L.) im Weser-Ems-Gebiet 2282. — Bekämpfung d. Wasserkreuzkrautes (Senecio aquaticus Huds.) auf nordwestdeutschen Weiden 2578.
Rick (C. M.) u. **Khush (G. S.),** Durch Röntgenstrahlen induzierte Defizienzen v. Chromosom *11* bei d. Tomate 485.
Rickard (W. H.), Vergleich d. Jahres-Ernteertrages einer arkt. u. einer Halbwüste-Pflanzengesellschaft 2609.
Rickert (F.), Bekämpfung d. Maiblumenälchens (Pratylenchus convallariae Seinhorst). *1.* Mitt. 566.
Ricou (G.), Aufzuchtmethoden im Laboratorium für einige auf Gräsern lebende Zikaden 1403.
Rid (H.), Untersuchungen zur Dynamik schwerer Böden. *2.* Mitt. Böden des südlichen Frankenjura 1212. — Einfluß d. Bodenbearbeitung auf d. Bodenstruktur 1224.
— u. **Schiecke (I.),** Verfahren d. mechan. Auslichtens v. Zuckerrüben 1819.
Riddell (J. A.), Hageman (H. A.), J'Anthony (C. M.) u. **Hubbard (W. L.),** Verzögerung d. pflanzlichen Wachstums durch eine neue Gruppe chem. Substanzen 315.
Riddolls (A. W.) s. King (D. L.).
Riden (J. R.) u. **Hopkins (T. R.),** Bildung einer wasserlöslichen, *3*-Chloranilin enthaltenden Substanz in Barban-behandelten Pflanzen 2873.
Rider (N. E.), Cruickshank (I. A. M.) u. **Bradley (E. F.),** Umwelt u. Sporulation bei phytopathogenen Pilzen. *3.* Mitt. Peronospora tabacina Adam: Umwelt, Sporulation u. Prognose 551.
Riebartsch (K.), Magnesiumbestimmung in pflanzlichen Substanzen nach d. Titangelbmethode 3262.
Riecken (F. F.) s. Tyler (L. E.).
Rieger (R.) s. Michaelis (A.).
— u. **Böhme (H.),** Strahleninduzierte Mutagenese, Gesichtspunkte d. Genetikers 3074.
— u. **Michaelis (A.),** Auslösung v. Chromosomenaberrationen bei Vicia faba durch chem. Agentien [2286]*; dass.: 3082.
Riehs (E.), Messungen d. Stammumfanges an einigen Birnensorten in d. ersten drei Standjahren 2754.
Rieman (W.) s. Goudie (A. J.).

Riepman (P.), Vorläufige Beobachtungen über d. Abbau v. *3*-Amino-*1.2.4*-triazol im Boden 880.
Ries (S. K.) s. Davidson (H.).
Rieth (A.), Weitere Beobachtungen an Kulturen v. Prophyridium cruentum (Ag.) Naeg. mariner Herkunft [2286]*. — Beiträge zur Kenntnis d. Phycomyceten. *VI.* Pleotrachelus wildemani Petersen neu für Deutschland [2286]*; dass.: 2805. — s. Metzner (P.).
Rietsema (I.), Düngemitteldosierung für d. Johannisbeerstrauch 92.
Riga (A. J.) u. **Bukovac (M. J.),** Verteilung v. ^{32}P, ^{45}Ca, u. ^{65}Zn bei d. Bohne (Phaseolus vulgaris L.) nach Aufnahme durch d. Wurzel. Neuverteilung dieser Elemente im Laufe d. Keimung d. Samens u. d. Entwicklung d. jungen Pflanze 376.
Rigot (N.) u. **Fouarge (G.),** Arbeiten u. Untersuchungen über d. Saatkartoffelproduktion 106.
Říha (J.), Bestimmung d. Spurweite d. Sammlerdräne 2951.
Rijn (P. J. van), Stam F-*34*, ein Nachauflaufherbicid für Reis im Lower Ord River Valley 3450.
Riker (A. J.) s. Dolliver (J. S.).
Riley (H. P.) u. **Mukerjee (D.),** Zwei aneuploide Pflanzen v. Haworthia 2206.
Riley (R.) s. Kempanna (C.).
Římovsky (K.), Einfluß verschied. Frühjahrskultivierungsverfahren auf Wachstum, Entwicklung u. Ertrag v. Winterweizen 2700.
Rimpau (R. H.) s. Rudorf (W.).
Ring (H.), Planung u. Bau d. Klärwerkes einer schnell wachsenden Industriestadt 3241.
Ringel (S. M.) s. Kaufman (J.).
Rinick jun. (H. B.) s. Coon (B. F.).
Riņķis (G.), Colorimetr. Bestimmung v. Calcium u. Mangan in Böden u. Pflanzen 356. — Verfahren zur Zerlegung des Bodens für d. Bestimmung des Gehaltes an Mikro- u. Makroelementen 1218. — s. Peive (J.).
Rintelen (P.), Rentabilitätsfragen d. Zuckerrübenbaues 1287.
Rîpeanu (G.) s. Bobes (I.); Rădulescu (E.).
Ripley (P. O.), Wind- u. Wassererosion in Ostkanada 2367.
Ripperger (H.) s. Schreiber (K.) [Mühlhausen/Thür.].
Ris (J.), Verbesserung d. Verfügbarkeit v. Phosphaten im Boden durch eine Stallmistgabe 3266. — s. Paauw (F. van der).
Rishi (A. K.), Sen (S.) u. **Idnani (M. A.),** Leistungsfähigkeit v. Dicalciumphosphat als Düngemittel für d. Böden v. Delhi 689.
Risser (G.) s. Messiaen (C.-M.).
Ritas (J. P. L.) s. Tincknell (R. C.).
Ritter (M.) s. Cayrol (J.-C.).
Rittmeyer (G.) s. Mayr (H. H.); Primost (E.).
Rivals (P.), Zuckerrohr in Spanien. Kultur, Vegetationsanomalien u. d. Problem d. Umkehrung seines Wachstumszyklusses 142. — Beitrag zur Biologie d. Feigenbaums 736.
Rivard (I.), Einfluß v. Temperatur u. Feuchtigkeit auf Lebensdauer, Fruchtbarkeit u. Vermehrungsrate d. Milbe Tyrophagus putrescentiae (Schrank) (Acarina: Acaridae), bei Zucht auf Schimmelpilzkulturen 526.
Rivera Brenes (L.), Aufteilung d. Gabe v. Stickstoffdüngemitteln zu Pangolagras (Digitaria decumbens) 2390.
Rives (M.), Über d. Varianzanalyse. *2.* Mitt. Additivität 411. — Genet. Grundlagen d. Klonauslese bei Reben 1087.
Rixhon (L.) s. Lacroix (L.).
Rixon (A. J.) u. **Sherman (G. D.),** Einflüsse v. großen Kalkgaben auf vulkan. Ascheböden in d. feuchten Tropenzone 1202.
Riza-Zade (R. R.) s. Beresina (N. M.).
Rjabčenko (I. M.) s. Serpuchovitina (K. A.).
Rjabkova (N. A.), Anthraknose d. Himbeere 3153.
Rjabova (N. G.) u. **Charitonova (Z. M.),** Bekämpfung d. Phytophthora bei Frühkartoffeln 1963.
Rjabova (N. I.) u. **Čapurin (F. K.),** Neue Tafelwein-Sorten für d. Kuban 2764.
Rjabuško (P. D.), Besonderheiten bei d. Samenvermehrung monokarper Zuckerrüben 422.

Rjadnova (I. M.), Der Pfirsich [3343]. — u. **Eremin (G. V.)**, Winter-Frühjahrsentwicklung d. Fruchtknospen d. Steinobstes 763.
Rjub (V. K.), Sommerweizensorte „Wesna" 2120.
Roach (A.), Erziehung v. Apfelbüschen 1036.
Roach (F. A.), Erdbeersorten unter Holländerfenstern 1044. — s. Deakins (R. M.).
Roach (W. A.) s. Bezuidenhout (S. J. P. K.).
Roane (C. W.), Vererbung d. Reaktion gegenüber Puccinia hordei bei Gerste. *1.* Mitt. Resistenzgene, d. Sortendifferenzierung innerhalb d. nordamerikan. Rasse ermöglichen 2478. — s. Hale (M. G.).
Robb (W. R.) s. Honma (S.).
Robbins (A. J.) s. Bruce (R. B.).
Robelin (M.), Reale Evaporation verschied. mit Wasser gut versorgter Pflanzendecken u. potentielle Evapotranspiration. Experimentelle Bestimmung 2654.
Robert (A. L.), Heftige Übertragung v. Pilzsporen 2208. — Wirtspflanzenkreis u. Rassen d. Maisrostpilze 2528.
Robert (P.), Wirtschaftliche Bedeutung d. Fruchtfolge 974.
Roberts (D. A.) s. Corbett (M. K.).
— u. **Corbett (M. K.)**, Biotest des Tabakringfleckenvirus in Cassia occidentalis 1112.
Roberts (E. A.) u. **Scott (K. J.)**, Lagerungsverhalten v. Früchten 1596.
Roberts (E. H.), Keimruhe bei Reissamen. *3.* Mitt. Einfluß v. Temperatur, Feuchtigkeit u. gasförmigen Stoffen 310.
— u. **Carpenter (A. J.)**, Blühverhalten v. Reis in verschied. Photoperioden bei einheitlicher täglicher Lichtmenge 2021.
Roberts (F. J.) s. Marshall (K. C.).
Roberts (H. A.) s. Holly (K.).
— u. **Wilson (B. J.)**, Chem. Unkrautbekämpfung in Ackerbohnen bei Frühjahrsaussaat 585.
Roberts (J. E.), **Chisholm (R. D.)** u. **Koblitsky (L.)**, Insekticidverweildauer im Boden u. ihr Einfluß auf Baumwolle in Georgia 1150.
Roberts (M. F.) s. Baker (E. A.).
Roberts (S.) s. Nelson (C. E.).
Roberts (W. J.) s. Peters (D. B.).
Robertson (D. S.) s. Richardson (L. B.).
Robertson (J. A.), Vergleich einer sauren u. einer alkal. Extraktionslösung zur Bestimmung d. verfügbaren Phosphors in den Böden Albertas 1218.
Robertson (L. S.) s. Kinra (K. L.).
Robertson (R. N.) s. Ben-Yehoshua (S.).
—, **Highkin (H. R.)**, **Smydzuk (J.)** u. **Went (F. W.)**, Einfluß von Umweltbedingungen auf d. Entwicklung v. Erbsensamen 2020.
Robertson jun. (R. S.) u. **Klostermeyer (E. C.)**, Die Bedeutung alternierender pflanzlicher Wirte für d. Blattlausübertragung v. Bohnenmosaikviren in Zentral-Washington 3138.
Robertson (V. C.) s. Smith (R.).
Robin (J.) u. **Champion (J.)**, Wurzelanzahl d. Bananensorte „Poyo" 148.
Robins (J. S.) u. **Domingo (C. E.)**, Wirkungen v. Feuchtigkeit u. Stickstoff auf bewässerten Sommerweizen 99.
Robinson (A. G.) s. Hsu (Sze-Jih).
— u. **Bradley (G. A.)**, Caraganalaus Acyrthosiphon caraganae (Cholod.) im westlichen Kanada u. ihre Unterscheidung v. d. Erbsenlaus 2225.
— u. **Hsu (Sze-Jih)**, Wirtspflanzen-Feststellungen u. Biologie v. Blattläusen an Getreide u. Gräsern in Manitoba (Homoptera: Aphididae) 3402.
Robinson (D. B.), Variabilität bei Verticillium albo-atrum-Isolierungen v. d. Kartoffel 1120. — s. Read (D. C.).
— u. **Ayers (G. W.)**, Verticillium-Welke d. Kartoffel in Beziehung zur Gefäßinfektion d. Knolle 253.
Robinson (E. L.) u. **Kust (C. A.)**, Verteilung d. Samen v. Striga asiatica im Boden 3170.
Robinson (J. A.), Welke u. Triebsterben d. Nelke in Neuseeland 1673.
Robinson (J. B. D.) u. **Gacoka (P.)**. Feststellung d. Aufwärtsbewegung v. Nitrat während d. Trockenzeit im Rotlehm-Kaffeeboden v. Kikuyu 41.
Robinson (J. L.) s. Hutchcroft (C. D.).
Robinson (R. K.) u. **Lucas (R. L.)**, Verwendung radioaktiv markierten Mycels zur Untersuchung d. Wirts-

pflanzenkreises u. d. Ausbreitungsrate v. Ophiobolus graminis 3142.
Robinson (R. R.), Rhykerd (C. L.) u. **Gross (C. F.)**, Kaliaufnahme v. Knaulgras unter dem Einfluß v. Zeit, Häufigkeit u. Höhe d. Kaligabe 1543.
Robocker (W. C.) s. Canode (C. L.).
Roborgh (R. H. J.), Stengelverlängerung bei Hopfen 3187.
Robrish (S. A.) u. **Marr (A. G.)**, Lokalisation v. Enzymen in Azotobacter agilis 932.
Robson (A.) s. Corfield (M. C.).
Robson (J. W.) u. **Procter (G. C.)**, Paraquat als Herbicid u. Desikkationsmittel in d. trop. Landwirtsch. 3452.
Roburn (J.), Colorimetr. Bestimmung v. *2.6*-Dichlor -*4*-nitroanilin in Pflanzen u. Böden 264.
Roche (A.) s. Lhoste (J.).
Roché (B.) s. Dawson (J. H.).
Rochecouste (E.), Biotypen v. Cynodon dactylon (L.) Pers. *1.* Mitt. Botan. Untersuchungen 289.
Rochlitzer (J.), Aufgaben d. Wasserwirtschaft bei d. Durchführung d. im Siebenjahrplan vorgesehenen Ent- u. Bewässerungsmaßnahmen in d. Landwirtschaft d. DDR 2948. — Aufgaben d. Wasserwirtschaft beim umfassenden Aufbau d. Sozialismus 3237.
Rochow (W. F.), Latenzperioden bei d. Aphidenübertragung d. Virus d. Gelbverzwergung d. Gerste 3405.
Rochus (W.) s. Scheffer (F.); Ziechmann (W.).
Rod (J.), Voraussetzungen für d. Kartoffelzüchtung auf bewässerten Böden 3086.
Rodale (R.), The challenge of earthworm research [1762]*.
Rode (A. A.), The soil forming process and soil evolution [2631]*.
— u. **Pol'skogo (M. N.)**, Wasserhaushalt u. -bilanz d. Neulandböden d. Solonetzkomplexes 633.
Rode (H.), Wandervermögen v. Larven d. Kartoffelnematoden (Heterodera rostochiensis Woll.) in Modellversuchen mit verschied. Bodenarten 820.
— u. **Staar (G.)**, Photograph. Darstellung d. Kriechspuren (Ichnogramme) v. Nematoden u. ihre Bedeutung 558.
Rode (H.) u. **Vorsatz (E.)**, Bemerkenswertes Auftreten v. Gartenhaarmücken-Larven an Kartoffeln 233.
Roder (W.), Vorkultur u. Pflanzung v. Mais. *II.* Der Einfluß v. Sortencharakter u. Pflanztermin auf Entwicklungs- u. Reifebeschleunigung 990. — Wachstumsphysiologie, Ertrags- u. Inhaltsstoffausbildung d. Silomaispflanze in Abhängigkeit v. Sortencharakter. *1.* Mitt. Physiologie d. Keimung u. d. Aufgangs d. Maiskornes 1570; *II.* Grünmassezuwachs u. -produktivität 2593. — Züchtungsversuche mit d. Kichern-Tragant, Astragalus cicer L. 1914. — Wurzelmassenentwicklung d. Bastardluzerne, Medicago media Pers., in d. oberen Bodenschicht im Ansaat- u. in den Nutzungsjahren bei Aussaat nach verschied. Anbaumethoden 2395.
Rodewald (W.) u. **Ulbricht (H.)**, Anbau von Lein 3012.
Rodger (J. B. A.), Frühjahrsaussaat v. Winterweizen 2407. — s. Gill (W. D.).
Rodigin (M. N.) u. **Minaeva (T. I.)**, Einfluß v. Zink auf d. Erhöhung d. Resistenz verschied. Gurkensorten gegen Bakterienkrankheiten 2845.
Rodionov (V. S.), Intensität v. Photosynthese u. Atmung bei einigen Arten d. Gattung Beta L. 2895.
Rodomakin (A. F.), Systematik u. Kartierung deflierter Böden 3243.
Rodrigo (D. M.) u. **Pollard (A. G.)**, Chemie v. überschwemmten Böden. *1.* Mitt. Veränderungen d. Oxydations-Reaktionspotentials zweier Böden bei Überschwemmung; Einfluß v. pH-Wert u. organ. Bestandteilen 46.
Rodrigo (M.) s. Sakai (K.-I.).
Rodrigues (A.) u. **Aguiar Macedo (J. de)**, Phyllometr. Bestimmung d. Unterlage d. Weinrebe u. d. Anwendung v. Diskriminanzfunktionen 1643.
Rodriguez (J. G.) s. Fahey (J. E.).
—, **Chaplin (C. E.)** u. **Fahey (J. E.)**, Leistung d. Schädlingsbekämpfungsmittel bei Erdbeeren 1975.
Rodriguez (O.) u. **Gallo (J. R.)**, Kupfermangel an Citrus 3101.

Roe (R.) s. Southcott (W. H.).
Röbbelen (G.), Plastommutationen nach Röntgenbestrahlung v. Arabidopsis thaliana (L.) Heynh. 786. — Unterschiede in d. genet. Folgen einer Röntgenbestrahlung verschiedenartiger Pflanzenzellen 787. — Mutagenität v. Urethanen 787. — s. Basu (M. C.).
Römer (F.), Landschaftsschutz u. Stromversorgung 3245.
Roemer (K.), Einfluß d. Temperatur auf d. Wachstum v. Apfelfrüchten 3332.
Rønde Kristensen (H.), Bodenübertragbare Viren 537. — Fourth symposium on virus diseases of fruit trees in Europe. Lynby, *25—30* th July *1960* [1118].
— u. **Christensen (M.),** Die Virosen d. Kohlrübe 1940.
Rønsen (K.), Feldversuche mit Sorten verschied. Sommergetreidearten in Gebirgsbezirken in d. Jahren *1953—1961* 2119.
Rösler (L.), Jarowisationsversuche an Zichorie (Cichorium intybus L.) im Hinblick auf eine raschere Generationsfolge u. Erhöhung d. Schoßresistenz 806. — Jarowisationsversuche an Schwarzwurzel (Scorzonera hispanica L.) im Hinblick auf eine Erhöhung d. Schoßresistenz 2444.
Röstel (H.-J.), Untersuchungen an mono- u. polykarpem Zuckerrübensaatgut 1267. — Ergebnisse d. Züchtung u. d. Anbaues monokarper Zuckerrüben 1835. — Einfluß v. Früchtigkeit, Keimmedium u. Aussaattiefe auf d. Aufgang verschied. Zuckerrübensaatgutformen 2714. — Methodik d. Ernte u. Krautmassenbestimmung bei Zuckerrübenleistungsprüfungen u. deren Fehlerquellen 2716. — s. Bachmann (L.); Eichholz (W.); Reiher (W.).
— u. **Schulze (E.),** Optimale Aussaat- u. Vereinzelungszeit sowie Aussaatmenge bei Drillsaat v. monokarpem Zuckerrübensaatgut 2517. — Hinweis für d. Anbau monokarper Zuckerrüben 2713.
Röttger (B.) u. **Fritz (H.-G.),** Bestimmung v. Ribonucleinsäure in pflanzlichem Material 2310.
Rogačev (V. L.), Herabsetzung d. Aufwandmenge bei d. Saatgutbeizung 2109. — Resistenz d. Kohls gegen d. Fusarium-Welke 2535.
Rogers (A.) s. Greenway (H.).
Rogers (C. B. W.) s. Miltimore (J. E.).
Rogers (D. J.), Neue Möglichkeiten in d. Taxonomie durch elektron. Rechenautomaten 1168.
Rogers (H. H.) s. Lazenby (A.).
Rogers (W. S.) u. **Modlibowska (I.),** Automat. Frostschutz durch Beregnung 948.
Roginski (S.), Landwirtsch. Melioration [1779].
Rognerud (B.) u. **Myhr (E.),** Beregnung u. variierte Stickstoffdüngung auf Mähweide 1256.
Rogojanu (V.) s. Radu (V. G.).
Rogovskaja (N. V.), Die Methodik d. hydrolog. Rajonierung zur Begründung d. Meliorationen [77].
Rogowski (A. S.) u. **Kirkham (D.),** Feuchte, Druck u. d. Bildung wasserstabiler Bodenaggregate 925.
Roguski (A.), Daszkiewicz (A.), Krzywda (Z.) u. **Malec (K.),** Untersuchungen über d. Wirksamkeit verschied. Varianten d. holländ. Methode d. Pflanzkartoffelproduktion in d. zweiten Gesundheitszone 996.
Roguski (K.), Aviröse durch Herbicide verursachte Deformation v. Kartoffelblättern 882. — s. Cieślewicz (I.).
— u. **Cieślewicz (J.),** Einfluß hoher Temperaturen im Gewächshaus auf verschied. Entwicklungsstadien d. Kartoffel 1182.
Rohde (G.), Flugasche u. Pflanzenwachstum 2956.
Rohloff (I.), Laboratoriumsmethode zur kurzfristigen Untersuchung v. Salatsamen (Lactuca sativa L.) auf Befall mit Salatmosaikvirus (SMV) 3160. — Untersuchung v. Salatsamen auf Befall mit Salatmosaikvirus (SMV) 3276.
Rohner Untersuchungen über d. Entstehung u. Verbesserung v. Verdichtungshorizonten [2064].
Roivainen (O.), Gefährdung d. Rübenanbaues in Finnland durch d. Rübennematoden 1927.
Rojas-Garcidueñas (M.), Ruiz (M. A.) u. **Carrillo (J.),** Wirkungen v. *2.4*-D

u. MCPA auf d. Keimung u. d. Jugendwachstum 2274.
Rojecka (N.), Krankheitserreger an Arzneipflanzen, Auftreten, wirtschaftliche Bedeutung 551.
Rojek (S.), Einfluß d. Spätherbstbeweidung v. Schafen auf d. Erträge u. florist. Zusammensetzung d. Gebirgsweiden-Pflanzendecke 742.
Rola (J.), Komplexmethoden zur Unkrautbekämpfung in Rüben bei Anwendung v. Herbiciden 2279. — Ratgeber für d. Anwendung v. Herbiciden in d. komplexen Unkrautbekämpfung [2883].
Roland (G.), Ein aus d. Möhre isolierter Virus 248. — Aus Kirsche mechan. isoliertes Virus 3418.
Rolin (P.), Bodenpflege im Obstbau 2159.
Roman (T.), Einfluß d. Pflanzzeit auf Menge u. Qualität bei d. Kreuzung „Mechorska Pomorska" × „Selvaggio" 1001. — Einfluß d. Höhe d. Köpfens d. Kreuzungen „Mechorka Pomorska" × „Selvaggio" auf d. Qualität u. Höhe d. Ertrages 1001.
— u. **Muszyńska (K.)**, Lagern d. Getreides 1896.
Romanenko (L. G.) s. Sokolov (B. P.).
Romanenkova (M. M.), Gemeinsame Anwendung v. Kalk u. Stalldung auf Rasenpodsolböden 1532.
Romanevič (B. V.), Neue Präparate gegen d. Apfelwickler 1982.
Romanov (I. A.), Einsatz v. Polyakrylamid für d. Verbesserung physikal. Bodeneigenschaften 47. — Einfluß v. Polymeren auf d. Ertrag v. Winterweizen 690.
Romanov (I. I.), Weinsorten sowjet. Züchtung in d. Sortenprüfung d. Moldauischen Republik 475.
Romanov (P. P.) s. Bešanov (A. V.).
Romanov (V. V.), Verdunstung aus d. Mooren d. europäischen Teils d. UdSSR [2934].
Romanowski (R. D.), **Kuć (J.)** u. **Quackenbush (F. W.)**, Biochem. Veränderungen in Bohnensämlingen, die mit Colletotrichum lindemuthianum infiziert sind 3105.
Romans (J. C. C.), Ursprung d. verhärteten B_3-Horizontes in podsoligen Böden Nordostschottlands 2349.
Romașcu (E.) s. Boguleanu (G.).
Romaškevič (A. I.), Mikroaufbau u. Mikroaggregation d. Böden in Zusammenhang mit Ab- u. Anschwemmung 1750.
Romeike (A.), Züchtung einer scopolaminreichen Datura-Hybride [2286]*; dass.: 3092.
Romejko (I. N.) s. Samcevič (S. A.).
Romisondo (P.) u. **Khalil (W.)**, Wirkung verschied. Wuchsstoffe auf d. Pollenkeimung bei Sorten v. Vitis vinifera 469.
Romlehner (L.) u. **Székely (Á.)**, Anwendung d. isothermen Destillation zum Nachweis v. Spurenelementen 959.
Romney (D. H.), Messung d. Wassergehaltes in kommerzieller Kopra 2602.
Ronchi (V. N.), Neue Ergebnisse über d. mutagene Wirkung v. Acridinorange bei Allium cepa L. 1060.
— u. **Amato (F. D')**, Neue Angaben über Chromosomenbrüche durch Acridinorange im Allium-Test 1060.
— u. **Martini (G.)**, Keimfähigkeit, Entwicklung d. Pflanze u. Frequenz v. Chromosomenaberrationen in bezug auf d. Alter d. Weizensamens 3076.
Rondell (H. J.), Weiterer Besuch in Amerika. Iris-Jahrbuch *1961* 185.
Ronis (V.), Verfahren zur Anreicherung d. Maises mit Protein 1254.
Ronsal' (G. A.) s. Guljaev (E. I.).
Roo (de), Tetraploide Wasserrüben (Brassica rapa L.) 1564.
Roo (H. C. de), Beeinflussung d. Wurzelwachstums durch tiefe Bodenbearbeitung 362. — Bodenkunde in Connecticut, USA [645]*.
Roo (R. de) s. Loose (R. de).
Rooma (I. P.) u. **Rejntam (L. J.)**, Anfertigung v. Bodenkarten im Großmaßstab in d. Estnischen SSR 61.
Roorda van Eysinga (J. P. N. L.) u. **Martens (N. G. C.)**, Bestimmung v. Federung u. Druckfestigkeit v. Erdtöpfen 2145.
Roosje (G. S.), Kernobstanbau in den USA 1033. — Tau u. Nebel im Hinblick auf d. Infektion durch Apfel- u. Birnenschorf 1371.
— u. **Toorenaar (G.)**, Chem. Fruchtausdünnung mit Carbaryl 2164.

Rootsi (N.), Spezif. Gewicht bei Äpfeln 2027.
Rosario (M. S. del), Neue Viruskrankheit bei Schwarzem Pfeffer (Piper nigrum L.) 545.
Roşca (D.) u. **Panait (V.),** Anbau d. Sorghumhirse u. d. Sudangrases für Silage im Gemenge mit Futtersoja u. Sonnenblume 2721.
Rose (C. W.), Auswirkungen v. Niederschlagsmenge, Strahlungstrocknung u. Bodenfaktoren auf d. unter Regen entstehende Infiltration in Böden 2334.
Rose (D. J. W.), Schädlinge d. Erdnuß 2819. — Schädlinge an Mais u. a. Gramineen in Rhodesien 2819.
Rose (T. H.) u. **Dermott (W.),** Mikronährstoffmangel bei Feldfrüchten in Romney Marsh. *2.* Mitt. Manganmangel bei Erbsen u. Cerealien 679.
Rosen (H. v.), Spinnmilben u. ihre Bekämpfung in Mittelschweden 1651.
Rosen (I. A.) s. Siegel (S. M.).
Rosenberg (A. J.) s. Ducet (G.).
Rosenkova (V. E.) s. Muchin (N. D.).
Rosenstiel (K. v.), Versuch, d. im Jahre *1961* durch Gelbrostbefall bei Sommergerste verursachten Ertragsausfälle abzuschätzen 2527.
Rosenstock (G.), Physiolog. u. anatom. Studien zum Problem d. Wundheilung. I. Zusammenhänge zwischen d. Wassergehalt verletztem Kartoffelparenchyms u. dessen Vernarbungsreaktionen nebst Bemerkungen zur Theorie d. Wundreizes 2010.
Roseweir (J.) u. **Rees (H.),** Fertilität u. Chromosomenpaarung bei autotetraploidem Roggen 2476.
Roslavceva (S. A.) s. Popov (P. V.).
Roslycky (E. B.), Allen (O. N.) u. **McCoy (E.),** Phagen v. Agrobacterium radiobacter unter Berücksichtigung d. Wirtsbereiches 1406.
Rosmus (J.) s. Kutáček (M.).
Ross (A. F.), Lokalisierte erworbene Resistenz gegen Pflanzenvirus-Infektion bei überempfindlichen Wirten 1659. — System. erworbene Resistenz, induziert durch lokalisierte Virusinfektionen an Pflanzen 1659. — s. Ford (R. E.); Mueller (W. C.).
Ross (C. W.), Wiebe (H. H.) u. **Miller (G. W.),** Einfluß v. Fluorid auf den Glukoseabbau in Blättern 372.
Ross (H.), Resistenzzüchtung u. pathogene Rassen 2774. — Vererbung d. Resistenz gegen den Kartoffelnematoden (Heterodera rostochiensis Woll.) in Kreuzungen v. Solanum famatinae Bitt. et Wittm. mit Solanum tuberosum L. u. mit S. chacoense Bitt. 2785. — s. Firbas (H.).
Ross (J. F.), Grassaatguterzeugung in Süddakota 802.
Ross (J. G.) u. **Bullis (S. S.),** „Oahe" Agropyron intermedium 3021.
— u. **Chen (C. H.),** Fertilitätsunterschiede bei autotetraploidem Sorghum 1355.
— u. **Miller (W. H.),** Somat. Chromosomen, d. in dem immer mutierenden Typ eines Stammes identifiziert sind 1340.
Ross (J. P.), Wirkungen d. Fruchtfolge auf d. Population d. Sojabohnen-Zystennematoden u. d. Sojabohnenerträge 3109.
Ross (R. G.), Neues aus Übersee: Dodine gegen Apfelschorf in Neuschottland 1698.
— u. **Hamlin (S. A.),** Unterschiede in d. Empfindlichkeit v. Isolaten v. Venturia inaequalis (CKE.) Wint. gegenüber Fungiciden 272.
Rossi (S.), Situation d. Pfirsichanbaus 3335.
Rossmann (G.), Erbgang d. Sepalodie- u. d. Cruciata-Merkmals d. Oenotheren. *1.* Mitt. Entstehung d. Sepalodie-Merkmals u. sein Verhalten bei Kreuzung mit Normalkronigen Arten 3353.
Rossner (W.), Elektronenmikroskop. Untersuchungen an den Chromozentren v. Urtica pilulifera 1059.
Rossrucker (H.) s. Rehrl (K.).
Rost (W. M.), Peronospora an Schwarzen Johannisbeeren 1396.
Rota (P.), Die an Reben durch Spinnmilben u. infektiöse Degeneration hervorgerufenen Veränderungen. Untersuchung d. Arbeitsgruppe d. CNR für Virosen. *28.* Mitt. 1099.
Rotescu (I.) s. Perşunaru (R.).
Rotfarb (R. M.) s. Godnev (T. N.).
Roth (D.), Grünlandnutzung u. -bewirtschaftung in d. höheren Lagen d. Thüringer Waldes u. d. westlichen Schiefergebirges 1849.

Roth (L. M.) u. **Willis (E. R.)**, Verhalten gegen Feuchtigkeit v. Cosmopolites sorditis (Coleoptera: Curculionidae) 3120.
Roth (S.), Flurneuordnung, wichtige Voraussetzung für d. industriemäßige Produktion in d. Feldwirtschaft 3243.
Roth (V. D.), Keimung v. Luzernesaatgut nach Behandlung mit trokkenen u. flüssigen Formulierungen v. Di-Syston u. Phorate 1144.
Rothacker (D.), Populationsanalyt. Untersuchungen über d. Leistung verschied. Kreuzungskombinationen zwischen ssp. andigena u. ssp. tuberosum v. S. tuberosum 1076. — Untersuchungen am Sortiment wilder u. kultivierter Kartoffelspecies d. Institutes für Pflanzenzüchtung Groß-Lüsewitz. III. Rohverfärbung bei mittel- u. südamerikan. Kartoffelspecies 2785. — s. Meinl (G.).
— u. **Meinl (G.)**, Untersuchungen über d. Atmungsintensität d. Knollen verschied. Solanum-Species u. Bastarde unter Berücksichtigung unterschiedlicher Photoperioden 1076.
— u. **Schäfer (G.)**, Haploide Pflanzen v. Solanum tuberosum 205.
— u. **Stelter (H.)**, Solanum tarijense Hawk., eine weitere gegen d. Kartoffelnematoden Heterodera rostochiensis (Wollenweber) resistente Species 797.
Rothenburger (W.), Topfballenanzucht im Gemüsebau 3039.
Rothmaler, Jean Baptiste Lamarck [196]*.
Rothstein (M.) s. Tomlinson (G. A.).
— u. **Tomlinson (G. A.)**, Nematoden-Biochemie. *2.* Mitt. Biosynthese d. Aminosäuren 2812.
Rothwell (J. B.) s. Bedding (A. J.).
Rotini (O. T.), Blattdüngung 3264.
—, **Lotti (G.)** u. **Baldacci (P. V.)**, Verhältnis v. Kationen- zu Anionenaustauschkapazität als ein Index zu Charakterisierung v. Tonen 2326.
Rouatt (J. W.) s. Katznelson (H.).
Round (K. M.) s. Wallace (E. R.).
Rouquerol (T.), Wesen d. Stickstoffbindung in d. Reisfeldern v. Camargue 1492. — s. Tuzet (O.).
Rous (A.) s. Marklund (G.).
Rousi (A.), Zytotaxonom. Untersuchungen bei Vicia cracca L. u. V. tenuifolia Roth. *2.* Mitt. Meiose 3083.
Roussel (N.), Zuckerrüben-Sortenversuche in Belgien aus d. Jahren *1957* bis *1961* 1835.
Roussos (G. G.), Nichtspezif. saure Phosphatase aus Buschbohnensämlingen 1464.
Routchenko (W.) s. Delmas (J.).
— u. **Delmas (J.)**, Veränderungen d. mineral. Zusammensetzung d. Saftes v. Mais, d. zweierlei Arten Stickstoffdüngung (eine gänzlich als Nitrat, d. andere gänzlich als Ammonium) unterworfen wurde 1786.
Routley (D. G.) s. Sullivan (J. T.).
Roux (A.), Beschreibung neu eingetragener Buschbohnensorten 1857. — Beitrag zum Kornbesatz u. zur Lükkigkeit d. Hülsen bei Gemüseerbsen (Pal- u. Markerbsen) 2188.
Rovenská (B.), Wurzeln einkeimblättriger Pflanzen 2004.
Rovira (A. D.) s. Bowen (G. D.).
Rowberry (R. G.) s. Johnston (G. R.).
Rowe (F. P.) u. **Chudley (A. H. J.)**, Bekämpfung d. Hausmaus mit ganzem Weizen, d. mit einer Natriumsalzlösung v. Warfarin getränkt war 579.
— u. **Neve (M.)**, Zwei Feldversuche mit Diphacinon gegen d. Hausmaus 579.
—, **Taylor (E. J.)** u. **Chudley (A. H. J.)**, Begiftung v. Getreidemieten mit bes. Berücksichtigung d. Hausmausbekämpfung 286.
Rowlands (D. G.), Fertilitätsuntersuchungen bei d. Ackerbohne (Vicia faba L.). *2.* Mitt. Inzüchtung 1909.
Rowles (C. A.) s. Beaton (J. D.).
Roy (B.), Untersuchungen über d. faserertragsbildenden Faktoren bei Jute 1013.
Roy (B. B.) u. **Barde (N. K.)**, Eigenschaften d. schwarzen Böden Indiens 59.
— u. **Landey (R. J.)**, Untersuchungen an roten u. laterit. Böden d. Mand-Wasserscheide im Raigarh-Distrikt 2941.
Roy (B. N.), Bodenentwicklung u. d. Verfügbarkeit v. Phosphor u. Kalium für Aspergillus niger 934.

Roy (D. K. Dutta) = Dutta Roy (D. K.).
Roy (D. N.), Ray (S. N.) u. **Ganguli (N. C.)**, Methode für Bestimmung v. Chlorophyll, anwendbar für in-vitro-Untersuchungen 2314.
Roy (R. Y.) u. **Dwivedi (R. S.)**, Vergleich d. Pilzflora d. Bodens v. drei verschied. Grünlandstandorten 2934.
Roy (S. K.), Embryologie bei Eugenia fruticosa L. 297.
— u. **Sarkar (D. K.)**, Keimruhe u. Lebensfähigkeit d. Samen v. sechs Sumpfreissorten 1456.
Royan (S.) s. Subramanyam (S.).
Rožalin (L. V.), Kartoffelabbaukrankheiten u. ihre Bekämpfung 2844.
Rozanov (B. G.) u. **Rozanova (I. M.)**, Böden d. trockenen Mussontropen Burmas 643.
Rozanova (A. A.) u. **Loseva (V. G.)**, Citrus-Schmierlaus u. ihre Parasiten 3440.
Rozanova (I. M.) s. Rozanov (B. G.).
Roztropowicz (S.), Der biolog. u. produktive Wert großer u. kleiner Kartoffelknollen 1265. — s. Birecki (M.).
Rubcov (I. A.), Biolog. u. chem. Bekämpfungsmethoden sind vernünftig zu kombinieren 1400.
Rubenčik (L. I.), Kordjum (V. A.) u. **Černych (S. I.)**, Entwicklung d. Mikroorganismen in d. Phyllosphäre einiger Pflanzen unter natürlichen Bedingungen 636.
Rubeš (L.) u. **Maleček (J.)**, Pflanzenscnutz [1987].
Rubin (A. B.) s. Tumerman (L. A.).
Rubin (B. A.) s. Savel'eva (O. N.).
— u. **Ozereckovskaja (O. L.)**, Trennung d. Atmung u. Phosphorylierung in nekrotisiertem Gewebe v. Kartoffelknollen 3183.
Rubinstein (B.) u. **Leopold (A. C.)**, Wirkung v. Aminosäuren auf d. Blattfall d. Bohne 593.
Rubinštejn (M. I.) s. Pačikina (L. I.).
Rubio-Huertos (M.), Licht- u. Elektronenmikroskopie mit d. Virus d. Ringfleckigkeit d. Petunie vergesellschafteter Einschlußkörper 3135.
Rublevskij (V. B.), Besonderheiten d. Wachstums gegen Blattfleckenkrankheit resistenter Zuckerrübensorten 722.
Rudeforth (C. C.), Beleuchtbarer Poliertisch für d. Herstellung v. Bodendünnschliffen 2351.
Rudenko (N. M.) s. Chárkova (A. P.).
Rudenko (S. T.), Mamadaliev (T.) u. **Afanaśev (O. K.)**, Anzucht v. Baumschulmaterial im Quadratnestverfahren 1866.
Rudin (V. D.), Einfluß d. Mikronährstoffe auf Körnerleistung u. -qualität landwirtsch. Kulturen 2085.
Rudinsky (J. A.), Ökologie d. Scolytiden 236.
Rudolph (W.) s. Schreiber (K.) [Mühlhausen/Thür.].
Rudorf (W.), In memoriam E. Tschermak-Seysenegg 2581.
— u. **Rimpau (R. H.)**, Photoperiod.-therm. Untersuchungen zur Vorkeimung v. Solanum tuberosum 3370.
Ruebenbauer (T.), Heterosiserscheinung als Folge d. Wechselwirkung zwischen Genom u. Plasmon 2468.
Rübensam (E.), Wirkung d. Stallmistdüngung, dargestellt an Ergebnissen v. Dauerversuchen in Thyrow u. Müncheberg 1806.
—, **Steinbrenner (K.)** u. **Naglitsch (F.)**, Veränderungen d. Bodenmikroflora u. -mesofauna im Thyrower Nährstoffmangelversuch 1205.
Rüdel (M.) s. Brückbauer (H.).
Ruehle (J. L.), Histopatholog. Studien an Kiefernwurzeln, d. mit dem „lance" u. Kiefern-Zystennematoden infiziert waren 2503.
— u. **Sasser (J. N.)**, Rolle pflanzenparasit. Nematoden bei Wachstumsverzögerungen d. Kiefern in südlichen Pflanzungen (Plantagen) 2503.
Rühm (W.), Variabilität d. Cuticularstruktur d. Unterfamilie Bunonematinae Sachs *1949* sowie eine Neubeschreibung v. Bunonema (Rhodolaimus) Voulliemei n. sp. 525. — Nematoden u. Forstpflanzen. *3.* Mitt. Über d. nematicide Wirkung v. Haltox, einem methylbromidhaltigen Entseuchungsmittel, in Forstbaumschulen gegen wandernde pflanzenparasitäre Nematodenarten 1136.
Rünger (W.), Einfluß täglich u. einmal wechselnder Temperatur auf d. Blütenbildung v. Euphorbia milii Desm. 776. — Einfluß d. Tageslänge auf Wachstum, Blütenbildung u.

-entwicklung v. Echeveria harmsii 1882. — s. Maatsch (R.).
Rufelt (H.), Schnelle Änderungen d. Transpiration v. Pflanzen 2587.
—, **Jarvis (P. G.)** u. **Jarvis (M. S.)**, Wirkung d. Temperatur auf d. Transpiration 2894.
Rui (D.), **Mori (P.)** u. **Giraldi (G.)**, Versuche zur Bekämpfung d. Tabak-Peronospora im Gewächshaus 1696.
Ruinen (J.), Phyllosphäre. *1.* Mitt. Ökolog. vernachlässigtes Milieu 928.
Ruissen (J.) s. Goedegebure (L.).
Ruiz (M. A.) s. Rojas-Garcidueñas (M.).
Runge (R. E.), CCC Versuche in Westchester County 776.
Runkel (K.-H.), Einfluß plötzlicher Temperaturwechsel auf d. Atmung d. Blütenblätter v. Tulpen u. Dahlien verschied. Altersstadien 1720.
Ruokola (A.-L.), Weitere Ergebnisse v. Feldversuchen mit Mutterkorn auf d. Versuchsfarm Viik 1566.
Rupprecht (H.), Internationales Symposium über Fragen d. Rosenkultur u. Rosenzüchtung in d. sozialistischen Ländern in Strausberg bei Berlin 180. — Stand u. Perspektiven des Maiblumenanbaus in der DDR 477. — Wege zur Steigerung d. Mutationsrate für d. Neuschaffung v. Sorten bei vegetativ vermehrten Zierpflanzen 809. — Treiberei v. Zweigen unserer Blütengehölze 1885. — Treiben u. Verfrühen v. Blütengehölzen [1886]*.
Rusač (K. M.), Neue Formen v. Mineraldüngern für Kartoffeln 689.
Rusanova (N. V.) s. Muromcev (G. S.).
Ruseckaja (L. P.) s. Gončarik (M. N.).
Rusiašvili (I. L.), **Goguadze (M. N.)** u. **Mamaladze (L. T.)**, Prüfung v. Präparaten gegen Spinnmilben 1137.
Rusinova (R. D.), Flughaferbekämpfung im Altai 1709.
Rusk (H. W.) s. Fahey (J. E.).
Russ (K.), Einfluß wichtiger Witterungsfaktoren auf d. Flugtätigkeit d. Apfelwicklers Carpocapsa pomonella L. 221. — Apfelwicklerwarndienst in Österreich 579. — „Brombeermilbe" (Eriophyes essigi Hassan), ein für Österreich neuer Schädling 3112.
Russ (P. L.) u. **Bell (F. F.)**, Ertragsfähigkeit v. vier ausgewählten Tennessee-Böden, dargestellt am Maisertrag 66.
Russell (E. J.), Wiedergeburt d. Bodenkunde in Großbritannien 2320.
Russel (G. C.) s. Dubetz (S.); Hobbs (E. H.); Sexsmith (J. J.).
Russell (G. E.), Verbreitung d. Viren d. Vergilbungskrankheit d. Zuckerrübe in Ostengland im Jahre *1960* 2514. — Das milde Zuckerrübenvergilbungsvirus: ein persistentes, durch Blattläuse übertragenes Virus 2828. — Isolierung individueller Stämme d. Rübenvergilbungsvirus 3127.
Russell (M. P.), Befall d. Maises im Freiland durch d. Getreidemotte u. Reiskäfer in Indiana 3114. — Einwirkungen d. Sorghum-Sorten auf d. Reiskäfer, Sitophilus oryzae L. *1.* Mitt. Eiablage, Sterblichkeit u. Größe d. Adulten 3400.
Russell (R. C.), Einfluß d. Saatgutüberlagerung auf d. Entwicklung d. Gerstenflugbrandes 251. — Erzeugung flugbrandfreien Gerstensaatgutes als ein Gemeinschaftsprojekt 2860.
—, **Saillans (B. J.)** u. **Cannon (H. B.)**, Verwendung gestaffelter Proben für Embryonenteste zum Nachweis d. Flugbrandes in Gerstensamen 261.
Russel (R. S.), Einige Aspekte d. Pflanzenernährung 373.
Russel (S. A.) s. Miller (G. W.).
Rust (R. H.) s. Foss (J. E.).
Rusu (E.) s. Sebök (C.).
Ruszkowski (A.), Auftreten d. Marienkäferarten 1690.
Rutkowska (Z.) s. Kępkowa (A.).
Rutkowski (M.), Einfluß einjähriger Leguminosen u. Getreidearten auf d. Bodenstruktur. *1.* Mitt. Einfluß verschied. Vorfrüchte u. ihrer Erntetermine auf d. Erträge d. Nachfrüchte 1545; *2.* Mitt. Einfluß d. Vorfrüchte u. d. Roggens (Nachfrucht) auf d. physikal. Eigenschaften d. Bodens 1484.
Ruuttunen (E.), Queckenbekämpfungsversuche in d. Jahren *1960—61* 1437.
Růžička (J.) s. Luštinec (J.).
Ryan (G. F.), **Greenblatt (G.)** u.

Al-Delaimy (K. A.), Albinismus an Sämlingen, künstlich durch einen Auszug v. Alternaria tenuis herbeigeführt 1644.
Rybáček (V.), Einfluß d. Dekapitationszeitpunktes d. Hopfenrebe auf d. Hopfenernte 1839.
Rybakov (A. A.) u. **Martynenko (A. G.)**, Beschleunigtes Verfahren zur Anzucht v. Weinjungpflanzen 1878.
— u. **Žukova (A. P.)**, Maßnahmen zur Beseitigung d. Alternanz 460.
Rybin (W. A.), Artbastardierung, Methode d. Untersuchung d. Abstammung u. züchter. Verbesserung d. Kulturpflaume Prunus domestica L. 1366.
Rybina (N. J.) u. **Kuznecova (M. A.)**, Der Maiszünsler u. seine Bekämpfung 2217.
Rydalevskij (E. E.) s. Rezničenko (M. S.).
Rygg (T.), Kohlfliegen Hylemyia brassicae Bouché u. H. floralis Fallen (Dipt. Anthomyiidae). Untersuchungen über d. Perioden d. ersten Auftretens u. Bekämpfung in Norwegen 1140.
Rymarenko (V. S.), Lagerung v. Zukkerrüben durch Gefrieren 2115.
Ryndin (S. D.), Einfluß v. Gibberellin auf d. Wachstum v. Sämlingen 2303.
Ryńska (A.), Einfluß verschied. Tageslängen auf d. Wachstum u. d. Entwicklung di- u. polyploider Kleearten 2195.
Ryser (G. K.) s. Stout (M.).
Ryss (R. G.), Wie schützt man Kartoffeln vor d. Krätzeälchen? 2212. — Stengelnematode d. Kartoffel u. Maßnahmen zu seiner Bekämpfung [2524].
Ryswyk (A. L. van) s. Mason (J. L.).
Ryugo (K.), Rate d. Trockengewicht-Akkumulation beim Pfirsichstein während d. Härtungsprozesses 2757.
Ryža (V. K.) s. Dobroljubskij (O. K.).
Ryžkov (V. L.) u. **Beškina (S. R.)**, Einfluß v. Metaboliten u. Antimetaboliten auf d. Vermehrung d. Tabakmosaikvirus in isolierten Tomatenwurzeln 3416.
Ržanova (T. B.) s. Sul'gin (I. N.).

Saakjan (T. A.), Embryolog. Studien über den Befruchtungsprozeß d. Baumwolle bei verschied. Bestäubungsverfahren 2206.
Saalbach (E.), **Kessen (G.)** u. **Judel (G. K.)**, Bestimmung d. Gehaltes an pflanzenverfügbarem Schwefel im Boden 64.
Saba (F.), Kopulationsfrequenz, Giftempfindlichkeit u. Heterogenität v. Weibchen u. Männchen bei Tetranychus urticae Koch 1929. — Entwicklung u. Rückgang d. Giftresistenz bei Tetranychus urticae Koch u. deren Abhängigkeit v. d. Wirtspflanze [1944].
Šabalin (I. N.), Erhöhung d. Zuckergehaltes d. Zuckerrübe bei Bewässerung in d. Kulundinsteppe 2125.
Šabalina (Z. S.) s. Ševčenko (F. P.).
Šabanov (D.), Vererbung d. Abbaues bei Tabak 1639. — Hagelschäden am Tabak u. Maßnahmen zu ihrer Überwindung 2127. — Düngung d. Tabaks bei unterschiedl. Fruchtfolgen im Gebiet v. Goze Deltschew 2420.
Šabanova (M. P.), Prüfung v. Phosphamidon 2868.
Sabet (K. A.), The Occurence of bacterial wilt of potatoes caused by Pseudomonas solanacearum (E. F. Sm.) E. F. Sm. in Egypt [1663].
Sabirov (V. Z.), Neue Mandelbaumart aus Usbekistan 2003.
Sabo (I.), **Marton (M.)**, **Varga (L.)** u. **Šenfeld (Š.)**, Komplexe bodenbiolog. Untersuchungen auf Rendzinaböden 1754.
Sabo (N. P.), Apfelblattgallmücke 3398.
Sacchetti (M.) u. **Zambonelli (C.)**, Einige Identifizierungsmerkmale v. Clostridium felsineum (Carbone) Donker 1669.
Sacharov (I. M.) s. Kotovič (G. M.).
Sachautdinov (B. M.) u. **Antonova (M. P.)**, Die Aussaat v. in Keimstimmung gebrachten Zuckerrübensaatgutes 402.
Šachov (A. A.), **Golubkova (B. M.)** u. **Kisljakova (T. E.)**, Submikroskop. Struktur u. Funktion d. Chloroplasten d. Kartoffel bei verschied. Umweltbedingungen 298.
Sachs (E.), Organisation d. prakt. Qualitätsweizenförderung u. -züchtung

2773. — Wertmerkmale einer guten Weidenarbe 3313.
Sachtleben (H.), *75* Jahre Deutsches Entomolog. Institut 1646.
Sackston (W. E.), Pflanzenpathologie im Macdonald College 219. — Sonnenblumenrost. *3.* Mitt. Vorkommen, Verbreitung u. Bedeutung d. Rassen v. Puccinia helianthi Schw. 3424.
Sadaphal (M. N.) u. **Das (N. B.)**, Wirkung v. Mikronährstoffen auf Weizen. *2.* Mitt. Wirkung auf Ertrag u. chem. Bestandteile 102.
Sadasivan (T. S.) s. Saraswathi-Devi (L.).
Sadik (S.), Morphologie d. Rose des Blumenkohls 888.
Sadovskaja (R. O.), Wechselbeziehungen zwischen Weinrebe u. stickstoffbindenden Mikroorganismen 1331.
Sadovski (A.), Wirksamkeit verschied. Kulturmaßnahmen v. d. Auspflanzen v. Obstgehölzen unter d. Bedingungen d. Moskauer Gebietes 166.
Sadykov (S. S.) u. **Popova (P. J.)**, Einfluß d. Lichtverhältnisse auf d. Bildung d. Baumwollfaser 1455.
Säkö (J.), Einfluß d. Lagerungstemperatur auf d. Haltbarkeit v. Äpfeln 1318.
Safarov (T. K.), Zuckerrüben als Zwischenfrucht in d. Aserbaidshan. SSR 421.
Safra (R. A.), Ein neues Herbicid 583.
Sagar (G. R.) s. Quinlan (J. D.).
Sagen (J. E.) s. Wilhelm (S.).
Saggers (D. T. A.) s. Evans (E.).
Sági (F.) s. Garay (A.).
Šagojan (R. S.) s. Avetisjan (O. R.).
Sagromsky (H.), Bedeutung d. Lichtes f. d. Ausprägung eines Mutationsmerkmales d. Mutante bipartita v. Antirrhinum majus [2286]*, 3075. — s. Metzner (P.).
Saha (B.), Morphogenet. Aspekte d. Bestockung bei Boro-Reis in Beziehung zu verschied. Anbaubedingungen 602.
Saha (J. R.) u. **Sen Gupta (J. C.)**, Einfluß d. Unterbrechung einer *14*stündigen Dunkelheitsperiode nach verschied. Dauer d. Dunkelheit durch Belichtung v. *30* Minuten bei *10*-stündiger photoperiod. Behandlung auf Blühen u. Wachstum bei Jute 1455. — Einfluß v. Saatzeit u. Tageslänge bei d. Erdnuß. Typ AH-*25* (Buschform) 1573.
Sahadevan (R. C.) s. Nair (N. R.).
Sahai s. Srivastava (B. I.).
Sahai (B. I.) u. **Shaw (M.)**, Physiologie v. Wirt-Parasit-Beziehungen. *8.* Mitt. Wirkungen d. Rostinfektion auf Ascorbinsäure u. Glutathion in Weizenblättern 250.
Sahlström (H.) s. Johansson (E.).
Sahtiyanci (S.), Studien über einige wurzelparasitäre Olpidiaceen 520.
Sahulka (J.), Freie Aminosäuren u. Amide in Achsenteilen d. Apfelbäume u. d. Frage ihrer Beziehung zur Bildung d. Blütenknospen 9. — Einfluß d. Ammoniak- u. Nitratstickstoffs auf d. Wachstum d. Apfel- u. Birnensämlinge 1868. — Eiweißstoffe d. Blätter 2028. — Freie Aminosäuren u. Amine in Knospen u. Aminosäuren in Hydrolysaten d. Knospen v. alternierend fruchttragenden Apfelbäumen 2590.
Saidak (W. J.), Chem. Unkrautbekämpfung in ausgepflanzten Tomaten 1161.
— u. **Nelson (S. H.)**, Unkrautbekämpfung in Ziergehölzbaumschulen 3458.
Saigne (B.) s. Cauderon (Y.).
Saillans (B. J.) s. Russell (R. C.).
Šain (S. S.), Ernährung d. Maispflanzen 2704.
— u. **Tret'jakov (N. N.)**, Mais-Aussaat im Herbst vorbereiten 415.
Saini (T. R.) s. Datta (N. P.).
Saito (H.) s. Minamikawa (K.).
Saito (M.) u. **Takasawa (H.)**, Einfluß niedriger Temperatur auf Sojabohnenpflanzen. *2.* Mitt. Einfluß niedriger Temperatur zu verschied. Wachstumsperioden auf d. Pflanzenwachstum u. den Samenertrag 1181.
Saito (T.), Für d. Geschlechtsausprägung bei d. Japan. Gurke verantwortliche Faktoren. *10.* Mitt. Studien über den Einfluß d. Dunkelheit 447. — s. Ito (H.).
— u. **Ito (H.)**, Für d. Geschlechtsausprägung bei d. Japan. Gurke verantwortliche Faktoren. *11.* Mitt. Die Rolle d. Blätter 447.
Šajdurov (V. S.) s. Fedorova (L. L.).

Šajmuchametov (M. Š.) s. Alešin (S. N.).
Sajnani (B. T.) s. Murty (G. S.).
Sakai (A.), Mechanismus d. Frostschädigung bei Pflanzenzellen. *1.* Mitt. Wirkung d. Mediums auf Frostschädigung 594.
Sakai (H.) s. Ike (M.); Yoshida (Tomio).
Sakai (I.) s. Aso (S.).
Sakai (K.-I.) u. **Rodrigo (M.),** Laboratoriums-Methode zur Prüfung d. Salzresistenz v. Reissorten 27.
Sakamoto (T.), Okuchi (S.) u. **Yakushiji (K.),** Einfluß wiederholter Gründüngung auf d. „Satsuma"-Orange. *3.* Mitt. Einfluß auf d. Zukker- u. Säuregehalt im Fruchtsaft 3310.
—, Okuchi (S.), Yamamoto (T.) u. **Yakushiji (K.),** Einflüsse langjähriger Anwendung v. Gründüngung auf d. „Satsuma"-Orange. *1.* Mitt. Fruchtertrag u. d. Baumwachstum **96.**
Sakimura (K.), Frankliniella occidentalis (Thysanoptera: Thripidae), Überträger d. Bronzefleckenvirus d. Tomate unter bes. Berücksichtigung v. Farbvarietäten 3137. — Frankliniella fusca, ein weiterer Überträger für d. Virus d. Bronzefleckenkrankheit d. Tomate sowie Bemerkungen über Thrips tabaci, einen anderen Vektor 3406.
Šakifjanov (S. Š.), Aussichtsreiche Sommerweizensorte für d. Neulandgebiete 1064.
Saks (A. I.), Vergleichende Frostresistenz v. Erdbeerarten u. -sorten 766.
Sakunov (I. J.), Erfahrungen in d. Ernte v. stecklingsüberwinterten Samenträgern 702.
Salamatov (M. N.), Anwendung d. entfernten Hybridisation bei d. Züchtung sibir. Kirschsorten 1085.
Salamini (F.) s. Bianchi (A.).
Salazar (A.) s. Cecconi (S.).
Salčeva (G.), Winterfestigkeit d. Winterweizens in Abhängigkeit v. Verlauf d. Jarowisationsstadiums 2007.
Salgues (R.), Botan., chem. u. toxikolog. Untersuchungen verschied. Arten v. Atriplex L. (Tourn.) (Chenopodiaceen) 887.
Salibc (A. A.) s. Grant (T. J.).
Šalimov (V. N.) u. **Minkov (B. P.),** Präparat *2.4*-D in Rosenplantagen 3458.
Šalin (J. P.) s. Kiričenko (F. G.).
Salisbury (E.), The new naturalist weeds & aliens [3460].
Sal'kova (E. G.) s. Metlickij (L. V.).
Sallans (B. J.) u. **Tinline (R. D.),** „Splotch", physiolog. Blattkrankheit d. Weizens. *1.* Mitt. Nährstoffuntersuchungen 2210.
Sal'nikov (V. A.) s. Jurin (I. A.).
Salokangas (K.), Osara (K.) u. **Isotola (A.),** Ergebnisse d. Sortenversuche zu Blumenkohl *1956—61* 748.
Salonen (A.), Plenodomus meliloti Dearness et Sanford, gefunden in Finnisch-Lappland 3148. — s. Pohjakallio (O.).
Salonen (M.), Wirkung d. Einpflügens v. Stroh 1535.
Salontai (A.), Einfluß v. *2.4*-D, gleichzeitig mit d. Blattdüngung angewandt, auf d. Keimung d. v. behandelten Pflanzen geernteten Weizenkörner 123.
Salser (J. S.) s. McClung (N. M.).
Salter (P. J.), Reaktionen v. Erbsen auf Beregnung in verschied. Wachstumsstadien 749. — s. Nelder (J. A.).
Salunskaja (N. I.), Abhängigkeit d. Beulenbrandbefalls v. Entwicklungsstadium d. Maispflanzen 2552.
Salutsky (M. L.) s. Bridger (G. L.).
Sály (A.), Neoral (J.) u. **Jemelík (J.),** Chem. Bekämpfung d. Rübennematoden (Heterodera schachtii Schmidt *1871*) an d. Zuckerrübe 2553.
Salzman (S.) s. Obrejanu (G.).
Samaddar (H. N.) s. Singh (J. P.).
Samcevič (S. A.), Zaremba (V. P.) u. **Romejko (I. N.),** Einfluß d. Bodenbearbeitungsmethoden auf d. Mikroflora v. Podsolböden 636.
Samigh (R. M.) u. **Spiegel (P.),** Einfluß d. Beregnung auf d. Wachstum d. Öl-Olive 1574.
Samish (R. M.), Physiolog. Untersuchungen bei d. Unterlagenselektion 756.
Samish (Z.) s. Ludin (A.).
Samkov (N.), Vorkeimen bei elektr. Licht 3277.
Samman (Y.) u. **Langhans (R. W.),** Wechselwirkungen v. Temperatur u. Photoperiodismus bei Chrysanthemum morifolium 775.

Samojlova (E. M.), Einfluß d. Linde auf d. Eigenschaften d. Waldböden 57.
Samojlova (Z. I.) s. Andreev (S. V.).
Samorodova-Bianki (G. B.), Fertilität d. Pollens u. Carotinoidgehalt in Staubbeuteln u. Blättern einiger Kartoffelarten, -formen u. -sorten 1075.
Samoto (S.) u. **Ouchi (K.)**, Sortenbedingte Unterschiede in d. Reaktion geschälter Reiskörner bezüglich d. Größe auf verschied. Düngermengen 1012.
Samotus (B.) u. **Schwimmer (S.)**, Phytinsäure als ein Phosphor-Reservoir in d. sich entwickelnden Kartoffelknolle 379. — Wirkung v. Reife u. Lagerung auf d. Verteilung v. Phosphor in Stärke u. a. Bestandteilen d. Kartoffelknolle 599.
Sampson (D. R.), Unverträglichkeit v. Pollen u. Narbe zwischen Gattungen d. Cruciferen 1633.
Šamsutdinova (K. G.), Wachstums- u. Entwicklungsbedingungen v. Sommer-Weizen bei früher (April-)Aussaat u. ihr Einfluß auf Leistung u. produktive Qualität d. Saatgutes 1826.
— u. **Popov (K. I.)**, Einfluß d. frühen Aussaat d. Sommerweizens (Aprilaussaat) auf d. Befall durch Schädlinge u. Krankheiten 2700.
Samuels (G.), **Boneta-García (E. G.)** u. **González-Vélez (F.)**, Vergleich v. Phosphordüngemitteln zu Tabak 101.
— u. **Gonzálas-Vélez (F.)**, Einfluß v. Beta - Amulosetrijodid (Fertidyne) auf d. Bodenfruchtbarkeit 2392.
Samuilov (F. D.) u. **Efremov (J. J.)**, Untersuchung d. Wasserhaushalts d. Pflanzen mittels schweren Wassers (D_2O) 1235.
Sanadze (G. A.), Aufnahme molekularen Wasserstoffs durch d. grüne Blatt im Licht 16.
Sanbandam (C. N.) s. Rangaswami (G.).
Sánchez (B.) s. Dios (G.).
Sanchez (M. C.) = Chaves Sanchez (M.).
Sanchez de la Puente (L.) s. Conde (F. L.).
Šanda (V.) s. Valente (M.).
Sander (H.) s. Alkemeyer (M.).
Sanders (M. E.) u. **Franzke (C. J.)**, Somat. Reduktion v. tetraploidem Sorghum zu diploiden Mutanten nach Colchicinbehandlung 1890. — Cytolog. Untersuchungen nichtreinzüchtender Mutanten bei Sorghum, d. nach Colchicinbehandlung erhalten wurden 1906.
Sandhoff (H.), Strohdüngungs-Versuche auf verschied. Böden 2388.
Sandmeier (M.) s. Stroun (M.).
Sandner (H.), Untersuchungen über den Einfluß d. Populationsdichte einiger Arten v. Vorratsschädlingen hinsichtlich ihrer Fortpflanzungsfähigkeit 1106.
Sands (J. E.) s. Collis-George (N.).
Sandstedt (R.) u. **Schuster (M. L.)**, Flüssigkeitsfalle für Meloidogyne incognita incognita um Wurzeln im Agar-Medium 1928.
Sandu (G.) s. Obrejanu (G.).
Sănduleac (E.), Insektenbestäubung bei Sonnenblume 417. — Orientierungsdaten über d. Anwendung einer Mischung v. Futter- u. Bienenweidepflanzen zur Schaffung u. Organisierung einer rentablen Bienenweide 426. — Angaben über d. Insektenbestäubung u. Selektion v. Kürbis 509.
— u. **Baculinschi (H.)**, Vorläufige Daten über d. Himbeere u. den rauhhaarigen Schotenweiderich als Nektarspender im Gebirge v. Buzău 468.
Sandvad (K.), Düngungsversuche mit Kirschen u. Pflaumen 2459. — s. Jepsen (H. M.).
Sanford (K. H.), Begasung v. Äpfeln zur Bekämpfung d. Apfelfruchtfliege Rhagoletis pomonella 2558. — Lagerbegasung v. Äpfeln mit Äthylendibromid unter Plastikplanen gegen d. Apfelfruchtfliege 2558.
— u. **Lord (F. T.)**, Einfluß v. Spritzfolgen auf d. Fauna v. Apfelanlagen in Neuschottland. *13.* Mitt. Wirkung v. Perthane auf Prädatoren 1967.
Sanford (L.) s. Plaisted (R. L.).
Sanghi (A. K.) s. Gandhi (S. M.).
Sanin (M. A.) s. Mel'nikov (N. N.).
Sanjean (J.) s. Sun (Yun-Pei).
Sankaram (A.) u. **Rao (S. W. V. B.)**, Synthese v. Vitamin B_{12} durch Bodenbakterien 1756.

Sanna (E. M.) s. Francis (F. J.).
Sanne Gowda (S.) s. Rangaswami (G.).
Sano (Y.) s. Kosugi (K.).
San Pietro (A.) s. Keister (D. L.).
Sans (W. W.) s. Manson (G. F.).
Sansavini (S.), „Sorriso di primavera", eine wertvolle frühe Pflaumensorte 174. – s. Foschi (S.); Pisani (P. L.).
Santoro (T.) s. McClung (N. M.).
– u. **Casida jun. (L. E.)**, Bildung v. Antibiotica durch Boletus luteus u. gewisser anderer Mykorrhiza-Pilze 54.
Santos (I. S.) u. **Cagampang (I. C.)**, Leistungen einer Kollektion v. Standard US Doppelkreuzungen während einer Periode in Laguna, Philippinen 1828.
Sanwal (B. D.) u. **Waygood (E. R.)**, Glykolsäureoxydase u. Fusarium-Welke d. Tomaten 2846.
Sapalev (G. B.) s. Litvinov (B. M.).
Sapatyj (S. E.), Einfluß d. Ernährungsbedingungen auf d. Aktivität oxydierender Fermente bei Winterweizen „Ukrainka". Vorl. Mitt. 2649.
Sapetti (C.) s. Ceruti Scurti (J.).
Šapiro (D.) u. **Golomštok (M.)**, Einlagerung v. Kohl in Mieten mit belüftetem Boden 2145.
Sapogova (A. A.), Schutz d. Tomaten vor Phytophthora 3162.
Saponaro (A.) s. Baroccio (A.).
Šapošnikova (I. V.), Lösungen, d. den Wurzelgallennematoden vernichten 1966.
Sapožkov (N. A.), Biolog. Grundlage tiefer Bearbeitung v. Podsol-Rasen-Böden 363.
Saprykina (E. G.) s. Aniskin (V. I.).
Sarapov (N. I.), Gesetzmäßigkeiten im Chemismus d. Pflanzen [1741].
Saraswathi-Devi (L.) u. **Sadasivan (T. S.)**, Baumwollwelke u. Calciumakkumulation 260.
Sarcar (P. B.) s. Kundu (B. C.).
Šarenkova (C.) s. Kolev (N.).
Sargent (J. A.) u. **Blackman (G. E.)**, Blattdurchdringung. *1.* Mitt. Eintritt v. *2.4*-Dichlorphenoxyessigsäure kontrollierende Faktoren 1450.
Saric (M.) u. **Curic (R.)**, Wachstumsstadium im Hinblick auf d. Phosphoraufnahme durch d. Zuckerrübe 2079. – Aufnahme v. P, Ca, S u. Fe durch Pflanzen in Abhängigkeit v. d. Temperatur 2370.
Száringer (G.), Einfluß d. Photoperiode auf d. Nahrungsverbrauch d. Larven v. Colaphellus sophiae Schall. (Coleopt.: Chrysomelidae) 814. – Nahrungsverbrauch d. Larven v. Athalia glabricollis Thomson. (Tenthred., Hym.) 1653. – Lebensweise v. Baris coerulescens Scop. 3120.
Sárkány (I.) s. Sárkány (S.).
Sárkány (S.) s. Dános (B.).
–, **Sárkány (I.)** u. **Gracza (P.)**, Untersuchung d. mit d. Samenschalenbildung zusammenhängenden Prozesse d. Gewebebildung d. Samenanlage u. in Entwicklung begriffenen Samen einiger Dikotyledonen 1444.
Sárkány-Kiss (I.) s. Tyihák (E.).
Sarkar (A.) u. **Chattopadhyay (S. B.)**, Perithecien-bildendes Isolat v. Colletotrichum spp. d. Zuckerrohrs 3433.
Sarkar (B. K. de) s. Kar (B. K.).
Sarkar (D. K.) s. Roy (S. K.).
Sarkar (K. P.), Pentosen in Mangofrüchten (Mangifera indica L.) 2910.
Sarkisova (M. M.) s. Čajlachjan (M. C.).
Sarkissian (I. V.) u. **Huffaker (R. C.)**, Depression u. Stimulation durch Chloramphenicol auf d. Entwicklung d. Aktivität d. Carboxylenzyme bei Inzucht- u. Hybridgerste 1625.
Sarkizov (M.), Vergleichende Sortenprüfung d. Bohne unter Bewässerungsverhältnissen in Südbulgarien 417. – Buschbohnen-Saatverfahren unter Bewässerung 417. – Vergleichende Sortenprüfungen bei Zukkerrüben unter Bewässerungsverhältnissen in Südbulgarien 721.
Sarma (M. S.) u. **Ghosh (K.)**, Genetik röntgeninduzierter Pigmentation bei Jute 218.
Sarma (P. S.) s. Venkatasubramanyam (V.).
Sárosi (M.) u. **Diófási (L.)**, Beseitigung d. Chlorose an Weinrebenunterlagen durch Blattdüngung mit Eisenchelat 1699.
Šarova (A. S.) s. Anferova (V. N.).
Sarpe (N.), Beziehung v. Bestandes-

dichte, Wachstum, Entwicklung u. Ertrag bei Mais-Doppelhybriden 1904. — Einfluß d. Standraums u. d. Aussaatmethode auf d. Ertrag v. Körnersoja im Süden d. Landes 2412. — Aussaatabstand u. -dichte bei d. Sonnenblume in d. Steppenzone im Süden d. Landes 2707. — Aussaatperiode d. ertragreichen Weizensorten 2999.
Sartorius (O.), Der exzentr. Bau d. Rebsprosses 1716.
Sarup (P.) s. Chatierji (S.); Chatterji (S.).
Sárvári (I.), Erfolge bei d. Verhütung v. Kartoffelabbau 2559.
Sarvella (P.) s. Lima-de-Faria (A.).
Sasaki (T.) s. Matsui (C.).
Šašina (G.) s. Ippolitov (D.).
Sasser (J. N.) s. Ruehle (J. L.).
Sasso (G.), Bewässerung d. Gladiole zur Bildung v. Brutzwiebeln mit elektrometr. Kontrolle d. Bodenfeuchtigkeit 3349.
Sastry (A. S.) s. Kurup (C. K. R.); Ramakrishna Kurup (C. K.).
Sastry (K. S.) = Sivarama Sastry (K.).
Sastry (K. S. M.) u. **Nariani (T. K.)**, Einfluß d. Ernährung d. Wirtspflanzen auf Wachstum u. Anfälligkeit v. Tabakpflanzen gegenüber Infektionen mit d. Tabak-Kräuselvirus 2833.
Sasum (K.), Beeinflussung v. Keimung u. Schlauchwachstum d. Luzernepollens durch Blattdüngung mit Bor 1812. — s. Märtin (B.); Stracke (W.).
Šatalova-Zalesskaja (E. O.), Veränderung d. Atmungsenergie u. d. Entwicklung einiger Nachtschattengewächse bei Einwirkung v. Mangan u. Kupfer 2084.
Satarov (N. M.), Neues Verfahren zu Massenkastration bei Weizen 196.
Satarova (N. A.) u. **Zvjagincev (I. V.)**, Verfahren zur Vernichtung v. Thrips tabaci Lind. 1137.
Satchell (J. E.), Resistenz d. Eiche (Quercus spp.) gegen d. Entlaubung durch Tortrix viridana L. im Nationalen Roudsea Forstnaturschutzreservat 3382.
Sather (L. A.) s. Cropsey (M. G.).
Sato (H.) s. Masuo (Y.).
Sato (O.) s. Kumada (K.).
Sato (R.) s. Oshima (N.).
Satyanarayana (K. V.) s. Murty (G. S.).
Satyanarayana (K. V. S.) s. Chibber (R. K.).
— u. **Thomas (P. K.)**, Lateriten u. verwandte Böden. 2. Mitt. Chem. Zusammensetzung v. Lateritprofilen 1764.
Saubert (S.) u. **Grobbelaar (N.)**, Bestimmung u. Stickstoffbindung einiger freilebender Mikroorganismen aus d. nördlichen Transvaal 1759.
Sauer (C. O.), Die Landwirtschaft, ihre Anfänge u. Verbreitung [2885].
Sauerlandt (W.), Aufbau v. Ackerböden mit höherem Ertragsniveau 3263.
— u. **Marzusch-Trappmann (M.)**, Probleme d. biolog. Untersuchung d. Ackerböden 942.
Saulescu (N.), Ertragsfähigkeit d. Maisdoppelhybriden u. d. Sortenhybriden in d. Volksrepublik Rumänien 2479.
—, **Ionescu (M.)**, **Ivănescu (M.)**, **Ferando (M.)** u. **Bîrsan (M.)**, Einfluß d. pedoklimat. Bedingungen auf d. Kornqualität bei verschied. Maisdoppelhybriden 2610.
Saunders (J. L.) u. **Norris jun. (D. M.)**, Nematoden als Parasiten u. Begleiter d. Kleinen Ulmensplintkäfers, Scolytus multistriatus Marsham 236.
Saunders (W. M. H.) s. Metson (A. J.).
Saunier (R.) s. Hugard (J.).
Saure (M.), Voraussetzungen für ein epidem. Auftreten d. Obstbaumkrebses (Nectria galligena Bres.) 1953.
Sauthoff (W.), Ascochyta-Krankheit d. Chrysanthemen. Für Deutschland neue Pilzkrankheit 1955.
Savage (L. B.) u. **Harrison (F. P.)**, Bekämpfung d. Grünen Pfirsichblattlaus an Tabak mit system. Insekticiden 2554.
Savčenko (V. T.), Vegetative moldauische Birne 171.
Savel'ev (S. I.), Erhöhung d. Winterfestigkeit bei Winterweizen im Südosten d. UdSSR 2408.
Savel'ev (V. F.), Charakteristik d. Pilzflora d. Maiskolbens im Süden d. Ukraine 1390.
Savel'eva (O. I.) s. Karpov (G. K.).
Savel'eva (O. N.) u. **Rubin (B. A.)**,

Natur d. physiolog. Aktivität d. Toxins v. Phytophthora infestans 3385.

Săvescu (A.), Beitrag zum Studium d. Biologie, Ökologie u. Bekämpfung d. Speisebohnenkäfers (Acanthoscelides obtectus Say) 875. — Rationelle Schädlingsbekämpfungssysteme 2249.

Savickaja (Z. N.) s. Žitkevič (E. N.).

Savile (D. B. O.), Pilz-Parasiten d. Liliaceae 1664. — Parasitäre Pilze d. Onagraceae 3140.

Savin (G.) s. Alexandri (A. V.).

— u. **Marinescu (N.),** Variation d. meteorolog. Elemente in Abhängigkeit v. d. Höhenstufe beim Weinberg Valea Călugărească u. ihr Einfluß auf d. Phänologie u. klimat. Schäden bei d. Weinrebe 622.

Savin (N. V.) s. Karmanov (V. G.).

Savin (V. N.), Einfluß v. γ-Strahlen v. ^{60}Co auf d. Wachstum d. Pflanzen 901.

Savinova (N.), Partenie (S.), Blănaru (V.) u. **Enăchescu (G.),** Anbau d. Tomaten u. Gurken in erdeloser Kultur 159.

Savinśkij (P. I.), Pflanzenkrankheiten u. agrophysikal. Methoden 862.

Savitsky (V. F.), Zuckergehalt u. Rübenmasse bei tetraploiden mono- u. polykarpen Zuckerrübenpopulationen unter verschied. Befruchtungssystemen 2485.

Savov (P.), Hybridgenerationen d. Baumwollarten G. hirsutum u. G. barbadense 218. — Neue aussichtsreiche Baumwollformen 2799. — Ergebnisse d. Kreuzung geograph. entfernter Baumwollsorten 2800.

— u. **Savova (N.),** Feststellung d. günstigsten Anbauweise bei Baumwolle durch Jungpflanzenanzucht 3024.

Savova (N.), Düngung d. Baumwolle 2133. — s. Savov (P.).

Săvulescu (A.) u. **Pop (I.),** Erforschung d. pflanzlichen Virosen in d. Rumän. Volksrepublik u. einige Probleme d. künftigen Entwicklung 1108.

Savulescu (O.) s. Savulescu (T.).

Savulescu (T.) u. **Savulescu (O.),** Abhandlungen über Pflanzenpathologie [1118].

Sawada (E.), Yakuwa (T.) u. **Iwaki (N.),** Untersuchungen über d. botan. Kennzeichen d. Spargels. *1.* Mitt. Beziehung zwischen d. Zahl d. Knospen im Herbst u. d. Zahl d. Spargelpfeifen, d. im folgenden Jahr gebildet werden 451.

Sawhney (B. L.), Frink (C. R.) u. **Hill (D. E.),** Profilungleichförmigkeit u. Bodenbildung auf glazial-lakustr. Ablagerungen 2345.

Sawhney (K. L.) s. Nanda (K. K.).

Sawyer (R. L.) u. **Cetas (R. C.),** Ertragsunterschiede bei „Katahdin"-Pflanzgut 1833.

— u. **Thorne (W. H.),** Alkohole zur Keimhemmung bei Kartoffeln 2402.

Sax (H. J.) s. Sax (K.).

Sax (K.), Aspekte d. Alterns bei Pflanzen 1170.

— u. **Sax (H. J.),** Wirkungen v. X-Strahlen auf d. Altern d. Samen 490.

Saxen s. Seifert.

Saxena (P. N.) s. Verma (G. S.).

Saylor (L. C.), Eine Kernanalyse bei ausgewählten Kiefernarten 217.

Sayre (R. M.) u. **Mountain (W. B.),** Stengelnematode (Ditylenchus dipsaci) an Zwiebel im Südwesten v. Ontario 3108.

Sazanov (V. I.), Das landwirtsch. Versuchswesen im Pflanzenbau u. seine Methodik [3282].

— u. **Gluchovcev (V. V.),** Organogenese d. doppelten Zwischenlinien-Mais-Hybriden „WIR-*25*", „WIR-*42*" u. ihrer Elternformen 3190.

— u. **Medvedev (V. K.),** Schaffung v. Maishybriden für d. neuen Gebiete 2480.

Sazonik (C. V.) s. Čigarev (G. A.).

Sazonov (P. V.), Prüfungen neuer Insekticide im Jahre *1961* 1423.

Sazonova (L. V.), Einfluß d. Tageslänge auf Wachstum u. Entwicklung v. Mohrrübensorten 1027.

Sborščikova (M. P.) s. Urmanova (C. U.).

Scamoni (A.), u. **Passarge (H.),** Einführung in d. praktischen Vegetationskunde [3205].

Scaramuzzi (F.), Aktuelle Probleme d. Aprikosenanbaus in Frankreich, Betrachtungen u. Perspektiven für Italien 172. — Die gegenwärtige Situation u. Perspektive d. Apriko-

senkultur in Italien 465. — Gegenwärtige Situation u. Perspektive d. Kultur d. Pfirsichs in Italien. Teil 2a 3335.

Scarascia (G. T.), Amato (F. D.') u. Bozzini (A.), Durch Strahlen induzierte morpholog. Mutationen bei durum-Weizen „Capelli" 1065.

Scardavi (A.), Laboratoriumsversuche über d. fungicide Wirkung v. Mischungen organ. Fungicide 871. — s. Ciferri (R.).

— u. **Ciferri (R.),** Laboratoriumsversuche über d. fungicide Aktivität d. Mischung v. organ. Fungiciden mit Schwefel 871.

Ščeglov (J. V.), Empfindlichkeit d. Hirsesorten gegen d. Natriumsalze v. *2.4*-D 1988.

Ščeglova (G. M.) s. Cerling (V. V.).

Ščerbakov (V. K.), Polyploidisierung u. Haploidisierung bei Pflanzen 3075. — s. Dubinin (N. P.).

Ščerbakova (A. M.) s. Bormotov (V. E.).

Ščerbina (I. P.) s. Šul'gin (I. A.).

Ščerbinin (N. P.), Beste Vorfrucht für Lein 2106. — Bodenbearbeitung für Öllein 3006.

Scetneki (A.) s. Bellmann (K.).

Schachtschabel (P.), Stellungnahme zur Entgegnung v. W. Tepe 64.

Schade (C.), Serolog. Verwandtschaft d. Raspberry yellow dwarf virus 1115. — Viruskrankheiten d. Rhabarbers 1943.

Schade (H.) u. **Pfanner (K.),** Das internationale Übereinkommen zum Schutz v. Pflanzenzüchtungen [1920]*.

Schäfer (B.), Sorten- u. Umwelteinfluß auf Qualitätsfaktoren bei Weizen u. deren gegenseitige Beziehungen 1824.

Schaefer (E. E.), What's wrong with my roses? [3066].

Schäfer (G.) s. Rothacker (D.).

Schaefers (G. A.) u. **Allen (William W.),** Biologie d. Erdbeerblattläuse Pentatrichopus fragaefolii (Cockerell) u. P. thomasi Hille Ris Lambers in Kalifornien 2223.

Schaeffer (G. W.), Tumorbildung durch eine Wechselwirkung v. Indolyl-*3*-essigsäure u. Kinetin in einer Nicotiana-Hybride 2210.

Schäller (G.), Physiolog. Resistenz d. Wirtspflanzen unter bes. Berücksichtigung d. Nahrungsaufnahme, Verdauung u. Exkretion d. pflanzenschädigenden Insekten (Apfel- u. Birnenblattfloh, Blutlaus u. a. Aphiden-Species 238. — Abhängigkeit d. Gallenbildung u. Nekrosereaktion v. physiolog. Zustand d. Wirtspflanzen am Beispiel Rebe: Reblaus 3403.

Schaer (E.), Vorläufige Ergebnisse aus d. Sortenprüfung 455.

Schaerffenberg (B.), Beauveria bassiana (Vuill) Link als Parasit d. Kartoffelkäfers (Leptinotarsa decemlineata Say). *2.* Mitt. Infektionsversuche im Freiland an L_2- u. L_3-Larven 270.

Schaeverbeke (J.), Identifizierung einer gibberellinartigen Substanz in d. Filamenten einer Graminee (Zea mays L.) 2313.

Schafer (H. N. S.), Anwendung d. Ionenaustausches auf d. Analyse v. Rohphosphaten 2393.

Schafmayer (H.) s. Lüdecke (H.).

Schaik (J. C. van) u. **Milne (R. A.),** Urbarmachung eines Salzsteppenbodens durch flache Röhrendränage 73. — Salzanreicherung in einem Geschiebelehmboden bei Vorhandensein v. salzhaltigem Grundwasser in geringen Tiefen 3231.

Schall (E. D.), Düngemittel 3274.

Schaller (F.), Bodenzoolog. Untersuchungen in Südamerika u. Afrika 2934.

Schalt (W.) u. **Wohlfeil (G.),** Arbeitsverfahren bei d. Cyclamenkultur 777.

Schander (H.), Variationsstudie über den Eintritt d. Blühbeginns bei Apfelsämlingen 1641.

Scharen (A. L.), Hemmung d. Mehltaupilzes durch Chlordan 2868.

Schark (A. E.) s. Akeley (R. V.).

Scharpenseel (H. W.) u. **Krauße (R.),** Aminosäureuntersuchungen an verschied. organ. Sedimenten, bes. Grau- u. Braunhuminsäurefraktionen verschied. Bodentypen (einschließlich C^{14}-markierter Huminsäuren) 337. — Radiochromatograph. Untersuchungen zum Umsatz v. Sulfat sowie d. S-Aminosäuren

Cystin u. Methionin in Boden u. Huminsäuren 3214.
Scharringa (M.) s. Felius (P. M.).
Schatz (A.), Pedogene (bodenbildende) Aktivität v. Flechtensäuren 2630.
Schaufelberger (P.), Problem d. Roterden 644.
Schaumlöffel (E.), Photometrische Bestimmung v. Cu, Zn, Co, Mn, Fe u. Mo in Böden, Düngemitteln u. physiologischen Flüssigkeiten 64.
Schechter (M. S.) s. Giang (P. A.).
Schechtner (G.), Einfluß verschied. Nutzungsmaßnahmen auf d. Ertragspotential v. Dauerwiesen 1017.
Schedl (K. E.), Borkenkäfer aus der Türkei. *2.* Mitt. *190.* Beitrag zur Morphologie u. Systematik d. Scolytoiden 236.
Scheelar (M. D.) s. Carson (J. A.).
Scheele (H.), Mehrjährige Abwässerbewässerungsversuche auf d. Versuchsstation Düben 2645.
Scheffer (F.), Die bodenkundliche Forschung u. ihre Aufgaben im Rahmen d. Schwesterdisziplinen 1192. — Prof. Dr. Halid Evliya (*1903* bis *1962*) 3173. — Klinge (H.).
— u. **Henze (R.)**, Bedeutung d. Siliciums in Thomasschlacken f. d. Ernährung v. Pflanzen 2982.
—, **Kickuth (R.)** u. **Visser (J. H.)**, Wurzelausscheidungen höherer Pflanzen. *1.* Mitt. Isolierung u. Identifizierung d. Wurzelausscheidungen v. Trifolium pratense L., Medicago sativa L. u. Eragrostis curvula (Schrad.) Nees 923.
— u. **Przemeck (E.)**, *100.* Geburtstag v. Prof. Dr. Emil Haselhoff 1713.
—, **Welte (E.)** u. **Meyer (B.)**, Rendsinen d. mitteldeutschen Berg- u. Hügellandschaften (Leine-Weser-Bergland). *2.* Mitt. Fraktur, Nichtcarbonatgehalt u. spezif. Auflösungsgeschwindigkeit des Kalkgesteins als bestimmende Größen d. Bodenentwicklungsgeschwindigkeit 1216.
—, **Ziechmann (W.)** u. **Rochus (W.)**, Beeinflussung v. Phosphatase-Aktivitäten durch Huminstoffe 307. — Wirkung synthet. Huminsäuren auf Phosphatasen 628.
Scheibe (A.) s. Basu (M. C.).
— u. **Meyer (H.)**, Mutationsauslösung durch Chemikalien bei Weizen. *1.* Anschnittmethode u. erste Ergebnisse 1349.
Scheidecker (D.), **Bouloux-Hardy (M.)**, **Guénin (H.)** u. **Billard (G.)**, Verhalten d. Pfropfpartner u. Verteilung d. chem. Elemente in den Pfropfungen v. Tomaten 1178.
Schein (R. D.), Einige Wirkungen d. Temperatur während d. Besiedlungszeit d. Bohnenrostes 254.
Scheller (H. D. v.), Biologie u. Schadwirkung d. Nadelholzspinnmilbe Oligonychus ununguis Jacobi (Acar. Tetr.) u. d. Fichtenröhrenlaus Liosomaphis abietina Walker (Hom. Aphid.) Teil *1.* Oligonychus ununguis Jacobi 3123.
Schenk (D.) s. Mertins (S.).
Schenk (P. K.), Biologie u. Bekämpfung v. Urocystis gladiolicola Ainsw. an Gladiolen 853. — Biologie en bestrijding van Urocystis gladiolicola Ainsw. op gladiolen [1124].
Schenk (Walter), Stand d. Affinitätsforschung in d. Rebenveredlung 2762. — Ampelographie d. Ertragsreben-Neuzucht „Geisenheim *3/37*" 3063.
Schenk (Wilfried), Colorimetr. Bestimmung d. *4*-Hydroxypipecolinsäure, *4*-Aminopipecolinsäure u. Pipecolinsäure mit Ninhydrin in Pflanzenextrakten 2314.
Schepetilnikowa (W.), Verwendung v. parasitierenden u. Raubinsekten im Pflanzenschutz 2254.
Scherney (F.), Untersuchungen über d. Vorkommen für d. biolog. Schädlingsbekämpfung wichtiger Laufkäfer-Arten (Col., Carabidae) in Bayern 1132.
Schertz (K. F.), Cytologie, Fertilität u. Morphologie bei induzierten Polyploiden v. Sorghum vulgare 1632.
Scherz (J.), Zwischenfruchtanbau in einigen bayer. Gegenden unter Berücksichtigung seiner Bedeutung für d. Bodenfruchtbarkeit 1816.
Scheuerer (G.) u. **Fischer (A.)**, Zusammenhang zwischen Konstitution u. herbizider Wirksamkeit bei cycloaliphat. Harnstoffverbindungen 2570.
Scheumann (W.) u. **Fritzsche (K.)**, Hydratur u. Wachstum v. Pappeln in

Abhängigkeit v. d. Nährstoffversorgung d. Bodens 1236.
Schick (E.) s. Schick (R.).
Schick (R.), Aufgaben u. Probleme d. zukünftigen Futterpflanzenzüchtung 1167. — Arbeit d. Forschungsgemeinschaft Mais u. ihre Aufgaben im Jahre *1961* 1281. — Zukünftige Futterpflanzenzüchtung 1360. — Leistungen u. Aufgaben d. Futterpflanzenzüchtung 1361. — Pflanzenzüchtung u. Pflanzenphysiologie 1887.
— u. **Schick (E.),** Besonderheiten bei d. Vererbung d. Phytophthora-Resistenz v. Solanum stoloniferum u. d. sich daraus ergebende Möglichkeit zur Züchtung phytophthoraresistenter Kartoffelsorten 501.
Schick (W.), Engel (G.) u. **Lemke (W.),** Verregnung v. Pflanzenschutzmitteln 2549.
Schicke (P.), Fungizide u. keimhemmende Wirkung eines unverdünnten Präparates auf Basis Na-N-Methyldithiocarbamat im Boden 2865.
Schidlovsky (G.) s. Varner (J. E.).
Schieblich (J.) s. Lampeter (W.).
— u. **Spanier (J.),** Anbauwert ausländ. Luzernesorten, untersucht an importiertem Saatgut 2424.
Schiecke (I.) s. Rid (H.).
Schildknecht (H.) u. **Benoni (H.),** Chemie d. Anziehung v. Pollenschläuchen durch d. Samenanlagen v. Oenotheren 3069.
Schilling (D.) s. Kötz (J.).
Schilowa (I.) s. Merfert (W.).
Schilstra (J.), Bewässerung als ein boden- u. reliefbildender Faktor in d. unteren mesopotam. Ebene 1228.
Schiltz (P.) s. Izard (C.).
Schimitschek (E.), Zusammenhänge zwischen Massenvermehrungen v. Evetria bouliana u. Diprion sertifer u. den Boden- sowie Grundwasserverhältnissen 3116.
Schippers (P. A.), Einfluß d. Stickstoff- u. Kaliumdüngung auf d. Speisequalität d. Kartoffel 91. — Wachstumshemmende Substanzen in Kartoffeln 324. — Trockenfäule d. Kartoffeln. Vorl. Mitt. 2241.
Schlee (H.), Schnellmethode zum qualitativen Nachweis v. arsenhaltigen Spritzmitteln 3437.
Schlegel (D. E.) s. Herridge (E. A.); Kontaxis (D. G.).
Schleifer (H.) s. Feichtinger (F.).
Schlicht (H.) s. Lange (J.).
Schlichting (E.), Mikronährstoffe in d. Böden Deutschlands 1194.
Schlichting (Ernst), Wesen u. Bedeutung d. Pedologie 1747. — Bodengenetik u. Bodennutzung 1762. — Phosphathaushalt v. Raseneisenböden 2035.
Schlichting (H.), 2. Tagung d. Desinfektions- u. Schädlingsbekämpfungsbetriebe d. DDR in Quedlinburg v. *23.* bis *25.* November *1961* 2802.
Schlitt (H.) s. Geiss (F.).
Schlösser (A.), Stand d. Monogerm-Zücht. bei Zuckerrüben 2468.
Schlösser (E.), Wirt-Parasit-Verhältnis d. Beta-Arten u. d. Rübennematoden (Heterodera schachtii) 228. — Biolog. aktive Substanz aus Cercospora beticola 1375. — Vegetative Erhaltung v. Beta-Rüben, dargestellt an Stengelabschnitten v. Zukkerrübensamenträgern 1732.
Schlosser-Szigat (G.), Artbastardierung mit Hilfe d. Embryokultur bei Steinklee (Melilotus) 1914.
Schmadlak (J.), Pollenschlauchwachstum in Apfelgriffeln 1365. — Befruchtungsbiologie d. Apfels 1598.
Schmalfuß (K.) u. **Kolbe (G.),** Dünger Stallmist 2674.
Schmalz (H.), Schwerpunkte d. pflanzenzüchter. Arbeit in Halle 779. — Makromutationen bei Sommergerste u. Sommerweizen 2778.
Schmauder (G.) u. **Dietze (J.),** Entwicklung u. Leistung d. Dauergrünlandes auf Ackerstandorten bei Beregnung mit städt. Abwasser 152.
— u. **Schönherr (W.),** Wirkung d. Abwasserberegnung auf d. physikal. u. chem. Eigenschaften d. Grünlandbodens 660.
Schmeidl (H.), Kleinklimat. Vgl. in Moorgebieten 39.
Schmelzer (K.), Gewebekulturen in d. pflanzlichen Virusforschung 262. — Tabakrippenbräune-Virus u. d. Gesunderhaltung v. Kartoffelvermehrungsbeständen 2514. — Viren d. Zier- u. Wildgehölze. *1.* Mitt. Virosen an Viburnum u. Ribes 3134; *2.* Mitt. Virosen an Forsythia, Loni-

cera, Ligustrum und Laburnum 3134; *3.* Mitt. Virosen an Robinia, Caryopteris, Ptelea u. a. Gattungen 3135.

Schmid (A.) s. Wagner (H.).

Schmid (G.) [München], Einfluß verschied. organ. Dünger auf Bodenzustand u. Pflanzenertrag 960. — Parabraunerden mit Blutlehmcharakter aus diluvialen Schotter- u. Moränenablagerungen Südbayerns 2054. — Kalkdüngungsbedürftigkeit d. Acker-, Grünland- u. Waldstandorte Bayerns in Abhängigkeit v. ihrem Entwicklungszustand 2947.

Schmid (G.) u. **Longoria (L. C. G. de)**, Tastversuche zur Untersuchung u. Bestimmung d. Phenylmethyläther in d. Pflanzen 326.

Schmid (Gustav) u. **Flaig (W.)**, Pflanzenstoffwechsel u. Wirkstoffe 3184.

Schmid (K.), Tabak-Peronospora-Bekämpfung mit Maneb 1149.

Schmid (W. E.) s. Epstein (E.).

Schmidt (B.), Untersuchung d. Saatgutes v. Mais, Weidelgräsern u. Wiesenrispe zwecks Anerkennung 2396.

Schmidt (D. R.), Trockensubstanz- u. Stickstoffgehalt v. in verschied. Entwicklungsstadien geerntetem Hafer 710.

Schmidt (E.) s. Nehring (K.).

Schmidt (E. L.) u. **Bankole (R. O.)**, Auffinden v. Aspergillus flavus im Boden durch immunfluorescierende Färbung 943.

Schmidt (G.), Der Einfluß hoher Temperaturen auf d. Keimung d. echten Gräser u. d. optimale Wärme 403.

Schmidt (G.) [Glen] s. Schmidt (U.).

Schmidt (G.) [Wädenswil], In d. Schweiz weniger bekannte Obstbaumvirosen 3417. — Pockenkrankheit an Zwetschgen, Gefahr für unseren Obstbau 3418.

Schmidt (Gottfried), Tomatenverpakkung auf Teneriffa 3045.

Schmidt (H.), Frühtest als Hilfsmittel für d. genet. Beurteilung v. Waldbäumen 514.

Schmidt (H.) [Aschersleben], Internationale Arbeitstagung über Viren u. Virosen 1089.

Schmidt (Helmut) s. Napp-Zinn (K.).

Schmidt (H. A.), Schäden an Mais durch Dipterenlarven 531.

Schmidt (H. B.), Anwendungsmöglichkeiten d. Elektronenmikroskopes in d. pflanzlichen Virusforschung 1681.

— u. **Eisbein (K.)**, Methode z. Herstellung v. Oberflächenabdrücken d. Stechborsten v. Aphiden 1679.

—, **Kegler (H.)** u. **Opel (H.)**, Reindarstellung kugelförmiger Viren 3123.

Schmidt (H.-H.) u. **Petersdorf (H.)**, Zusammengefaßter Bericht über den Probenanbau v. Gemüsesamen-Importen in den Jahren *1957—1961* 1025.

Schmidt (J.) [Braunschweig] s. Kolke (A.).

Schmidt (J.) [Rostock] s. Decker (H.).

Schmidt (Jan), Ertragreiche Sorten d. wichtigsten landwirtsch. Nutzpflanzen [2426].

Schmidt (Joh.), Neuzeitlicher Wegebau in Marsch u. Moor 3242.

Schmidt (Jutta), Sortenbedingte Festigkeit d. Fruchtfleisches v. Äpfeln 2165.

Schmidt (J. W.) s. Haunold (A.).

Schmidt (K.), Ergebnisse mehrjähriger Kartoffelnachbauversuche in Thüringen 418.

Schmidt (K. J.), Zweckmäßige Organisation d. Futterwirtschaft, dargestellt am Beispiel d. LPG Bendelin, Kr. Perleberg 1304.

Schmidt (Lothar) s. Baumeister (W.).

Schmidt (Luboš) s. Drachovská (M.).

—, **Vorlíčková (B.)**, **Černil (V.)**, **Fencl (J.)** u. **Kec (V.)**, Einfluß d. Blattbeschädigung auf Ertrag u. Zuckergehalt d. Zuckerrübe im Jahre *1960* 1563.

Schmidt (Ludwig) s. Fiedler (H.-J.).

Schmidt (M.) [Kleinmachnow], „Unkrautbekämpfung“ u. Einschätzung d. Standes d. Forschungs- u. Entwicklungsarbeiten auf diesem Gebiet in d. DDR 1156.

Schmidt (M.) [Quedlinburg] s. Adam (H.).

Schmidt (S.), Reihenfolge d. Fruchtfolgen u. d. Wechsel in d. Organisation d. Feldwirtschaft [2107].

Schmidt (T.), Alternaria-Blattfleckenkrankheit d. Zinnie u. ihre Bekämpfung 1398.

Schmidt (U.) u. **Schmidt (G.)** [Glen], Mineralisation v. Ernterückständen in Abhängigkeit v. Stickstoffgehalt 3228.

Schmidt (W.), Durch Entwässerung bedingte Sackung d. Moore 2955.

Schmied (M.) u. **Kopřiva (J.)**, Erforschung d. Einflusses verschied. Aussaatweise d. Kleegrasmischungen auf ihre botanische Zusammensetzung u. Produktivität 129.

Schmiedeknecht (M.), Parasit-Wirt-Beziehungen bei Pseudopeziza-Arten d. Futterleguminosen 3426.

Schmiedel (H.), Ermittlung d. mechan. Eindringwiderstandes an Löß, Lößlehm u. lößähnlichen Lehmen 2927. — Geolog. u. regional-standörtliche Grundlagen d. Pseudogley-Ausbildung u. -Verbreitung in Sachsen 2941.

Schmitt (L.), Mahlfeinheit v. Knochendüngemehl 2100.

— u. **Brauer (A.)**, Wert d. Bodenuntersuchung in betriebswirtsch. Sicht [2947].

Schmitthenner (A. F.), Pythium-Isolierung v. Bodenpartikeln 2540. — s. Williams (L. E.).

— u. **Hilty (J. W.)**, Methode zur Untersuchung d. Sämlingswurzelfäule nach dem Aufladen 2849.

Schmitz (F.), Das neue Düngemittelgesetz 1794.

Schmitz (W.), Überwachung d. Gewässergüte in d. USA, neue Wege u. Methoden 364.

Schmuck (A.), Bearbeitung d. Klimagebiete Niederschlesiens für landwirtsch. Zwecke 329.

Schmutterer (H.), Gegenwärtige Bedeutung d. wichtigsten Schädlinge im ostafrikan. u. sudanes. Kaffeebau u. ihre Bekämpfung 237. — Kenntnis d. Beißinsekten als Überträger pflanzlicher Viren 1937. — Prof. Dr. Ernst Brandenburg † 3173.

Schmutz (W.), Weitere Untersuchungen über d. Beziehung zwischen Sulfhydryl-Gehalt u. Winterfestigkeit v. *15* Weizensorten 889.

Schnathorst (W. C.), Ökologie d. Falschen u. d. Echten Mehltaus an Salat 3428.

Schnee (M.), Vergleichende Untersuchungen über verschied. Silierungsverfahren bei Mais u. Winterzwischenfrüchten 117.

Schnee (M.) u. **Hagenloch (E.)**, Chem. Unkrautbekämpfung in Silomais durch Vorauflaufbehandlung mit W *6658* 1158.

Schneider (A.) s. Brandenburg (E.).

Schneider (B.) s. Boguslawski (E. v.).

Schneider (C. L.) u. **Gaskill (J. O.)**, Prüfungen ausländ. Herkünfte v. Beta vulgaris L. auf Resistenz gegen Aphanomyces cochlioides Drechs. u. Rhizoctonia solani Kühn 3144.

Schneider (E.) s. Jahn-Deesbach (W.).

Schneider (F.), Ausbreitung u. Wanderung 1101.

Schneider (H.), Professor Dr. C. F. Rudloff 589.

Schneider (I. R.) u. **Mitchell (J. W.)**, Wirkungen v. fünf Sulfosuccinaten auf d. Symptomentwicklung v. fünf Viruskrankheiten in Bohnenpflanzen 2522.

Schneider (M.), Agrarmeteorolog. Bibliographie *1958* [3206].

Schneider (R.), Auftreten d. Guignardia-Blattbräune d. Roßkastanie in Westdeutschland 853. — Auftreten d. Guignardia-Blattbräune d. Roßkastanie (Aesculus hippocastanum) in Westdeutschland u. ihren Erreger 1673.

Schneiders (E.), Mechan. Übertragung d. Rebvirosen auf krautige Testpflanzen 3133.

Schnell (F. W.), Einige allgemeine Formulierungen d. Koppelungseffektes bei Inzucht 488. — Methoden zur reziproken Verbesserung d. Kombinationseignung 1618. — Modellfall eines Selektionsproblems d. Pflanzenzüchtung 3355.

Schnepf (E.) u. **Brandes (J.)**, Über ein Virus aus Passiflora spec. 1116.

Schnieder (E.), Ergebnisse eines Gründüngungsversuches zu Kartoffeln auf leichtem Boden 967. — Ergebnisse eines Pflugzeitenversuches auf leichtem Boden 1223. — Einfluß v. Kalkung u. Mistdüngung auf d. Stickstoffumsetzungen im Boden 1796. — Erfolgreicher Zuckerrübenanbau auf leichtem Boden 3010. — Wachstum u. Ertrag d. Sommerger-

ste in d. Monokultur auf leichtem Boden 3286.

Schnitzer (M.) s. Turner (R. C.).

— u. **Desjardins (J. G.),** Molekular- u. Äquivalentgewichte d. organ. Substanz eines Podsols 1479.

—, **Wright (J. R.)** u. **Hoffman (I.),** Hochtemperatur-Thermogravimetrie v. Chloriden u. Sulfaten. Anwendbarkeit auf Böden 1498.

Schöberlein (W.), Bericht über d. Hauptprüfung mit Wiesenschwingel (Ansaatjahr *1959*, Nutzungsjahre *1960* u. *1961*) 2130; dass.: mit Rohrglanzgras (Ansaatjahr *1959*, Nutzungsjahre *1960* u. *1961*) 2425; dass.: mit Luzerne. (Aussaatjahr *1959*. Nutzungsjahre *1960* u. *1961*) 2722; dass.: mit Glatthafer. (Ansaatjahr *1959*. Nutzungsjahre *1960* u. *1961*) 2724; dass.: mit Wehrlose Trespe. (Aussaatjahr *1959*. Nutzungsjahre *1960* u. *1961*) 2725; dass.: mit Wiesenfuchsschwanz. (Ansaatjahr *1959*. Nutzungsjahre *1960* u. *1961*) 3020.

Schöll (W.), Dichtpflanzung, Kronenausdehnung u. Pflanzabstände 3053.

Schön (W. J.) s. Brauer (O.); Kahnt (G.).

Schönbeck (F.), Veränderung d. chem. Zusammensetzung v. Pflanzen durch Aufnahme phenol- u. cumarinartiger Verbindungen aus Nährlösungen u. Boden 1516.

Schönbeck (H.) u. **Henze (J.),** Einfluß d. Luftwäsche auf d. Keimgehalt u. d. Zusammensetzung d. Atmosphäre v. Obstlägern 3328.

Schönberg (G.), Gewinnung vegetativ vermehrter Unterlagen v. Prunus mahaleb L. 3335.

Schönberg (W.) u. **Lorenz (P.),** Dränung staunasser Böden 947.

Schöne (V.), Geländemeteorolog. Untersuchungen im Havelländ. Luch 1470.

Schöneich (J.), Chromosomenuntersuchungen am Ehrlichschen Mäuse-Ascites-Carcinom [2286]*.

Schönfeld (T.) s. Darab (K.).

Schönherr (W.) s. Schmauder (G.).

Schöniger (G.), Symptommanifestierung ENV-infizierter Fragaria vesca L. in Abhängigkeit v. d. mineral. Ernährung. *1.* Mitt. Bedeutung d. Hauptnährstoffe 1943.

Schofield (R. K.) s. Warkentin (B. P.).

Schofield-Palmer (E. K.) s. Page (E. R.).

Scholes (G.) u. **Weiss (J. J.),** Wirkungen ionisierender Strahlen auf Nukleinsäuren u. Nukleinproteine 3356.

Scholl (J. M.) u. **Brunk (R. E.),** Hornkleeanbau unter d. Einfluß kontrolliert vegetativer Konkurrenz 132.

Scholl (W.), Chem. Bestimmung v. Molybdän in Böden, Pflanzen u. Gesteinen mit Toluol-*3,4*-Dithiol 1219.

Schollenberger (C. J.) u. **Whittaker (C. W.),** Vergleich v. Methoden zur Bewertung d. Wirksamkeit landwirtschaftl. nutzbarer Kalksteine 1263.

Scholten (G.), Wurzelkrankheiten d. Cyclamen 1955. — s. Bakker (M.).

Scholte Ubing (D. W.), Agrohydrolog. Untersuchungen im Dienst d. Wasserwirtschaft in d. Provinz Utrecht: Niederschläge im Südwestteil u. d. Verdunstung d. Weidegrases 72.

Scholz (A.), Wasseranstau u. -einstau auf sandunterlagerten flachgründigen Niedermoor- u. Anmoorstandorten 2647.

Scholz (B.), Atmungsverluste bei Weizen in Abhängigkeit v. Temperatur, Lagerzeit u. Wassergehalt 408.

Scholz (F.) s. Hagemann (R.).

— u. **Lehmann (C. O.),** Gaterslebener Mutanten d. Saatgerste in Beziehung zur Formenmannigfaltigkeit d. Art Hordeum vulgare L. s. *1* III. 1898; IV [2286]*, 3076.

Scholz (G.), Versuche mit Bor an Lemnaceen; d. Wirkung d. Bors auf d. Kohlenhydratgehalt v. Lemna minor L. [2286]*, 2662.

Scholz (H.), Puccinellia limosa (Schur) Holmberg im binnendeutschen Salzflorengebiet 617.

Scholz (M.), Bedeutung d. S-Virus für d. Kartoffelbau u. Probleme d. S-Virussanierung 2229.

Scholz (U.), Zusammenhänge zwischen Grundwasserstand, Pflanzenertrag u. Nährstoffgehalt d. Heues auf Niedermoorwiesen 2646.

Schonnopp (G.), Wasser, Gülle u. Ab-

wasser als Produktionsfaktoren in d. Landwirtsch. [1779]*.
Schopf s. Pompejus.
Schorcht (A.) s. Ehrhardt (J.).
Schothorst (C. J.), Tragfähigkeit v. Grünlandböden 3312.
Schott (H.), Untersuchungen über d. Massenwechsel d. Rapserdflohes (Psylliodes chrysocephala L.) v. *1955* bis *1958* in den Bezirken Dresden, Leipzig u. Karl-Marx-Stadt 1106.
Schouwenburg (J. C. van) u. **Walinga (I.)**, Bestimmung v. Mikromengen an Magnesium 385.
Schraa (R. J.) s. Corns (W. G.).
Schreader (W. R.) s. Brown (D. S.).
Schreiber (F.), Bedeutung E. v. Tschermak-Seyseneggs f. d. gärtner. Pflanzenzüchtung 2468.
Schreiber (Fritz), Züchtung widerstandsfähiger Bohnen (Phaseolus vulgaris) 203.
Schreiber (H. A.), **Stanberry (C. O.)** u. **Tucker (H.)**, Bewässerung u. Stickstoffdüngung in verschied. Wachstumsphasen in ihrer Auswirkung auf d. Reihenzahl beim Zuckermais 1281.
Schreiber (K.) [Gatersleben] s. Sembdner (G.).
Schreiber (K.) [Manitoba] s. Hedlin (R. A.).
Schreiber (K.) [Mühlhausen/Thür.] s. Sembdner (G.).
Schreiber (K.), **Hammer (U.)**, **Hof (U.)**, **Ithal (E.)** u. **Rudolph (W.)**, Alkaloide v. Tomaten-Mutanten 1466.
—, **Hammer (U.)**, **Ithal (E.)**, **Ripperger (H.)**, **Rudolph (W.)** u. **Weissenborn (A.)**, Alkaloid-Vorkommen verschied. Solanum-Arten 1465.
Schreiber (Klaus), Chemie u. Biochemie d. Solanum-Alkaloide 324.
— u. **Osske (G.)**, Isolierung v. Cycloartenol aus Blättern d. Kultur-Kartoffel, Solanum tuberosum L., Sterine u. Triterpenoide. *2.* Mitt. [2286]*, 2608.
—, **Osske (G.)** u. **Sembdner (G.)**, Chem. Untersuchungen über den Steroidstoffwechsel phytophager Insekten u. den ihrer Wirtspflanzen 533.
—, **Pufahl (K.)** u. **Aurich (O.)**, Untersuchungen d. in Galega-Arten vorkommenden Alkaloide (ausschließlich d. Guanidin-Derivate) 325.
Schreiber (Klaus), **Sembdner (G.)** u. **Osske (G.)**, Biochem. Wechselbeziehungen zwischen einigen Heterodera-Arten u. pflanzlichen Organen 524.
Schreiber (L. R.) u. **Green jun. (R. J.)**, Wirkung v. Wurzelexsudaten auf d. Keimung v. Konidien u. Mikrosklerotien v. Verticillium albo-atrum bei Hemmung durch d. fungistat. Prinzip im Boden 3387.
Schreiber (R.), Phosphor, eine Lebensfrage für Tier u. Mensch 1523. — Physiolog. Bedeutung d. Nährstoffes Magnesium für Boden, Pflanze, Tier u. Mensch 2968.
Schreier (O.), Erstes Massenauftreten d. Rübenmotte in Österreich 3395. — Phänologie u. Bekämpfung d. Kohltriebrüßler (Ceuthorrhynchus napi Gyll. u. C. quadridens Panz.) an Raps in Österreich 3443.
Schreiter (J.) u. **Meinl (G.)**, Mitosenhäufigkeit in d. sproßbürtigen Wurzeln d. Kartoffel 3370.
Schretzenmayr (M.), Leitgesellschaft. Eine vegetationskundliche Arbeitshypothese im Rahmen d. forstlichen Standortskartierung 616.
Schreven (A. C. van), Verderben bei „Jonathan" 1672. — s. Boon (J. van der).
— u. **Boon (J. van der)**, Stippigkeit bei Äpfeln 520.
—, **Boon (J. van der)** u. **Das (A.)**, Stippigkeit bei Äpfeln. *2.* Mitt. Zusammenhang zwischen Stippigkeit u. d. Mineralstoffen Ca, Mg u. K 1371.
Schrimpf (C.), Beobachtungen im Rahmen d. Züchtung auf Ertrag 2468.
Schrimpf (K.), Zuchterfolge in d. Züchtung auf Ertrag durch pflanzenbauliche Maßnahmen 3361. — s. Lashin (M.).
Schroder (C. A.), Wirkung d. Beweidung auf eine beregnete Weide in Queensland 949.
Schrodt (W.) s. Becker (H.).
Schroeder (D.) s. Hoffmann (W. E.).
— u. **Bussche (G. v. dem)**, Konkurrenz v. Calcium-, Wasserstoff- u. Strontium-Ionen bei d. Sorption v. aktivem u. inaktivem Strontium im Boden 2039.
—, **Reichenbach (H. v.)** u. **Bussche**

(G. v. dem), pH-Abhängigkeit d. Strontiumsorption in Böden 631.

Schroeder (D.) u. **Zahiroleslam (S.)**, Magnesium-Vorräte schleswig-holstein. Böden 2615.

—, Zahiroleslam (S.) u. **Hoffmann (W. E.)**, Verfügbarkeit d. Magnesiumvorräte d. Bodens 2615.

Schröder (H.), Einfluß d. Erntetermins auf Ertrag u. Qualität bei d. Pfefferminzsorten „Herrnhuter Auslese" u. „Multimentha" 1565. — Einfluß unterschiedlicher Wasserversorgung auf Erträge, Gehalte an äther. Öl, Transpirationsquotienten, Blattgrößen u. relative Öldrüsendichten bei einigen Arten aus d. Familie d. Labiaten. *1.* Teil. Literaturübersicht u. Problemstellung. Versuchsmethodik, Drogenerträge u. Gehalte an äther. Öl 2417; *2.* Teil. Trockenmasseerträge, Transpirationsquotienten, Wechselbeziehungen zwischen Transpiration u. Gehalten an äther. Öl 2717; *3.* Teil. Blattgrößen, relative Öldrüsendichten, Anzahl am Haupttrieb inserierter Blattpaare u. Internodienlängen 2717. — Anbau d. Mohnes (Papaver somniferum L.) als Rohstoffpflanze für d. Morphingewinnung [3304].

Schröfl (J.), Mechanisierung d. Kartoffelernte 2111.

Schroth (M. N.) u. **Hendrix jun. (F. F.)**, Einfluß nichtanfälliger Pflanzen auf d. Überleben v. Fusarium solani f. phaseoli im Boden 3388.

Schruft (G.), Biologie d. Kräuselmilben (Phyllocoptes vitis Nal. u. Epitrimerus vitis Nal., Fam. Eriophyidae [Acarina]) an Reben (Vitis vinifera L.) 1378. — Blattgall- oder Pockenmilbe d. Rebe (Eriophyes vitis Pgst.) u. ihre physiolog. Rassen 2505. — Auftreten d. Kleinzikade Empoasca flavescens Fabr. (Homoptera Jassidae) an Reben im Bodensee-Gebiet 2821.

Schubert (K.), Gartenbau-Taschenbuch *1963* [1020]*.

Schuch (K.), Pockenkrankheit d. Zwetsche 844. — Propfübertragbare Rostfleckung an d. Blättern d. Süßkirsche 1942. — Diagnost. Bedeutung d. Nebenblätter bei d. Triebsucht d. Apfels 2836. — s. Mischke (W.).

Schütt (P.), Ergebnisse einer Auslese vorwüchsiger Pinus silvestris-Sämlinge aus d. Langtag 1088.

Schütte (F.), Aktuelle Fragen d. Trichogramma-Einsatzes 2254.

— u. **Franz (J. M.)**, Apfelwicklerbekämpfung (Carpocapsa pomonella L.) mit Hilfe v. Trichogramma embryophagum Hartig 563.

Schütz (F.), Düngung d. Beerenobstes 3059.

Schuhmann (G.), Resistenzverhalten v. Weizensorten gegen Zwergsteinbrand 516.

Schuler (J. F.) s. Sprague (G. F.).

Schulte (H.-K.), Anwendung v. Handlochkarten in d. Pflanzenzüchtung 2471.

Schultz (A. M.) s. Klemmedson (J. O.).

Schultz (E. S.) s. Shands (W. A.).

Schultz (F.) s. Sherman (G. D.).

Schultz (G.), Blattfläche u. Assimilationsleistung in Beziehung zur Stoffproduktion. Untersuchungen an Zuckerrüben 1722. — Jahreszeitliche Unterschiede in d. Produktivität v. Zuckerrüben 3089.

Schultz (H. B.) s. Brooks (F. A.).

Schultz (M. E.), Unverträglichkeitsbeziehungen bei bestimmten Komplexheterozygoten v. Oenothera 2770.

Schultz (R.), Höhere Erträge v. leichten Sandboden durch intensiven Schafschwingelanbau 1304.

Schultz (T. H.), Berger (K. C.), Darling (H. M.) u. **Fleischfresser (M. H.)**, Harnstoff - Formaldehyd - Konzentrat-*85* zur Schorfbekämpfung bei Kartoffeln 271.

Schultze-Motel (J.) s. Hanelt (P.).

Schulz (F.) s. Blechschmidt (W.); Kemmer (E.).

Schulz (G.) s. Reich (R.).

Schulz (H.) s. Möbius (F.).

Schulz (H. E.), Neue Methoden zum Schutz d. Forstbestände u. -kulturen v. Schäden durch Wild. Abwehr v. Wildschäden 868.

Schulz (J. T.), Physiolog. Reaktion d. Kartoffel auf Blattbehandlungen mit Guthion 284. — Einfluß v. Düngemitteln auf Zuckerrüben, deren Saatgut mit Insekticiden u. Fungi-

ciden behandelt wurde 1145. — s. Anderson (M. A.).
Schulz (K.), Feststellung d. Winterfestigkeit v. Rapsstämmen 796. — s. Lendeckel (R.).
Schulz (K. R.) s. Lichtenstein (E. P.).
Schulz (S.) s. Blechschmidt (W.).
Schulze (E.) s. Röstel (H. J.).
— u. **Engels (H.),** Rekultivierung v. Lößböden im Rhein. Braunkohlengebiet. *1.* Mitt. Zusammenfassende Darstellung d. bisherigen Versuchsergebnisse u. d. Erfahrungen bei d. Umlagerung u. Bewirtschaftung v. Löß-Rohböden 1228.
— u. **Krämer (F.),** Lößlehm-Mächtigkeit, Nematodenbefall, Saatzeit u. Bestandesdichte beim Anbau d. Zuckerrübe 1563.
Schulze (F. W.), Pflanzensoziolog. Grünlanduntersuchungen in Flurbereinigungsgebieten d. Oberberg. Kreises [2032]. — s. Becker (G.).
Schulze (J.), Vergleich zwischen erwartetem u. erreichtem genet. Fortschritt bei Anwendung d. Selektionsindex 190. — Bestimmung d. Einzelfehler in faktoriellen Versuchen vom Typ 2^n 1276. — s. Görlitz (H.).
Schulze (R.) u. **Zabel (S.),** Einfluß d. Saatzeit auf Kornertrag u. Qualität bei Weizen 1826.
Schulz-Schaeffer (J.) s. Cooper (C. S.).
— u. **Jurasits (P.),** Biosystemat. Untersuchungen innerhalb d. Gattung Agropyron. *1.* Mitt. Zytolog. Studien bei arteigenen Karyotypen 1714.
Schumann (G.), Colchicineffekte an wachsenden Pflanzen 2472.
Schumann (K.), Variante d. „ribgrass"-Types d. Tabakmosaikvirus (Marmor tabaci var. plantaginis H.) 3128.
Schuphan (W.), Wachstum u. Carotinbildung bei Möhren in Abhängigkeit v. entwicklungsphysiolog. Differenzierungen d. Teilfrüchtchen 301. — Biochem. Grundlagen d. Gemüsezüchtung 804; dass.: 804.
Schuppe (E.), Neuere ausländ. Erdbeersorten 455. — Ergebnisse v. Sortenprüfungen bei Stachelbeeren u. Himbeeren 467. — Sortenprüfungen bei Johannisbeeren 1877.
Schuricht (R.), Stand d. Obstbaues in d. DDR u. d. Aufgaben bei d. Entwicklung d. Obstproduktion 2453.
Schuster (G.), Virusinfektionen auf d. Stoffabgabe aus den Blättern verschied. Kulturpflanzen 538.
Schuster (Gisela), Biochem. Abbaumöglichkeiten v. schwer angreifbaren Inhaltsstoffen industrieller Abwässer 367.
Schuster (Gottfried), Methoden u. Wege zur physiolog.-chem. Virusdiagnostik bei Kartoffelknollen 1682. — Virus u. Viruskrankheiten [3422]*.
Schuster (M. L.) s. Sandstedt (R.).
Schuster (W.), Künstlich induzierte Pollensterilität bei Sonnenblumen (Helianthus annuus L.) 796. — Künstliche Auslösung v. männlicher Sterilität bei Sonnenblumen (Helianthus annuus L.) 3370. — s. Geidel (H.); Lochow (J. v.).
Schuylenborgh (J. van), Bodenentwicklung im gemäßigten humiden Klima. *1.* Mitt. Bodentypen aus d. Niederlanden 350. — s. Yaalon (D. H.).
Schvester (D.) s. Bonfils (J.).
—, **Moutous (G.), Bonfils (J.)** u. **Carle (P.),** Biolog. Untersuchungen über d. an Wein lebenden Zikaden in Südwestfrankreich 3121.
Schwabe (G. H.), Blaualgen d. phototrophen Grenzschicht (Blaualgen u. Lebensraum VII) 2937.
Schwär (C.), Allelopath. Wirkung v. Wermut (Artemisia absinthium L.) auf verschied. Pflanzenarten 693. — Wirkung isolierter Wermutinhaltsstoffe auf Foeniculum vulgare Mill., Lepidium sativum L. u. Lactuca sativa L. var. longifolia Lam. 1731. — Wirkung d. Wermutextraktes auf Keimung, Wachstum u. Entwicklung sowie den Wasserhaushalt d. Fenchels u. a. Pflanzenarten 2105.
Schwanitz (F.), Allometr. Wachstum als Faktor bei d. Evolution d. Kulturpflanzen 2470.
Schwartz (D.), Genet. Untersuchungen mutierter Maisenzyme. *2.* Mitt. Art d. Synthese v. Hybridenzymen 1900.
Schwartz (E.), Geschichte d. Schutzpflanzungen u. d. Flurholzanbaues in d. nordöstlichen Hohen Rhön 2069.
Schwartz (J. H.), Greenspun (R. B.) u.

Porter (W. L.,), Identifizierung u. Bestimmung d. wichtigsten Säuren d. Kartoffel 35.
Schwartz (L. H.) s. Edwards (G. P.).
Schwarz, Systematik u. Phylogenetik [196]*.
Schwarz (K.), Verbesserung d. Betriebstechnik bei d. Beregnung 658. — Auswahl u. landwirtsch.-techn. rationelle Einrichtung künftiger Bewässerungsvorhaben 3240. — s. Knickmann (E.); Koriath (H.).
— u. **Gora (A.),** Meliorationsmöglichkeiten mit Hilfe eines kombinierten Tieflockerungs- u. Tiefkalkungsgerätes 3236.
Schwarz (W.) u. **Bartels (A.),** Vorfruchtwirkung d. Winterzwischenfrüchte auf d. Nachfrüchte 103.
Schwarzbach (E.), Form d. Gerstenkornes u. ihre Bestimmung 888.
Schwarze (F.) s. Waibel (H.-K.).
Schwarze (P.), Methoden zum Solaninnachweis u. zur Solaninbestimmung in Kartoffelzuchtmaterial 2193.
Schwarzer (A.), Einfluß d. Witterung auf Entwicklung u. Ertragsleistung bei Körnermais in verschied. Lagen Thüringens 620.
Schweers (V. H.) s. Bishop (J. C.); Shadbolt (C. A.).
Schweicher (F.), Probleme d. landwirtsch. Wasserbaus u. d. Kulturtechnik, auch im Hinblick auf d. Maschineneinsatz 2064.
Schweiger (W.), Rotklee-Ertrag in Abhängigkeit v. d. Aussaatstärke 2721.
Schweighart (O.), Trockenhold, düngerfliehend? 442.
Schweizer (H.) u. **Zahn (G.),** Erzielung aktiver Aktinomycetenmutanten durch physikal. Einwirkung 261.
Schwemmle (J.), Keimversuche auf genet. Grundlage. 7. Mitt. Weitere Versuche mit Samen v. Homozygoten 1888.
Schwenke (W.), Biolog. Bekämpfung d. Forleule, Panolis flammea Schiff. (Lepid., Noct.), durch d. Eiparasiten Trichogramma embryophagum Htg. (Hymen., Chalc.) 2546.
Schwerdtfeger (F.), Eichenwickler-Problem [1117]*.
Schwerdtfeger (G.), Züchtung v. Digitalis lanata Ehrh. 802. — s. Dermelj (V.).
Schwimmer (S.) s. Samotus (B.).
Schwinghamer (E. A.), Untersuchung an induzierter Variation bei Rhizobium. 3. Mitt. Wirtsbereichsmodifikation v. Rhizobium trifolii durch spontane u. strahleninduzierte Mutation 637.
Schwinn (F. J.), Phytophthora citricola Sawada, eine Varietät v. Phytophthora cactorum (Leb. et Cohn) Schroet. 3102. — Ergänzungen zum Wirtspflanzenkreis v. Cuscuta lupuliformis Krocker 3383. — s. Braun (H.).
Schwinn (J.), Über durch Phytophthora parasitica Dastur verursachte Fäule an Anthurien 554.
Schwope (D.), Verminderung d. Schnittaufwandes in Niederstammpflanzungen 165. — Beeinflussung v. Wuchs u. Ertrag durch d. Stammhöhe bei Schattenmorellen 1602. — Ertragssteigerung durch Bewässerung bei Apfelniederstämmen 2752.
Sciaroni (R. H.) s. Lingle (J. C.).
Ščibrja (G. I.) s. Beresina (N. M.).
—, **Berezina (N. M.), Peretokin (I. V.)** u. **Jazykova (V. A.),** Erhöhung d. Ertragsfähigkeit und d. Vitamingehaltes d. Erdbeere durch Bestrahlung d. Pflanzmaterials 3337.
Scossiroli (R. E.) s. Wittmer (G.).
Scott (A. D.) s. Nakayama (F. S.); Reed (M. G.).
— u. **Bates (T. E.),** Einfluß organ. Zusätze auf d. an getrockneten Böden beobachteten Veränderungen im austauschbaren Kaliumgehalt 630.
Scott (B. I. H.) u. **Martin (D. W.),** Bioelektr. Felder v. Bohnenwurzeln u. ihre Beziehung zur Salzakkumulation 2368.
Scott (D.), Methoden d. Wachstumsmessung bei Horstgräsern 29.
Scott (D. H.) s. Converse (R. H.).
Scott (E. J.) u. **Hanks (R. J.),** Auflösung d. eindimensionalen Diffusionsgleichung für potentielle und lineare Diffusivitätsfunktionen durch Potenzreihen, übertragen auf d. Feuchteströmung in Böden 2356.
Scott (H. A.) s. Kahn (R. R.).
Scott (H. H.) s. Hemwall (J. B.).

Scott (K. J.) s. Cowell (N. D.); Hall (E. G.); Millerd (A.); Roberts (E. A.).
Scott jun. (R. A.), Aufhebung d. Nichtplatzens d. Staubbeuel bei Baumwolle durch Blattspritzung mit Cholinchlorid oder Harnstoff 2010.
Scott (R. M.), Austauschbare Basen v. voll entwickelten, gut durchlässigen Böden in Abhängigkeit v. d. Regenmenge in Ostafrika 45.
Scott (R. O.), Anwendung d. direkten Photometrie bei d. landwirtschaftlichen Analyse 682. — s. Duff (R. B.).
Scott (T. K.) u. **Briggs (W. R.)**, Wiedergewinnung v. nativem u. zugeführtem Auxin aus im Licht kultivierten „Alaska"-Erbsensämlingen 1451, 2015.
— u. **Jacobs (W. P.)**, Auxin in Coleus-Sprossen: Transportbegrenzung höherer Konzentrationen 2893.
Scott (W. O.) u. **Patterson (F. L.)**, Körnerhirse als Partnerpflanze für Luzerne 130. — Wasser- u. Kalikonkurrenz zwischen Luzerne u. Hirse im Gewächshaus 130.
Scotter (D. R.) s. Collis-George (N.).
Ščukina (G. N.) s. Koloskova (A. V.).
Ščukina (V. F.), Schwarzfrüchtige Eberesche, eine wertvolle Kultur 1873.
Scurfield (G.) s. Biddiscombe (E. F.).
Scurti (J. C.) = Ceruti Scurti (J.).
Seaforth (C. E.), Cassia 2135.
Seaman (W. L.) s. Wallen (V. R.).
Sears (E. R.) s. Okamoto (M.).
Sebök (C.) s. Márki (A.).
—, **Erdély (S.)** u. **Ciorlăus (A.)**, Feldversuche über d. Standraum für Mais 125.
—, **Márki (A.)** u. **Rusu (E.)**, Beiträge z. Studium d. Strahleneffekte bei Soja 499.
Sečenska (M.) s. Bajlov (D.); Zolotovič (G.).
Séchet (Jacques), Einfluß niedriger Temperaturen auf d. Keimung v. Samen d. Weinrebe 2300.
Séchet (Jean), Nukleinsäuren im Verlaufe d. Vernalisationsbehandlung 306.
Sechler (D. T.), Wurzelentwicklung u. Lagerresistenz bei Hafer 1353.
Šederov (S. G.), Kalkung d. Bodens in Fruchtfolgen mit Kartoffeln u. Lein 1537.
Sedgley (R. H.), Wirkungen d. Zerreißung u. Flockung auf Änderungen im Porenvolumen in Schichten v. Ton-Aggregaten 2326.
Šedivý (J.), Natürliche Feinde d. Raupen d. Johannisbeerglasflüglers (Aegeria tipuliformis Clerck) 1693.
Sedlucho (N. J.), Gesetzmäßige Veränderungen d. Rasenpodsolböden in Abhängigkeit v. ihrem Kulturzustand 60.
Seeger (J. R.), Wirkungen einer Stickstoffdüngung auf d. Knöllchenbildung u. d. Ertrag bei Erdnuß 393.
— u. **Maldague (M. E.)**, Beschädigung d. Leguminosenknöllchen durch Larven v. Rivellia sp. (Dipt.) in d. Äquatorialregion 2218.
Seetharaman (S.) u. **Sen (A.)**, Ammonchlorid enthaltende Mehrnährstoffdünger 2677.
Šefčovič (P.) s. Mokrý (J.).
Šefernová (Z.), Gasometr. Methoden zum Studium d. Photosynthese 2600.
Segal (H. S.), Trennung u. Bestimmung v. Mikrogramm-Mengen Thiocyanat in Mais durch Mikrodiffusion 858.
Segall (R. H.) u. **Smoot (J. J.)**, Bakterielle Schwarzfleckigkeit d. Radieschens 2533.
Segeberg (H.), Vorausberechnung d. auf Moorkulturen durch d. Schwund v. Torfsubstanz zu erwartenden Höhenverluste 2067.
Segeťová (V.), Bewässerung v. Sojabohnen 2123.
Sehgal (C. B.) s. Johri (B. M.).
Sehgal (J. L.) s. Kanwar (J. S.).
Sehgal (O. P.) s. Siegel (A.).
Sehm (E.), Sortenfragen bei Pelargonium zonale 180. — Ergebnisse d. Sichtungsarbeiten am Sortiment v. Delphinium ajacis L. u. Delphinium consolida L. 1611. — Ergebnisse d. Sichtungsarbeit bei Primula sinensis 1612.
Seibel (W.) s. Boekholt (K.).
Seiberth (W.), Eignung d. Harnstoffs als Bodendünger 3268.
Seidel (D.) s. Bochow (H.).
Seidel (E.), Wie arbeitet d. VEB Meliorationsbau Potsdam? 2640.
Seidel (H.), Genetik u. Züchtung d. tetraploiden Superbissima-Petunien

(Petunia × hybrida Vilm. Superbissima-Gruppe) 3379.
Seidler (M.) s. Byczkowski (A.).
Seidman (G.) u. **Frazier (J. C.)**, Verteilung d. Schwefels in verschied. Komponenten d. Weizenkorns 957.
Seifert u. **Saxen**, Bodenverbesserung u. Neukultivierung mit Rohlöß [2071]. — Steigerung d. wasserhaltenden Kraft leichter Böden unter Verwendung kolloidchem. Zusätze zu wirtschaftseigenen organ. Substanzen in landwirtsch. Beregnungsbetrieben [2367]. — Bodenverbesserung leichter Sandböden im Rhein. Braunkohlenrevier, Versuchsanstellung in Brüggen. Zwischenbericht [2367].
Seifert (G.), Einfluß v. DDT auf d. Eiproduktion v. Metatetranychus ulmi Koch (Acari, Tetranychidae) 526. — Prognose d. Schlüpftermins d. Kirschfruchtfliege 579.
Seifert (J.), Einfluß d. Bodenstruktur u. Feuchtigkeit auf d. Bakterienzahl u. d. Nitrifikationsgrad 2938.
Seifert (W.) s. Märtin (B.).
Seiffert (M.), Erfahrungen mit dem Mähdrusch bei d. Rotkleesamenernte 703.
— u. **Gäde (H.)**, Züchter. Entwicklung bei Lupinus luteus in ihrem Einfluß auf d. Lupinenanbau in Deutschland 3084.
Seinhorst (J. W.), Wechselbeziehungen zwischen Pflanzen u. Nematoden 225. — s. Hoof (H. A. van).
Seitz (P.) s. Gruppe (W.).
— u. **Gruppe (W.)**, Nährstoffversorgung v. Baumschulgehölzen. II. Ergebnisse v. Stickstoff- u. Magnesium-Felddüngungsversuchen 2769. 2713.
Sekiya (H.), Rosettenbildung bei Wurzelsprossen unter Langtagbedingungen u. hohen Temperaturen u. Verhinderung d. Rosettenbildung bei Herbstchrysanthemen 1883.
Sela (I.) s. Nitzany (F. E.).
— u. **Applebaum (S. W.)**, Vorkommen eines Antivirusfaktors in virusinfizierten Pflanzen 2518.
Seleckij (V. I.) s. Gončarov (B. P.).
Šelestov (J. V.), Entwicklung d. Wurzelsystems d. Rüben auf Torfböden 2713.
Selezneva (V. A.) s. Poddubnaja-Arnol'di (V. A.).
Self (L. S.) u. **Guthrie (F. E.)**, Tabakmißbildungen, d. durch Insekticidbehandlungen zur Bekämpfung d. Knospenwurmes hervorgerufen wurden 1981.
Selim (A. R. A. A.) s. Pecket (R. C.).
Selivanov (A. P.), Wasserstabile Aggregate im Boden 358.
Selke (W.), Bedeutung d. Magnesiumdüngung für d. brandenburg. Sandböden 1812.
— u. **Ebert (K.)**, Beziehungen zwischen Magnesiumdüngung, Kalkgabe u. Stickstofform 2672.
— u. **Görlitz (H.)**, Einfluß d. Zeitpunktes d. zusätzlichen späten Stickstoffdüngung auf Kornertrag u. Rohproteingehalt des Getreides sowie d. Möglichkeit ihrer maschinellen Durchführung 970.
—, **Görlitz (H.)** u. **Ebert (D.)**, Wirkung einer zeitlich geteilten Phosphorsäuredüngung zu Kartoffeln 3272.
Sell (H. M.) s. Hellmann (K. P.).
Selleck (G. W.), **Coupland (R. T.)** u. **Frankton (C.)**, Eselswolfsmilch in Saskatchewan 2875.
Sellin (M.) s. Carlile (M. J.).
Sellschop (J. P. F.), Kuhbohnen Vigna unguiculata (L.) Walp. 1296.
—, **Makkink (A. E.)** u. **Baier (W.)**, Kälte-Chlorose u. andere Abnormitäten bei Mais-Sämlingen 890.
Selman (I. W.) u. **Ahmed (E. O. S.)**, Wirkungen v. Dunkelrot-Bestrahlung u. Gibberellinsäure auf d. Wachstum v. Tomaten 2022.
Selsjord (I.), Weidekultivierung in Hochlandgebieten v. Ost-Norwegen 2140.
Selsky (M. I.) u. **Black (L. M.)**, Einfluß v. hohen u. niedrigen Temperaturen auf d. „Überleben" v. Wundtumorvirus im Steinklee 2829.
Seltmann (H.) s. Sficas (A. G.).
—, **Mann (T. J.)** u. **Weybrew (J. A.)**, Trockengewichte u. Alkaloidgehalte v. reziproken Pfropfungen zwischen Nicotiana tabacum u. N. rustica 1466.
Semal (J.), Hemmung d. infektiösen Zentren d. Tabakmosaikvirus durch Salzsäure 1386. — Wirkung v. Salzsäure auf d. Infektion v. Nicotiana

glutinosa-Blättern durch d. Tabakmosaikvirus u. durch seine Nucleinsäure 2831.

Semb (G.), Unterschiede d. Bodenarten im Gehalt an wasser- u. säurelöslichem Kalium u. d. Folgerungen für d. Bodenprobeentnahme 1218. — s. Uhlen (G.).

Sembdner (G.), Anatom. Untersuchungen über d. Reaktion v. Organen d. Kartoffelpflanze auf Befall durch d. Nematoden Heterodera rostochiensis Woll. 7. Mitt. über Heterodera-Arten [2286]*, 2814. — s. Schreiber (K.).

—, **Gross (R.)** u. **Schreiber (K.)** [Gatersleben], Dünnschichtchromatographie v. Gibberellinen 2312.

—, **Oske (G.)** u. **Schreiber (K.)** [Mühlhausen/Thür.], Bedeutung v. „Gibberellinen" für Wirt-Parasit-Beziehungen beim Kartoffelnematoden 524.

Semenenko (G. I.) u. **Krassyl'nykova (L. A.)**, Einbau v. ^{32}P in Nukleinsäuren u. a. phosphorhaltige Verbindungen d. Winterweizens während d. Herbst- u. Winterperiode 2369.

Semenij (F. S.) s. Kalinin (F. L.).

Semenov (J. A.), Einfluß d. Walzens auf d. Erhöhung d. Gerstenerträge in d. Halbwüste d. Gebietes Alma-Ata 2121.

Semenova (F. I.), Einfluß d. Magnesiums bei d. Kalkung d. Bodens auf d. Ertrag d. Hackfrüchte 1809. — s. Kedrov-Zichman (O. K.).

Semenova (S. A.) s. Soboleva-Dukučaeva (I. I.).

Semichnenko (P. G.) u. **Kamennobrodskaja (V. P.)**, Verfahren zur Erhöhung d. Ertragseigenschaften v. Sonnenblumensamen 2707.

Semina (V. I.) s. Kanivec (I. I.).

Sen (A.) s. Goswami (K. P.); Gupta (K. G.); Paul (N. B.); Seetharaman (S.).

—, **Kamath (M. B.)**, **Tamhane (R. V.)** u. **Idnani (M. A.)**, Absorption v. Feuchtigkeit durch Ammonsulfatsalpeter unter Lagerungsbedingungen 1252.

Sen (A. R.), Verwendung vorjähriger Daten bei d. Aufstellung d. Versuchsplans beim Tee 2696.

Sen (N. K.) u. **Bhowal (J. G.)**, Colchicininduzierte Tetraploide v. sechs Vigna-sinensis-Sorten 2497.

— u. **Ghosh (A. K.)**, Genetik d. Platterbse (Lathyrus sativus L.) 795.

Sen (S.), Relativer Wert d. nach verschied. Methoden bereiteten Stallmistes 391. — s. Rishi (A. K.).

—, **Bains (S. S.)** u. **Mathur (B. P.)**, Phosphatdüngung v. Leguminosen. *9.* Mitt. Direkte u. indirekte Düngung v. Getreide in Rotation mit Rabi-Leguminosen 2423.

— u. **Bonde (W. C.)**, Einfluß d. Anwendungszeit v. Stallmist bei unterschiedlichen Gaben zu Weizen 1806.

Sen (S. K.) s. Basak (M. N.).

Senčenkova (E. M.), K. A. Timirjasew u. seine Lehren über d. Photosynthese [29].

Senegalevič (G.) s. Dirimanov (M.).

Šenfeld (Š.) s. Sabo (I.).

Sengbusch (R. v.) s. Huhnke (W.).

Senglaub, Zoolog. Domestikationsforschung u. Darwinismus [196]*.

Sen Gupta (J. C.) s. Saha (J. R.).

Sengupta (K.), Einfluß d. Standweite auf d. Kornertrag v. Linsen (Lens esculenta Moench) 992.

Sen Gupta (M. B.) u. **Cornfield (A. H.)**, Phosphor in Kalkböden. *1.* Mitt. Anorgan. Phosphatfraktionen u. ihre Beziehung zum vorhandenen Calciumcarbonat 2614; *2.* Mitt. Bestimmung d. Gehalts an organ. Phosphor in Kalkböden u. seine Beziehung zum Calciumcarbonatgehalt d. Bodens 2614.

Šenk (L.), Bedingungen für erfolgreichen Obstbau in höheren Lagen 2745.

Senn (H. A.) s. Bowden (W. M.).

Seo (Y.), **Hashimoto (Tutao)**, **Kondo (S.)** u. **Morita (K.)**, Bestimmung löslicher Phosphorsäure in hochkonzentriertem Dünger mit Gehalt an Mg-Salz 2986.

Sequeira (L.), Bakterienwelke d. Bananen durch Fruchtwechsel u. Brache 1685.

— u. **Kelman (A.)**, Anreicherung wachstumsfördernder Substanzen in Pflanzen, d. mit Pseudomonas solanacearum infiziert sind 2524.

Serafimov (S.), Untersuchungen über den Anbau v. Thea sinensis L. in Bulgarien 439. — Kultivierung des Lorbeerstrauches in Pomorie 1015.
Serafimovski (A.) u. **Thalenhorst (W.)**, Biolog. u. ökolog. Beobachtungen an d. Fichtenspinnmilbe Paratetranychus (Oligonychus) ununguis (Jacobi) 3393.
Šeremet (V.), Versuche zur Vervollkommnung d. Unkrautbekämpfung 1158.
Sergeenko (V. M.), Sortenunterschiede bei der Ausschaltung der Alternans des Apfels 461.
Sergeev (V. Z.), Charakteristik v. Wi-Hartweizen d. aus So-Weizen durch Erziehung gewonnen wurde 1896. — Gelenkte Umwandlung v. Sommer- in Wintergetreide u. Erzielung d. Winterfestigkeit durch gelenkte Aufzucht v. Sommergerste u. -weizen 3365.
Sergeeva (T. A.) s. Stonov (L. D.).
Sergienko (I. T.) s. Podtykan (J. P.).
Serpikov (S. K.) s. Sokolov (S. I.).
Serpuchovitina (K. A.) u. **Rjabčenko (I. M.)**, Verwendung v. Bakteriendünger für d. Anbau v. Weinsetzlingen 3273.
Šesták (Z.) s. Avratovščuková (N.).
— u. **Bartoš (J.)**, Einfluß d. herabgesetzten Chlorophyllgehaltes auf d. Intensität d. Photosynthese bei Mais 2894.
Šestidesjatnaja (N. E.) s. Dmitrenko (P. A.).
Šestopal (P.), Gurkenanbau zwischen Schutzkulissen 1587.
Sevast'janov (V. I.) u. **Matuchin (G. R.)**, Erhöhung d. Salzverträglichkeit d. Getreides durch Gewöhnung an versalzten Boden 297.
Ševčenko (F. P.) u. **Alinovskij (P. C.)**, Krankheiten d. Ackerbohne in Westsibirien 2529.
— u. **Šabalina (Z. S.)**, Eulen als Maisschädlinge im Altai 1379.
Ševčenko (M. A.), Einfluß verschied. Maßnahmen d. Bodenbearbeitung an Hängen auf d. Verringerung d. Abflusses v. Schmelzwasser 2063.
Ševčenko (M. G.) s. Štenberg (A. I.).
Ševčenko (V. N.), Züchtungsmethoden bei Zuckerrüben gegen Krankheitsresistenz 2786.
Ševjakova (N. I.) s. Strogonov (B. P.).
Ševljagin (A. I.) u. **Enzak (C. V.)**, Einfluß d. Verdichtung v. d. Saat auf Eigenschaften d. Bodens u. d. Ertragfähigkeit d. Getreides 3284.
Sevost'janov (S. P.), Resultate d. Rayonsortenprüfung *1961* bei Zuckerrüben 997. — Hybridisation steigert d. Produktivität Cercosporaresistenter Zuckerrüben 2485.
Sexsmith (J. J.) u. **Pittman (U. J.)**, Wirkung v. Stickstoff auf Keimung u. Entwicklung d. Waldhafers 3452.
— u. **Russell (G. C.)**, Wirkung v. Stickstoff u. Phosphordüngung auf Wildhafer u. Sommerweizen 3000.
Seyffert (W.), Genet. Untersuchungen an Matthiola incana. *1.* Genlokalisation bei Koppelung mit einem Letalfaktor u. Interaktion mit einem frei spaltenden Gen 780. — Allgemeine Methode zur Berechnung d. für d. Unterscheidung ähnlicher Hypothesen notwendigen Nachkommenschaftsgröße 785.
Sferra (P. R.), Direktfütterungsmethode für d. Biotest v. Insekticidrückständen im Boden mit Drosophila 264.
—, **Gibbs (S. D.)**, **Glass (E. H.)** u. **Taschenberg (E. F.)**, Chem. u. biolog. Bestimmung v. Diazinon auf Äpfeln u. Weintrauben 2852.
Sficas (A. G.), Statist. Analyse d. Chromosomenpaarung bei Artbastarden. *1.* Mitt. Wahrscheinlichkeitsverteilungen 2470.
— u. **Gerstel (D. U.)**, Statist. Analyse d. Chromosomenpaarung bei Artbastarden. *2.* Mitt. Anwendungen auf einige Nicotiana-Hybriden 2470.
—, **Jones (Gny L.)** u. **Seltmann (H.)**, Faktoren, die d. Trockenheitsresistenz d. Tabaks beeinflussen 507.
Sha (S. R. H.), Windschutz 2366.
Shadaksharaswamy (M.) s. Pazur (J. H.).
Shadbolt (C. A.), **Bishop (J. C.)**, **Schweers (V. H.)** u. **Harvey (O. A.)**, Faktoren, d. den Zusammenbruch v. geschnittenen Pflanzenknollen beeinflussen 1272.
—, **McCoy (O. D.)** u. **Little (T. M.)**, Un-

terschiedliche Lage v. Beeten beeinflußte Bodentemperaturen 2737.
Shadbolt (C. A.), McCoy (O. D.) u. **Whiting (F. L.)**, Mikroklima unter Folienzelten für d. Gemüseproduktion 3319.
Shafer (J. J.) s. Ostrom (T. R.).
Shaffer jun. (W. H.) u. **Goodman (R. N.)**, Ausbreitung in vivo, Wachstumsrate in vitro u. Resistenz gegen Streptomycin als Anzeiger für d. Virulenz v. Erwinia amylovora 2805.
Shafi (M.) s. Khan (A. R.).
Shafiee (M. F.) u. **Jenkins (W. R.)**, Wirts-Parasit-Beziehungen bei Capsicum frutescens u. Pratylenchus penetrans, Meloidogyne incognita acrita u. M. hapla 3110.
Shafik (M. T.), Bestimmung v. *1.1*-Dichlor-*2*-bis (p-chlorphenyl) äthan. TDE 1128. — s. Zaki (A. I.).
Shah (B. G.) s. Patel (B. M.).
Shalhevet (J.) u. **Zwerman (P. J.)**, Reaktion d. Maises auf Stickstoff unter variierten Drainagebedingungen, eine Lysimeterstudie 378.
Shambulingappa (K. G.) s. Magoon (M. L.).
Shan (L.) s. Petinov (N. S.).
Shands (W. A.), Hall (I. M.) u. **Simpson (G. W.)**, Entomophthoraceen-Pilze, welche d. Kartoffelblattlaus im nordöstlichen Maine im Jahre *1960* angriffen 1961.
—, Webb (R. E.) u. **Schultz (E. S.)**, Versuche mit Milch u. poliertem Reis zur Verhütung einer Infektion d. Irischen Kartoffel mit d. durch Blattläuse übertragbaren Y-Virus 241.
Shankar (H.) s. Pathak (A. N.).
Shankar (J. V.) u. **Bharucha (F. R.)**, Düngungsversuche auf d. Grünland v. Bombay. *1.* Mitt. Düngerauswirkungen auf d. chem. Zusammensetzung v. Heylandia latebrosa DC 150. — Chem. Zusammensetzung v. Gräsern im Hügelgrasland v. Bombay 1301.
Shanks (J. B.) u. **Link (C. B.)**, Stickstoff-, Phosphor-, Kali-Verhältnis u. Düngermenge bei d. Azaleentreiberei 3345.
Shanks (R. E.) s. McCracken (R. J.).
Shanmugavelu (K. G.), Bemerkung über den Einfluß v. Pflanzenwuchsstoffen auf d. Bewurzelung v. Hibiscus rosasinensis L. 1055.
Shannon (J. C.) s. Wilson (C. M.).
Shannon (L. M.), Frolich (E. F.) u. **Cameron (S. H.)**, Kennzeichen d. Poncirus trifoliata-Auslesen 2497.
Shanta (P.) s. Menon (K. P. V.).
Sharma (A.) s. Sharma (A. K.).
Sharma (A. K.) u. **Bhattacharyya (U. C.)**, Wirkung v. Röntgenstrahlen auf Pollenmutterzellen, Pollenkörner u. Wurzelzellen v. Rhoeo discolor Hance 1063.
— u. **Chaudhuri (R. K.)**, Lokalisierung d. Chromosomenfragmentation bei Vicia faba u. Allium sativum nach Phenolbehandlung 3354.
— u. **Sharma (A.)**, Cytologie einiger Vertreter d. Familie d. Iridaceae 2494.
Sharma (B. B.) s. Randhawa (G. S.).
Sharma (D. L.) u. **Mehta (K. M.)**, Teesatz als eine Quelle für organ. Dünger 2674.
Sharma (H. C.), Wachstum u. Sporulation v. Fusarium udum in Beziehung zu C:N-Verhältnis u. Stickstoffquellen 3389.
Sharma (H. G.) s. Sinha (S. B.).
Sharma (J. M.) u. **Saini (S.S.)**, Reaktion v. Zuckerrohr auf d. Anwendung v. Dünger in Beziehung zu Bodentypen in d. Zone d. Fabrik Jagadhari, Punjab 2133.
Sharma (J. N.) s. Jain (H. K.).
Sharp (E. L.) s. Afanasiev (M. M.).
Sharp (J. H.) u. **Epps (E. A.)**, Felduntersuchung v. wasserfreiem Ammoniak 2104.
Sharratt (W. J.), Peterson (A. E.) u. **Calbert (H. E.)**, Einfluß v. Molke auf Boden u. Pflanzenwachstum 1262.
Shastry (S. V. S.) u. **Ramaiah (K.)**, Zytogenet. Effekte v. X-Strahlen, therm. Neutronen u. β-Partikeln bei Oryza sativa L. 515.
Shaver (D. L.), Untersuchung d. Aneuploidie in autotetraploidem Mais 1626. — Zytogenet. Untersuchungen bei allotetraploiden Hybriden v. Mais u. perennierender Teosinte 1900.
Shaw (C. G.) s. Gordon (C. C.).
Shaw (F. R.), Smith (C. T.) u. **Fischang (W. J.)**, Abnahme v. Guthionrück-

ständen auf Futterpflanzen in Massachusetts 2867.
Shaw (J. G.), Reichmann (M. E.) u. **Hatt (D. L.),** Aminosäureanalysen d. Proteine zweier Stämme d. Kartoffel-X-Virus 2250.
Shaw (K.), Verlust an mineral. Stickstoff aus d. Boden 41.
Shaw (M.), Physiologie v. Wirt-Parasit-Beziehungen. *9.* Mitt. Weitere Beobachtungen über d. Akkumulation v. radioaktiven Substanzen an Rostinfektionsstellen 251. — s. Mukherjee (K. L.); Sahai (B. I.); Srivastava (B. I.); Srivastava (B. I. S.).
— u. **Colotelo (N.),** Physiologie v. Wirt-Parasit-Beziehungen. 7. Mitt. Die Wirkung v. Schwarzrost auf Stickstoff u. Aminosäuren in Weizenblättern 250.
Shaw (R. H.), Bestimmung d. Reife d. Maises in Iowa 126. — s. Denmead (O. T.).
Shaw (T. C.) s. Ozanne (P. G.).
Shaw (W C.) s. Sheets (T. J.).
Sheard (R. W.) s. Sherrell (C. G.).
Shearer (D. A.) u. **Cordukes (W. E.),** Verwendung v. Sorbinsäure beim Silieren v. Futterpflanzen 1554.
Shearer (M. R.) u. **Humphrys (C. R.),** Entwicklung v. Wasser-Hilfsquellen. Kosten für d. Bewässerung 658.
Sheat (D. E. G.) s. Philipson (W. R.).
Sheehan (T. J.), Intermittierende Belichtung bei Chrysanthemen 182. — Wirkungen v. Düngung u. Pflanzstoff auf Wachstum u. Blühen verschied. epiphyt. Orchideen 777.
Sheets (T. J.), Crafts (A. S.) u. **Drever (H. R.),** Einfluß v. Bodeneigenschaften auf d. Phytotoxizität v. s-Triazin-Herbiciden 2571.
— u. **Shaw (W. C.),** Herbicide Eigenschaften u. Persistenz in Böden v. s-Triazinen 3450.
Sheffield (F. M. L.), Infektionskrankheiten bei Zuckerrohr 2248.
Shepherd (A. M.), Farbstoffe als künstliche Schlüpfagentien für d. Rübennematoden, Heterodera schachtii Schm. 3391.
Shepherd (C. J.), Konidienkeimung bei Peronospora tabacina Adam. *1.* Mitt. Keimung in vitro 2807.
Shepherd (F. W.), Bäume u. Sträucher als Windschutzpflanzungen für Gartenbaukulturen 1337.
Shepherd (R. J.) u. **Pound (G. S.),** Magnesium-Ernährung v. Nicotiana tabacum in Beziehung zur Vermehrung d. Tabakmosaikvirus 1659.
Shepil (W. S.), Kugeln zur Messung d. Auftriebes u. d. Widerstandes v. winderodierten Bodenkörnchen 71.
Shepperson (G.) u. **Grundey (J. K.),** Jüngste Entwicklungen einer schnellen Heuernte 740.
Sherlock (E.), Fortschritte in d. Chemie d. Organo-Phosphor-Insecticide 2867.
Sherman (G. D.) s. Rixon (A. J.); Walker (J. L.).
—, **Schultz (F.)** u. **Alway (F. J.),** Dolomitbildung in Böden d. Red-River-Tales v. Minnesota 2320.
Sherrell (C. G.), Sheard (R. W.) u. **Matthews (B. C.),** Kegelförmiger Verteiler für d. Düngemittelausbringung auf Feinsaatparzellen 1577.
Sherwood (R. T.) u. **Hagedorn (D. J.),** Biologie v. Aphanomyces euteiches 2806.
Shetschewa (S.), Grundrichtungen u. Methoden d. Gemüsezüchtung 2792.
Shewell (G. E.), Bemerkungen über drei europäische Dipteren, d. neuerdings in Kanada gefunden wurden 831.
Shibaoka (H.), Vergleichende Studien über d. Wachstumshemmung durch Kaffee- u. trans-Zimtsäure 2025.
— u. **Hurusawa (I.),** Wachstumshemmende Wirkung v. Kaffeesäure u. d. teilweise Aufhebung d. Hemmung durch Manganionen 3246.
Shichijo (T.) s. Iwasaki (T.).
Shickluna (J. C.), Vergleich d. Gewichts- u. Volumenmessungen v. Boden zur Bestimmung v. austauschbarem Kalium u. Calcium d. Bodens 355. — Beziehungen d. pH-Wertes, d. verfügbaren Phosphors, Kaliums u. Magnesiums bestimmter Bodengruppen 2613.
— u. **Lucas (R. E.),** Das pH, Phosphor-, Kalium-, Calcium- u. Magnesium-Zustand d. organ. Böden Michigans 2920.
Shiflet (T. N.), Programm zur Erhaltung v. Weideland im Südosten 3312.
Shih (C. S.) s. Everson (L. E.).

Shikata (E.) s. Fukushi (T.).
Shimagami (H.) u. **Kushizaki (M.),** Reaktionen v. Sommerweizen auf verschied. Intensitäten d. Düngemittelanwendung 389.
Shimizu (S.) u. **Ikeda (N.),** Äther. Öle v. Mintha spicata L. mit *36* oder *48* somat. Chromosomen. *8.* Mitt. Äther. Öle interspezif. Hybriden d. Genus Mentha 2031.
Shimotomai (N.) s. Tanaka (Ryuso).
Shinde (J. E.) s. Datta (N. P.).
Shipp (C. D.) s. Bruce (R. R.).
Shipton (W. A.) u. **Brown (J. F.),** Ganzblattaufhellungs- u. Färbemethode für d. Aufdeckung v. Wirt-Parasit-Beziehungen beim Weizenschwarzrost 3435.
Shiroishi (K. K.) s. Converse (R. H.).
Shoeb (Z. E.) s. Gad (A.).
Shoemaker (J. S.), Befruchtungsbiolog. Verhalten d. „Flordagrand" Brombeere 1043.
— u. **Young (H. W.),** Einfluß d. Schnittes auf d. Ertrag u. Größe v. Pfirsichen 1042.
Shogren (M. D.), Finney (K. F.), Hoseney (R. C.) u. **Bolte (L. C.),** Korrelationen v. bestimmten Eigenschaften d. Alveograms mit bedeutungsvollen Hartwinterweizen - Qualitätseigenschaften 3076.
Shoji (S.) u. **Matsumi (S.),** Chem. Merkmale v. Torfböden. *3.* Mitt. Einige chem. Eigenschaften, Ammonifikation u. Humusformen 337.
Shorey (H. H.) u. **Hall (I. M.),** Wirkung v. chem. u. mikrobiellen Insekticiden auf verschied. Schadinsekten an Salat in Südkalifornien 1418.
—, **Reynolds (H. T.)** u. **Anderson (L. D.),** Wirkung v. Zectran, Sevin u. a. neuen Carbamat-Insekticiden auf d. Insektenpopulationen v. Gemüse u. Feldfrüchten in Südkalifornien 1430.
Showalter (R. K.), Farbe v. Wassermelonen unter d. Einfluß v. Reife u. Lagerung 147.
Shrikhande (J. G.) s. Chandra (P.); Ghildyal (B. P.).
Shrivastava (K. N.), Genet. u. physiolog. Untersuchungen an spontan entstandenen gelben u. nichtkeimenden Mutanten d. Kulturtomate (Lycopersicum esculentum Mill.) [2499]. — s. Bulat (H.).
Shriver (D.) u. **Henneberry (T. J.),** Acaricide Eigenschaften v. Aramite u. Kelthane gegen zwei Stämme v. Tetranychus telarius 2866.
Shugar (D.), Primäre Wirkungen v. UV-Strahlen auf Nukleinsäuren 3356.
Shuval (H.) s. Okun (D. A.).
Sibma (L.) s. Alberda (T.).
Sidenko (I. E.) s. Nemlienko (F. E.).
Sidor (Č.), Dauer d. Larvenstadiums beim marmorierten Käfer (Polyphylla fullo Fabr.) auf dem Sandboden v. Subotica 3119.
Sidorenko (I. D.), Einfluß d. Saatgutbestrahlung auf d. Qualität d. Grünmasse 2109.
Sidorenko (S. S.), Bakteriosen d. Blumenkohls in d. Ukraine 3149.
Sidorov (F. F.), Unterarten d. Maises 1168. — Weltkollektion v. I-Linien 2703.
Sidorova (T. M.) u. **Achmedov (K. S.),** Erzielen einer künstlichen Bodenstruktur mit Hilfe polymerer Präparate 3218.
Sieber (J.) s. Hansen (R.).
Siegel (A.), Code-Verhältnis für d. Tabakmosaikvirus-Protein 1385.
—, **Zaitlin (M.)** u. **Sehgal (O. P.),** Isolierung v. unbrauchbaren Tabakmosaikvirus-Stämmen 2542.
Siegel (M. R.) s. Getsinger (J. G.).
—, **Meline (R. S.)** u. **Kelso (T. M.),** Hochkonzentrierte Düngemittel aus Phosphorsäure u. konventionellen Ammonierungsmitteln 2092.
Siegel (O.) u. **Bjarsch (H.-J.),** Wirkung v. Chlorid- u. Sulfationen auf d. Stoffwechsel v. Tomaten, Sellerie u. Reben. *1.* Mitt. Einfluß auf d. Gehalt an Chlorophyll a u. b, Xanthophyll u. Karotin 86; *2.* Mitt. Einfluß auf d. Trockensubstanz- u. Kohlenhydratbildung sowie den Ascorbinsäuregehalt 749; *3.* Mitt. Einfluß auf d. freien Aminosäuren sowie auf d. Zusammensetzung d. Eiweißes 2739.
Siegel (S. M.), Beobachtungen über d. Giftigkeit v. Peroxyden bei d. Samenkeimung 26. — s. Giza (C. A.).
—, **Renwick (G.)** u. **Rosen (L. A.),** Bildung v. Kohlenmonoxyd während

d. Samenkeimung u. d. Keimpflanzenwachstums 1448.
Siegel (S. M.) u. **Rosen (L. A.),** Wirkung verminderten Sauerstoffdruckes auf Keimung u. Keimpflanzenwachstum 901.
—, Rosen (L. A.) u. **Giumarro (C.),** Wirkungen verminderten Sauerstoffdruckes auf Gefäßpflanzen. 4. Mitt. Keimung des Winterroggens unter Mars-ähnlichen Bedingungen u. in anderen nichtird. Umweltverhältnissen 1179.
—, Rosen (L. A.) u. **Renwick (G.),** Auswirkungen eines reduzierten Sauerstoffgehaltes auf Gefäßpflanzen. Wachstum u. Zusammensetzung v. Bohnenpflanzen, Sorte „Red Kidney", in 5% O_2 304.
Siegle (H.), Mischinfektionen mit Ophiobolus graminis u. Didymella exitialis 847, [1118].
Siemaszko (J.), Tabakmosaikvirus an Kartoffeln 240.
Sienkiewicz (J.) s. Swietochowski (B.).
Sierra (F. A.) s. Breland (H. L.).
Sievers (E.), Wasserlösliche Hemmstoffe aus dem Schnittholz d. Weinrebe (Vitis vinifera L.). I. Wirkung d. Hemmstoffe auf d. Keimung 3062.
Siew Kee (N.) u. **Bloomfield (C.),** Einfluß d. Überschwemmens u. Belüftens auf d. Beweglichkeit gewisser Spurenelemente in Böden 2036.
Sihlbom (E.), Aminosäurezusammensetzung d. Proteins v. schwed. Weizen 2029.
Sijpesteijn (A. K.) = Kaars Sijpesteijn (A.).
Sijtsema (W.), Blühen d. Flieders an abgeschnittenen Zweigen 2769.
Sikka (S. M.) s. Ahluwalia (M.).
Šikula (N. K.), Wasserhaushalt u. physikal. Eigenschaften d. erodierten Böden d. Donezbeckens 369.
Sikura (A. I.) s. Djadečko (N. P.).
Silbereisen (R.) u. **Feucht (W.),** Verhalten v. Apfelblüten in unterschiedlichem Wärmeklima 758.
Silberschmidt (K.) s. Flores (E.).
Sil'čenko (N. F.) s. Mokšin (P. N.).
— u. **Mokšin (P. N.),** Saatgutqualität v. Ackerbohnen 2988.
Sil'janova (A. N.) s. Lyzlov (E. V.).
Sill jun. (W. H.) s. Chiu (Ren-jong); Hansing (E. D.).
Sillanpää (M.), Spurenelemente in finn. Böden in Abhängigkeit v. Bodentextur u. Gehalt an organ. Substanz 43.
Sillibourne (J. M.) s. Tew (R. P.).
Šillinger (J. I.) s. Štenberg (A. I.).
Šil'nikova (V. K.), Stickstoffgehalt d. Saftes v. Erbsenpflanzen, d. mit Knöllchenbakterienrassen verschied. Effektivität geimpft wurden 2375.
Šilova (E. I.) u. **Korovkina (L. V.),** Vergleichende Charakteristik d. Zusammensetzung des Boden- u. Lysimeterwassers in Rasenpodsolböden 1222.
Silva (D. M.) s. Knight (C. A.).
Silva (G. M.) = Mangalhães Silva (G.).
Silva (M. D. De), Vorläufige Liste d. einheim. Parasiten u. Räuber v. schädlichen Insekten auf Ceylon 2857.
Silva (M. V. e) = Vianna e Silva (M.).
Silva (S.) s. Vicente-Chandler (J.).
Silva-Fernandes (A. M.) s. Tew (R. P.).
Silvestre (P.), Monographie d. Forschungsarbeiten an d. Erdnuß in Bambey 436.
Silvy (A.), Unkrautbekämpfung in Ananasplantagen an d. Elfenbeinküste 2883.
Simak (M.) s. Natarajan (A. T.).
Simakin (A. I.), Düngung d. Feldkulturen am Kuban [691]. — s. Dibrova (M. A.).
Simánek (J.), Erdbeeren-Sortenversuche 3060.
Simanton (W. A.), Reduzierter Stand d. Citrus-Kommalaus als Citrus-Schädling 3123.
Šimek (J.), Einfluß d. Lagerung auf d. Vitamin-C-Gehalt in Kartoffelknollen 1821.
Simeonov (B.) u. **Stojanova (J.),** Chem. Unkrautbekämpfungsversuche in Leinsaaten 3456.
Simeonov (D.), Kapillarer Grundwasseraufstieg bei d. Bodentypen d. Sofioter u. Pasardshiker Bewässerungssystems 2933.
Siminovitch (D.), Therrien (H.), Wilner (J.) u. **Gfeller (F.),** Ausscheidung v. Aminosäuren u. a. mit Ninhydrin reagierenden Substanzen aus Pflanzenzellen nach Schädigung durch Frost; ein empfindliches Kri-

terium für Bestimmung d. Frostschädigung bei Pflanzen 1172.
Simion (I.) s. Mujdaba (F.).
Simionescu (C. I.), Hemmung d. Entwicklungsprozesse v. Pflanzengallen (crown gall) 2258.
Simmonds (D. H.), Unterschiede in d. Aminosäurezusammensetzung von austral. Weizen u. Mehlen 2309.
Simmonds (N. W.), Bananas [440].
Simmonds (P. M.), Auswirkungen an durch Helminthosporium sativum inokulierten Weizenkeimpflanzen u. Ausbreitung d. Pilzes auf ein außerhalb liegendes Substrat 252.
Simon (E. W.) s. Opik (H.).
Simon (I.), Biologie d. Reispflanzen u. d. Agrotechnik d. Reisanbaues 2728.
Simon (J.-L.) s. Leyvraz (H.).
Simon (W.), Haben Bokharaklee u. Phazelia Anbauberechtigung 131. — Strohdüngung auf sandigen Akkerböden 2093. — s. Baumann (E.).
— u. **Eich (D.)**, Kleegrasversuche im mittelsächs. Hügelland 2720.
—, **Eich (D.)** u. **Werner (K.)**, Klee- u. Kleegras-Ertrags- u. -Vorfruchtprüfungen im Erzgebirge. Teil *1*: Nutzungsdauer, Klee, Kleegemenge u. Kleegras 425; *2*. Teil. Aussaatzeiten, Bestandsentwicklung 1006.
— u. **Markert (S.)**, Methylenblausorption diluvialer Sandböden. *1*. Mitt. Abhängigkeit d. MB-Wertes v. Feinerdegehalt 2040.
— u. **Werner (W.)**, Einfluß v. Futterpflanzen als Haupt- u. Zwischenfrüchte auf d. Erträge u. Fruchtbarkeit verschied. Böden. *3*. Teil. Erträge v. Fruchtfolgen mit unterschiedlichem Futterpflanzenanteil auf Lehmböden in feuchter Lage 2687.
— u. **Zajonz (A.)**, Einfluß v. Futterpflanzen als Haupt- u. Zwischenfrüchte auf d. Erträge u. d. Fruchtbarkeit verschied. Böden. *2*. Mitt. Erträge v. Fruchtfolgen mit unterschiedlichem Futterpflanzenanteil auf lehmigem Sandboden in Müncheberg 104. — Kultivierungsversuche mit Abraumerde auf Sandboden 1226. — Landwirtsch. Kultivierung v. sandigem Ödland 1512.
Simone (J.) s. Molot (P. M.).
Simonenko (V. F.), Bekämpfung d. Mottenschildläuse 573.
Simonet (M.), Erzeugung amphidiploider Iris-Bastarde 1644.
Simonguljan (N. G.), Methoden d. Hybridisation innerhalb d. Art 1919.
Simonneau (P.), Temporäre Versalzungserscheinungen von bewässerten Böden in Algerien u. in d. Sahara 351.
Simons (J. N.), Pseudo-curly top-Krankheit in Südflorida 2229. — Biologie u. Verhalten v. Micrutalis malleifera, Überträger d. Pseudo-Kräuselschopfvirus 3121.
—, **Swidler (R.)** u. **Benedict (H. M.)**, Absorption v. chelatisiertem Eisen durch Sojabohnenwurzeln in Nährlösungen 1243.
Simon-Sylvestre (G.) u. **Boischot (P.)**, Anwendung elementaren Schwefels zur Bodendüngung 2682.
Simpson (D. M. H.) u. **Melsted (S. W.)**, Verluste v. gasförmigem Ammoniak aus Harnstofflösungen, d. als Blattsprühung auf verschied. Grasflächen verabreicht worden waren 672.
Simpson (E. C.) s. Barrows (H. L.).
Simpson (G. M.) u. **Naylor (J. M.)**, Ruhe d. Karyopsen v. Avena fatua. *3*. Mitt. Beziehung zwischen Maltase, Amylasen u. Gibberellin 2898.
Simpson (G. W.) s. Shands (W. A.).
Simpson (J. R.), Schwankungen d. mineral. Stickstoffs in Böden unter Kulturweide im südlichen Neu-Südwales 2322.
Sims (H. J.), Zu empfehlende Hafersorten 3002.
Sims (W. L.) s. MacGillivray (J. H.).
Šin (P. V.) s. Kolmakov (P. P.).
Sinclair (J. B.) s. Alford (D. M.).
Singh (A.), Wechselwirkung zwischen Genotyp u. Umwelt bei S_1-Linien v. Mais u. ihren Top-cross-Nachkommenschaften 1628. — s. Dhawan (N. L.).
— u. **Chopra (D. P.)**, Mechan. Ritzen, eine wirkungsvolle Methode zur Beseitigung d. Hartschaligkeit bei Gemüsesaatgut 2739.
Singh (Babu) s. Atheya (S. C.).
Singh (Badan), **Gupta (N. K.)**, **Mistra (R.)** u. **Tandon (R. K.)**, Effekt v. Reihenrichtung, Standraum u. Düngung auf d. Maisertrag 2410.

Singh (Balram), Vererbungsstudien an einer neuen einfachblättrigen Mutante bei Cicer arictinum L. 795.
Singh (Bhag) s. Vaidya (S. M.).
Singh (B. N.), Einfluß d. P-Mangels auf d. Wachstum d. Zuckerrohrs u. d. Aufnahme v. Nährstoffen 671.
Singh (D.) s. Austin (A.).
Singh (G.), Einfluß d. Superphosphatanwendung, mit u. ohne Ammoniumsulfat, in verschied. Mengen u. unterschiedlichen Tiefen auf den N- u. P_2O_5-Gehalt v. Weizenpflanzen 1800. — Beziehung zwischen Wachstum, ausgedrückt als Trokkengewichtszunahme, u. Aufnahme v. Stickstoff u. Phosphor durch d. Weizenpflanze 2388.
Singh (G. M.) s. Singh (Sardar).
Singh (G. P.) s. Vasideva (R. S.).
Singh (I. J.) s. Rappaport (L.).
Singh (J. P.) u. **Samaddar (H. N.)**, Jahreszeitliche Änderungen bei süßen Limetten (Citrus limettioides Tanaka) 2732.
Singh (J. R.) u. **Srivastava (R. P.)**, Vermehrung v. Guava durch Okulieren 3308.
Singh (J. S.) u. **Wali (M. K.)**, Bodenerosion in einigen Gebieten d. Himalaya in Kaschmir 1513.
Singh (K. K.) s. Singh (Sucha).
—, **Jawanda (J. S.)** u. **Dua (K. N.)**, Fruchtwachstum bei Orangen 2731.
Singh (L. B.), Unterlagen f. Mandarinen in d. feuchten Subtropen. *1.* Mitt. Sorte „Hill" 2732.
Singh (M.) s. Butany (W. T.).
Singh (M. P.) s. Agrawal (K. C.).
— u. **Agrawal (K. C.)**, Siechtum bei Citrus. *2.* Mitt. Einfluß v. Zink- u. Kupferspritzungen bei d. Mandarine (C. reticulata Blanco) d. Sorte „Srinagar" 3028.
Singh (R. N.), Problemat. Papaya 2730.
Singh (Sardar) u. **Singh (G. M.)**, Vorbehandlung v. Böden gegen Erdraupen an Kartoffeln 1420.
Singh (Sucha), **Singh (K. K.)** u. **Chugh (D. V.)**, Einfluß v. Naphthylessigsäure u. Indolylbuttersäure auf d. Bildung v. Luftablegern beim Sapodillapfel (Achras sapota L.) 2731.
Singh (S. G.) u. **Singh (S. J.)**, Wirkung einiger landwirtsch. Faktoren auf d. Ertrag d. Reises in Punjab 734.
Singh (S. J.) s. Singh (S. G.).
Singh (S. P.) [New Delhi], Wirkung d. Einweichens v. Samen in Nährlösungen. *2.* Mitt. Absorption v. Zink durch Weizensamen aus Zinksulfatlösung u. sein Einfluß auf Wachstum u. Ertrag 87.
Singh (S. P.) u. **Rhodes (A. M.)** [Illinois], Morpholog. u. zytolog. Untersuchung d. männlichen Sterilität bei Cucurbita maxima 3375.
Singh (S. S.) u. **Colville (W. L.)**, Wirkung d. Schnittes auf Ertrag u. bestimmte landwirtsch. Merkmale v. bewässerter Körnerhirse 1845.
Singh (S. Shah) s. Kanwar (J. S.).
Singh (T. C. N.) u. **Ponniah (S.)**, Wirkung d. durch den Boden dringenden Schallwellen auf Wachstum u. Fortpflanzung einiger Zierpflanzen 773.
Singh (T. K. S.), Cercosporella indica n.sp. 817.
Singh-Dhaliwal (T.) u. **Torres-Sepúlveda (A.)**, Kultur d. Acerola, Malpighia punicifolia L., im Kaffeegebiet v. Puerto Rico 1848.
Sinha (P. K.), Karyolog. Untersuchungen an Tomaten-Klontypen mit intraindividueller aneuploider Chromosomenzahlvariation 3093. — s. Brabec (F.).
Sinha (R. B.), **Randhawa (G. S.)** u. **Jain (N. L.)**, Veränderungen bei „Hamlin" u. „Valencia Late"-Orangen im Laufe d. Jahreszeiten 1300.
Sinha (R. C.) s. Nagaraj (A. N.).
— u. **Black (L. M.)**, Anwendung v. Abstrichen zum Nachweis v. Virus-Antigenen in einem Vektor-Insekt unter Verwendung v. fluorescierenden Antikörpern 2519.
Sinha (R. N.) s. Wallace (H. A. H.).
—, **Liscombe (E. A. R.)** u. **Wallace (H. A. H.)**, Befall eines größeren Weizenpostens durch Milben, Insekten u. Mikroorganismen nach längerer Lagerzeit 1985.
Sinha (S. B.) u. **Sharma (H. G.)**, Mineralisation d. Stickstoffs v. organ. Düngemitteln im Boden v. Gwalior 391.
Sinha (S. D.), **Verma (R. P.)** u. **Lall (A. B.)**, Morphologie einiger roter Bö-

den d. Ranchi-Distriktes im Hinblick auf d. Topographie d. Landes 1764.
Sinha (S. K.), Einfache Methode zur Berechnung d. „crossing over“-Anteils v. F_2-Ergebnissen 1891.
Sinha (T. D.) u. **Verma (U. K.)**, Hülsenfrüchte: ihre Bedeutung in d. ind. Landwirtsch. 1844.
Sinicyna (A. P.) s. Tret’jakov (N. N.).
Sinkovics (M.), Organbildung bei Maishybriden 1902.
Sinreich (A.), Versuche mit Stammschutzmitteln zur Verhinderung v. Insekten- u. Pilzbefall d. Rohholzes im Wald 286. — s. Jahn (E.).
Sinskaja (E. N.), Entfernte Hybridisation d. Luzerne u. a. mehrjähriger Hülsenfruchtfutterpflanzen 208.
Šipinov (N. A.), Feldprüfungen v. Herbiciden 2570.
Sipočliev (T.) s. Georgiev (C.).
Sipos (G.), Methodik d. Einführung v. zeitgemäßen Fruchtfolgen 691. — Ackerbaulehre [1815]*.
Sipoş (Gh.) u. **Timirgaziu (C.)**, Versuchsergebnisse über den besten Pflanzenbestand u. Reihenabstand bei d. Sonnenblume im Tschernosem d. Banates 2708.
Sircar (S. M.) u. **Dastidar (A. G.)**, Aminosäurestoffwechsel v. Reisfrüchten im Verlauf v. Keimung u. Keimwachstum 306.
Sirohi (G. S.) u. **Hamner (K. C.)**, Blühhemmung in Beziehung zum Photoperiodismus bei Sojabohne, Sorte „Biloxi“ 1728.
Sirois (J. C.) s. Katznelson (H.).
Sironval (C.) s. Knapen (H.).
—, **Clijsters (H.)** u. **Wolwertz (M. R.)**, Einfluß v. Gibberellin auf Wachstum u. Verzweigung v. Apfelbäumen d. Sorte „Golden Delicious“ 2163.
Sirotenko (A. A.) s. Maškovcev (M. F.).
Širšova (R. A.), Einfluß d. Kalidüngung auf d. Aufnahme radioaktiven Strontiums durch d. Pflanzen 86.
Sisakjan (N. M.), **Bezinger (É. N.)** u. **Marčukajtis (A. S.)**, Beteiligung d. Lipoide d. Plastiden an d. Eiweißsynthese 306.
— u. **Melik-Sarkisjan (S. S.)**, Besonderheiten d. Eiweißes photosynthetisierender u. nichtphotosynthetisierender Plastiden v. Pflanzen 2603.
Şişeşti (V. I.) = Ionescu Şişeşti (V.).
Šiškov (K. N.), Tensiometer u. seine Verwendung bei d. Untersuchung d. Wasserhaushaltes im Boden 1222.
Sisler (E. C.), **Dugger (W. M.)** u. **Gauch (H. G.)**, Bedeutung d. Bors für den Transport organ. Verbindungen in d. Pflanzen 958.
Sisler (H. D.) s. Montie (T. C.).
Sisodia (N. S.) s. Joshi (A. B.).
Šišov (L. L.) s. Nepomiluev (V. F.).
Sites (J. W.) s. Chauhan (K. S.).
Sivalingam (T.) s. Fernando (G. W. E.).
Sivarajasingham (S.), **Alexander (L. T.)**, **Cady (J. G.)** u. **Cline (M. G.)**, Laterit 2053.
Sivarama Sastry (K.) s. Venkatasubramanyam (V.).
Sivkov (I. G.), Bestimmung d. Granosans im Korn 3438.
Siwicki (S.) s. Krasucki (S.).
Sizov (I. A.), Vorfrüchte d. Faserleins beim Hackfruchtsystem d. Ackerbaues 724. — Variabilität u. Leistung v. Leinsorten 1837.
Sjödin (J.), Beobachtungen in der X_1- u. X_2-Generation v. Vicia faba L. nach Behandlung mit verschied. Mutagenen 3083.
Sjuta (J.), Einfluß d. Reduktionsprozesse u. d. Versauerung auf d. Löslichkeit mineral. Verbindungen des Bodens 924.
Skalozubova-Goljanovskaja (A. N.), Einfluß d. Kultivierungsverfahren v. Klei-Podsolböden auf Prozesse d. Humusbildung u. einige andere Bodeneigenschaften 656.
Skalská (E.), Jahresverbrauch an Stickstoff, Phosphor, Kalium u. Calzium im oberird. Teil d. Roten Johannisbeerstrauches d. Sorte „Holländische Rote“ als Grundlage für d. Berechnung d. Düngergaben 1877.
Skalski (J.), Das schwarze Bilsenkraut ist eine wertvolle Heilpflanze 3295.
Skąpski (H.), Wachstumsbedingungen v. Jungpflanzen auf Frühreife u. Qualität v. Blumenkohl 1585. — s. Mercik (T.).
Skarbilovič (T. S.) s. Evreinov (M. G.).
Skazkin (F. D.), Einfluß d. Elemente d. Mineraldüngers auf d. Widerstandsfähigkeit v. Brotgetreide in ver-

schied. Perioden ihrer Entwicklung bei Wassermangel im Boden 80.

Skazkin (F. D.) u. **Lukomskaja (K. A.)**, Besonderheiten d. Blühens bei Gräsern im Zusammenhang mit ungenügender Bodenfeuchtigkeit 2298. – Einfluß d. Wassermangels im Boden auf d. Bildung d. weiblichen Gametaphyten bei einigen Gräsern in Beziehung zu ihrer Entwicklung 3188.

Skazkina (T.) s. Treml' (A.).

Skene (K. G. M.) u. **Carr (D. J.)**, Weizenblatt-Test zur quantitativen Bestimmung d. Gibberellinaktivität in Pflanzenextrakten 2312.

Skiebe (K.) s. Adam (H.); Müller (H. J.).

Skierkowski (J.), Zusatzbelichtung v. Tomatenjungpflanzen in Skierniewice v. *1955* bis *1960* 1591. – Reaktion d. Tomate unter Glas auf eine sechsstündige Zusatzbelichtung d. Jungpflanzen während verschied. Nachtstunden mit einer Fluoreszenzlichtquelle 2742.

Škinkis (C. N.), Regulierung d. Feuchtigkeit eines Rasenpodsolbodens durch Dränage 72.

Skinner (C. G.), **Hedgcoth (C.)** u. **Wagner (D.)**, Synergist. Wirkung v. Mischungen aus *6*-Benzylaminopurin u. verschied. Gibberellinen auf d. Keimung 1458.

Škipsna (J. É.), Helminthosporiose d. Maises in d. westlichen Bezirken d. Lett. SSR 1120.

Skirde (W.) s. Stählin (A.).

Skládal (V.) s. Kuhn (V.).

Škljar (M. S.) u. **Chalimova (L. A.)**, Tox. Wirkung d. Bakteriengattung Pseudomonas auf Samen 2936.

Skobec (E. M.) s. Abarbarčuk (I. L.).

Skogley (R. C.), Rasenunkrautbekämpfung 292.

Skok (J.), **Chorney (W.)** u. **Broecker (W. S.)**, CO_2-Aufnahme durch d. Wurzeln v. Xanthium - Pflanzen 2656.

Škol'nik (M. J.) u. **Kosicyn (A. V.)**, Einfluß v. Bor auf d. Schnelligkeit d. ^{32}P-Eintritts in d. Nucleinsäuren d. Sonnenblume 1788.

– u. **Maevskaja (A. N.)**, Bedeutung v. Bor für den Nukleinstoffwechsel 678. – Mechanismus d. Borwirkung u. d. Biosynthese v. Nucleinsäuren. Einfluß v. Bor auf den Energiestoffwechsel 1177.

Škol'nik (M. J.) u. **Solov'eva-Troickaja (E. A.)**, Physiolog. Rolle v. Bor. *3.* Mitt. Ursachen d. bes. Rolle v. Bor bei d. Bildung reproduktiver Organe u. bei d. Fruchtbildung 1788.

Skomroch (W.), Betrachtungen zum Ertragsgesetz 1783.

Škonde (É.), Formen d. Phosphors im Dung 2388.

Skoog (F.) s. Zwar (J. A.).

Škopik (P.) u. **Derco (M.)**, Aktuelle Fragen d. Getreidebaus [3304].

– u. **Kopecký (M.)**, Ernährung d. Getreidepflanzen bei Anwendung kombinierter Düngemittel 3265.

Škorić (A.), Studium v. Ton einiger genet. Bodentypen in Jugoslawien 43.

Skou (J. P.), Mikroflora d. Bodens bei Dauerbestrahlung 1486. – s. Stapel (C.).

Skov (O.) s. Oakes (A. J.).

Skripčinskij (V. V.), Einfluß niedriger Temperaturen auf Wachstum u. Entwicklung verschied. Arten v. Zierpflanzen (Zwiebel- u. Knollengewächse) 1052. – Biolog. Grundlagen d. Mehrjährigkeit v. Horstgräsern im Zusammenhang mit d. entfernten Hybridisation 1615.

Skrjabin (F. A.), Einfluß verschied. Methoden d. gemeinsamen Einbringung v. Stallmist u. Mineraldüngern auf den Baumwollertrag 1799. – Einfluß d. Mineraldünger auf d. Humifizierung v. Luzernewurzeln u. Stallmist in Grauerdeböden 2091.

Skrjabin (K. I.), Probleme d. Phytohelminthologie [2883].

Skuhravá (M.) s. Skuhravý (V.).

– u. **Nijveldt (W.)**, Morphologie u. systemat. Stellung d. Mohnkapselgallmücke Clinodiplosis papaveris (Kjell.) (Diptera, Itonididae) 3116.

Skuhravý (V.), Generationszahl d. Rübenfliege Pegomyia hyoscyami betae Curt. 2818. – s. Novák (K.).

–, **Novák (K.)** u. **Starý (P.)**, Insektenfauna d. Klees u. ihre Entwicklung [1389].

Skuhravý (V.) u. **Skuhravá (M.)**, Bionomie u. Verbreitung d. Mohnkapselgallmücke Clinodiplosis papaveris (Kjell.) (Diptera, Itonididae) 3116.
Skuiń (K. P.), Bedeutung d. Rebenselektion im Norden für d. südlichen Rayone mit winterbedecktem Weinbau 1333.
Skujins (J. J.) s. McLaren (A. D.).
Skupińska (J.) s. Birecka (H.).
Škvarnikov (P. K.) u. **Černyj (I. V.)**, Strahleninduzierte Mutationen bei Sommerweizen in Abhängigkeit v. d. Art d. Bestrahlung 3077.
Slack (A. V.) s. Hand jun. (L. D.).
Sládeček (V.), Abwasserklassifikation v. biolog. Standpunkt 1776.
Sladkov (A. N.), Morphologie d. Pollen u. d. Sporen d. heutigen Pflanzen in d. UdSSR im Zusammenhang mit d. Methoden ihrer prakt. Anwendung [3206].
Slager (S.) s. Yaalon (D. H.).
Sláma (J.), Anwendung v. Spurenelementen u. sauren sowie bas. Düngemitteln beim Blumenkohl 2739.
Slatyer (R. O.), Innerer Wasserhaushalt höherer Pflanzen 1170.
Slavnić (Ž.), Samenerzeugung v. Unkräutern in verschied. Gesellschaften in Nordjugoslawien 1990.
— u. **Kovačević (J.)**, Helminthia echioides (L.) Gärtn., eine anthropophyt. Pflanze in Jugoslawien 2992.
Slavnyj (J. A.) u. **Vorob'eva (É. S.)**, Ausfällen v. Kieselsäure aus Bodenlösungen beim Gefrieren 1748.
Sleesman (J. P.) s. Wolfenbarger (D.).
Slepička (J.) s. Kropáčová (A.).
Slepuškina (G. P.), Züchtungsmethodik frühreifer Kartoffelsorten 1635.
Slife (F. W.), Unkrautbekämpfung in Sojabohnen in d. Nordstaaten 3455.
—, **Key (J. L.)**, **Yamaguchi (S.)** u. **Crafts (A. S.)**, Eindringen, Verlagerung u. Metabolismus v. *2.4*-D u. *2.4.5*-T in Sicyos angulatus u. Cucumis sativus 2275.
Slijcken (A. van), Einfluß einer unausgeglichenen Düngung auf d. botan. Zusammensetzung d. Bestandes 1568.
— u. **Andries (A.)**, Wege zur Förderung d. Weißklees in einem kleearmen Bestand 1568.
Śliwiński (Z.) s. Razowski (J.).
Slogteren (D. H. M. van) s. Hakkaart (F. A.).
—, **Vos (N. P. de)** u. **Hahhaart (F. A.)**, Serolog. Beziehung zwischen Chrysanthemum Virus B u. latentem Nelkenvirus, Kartoffelvirus M u. S 2514.
Slomnicki (I.), Auslese v. Kartoffelsorten mit kurzer Keimruhe 797. — Probleme d. Kartoffelzüchtung in Israel 1075.
Slotboom (H. J.) s. Uitterlinden (L.).
Słowik (K.), Der P_2O_5-Gehalt im Boden bei unterschiedlichem Abstand v. Stamm u. unterschiedlicher Bodentiefe 2749. — Plazierung d. Wurzeln v. *11*jährigen Apfelbäumen in d. begrasten Streifen u. zwischen d. Baumreihen 2751. — s. Kłossowski (W.).
Sluijsmans (C. M. J.) u. **Struijs (L.)**, Kopfkalkung v. Kartoffeln 1809.
Sly (J. M. A.) u. **Tinker (P. B.)**, Beurteilung d. Waldabbrennens bei d. Anlage v. Ölpalmenpflanzungen in Südnigeria 1298.
Šlyk (A. A.), **Gaponenko (V. I.)** u. **Kuchtenko (T. V.)**, Kinetik v. ^{14}C bei d. Erneuerung d. Chlorophylls in Gersten- u. Tabakpflanzen 2294.
— u. **Kuchtenko (T. V.)**, Kinetik d. spezif. Aktivität d. Phytol- u. Phorbin-Kohlenstoffes v. Chlorophyll a u. b im Erneuerungsprozeß 9.
Slykhuis (J. T.), Agropyron-Mosaik als eine Erkrankung d. Weizens in Kanada 3124.
Smálik (M.), **Hončariv (R.)**, **Drozd (J.)** u. **Kubíková (A.)**, Wachstum u. Entwicklung v. Kartoffeln nach Röntgenbestrahlung isolierter Keime 2022. — Farbveränderungen d. Kartoffelknollen nach Bestrahlung isolierter Keime 2691.
Šmal'ko (V.), Wie sind Feuchtigkeit u. Trockenheit bei d. Kartoffel- u. Gemüselagerung zu bekämpfen 1554.
Šmal'ko (V. F.) s. Cicin (N. V.).
Small (H. G.) u. **McCants (C. B.)**, Einfluß v. Arsen, d. d. Nährmedium zugeführt wurde, auf d. Arsengehalt v. heißluftgetrocknetem Tabak 613.
Smart jun. (G. C.) u. **Darling (H. M.)**,

Pathogenitätsabweichung u. Ernährungsansprüche v. Ditylenchus destructor 3389.
Smartt (J.), Unkrautkonkurrenz in Körnerleguminosen in Nordrhodesien 288.
Smeltzer (G. G.), Langille (W. M.) u. **McLean (K. S.)**, Einflüsse einiger Spurenelemente auf d. Gras- u. Leguminosenproduktion in Nova Scotia 1260.
Smet (L. A. H. de), Bodenbeschaffenheit des Tongebietes im östlichen Groningen [645]*. — Het dollardgebied [2054]*.
Šmídová (M.), Effekt v. Na-Humat auf Quellung u. Keimfähigkeit des Winterweizens 893.
Smiljaković (H.) s. Penčić (V.).
Smiljanec (L. E.), Veränderung d. Arteigenschaften v. Tomatensamen in Abhängigkeit v. d. Anzuchtverfahren d. Tomate 3045.
Smillie (R. M.), Photosynthet. u. respirator. Aktivitäten wachsender Erbsenblätter 2012. — Bildung u. Funktion v. löslichen Proteinen in Chloroplasten 2295.
Smirnjagina (M. M.) s. Pervuchin (F. S.).
Smirnoff (W.) u. **Heimpel (A. M.)**, Ein Stamm v. Bacillus thuringiensis var. thuringiensis Berliner, isoliert v. d. Lärchenblattwespe Pristiphora erichsonii (Hartig) 267.
Smirnoff (W. A.) u. **Heimpel (A. M.)**, Hinweise auf d. Pathogenität v. Bacillus thuringiensis var. thuringiensis Berliner für d. Regenwurm Lumbricus terrestris L. 266.
Smirnov (A. G.), Xenien bei Stachelbeeren 1877.
Smirnov (P. M.) u. **Fruktova (N. I.)**, Nichtaustauschbare Ammoniakfixierung durch d. Böden 2921.
Smirnov (V. G.), Cytoplasmat. männliche Sterilität bei Mais 2779.
Smirnova (I. S.) s. Evreinov (M. G.).
Smirnova (V. A.), Agroklimat. Rayonierung d. UdSSR entsprechend d. Sonnenblumenerträgen 618.
Smirnova (V. I.), Azotobacter u. d. Pflanze 1759.
— u. **Štifanova (V. I.)**, Warum steigert Ammoniakwasser d. Erträge 3269.
Smirnova-Ikonnikova (M. I.), Eiweißgehalt u. -qualität bei Körnerleguminosen 1188.
Smit (W. B. de) s. Marais (P. G.).
Smith (A. D.), Horricks (J. S.) u. **Andrews (J. E.)**, Wirkung v. Deckfrüchten auf d. Überleben im Winter, Fußkrankheiten u. Ertrag v. Winterweizen 122.
Smith (A. N.), Wirkung v. Düngemitteln, Schwefel u. Mulch auf ostafrikan. Teeböden. *1.* Mitt. Wirkung auf d. pH-Wert-Reaktion d. Bodens 90.
Smith (B. D.), Verhalten u. Bekämpfung d. Johannisbeergallmilbe Phytoptus ribis (Nal.) 2505. — Übertragung d. Schwarzen Johannisbeergallmilbe (Phytoptus ribis Nal.) u. Reversion 2816.
Smith (C.) s. Gordon (M. P.).
Smith (C. A.), Trop. Gras-Leguminosenweiden in Nordrhodesien 1303.
Smith (C. M.) u. **Pesek (J. T.)**, Wirkung d. Rest-Düngerphosphors in einigen Iowa-Böden 2613.
Smith (C. T.) s. Shaw (F. R.).
Smith (D. R.) u. **Langhans (R. W.)**, Prakt. Anwendungen v. Lichtblitzen 1881.
Smith (E. H.) u. **Lienk (S. E.)**, Verstärkung d. Spritzprogramms bei Birnen zur Bekämpfung d. Insekten- u. Milbenschädlinge 569.
— u. **Phillips (J. H. H.)**, Einfluß v. Ölviscosität u. Behandlungszeitpunkt bei d. Spätwinterbekämpfung d. Pflaumenschildlaus 279.
Smith (F. G.), Anzucht v. Tomatenpflanzen für d. Kultur in ungeheizten Gewächshäusern 1592. — Pflanztermine für Tomaten in ungeheizten Gewächshäusern 1592.
— u. **Turner (E. A.)**, Standweiten bei Tomaten in kalten Holländer-Fenster-Blöcken 1593.
Smith (F. L.), Samenschalenfarbgene v. *6* Handelssorten d. Bohne 203.
Smith (F. S.) s. Keys (A. J.).
Smith (F. W.) s. Greig (J. K.).
Smith (H. C.) s. Allen (J. D.).
Smith (H. W.) s. Okazaki (R.).
Smith (J. B.) s. Manning (P. B.).
Smith (J. D.) s. Crawley (W. E.).
—, **Crawley (W. E.)** u. **Lees (F. T.)**, Sammlung u. Anreicherung v. Pithomyces chartarum-Sporen v. d.

Wirtspflanze u. v. Roggenkorn-Kulturen 1401.
Smith (J. E.), Transaminisierungsreaktionen in Uredosporen v. Puccinia helianthi 3104.
Smith (K. M.), Plant viruses [1118].
Smith (M. S.) s. Abdulla (I.).
Smith (O.), Beeinflussende Faktoren u. Methoden zur Bestimmung d. Qualität v. Kartoffelchips 797.
Smith (P. F.), Mineralstoffanalyse v. Pflanzengewebe 1170. — s. Rasmussen (G. K.).
— u. **Rasmussen (G. K.),** Beziehungen zwischen Fruchtgröße, Ertrag u. Qualität v. „Marsh"-Grapefruit u. Kalidüngung 2430.
—, **Rasmussen (G. K.)** u. **Hrnciar (G.),** Auslaugungsversuche mit Metallsulfaten an leichten, sandigen Citrusböden in Florida 2325.
Smith (R.) u. **Robertson (V. C.),** Boden- u. Bewässerungsklassifikation flachgründiger Böden auf Gipsunterlagen im Nord-Irak 57.
Smith (R. E.), Anfänge d. Pflanzenpathologie in Amerika 2207.
Smith (R. J.) u. **Read (W. H.),** Fungitox. Derivate v. Salicylaldehyd. *1.* Mitt. *3-*, *5-* u. *3,5*-Chlor-Derivate d. Salicylanilids u. Salicyl-p-chloranilids 1427; *2.* Mitt. Chlorierte u. bromierte Derivate v. Salicylidenanilin u. verwandte Verbindungen als Bekämpfungsmittel gegen den Echten Mehltau d. Gurke (Erysiphe cichoriacarum DC.) 1149; *3.* Mitt. Einige N-substituierte Derivate v. halogenierten Salicylideniminen als Bekämpfungsmittel gegen den Echten Mehltau d. Gurke 1149.
Smith (R. L.) s. Justice (J. K.).
Smith (S. D.) u. **Wischmeier (W. H.),** Regenerosion 2068.
Smith (T. C.) s. Joiner (J. N.).
Smith (T. E.), Kulturvariante v. Xanthomonas malvacearum, isoliert v. Unkrautwurzeln 3159.
Smith jun. (W. L.), Chem. Behandlung zur Verminderung d. Frucht- u. Gemüseverderbs nach d. Ernte **1853**. — s. Audia (W. V.).
Smith (W. P. C.) = Cass Smith (W. P.).
Smith (W. W.), Verwitterung einiger schott. bas. Magmatite in Beziehung zur Bodenbildung 2321.
Smith (Y. C.), Williams (B.) u. **Beaty (E. R.),** Programmierung v. Ertragswerten für d. maschinelle Verrechnung 2996.
Smock (R. M.) s. Blanpied (G. D.); Glass (E. H.).
Smolík (D.), Mechanische Eigenschaften d. Wurzeln einiger Feldfrüchte u. Gräser 594. — Zweijährige Versuche zur Feststellung d. Abspülmengen in landwirtsch. Kulturen d. beskid. Enklaven 1513.
Smolina (L. B.) u. **Volkova (V. J.),** Einfluß d. künstlichen Strukturbildner auf d. Aggregation v. Teilchen in typ. Schwarzerdeböden 3219.
Smoot (J. J.) s. Segall (R. H.).
Smrž (J.), Verminderung d. Viruskrankheiten d. Zuckerrüben durch Vektorenbekämpfung mit Insektiziden 573.
Smydzuk (J.) s. Robertson (R. N.).
Snapp (O. I.), Pfirsichtriebbohrer-Versuche in Pfirsichgärten 1971.
Snaydon (R. W.), Mikro-Verteilung v. Trifolium repens L. in Beziehung zu d. Bodenfaktoren 617. — Wachstum u. Konkurrenzfähigkeit kontrastierender natürlicher Populationen v. Trifolium repens L. auf bas. u. sauren Böden 913. — Reaktion einiger Trifolium-Arten auf Calcium in Sandkultur 2379.
— u. **Bradshaw (A. D.),** Leistungsvermögen u. Lebensdauer unterschiedlicher natürlicher Populationen v. Weißklee bei Auspflanzung in Festuca-Agrostis-Berggrünland 441. — Unterschiede zwischen natürlichen Populationen v. Trifolium repens L. in d. Reaktion auf mineralische Nährstoffe. *1.* Mitt. Phosphat 1569.
Šnejder (J. I.) s. Karavjanskij (N. S.); Laričeva (M. D.); Vlasov (J. I.).
Snow (D.) s. Cartwright (P. M.).
Snowball (G. J.), Wilson (F.), Campbell (T. G.) u. **Lukins (R. G.),** Anwendung v. Parasiten d. Oriental. Fruchtfliege (Dacus dorsalis) gegen d. Queensland-Fruchtfliege (Strumeta tryoni) 2255.
Snyder (R. J.) s. Duvick (D. N.).
Snyder (W. C.) s. Christou (T.); Noviello (C.).

Sobers (E. K.) u. **Plakidas (A. G.),** Colletotrichum-Arten an Lilienzwiebeln 2538.
Sobolev (S. S.), Schutz d. Böden vor Erosion u. Steigerung d. Bodenfruchtbarkeit [2071]. — s. Vilenskij (D. G.).
Soboleva (T. I.), Besonderheiten tetraploider Formen v. Lycopersicon esculentum Mill. 1314.
Soboleva-Dokučaeva (I. I.) u. **Semenova (S. A.),** Wirksame Mittel zum Schutze d. Rüben vor d. Rübenminierfliege 570.
Sobotha (E.), Grundwasser u. Grundwassererschließung in ariden Räumen (Iran u. Tunesien) 3238.
Sobro (M. O. C. B.) = Brasil Sobro (M. O. C.).
Socolofsky (M. D.) u. **Wyss (O.),** Resistenz d. Azotobacter-Cyste 1489.
Soczek (Z.) s. Kłossowski (W.); Pieniażek (S. A.).
Sodmanenko (V.), Neue Kartoffelsorten 3007.
Söchtig (H.) s. Flaig (W.).
Söding (H.) s. Raadts (E.).
Sömermaa (K.), „Bollnäser Krankheit". *3.* Mitt. Studien über d. „Trübe Feldwanze" Lygus rugulipennis 3120.
Sømme (L.), Untersuchungen über d. Bekämpfung d. Mehlmotte (Ephestia kühniella Zeller) 1153.
Sørensen (C.), Einfluß d. Ernährung auf d. stickstoffhaltigen Bestandteile d. Pflanzen. *3.* Mitt. Nitrat-Tests u. Ertragsstruktur d. Blätter v. Futterzuckerrüben 392.
Sørensen (H.), Zersetzung v. mit C-*14* markiertem Gerstenstroh im Boden 2341.
Sogn (L.), Methode u. Apparatur zur Schnellbestimmung d. Keimfähigkeit d. Saatgutes 2108.
Sogomonjan (S. A.) s. Čolachjan (D. P.).
Sójka (E.), Untersuchung d. Physiologie u. Biochemie d. sich entwickelnden Roggenkorns. *3.* Mitt. Einfluß d. Reife d. Saatmaterials auf den Pflanzenertrag sowie d. Widerstandsfähigkeit gegen Dürre u. tiefe Temperaturen 399; *4.* Mitt. Abhängigkeit d. Jarowisation vor d. Saat von d. Reifegrad d. Saatmaterials 694. — s. Grzesiuk (S.).
Sokolenko (N. F.) u. **Kotov (A. F.),** Neue Kartoffelsorte „Odesski *24*" 3007.
— u. **Treskin (N. G.),** Abbau u. Verbesserung v. Kartoffelpflanzgut 3008.
Sokolov (A. V.), Besonderheiten d. Wurzelernährung d. Pflanzen in Pflanzengemeinschaften.
— u. **Turčin (F. V.),** Verwendung d. Isotope ^{32}P u. ^{15}N in d. Agrochemie 2385.
—, **Vlasjuk (P. A.), Grinčenko (A. M.), Gorbunov (N. I.), Dmitrienko (P. A.), Kononova (M. M.)** u. **Mišustin (E. N.),** Fruchtbarkeit d. Bodens u. d. Maßnahmen ihrer Steigerung 2358.
Sokolov (B. P.) u. **Domašnev (P. P.),** Klassifizierung d. Maises nach d. Länge d. Vegetationsperiode 1828.
— u. **Iskanderova (D. D.),** Maissorte „Dneprowskaja *200*" 3287.
— u. **Jančenko (A. A.),** Selektion v. Zuckermais 793.
— u. **Romanenko (L. G.),** I-Linien als Ausgangsmaterial für d. Züchtung 1071.
Sokolov (S. I.), Bodenfarbe 65.
—, **Assing (A. I.), Kurmangaliev (A. B.)** u. **Serpikov (S. K.),** Böden d. Gebietes Alma-Ata [645]. — Die Böden d. Kasach. SSR. Nr. *4.* Die Böden d. Gebietes Alma-Ata [3232]*.
Sokolov (V. S.), Entwicklung d. Wurzelsystems bei Mais in Abhängigkeit v. d. Bestandesdichte 3005.
Sokolova (G. P.) s. Drozdov (N. A.).
Sokolova (L. A.) s. Žurbickij (Z. I.).
Sokolova (M. F.), Veränderung d. Bodenacidität unter d. Einfluß d. Kalkung in Kombination mit organ. u. mineral. Düngemitteln 1532.
Sokolova (S. M.), Einfluß d. Saatzeiten auf physiolog. Besonderheiten v. Winter- u. Sommerweizen 114. — Veränderung v. stickstoffhaltigen Stoffen in den Blättern mehrjährigen Weizens 665. — Veränderung d. stickstoffhaltigen Stoffe bei d. Reife d. Korns mehrjährigen Weizens 665.
Sokol'skaja (B. P.), Hohe Rotklee-Ernten u. biolog. Eigenarten d. Bestäubung v. Rotklee-Blüten 131.
Solberg (R. A.) s. Spanis (W. C.).
— u. **Bald (J. G.),** Viruseintritt u. -ver-

mehrung während d. Blatthistogenese 2231.
Soldatov (K. I.), Methodik d. diallelen Kreuzung v. Mais 1064.
Solignat (G.), Resistenz d. Kastanien gegen Endothia parasitica 1923.
Solnceva (M. P.), Vererbung d. Geschlechtstyps d. Blüte in d. F_1 bei Sortenkreuzungen d. großfrüchtigen Erdbeere 3096.
Solodovnik (P. S.) s. Brudnaja (A. A.).
Solokov (A. A.) s. Džanpeisov (R.).
Solomon (M. E.), Ökologie d. Mehlmilbe, Acarus siro L. (= Tyroglyphus farinae DeG.) 1099.
Solotarev (E.), Ergebnisse d. Getreideversuche d. Jahres *1959/60* 706; dass.: *1960/61* 2406.
Solov̂ev (A. G.), Wirkung d. Natriumsalze v. Dinitroorthokresol auf den Ertrag u. d. Qualität d. Faserleins 1996.
Solov̂ev (V. P.) s. Ibragimov (Š. I.).
Solov̂eva (E. P.) s. Anferova (V. N.).
Solov̂eva (M. A.) s. Okanenko (A. S.); Verbovyj (K. A.).
Solov̂eva (V. M.), s. Kosmodem̂janskij (V. N.).
Solov̂eva-Troickaja (E. A.) s. Škol'nik (M. J.).
Solowjow (P. P.), Bedeutung d. mehrjährigen Lupine auf Sandböden 1804.
Solymossy (F.) s. Szalay-Marzsó (L.).
— u. **Farkas (G. L.)**, Simultane Aktivierung v. Enzymen d. Pentosephosphat-Zyklus in einem virusinfizierten Lokalläsionenwirt 2233.
— u. **Szalai-Marzsó (L.)**, Epidemiologie d. Gurkenmosaikvirus (GMV) in Paprikakulturen 2236.
Soma (E.) s. Miyashita (K.).
Somayajulu (P. L. N.) s. Rao (M. V.).
Somerhalder (B. R.), Bewässerung v. Getreide 659.
Somers (E.), Fungitoxizität v. Metallionen 1148. — s. Richmond (D. V.).
— u. **Richmond (D. V.)**, Neueste Versuche mit Captan 2560.
Somfalvy (E.) u. **Somfalvy (K.)**, Chem. Behandlung d. Knäuel auf d. Zukkerrübe 3277.
Somfalvy (K.) s. Somfalvy (E.).
Sommer (E.), Biochem. u. technolog. Untersuchungen an Zuckerrüben verschied. Zuchtrichtungen unter bes. Berücksichtigung d. Stickstoffsubstanzen 906. — Quellung u. Keimung bei vorgequellten Rübenknäueln 982. — s. Curth (P.).
Sommer (Ernst), Verlustarme Lagerung u. zweckdienliches Vorkeimen v. Kartoffeln 1550.
Sommer (G.) s. Rehm (H.-J.).
Sommerfeldt (T. G.), Wirkung d. Anionen im System auf d. Menge durch Bodenmaterialien adsorbierter Kationen 629.
Sommerkamp (G.), Richtzahlen für Grünlandbetriebe d. Marsch 2432.
Somorowska (K.) s. Kłosińska-Rycerska (B.).
Somos (A.), Änderungen in d. Entwicklungsdauer d. Gemüsepaprikapflanze in Abhängigkeit vom Licht 749; dass.: 1856.
—, **Ferencz (V.) u. a.**, Wirkung d. über d. Boden bzw. über d. Blatt verabreichten Phosphors auf Reife u. Zusammensetzung d. Tomaten 2447.
Sondern (J. A.), Verwendungsmöglichkeiten v. Kunststofftöpfen 181.
Sonneveld (A.), Verteilung u. Neuverteilung d. Trockensubstanz in perennierenden Futterpflanzen 2289.
Sonneveld (H. A.) s. Harberts (C. L.).
Sonsalla (R.), Libanon-Obstgarten d. Vorderen Orient 3327.
Sońta (W.) s. Świętochowski (B.).
Soó (R.), **Haraszty (Á.) u. a.**, Botanik [2288]*.
Soper (R. J.) s. Weir (C. C.).
Sor (K.) s. Bertrand (A. R.).
— u. **Bertrand (A. R.)**, Einflüsse d. Kraft des Regenfalles auf d. Durchlässigkeit v. Böden 925.
Sorensen (E. L.) s. Isaak (A.).
Sorenson jun. (J. W.) s. Person jun. (N. K.).
Sorge (P.), Sortenprüfung mit Rhabarber v. *1950* bis *1957* 2744.
Soriano (P. M.) s. Lantican (R. M.).
Šormová (Z.), Biochemické aspekty stimulace rostlin [320].
Sorokin (H. P.), **Mathur (S. N.)** u. **Thimann (K. V.)**, Wirkung v. Auxinen u. Kinetin auf d. Xylemdifferenzierung in Erbsenepikotylen 606.
Sorokina (O. N.) u. **Anikeeva (I. D.)**, Cytolog. Untersuchungen an mit

Neutronen bestrahlten Weizenkeimlingen 1342.

Sorteberg (A.), Beziehungen zwischen Kupfer u. Hafer bei Zufuhr v. kultiviertem zu unkultiviertem Torf 1789.

Sosnin (N. A.), Wirksamkeit v. Estergemischen d. *2.4*-D bei d. Bekämpfung d. Ackerdistel 883.

Sosnowski (A.), Laboruntersuchungen über d. künstliche Trocknen v. Kräutern 1554.

Sosulski (F. W.) u. **Larter (E. N.)**, Chem. Zusammensetzung v. diploiden u. autotetraploiden Gerstensorten 3193.

Šotalova-Zalesskaja (E. O.), Gemeinsame Wirkung v. Mangan u. Kupfer auf Kohlenhydratgehalt, Atmung u. Entwicklung v. Tomaten 958.

Soubies (L.) u. **Gadet (R.)**, Methylierte Harnstoffe in Obst- u. Gartenbau 1540.

Soukup (J.), Sorption u. Auswaschung v. Nährstoffionen in gärtner. Erden. *2.* Mitt. K-Ionen 1199.

Souillaci (A.) s. Damigella (P.).

—, Matouš (J.), Sýkora (V.) u. **Dubský (F.)**, Verwendung synthet. Ionenaustauscher als „Sorbens" pflanzlicher Nährstoffe 2978.

Soulati (J.) s. Bass (S. T.).

Soulides (D. A.) s. Pinck (L. A.).

—, Pinck (L. A.) u. **Allsion (F. E.)**, Antibiotica in Böden. *5.* Mitt. Stabilität u. Freisetzung v. an Boden adsorbierten Antibiotica 2623.

Southcott (W. H.), Roe (R.) u. **Turner (H. N.)**, Weideverfahren auf Naturweiden d. Neu-England-Gebietes v. Neu-Südwales. *2.* Mitt. Wirkung d. Herdengröße auf d. Weide u. d. tier. Leistung bei Schafen unter bes. Berücksichtigung innerlicher Parasiten u. d. Weideverhaltens 2436.

Southwood (T. R. E.) u. **Jepson (W. F.)**, Produktivität v. Oscinella frit (L.) (Chloropidae) u. a. stengelbohrenden Dipteren auf Grasländereien in England 831. — Populationen v. Oscinella frit L. (Dipt.: Chloropidae) in einem Haferfeld 3117.

Souty (J.), Obstsortenliste nach Verordnung v. *22.* Jan. *1960* 1862.

Sowden (F. J.) s. Ivarson (K. C.).

— u. Ivarson (K. C.), Zersetzung v. Waldstreu. *3.* Mitt. Veränderungen d. Kohlenhydratbestandteile 2341. — Analyse v. Kohlenhydraten im Boden. *2.* Mitt. Anwendung v. Cellulosesäule u. Papierchromatographie zur Bestimmung d. Zuckerbestandteile 2352.

Sowinski (J.), Eiweißgehalt im Braugerstenkorn u. seine Beeinflussung durch Witterung, Düngungsmaßnahmen u. Sorte 2409.

Spakkes (C. H.) s. LeCompte jun. (S. B.).

Špaldoň (E.) u. **Adamovský (F.)**, Ergebnisse aus Anbauversuchen mit d. Winterweizen „Diana I" 2699.

— u. **Krausko (A.)**, Studium d. Vereinzelns in verschied. Wachstumsphasen u. seines Einflusses auf d. Ernteertrag u. d. Qualität d. Wurzelzichorie (Cichorium intybus L.) 724. — Studium d. Saattermins u. seines Einflusses auf Ernteertrag u. Qualität d. Chicorée 1857. — Landbautechn. Eigenschaften d. Zichorie 2743.

— u. **Láskoš (J.)**, Einfluß d. Reihenentfernung auf d. Ertrag an Hanfsamen 999.

— u. **Pevná (V.)**, Einfluß v. Reifestadium d. Früchte u. Reifwerden nach d. Ernte auf d. Samenqualität bei Gemüsepaprika 1029.

Spanier (J.) s. Schieblich (J.).

Špánik (V.), Valenta (V.) u. **Bystrický (V.)**, Reinigung u. elektronenmikroskop. Darstellung d. Virus d. Gelbstreifigkeit d. Zwiebel 1405.

Spanis (W. C.), Munnecke (D. E.) u. **Solberg (R. A.)**, Biolog. Abbau v. zwei organ. Quecksilberfungiciden 1425.

Spanner (D. C.), Schnelligkeit u. Energie-Erfordernis d. Translokation 1722.

Sparrow (D. H. B.) s. Paleg (L. G.).

Spasić (M.), Pflanzliche Parasiten d. Bezirks Timocka Krajina 3140.

Spasov (C.), Gründüngungseffekt bei erwachsenen Pflaumenanlagen 2168.

Spasov (S.) s. Michov (A.).

Specht (G.), Agrotechnik d. Silomaises 1295. — Eingliederung d. period. PK-Düngung in d. Fruchtfolgen leichter Sandböden 2671.

Specht (H. B.), Anzucht d. Obstbaum-

spinnmilbe unter kontrollierten Umweltbedingungen 3435.
Speer (R.) s. Beaton (J. D.).
Speichert (H.) s. Golenia (A.).
Speidel (B.), Untersuchungen über den Einfluß d. Basensättigung d. Bodens u. d. Artenkombination auf den Ertrag v. Dauerwiesen 441.
Spek (J. van der), Kontrolle d. Botrytis-Infektion v. Leinsaatgut 1695.
Speleers (A.) s. Hoed (F.).
Spell (D. P.) s. Hord (H. H. V.).
Spence (C. C.), Bewässerung in Kanada, ihr Einfluß auf d. Landwirtsch. 2646.
Spence (J. A.), Kakaoschalenschwärze. *1.* Mitt. Vergleich d. Isolate v. Phytophthora palmivora (Butl.) Butl. 1674; *2.* Mitt. Untersuchung über d. Wirt-Parasit-Beziehungen 1674.
Spencer (D.) s. Possingham (J. V.).
Spencer (D. M.), Fungicide in Landwirtsch. u. Gartenbau 1147. — Polystyrolmikrobecher für Sporenkeimtests 2849. — s. Bates (A. N.).
Spencer (J. F. T.) s. Hagborg (W. A. F.).
Spencer (K.) s. Freney (J. R.).
Spencer (R.) s. Blake (J.).
Spencer (W. F.) u. **Wander (I. W.),** Vergleich v. Magnesiumquellen bei jungen Orangenbäumen 2431.
Spencer (W. H.), Verwendung v. Großkisten bei Äpfeln 1600.
Spender (B.), Stutztomaten im frühen Anbau unter Glas 451.
Spengler (A.), Doppelter Drusch bei d. Samenernte v. Gräsern 1274.
Spennemann (F.), Anteil d. Tabaksorten an d. Tabakanbaufläche in d. Bundesrepublik in den Jahren *1954—1960* 1566; dass.: 1837.
Spiegel (P.) s. Samigh (R. M.).
Spiegelman (S.) s. Giacomoni (D.).
Spier (W. H.) s. Harrison (D. S.).
Spina (P.), Pistazienbaum 1015.
Spire (D.), Gelbfleckenkrankheit d. Kresse (Nasturtium officinale, R. Br.) 1116.
Spirova (M.), Blühen u. Bestäuben d. Weizens 197.
Spivakovskij (N. D.), Düngung v. Obst- u. Beerenobstkulturen [1881].
Splinter (W. E.), Suggs (C. W.) u. **Beeman (J. F.),** Physikal. Eigenschaften v. grünen Virginia-Tabakblättern. *4.* Mitt. Absorption kinet. Energie u. Kraftverhältnisse bei d. Abtrennung d. Blätter v. Stengeln 1005.
Splittstoesser (C. M.) u. **McEwen (F. L.),** Biolog. Prüftechnik zur Bestimmung d. insekticiden Wirksamkeit v. Präparaten, d. Bacillus thuringiensis Berliner enthalten 267.
Splittstoesser (W. E.) u. **Derscheid (L. A.),** Umwelteinflüsse auf Vorauflaufherbicide 3169.
Spoon (W.), Mundulea-Pulver, ein rotenonhaltiges Insekticid 1429.
Spoor (P. A.), Beregnung gegen Nachtfrost 2144.
Špota (V. I.), Senf-Raps-Hybriden u. Methoden ihrer Erzeugung 2782.
Sprague (G. F.) u. **Schuler (J. F.),** Häufigkeiten v. Saatgut- u. Keimlingsabnormitäten bei Mais 1354.
Sprague (M. A.) s. Cowett (E. R.).
Sprague (R.), Blattfleckenpilze auf Gramineen in den Weststaaten. *14.* Mitt. 546.
Sprau (F.), Nematodenresistente Kartoffelstämme u. Versuche zur Bekämpfung d. Kartoffelnematoden (Heterodera rostochiensis Woll.) mit chem. Mitteln in extremen Moorböden 273.
— u. **Süss (A.),** Nachweis d. parasit. Charakters freilebender Nematoden für bestimmte Wirtspflanzenarten mit Hilfe v. Radioisotopen 1926.
Spreafico (L.) u. **Corbetta (G.),** Phytopatholog. Kontrolle d. Samen 2988.
Springer (E.), Einfüttern d. Cyclamen in Torfkultursubstrat. Eine arbeitsparende Kulturmethode 186. — Hat d. Körnung d. Torfkultursubstrates einen Einfluß auf d. Pflanzenwachstum 1307. — Wie feucht soll d. Torfkultursubstrat in den Wintermonaten gehalten werden 1336. — Ergebnisse zur Frage d. optimalen Torfkultursubstrat-Körnung 2767. — s. Gordon (M.).
— u. **Voigt (U.),** Auch für Orchideen Torfkultursubstrat 2768. — Düngetorf bzw. Torfkultursubstrat als Pflanzsubstrat u. Abdeckungsmaterial in d. Blumenzwiebeltreiberei 184.

Springer (U.), Verrottung v. Stroh unter d. Einfluß verschied. Stickstoffdünger 2051. — s. Zürn (F.).
—, **Klee (J.)** u. **Wagner (A.)**, Quantitative Veränderungen d. organ. Substanz sowie d. organ. u. anorgan. Stickstoff-Formen bei d. Verrottung eines Gemisches v. Stroh u. Grünmasse in Gegenwart verschied. Stickstoffdünger 2051.
Spurling (M. B.), Citrusindustrie in Südaustralien 2135. — Apfelanbau in Südaustralien 3327.
Spurný (M.), Eindringen d. Wassers durch d. Erbsensamenschale (Pisum sativum L.) 1721.
Spynu (E. I.), Toxizität d. Pesticide d. Dien-Synthese u. Vorsichtsmaßnahmen bei ihrer Anwendung 3167.
Spyridakis (D. M.) s. Wilde (S. A.).
Squillace (A. E.) s. Barnes (B. V.).
Sreenivasaya (M.) s. Srimathi (R. A.).
Srimathi (R. A.), **Babu (D. R. C.)** u. **Sreenivasaya (M.)**, Einfluß d. Wirtspflanzen auf d. Aminosäurebildung durch Santalum album Linn. 260.
Srinivasan (K.) u. **Batcha (M. B. G. R.)**, Blütenbildung kriechender Sprosse bei Klonen v. Saccharum spontaneum 2899.
Srinivasan (V. K.), Vererbung d. Spelzenbehaarung bei Triticum dicoccum Schübl 1622.
Srivastava (B. I. S.) u. **Shaw (M.)**, Physiologie d. Wirt-Parasit-Beziehungen. *10.* Mitt. Stoffwechsel v. Indolessigsäure-*1*-^{14}C durch Weizen- u. Haferkoleoptilenschnitte, gesunde u. rostkranke Weizenblätter sowie Uredosporen v. Weizen-Schwarzrost 1118. — Biosynthese v. Indolylessigsäure bei Melampsora lini (Pers.) Lev. 1925.
Srivastava (J. G.), Einige kürzlich aus Bihar eingeführte Wildgräser 3.
Srivastava (N. M. P.) u. **Yawalkar (K. S.)**, Probenahmetechnik bei Weizen 1555.
Srivastava (P. B. L.), **Mehrotra (C. L.)** u. **Agarwal (R. R.)**, Wirkung d. Durchsickerung v. Salzkaliböden mit Berieselungswässern verschied. Art auf d. Durchlässigkeit u. d. Zusammensetzung d. Böden sowie d. Zusammensetzung d. Sickerwässer 1227.
Srivastava (R. D.) u. **Prabhu (K. A.)**, Natur d. Kolloide in geklärten Zukkerrohrsäften 2602.
Srivastava (R. P.), Ausschlagen d. Guajavebaums 2428. — s. Singh (J. R.).
Srivastava (S. C.) s. Dutta (N. P.).
Srivastava (S. N. S.), System. Bekämpfung d. Blasenkrankheit d. Reises 2552.
Šrot (M.), Massenvorkommen d. Bremsenschwärmers (Paranthrene tabaniformis Rott.) u. d. Hornissenschwärmers (Aegeria apiforme Cl.) auf d. Pappeln in d. ČSSR 3116.
Staal (G. B.), Studies on the physiology of phase induction in Locusta migratoria [847].
Staalduine (D. van), Kultur u. Fruchtansatz v. Muskatreben 2169.
Staar (G.), Blumenkohlvirosen 2837. — s. Rode (H.).
Stace-Smith (R.), Viruskrankheiten d. Himbeere in Brit. Kolumbien. *8.* Mitt. Die Kräuselkrankheit d. Himbeere 845; *9.* Mitt. Ringfleckenkrankheit d. roten Himbeere 1387.
Stadornov (O. I.) s. Storoženko (E. M.).
Stählin (A.), Leistungssteigerung v. Dauerwiesen durch düngende Beregnung u. Mehrschnitt 2432. — Chem. Bekämpfung v. Grünlandpflanzen 2578.
— u. **Skirde (W.)**, Chem. Zusammensetzung u. physiolog. Leistungen v. Rotklee im Samenbau bei Kalidüngung 1841.
Staesche (K.) s. Uphof (J. C. T.).
Stafijčuk (A. A.), **Markov (M. P.)**, **Suchenko (T. M.)** u. **Trojanova (T. D.)**, Anhäufung v. organ. u. mineral. Stoffen im Mais 2368.
— u. **Pavlenko (L. N.)**, Gehalt u. Qualität d. Proteins im Korn bei d. Hybridisation v. Mais 2603.
— u. **Stefanovskaja (V. G.)**, Gehalt an Aminosäuren im Korn 1463.
Stage (E.), Frage d. düngenden Beregnung auf Wiese 3313.
Stahl (C.), Bericht d. Staatlichen Samenkontrollstation über d. *90.* Arbeitsjahr v. *1.* Juli *1960* bis *30.* Juni *1961* 107.
Stahmann (M. A.) s. Deese (D. C.); Uritani (I.).

Stahn (B.), Moderne Unkrautbekämpfung in Erica gracilis-Beständen schaltet Handarbeit völlig aus 2882.
Staicu (I.), Bodenbearbeitung zu Winterweizen 3001.
—, **Bratu (V.)**, **Oprişan (N.)** u. **Bratu (I.)**, Agrotechn. Maßnahmen zur Steigerung u. Verbesserung d. Ernteertrages auf Podsol angebautem Weizen, Mais u. Klee 2697.
Stajkov (G.), Qualitätsunterschiede in d. einzelnen Kartoffelknollenteilen 20. — s. Popov (P.).
— u. **Kartalev (P.)**, Beschleunigte Frühkartoffelerzeugung 1286.
—, **Kŭlbova (V.)** u. **Avramov (E.)**, Einige Saatgutbehandlungsverfahren beim Mais 981.
Stajkov (V.) u. **Ilieva (S.)**, Äther. Öl enthaltende Heilpflanzen als Sonderkulturen [1571]*.
Stajkow = Stajkov.
Stålfelt (M. G.), Einfluß d. Temperatur auf d. Öffnen d. Stomatazellen 1460.
Stall (R. E.), Entwicklung einer speziellen pathogenen Rasse d. Erregers d. Fusarium-Welke d. Tomaten in Florida 2846.
Štambera (J.), Möglichkeiten zur Steigerung d. Saatgutproduktion v. Gewächshausgurken durch d. Verwendung v. Insekten als Bestäuber 749. — Stand d. Zusatzbelichtung v. Kopfsalatpflanzen in d. ČSSR 1593. — Anbau v. Kopfsalat (Lactuca sativa L.) aus Herbstaussaaten 3047.
Stammer (H. J.), Protozoen u. Würmer als Parasiten in Insekten 2856.
Štampach (S.), **Hruška (L.)** u. **Míča (B.)**, Methodik d. Bestimmung d. Speisewertes d. Kartoffel 207.
Stanberry (C. O.) s. Schreiber (H. A.).
— u. **Anderson (D. M.)**, Brauchbare Lochkartenkartei 2320.
Stančev (L.) s. Gjurov (G.).
—, **Gjurov (G.)**, **Mašev (N.)** u. **Stoilov (G.)**, Spurenelement Zink in d. Hauptbodentypen u. Untertypen Bulgariens 2923.
—, **Gjurov (G.)**, **Stoilov (G.)** u. **Mašev (N.)**, Mikronährstoff Kobalt in d. Böden Bulgariens 2923.
Stancu (E.) s. Ionescu (Ş. V.).
Stanek (H.), Siedlungsschutz durch Wildbachverbauungen 1513.
Stanek (M.) s. Ujevic (I.).
Stănescu (I.), Die Organisation d. grünen Fließbandes auf Maisbasis [434].
Stănescu (N.) s. Stelian (S.).
Stănescu (P.) s. Oprea (C. V.).
Stanev (I.), Einfluß d. Bodenbearbeitungsrichtung auf d. erodierte Bodenmenge 70. — Einfluß d. Schlaggrenzen innerhalb d. Fruchtfolge auf d. Zusammenlauf d. oberflächigen Abflusses u. d. Erosionsentwicklung 75.
Stanev (M.), Nachbesserung d. Fehlstellen in d. Weinbergen u. d. Neuveredlung v. alten u. minderwertigen Weinstöcken 2173.
Stanev (P.), Mais-Sorte „Russe *51—17*" 2411.
Staneva (B.) s. Mitkov (T.).
Stanford (E. H.) s. Grundbacher (F. J.).
Stanhill (G.), Wirkung d. Umweltfaktoren auf d. Wachstum d. Luzerne auf d. Feld 1843.
Staniforth (D. W.), Reaktion v. Sojabohnensorten auf konkurrierendes Unkraut 716.
Stanilova (D.), Wirkung verschied. Phosphatdünger bei d. Hauptbodentypen u. d. Untergliederungen in Nordbulgarien 100.
Stankevič (K. V.), Bedeutung d. Mentors für d. Veränderung d. Qualität d. Früchte 1869.
Stanko (S. A.), Einfluß d. Lichtes auf d. Bildung u. Zusammensetzung d. Anthocyane in Kartoffelknollen während d. Jarowisation 2301. — s. Fedorova (L. L.).
Stankov (N. Z.) u. **Bekmuchamedova (N. B.)**, Problem d. synthetisierenden Tätigkeit d. Wurzelsystems v. Mais 13.
Staňková (J.) s. Zeniščeva (L. S.).
Stannek (G.), Mechanisierter Kohlanbau auf großen Flächen 157. — Neue Produktionsverfahren beim Zwiebelanbau 452. — Termingerechte Pflegearbeiten, Maßnahme zur Ertragssteigerung im Gemüsebau 3039.
— u. **Walter (E.)**, Grünkohlernte in sozialist. Landwirtschaftsbetrieben 1585.
Stanton (B. F.) s. Dominick jun. (B. A.).

Stapel (C.), Pflanzenschutz im Gemüsebau in Dänemark 1957.
—, **Skou (J. P.)** u. **Martins (O. A.)**, Untersuchungen d. gewerblichen Getreidebeizung 563.
Staple (W. J.), Hysteresis-Effekte bei d. Bewegung d. Bodenfeuchte 1754. — s. Lehane (J. J.); Warder (F. G.).
— u. **Lehane (J. J.)**, Variabilität bei d. Probenahme zur Bestimmung d. Bodenfeuchtigkeit 1220.
Staples (R. C.), Anfangsprodukte bei d. Acetatverwertung durch Bohnenrost-Uredosporen 3104. — s. Syamananda (R.).
—, **Syamananda (R.)** u. **Block (R. J.)**, Puromycin induzierte Veränderungen d. Uredosporen v. Puccinia sorghi. Schw. 817.
Stapley (J. H.), Entomolog. Probleme d. engl. Landwirtsch. u. ihre Entwicklung in d. letzten vierzig Jahren 3434.
Stapp (C.), „Feuerbrand" d. Obstgehölze, Gefahr seiner Einschleppung nach Deutschland 851; dass.: 1953.
Starceva (A. V.) s. Vasil'eva (I. M.).
Starec (V A.) s. Zocenko (L. N.).
Stark (C.), Auftreten d. Verticillium-Tracheomykosen in Hamburger Gartenbaukulturen. Beitrag zur Kenntnis ihrer Erreger 546.
Starkey (R. L.) s. Pramer (D.).
Starostka (R. W.) s. Bridger (G. L.).
Starý (F.) u. **Kybal (J.)**, Einige Erfahrungen beim Anbau v. Solanum aviculare Forst 1566.
— u. **Štorchová-Burianová (J.)**, Solanum laciniatum AIT. in Europa. Taxonom. Revision 2003.
Stary (P.), Bionomie u. Ökologie v. Ephedrus pulchellus Stelfox, einem wichtigen Parasiten v. schädlichen Blattläusen in d. Tschechoslowakei mit Bemerkungen zur Diapause 2547. — s. Skuhravý (V.).
Stasenko (N. N.) s. Terent'ev (V. M.).
Stativkin (V. G.) s. Golovanova (É. N.).
Staub (A.) s. Wildbolz (T.).
Staude (H.), Rechentafeln für d. multiplen t-Test u. d. Duncan-Test 3282.
Staudt (G.), Taxonom. Untersuchungen innerhalb d. Gattung Fragaria. Neueinstufung v. Fragaria-Arten, soweit sie zur Zeit Linnés bekannt waren 1444.
Stavy (L.) u. **Mayer (A. M.)**, Gekoppelte Oxydation d. Ascorbinsäure durch Phenole u. Phenolase in Salatsamen 1177.
Stawicki (S.) s. Janicki (J.).
Stecenko (M. V.) s. Krupskij (N. K.).
Steckel (W.), Bekämpfung d. Stippigkeit bei Äpfeln 2550.
Stedman (O. J.) s. Hirst (J. M.).
Steele (A. E.), Einfluß v. Nabam-Lösungen auf d. Schlüpfen v. Larven aus d. Zysten v. Heterodera schachtii Schmidt 1650.
Steenberg (K.) s. Bergseth (H.).
Steenbergen (T. van), Graserträge im Jahre *1961* 3029.
Steere (R. L.) u. **Ackers (G. K.)**, Reinigung u. Trennung d. Tabakmosaikvirus u. d. Südlichen Bohnenmosaikvirus mit Hilfe d. Agargel-Filtration 859.
Stefan (N.), **Cvasnîi (D.)** u. **Pîslaru (C.)**, Ermittlung d. besten Kronenform bei Pflaumen 466.
Stefan (V.) s. Chirilei (H.).
Stefănescu (G.) s. Alexandrescu (N.).
Stefanov (D.), Kulturmaßnahmen zur Bekämpfung d. Wurzelgallennematoden (Meloidogyne sp.) an Tabak 1417. — s. Aleksiev (A.).
Stefanov (N.), Feststellung d. geeignetsten Aprikosen-Unterlage u. Stammhöhe 464. — Ergebnisse aus d. Düngung einer jungen Aprikosenpflanzung 962. — Festlegung d. Agrotechnik bei d. Aprikose 1873.
Stefanovits (P.) u. **Szücs (L.)**, Ungarns genet. Bodenkarte [1764].
Stefanovskaja (V. G.) s. Stafijčuk (A. A.).
Stefanovskij (I. A.), Resistenz v. Winterroggen u. Winterweizen gegen stauende Nässe 2997.
— u. **Bojarčuk (Ju.)**, Wirkung ionisierender Strahlung auf d. Veränderung d. Merkmale u. Eigenschaften d. Winterroggens 697.
Steffen (A. J.) s. Okun (D. A.).
Steffensen (D. M.) s. Latterell (R. L.).
Stegemann (H.) u. **Loeschcke (V.)**, Proteine d. Kartoffelknolle 33.
Steggerda (J. J.) s. Dilz (K.).
Stegman (E. C.) s. Kidder (E. H.).
Steiger (M.), Oncogelia-Gruppe. Iris-Jahrbuch *1961* 185.

Steigerwald (E.), Ölgehalt, Stengelanteile u. Verbrennungsrückstände (Asche) bei Pfefferminze 326.

Steikhardt (H.), Bericht über d. Ergebnisse d. Versuche „Stoppelfrüchte mit kurzer Wachstumszeit" 140. – Versuche mit Salomais u. Futterrüben in Haupt- u. Zweifruchtstellung 431. – Ertragsvergl. v. Stoppelsaaten mit kurzer Wachstumszeit 733. – Versuche mit Zweitfrüchten. Zentrale Auswertung d. Gemeinschaftsversuche *4/1961* 1571.

Stein (D. B.), Die durch Virusinfektion u. Gibberellinsäure beeinflußte Entwicklungsmorphologie v. Nicotiana tabacum „White Burley" 542.

Stein (E.) s. Buhl (C.).

Stein (W.) u. **Klinger (G.)**, Putzen u. Sortieren v. Speisezwiebeln 3048.

Stein (Wolfgang), Befall v. Möhren durch Meloidogyne hapla Chitwood in zwei aufeinanderfolgenden Anbaujahren 3392.

Steinbergs (A.) s. Williams (C. H.).

Steinbrenner (K.), Einfluß d. kombinierten Düngung auf d. Bodenleben 1755. – s. Rübensam (E.).

– u. **Eich (D.)**, Mehrjährige Klarwasserberegnungsversuche in Müncheberg 2645.

Steineck (O.), Kartoffel im photoperiod. Betrachtungssystem 1911. – Untersuchungen mit d. Wechsellösungskultur über spezif. Wirkungen d. Nährstoffe Stickstoff u. Kali auf d. Pflanzenwachstum 2077. – Nährstoffwirkungen bei Pflanzen 2976. – s. Kopetz (L. M.).

Steiner (A. A.), Universelle Methode zur Herstellung v. Nährlösungen einer bestimmten Zusammensetzung 1528.

Steiner (H.), Populationsdynamik in Obstanlagen 1681. – Einflüsse v. Insektiziden, Akariziden u. Fungiziden auf d. Biozönose d. Obstanlagen 1974.

Steiner (L. F.) s. Alexander (B. H.).

Steiner (P.), Bedeutung d. Insektizidrückstände für d. Gemüsebau 1979.

Steinfatt (K.) s. Hoffmann (W.).

Steinfeld (K.) s. Lüddecke (F.).

Steinhäußer (H.), Wasserhaushalt u. Verdunstungen im Gurkgebiet 1508.

Steinhauer (A. L.), **Blickenstaff (C. C.)** u. **Adler (V. E.)**, Bekämpfung d. Luzerneinsekten in Maryland 2862.

Stejskal (J.) u. **Hruška (L.)**, Ausnutzung v. Bentonit zur Erhöhung d. Kartoffelerträge 2102.

Stelian (S.) u. **Stănescu (N.)**, Einfluß v. Gibberellin auf d. Maiskoleoptile 2597.

Stelter (H.), Biolog. Spezialisierung d. Kartoffelnematoden in Ost-Deuschland 228. – s. Rothacker (D.).

– u. **Meinl (G.)**, Wachstum u. Entwicklung zweier Kartoffelsorten in Gefäßen mit nematodenverseuchtem Boden 228.

– u. **Raeuber (A.)**, Bodenprobeentnahme zur Feststellung d. Verseuchung mit Kartoffelnematoden Heterodera rostochiensis Wollenweber 2542.

Stelzer (F.), Frostwechsel u. Zone maximaler Verwitterung in d. Alpen 2033.

Stemmet (M. C.), **Bruyn (J. A. de)** u. **Zeeman (P. B.)**, Aufnahme v. Kohlendioxyd durch Pflanzenwurzeln 2655.

Staniforth (D. W.), **Lovely (W. G.)** u. **Weber (C. R.)**, Bedeutung v. Herbiciden im Sojabohnenanbau 3455.

Štenberg (A. I.), **Ševčenko (M. G.)** u. **Šillinger (J. I.)**, Neuere Angaben über d. Anwendung v. Giftchemikalien zur Bekämpfung v. Pflanzenschädlingen, Unkraut u. Ektoparasiten v. Tieren 1145.

Stennbjerg (F.) u. **Jacobsen (S. T.)**, Pflanzenernährung u. Ertragskurven 2372.

Stenseth (C.) s. Fjelddalen (J.).

Stenuit (D.), Phosphatform u. d. Ertrag auf Sandböden mit Manganmangel 3270.

Stenz (E.), Einfluß v. Bakterienfiltraten u. Wuchsstoffen auf Wurzelhaare 2623.

Stenz (G.), Verwendbarkeit v. Zoosporensuspensionen als Infektionsmaterial für Resistenzprüfungen gegen d. Kartoffelkrebs (Synchytrium endobioticum [Schilb.] Perc.) 2541.

Stenz (S.), Fruchtgrößenveränderung einiger Apfelsorten u. ihre Abhän-

gigkeit v. atmosphär. Umweltbedingungen 1037.
Stěpánek (L.), Entwicklung d. tschech. Gartenarchitektur 2736.
Stepanjan (T. G.) s. Keček (N. A.).
Stepanov (I. N.), Schneedecke u. Bodenbildung im Hochgebirge 57.
Stepanov (K. M.), Pilzliche Epiphytotien. Einführung in d. allgemeine Epiphytotiologie d. pilzlichen Pflanzenkrankheiten [3139].
Stepanov (L. N.) u. **Vladimirov (V. E.)**, Ulraschall bei d. Vorbereitung d. Bodenproben für d. mechan. Analyse 650.
Stepanov (M. A.), Harvesting and conservation of green fodder in dry regions [409].
Stepanov (N. S.), Einfluß einer Stickstoffbakterienimpfung auf Ertrag u. Eiweißgehalt d. Sommerweizens 1814. — Einfluß v. Azotobakterin auf d. Ertrag u. d. Korneiweißgehalt v. Sommerweizen [2986]. — Besonderheiten d. Einflusses v. Azotobakterin auf d. Ertrag verschied. Sommerweizensorten 3285.
Stepanov (V. N.), **Bolobolova (V. M.)**, **Lisova (A. V.)** u. **Vasil'eva (D. V.)**, Leistung d. Getreide-Fruchtfolge in d. Zentralgebieten d. Nichtschwarzerdezone 398.
— u. **Letunovskij (V. I.)**, Mischanbau v. Mais mit Leguminosen 1840.
Stepanova (K. D.), Wiesen auf d. Insel Sachalin u. Probleme ihrer Verbesserung [1020].
Stepanova (M. J.), Fusariose einjähriger Leguminosen im Leningrader Gebiet 1949.
Stepanova (V. M.), Wasserbedarf v. Frühkohl 747.
Stephan (S.), Gerät zur Untersuchung d. Ascosporenvorrates d. Kernobstschorfes 2849.
Stephens (D.), Aufwärtsbewegung v. Nitrat in einem unbedeckten Boden in Uganda 41.
Stephens (R. J.), Unkrautbekämpfung in Kartoffeln durch Vorauflaufherbicide 2878.
Stephenson (H. F.) s. Lindsay (W. L.).
Steppler (H. A.) s. Cumming (B. G.).
Sterba (J.) s. Rehrl (K.).
Štereva (R.), Einfluß d. granulierten Superphosphats auf d. Keimfähigkeit d. Samen einiger Futterpflanzen 402. — Einfluß d. Reihenabstände auf d. Samen- u. Heuerträge bei d. Luzerne 730. — s. Delipavlov (D.).
Sterling (J. D. E.), **MacLaren (R. B.)** u. **Cannon (F. M.)**, Verhalten v. Gerstensorten u. -hybriden gegen Befall durch Harmolita hordei Harris 3118.
Stern (V. M.) s. Bosch (R. van den).
Stern (W. R.) u. **Donald (C. M.)**, Lichtverhältnisse in Kleegrasbeständen 1292. — Einfluß v. Blattfläche u. Lichtstrahlung auf d. Wachstum v. Klee in Gemengen 1292.
Stessel (G. J.), Nematoden an Holzgewächsen in Rhode Island 522.
Steubing (L.), Wasserhaushalt windgeschützter u. windexponierter Pflanzen am natürlichen Standort 1513.
— u. **Wilmanns (C.)**, Wasserhaushaltsuntersuchungen in Rasengesellschaften d. kroat. Karstgebietes 327.
Steuckardt (R.), Wirksamkeit v. Honigbienen Apis mellifica bei d. Luzernebestäubung 504. — s. Keppler (E.).
Steudel (W.) u. **Thielemann (R.)**, Vergleichende Untersuchungen zur Wirkung v. Disyston als Saatschutzpuder oder -granulat bei Zuckerrüben. Teil *1* u. *2* 1144. — Versuchsergebnisse d. Jahre *1951—1960* zur Frage d. Einsatzes system. Insektizide bei Zuckerrüben im Rheinland. *1.* u. *2.* Teil 1980.
Steur (G. G. L.) s. Buringh (P.).
Stevelink (A.) s. Donker (M.).
Stevenson (A. B.), Tauchverfahren mit Insekticiden zur Bekämpfung v. Phylloxera vitifoliae (Fitch) an Baumschulstecklingen 2554.
Stevenson (C. D.), Faktoren, d. d. Auftreten u. d. Bekämpfung v. Lagerschorf bei kühlgelagerten „Granny-Smith"-Äpfeln beeinflussen 1863. — Wirkung v. Lagerluft u. -temperatur auf „Granny-Smith"-Äpfel 1864.
— u. **Blake (J. R.)**, Einfluß v. Polyäthylen-Beuteln auf d. Verhalten v. „Granny Smith" u. „Delicious" im Kühllager 1596.
— u. **Dodd (B. C.)**, Wirkung v. „Stopdrop"-Spritzungen auf d. Verhalten

v. „Delicious“-Äpfeln in Queensland bei Kühllagerung 1872.
Stevenson (C. D.), Watkins (J. B.) u. **Blake (J. R.)**, Lagerung v. „Granny-Smith“-Äpfeln unter kontrollierter Atmosphäre in Queensland 462.
Stevenson (F. J.) s. Khanna (S. S.).
Stevenson (J. H.), Bioteste auf Insekticide unter Verwendung d. Salzkrebschens Artemia salina L. 1405.
Steward (F. C.) s. Ram (H. Y. M.).
– u. **Margolis (D.)**, Wirkungen d. Mangans auf d. freien Aminosäuren u. Amide d. Tomatenpflanze 1790. – Einflüsse d. Molybdäns auf d. freien Aminosäuren u. Amide d. Tomatenpflanze 1790.
Steward (F. G.) s. Barker (W. G.).
Stewart (E. H.) s. Harrison (D. S.).
Stewart (I.) s. Leonard (C. D.).
– u. **Leonard (C. D.)**, Über d. Wirkung einiger Salze auf d. Verfügbarkeit v. Zink u. Mangan für Citrus-Pflanzen 2971.
Stewart (J. K.) s. Lipton (W. J.).
– u. **Barger (W. R.)**, Wirkung v. Kühlverfahren auf d. Spargel- u. Blumenkohlqualität 3038.
Stewart (W. S.), Schaffung eines neuen Arboretums 1053.
Stewart (W. W.), Bekämpfung d. Großen Kohlfliege Hylemyia floralis (Fall.) (Diptera: Anthomyidae) an Kohlrüben 1971.
Steyvoort (L. van), Belgischer Zuckerrübenbau im Hinblick auf Ditylenchus dipsaci 819. – Vergilbungskrankheit d. Rübe. Ergebnisse d. in den Jahren *1960* u. *1961* in Belgien durchgeführten Versuche mit system. Insekticiden 2559.
Stickler (F. C.), Saattiefe u. Verwendung v. Druckrollen als d. Erträge v. Wintergerste u. Winterweizen in Kansas beeinflussende Faktoren 2407.
– u. **Wassom (C. E.)**, Einfluß v. Saattiefe, Saatgröße u. Sorte auf d. Keimung u. d. Wuchskraft d. Sämlinge v. Hornschotenklee 3018.
Štifanova (V. I.) s. Smirnova (V. I.).
Stiles (W. C.) s. Merritt (R. H.).
Stiller (M.), Weg d. Kohlenstoffs in d. Photosynthese 1170.
Stîngă (N.) u. **Blănaru (V.)**, Laboratoriumsmethoden zur Feststellung d. für d. Bodenkalkung erforderlichen Kalkmengen 2634.
Stinson (R. F.) s. McCall (W. W.).
Stoa (T. E.), Swallers (C. M.) u. **Young (R. A.)**, Vergleich d. Einflusses einiger Phosphorträger auf d. Ernte 1541.
Stobiecki (T.), Probleme d. Schädlingsbekämpfungsmittel-Rückstände auf pflanzlichen Produkten 1146.
Stobwasser (H.), Rückstände organ. Phosphorverbindungen auf Äpfeln 2563.
Stocker (O.), Beiträge zum Problem d. Dürreresistenz d. Pflanzen 1170.
Stocking (C. R.) u. **Ongun (A.)**, Intracellulare Verteilung einiger metall. Elemente in Blättern 1519.
Stocky (G.) s. Trouvelot (A.).
Stoddard (E. M.) u. **Miller (P. M.)**, Chem. Kontrolle d. Wasserverlustes in wachsenden Pflanzen 1236.
Stoddart (J. L.), Wirkung v. Gibberellin auf einen nichtblühenden Genotypus d. Rotklees 608. – s. Carr (A. J. H.).
Stöhr (H.), Versuchsverfahren zur Ungrasbekämpfung auf Ackerland 2877.
Stöhr (W.), Ungrasbekämpfung auf d. Ackerland 2574.
Stoenesco (V.) s. Constantinesco (D. G.).
Stoev (K. D.) s. Božinova (I.); Nedelčev (N.); Zankov (Z.).
–, **Magriso (J.), Nenov (S.)** u. **Pŭšev (P.)**, Einfluß d. Terrassierung auf Bodenfruchtbarkeit, Wärmehaushalt, Wuchs u. Fruchtung d. Rebpflanzungen in d. ersten zwei Standjahren 3340.
– u. **Zankov (Z. D.)**, Besonderheiten d. Wachstums u. d. Entwicklung v. Weinsetzlingen in Abhängigkeit v. d. Tageslänge 2763. – Wuchs u. Entwicklung v. Reben in Abhängigkeit v. d. Tageslänge 3338.
–, **Zankov (Z. D.)** u. **Ivanov (J.)**, Wahl d. Elternformen bei d. Schaffung neuer Keltertraubensorten durch Hybridisation 3342.
Stoffers (A. L.) u. **Knapp (R.)**, Einfluß v. Überflutungen auf verschied. Rasengesellschaften 2611.
Stoffert (G.), Einfluß d. Gewächshausform auf den Erikentransport zwischen Gewächshaus u. Freiland 774.

Stoilev (G.) s. Stančev (L.).
Stoilov (G.) s. Gjurov (G.).
Stoilov (M.), Hilfsverfahren zur Ermittlung d. allgemeinen Kombinationseignung v. selbstbestäubten Maislinien 1618.
Stoimenov (S.), Düngung d. Baumwolle mit Stalldung 1846. — Versuch mit Zahl u. Tiefe d. Hackeneinsatzes bei Baumwolle 1846. — Ermittlung d. Nährstoffbedürfnisses d. Baumwolle sowie d. Einbringungszeiten u. Arten dieser Nährstoffe 2091. — Nachreifen d. Wicken nach d. Ernte 2122.
Stoitschkov (J.), Wachstumsrhythmus, Fruchtknospenbildung u. Differenzierung bei Apfel-, Birnen- u. Pflaumensorten 1035.
Stojanov (D.), Pflanzennematoden u. ihre Bekämpfung [2524]*. — Alternaria radicina M.D. et E. an Möhrenstecklingen u. Möglichkeiten zu ihrer Bekämpfung 2535. — Anthraknose d. Himbeere (Gloeosporium venetum Speg.) 2537. — Wurzelgallennematode (Meloidogyne sp.) als Schädling d. Obstgehölze u. a. Holzarten 3392. — s. Kolarova (E.).
Stojanova (J.) s. Simeonov (B.).
Stojanova (M.) s. Bajlov (D.).
Stojanović (D.), Bisher in Jugoslawien unbekannte Krankheitserreger d. Leguminosen 3426.
Stojčev (L. I.), Park- u. Landschaftskunst [779].
Stojčev (O. A.), Grauer Rübenrüßler 3400. — Gefährlicher Schädling 3423.
Stojkov (S. A.) s. Sveštarova-Dineva (M. J.).
Stokes (G. M.), **Weekman (G. T.)** u. **Bovey (R. W.)**, Prüfung v. Thuricide - DDT - Kombinationen. Flugzeugbestäubung bei d. Bekämpfung d. Maiszünslers, Ostrinia nubilalis Hübner 2265.
Stolina (M.) s. Nováková (E.).
Stoll (K.), Um d. Gelbfärbung d. Apfelsorte „Golden Delicious“ 461.
Stoll (Karl), **Miething (E.)** u. **Jaeger (B.)**, Krankheiten raschwüchsiger Holzarten, insbes. Lärchenkrebs 1123; dass.: Blattkrankheiten d. Pappel, d. Birke u. d. Roteiche 1123.
Stolle (G.), Anwendung v. Infrarot-Strahlern bei d. Selektion winterharter Obstgehölze 511.
Stollwerck (W.), Anlage u. Auswertung v. Versuchen mit Metatetranychus ulmi Koch an Apfelbäumen [1944].
Stolp (H.), Neue Erkenntnisse über phytopathogene Bakterien u. d. v. ihnen verursachten Krankheiten. *1.* Mitt. Verwandtschaftsbeziehungen zwischen phytopathogenen Pseudomonas-„Arten“ u. saprophyt. Fluoreszenten auf d. Grundlage v. Phagenreaktionen 223.
Stolz (W.), Welche grünen Buschbohnensorten entsprechen d. Forderungen d. gärtner. Praxis 2445. — Klärung d. Sortenfrage bei Gemüsepaprika 3043.
Stolze (K. V.), Brüsseler Warndiensttagung im September *1960* u. d. deutsche Pflanzenschutzwarndienst 1433.
Stolzy (L. H.) s. Cannell (G. H.); Gundy (S. D. van); Letey (J.).
Stone (L. E. W.), Hafer als Fangpflanze für den Hafernematoden 524. — s. Webley (D. P.).
Stone (O. M.) s. Hollings (M.).
Stonov (L. D.), **Bachčevanova (M. P.)**, **Tjupko (V. A.)**, **Meleško (I. I.)**, **Kalinin (M. K.)** u. **Strigalev (A. N.)**, Erfahrungen mit Herbiciden in Baumwollsaaten 883.
— u. **Korolev (L. I.)**, Defolianten u. Desikanten [2883].
—, **Sergeeva (T. A.)** u. **Strigalev (A. N.)**, Neue Herbicide u. Defolianten im Baumwollanbau 587.
Stopp (K.), Antitelechore Einrichtungen bei den Gattungen Sesamum, Rogeria u. Psilocaulon (Disseminationsbiolog. Studien in Angola. I.) 296. — Arzneipflanzen d. Mt. Hagen-Stammes (Mbowamb) in Neu Guinea 3307.
Stoppelar (G. de) u. **Lighty (R. W.)**, Die „Longwood Gardens“-Methode d. Vermehrung winterblühender Begonien 2767.
Storbeck (O.), Hohe Zuckerrübenerträge setzen richtige Bodenbearbeitung voraus 2715.
Štorchová-Burianová (J.) s. Starý (F.).
Storkan (R. C.) s. Wilhelm (S.).

Storoženko (E. M.), Chem. Bekämpfung d. Graufäule d. Weinrebe 2560.
— u. **Stadornov (O. I.)**, Resistenz v. Apfelsorten gegen Pilzkrankheiten u. ihre prakt. Nutzung unter verschied. ökolog. Bedingungen 1642.
Storrier (R. R.) u. **Muir (A.)**, Merkmale u. Genese einer ferrit. Braunerde 2349.
Story (T. P.) s. Harper (A. M.).
Stout (G. L.), Entwicklung, Begutachtung u. Erhaltung „virusfreier" Baumschulbestände 281.
Stout (J. D.), Mikrofaunist. Populationen in Böden u. Waldstreu 2047.
Stout (M.), **Ryser (G. K.)**, **Murphy (A. M.)** u. **Owen (F. V.)**, Vermehrter Ertrag u. höhere Reinheit bei Hybriden v. Zucker- u. „Ovana"-Futterrübe 1360.
Stover (L. H.), Fortschritt in d. Entwicklung v. Weinrebensorten für Florida 2494.
Stover (R. H.), Durch Deightoniella torulosa verursachte Blattfleckenkrankheit u. Umfallkrankheit an Musa-Sämlingen 3159.
Stracke (W.), Silomais nach Winterzwischenfrucht auf schweren Böden 136. — Mechanisierte Ernte v. Zukker- u. Futterrübensaatgut 703. — Fruchtfolgefragen 1816.
— u. **Sasum (K.)**, Stallmistkopfdüngung zu Winterzwischenfrüchten 1806.
Strackenbrock (K. H.), Einfluß d. Umweltfaktoren auf aromat. Substanzen im Apfel 2165.
Stradaioli (G.) s. Eschena (T.).
Stráfelda (J.), Aufgangsfähigkeit d. quellenden u. harten Samen bei d. wichtigsten Leguminosen 1008.
Straka (F.), Beitrag zur Bioökologie u. Bekämpfung d. Westeuropäischen Ziesels (Citellus citellus L.) in Bulgarien 536. — Neuer Fundort d. Grauen Hamsters (Cricetulus migratorius Patl.) in Bulgarien 2226.
Strand (E.), Ergebnisse v. Sommerweizensortenversuchen *1946—59* 121.
Stránská (K.), Biol. Beobachtungen an Kreuzblütlern u. d. Kohlrübe 782. — Frage d. Heterosis bei Kreuzblütlern, insbes. bei Kohlrabisorten 805.
Straub (C.) s. Okun (D. A.).
Straub (J.), Prof. Dr. Dr. h.c. Hans Stubbe zum *60*. Geburtstag 1165.
Straume (O.), Wirkung v. Gibberellinsäure auf d. Wachstum v. Erbse u. Bohne 2304.
Strazdinja (A. A.) s. Cinovskij (J. P.).
Strazielle (C.) s. Hirth (L.).
Street (H. E.) s. Thurman (D. A.).
Street (H. K.), General Cigar Company entwickelt neuen resistenten Shade-Typ Tabak 1567.
Street (N.), „Iso-Leitfähigkeitswert" d. Tone 2923.
Street (O. E.) s. Menser (H. A.).
Strelkow (I. G.), Gelbe Futterlupine, ein entscheidender Faktor zur Ertragssteigerung auf Sandböden 1802.
Strel'skaja (O. J.) s. Dorožkin (N. A.).
Stricker (H.), Mineral. Düngung im Zuckerrübenbau bei Verwendung v. Monogermsaatgut 1836.
Strickland (A. H.) s. Wheatley (G. A.).
— u. **Bardner (H. M.)**, Drahtwurmschaden u. Insekticidbehandlung v. Konsumkartoffeln in England u. Wales 3118.
Strickling (E.) s. Cohen (O. P.); Conaway (A. W.).
Strider (D. L.) u. **Winstead (N. N.)**, Bildung zellwandlösender Enzyme durch Cladosporium cucumerinum im Gurkengewebe u. in künstlichen Medien 552.
Strigalev (A. N.) s. Stonov (L. D.).
Strigoli (P.) u. **Mazzi (S.)**, Alte Pflanze mit neuer Perspektive: d. Mangobaum 3028.
Stringfield (G. H.) s. Guthrie (W. D.).
Stritzke (S.), Befruchtungsbiolog. Verhältnisse bei Haselnuß-Sorten unter bes. Berücksichtigung ökolog. Verhältnisse 2168.
Strobel (J. W.), Verticillium-Welkekrankheit in Südflorida 851.
Strobl (G.), Wirkungen d. Phosphatdüngung auf d. Wiese in einem *30*-jährigen Düngungsversuch 395.
Strømme (E.), Wirkung einer Bodendämpfung auf d. Ammonium- u. Nitratgehalt d. Bodens u. d. Wachstum v. Tomatenpflanzen 160.
Strogonov (B. P.) u. **Ševjakova (N. I.)**, Bedeutung v. Putrescin u. Cadaverin im Stickstoffhaushalt d. Pflanzen 2369.
Strojny (W.), Acanthocryptus afflictor

(Grav.)-Hym., Ichneumonidae als Parasit v. Billaea irrorata (Meig.)-Dipt., Tachinidae 1691.
Strong (F. E.), Laboratoriumsuntersuchungen zur Biologie v. Bruchophagus roddi Guss. (Hymenoptera: Eurytomidae) 832.
Strong (M. C.) s. Honma (S.).
Stroube (W. H.) s. Kendall (W. A.).
Stroun (M.) s. Gaillochet (J.); Mathon (C. C.).
—, Pugnat (C.) u. **Sandmeier (M.)**, Vernalisation, Photoperiode u. Kälteresistenz bei Weizen 1067.
Stroyan (H. L. G.), Arten d. Gattung Aspidaphium Börner *1939* (Homoptera: Aphididae) 3122.
Struckmeyer (B. E.), Heikkinen (T.) u. **Berger (K. C.)**, Entwicklungsanatomie d. Fahne u. d. Kolbens vom Mais in Abhängigkeit v. d. Bordüngung 1168.
Strucowskaja (E. S.), Ausgangsmaterial für d. Winterweizenzüchtung auf Standfestigkeit 1066.
Strübing (H. G.), Period. Fruchtfolgedüngung auf besseren Böden 2386.
Strugovščikova (L. P.) s. Grebinskij (S. O.).
Struijs (L.) s. Sluijsmans (C. M. J.).
Stryckers (J.), *13.* Internationales Symposium über Phytopharmazie u. Phytiatrie (Sektion F) im Institut Superieur Agronomique de l'État in Gent am *9.* Mai *1961* 1707.
Strydom (D. K.), Einfluß v. Blättern auf d. Wurzelbildung bei „Marianna-Nr. *2624*" Pflaumengrünstecklingen 1324.
Strysom (J. C.) u. **Maanen (G. H. van)**, Neue Methode, Rosen im Winter u. zeitigen Frühjahr zu vermehren 1613.
Stuart (N. W.) u. **Cathey (H. M.)**, Regulierung v. Wachstum u. Blühen v. Chrysanthemum morifolium u. Hydrangea macrophylla durch Gibberellin 776.
Stubbe (H.), Über gegenwärtige u. künftige Aufgaben d. Landwirtsch.-Wiss. u. d. Verantwortung d. Wissenschaftlers in unserer Zeit 1167. — Strahleninduzierte Mutagenese [1920]*. — Mutanten d. Wildtomate Lycopersicon pimpinellifolium (Jusl.) Mill. II 2490. — Genetik. Grundlagen, Ergebnisse u. Probleme in Einzeldarstellungen. Beitrag *1.* Kurze Geschichte d. Genetik bis zur Wiederentdeckung d. Vererbungsregeln Gregor Mendels [3380]*. — s. Metzner (P.).
Stubbe (H.) u. **Wojahn (E.)**, Asmus Petersen in memoriam 885.
Stubbe (W.), Genet. Analyse d. Wechselbeziehungen zwischen verschied. Genomen u. Plastomen d. Gattung Oenothera 1616.
Stubbs (L. L.) s. Price (R. D.).
Studer (R.), Methode zur Bestimmung d. Wasserreserven d. Böden 941. — s. Blanchet (R.); Maertens (C.).
Stuessi (D. B.), Beitrag zur Physiologie v. Clostridium butyricum Prazm. unter bes. Berücksichtigung d. Sporulation u. d. Germination [1118].
Stuke (E.), Züchtung v. Weizen mit guter Backfähigkeit. *1.* Mitt. Die züchter. Bedeutung v. einzelnen Komponenten d. Backfähigkeit 789; *2.* Mitt. Genetik einzelner Komponenten u. d. Bearbeitung d. Zuchtmaterials 2773.
Stumpf (P. K.) u. **James (A. T.)**, Biosynthese langkettiger Fettsäuren durch Chloroplastenpräparationen v. Salat 2591.
Sturhan (D.), Über neue Wirtspflanzen d. Blattälchen Aphelenchoides fragariae u. A. ritzemabosi, mit Bemerkungen zu d. Wirtspflanzenkreisen beider Nematodenarten 1096.
Sturm s. Hilkenbäumer (F.).
Sturm (H.) s. Pehl (P.).
Sturm (M.), Beitrag zur Regulierung d. Küvettenklimas bei Assimilationsmessungen im Freiland 320.
Šturmova (V. S.) s. Dmitrenko (P. A.).
Stutz (H. C.), Innere-Penetranz, Zwischen-Penetranz u. Expressivität bei d. Roggenmutante elymoides 2183.
Štyka (V. P.), Technik d. Bewässerung v. Obstanlagen 758.
Štys (Z.) s. Petrlík (Z.).
Subba Rao (B. R.) s. Narayanan (E. S.).
Subba-Rao (N. S.), Bidwell (R. G. S.) u. **Bailey (D. L.)**, Aktivität d. Rhizosphäre unter Verwendung v. markiertem Kohlenstoff 50.
Subbiah (B. V.) s. Tamhane (R. V.).
— u. Bajaj (J. C.), Bodentest zur Ab-

schätzung v. verfügbarem Stickstoff in Reisböden 937.
Šubert (T. A.) s. Bardinskaja (M. S.).
Subramanyam (K. N.) s. Mehra (K. L.).
Subramanyam (S.) u. **Royan (S.),** Der persistierende Nukleolus v. Allium cepa 3071.
Suchenko (S. D.), Auswahl d. Grundstücks für einen Garten [3317].
Suchenko (T. M.) s. Stafijčuk (A. A.).
Suchobrus (S. V.) s. Zacharčenko (I. G.).
Suchorukov (K. T.), Schaffung bes. immuner Kulturpflanzen mit d. Methode d. Fernkreuzung 2180.
Suchov (K. S.), Razvjazkina (G. M.), Pridanceva (E. A.) u. **Beljančikova (J. V.),** Zur Erfoschung d. Gramineenvirosen 843.
Suchý (F.), Blumen, Schmuck unserer Siedlungen u. Gärten [3066].
Sučilin (E. D.) s. Bogdanov (N. M.).
Südi (J.) u. **Matolcsy (G.),** Colchicinähnliche Wirkung einiger Amid-Derivate d. *3.5*-Dichlorphenoxyessigsäure auf Pflanzen 490.
Süss (A.), Wanderung v. Nährstoffen in verschied. Böden 624. — Wirkung verschied. eingearbeiteter Phosphatdünger bei Sommergerste u. Zukkerrüben 2100. — s. Sprau (F.).
Süßbrich (H.), Anbau v. Tomaten im kalten Block 2447.
Sūev (S.), Verunkrautung d. oberen Bodenschicht beim Reisanbau in Abhängigkeit v. d. Fruchtfolge 1436.
Sugawara (T.), Elongation v. Reiskoleoptilen. *2.* Mitt. 19.
Suggs (C. W.) s. Splinter (W. E.).
Sugino (M.), Photoperiod. Reaktion einer Albinomutante v. Einkorn-Weizen in steriler Kultur 24.
Sugiyama (T.) s. Yamaguchi (M.).
—, Takahashi (K.) u. **Iwahori (S.),** Hitzeschäden bei Fruchtgemüse. Vorl. Mitt. 3323.
Sujkovskij (Z.), Veränderung d. Gehalts an photosynthet. Pigmenten bei d. Hirse u. beim Weizen in Zusammenhang mit d. Ernährung mit Spurenelementen 2012.
Šukarov (L.) s. Georgiev (C.).
Sulakadze (T. S.), Wuchsstoffe u. Frostresistenz d. Pflanzen 889.
Šul'c (M.), Messungen d. Bodenfeuchtigkeit mittels Neutronenmethode im Winter 1221.
Šul'ga (P. M.), Methode d. vegetativen Hybridisation muß in d. Futterhülsenfruchtzüchtung breit angewendet werden 203.
Šul'gin (I. A.), Bedeutung d. Infrarotstrahlen für d. Lebensfähigkeit d. Pflanze 2022.
—, Chazanov (V. S.), Klešnin (A. F.) u. **Ržanova (T. B.),** Zerstreuung d. Strahlenenergie durch d. Blätter d. Pflanzen 36.
—, Kuperman (F. M.) u. **Ščerbina (I. P.),** Beziehungen zwischen Chlorophyllgehalt u. d. Etappen d. Organogenese beim Mais 601.
Sulinowski (S.) s. Barbacki (S.).
Sullivan (E. F.), Wirkungen d. Bodenreaktion, Schnitthöhe u. Stickstoffdüngung auf d. Leistungsfähigkeit aus d. Freiland transplantierter Wiesenrispensoden im Gefäßversuch 133.
Sullivan (J. T.), Bewertung v. Futtermitteln durch d. chem. Analyse 2307. — s. Alexander (C. W.).
—, Titlar (E. S.), Graham (J. H.), Hershberger (T. V.) u. **Routley (D. G.),** Aufbewahrung v. frischem Futter in kleinen Behältern 2994.
Sulochana (C. B.), Baumwollwurzeln u. vitamin- sowie aminosäure-bedürftige Bakterien 2371. — B-Vitamine in Ausscheidungen v. Baumwollwurzeln 2371. — Aminosäuren in Ausscheidungen v. Baumwollwurzeln 2371.
Šulyndin (A. F.), Arthybriden d. Weizens u. d. Schaffung v. Winter-Hartweizen 2180.
Šumakova (A. A.), Prüfung neuer Fungicide 2865.
Šuman (J. M.), Hybridisierung v. Mais (Zea mays) mit Teosinte (Euchlaena) zur Gewinnung v. Selbstbestäubungsmaterial 1900.
Sumanov (E. J.), Laptev (J. P.) u. **Kljukvina (J. V.),** Durchfrieren v. Getreide- u. Zuckerrübensaatgut steigert Triebkraft u. Keimfähigkeit 696.
Šumanskaja (M. G.) s. Avakjan (A. A.).
Šumetov (G.), Einfluß d. Düngung auf d. Qualität d. Kartoffelknollen 2712.

Šumkova (M. N.), Bilanz d. Züchtungsarbeiten an Hirse 497.
Summers (F. M.), Insekten- u. Milbenschädlinge d. Mandelbaumes 3113. – s. Price (D. W.).
Sumner (D. C.) u. **Lindsey (K. E.),** Feldreife-Angaben zum Bestimmen d. optimalen Ernteperiode für d. Samenproduktion v. Wiesenrispe, Sorte „Merion" 3302.
Sumner (M. E.), Wirkung v. Natriumdithionit auf d. Oberflächeneigenschaften v. Tonen 44.
Sun (C. N.), Vorkommen dichter Granula unbekannter Funktion in d. Nucleoli verschied. Pflanzenzellen 192.
Sun (S.) u. **Rees (H.),** Anwendung d. diallelen Kreuzungsanalyse zur Untersuchung v. Artunterschieden 2778.
Sun (Yun-Pei) u. **Sanjean (J.),** Spezif. biolog. Test auf Insekticidrückstände, mit speziellem Bezug auf Phosdrin 857.
Sunderland (N.) s. McLeish (J.).
Suomela (H.) u. **Paatela (J.),** Wirkung v. Beregnung, Düngung u. MCPA auf d. Konkurrenzfähigkeit d. Sommergetreides mit Unkräutern 2573.
Surber (E.) s. Okun (D. A.).
Surkova (L. I.), Winterruhe v. Citruskulturen 2429.
Surlekov (P.), Gründüngung bei Gemüsekulturen 968.
Surmač (G. P.), Wassererosion im Wolgagebiet bei Kuibyschew 370. – Wasserdurchlässigkeit d. Bodens u. d. Wasserabflusses bei Platzregen 2363.
Šurovenkov (B. G.), Entomophagen d. Larven d. Getreidelaubkäfers u. d. Drahtwürmer 1132.
Surrey (K.) u. **Gordon (S. A.),** Einfluß d. Lichtes auf d. Phosphatstoffwechsel in Salatsamen: Beeinflussung durch Wechselwirkung zwischen rotem u. nahem ultrarotem Spektralbereich 372.
Surve (D. N.) s. Urkuday (K. N.).
Suryanarayana (D.) u. **Nath (R.),** Entwicklung anormalen Luftmycels beim Falschen Mehltaupilz d. Maises (Sclerospora philippinensis Weston 2840.
Šurygina (E. A.), Verwendung d. Lithium-Ions zur Identifizierung v. Montmorillonit in Böden u. Ton 2944.
Şuta (A.), Isac (I.) u. **Nica (Ş.),** Einfluß d. verschied. Bodennutzungssysteme auf Wachstum u. Entwicklung junger Pflaumen-, Apfel- u. Birnbäume 456.
Sutcliffe (J. F.), Mineral salts absorption in plants [2088]*. – s. Jacoby (B.).
Šutenko (I. A.), Aussaattermine bei feldüberwinternden Stecklingen 406. – Einfluß d. Feldüberwinterung d. Stecklinge auf d. Saat- u. Sortenqualität v. Zuckerrübensamen 979.
Suter (C.), Gesamil, Unkrautbekämpfungsmittel d. Wahl in Kulturen v. Mohrrüben u. Sellerie 2579.
Šutić (D.) s. Bećarević (A.).
Šutov (A. D.) s. Vajntraub (I. A.).
Šutova (N. N.), Einführung v. Entomophagen u. Mikroorganismen zur Bekämpfung v. Quarantäneschädlingen 1408.
Suttie (J. M.), Düngungs- u. Standweitenversuche mit Reis in Mwea-tebere 3023.
Sutton (C. D.) s. Larsen (S.).
Sutton (W. G.) s. Thomson (J. R.).
Suzdal'ceva (V. A.), Physiolog. Besonderheiten unterschiedlich winterfester Apfelsorten 1870.
Suzuki (Y.) s. Inoue (Y.).
Sváb (J.), Zur Frage d. Samengewinnung bei d. kleinblättrigen grünen Basilikum (Ocimum basilicum L.) 128. – Versuche zur künstlichen Übertragung d. „Schmalblättrigkeit" d. gelben Lupine (Lupinus luteus L.) 843. – Neue Methode d. Ertragsanalyse zur Kennzeichnung d. Entwicklung d. Pflanzensorten 987. – Entwicklungsanalyse mit kumulativer Ertragsanalyse 1555. – Realisierung d. Ergebnisse v. Exaktversuchen unter d. Bedingungen d. Großflächenanbaus 2116. – Auswertung v. Düngungs- u. sonstigen agrartechn. Versuchen durch kumulative Ertragsanalyse 3281. – s. Földesi (D.); Papp (Z.); Walger (J.).
Svečnikov (I. D.) s. Bondin (V. P.).
Švecov (A. S.) s. Drozd (A. M.).
Švedskaja (Z. M.) s. Kružilin (A. S.).
Svejda (F. J.) u. **Voisey (P. W.),** Bemerkung zu einer Methode d. Verletzens v. Rosensamen 1054.

Svensson (B.), Qualität v. Speisekartoffeln. *4.* Mitt. Feldversuche über den Abstand zwischen den Reihen. Pflanzgutmenge u. Größe d. Pflanzkartoffel. *5.* Mitt. Feldversuche über Häufeln u. Abstand zwischen den Reihen 718. — s. Agerberg (L. S.).
Svensson (I.-L.) s. Larsen (S.).
Sveřepová (G.), Beitrag zur Selbst- u. Fremdbestäubung beim Stiefmütterchen (Viola tricolor var. hortensis L.) 809.
Sveštarova-Dineva (M. J.) u. **Stojkov (S. A.),** Über d. Eiweiß d. Leguminosen. *2.* Mitt. 909.
Svetličnyj (V. A.), Die billigste Rübe [3304].
Svetljakova (R. I.) s. Pronin (M. E.).
Svinarev (V. I.), Entwicklung bei Feuchtigkeitsüberschuß 1281.
Swailes (G. E.), Befruchtung u. Eiablage v. Hylemyia brassicae Bouché (Diptera: Anthomyiidae) 832.
Swaine (D. J.), The trace-element content of fertilizers [1544]*.
Swallers (C. M.) s. Stoa (T. E.).
Swaminathan (M. S.) s. Bhaskaran (S.); Bhatia (C. R.); Mehra (K. L.); Patel (K. A.).
— u. **Kamra (S. K.),** Röntgenstrahlenanalyse d. Anatomie u. Lebensfähigkeit d. Samen einiger Kulturpflanzen 1346.
— u. **Magoon (M. L.),** Ursprung u. Zytogenetik d. kommerziellen Kartoffel 1358.
Swamy (N. S. R.) s. Kanta (K.).
Swan (D. G.) u. **Furtick (W. R.),** Konkurrenz zwischen Amsinckia intermedia u. Weizen 1991.
Swanson (A. F.) s. Wilson (J. A.).
Swanson (E. R.), Stat. Theorie d. „firm" u. drei Gesetze d. Pflanzenwachstums 3250.
Swart (J.) s. Bruinsma (J.).
Swartz (W. E.) u. **Kardos (L. T.),** Einflüsse d. Verdichtung auf d. physikal. Eigenschaften v. Sand-Boden-Torf-Mischungen bei unterschiedlichen Feuchtegehalten 2928.
Swartzendruber (D.), Modifikation d. Darcyschen Gesetzes zur Bestimmung d. Wasserdurchflusses in Böden 341.
Swarup (V.) u. **Chaugale (D. S.),** Studie über d. Resistenz gegen Befall mit Stengelbohrer (Chilo zonellus Swinh.) bei Sorghum (Sorghum vulgare Pers.) 497. — Genet. Variabilität bei Sorghum. *1.* Mitt. Phänotyp. Variation u. ihre Heritabilitätskomponenten bei einigen wichtigen quantitativen Eigenschaften, d. den Ertrag betreffen 3366; *2.* Mitt. Korrelation v. einigen bedeutungsvollen quantitativen Eigenschaften mit d. Ertrag u. d. Anwendung einiger Selektionsindizes zur Züchtung 3366.
Swenson (K. G.), Übertragung d. Gelbmosaik-Virus d. Gartenbohne durch Myzus persicae 2827.
Swezey (A. W.) u. **Turner (G. O.),** Wirkung v. *2*-Chor-*6*-(trichlormethyl)-pyridin zur Hemmung d. Nitrifikation v. Ammonium- u. Harnstoffdüngemitteln 2051.
Swidler (R.) s. Simons (J. N.).
Święcicki (W.), Die Produktion v. Leguminosensamen [2426].
Świętochowski (B.), Mähzeit d. Bastardluzerne u. ihr Platz im grünen Fließband 427. — Methode zur direkten Bestimmung d. Zuwachses an Nitrat- u. Ammoniakstickstoff im Boden 3232.
— u. **Gonet (Z.),** Beitrag zur Kenntnis d. Menge u. d. Zusammensetzung d. Ernterückstände des Roggens nach Ernte zu verschied. Zeiten 396. — Probleme d. gelben Lupine auf Sandböden 1802.
— u. **Jelinowska (A.),** Vergleich d. Bodenbearbeitung zur Winterzwischenfrucht u. d. Auswahl d. Nachfrucht zum Anbau als Zweitfrucht in Verhältnissen kontrollierter Anbauvergleiche 139. — Bodenbearbeitung zu zwei Winterzwischenfruchtgemengen 139. — Saat- u. Erntezeit d. Herbstschnittes bei Gemengen als Winterzwischenfrüchte 433. — Abweiden d. Winterzwischenfrüchte im Herbst 433.
— u. **Li-Sun-Žun,** Einfluß d. Bodenazidität auf d. Wachstum u. d. Entwicklung d. Hühnerhirse, Echinochloa crus-galli L. (BP) 881.
— u. **Sienkiewicz (J.),** Bedeutung d. Steinklees als Gründüngungspflanze auf leichten Böden 1803.
— u. **Sońta (W.),** Einfluß d. Bodenfeuchtigkeit auf den Wuchs u. d.

Entwicklung segetaler Unkrautarten 1708.
Świeżyński (K.), Züchtung v. Kartoffeln mit hohem spezif. Knollengewicht 797. – Somat. Rekombination bei Pilzen mit Berücksichtigung d. Bedeutung dieser Erscheinung für d. Pflanzenzüchtung 1617.
Świnarski (E.) s. Mierzwa (Z.).
—, **Mierzwa (Z.)** u. **Cieślewicz (I.)**, Gewinnung v. Antigenen d. Kartoffelviren S u. Y 240.
Swirska (S.), **Łacicowa (B.)** u. **Maciejewska (Z.)**, Beobachtungen über d. Lebensfähigkeit u. d. Mykoflora von nichtgebeizten und gebeizten, bei verschied. Luftfeuchtigkeit aufbewahrten *4* Saatgutarten 862.
Switzer (C. M.) s. Rauser (W. E.).
Syamananda (R.) s. Staples (R. C.).
— u. **Staples (R. C.)**, Kohlenhydratgehalt v. mit Rost befallenen Maisblättern 3195.
Sybenga (J.), Genetik u. Zytologie d. Kaffee 219.
— u. **Prakken (R.)**, Genanalyse bei Roggen 3077.
Syčeva (Z. F.) s. Korovin (A. I.).
— u. **Bystrova (Z. A.)**, Einfluß d. Bodentemperatur auf d. Phosphoraufnahme durch d. Pflanzen 85.
Sydow (B. von) u. **Durbin (R. D.)**, Verteilung v. ^{14}C-haltigen Stoffwechselprodukten in Weizenblättern, d. mit Schwarzrost infiziert sind 2841.
Sykalo (N. G.) s. Zubenko (V. C.).
Sýkora (V.) s. Soukup (J.).
Sylvan (S.) s. Markovitz (A.).
Sylvester (E. S.) s. Bindra (O. S.); Bradley (R. H. E.); Teakle (D. S.).
— u. **Bradley (R. H. E.)**, Der Einfluß d. Stechborstenbehandlung v. Blattläusen mit Formalin auf d. Übertragung d. Virus d. Vergilbungskrankheit d. Zuckerrübe 2229.
Symington (J.), **Commoner (B.)** u. **Yamada (M.)**, Lineare Biosynthese d. Tabakmosaikvirus: Beweis, daß kurze Virusstäbchen natürliche Produkte d. TMV-Biosynthese sind 3415.
Synge (P. M.), Einige Iris in d. Türkei u. in Persien 185.
Sypień (M.) s. Pieniążek (S. A.).
Syřínek (V.) s. Dlabola (J.).
Sysoev (A.), Biolog. Methoden d. Pflanzenschutzes 265.
Sytenko (L. S.), Anwendung v. Entobakterin 1407.
Sytsema (W.), Vorläufiges Ergebnis einer CO_2-Begasung bei d. Rose „Perle v. Aalsmeer" 1885.
Szabó (J. L.) s. Bajai (J.).
Szabó (M. G.), Zur Systematik u. Verbreitung d. Wiesenrotklees, Trifolium pratense L. var. spontáneum Willk., u. seiner Formen 886.
Szabolcs (I. A.), Untersuchung d. Wirkungsmechanismus, d. Wirkungsgrades u. d. Wirtschaftlichkeit d. Erzeugung v. organomineralischen Phosphatdüngern 1810.
— u. **Latkovics (G.)**, Düngung d. ungar. Alkaliböden mit Handelsdüngern. *1*. Mitt. Einfluß d. Handelsdünger auf d. Ertrag v. Hafer auf solonetzartigem Wiesenboden 2092.
—, **Szondy (G.)** u. **Török (L.)**, Stallmistkompostierung mit Lignitzusatz 2095.
Szakaly (J.) s. Dolinka (B.).
Szalai (M.) u. **Pletser (J.)**, Wassergehaltsuntersuchungen an d. Maispflanze 2086.
Szalay (D.) u. **Pál (G.)**, Eigenschaften d. Ähre in d. F_1-Generation v. Triticum-Agropyron-Hybriden 1893.
Szalay-Marzsó (L.), Blattlausfauna d. Kartoffelbestände u. d. viröse Abbau d. Kartoffel 840. – Morphologie, Biologie u. Bekämpfung d. Erlenrüßlers Cryptorrhynchus lapathi L. (Col. Curcul.) in Ungarn 1383. – Schäden durch den Weidenwürger Cryptorrhynchus lapathi L. (Coleoptera, Curculionidae) in Ungarn u. d. Möglichkeiten seiner Bekämpfung 3119. – s. Solymossy (F.).
— u. **Solymossy (F.)**, Blattlausvektoren d. Gurkenmosaikvirus (GMV) an Paprika in Ungarn 2838.
Szaraniec (T.), Vergleich d. Berechnungsmethoden d. Verankerungsfähigkeit v. Vertikalplatten 656.
Szász (G.), Klimatische Bedingungen d. Reisanbaus in d. Hauptanbauregionen 622.
Szatala (Ö.), Chem. Unkrautbekämpfung in Faserleinbeständen [1999]*.
Szczepańska (H.) s. Grynberg (H.).
Szederjei (A.) s. Bencze (L.).

Szegedi (S.) s. Horváth (S.).
Szegi (J.), Beeinflussung v. Azotobacter durch Strahlenpilze im Boden 638. — Einfluß d. Feuchtigkeit auf d. Zersetzung d. Cellulose in einigen ungar. Böden 1760.
Székely (A.) s. Romlehner (L.).
Szelényi (G.), Pflanzenschutzprobleme im ungar. Gemüsebau 1958.
Szent-Iványi (P.), Nußforschung mit bes. Berücksichtigung d. Sorten bzw. ihrer Verwendung im Anbau 3059.
Szepes (J.), Atmungsintensitätsmessung in Reispflanzen unter bes. Berücksichtigung d. Brusonekrankheit 3158.
Szepessy (I.), Verwandtschaftsverhältnisse bei Brandpilzen mit serolog. Prüfmethoden 1676. — Wirkung d. Lichtverhältnisse auf d. Resistenz d. Pflanze 2237.
Szesztay (K.), Beiträge zu den hydrolog. Grundlagen d. Seewasserstandsregulierung 3238.
Szigat (G.) s. Kress (H.).
Szigehty (L.), Erfahrungen in d. chem. Unkrautbekämpfung v. Mais [2883].
Szilágyi (G.) u. **Vágás (I.)**, Sickerverluste aus d. unverkleideten Bewässerungskanalbett 1511.
Szilvássy (L.), Empfindlichkeit einiger wichtiger Reissorten gegen Dikonirt 2874. — s. Kovács (I.).
Szirmai (J.), Viruskrankheiten bei Obstbäumen in Ungarn 1113. — Prüfung d. Kartoffelabbaus durch Testen mit Serum-Knollenröhrchen, auf Grund d. Polyphenoloxydase-Aktivität 1127. — Hemmende Wirkung d. Rübenperikarps gegen einige Viren 2829.
— u. **Molnár (B.)**, „Sternfleckigkeit" in d. Baumschulen 1671.
—, **Molnár (B.)** u. **Virág (J.)**, Vorbeugende Bekämpfungsmaßnahmen gegen virusübertragende Aphiden mit system. Mitteln bei d. Zuckerrübe durch Behandlung d. Vermehrungsbestände 2861.
Szklarska (J.) u. **Chrzanowski (J.)**, Aufklärung d. Entstehung v. Kavernen in den Wurzeln d. Zichorie 296.
Szkolnik (M.) s. Hamilton (J. M.).
Szkolnik (M.) u. **Hamilton (J. M.)**, Dodine, ein neues Fruchtfungicid 1426.
Szondy (G.) s. Szabolcs (I.).
Szontagh (P.), Erlenrüßler (Cryptorrhynchus lapathi L.) als Schädling d. Wirtschaftspappelmuttergärten in Ungarn 1383.
Szota (Z.), Methode zur Pfropfung v. F_1-Bastarden v. Beta vulgaris mit Arten d. Sektion Patellares 1077.
Szteyn (K.), Interspezif. Kreuzungen innerhalb d. Genus Lycopersicum. *1.* Mitt. Rückkreuzungen mit Lycopersicum glandulosum 509.
Szücs (L.) s. Stefanovits (P.).
Szürke (É.), Vorkommen d. Luzernemosaikvirus in Ungarn u. seine Schäden an Luzernesorten 3412.
Szukalski (H.), Einfluß d. Phosphorgehaltes im Samen auf d. Wachstum u. d. Ertrag. *2.* Mitt. Untersuchungen an Lein 673; *3.* Mitt. Untersuchungen zu Hafer 673.
Szulc (P.) s. Kotik-Królicka (Z.).
Szuszkiewicz (T. E.) s. Gundy (S. D. van); Letey (J.).
Szybalski (W.) u. **Lorkiewicz (Z.)**, Natur d. hauptsächlichen Treffbereiches v. letalen u. mutagenen Strahleneffekten 3074.

Tabata (S.) s. Kumagai (T.).
Tabatabai-Yazdi (H.) s. Lindenbein (W.).
Taboadela (M. M.) s. Ojea (F. G.).
Taeger (H.) s. Kramer (D.).
Tafradžijski (I.), Bekämpfungsversuche gegen d. Mehltau an Cucurbitaceen (Sphaerotheca fuliginea Poll. u. Erysiphe cichoracearum D. C.) 1964.
Taha (E. E. M.) u. **Abd El Monem H. Elrefai**, Physiolog. u. biochem. Untersuchungen an stickstoffbindenden blaugrünen Algen. *1.* Mitt. Natur d. zellulären u. extrazellulären, v. Nostoc commune gebildeten, stickstoffhaltigen Substanzen 55; *2.* Mitt. Bedeutung v. Calcium, Strontium, Kobalt u. Molybdän bei d. Stickstoffbindung v. Nostoc commune 1490.
Taha (M. A.) s. Radley (R. W.).
Taher (S.) s. Helmy (A. K.).
Taimr (L.) s. Kříž (J.).

Taira (H.), Aminosäuregehalt v. Pflanzensamen. *1.* Mitt. In d. Samen v. Gramineae enthaltene Aminosäuren 909; *2.* Mitt. Aminosäurezusammensetzung v. Fraktionen d. Samenproteine v. Gramineae 1736.
Tajima (K.) s. Baba (I.).
Takahashi (J.) s. Yoshida (Takehiko).
Takahashi (K.) s. Yamaguchi (M.); Sugiyama (T.).
Takahashi (N.) s. Yamaki (T.).
—, **Moroo (T.)**, **Hashimoto (T.)** u. **Yamaki (T.)**, Wirkung einiger organ. Säuren auf d. Dunkelkeimung v. Tabaksamen 1183.
—, **Yamada (T.)**, **Hashimoto (T.)** u. **Yamaki (T.)**, Einfluß anorgan. Verbindungen auf d. durch Gibberellin induzierte Keimung v. Tabaksamen im Dunkeln 608.
—, **Yamada (T.)**, **Moroo (T.)** u. **Yamaki (T.)**, Wirkung anorgan. Verbindungen auf d. durch Gibberellin induzierte Dunkelkeimung v. Tabaksamen 607.
Takahashi (T.), Einfluß v. austauschbarem Aluminium auf d. Calciumabsorption durch Gerste auf vulkan. Ascheboden 3257.
— u. **Nakayama (M.)**, Untersuchungen über d. Färbung d. Tomatenfrucht. *6.* Mitt. Der Einfluß v. Hormonspritzungen auf Wachstum u. Pigmentgehalt d. Früchte 450; 7. Mitt. Einfluß d. Düngung auf Pigmentgehalt u. Ertrag 3043.
—, **Nakayama (M.)** u. **Arima (H.)**, Untersuchungen über d. Färbung d. Tomatenfrucht. *5.* Mitt. Vergleich d. Wachstums, d. Erträge u. d. Pigmentgehaltes v. Tomatensorten 450.
Takai (Y.) u. **Asami (T.)**, Bildung v. Methylmercaptan in Sumpfreisböden. *1.* Mitt. 1477.
Takakuwa (M.), Rassenverteilung bei Phytophthora infestans auf d. Insel Hokkaido (Japan) 1948.
Takasawa (H.) s. Saito (M.).
Takato (H.) s. Mitsui (S.).
Takatori (F. H.) s. Tyler (K. B.).
Takáts (L.), Wirkung d. Deckfrucht auf d. Ertrag v. Luzerne u. Luzernegrasgemischen 730. — Berieselungsgrünlandwirtschaft [1852].
Takehisa (S.), Aneusomatie in Blättern diploider Petunien 1367.
Takenaka (Y.), Cytogenet. Untersuchungen bei Nicotiana. *15.* Mitt. Reduktionsteilung bei *5* Arthybriden zwischen d. Sektionen Alatae u. Suaveolentes 3092.
Taki (M.), Fraktionierung d. Stärkekomponenten durch Papierchromatographie 32.
Takeuchi (T.) s. Yatsuyanagi (S.).
Taksdal (G.), Ökologie d. Pflanzenresistenz gegen d. Wanze Lygus lineolaris 3120.
Talboys (P. W.), Zeit-Temperaturansprüche zur Abtötung v. Verticillium albo-atrum in Hopfenreben 864.
Taler (P.) s. Kanarake (A.).
Talhouk (A. S.), Entomophage Insekten d. Libanon 266. — Entomolog. Probleme d. libanes. Landwirtsch. 3389.
Talibudeen (O.) s. Chakravarti (S. N.); Vaidyanathan (L. V.).
Talieva (M. N.) s. Mjuge (S. G.).
Tallós (P.), Lebensweise u. Schadwirkungen d. auf d. gemeinen Kiefer lebenden Schmetterlingsarten 3114.
Talybov (N.) s. Oganov (G.).
Tamaki (E.) s. Noguchi (M.).
Tamari (K.) s. Ihara (Y.).
Tamás (P.), Winterresistenz d. Schwarzen u. Roten Johannisbeere 2761. — Geograph. Herkunft u. Anpassung beim Apfel. *1.* Mitt. Frostresistenz als klimat. bedingte Eigenschaft 3095. — s. Nybom (N.).
Tamhane (R. V.) s. Sen (A.).
— u. **Subbiah (B. V.)**, Korrelation v. Bodenuntersuchungen mit Gefäß- u. Feldversuchen in d. Bewertung d. Bodenfruchtbarkeit 1495.
Tamm (C. O.), Nährstoffaufnahme gedüngter Fichten- u. Kiefernbestände 2376.
Tammes (P. M. L.) s. Justesen (S. H.).
Tanada (T.), Ort u. Mechanismus d. durch Calcium stimulierten Rubidium-Absorption in Mungobohnenwurzeln 2380.
Tanaka (A.) s. Ishizuka (Y.).
Tanaka (M.) s. Nagai (T.).
Tanaka (R.) u. **Kamemoto (H.)**, Verhalten d. Chromosomen in d. Meiose bei einigen Gattungshybriden d. Vandeen 1368.
Tanaka (Ryuso) u. **Shimotomai (N.)**,

Karyotypen v. vier diploiden Chrysanthemenspezies 3098.
Tanaka (Y.), Ernährungsphysiologie v. Xanthomonas oryzae (Uyeda et Ishiyama) Dowson. *1.* Mitt. Stickstoffquellen 3384.
Tănase (V.) s. Popescu (D. A.).
Tanda (G.), Anwendung d. Luftphotographie u. d. Luftphotogrammetrie bei d. Planung v. Beregnungsanlagen 2643.
Tandon (R. K.) s. Singh (Badan).
Tandon (R. N.) u. **Agnihotri (V. P.),** Patholog. Untersuchungen über Colletotrichum capsici Syd. (But et Bisby), d. Erreger d. Blattfleckenkrankheit v. Pothos scandens (Wall.) 1397.
— u. **Chandra (S.),** Aufnahme v. Aminosäuren durch einige Erreger pilzlicher Blattfleckenkrankheiten 1377.
— u. **Chaturvedi (C.),** Verwertung v. Aminosäuren durch drei imperfekte Pilze 3105.
— u. **Varma (A.),** Physiolog. Untersuchungen an Colletotrichum gloeosporioides, d. Erreger einer Blattfleckenkrankheit an Prunus persica 3430.
Tandon (S. L.) u. **Kapoor (B. M.),** Zytologie d. Endosperms bei Angiospermen 192.
Tanev (I.), Pfefferminzgallmilbe (Eriophyes menthae Moll.). Biologie, Morphologie u. Bekämpfungsmittel 3393.
Tanev (R.) s. Daskalov (P.).
Taniguchi (T.), Gehalt an einigen organ. Säuren in TMV-infizierten Tabakblättern, nachdem man sie auf Wasser oder verschied. organ. Säuren hatte schwimmen lassen 2233. — Grenzkonzentration v. Tabakmosaikvirus, d. v. Ionenaustauscherharzen adsorbiert wird, u. d. Dissoziationskonstante d. Komplexes 2851.
Tanner (C. B.) u. **Lemon (E. R.),** Bei d. Evapotranspiration verbrauchte Strahlungsenergie 2075.
Tanskij (V. I.), Bestimmung d. Schädlichkeit d. Weizenblasenfußlarven 2816.
Taper (C. D.) s. Hutchinson (A.).
Tarakanov (G. I.), Evolution d. Tomate (Lypersicon esculentum Mill. ssp. cultum Brezn.) u. ihre Züchtung auf Frühreife 1084.
Taran (L. D.) s. Chitrinskij (V. F.).
Taranenko (V. I.), Wirksamkeit einer Saatgutbehandlung bei Sorghum mit Gibberellinsäure 110.
Taranov (M. T.), Fadeev (B. I.) u. **Prochorov (M. K.),** Chem. Konservierung v. feuchtem Maiskorn 2401.
Taranova (E.), Wilde Stammformen in d. Nachkommenschaft kultivierter Apfelsorten 511.
Tarantola (M.) s. Fortini (S.).
Tarantola (M. M.) s. Fortini (S.).
Tarantola-Manzo (M.) s. Fortini (S.).
Tarčokov (K. K.), Hohe Maiserträge auf großen Flächen [2426].
Tardieux (P.) s. Guillemat (J.); Quevedo-Ganoza (F.).
Tarjan (A. C.), Check list of plant and soil nematodes [2523]*.
Tarnovska (K.), Einfluß einiger Faktoren auf d. Carotinbildung in Tomatenfrüchten 910. —Einfluß einiger Faktoren auf d. Gehalt v. β-Carotin in d. Tomatenfrüchten 1738. — Rolle d. Pflanzenspitze bei d. Karotinbiosynthese in d. Tomatenblättern 3043. — s. Daskalov (C.).
Tarrant (R. F.) u. **Miller (R. E.),** Anreicherung v. organ. Substanz u. Bodenstickstoff unter einer Anpflanzung v. Roterle u. Douglastanne 3228.
Tărus (G.), s. Popilian (I.).
Tarvis (T. V.), Mikrobiolog. Veränderungen durch Vertiefung d. Ackerkrume kastanienfarbigen Bodens 636.
Tarzwell (C. M.), Entwicklung eines Kriteriums für d. Wasserqualität im Hinblick auf d. Leben im Wasser 1512. — s. Okun (D. A.).
Taschenberg (E. F.) s. Sferra (P. R.).
Tašlanov (A. N.), Anforderungen an Baumwollsorten bei maschineller Ernte 1847.
Tasumichi (Y.) s. Nagai (T.).
Tatebe (T.), Physiolog. Untersuchungen über d. Fruchtbarkeit bei Lythrum salicaria Linn. *1.* Mitt. Vorhandensein v. Inhibitoren für d. Pollenkeimung im Fruchtknoten 191.
Tateoka (T.), Bedeutung d. Stärkekör-

ner d. Endosperms für d. Systematik d. Gräser 2887. – Taxonom. Untersuchungen v. Oryza. *1.* Mitt. Oryza-latifolia- Komplex 2887.

Tatnall (D. V.) s. Dunham (C. W.).

— u. **Dunham (C. W.)**, Nährstoffmangelerscheinungen an amerikan., japan. u. chines. Ilex 3066.

Tatsukawa (K.) s. Yatazawa (M.).

Tavadze (P. G.), Einfluß ackerbaulicher Maßnahmen auf d. Widerstandsfähigkeit d. Weinrebe gegen tiefe Wintertemperaturen 178.

Tavant (H.) s. Millet (B.).

Tavčar (A.) s. Leng (E. R.).

Tavrin (É. V.), Charakteristik d. Amphidiploidie bei Tr. timopheevi Zhuk. × Tr. durum Desf. u. Tr. aestivum L. × Tr. timopheevi Zhuk. 1623.

Tayal (M. S.), Kaushik (M. P.) u. **Nanda (K. K.)**, Wachstums- u. Entwicklungsphasen bei Hafer. *1.* Mitt. Entwicklung d. Sproßspitze v. Avena sativa unter verschied. photoperiod. Bedingungen 2020.

— u. **Nanda (K. K.)**, Wachstums- u. Entwicklungsphasen bei Hafer. *2.* Mitt. Entwicklung d. Infloreszenz u. d. Blütenorgane bei zwei Sorten in zwei Photoperioden 2901.

Taylor (A. W.) u. **Gurney (E. L.)**, Löslichkeit d. amorphen Aluminiumphosphates 918.

—, **Lindsay (W. L.), Huffman (E. O.)** u. **Gurney (E. L.)**, Kalium- u. Ammonium-Taranakite, amorphe Aluminium-Phosphate u. Variscit als Phosphatquellen für d. Pflanzen 3272.

Taylor (C. E.), Populationsdynamik v. Blattläusen auf d. Kartoffelpflanze unter bes. Berücksichtigung d. Anfälligkeit gewisser Sorten 2225. – Übertragung d. Himbeerringfleckenvirus durch Longidorus elongatus (de Man) (Nematoda: Dorylaimidae) 2521.

Taylor (D. K.) s. McGinnis (R. C.).

Taylor (E. A.) s. Henneberry (T. J.).

Taylor (E. J.) s. Rowe (F. P.).

Taylor (G. S.) s. Miller (P. M.); Vimoke (B. S.).

— u. **Parkinson (D.)**, Wachstum saprophyt. Pilze auf Wurzeloberflächen 1208.

Taylor (H.) s. North (C.).

Taylor (H. M.), Saatenaufgang v. Triticum vulgare, Sorghum vulgare u. Cyamopsis tetragonolobus unter d. Einfluß v. Stärke u. Dichte d. Oberflächenkrusten 2041. – Aufgang v. „Switchgrass"-Ansaaten durch d. Boden versiegelnde porenlose Substanzen hindurch 3178.

Taylor (L. R.), Absolute Leistungsfähigkeit v. Insektensaugfallen 3160. — s. Johnson (C. G.).

Taylor (N. L.) s. Kendall (W. A.).

Taylor (O. C.) s. Dugger jun. (W. M.).

Taylor (P.) s. Nishita (H.).

Taylor (R. H.), Grogan (R. G.) u. **Kimble (K. A.)**, Übertragung d. Tabakmosaikvirus in Tomatensaatgut 1112.

Taylor (S. A.) s. Bahrani (B.); Box (J. E.); Cary (J. W.); Wiegand (C. L.).

—, **Evans (D. D.)** u. **Kemper (W. D.)**, Messung d. Bodenwassers 1220.

Taylor (W. A.) u. **Gurney (E. L.)**, Phosphatgleichgewichte in einem sauren Boden 2035.

Tchagušev (N. A.), Das Schalenobst d. Region Krasnodar [1334].

Tchan (Y. T.), Birch-Andersen (A.) u. **Jensen (H. L.)**, Ultrastruktur d. vegetativen Zellen u. Cysten v. Azotobacter chroococcum 638.

Tchekov (S.), Bewässerung v. Zuckerrohr im Gebiet d. Ind. Ozeans 2363.

Teaci (D.) s. Oprea (C. V.).

Teakle (D. S.), Übertragung d. Tabaknekrosevirus durch einen Pilz, Olpidium brassicae 2519. – Nekrot. Symptome d. Tabaknekrosevirus in Wurzeln 2519.

— u. **Gold (A. H.)**, Olpidium als ein Vektor d. Tabaknekrosevirus 3417.

— u. **Sylvester (E. S.)**, Infektion v. Pflanzen durch Saugen v. Blattläusen auf mit Tabakmosaikvirus besprühten Blättern 2833, 3406.

Teaotia (S. S.), Dayal (K.) u. **Asthana (M. P.)**, Vermehrung v. Jackfruit durch Pfropfung 3028.

Tedoradze (S. G.), Therm. Behandlung d. Bohnensamen gegen Bakterien 111.

Tedrow (J. C. F.) u. **Brown (J.)**, Böden d. nördlichen Brooks Range, Alaska: Verminderung d. bodenbildenden

Potentials in hocharkt. Höhenlagen 934.
Teek (J. A. D.), Spätfrostverhütung 1580.
Teel (M. R.), Stickstoff-Kalium-Beziehungen u. biochem. Zwischenprodukte in Gras-Grünmasse 377.
Teicher (K.) s. Wünsch (A.).
Teipel (R.), Hinweise für d. Meliorationspraxis im Frühjahr *1963* 3237.
—, Klatt (F.) u. **Hartig (H.),** Gutachten über d. Verregnung d. Grubenabwässer d. Niederlausitz 2644.
Telbisz (K.), Bewässerung v. Reben [722]. — s. Biró (K.).
Telenga (N. A.), Gulevatyj (E. F.) u. **Radčenko (T. G.),** Bestäubungstermine d. Erbsenfelder gegen d. Erbsenkäfer 1140.
Teletzke (G. H.) s. Okun (D. A.).
Telfair (D.) u. **Luetzelschwab (J.),** Eindringen v. radioaktiven Zerfallsprodukten in Böden Indianas 2034.
Telkiev (G.) u. **Tomov (N.),** Beitrag zur Frage d. Maisdüngung auf Tschernosem-Smolnitza-Böden in Südostbulgarien 961. — Fragen d. Maisbestäubung 1629. — Züchtung v. Inzuchtlinien mit männlicher Sterilität beim Mais 1630.
Teloradze (S. G.), Wirkung v. γ-Strahlen auf Bohnen u. Sojabohnen 2189.
Teltscherová (L.), Über den Einfluß d. Entwicklungsrhythmus auf d. Winterhärte verschied. Weizensorten unter den klimat. Bedingungen Böhmens 1172. — Dynamik d. freien Zucker u. Aminosäuren in Vegetationskegeln v. Weizenpflanzen 1175.
— u. **Dvořák (M.),** Über d. anaeroben Stoffwechsel d. Vegetationskegel d. Weizens 2890.
— u. **Krekule (J.),** Gärungsprodukte in Vegetationskegeln v. Weizenpflanzen v. verschied. Entwicklungsalter 1450.
Tema (A.) s. Alexandri (A. V.).
Tempe (J. de), Einfluß v. Auswuchs auf d. Saatgutwert v. Getreide 106. — Beurteilung v. Leinsaat auf Botrytis 556. — Wirkungsweise v. Fungiciden auf Saatgut 1424. — Methoden zur Prüfung d. Gesundheitszustandes v. Saatgut 1547. — Heißwasserbehandlung als Mittel zur Bestimmung d. Schwächung d. Saatgutes 1547. — Untersuchung d. Samen auf anhaftende Krankheitserreger 2688. — Anwendung v. Korrelationskoeffizienten beim Vergleich v. Methoden zur Triebkraftbestimmung d. Samen 2689. — Filterpapiermethode für d. Gesundheitsprüfung d. Saatgutes 2689. — Gesundheitsprüfung d. Leinsaatgutes 2689. — Methoden zur Gesundheitsprüfung d. Saatgutes, Prinzipien u. Praxis 2690.
Tempel (W.), Zwei Jahre Blauschimmel 2532.
Templin (E.) s. Zappe (E.).
Ten (A.), Einfluß v. Mineraldüngemitteln auf d. Rotkleeanteil in Klee-Lieschgrasgemischen 129. — s. Andreev (N. G.).
Tenov (R.) s. Daskalov (P.).
Tenţ-Dan (F.) s. Radu (V. G.).
Teocharova (R.), Vitamin-C-Gehalt in d. Früchten einiger Apfelsorten während d. Lagerung 171.
Tepe (W.), Vergleich zwischen d. Austauschermethode nach Tepe u. a. Methoden d. Bodenuntersuchung. Stellungnahme zu d. Veröffentlichung v. P. Schachtschabel 64. — Einfluß d. Wassers u. d. Nährstoffe im Boden auf den Wuchs d. Pflanzen 1591. — s. Knickmann (E.).
— u. **Leidenfrost (E.),** Meßverfahren zur Bestimmung d. Wasserversorgung d. Pflanzen 959.
Teramura (T.) s. Nishiyama (I.).
Terent'ev (V. M.), Careva (R. I.) u. **Lojko (A. N.),** Physiolog. Zusammenhänge zwischen unterschiedlich alten Trieben d. Gerstenpflanze 1173. — Einfluß d. Seitentriebe auf d. Ernährung d. Haupthalmes bei Getreide 1521.
—, Stasenko (N. N.) u. **Petrovič (Ž. I.),** Dauer d. $^{14}CO_2$-Aufnahme u. d. Verarbeitung d. Assimilate durch d. oberird. Organe v. Gerste in d. Ontogenese 1521. — Dauer d. Neubildung u. d. Dynamik d. Umgestaltung v. Hemicellulose im Gerstenstengel 1722.
Tereško (L. I.) s. Žigal'ceva (M. I.).
Teriba (F. A.) s. Campbell (J. S.).
Terkamp (E.) s. Bürger (K.).
Terman (G. L.), Bouldin (D. R.) u.

Webb (J. R.), Bewertung v. Düngemitteln über biolog. Methoden 2104.
Terman (G. L.) u. **Ment (J. D. de)**, Pflanzenreaktion auf Calciumpolyphosphatglas u. einige seiner Hydrolyseprodukte 3271.
—, **Ment (J. D. de)**, **Clements (L. B.)** u. **Lutz jun. (J. A.)**, Reaktion d. Pflanze auf ammonifizierte Superphosphate u. Dicalciumphosphate in Abhängigkeit v. Granulatgröße, Wasserlöslichkeit u. Reaktionsdauer mit dem Boden 1541.
Termohlen (G. P.), Onderzoekingen over kurkwortel van tomaat en over de kurkwortelschimmel [3139]. — Korkwurzelkrankheit an Tomaten u. d. Korkwurzelpilz 3151.
Ternovška (M. I.) s. Aleksandrov (V. G.).
Ternovskaja (M. I.) s. Aleksandrov (V. G.).
Ternovskij (M. F.), Ergebnisse u. Perspektiven d. Arbeiten zur Artenhybridisation in d. Gattung Nicotiana 210. — Nicotingehalt in d. Nachkommenschaft d. Tabaks nach Pfropfung auf Tomaten 1081. — Artkreuzungen zur Verminderung v. Viruskrankheiten bei Tabak u. Machorka 2789.
Terpó (A.), Kenntnis d. einheim. Wild-Vitis-Arten 3378.
Terrier (Ch.), Biolog. Bestätigung über d. Vorkommen v. Uromyces silphii (Burr.) Arthur in Europa 1124.
Terry (R. A.) s. Cooper (J. P.).
Ter-Simonjan (L. G.) s. Evreinov (M. G.).
Terumoto (I.), Eiskristalle, d. in Interzellularräumen im Wurzelgewebe v. Speiserüben entstanden 594.
Tesař (V.), Durch Rauchexhalationen im Gebiet v. Trutnov verursachte Forstwirtschaftsschäden 1513.
Tesche (M.), Einfluß v. erhöhtem Thiamingehalt auf einige Mono- u. Oligosaccharide junger Weizenpflanzen 2589.
Tétényi (P.) s. Földesi (D.).
Teterevnikova-Babajan (D. N.), Krankheiten d. Gemüse-Melonengewächse u. deren Bekämpfung [855].
Teterjatčenko (K. G.) s. Il'inskaja-Centilovič (M. A.).
Teubner (F. G.), **Bukovac (M. J.)**, **Wittwer (S. H.)** u. **Gaur (B. K.)**, Verwertung v. auf d. Blattoberfläche gebrachtem Radiophosphor durch verschied. Gemüsekulturen u. Obstbäume unter Feldbedingungen 674.
Tew (R. P.) u. **Sillibourne (J. M.)**, Pflanzenschutzmittelrückstände auf Obst. *3*. Mitt. Aldrin- u. Dieldrin-Rückstände auf Erdbeeren mit Angaben über d. Persistenz d. Mittel im Boden 284; *4*. Mitt. Endrinrückstände auf Schwarzen Johannisbeeren 1146.
—, **Sillibourne (J. M.)** u. **Silva-Fernandes (A. M.)**, Pflanzenschutzmittelrückstände auf Obst. *5*. Mitt. Insekticidrückstände auf Äpfeln nach d. Apfelwicklerbekämpfung 1146.
Tewari (G. P.), Vorläufige Erforschung d. Wirksamkeit v. zwei eingeführten Cowpea-Rhizobiumstämmen in d. Knöllchenbildung einer lokalen Cowpea-Varietät bei Ibadan, Westnigeria 930. — Wirkungen d. Bodensterilisation u. einiger Mineralstoffe auf kommerzielle Rhizobium-Stämme d. Kuhbohne in Westnigeria 2624.
Tewari (R. C.) s. De (S. K.).
Thakere (K. R.) s. Narayanan (E. S.).
Thalenhorst (W.) s. Serafimovski (A.).
Thate (R.), Apoplexie d. Rebe: eine Verticilliose 1396.
Thayer (P. L.) s. Burdine (H. W.).
— u. **Ozaki (H. Y.)**, Wirkung v. Reihenspritzungen mit Fungiciden zur Saatzeit zwecks Bekämpfung d. Umfallkrankheit v. Buschbohnen 2261.
Theis (T.) s. Ortiz-Torres (E.).
Theisen (A. A.) s. Harward (M. E.).
Themlitz, Heinrich Süchting (*1880* bis *1962*) 1165.
Therrien (H.) s. Siminovitch (D.).
Thiel (T. J.) s. Vimoke (B. S.).
Thiele (I.), Obstbau in Südafrika 3049.
— u. **Preez (D. du)**, Sortenstudien an Pecan-Nüssen in Bien Donné 3308.
Thielebein (M.), Bestimmung v. Gelb- u. Weißhafer in ultraviolettem Licht 983.
Thielemann (Rose), Zur Frage einer Bekämpfung d. Vergilbungskrankheit d. Beta-Rüben durch Abtötung d. Überträger mit chem. Mitteln. *3*.

Mitt. Unterschiedl. Auswirkungen system. Insektizide auf d. Ertrag v. Zuckerrüben 869. — s. Steudel (W.).
Thielemann (Rosmarin), Gibberellinsäure (GA) zur Minderung tox. bedingter Auflaufverzögerungen bei Zuckerrübensamen 2271.
Thiem (K.), Vergleichende Überprüfung verschied. Verfahren zur Bekämpfung v. Rapsschädlingen, insbes. d. Kohlschotenrüßlers u. d. Kohlschotenmücke 1139.
Thimann (K. V.) s. Goldsmith (M. H. M.); Sorokin (H. P.).
Thirumalachar (M. J.) s. Desai (M. V.).
Thomann (R.), Phosphatdüngung in d. Wirtschaftsberatung 2098.
Thomas (C. A.) u. **Orellana (R. G.),** Aminoverbindungen u. reduzierende Zucker in Beziehung zur Resistenz v. Sesam gegen Pseudomonas sesami 3158.
Thomas (G. G.) u. **Wilkinson (E. H.),** Vermehrung v. Schwarzen Johannisbeeren aus Einknospenstecklingen 1046.
Thomas (G. W.) s. Chu (C. R.).
— u. **Moody (J. E.),** Chem. Beziehungen zur Wasserhaltekapazität v. Tonen 627.
Thomas (J. B.), Aufbewahrungsmethode für Sammlungen v. Insekten in Flüssigkeit 1126. — s. Herdy (H.).
Thomas (K. H.), Blattläuse d. Formenkreises Brachycaudus prunicola (Kalt.) 2512.
Thomas (P. K.) s. Satyanarayana (K. V. S.).
Thomas (P. T.), Chromosomen u. Gräserzüchtung 799.
Thomas (S.), Chromosomenaustausch bei Mais, d. zu niedriger Sterilität führt. Cytolog. Untersuchungen eines Austausches zwischen d. Chromosomen IV u. VII bei Mais 1626.
Thomas (T. A.) s. Mital (S. P.).
Thomasius (H.), Standortssystemat. u. standortsgeograph. Auswertung d. Ergebnisse d. Standortserkundung in Nordwestsachsen. *2.* Mitt. 61.
Thomason (I. J.), Verhalten v. Getreidearten u. Sudangras gegenüber Meloidogyne spp. u. d. Beziehung zwischen Bodentemperatur u. Populationen v. M. javanica 3391.
— u. **Fife (D.),** Einfluß d Temperatur auf d. Entwicklung u. d. Überleben v. Heterodera schachtii Schm. 1097.
Thombre (M. V.), Wirkung d. Autopolyploidie auf den Kampferertrag bei Ocimum kilimandscharicum Gurke 736.
Thompson (A. E.), Ein Vergleich d. Frucht-Qualitätsmerkmale v. normalen u. hochpigmentierten Tomaten 2743.
—, **Lower (R. L.)** u. **Thornberry (H. H.),** Vererbung d. Nekrosereaktion gegenüber d. Tabakmosaikvirus bei Bohnen 2189.
Thompson (B.), International conference. on plant growth regulation [1733].
Thompson (B. D.), Gull (D. D.) u. **Halseg (L. H.),** Wirkungen d. Anbaugebiete, Jahreszeiten u. d. Temperaturen d. Vorreife auf d. Qualität d. Tomaten 1029.
Thompson (C. R.) s. Dugger jun. (W. M.).
Thompson (D. J.), Vererbung d. männlichen Sterilität bei d. Möhre, Daucus carota var. sativa 3376.
Thompson (F. B.), Bekämpfung v. Mäusegerste 2578.
Thompson (H. R.) s. Matthews (R. E. F.).
Thompson (J. A.) s. Vincent (J. M.).
Thompson (J. B.) u. **Whitehouse (R. N. H.),** Züchtung selbstbefruchtender Getreidearten. *4.* Mitt. Umwelt u. Vererbung d. Qualität v. Sommerweizen 3358.
Thompson (J. W.), Einflüsse v. Düngemitteln u. Bodenverbesserungsmitteln auf d. Mineralbestandteile v. Mais 2373.
Thompson (L. S.) u. **Rawlins (W. A.),** System. Insekticide zur Bekämpfung d. Sechsgefleckten Zikade u. d. Minderung d. Befalls mit d. Salatvergilbungsvirus 3443.
Thompson (P. A.), Bericht über einen Faktor zur Verhinderung d. Bildung parthenokarper Früchte bei Erdbeeren 1045.
Thompson (W. L.) s. Brooks (R. F.).
Thomsen (A.), Rindenrissigkeit d. Birnen (Rauhrindigkeit d. Birnen) 246.
Thomson (A. D.), Auftreten d. Virus d. Aspermie d. Tomate, d. carnation

mottle u. eines Virus v. Chrysantheme in Neuseeland 2838.
Thomson (B. F.) u. **Miller (P.),** Rolle d. Lichtes bei d. Histogenese u. Differenzierung im Sproß v. Pisum sativum. *1.* Mitt. Apikale Region 312; *2.* Mitt. Das Blatt 603; *3.* Mitt. Internodium 2902.
Thomson (C. L.) s. Francis (F. J.).
Thomson (J. R.), Neuer Keimapparat für Saatgut 1549. — Schott. Anerkennungsmodus f. Getreidesaatgut 2988.
— u. **Sutton (W. G.),** Beurteilung v. Grassorten durch Untersuchung v. Einzelpflanzen, *1950—58* 2724.
Thomson (W. W.) u. **Weier (T. E.),** Feinstruktur d. Chloroplasten aus Blättern v. Phaseolus vulgaris bei Mineralstoffmangel 1447.
Thorn (G. D.), Fungicide Wirkung v. Acroleinphenylhydrazon u. verwandten Verbindungen gegen Rost 281. — s. Richardson (L. T.).
Thornberry (H. H.) s. Chenulu (V. V.); Thompson (A. E.).
— u. **Nagaich (B. B.),** Stabilität d. Tabakmosaikvirus, Marmor tabaci H., in Lösungen, d. über d. Infektionsendpunkt hinaus verdünnt wurden 2517.
Thorne (G. N.), Überleben v. Halmen u. Verteilung d. Trockensubstanz zwischen Ähre u. Halm bei Gerstensorten 124.
Thorne (P. M.) s. Andrew (C. S.).
Thorne (W. H.) s. Sawyer (R. L.).
Thorsrud (J.), Heckenpflanzung d. Schwarzen Johannisbeere 2760.
Thran (P.), Beurteilung d. Anbauwürdigkeit v. Winterweizen in d. verschied. Klimaten Europas 3284.
Threlkeld (S. F. H.), Untersuchungen über d. Gen, welches d. Höhe v. Triticum vulgare var. „Thatcher" kontrolliert 1621.
Thrower (L. B.) s. Weste (G.).
Thurman (D. A.) u. **Street (H. E.),** Stoffwechsel einiger Indolauxine in abgeschnittenen Tomatenwurzeln 1450.
Thurston (H. D.), Relative Fähigkeit d. Rassen v. Phytophthora infestans in Rassengemischen zu überleben 252.
Thurston (J. M.), Internationaler Versuch über d. Einfluß v. Alter u. Lagerungsbedingungen auf Lebensfähigkeit u. Keimruhe d. Samen v. Avena fatua 2876. — Einfluß d. Konkurrenz v. Getreidebeständen auf Keimung u. Wachstum v. Avena fatua L. in einem natürlich befallenen Feld 2876.
Thurston (R.), Resistenz v. Nicotiana gegen d. Grüne Pfirsichblattlaus u. einige andere Schadinsekten d. Tabaks 1091.
Tichelaar (G. M.), Einfluß v. Gladiolen auf d. Keimung d. Sklerotien v. Sclerotinia cepivorum 560.
Tichomirov (B. A.), Baumlosigkeit d. Tundra, ihre Ursachen u. Wege zu ihrer Überwindung [3245].
Tichomirov (V. G.) s. Evreinov (M. G.).
Tichonov (N. N.), Züchtung v. Sorten durch d. Mentormethode 3377.
Tichvinskij (S. F.), Einfluß d. Agrotechnik auf d. anatom. Struktur d. Faserleinstengels 2417. — Zweikeimiger Mais 2781.
Tietjen (C.), Wirkung d. Stickstoffs v. sechs flüssigen Stalldüngern auf d. Ertrag u. d. Stickstoffaufnahme v. Hafer im Gefäßversuch 969. — Stickstoffwirkung flüssiger, bei verschied. Temperaturen anaerob aufbereiteter Dünger im Gefäßversuch 2096. — Ertragswirksamer Anteil d. Stickstoffs in organ. Düngern 3265.
Tietz (H.) s. Frehse (H.); Niessen (H.).
—, **Osman (M. F.), Frehse (H.)** u. **Niessen (H.),** Bestimmung v. Rückständen d. Akarizids ERADEX® NEU in pflanzlichem Material 2544.
Tietze (F.), Beziehungen zwischen Flügelreduktion u. Ausbildung d. Metathorax bei Carabiden unter bes. Berücksichtigung d. Flugmuskulator (Coleoptera: Carabidae) 3118.
Tiffin (L. O.) s. Brown (J. C.); Lingle (J. C.).
— u. **Brown (J. C.),** Eisenchelate in Sojabohnenausscheidungen 680.
Tigner (J. R.) u. **Besser (J. F.),** Quantitatives Verfahren zur Bewertung v. Chemikalien an Verpackungsmaterialien auf Repellentwirkung gegen Nagetiere 3436.

Tiittanen (K.) s. Kanervo (V.).
Tilley (J. M. A.) s. Cooper (J. P.).
Timašov (N. D.), Einfluß d. Naßkopfdüngung mit d. Spurenelementen Bor u. Kobalt, d. zusammen mit d. Komplexbildner (EDTA) eingebracht wurden, auf d. Phosphorstoffwechsel d. Kartoffel u. d. Sonnenblume 2084.
Timian (R. G.) s. Cook (R. J.).
— u. **Klosterman (H. J.)**, Erhaltung d. Lebensfähigkeit bei lyophilisiertem Streifenmosaikvirus d. Gerste 3408.
Timirgaziu (C.) s. Sipoş (Gh.).
Timm (H.) u. **Merkle (F. G.)**, Einfluß v. Chloriden auf Ertrag u. spezif. Gewicht v. Kartoffeln 3290.
—, **Rappaport (L.)**, **Bishop (J. C.)** u. **Heyle (B. J.)**, Einwirkung einer chem. Behandlung v. Kartoffelpflanzgut auf Keimung, Pflanzenwachstum u. Knollenbildung. *4.* Mitt. Reaktion v. ruhenden u. keimenden Pflanzknollen auf Gibberellinsäure 2398.
Timmons (J. F.) s. Held (B.).
Timonin (M. I.) s. Goos (R. D.).
Tincknell (R. C.), **Ritas (J. P. L.)** u. **Ayala (H.)**, Kalimangel an Tabakkulturen im Staate Portuguesa 1543.
Tingey (D. C.), Bekämpfung v. Roemeria refracta in Winterweizen 290.
Tinker (P. B.) s. Sly (J. M. A.).
Tinline (R. D.), Cochliobolus sativus. *4.* Mitt. Giftstoff-resistente farb- u. nährstoffanspruchsvolle Mutanten 223. — s. Sallans (B. J.).
Tió (M. A.), Wirkung d. Lichtintensität auf d. Rate d. apparenten Photosynthese bei Kaffeeblättern 1721.
Tišić (Ž. P.), Mikrobiologie d. Waldbodens [1762].
Tisseau (M.-A.) u. **Tisseau (R.)**, Frage d. Blühauslösung in Abhängigkeit v. d. Mineralstoffernährung bei d. Ananas. Kultur auf künstlichem Substrat 3262.
Tisseau (R.) s. Tisseau (M.-A.).
Titlar (E. S.) s. Sullivan (J. T.).
Titljanova (A. A.), Verhalten v. Caesium u. Rubidium in Böden 46.
Titova (N. A.), Eisen-Humuskomplexe einiger Böden 2329.
Tiwari (R. C.) s. Misra (S. G.).
Tizio (R.), Abbau d. Kartoffel: Wirkung hoher Temperatur u. d. X-Virus bei d. Sorte „Bintje" 2513. — Wirkung v. Indolbuttersäure u. Biotin auf d. Bewurzelung v. Rebenstecklingen 2906.
—, **Trippi (V. S.)**, **Trione (S. O.)** u. **Almela Pons (G.)**, Bewurzelung v. Rebstecklingen. *1.* Mitt. Physiolog. u. biochem. Zusammenhänge 1878; *2.* Mitt. Einfluß d. Wässerung auf d. Wurzelbildung 1878; *3.* Mitt. Einfl. v. Indolessigsäure, Vitamin C u. Naphthylessigsäure auf d. Wurzelbildung 1879; *4.* Mitt. Wirkung v. *2,4*-Dichlor-phenoxyessigsäure,*2,4,5*-Trichlor-phenoxyessigsäure, Indolessigsäure allein oder in Kombination u. mit u. ohne Zucker auf d. Wurzelbildung 1879; 5. Mitt. Wirkung v. Maleinsäurehydrazid u. *2,3,5*-Trijodbenzoesäure auf d. Wurzelbildung 1879; *6.* Mitt. Wechselwirkung v. Wachstumsfaktoren u. Co-faktoren auf d. Wurzelentstehung 1880.
Tjagny-Rjadno (M. G.), Mikroflora d. Bodenaggregate u. d. Ernährung d. Pflanzen 1206.
Tjamin (V. V.), Lichtstadium bei einigen Leguminosen 2302.
Tjaň Bo u. **Čzăn (Sju-chua)**, Beziehung d. Kartoffelpflanzgutabbaues zur Herabsetzung d. Widerstandsfähigkeit gegen Mosaikvirus unter d. Einfluß d. Temperaturbedingungen 838.
Tjankova (L.) s. Petrov (A.).
Tjulina (T. V.), Dynamik d. Wasserstabilität d. Bodenstruktur auf d. Neuland Kasachstans im Zusammenhang mit d. Bodenbearbeitung 632.
Tjupko (V. A.) s. Stonov (L. D.).
Tjurin (I. V.) u. **Kononova (M. M.)**, Biologie d. Humus u. Probleme d. Bodenfruchtbarkeit 2924.
—, **Michnovskij (V. K.)** u. **Jarceva (A. K.)**, Stickstoffbilanz in Rasenpodsolböden bei deren Verwendung in d. Landwirtschaft 1475.
Tjutjunik (A. F.), Besonderheiten bei d. Differenzierung d. Blütenknospen d. Weins 2463.
Tjutjunnikov (A. I.) s. Majsurjan (N. A.).

Tjutjunnikova (V. A.), Nutzeffekt ungehinderter Sortenbastardierung bei Rotklee 504. — s. Evreinov (M. G.).
Tkačenko (A. A.), Einfluß d. Erntetermins d. Samenträger auf d. Samenqualität monokarper Zuckerrüben 984.
Tkačenko (F. A.) u. **Marčenko (A. Z.),** Gelenkte Heterosis bei Gukenhybriden 3375.
— u. **Piskunova (L. G.),** Einfluß d. Lagerungsbedingungen auf d. Saatgutqualität 2991.
Toba (H. H.), Virus-Vektor-Beziehungen zwischen d. Wassermelonen-Mosaikvirus u. d. Grünen Pfirsichblattlaus Myzus persicae 2826.
Tobin (L. W.) u. **Lawton (K.),** Magnesiumversorgung d. Böden Michigans u. d. Einfluß d. Magnesiumquellen auf d. Ertrag u. d. chem. Zusammensetzung v. Kulturpflanzen 626.
Tobita (H.) s. Nakayama (S.).
Toboll (M.) s. Lindemann (A.).
Todd (D. H.), Apfelblattgallmücke Dasyneura mali Kieffer, jahreszeitliche Entwicklung, Sortenanfälligkeit u. Parasitismus in d. Jahren *1955—58* 1380.
Todd (G. W.) u. **Arnold (W. N.),** Beurteilung d. Methoden zur Bestimmung v. Blattschäden durch Luftverunreinigungen 556.
Todd (J. C.), Erdbeersortenversuch (*1959—60*) 1044.
Todd (J. M.), Veinal necrosis im In- u. Ausland 242. — Vorkommen u. Bekämpfung d. durch Blattläuse übertragenen Kartoffelviruskrankheiten in Schottland 1109.
Todd (J. R.), Magnesium in Futterpflanzen. *3.* Mitt. Magnesiumverteilung auf Weiden mit niedrigem Magnesiumgehalt 676.
Todorov (C.), Besonderheiten in d. Physiologie d. Geiztriebe d. Weinrebe 308. — Einfluß d. Ausgeizens auf d. Entwicklung u. Fruchtung d. Sommertriebe 1606. — Entwicklung d. Nebentriebe aus d. Knoten d. Sommertriebe d. Rebe in Abhängigkeit v. dem Vorhandensein oder dem Fehlen v. Ranken 3338.
Todorov (F.) s. Pavlov (K.).
Todorov (I.), Versuche mit Winterhandveredlung v. Reben 1329.
Todorov (R.) u. **Peev (B.),** Erosionsbekämpfende Meliorationen an d. LNF (Landwirtschaftlichen Nutzfläche) in d. VR Bulgarien 370.
Todorov (T.), Palašev (I.), Dragonov (D.) u. **Kločkov (B.),** Problem d. landwirtschaftlich-forstlichen Meliorationen in Südostbulgarien. Großangelegte staatliche Waldschutzstreifen u. flurschützende Gehölzpflanzungen 370.
Todorov (V.), Stickstoffdüngerzeitversuch in Apfelanlagen in Vollertrag 1871. — s. Radenkova-Karaivanova.
Todorova (B.), Stickstoffveränderung bei d. Kompostierung v. Stalldung mit Hyperphosphat 1251. — Chem. u. biochem. Veränderungen bei d. Stalldungkompostierung mit Superphosphat 2981.
Todorova (V.), Einfluß d. Beizens gegen Steinbrand (Tilletia levis Kühn.) auf Auflaufen, Entwicklung u. Ertrag v. Weizen 3276.
Toenjes (W.), Schnellmethode zur Gewinnung v. Baumgewichten v. Obstgehölzen 2749.
Török (L.), Auflösung v. Phosphaten in Humatlösungen 973. — s. Szabolcs (I.).
Tognoni (F.) u. **Vincenzetti (P. G.),** Keimung unreifer Samen bei frühen Pfirsichsorten 173.
Toit (J. J. du), Molybdänmangel bei Mais 383.
Tokarskaja (V. I.), Veränderung d. Eigenschaften d. DNS v. Erbsenkeimlingen nach Bestrahlung mit γ-Strahlen 896.
Tołłoczko (W.), Anbau d. Zottelwicke zur Samengewinnung 430.
Toma (A.) s. Pop (L.).
Tomaševskaja (E. G.) s. Dmitrenko (P. A.).
Tomaševskij (D. F.), Agrotechnik d. Maisanbaues in d. Waldsteppe d. Ukrain. SSR [3304].
Tomasi (K.), Wohin geht d. Entwicklung in d. Silowirtschaft 2993.
Tomaszewski (Z.), Einfache Untersuchungsmethode d. Wurzelsystems d. Pflanzen 610.
Tombesi (L.) u. **Calé (M. T.),** Bestimmung d. verfügbaren Phosphors in Böden 2353.

Tomcsányi (P.), Physiolog. Gesichtspunkte bei d. Wertprüfung v. Obstsorten 753. – Bestimmungen d. relativen Erträge v. Winterapfelsorten in Großanlagen 3055.
Tomčuk (N.), Kartoffelzüchtung auf Eiweiß 1358.
Tomka (O.), Ertragserhöhung v. Grasbeständen in Gebirgsgebieten 1850. – Beweiden d. Luzerne u. ihrer Gemische mit Knaulgras, Dactylis glomerata, u. Hornklee, Lotus corniculatus 2421.
Tomlinson (G. A.) s. Rothstein (M.).
– u. **Rothstein (M.)**, Nematoden-Biochemie. *1.* Mitt. Kulturmethoden 2812.
Tomlinson (J. A.), Bekämpfung d. Salatmosaiks durch Verwendung gesunden Saatgutes 2864.
Tomov (N.), Studien über d. Skelettwurzelentwicklung einiger Hybridmaise u. Maissorten 1181. – s. Telkiev (G.).
Tompa (K.) s. Gál (J.).
Toms (A. M.), Erdnüsse unter Bewässerung in Gezira, Sudan 2134.
Tončev (G.), Verbesserung d. Naturwiesen vom Typ Andropogon gryllus L. durch Umbruch u. Neuansaat 3029. – s. Kalajdžiev (I.).
Toniolo (L.), Technik d. Produktion v. gärtner. Saatgut 3317.
Tonkal' (E. A.), Besonderheiten d. Ernährung d. Zuckerrübensamenträger bei feldüberwinterten Stecklingen 998.
Tonnard (V.), Differentialthermoanalyse, angewandt auf natürliche Carbonate 3233.
Toogood (J. A.) s. Graveland (D. N.).
Toorenaar (G.) s. Roosje (G. S.).
Topalov (V.), Mannigfaltigkeit in d. Population d. Lavendels 2126. – Echte Kamille (Matricaria chamomilla L.) als Wirtspflanze d. Sommerwurz (Orobanche L.) 2805. – s. Atanasov (Ž.).
Toponi (M.), Histolog. Eigenschaften v. Blattstücken v. Kopfkohl (Brassica oleracea L. var. capitata L.) bei Kultur in vitro 2595.
Torev (A.), Untersuchungen an unterschiedlich über d. Winter u. d. Frühjahr-Sommerperiode gelagerten, für d. Sommerpflanzung vorgesehenen Kartoffeln 404. – Theoret. Fragen im Zusammenhang mit d. Kartoffelanbau 699. – Pflanzenstimulation mit Extrakt aus höheren Hutpilzen 2902.
Torge (D.) u. **Nica (A.)**, Verhalten einiger Körnerleguminosen-Sorten unter d. Verhältnissen d. RVR 3005.
Torgeson (D. C.), Fungicide Wirkung v. Aminoalkylpyren 283.
–, **Hensley (W. H.)** u. **Lambrech (J. A.)**, Polyarazyklische Methylmercaptoimidazole als Blattfungicide 283.
Torikata (H.) u. **Higuchi (H.)**, Veredlungskombinationen bei Kastanien. *1.* Mitt. Einfluß v. Unterlagen auf Wuchs u. Mineralstoffzusammensetzung 3063.
Torje (D.), Verhalten d. Winterweizensorten in d. staatlichen Sortenprüfungsstellen im Zeitraum d. Jahre *1959–1962* 2699.
Torres (A. M.), Cytotaxonomie d. rasenbildenden Zinnien 2887.
Torres-Sepúlveda (A.) s. Singh-Dhaliwal (T.).
Torrey (J. G.), Auxin- u. Purinbeziehungen bei d. Anlage v. Seitenwurzeln an isolierten Erbsenwurzelsegmenten 26.
–, **Reinert (J.)** u. **Merkel (N.)**, Mitose in Suspensionskulturen bei Zellen v. höheren Pflanzen in einem synthetischen Medium 482.
Torrie (J. H.) s. Colville (W. L.).
Torssell (B.) s. Hellström (N.); Johansson (N.-O.).
– u. **Johansson (N.-O.)**, Einfluß experimentell erzeugten Frostes auf Winterraps u. -rübsen im Knospen- u. Blütenstadium 2290.
Toševa (C.) s. Cvetkov (D.); Lazarov (A.).
Toševa (S.) s. Cvetkov (D.).
Tosteck (W.) s. Zerche (M.).
Totev (T.), Sojabohnenerträge nach verschied. ein- u. mehrjährigen Vorfrüchten unter d. Standortbedingungen um Sofia 1831.
Tóth (A.), Düngungsfragen auf ungar. Niedermoorböden 1797.
Tóth (G.), Lebensweise u. Schädigungen d. Johannisbeerglasflüglers (Synanthedon tipuliformis Cl.) 3394.

Toth (S. J.) s. Benson (D. W.).
Totuka (I. B.) s. Chandola (R. P.).
Toul (V.) s. Pospíšilová (J.).
Toussoun (T. A.), Einfluß v. Isoleucin-Isomeren auf d. Entwicklung d. perfekten Form v. Fusarium solani f. cucurbitae, Rasse *2* 2812.
Touzé (A.), Anthraknosekrankheit d. Melone. Die freien Aminosäuren gesunder u. mit Colletotrichum lagenarium (Pass.) Ell. et Halst. infizierter Pflanzen 851.
Tovey (R.) s. Dylla (A. S.).
Tovia (T.) u. **Zohary (D.),** Natürliche Kreuzung zwischen Hordeum vulgare u. H. spontaneum: Bestätigungsnachweis durch Nachkommenschaftsprüfungen u. künstliche Bastarde 494.
Towne (W. W.) s. Okun (D. A.).
Townshend (J. L.), Der wurzelschädigende Nematode, Pratylenchus penetrans (Cobb, *1917*) Filip. et Stek. *1941*, in Sellerie 1096. — Pratylenchus penetrans (Cobb, *1917*) Filip. et Stek., *1941*, in Erdbeeren auf d. Halbinsel Niagara u. im Gebiet Norfolk in Ontario 2813. — Pathogenität v. Pratylenchus penetrans bei Erdbeere 3390; dass.: bei Sellerie 3390.
— u. **Davidson (T. R.),** Unkräuter als Wirtspflanzen v. Meloidogyne hapla Chitwood, *1949*, in Ontario 1378.
Townsend (L. R.) u. **MacKay (D. C.),** Einfluß d. Kultivierung auf einige Eigenschaften eines Sphagnum-Torfbodens 3206.
Townsley (P. M.), Ribonucleoproteine in Blättern, d. mit Tabakmosaikvirus infiziert sind 3415.
Toxopeus (H. J.), Vererbung d. Knollenresistenz bei Solanum tuberosum gegen Phytophthora infestans unter Feldbedingungen 206.
Tračev (D.) s. Nedev (N.).
Tramier (R.), Fusariose d. Gladiole in Südfrankreich 259.
Trappe (J. M.), Pilzvergesellschaftungen d. ektotrophen Mykorrhiza 2338.
Trašliev (C.), Relative Bodenschätzung im Lande 2054.
Trautman (R. J.) s. Wright (N.).
Trávníček (M.) s. Chvojka (L.).
Trebler (H. A.) s. Okun (D. A.).
Treece (R. E.) s. France (H. L.).
Treggi (G.), Einfluß v. Natrium auf d. Entwicklung d. Fibrovasalbündel v. Hanfpflanzen 1240. — s. Verona (O.).
— u. **Verona (O.),** Kalkstickstoffanwendung zur Bekämpfung v. Pilzkrankheiten. 5. Mitt. Wirkung v. Kalkstickstoff auf einige Ustilago-Arten 1973.
Tregunna (E. B.), Krotkov (G.) u. **Nelson (C. D.),** Einfluß v. weißem, rotem u. blauem Licht auf d. Natur d. Photosyntheseprodukte in Tabakblättern 1174.
Tremaine (J. H.) s. George (J. A.).
— u. **Willison (R. S.),** Serolog. Analyse einiger Isolate v. Steinobstviren 544.
Tremblay (R.) s. Lafrance (J.).
Treml' (A.), Skazkina (T.) u. **Žarkov (V.),** Komplexeinbringung v. chem. Präparaten zu Mais 1412.
Trénel (M.), Kompostierung v. Müll nach dem „Biotank"-Verfahren 1777. — Müll als Rohstoff für d. Humusanreicherung d. Bodens 1807.
Trentini (R.), Feldversuche mit Wasseremulsionen v. synergisiertem Pyrethrum gegen Gartenbauschädlinge 1968.
Treskin (N. G.), Einfluß v. Bodenfeuchtigkeit u. -temperatur auf d. Ertrag u. d. Pflanzgutqualität d. Kartoffel 3009. — s. Sokolenko (N. F.).
Tret'jakov (N. N.) s. Šain (S. S.).
— u. **Sinicyna (A. P.),** Wasserverbrauch d. Maises auf Rasen-Podsol-Böden 2411.
Triantaphyllou (A. C.), Oogenese beim Wurzelgallennematoden Meloidogyne javanica 822.
— u. **Hirschmann (H.),** Oogenese u. Art d. Fortpflanzung beim Sojabohnenzystennematoden, Heterodera glycines 821.
Tribunskaja (A. J.), Studium d. Lipomyceten in d. Podsolböden 640.
Trifonov (D.), Entwicklung d. Erregers d. Blattfleckenkrankheit an Johannisbeeren (Mycosphaerella ribis [Fuck.] Feltg.) u. d. Empfindlichkeit einiger Sorten gegen d. Krankkeit 852. — Schlauchfruchtformentwicklung d. Apfelschorferregers Venturia inaequalis (Cooke) Aderhold u. Anfälligkeit einiger Apfelsorten gegen d. Krankheit im Ge-

biet v. Sofia 1394. — Erreger d. Rotfleckenkrankheit, Polystigma rubrum (Persoon) de Candolle, u. d. Anfälligkeit einiger Pflaumensorten gegen diese Krankheit im Gebiet v. Sofia 1395. — Phytotox. Wirkung d. Kupfer- u. a. Fungicide auf d. Blätter d. Kjustendiler Blauen Pflaume u. ihre Wirksamkeit gegen d. Rotfleckenkrankheit, Polystigma rubrum (Persoon) 1975. — Walnußanthraknose (Gnomonia leptostyla [Fr.] Cs. et De Not). *1.* Mitt. Entwicklung d. Erregers, Bekämpfungsverfahren u. Bekämpfungsmittel 2246. — Herbicid Simazin zur Unkrautbekämpfung in Obstkulturen 2283.

Trifunović (V.) s. Leng (E. R.).

Trinkler (J. G.), Ertrag u. Entwicklung v. Kartoffeln in Abhängigkeit vom Zeitpunkt d. Schneidens d. Pflanzkartoffeln 719.

Trione (S. O.) s. Tizio (R.).

Tripathi (R. K.) s. Chalam (G. V.).

Triplehorn (C. A.), Bekämpfung d. Maisblattlaus, Rhopalosiphum maidis in Gewächshäusern 2263.

Triplett (G. B.), Zwischenkulturen im Mais- u. Sojabohnenanbau 105.

Trippi (V. S.) s. Tizio (R.).

Trivedi (R. K.) s. Bajpai (P. N.).

Trivelli Ricci (P.) s. Ciferri (R.).

Trizno (S. I.), Grundlagen d. Agrotechnik u. d. Getreidezüchtung auf d. Moorböden d. Beloruss. SSR [2498].

—, Fomickij (N. I.) u. **Gol'dina (S. M.),** Kurze Charakteristik d. für Torf-Moorböden neu eingeführten aussichtsreichen Getreidesorten 121.

Trkan (M.), Vorläufige Mitt. über d. Zusammensetzung d. Braugersten d. Ernte *1962* im Vgl. mit d. Gersten d. Ernte *1960—61* 1558.

Trnka (M.), Landwirtsch. Schulwesen u. Forschung in d. ČSSR [2886].

Tröger (R.), Wirkung v. Kalzium-Kupfer-Verbindungen auf d. Oxydationsfermente v. oxydablen Substanzen bei Fusarium decemcellulare (Brick) 225.

Trofimec (V. N.), Schwefelpräparate gegen Mehltau 1976.

Trofimova (M. G.), s. Muromcev (G. S.).

Trofimovskaja (A. J.), Probleme d. Winter - Gerstenzüchtung in d. UdSSR u. d. Ausgangsmaterial 2476.

Trojanova (T. D.) s. Stafljčuk (A. A.).

Trolldenier (G.) s. Welte (E.).

— u. **Marckwordt (U.),** Untersuchungen über d. Einfluß d. Bodenmikroorganismen auf d. Rubidium- u. Calciumaufnahme in Nährlösung wachsender Pflanzen 382.

Troníčková (E.), Bewertung d. Spinatweltsortiments in bezug auf d. Schossen 1859. — Einfluß d. Einlagerung unter *0* °C auf d. Lebenskraft d. Zwiebelsamen (Allium cepa L.) 2744.

Troughton (A.), The roots of temperate cereals (wheat, barley, oats and rye) [2005]. — Mattenbildung v. Grasnarben in Berggrünland 2137.

Troutman (J. L.), Henderson (R. G.) u. **LaPrade (J. L.),** Tabakbewertung je nach d. Resistenz gegenüber „Black shank" 2198.

Trouvelot (A.) u. **Stocky (G.),** Wirkung einiger Fungicidbehandlungen gegen d. Tabakblauschimmel im Freiland 2859.

Trubicyn (N. V.), Änderung d. Charakters d. Atmung v. Sonnenblumensamen bei hermet. abgeschlossener Aufbewahrung 303.

Truckenbrodt (G.), Studien zur Kupferwirkung bei holzzerstörenden Pilzen 1152.

Trudgian (K. G.) s. Passlow (T.).

Trunov (P. N.) s. Mel'nikov (N. N.).

Trunova (T. I.) s. Tumanov (I. I.).

Truscott (J. D.) s. Wilton (A. C.).

Truszkowska (R.), Der Boden u. seine Fruchtbarkeit [361].

Trzcinski (T.), Blattdiagnose als Bestimmungsmethode zur Feststellung d. Nährstoffzustandes bei Obstbäumen 2974. — Beitrag zu d. Akkumulationsniveaus einiger mineral. Elemente in kranken Blättern v. Apfelbäumen d. Sorte „Cox Orange Pippin S.P.G.M.IX" 3247. — Akkumulationsniveau d. Elemente N, P, K, Ca, Mg in d. Blättern v. Apfelbäumen „Cox Orange Pippin" 3253.

Trzecki (S.), Blattdüngung d. Zuckerrüben mit einer d. Isotop ^{32}P enthaltenden Lösung 2079; dass.: (Gefäßversuch). *2.* Mitt. 956. — Einfluß

einer späten Blattdüngung mit Lösungen d. Mineraldünger auf d. Höhe u. Qualität d. Zuckerrübenerträge 964. – Einfluß d. üblichen Spätdüngung u. d. Blattdüngung mit Mineraldünger auf d. Erträge, den Stärkegehalt u. d. Knollengröße d. Kartoffelsorte „Dar" 964.
Tsao (C. H.) u. **Clark (E. W.)**, Absorption u. Transport v. Di-Syston durch Baumwollpflanzen 285.
Tsao (P. H.) s. Eckert (J. W.).
–, Leben (C.) u. **Keit (G. W.)**, Anreicherungsmethode für d. Isolierung v. Actinomyceten, d. diffusible fungicide Antibiotica bilden 1685.
Tschache (F.) s. Bowe (R.).
Tschiersch (B.), Neue Aminosäuren in höheren Pflanzen. Eine Übersicht 2309.
Tschirsch (M.) s. Goos (R. D.).
Tschoegl (N. W.), Chloräthanol als ein Getreideproteindispersionsmittel 322.
Tschörtner (U.), Brit. Abwasserforschung in Stevenage u. d. neue Wassergesetz in Großbritannien 1771.
Tseng (S. T.) u. **Lin (C. I.)**, Physiolog. Qualität reiner Reissamen 1270.
Tsivoglou (E. C.), Überwachung radioaktiver Verschmutzungen 3241. – s. Okun (D. A.).
Ts'o (P. O. P.), Ribosomen, bes. Rolle d. Messenger-RNS 1170.
Tso (T. C.) u. **Jeffrey (R. N.)**, Wirkung einiger Wachstumsregulatoren auf Nicotiana-Pflanzen 313.
–, McMurtrey jun. (J. E.) u. **Jeffrey (R. N.)**, Mineralstoffmangel u. organ. Inhaltsstoffe d. Tabakpflanzen. *3.* Mitt. Pflanzenwachstum u. Alkaloidgehalt in Beziehung zu unterschiedlich ausgeprägten Calcium- u. Bormangelsymptomen 2375.
Tsuboi (Y.) s. Nakagawa (Y.).
Tsugita (A.) s. Knight (C. A.).
Tsunewaki (K.), Monosomenanalyse bei synthet. hexaploidem Weizen 3075.
Tsutsumi (M.) s. Fujiwara (A.).
Tsutsumi (T.) s. Kemmler (G.).
Tu (A. T.) s. Loring (H. S.).
Tu (Meng-chao), Humus u. seine Bedeutung für d. Genese einiger trop. u. subtrop. Böden Chinas 45.
Tuan (D. T.), Melioration wenig fruchtbarer leichter Böden 1772.
Tuankova (L.) s. Kudrev (T.).
Tubbs (F. R.), Die East Malling Versuchsstation (*1913–1963*) 3174.
Tucholska (H.) s. Bociański (Z.).
Tucker (B. B.) s. Key (J. L.); Lynd (J. Q.).
Tucker (H.) s. Schreiber (H. A.).
Tucker (T. C.) s. Day (A. D.).
Tudor (S.), Arbeiten zur Vorbeugung u. Bekämpfung d. Bodenerosion in d. Weinberg Drăgăşani 70. – s. Mihalache (L.).
Tueva (O. F.), Čichačeva (G. M.), Kazuto (O. N.) u. **Danilova (N. S.)**, Nutzung d. Phosphors, d. v. d. Pflanze durch d. Wurzel oder d. Blatt aufgenommen wurde 1518.
Tuft (T. O.) s. Bruce (R. B.).
Tukey (H. B.), Wittwer (S. H.) u. **Bukovac (M. J.)**. Aufnahme u. Verlust v. Stoffen durch Blätter u. a. oberird. Pflanzenteile mit bes. Berücksichtigung d. Ernährung d. Pflanze 3250.
Tukey jun. (H. B.) u. **Ketellapper (H. J.)**, Länge d. Licht-Dunkel-Zyklus u. d. pflanzliche Wachstum 2899.
Tuli (V.), Dedolph (R. R.) u. **Wittwer (S. H.)**, Einfluß v. N^6-Benzyladenin u. Dehydroessigsäure auf d. Lagerfähigkeit v. Kirschen u. Erdbeeren 2747.
Tulikov (A. M.) s. Gruzdev (G. S.).
Tullin (V.), Wirkung injizierter Wachstumskomponenten auf Keimlinge 301.
Tumanov (I. I.) u. **Trunova (T. I.)**, Erste Phase d. Kältehärtung v. Winterkulturen in Zuckerlösungen bei Dunkelheit 3189.
Tumerman (L. A.), Borisova (O. F.) u. **Rubin (A. B.)**, Zusammenhänge zwischen Photosyntheseaktivität u. Luminescenz d. Chlorophylls 10.
Tung (Y.), Vergleichende Untersuchungen d. Methoden zur Prüfung v. Winterweizenhybriden auf Winterfestigkeit 193.
Tupý (J.), Radiorespirometr. Studie über d. Ausrüstung d. exogenen Saccharose, Glucose u. Fructose durch d. Pollen d. Apfelbaumes 18.
Turc (L.) s. Monnier (G.).
Turčány (J.), Der richtige Zeitpunkt u.

d. richtige Tiefe d. Einackerung v. Stallmist 2094.
Turček (F. J.), Schutz d. Forstkulturen gegen Wildverbiß 3445.
Turčin (F. V.) s. Sokolov (A. V.).
Tureckaja (R. C.), Physiologie d. Wurzelbildung bei d. Stecklingen u. Wachstumsstimulatoren [1733]. — s. Čajlachjan (M. C.).
Turesson (G.), Genomverdoppelung durch Colchicin bei Rot-, Schweden- u. Weißklee 3091.
Turkova (N. S.), **Hsing (Mei-ying)**, **Berner (R.)** u. **Enina (I. P.)**, Faktoren, die d. Orientierung d. Blätter u. Stengel im Raum bestimmen, in Verbindung mit d. Aufklärung d. Ursachen d. Lagerns 300.
Turková (V.) s. Kloz (J.).
Turkovic (Z.), Blütenmorphologie d. Vitis silvestris Gmelin 3176.
Turley (R. H.) s. Maas (E. F.).
Turnas (P. A.) u. **Golovko (D. G.)**, Der Anbau landwirtschaftlicher Kulturpflanzen auf Torfböden [141].
Turnbull (A. L.) u. **Chant (D. A.)**, Praxis u. Theorie d. biolog. Bekämpfung v. Insekten in Kanada 560.
Turner (B. L.) s. Alston (R. E.).
Turner (D. O.) s. Austenson (H. M.).
Turner (E. A.) s. Smith (F. G.).
Turner (E. R.) s. Cossins (E. A.).
Turner (G. J.), Bildung v. Fusionsorganen bei Phytophthora-Arten, d. Erregern d. Fußkrankheit an Piper nigrum L. in Sarawak 2848.
Turner (G. O.) s. Swezey (A. W.).
—, **Warren (L. E.)** u. **Andriessen (F. G.)**, Einfluß v. *2*-Chor-*6*-(trichlormethyl)pyridin auf d. Nitrifikation v. Ammoniumdüngemitteln in Feldböden 2343.
Turner (H. N.) s. Southcott (W. H.).
Turner (J. N.), Anwendung v. Gibberellinsäure bei Erdbeerpflanzen in verschied. Entwicklungsstadien 1876.
Turner (L. H.) s. Bolton (A. T.).
Turner (R.) s. Davis (L. E.).
Turner (R. C.) u. **Brydon (J. E.)**, Bildung v. Doppelhydroxyden u. d. Titration v. Tonen 921.
— u. **Nichol (W. E.)**, Untersuchung d. Kalkpotentials. *1*. Mitt. Bedingungen, unter denen d. Kalkpotential unabhängig v. d. Salzkonzentration in wäßrigen Suspensionen v. negativ geladenen Tonen ist 1202; *2*. Mitt. Beziehung zwischen Kalkpotential u. prozentualer Basensättigung v. negativ geladenen Tonen in wäßrigen Salzsuspensionen 1202.
Turner (R. C.), **Nichol (W. E.)** u. **Brydon (J. E.)**, Untersuchung d. Kalkpotentials. *3*. Mitt. Reaktionen, d. für d. Größe d. Kalkpotentials verantwortlich sind 3216.
— u. **Schnitzer (M.)**, Thermogravimetrie d. organ. Substanz eines Podsols 922.
Turovcev (N. I.), Morpholog.-physiolog. Besonderheiten v. Apfeltrieben aus Adventivknospen 1599. — Fähigkeit polykarper Pflanzen zur Bildung v. Adventivknospen aus Folgemeristemen 2897. — s. Karpov (G. K.).
Turpin (J. R.), Geschichte d. Apfelbaumschnittes 3054.
Turri (E.), Experimentelle Versuche über d. Anwendung v. kupferfreien Mitteln zur Bekämpfung v. Taphrina deformans (Berk.) Tul. im Gebiet v. Rom 1414.
Tursunchodžaev (T. L.), Einfluß d. Einbringungstermine für Mineraldünger auf d. Ertrag v. Mais 2410.
Tuszko (A.), Wasserwirtschaft [2959].
Tuza (S.) s. Komjáti (I.).
Tuzet (O.) u. **Rouquerol (T.)**, In Reiswurzeln parasitierende Amöbe auf d. Camargue 1095.
Tuzimura (K.) u. **Watanabe (I.)**, Wachstum u. Rhizobium in d. Rhizosphäre d. Wirtspflanze. *2*. Mitt. Ökolog. Untersuchungen d. Knöllchenbakterien 1757.
Tuzson (I.) s. Ferenczi (S.).
Tweedy (B. G.) u. **Powell (D.)**, Korkfäule an Äpfeln u. ihr Erreger, ein pathogener Stamm v. Alternaria mali 3155.
Twiss (P. T. G.) s. Wilson (A. R.).
Tyagi (R. N. S.) s. Mathur (R. L.).
Tyborska (B.) s. Golenia (A.).
Tydeman (H. M.) s. Knight (R. L.).
Tyihák (E.), Allantoin im Saft d. Roten Rübe (Beta vulgaris var. conditiva) 3201. — s. Vágujfalvi (D.).
— u. **Földesi (D.)**, Äther. u. fette Öle v. Solanum laciniatum Ait. 1735.
— u. **Sárkány-Kiss (I.)**, Histochem. Un-

tersuchung d. Kamillen-Prochamazulens 2315.
Tyihák (E.), Sárkány-Kiss (I.) u. **Verzár-Petri (G.),** Pflanzenchem. Untersuchung d. Apigeninglykoside d. Echten Kamille (Matricaria chamomilla L.) 1468.
Tyler (B. F.) s. Davies (W. E.).
Tyler (K. B.) s. Broadbent (F. E.).
—, Lorenz (O. A.), Takatori (F. H.) u. **Bishop (J. C.),** Harnstoff-Stickstoff zu Kartoffeln 2097.
Tyler (L. E.), Riecken (F. F.) u. **Allen (J. S.),** Eigenschaften u. Entwicklung v. Böden d. nord-östlichen Iowa, d. aus stark verfestigtem Geschiebematerial hervorgingen 642.
Tyler (P. S.), Infektion v. Tribolium spp. durch d. Sporozoon, Triboliocystis garnhami Dissanaike 2857.
Tymčenko (L. F.) s. Dobrochleb (I. F.).
Tymčuk (M. J.), Verfahren zur Erhöhung d. Leistungen v. Sommerweizen u. Sommergerste 1824.
Tyner (L. E.), Einfluß d. Cyanids bei d. anaeroben Behandlung d. Gerste zur Bekämpfung d. Flugbrandes 3163.
Tyra (T. D.) s. Vimoke (B. S.).

Ubing (D. W. S.) = Scholte Ubing (D. W.).
Ubrizsy (G.), Unkrautvegetation d. Reiskulturen in Ungarn 1436.
—, Csongrády (M.) u. **Rainiss (L.),** Unkrautbekämpfung durch Alkylaminotriazine in Maisbeständen 584.
— u. **Vörös (J.),** Antibiotica im Pflanzenschutz 2868.
Ucciani (E.) u. **Busson (F.),** Fettsubstanzen v. Voandzeia subterranea Thouars (Papilioneceae) 2028.
Uchina (S. F.) s. Ratner (E. I.).
Uchiyama (N.), Masui (Jun-ichi) u. **Onikura (Y.),** Montmorillonit in einem Vulkanascheboden 44.
Udačin (P. A.), Einfluß d. Anbaubedingungen auf d. Länge d. Vegetationsperiode v. Weichweizen 2998.
Udol'skaja (N. L.) u. **Gur̃eva (T. I.),** Quadratnestaussaat ungedroschener Ähren 1346.
Ueki (K.) s. Arai (M.).
Ueno (Y.), Blüten- u. vegetative Entwicklung bei Erdbeeren. *1.* Mitt. Photoperiod. Wirkung bei konstanten Temperaturverhältnissen 3336; *3.* Mitt. Einfluß d. Intensität d. Zusatzbelichtung auf d. Blütenbildung 3336.
Ueno (Y.), Ito (M.) u. **Matsukawa (J.),** Blüten- u. vegetative Entwicklung bei Erdbeeren. *2.* Mitt. Einfluß d. intermittierenden Zusatzbelichtung 3336.
Ugŭrčinski (S.), Abstände zwischen u. in d. Reihen beim Mais unter Bewässerungsbedingungen 416.
Uhlen (G.) u. **Semb (G.),** Ein Vergleich d. AL-Methode mit früheren Methoden zur Bestimmung v. Kali u. Phosphor aus Bodenproben u. Feldversuchsproben 1766.
Uhlig (B.), Sortenwertprüfungen mit Viola × wittrockiana 1611.
Uhlík (J.), Schnellmethode zur Meiosisuntersuchung bei Kernobst 193.
Uhring (J.) s. Emsweiler (S. L.).
Uitterlinden (L.) u. **Slotboom (H. J.),** Manganmangel 272.
Ujevic (I.), Stanek (M.), Vacke (J.) u. **Urosevic (B.),** Fusarium moniliforme Sheld., einer d. Erreger d. Umfallens u. Welkens d. Luzerne (Medicago sativa L.) u. d. Einfluß d. antagonist. Mikroflora auf d. Ablauf d. durch diesen Pilz verursachten Krankheit 860.
Ukolov (A. A.), Variabilität bestimmter Merkmale bei d. Wi-Weizensorte „Moskowskaja *2453*“ 1348.
Ukrainec (N. S.) s. Mel'nikov (N. N.).
Ulanova (E. S.) s. Moisejčik (V. A.).
Ulbricht (H.) s. Rodewald (W.).
Ulfvarson (U.) s. Hedén (Å).
Ulinici (A.) s. Dinca (D.).
Uliński (G.), Wirksamkeit d. Härtung v. Samen mit Hilfe d. Methode nach Henckel, unter den in d. Region v. Gorzow herrschenden klimat. Bedingungen 696.
Ulitin (A. M.), Die mehrjährigen Futterpflanzen im Kuban [1296].
Ullrich (H.), Physiologie v. Frostresistenz u. Frosthärtung 2289.
— u. **Heber (U.),** Ursachen d. Frostresistenz bei Winterweizen. *4.* Mitt. Das Verhalten v. Fermenten u. Fermentsystemen gegenüber tiefen Temperaturen 789.
Ullrich (J.), Morpholog. u. anatom. Untersuchungen über d. durch Syn-

chytrium endobioticum (Schilb.) Perc. bei d. Kartoffel ausgelöste Gallbildung 2241. — Infektionsbedingungen während d. Ausbreitung v. Phytophthora infestans im Kartoffelfeld 3145.
Ullrich (K.), Physikal. Charakteristika d. Emulsionen v. Pflanzenschutz- u. Schädlingsbekämpfungsmitteln 2543.
Ulonska (E.), Qualitätsfragen in d. Braugerstenzüchtung 201.
Ulrich (A.), Variabilität v. Zuckerrübenpflanzen in Gefäßkultur mit Ausschaltung d. Einflusses v. Licht, Wasser u. Nährstoffen 1555.
Ulrich (B.), Umsetzungen d. anorgan. Phosphate als Funktion d. Kalkpotentials 2922. — Umsetzungen d. Phosphatdüngemittel im Boden. II. 3207.
— u. **Hempler (K.),** Umwandlungsdynamik d. Phosphate im Boden 334.
— u. **Kaufmann (H. J.),** Phosphationenaufnahme durch Pflanzen. *2.* Mitt. Kinetik d. Isotopenaustausches v. P^{32}: Untersuchungsmethodik, Auswertungsverfahren u. physiolog. Deutung 2078.
Ulrich (H.), Einlagerung v. Herbstblumenkohl 3040.
Ul'rich (N. N.) u. **Aniskin (V. I.),** Trocknung v. Futterbohnensaatgut 111.
Ulrich (R.), Kälte u. Stoffwechsel d. Pflanzen 1447.
Ulrich (Rudolph) s. Arkley (R. J.).
Ulrychová (M.) s. Brčák (J.).
Ulvesli (O.), Andersen (I.), Delbekk (A.), Frank (H.) u. **Langebrekke (A.),** Qualität d. norweg. Heus *1962* 2433.
Umaerus (M.) s. Grazi (F.).
Umali (D. L.), Neue Aufgabenbereiche in d. Reisforschung 2727. — s. Escuro (P. V.).
Umarov (C. U.), Veränderung d. Atmungsintensität v. Rotklee u. Wiesenlieschgras 303.
Umhauer (M.), Pillnitzer vegetativ vermehrbare Vogelkirsche 1042.
Ungar (I. A.), Wirkungen kontrollierter Bedingungen auf d. Morphologie v. Helianthus annuus L. 2594.
Unger (H.), Cellulolyt. Aktivität im Boden abwasserbehandelten Grünlandes auf einem Ackerstandort (Mittelhausen *1959*) 347. — Wie reagiert d. autochthone Bodenmikroflora auf Abwassergaben 928. — In Feldversuchen mit Zellulosetestbeuteln erzielte Ergebnisse 942. — Feldversuche mit Cellulosetestbeuteln 2638. — Ergebnisse d. Zellulosetestes aus orientierenden Fruchtartenversuchen in Delitzsch *1957* 3227.
Unger (H.), Bergmann (W.) u. **Kunze (A.),** Vereinfachung d. serienmäßigen Boden-pH-Messung mit Hilfe einer Durchlaufglaselektrode, eines Reagenzglasschüttelständers u. einer Abfüllapparatur 1499.
Unger (K.), Bestimmung d. Pflanzenmasse v. Einzelpflanzen u. Pflanzenbeständen mit Hilfe ionisierender Strahlen zur Ermittlung d. Wachstumsverlaufes unter natürlichen Bedingungen 1470.
Unterstenhöfer (G.), Entstehung d. Resistenz v. Spinnmilben gegenüber Akariziden 577.
Unwin (C. H.) s. Forsyth (F. R.).
Uota (M.), Labormethode zur Aufrechterhaltung d. Kohlendioxydkonzentration in luftkontrollierten Kammern 2748. — s. Couey (M. H.).
Upadhyaya (Y. M.) s. Narula (P. N.).
Upchurch (R. P.) u. **Mason (D. D.),** Einfluß d. Humusgehaltes v. Böden auf d. Toxizität v. Herbiciden 1435.
Uphof (J. C. T.), Hummel (K.) u. **Staesche (K.),** Plant hairs. Verbreitung d. Haartypen in d. natürlichen Verwandtschaftsgruppen [1714].
Upshall (W. H.), Obstunterlagenversuche in Vineland, Canada 757.
Uptmoor (J.-H.), Palette oder Großkiste. Rationalisierung v. Ernte u. Ernteransport im Apfelanbau 1600, 2160, 2456.
Urban s. Livečka.
Urban (L.), Photoperiod. Untersuchungen an Kopfsalat (Lactuca sativa var. capitata) 1729.
Urban (S.), Übervermehrung d. Kiefernbuschhornblattwespe Diprion pini L. in d. DDR 2818.
Urban (Z.), Infektionsversuche mit Puccinia graminis Pers. in Böhmen. *2.* Mitt. 848.
Urbaniak (Z.) s. Lityński (A.).
Uribe (E. G.) s. Ashton (F. M.).
Uritani (I.) u. **Stahmann (M. A.),** Veränderungen im Stickstoffstoffwech-

sel d. mit Schwarzfäule befallenen Süßkartoffel 253.
Uriu (K.) u. **Lilleland (O.),** Astumfangsmessungen als bessere Bezugsgröße für d. Stärke d. Fruchtausdünnung beim Apfel 1872.
Urkuday (K. N.), Surve (D. N.) u. **Kulkarni (Y. S.),** Untersuchungen zur Blüte d. Erdnuß 1014.
Urmanova (C. U.) u. **Sborščikova (M. P.),** Chem. Unkrautbekämpfung in Reisfeldern 2578.
Urone (P.) s. Bonde (E. K.).
Urosevic (B.) s. Ujevic (I.).
Ursulenko (P. K.), Ausnutzung d. freien Bodenflächen in Obstanlagen 757. — Biolog. u. physiolog. Grundlagen d. Ertragsfähigkeit bei Apfelbäumen 759.
Ušatinskaja (R. S.), Diapause d. Kartoffelkäfers u. d. Bildung mehrjähriger Herde 1382.
Uschdraweit (H. A.), Dahliensortiment u. Viruskrankheiten 1662.
Uschmann, Ernst Haeckel [196]*.
Uskov (A. I.), Bedeutung d. Wasserversorgung in d. verschied. Entwicklungsetappen 3003.
Ustimenko-Bakumovskij (A. V.) s. Rakitin (J. B.).
Ustinova (A. V.), Einfluß d. Bearbeitungsverfahren bei d. versalzten Böden d. Wolgadeltas auf d. Erhöhung d. Bodenfruchtbarkeit 363.
Ustinova (E. I.), Zytolog. Studien über d. männliche Sterilität bei Mais 1343.
Utėuš (J.A.) s. Mel'ničuk (P. P.).
Uzunov (M.) s. Dončev (I.).
Uzureau (C.) s. Labrousse (G.).

Vaadia (Y.) u. **Waisel (Y.),** Wasserabsorption durch oberird. Pflanzenorgane 2963.
Vacek (J.) u. **Drobník (J.),** Bodenrespirationsmesser 2946.
Vachrameeva (Z. M.), Sortenprüfung neuer Weizenformen [*1957*] 2407.
Vacke (J.) s. Ujevic (I.).
— u. **Průša (V.),** Studium d. Wirtspflanzenkreises d. Virus d. Sterilen Verzwergung d. Hafers 2825.
Václav (E.), Generative Hybridisation geograph. u. systemat. entfernter Birken (Betula sp.) im Jahre *1958* 3380.
Vaculík (R.), Kultivierung d. Rasenpodsolböden in Permsandsteingebieten. *1.* Mitt. Morphologie, chem. Zusammensetzung u. Sättigungsgrad 352; *2.* Mitt. Humuszusammensetzung u. mikrobielle Tätigkeit 1198.
Vágás (I.) s. Szilágyi (G.).
Vageler (P.), Phosphatdüngung in Tropen u. Subtropen 2390.
Vágner (M.), Einfluß d. Bodenbearbeitung auf d. mikrobielle Deamination u. auf den Stickstoffverbrauch bei einigen Aminosäuren 1225.
Vágnerová (K.) u. **Vančura (V.),** Produktion u. Nutzung v. Aminosäuren durch verschied. Arten v. Rhizosphärebakterien 50.
Vágnerová (V.), Möglichkeiten d. Anlagen v. Polycrossfeldern bei d. Gräserzüchtung (Dreiecksystem) 800.
Vago (C.) s. Hurpin (B.).
—, **Fosset (J.)** u. **Meynadier (G.),** Asept. Aufzucht phytophager Insekten 2541.
—, **Martouret (D.)** u. **Heitor (F.),** Konservierung entomopathogener Viren u. Bakterien in Tablettenform 266.
Vágujfalvi (D.) u. **Tyihák (E.),** Die tägliche Veränderung d. Prochamazulengehaltes d. Kamille (Matricaria chamomilla L.) 911.
Vaidya (S. M.) s. Dhawan (N. L.); Murty (G. S.).
— u. **Singh (Bhag),** Neuer Typ bei Zuckermais 2481.
Vaidyanathan (L. V.) u. **Talibudeen (O.),** Änderung d. Oberflächeneigenschaften v. Böden durch Ionenaustauscherharze 923.
Vaillant (A.), Situation d. Reisbaus in Togo 141.
Vája (M.) s. Kolbinger (J.).
Vajntraub (I. A.), Šutov (A. D.) u. **Klimenko (V. G.),** Globuline d. Wickensamen 33.
Vaklinova (S.) s. Vasileva (M.).
Valášková (E.), Prüfung v. Fungiciden zur Bodendesinfektion 3446.
Valcarce (A. C.) s. Harries (F. H.).
Văleanu (L.) s. Baltagi (B.).
Válek (B.), Einfluß d. mineralärmeren Gesteins auf d. Bodenentwicklung d. Böden bei Libnov im Erzgebirge, westlich v. Sokolov 2347.

Valenta (M.) s. Kutáček (M.).
—, **Kutáček (M.)** u. **Šanda (V.)**, Bestimmung d. Indolderivate im Pflanzenmaterial. *4.* Mitt. Kolori- u. fluorimetrische Bestimmung d. Stoffes C 2313.
Valenta (V.), Unregelmäßigkeiten bei d. Übertragung v. Gelbsuchtviren durch Pfropfung 2229. — s. Špánik (V.).
Valera (C. L.) u. **Alexander (M.)**, Ernährung u. Physiologie denitrifizierender Bakterien 1209.
Valeva (S. A.) s. Chvostova (V. V.).
Vallade (J.) u. **Rabechault (H.)**, Anatom. Kennzeichen d. Bananenstiele in Beziehung zum krankheitsbedingten Fruchtabfall 2888.
Valle (O.), Wetterbedingungen u. ihr Einfluß auf d. Pflanzenproduktion im südlichen Finnland in den Jahren *1958—61* 329.
Vallo (V.) s. Weismann (L.).
Valoras (N.) s. Letey (J.).
Val'ter (O. J.) s. Gešele (E. Ė.).
Văluţă (G.) u. **Ionescu (A.)**, Die Erbse, eine wichtige Nahrungs- u. Futterkultur 2705.
Vamos (R.) s. Zsoldos (F.).
— u. **Kovács (E.)**, Eh_7-Verhältnisse in d. Wurzelzone v. brusoneresistenten u. -anfälligen Reissorten 3157.
Van (T. K.), Gegenwärtiger Stand d. Reiszüchtung in Malaya 1088.
Vanbelle (M.) s. Devuyst (A.).
Vančikov (K.) u. **Karova (V.)**, Widerstandsfähigkeit einiger bulgar. u. sowjet. Baumwollsorten gegen Verticilliose 854.
Vančura (M.), Analyt. Kriterien tschechoslowak. u. ausländ. Hopfenpartien 1187.
Vančura (V.) s. Vágnerová (K.).
Vanderzant (E. S.) u. **Davich (T. B.)**, Künstliche Ernährungsmöglichkeit für adulte Baumwollkapselkäfer u. Techniken zur Erlangung v. Eiern 835.
Vangelov (A.) s. Bakalova (V.).
Vaňha (B.), Zeitpunkt d. Einpflügens v. Kalisalz u. Superphosphat zu Kartoffeln 1246.
Vanin (I.) u. **Denisov (V.)**, Aerosolverfahren zur chem. Unkrautvernichtung 3170.
Vaňková (J.), Verwendung eines Bacillus thuringiensis-Präparates gegen einige Schädlinge d. landwirtschaftl. Kulturen. *1.* Mitt. Verwendung gegen Kohlweißling (Pieris brassicae L.) 2253.
Vanstallen (R.) s. Manil (P.).
Vaňurová (E.), Hinweise zur Bekämpfung d. Kohlgallenrüßlers 1141.
Vanwetswinkel (G.) u. **Paternotte (E.)**, Vernichtung einiger Krankheitserreger, d. auf Apfel überwintern 3440.
Vanzetti (C.) s. Antonietti (A.).
Vardar (Y.) s. Krass (J.).
Vardjan (M.) u. **Nitsch (J. P.)**, Regenerierung bei Cichorium endivia. Studien über Wuchsstoffe u. endogene Kinine 606.
Varenica (E. T.), Fortschrittlichkeit d. Hackfruchtsystems d. Ackerbaus u. d. Haltlosigkeit d. Trawopolnaja-systems in d. Nichtschwarzerdezone 692.
Varga (A.), Bekämpfung v. Nachtfrostschäden bei Birnen 2166.
Varga (J.) s. Irták (V. A.); Virág (A.).
Varga (L.) s. Sabo (I.).
Varga (P.), Steigerung d. Luzernesaatgutertrages 2722.
Varma (A.) s. Tandon (R. N.).
Varma (J. P.), Einfluß v. Phosphor auf d. Vermehrung d. Tabakmosaikvirus in türk. Tabakpflanzen (Nicotiana tabacum), d. in Sandkultur gewachsen sind 3416. — s. Verma (G. S.).
Varner (J. E.) u. **Schidlovsky (G.)**, Intrazelluläre Verteilung v. Proteinen in Erbsenkotyledonen 2912.
Vartanjan (A.), **Manolov (A.)**, **Perfanov (G.)**, **Kolev (D.)**, **Miljančev (J.)**, **Gŭlŭbov (S.)** u. **Kostjanev (S.)**, Einfluß d. Bodenbearbeitung im Frühjahr auf d. Entwicklung, den Ertrag u. d. Güte d. Tabaks 424.
Váry (J.) s. Biró (K.).
Váša (J.), Bestimmung d. Verdunstung auf Grund d. hydrolog. Bilanz d. Bodenprofils 1503.
Vasco da Gama (M.), Methode v. Volk zur Bestimmung d. Kalium-Festlegungskapazität v. Böden 2634.
Vasek (F. C.), „Multiple Spindel", meiot. Unregelmäßigkeit bei Clarkia exilis 484.
Vasev (A.), Birnknospenstecher 2221. — s. Balevski (A.); Lazarov (A.).

Vasev (N.), Steinobstgespinstblattwespe (Neurotoma nemoralis L.) in Bulgarien u. ihre Bekämpfung 276.
Vasey (E. H.) u. **Barber (S. A.),** Wirkung d. Einbringungsform auf d. Aufnahme v. ^{86}Rb u. ^{32}P durch Maiswurzeln aus d. Boden 3249.
Vashith (K. S.) s. Nagaich (B. B.).
Vasideva (R. S.), Singh (G. P.) u. **Iyengar (M. R. S.),** Biolog. Aktivität v. Bulbiformin im Boden 343.
Vasil (I. K.), Lagerung v. Pollen einiger Ackerpflanzen 2178.
Vasil'čenko (A. A.), Konovalenko (L. A.) u. **Erkaev (A. D.),** Neue Technologie d. Maisanbaus 712.
Vasil'čenko (I. T.), Was ist d. typ. Prunus divaricata Ledeb. 2003. — Neue ostasiat. Apfelarten P. malus Mill. aus d. Sektion Sorbomalus Zab. u. d. Untersektion Kansuenses Rehd. 2003.
Vasilenko (E. S.), Ureaseaktivität im Boden 1768.
Vasilenko (N. G.), Wenig verbreitete Gemüse- u. Gewürzpflanzen [1860].
Vasil'ev (D. S.) u. **Annenkova (G. N.),** Chem. Unkrautbekämpfung in Koriander 3459.
Vasilev (I.), Ergebnisse d. Prüfung sowjet. Winterweizensorten 1278.
Vasil'ev (I. M.), Strahlungsempfindlichkeit d. Pflanzen 592.
Vasilev (V.), Erdterrassenbau auf geneigtem Gelände 2070. — Vorbereitung v. Hangflächen zur Obstbaumpflanzung 3328. — s. Iliev (L.); Mątev (C.).
Vasil'ev (V. P.) u. **Kiticyn (E. N.),** Wirksamkeit v. Phosphamid für d. Toxikation d. Pflanzen 1151.
Vasil'eva (D. V.) s. Stepanov (V. N.).
Vasil'eva (I. M.) u. **Starceva (A. V.),** Einfluß d. Molybdäns auf d. Wasserhaushalt u. d. Stoffwechsel d. Klees unter d. Bedingungen d. Dürre 87.
Vasil'eva (K. A.), Naßkopfdüngung v. Tomaten mit Spurenelementen 161.
Vasileva (M.) u. **Vaklinova (S.),** Morpholog. u. physiolog. Untersuchungen einiger zu Winterformen umgewandelter Wickensorten 891.
Vasil'eva (S. G.) s. Baljabo (N. K.).
Vasileva-Drjanovska (O. A.), Cytoembryolog. Untersuchungen d. Bestäubung u. Befruchtung mit Pollen entfernter Arten bei Kartoffeln 1633.
Vasiljević (L.), Anfälligkeit v. Schwammspinnerraupen (Lymantria dispar L.) gegen d. Polyedrose in d. verschied. Phasen d. Gradationsablaufes ihrer Entwicklung in d. Natur 1694.
Vasiloschi (O.) u. **Mecea (E.),** Die Luftfeuchtigkeit im mikroklimat. Raum v. Cluj 40.
Vásomi (J.), Heutrocknung in Mieten durch Kaltbelüftung 2433.
Vaughan (E. K.) s. Yale jun. (J. W.).
Vavich (M. G.) s. Day (A. D.).
Vay (J. E. de) s. Mirocha (C. J.).
Vazart (B.) s. Buffard-Morel (J.).
Važov (V. I.), Einfluß d. Waldstreifen auf d. Wasserhaushalt d. Bodens u. d. Leistung landwirtsch. Kulturen 2069.
Veatch (C.) s. Welch (M. D.).
Večer (A. S.), Čajka (M. T.) u. **Predkel' (K. I.),** Pigmentgehalt d. Kartoffelknollen bei Belichtung zu verschied. Jahreszeiten u. nachfolgender Lagerung in d. Dunkelheit 600.
Veen (P. v.), Bartiris in d. Niederlanden 185.
Végh (A.) s. Matolcsy (G.).
Végh (G.), „Tropfenchromatometrie" als neue, quantitative Methode in d. chem. Analyse 30.
Veil (E.), Bodenkundliche Probleme bei d. Feldgraswirtschaft im Hochschwarzwald 1769.
Vela (C. M.) = Mazuelos Vela (C.).
Velasco (E. E.) = Esteban Velasco (E.).
Velasco (J. R.) s. Mercado (B. T.).
Veldee (S.) u. **Fraenkel-Conrat (H.),** Charakterisierung v. Tabakmosaikvirus-Stämmen durch ihre Produktivität 2515.
Velev (B.), Größe u. Form d. Standraumes für d. pfahllosen Anbau v. niedrigen u. hohen Tomaten 3325.
Velev (D.) u. **Markov (G.),** Wasserverbrauch u. Bewässerungsnormen d. landwirtsch. Kulturen in Jahren mit *50*%iger u. *25*%iger Versorgung durch natürliche Niederschläge [2071]*.
Vélez-Fortuno (J.) s. Abrams (R.).
Vélez-Santiago (J.) s. Ramírez (O. D.).
Velican (V.), Pop (E.) u. **Lăpuşan (A.),**

Versuchsergebnisse mit Silopflanzen auf d. Podsolböden Transilvaniens 3015.
Velich (J.), Etappenmäßige Verfahren d. Luzernesamengewinnung 107.
Veličko (I. M.) s. Alinovškij (P. G.).
Velsen (R. J. van), Kundebohnenmosaik, Viruskrankheit v. Vigna sinensis auf Neu-Guinea 2520.
— u. **Crowley (N. C.)**, Centrosoma-Mosaik: Neue Viruskrankheit v. Crotalaria spp. in Papua u. Neu-Guinea 1388.
Vendilo (G. G.) s. Avdonin (N. S.).
Vendrig (J. C.) u. **Buffel (K.)**, Wachstumsstimulierende Aktivität d. aus Coleus rhenaltianus isolierten trans-Kaffeesäure 26.
Venediktov (M. M.), Die Vererbung quantitativer u. qualitativer Merkmale bei Weizenhybriden 2473.
Vengrenovskij (S. I.) u. **Dželali (N. I.)**, Aufbewahrung d. Pollens v. Hülsenfrüchten 2188.
Vengris (J.), Wirkung v. Rhizomlänge u. Tiefenlage auf d. mechan. u. chem. Queckenbekämpfung 1991.
Veńjaminov (A. N.), Neue Obstsorten in d. mittleren Zone d. europäischen Teiles d. UdSSR u. d. Ukraine [1881].
Venkataramani (K. S.), Beeinflussung einer Population v. Meloidogyne incognita in einem Teeboden bei Anwesenheit einer empfindlichen Wirtspflanze 1098. — Quelle d. Vermehrungsmaterials auf d. Bewurzelung v. Teestecklingen 1575.
Venkatasubramanyam (V.), **Adiga (P. R.)**, **Sivarama Sastry (K.)** u. **Sarma (P. S.)**, Einfluß v. Eisen u. Magnesium auf d. Kobalt- u. Zink-Toxizitäten in keimenden Samen v. Phaseolus radiatus 2662.
Vent (L.), Neues Wirtschaftssystem in d. Hopfenbaugebieten 2418. — Gegenwärtiger Stand d. Hopfenanbaues in d. ČSSR 3296.
Venter (Fritz), Wachstum u. chem. Zusammensetzung v. Kopfsalat aus einem Gefäßversuch in Gewächshaus- u. Freilandböden v. *11* Gemüsebaubetrieben 81. — Bodenversalzung im Gewächshaus 2144.
Ventura (M. M.) s. Xaxier Filho (J.).
— u. **Hollanda Lima (I.)**, Aminosäuren d. Ornithin-Cyclus u. a. freie Aminosäuren in Früchten v. Annona squamosa L. u. Annona muricata L. 1738.
Verbovyj (K. A.), Kronenbildung u. Schnitt junger Obstbäume 458. — s. Okanenko (A. S.).
— u. **Soloveva (M. A.)**, Pflege frostgeschädigter Obstbäume 3051.
Vereščagina (V. V.), Rosenzikade in d. Moldauischen SSR 3401.
Vergara (S.) s. Pochard (E.).
Verhoyen (M.), Serolog. Trennung v. zwei Viren 539. — Virus an Trifolium repens 3412.
Verkerk (K.), Zusatzbelichtung v. Tomatenjungpflanzen in Holland 1591.
Verma (G.) u. **Bhatnagar (P. S.)**, Düngungs-Standweiten-Sortenversuche mit Zea mays L. in Uttar Pradesh 1559.
Verma (G. P.) u. **Chauhan (D. V. S.)**, Entwicklung d. Bodenklassifikation 1493.
Verma (G. S.) u. **Varma (J. P.)**, Einfluß v. Kaliummangel auf d. Vermehrung d. Tabakmosaikvirus in Türk. Tabak (Nicotiana tabacum) 1941.
—, **Varma (J. P.)** u. **Saxena (P. N.)**, Spitzennekrose v. Cyamopsis tetragonoloba (L.) Taub. 3148.
Verma (R. D.) s. Bhardwaj (R. B. L.).
Verma (R. P.) s. Sinha (S. D.).
Verma (U. K.) s. Sinha (T. D.).
Verner (D. A.) s. Bilaj (V. I.).
Vernon (J. D. R.), Biologie u. Bekämpfung v. Psila nigricornis Meig. 3398. — Bekämpfung d. Cyclamen-Milbe an Cyclamen u. Erdbeeren 3443.
Verona (O.), Allgemeine Betrachtung über d. durch Samen übertragbare kryptogame Infektion 545. — s. Treggi (G.).
— u. **Treggi (G.)**, Kalkstickstoffanwendung zur Bekämpfung v. Pilzkrankheiten. *4.* Mitt. Weitere Untersuchungen über einige phytopathogene Pilze 1973.
Verona (P. L.), Sechium edule Schw., eine wenig bekannte Gemüsepflanze 147.
— u. **Pardini (G.)**, Erhöhung d. Heißwasserbeizeffektes bei unterschiedlicher Einwirkungsdauer sowie d. Beeinflussung d. Keimfähigkeit bei Spinatsamen 1594.

Verres (G.), Förderung d. Rübenaufganges durch geeignete Sä- u. Pflegegeräte 2715.
Veršinin (P. V.), Gräser u. Bodenfruchtbarkeit 360. — Problem d. künstlichen Strukturbildung 632.
Versteegh (P. M. R.) u. **Lugt (W.)**, Pilotanlagenversuch mit einem Nitrat-Phosphat-Verfahren 2681.
Veruzáb (F.), Erfahrungen mit d. Versetzen d. erwachsenen Gehölze 2175.
Vervack (W.) s. Devuyst (A.).
Verzár-Petri (G.) s. Tyihák (E.).
Veselinov (E.) s. Kolev (N.).
Veselinov (M.), Chem. Zusammensetzung d. bulgar. Zigaretten 2308. — Zusammenhang zwischen d. Sauerstoffkennziffer u. d. Fermentationsgrad bulgar. Tabaksorten. Vorl. Mitt. 3014.
Veselý (V.), Beigabe bestimmter honigtragender Futterpflanzen zu d. Leguminosen-Getreide-Gemischen. *4.* Mitt. Kartoffelanbaugebiet, leichtere Böden. *5.* Mitt. Gebirgszone 1840. — Anteil d. Bienen am Ertrag v. Weißem Senf (Sinapis alba) 2412.
Vettel (F. K.), Beobachtungen an Weizen (T. aestivum)-Roggen (Secale cereale)-Kreuzungen 1065. — Korrelations- u. Vererbungsstudien am Mais 1627. — s. Plarre (W.).
Vetter (A.) s. Wellner (H.).
Vetter (H.), Einfluß d. Futternebennutzung u. Stickstoffdüngung auf d. Samenertrag v. Deutschem Weidelgras 731. — Grassamenbau u. Fruchtfolgegestaltung. *1.* Teil 2686; *2.* Teil 3275.
— u. **Assadolahi (A.)**, Einfluß später Stickstoffgaben auf d. Standfestigkeit u. den Ertrag v. Sommerweizen u. Sommergerste 1255.
— u. **Kuba (F.)**, Trockensubstanz- u. Nährstofferträge bei gesteigerter Nutzungshäufigkeit u. Stickstoffdüngung in Weiden- u. Wiesenversuchen in Hohenschulen 3033.
Vetterlein (E.), Ergebnisse u. Untersuchungen über d. Wasserbewegung in Böden mit Hilfe d. Vakuumkapillarimeters 359.
Vianna e Silva (M.) u. **Mendes (F. P.)**, „Lusitano", eine neue Reis-Kulturform 2498.
Viart (P.) s. Chouteau (J.).
— u. **Chouteau (J.)**, Phosphatdüngung v. Paraguay-Tabak in Gefäßversuchen. *2.* Mitt. Einfluß v. Superphosphatgaben auf bestimmte biochem. Eigenschaften d. mittleren Blätter 1542.
Vicente (J. G.) = Garcia Vicente (J.).
Vicente-Chandler (J.) s. Pearson (R. W.).
— u. **Figarella (J.)**, Bananenproduktion mit Bodenschutz in d. Bergregion v. Puerto Rico 2136.
—, **Pearson (R. W.)**, **Abruña (F.)** u. **Silva (S.)**, Kalidüngung intensiv genutzter Gräser unter humiden trop. Bedingungen 2984.
Vicente Jordana (R. de), Cytoarjesis in Kartoffelknollen. *5.* Mitt. Einflüsse d. Keimung auf d. Hemmung v. Bakterienfäule u. a. Infektionen: Einfluß d. Knollen-Inaktivierung u. -Reaktivierung 1667.
Vickery (H. B.), Chem. Untersuchungen d. Tabakpflanze 612.
Vidal (H.), Hartschaumstoffe als Temperaturisolierung v. hydrolog. u. meteorolog. Meßinstrumenten 2360. — Bau u. Betrieb v. Kleinschöpfwerken zur Moorentwässerung in Bayern 2365.
Vidal (J.), Nutzpflanzen in Laos. 7. Mitt. 3022.
Vidal (P.) s. Charreau (C.).
—, **Bono (M.)** u. **Fauché (J.)**, Einfluß d. organ. u. mineral. Düngung auf d. Hirse-Produktion u. d. Erntequalität 1247.
Vidal (R. D.) u. **Broyer (T. C.)**, Einfluß eines hohen Magnesiumgehaltes auf Aluminiumabsorption u. Wachstum d. Maispflanzen in Nährlösungen 2082.
Vidéki (L.) s. Mészöly (G.).
Videnin (K. F.), Wachstumsstimulation bei Gemüsekulturen 153.
Videnov (B.), Schäden d. Obstfrüchte durch Wetterfaktoren 815. — Steinobstschorf, neue Krankheit für Bulgarien 1672.
Vidme (T.), Chem. Bekämpfung v. Sonchus arvensis L. 586.
Vieitez (E.), Wirkung mehrerer Herbicide auf Triebbildung u. Wachstum v. Cyperus esculentus Ten. var. aureus Richt. 314.

Vielhauer (S.), Anwendung statist. Methoden zur Ermittlung d. Analysengenauigkeit 2394.
Viennot-Bourgin (G.), Pflanzenpathologie 257.
— u. **Bondoux (P.)**, Phytopathologie 1389.
Viets jun. (Frank G.), Chemie u. Verfügbarkeit d. Mikronährstoffe in Böden 649. — Düngemittel u. wirkungsvolle Wasserverwertung 2088.
Vigorov (L. I.), Eiweißgehalt d. Kornes u. Wege zu seiner Erhöhung bei d. Sommerweizen d. Ural 123.
Vijverberg (A.) s. Le Berre (J. R.).
Vikeland (N.), Kalkdüngungsversuche in Finnmark 2676.
Vilain (M.) s. Chaussidon (J.).
Vilardebo (A.), Tylenchulus semipenetrans u. Radopholus similis, parasit. Nematoden in Citrus-Gewächsen 1377. — s. Guiran (G. de).
Vilenskij (D. G.), Geographie d. Böden [61].
Vil'k (K. K.), Natur d. Humusstoffe eisenhaltiger Gebirgstaigaböden d. westlichen Transbaikalgebietes 2328.
Vilkova (N. A.), Veränderungen d. Wachstums u. d. Entwicklung v. Mais bei Einwirkung v. Gibberellin zum Zwecke d. Erhöhung d. Widerstandsfähigkeit gegen d. Fritfliege 2596.
Villanueva (J. R.) s. Leal (J. A.).
Villareal (R. L.) s. Escuro (P. V.).
Villemain (G.) s. Bachy (A.).
Vimoke (B. S.), Tyra (T. D.), Thiel (T. J.) u. **Taylor (G. S.)**, Verbesserungsvorschläge für Aufbau u. Handhabung v. Widerstandsnetzanlagen zum Studium v. Entwässerungsproblemen 657.
Vince (D.) s. Mason (D. T.); Mitra (S. N.).
Vincent (J. M.), Einfluß v. Ca u. Mg auf d. Wachstum v. Rhizobium 1759. — s. Humphrey (B.).
—, **Humphrey (B.)** u. **North (R. J.)**, Merkmale d. Feinstruktur u. chem. Zusammensetzung v. Rhizobium trifolii 2625.
— u. **Jancey (C. H.)**, Calciumempfindlicher Rhizobium - trifolii - Stamm 1489.
—, **Thompson (J. A.)** u. **Donovan (K. O.)**, Absterben v. Wurzelknöllchenbakterien durch Trocknung 931.
Vincent (L. E.) s. Lindgren (D. L.).
Vincenzetti (P. G.) s. Tognoni (F.).
Vinczeffy (I.), Wiesen- u. Weidewirtschaft [1020].
Vine (H.), Freisetzung u. Fixierung v. Stickstoff im Boden mit natürlicher Struktur 2345.
Vink (A. P. A.), Einige Bemerkungen über rezente geolog. Formationen Islands [645]*. — Beobachtungen u. Versuche an einigen Böden Indonesiens [645]*. — s. Buringh (P.).
Vinogradov (A. V.) s. Katalaev (A. A.).
Vinokurova (I. K.), Einfluß d. Waldstreifen auf d. Mikroklima u. d. Ertrag v. Getreidekulturen 1778.
Vinš (B.), Verwendung d. Jahresringanalysen zum Nachweis v. Rauchschäden 951.
Vintilă (I.) s. Obrejanu (G.).
Virág (A.), Márton (G.) u. **Varga (J.)**, Zykl. Unkrautbekämpfung an Stelle einer Herbizidrotation 1992.
Virág (J.), Beziehung zwischen Aussaattermin u. Befall durch d. Vergilbungskrankheit d. Zuckerrübe 2514. — Schädigung verschied. Zukkerrübensorten durch d. Vergilbungskrankheit d. Zuckerrübe 3410. — s. Szirmai (J.).
Viro (P. J.), Faktorielle Versuche über d. Waldhumuszersetzung 2328.
Virovec (O. A.) u. **Pasynskij (A. G.)**, Wirkung ionisierender Bestrahlung auf d. Atmungsprozesse in Tee- u. Tabakblättern 3183.
Virtanen (A. I.), Hietala (P. K.), Karvonen (P.) u. **Nuorteva (P.)**, Hemmung d. Wachstums u. d. Rispenbildung bei Hafer nach Behandlung mit einem Extrakt aus Calligypona pellucida (F.) 836.
Visser (A.) s. Boon (J. van der).
Visser (J. H.) s. Scheffer (F.).
Visser (S. A.), Bildung v. Huminsubstanzen bei d. Zersetzung v. Torf-u. Kompostproben 2619.
Vitali (G.), Mechan. Ernte d. Oliven. Möglichkeiten u. Perspektiven auf Grund d. Versuche v. Florenz 2693.
Vitanov (M.), Neue parasitäre Pilze an Pflanzen in Bulgarien 2238.
Vitkovskij (V. L.), Neubildung v.

Knospen bei d. Schwarzen Johannisbeere 1047.
Vittum (M. T.) s. Lathwell (D. J.).
Vivian (L. A.), Virginia-Tabak in Kelantan 2718.
Vlach (M.), Erfahrungen mit Weichweizensorten in d. ČSSR 1557.
Vladimirov (B.) s. Popova (D.).
Vladimirov (V. E.) s. Stepanov (L. N.).
Vladimirova (E. V.) s. Andrejuk (E. I.).
Vladu (C.) s. Alexandrescu (N.).
Vladu (I.) s. Alexandrescu (N.).
Vlamis (J.) s. Karim (A. Q. M. B.); Williams (D. E.).
— u. **Williams (D. E.)**, Ionen-Konkurrenz bei d. Manganaufnahme durch Gerstenpflanzen 1789.
Vlas (I.) s. Oprea (C. V.).
Vlasjuk (P. A.), Ernährung u. Düngung d. Pflanzen mit Mangan [1793]. — s. Lisoval (P. Z.); Sokolov (A. V.).
—, **Gurileva (M. A.)** u. **Čenokal (V. G.)**, Methodik zur Bestimmung d. Zustandes d. Winterfrüchte im Herbst, Winter u. Frühjahr [2426].
— u. **Klimovickaja (Z. M.)**, Physiolog. Bedeutung v. Mangan im Leben d. Pflanzen 679.
— u. **Lisoval (P. Z.)**, Nutzeffekt d. organ.-mineral. Düngung in d. Getreide-Rübenfruchtfolge [2107].
Vlasov (J. I.), Method. Hinweise zur Untersuchung d. Viruskrankheiten bei Pflanzen [1389]. — Vergilbung d. Ackerbohne 3413.
—, **Šnejder (J. I.)** u. **Porembskaja (N. B.)**, Viruskrankheiten d. Körnerleguminosen 1113.
Vlasveld (W. P. N.), Einfluß d. Witterung auf tier. Schädlinge 1091.
Vlček (F.), Voraussaataufbereitung d. Tomatensamen 3046. — Anbau v. Treibmöhren 3321.
—, **Hovadík (A.)** u. **Polách (J.)**, Kompostierung mit höherer Durchlüftung in Gemüsebaubetrieben 3036.
Vlček (L.), Bestimmung v. Chloraten u. Chloriden in Pflanzenextrakten 1792.
Vliet (E. van) s. Bange (G. G. J.).
Vlitos (A. J.) s. Herrett (R. A.); Lawrie (I. D.).
— u. **Cutler (H. G.)**, Variabilität wachstumsregulierender Reaktionen in Pflanzen durch Fettalkohole 2302.
Vloch (V. G.) s. Favorov (A. M.).
Vnučkova (V. A.), Veränderung d. Erbanlage v. Tomaten durch Aufpfropfen v. Cyphomandra betaceae 2793.
Vodeničarov (I.), Veränderung d. Humusgehaltes im Schwarzerde-Smolnitza-Boden unter d. Einfluß eines Futterpflanzengemisches u. a. Kulturen 3213.
Voderberg (K.), Frage d. Chlorophyllschäden bei Tomatenpflanzen bei d. Zusatzbelichtung 1590. — Empfindlichkeit d. Wildhafers (Avena fatua L.) für TCA u. TCP 2277.
Vodnyánszky (J.) s. Mákos (J.).
Vörös (J.) s. Király (Z.); Ubrizsy (G.).
Voevodin (A. V.), Einfluß ökolog. Bedingungen auf d. Morphologie d. Wurzeln u. d. Resistenz perennierender Pflanzen gegen Herbicide u. agrotechn. Maßnahmen 1989. — Resistenz junger u. alter Pflanzen gegenüber 2.4-D-Herbicid 3452. — s. Bešanov (A. V.).
Vogel (F.), Bodenkartierung in Bayern 2942.
Vogel (G.), Anlagesystem d. Bodenheizung im Freiland durch Wasser mit niedriger Temperatur (25 °C bis 45 °C) 746. — Einfluß kurzzeitiger Überdeckung mit Folienzelten auf d. Ertragsleistung einiger Gemüsesorten im Frühjahrs- u. Sommeranbau 2442. — Einfluß d. Bodenheizung im Freiland durch Wasser mit niedriger Temperatur (25 °C bis 45 °C) auf d. Ertragsleistung u. Wirtschaftlichkeit einiger Gemüsearten 2442. — s. Baumann (E.); Reinhold (J.).
— u. **Heissner (A.)**, Eignung unterschiedlich gealterter Polyäthylenfolie für d. Anbau v. Frühgemüse unter Folienzelten 2443.
—, **Lanckow (J.)** u. **Heissner (A.)**, Ergebnisse zur Innenverkleidung v. Gewächshäusern mit Plastfolie 2437.
Vogel (J.) s. Meinl (G.).
Vogel (M.), Abwasserverwertungsgebiet Jüterbog 2645.
Vogel (O. A.) s. Allan (R. E.).
Vogel (P.) s. Adam (H.).
Vogt (W.), Beizung v. Pflanzkartoffeln 2109.
Vohra (S. K.) s. Patil (B. D.).
Voica (R.) s. Ionescu Şişeşti (V.).

Voigt (U.) s. Springer (E.).
Voinea (M.) s. Enăchescu (G.).
Voisenat, Ultraviolett-Test bei Lolium. Notwendigkeit d. genaueren Definition d. Versuchsmethode 1268.
Voisey (P. W.), Modifikation eines elektron. Thermostaten zur Verhinderung diurnaler Temperaturschwankungen in Vegetationskammern 2601. — s. Svejda (F. J.).
— u. **Cooper (D. J.),** Instrument zur Messung d. Grundwasserspiegels 1221.
— u. **Kalbfleisch (W.),** Tragbarer Lichtrahmen zur künstlichen Belichtung d. Pflanzen 743.
Vojnar (A. I.), Spurenelemente in d. lebenden Natur [2331].
Vojnova (Ž.) u. **Kolev (D.),** Richtige Tabakdüngung 1532.
Vojnova-Rajkova (Ž.) u. **Bakalivanov (D.),** Versuche zur biolog. Aktivierung v. organ.-mineral. Düngergemischen 1246.
Vojtisková, Mechanismus d. Befruchtungsinkompatibilität bei d. entfernten Kreuzung d. Geflügels [196]*.
Volejnik (M.), Meliorationshandbuch [2959].
Volger, Grünlandbeurteilung nach d. Pflanzenbestand auf Hochmoor u. hochmoorartigem Übergangsmoor 3029.
Volger (C.), System.-fungicide Wirkung d. Präparate TMTM, TMTO, G_{33} u. PTO im Samenbeizverfahren bei Pinus silvestris L. 1975.
Volger (E.), Gräserbestimmung nach Photos [1578]*.
Volkova (L. I.) s. Maštakov (S. M.).
Volkova (M. G.) u. **Žuravlev (E. M.),** Einfluß v. Gibberellinsäure auf verschied. landwirtsch. Kulturen 3187.
Volkova (N. S.), Heterosis bei vegetativen Hybriden v. Tomaten u. Auberginen 2793.
Volkova (V. J.) s. Smolina (L. B.).
Vollejdt (L. P.) s. Mosolov (I. V.).
Volobuev (V. R.), Veränderung d. Gehaltes an SiO_2, Al_2O_3 u. Fe_2O_3 in d. Böden in Verbindung mit d. hydrothermalen Bedingungen 920.
Volodarskij (N. I.), Problem d. Aufblühens v. Kurztagpflanzen bei kontinuierlicher Belichtung 23. — Stickstoffernährung als Faktor d. Ontogenese einjähriger Pflanzen 672.
Volodarskij (N. I.) u. **Pugač (M. F.),** Temperaturbedingungen für Wachstum u. Entwicklung v. Mais 602.
Volodin (V. I.), Einfluß d. Gibberellins auf d. Keimen v. Gerste verschied. Reifegrades 316.
Voluznev (A. G.), Selektion d. Schwarzen Johannisbeere in Belorußland 3096.
Volz (P.), Beiträge zu einer pedozoolog. Standortslehre 927.
Vomocil (J. A.) s. Jurinak (J. J.); Waldron (L. J.).
— u. **Waldron (L. J.),** Einfluß d. Feuchtegehaltes auf d. Zugfestigkeit ungesättigter Glaskugelsysteme 2058.
Vondráček (J.), Keimschnelligkeit, Zeit d. Austriebes, Vegetationsabschluß u. gegenseitige Beziehungen dieser Eigenschaften bei d. Nachkommenschaft verschied. Apfelsorten 808. — Zahl d. Samenanlagen in d. Apfel- u. Birnenblüten 1869. — Neigung d. Birnbäume zur Parthenokarpie u. Selbstbestäubung 2166. — Selbstbestäubung bei Apfelbäumen 2493.
Vońka (Z.) s. Foral (A.).
Voorde (P. K. J. van der), Ameisen u. d. Bodenprofil in Surinam [645]*. — Bodenbedingungen der Insel Macareo, Orinoco-Delta, Venezuela [645]*. — s. Edelman (C. H.).
Voráček (V.), Sanierung u. Rekultivierung eines durch d. Industrie devastierten Gebietes mit Rücksicht auf d. Forstwirtschaft 2647. — s. Jonáš (F.).
Vorlíčková (B.) s. Drachovská (M.).; Schmidt (L.).
Vorobejčikova (L. A.) s. Kijatkin (K. K.).
Vorob'ev (F. K.) u. **Kol'berg (V. N.),** Wirksamkeit d. Einbringung v. pulverförmigem Simazin in d. Boden 883.
Vorab'eva (É. S.) s. Slavnyj (J. A.).
Voronin (A. V.), Leistungen verschied. Generationen v. Hybridmais, d. auf d. Grundlage pollenfertiler u. pollensteriler Analogielinien hergestellt wurde 793.
Voronkevič (I. V.) u. **Fachrutdinova (É. Š.),** Bakterielle Fleckenkrank-

heit v. Sorghum, Sudangras u. Hirse 1123.
Voronkova (E. A.) s. Bernard (V. V.).
Voronova (T. G.), Einfluß d. Bestäubersorte auf Ansatz u. Größe d. Äpfel im Gebiet Sachalin 1039.
Vorsatz (E.) s. Rode (H.).
— u. **Bemmann (W.)**, Einfluß d. Verteilung viruskranker Pflanzen auf d. Ertragsbildung d. Kartoffel 3125.
Vos (N. P. de) s. Hakkaart (F. A.); Slogteren (D. H. M. van).
Vos (W. H. de), Weidenutzung in Nordnatal 1852.
Vose (P. B.), Verzögerte Keimung bei Rohrglanzgras, Phalaris arundinacea L. 310. — Nährstoffverwertung u. Sproß/Wurzelverhältnis als Faktoren für Zusammensetzung u. Ertrag v. Genotypen bei Deutschem Weidelgras, Lolium perenne L. 1294. — Manganbedarf in Beziehung zur Photosynthese bei Avena 3258.
— u. **Randall (P. J.)**, Resistenz d. Pflanzen gegen Aluminium- u. Mangantoxizitäten in Beziehung zur Sorte u. zur Kationenaustauschkapazität 1526.
Voskresenskaja (I. R.) s. Blagoveščenskij (N. I.).
Voskresenskaja (N. P.) u. **Grišina (G. S.)**, Das konkurrierende Verhalten v. CO_2 u. a. Oxydationsmitteln bei d. Photosynthese in verschied. Bereichen d. Spektrums 1780.
Voss (R.) u. **Pesek (J.)**, Verallgemeinerung v. Ertragsgleichungen in zwei Variablen. *3.* Mitt. Anwendung v. Ertragsdaten aus *30* Anfangs-Düngungsstufen 409. — Ermittlung v. Effektkoeffizienten, d. mit Bodentestwerten u. Einheiten vom zugegebenen Düngemittel in Beziehung stehen 943.
Voth (V.) s. Bringhurst (R. S.); Cannell (G. H.).
— u. **Bringhurst (R. S.)**, Entranken u. Mulchen mit Polyäthylen bei Erdbeersommerpflanzungen in Südkalifornien 2759.
—, **Proebsting sen. (E. L.)** u. **Bringhurst (R. S.)**, Reaktion v. Erdbeeren auf Stickstoff in Südkalifornien 2759.
Votoupal (B.), Organ. Verbindungen mit Hemmstoffwirkung auf d. Senkung d. Lagerverluste bei Kartoffeln 118. — Vorkeimung d. Kartoffelknollen unter Kunstlicht u. Tageslicht 698. — Einfluß d. zur Vegetationszeit d. Kartoffeln durchzuführenden Kultivierungsarbeiten auf Unkrautbekämpfung u. Knollenertrag 995.
Vozda (J.), Anteil d. Fremdbestäubung bei Mais mit Hilfe d. mit radioaktivem Phosphorisotop ^{32}P markierten Pollens. *1.* Mitt. Einfluß d. fremden Pollens auf d. Befruchtungsprozeß bei d. Selbstbestäubung d. Maises 2481.
Voznesenskaja (R. L.) s. Begučev (P. P.).
Voznesenskij (V. L.), Untersuchung d. Gasaustauschs d. Pflanzen in geschlossenen Systemen mit $^{14}CO_2$ 27.
Vrebalov (T.), Versuche mit Sojabohnen in Zentralserbien 1831.
Vrie (M. van de), Wirkung v. Spritzchemikalien auf d. räuber. u. phytophagen Milben an Apfelbäumen in Laboratoriums- u. Feldversuchen in d. Niederlanden 2262.
Vries (E. de), Bedeutung d. Landbaus in d. Weltwirtschaft 2885.
Vries (K. J. de), Wirtschaftlicher Vergleich v. Gewächshaustypen 1305.
Vrkočova (M.) s. Kropáčová (A.).
Vrzalová (J.), Reaktion d. tschechoslowak. Leinsorten auf d. regulierte Tageslänge 24.
Vukovits (G.), Sprühfleckenkrankheit d. Kirsche, leicht u. sicher zu bekämpfen 1965. — Über d. Vorkommen v. Viruskrankheiten im österreich. Obstbau u. d. zu ihrer Abwehr ergriffenen Maßnahmen 2520.
Vŭlčanov (D.), Dobreva-Vŭlčanova (I.) u. **Kanev (S.)**, Beitrag zur Frage d. Einbringung d. Körnermaises 415.
Vŭlčev (P.), Einfluß d. meteorolog. Verhältnisse u. d. Meeresspiegels auf den Kartoffelabbau in den Gebirgslagen. Vorl. Mitt. 1473. — Reziproke Pfropfungen gegenüber Viruskrankheiten anfälliger u. widerstandsfähiger Kartoffelsorten 1634. — s. Pavlov (K.).
Vŭlčev (V.) s. Lilov (D.).
Vŭlčeva (M.) s. Calev (M.).
Vŭlčinkov (V.), Maissorte „Karwuna 2" 711.
Vulic (M.) u. **Arenz (B.)**, Verbesserte

Arbeitsweise zur serolog. Bestimmung d. Y-Virus in d. Kartoffelpflanze 1683.
Vŭlkanov (V.), Harnstoffdüngungsversuche zu Weizen 3001.
Vulpe (O.) s. Docea (E.).
Vŭtov (V.) s. Keremidčiev (M.).
— u. **Zachov (S.),** Befallskontrolle bei d. grünen Eichenwickler u. d. Frostspannern 2871.
Vyncke (A.), Samenanbau einiger Grassorten R.v.P. an d. staatl. Versuchsstation zur Pflanzenverbesserung v. Nutzpflanzen zu Lemberge 3021.
Vyskrebenceva (É. I.), Einfluß v. Kali auf d. Phosphatverwertung im Wurzelstoffwechsel 2659.
Vysockaja (P. N.) s. Michnovskij (V. K.).
— u. **Michnovskij (V. K.),** Einfluß d. Gründüngung u. Torfdüngung auf Humusgehalt u. -zusammensetzung in lehmigen, mittelpodsolierten Rasenböden 95.
Vysockij (K. A.), Entfernte Hybridisation in d. Familie d. Malven 218.

Waal (G. A. van der), Niederländ. Gerstenanbau in d. Zeit v. *1850* bis *1960* 589.
Wabersich (R.), Charakterisierung d. Standortes für d. pflanzliche Produktion an Hand natürlicher Pflanzen, bes. Unkrautgemeinschaften 3201.
Wachter (H.) s. Joachim (H. F.).
Wacker (A.), Strahlenchem. Veränderungen d. Nucleinsäuren in vivo u. in vitro 3353.
Wacker (F.), Verwendung d. Bodenschätzungskarte im landwirtschaftlichen Pflanzenbau 645.
Wada (B.) u. **Izutsu (K.),** Wirkungen gerichteter UV-Bestrahlungen auf d. Mitosis in vivo untersuchter Tradescantia-Zellen 3071.
Waddington (C. M.), Genet. Assimilation 1615.
Wade (C. V.) s. Bradley (R. H. E.).
Wade (D. V.), Verbessertes Verfahren, um d. Stechborsten v. Blattläusen d. UV-Bestrahlung auszusetzen 1679.
Wade (G. C.), System. Fungicide 3445.
Wächter (K.), Sortenprüfung mit Stangenbohnen *1962* 2149; dass.: mit Kopfsalat *1962* (Frühfreilandanbau) 2151.
Waede (M.) s. Buhl (C.).
Wagenaar (E. B.), Cytolog. Untersuchungen d. Entwicklung d. Metaphase I bei Triticum-Hybriden. *3.* Mitt. Art d. Verzögerung bei zwei Triploiden 1620.
Wagenbreth (D.), Wachstum u. d. Knöllchenbildungsfähigkeit isolierter Erbsenwurzeln in geteiltem Medium 1209.
Waggle (D. H.) s. MacMasters (M. M.).
Waggoner (P. E.), Witterung, Zwischenraum, Zeitpunkt u. Möglichkeit d. Infektion 2208. — s. Miller (P. M.); Zelitch (I.).
Wagner (A.) s. Springer (U.).
Wagner (D.) s. Skinner (C. G.).
Wagner (G. H.), Düngung v. Sojabohnen mit Stickstoff 1539. — Verwendung poröser Keramikgefäße zur Entnahme v. Bodenwasserproben innerhalb d. Profils 2350.
Wagner (H.), Hölzl (J.), Schmid (A.) u. **Hörhammer (L.),** ^{32}P-Einbau in d. Phosphatide d. Sojabohne während d. Keimung 2892.
Wagner (K.) s. List (P. H.).
Wagner (R. E.) s. Hunt (O. J.).
Wagner (W.), Zikaden-Ausbeute v. Großen Belchen im Schwarzwald (Homoptera Auchenorrhyncha) [1389].
Wahl (R.) s. Koelle (G.).
Waibel (H.-K.) u. **Schwarze (F.),** Vermehrung v. Metasequoia glyptostroboides 478.
Wain (R. L.) s. Bates (A. N.); Dye (M. H.).
Waisel (Y.), Absorption v. Li u. Ca durch Gerstenwurzeln 1244. — Wirkung d. Calciums auf d. Aufnahme einwertiger Ionen durch abgeschnittene Gerstenwurzeln 2659. — s. Vaadia (Y.).
Wakefield (Z. T.) u. **Egan jun. (E. P.),** Schmelzpunkt im System Orthophosphorsäure, Pyrophosphorsäure 1257.
Waldron (A. C.) u. **Mortensen (J. L.),** Boden-Stickstoff-Komplexe. *3.* Mitt. Verteilung u. Identifizierung v. Stickstoffbestandteilen in elektrophoretisch getrennten Fraktionen 1198.

Waldron (L. J.) s. Jurinak (J. J.); Vomocil (J. A.).
—, Jurinak (J. J.) u. **Vomocil (J. A.),** Labormethode zur Herstellung v. mikroskop. Pyrex-Glaskugeln 2055.
Waley (S. G.) s. Hayningen (R. van).
Walger (J.) u. **Sváb (J.),** Zusammenhang zwischen dem prakt. Reifegrad v. Maissorten u. dem Trockensubstanz- u. Stärkegehalt d. Körner 1829.
Wali (M. K.) s. Singh (J. S.).
Walinga (I.) s. Schouwenburg (J. Ch. van).
Walker (D.) s. Abrams (R.).
Walker (D. R.) s. Friesen (H. A.).
Walker (I. C.) s. Giddens (J.).
Walker (J. C.) s. Barker (K. R.).
Walker (J. L.) u. **Sherman (G. D.),** Bestimmung d. gesamten zweiwertigen Eisens in Böden 648.
Walker (J. M.) u. **Barber (S. A.),** Absorption v. Kalium u. Rubidium aus d. Boden durch Maiswurzeln 2378.
Walker (J. R. L.), Enzymat. Bräunung bei Äpfeln 2016.
Walker (J. T.), Empfindlichkeit d. Larven u. Eier v. Meloidogyne-Arten gegenüber Heißwasserbehandlung 1136.
Walker (L. C.), Wirkungen v. Wasser u. Düngemitteln auf Loblolly- u. Slash-Kiefernsämlinge 1250.
— u. Youngberg (C. T.), Reaktion d. Slash-Kiefer auf d. Stickstoff- u. Phosphordüngung 1535.
Walker (P. H.), Terrassenchronologie u. Bodenbildung an d. Südküste v. Neusüdwales 2346. — Bodenzonen auf Berghängen. Untersuchung im Nowra-Distrikt, Neusüdwales (Australien) 2347.
Walkof (C.), Methode zur Auswahl u. Erhaltung einer einheitlichen Reife bei Zwiebeln 1315.
Wall (J. R.) u. **Andrus (C. F.),** Vererbung u. Physiologie d. Borwirkung in d. Tomate 1788.
Wallace (A.), Bedeutung chelatisierend wirkender Mittel hinsichtlich d. Nährstoff-Verfügbarkeit für d. Pflanzen 3246. — s. Bhan (K. C.); Clark (R. B.); Essington (E.); Hale (V. Q.).
—, Jeffreys (R. A.) u. **Hale (V. Q.),** Unterschiedliche Fähigkeit v. zwei Sojabohnensorten zur ^{59}Fe-Aufnahme aus Nährlösungen, denen Boden zugefügt wurde 1789.
Wallace (A.) u. **Mueller (R. T.),** Einflüsse d. Magnesiumkonzentrationen auf d. CO_2 fixierenden Reaktionen in vitro 596.
Wallace (E. R.), Round (K. M.), Banwell (M.) u. **Green (J.),** Bekämpfung d. Paeonien-Botrytis durch Bodenentseuchung 3165.
Wallace (H. A. H.) s. Buchannon (K. W.); Sinha (R. N.).
— u. Sinha (R. N.), Pilze an erhitzten Stellen in gelagertem Getreide auf Farmen 876.
Wallace (H. R.), Verhalten v. Ditylenchus dipsaci im Boden 523. — s. Greet (D. N.).
Wallace (J.), Kuć (J.) u. **Draudt (H. N.),** Biochem. Veränderungen im wasserunlöslichen Material reifender Apfelfrüchte u. ihre möglichen Beziehungen zur Krankheitsresistenz 3152.
—, Kuć (J.) u. **Williams (E. B.),** Erzeugung extracellularer Enzyme durch 4 Pathogene an Apfelfrüchten 3152.
Wallace (J. M.) s. Desjardins (P. R.).
Wallace (J. O.), Aussaatmenge v. Weißer Rübe u. Kohlrübe in Beziehung zur Größe 2126.
Wallace (T.), The diagnosis of mineral deficiencies in plants by visual symptoms [2667]*.
Wallen (V. R.) u. **Seaman (W. L.),** Saatgutinfektion d. Sojabohne durch Diaporthe phaseolorum u. ihr Einfluß auf d. Entwicklung d. Wirtspflanze 2531.
Wallin (J. R.), Gegenwärtige Fortschritte bei d. Vorhersage v. Krautfäuleepidemien in d. USA u. Kanada 2272.
Wallis (E.) s. Nehring (K.).
Wallis (J. A. N.) u. **Firman (I. D.),** Spritzungen zur Bekämpfung d. Kaffeerostes am Arab. Kaffee 2259.
Walsh (L. M.) u. **Murdock (J. T.),** Wiedergewinnung v. fixiertem Ammonium durch Mais in Gefäßansatz-Studien 3254.
Walt (C. F. J. van der) s. Nicolay (R. L.).
Walter (E.) s. Stannek (G.).
Walter (E. V.) s. Guthrie (W. D.).

Walter (H.), Vegetation d. Erde in ökolog. Betrachtung [331]*.
Walter (U.), Obstbau in d. amtlichen Statistik 3327.
Walter (V.), Einfluß d. Herbstfurche auf Gemüseerträge 3320.
Walther (B. F.), Der amerikan. Schauplatz *1961*, Iris-Jahrbuch *1961* 185.
Waltl (K.), Schnelle Vorauslese auf Qualität bei Weizen 2475. — Mahlwert österreich. Winterweizen 2908.
Waltscheff (P.), Korrelative Zusammenhänge zwischen einigen morpholog. Merkmalen d. Blätter u. d. Frühreife bei Kartoffeln 1912.
Wambeke (A. R. van), Kriterien für d. Klassifizierung trop. Böden nach ihrem Alter 56.
Wand (J. Y.) u. **Barger (G. L.)**, Bibliographie of agricultural meteorology [1747]*.
Wand (W. F.) s. Buys (M. E. L.).
Wander (I. W.) s. Spencer (W. F.).
Wang (C. H.) s. Ramsey (J. C.).
Wang (D.), Natur d. Stärkespeicherung in d. Rostinfektionsstellen d. Blätter v. „Pinto"-Bohnen 254.
Wangenheim (K.-H.), Kartoffelzüchtung auf diploider Stufe 501.
Wanner (H.) s. Bachofen (R.).
Want (P. H. van der) s. Bos (L.).
Ward (R. C.) s. Langin (E. J.).
Warder (F. G.), **Lehane (J. J.)**, **Hinman (W. C.)** u. **Staple (W. J.)**, Wirkung v. Düngung auf Wachstum, Nährstoffaufnahme u. Feuchtigkeitsverbrauch bei Weizen auf *2* Böden in Südwest-Saskatchewan 2977.
Ware (G. W.) s. France (H. L.).
Wareing (P. F.) s. Booth (A.).
Warkentin (B. P.), Wasserretention u. Quellungsdruck v. Tonböden 1197.
— u. **Schofield (R. K.)**, Quellungsdruck v. Na-Montmorillonit in NaCl-Lösungen 922.
Warren (F. S.) s. Langille (J. E.).
— u. **Langille (J. E.)**, Kühleinrichtung für d. Gewächshausboden 1306.
Warren (G. F.) s. Baker (R. S.); Colby (S. R.); Harris (C. I.); Okruzko (H.).
Warren (L. E.) s. Turner (G. O.).
Warren (R. G.) u. **Cooke (G. W.)**, Vergleiche zwischen Methoden zur Bestimmung v. löslichem Phosphor u. Kalium in Böden, d. für Düngungsversuche mit Zuckerrüben verwendet werden 2056.
Wartenberg (H.) u. **Freund (K.)**, Konservierungseffekt antibiot. Mikroorganismen an Konidien v. Beauveria bassiana (Bals.) Vuill. 1130.
Wasscher (J.), Ausbreitung d. Schnittrosenanbaues in Europa. *1.* Mitt. 3344; *2.* Mitt. 3344.
Wassermann (L.), Lesquereller, eine aussichtsreiche Ölpflanze 3289.
— u. **Hanus (H.)**, Dünnschichtchromatographie v. Zuckern u. Zuckeralkoholen 3196.
Wassermann (V. D.) u. **Eksteen (L. L.)**, Einfluß v. Stickstoffart u. Anwendungszeit auf Wachstum, Stickstoffassimilation u. Körnerertrag bei d. Weizensorte „Sterling" 2700.
Wassink (H. J. M.) s. Laan (P. A. van der).
Wassom (C. E.) s. Stickler (F. C.).
Watahara (T.) s. Eguchi (Y.).
Watanabe (F. S.) s. Olsen (S. R.).
— u. **Olsen (S. R.)**, Colorimetr. Phosphorbestimmung in Wasserextrakten aus Böden 354.
Watanabe (I.) s. Mitsui (S.); Tuzimura (K.).
Watanabe (K.) s. Mitsui (S.).
Watanabe (Y.) s. Masuo (Y.).
Waters (W. E.) s. Burgis (D. S.).
Waterson (H. A.) s. Kent (N. L.).
Watkin (B. R.), Wirkungen d. Nachmähens auf d. Weideertrag in Canterbury 3034.
Watkins (J. B.) s. Stevenson (C. D.).
Watkins (R. W.) s. Johnson (W. H.).
— u. **Hassler (F. J.)**, Wirkung d. Sauerstoffkonzentration auf d. Verfärben d. Tabaks 1462.
Watson (D. J.) u. **French (S. A. W.)**, Erhöhung d. Ernteerträge durch Kontrolle d. Blattflächenindexes 1743.
Watson (D. P.) s. Carpenter (E. D.); Downes (J. D.); Evans (George).
Watson (G. A.), Deckpflanzen in Kautschukplantagen Malayas 3311.
Watson (I. A.) u. **Cass Smith (W. P.)**, Bewegung d. Weizenrostkrankheiten in Australien 2527.
Watson (J. P.), Boden unter einem Termitenhügel 57. — Bildung v. Gibbsit als ein primäres Verwitte-

rungsprodukt d. sauren Magmatite 2321.
Watson (S. A.) s. Bauman (L. F.).
Watters (F. L.) s. Liscombe (E. A. R.).
Watterston (K. G.), Leaf (A. L.) u. **Engelken (J. H.),** Einfluß d. Düngung mit N, P u. K auf Ertrag u. Zuckergehalt d. Saftes v. Zuckerahornbäumen 2980.
Wauer (E.) u. **Ludwig (H.),** Vicia villosa Roth. u. Vicia pannonica Cr. 2400.
Waugaman (S. H.) s. Clapp (C. E.).
Way (R. D.) s. Gilmer (R. M.); Klein (L. G.).
— u. **Gilmer (R. M.),** Verminderung d. Fruchtansatzes bei Kirschbäumen, d. mit Pollen vergilbungskranker Bäume bestäubt wurden 3418.
Waydbrink (v. d.), Flachgründige, sandunterlagerte Niedermoorstandorte mit Hilfe d. Pflugsanddeckkultur verbessern 2647.
Waygood (E. R.) s. Sanwal (B. D.).
Wayman (C. H.), Malachit-Azurit-Gleichgewicht in Bodenprofilen 2617.
Weakly (H. E.), Bodensubstanz-Anhäufung durch d. Ablaufwasser aus künstlichem Regen 2361.
Wear (J. I.) s. Holden (E. R.).
— u. **Patterson (R. M.),** Einfluß v. Boden-pH u. Textur auf d. Verfügbarkeit v. wasserlöslichem Bor im Boden 1477.
Weatherley (P. E.) s. Barrs (H. D.); Jackson (J. E.).
Weaver (H. A.) s. Doss (B. D.).
Weaver (R. J.), Leonard (O. A.) u. **McCune (S. B.),** Reaktion d. Trauben v. Vitis vinifera auf *2.4*-D u. ähnliche Verbindungen 1048.
Webb (J. R.) s. Terman (G. L.).
Webb (R. E.) s. Shands (W. A.).
Weber (A.), Das forstliche System d. Wildbach- u. Lawinenverbauung in Österreich 2647.
Weber (C. R.) s. Hanson (W. D.); Staniforth (D. W.).
Weber (D. F.) u. **Gainey (P. L.),** Relative Empfindlichkeit nitrifizierender Organismen gegenüber Wasserstoffionen in Böden u. in Lösungen 1761.
Weber (E.), Grundriß d. Biolog. Statistik für Naturwissenschaftler, Landwirte u. Mediziner [120]*.
Weber (H.), Erfahrungen bei d. Bekämpfung d. Kartoffelnematoden 273.
Weber (Hans), Anfälligkeit einiger in Württemberg verbreiteter, lokaler Apfelsorten gegenüber nichtparasitären u. parasitären Schädigungen **813.**
Weber (H. W.) s. Nicolay (R. L.).
Weber (J. B.) u. **Caldwell (A. C.),** Chlorose d. Sojabohne durch starke Düngung 3252.
Webley (D. M.) s. Duff (R. B.).
Webley (D. P.) u. **Stone (L. E. W.),** Bekämpfung d. Fritfliege an Hafer im Jahre *1960* 2558.
Webster (A. B.) [Auchincruive], Kulturpraxis u. wirtschaftlicher Ertrag bei spätblühenden Chrysanthemen 1050.
Webster (A. B.) [Levin], Bodenbedekkung (Mulchen) mit schwarzer Polyäthylenfolie bei d. Produktion v. Gemüse 951.
Webster (B. N.) s. Knorr (L. C.).
Webster (G. R.) s. Dormaar (J. F.); Maas (E. F.).
Webster (W. J.) s. Antcliff (A. J.).
Wedin (W. F.), Erträge, Rohprotein- u. Wassergehalt verschied. einjähriger Futterpflanzen unter d. Einfluß d. Erntetermines 128.
Weed (R. K. S.) s. Priest (D.).
Weed (S. B.) u. **Nelson (L. A.),** Vorkommen v. chloritähnlichen Tonmineral-Übergangsbildungen in d. Böden d. Küstenebene, d. Piedmonts u. d. Gebirges v. Nordcarolina 1478.
Weekman (G. T.) s. Stokes (G. M.).
Wegner (H.) u. **Koepf (H.),** Einfluß d. Anbauverhältnisse auf d. Eigenschaften d. Kartoffelknolle u. d. Stärke 3290.
Wegner (Heinz), Einsatz d. Grabenpfluges B *700* für Dränarbeiten 2362.
Wegorek (W.) u. **Narkiewicz (J.),** Bekämpfung d. Kartoffelkäfers (Leptinotarsa decemlineata Say.) im Freiland durch Spritzung mit d. Präparat Bayer *5006* 277.
— u. **Narkiewicz-Jodko (J.),** Freilanduntersuchungen über d. Wirksamkeit v. Dieldrin-Spritzungen zur Bekämpfung d. Kartoffelkäfers (Leptinotarsa decemlineata Say.) 277.
Weibel (J.) s. Herold (F.).

Weibull (G.), Rechte d. Pflanzenzüchters. *2.* Mitt. 3067.
Weichold (R.), Anzuchttöpfe aus PVC-Folie 1855.
Weichsel (G.), Untersuchungen über d. Ausscheidung v. Stickstoffverbindungen aus den Wurzelknöllchen v. Leguminosen 1208.
Weide (H.), Systemat. Revision d. Arten Pimpinella saxifraga L. u. Pimpinella nigra Willd. in Mitteleuropa 295.
Weier (T. E.) s. Thomson (W. W.).
Weigl (J.) u. **Lüttge (U.)**, Mikroautoradiograph. Untersuchungen über d. Aufnahme v. $^{35}SO_4$ durch Wurzeln v. Zea mays. I. Die Funktion d. primären Endodermis 2080.
— u. **Ziegler (H.)**, Räumliche Verteilung v. ^{35}S u. d. Art d. markierten Verbindungen in Spinatblättern nach Begasung mit $^{35}SO_2$ 675.
Weihing (J. L.) u. **O'Keefe (R. B.)**, Epidemiolog. Potentiale d. Kartoffelsorten in bezug auf d. Krautfäule 3145.
Weil (B.), Virusbedingte Blütenfarbbrechungen bei einjährigen Sommerblumen 2237.
Weiling (F.), Läßt sich d. Zahl d. Initialzellen d. embryonalen Sproßanlage höherer Pflanzen mit Hilfe v. Röntgenmutanten ermitteln? 889. — Mehrjährigkeit u. Fähigkeit zur vegetativen Fortpflanzung beim Artbastard zwischen einer einjährigen u. einer ausdauernden Kürbisart (Cucurbita moschata Duch. × Cucurbita foetidissima HBK) 2492. — Genomanalyt. Untersuchungen an F_1-Artbastarden zwischen Moschuskürbis (Cucurbita moschata Duch.) u. d. Wildart Cucurbita foetidissima HBK 2794.
— u. **Gottschalk (W.)**, Genet. Konstitution d. X_1-Pflanzen nach Röntgenbestrahlung ruhender Samen 195.
Wein (K.), Geschichte d. Entstehung u. Verbreitung v. Rubus idaeus var. leucocarpus [2286]*, 3095.
Weindlmayr (J.), Knöllchensucht d. Kartoffel, eine interessante Mißbildung 222. — Einfluß einer Kurztagbehandlung auf d. Phytophthoraanfälligkeit verschied. Kartoffelsorten 3146.
Weinmeister (B.) s. Frohner (W.).
Weinstein (L. H.) s. Porter (C. A.).
— u. **Porter (C. A.)**, Änderungen im Gehalt an freien Aminosäuren u. Amiden in Blattstücken, abgetrennten Blättern u. Pflanzen sowie intakten Pflanzen v. Tabak zu verschied. Zeiten 1176.
Weintraub (M.) s. Ragetli (H. W. J.).
Weir (C. C.), Beurteilung chem. Bodenuntersuchungsmethoden zur Bestimmung d. verfügbaren Phosphors in einigen Böden Jamaikas 648.
— u. **Miller (M. H.)**, Mangankreislauf im Boden. *1.* Mitt. Isotopenaustauschreaktionen d. ^{54}Mn in einem Alkaliboden 1195.
— u. **Soper (R. J.)**, Untersuchungen über Adsorption u. Austausch v. Phosphor an einigen Böden Manitobas 1200.
Weisaeth (G.), Zur Züchtung hernieresistenten Kohls 212.
Weisberg (E.) s. Okun (D. A.).
Weise (F.), Portionsweide oder Grünfutter im Stall 3033. — s. Könekamp (A. H.).
Weiseth (G.) s. Bremer (A. H.).
Weismann (L.) u. **Hrnčiar (J.)**, Populationsdynamik d. Rübenblattlaus Aphis (Doralis) fabae Scop. u. ihre Bedeutung für d. Festsetzung zweckmäßiger Schutzmaßnahmen in d. Rübenbeständen gegen diesen Schädling 2263.
—, **Vallo (V.)** u. **Linderová (Z.)**, Schädlichkeit d. Rübenblattlaus (Aphis [Doralis] fabae Scop.) an Fabrikrüben 3403.
Weiss (C. M.) s. Okun (D. A.).
Weiß (E.), Frühjahrsbodenbearbeitung u. Düngung 472. — Erziehungsart u. ihr Einfluß auf d. Ernteergebnis 2764.
Weiss (J. J.) s. Scholes (G.).
Weissbach (F.) u. **Laube (W.)**, Stickstoffverluste bei d. Trocknung v. Silagen 985.
Weissenborn (A.) s. Schreiber (K.) [Mühlhausen/Thür.].
Weissenborn (K.), Marschböden, ihre physikal. Eigenschaften, insbes. ihre Dränierfähigkeit im Hinblick auf d. Obstbau 3328.
Weith (L.), Analytik d. Auswuchsresistenz 1347.

Welch (C. D.) s. Kamprath (E. J.).
Welch (H. E.) s. Read (D. C.).
— u. **Briand (L. J.)**, Versuche mit dem Nematoden DD *136* u. einem mit ihm vergesellschafteten Bakterium zur Bekämpfung d. Kartoffelkäfers, Leptinotarsa decemlineata (Say.) 1130.
Welch (J. E.), Koppelung bei autotetraploidem Mais 2780.
Welch (L. F.) u. **Anderson (O. E.)**, Einfluß v. Boden-pH-Wert u. Molybdänzufuhr auf den Molybdängehalt v. Erdnußblättern u. -kernen 383.
Welch (M. D.) u. **Veatch (C.)**, Wirkungen v. Herbiciden u. d. Jahreszeit auf d. Rhizome v. Agropyron repens 2278.
Weleczka (J.), Bodenheizungen mit Kunststoffrohren 2737.
Welis (A. L.) u. **Guyer (G.)**, Wirkungen v. Insekticiden auf d. Eier d. Maiszünslers 2556.
Welkie (G. W.) s. Cochran (G. W.).
Wellensiek (S. J.), Verkürzung d. Züchtungszyklus 194. — Sich teilende Zellen als Ort für d. Vernalisation 898. — Kontrolle d. Blühens 2591. — Koppelungsbeziehungen d. cochleata-Mutante bei Pisum 3082.
—, **Doorenbos (J.)**, **Bragt (J. van)** u. **Legro (R. A.)**, Cyclamen. Sortenbeschreibung [1885]*.
Wellisch (P.), Statist. Auswertung v. Großflächenversuchen, wenn d. Zahl d. Betriebe je Behandlung unterschiedlich ist 1822.
Wellmer (W.), Unvermutete Schäden durch Pflanzenschutzmittel 1707.
Wellner (H.) u. **Vetter (A.)**, Ist eine gezielte Bekämpfung d. Blattfleckenkrankheit schon möglich? 1412.
Wells (D. A.) s. Herriott (J. B. D.).
Wells (J. R. E.) s. Millerd (A.).
Wells (S. A.), Wirkung d. v-Locus auf d. Ertrag v. angepaßten Gerstenvarietäten 200.
Welsh (R. S.), **Brakensiek (A.)**, **Cornell (N.)** u. **Habener (J.)**, Reinigende Degradation d. Methylblau-Komplexes d. Tabakmosaikvirus 3416.
Welte (E.) s. Klinge (H.); Scheffer (F.).
— u. **Marckwordt (U.)**, Wechselbeziehungen einiger Kationen bei d. Anreicherung durch Gerstenkeimpflanzen 2377.
Welte (E.), **Marckwordt (U.)** u. **Werner (W.)**, Forschungen auf d. Gebiete d. Agrikulturchemie u. Bodenkunde d. Jahre *1957–1958* [2613]*.
— u. **Trolldenier (G.)**, Einfluß d. Bodenmikroorganismen auf Trockensubstanzbildung u. Aschegehalt in Nährlösung wachsender Pflanzen 371.
— u. **Werner (W.)**, Ionenaustauscherversuche über d. Beeinflussung d. Kationenaufnahme d. Pflanzen durch d. Stickstoff-Form 1520. — Kalium-Magnesium-Antagonismus in Böden u. Erntegut 3256.
Weltzien (H. C.), Ursachen d. Keimhemmung v. Pilzsporen im Boden 3384.
Wendling (U.), Temperaturregistrierungen im Moorgebiet 1744.
Wengris (J.), Forschungsergebnisse über d. im Verwaltungsbezirk Olsztyn an Leguminosen auftretenden Schädlinge 1106. — Freilandschädlinge im Verwaltungsbezirk Olsztyn u. Möglichkeiten zur Festlegung ihres Vorkommens 2216. — Speicherschädlinge d. Verwaltungsbezirks Olsztyn 2272.
Wennemuth (G.) s. Haas (P. G. de).
Wensler (R. J. D.), Modus d. Wirtswahl durch eine Blattlaus 1935.
Wensley (R. N.) s. McKeen (C. D.).
— u. **McKeen (C. D.)**, Schnelltest für d. Pathogenität v. Bodenisolierungen v. Fusarium oxysporum f. melonis 2540.
Went (F. W.) s. Robertson (R. N.).
Wenzel (H.) u. **Krexner (R.)**, Zeigerwert d. Konidienbesatzes u. d. Konidien-Neubildung (Cercospora beticola) für d. Infektiosität v. Rübensaatgut 1393.
Wenzl (H.), Nekrosen an Kartoffelkeimen, ein Symptom v. Mosaikviren 2512.
Werckmeister (P.), Studien über d. künstliche Aufzucht v. Embryonen außerhalb d. Samens in d. Gattung Iris L. 778. — Über embryonales Wachstum außerhalb d. Samens, Keimung u. Keimverzug. Untersuchungen an Bastardsamen u. Embryonen d. Gattung Iris L. 2300.
Werf (S. van der) s. Doing (H.).

Werff (H. J. van der), Entwässerung eingeschlossener Niederungen 365.
Werner (C.) s. Bowe (R.).
Werner (J.), Gips-Ausblühungen an Bodenaufschlußwänden 349.
Werner (K.), Ökonom. Probleme d. Silomaisanbaues 1295. — s. Simon (W.).
Werner (Klaus), Kultivierte Digitalis-Arten 2583.
Werner (W.) s. Alten (F.); Simon (W.); Welte (E.).
Wertz (G.), Beitrag zur Entwicklung v. Projektierungsrichtlinien unter Berücksichtigung d. Mechanisierung d. Meliorationsarbeiten 2950. — s. Olbertz (M. H.).
Wesche (J.) s. Husemann (C.).
Wesemann (E.), Unterscheidung v. Sorten bei Vicia faba major L. am Samen 1273.
Wessel (R. D.) s. Condron (C. H.).
Wesseling (J.), Erklärungen zum Problem d. ständigen Diffundierbarkeit d. Kohlendioxyds durch Böden 341. — Grundwasserströmung u. d. Bestimmung d. hydrolog. Konstanten 2334.
West (C. R.) s. Ostrom (T. R.).
West (S. H.), Protein-, Nucleotid- u. Ribonucleinsäurestoffwechsel in keimendem Mais bei erhöhtem osmot. Druck 894.
Weste (G.) u. **Thrower (L. B.)**, Bildung v. Perithecien u. Mikrokonidien in d. Kultur durch Ophiobolus graminis 3386.
Westendorp (T.), Trocknungsschnelligkeit v. Grasheu 1018.
Westerhout (J.), Beziehung zwischen Fruchtenwicklung u. d. Auftreten d. Blütenendfäule v. Tomaten 2500.
Wetselaar (R.), Nitratverteilung in trop. Böden. *1.* Mitt. Mögliche Ursachen d. Nitratanreicherung in d. Nähe d. Oberfläche nach einer langen Trockenperiode 333; *2.* Mitt. Ausmaß d. kapillaren Anreicherung v. Nitrat während einer langen Trockenperiode 333; *3.* Mitt. Abwärtsbewegung u. Anreicherung v. Nitrat im Unterboden 1748.
Wetter (C.), Quantz (L.) u. **Brandes (J.)**, Rotkleeadernmosaik-Virus u. d. Erbsenstrichel-Virus 1940.
Wettstein (D. v.) s. Lundqvist (U.).
Wettstein-Westersheim (W.), Möglichkeit einer Transgressionszüchtung bei Fichten 216.
Weybrew (J. A.) s. Seltmann (H.).
Wharton (A. L.) s. Brunt (A. A.).
Whatley (B. T.), Kokosnußanbau auf Jap (Südpazifik) 2134. — Der Schwarze Pfeffer (Piper nigrum). Botanik, Anbau, Vermehrung 2135.
Wheatley (G. A.) u. **Dunn (J. A.)**, Einfluß d. Diapause auf d. Schlüpfzeit d. Erbsenwicklers Laspeyresia nigricana (Steph.) 2506.
—, **Hardman (J. A.)** u. **Strickland (A. H.)**, Rückstände v. chlorierten Kohlenwasserstoff-Insekticiden in einigen Ackerböden Englands 2867.
Wheatley (G. W.) u. **Johnson (R. T.)**, Einfluß einer Behandlung u. Lagerung auf d. Keimung v. Zuckerrübensaatgut 1818.
Wheatley (J. M.) s. Matheson (N. K.).
Wheeler (A. F. J.), Versuche mit Totalherbiciden 1157.
Wheeler (A. W.), Betain: ein Pflanzenwuchsstoff d. Zuckerrübe (Beta vulgaris) 3200.
— u. **Humphries (E. S.)**, Wirkung v. Gibberellinsäure auf Wachstum, Gibberellingehalt u. Chlorophyllgehalt v. Kartoffelblättern (Solanum tuberosum) 2597.
Wheeler (G. F. C.), Komposte ohne Erde in alten Gewächshäusern 3045.
— u. **Finch (C. G.)**, Versuche mit Säzwiebeln in den Jahren *1956—58* 1025; dass.: 1859.
Wheeler (W. P.) s. Klaehn (F. U.).
Whitaker (T. W.), Artkreuzung bei Cucurbita: C. lundelliana Bailey × C. maxima Duchesne 3093.
Whitcomb (R. F.) u. **Black (L. M.)**, Präzipitin-Ring-Zeit-Test zur Bestimmung relativer Konzentrationen löslicher Antigene 1127.
Whitcomb (W. H.) s. Phillips (J. R.).
White (E. M.), Volumenänderungen in einigen Tonböden 2041.
White (G. V.) s. Harris (C. R.).
White (J. L.), Röntgenolog. Untersuchungen über d. Verwitterung v. Muscovit 624.
White (N. H.), Chilvers (G. A.) u. **Evans (G.)**, Antifungale Aktivität v. Cylindrocarpon radicicola Wr. 2271.

White (R. A. J.), Fortschritte im Unterglasanbau d. Tomate 1312. – Durch Veredlung zu höheren Tomatenerträgen im Anbau unter Glas 3047.
White (W. J.), Klon-Vermehrung v. Weizenpflanzen zur Ertragsbestimmung 3361.
Whitehead (F. H.), Einfluß d. Windes auf Wachstum u. Bau d. Pflanze. *2.* Mitt. Helianthus annuus 330; *3.* Mitt. Bodenfeuchtebeziehungen 3204; *4.* Mitt. Wuchsstoffe u. ihnen angepaßte anatom. u. morpholog. Veränderungen 3205.
– u. **Luti (R.),** Einfluß d. Windes auf Pflanzenwachstum u. -bau. *1.* Mitt. Zea mays 329.
Whitehouse (R. N. H.) s. Thompson (J. B.).
Whiteside (A. G. O.) s. Gfeller (F.).
Whiteside (W. C.), Morpholog. Untersuchungen bei den Chaetomiaceae. *1.* Mitt. 2808.
White-Stevens (R.), Ernährung d. zunehmenden Bevölkerung. Rolle v. Chemikalien in d. Landwirtsch. 2581.
Whiting (F. L.) s. Shadbolt (C. A.).
Whitnall (A. B. M.), Untersuchungen über d. Bekämpfung v. Obstbaumspinnmilben 1137.
Whitney (N. J.) u. **Mortimore (C. G.),** Wurzel- u. Stengelfäule bei Feldmais in Südwestontario. *2.* Mitt. Entwicklung d. Krankheit u. d. Isolation v. Mikroorganismen 1391. – Biolog. Probe aus Ätherextrakten v. Mais (Zea mays L.), als Mittel zur Auswahl wurzel- u. stengelfäuleresistenter Inzuchtlinien 1628.
Whittaker (C.) s. Chichilo (P.).
Whittaker (C. W.) s. Schollenberger (C. J.).
Whittaker (R. H.), Klassifikation natürlicher Gesellschaften 1741.
Whittig (L. D.) s. Davis (L. E.); Pratt (P. F.).
Whittington (W. J.), Genet. Betrachtungen d. Blattwachstums d. Tomate 1917. – s. Kheiralla (A. I.).
Whitworth (J. W.) s. Muzik (T. J.).
Whyte (R. O.), Weidemöglichkeiten u. Planung d. Bodennutzung 3031.
Wiąckowski (S. K.) s. Klimaszewski (S. M.).
Wiant (D. E.) s. Cropsey (M. G.).
Wiberg (A.), Physiolog. Rassenspezialisierung v. Erysiphe graminis DC. f. sp. hordei Marchal in Schweden 2526.
Wiberg (H.) s. Kåhre (L.).
Widdowson (F. V.), Penny (A.) u. **Williams (R. J. B.),** Versuch zum Vergleich v. Harnstoff-Formaldehyd-Düngemittel u. „Nitrokalk“ zu Welschem Weidelgras 2098.
Widmoser (P.), Verdunstungsverluste bei Beregnung u. neue Methode zu ihrer Bestimmung 1775.
Wiebe (H. H.) s. Ross (C. W.).
Więckowska (I.) s. Więckowski (S.).
Więckowski (S.) u. **Więckowska (I.),** Züchtung v. Feinden d. Insektenfauna d. Obstgartens. *2.* Mitt. 2546.
Wiegand (C. L.), Trocknungsformen eines sandigen Tonlehms unter bes. Berücksichtigung optimaler Saattiefen 2333. – s. Lemon (E. R.).
– u. **Taylor (S. A.),** Temperaturerniedrigung u. Temperaturverteilung in abtrocknenden Bodensäulen 1752.
Wiegand (H.), Deutsche Arten d. Gattung Yponomeuta LATR. Kritik d. larval- u. genitalmorpholog. Arbeiten nach sonstigen morpholog. u. bionom. Merkmalen 1962.
Wiegert (R. G.), Einfacher Apparat zur Messung d. Dichte v. Insektenpopulationen 1126. – Auswahl einer optimalen Quadratgröße bei d. Entnahme d. anstehenden Grünmasse v. Gräsern u. Kräutern 1276.
Wiehe (P. O.), Einleitung d. Jahresberichtes d. Zuckerforschungsinstitutes für *1961* 293.
Wienhues (A.), Methoden u. Ergebnisse d. Art- u. Gattungsbastardierung u. ihre Bedeutung in d. prakt. Züchtung 488.
Wiering (D.) s. Nieuwhof (M.).
Wieringa (K. T.), Huminbildung v. Hochmoortorf. *1.* Mitt. Änderungen d. Ionenumtauschkapazität u. d. Stickstoffgehalte d. organ. Substanz im Hochmoortorf 2925.
Wiersum (L. K.), Aufnahme v. Stickstoff u. Phosphor in Abhängigkeit v. Bodenstruktur u. Nährstoffbeweglichkeit 2074. – Stickstoffversorgung u. -aufnahme durch d. Pflanze

2077. — Bodenstruktur, Wurzelbildung u. Pflanzenernährung 2332.
Wierzba (M.), Einfluß d. Zeitpunktes d. Kopfdüngung mit Stickstoff auf d. Ertrag u. Blätterqualität bei d. Tabaksorte „Virginia Skroniowska" 1002.
Wierzbicki (M.) s. Bogdański (K.).
Wierzchowski (Z.) u. **Żuk (A.)**, Einfluß verschied. Witterungsverhältnisse auf den Vitamingehalt d. Heuarten während d. Aufbewahrung 741.
Wiese (A. F.) u. **Rea (H. E.)**, Einfluß einiger Faktoren auf d. Toxizität v. Phenoxyherbiciden gegenüber Convolvulus arvensis 2278.
Wiesner (K.), Wirtspflanzenkreis d. Vergilbungsvirus d. Beta-Rübe (Corium betae Holmes) 840. — Einfluß d. virösen Rübenvergilbung auf d. Entwicklung u. d. Ertrag verschied. Provarietäten d. Art Beta vulgaris L. 1384.
Wight (J. R.) s. Lingle (J. C.).
Wight (W.), Ca-Stoffwechsel von Tee 676.
Wightman (F.), Symposium über d. Biochemie u. Physiologie d. Auxinwirkung. Umwandlung u. Biosynthese d. Indolyl-*3*-Essigsäure u. verwandter Indolkomponenten in Pflanzen 614.
Wijk (W. R. van) u. **Derksen (W. J.)**, Oberflächentemperatur eines aus zwei Schichten bestehenden Bodens 925.
Wikén (T.) s. Wille (H.).
Wiklander (L.), Kalium in d. Kulturböden d. Provinz Skåne 918. — Magnesiumgehalt d. Böden in d. Provinz Skåne 919. — s. Elgabaly (M. M.).
— u. **Koutler-Andersson (E.)**, Einfluß austauschbarer Ionen auf d. Freisetzung mineralgebundener Ionen 2329.
Wilberg (E.) s. Görlitz (H.).
Wilcox (G. E.) s. Baker (R.); Okruzko (H.).
Wilcox (H. J.) u. **Falconer (M. A.)**, Durch Septoria obesa verursachte Blattflecke an Chrysanthemen 554.
Wilcox (J.) u. **Howland (A. F.)**, Bekämpfung d. Roten Spinne an Bohnen durch Einbringung v. system. Insekticiden in d. Boden 1968.
Wilcox (J. C.), Anteil d. Bodenentwässerung nach einer Bewässerung. *3*. Mitt. Ein neues Konzept über d. obere Grenze d. verfügbaren Bodenfeuchtigkeit 71; *4*. Mitt. Einflüsse d. Konsumtionsverbrauches u. d. Bodentiefe auf d. obere Grenze d. verfügbaren Bodenfeuchtigkeit 71. — Einflüsse d. Abschirmens d. Bellani-Platten auf d. Evaporationsrate 360. Einflüsse d. Wetters auf d. Evaporation v. Bellani-Platten u. d. Evapotranspiration v. Lysimetern 2918.
Wilcoxson (R. D.), Stengelfäule in Beziehung zum Maisertrag 2843. — s. Chiang (H. C.); Littlefield (L. J.).
Wilczkowska (J.) s. Moldenhaver (K.).
Wildbolz (T.), Schädlingsbekämpfung. Ergebnisse d. Astprobenuntersuchungen *1961/62* 580. — Prognose u. Befallsüberwachung u. Toleranzgrenzen bei d. integrierten Schädlingsbekämpfung im Obstbau 1705.
— u. **Staub (A.)**, Unterschiede im Blattlausbefall, welche durch d. Austriebszustand d. Apfelknospen bedingt sind 3402.
Wilde (J. de), Photoperiodismus bei Insekten u. Milben 1100. — Beziehung zwischen Untersuchung zur Diapause u. d. Bekämpfung d. Kartoffelkäfers, Leptinotarsa decemlineata Say. 2820.
Wilde (S. A.) u. **Spyridakis (D. M.)**, Bestimmung d. Bodenfeuchte mit d. Tauchmethode 1502.
Wilde (W. H. A.), Gesetzmäßigkeiten d. Entwicklung v. Psylla pyricola Foerster in Birnenanlagen d. „Kootenay Valley" v. Britisch Kolumbien im Jahre *1960* 2222.
Wildman (S. G.) s. Rappaport (I.).
Wildner (A.) s. Feyerabend (G.).
Wildon (C. E.) u. **O'Rourke (F. L. S.)**, Wachstum d. Rose „Pink Peace" in Topferdegemischen 478.
Wilhelm (A. F.), Situation d. deutschen Weinbaues u. seine Pflanzenschutzprobleme 867.
Wilhelm (S.) s. Bringhurst (R. S.).
—, **Storkan (R. C.)** u. **Sagen (J. E.)**, Bekämpfung d. Verticillium-Welke d. Erdbeere durch Bodenbegasung mit Chlorpikrin u. Chlorpikrin-Methylbromid-Mischungen 565.
Wilhelm (W.), Senkung d. Hand-

arbeitsaufwandes bei d. Pflege d. Zuckerrüben auf d. Grundlage d. neuesten Erfahrungen 3011.
Wilkes (T. M.), Fortschritt in d. Arillus-Gruppe. Iris-Jahrbuch *1961* 185.
Wilkin (G. D.) s. Hams (A. F.).
Wilkinson (B. G.) s. Montgomery (H. B. S.).
Wilkinson (E. H.) s. Thomas (G. G.).
Wilkinson (G. E.) u. **Klute (A.)**, Temperatureinfluß auf d. Energiegleichgewichtszustand v. Wasser, d. v. porösen Stoffen gehalten wird 1484.
Wilkinson (R. E.), Wachstumshemmungen durch *2.2*-Dichlorpropionsäure 2874.
Wilkinson (S. R.) u. **Ohlrogge (A. J.)**, Prinzipien d. Nährstoffaufnahme aus Düngemittelbändern. *5.* Mitt. Wirkungsmechanismus für intensive Wurzelentwicklung in gedüngten Zonen 1531.
Wille (H.), Wikén (T.) u. **Bovey (P.)**, Ergebnisse d. in d. Schweiz in d. Jahren *1954* u. *1955* durchgeführten Freilandversuche zur mikrobiellen Bekämpfung d. Engerlings v. Melolontha melolontha L. 2253.
Willey (L. A.), Versuche mit Zuckerrüben *1956–58* 997.
Williams (A. M.) u. **Finch (C. G.)**, Versuche mit Wirsingkohl in den Jahren *1954–56* 1024.
Williams (B.) s. Smith (Y. C.).
Williams (C. H.), Wirkung d. Impfmenge u. Ernährung auf d. Wirt-Parasit-Verhältnisse v. Striga senegalensis u. Hirse 2337.
– u. **Steinbergs (A.)**, Ermittlung v. pflanzenverfügbarem Schwefel in Böden. *1.* Mitt. Chem. Natur d. Sulfate einiger austral. Böden 2325.
Williams (D. E.), Anionen-Austauscheigenschaften v. Pflanzenwurzel-Oberflächen 2073. – Absorption v. Kalium unter d. Einfluß v. dessen Konzentration im Nährmedium 1524. – s. Vlamis (J.).
– u. **Vlamis (J.)**, Einfluß d. Klimas auf unterschiedliche Kationen- u. Anionenabsorption 374.
Williams (D. W.), Unerwünschte Insekten 1154.
Williams (E. B.) s. Barnes (E. H.); Holowczak (J.); Wallace (J.).
Williams (E. J.), Analyse v. Konkurrenz-Versuchen 2117.
Williams (G. G.) s. Pallas (J. E.).
Williams (J. J. W.) u. **Carden (P. W.)**, Kohlstengelflohkäfer (Rapserdfloh) in Ostengland 235.
Williams (K.) s. Pielou (D. P.).
Williams (L. E.) u. **Schmitthenner (A. F.)**, Wirkung d. Fruchtfolge auf Bodenpilzpopulationen 2525. – Einfluß d. Pflanzenbestände u. Pflanzenrückstände auf Bodenpilze u. Keimlingsfäulen 3438.
Williams (M. S.) u. **Couston (J. W.)**, Crop production levels and fertilizer use [2684].
Williams (M. W.) s. Crandall (P. C.).
Williams (R.), Physiolog. Bedeutung d. Keimwurzeln bei mehrjährigen Gräsern 299.
Williams (R. J. B.) s. Gasser (J. K. R.); Mattingly (G. E. G.); Widdowson (F. V.).
– u. **Cooke (G. W.)**, Bestimmung d. löslichen Phosphors in Böden, Vergleich d. Methoden u. Interpretation d. Ergebnisse 2056.
Williams (R. R.), Wirksamer Abstand einer Pollenquelle in Mostobstanlage 1598. – Perry-Birnen zur Pflanzung. *2.* Mitt. 2755.
– u. **Child (R. D.)**, Cider-Äpfel u. ihre Eigenschaften 2753.
– u. **Faulkner (G.)**, Bestimmen d. Perry-Birnen v. Gloucestershire 2755.
Williams (T. E.) s. Clement (C. R.).
Williams (W. A.) s. McKell (C. M.).
– u. **Finfrock (D. C.)**, Wirkung v. Ort u. Zeit d. Einbringung v. Wicken auf d. Ertrag v. Reis 2426.
Williamson (D. R.) s. Collis-George (N.).
Willimott (S. G.), Korkeiche als ökonom. Baumkultur 3311.
Willis (A. J.) s. Yemm (E. W.).
Willis (E. R.) s. Roth (L. M.).
Willis (T. G.) s. Hubrard (W. A.).
Willis (W. O.), Einfluß teilweiser Oberflächenbedeckungen auf d. Evaporation aus d. Boden 2933. – s. Haas (H. J.).
–, **Power (J. F.), Beichman (G. A.)** u. **Grunes (D. L.)**, Wasserbäder konstanter Temperatur für Pflanzenwachstumsversuche 2908.

Willison (R. S.), Prämunität u. Interferenz bei einigen Steinobstviren 2521. — s. Tremaine (J. H.).
Wills (J. B.), Agriculture and land-use in Ghana [3174].
Wilman (D.) s. Holliday (R.).
Wilmanns (G.) s. Steubing (L.).
Wilner (J.) s. Siminovitch (D.).
Wilski (A.), Nematoden als Schädlinge d. Kulturpflanzen 2213.
Wilson (A. R.), **Twiss (P. T. G.)** u. **Lessells (W. J.)**, Gewichtsverlust u. Keimung v. lose eingelagerten Spätkartoffeln in England 704.
Wilson (A. W.) s. McKell (C. M.).
Wilson (B. J.) s. Roberts (H. A.).
Wilson (C. M.), Chromatograph. Trennung v. Ribonukleasen in Mais 3198.
— u. **Shannon (J. C.)**, Verteilung v. Ribonucleasen in Mais-, Gurken- u. Sojabohnenkeimlingen. Wirkungen v. Isolierungsmedien **3198**.
Wilson (D.), Vorhersage d. Erntetermins bei Schwarzen Johannisbeeren 1605. — Induzierte Parthenokarpie an Schwarzen Johannisbeeren 2761. — s. Campbell (A. I.).
Wilson (E. E.) s. Mirocha (C. J.).
Wilson (F.) s. Snowball (G. J.).
Wilson (F. D.) s. Menzel (M. Y.).
Wilson (G. B.) s. Hof (J. van't).
Wilson (G. P.) u. **Murtagh (G. J.)**, Lablabbohne, eine Futterpflanze für d. Nordküste 1847.
Wilson (J. A.) s. Harvey (T. L.).
— u. **Swanson (A. F.)**, Einfluß d. Pflanzenabstandes auf d. Entwicklung v. Winterweizen 413.
Wilson (J.), Cytolog. Untersuchungen d. Triploidensterilität 2176.
Wilson (K. J.), Biologie u. Bekämpfung v. Bupbonella murina Gerst. 3397.
Wilson (L. G.), Fortschritte in d. Aufklärung d. Schwefelstoffwechsels in Mikroorganismen u. höheren Pflanzen unter bes. Berücksichtigung d. enzymat. Prozesse 1170.
Wilson de Lima Orsi (E.), Reis: Leistungsvergleich zwischen italien. u. brasilian. Sorten bei Anbau mit Bewässerung 2133.
Wilson-Jones (K.), Reisbau in Nordaustralien: Arbeit d. neuen Versuchsstation d. Küstenebenen 3022.
Wilten (W.), Erträge, Sortenstatistik u. -eigenschaften bei Sommergerste 414. — s. Coenradie (J.).
Wilton (A. C.), **MacGinnis (R. C.)** u. **Truscott (J. D.)**, Zytolog. u. morpholog. Untersuchung über Zwillingssämlinge bei Bromus inermis 3373.
Wilton (B.) s. Palmer (J.).
Winchester (J. A.) u. **Hayslip (N. C.)**, Einfluß v. Bodenbewirtschaftungsverfahren auf d. Wurzelgallennematoden, Meloidogyne incognita acrita, in Südflorida 822.
Wind (G. P.) u. **Hidding (A. P.)**, The soil-physical basis of the improvement of clay cover-soils [2368].
Winden (W. P. van), Zusätzliche CO_2-Düngung bei Treibsalat 2151.
Winfield (A. L.), Wirkung d. frühzeitigen Entfernens d. Blütenknospen auf d. anschließende Entwicklung einiger Brassica - Samenpflanzen 2819. — s. Gould (H. J.).
Winkel (A.), Wachstum junger Maispflanzen in Abhängigkeit v. ihrem Alter u. v. d. Bodenfeuchtigkeit 1180. — Physiolog. Untersuchungen am Mais 1355. — s. Bellmann (K.); Franzke (W.); Raeuber (A.).
—, **Focke (R.)** u. **Franzke (W.)**, Wachstum junger Maispflanzen in Beziehung zu ihrem Zucker-, Rohprotein- u. Carotingehalt unter bes. Berücksichtigung unterschiedlicher Tageslängenverhältnisse 2481.
Winkler (E.), Assimilationsvermögen, Atmung u. Erträge d. Kartoffelsorten Oberarnbacher Frühe, Planet, Lori u. Agnes im Tal (*610* m) u. an d. Waldgrenze bei Innsbruck u. Vent (*1880* m bzw. *2014* m) 11. — Einfluß v. Mikroklima, Bewässerung u. Anbauweise auf Stauden- u. Knollenproduktion verschied. Kartoffelsorten in zentralalpinen Hochlagen Tirols 2033.
Winkler (E. J.) u. **Pramer (D.)**, Gefäß für d. Züchten u. Sammeln d. Nematoden Panagrellus redivivus **1125**.
Winkler (H.) u. **Lustig (H.)**, Sortenversuche mit Hafer u. Gerste in d. staatlichen landwirtsch. Versuchsfarm Flahult in d. Jahren *1949—1960* 1277.
Winner (C.), Fortschritte u. gegenwärtige Möglichkeiten d. chem. Unkrautbekämpfung in Zuckerrüben

2280. – Ätiologie d. „Caída"-Krankkeit d. Zuckerrübe in Chile 3147.
Winsor (G. W.), Davies (J. N.) u. **Massey (D. M.),** Bodenversalzung. *1.* Mitt. Einfluß v. Calciumsulfat auf d. Beziehung zwischen Pflanzenwachstum u. elektr. Leitfähigkeit v. Bodenextrakten 2615.
–, Davies (J. N.), Messing (J. H. L.) u. **Long (M. I. E.),** Flüssige Düngung v. Gewächshausautomaten; Wirkung d. Nährstoffkonzentration auf Fruchtqualität u. Ertrag 751.
– u. **Long (M. I. E.),** Faktorieller Düngungsversuch bei Edelnelken unter Glas 2766. – Wirkungen d. Kaliums u. d. Kalkes auf d. Beziehung zwischen Boden- u. Pflanzenphosphor unter bes. Berücksichtigung v. Glashaustomaten, Nelken u. Wintersalat 3266.
Winstead (N. N.) s. Strider (D. L.).
Winter (A. de) s. Molen (H. van der).
Winter (E. J.), Billige, wägbare Lysimeter 2637.
Winter (F.), Methoden u. Resultate ökolog. Forschungsarbeiten in Baden-Württemberg 1861.
Winterlin (W. L.) s. Archer (T. E.).
Wirth (A.) s. Fritzsche (R.) [Wädenswil].
– u. **Bryner (W.),** Nußanbaugebiet v. Grenoble 3049.
Wirth (H.), Methodik u. Ergebnisse d. objektiven Erntemessung für Äpfel im Bundesgebiet unter bes. Berücksichtigung Baden-Württembergs 3334.
Wischmeier (W. H.) s. Smith (S. D.).
Wiseman (H. G.) s. Gordon (C. H.).
Wisłocka (M.), Einfluß d. Verringerung d. Lichtintensität zu verschied. Terminen auf Entwicklung u. Ertrag d. Sommerweizens „Bajka" 311.
Wiśniewska (J.) s. Pieniążek (J.).
Wit (K. E.), Gerät zum Ausstanzen ungestörter Proben aus tiefen Bohrlöchern 1500.
Witkamp (M.) u. **Drift (J. van der),** Zersetzung v. Waldstreu in Abhängigkeit v. den Umweltfaktoren 347.
Witkowska (D.) s. Witkowski (W.); Wojnarowska (P.).
– u. **Wojnarowska (P.),** Bekämpfung v. Epitrimerus piri Nal. im Laboratorium 274. – Ergebnisse eines einjährigen Feldversuches über d. Bekämpfung v. Laspeyresia funebrana Tr. 274.
Witkowski (W.), Forschungsergebnisse über d. Wirksamkeit d. Präparates Ekatin M gegen Wanzen (Piesma sp.), d. auf Zuckerrüben auftreten 278.
– u. **Witkowska (D.),** Feldversuch über d. Wirksamkeit d. Panogenbeize gegen Tilletia tritici Wint. 1411.
Witt (J. L. de), Canode (C. L.) u. **Patterson (J. K.),** Einflüsse d. Erwärmung u. d. Lagerung auf d. Lebensfähigkeit v. Grassaatgut, das mit hohem Feuchtigkeitsgehalt geerntet wurde 112.
Witte (K.), Neueste Erkenntnisse zu grundlegenden Fragen d. direkten Frostschutzberegnung 948. – Kombinierter Treibtomaten-Bewässerungs- u. Jungpflanzen-Bestrahlungsversuch *1961* 1312. – Frostschadenverhütung durch direkte Beregnung 1775. – Bedeutung d. klimat. Wasserbilanz für d. Feststellung d. Beregnungsbedürftigkeit verschied. Böden u. für d. Steuerung d. Feldberegnung in unserem Klimaraum [2071]. – Ergänzung d. Bodenfeuchte in Gewächshäusern durch Tropfenbewässerung 2150. – Leistungen d. direkten Beregnung u. d. Vorwegberegnung zur Frostschadenverhütung bei niedrigen Kulturen in d. Landwirtsch. u. im Gemüsebau [2368]. – Frostschadenverhütung in nicht heizbaren Frühbeeten durch Beregnung d. äußeren Glasflächen 2439.
Witter (B.) u. **Bergmann (W.),** Statische Phosphorsäuresteigerungsversuche zur Überprüfung d. Grenzzahlen d. Doppellaktatmethode 3270.
Wittmann (H. G.), Ansätze zur Entschlüsselung d. genet. Codes 479. – Proteinchem. Vgl. v. spontanen u. chem. induzierten Mutanten d. Tabakmosaikvirus (Beitrag zur Nucleinsäure-Eiweiß-Korrelation) 1659. – Genet. Information 3351. – Proteinuntersuchungen an Mutanten d. Tabakmosaikvirus als Beitrag zum Problem d. genet. Codes 3352.

Wittmer (G.), Weitere Informationen über d. durch X-Strahlen bei Nicotiana tabacum L. hervorgerufene polygene Mutabilität 507. — Zytolog. Aktivität einiger Fettsäureverbindungen aus Ölen, d. aus alten u. frischen Nicotiana-Samen extrahiert wurden 1059. — Vorläufige Ergebnisse über d. Beeinflussung d. Induktion u. d. Wachstums v. C-Tumoren bei Allium cepa L. 1059. — Zytolog. Aktivität d. aus alten u. frischen Nicotiana tabacum-Samen extrahierten Öles 1060. — Neue Ergebnisse über d. bei Tabak induzierte polygene Mutabilität 1081.
— u. **Scossiroli (R. E.)**, Genet. Variabilität einiger quantitativer Merkmale bei zwei Tabaksorten 2198.
Wittsell (L. E.) s. Hobbs (J. A.).
Wittwer (S. H.) s. Hellmann (K. P.); Honma (S.); Mitchell (W. D.); Teubner (F. G.); Tukey (H. B.); Tuli (V.).
— u. **Bukovac (M. J.)**, Quantitative u. qualitative Unterschiede im Gibberellingehalt einiger Pflanzen 315. — Bildung männlicher Blüten an weiblichen Gurkenpflanzen durch Einwirkung verschied. Gibberelline 2024.
— u. **Dedolph (R. R.)**, Wirkungen v. Kinetin auf Wachstum u. Blühen intakter grüner Pflanzen 3186.
Witzel (G.), Schutz d. oberird. Gewässer u. d. Grundwassers v. d. Folgen d. Lagerung v. Müll, Schutt u. sonstigen Abfällen 2641. — Nichtigkeit d. Gesetzes zur Reinhaltung d. Bundeswasserstraßen 2642.
Wlassow (J. I.), Bekämpfung v. Viruskrankheiten bei Gemüse u. Kartoffeln 1960.
Włodarczyk (S.), Botanik d. Wiesen [1852].
Włodkowski (M.) s. Birecka (H.).
Woddward (E. A.), Frosttrocknung v. Champignons 1860.
Wöber (O.), Einsatz d. Flugzeuges bei d. Peronospora-Bekämpfung 2258.
Wöhlert (W.), Über d. Zuckerrübenmark unter bes. Berücksichtigung d. Kleinwanzlebener Sorten 907.
Woerdt (D. van) s. Hooghoudt (S. B.).
Woessner (D.), Buch d. Rosen [1886]*.
Woggon (H.), Polarograph. Bestimmung d. Ascorbinsäure u. d. Gesamt- Vitamin-C 3199.
Wohlfeil (G.) s. Schalt (W.).
Wojahn (E.) s. Stubbe (H.).
Wojciechowski (J.), Einfluß d. Pflanzweite u. Stickstoffdüngung auf Ertrag u. Qualität bei d. Tabaksorte „Virginia Skroniowska" 1002.
Wojnarowska (P.) s. Witkowska (D.).
— u. **Witkowska (D.)**, Ergebnisse eines einjährigen Feldversuches zur Bekämpfung v. Rhagoletis cerasi L. 275.
Wolde (H. J.) u. **Fröhmcke (P.)**, Steigerung d. Bodenfruchtbarkeit in d. landwirtsch. Betrieben d. Akademie 1769.
Woldendorp (J. W.), Der quantitative Einfluß d. Rhizosphäre auf d. Denitrifikation 2344.
Wolf, Problem d. Anthropogenese [196]*.
Wolf (B.), Eignung v. „Tek-Manka" als Manganquelle für Pflanzen 2437.
Wolf (F. A.) u. **Bates (W. W.)**, Pathollog. Wirkungen v. Gibberellinsäure auf Tabak 1458.
Wolf (F. T.) s. Coniglio (J. G.).
Wolf (J. P. M. van der), Virusoverdracht en vectorbestrijding in pootaardappelgewassen [1389].
Wolf (L.) s. Hofmann (E.).
Wolfenbarger (D.) u. **Sleesman (J. P.)**, Resistenz gegen d. Kartoffelzikade bei Lima-Bohnen, Phaseolus-Artkreuzungen, Phaseolus spp., Kundebohne u. Fasel-Bohne 518. — Resistenz einiger Bohnen-Gattungen u. -Arten gegen Epilachna varivestis 1090.
Wolffgang (H.), Struktur pflanzlicher Viren 2823. — s. Fritzsche (R.) [Aschersleben].
— u. **Opel (H.)**, Einfluß d. Zubereitung v. Pflanzenextrakten auf d. Aktivitäten einiger Enzyme u. den Gehalt an Eiweiß 1734.
Wolffhardt (D.), Versuche mit Kleegrasgemengen u. Reinsaaten 3016.
Wolkewitz (H.) s. Husemann (C.).
Wollmann (H.) s. Keetman (E.).
Wolton (K. M.) s. Brockman (J. S.).
Woltz (S. S.), Wachstumsändernde u. antimetabol. Wirkungen v. Aminosäuren bei Chrysanthemum 2599. — s. Jackson (C. R.).

Woltz (S. S.) u. **Jackson (C. R.),** Beziehung v. Aminosäuren zur gelben Bandblättrigkeit v. Chrysanthemen u. ähnlichen Störungen 1647.
Wolwertz (M. R.) s. Knapen (H.); Sironwal (C.).
Wood jun. (E. A.) s. Hormchong (T.).
Wood (F. A.) s. Bradley (R. H. E.).
Wood (J.), Blumenzwiebelversuche in Kirton E. H. F. 778. — Heißwasserbehandlung v. Tulpenzwiebeln 1967.
Wood (R. A.) s. Laycock (D. H.).
Wood (R. K. S.) s. Deverall (B. J.); Howell (P. J.); Mukhath (A.).
Woodard (R. S.) s. Papavizas (G. C.).
Woodcock (D.) s. Byrde (R. J. W.).
Woodham (D. W.) s. Dawsey (L. H.).
Woodroffe (G. E.), Stellung v. Ahasverus advena (Waltl) (Col., Silvanidae) als Vorratsschädling 2869.
Woodruff (O. M.) s. Baker (D. E.).
Woodward (R. L.) s. Okun (D. A.).
Woolley (D.), Jones (G. L.) u. **Happold (F. C.),** Stoffwechselunterschiede zwischen Thiobacillus thioparus, T. denitrificans u. T. thiocyanoxidans 2340.
Woolley (D. G.), Wirkungen d. Ernährung, d. osmot. Druckes u. d. Temperatur d. Nährlösung auf d. Wachstum u. d. chem. Zusammensetzung d. Pflanzen. *1.* Mitt. Sommerweizen im *4*- bis *6*-Blattstadium 2959. — s. McAllister (DeV. R.).
Woolley (J. T.), Atmung u. Durchlüftung v. Kartoffelknollengewebe 2013.
Woolliams (G. E.) s. Denby (L. G.).
Wooten (O. B.), McWhorter (C. G.) u. **Ranney (C. D.),** Einbringung v. Herbiciden u. Fungiciden in d. Boden 855.
Worf (G. L.) u. **Hagedorn (D. J.),** Untersuchungsmethode d. relativen Bodenpopulationen zweier Fusarium-Pathogene d. Gartenerbse 557. — Wechselbeziehungen zweier Erbsen-Fusarien im Boden u. d. Wirtsreaktionen 2844.
Workman (E. J.), Wetterbeeinflussung 1743.
Workman (P. L.) u. **Allard (R. W.),** Populationsuntersuchungen bei vorwiegend selbstbefruchtenden Arten. *3.* Mitt. Matrix-Modell für gemischte Selbstungen u. zufällige Fremdbefruchtung 1616.
Woudenberg (J. P. M.), Methoden u. Resultate v. Untersuchungen in d. Niederlanden 1861.
—, Lempke (B. J.) u. **Jansen (P. B.),** Phänolog. Untersuchungen im Jahre *1961* 2317.
Woyke (H.), Vergleich ausländ. u. einheim. Gurkensorten in bezug auf ihre Eignung zur industriellen Verwertung 1587.
Woyke (H.) s. Gaczńyska (J.).
Wrazidlo (W.), Torf als Kultursubstrat zur Anzucht v. Augenstecklingspflanzen 401.
Wricke (G.), Erfassung d. ökolog. Streubreite in Feldversuchen 1617.
Wright (C. E.), Systemat. Polycrossplan 3073.
Wright (D. E.), Aminosäure-Aufnahme durch Pflanzenwurzeln 2370.
Wright (J. R.) s. Schnitzer (M.).
Wright (N.), Wurzelgewicht u. -verteilung v. Blauhirse, Panicum antidotale Retz., unter d. Einfluß v. Düngung, Schnitthöhe u. Bodenfeuchtigkeitsspannung 145.
— u. **Trautman (R. J.),** Einfluß d. Bewirtschaftung auf d. Nitratanhäufung bei Panicum antidotale 1522.
Wright (S. T. C.) s. Boothby (D.).
Wróblewska (Z.), Möglichkeit einer Saatgutproduktion v. Frühkohl bei Aussaat im Mai u. Juni 2740.
Wu (Jia-Hsi) s. Rappaport (I.).
— u. **Rappaport (I.),** Konkurrenz zwischen infektiöser Tabakmosaikvirus-Nucleinsäure u. intaktem Virus auf Nicotiana glutinosa 541.
Wu (Liang-Yu), Paratylenchus brevihastus n. sp. (Criconematidae: Nematoda) 1377. — Paratylenchus veruculatus n. sp. (Criconematidae: Nematoda) aus Schottland 3107.
Wünsch (A.) s. Hofmann (E.).
— u. **Teicher (K.),** Bestimmung v. Mg in Pflanzensubstanzen durch Absorptions-Flammenspektroskopie 88.
Wünsche (J.), Wuchsstoff-Hemmstoff-Haushalt d. Malus-Arten während d. Ruheperiode in Abhängigkeit v. Temperaturverlauf 1038.
Wünsche (M.), Standortverhältnisse u. Rekultivierungsmöglichkeiten der

Halden d. Zwickau-Lugau-Oelsnitzer Steinkohlenreviers [3245].
Wuest (G.) s. Blondel (L.).
Wuesthoff (F.), Internationale Konvention zur Schaffung eines Rechtsschutzes für Pflanzenzüchtungen 1614.
Wunderlich (G.), Modifikator. Beeinflussung d. Weizenkornes durch d. Kreuzungsvorgang 2183.
Wussow (H.-J.), Schwed. Lagerungsversuche mit Äpfeln 1864.
Wustelt (J.), Temperaturschwankungen in d. Klimareihe v. Jena u. ihre Beziehungen zur Witterungskunde u. zur Klimageschichte Europas 39.
Wustrack (H. J.) s. Kress (H.).
Wuth (E.), Vergleichende Untersuchungen an Rotklee- u. Luzerneherkünften u. deren Leistungsfähigkeit in verschied. Lagen Thüringens 1009.
Wybenga (J. M.) s. Lehr (J. J.).
Wygal (R. J.) s. Naar (J.).
Wylam (C. B.) s. Mortimer (D. C.).
Wylie (H. G.) s. Maybee (G. E.).
Wyman (D.), Harte Buchsbaum-Form wurde gefunden 3066.
Wysoczyńska (J.), Bestimmung d. Alkaloidgehaltes in Samen d. Futterlupinen 615.
Wyss (O.) s. Socolofsky (M. D.).

Xavier Filho (J.), Hollanda Lima (I.) u. **Ventura (M. M.),** Freie Aminosäuren in einigen brasilian. Früchten 2604.

Yaalon (D. H.), Schuylenborgh (J. van) u. **Slager (S.),** Kationenaustauschcharakteristiken v. Salz- u. Kalkböden 1497.
Yadav (J. S. P.) u. **Agarwal (R. R.),** Eine vergleichende Untersuchung d. Wirksamkeit v. Gips u. Dhaincha (Sesbania aculeata) bei d. Verbesserung eines Salzalkalibodens 388.
Yagishita (N.), Pfropfhybriden v. Capsicum annuum L. *2.* Mitt. Veränderung d. Fruchtform durch Pfropfung in drei aufeinanderfolgenden Generationen u. Effekte in d. Nachkommenschaft 1057.
Yakushiji (K.) s. Sakamoto (T.).
Yakuwa (T.) s. Sawada (E.).
Yale jun. (J. W.) u. **Vaughan (E. K.),** Einfluß d. mineral. Düngung auf d. Umfallkrankheit d. Roten Rüben 3161.
Yamada (E.) s. Eguchi (Y.).
Yamada (M.) s. Symington (J.).
Yamada (T.) s. Takahashi (N.).
Yamaguchi (H.) s. Matsuo (T.).
Yamaguchi (M.) s. Zink (F. W.).
—, Takahashi (K.) u. **Sugiyama (T.),** Einfluß v. Gibberellinsäure auf Entwicklung u. Atmung einiger Solanaceenfrüchte 3322.
Yamaguchi (Masuro) s. Okuda (A.).
Yamaguchi (S.) s. Clor (M. A.); Slife (F. W.).
Yamaguchi (W. J.), Howard (F. D.), Hughes (D. L.) u. **Flocker (W. J.),** Verbessertes Verfahren für d. Probenahme u. Analyse d. Bodenluft 2060.
Yamaki (T.) s. Takahashi (N.).
— u. **Takahashi (N.),** Betrachtungen über d. Dunkelkeimung v. Tabaksamen 2019.
Yamamoto (K.) s. Noguchi (M.).
Yamamoto (T.) s. Sakamoto (T.).
Yamanaka (K.) u. **Matsuo (K.),** Bodenverdichtung. *1.* Mitt. Gerät zur Bestimmung v. Bodenverdichtungen 1500.
Yamvrias (C.), Wirkungsweise v. Bacillus thuringiensis Berliner gegen d. Mehlmotte Anagasta (Ephestia) kühniella Zeller (Lepidoptera) 1686.
Yanishevsky (F. V.) s. Peterburgsky (A. V.).
Yarnell (S. H.), Cytogenetik d. Gemüsearten. *3.* Mitt. Leguminosen A. Gartenerbsen, Pisum sativum L. 2469.
Yaron (B.) u. **Mokady (R.),** Durchführung v. Gefäßversuchen mit Salzwasser 2385.
Yarwood (C. E.), Hitzeaktivierung v. Pflanzenvirus-Infektionen 1656. — Weitere Phosphatwirkungen bei Virusinokulationen 2234.
—, Resconich (E. C.) u. **Kado (C. I.),** Verlagerungsfähige Reizstoffe, die d. Infektionen mit Pflanzenviren beeinflussen 3124.
Yatazawa (M.) u. **Tatsukawa (K.),** Wirkung d. partiellen Sterilisation auf Pflanzennährstoffen im Boden 2920.

Yates (S. G.), Toxizität v. Rohrschwingelfutter 2308.

Yatsuyanagi (S.) u. **Takeuchi (T.),** Ökolog. Untersuchungen an Reissorten. *5.* Mitt. Wirkungen d. Saatzeit auf d. agronom. Merkmale oder Ertragskapazität, auf d. Termin d. Differenzierung d. Rispenanlage u. auf d. Elongation d. Internodien bei Reis 36.

Yawalkar (K. S.) s. Srivastava (N. M. P.).

Yazaki (J.) s. Mitsui (S.).

Yee (P. T.) s. Morgan (C. V. G.).

Yemm (E. W.) u. **Willis (A. J.),** Wirkungen v. Maleinhydracid u. *2.4-*Dichlorphenoxyessigsäure auf d. Vegetation v. Straßenrändern 288.

Yen (D. E.), Neuseeländ. Kumara oder Süßkartoffel 3305.

Yeoman (M. M.), Einfluß v. Ribonuclease auf d. Wachstum v. Erbsenwurzeln 1459.

Ylagan (M. M.), Ascorbinsäuregehalt einiger Früchte auf d. Philippinen 2030.

Yoder (M. E.) s. Kaufman (P. B.).

Yokoh (M.), Matsua (T.) u. **Iwasa (S.),** Bau d. Pfirsichbaumes 3058.

Yokohata (I.) s. Osaki (M.).

York (G. T.) s. Denburgh (R. S. van).

Yoshida (D.), Einfluß v. Nährstoffmangel auf d. Aktivität v. Glutaminsäure-Decarboxylase in Tabakpflanzen 2648. — Beziehung zwischen d. Stickstoffaufnahme u. d. Zusammensetzung d. freien Aminosäuren in d. Tabakpflanze 2966.

Yoshida (Shigemasa) s. Nagai (T.).

Yoshida (Shoichi), Ohnishi (Y.) u. **Kitagishi (K.),** Histochemie d. Siliciums in d. Reispflanze. *1.* Mitt. Neue Methode für d. Bestimmung d. Lokalisation v. Silicium in Pflanzengeweben 384; *2.* Mitt. Lokalisation v. Silicium innerhalb d. Gewebe v. Reis 384; *3.* Mitt. Anwesenheit einer Kutikula-Silicium-Doppelschicht im Epidermisgewebe 1527. — Chem. Formen, Beweglichkeit u. Ablagerung v. Silicium in Reispflanzen 1527.

Yoshida (Takehiko) u. **Takahashi (J.),** Stoffwechsel in d. Wurzeln v. Sumpfreis. *2.* Mitt. Jahreszeitliche Änderung d. organ. Zusammensetzung v. Wurzel u. Sproß d. Reispflanze 2072; *4.* Mitt. Jahreszeitliche Änderung einiger Enzymaktivitäten in aufeinanderfolgenden Wachstumsstadien 2591.

Yoshida (Tomio) u. **Sakai (H.),** Mikrobiolog. Untersuchungen an d. Böden v. Hokkaido. *1.* Mitt. Bodenmikroflora u. ihre Aktivitäten in verschied. Bodenarten 2622; *2.* Mitt. Jahreszeitliche Veränderungen d. Bodenmikroflora u. d. durch Anwendung organ. Substanz bedingte mikrobielle Einfluß 2623. — Mikrobielle Veränderungen im Rhizosphärenboden während d. Wachstums d. Leguminosenpflanzen 2624.

Yoshida (Y.), Theoret. Untersuchungen über method. Verfahren in d. Mutationszüchtung. *1.* Mitt. Neue Methoden bei autogamen Pflanzen nach Samenbestrahlung 788.

Yoshimura (F.), Einfluß d. Wintertemperatur auf d. Ruheperiode einiger Obstbäume. *6.* Mitt. Kälteanforderungen v. Pfirsich, Japan. Birne, Wein u. Japan. Dattelpflaume zum Brechen d. Knospenruhe 755. — Einfluß vorzeitiger Defoliation auf d. spätere Wachstum bei einigen laubabwerfenden Obstbäumen. *1.* Mitt. Abnormes Wachstum junger Pfirsichbäume 3058.

Yoshinaga (N.) u. **Aomine (S.),** Imogolit in einigen Ando-Böden 1479. — Allophan in einigen Ando-Böden 2326.

Yoshioka (S.) s. Fujimori (N.).

Young (D. A.), Auswahl v. Kartoffelproben für d. Bewertung d. Speisequalität 2786.

Young (G. Y.), Kupfer-Toleranz einiger holzzersetzender Pilze 259.

Young (H. E.), Unkrautbekämpfung 1440.

Young (H. W.), Erbliche Platzfestigkeit bei d. Tomate 1084. — Frühgemüse im Schatten 1310. — s. Shoemaker (J. S.).

Young (J. L.), Anorgan. Bodenstickstoff u. Kohlenstoff-Stickstoff-Verhältnisse einiger Böden d. pazif. Nordwestens 1193. — s. McNeal (B. L.).

— u. **Cattani (R. A.),** Festlegung v.

wasserfreiem NH_3 durch d. Minerale in lufttrockenen Böden 625.
Young (K. K.), Methode für Messungen d. Feuchteentzuges bei dem Boden ungestört entnommenen Proben 941.
Young (L. C.), Davies (H. T.), Lawrence (C. H.) u. **Hodgson (W. A.)**, Avon, eine neue Kartoffelsorte mit mittlerer Resistenz gegen Schorf, ausgezeichneter Kochqualität u. d. Fähigkeit, frühzeitig große Knollen zu bilden 2709.
Young (LeV. B.) u. **Erickson (L. C.)**, Einfluß d. Temperatur auf d. Farbänderung bei „Valencia"-Orangen 2694.
Young (R. A.) s. Stoa (T. E.).
Young (R. D.), Hicks (G. C.) u. **Davis (C. H.)**, TVA-Verfahren zur Herstellung v. granuliertem Diammoniumphosphat 2681.
Young (R. E.) s. Biale (J. B.).
Young (R. H.), Einfluß v. Tageslänge, Lichtintensität u. Temperatur auf Wachstum, Ruheperiode u. Kältehärte v. Red Blush-Grapefruitbäumen 2890.
Young (T. W.) u. **Miner (J. T.)**, Verhalten v. „Kent"-Mangos zur Stickstoffdüngung 2428.
Youngberg (C. T.) s. Walker (L. C.).
Youngson (C. R.), Baker (R. G.) u. **Garing (C. A. I.)**, Diffusion u. Schädlingsbekämpfung mit Methylbromid u. Chlorpikrin in bedecktem Boden 566.
— u. **Goring (C. A. L.)**, Diffusion u. Nematodenbekämpfung im Boden mit *1.2*-Dibromäthan, *1.3*-Dichlorpropen u. *1,2*-Dibrom-*3*-chlorpropan 1151.
Younts (S. E.) s. Kresge (C. B.).
— u. **Fiskell (J. G.)**, Kupferstatus u. -bedarf in d. südlichen Region 3258.
Youssef (Y. A.), Bildung pektolyt. u. cellulolyt. Enzyme u. ihre Bedeutung bei d. Entwicklung d. Myrothecium-Wurzelfäule d. Gartenbohne 3147.
Ystaas (J.), Düngungsversuche mit Mg u. K zu Apfelbäumen 1250.
Yu (C. K.) s. Dodson (E. O.).
Yuan (T. L.), Beziehungen zwischen Wasserstoff, Aluminium u. pH in Lösungs- u. Bodensystemen 3216.
Yuan (T. L.) u. **Fiskell (J. G. A.)**, Aluminium-Untersuchungen. *2.* Mitt. Extraktion d. Aluminiums aus einigen Böden Floridas 1477.

Zaar (É. I.) u. **Jakovleva (E. A.)**, Veredlung v. Gehölzen in frühen Wachstumsphasen 1337.
Zaazou (H.) s. Donia (A. R.).
Zabel (S.) s. Schulze (R.).
Žabickij (P. F.), Granulierte Düngemittel mit polymeren Harzen 102.
Zaborovskij (E. P.), Früchte u. Samen d. Baum- u. Straucharten [3350].
Zacharčenko (I. G.), Piroženko (G. S.), u. **Suchobrus (S. V.)**, Einfluß v. Monokulturen auf d. Bodenfruchtbarkeit 399.
Zachariae (G.), Methodik bei Geländeuntersuchungen in d. Bodenzoologie 942.
Zacharias (M.) u. **Ehrenberg (L.)**, Induktion v. Blattflecken bei Leguminosenpflanzen durch nucleotox. Agenzien. *1.* Mitt. 1356.
Zacharias (Martin) u. **Lehmann (C. O.)**, Beitrag zur Kenntnis d. Gaterslebener Mutanten d. Sojabohne, Glycine max (L.) Merr. [2286]*; dass.: Mutanten d. Sorte Heimkraft I 3084.
Zacharieva (L.) s. Popova (D.).
Zacharjan (S. V.) s. Panosjan (A. K.).
Zacharov (G. A.), Bestäubersorten für Schwarze Johannisbeeren 767.
Zacharov (S. S.), Einfluß d. Feld- u. Futterfruchtfolgen auf d. Bodenfruchtbarkeit 398.
Zacharova (E. I.), Fleckennekrose d. Weinrebe u. ihre Bekämpfung 247.
Zacharova (T. I.), Zwergbrand bei Winterweizen 1946.
Zachov (S.), Biolog. Grundlagen d. Fruchtens d. Kirsche 1326. — s. Vŭtov (V.).
Zachowski (J.), Einfluß d. β-Indolylbuttersäure auf d. Wachstum d. Wurzeln u. auf d. Samenertrag v. zwei Zuckerrübensorten 25.
Zadina (J.), Resistenz bei Vererbung d. bestimmten Kartoffelsorten d. Weltsortiments gegen d. Kartoffelkrebs (Synchytrium endobioticum [Schilb.] Perc.) u. d. Bedeutung d. Auswahl v. Eltern für d. Resistenz d. Nachkommenschaft 2483. — Kar-

toffelzüchtung auf Resistenz gegen d. Biotyp G d. Kartoffelkrebses (Synchytrium endobioticum). *1.* Mitt. Gegen d. Biotyp G d. Krebses resistente Sorten 3086.
Zadoncev (A. I.), Erzielung hoher Erträge u. Standortverteilung d. Maishybriden u. Maissorten [1296].
Zaec (V. K.), Programm u. Methoden d. Sortenforschung bei Obst- u. Beerenobstkulturen [179]*.
Zänker (J.), Einfluß verschied. Nutzungsweisen auf d. Struktur eines Dauergrünlandbodens 2735.
Zafrir (Y.) s. Pat (J.).
Zagaja (S. W.), Piątkowski (M.) u. **Kemula (F.)**, Einfluß d. Pikierens v. Antonowka-Sämlingen auf d. Gehölzentwicklung in d. Baumschule 2750.
— u. **Zagaja (W.)**, Wuchs unreifer Pfirsichkeimlinge „in vitro" 2756.
Zagaja (W.) s. Zagaja (S. W.).
Zagrekova (V. N.) s. Bormotov (V. E.).
Zagruznyj (P. L.), Saatgutvorbehandlung mit radioaktivem Wasser 108.
Zahariade (C.) u. **Arnăutu (I.)**, Unkrautbekämpfung mit Simazin bei Mais in Gegenden mit höheren Niederschlägen 291.
Zahiroleslam (S.) s. Schroeder (D.).
Zahn (G.), Wechselwirkung zwischen Streptomycin u. verschied. Metallionen. Beitrag zum Wirkungsmechanismus d. Streptomycins in d. höheren Pflanze 1432. — Streptomycin u. Metallionen. I. Einfluß einiger Schwermetalle, Mikro- u. Makronährstoffe auf d. Phytotoxizität d. Streptomycins 2271. — s. Schweizer (H.).
Zahn (R.), Einfluß verschied. Umweltfaktoren auf d. Pflanzenempfindlichkeit gegenüber Schwefeldioxyd 3445.
Zaitlin (M.) s. Siegel (A.).
Zaitseva (E. N.) s. Lapin (P. I.).
Zajcev (A. I.) s. Beskin (L. I.).
Zajceva (R. V.), Einfluß d. Anbaubedingungen d. Flachses auf d. Ausgestaltung wirtschaftlich wertvoller Merkmale 724. — Einfluß d. Ernährungsbedingungen d. Leins auf den Ertrag u. d. Qualität d. Faser 1533.
Zajdel'man (F. R.) u. **Ogleznev (A. K.)**, Gleibildungsprozesse in Aueböden d. Nichtschwarzerdezone 2348.
Zajnutdinov (S.) u. **Achmedov (K. S.)**, Erhalten d. künstlichen Strukturbildners K-*4* für Böden Mittelasiens 3217.
Zajonz (A.), Anbauversuche mit Silomais 3300. — s. Simon (W.).
Zakarjan (S. V.) s. Panosjan (A. K.).
Zaki (A. I.), Shafik (M. T.), Abul-Ela (M.) u. **Khishen (S. A.)**, Toxaphen-Rückstände 872.
Zakirov (T. S.), Resultate aus Feldversuchen mit verschied. Defolianten für Baumwollpflanzen 1846.
Zakordonec (A. I.) s. Bilaj (V. I.).
Zakouřilová (M.) s. Chvojka (L.).
Zaky (A. I.), Shafik (M. T.) u. **Khishen (S. A.)**, Modifizierte Methode zur Toxaphen-Bestimmung an Baumwollblättern 1129.
Zaleski (A.), Änderungen im Charakter v. Luzernesorten bei Anbau zur Samengewinnung unter v. denen d. Herkunftsortes abweichenden Bedingungen 1468.
Zaleski (K.) u. **Cichosz (E.)**, Zweijährige Versuche zur Bekämpfung d. Amerikan. Stachelbeermehltaues (Sphaerotheca mors uvae [Schw.] Berk. et Curt.) 2859.
Zalesova (M. A.), Arbeiten mit Mais in d. Region Krasnojarsk 135.
Zalik (S.) s. Huber (R. E.).
Zaliwski (S.), Einfluß d. Schnittmaßnahmen auf d. Gleichmäßigkeit d. Ansatzes u. d. Fruchtqualität bei kleinkronigen Apfelbäumen 2752.
Zaljalov (F. K.), Einfluß v. Deckkulturen auf Wachstum, Entwicklung u. Ertrag mehrjähriger Gräser in semiariden Gebieten 132.
Zal'kaln (A. A.), Einfluß d. Selektion auf d. Vermehrung weiblicher Blüten an Gurkenpflanzen 1364.
Zambonelli (C.) s. Sacchetti (M.).
Zambrowicz (E.) s. Petrescu (M.).
Zamenhof (S.) s. Ben-Zeev (N.).
Zamfir (I.), Körnermaisertrag v. *10000* kg/Hektar in bewässerten Kulturen 2704.
Zamfirov (C.), Artzusammensetzung u. Besonderheiten d. Getreidefliegen im Gebiet d. Zentralen Landwirtsch. Forschungsinstituts Knesha 532. - Artenzusammensetzung u. Ver-

breitung d. schädlichsten Arten d. Gattung Anisoplia (Scarabaeidae) im Nordwesten Bulgariens 1381. — Artzusammensetzung d. schwarzbehaarten Getreidefliegen d. Gattung Phorbia (Diptera, Muscidae) in Nordwestbulgarien 1652. — Der Gemeine Getreidelaubkäfer (Anisoplia austriaca Hrbst.), Biologie u. Bekämpfungsmittel 2510. — Möglichkeiten d. Bekämpfung d. Getreidefliegen Oscinosoma frit L., Chlorops pumilionis Bjerk. u. Mayetiola destructor Say beim Weizen durch Stäuben mit Insekticiden 2557; dass.: durch Vorbehandlung d. Getreidesaatgutes mit Insekticiden 2557. — Saattermin für Weizen u. Gerste als Mittel zur Bekämpfung d. Getreidefliegen 2853. — Bekämpfung d. Fritfliege (O. frit L.) an Hafer durch Bestäubung d. Saat mit Insekticiden 2864.

Zamotaev (A.), Bereitung v. Stalldung-Erdkompost nach d. Streifenverfahren 3267.

Zana (J.), Prüfung d. Eigenschaften ungar. u. ausländ. Zuckerrübensorten *1960* 419; dass.: bei verschied. Standräumen 721; dass.: im Jahre *1961* 1562. — Versuche über Zeitpunkt u. Methode d. Vereinzelns bei monogermen u. polygermen Rübensorten 421. — Prüfung d. Zuckerrübensorten im Jahre *1960* 721. — Versuche zur Bekämpfung d. Blattfleckenkrankheit d. Zuckerrübe im Jahre *1960* 1148. — Entwicklung d. Zuckerrübe *1960/61* 3292.

Zanardi (D.), „Blauschimmel“ d. Tabaks, Geschichte, Biologie, Schäden u. Schutzmaßnahmen 1669. — Defoliationsmittel für Tabakpflanzen zur Verhütung d. sekundären Infektionen v. Peronospora tabacina Adam 2560. — Chlorose d. Weinrebe 2804. — Chem. Unkrautbekämpfung in Weinbergen 2881. — s. Marcelli (E.).

Zankov (Z. D.), Stimulation v. Rebensaatgut vor d. Aussaat 1606. — s. Nedelčev (N.); Stoev (K. D.).

— u. **Stoev (K. D.),** Vorbehandlung u. Aussaatzeit d. Rebsamen 3337.

Žanov (A. F.), Veredlung d. Ölbaumes in d. Krone v. Esche, Flieder u. Liguster 144.

Zapf (K.) u. **Juři (L.),** Einführung in d. elektronenmikroskop. Präpariertechnik in d. Mikrobiologie 56.

Zapletal (R.), Forschungsergebnisse in d. Pflanzenproduktion 2394.

Zappe (E.), Zehn Jahre Forstschutzmeldewesen in d. DDR 555.

— u. **Templin (E.),** Auswirkung d. Schadfraßes blatt- u. nadelfressender Insekten an Kiefer u. Eiche auf d. Wachstumsgang u. d. Regenerationsvermögen d. Fraßbäume unter Berücksichtigung d. Standortes 1379.

Zaprjanov (Z.), Weizenkopfdüngung 965.

Zaremba (V. P.) s. Samcevič (S. A.).

Žarikov (Ja. P.), Leinkrankheiten u. ihre Bekämpfung. *1.* Mitt. 3147.

Žarkov (V.) s. Teml' (A.).

Žarkov (V. I.) u. **Gulidov (A. M.),** Fungicide Wirkung d. *2.4*-D-Ester 1429.

Žarnecki (S.), „Stoßartiger“ Wasserablaß aus d. Rückhaltebecken 658.

Zarykó (J. M.), Durch Gibberellinsäure hervorgerufene Parthenokarpie in sterilen Ribes-Species 3186.

Zarzycka (H.) s. Czyżewska (S.).

Zass (E. K.), Bekreuzte Traubenwickler in d. Weingärten d. Krim 2217.

Zatko (J.), Sommertiefpflügen zur Winterweizensaat 2701.

Zattler (F.), Versuchs- u. Forschungstätigkeit auf d. Hopfenversuchsgut Hüll u. in d. Hopfenbaugebieten im Jahre *1960* 850; dass.: *1961* 1930, 2801.

Zatykó (J. M.), Durch Gibberellinsäure bedingte Parthenokarpie u. Apomixis bei Ribes-Arten 317. — Synergist. Wirkung v. Indolylessigsäure u. Gibberellinsäuren auf d. parthenokarpe Fruchtbildung v. Stachelbeeren 2906.

Zatyko (L.), Stand d. Erkenntnisse über d. Eigenbewurzelung v. Walnüssen 1043.

Zaumeyer (W. J.), Zwei neue Stämme d. Luzernemosaikvirus, die Bohnen system. infizieren 3412.

— u. **Goth (R. W.),** Zwei neue Typen v. Lokalläsionen, die v. Virus d. Gewöhnlichen Mosaiks d. Gartenbohne an Bohnen hervorgerufen werden 3420.

Zaunmüller (G.), Befestigung bzw. Neuanlage v. landwirtsch. Wegen 3242.
Zavadil (S.), Fünfzig Jahre d. Zuckerrübenveredlung in Semčice 3371.
Zavališin (V. A.) u. **Orlov (V. M.),** Feststellung agrometeorolog. Kennzahlen für d. Wachstumsdauer u. für optimale Aussaattermine d. Buchweizens 1830. — Schnelligkeit d. Entwicklung v. Winterroggen bei verschied. Saatterminen 2409.
Zavarzin (V. I.), Affinität bei Obstbäumen 3329.
Žavoronkov (P. A.), Züchtung v. Äpfeln u. Birnen im südlichen Ural durch d. Methode d. entfernten Hybridisation 1365.
Zawadzki (S.) u. **Grzybczak (J.),** Untersuchungen über d. Mosaikkrankheit bei gelben Lupinen 543.
Zayed (M. N.) s. Abd-el-Malek (Y.).
Zazou (H.), Bekämpfung d. Kapselwürmer mit einigen neuen Insekticiden 568.
Ždannikova (E. N.) s. Kozlovskaja (L. S.).
Ždárský (J.), Einfluß d. Pflanzenentfernung in d. Reihen auf Gewicht u. Trockensubstanz d. Rüben 998. — Variabilität d. Rübenwurzelform 3087.
Žebrak (É. A.), Embryolog. u. histochem. Untersuchungen d. Befruchtungsprozesses bei diploidem u. tetraploidem Buchweizen 498.
Žečeva (Ž.) s. Kolev (N.).
Zech (E.), Eiablage d. Apfelwicklers (Carpocapsa pomonella L.) 527. — Parasiten bei Obstbaumschädlingen (Apfelwickler u. weitere Wicklerarten) 1693.
Zech (H.), Cytochem. Untersuchungen zur Reproduktion d. Tabakmosaikvirus. *1.* Mitt. UV-spektrophotometr. Messungen an isolierter Virussubstanz 2516.
Zeeman (P. B.) s. Stemmet (M. C.).
Zeeuw (D. J. de) s. Burton (C. L.).
Zeevaart (J. A. D.) s. Bonner (J.).
Zeid (M.), El Khishen (S.) u. **Bishay (M. A. B.),** Chem. Bekämpfung v. Baumwollschädlingen 1137.
Zeid (M. I.) s. El-Deeb (A. L.).
Zeilinga (A. E.), Zytolog. Untersuchung d. Hybridsorten v. Begonia semperflorens 785.
Zelenka (S.) s. Míča (B.).
Zelenka (V.), Einfluß d. klimat. Faktoren auf Gehalt v. bitteren Stoffen im Hopfen 1290.
Zelenskij (M. A.) u. **Fomičev (A. M.),** Wege zur Senkung d. Samenverluste 979.
Zelený (J.), Hemerobiidae (Neuroptera) aus d. ČSSR 3162. — s. Novák (K.).
Zelený (V.) s. Drachovská (M.).
Zeletin s. Popescu (I.).
Železnikov (V. A.) s. Bočkarev (B. I.).
Železnjak (E. A.), Fajncimer (R. Z.) u. **Golenko (V. F.),** Neue Schutzüberzüge für d. Samen 401.
Železnova (N. B.) s. Petrov (D. F.).
Zelinschi (N.) s. Avramescu (A.).
Zelitch (I.) u. **Waggoner (P. E.),** Einfluß v. Chemikalien auf d. Stomataapertur u. ihre Auswirkung auf Transpiration u. Photosynthese 892.
Zeller (A.) s. Oberländer (H. E.).
Zeller (O.), Jahresrhythm. Entwicklung v. zwei verschied. Blütenknospentypen an Apfelbäumen 1037. — Entwicklungsgeschichte d. Blütenknospen u. Fruchtanlagen an einjährigen Langtrieben v. Apfelbüschen. *1.* Mitt. Entwicklungsverlauf u. Entwicklungsmorphologie d. Blüten am einjährigen Langtrieb 1323; II. Entwicklung d. Fruchtanlagen u. Fruchtungsvermögen am einjährigen Langtrieb 2163.
Zemánek (J.) s. Bartoš (P.).
— u. **Bartoš (P.),** Wirkungsart eines langfristigen Tauchbeizverfahrens u. einer anaeroben Beizung v. Gerste gegen d. Gerstenflugbrand. *1.* Mitt. 564. — Phytotoxizität bei d. anaeroben Beizung d. Gerste 2260.
— u. **Fiedler (J.),** Chem. Unkrautbekämpfung in Zuckerrübenkulturen 2878.
— u. **Zvára (J.),** Feldversuche mit chem. Unkrautbekämpfung in Leguminosenkulturen 2280.
Zen (S.), Chiasma-Untersuchungen an Strukturhybriden. *6.* Mitt. Heteromorphes Bivalent u. reziproke Translokationen bei Allium fistulosum 1889.

Zeniščeva (L. S.), Morpholog., biochem. u. physiolog. Eigenschaften v. Sommergerstensorten, die ihre verschied. Lagerfestigkeit bestimmen 2889. — s. Lekeš (J.).
— u. **Staňková (J.)**, Morpholog. u. anatom. Eigentümlichkeiten d. Gerstenpflanzen mit verschied. Widerstandsfähigkeit gegen d. Lagern 1445.
Zenk (M. H.), Aufnahme u. Stoffwechsel v. α-Naphthyl-Essigsäure durch Erbsenepicotyle 17.
Zenkteler (M.), **Hildebrandt (A. C.)** u. **Cooper (D. C.)**, Wachstum reifer u. unreifer Möhrenembryonen in vitro 2305.
Zerche (M.) u. **Tosteck (W.)**, Messungen d. nächtlichen Tiefsttemperatur in verschied. Höhen d. bodennahen Luftschicht 1744.
Žerebčuk (L. K.), Wirkung v. Gibberellin auf d. Kräuselmosaikvirus d. Kartoffel 3168.
Zesewitz (E.) s. Fischer (H.).
Zésiger (F.), Cytotaxonom. Untersuchungen d. Hauswurz (Gattungen Sempervivum L. u. Jovibarba Opiz) 295.
Zetterberg (G.), Spezif. u. stark mutagene Wirkung v. N-Nitroso-N-Methylurethan bei Ophiostoma 195.
Zhukovsky (P. M.), Genet. Grundlagen d. Entstehung d. Kulturpflanzen 3355.
Ziechmann (W.), Eigenschaften u. Herkommen v. Pflanzen-Wuchsstoffen 2311. — s. Scheffer (F.).
— u. **Rochus (W.)**, Bestimmung d. Oberfläche v. Graphitsäuren 2055.
Ziegler (H.), Ferntransport organ. Stoffe in den Pflanzen 3184. — s. Weigl (J.).
Zieserl (J. F.) s. Hageman (R. H.).
Žigaev (G. N.), Bedeutung d. Vorfrucht für d. Bekämpfung d. Hessenfliege 2252.
Žigajlo (M. I.), Vielkeimblättrige Zuckerrüben 2786.
Žigal'ceva (M. I.) u. **Tereško (L. I.)**, Weinzwirner Tibicen haematodes Scop. 2221. — Schädlichkeit v. Zikaden (Homoptera, Auchenorrhyncha) in d. Wäldern u. Gärten d. Moldauischen SSR 3121.
Zijdewind (C.), Rübensamenbau 2415.
Zilai (J.) s. Csepregi (P.).
Žilkina (N. I.), Verluste durch d. Hessenfliege 1932.
Zill (L. P.) u. **Cheniae (G. M.)**, Neue Ergebnisse im Lipidstoffwechsel 1170.
Zillinsky (F. J.) s. Clark (R. V.); Dyck (P. L.).
Zimenko (T. G.) s. Maštakov (S. M.).
— u. **Kabajlova (I. V.)**, Mikroflora d. Tomaten- u. Bohnenwurzeln bei ihrem Anbau in Hydro- u. Bodenkultur 1208.
Zimmer (D. E.), Reaktion d. Hypokotyls auf Rostinfektion als Maßstab für d. Resistenz d. Safflors 3425. — Sporenformen u. Lebenszyklus v. Puccinia carthami 3431.
Zimmerman (B. K.) u. **Briggs (W. R.)**, Kinet. Modell für phototrop. Reaktionen v. Haferkoleoptilen 3191.
Zimmerman (P. W.) s. Hitchcock (A. E.).
Zimmermann, Geschichte u. Methode d. Evolutionsforschung [196]*.
Zimmermann (E.) s. Mätzold (G.).
Zimmermann (Hans-Georg), Neue Sommerölfrucht, Crambe abyssinica Hochst. 417. — Züchtung v. Ölpflanzen mit hohem Fettgehalt bei sicheren Erträgen u. besten Ölqualitäten 795.
Zimmermann (K. F.), Möglichkeiten d. Futterpflanzenzüchtung in d. Zukunft 1361.
Zimmermann (P. P.), Einfluß d. Strömung auf d. Zusammensetzung d. Lebensgemeinschaften im Experiment 2950.
Zinca (N.) s. Alexandri (A. V.).
Zinenberg (M. S.) u. **Befani (L. I.)**, Bewässerung bis zur Sättigung 1880.
Zingerman (R. C.) s. McCallan (S. E. A.).
Zingstra (H.), Offizielle Prüfung neuer Kartoffelsorten 717.
Zink (F. W.) s. Grogan (R. G.).
— u. **Yamaguchi (M.)**, Wachstumsrate u. Nährstoffaufnahme v. Kopfsalat 2150.
Ziołecka (A.) s. Abgarowicz (F.).
Zioni (E.) s. Fregoni (M.).
Žironkin (I. M.) s. Žukov (O. S.).
Zislavsky (W.), Registrierung d. Blattnässedauer u. ihre Bedeutung für d. Pflanzenschutz 1706.

Žitkevič (E. N.), Gaponova (A. F.) u. **Savickaja (Z. N.),** Wurzellaus u. Maßnahmen ihrer Bekämpfung 3401.
Zittwitz (J.) s. Lange (S.).
Živickaja (L. I.) s. Dobroljubskij (O. K.).
Zivojinović (S.), Biologie u. Bekämpfung d. Kleinen Pappelbockes (Saperda populnea L.) in Jugoslawien 235.
Zizin, Darwin u. einige Fragen d. Biologie [196]*.
Zizin (N. W.), Getreide-Futter-Weizen (Agropyrum-Triticum-Hybriden) 2775.
Zlatanov (S.), Wanderung einiger Feldmausarten in Abhängigkeit v. d. Bodennutzung in d. Dobrudsha u. verbesserte Methoden zu ihrer Bekämpfung 1384.
Zlatev (G.), Größe d. Samenkapseln u. Faserlänge an den verschied. Fruchtansatzstellen d. Baumwollpflanze u. Methodik zu ihrer Feststellung bei Sorten- u. agrotechn. Versuchen 436. — s. Konišev (P.).
Zlatník (A.), Vegetationsstufen u. deren Indikation durch Pflanzenarten am Beispiel d. Wälder d. ČSSR 3202.
Zobel (B.), Vererbung v. Holzeigenschaften bei Coniferen 216.
Zocenko (L. N.) u. **Starec (V. A.),** Aerosole bei d. Bekämpfung d. Apfelwicklers 3167.
Zoebelein (G.), Angewandte Entomologie in d. arab. Nahostländern (Libanon, Syrien, Jordanien) 2812.
Zölsmann (H.), Das neue Wasserhaushaltsgesetz [1779]*.
Zörcher (H.) s. Grosser (H. U.).
Zöttl (H.) u. **Kennel (R.),** Ammoniakgas- u. Stickstoffsalzdüngung in Kiefernbeständen 99.
Zogg (H.), Unkrautbekämpfung im Getreidebau 1437. — Übertragungsmöglichkeiten v. Getreidefußkrankheiten (Schwarzbeinigkeit) durch Futtergräser 2526. — Biolog. Bodenentseuchung. III. Beeinflussung d. Pathogenität v. Ophiobolus graminis Sacc. auf lebendem u. totem Wirtspflanzengewebe durch d. Mikroflora einer bestimmten Ackererde 3438.
— u. **Guyer (H.),** Bekämpfung d. fadenförmigen Ehrenpreises (Veronica filiformis) in Wiesen u. Weiden 2282.
Zohary (D.) s. Tovia (T.).
— u. **Feldman (M.),** Hybridisation zwischen Amphidiploiden u. d. Evolution v. Polyploiden in d. Weizen-(Aegilops-Triticum-)Gruppe 492.
Žolkevič (V. N.), Choller (V. A.) u. **Kušnirenko (S. V.),** Nachwirkungen d. Abkühlung auf d. Wirksamkeit d. Atmung d. Gurkenblätter 304.
Zol'nikov (V. G.), Die Böden d. Einzugsgebietes d. Flusses Viljni u. deren Nutzung [3232].
Zolotovič = Zolotovitch.
Zolotovič (G.) s. Dimitrova (E.).
— u. **Sečenska (M.),** Biochem. Untersuchungen d. Pollens v. Rosa damascena Mill. 3379.
Zolotovitch = Zolotovič.
Zolotovitch (G.), Nikolova (M.) u. **Zolotovitch (M.),** Veränderungen mancher Kennzahlen während d. Entwicklungsgangs d. Blüte v. Rosa damascena Mill. 612.
Zolotovitch (M.) s. Zolotovitch (G.).
Zonn (S. V.), Prinzipien d. Klassifikation d. Waldböden u. Methoden ihrer Untersuchung in d. UdSSR 2940.
Zoschke (M.), Genet. bedingte Variabilität d. Alkaloidgehaltes bei Papaver somniferum L. 1357.
Zosimovič (V. P.), Resultate d. entfernten Hybridisation bei Rüben 207.
Zotov (A. A.), Die Verjüngung v. abgenutzten Weiden 448. — Einfluß verschied. Bodenbearbeitungsmethoden auf d. physikal. Eigenschaften d. Bodens v. Weiden 3314.
Zotov (V. V.), Phylloxera-Resistenz d. Weinrebe u. Wege zu ihrer Erhöhung 1647.
Zoz (N. N.), Vererbung v. Veränderungen, d. durch chem. Mutagene bei Weizen-Queckenhybriden hervorgerufen wurden 2181.
Zschau (K.), Samenübertragung d. Mosaikkrankheit d. Lupinen, bes. d. Gelblupine 1387.
— u. **Janke (C.),** Samenübertragung d. Luzernemosaikvirus an Luzerne 2230.
Zschege (C.) u. **Haarring (R.),** Mutationsauslösung durch Chemikalien

bei Weizen. II. Induzierte Mutanten d. „Koga II“ 2474.
Zscheile (F. P.) s. Malca (I.).
Zscheischler (J.), Grünfutter- u. Silomais 136.
Zsoldos (F.), Stickstoffwechsel u. Wasserhaushalt v. mit d. „Brusone“-Krankheit befallenen Reispflanzen 2376.
Zsoldos (F.) u. **Zsolt (J.)**, Synthese v. Aminosäuren in den Wurzeln v. Reispflanzen 1724.
Zsolt (J.) s. Zsoldos (F.).
Zub (J.), Kleekrebs u. seine Bekämpfungsmethoden 1394.
Zubarev (M.), Versuch zur Paraffinierung d. Saatgutes 402.
Zubčenko (T.), Zuckerrübenertrag bei Reihendüngung 3012.
Zubeldia (A.), Entwicklungsrhythmus d. Eltern in d. Frühkartoffelzüchtung 1358.
Zubenko (V. C.) u. **Sykalo (N. G.)**, Wege zur Steigerung d. Gehaltes an Eiweißstoffen 1253.
Zubko (I. J.), Einfluß d. Spurenelemente auf d. Wechselbeziehungen zwischen d. Flugbranderreger u. d. Geweben d. Weizens 3161.
Zubov (A. A.), Veränderung d. Zukkermelone unter d. Einfluß eines Kürbismentors 2492.
Zubov (M. F.), Kombinationspräparat aus Dinitrorhodanbenzol u. Kolloidschwefel zum Schutz d. Weinrebe 1703. — Dinitrorhodanbenzol mit Kolloidschwefel 1974. — s. Golyšin (N. M.); Mel’nikov (N. N.).
Žuchovickaja (Z. V.), Bor erhöht d. Wirksamkeit d. Unkrautbekämpfung 1438.
Zürn (F.), Untersuchung über d. Nutzung v. überschwemmungsfreien Flußtalwiesen in niederschlagsarmen Gebieten 443. — Einfluß verschied. Faktoren auf d. Entwicklung v. Grünlandansaaten 1018. — Möglichkeiten d. Leistungssteigerung auf Dauerwiesen u. Vgl. zwischen d. Erträgen v. Wiesenneuansaaten u. alten Dauerwiesen 1018. — Wiesenerträge in einem 25jährigen Dauerdüngungsversuch auf Niedermoor 2137. — Anbau v. Hafer zur Grünnutzung 3020.
— u. **Springer (U.)**, Wirkung d. Stallmistes auf d. Ertrag u. Humushaushalt v. Wiesen bei verschied. mineral. Düngung 3030.
Zuk (A.) s. Wierzchowski (Z.).
Žukov (A. S.), Einfluß v. Gibberellinsäure auf d. Fruchtansatz u. d. Ertrag bei Pfirsichen 2168.
Žukov (A. T.), Zusatzdüngung v. Futterlupinen in d. verschied. Etappen d. Organogenese 687.
Žukov (O. S.), Gibberellin beschleunigt d. Reifen d. Erdbeeren 317. — Einfluß d. Gibberellins auf Wachstum u. Entwicklung d. Triebe u. auf Pollen v. Obstgehölzen 1864. — Genet. Besonderheiten d. Süß- u. Sauerkirschenhybriden 2796.
—, **Nikitin (B. L.)** u. **Žironkin (I. M.)**, Veränderung morpholog. Merkmale entfernter Hybriden v. Obstkulturen unter d. Einfluß v. Röntgenstrahlen 2204.
Žukov (V. N.), Behandlung d. Maissaatgutes mit Hydroperit ist ein wirksames Verfahren 3277.
Žukova (A. P.) s. Rybakov (A. A.).
Žukova (L. M.), Resistenz v. Zuckerrübensorten gegen Mehltau 1948.
Žukova (R. A.), Wirkung v. Gibberellin auf einige Gemüse- u. Futterkulturen in d. Polarregion 2905. — Aerobe Cellulosebakterien d. Böden d. Nordens 2936.
Žulja (V. M.), Charakteristik verschied. Unterlagen für Süßkirschen in d. Baumschule 764. — Besonderheiten d. Wurzelsystems v. Süßkirschen in Abhängigkeit v. Boden u. Unterlage 1325.
Zurańska (I.), Entomofauna im Grenzbereich v. Wäldern mit bebauten Flächen 2216.
Žuravlev (E. M.) s. Volkova (M. G.).
Žurbickij (Z. I.), Physiolog. Charakteristik d. Mineralstoff-Ernährung d. Pflanzen 664. — Hydrokultur für d. Anbau v. Gemüse 953. — Theoret. Grundlagen für d. Verwendung v. Stickstoffdüngern 2981.
— u. **Sokolova (L. A.)**, Anbau v. Gurke in Hydrokultur 2738.
Žurichin (V. K.) s. Mart’janova (K. L.).
Žurkin (V. K.) s. Kutuzov (G. P.).
Zurnadži (A. V.) s. Nosov (A. K.).
Zvara (J.) s. Kolek (J.); Zemánek (J.).
Zvereva (E. A.) s. Baljabo (N. K.).

Zvjagina (E. A.), Einfluß d. Gibberellins auf Wachstum u. Entwicklung v. Tabak 903.
Zvjagincev (D. G.), Zur Frage d. Adsorption v. Mikroorganismen durch Bodenteilchen 342.
Zvjagincev (I. V.) s. Satarova (N. A.).
Zwaard (P v. d.), Vermehrung u. Selektion bei Gerbera 3347.
Zwan (L. M. van der) s. Kaptein (L. A.).
Zwanzig (G. W.), Bedeutung d. Naturschutzes für d. Menschen im demokrat. Staat d. Industriezeitalters 3240.
Zwar (J. A.) u. **Skoog (F.),** Beschleunigung d. Zellteilung durch Extrakte aus Erbsensämlingen 2903.
Zweep (W. van der), Wanderung v. markiertem 2.4-D in jungen Gerstenpflanzen 288. — 4. Deutsche Konferenz zu Fragen d. Unkrautbiologie u. -bekämpfung 1706.
Zweig (G.) s. Archer (T. E.).
Zwerman (P. J.) s. Shalhevet (J.).
Zwintzscher (M.), Vererbung d. Frostresistenz d. Obstgehölze 1366.
Zwoboda (A.), Klima u. Pflanzenzücht. 2468.
Zwölfer (H.), Orientierung entomophager Parasiten als Problem d. angewandten Entomologie 2254.
Zyrin (N. G.), Belicyna (G. D.) u. **Obuchov (A. I.),** Einfluß d. Stromstärke d. Kohlebogens auf Verdunstung u. Strahlenintensität d. Spurenelemente bei d. Spektralanalyse d. Böden 939.

Forschungs- u. Entwicklungsberichte: 75, 103, 117, 211, 233, 261, 276, 281, 324, 325, 327, 376, 524, 530, 533, 557, 654, 703, 712, 732, 792, 795, 852, 868, 878, 1090, 1103, 1123, 1139, 1355, 1379, 1410, 1415, 1432, 1692, 1693, 1717, 1720, 1723, 1725, 1737, 1741, 1742, 1745, 1763, 1773, 1819, 1851, 1891, 1915, 1959, 1969, 2031, 2038, 2044, 2060, 2061, 2062, 2069, 2072, 2076, 2089, 2106, 2107, 2108, 2113, 2114, 2116, 2131, 2140, 2143, 2155, 2159, 2167, 2174, 2236, 2293, 2314, 2328, 2332, 2350, 2352, 2359, 2400, 2405, 2421, 2422, 2423, 2426, 2435, 2438, 2439, 2440, 2443, 2445, 2449, 2466, 2474, 2476, 2480, 2482, 2488, 2493, 2495, 2496, 2509, 2511, 2513, 2521, 2532, 2549, 2563, 2564, 2565, 2611, 2622, 2642, 2643, 2646, 2647, 2648, 2653, 2666, 2672, 2682, 2694, 2704, 2709, 2710, 2713, 2726, 2732, 2735, 2736, 2764, 2765, 2772, 2774, 2778, 2779, 2780, 2782, 2791, 2792, 2795, 2797, 2798, 2819, 2827, 2835, 2846, 2847, 2855, 2858, 2863, 2864, 2866, 2868, 2870, 2871, 2872, 2878, 2882, 2905, 2914, 3054, 3078, 3087, 3090, 3113, 3122, 3157, 3165, 3183, 3202, 3220, 3279, 3290, 3291, 3296, 3303, 3311, 3382, 3383, 3397, 3409, 3423, 3440, 3446, 3453, 3459.

Herausgeber: Deutsche Demokratische Republick . Deutsche Akademie der Landwirtschaftswissenschaften zu Berlin, Institut für Landwirtschaftliche Information und Dokumentation, Berlin W 8, Krausenstraße 38/39; Chefredakteur: Dr. Werner Kleeberg, Berlin W 8, Krausenstraße 38/39; Fernsprecher: 22 51 61. Verantwortliche Redaktion der Abteilung II – Pflanzliche Produktion: Phytopathologie und Pflanzenschutz: Prof. Dr. Alfred Hey, Berlin, und Prof. Dr. Maximilian Klinkowski, Aschersleben; Pflanzenbau: Prof. Dr. Gustav Könnecke, Halle; Gartenbau: Prof. Dr. Johannes Reinhold, Berlin; Pflanzenzüchtung: Prof. Dr. Rudolf Schick, Groß-Lüsewitz, Kreis Rostock; Bodenkunde, Pflanzenernährung und Düngung: Prof. Dr. Karl Schmalfuß, Halle. Hauptredakteur: Dr. Werner Kleeberg, Berlin W 8, Krausenstraße 38/39; Fernsprecher: 22 51 61. Verlag: Akademie-Verlag GmbH, Berlin W 8, Leipziger Straße 3–4; Fernsprecher: 22 04 41, Telex-Nr. 01 17 73, Postscheckkonto Berlin 350 21. Bestellnummer dieses Heftes: 1030 II–AR 63. Das Landwirtschaftliche Zentralblatt, Abt. Pflanzliche Produktion, erscheint monatlich. Einzelheft MDN 20,–, einseitig bedruckte Ausgabe MDN 24,–. Jahresbezugspreis MDN 240,–, einseitig bedruckte Ausgabe MDN 288,– einschließlich Register, zuzüglich Porto- und Versandkosten. Gesamtherstellung: VEB Druckhaus „Maxim Gorki“, Altenburg. Veröffentlicht unter der Lizenznummer 1291 des Presseamtes beim Vorsitzenden des Ministerrates der Deutschen Demokratischen Republik.

FSC
www.fsc.org
MIX
Papier | Fördert gute Waldnutzung
FSC® C083411

Kolibri 360 GmbH
Ferdinand-Jühlke-Straße 7
99095 Erfurt, Deutschland
produktsicherheit@kolibri360.de